William Navidi

Second Edition

Principles of Statistics for Engineers and Scientists

이공계를 위한

제2판

확률 및 통계

김성준 · 김은정 · 김형수 · 박재우 · 이기하 옮김

이승수 감수

McGraw Hill

자유아카데미

McGraw Hill

Principles of Statistics for Engineers and Scientists, 2nd Edition

1 2 3 4 5 6 7 8 9 10 FA 20 21

Original: Principles of Statistics for Engineers and Scientists, 2nd Edition © 2021
By William Navidi
ISBN 978-1-260-25781-6

This authorized Korean translation edition is published by Freedom Academy in arrangement with McGraw-Hill Education Korea, Ltd. This edition is authorized for sale in the Republic of Korea.

This book is exclusively distributed by Freedom Academy.

When ordering this title, please use ISBN 979-11-5808-294-9

Printed in Korea

저자서문

동기

이 책은 한 학기나 두 학기 코스로 사용되는 저자의 더 포괄적인 교재, Statistics for Engineers and Scientists, 5th edition(McGraw-Hill, 2020)의 주요 개념을 기초로 한 학기용으로 편집되었다. 이론보다는 통계적 방법과 이공계 문제에 어떻게 응용할 수 있는지를 강조한다. 통계학의 기본 원리는 모든 학문에 공통적이지만, 이공계 학생들은 실제 설정에서 중요한 개념을 나타내는 예제로부터 배우는 것이 최선이다. 따라서 이 책에는 학생들에게 동기를 부여하고, 산업 및 과학 연구와의 관계를 보여주기 위해 현실적이고 최신 자료를 다루는 많은 예제가 포함되어 있다. 교재가 이론보다는 응용을 강조하므로 수학적 수준은 그다지 높지 않다. 한 학기 정도의 미적분학을 이수한 학생들은 이 책의 대부분을 수학적으로 이해할 수 있을 것이다.

컴퓨터 사용

과거 40년에 걸쳐, 빠르고 편리한 계산 방법의 발전은 통계적 실습에 변혁을 일으켰다. 사실, 이것이 통계적 방법이 과학적 연구에 더 깊게 파고들 수 있게 된 주된 이유 중의 하나이다. 오늘날 이공학도들은 컴퓨터 소프트웨어에 능숙해야 할 뿐만 아니라 컴퓨터 출력결과로부터 결론을 끌어내야 하고, 결론을 말로 표현하는 기술을 갖추어야만 한다. 따라서 이 책에는 특별히 선형모형과 요인실험에 관한 장에서 컴퓨터로 출력결과를 생성할 뿐만 아니라 해석을 하는 연습문제와 예제가 담겨 있다. 많은 교수들은 강의에서 통계적 소프트웨어의 사용을 접목하고 있다. 이 책은 모든 소프트웨어와 효과적으로 사용될 수 있다.

목차

제1장은 표집과 기술통계량을 다룬다. 통계적 방법이 작용하는 이유는 적절하게 뽑혔을 때 표본이 모집단을 닮을 것이라는 점이다. 그러므로 1장은 타당한 표본을 추출하는 몇 가지 방법의 설명으로 시작한다. 이 장의 두 번째 절에서는 일변량 자료에 대한 기술통계량에 대해 살펴본다.

제2장은 이변량 자료에 대한 기술통계량을 소개한다. 상관계수와 최소제곱직선을 설명한다. 변수 사이의 관계가 직선일 때 선형모형이 적절하다는 것을 강조하고, 이상점의 효과와 영향점을 설명한다. 이 장을 앞에 둔 이유는 추론 관점에서 완전하게 다룰 시간이 충분하지 않은 과정에서 이 주제를 약간은 다룰 수 있도록 하려는 것이다. 대안으로 이 장을 뒤로 미루었다가 8장에서 선형모형에 대한 추측절차 전에 다룰 수 있다.

제3장은 확률에 대한 장이다. 이 장에서의 목표는 많은 수리적 유도 없이 근본적인 아이디어를 제시하는 것이다. 결과 이면의 직관을 제시하려고 가능한 한 과학적 배경에서 하나 혹은 두 개의 예제로 각 결과를 설명하려고 하였다.

제4장은 실제 일반적으로 사용되는 많은 확률분포함수를 소개한다. 확률도와 중심극한정리에 대해서도 다룬다. 정규분포와 이항분포만이 교재의 뒷부분에서 널리 사용된다. 다른 분포

들은 선택하여 다룰 수 있다.

제5장과 6장은 각각 신뢰구간과 가설검정에 관한 일표본 방법을 다룬다. 5장에서는 점추정에 대해서도 다루며, 가설검정에 *P*-값(유의확률) 방법이 강조되지만, 고정수준검정과 검정력 계산도 다루게 된다. 다중검정에 대한 논의도 제시된다.

제7장은 신뢰구간과 가설검정에 관한 이표본 방법을 다룬다. 모든 방법들을 다루기에는 시간이 충분하지 않을 수 있다. 시간이 부족한 경우에는 방법들을 선택하여 다룰 수 있다.

제8장은 선형회귀에서의 추론방법을 다룬다. 실제로 산점도는 종종 곡률을 나타내거나 영향점을 담고 있다. 그러므로 이 장은 모형가정 확인과 변수변환에 관한 제재를 포함한다. 모형에 포함되는 변수선택이 많은 실제 분석에서 필수적인 단계이기 때문에 다중회귀 영역에서 모형선택 방법이 특히 강조되었다.

제9장은 주로 사용되는 실험계획과 관련된 자료를 분석하는 방법을 설명한다. 완전 확률화 블록설계와 2^P 요인설계와 함께 일원분산분석법과 이원분산분석법을 꽤 광범위하게 다룬다.

제10장은 통계적 품질관리에 대한 주제를 제시하고, 관리도, CUSUM 차트 및 공정 능력을 다루고, 6-sigma 품질에 대한 간략한 설명으로 마무리한다.

추천 범위

교재는 주당 4시간씩 한 학기 과정에 대해 충분한 제재를 담고 있다. 3시간 과정에서는 아마 다룰 범위에 대해 약간의 선택을 할 필요가 있다. 하나의 방안은 처음 세 장을 다루는데 3장의 마지막 두 절은 가볍게 다루고, 4장에서는 중심극한정리와 함께 이항분포, 포아송 분포와 정규분포를 다룬다. 그리고 5장과 6장에서 신뢰구간과 가설검정을 다루고, 7장에서 이표본 절차로 신뢰구간과 가설검정으로 마무리하거나 시간이 허락하면 8장에서 회귀에서 추론방법에 대해 어느 정도의 제재를 다룬다.

회귀와 요인실험을 더 강조하는 과정에서는 검정력 계산과 다중 검정절차를 빠르게 다루고 6장에 이어 8장과 9장을 다룰 수 있다. 또는 9장을 통계적 품질관리에 대한 10장을 대치할 수 있다.

제2판에서의 새로운 점

이번 제2판은 제1판의 강점을 확장한다. 몇 가지 변화는 다음과 같다.

- 250개 이상의 새로운 문제 포함
- 많은 예제들의 갱신
- 1장에 이상점에 대한 저항성 추가
- 2장에 최소제곱직선의 기울기에 대한 설명 추가
- 7장에 분산에 대한 검정 추가
- 많은 곳에서 설명을 개선

감사의 글

책을 완성하는 데 도움을 준 많은 분들에게 감사의 말을 전한다. Colorado School of Mines에 근무하는 동료 Gus Greivel, Ashlyn Munson, Melissa laeser는 많은 조언을 통해 도움을 주었다. University of Michigan의 Jack Miller는 오류를 많이 잡아주었고, 개선할 부분들을 알려주었다.

McGraw-Hill 관계자분들 역시 많은 도움을 주었다. 특히 장기간의 원고 집필을 무사히 마치도록 안내해준 개발자 Tina Bower, 콘텐츠 프로젝트 관리자 Jeni McAtee, 수석 콘텐츠 프로젝트 관리자 Sarita Yadav에게 고마움을 표한다.

William Navidi

저자에 관하여

William Navidi는 Colorado School of Mines, 수리컴퓨터 과학 교수이다. New College에서 수학학사 학위를, Michigan State University에서 수학석사 학위를, University of California at Berkeley에서 통계학박사(Ph.D) 학위를 받았다. Navidi 교수는 통계이론과 컴퓨터 네크워크, 역학, 분자 생물학, 화학공학과 지구물리학을 포함한 다양한 분야에서 80편 이상의 연구 논문을 저술하였다.

역자서문

통계학은 관련된 분야에 대해 자료를 수집하고, 수집된 자료 사이에 변이성이 존재하는 상황에 적용할 수 있다. 대부분의 과학과 공학의 전공영역에서도 자료의 수집과 분석 과정을 통해 그 분야의 발전이 이루어진다. 공학을 포함한 많은 과학적인 자료는 변이성을 포함하므로 적절한 자료 분석법, 즉 통계적 방법이 필요하다.

통계학이란 불확실한 사실이나 상황에 대한 자료를 수집, 정리, 요약, 분석하고 결론을 이끌어내는 방법을 다루는 학문이다. 통계학에 관한 기초적인 개념과 통계적 방법에 대한 지식이 있다면 자신의 분야에서 수행된 여러 가지 통계적 연구결과를 읽고 이해할 수 있을 것이다. 자신의 분야에서 연구를 수행하려면, 통계적 절차가 기본적으로 요구된다. 그러려면 실험계획을 수행할 수 있고, 자료를 수집하여 정리 분석 및 요약할 수 있어야 하며, 신뢰할 수 있는 예측이나 예상을 통해 연구결과를 전달할 수 있어야 한다.

William Navidi가 저술한 『*Principles of Statistics for Engineers and Scientists*』는 과학과 공학에 대한 통계학의 적용에 주안점을 두고 있다. 저자가 서문에서 밝혔듯이 이 책은 이론보다는 통계적 방법을 이공계 문제에 어떻게 응용할 수 있는지를 강조하고 있다. 통계학의 기본원리는 모든 학문에 대해 공통적이지만, 이공계 학생들이 통계학의 중요한 개념을 쉽게 이해할 수 있도록 실제 자료를 다루는 예제들을 통해 동기를 부여하고, 산업 및 과학 연구와의 관계를 보여준다. 이론보다는 응용을 강조하므로 통계학을 배우는 목적에 따라 내용과 수학적 수준을 조절할 수 있을 것이다.

원서에서는 MINITAB을 사용하여 얻은 결과로 설명을 하고 있지만, 이 책에서는 유사한 결과를 제공하면서 가능한 한 간편하게 사용할 수 있도록 EXCEL로 얻은 결과로 설명을 대체하고 있다.

출간 후 나올 수 있는 수정사항 등은 자유아카데미 홈페이지(www.freeaca.com) 자료실에 제공할 예정이니 참조하기를 바라며, 이 책이 번역되어 출판되기까지 적극적으로 도움을 주신 자유아카데미 여러분께 깊은 감사의 말씀을 드린다.

2021년 2월

역자 일동

차례

7장 이표본 대한 추론

8장 선형모형의 추론

9장 요인실험

10장 통계적 품질관리

부록 A

부록 B

Chapter 1

일변량 자료의 요약

개요

과학과 공학의 발전은 대부분 자료의 수집과 분석을 통해 이루어진다. 과학적인 실험과 관찰을 통해 얻은 자료는 랜덤하게 변하는 경우가 많아 이에 대한 적절한 분석이 필요하다. 즉, 과학적 측정이 반복될 때 측정값이 매회 조금씩 다르게 나오는 경우가 대부분이다. "실험마다 조금씩 다르게 나오는 측정값에 대해 어떻게 결론을 도출할 것인가?"라는 문제가 제기되고, 이를 해결하기 위해서는 통계학에 대한 이해와 지식이 요구된다. 과학자들과 공학자들이 적절한 실험을 설계하고 얻은 자료로부터 신뢰할 수 있는 결론을 도출하는 데에는 통계적 방법이 필요한 것이다.

이 책은 과학과 공학에 대한 통계학의 적용에 주안점을 두고 있지만, 자료의 분석과 해석은 현대생활의 모든 면에서 중요한 역할을 하고 있다. 보다 효과적이고 창의적인 마케팅 캠페인부터 우리의 삶의 방식을 개선하기 위한 사회적 정책 개발을 위해 의견과 생활양식들에 대한 수많은 자료들이 수집되고 있다. 우리가 접하는 언론기사도 자료분석을 통해 사회적 혹은 경제적 경향성을 설명하고 있으며 이는 AI 등으로 이어지고 있다. 이러한 상황에서 통계학의 기본적인 지식은 유능한 과학자 또는 공학자가 되기 위함은 물론 현대 사회를 살아나가는 데 아주 유용하다고 할 수 있다.

기본 개념

자료분석에 있어서 모든 통계학적 방법의 기본 개념은 선택된 작은 표본에 대한 연구를 통해 모집단에 대해 추론하는 것이다. 예를 들어, 클러치에 사용되는 지름이 0.65 ± 0.03 cm인 볼 베어링을 제작하는 기계가 있다고 가정하자. 최근 한 시간 동안 이 기계를 이용하여 2,000개의 볼 베어링을 만들었다. 품질기사는 이 많은 베어링 중 품질기준에 적합한 베어링이 얼마나 되는지 알기를 원했으나 2,000개의 볼을 다 측정할 시간이 없었기 때문에 랜덤으로 80개의 표본을 선택하여, 80개 중 72개의 베어링(약 90%)이 품질기준에 적합한 것을 알아냈다. 물론 80개의 표본은 2,000개의 모집단을 완벽하게 대표하지는 못하며, 모집단에서의 품질기준에 적합한 베어링의 비율은 표본비율 90%와 다소 차이가 있을 것이다.

품질기사들이 알고 싶어 하는 점은 과연 그 차이가 얼마나 되느냐일 것이다. 예를 들어, 모집단 비율은 95% 또는 98%만큼 높을 수 있는가? 아니면 85% 또는 80% 만큼 낮을 수 있는가? 등이다.

다음은 표본자료에 기초하여 품질기사가 답변해야 하는 몇 가지 중요한 질문이다.

1. 품질기사는 표본비율과 모비율 간의 차의 크기에 대한 대략적인 추정값을 계산해야 한다. 이러한 표본들은 일반적으로 얼마나 차이 나는가?
2. 품질기사는 지난 한 시간 동안 제작된 베어링의 검사기록 중에 품질기준을 통과한 베어링의 백분율을 주목해야 한다. 표본 베어링의 90%가 적합했다면 모집단에서의 적합비율을 구간의 형태인 $90\% \pm x\,\%$로 제시할 것이다. 여기서 x는 참의 모비율이 그 구간에 속한다는 합리적인 확실성을 제공하도록 계산된 수치이다. 이러한 x를 어떻게 구해야

할 것인가?

3. 품질기사가 적합한 베어링의 비율이 적어도 85%이기를 상당히 확신하길 바란다. 그렇지 않다면 기계의 재조정을 위해 공정을 중지할 것이다. 1,000개의 베어링 중에서 적어도 85%가 적합하다고 얼마나 확신할 수 있는가?

이 책은 이러한 문제에 대한 해답을 찾는 데 많은 부분을 할애하고 있다. 첫 번째 질문에 답하기 위해서는 **표준편차(standard deviation)**의 계산이 필요하며, 이는 제3장에서 다루게 될 것이다. 두 번째 질문에 답하기 위해서는 **신뢰구간(confidence interval)**의 설정이 요구되며, 이는 제5장에서 배우게 될 것이다. 세 번째 질문은 **가설검정(hypothesis test)**을 통해 해답을 찾을 수 있으며, 이를 제6장에서 다룬다.

그 외의 단원에서는 다른 중요한 주제에 대해서 다루게 된다. 예를 들어, 기술자가 강철 베어링에 포함된 탄소의 양에 따라서 압축 강도가 어떻게 변화하는지 알아야 할 경우에 대해서는 제2장과 제8장에서 다루게 되며, **상관분석(correlation analysis)**과 **회귀분석(regression analysis)**을 통해 해결하도록 제시한다. 또한, 제조과정을 결정하는 몇 개의 인자에 대해서 최적의 결과를 얻을 수 있도록 각각의 인자를 조절하는 것도 중요하다. 이러한 인자의 조절은 **요인실험(factorial experiment)**을 통해 결정할 수 있으며, 이는 제9장에서 다루고 있다. 우리는 제조공정에서 생산된 제품의 품질을 검사하기 위한 계획을 세우고 검사하며, 이 과정에서 통계학적 방법이 도입되어 산업현장의 품질유지를 하고 있다. 이러한 **통계적 품질관리(statistical quality control)**를 제10장에서 배우게 된다.

위에서 열거한 주제들은 수집한 자료를 바탕으로 하여 통계적인 결론을 얻는 방법들이며, 이는 **추측 통계학(inferential statistics)**에 속하게 된다. 이러한 주제를 다루기 위해서는 먼저 통계적 추정을 위한 자료의 수집과 정리가 필요하다. 따라서 먼저 자료의 수집과 기본정보를 명확하게 요약하는 방법이 필요한데, 이를 위해 **표집(sampling**; 표본추출)과 **기술 통계학(descriptive statistics)**이 필요하며 본 장에서 다루도록 한다.

1.1 표집

앞에서 서술한 바와 같이 모집단으로부터 추출한 **표본(sample)**의 분석을 통해 **모집단(population)**의 특성을 도출하는 것이 통계적 기법의 기본 개념이다. 분석을 위해서는 적합한 방법을 통해 표본을 추출해야 신뢰성 있는 결과를 얻을 수 있다. 예를 들어, Colorado School of Mines 학생들의 신장을 조사하기 위해 100명의 학생 표본을 추출한다고 하였을 때, 어떻게 표본을 추출해야 하는가? 몇몇 추출방법은 표본의 대표성을 분명히 떨어뜨릴 것이다. 예를 들어, 축구팀이나 농구팀의 선수로부터 표본을 추출한다면 학생들의 신장을 대표하기에는 어려울 것이다. 그렇다면 표본을 추출할 때 어떤 기숙사에 사는 학생들이나 공업 통계학을 수강한 학생들과 같이 편리하게 표본을 추출할 수도 있다. 이러한 표본이 전체 학생의 신장과 다른 경향을 나타낼 가능성은 낮다고 생각할 수도 있다. 그러나 예상치 못한 부분에서 잘못된 표본으로 판명될 수 있기 때문에 이러한 표본추출은 완벽하게 이상적이지는 않다. 최상의 표본추출은 임의로 이루어지는 **확률표집(random sampling)**이며, 그중 가장 기본은 **단순확률표집(simple random sampling)**이다.

단순확률표본

단순확률표본의 특성을 이해하기 위해서 복권의 예를 생각해 볼 수 있다. 10,000개의 복권이 팔렸고 이 중에서 5명의 당첨자를 뽑는다고 가정하자. 당첨자를 뽑기 위한 가장 적합한 방법은 무엇인가? 가장 공정한 방법은 10,000개의 복권을 통에 넣고 섞은 다음에 손을 집어넣어서 5개의 복권을 뽑는 것이다. 이 5개의 복권이 10,000개의 복권 모집단으로부터의 단순확률표본이 되며, 각 복권이 5개 중 하나로 뽑힐 확률은 동일하다. 더욱 중요한 점은 5개의 당첨복권이 그룹으로 뽑힐 확률과 각 복권이 5개 중 하나로 뽑힐 확률은 같다는 것이다. 이러한 특성은 단순확률표본을 정의하는 가장 기본적인 개념이 된다.

요약

- **모집단(population)**은 정보가 수집되는 개체나 결과들의 전체 모임이다.
- **표본(sample)**은 실제 관측된 개체나 결과를 포함하고 있는 모집단의 부분집합이다.
- 크기 n인 **단순확률표본(simple random sample)**은 복권에서와같이 n개의 모집단 아이템의 각 모임이 표본이 될 가능성이 같도록 하는 방법으로 선택된 표본이다.

단순확률표본은 복권과 유사하다. 많은 복권에서 사용되는 것과 같은 방법인 난수를 사용하여 뽑는다. 모집단에 N개의 아이템이 있다고 가정하고 각 아이템에 1부터 N 사이의 정수를 할당한다. 1부터 N 사이에서 랜덤으로 정수 목록을 생성한 뒤 이에 대응하는 모집단 아이템을 선택하여 단순확률표본을 구성한다.

예제 1.1

한 기업이 특정 도시 고객들의 만족도를 측정하는 설문조사를 실행하기를 원한다. 그 도시에는 1만 명의 고객이 있으며 직원들은 그 중 표본으로 200명을 뽑아서 전화 인터뷰를 하고자 한다. 그들은 전체 고객 1만 명에게 1부터 1만까지의 번호를 부여하였다. 그리고 1부터 1만 사이의 정수 중 랜덤하게 200개를 추출하기 위해 난수발생 프로그램을 사용하고 그 결과로 나오는 번호에 해당하는 고객들에게 전화를 건다. 이것은 단순확률표본인가?

풀이

단순확률표본이다. 이것은 각각의 고객이 복권을 가지고 있고 거기서 200개의 복권을 추첨하는 방식과 유사하다고 할 수 있다.

예제 1.2

생산된 전자회로 중 결함비율을 알고자 한다. 특정 일에 생산된 제품에서 100개의 표본을 뽑기로 하고, 다섯 시간 동안 매시간 가장 최근에 생산된 20개의 제품을 가지고 테스트를 한다면, 이것은 단순확률표본인가?

풀이

단순확률표본이 아니다. 100개 회로의 모든 부분집합이 표본이 될 가능성이 같지 않기 때문이다. 단순확률표본을 구성하기 위해서 품질기사는 하루 동안 생산된 각각의 회로에 번호를 지정해 주고 난수를 생성하여 어느 회로를 표본으로 할지 결정해야 한다.

편의표본

일부 경우에는 확률표집이 어렵거나 불가능한 경우가 있다. 이러한 경우에는 몇 개의 간편한 방법을 이용하여 표본을 생성하는 것이 가장 합리적이다. 예를 들어, 각각 50 kg인 콘크리트 블록 1,000개를 수령했다고 하자. 콘크리트 블록은 대량으로 조달되므로, 그중 10개 정도의 블록 표본을 추출하여 강도를 측정하여 콘크리트 블록의 파괴강도를 조사하고자 한다. 이 경우 단순확률표본을 뽑기 위해서는 블록 더미의 중심부나 하단부에서 블록을 뽑아서 조사해야 할 경우가 발생하며, 이를 위해서 필요한 인력과 장비는 단순확률표집을 현실적으로 어렵게 한다. 따라서 10개의 콘크리트 블록을 최상단부의 블록에서 추출하여 표본을 만들 수 있으며, 이러한 방법으로 생성한 표본을 **편의표본**이라고 한다.

정의

편의표본(samples of convenience)은 잘 정의된 확률적인 방법을 통해 뽑힌 것이 아니라 어느 정도 편리한 방법으로 얻은 표본이다.

편의표본의 가장 큰 문제는 모집단과 여러 가지 특성에서 다를 수 있다는 것이다. 이런 이유로 편의표본은 오직 확률표집이 불가능할 경우에만 쓰인다. 편의표본이 필요할 때에는 추출한 표본이 모집단의 특성과 차이를 보일 수 있을지에 대한 신중한 검토가 필요하다. 만약 해당 자료에서 이러한 차이가 중요하지 않고 편의표본에 의해 추출된 자료가 단순확률표본이라고 할 수 있다면, 편의표본을 사용하는 것도 허용될 수 있을 것이다. 앞서 서술하였던 콘크리트 블록에서도 맨 위에 있는 블록과 다른 블록들이 그 구성이나 재료적 특성이 다르지 않다는 확신이 있으면 맨 위에서 추출한 편의표본을 단순확률표본으로 간주할 수 있다. 그러나 만약 블록 더미의 상부에 있는 블록들과 다른 부분에 있는 블록들이 서로 다른 혼합이나 양생 시간, 온도로 만들어졌을 가능성이 있으면, 편의표본의 사용으로 인한 오류가 생길 수 있다.

단순확률표본이라고 하여 모집단을 완벽히 반영한다고 할 수는 없다. 단순확률표본은 항상 그들의 모집단과 여러 가지 점에서 다르고 가끔은 상당히 다른 경향을 보인다. 같은 모집단에서 추출된 두 개의 다른 표본 또한 서로 다른 특성을 나타낸다. 이러한 현상을 **표집변동(sampling variation)**이라 한다. 표집변동은 동일한 조건을 이용하여 과학적 실험들을 반복할 때에도 매번 조금씩 다른 결과값이 나오는 이유들 중 하나이다. 예를 들어, 첫 번째 품질기사가 볼트 수출품에서 40개의 볼트 길이를 측정하여 단순확률표집을 하였을 때, 40개 중에서 32개(약 80%)의 볼트가 품질기준을 통과한 것으로 조사되었다. 두 번째 품질기사는 동일한 조건에서 추출한 40개의 볼트 중에서 36개(약 90%)의 볼트가 품질기준을 만족하였다. 이 경우 두 번째 품질관리자는 40개의 볼트를 추출할 때에 우연히 좀 더 좋은 볼트를 고른 것이 된다. 이처럼 어떠한 표본도 모집단을 완벽하게 반영하지는 못한다. 모집단에서 좋은 볼트의 비율은 80% 혹은 90%에 근접할 것이다. 그러나 두 값이 정확히 같을 수는 없다.

단순확률표본은 모집단을 완벽히 반영하지 않는데 왜 표본을 랜덤으로 추출하는 것이 중요할까? 단순확률분포의 장점은 대표적인 표본을 얻는데 체계적인 방법이라는 것이다. 표본과 모집단의 차이는 전적으로 랜덤변동으로 인해 발생한다. 랜덤변동 이론을 잘 이해한다면 이를 바탕으로 우리는 단순확률표본과 그들의 모집단 사이의 관계를 파악하기 위한 수학적 모형을 구축할 수 있다. 표본들을 랜덤으로 뽑지 않은 경우, 모집단과 표본의 관계를 설명할 수 있는 이론은 없다. 따라서 랜덤으로 뽑지 않는 표본은 신뢰성 있는 분석이 어렵다.

유형 모집단과 개념적 모집단

지금까지 예를 든 모집단은 회사의 고객, 콘크리트 블록, 볼트와 같이 물리적으로 유형화된 개체들로 이루어져 있다. 이러한 모집단을 **유형 모집단(tangible population)**이라 한다. 유형 모집단의 원소는 유한개이며, 하나의 표본이 추출되면 모집단의 크기는 1개가 감소하게 된다. 원칙적으로는 추출된 표본을 다시 모집단으로 되돌리는 경우도 있으나 실제 상황에서는 매우 드문 경우이다.

공학 자료는 유형 모집단에서 표본추출 되는 것보다는 실험에서 측정하여 모집단으로 구성되는 경우가 많다. 간단한 예를 들면, 엔지니어가 봉의 길이를 동일한 조건하에서 정밀하게 다섯 번 측정한다고 하자. 측정값을 비교하면 동일한 조건에서 측정되었음에도 그 값들은 약간의 차이를 보일 수 있다. 이는 최대한 동일한 조건에서 정밀 측정이 이루어졌다고 하더라도 측정 과정을 완벽히 동일하게 제어할 수 없기 때문이다. 이러한 측정값들의 집합은 모집단에서의 단순확률표본과 동일 유형의 자료로 판명되기도 한다. 이 경우 모집단은 측정 과정 중에서 관찰 가능한 모든 값으로 이루어지며, 이와 같은 모집단은 실제로 존재하는 구성요소가 없으므로 **개념적 모집단**이라 부른다.

정의

단순확률표본은 동일한 실험 조건하에 얻어진 값들로 구성된다. 이 경우 표본은 관측될 수 있는 모든 값으로 구성된 모집단으로 얻어지며, 이 모집단을 **개념적 모집단(conceptual population)**이라 정의한다.

예제 1.3

한 지질학자가 어떤 바위의 무게를 정밀저울을 이용하여 수차례 측정하였다. 측정 결과 매번 약간 다른 결과가 나왔다. 어떤 조건 아래에 측정값을 단순확률표본으로 볼 수 있는가? 이 경우 모집단의 유형은 무엇인가?

풀이

매 측정마다 저울의 특성이 동일하게 유지되었다면, 그 측정들은 동일한 조건하에서 이루어진 것이므로 각각의 측정값은 단순확률표본으로 볼 수 있다. 또한 원칙적으로 저울의 모든 측정값을 포함하므로 개념적 모집단으로 분류된다.

단순확률표본 여부 판정

예제 1.3에서 측정값의 집합이 단순확률표본인지를 결정하기 위해 저울의 물리적 특성을 고려하였다. 일반적으로 어떠한 자료의 집합이 단순확률표본인지를 판정할 때는 자료를 생성하는 과정에 대한 이해가 필요하다. 표본의 크기가 클 때는 통계학적 방법들을 활용하여 도움을 받을 수는 있으나, 이 경우에도 자료가 생성되는 과정에 대한 이해가 중요하다.

예제 1.4

새 공정이 기존 공정 대비 생산량이 더 많도록 설계되었다. 새 공정의 생산량을 연구하기 위해 50번의 실험을 하여 그 생산량을 기록하였다. 어떤 조건하에서 단순확률표본으로 볼 수 있는가? 또한 어떤 조건하에서는 단순확률표본으로 볼 수 없는지도 서술하시오.

풀이

우선 모집단을 명시하여야 한다. 이 경우 모집단은 가능한 모든 생산량의 집합으로 이루어져 있으므로 개념적 모집단이다. 우리가 수집한 표본은 생산된 처음 50개의 생산량이다. 만약 50번이 모두 동일한 조건하에서 생산이 되었으며, 앞으로도 동일한 조건이 유지된다고 하면 단순확률표본이라고 할 수 있다.

그러나 50개의 생산량이 단순확률표본이 되지 못하는 경우도 있다. 예를 들어, 어느 공정은 처음에는 높은 생산량을 보이다가 뒤에는 생산량이 낮아지는 경우도 있다. 생산량이 시간이 지날수록 증가하는 경향을 보이는 경우도 있는데, 이는 공정을 제어하는 기술자가 시간이 지나면서 경험을 축적하여 더 효율적으로 공정을 제어하는 방법을 습득하기 때문이다. 이러한 경우들은 측정된 생산량이 동일한 조건이 아니므로 단순확률표본이 아니다.

예제 1.4는 자료생성과정에 대해 이해하는 것이 단순확률표본의 판정에 얼마나 중요한지 다시 한 번 알려준다. 이 경우 통계적 기법이 주어진 자료 집합의 단순확률표본 여부를 판정하는 데 도움을 줄 수 있다. 예를 들어, 실험 조건이 시간이 지나면서 변화하는 경우가 있으며, 이러한 경우 시간의 진행에 따라 자료를 나열하여 단순하고 효율적으로 이를 판단할 수 있다. 단순확률표본의 경우에는 시간에 따른 경향성을 보여주지 않는다.

그림 1.1은 시간순으로 나열한 세 개의 표본의 도표이다. 그림 1.1(a)는 시간이 지남에 따라서 명확한 변동 경향을 보인다. 그림 1.1(b)는 시간의 진행에 따라서 점차 증가한다. 따라서 두 개의 표본은 단순확률표본으로 간주할 수 없다. 그림 1.1(c)는 시간의 진행에 따라서 어떠

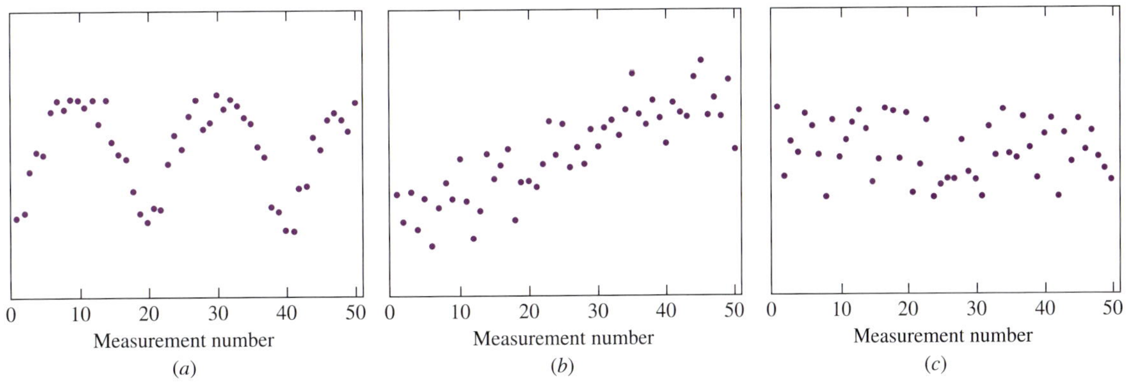

그림 1.1 관측값의 시간순에 따른 나열 도표. (a) 도표는 시간이 갈수록 확실한 변동 패턴을 보이므로 단순확률표본이 아니다. (b) 도표는 시간의 지남에 따라 증가하는 경향을 보이므로 단순확률표본이 아니다. (c) 도표는 어떤 패턴이나 경향도 보이지 않는다. 이 자료의 집합들은 단순확률표본으로 판정할 수 있다.

한 경향성도 보이지 않으므로 해당 자료의 집합은 단순확률표본으로 볼 수 있다. 그러나 이러한 판정을 내리기 전에 자료의 생성과정에 대한 이해는 여전히 중요하며, 때때로 이러한 특성이 도표에 나타나지 않을 수도 있으므로 주의가 필요하다.

독립성

어떤 표본에 속한 자료의 몇몇 값을 아는 것이 표본 내의 다른 자료값을 예측하는 데 도움이 되지 않을 때, 이것을 **독립(independent)**이라고 한다. 유한한 자료 개수를 가진 유형 모집단으로부터의 단순확률표본 내의 자료값들은 엄격하게는 독립적이지 않다. 이 경우 표본 내의 각각의 항목이 추출될 때 모집단 자체가 변하기 때문이다. 모집단이 작을수록 그 영향은 커진다. 반대로 모집단이 클 때는 이러한 변화를 무시할 수 있으므로 각각의 항목을 독립으로 간주할 수 있다.

예를 들어, 다음 모집단으로부터 두 개의 자료값으로 이루어진 단순확률표본을 추출한다고 하자.

0	0	1	1

최초 표본추출로 0과 1의 추출될 가능성은 같다. 그러나 두 번째 추출되는 항목은 첫 번째 추출 때문에 큰 영향을 받는다. 만약 처음에 0이 뽑히면 두 번째에는 1이 뽑힐 가능성이 크며, 반대의 경우도 마찬가지이다. 따라서 추출되는 항목은 서로 독립이지 않다. 이제 다음과 같이 0과 1이 수많이 존재하는 모집단에서 크기가 2인 표본을 추출한다고 하자.

0 백만 개	1 백만 개

첫 번째 추출에서 0과 1은 뽑힐 확률은 같다. 그러나 이전의 예와는 다르게 이 두 번째 값은 첫 번째 뽑힌 숫자에 상관없이, 0과 1이 추출될 확률이 거의 동일하다. 큰 모집단에서는 표본항목들이 서로 독립이다.

단순확률표본의 크기가 어느 정도 이상이 되면 유한모집단으로부터의 표본항목들을 독립으로 간주할 수 있을지 애매하다. 경험법칙은 유한모집단에서 표집할 때, 표본이 모집단의 5% 혹은 그 이하를 포함할 때 독립으로 간주할 수 있다는 것이다.

표본항목을 추출한 후에 해당 항목을 다시 모집단으로 넣으면 모집단의 항목 수가 무한하게 큰 것처럼 볼 수 있으며, 이렇게 표본추출 항목을 다시 모집단으로 돌려보내는 기법을 **복원추출(sampling with replacement)**이라고 한다. 복원추출을 하면 매번 표본추출시에 같은 모집단으로부터 항목을 추출하게 되어 표본항목들은 완전하게 독립이다. **개념적 모집단(conceptual population)**에서는 추출된 표본항목은 명확한 조건하에서 추출되어야 한다. 따라서 표본항목은 독립이다.

요약

- 특정 표본항목들의 값이 다른 값을 예측하는 데 아무런 영향을 미치지 못할 경우, 표본의 항목들은 독립이다.
- 단순확률표본의 항목은 많은 경우에서 독립으로 볼 수 있다. 단, 모집단이 유한하고, 표본이 모집단의 상당한 비율(5% 이상)로 구성될 때는 예외이다.

다른 표본추출방법

단순확률표집 이외에도 여러 가지 상황하에서 유용하게 사용할 수 있는 표집방법들이 존재한다. **가중표집(weighted sampling)**은 복권을 산 사람 중에서 여러 장을 구매한 사람들이 더 많은 추첨권을 가지고 추첨하는 것과 같이 특정한 몇 개의 항목에 더 큰 추출확률을 부여하는 방법이다. **층화확률표집(stratified random sampling)**은 모집단을 **층(strata)**이라고 하는 부차 모집단으로 나누고, 각 층에서 단순확률표본을 뽑는 방법이다. **군집표집(cluster sampling)**은 모집단으로부터 그룹 혹은 군집으로 항목을 추출하며, 모집단의 크기가 단순확률표집을 하기에는 너무 크거나 퍼져 있는 경우에 유용하다. 예를 들어, 미국의 많은 공공 기관들은 국민의 수입(income)이나 실업률 등을 측정하기 위해 군집표집을 사용한다. 이러한 예에 대해서는 Cochran(1977)에서 잘 설명하고 있으므로 더 많은 정보가 필요할 경우 참고하기를 권한다.

단순확률표집만이 표본추출의 유일한 방법은 아니다. 그러나 대부분의 경우에 단순확률표본이 가장 유용하므로 특별히 명시하지 않은 경우, 지금부터 '표본'과 '확률표본'은 '단순확률표본'으로 간주한다.

자료의 유형

표본에 속하는 각 항목에 얼마나 큰지 혹은 얼마나 많은 지를 나타내는 수치적 양을 할당할 때, 결과적인 값의 집합을 **수치적(numerical)** 혹은 **양적(quantitative)**이라 한다. 어떤 경우는 표본항목을 **범주(category)**로 대치하고, 범주 이름을 표본항목에 할당한다. 이와 같은 자료를 **범주형(categorical)** 또는 **질적(qualitative)**이라 한다. 때때로 동일한 측정에서 양적 자료와 범주형 자료가 모두 수집될 수도 있다. 예를 들어, 용접으로 연결된 기둥과 보의 한계응력을 측정하는 실험에서 기둥의 파괴 시 응력은 수치적 자료이고 기둥 파괴 지점은 범주형 자료이지만, 모두 동일한 한 개의 실험에서 수집된다.

제어실험과 관찰연구

많은 과학 실험들은 하나 또는 그 이상의 인자를 변화시켰을 때의 측정값의 변화를 보기 위하여 수행된다. 예를 들어, 화학공학 엔지니어가 시약과 촉매의 농도가 반응에 미치는 영향을 알아보기를 원한다고 하자. 매번 농도를 변화시키면서 실험을 수차례 실시하고 그 결과를 비교할 것이다. 이처럼 인자들의 값(시약과 촉매 농도)을 실험자가 통제 가능한 실험을 **제어실험(controlled experiment)**이라고 한다. 인자에 대한 통제가 적정하게 계획되고 수행되었을 때, 제어실험은 실험인자와 반응 사이의 신뢰성 있는 인과관계를 보여 줄 수 있다. 앞에서 든 예에서는 제어실험이 적정하게 수행된다면, 시약과 촉매의 농도가 공정 생산량에 미치는 영향을 알아낼 수 있게 될 것이다.

그러나 위의 예와는 다르게 인자의 수준(level)을 통제할 수 없는 경우도 빈번히 발생한다. 예를 들어, 폐암 발생과 흡연과의 관계를 규정하기 위해 수행되었던 많은 연구를 들 수 있다. 주로 흡연자와 비흡연자 간의 암 발생률을 비교하는 방식으로 진행되었으나, 실험자는 어떠한 사람이 흡연하는지를 통제할 수 없고 연구를 위해 흡연을 강요할 수도 없으므로 실험자는 인자의 수준을 있는 그대로 관찰하여야 한다. 이러한 유형의 연구를 **관찰연구(observational study)**라고 한다. 관찰연구는 인과관계에 대해 신뢰할만한 결과를 얻는 면에서는 제어실험만큼 좋지는 않다. 흡연과 폐암에 관한 경우와 같이, 흡연자들이 전체 모집단의 전형적인 구성원이 아닐 수도 있으며, 다른 원인으로 인해 폐암에 걸린 경우도 존재할 수 있다. 이러한 이유로 오랫동안 흡연자들이 비흡연자들보다 폐암 발병률이 더 높다는 것이 알려져 왔지만, 흡연이 실제로 폐암 발병률을 높이는 원인이라는 것을 확신하기까지 수십 년 동안 신중한 관찰이 필요했던 것이다.

1.1 연습문제

1. 다음은 모집단으로부터 표본을 추출하는 경우들이다. 모집단을 정의하고, 유형 또는 개념적 모집단인지를 고르시오.

a. 특정 화학 공정을 15회 운전하고 그 생산량을 매번 측정한다.

b. 1,000명의 유권자를 설문 조사하여 어느 후보자를 도지사로 지지하는지 조사한다.

c. 콜레스테롤 저하를 위한 신약테스트 대상을 확보하고자 콜레스테롤 수치가 높은 100명을 모집하였다.

d. 동일한 과정을 거쳐서 만들어진 8개의 콘크리트 시편의 압축강도를 각각 측정한다.

e. 특정 날짜에 생산된 볼트들의 생산규격 합격 여부를 결정해야 한다. 오후 3시에 그 전 생산된 100개의 볼트를 표본으로 한다.

2. 다음 문장의 참 또는 거짓을 판별하시오.

a. 단순확률표본은 모집단의 특징을 정확하게 반영한다.

b. 단순확률표본은 모집단과의 차이가 나이는 시스템적인 경향성이 전혀 없다.

3. 현재 사용하는 집적회로의 생산방식은 12%의 불량품 비율을 가지는 것으로 알려져 있다. 불량품의 비율을 줄이기 위해 도입된 새로운 생산방식을 테스트한 결과, 100개의 단순확률표본에서 12개의 불량품이 나왔다.

a. 한 엔지니어는 테스트한 표본에서 발견된 불량품의 비율이 이전 생산방식의 불량품 비율과 같으므로 새로운 생산방식이 이 전의 공정방식보다 더 나은 것이 없다고 주장하였다. 이 결론이 정당한지 설명하시오.

b. 만약 100개의 회로 중에서 11개의 불량품이 발견되었다면, 새로운 생산 방식이 더 우수하다고 할 수 있는지 설명하시오.

c. 11개의 불량품이 발견되었을 경우와 2개의 불량품이 발견되었을 경우 중, 새로운 생산방식의 우수성을 증명하는 데 있어 더 강력한 증거가 되는 것은 어느 경우인가?

4. 특정한 표본의 단순확률표본 여부를 결정하기 위해서 통계학에 대한 지식과 표본생성과정에 대한 지식 중에 어떠한 것이 더 중요하게 작용하는지 설명하시오.

1.2 요약통계량

일반적으로 표본은 숫자들의 긴 목록이므로 한눈에 파악하기 어렵다는 단점이 있다. 따라서 이러한 표본의 중요한 특징을 한눈에 보기 위해서 일반적으로 요약통계량을 구해 사용한다. 가장 자주 사용하는 요약통계량은 **표본평균(sample mean)**과 **표본표준편차(sample standard deviation)**이다. 평균은 자료들의 중심값을 나타내는 척도이며, 표준편차는 자료들이 어떻게 산포해 있는지를 나타낸다.

표본평균

표본평균은 **산술평균(arithmetic mean)** 또는 단순하게 **평균(average)**이라 한다. 이것은 표본의 총합을 그 표본 수로 나누는 것을 의미한다. 표본평균임을 나타내기 위해서 보통 **바(bar)**를 사용하고(예: $\overline{X}$), 단위 또한 표본의 값($X_1, \cdots, X_n$)과 같은 단위를 갖는다.

정의

표본을 $X_1, \cdots, X_n$이라 하면 **표본평균(sample mean)**은

$$\overline{X} = \frac{1}{n}\sum_{i=1}^{n} X_i \tag{1.1}$$

이다.

예제 1.5

남자들의 집단에서 단순확률표본으로 5명의 남자를 뽑아 키를 측정하였다. 그 키가 166.7, 183.6, 173.5, 170.3, 179.5일 때, 표본평균을 구하시오.

풀이

식 (1.1)을 사용하여 구한 표본평균은

$$\overline{X} = \frac{1}{5}(166.4 + 183.6 + 173.5 + 170.3 + 179.5) = 174.66 \text{ cm}$$

이다.

표준편차

28, 29, 30, 31, 32와 10, 20, 30, 40, 50의 두 개의 숫자 목록이 있다. 두 목록의 평균은 30으로 같다. 그러나 두 번째 목록은 첫 번째 목록보다 더 넓게 산포되어 있다. 이 경우 표본에서 자료들이 산포의 정도를 측정하는 양을 **표준편차(standard deviation)**라 한다.

$X_1, \cdots, X_n$을 표본이라고 할 때, 자료가 넓게 산포되어 있으면 표본값은 평균으로부터 멀리 떨어져 있으며, 반대로 자료가 좁게 산포되어 있을 때 값들은 평균에 가까이 있을 것이다. 표준편차를 계산하기 위해서는 먼저 각각의 표본값과 표본평균과의 차이인 편차[$(X_1 - \overline{X}), \cdots, (X_n - \overline{X})$]를 계산한다. 이 결과로 몇몇 값은 양수가 나오고, 또 나머지 몇몇 값은 음수가 나온다. 이때 음의 값을 나타내는 편차의 합과 양의 값을 나타내는 편차의 합의 크기는 서로 같다. 따라서 모든 편차값을 양수로 만들기 위해서 편차를 각각 제곱하여 $(X_1 - \overline{X})^2, \cdots, (X_n - \overline{X})^2$을 구한다. 각각 제곱된 편차를 통해 표본의 산포 정도를 알 수 있게 되는데 이를 **표본분산**

이라 한다. 표본분산은 제곱된 편차의 평균으로부터 구할 수 있으며, 여기서 n 대신에 $n-1$로 나누어 준다. 보통 표본분산을 s^2으로 나타낸다.

정의

표본을 $X_1, \cdots, X_n$이라 하면 **표본분산(sample variance)**은

$$s^2 = \frac{1}{n-1}\sum_{i=1}^{n}(X_i - \overline{X})^2 \tag{1.2}$$

이다. 위와 같은 식을 다른 형태로 나타내면,

$$s^2 = \frac{1}{n-1}\left(\sum_{i=1}^{n}X_i^2 - n\overline{X}^2\right) \tag{1.3}$$

이다.

표본분산은 중요한 척도이지만, 산포의 정도를 나타내는 데 있어서 단위가 표본의 단위와 다른 제곱 단위를 갖는다는 단점을 가지고 있다. 따라서 표본의 값과 같은 단위를 가지면서 표본의 산포 정도를 나타낼 수 있게 하려면 분산에 제곱근을 취한다. 이때 이 값을 **표본표준편차**라 하고, s로 나타낸다(s^2의 제곱근).

정의

표본을 $X_1, \cdots, X_n$이라 하면 **표본표준편차(sample standard deviation)**는

$$s = \sqrt{\frac{1}{n-1}\sum_{i=1}^{n}(X_i - \overline{X})^2} \tag{1.4}$$

이다. 위와 같은 식을 다른 형태로 나타내면,

$$s = \sqrt{\frac{1}{n-1}\left(\sum_{i=1}^{n}X_i^2 - n\overline{X}^2\right)} \tag{1.5}$$

이다. 표본표준편차는 표본분산의 제곱근과 같다.

여기서 편차의 제곱합을 표본의 개수 n이 아닌 $n-1$로 나누는 것에 대해 의문을 가지는 것은 당연하다. 표본표준편차를 계산하는 주된 이유는 제시된 표본으로부터 모집단이 얼마만큼 산포되어 있는지를 추정하는 것이다. 그러므로 표본평균에 대한 편차를 이용하기보다는, 모집단의 모든 자료에 대한 평균으로부터의 편차를 계산하는 것이 이상적이다. 하지만 모집단 평균을 실제로 구할 수 없으므로 평균값은 표본평균값을 사용하게 된다. 따라서 표본평균에

대한 편차가 모평균에 대한 편차보다 차이가 더 적어 n보다 $n-1$로 나누는 것이 정확하게 올바른 수정이라는 수학적 사실이 있다.

예제 1.6

예제 1.5의 자료에서 표본분산과 표본표준편차를 구하시오.

풀이

먼저 식 (1.2)를 이용하여 표본분산을 구한다. 표본평균은 $\overline{X}=174.66$이므로(예제 1.5 참고) 표본분산은

$$s^2 = \frac{1}{4}[(166.4-174.66)^2 + (183.6-174.66)^2 + (173.5-174.66)^2 + (170.3-174.66)^2 + (179.5-174.66)^2] = 47.983$$

이다. 식 (1.3)을 이용하면,

$$s^2 = \frac{1}{4}[166.4^2 + 183.6^2 + 173.5^2 + 170.3^2 + 179.5^2 - 5(174.66^2)] = 47.983$$

이다. 표본표준편차는 표본분산의 제곱근으로

$$s = \sqrt{47.983} = 6.93$$

이다.

만약 예제 1.5의 자료를 센티미터가 아닌 인치로 나타낸다면 표본평균, 분산, 표준편차는 어떻게 되겠는가? 센티미터 단위 자료를 X_1, X_2, X_3, X_4, X_5로 하고 인치 단위 자료를 Y_1, Y_2, Y_3, Y_4, Y_5로 하자. 먼저 X_i과 Y_i 사이의 관계는 $Y_i=0.3937X_i$로 나타낼 수 있다. 예제 1.5에서 단위를 인치로 환산하여 표본평균을 계산한 결과와 센티미터 단위로 계산한 표본평균의 관계는 $\overline{Y}=0.3937\overline{X}$를 만족한다. 따라서 일정한 상수를 각각의 표본값에 곱하면, 표본평균 또한 같은 값의 상수를 곱한 것과 같다. 표본분산에 대해서는 편차들 사이에 $(Y_i-\overline{Y})=0.3937(X_i-\overline{X})$를 만족하고, 이는 $s_Y^2=0.3937^2s_X^2$와 $s_Y=0.3937s_X$가 된다.

만약 표본에 포함된 남자들이 각각 2 cm 단상 위에 서 있다면 각 표본의 키는 2 cm 커질 것이고, 마찬가지로 표본평균도 2 cm 커질 것이다. 일반적으로 각각의 표본 값에 일정한 상수가 더해지면, 표본평균에도 같은 상수값만큼 증가(또는 감소)된다. 하지만 편차의 값은 변하지 않으므로, 표본분산과 표준편차는 영향받지 않는다.

요약

- $X_1, \cdots, X_n$이 표본일 때 $Y_i=a+bX_i$이면 (여기서 a와 b는 상수) 평균은 $\overline{Y}=a+b\overline{X}$이다.
- $X_1, \cdots, X_n$이 표본일 때 $Y_i=a+bX_i$이면 (여기서 a와 b는 상수) 분산은 $s_Y^2=b^2s_X^2$이고 표준편차는 $s_Y=|b|s_X$이다.

표본중앙값

평균과 마찬가지로 중앙값은 중심의 척도이다. 중앙값을 계산하기 위해서는 표본을 오름차순으로 정렬한다. 이때 **표본중앙값(sample median)**은 중앙에 위치한 수이다. 표본 수가 짝수일 때는 중앙 두 수의 평균값을 표본중앙값으로 한다.

정의

n개의 자료가 작은 값부터 큰 값까지 정렬되어 있을 때,

- n이 홀수이면 표본중앙값은 $\frac{n+1}{2}$번째에 위치한 값이다.
- n이 짝수이면 표본중앙값은 $\frac{n}{2}$과 $\frac{n}{2}+1$번째에 위치한 값의 평균값이다.

예제 1.7

예제 1.5의 자료에서 표본중앙값을 구하시오.

풀이

다섯 개의 키 자료를 오름차순으로 나열하면, 166.4, 170.3, 173.5, 179.5, 183.6이다. 표본중앙값은 가장 중간에 위치한 173.5이다.

이상점

표본에서는 가끔 나머지 자료들과 비교하면 훨씬 크거나 작은 값들이 있다. 이러한 값을 **이상점(outlier)**이라 한다. 그림 1.2를 살펴보자. 이상점이 발생하는 이유는 여러 가지 경우가 있으나 종종 자료의 입력 오류로 발생한다. 이를테면 소수점의 위치를 잘못 입력한 자료 하나가 나머지 자료들의 자릿수와 완전히 다른 값을 나타낼 수도 있다. 따라서 이상점이 있는지 항상 자세히 검토해야 하며, 그 값이 오류로 인해 발생한 것이라면 수정하거나 제거해야만 한다. 하지만 모든 이상점이 오류인 것은 아니며, 실제 모집단에서 나머지 자료들과 차이가 크게 나는 몇 개의 값이 존재할 가능성이 있다. 그렇다면 표본에서 발생된 이상점은 이러한 사실을 반영한 것일 수도 있다.

그림 1.2 이상점을 포함한 자료집합

자료를 분석하는 데 있어서 이상점은 실질적인 문제가 될 수 있다. 이러한 이유로 이상점을 발견했을 때, 이상점을 제거할 명분 혹은 이유를 찾아 이를 제거하려고 한다. 그러나 이상점이 어떠한 오류로 인해 발생한 것이 확실치 않다면 그 값을 제거해서는 안 된다. 실제 모집단에 포함된 이상점이 표본으로부터 제거되면 그 표본은 모집단의 특성을 정확하게 표현할 수 없게 된다.

이상점에 대한 저항성

이상점이 추가되거나 제거되더라도 그 값이 변하지 않는 통계량을 이상점에 대해 저항성이 있다(Resistance to Outliers)고 한다. 중앙값은 저항성이 있지만, 평균과 표준편차는 그렇지 않다. 엔지니어 여섯 명의 연봉이 백만 원 단위로 51, 58, 65, 75, 84, 93이라 하자. 평균은 71, 표준편차는 15.96, 중앙값은 70이다. 이제 여기에 대표이사의 연봉 300을 추가하면, 평균은 124.71, 표준편차는 87.77, 중앙값은 75가 된다. 평균과 표준편차는 크게 변했지만, 중앙값은 훨씬 덜 변했다. 중앙값은 이러한 특성 때문에 이상점들을 포함한 자료의 중심척도로 자주 사용된다. 그림 1.3은 방금 본 연봉자료의 도표를 보여준다. 이러한 경우 중앙값이 평균보다는 훨씬 더 자료를 잘 대표한다고 생각하는 것이 합리적이다.

그림 1.3 이상점이 포함되어 있을 때 중앙값이 평균보다 표본을 잘 대표한다.

사분위수

중앙값은 표본공간을 둘로 나누고, **사분위수(quartiles)**는 표본공간을 4등분으로 나눈다. 한 표본은 3개의 사분위수를 가지고 있다. 사분위수를 구하는 방법은 여러 가지가 있으나 결과들은 거의 비슷하다. 여러 방법 중에서 가장 간단한 방법은 다음과 같다.

먼저 표본의 크기를 n이라 하고, 자료들을 작은 값부터 큰 값까지 정렬한다. 제1사분위수를 구하기 위해서 $0.25(n+1)$을 계산한다. 만약 이 값이 정수이면 이 값에 해당하는 위치에 있는 수가 제1사분위수가 되고, 정수가 아니면 이 값의 양쪽 끝에 위치한 두 수의 평균값이 제1사분위수가 된다. 제3사분위수는 구하는 방법은 $0.75(n+1)$을 사용한다는 것만 제외하고 위 과정과 동일하다. 그리고 제2사분위수는 $0.5(n+1)$을 사용한다. 제2사분위수는 중앙값과 동일하다. 몇몇 컴퓨터 프로그램은 사분위수를 구할 때 위에서 설명한 방법과 다른 방법을 사용한다. 따라서 우리가 구한 결과와 완전히 일치하지 않을 수도 있다.

예제 1.8

다음은 논문 "Evaluation of Low-temperature Properties of HMA Mixtures"(P. Sebaaly, A. Lake, and J. Epps, *Journal of Transportation Engineering*, 2002:578-583)에 나와 있는 24개의 아스팔트(Hot-Mixed Asphalt, HMA) 혼합물의 파괴응력(Mpa)이다. 제1사분위수와 제3사분위수를 구하시오.

30	75	79	80	80	105	126	138	149	179	179	191
223	232	232	236	240	242	245	247	254	274	384	470

[출처: Journal of Transportation Engineering]

풀이

표본의 크기(n)는 24이므로 제1사분위수는 $(0.25)(24+1)=6.25$로 구하고, 자료들을 크기순으로 배열했을 때 6번째와 7번째에 위치한 값의 평균값인 $(105+126)/2=115.5$가 된다. 제3사분위수는 $(0.75)(24+1)=18.75$이고, 마찬가지로 18번째와 19번째에 위치한 값의 평균인 $(242+245)/2=243.5$로 계산된다.

백분위수

백분위수는 0과 100 사이의 p에 대해 p분위수보다 작은 값을 가질 확률이 p%이거나 p분위수보다 큰 값을 가질 가능성이 $(100-p)$%가 되도록 표본을 나누는 것이다. 이를 구하는 여러 방법들은 비슷한 값을 나타낸다. 백분위수를 구하는 방법은 4분위수를 구하는 방법과 유사하게, 먼저 표본의 크기를 n이라 하고 자료를 작은 값부터 큰 값까지 정렬한다. 그리고 $(p/100)(n+1)$의 값을 계산한다. 만약 이 값이 정수이면 이 값에 해당하는 위치에 있는 수가 p분위수가 되고 정수가 아니면 이 값의 양쪽 끝에 위치한 두 수의 평균값이 분위수가 된다. 여기서 제1사분위수는 25백분위수, 중앙값은 50백분위수, 제3사분위수는 75백분위수와 같다. 몇몇 컴퓨터 프로그램은 백분위수를 구하는 위 방법과 조금 다른 방법을 사용한다. 따라서 우리가 구한 결과와 완전히 일치하지 않을 수도 있다.

백분위수는 종종 표준화된 시험의 점수를 판단하는 데 사용된다. 예를 들어, 한 학생이 대학 입학시험에서 자신의 점수가 64백분위수에 해당한다면, 그 학생보다 낮은 점수를 받은 학생들이 전체에서 64%가 된다는 말이다.

예제 1.9

예제 1.8에 제시된 자료에서 65백분위수를 구하시오.

풀이

표본의 크기(n)는 24이므로 $(0.65)(24+1)=16.25$이다. 그러므로 65백분위수는 자료들을 크기순으로 배열했을 때 16번째와 17번째의 평균값이 된다. 즉, $(236+240)/2=238$이다.

요약통계량은 수작업이나 통계 프로그램을 이용하여 구할 수 하며, 표본자료의 특징을 상세히 기술하기 때문에 **기술통계량(descriptive statistics)**이라 한다. EXCEL을 이용하여 이러한 지표들이 자료의 몇 가지 중요한 특징들을 파악하는 데 어떻게 사용될 수 있는지 알아보자. 디젤 자동차 배기가스 배출에 영향을 미치는 요인을 조사한 논문에서 낮은 고도(해수면 근처)에서 주행하는 138대의 차량 표본과 높은 고도(해발 약 1.6 km)에서 주행하는 62대의 차량 표본의 부유 먼지(Particular Matter: PM) 배출량을 조사하였다. 모든 차량은 1991~1996년도에 제조되었고, 연비도 비슷하였다. 표 1.1과 표 1.2에 소비 연료 1갤런당 입자 단위(gram)로 PM 결과치가 있다. 자료들을 그냥 보고 분석해내기란 쉽지 않기 때문에 통계적 지표를 사

표 1.1 고도가 낮은 지역을 통과하는 138대의 자동차들의 부유 먼지(PM) 방출량(in g/gal)

1.50	0.87	1.12	1.25	3.46	1.11	1.12	0.88	1.29	0.94	0.64	1.31	2.49
1.48	1.06	1.11	2.15	0.86	1.81	1.47	1.24	1.63	2.14	6.64	4.04	2.48
2.98	7.39	2.66	11.00	4.57	4.38	0.87	1.10	1.11	0.61	1.46	0.97	0.90
1.40	1.37	1.81	1.14	1.63	3.67	0.55	2.67	2.63	3.03	1.23	1.04	1.63
3.12	2.37	2.12	2.68	1.17	3.34	3.79	1.28	2.10	6.55	1.18	3.06	0.48
0.25	0.53	3.36	3.47	2.74	1.88	5.94	4.24	3.52	3.59	3.10	3.33	4.58
6.73	7.82	4.59	5.12	5.67	4.07	4.01	2.72	3.24	5.79	3.59	3.48	2.96
5.30	3.93	3.52	2.96	3.12	1.07	5.30	5.16	7.74	5.41	3.40	4.97	11.23
9.30	6.50	4.62	5.45	4.93	6.05	5.82	10.19	3.62	2.67	2.75	8.92	9.93
6.96	5.78	9.14	10.63	8.23	6.83	5.60	5.41	6.70	5.93	4.51	9.04	7.71
7.21	4.67	4.49	4.63	2.80	2.16	2.97	3.90					

표 1.2 고도가 높은 지역을 통과하는 62대의 자동차의 부유 먼지(PM) 방출량(in g/gal)

7.59	6.28	6.07	5.23	5.54	3.46	2.44	3.01	13.63	13.02	23.38	9.24	3.22
2.06	4.04	17.11	12.26	19.91	8.50	7.81	7.18	6.95	18.64	7.10	6.04	5.66
8.86	4.40	3.57	4.35	3.84	2.37	3.81	5.32	5.84	2.89	4.68	1.85	9.14
8.67	9.52	2.68	10.14	9.20	7.31	2.09	6.32	6.53	6.32	2.01	5.91	5.60
5.61	1.50	6.46	5.29	5.64	2.07	1.11	3.32	1.83	7.56			

용하여 분석하면 훨씬 쉬워진다. 그림 1.4는 EXCEL을 이용하여 두 종류의 표본을 통계적 지표로 나타낸 것이다.

그림 1.4에서 표준오차는 표준편차를 $\sqrt{n}$으로 나눈 값과 같다. 여기서 n은 표본의 개수이다. 이 값은 5~7장에서 배우게 될 신뢰구간과 가설검정에서는 중요하지만, 기술통계량으로는 많이 사용되지는 않는다. 그림에 'Q1'과 'Q3'은 각각 제1사분위수와 제3사분위수를 나타낸다. 여기서 구한 사분위수의 결과는 우리가 앞서 배웠던 방법으로 구한 결과와 조금 다르다. 하지만 그 차이는 크게 중요하지 않다.

위의 지표들은 고도가 높은 지역과 낮은 지역의 자동차가 배출하는 PM의 차이를 나타내주고 있다. 먼저 높은 고도의 평균은 낮은 고도의 평균보다 6.596 대 3.715로 더 높다는 것을 알 수 있다. 이는 높은 고도에서 배출량이 더 큰 경향이 있다는 가설을 뒷받침해준다. 이제 각 고도의 최대치를 본다면 높은 고도의 최대치(23.38)가 낮은 고도 최대치(11.23)보다 높다는 것을 알 수 있다. 이는 낮은 고도의 자동차 최고 배출량보다 배출량이 훨씬 큰 높은 고도의 최고 배출량이 적어도 한 대 이상 있음을 의미한다. 그렇다면 평균 배출량의 차이가 전적으로 이러한 자동차들 때문이라고 할 수 있는가? 이에 답을 얻기 위해서는 평균과 제1, 제3사분위수를 비교해야 한다. 이 통계량들은 소수의 큰 값(이상점)들에 의해 크게 영향을 받지는 않았고, 육안으로도 높은 고도의 배출량이 낮은 고도의 배출량보다 높다는 것을 알 수 있다. 이는 높은 고도의 소수 차량이 상당히 높은 값의 배출량을 배출하는 것뿐만 아니라, 나머지 다수의

고도가 높은 지역		고도가 낮은 지역	
평균	6.596452	평균	3.714565
표준 오차	0.573913	표준 오차	0.217755
중앙값	5.75	중앙값	3.18
최빈값	6.32	최빈값	1.11
표준 편차	4.518998	표준 편차	2.55804
분산	20.42134	분산	6.54357
첨도	3.604457	첨도	0.389714
왜도	1.747603	왜도	0.952982
범위	22.27	범위	10.98
최소값	1.11	최소값	0.25
최대값	23.38	최대값	11.23
Q1	3.425	Q1	1.4675
Q3	7.9825	Q3	5.3
합	408.98	합	512.61
관측수	62	관측수	138

그림 1.4 EXCEL을 이용하여 구한 표 1.1과 표 1.2의 부유 먼지(PM)량에 대한 기술통계량 결과

차량도 낮은 고도의 차량보다 많다는 것을 결론지을 수 있다. 마지막으로 높은 고도의 차량의 경우 표준편차가 크다는 점을 알 수 있다. 이는 높은 고도의 차량이 낮은 고도의 차량보다 더 넓게 분포한다는 것이다. 높은 고도의 차량 중 상당히 많은 부유 먼지를 배출하는 몇몇 차량들이 이 넓은 분포에 분명히 영향을 주었다고 볼 수 있다.

1.2 연습문제

1. 배송할 상자의 무게를 파운드에서 kg으로 바꿔주는 기계가 있다 (1 kg ≒ 2.2 lb).
a. 이 상자들의 무게의 평균은 어떻게 변화하겠는가?
b. 이 상자들의 무게의 표준편차는 어떻게 변화하겠는가?

2. 다음 문장의 참 또는 거짓을 판단하시오.

> 어떠한 수들의 나열에 있어서든 그들 중 절반은 평균보다 작은 값을 가질 것이다.

3. 표본값 중에서 표본평균과 같은 값은 항상 존재하는가? 만약 그렇다면 예를 제시하고 아니면 이유를 설명하시오.

4. 중앙값이 표본 중 한 수와 항상 같게 될 표본의 크기를 말하시오.

5. 수의 나열에서 표준편차가 0이 되는 것이 가능한가? 만약 그렇다면 예를 제시하고 아니면 이유를 설명하시오.

6. 20명의 남성을 대상으로 신장을 조사하였을 때 평균 신장은 178 cm이었다. 30명의 여성의 평균 신장은 164 cm이었다. 두 그룹을 합쳤을 때 평균 신장은 얼마인지 구하시오.

7. 사분위수는 한 표본을 네 개의 동일한 부분으로 나눈다. 일반적으로 n의 표본 크기는 k로 나눌 수 있는데, 이때 k는 $i = 1, \cdots, k-1$일 때 경계점 $(i/k)(n+1)$을 이용하여 거의 동일한 값으로 나타낼 수 있다. 이때 다음 제시된 표본을 고찰하시오.

2	18	23	41	44	46	49	61
62	74	76	79	82	89	92	95

a. 삼분위수들은 한 표본을 세 개로 나누게 된다. 이 표본의 삼분위수들를 구하시오.
b. 오분위수들은 한 표본을 다섯 개로 나누게 된다. 이 표본의 오분위수들을 구하시오.

1.3 도표를 이용한 요약

줄기-잎 도표

평균, 중앙값, 표준편차와 같은 수치적 요약에 추가하여, 도표로 된 요약이 수치들의 목록을 시각화시키는 데 도움을 줄 수 있다. **줄기-잎(stem-and-leaf)** 도표를 이용한 요약에 대해 먼저 소개한다.

표 1.3에 있는 자료는 어떤 특정 항진균제의 항생작용에 대한 연구 실험결과이다. 이 약품은 48개의 종류로 피부에 적용이 된다. 3시간 후, 피부에 남아있는 약품의 양을 ng/cm^2 단위로 측정하여 크기순으로 나열하였다.

표 1.3 피부에 잔류한 약품의 양

3	4	4	7	7	8	9	9	12	12
15	16	16	17	17	18	20	20	21	21
22	22	22	23	24	25	26	26	26	26
27	33	34	34	35	36	36	37	38	40
40	41	41	51	53	55	55	74		

그림 1.5는 표 1.3의 자료에 대한 줄기-잎 도표 이다. 표본에서 각 항목은 두 개로 분류할 수 있다. **줄기(stem)**는 가장 왼쪽에 위치해서 한 자리나 두 자리로 이루어져 있고, **잎(leaf)**은 바로 그 옆에 숫자로 구성되어 있다. 그림 1.5에서 줄기는 십의 자리, 잎은 일의 자리숫자로 이루어져 있다. 줄기-잎 도표에서 각 줄은 주어진 줄기와 함께 모든 표본항목을 포함한다. 줄기-잎 도표는 그 모양으로 몇 가지 내용을 알 수 있다. 이 자료에서 0~9, 10~19, 30~39 사이에는 동일한 개수가 들어있고, 20~29에는 다소 많은 숫자들이 들어있는 것을 알 수 있다. 추가적으로 가장 큰 숫자인 74는 이상점임을 나타낸다.

같은 줄기에 동일한 많은 표본항목이 있을 때, 종종 한 줄 이상을 줄기에 배치해야 할 필요가 있다. 그 예로 그림 1.6에서는 1.2절에서 주어진 표 1.2의 PM 자료의 줄기-잎 도표이다. 0, 1, 2를 포함한 중간 행은 줄기들을 포함하는 십의 자릿수이다. 줄기의 오른쪽은 잎으로 일의 자릿수이다. 소수점은 생략되어 한 자릿수로만 표현된다. 숫자 대부분이 10보다 작아 0줄기를 몇 줄로 나누어 배치하였고, 위와 같은 예에서는 다섯 줄을 사용하였다. 특히 첫 번째 줄

```
Stem  Leaf
   0  34477899
   1  22566778
   2  001122234566667
   3  34456678
   4  0011
   5  1355
   6
   7  4
```

그림 1.5 표 1.3의 자료에 대한 줄기-잎 도표

```
Stem-and-leaf of HiAltitude     N = 62
 Leaf Unit = 1.0

   4  0  1111
  19  0  222222223333333
 (14) 0  44445555555555
  29  0  66666666777777
  15  0  8889999
   8  1  0
   7  1  233
   4  1
   4  1  7
   3  1  89
   1  2
   1  2  3
```

그림 1.6 표 1.2의 PM 자료에 관한 줄기-잎 도표

은 일의 자릿수가 1인 표본항목을 포함하고, 바로 그 밑줄은 일의 자릿수가 2와 3인 항목들을 포함하고 있다. 일관성 측면에서, 1과 2줄기에 대해 항목이 많지 않더라도 모든 줄기에 동일한 방식으로 여러 개의 줄을 사용하였다.

그림 1.6의 결과는 줄기-잎 도표의 좌측에서 누적 빈도 행을 포함한다. 이 열의 윗부분에서는 각 줄 또는 그 줄 위의 있는 항목들의 수를 나타낸다. 아래부분에서는 각 줄 또는 그 줄 아래에 있는 항목들의 수를 표시한다. 중앙값을 포함한 행은 그 줄의 항목 수이며, 괄호 안에 표현되어 있다.

줄기-잎 도표의 장점은 모든 표본값을 볼 수 있다는 점이다. 일부 자릿수는 잘릴 수 있지만, 줄기-잎 도표에서는 표본 전체를 재구성할 수 있다. 어떠한 항목이 먼저 들어왔는지는 알 수 없다.

점도표

점도표(dotplot)는 표본의 모양을 대략적으로 나타내는 데 사용되며 표본의 크기가 너무 크지 않고 반복적인 값이 포함되어 있을 때 유용하다. 그림 1.7은 표 1.3의 자료에 대한 점도표를 보여준다. 표본에서 각 값은 점의 수직 열이 그려지며, 점의 수는 표본에서 나타나는 횟수와 같다.

이러한 방법을 통해 점도표는 표본값이 집중되어 있는 위치와 간격을 잘 나타낸다. 예를 들어, 그림 1.7에서 표본은 42에서 50 사이의 구간에 해당 피실험자가 없는 것을 알 수 있으며, 점도표의 가장 우측의 점을 이상값으로서 판정이 가능하다.

줄기-잎 도표와 점도표는 비공식적으로 표본을 조사할 수 있는 좋은 방법이며, 연필과 종이만 있으면 빠르게 작성할 수 있는 장점이 있다. 하지만 공식적인 발표에서는 거의 사용되지 않는다. 일반적으로 히스토그램과 상자그림(boxplot)이 주로 사용되며, 이제 이것에 대해 논의할 것이다.

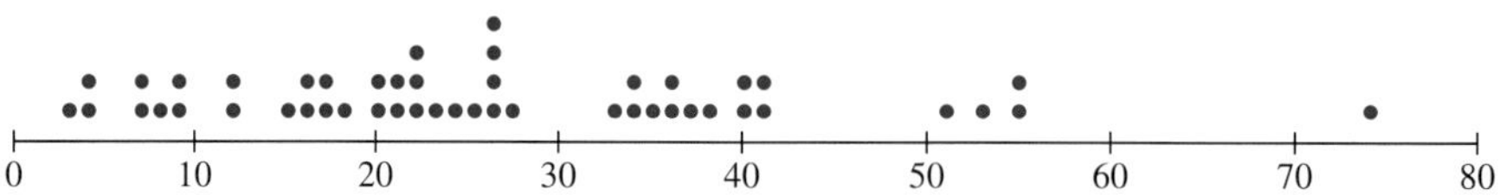

그림 1.7 표 1.3의 자료에 대한 점도표

히스토그램

히스토그램(histogram)은 표본의 전체적인 분포 '형상'에 대한 정보를 제시하며, 표본점이 많은 부분과 적은 부분을 나타낸다. 표 1.2에 제시된 바와 같이 높은 고도에서 주행하는 62대의 차량의 PM 배출에 대한 히스토그램을 만든다. 표본값은 연료의 갤런당 배출하는 부유 먼지의 질량(gram)을 나타내며, 작게는 1.11에서 크게는 23.38까지 나타나고 있다. 히스토그램을 작성하기 위한 첫 번째 단계는 표 1.4에서 보는 것과 같이 **빈도표(frequency table)**를 작성하는 것이다.

표 1.4 높은 고도에서 주행하는 62대 차량의 PM 배출량에 대한 빈도표

계급구간(g/gal)	도수	상대도수
$1 \le x < 3$	12	0.1935
$3 \le x < 5$	11	0.1774
$5 \le x < 7$	18	0.2903
$7 \le x < 9$	9	0.1452
$9 \le x < 11$	5	0.0806
$11 \le x < 13$	1	0.0161
$13 \le x < 15$	2	0.0323
$15 \le x < 17$	0	0.0000
$17 \le x < 19$	2	0.0323
$19 \le x < 21$	1	0.0161
$21 \le x < 23$	0	0.0000
$23 \le x < 25$	1	0.0161

좌측 행에서 제시된 표본값의 간격을 **계급구간(class interval)**이라고 정의한다. 우리가 다룰 예시에서는 계급구간이 모두 같은 너비를 가진다. 표 1.4에서 모든 계급은 2의 너비를 가지며, 얼마나 많은 계급구간을 사용해야 하는지에 대한 규칙은 없다. 일반적으로 구간이 적은 것보다 구간이 많은 것이 좋으나 구간별로 표본점이 많은 것도 좋다. 적절한 기준과 시행착오를 거쳐서 적정한 계급구간의 폭과 개수를 결정해야 한다. 통상적으로 관측치 n이 큰 경우(수백 그 이상), 적절한 계급구간의 수를 $\log_2 n$ 또는 $2n^{1/3}$으로 본다. 하지만 관측치의 개수가 그보다 적을 때, 이들보다 더 많은 계급구간 개수가 필요하게 되는 경우도 꽤 있다.

표 1.4에서 중앙부에 나타난 **도수(frequency)** 행은 각 계급구간에 포함된 자료의 수를 나타내며, **상대도수(relative frequency)** 행은 구간에 속한 자료의 개수를 자료의 총 개수(표 1.4의 경우에는 62)로 나눈 도수를 나타낸다. 한 계급구간의 상대도수는 그 계급구간에 포함되는 자료 수에 비례한다. 모든 자료는 하나의 계급구간에 속하므로 상대도수의 합은 반올림해서라도 1이 되어야 한다.

그림 1.8은 표 1.4에 대한 히스토그램이다. 수평축의 단위는 자료의 단위이며, 이 경우에는 g/gal이다. 각 계급구간은 직사각형에 의해 표현되며, 직사각형의 높이는 계급구간의 도수 또는 상대도수에 의해 결정된다. 도수와 상대도수는 비례하기 때문에 히스토그램의 모양은 같게 나타난다. 그림 1.8의 히스토그램에서 직사각형들의 높이는 상대도수를 나타낸다.

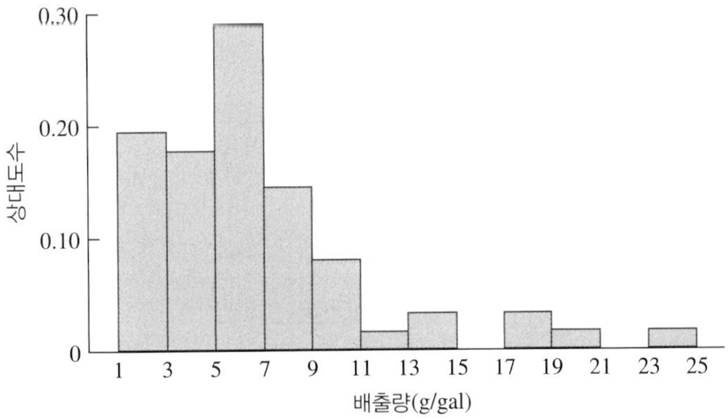

그림 1.8 표 1.4의 자료에 대한 히스토그램. 여기서 직사각형의 높이는 상대도수이다. 도수와 상대도수는 각각 비례하므로 높이를 도수와 같게 만드는 것이 적절할 것이다.

요약

히스토그램을 구성하기 위해서는

- 사용할 계급의 수를 결정하고, 같은 크기로 계급구간을 설정한다.
- 각 계급에서의 도수와 상대도수를 계산한다.
- 각 계급에 대한 직사각형을 그리고, 그 높이는 도수 또는 상대도수와 같게 한다.

대칭성과 비대칭도

만약 히스토그램의 오른쪽 절반이 왼쪽 절반과 같이 거울에 비친 형상을 띠고 있다면, 완벽하게 **대칭**(**symmetric**)이다. 대칭이지 않은 히스토그램들은 **비대칭**(**skewed**)이라고 한다. 실제로 표본이 완벽하게 대칭인 히스토그램은 거의 없으며, 거의 모든 표본은 어느 정도의 비대칭성을 보인다. 비대칭 히스토그램에서 한쪽 끝이 다른 쪽보다 더 길게 나타난다. 오른쪽 끝이 긴 히스토그램은 **우측으로 비대칭**(**skewed to the right**) 또는 **양의 비대칭**(**positively skewed**)이라고 지칭하며, 반대로 왼쪽 끝이 긴 히스토그램은 **좌측으로 비대칭**(**skewed to the left**) 또는 **음의 비대칭**(**negatively skewed**)이라고 나타낸다. 히스토그램의 비대칭도를 측정할 수 있는 공식적인 수학적 방법이 있지만, 거의 사용되지 않으며 일반적으로는 히스토그램의 모양을 보고 비공식적으로 비대칭의 정도를 판단한다. 그림 1.9는 가상 표본에 대한 히스토그램을 보여준다. 우측으로 비대칭인 히스토그램의 경우(그림 1.9(c)) 평균이 중앙값보다 크다. 우측으로 비대칭인 히스토그램의 평균은 히스토그램의 질량 중심 근처에 존재하기 때문에 히스토그램이 지지되었을 때 균형을 이룰 지점에 가깝기 때문이다. 마찬가지로 왼쪽으로 비대칭인 히스토그램에서는 평균이 중앙값보다 작다(그림 1.9(a)). PM 자료에 대한 히스토그램(그림 1.8)은 오른쪽으로 비대칭이다. 표본평균은 6.596이고, 이 값은 표본 중앙값인 5.75보다 훨씬 큰 값이다.

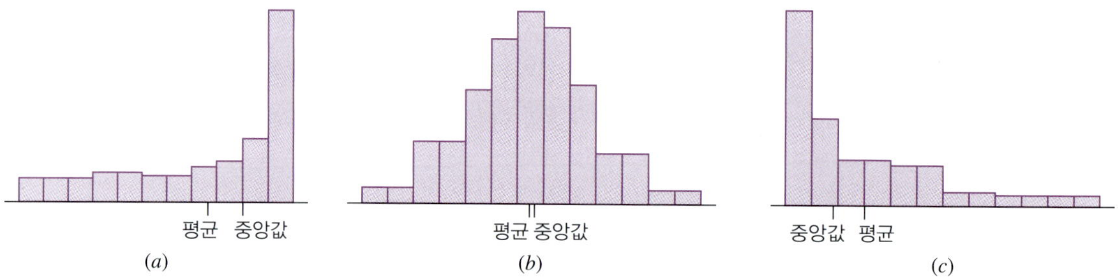

그림 1.9 (*a*) 왼쪽으로 비대칭인 히스토그램. 평균은 중앙값보다 작다. (*b*) 거의 균형 잡힌 히스토그램. 평균과 중앙값은 거의 같다. (*c*) 오른쪽으로 비대칭인 히스토그램. 평균은 중앙값보다 크다.

단봉과 이봉 히스토그램

표본에서 가장 자주 발생하는 값을 **최빈값**(**mode**)이라고 한다. 최빈값은 이외에도 히스토그램의 최댓값이나 작은 그룹의 최댓값을 나타내기 위해서도 사용된다. 이 경우에 히스토그램이 하나의 최빈값을 가지고 있으면 **단봉**(**unimodal**)이라고 하며, 분명한 두 개의 최빈값을 가지

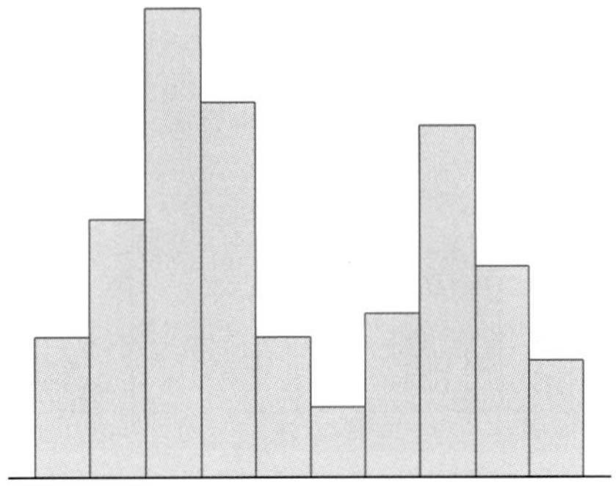

그림 1.10 이봉 히스토그램

면 **이봉(bimodal)**이라고 한다. 원칙적으로 히스토그램은 세 가지 이상의 최빈값을 가질 수 있지만, 현실적으로 그러한 경우는 드물다. 그림 1.9의 히스토그램은 모두 단봉이며, 그림 1.10은 이봉 히스토그램을 보여준다.

이봉 히스토그램은 과학적으로 상이한 두 개의 그룹으로 이루어진 표본을 나타낼 수 있으며, 각각의 그룹은 해당 최빈값과 연관된다. 예를 들어, 표 1.5에서 나타낸 Yellowstone National Park에 있는 Old Faithful 간헐천 자료를 들 수 있다. 이 간헐천은 보통 1.5분에서 4분까지의 분출 기간을 갖고 그 중간에 휴면기간이 있다. 표 1.5에는 휴면기간 바로 직전의 60회의 분출 기간을 나타내었다. 분출 기간이 3분 이하이면 단분출(short), 3분 이상이면 장분출(long)로 분류된다.

그림 1.11(a)는 60회 자료의 히스토그램을 보여준다. 그림 1.11(b)와 1.11(c)는 각각 상대적으로 짧고 긴 분출 기간에 따른 히스토그램을 나타낸다. 모든 기간에 관한 히스토그램은 명백하게 이봉이다. 밑에 주어진 짧거나 긴 분출 기간에 관한 히스토그램은 둘 다 단봉이다. 그리고 그들의 최빈값은 전체 히스토그램에서 두 개의 최빈값을 형성한다.

표 1.5 간헐천의 휴면기간(분 단위) 이전의 분출 기간

휴면	분출	휴면	분출	휴면	분출	휴면	분출
76	long	90	long	45	short	84	long
80	long	42	short	88	long	70	long
84	long	91	long	51	short	79	long
50	short	51	short	80	long	60	long
93	long	79	long	49	short	86	long
55	short	53	short	82	long	71	long
76	long	82	long	75	long	67	short
58	short	51	short	73	long	81	long
74	long	76	long	67	long	76	long
75	long	82	long	68	long	83	long
80	long	84	long	86	long	76	long
56	short	53	short	72	long	55	short
80	long	86	long	75	long	73	long
69	long	51	short	75	long	56	short
57	long	85	long	66	short	83	long

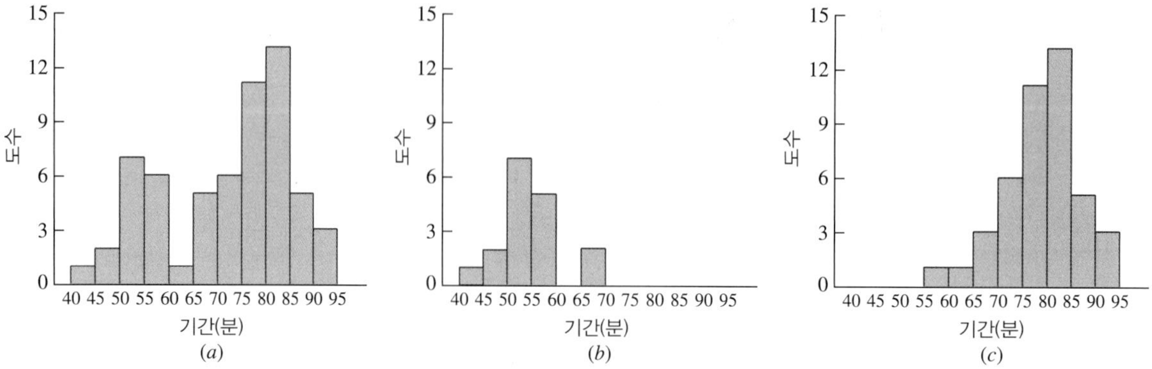

그림 1.11 (a) 표 1.5의 총 60회 히스토그램(이봉 히스토그램). (b) 표 1.5에서 짧은 분출 기간에 관한 히스토그램. (c) 긴 기간으로서 표 1.5에 제시된 기간에 관한 히스토그램. 짧은 분출이나 긴 분출 기간에 관한 히스토그램은 둘 다 단봉이다. 하지만 최빈값은 모두 다른 위치에 나타나게 된다. 두 표본을 합성해 보면 그 히스토그램은 이봉이 된다.

상자그림

상자그림(boxplot)은 표본의 중앙값, 제1, 3사분위수와 이상점을 보여준다. 상자그림은 이해하기 용이하나 그에 따른 몇몇 전문용어를 설명할 필요가 있다. **사분위수 범위(interquartile range: IQR)**는 제3사분위수와 제1사분위수의 차이값이다. 표본에서 75%의 자료가 제3사분위수보다 작고, 자료의 25%가 제1사분위수 보다 작으므로 사분위수 범위 안에는 자료의 절반(50%)이 위치하게 된다. 따라서 사분위수 범위는 자료의 50%가 위치하는 범위를 나타낸다.

이상점은 유달리 크거나 작은 점이라고 정의될 수 있다. IQR을 자료의 50%가 존재하는 범위라고 정하면, 제3사분위수에서 1.5 IQR보다 크거나 제1사분위수에서 1.5 IQR보다 작은 점을 이상점으로 간주할 수 있다. 일부 교과서에서는 제1, 3사분위수에서 3 IQR을 초과하는 점을 **특이 이상점(extreme outlier)**이라고 정의한다. 그러나 이상점들에 대한 이러한 정의들은 단지 상자그림을 그리기 위한 하나의 약속일 뿐 다른 상황에서도 절대적으로 적용되는 것은 아니다.

그림 1.12는 가상의 자료에 대한 상자그림을 보여준다. 바닥면이 제1사분위수이고, 맨 윗부분은 제3사분위수로 이루어진 상자로 구성되어 있다. 상자의 수평선은 중앙값을 나타낸다. 이상점들은 개별적으로 표시되며, 도표상에서 박스를 기점으로 상 · 하부에 교차점 형태로 표현

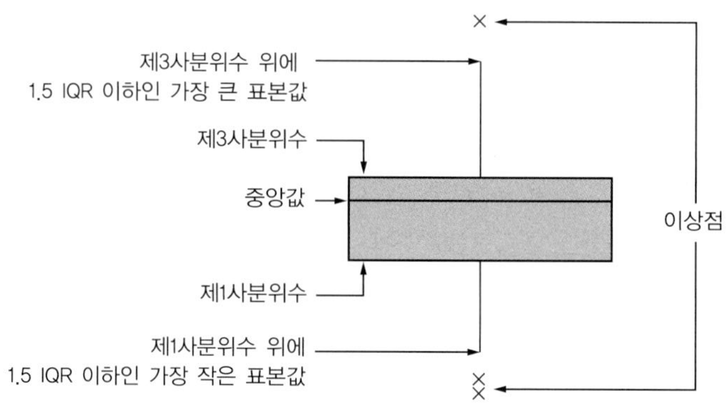

그림 1.12 상자그림의 구조

된다. 상자의 위아래로 뻗은 것은 **수염**(**whisker**)이라고 부르며, 표본의 범위를 나타낸다. 이 수염이 이상점과 근접하고는 있으나, 이상점이 아닌 가장 극단적 표본자료로 볼 수 있다.

이상점들을 제외하면 상자그림은 네 부분으로 이루어졌다고 할 수 있다. 상자의 두 부분은 중앙값에 의해 나뉘며, 나머지 두 개는 수염 부분이다. 다시 말해서 이상점들을 제외하면 상자그림의 네 부분은 자료에서 네 개의 간격이 얼마나 큰지 알려준다. 또한 이런 방식으로 표본값이 더 밀집된 지역과 표본값이 더 희박한 지역을 결정하는 데 사용할 수 있다.

요약

상자그림을 작성하기 위해서는

- 표본의 중앙값과 제1사분위수, 제3사분위수를 계산하고, 이 값을 수평선 위에 표시한다. 수직선도 그려 상자 모양을 완성한다.
- 제3사분위수 위에 1.5 IQR 이하인 가장 큰 표본값과 제1사분위수 밑에 있는 1.5 IQR 이하인 가장 작은 표본값을 구한 다음, 사분위수 선에서 이 점까지 수직선(수염)을 그린다.
- 제3사분위수에서 1.5 IQR보다 큰 점 혹은 제1사분위수에서 1.5 IQR보다 작은 점은 이상점으로 하며, 이상점은 개별적으로 표시한다.

그림 1.13은 표 1.5에 제시된 간헐천 데이터에 대한 상자 그림이다. 먼저 이 데이터에는 이상점이 없다는 것을 유의해야 한다. 상자그림 상의 네 개의 분할 영역을 비교해 보면, 표본값이 중앙값과 제3사분위수 사이에는 비교적 빽빽하게 몰려있고, 중앙값과 제1사분위수 사이에는 자료가 많지 않다는 것을 알 수 있다. 하부의 수염 부분이 상부의 수염보다 더 길다. 중앙값과 제1사분위수 사이의 간격은 중앙값과 제3사분위수 사이 간격보다 훨씬 크고, 자료의 밑에 있는 사분위수 부분이 위에 있는 사분위수 부분보다 더 긴 수염을 가지고 있으므로 전체적으로 보면 중앙값을 기준으로 하여 아랫부분이 윗부분보다 더 길다. 따라서 해당 상자그림은 자료가 왼쪽으로 비대칭이라는 것을 시사한다.

이 자료에 대한 히스토그램은 그림 1.11(a)에 나타나 있다. 이 히스토그램은 자료의 분포에

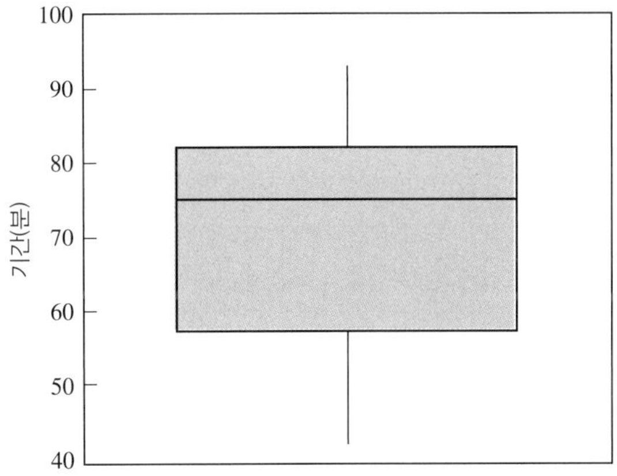

그림 1.13 Old Faithful 자료인 표 1.5의 상자그림

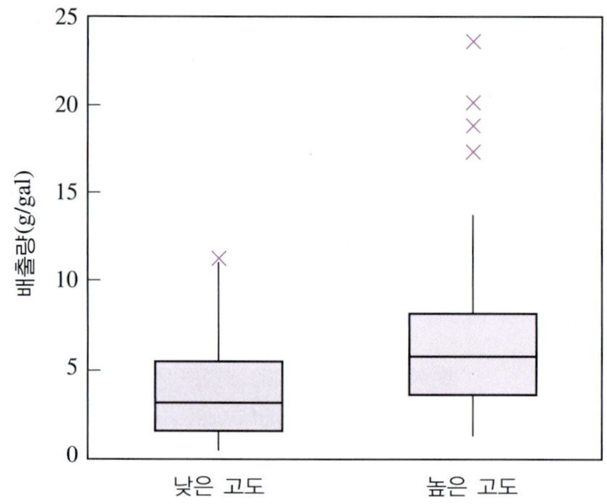

그림 1.14 상자그림으로 비교한 낮은 고도와 높은 고도에서 주행하는 차량의 PM 배출량

대해 더욱 일반적인 모습을 보여준다. 중요한 것은, 히스토그램에서는 자료가 이봉(bimodal) 형태인 것으로 보이지만, 상자그림에서는 이를 나타낼 수가 없다.

상자그림을 통한 비교

상자그림의 유용한 특징 중 하나는 여러 개의 상자그림을 나란히 위치하면 표본의 특징을 서로 시각적으로 쉽게 비교할 수 있도록 하여 준다는 점이다. 표 1.1과 표 1.2는 다른 고도에서 주행하는 차량의 PM 배출량 자료를 제시하였다. 그림 1.14는 이 두 표본에 대한 상자 그림을 나란히 비교한 것이다.

그림 1.14의 상자그림을 비교하면 낮은 고도에서 주행한 차량이 더 낮은 PM을 배출한다. 또한 높은 고도에서 주행한 차량 자료의 이상점이 저고도에서의 자료보다 높다는 것을 알 수 있다. 따라서 높은 고도를 운행하는 차량이 전반적으로 다소 높은 배기가스를 방출하며, 소수의 차량은 특히 많은 배기가스 방출량을 보여준다는 것을 알 수 있다. 높은 고도에서의 상자그림이 더 길며, 아래쪽 꼬리도 낮은 고도의 차량보다 조금 더 길다. 이상점을 제외하고 높은 고도의 차량의 경우 값의 분포가 더 넓고 이상점까지 포함하면 역시 훨씬 더 크다는 결론을 얻는다.

그림 1.4에서도 몇 개의 수치적인 통계치를 활용하여 상자그림을 통해 도출한 결론과 유사한 결론을 도출하였다. 그림 1.14와 같이 상자그림은 이러한 자료의 특성을 시각적으로 표현하여 도표의 특성을 더 쉽게 비교할 수 있게 해준다.

앞에서 언급한 것처럼 이상점이 오류에 의해 발생하였는지 살펴보고, 만약 그렇다면 이 값을 자료에서 제외하는 것이 맞다. 이상점을 식별하는 데 상자그림은 유용하게 활용할 수 있다. 다음 예제에서 이러한 부분에 대한 시각적인 예를 알 수 있다.

논문 "Virgin Versus Recycled Wafers for Furnace Qualification: Is the Expense Justified?"에서는 반도체의 재료가 되는 실리콘 웨이퍼에 얇은 이산화 규소의 층을 성장시키는 과정이 설명되었다. 표 1.6에서 24개 웨이퍼(wafer)의 산화물 코팅 두께를 옹스트롬 단위로 나타내었다(angstrom, 1 m의 100억 분의 1에 해당, Å). 생산 공정별로 12개의 웨이퍼를 생산하여 총 24개의 웨이퍼를 측정하였으며, 웨이퍼별로 9회 측정하였다.

표 1.6 실리콘 웨이퍼의 산화물층 두께

	웨이퍼	두께(Å)								
생산 1	1	90.0	92.2	94.9	92.7	91.6	88.2	92.0	89.2	96.0
	2	91.8	94.5	93.9	77.3	92.0	89.9	87.9	92.8	93.3
	3	90.3	91.1	93.3	93.5	87.2	88.1	90.1	91.9	94.5
	4	92.6	90.3	92.8	91.6	92.7	91.7	89.3	95.5	93.6
	5	91.1	89.8	91.5	91.5	90.6	93.1	88.9	92.5	92.4
	6	76.1	90.2	96.8	84.6	93.3	95.7	90.9	100.3	95.2
	7	92.4	91.7	91.6	91.1	88.0	92.4	88.7	92.9	92.6
	8	91.3	90.1	95.4	89.6	90.7	95.8	91.7	97.9	95.7
	9	96.7	93.7	93.9	87.9	90.4	92.0	90.5	95.2	94.3
	10	92.0	94.6	93.7	94.0	89.3	90.1	91.3	92.7	94.5
	11	94.1	91.5	95.3	92.8	93.4	92.2	89.4	94.5	95.4
	12	91.7	97.4	95.1	96.7	77.5	91.4	90.5	95.2	93.1
생산 2	1	93.0	89.9	93.6	89.0	93.6	90.9	89.8	92.4	93.0
	2	91.4	90.6	92.2	91.9	92.4	87.6	88.9	90.9	92.8
	3	91.9	91.8	92.8	96.4	93.8	86.5	92.7	90.9	92.8
	4	90.6	91.3	94.9	88.3	87.9	92.2	90.7	91.3	93.6
	5	93.1	91.8	94.6	88.9	90.0	97.9	92.1	91.6	98.4
	6	90.8	91.5	91.5	91.5	94.0	91.0	92.1	91.8	94.0
	7	88.0	91.8	90.5	90.4	90.3	91.5	89.4	93.2	93.9
	8	88.3	96.0	92.8	93.7	89.6	89.6	90.2	95.3	93.0
	9	94.2	92.2	95.8	92.5	91.0	91.4	92.8	93.6	91.0
	10	101.5	103.1	103.2	103.5	96.1	102.5	102.0	106.7	105.4
	11	92.8	90.8	92.2	91.7	89.0	88.5	87.5	93.8	91.4
	12	92.1	93.4	94.0	94.7	90.8	92.1	91.2	92.3	91.1

각각의 12개 웨이퍼는 서로 다른 반응로에서 제작되었다. 자료를 수집한 목적은 산화물층의 두께가 웨이퍼의 종류나 용해로 영향을 받는지 판단하기 위해서이다. 따라서 이 실험은 웨이퍼의 산화물층의 두께와 반응로의 온도가 어떠한 영향을 미치는지에 대한 실험으로서 시스템적인 차이가 아닌 각각의 생산물을 비교하는 것이다. 분석의 첫 번째 과정은 상자그림을 구성하여, 이 조건이 실제로 충족되었는지 여부와 관측치를 삭제해야 하는지 여부를 결정하는 것이었다. 그 결과는 그림 1.15에 제시되어 있다.

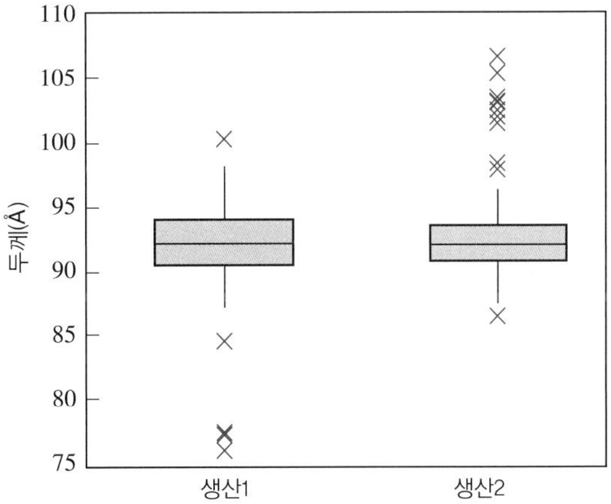

그림 1.15 산화물층의 두께에 대한 상자그림 비교

자료를 상자그림으로 구성하면 각각의 생산 공정에서 여러 이상점이 존재하는 것을 볼 수 있다. 이러한 이상점을 제외하여도 표본 간에 현저한 차이가 없으므로, 체계적인 차이가 없다는 것을 주목하여야 한다. 다음으로는 이상점을 검사하여 어떤 이상점을 삭제할지 결정하여야 한다. 표 1.6의 자료를 검토하면, 생산2에서 8개의 큰 측정치를 살펴볼 수 있다(10번째).

이러한 웨이퍼 이상점들은 필름 잔여물에 의해 오염되었으며, 이 오염으로 인해 산화물층의 두께가 크게 측정된 것으로 확인되었다. 따라서 이러한 측정치는 삭제하는 것이 적절하다. 실제 실험에서 엔지니어들은 한 개의 웨이퍼 결과가 빠질 시 해당 자료를 분석하기보다 전체를 삭제하는 것을 택하였다. 생산1에서 가장 작은 측정값 3개는 측정기가 제 기능을 발휘하지 못하게 하는 원인이 되므로 제외해야 한다. 아무런 문제를 일으키지 않는 생산1의 남은 두 개의 이상점 자료는 분석에 포함시켰다.

1.3 연습문제

1. 로스앤젤레스의 날씨는 대부분 건조하지만 겨울에는 꽤 비가 올 수 있다. 일년 중 가장 비가 많이 오는 달은 2월이다. 다음 표는 최근 42년 동안 매년 2월 LA의 강수량을 in로 나타낸 것이다.

0.2	3.7	1.2	13.7	1.5	0.2	1.7
0.6	0.1	8.9	1.9	5.5	0.5	3.1
3.1	8.9	8.0	12.7	4.1	0.3	2.6
1.5	8.0	4.6	0.7	0.7	6.6	4.9
0.1	4.4	3.2	11.0	7.9	0.0	1.3
2.4	0.1	2.8	4.9	3.5	6.1	0.1

a. 위의 자료로 줄기-잎 도표를 작성하시오.
b. 위의 자료로 히스토그램을 작성하시오.
c. 위의 자료로 점도표를 작성하시오.
d. 위의 자료로 상자그림을 작성하시오. 상자그림에서 이상점이 존재하는지 판단하시오.

2. 표 1.2를 참고하시오. 줄기-잎 도표에서 줄기 부분은 자연수로 작성하고(값이 10보다 크거나 같으면 두 자릿수이다), 소수 부분은 잎에 작성하시오. 줄기는 몇 개인가? 이 방법의 장점은 무엇이고, 단점은 무엇인지 그림 1.6과 비교하여 설명하시오.

3 특정한 반응을 두 가지 촉매를 사용하여 여러 번 실행하였다(A와 B). 촉매반응에서 원하지 않은 부산물에 대한 산출량은 통제되었다. 그 결과에 대해 산출량의 단위는 퍼센트로 나타내었고, 촉매 A에 대해서는 24번, B에 대해서는 20번 실험을 실행하였다.

촉매 A				촉매 B			
4.4	3.4	2.6	3.8	3.4	1.1	2.9	5.5
4.9	4.6	5.2	4.7	6.4	5.0	5.8	2.5
4.1	2.6	6.7	4.1	3.7	3.8	3.1	1.6
3.6	2.9	2.6	4.0	3.5	5.9	4.7	5.2
4.3	3.9	4.8	4.5	6.3	2.6	4.3	3.8
4.4	3.1	5.7	4.5				

a. 각 촉매에 관한 산출량의 히스토그램을 작성하시오.
b. 두 가지 촉매로 인한 생산량을 상자그림을 작성하여 비교하시오.
c. 두 가지 촉매에 대해 결괏값이 얼마나 차이가 나는지 상자그림을 이용하여 설명하시오.

4 다음 그림은 남성 표본에 대한 혈청 콜레스테롤 수치 분포를 보여주는 히스토그램이다. 히스토그램을 사용하여 다음 질문에 답하시오.

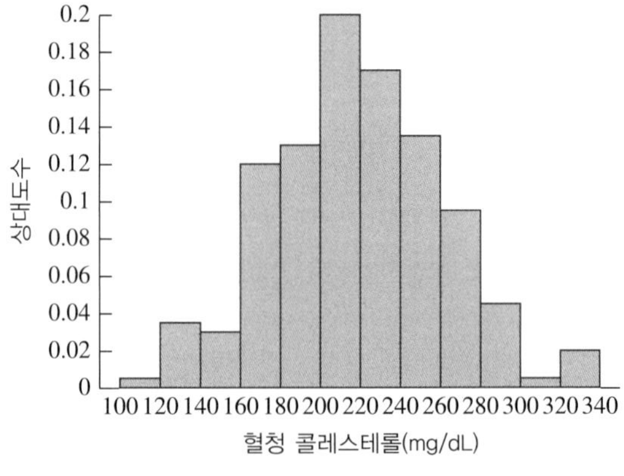

a. 콜레스테롤 수치가 240 mg/dL 이상인 남성의 비율은 30%, 50%, 75% 중 어디에 가장 가까운지 판단하시오.
b. 240~260 mg/dL, 280~340 mg/dL 구간 중에서 어느 구간이 남성의 수가 더 많은지 구하시오.

5. 엔지니어가 다음 자료들을 가지고 상자그림을 그리려고 한다.

37 82 20 25 31 10 41 44 4 36 68

이 중 어떤 값이 이상점으로 분류되는지 설명하시오.

6. 다음 표는 몬타나 북서부의 한 중학교에서 2008년 1월에 결석한 학생 수를 날짜별로 나타낸 것이다.

날짜	결석횟수	날짜	결석횟수	날짜	결석횟수
1월 2일	65	1월 14일	59	1월 23일	42
1월 3일	67	1월 15일	49	1월 24일	45
1월 4일	71	1월 16일	42	1월 25일	46
1월 7일	57	1월 17일	56	1월 28일	100
1월 8일	51	1월 18일	45	1월 29일	59
1월 9일	49	1월 21일	77	1월 30일	53
1월 10일	44	1월 22일	44	1월 31일	51
1월 11일	41				

a. 상자그림을 그리시오.

b. 1월 27일 눈보라가 있었다. 다음날의 결석횟수는 이상점인지 판단하시오.

7. A와 B를 보고 문제를 해결하시오.

	A	B
최솟값	0.066	−2.235
제1사분위수	1.42	5.27
중앙값	2.60	8.03
제3사분위수	6.02	9.13
최댓값	10.08	10.51

a. A와 B의 사분위수범위를 계산하시오.

b. A의 자료를 보고 상자그림을 작성할 수 있는가? 만일 안 된다면 그 이유를 설명하시오.

c. B의 자료를 보고 상자그림을 작성할 수 있는가? 만일 안 된다면 그 이유를 설명하시오.

8. 예제 1.8의 아스팔트 자료를 참고하시오.

a. 아스팔트 자료를 이용하여 상자그림을 작성하시오.

b. 어떠한 값이 이상점인지 구하시오.

c. 아스팔트 자료를 이용하여 점도표를 작성하시오.

d. 상자그림을 작성할 때, 이상점은 가장 가까운 사분위수로부터 1.5 IQR 이상으로 정의한다. 일반적인 정의는 이상점은 대부분의 자료로부터 멀리 떨어져 있는 점이다. 아스팔트 자료 이상점들에서 어떤 점이 상자그림으로 정의할 수 없고 일반적인 정의로 볼 수 있는가? 어느 점인지 설명하시오.

1장 보충연습문제

1. 한 회사에서 회사를 다니는 모든 근로자의 임금을 5% 올리기로 하였다. 임금 상승에 따른 평균임금과 임금의 표준편차는 어떠한 영향을 받는지 구하시오.

2. 집적회로의 프레임에 연결하는 철사의 당김 강도 사양은 10 g 이상이다. 알루미늄으로 만든 철사의 불량률은 10%가 나왔는데, 재설계된 제조공정은 금으로 만든 철사를 사용하려고 연구 중이다. 이 공정의 불량률을 5% 이하로 낮추는 것을 목표로 하고 있다. 최초로 제조된 100개의 금으로 만든 철사 중 4개의 불량품이 나왔다. 이때 참 또는 거짓을 판별하시오.

a. 100개의 철사 중 단 4%만 불량이었으므로 목표에 도달했다.

b. 표본 백분율이 5% 미만이어도 이는 표집 변동을 나타낼 수 있으므로 목표에 도달하지 못할 수 있다.

c. 어떠한 결과든 표집 변동이 있으므로 새로운 과정을 시도할 필요는 없다.

d. 충분한 양으로 회로를 표본화하였고 불량 회로의 비율이 5% 이하로 발생하였기 때문에 합리적으로 목표에 도달했다.

3. 어떠한 목록에서 가장 작은 숫자가 12.9에서 1.29로 변경되었을 때 다음을 구하시오.

a. 변경 후 평균이 바뀔 것인가? 만약 바뀐다면 얼마나 바뀌는지 구하시오.

b. 변경 후 중앙값이 바뀔 것인가? 만약 바뀐다면 얼마나 바뀌는지 구하시오.

c. 변경 후 표준편차가 바뀔 것인가? 만약 바뀐다면 얼마나 바뀌는지 구하시오.

4. 15개의 숫자가 적힌 목록의 평균값은 25이다. 목록 중에서 가장 작은 숫자가 12.9에서 1.29로 변경되었을 때 다음을 구하시오.

a. 변경 후 평균이 바뀔 것인가? 만약 바뀐다면 얼마나 바뀌는지 구하시오.

b. 바뀐 후의 평균값을 결정할 수 있는가? 그렇다면 평균값은 어떻게 되는지 구하시오.

c. 변경 후 중앙값이 바뀔 것인가? 만약 바뀐다면 얼마나 바뀌는지 구하시오.

d. 변경 후 표준편차가 바뀔 것인가? 만약 바뀐다면 얼마나 바뀌는지 구하시오.

5. 다음 상자그림의 자료를 통해 어떤 것이 참인지 고르시오.

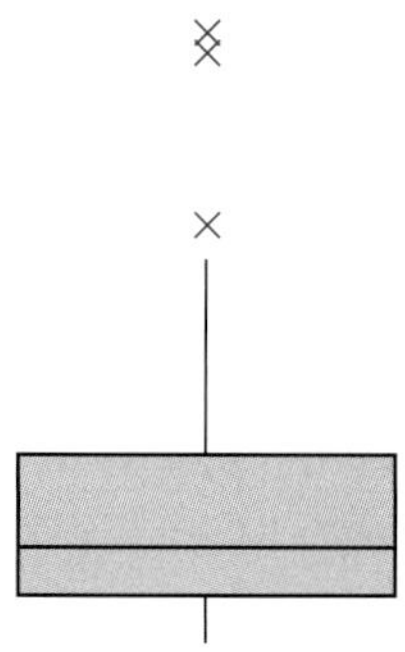

a. 평균이 중앙값보다 크다.
b. 평균이 중앙값보다 작다.
c. 평균이 중앙값과 거의 같다.

6. "Vehicle–Arrival Characteristics at UrbanUncontrolled Intersections" 논문에서는 인도의 마드라스에 있는 10개의 교차로에서의 교통 특징에 관한 자료들을 제시하였으며, 교차로를 달리는 차량의 속도에 대해 조사하였다. 제시된 표는 두 교차로 간에 속도(km/h)에 대한 15번째, 50번째, 85번째 백분위수를 나타낸 것이다.

	백분위수		
교차로	**15번째**	**50번째**	**85번째**
A	27.5	37.5	40.0
B	24.5	26.5	36.0

a. A 교차로를 통해 달리는 차량의 속도에 대한 히스토그램을 그린다면 왼쪽과 오른쪽 중 어느 쪽으로 기울어져 있겠는가? 아니면 거의 대칭을 나타내는지 설명하시오.
b. B 교차로를 통해 달리는 차량의 속도에 대한 히스토그램을 그린다면 왼쪽과 오른쪽 중 어느 쪽으로 기울어져 있겠는가? 아니면 거의 대칭을 나타낼는지 설명하시오.

7. "The Ball-on-Three-Ball Test for Tensile Strength: Refined Methodology and Results for Three Hohokam Cermic Types" 논문에서는 고대 세라믹의 내구성에 대해 실험하였다. 세 종류의 세라믹 표본들을 실험하였으며, 시험체에 균열이 갈 때의 하중(단위: kg)을 측정하였다.

세라믹 종류	**하중(kg)**						
Sacaton	15	30	51	20	17	19	20
	32	17	15	23	19	15	18
	16	22	29	15	13	15	
Gila Plain	27	18	28	25	55	21	18
	34	23	30	20	30	31	25
	28	26	17	19	16	24	19
	9	31	19	27	20	43	15
Casa Grande	20	16	20	36	27	35	66
	15	18	24	21	30	20	24
	23	21	13	21			

a. 세 개의 표본에 관한 비교 상자그림을 작성하시오.
b. 각각의 표본에서 이상점은 몇 개나 되는지 작성하시오.
c. 세 개의 표본의 특징에 대해 설명하시오.

Chapter 2

이변량 자료의 요약

개요

과학자들과 엔지니어들은 흔히 두 양 사이의 연관성을 알아보기 위해 자료를 수집한다. 예를 들어, 화학공학 엔지니어는 촉매 농도와 공정 수율 사이의 관계를 연구하기 위해 여러 번의 화학 공정을 실시한다. 이 과정이 시행될 때마다 농도 x와 산출량 y가 기록된다. 따라서 실험은 순서쌍 $(x_1, y_1), \cdots, (x_n, y_n)$의 집합을 생성하며, 여기서 n은 실시한 횟수를 의미한다. 이렇게 순서쌍으로 이루어진 자료를 **이변량 자료(bivariate data)**라고 부른다. 많은 경우에 있어서 과학실험에서 발생된 순서쌍이 도시될 때 직선 주위에 밀집하려는 경향이 있다. 이러한 상황에서 가장 중요한 문제점은 보통 두 양이 서로 얼마나 밀접하게 연관되어 있는지 결정하는 것이다. 두 변수 사이의 연관성의 정도를 측정하기 위해 가장 자주 사용되는 요약통계량은 **상관계수(correlation coefficient)**이고, 이것은 2.1절에서 알아볼 예정이다. 두 변수가 서로 밀접하게 연관되어 있을 때 다른 변수의 값이 주어지면 그들 중 하나의 값을 예측하는데 흔히 관심이 많다. 이는 **최소제곱직선(least-squares line)**으로 알려진 직선 방정식을 이용할 수 있으며, 2.2와 2.3절에서 알아볼 것이다.

2.1 상관계수

논문 "Advances in Oxygen Equivalence Equations for Predicting the Properties of T-itanium Welds(티타늄 용접의 성질을 예측하기 위한 산소 등가 방정식의 발전)"에서는 많은 티타늄 용접의 화학적 구성과 강도의 특성에 대한 내용을 다루고 있다. 이 논문에서 보고된 연구목표 중 하나는 용접 강도를 예측하는 데 사용될 수 있는 요인을 발견하는 것이다. 그림 2.1(a)는 이러한 용접부의 일부에 대한 탄소함량(%)과 항복강도(thousands of pounds per square inch [ksi])에 대한 그림이다. 그림 2.1(b)는 동일한 용접에 대한 질소함량(%)과 항복

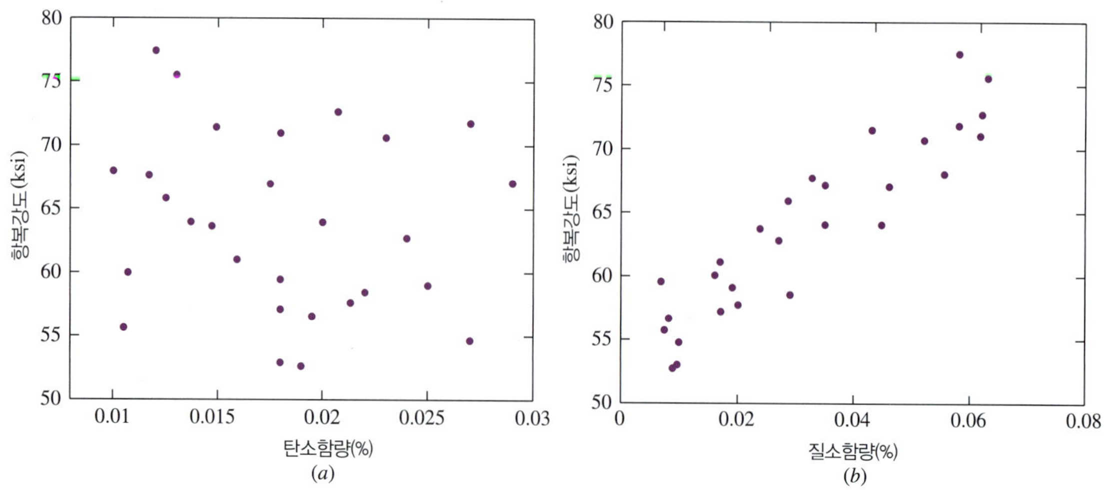

그림 2.1 (a) 어떤 용접그룹에 대한 탄소함량과 항복강도 사이의 관계가 없다는 것을 보여주는 산점도. (b) 같은 용접그룹에 대하여 높은 질소함량은 높은 항복강도와 관련이 있다는 것을 보여주는 산점도. [출처: American Welding Society]

강도(ksi)에 대한 그림이다. 자료가 순서쌍으로 구성되어 있을 때, **산점도(scatterplots)**는 2차원 좌표계상에서 각 개체를 점으로 표시한 그림을 의미한다.

질소함량에 대한 항복강도의 산점도(그림 2.1(b))는 몇 가지 명확한 구조를 보여준다. 즉, 점들이 왼쪽 아래에서 오른쪽 위까지 선을 따르는 것처럼 보인다. 이처럼 산점도는 질소함량과 항복강도 사이의 관계를 보여준다. 이 산점도에 따르면 질소함량으로부터 항복강도를 예측할 수도 있다. 이와 반대로 탄소함량과 항복강도의 산점도(그림 2.1(a))에는 어떠한 형태도 보이지 않는다. 따라서 이 두 수량 사이의 관계에 대한 근거는 없다고 볼 수 있다. 이 산점도를 이용해서는 탄소함량으로부터 항복강도를 예측하지 못할 것이다.

그림 2.1(b)에서 점들이 양의 기울기를 가진 선을 따르는 경향이 있다는 것을 확인할 수 있는데, 그림 2.2는 점들을 통해 그려진 선과 함께 산점도를 나타낸 것이다. 그림 2.2의 점들은 선 주위에 밀집하려는 경향이 있는 것이 분명하며, 이 선은 **최소제곱직선(least-squares line)**으로 알려진 특수한 선으로서 주어진 자료에서 오차들의 제곱합이 최소화된 직선을 의미한다. 2.2절에서는 이러한 최소제곱직선을 계산하는 방법에 대해 알아볼 예정이다.

일반적으로 산점도의 점들이 선 주위에 군집화되는 경향이 있는 정도는 x와 y 사이의 선형관계의 강도를 반영한다. 우리는 이 선형관계의 강도를 측정하는 방법을 알고자 하지만, 산점도를 눈으로만 봐서는 정확한 판단을 할 수 없다. 왜냐하면 축의 축척 변화에 따라 군집화가 더 촘촘하게 보이거나 느슨하게 보일 수도 있기 때문이다. 이러한 이유로 **상관계수(correlation coefficient)**를 정의하였으며, 이것은 두 변수 사이의 선형관계 강도에 대한 수치적인 측도이다. 상관계수는 보통 문자 r로 표시하는데, r에 대해서는 몇 가지 공식이 있지만, 전부 복잡하고 어떻게 계산되는지 한번 봐서는 곧바로 파악되지 않기 때문에 여러 공식들을 살펴보고, 어떻게 적용하는지 알아보자.

다음 순서쌍 $(x_1, y_1), \cdots, (x_n, y_n)$이 산점도상의 n개의 점을 나타낸다고 가정하자. 상관관계를 계산하기 위해 첫째 x와 y의 편차, 즉 각 x_i와 y_i에 대한 $x_i - \overline{x}$와 $y_i - \overline{y}$를 계산한다. 상관계수는

$$r = \frac{\sum_{i=1}^{n}(x_i - \overline{x})(y_i - \overline{y})}{\sqrt{\sum_{i=1}^{n}(x_i - \overline{x})^2}\sqrt{\sum_{i=1}^{n}(y_i - \overline{y})^2}} \tag{2.1}$$

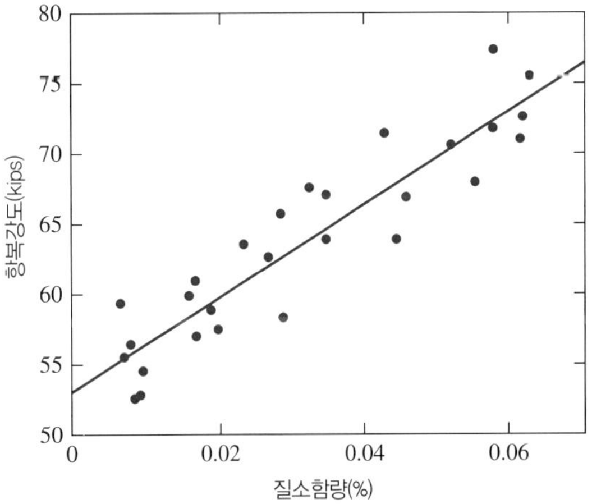

그림 2.2 용접 표본에 대한 질소함량과 항복강도. 최소제곱직선이 겹쳐졌다.

로 주어진다. 식 (2.1)의 분자와 분모에 대해 약간의 연산을 수행하여, 보통 손으로 직접 계산할 때 사용하기 가장 쉬운 공식을 구할 수 있다.

$$r = \frac{\sum_{i=1}^{n} x_i y_i - n\bar{x}\bar{y}}{\sqrt{\sum_{i=1}^{n} x_i^2 - n\bar{x}^2}\ \sqrt{\sum_{i=1}^{n} y_i^2 - n\bar{y}^2}} \tag{2.2}$$

상관계수는 항상 1과 −1 사이에 있다. 양(positive)의 상관계수 값은 최소제곱직선이 양의 기울기를 가지며, 이는 한 변수의 큰 값이 다른 변수의 큰 값과 상호 연관됨을 의미한다. 음(negative)의 상관계수 값은 최소제곱직선이 음의 기울기를 가지며, 이는 한 변수의 큰 값이 다른 변수의 더 작은 값과 상호 연관됨을 뜻한다. 1과 −1에 가까운 상관계수의 값은 강한 선형관계를 보여주며, 0에 가까운 값은 약한 선형관계를 보여준다. 상관계수는 산점도에서 점들이 양(또는 음)의 기울기의 직선 위에 정확하게 있을 때만 1(또는 −1)과 같다. 즉, 이는 완전한 선형관계일 경우이다. 점이 정확히 x축 또는 y축에 있다면 상관계수는 정의되지 않는다. 왜냐하면 공식에서 분모가 0이 되기 때문이다. $r \neq 0$일 경우 x와 y는 **상관이 있다(correlated)**고 하며, $r = 0$일 경우 x와 y는 **상관이 없다(uncorrelated)**고 한다.

그림 2.1(b)에서 질소함량과 항복강도의 상관계수는 $r = 0.92$이다. 그림 2.1(a)에서 탄소함량과 항복강도의 상관계수는 $r = -0.16$이다. 이러한 결과는 질소함량과 항복강도가 강한 양의 선형관계를 가지는 반면, 탄소함량과 항복강도는 약한 음의 선형관계를 갖게 된다.

상관계수는 어떻게 작용하는가

상관계수 r에 대한 공식(식 2.1)은 어떻게 두 변수 사이의 선형연관성의 강도를 측정하는가? 첫째로 식 (2.1)의 분모는 항상 양의 값이므로, 상관계수의 부호는 편차 곱의 합 $\sum_{i=1}^{n}(x_i - \bar{x})(y_i - \bar{y})$인 분자의 부호와 동일하다는 점을 유의해야 한다. 그림 2.3은 상관계수가 어떻게 작용하는지를 보여주고 있다. 이 산점도에서 원점은 평균점 $(\bar{x}, \bar{y})$에 위치하고 있다. 따라서 제1사분면에서는 편차 $(x_i - \bar{x})$와 $(y_i - \bar{y})$가 둘 다 양(+)의 값이므로 그들의 곱한 값 역시 양의 값이다. 이처럼 제1사분면에서 각 점은 식 (2.1)의 합에 양으로 기여한다. 제2사분면에서 점의 축 x에 대한 편차는 음(−)의 값인 반면, y축에 대한 편차는 양(+)의 값이다. 따라서 편차의 곱

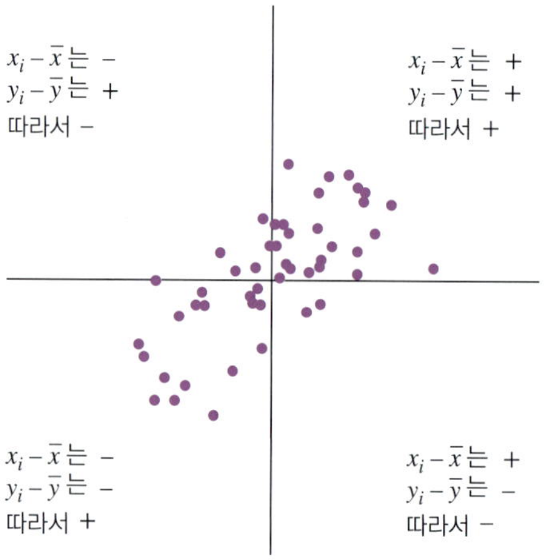

그림 2.3 상관계수는 어떻게 작용하는가?

은 음이므로 제2사분면에서 각 점은 식 (2.1)의 합에 음으로 기여한다. 마찬가지로 제3사분면에서는 양으로 기여하고 제4사분면에서는 음으로 기여한다. 그림 2.3에서 제2사분면과 제4사분면보다 제1사분면과 제3사분면에 더 많은 점들이 있으므로 상관계수는 양(+)일 것이다. 만약 그림이 음의 기울기를 가졌다면, 제2사분면과 제4사분면에 더 많은 점들이 있을 것이고 상관계수는 음(−)이 될 것이다.

상관계수는 단위가 없다

식 (2.1)에서 분자와 분모가 둘 다 x의 단위를 y의 단위로 곱하여 동일한 단위를 갖는다는 것을 보여준다. 이러한 이유로 상관계수는 단위가 없다. 이러한 사실은 r의 유용성에 중요한 요인이 된다. 하나의 도시된 양의 단위가 다른 도시된 양의 단위와 다를 때도 두 도시된 양 사이의 선형관계의 강도를 비교할 수 있기 때문이다.

상관계수의 또 다른 중요한 특성은 축척의 변화에 영향을 받지 않는다는 것이다. 이는 각 x_i 또는 각 y_i에 양의 수를 곱하면 상관계수는 변하지 않는다는 것이다. 따라서 상관계수는 x 또는 y의 단위에 영향을 받지 않는다. 또한 같은 상수가 각 x_i 또는 각 y_i 또는 둘 다에 더해지면 상관계수는 변하지 않는다. 그 이유는 상관계수가 편차 $x_i - \bar{x}$와 $y_i - \bar{y}$에만 좌우되기 때문이다. 마지막으로 x와 y의 값을 서로 바꿔도 상관계수는 변하지 않는다는 것을 식 (2.1)로부터 알 수 있다.

요약

상관계수는 다음과 같은 각 연산에서 변하지 않는다.

- 양수로 각 변수에 곱하기
- 각 변수에 상수를 더하기
- x와 y를 바꾸기

그림 2.4는 미국 여러 도시에 대한 4월과 10월의 평균온도를 그림으로 나타낸 것이다. 온도가 ℃ 또는 ℉로 측정되는 것과 관계없이 상관계수는 같다. 그 이유는 ℃에서 ℉로 변환시킬 때 1.8을 곱하고 32를 더하는 것이 포함되기 때문이다.

상관계수는 단지 선형연관성만을 측정한다

어떤 물체가 초기속도 64 ft/s로 지상으로부터 위로 발사되었다. 발사 후 $x_1, \cdots, x_n$의 경과시간 후, 각각 지표면 위 물체의 높이 $y_1, \cdots, y_n$가 측정되었다. 마찰이 없는 상태에서 측정오차는 없다고 가정했을 때, 점 $(x_1, y_1), \cdots, (x_n, y_n)$의 산점도는 그림 2.5와 같이 나타낼 수 있으며, x와 y 사이의 강한 관계를 보여준다. 실제로 y값은 방정식 $y = 64x - 16x^2$을 통해 x에 의해 결정된다. 그러나 x와 y 사이의 상관계수는 0과 같다. 이것은 오류가 아닐까? 그렇지 않다. 상관계수 0이라는 값은 x와 y가 선형연관성이 없음을 나타내며, 이것은 사실이다. 즉, 이 관계는 순전히 2차 방정식이다. 이 예시에서 중요한 점은 산점도상에 점이 곡선을 따르려는 경향이 있을 때는 잘못된 결과를 보일 수 있으므로 상관계수를 사용하지 않아야 한다는 것이다.

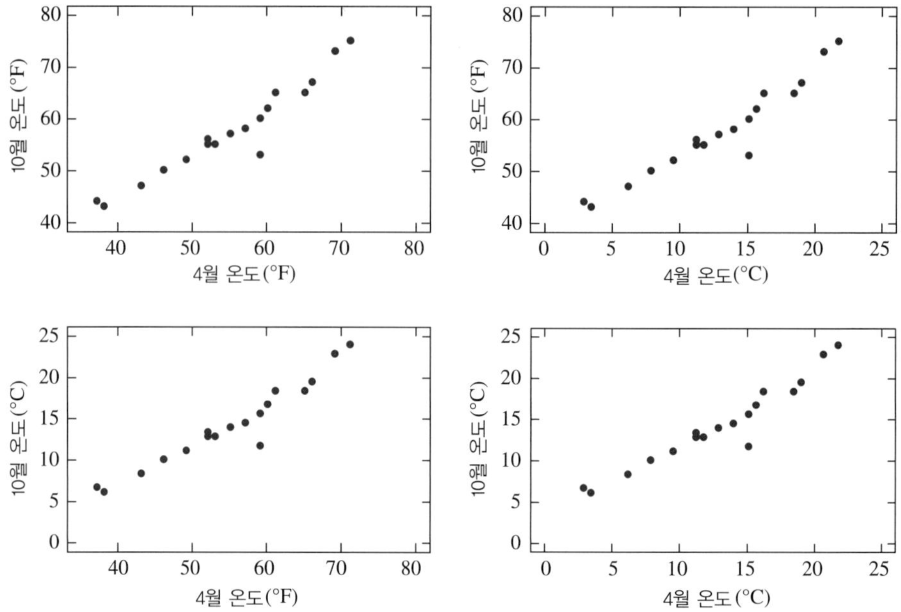

그림 2.4 미국 여러 도시에 대한 4월과 10월 평균온도. 상관계수는 각 도시에 대해 0.96으로 같으며, 단위의 선택은 중요하지 않다.

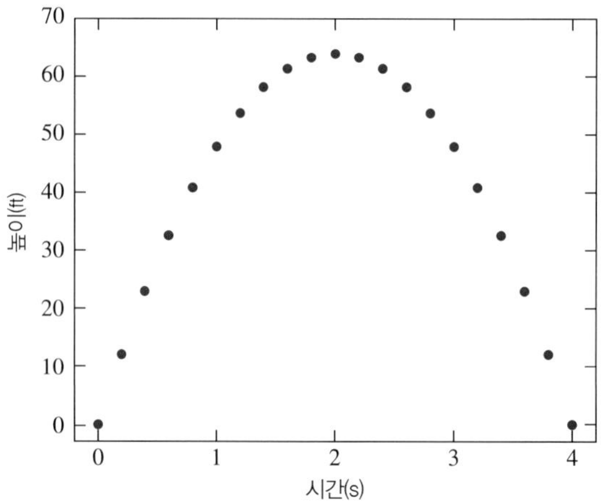

그림 2.5 자유낙하에서 초기속도가 양(+)의 값을 갖는 자유낙하 물체의 높이와 시간에 따른 관계는 2차 방정식이다. 상관계수는 0과 같다.

이상점이 존재할 경우 상관계수는 오해를 불러일으킬 수 있다

그림 2.6은 몇몇 미국 주들의 농지 면적 대 총 토지 면적의 그림을 보여준다. 일반적으로 토지 면적이 더 넓은 주는 농지를 더 많이 가지고 있다. 주요 예외라 한다면 알래스카가 있다. 넓은 면적이 있지만 농지는 매우 적다.

알래스카를 나타내는 오른쪽 아래 구석에 있는 점은 데이터의 본체로부터 분리되어 있으므로 이상점이다. 이 산점도의 상관관계는 $r = -0.12$로, 약한 음의 관계를 나타낸다. 즉, 전체 면적이 더 큰 주는 실제로 농지 면적이 더 적은 경향이 있음을 나타낸다. 그러나 알래스카를 제외한 다른 주들에서는 강한 양의 관계가 있다는 것은 분명하다.

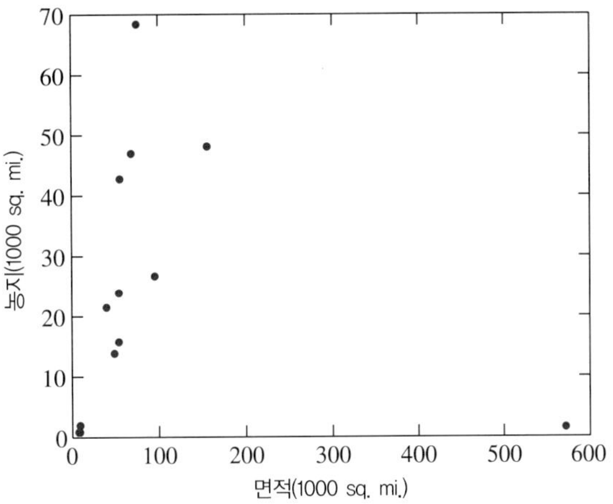

그림 2.6 상관계수는 −0.12이다. 이상점 때문에 상관계수는 잘못된 오해를 불러일으킬 수 있다.

이상점을 포함하는 자료에서 계산된 상관계수는 종종 오해의 소지가 있을 수 있다. 이상점은 자료의 분석을 더 어렵게 만들 수도 있기 때문에 심각한 문제다. 일부 이상점은 기록오류 또는 실험 프로토콜을 따르지 않아 발생하지만, 이러한 이상점은 적절히 수정하거나 삭제할 수 있다. 그러나 때때로 사람들은 특별한 이유 없이 자료에서 이상점을 삭제하여 자료를 더 보기 좋게 보이도록 한다. 이는 자료를 생성한 공정의 변동성을 과소평가하는 결과를 초래하기 때문에 적절하지 않다. 이상점의 삭제 여부를 결정하는 쉬운 규칙이 없기 때문에 이상점을 포함된 자료를 해석하는 것이 어려울 수 있다.

상관관계는 인과관계가 아니다

어린이의 경우 어휘력과 신발의 크기는 강한 상관관계가 있다. 그러나 새로운 단어를 배우는 것은 발을 자라게 하는 것도 아니고, 발을 자라게 하는 것이 어휘력을 키워주는 것도 아니다. 신발 크기와 어휘력, 둘 다와 상관관계가 있는 세 번째 요소인 나이가 있다. 성숙한 청소년은 신발 크기가 더 크고 어휘가 더 큰 경향이 있는데, 이것은 어휘와 신발 크기의 긍정적인 상관관계를 낳는다. 이러한 현상은 **교락(confounding)**으로 알려져 있다. 교락은 두 가지 관심 변수와 상관관계가 있는 세 번째 변수가 있을 때 발생하며, 그 결과 두 변수 사이에 상관관계가 생긴다. 이 예시를 좀 더 자세히 살펴보면, 나이가 더 많은 어린이는 신발 크기가 더 큰 경향이 있고 더 많은 어휘를 알고 있는 경향이 있다. 즉, 신발 크기와 어휘력이 나이에 따라 양(+)으로 상관되어 있다는 것이다.

이 예시에서 교락 요인은 쉽게 찾아낼 수 있지만, 이 외의 많은 경우에서는 요인을 찾아보기가 쉽지 않다. 예시에서는 두 변수가 서로 상관되어 있어서 한 변수의 변화가 다른 변수의 변화를 유발한다고 가정할 수 없다는 것을 보여준다. 두 변수가 인과관계를 갖고 있다고 결론을 내리기 전에 교락의 가능성을 살펴보아야 한다.

과학적 실험을 계획할 때는 교락의 가능성을 최대한 줄일 수 있도록 실험을 설계하는 것이 중요하다. **실험계획(experimental design)**의 주제(제9장 참고)는 주로 이와 관련이 있다. 여기에 간단한 예제가 있다.

예제 2.1

어느 한 환경공학 엔지니어가 어떠한 화학물질이 피부에 흡수되는 시간에 대한 흡수율을 연구하는 중이다. 그 엔지니어는 여러 피부 부분에 다른 양의 화학물질을 놓고, 피부가 다양한 시간 변화에 따라 화학물질과 접촉하도록 하였다. 그리고 피부의 각 부분에 흡수되는 화학물질의 양을 측정하여 다음 표에 나타난 결과를 얻었다.

용량(mL)	시간(h)	흡수율(%)
0.05	2	48.3
0.05	2	51.0
0.05	2	54.7
2.00	10	63.2
2.00	10	67.8
2.00	10	66.2
5.00	24	83.6
5.00	24	85.1
5.00	24	87.8

엔지니어는 다음 그림에서 보이는 바와 같이 용량과 시간에 대한 흡수율을 나타냈다. 그 엔지니어는 용량과 흡수량 사이의 상관관계를 계산하여 $r = 0.988$의 값을 얻었으며, 화학물질 양을 증가시키면 흡수된 비율이 증가한다고 결론지었다. 그다음 엔지니어는 시간과 흡수량 간의 상관관계를 계산하여 $r = 0.987$의 값을 얻었고, 피부가 화학물질과 접촉하는 시간이 증가하면 또한 흡수율도 증가시킨다는 결론을 내렸다. 이에 대한 결론이 타당한지 판단하시오.

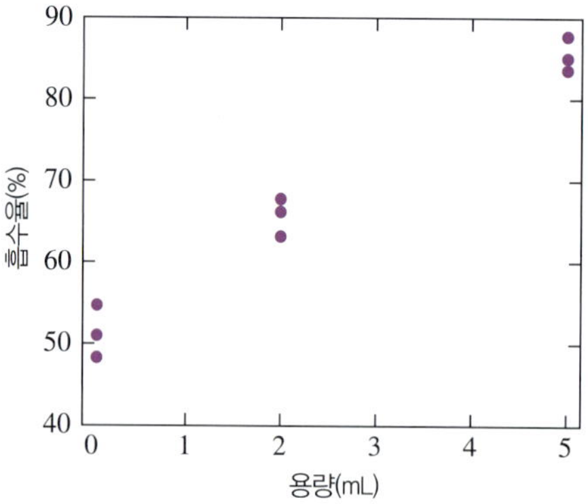

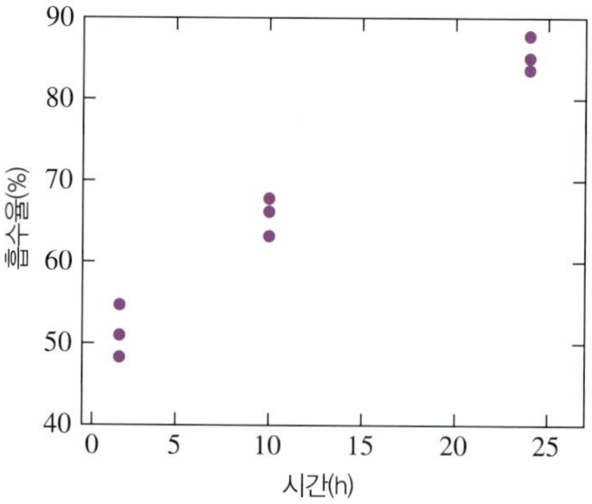

풀이

아니다. 엔지니어는 다음 그림에서 나타난 시간과 용량 사이의 관계를 봐야 한다. 시간과 용량 사이의 상관계수는 $r = 0.999$이므로, 이 두 변수는 거의 완전히 교락되어 있다. 만약 시간이나 용량이 흡수율에 영향을 미친다면 서로가 높게 상관되어 있으므로 둘 다 그렇게 나타날 것이다. 따라서 시간이나 용량 둘 중 어느 것이 영향을 주고 있는지를 결정하는 것은 불가능하다. 이러한 시간과 용량 사이의 관계는 실험계획 때문에 일어난 결과이며 이를 피해야 한다.

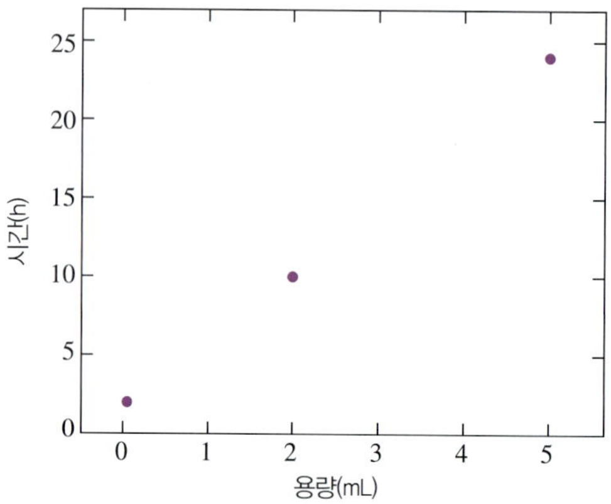

예제 2.2

예제 2.1에서 엔지니어는 새로운 설계로 실험을 반복하여 그 결과를 다음의 표에 나타냈다. 또한 아래의 그림은 용량과 시간 모두에 대해 흡수된 백분율을 나타내고 있다.

용량(mL)	시간(h)	흡수율(%)
0.05	2	49.2
0.05	10	51.0
0.05	24	84.3
2.00	2	54.1
2.00	10	68.7
2.00	24	87.2
5.00	2	47.7
5.00	10	65.1
5.00	24	88.4

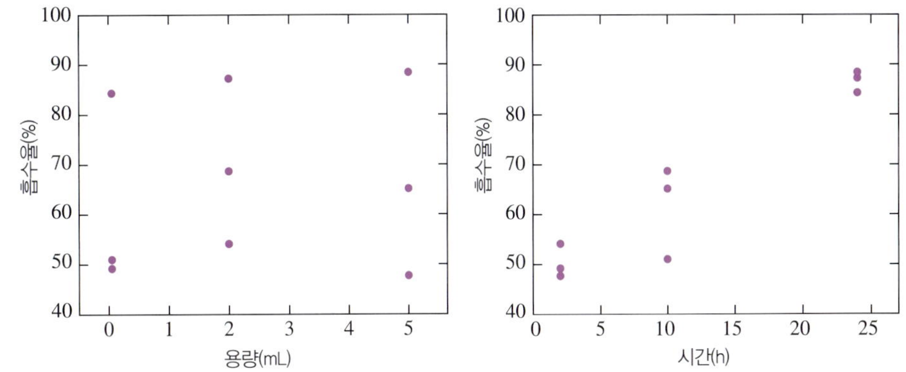

엔지니어는 용량과 흡수율 사이의 상관관계를 계산하여 $r = 0.121$의 값을 얻었으며, 화학물질의 용량을 증가시키는 것이 흡수율에 거의 또는 전혀 영향을 미치지 않는다고 결론지었다. 그다음 엔지니어는 시간과 흡수율 사이의 상관관계를 계산하여 $r = 0.952$의 값을 얻었고, 피부가 화학물질과 접촉하는 시간을 늘리면 흡수율이 증가할 것이라고 결론지었다. 이에 대한 결론이 타당한지 판단하시오.

풀이

이 결론은 예제 2.1에서의 결론보다 훨씬 타당하다. 다음 그림은 용량과 시간 사이의 관계를 나타내고 있다. 이 실험은 시간과 용량이 상관되지 않도록 설계되었다. 지금은 용량이 아닌 시간이 흡수율에 영향을 미친다. 시간을 증가시키면 실제로 흡수율이 증가한다는 결론을 내리기 전에, 엔지니어는 어떤 다른 잠재적인 교란 요인이 없는지 확인해야 한다. 예를 들어, 만약 각 실험을 반복함에 따라 주변 온도가 변하고 시간과 높은 상관관계가 있는 경우, 시간이 아니라 온도가 흡수율의 변화를 일으키고 있는 경우일 수 있다.

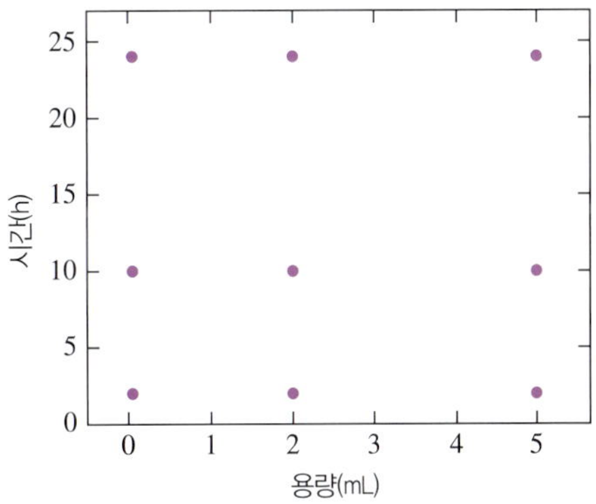

제어실험은 교락의 가능성을 줄인다

예제 2.1과 2.2에서 엔지니어는 이 두 변수가 상관되지 않도록 용량과 시간에 대한 값을 선택하여 교락을 줄일 수 있었다. 이 엔지니어는 이러한 요인에 대한 값을 선택하여 실험할 수 있었다. 제어실험에서는 교락이 상관관계가 없는 방식으로 요인에 대한 값을 선택하여 교란 요인을 피할 수 있다.

관찰연구는 인자값을 실험자가 선택할 수 없는 연구이다. 환경오염물질이 인간의 건강에 미치는 영향과 같은 공중보건 문제와 관련된 연구는 실험자들이 의도적으로 높은 수준의 오염에 노출시킬 수 없는 관찰연구이다. 이러한 연구에서는 교락을 피하기 어려운 경우가 많이 있다. 예를 들어, 오염도가 높은 지역에 사는 사람들은 사회경제적 지위가 낮은 경향이 있어 건강에 영향을 받을 수 있다. 따라서 관찰연구에서는 다양한 조건에서 여러 번 반복해야 신뢰할 수 있는 결론을 도출할 수 있다.

2.1 연습문제

1. 다음 자료 집합에 대한 상관계수를 구하시오.

x	1	2	3	4	5
y	2	1	4	3	7

2. 다음 산점도 각각에 대해 상관계수가 적절한 요약인지 간단히 설명하시오.

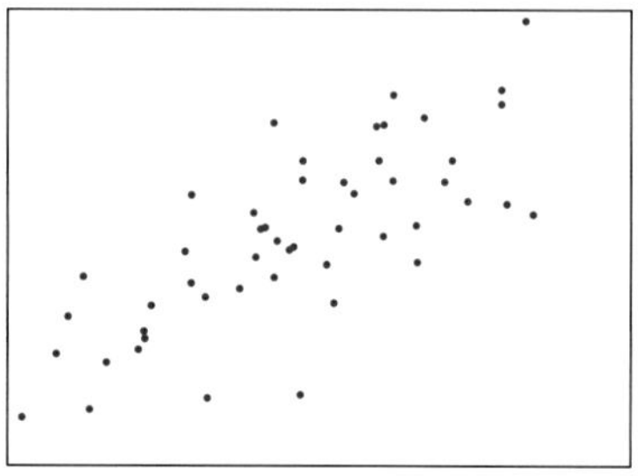

(*a*)

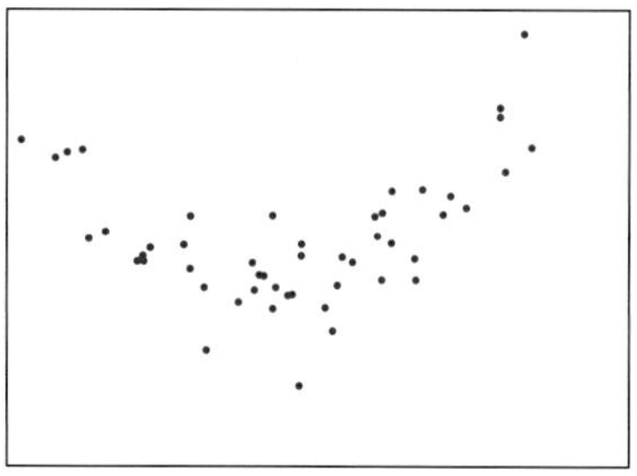

(*b*)

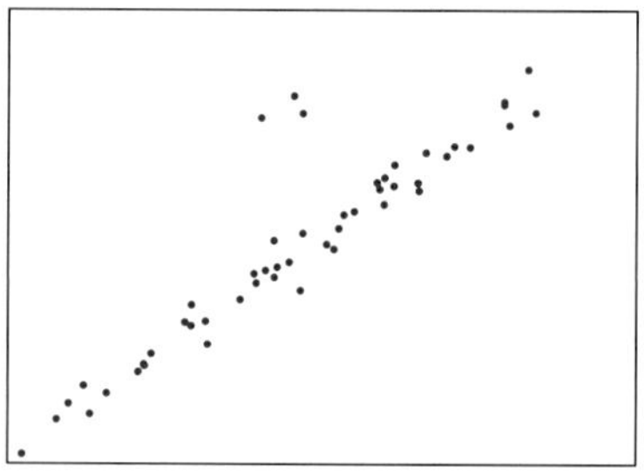

(*c*)

3. 한 과학자가 대학생의 키와 몸무게에 관한 자료를 수집했다. 남자의 키와 몸무게의 상관관계는 0.6 정도였고, 여자의 경우는 거의 같았다. 남자와 여자를 합친다면 키와 몸무게 사이의 상관관계가 0.6보다 큰지, 작은지 또는 거의 같은지 대략적인 산점도를 구하시오.

4. 한 엔지니어가 특정 제품의 생산량에 미치는 온도와 교반 속도에 대한 영향을 연구하고 있다. 그 과정은 다음 표에 제시된 설정으로 총 16회 실행되었으며, 생산량의 단위는 이론상 최댓값의 백분율이다.

온도(℃)	교반 속도(rpm)	생산량(%)
110	30	70.27
110	32	72.29
111	34	72.57
111	36	74.69
112	38	76.09
112	40	73.14

114	42	75.61
114	44	69.56
117	46	74.41
117	48	73.49
122	50	79.18
122	52	45.44
130	54	81.71
130	56	83.03
143	58	76.98
143	60	80.99

a. 온도와 교반 속도 각각의 생산량과 온도와 교반 속도의 상관계수를 계산하시오.

b. 이러한 자료는 온도를 증가시키면 생산량이 자료범위 내에서 증가하는 원인이라는 좋은 근거를 제공하는가? 또는 결과가 교락에 의한 것인가? 이에 대해 설명하시오.

c. 이러한 자료는 교반속도를 증가시키면 생산량이 자료범위 내에서 증가시키는 원인이라는 좋은 근거를 제공하는가? 또는 결과가 교락에 의한 것인가? 이에 대해 설명하시오.

2.2 최소제곱직선

두 변수가 직선 관계일 때, 산점도는 최소제곱직선(2.1절의 그림 2.2 참조)으로 알려진 선 주위에 밀집되는 경향이 있다. 이 절에서는 최소제곱직선이 어떻게 계산되는지 그리고 그것이 이변량자료를 설명하는 데 어떻게 사용되는지를 배운다.

표 2.1은 28개의 용접에 대한 질소함량(%)과 항복강도(ksi)를 나타낸다. 이 자료는 2.1절의 그림 2.1(b)에 이미 나왔다.

표 2.1 질소함량과 항복강도

질소함량(%)	항복강도(ksi)	질소함량(%)	항복강도(ksi)
0.0088	52.67	0.0169	61.05
0.0200	57.67	0.0286	65.85
0.0350	64.00	0.0430	71.45
0.0460	67.00	0.0580	77.45
0.0617	71.00	0.0630	75.55
0.0620	72.67	0.0099	54.70
0.0074	55.67	0.0190	59.05
0.0160	60.00	0.0270	62.75
0.0237	63.67	0.0350	67.10
0.0327	67.67	0.0520	70.65
0.0555	68.00	0.0580	71.80
0.0447	64.00	0.0290	58.50
0.0068	59.50	0.0170	57.15
0.0081	56.60	0.0096	52.95

그림 2.7은 x와 y의 산점도를 최소제곱직선과 겹쳐서 나타내었다. 우리는 직선 방정식을

$$y = \hat{\beta}_0 + \hat{\beta}_1 x \tag{2.3}$$

으로 나타내었다.

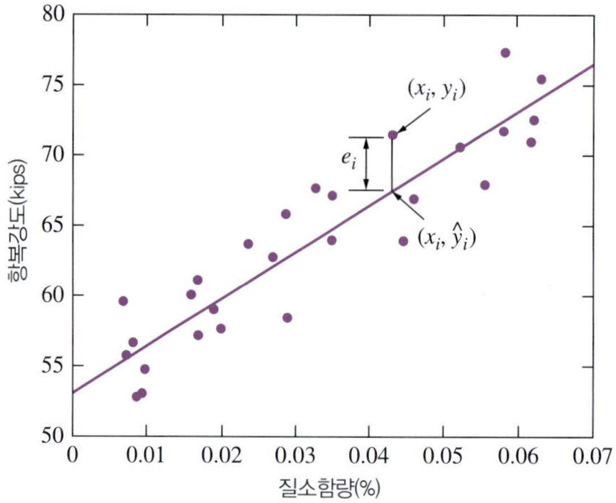

그림 2.7 질소함량과 항복강도의 도시. 최소제곱직선 $y = \hat{\beta}_0 + \hat{\beta}_1 x$를 겹쳐 놓았다. 점 (x_i, y_i)에서 최소제곱직선 위의 점 $(x_i, \hat{y}_i)$까지 연직거리는 i번째 잔차 e_i이다. 최소제곱직선은 잔차제곱합을 최소화하는 선이다.

$\hat{\beta}_0$과 $\hat{\beta}_1$는 **최소제곱계수(least-squares coefficients)**라 부른다. 계수 $\hat{\beta}_1$는 최소제곱직선의 기울기이고, 계수 $\hat{\beta}_0$는 y의 절편이다. 이 경우 질소함량 x는 **독립변수(independent variable)**라 부르며, 질소함량 y는 **종속변수(dependent variable)**라 부른다.

최소제곱직선은 자료를 가장 잘 설명하는 선이다. 이제 '가장 잘 설명하는' 것이 무엇을 의미하는지 정의해 보고자 한다. 각 자료점 (x_i, y_i)에 대해, 최소제곱직선 위의 점 $(x_i, \hat{y}_i)$까지 수직거리는 $e_i = y_i - \hat{y}_i$(그림 2.7 참조)이다. $\hat{y}_i = \hat{\beta}_0 + \hat{\beta}_i x_i$는 **적합값(fitted value)**이라 부르고, 는 e_i점 (x_i, y_i)와 관련된 **잔차(residual)**라 부른다. 잔차 e_i는 자료의 관측값 y_i와 최소제곱직선에 의해 예측된 적합값 $\hat{y}_i$와의 차이이다. 이것은 점에서 최소제곱직선까지의 수직거리이다. 최소제곱선 위의 점은 양의 잔차를 가지며, 최소제곱직선 아래의 점은 음의 잔차를 가진다. 이 잔차가 0에 가까울수록 적합값은 관측값에 가까우며 최소제곱직선이 자료를 잘 설명한다는 것을 의미한다. 잔차제곱합 $\sum_{i=1}^{n} e_i^2$이 최소가 되는 선이 되도록 최소제곱직선을 정의한다. 이런 의미에서 최소제곱직선은 어떤 다른 선보다 자료를 훨씬 더 잘 설명한다고 볼 수 있다.

위의 예시에서는 단지 하나의 독립변수(질소함량)만 있지만, 다른 예시에서는 몇 개의 독립변수를 사용할 수도 있다. 예를 들어, 어떤 농작물의 수확량을 예측하기 위해 사용된 비료의 양, 공급된 물의 양, 토양의 여러 가지 화학적 성분의 측정량을 알아야 할 필요가 있을 것이다. 단지 하나의 독립변수를 갖는 선형모형은 **단순선형회귀(simple linear regression)**모형이라 부르며, 두 개 이상의 독립변수를 갖는 선형모형은 **다중회귀(multiple regression)**모형이라 부른다. 이 장에서는 단순선형회귀에 대해 다루며, 제8장에서는 다중회귀를 다룬다.

최소제곱직선의 방정식 계산

최소제곱직선의 방정식을 계산하기 위해 잔차제곱합 $\sum_{i=1}^{n} e_i^2$이 최소가 되는 기울기 $\hat{\beta}_1$과 절편 $\hat{\beta}_0$에 대한 값을 결정해야 한다. 이를 위해 우선 e_i를 $\hat{\beta}_0$와 $\hat{\beta}_1$의 항으로 표현한다.

$$e_i = y_i - \hat{y}_i = y_i - \hat{\beta}_0 - \hat{\beta}_1 x_i \tag{2.4}$$

그러므로 $\hat{\beta}_0$와 $\hat{\beta}_1$은 합

$$S = \sum_{i=1}^{n} e_i^2 = \sum_{i=1}^{n}(y_i - \hat{\beta}_0 - \hat{\beta}_1 x_i)^2 \tag{2.5}$$

을 최소화하는 양이다. 이 양은

$$\hat{\beta}_1 = \frac{\sum_{i=1}^{n}(x_i - \bar{x})(y_i - \bar{y})}{\sum_{i=1}^{n}(x_i - \bar{x})^2} \tag{2.6}$$

$$\hat{\beta}_0 = \bar{y} - \hat{\beta}_1 \bar{x} \tag{2.7}$$

으로 나타난다.

계산 공식

$\sum_{i=1}^{n}(x_i - \bar{x})^2$와 $\sum_{i=1}^{n}(x_i - \bar{x})(y_i - \bar{y})$는 최소제곱직선을 결정하기 위해 계산되어야 하며, $\sum_{i=1}^{n}(y_i - \bar{y})^2$은 최소제곱직선이 자료를 얼마나 잘 설명하는지 결정하기 위해 계산되어야 한다. 이 양을 계산하는 더 쉬운 공식은 다음과 같다.

요약

오른쪽의 식은 왼쪽의 식과 같으며, 계산하기 더 쉽다.

- $$\sum_{i=1}^{n}(x_i - \bar{x})^2 = \sum_{i=1}^{n} x_i^2 - n\bar{x}^2 \tag{2.8}$$
- $$\sum_{i=1}^{n}(y_i - \bar{y})^2 = \sum_{i=1}^{n} y_i^2 - n\bar{y}^2 \tag{2.9}$$
- $$\sum_{i=1}^{n}(x_i - \bar{x})(y_i - \bar{y}) = \sum_{i=1}^{n} x_i y_i - n\bar{x}\,\bar{y} \tag{2.10}$$

예제 2.3

표 2.1의 자료를 사용하여 최소제곱직선의 기울기와 절편의 최소제곱 추정값을 계산하시오.

풀이

기울기는 $\hat{\beta}_1$이며, 절편은 $\hat{\beta}_0$이다. 표 2.1로부터 다음을 계산한다.

$$\bar{x} = 0.031943 \qquad \bar{y} = 63.7900$$

$$\sum_{i=1}^{n}(x_i - \bar{x})^2 = \sum_{i=1}^{n} x_i^2 - n\bar{x}^2 = 0.100203$$

$$\sum_{i=1}^{n}(x_i - \bar{x})(y_i - \bar{y}) = \sum_{i=1}^{n} x_i y_i - n\bar{x}\,\bar{y} = 3.322921$$

식 (2.6)과 (2.7)을 이용하여

$$\hat{\beta}_1 = \frac{3.322921}{0.100203} = 331.62$$

$$\hat{\beta}_0 = 63.7900 - (331.62)(0.031943) = 53.197$$

을 계산한다.

최소제곱직선은 $y = \hat{\beta}_0 + \hat{\beta}_1 x$이다. $\hat{\beta}_0$과 $\hat{\beta}_1$에 대해 계산된 값을 대입하면,

$$y = 53.197 + 331.62x$$

를 얻는다. 최소제곱직선을 이용하면, 자료집합의 각 점 (x_i, y_i)에 대해 적합값 $\hat{y}_i = \hat{\beta}_0 + \hat{\beta}_1 x$와 잔차 $e_i = y_i - \hat{y}_i$를 계산할 수 있다. 그 결과는 표 2.2에 나타내었다. 그림 2.7에서 보여준 점의 잔차는 x = 0.0430일 때이다.

표 2.2 여러 가지 질소함량, 적합값과 잔차에 따른 항복강도

질소함량 x	항복강도 y	적합값 $\hat{y}$	잔차 e	질소함량 x	항복강도 y	적합값 $\hat{y}$	잔차 e
0.0088	52.67	56.12	−3.45	0.0169	61.05	58.80	2.25
0.0200	57.67	59.83	−2.16	0.0286	65.85	62.68	3.17
0.0350	64.00	64.80	−0.80	0.0430	71.45	67.46	3.99
0.0460	67.00	68.45	−1.45	0.0580	77.45	72.43	5.02
0.0617	71.00	73.66	−2.66	0.0630	75.55	74.09	1.46
0.0620	72.67	73.76	−1.09	0.0099	54.70	56.48	−1.78
0.0074	55.67	55.65	0.02	0.0190	59.05	59.50	−0.45
0.0160	60.00	58.50	1.50	0.0270	62.75	62.15	0.60
0.0237	63.67	61.06	2.61	0.0350	67.10	64.80	2.30
0.0327	67.67	64.04	3.63	0.0520	70.65	70.44	0.21
0.0555	68.00	71.60	−3.60	0.0580	71.80	72.43	−0.63
0.0447	64.00	68.02	−4.02	0.0290	58.50	62.81	−4.31
0.0068	59.50	55.45	4.05	0.0170	57.15	58.83	−1.68
0.0081	56.60	55.88	0.72	0.0096	52.95	56.38	−3.43

우리는 종종 독립변수의 값을 알고 있고 종속변수의 값을 예측하려 한다. 자료가 직선의 경향을 따를 때, $\hat{y} = \hat{\beta}_0 + \hat{\beta}_1 x$는 종속변수의 예측값이다. 예제 2.4와 2.5는 이러한 예측값을 살펴볼 수 있다.

예제 2.4

표 2.2의 자료를 이용하여, 용접의 질소함량이 0.05%에 대한 항복강도를 예측하시오.

풀이

예제 2.3에서 최소제곱직선은 y = 53.197 + 331.62x로 계산되었다. x = 0.05라는 값을 이용하여, 용접의 질소함량이 0.05%에 대한 항복강도를 추정하면 다음과 같은 값을 가진다.

$$\hat{y} = 53.197 + (331.62)(0.05) = 69.78 \text{ ksi}$$

예제 2.5

표 2.2의 자료를 이용하여, 용접의 질소함량이 0.02 %에 대한 항복강도를 예측하시오.

풀이

추정치는 $\hat{y} = 53.197 + (331.62)(0.02) = 59.83$ ksi이다.

예제 2.5에서 질소함량 0.02%는 자료 중에 실제 존재하는 값이라는 것을 주목해야 한다. 이때 용접의 항복강도는 57.67 ksi(표 2.2 참조)이다. 질소함량이 0.02%인 다른 용접은 이미 측정된 용접의 질소함량처럼 같은 강도를 가질 것으로 예측하는 것이 합리적으로 보일 수 있다. 그러나 최소제곱추정치 59.83 ksi는 모든 자료에 근거하고 있으므로 더 좋은 예측값이라고 할 수 있다.

요약

주어진 점 $(x_1, y_1), \cdots, (x_n, y_n)$에 대해

- 최소제곱직선은 $\hat{y} = \hat{\beta}_0 + \hat{\beta}_1 x$이다.
- $\hat{\beta}_1 = \dfrac{\sum_{i=1}^{n}(x_i - \overline{x})(y_i - \overline{y})}{\sum_{i=1}^{n}(x_i - \overline{x})^2}$
- $\hat{\beta}_0 = \overline{y} - \hat{\beta}_1 \overline{x}$
- 어떤 x에 대해 $\hat{y} = \hat{\beta}_0 + \hat{\beta}_1 x$는 독립변수의 값이 x일 때 종속변수 예측값이다.

2.2 연습문제

1. 몇 개월 동안 매달 화학 공장에서 평균온도 x ℃와 소모된 증기량 y kg을 측정하였다. 그 결과자료로부터 계산된 최소제곱직선은 $y = 245.82 + 1.13x$이다.

a. 평균온도가 65 ℃인 어떤 달의 소모된 증기량을 예측하시오.

b. 만약 두 달의 평균온도가 5 ℃ 차이 난다면, 소모되는 증기의 양이 얼마나 차이가 나는지 예측하시오.

2. 상관계수 초기사용의 하나는 프란시스 갈톤(Francis Galton)에 의해서였으며, 그는 성인 남성의 표본에서 키와 팔뚝 길이의 상관계수를 계산하였다. 여기서 키(x)로부터 팔뚝 길이(y)를 예측하기 위한 최소제곱직선은 $y = -0.2967 + 0.2738x$라 가정한다. 이 식에서 팔뚝 길이와 키는 모두 인치(in)로 측정된다.

a. 키가 70 in인 남성의 팔뚝 길이를 예측하시오.

b. 남성의 팔뚝 길이를 19 in로 예측하려면, 그의 키는 얼마여야 하는지 구하시오.

c. 어떤 집단에 있는 모든 사람들은 (b)에서 계산된 키보다 더 큰 키를 가지고 있다. 그들의 팔뚝은 모두 길이가 최소한 19 in일 것이라고 결론지을 수 있을지 설명하시오.

3. 족부 궤양은 당뇨병 환자에게 흔한 병이다. 이 병은 발의 피부 온도가 높을수록 궤양의 위험이 높아진다. 논문 "보호 감각이 상실된 당뇨병 환자를 위한 지능형 깔창(Kimberly Anderson, M.S. Thesis, Colorado School of Mines)"에서는 당뇨병 환자 18명의 양발 온도 측정값을 화씨온도(℉)로 보고하였으며, 그 결과는 다음과 같다.

왼발(℉)	오른발(℉)	왼발(℉)	오른발(℉)
80	80	76	81
85	85	89	86
75	80	87	82
88	86	78	78
89	87	80	81
87	82	87	82
78	78	86	85
88	87	76	80
89	90	88	89

a. 오른발 온도(x)와 왼발 온도(y)의 산점도를 그리시오. 선형모

형이 적절한지 확인하시오.

b. 왼발 온도에서 오른발 온도를 예측하기 위한 최소제곱직선을 계산하시오.

c. 만약 두 환자의 왼발 온도가 2 ℉ 차이가 난다면, 그들의 오른발 온도는 얼마나 차이가 나는지 예측할 수 있는가?

d. 왼발 온도가 81 ℉인 환자에 대한 오른발 온도를 예측하시오.

4. 구조 엔지니어는 무선 센서 네트워크를 사용하여 댐과 교량의 상태를 관찰한다. 논문 "공간적으로 밀집된 무선 센서 네트워크를 사용한 현수교의 진동모드에 대한 통계적 분석" (S. Pakzad and G. Fenves, Journal of Structural Engineering, 2009: 863~872)에서는 진동 모드를 추정하는 목적으로 Golden Gate Bridge(금문교)에 가속도계를 설치하여 측정한 실험을 설명한다. 18개의 수직 모드에 대하여, 시스템은 저감쇠되었다(감쇠비 < 1). 다음은 해당 모드에 대한 감쇠비 및 주파수이다.

감쇠비	주파수(Hz)	감쇠비	주파수(Hz)
0.3	2.72	0.5	1.53
0.3	2.84	0.6	0.77
0.3	3.77	0.6	1.26
0.4	2.07	0.6	1.66
0.4	2.20	0.7	0.89
0.4	2.34	0.7	1.00
0.4	2.61	0.7	0.66
0.5	1.80	0.8	1.13
0.5	1.93	0.8	0.37

a. 주파수(y)와 감쇠비(x)의 산점도를 그리시오. 선형모형이 적절한지 확인하시오.

b. 감쇠비에서 주파수를 예측하기 위한 최소제곱직선을 계산하시오.

c. 만약 두 모드의 감쇠비에서 0.2의 차이가 있다면, 그들의 예측되는 주파수는 얼마나 차이가 나는가?

d. 감쇠비가 0.75인 모드에 대한 주파수를 예측하시오.

e. 주파수를 2.0으로 예측하려면 모드의 감쇠비는 얼마여야 하는가?

5. 콘크리트는 시간이 지남에 따라 수평 및 수직으로 확장한다. 논문 "알칼리-실리카 반응에 영향을 받은 콘크리트에 의해 현재까지 팽창 평가. Part 3:Application to Existing Structures" (M. B Bérubé, N. Smaoui, et al., Canadian Journal of Civil Engineering, 2005:463-479)에서는 캐나다 퀘벡시의 다리의 여러 위치에서 측정된 수평 및 수직 확장거리 수치를 보고하였다(단위: 10만 분의 1). 결과는 다음과 같다.

수평	수직
43	55
5	80
18	58
24	68
32	57
10	69
21	63

[출처: Journal of Civil Engineering]

a. 수직 확장거리(y)와 수평 확장거리(x)의 산점도를 그리시오. 선형모형이 적절한지 확인하시오.

b. 수평 확장거리에서 수직 확장거리를 예측하기 위한 최소제곱직선을 계산하시오.

c. 각 점에서의 적합값과 잔차를 계산하시오.

d. 만약 수평 확장거리가 10만큼 증가하였다면, 수직 확장거리의 증가 혹은 감소량이 얼마인지 예측하시오.

e. 수평 확장거리가 30일 때의 수직 확장거리를 예측하시오.

6. 10 가구의 표본을 1년 동안 관찰하였는데, 가계 소득($1,000)과 에너지 소비량($10^{10}$ joules)이 결정되었다. 그 결과는 다음과 같다.

가계 소득	에너지 소비량	가계 소득	에너지 소비량
31	16.0	96	98.3
40	40.2	70	93.8
28	29.8	100	77.1
48	45.6	145	114.8
195	184.6	78	67.0

a. 에너지 소비량(y)과 가계 소득(x)의 산점도를 그리시오.

b. 가계 소득으로부터 에너지 소비량을 예측하기 위한 최소제곱직선을 계산하시오.

c. 만약 두 가구가 가계 소득에서 $12,000 차이가 있다면, 그들의 예측되는 에너지 소비량은 얼마나 차이가 나는가?

d. 가계 소득이 $50,000인 가구에 대한 에너지 소비량을 예측하시오.

e. 에너지 소비량이 100이라면, 소득은 얼마라고 예측할 수 있는가?

2.3 최소제곱직선의 특징과 한계

자료의 범위를 벗어나 외삽을 하지 마라

2.2절의 표 2.1에 제시된 자료집합에서 용접의 질소함량은 0.0068~0.063%이다. 질소함량이 자료범위를 벗어난 0.100%일 때, 용접의 항복강도를 추정하기 위해 최소제곱직선을 사용해야 하는가? 그렇지 않다. 최소제곱직선을 통해 추정치를 계산할 수는 있으며 그 값은 53.197+(331.62)(0.100)=86.359 ksi이다. 그러나 독립변수의 값이 자료범위를 벗어나기 때문에 이 추정값은 신뢰할 수 없다.

자료가 0.0068~0.063% 범위 내 질소함량에 대한 선형양상을 따르더라도, 이것이 자료범위를 벗어나는 질소함량을 갖는 용접의 경우도 같은 양상을 따른다고 보장하진 않는다. 많은 변수에 대해 선형관계는 특정 범위 내에서 유지되며, 범위 밖에서는 유지되지 않는다. 0.100%의 질소함량을 갖는 용접의 항복강도를 예측하려면 자료집합은 질소함량 0.100% 이상인 용접 자료를 포함해야 한다.

요약

자료의 범위를 벗어나 적합선(예를 들어, 최소제곱직선)을 외삽하지 마라. 선형관계는 자료 범위를 벗어나면 유지되지 않을 수도 있다.

자료가 선형이 아닐 때 최소제곱직선을 사용하지 마라

2.1절에서 x와 y의 관계가 선형일 때만 상관계수를 사용해야 한다는 것을 배웠다. 최소제곱직선도 마찬가지다. 산점도가 곡선 모양을 따를 경우는 직선으로 설명할 수 없다. 이에 대한 예시로 그림 2.8은 256 ft의 높이에서 낙하하는 물체의 높이 y와 낙하 후 시간 x 사이의 관계를 나타낸다. x와 y 사이의 관계는 비선형이며 최소제곱직선은 자료를 잘 설명하지 못한다.

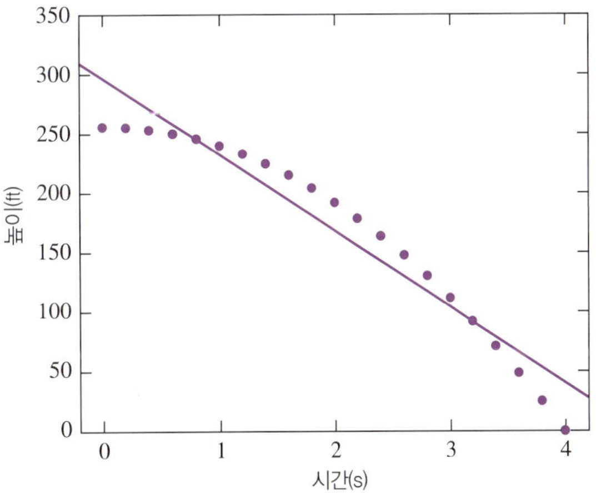

그림 2.8 자유낙하 하는 물체의 높이와 낙하 시간의 관계는 비선형이다. 최소제곱직선은 자료를 잘 적합하지 못하며 주어진 시간의 물체의 높이를 예측하는 데 사용해서는 안 된다.

최소제곱직선의 기울기 해석

한 직선 위에 있는 두 점의 x값이 1씩 차이 나는 경우, y값은 직선의 기울기와 같은 값만큼 차이가 난다. 예를 들어, 직선의 기울기가 4인 경우, x값의 차이가 1이라면 y값의 차이는 4이다. 이를 통해 최소제곱 회귀선의 기울기 $\hat{\beta}_1$를 해석할 수 있다. 두 독립변수의 값이 1만큼 차이 나는 경우 종속변수의 값은 $\hat{\beta}_1$만큼 차이 난다.

최소제곱직선의 기울기에 대한 해석을 매우 신중하게 표현하였다. 기울기는 x값이 1 차이 나는 두 점에 대한 y값의 변화 추정값이다. 이는 특정 x값을 변경한다고 해서 해당 점의 y값이 변경된다는 의미는 아니다. 다음 예시는 이를 명확히 이해하는 데 도움이 될 것이다.

예제 2.6

남성들의 체중을 측정하고 들 수 있는 역기의 중량을 실험하였다. 독립변수(x)는 남자의 체중이며 결과(y)는 들어 올릴 수 있는 역기의 중량이다. 최소제곱직선은 $y = 50 + 0.6x$로 계산되었다. 역도선수인 종도는 최소제곱회귀선을 보고 다음과 같이 생각하였다. "최소제곱회귀선의 기울기는 0.6이다. 따라서 내 체중이 10 kg 늘어난다면 6 kg을 더 들 수 있을 것이다." 이는 옳은 생각인가?

풀이

아니다. 단순히 체중을 늘린다고 해서 역도 능력이 향상되지는 않는다. 기울기 0.6이 의미하는 것은 평균적으로 10 kg 더 무거운 남성이 가벼운 남성보다 6 kg을 더 들어 올릴 수 있다는 것을 의미한다. 따라서 체중을 늘린다고 해서 역도능력을 높일 수 있다는 의미는 아니다.

이상점과 영향점

이상점은 대부분의 자료로부터 동떨어진 점이다. 이상점은 항상 산점도를 통해 검토되어야 한다. 우선 이상점이 나머지 자료들과 다른 이유를 파악해야 한다. 때때로 이상점은 자료의 기록오류 또는 장비의 오작동으로 발생한다. 이때 자료집합에서 이상점을 삭제할 수 있다. 그러나 이상점에 대한 원인을 확실히 파악할 수 없는 경우가 많다. 게다가 이상점을 삭제하면 자료 생성 과정의 변동성이 과소평가될 수도 있다. 이상점을 삭제할 합당한 이유가 없을 때, 한 가지 접근방법은 우선 직선을 전체 자료집합에 적합한 후, 각 이상점을 차례로 제거하면서 이상점 하나가 제거된 자료집합을 직선에 적합해 보는 것이다. 제거된 이상점들이 최소제곱직선 또는 기울기와 절편의 추정 표준편차에 현저한 차이를 만들지 않는다면, 이상점들을 포함한 적합선을 사용한다. 만약 하나 이상의 이상점이 제거되었을 때 차이가 나타난다면, 최소제곱계수 값의 범위를 보고해야 한다.

이렇게 최소제곱직선에 상당한 차이를 만드는 이상점을 **영향점(influential point)**이라 한다. 그림 2.9는 영향점이 아닌 이상점과 영향점의 예시이다. 일반적으로 특이한 x값을 갖는 이상점은 특이한 y값을 갖는 이상점보다 영향점일 가능성이 높지만, 모든 이상점을 검토해야 한다. 많은 소프트웨어를 이용하여 잠재적인 영향점을 확인할 수 있다. 이상점과 영향점 처리에 대한 상세한 정보는 다음의 참고문헌 [Draper and Smith(1998); Belsey, Kuh, and Welsch (2004); and Cook and Weisberg (1994)]에서 찾아볼 수 있다.

이상점의 정의를 비정상적인 잔차가 있는 점으로 제한하기도 한다. 이러한 정의하에서는 대부분의 자료로부터 동떨어져 있더라도 최소제곱직선에 가까운 점은 이상점이 아니다.

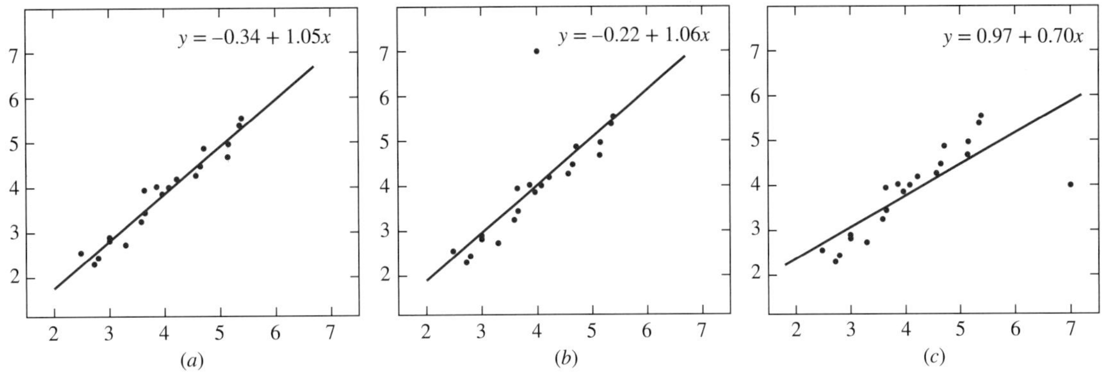

그림 2.9 (*a*) 이상점이 없는 산점도. (*b*) 이상점이 추가된 산점도. 최소제곱직선에 거의 변화가 없으므로 이 점은 영향점이 아니다. (*c*) 이상점이 추가된 산점도. 최소제곱직선에 현저한 변화가 있으므로 이 점은 영향점이다.

다른 관점으로 본 최소제곱직선

$\hat{\beta}_1$에 대한 식 (2.6)은 다르게 쓸 수도 있다. 상관계수 r(식 2.1)의 정의로 시작해서 양변에 $\sqrt{\sum_{i=1}^{n}(y_i-\bar{y})^2}/\sqrt{\sum_{i=1}^{n}(x_i-\bar{x})^2} = s_y/s_x$를 곱하면,

$$\hat{\beta}_1 = r\frac{s_y}{s_x} \tag{2.11}$$

를 얻을 수 있다. 식 (2.11)을 사용하여 상관계수 측면에서 최소제곱직선의 기울기를 해석할 수 있다. 최소제곱직선의 기울기 $\hat{\beta}_1$의 단위는 틀림없이 y/x의 단위이다. 상관계수 r은 x와 y의 선형관계의 강도를 측정하는 단위가 없는 수이다. 식 (2.11)은 기울기 $\hat{\beta}_1$이 상관계수에 비례 한다는 것을 보여주며, 여기서 비례상수는 측정된 x와 y 단위에 맞게 조정되는 양 s_y/s_x이다.

식 (2.11)을 사용하여 최소제곱직선의 식을 유용한 형태로 작성할 수 있다. 최소제곱직선 식 $\hat{y} = \hat{\beta}_0 + \hat{\beta}_1 x$에서 $\hat{\beta}_0$에 $\bar{y} - \hat{\beta}_1\bar{x}$로 대입하여 정리하면,

$$\hat{y} - \bar{y} = \hat{\beta}_1(x - \bar{x}) \tag{2.12}$$

를 얻을 수 있으며, 식 (2.11)과 식 (2.12)를 결합하면,

$$\hat{y} \quad \bar{y} = r\frac{s_y}{s_x}(x \quad \bar{x}) \tag{2.13}$$

를 얻을 수 있다. 따라서 최소제곱직선은 기울기 $\hat{\beta}_1 = r(s_y/s_x)$인 산점도의 무게중심 $(\bar{x}, \bar{y})$를 통과하는 선이다.

적합도 측정

적합도 통계량은 모형이 주어진 자료집합을 얼마나 잘 설명하는지 측정하는 양이다. x와 y 사이에 강한 선형관계가 있으면 선형모형이 잘 적합된다. 2.1절에서 상관계수 r이 x와 y의 선형관계의 강도를 측정한다고 언급했다. 따라서 r은 선형모형에 대한 적합도 통계량이다. 이제 r이 적합도를 측정하는 방법에 대해 알아보자. 그림 2.10은 용접 자료를 나타낸다. 산점도

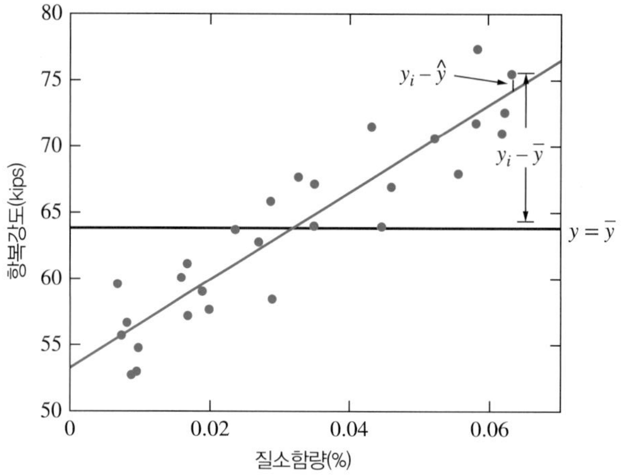

그림 2.10 **용접의 질소함량과 항복강도.** 최소제곱직선과 수평선 $y = \bar{y}$가 겹쳐 있다.

의 점 (x_i, y_i)에서 x_i는 i번째 용접의 질소함량이고, y_i는 항복강도이다. 산점도에 두 개의 선이 있는데, 하나는 최소제곱식 선이고, 다른 하나는 수평선 $y = \bar{y}$이다. 이제 하나의 항복강도를 추정해야 한다고 가정했을 때, 만약 질소함량에 대한 어떤 정보도 없다면 항복강도를 평균 $\bar{y}$로 예측할 것이다. 이 경우 예측오차는 $y_i - \bar{y}$이며, 이러한 방식으로 각 용접의 강도를 예측한다면 예측오차제곱합은 $\sum_{i=1}^{n}(y_i - \bar{y})^2$가 될 것이다. 반면 항복강도를 예측하기 전에 각 용접의 질소함량을 알고 있다면 최소제곱직선을 사용할 수 있으며, i번째 항복강도를 $\hat{y}_i$로 예측 할 것이다. 이 경우 예측오차는 잔차 $y_i - \hat{y}_i$이며 예측오차제곱합은 $\sum_{i=1}^{n}(y_i - \hat{y}_i)^2$이다. 선형관계의 강도는 $\bar{y}$를 사용해서 구한 예측오차제곱합에서 $\hat{y}_i$를 사용해서 구한 예측오차제곱합의 차이를 계산함으로써 측정할 수 있다. 이 차이 $\sum_{i=1}^{n}(y_i - \bar{y})^2 - \sum_{i=1}^{n}(y_i - \hat{y}_i)^2$가 클수록 점이 최소제곱직선 주위에 밀집되어 있으며, x와 y 사이의 선형관계가 더 강하다고 볼 수 있다. 따라서 $\sum_{i=1}^{n}(y_i - \bar{y})^2 - \sum_{i=1}^{n}(y_i - \hat{y}_i)^2$은 적합도 통계량을 의미한다.

그러나 적합도 통계량으로 $\sum_{i=1}^{n}(y_i - \bar{y})^2 - \sum_{i=1}^{n}(y_i - \hat{y}_i)^2$을 사용하는 데는 문제가 있다. 이 통계량은 y의 단위를 제곱한 단위를 가지며, 이 통계량을 사용하여 서로 다른 자료집합에 적합한 두 모형의 적합도를 비교할 수는 없다. 왜냐하면 단위가 다르기 때문이다. 따라서 절대적인 척도로 적합도를 측정하기 위해서는 단위가 없는 적합도 통계량을 사용해야 한다.

여기서 상관계수 r을 사용하여 다음과 같이 나타낼 수 있다.

$$r^2 = \frac{\sum_{i=1}^{n}(y_i - \bar{y})^2 - \sum_{i=1}^{n}(y_i - \hat{y}_i)^2}{\sum_{i=1}^{n}(y_i - \bar{y})^2} \tag{2.14}$$

상관계수의 제곱 r^2을 **결정계수(coefficient of determination)**라 한다. 이 식은 $\bar{y}$를 사용하여 얻은 예측오차제곱합과 $\hat{y}_i$를 사용하여 얻은 예측오차제곱합의 차를 $\sum_{i=1}^{n}(y_i - \bar{y})^2$으로 나눈 값이다. r^2에 대한 이러한 해석을 아는 것은 중요하다. 제8장에서는 여러 변수를 포함하는 선형관계의 적합도 측정을 제공하는 것이 일반화될 수 있는 방법을 살펴볼 것이다.

r^2의 시각적 해석은 그림 2.10에서 살펴볼 수 있다. 산점도의 각 점 (x_i, y_i)에 대해 $y_i - \bar{y}$는 점에서 수평선 $y = \bar{y}$까지의 연직거리이고, $y_i - \hat{y}_i$는 점에서 최소제곱직선까지의 연직거리이다. 따라서 통계량 $\sum_{i=1}^{n}(y_i - \bar{y})^2$은 선 $y = \bar{y}$를 중심으로 점의 전체 산포를 측정하고, 통계량 $\sum_{i=1}^{n}(y_i - \hat{y}_i)^2$은 최소제곱직선을 중심으로 점의 전체 산포를 측정한다. 그러므로 $\sum_{i=1}^{n}(y_i - \bar{y})^2 - \sum_{i=1}^{n}(y_i - \hat{y}_i)^2$은 $y = \bar{y}$를 사용해서 얻은 점의 산포와 최소제곱직선을 사용해서 얻은 점의 산포의 차이를 측정한다. 결정계수 r^2은 이러한 차이를 $y = \bar{y}$ 중심의 산포에 대한 비율로서 나타낸다. 이 논의에서 나타난 제곱합들은 자주 사용되며, $\sum_{i=1}^{n}(y_i - \hat{y}_i)^2$을 **오차제곱합(error sum of squares)**, $\sum_{i=1}^{n}(y_i - \bar{y})^2$를 **총제곱합(total sum of squares)**이라 한다. 그리고 그 차이인 $\sum_{i=1}^{n}(y_i - \bar{y})^2 - \sum_{i=1}^{n}(y_i - \hat{y}_i)^2$를 **회귀제곱합(regression sum of squares)**이라 하며, 다음과 같은 관계를 따른다.

$$\text{총제곱합} = \text{회귀제곱합} + \text{오차제곱합}$$

이들을 사용하여, 식 (2.14)를 다음과 같이 쓸 수 있다.

$$r^2 = \frac{\text{회귀제곱합}}{\text{총제곱합}}$$

총제곱합은 $n - 1$로 나누지 않은 y_i의 표본분산과 같으므로 종종 r^2을 **회귀로 설명되는 y의 분산비율(proportion of the variance in y explained by regression)**로 언급한다.

컴퓨터 출력 해석

요즘에는 최소제곱직선을 포함하는 계산은 보통 컴퓨터로 수행하고 있다. 이러한 계산을 수행하기 위해 여러 소프트웨어를 이용할 수 있다. 다음 그림 2.11의 EXCEL 결과는 회귀직선을 용접 자료에 적합한 결과이며, 이는 매우 전형적인 결과이다.

요약 출력

회귀분석 통계량	
다중 상관계수	0.921109095
결정계수	0.848441065
조정된 결정계수	0.84261281
표준 오차	2.751510708
관측수	28

분산 분석

	자유도	제곱합	제곱 평균	F 비	유의한 F
회귀	1	1101.942509	1101.942509	145.5514454	3.72188E-12
잔차	26	196.8410906	7.570811177		
계	27	1298.7836			

	계수	표준 오차	t 통계량	P-값	하위 95%	상위 95%
Y 절편	53.19715348	1.020443663	52.13139677	7.73591E-28	51.09960149	55.29470547
X 1	331.6186299	27.48720994	12.06447037	3.72188E-12	275.1178607	388.1193992

그림 2.11 EXCEL을 이용하여 구한 회귀직선을 용접 자료에 적합한 결과

위 결과에서 최소제곱직선은 Strength = (Y 절편의 계수) + (X1의 계수) * (Nitrogen)에 대한 값이다. 즉, Strength = 53.197 + 331.619 * Nitrogen이다. 최소제곱계수는 '계수'로 표시된 열에 나타나며, 회귀분석 통계량에 '결정계수'의 양은 적합도 통계량 이다. 출력의 나머지 값들은 통계적 추론에서 사용된다. 이 값들은 8.1절에서 논의될 것이다.

2.3 연습문제

1. 세 종류의 플라스틱에 대해 여러 온도(℃)에서 극한강도(MPa)를 측정하였다. 그 결과는 다음 표와 같다.

종류1		종류2		종류3	
온도 (℃)	강도 (MPa)	온도 (℃)	강도 (MPa)	온도 (℃)	강도 (MPa)
10	3	10	5	10	8
12	11	12	7	12	11
14	11	14	7	14	11
16	16	16	9	16	15
18	19	18	11	18	16
20	21	20	13	20	21
22	25	22	17	22	24
24	25	24	18	24	26
26	29	26	22	26	30
28	26	28	18	28	27
30	31	30	25	30	32
32	33	32	28	32	32
34	32	34	26	34	32
36	39	36	37	36	38
38	38	38	36	38	38
40	47	40	52	40	41

a. 세 자료집합에 대해 각각의 산점도를 그리시오.

b. 각 자료집합에 대해 최소제곱직선이 자료를 잘 나타내는지 답하고, 그 이유를 설명하시오.

2. 강판의 부식속도를 파악하기 위해 다양한 시간 동안(hr) 10% 염산(HCI) 용액 속에 강판을 넣고 중량 감소(mg)를 측정하였다. 다음은 그 결과이다.

시간(hr)	2	4	6	8	10	12
중량 감소(mg)	0.7	6.9	7.2	11.9	16.2	22.5

a. 주어진 시간(x)에서 중량 감소(y)를 예측하기 위한 최소제곱직선을 계산하시오.

b. 1시간 후의 중량 감소를 예측하기 위해 최소제곱직선을 사용해야 하는가? 만약 그렇다면 중량 감소를 예측하시오. 그렇지 않다면 이유를 설명하시오.

c. 5시간 후의 중량 감소를 예측하기 위해 최소제곱직선을 사용해야 하는가? 만약 그렇다면 중량 감소를 예측하시오. 그렇지 않다면 이유를 설명하시오.

d. 20시간 후의 중량 감소를 예측하기 위해 최소제곱직선을 사용해야 하는가? 만약 그렇다면 중량 감소를 예측하시오. 그렇지 않다면 이유를 설명하시오.

3. 최소제곱직선이 자료를 잘 적합한다고 할 때, 총 제곱합이 $\sum(y_i - \bar{y})^2 = 9615$이고 오차제곱합이 $\sum(y_i - \bar{y})^2 = 1450$인 자료의 결정계수 r^2을 계산하시오.

4. 50개의 토양 시료에 대해 부피별 함수율(%, x)과 전기전도도(mS/m, y)를 측정하였다. 평균과 표준편차는 $\bar{x} = 8.1$, $s_x = 1.2$, $\bar{y} = 30.4$, $s_y = 1.9$이며 전도도와 함수율의 상관계수는 $r = 0.85$이다. 함수율로부터 토양의 전기전도도를 예측하기 위한 최소제곱직선의 방정식을 구하시오.

5. 펙틴 농도(%, x)와 경도 지수(y)의 관계를 연구하기 위해 통조림 젤리에 다양한 농도의 펙틴을 첨가하였다. x와 y의 평균과 표준편차는 $\bar{x} = 3$, $s_x = 0.5$, $\bar{y} = 50$, $s_y = 10$이며, 펙틴 농도와 경도 지수의 상관계수는 $r = 0.5$이다. 펙틴 농도로부터 젤리의 경도를 예측하기 위한 최소제곱직선의 방정식을 구하시오.

6. 나희와 민호는 각각 x값과 y값의 표준편차가 동일한 데이터를 사용하여 최소제곱직선의 기울기를 구했다. 나희가 구한 기울기는 0.5이고, 민호가 구한 기울기는 2이다. 이때 둘 중 어떤 기울기 값이 맞는지 답하고 설명하시오.

2장 보충연습문제

1. 랜덤으로 추출한 25~34세 남성 100명의 표본에서 그들의 평균 키는 175 cm이고, 표준편차는 6 cm이다. 그리고 이들의 연 소득 평균은 4,000만 원이고, 표준편차는 1,500만 원이다. 이때 보기의 빈칸을 채우시오.

> 최소제곱직선으로부터 키가 175 cm인 사람의 연소득은 (   ) 것이다.

a. 4,000만 원보다 적을
b. 4,000만 원보다 많을
c. 4,000만 원과 같을
d. 상관계수를 모른다면 알 수 없을

2. 성인 표본에서 나이와 고등학교를 졸업하던 해의 상관계수는 −1, −0.5, 0, 0.5, 1 중 어느 값에 가장 가까울 것인가? 답을 구하고 설명하시오.

3. 산점도는 세 점 (−1, −1), (0, 0), (1, 1)을 포함한다. 산점도에 네 번째 점 (2, y)를 추가할 것이다. r은 x와 y의 상관계수를 나타낸다고 하자.
a. $r = 1$이 되는 y값을 구하시오.
b. $r = 0$이 되는 y값을 구하시오.
c. $r = -1$에 대한 y값이 존재하지 않는 이유를 설명하시오.

4. 논문 "Estimating Population Abundance in Plant Species With Dormant Life-Stages: Fire and the Endangered Plant Grevillea caleye R. Br." (T. Auld and J. Scott, Ecological Management and Restoration, 2004:125~129)에서는 화재로 탄 지역에서 어떤 희귀 관목의 개체수 추정치를 보고하였다. 다음 표는 그 관목이 있는 여러 지역에서 관목의 개체수와 지역의 면적(m^2)을 나타낸다.

면적	개체수	면적	개체수
3739	3015	2521	707
5277	1847	213	113
400	17	11958	1392
345	142	1200	157
392	40	12000	711
7000	2878	10880	74
2259	223	841	1720
81	15	1500	300
33	18	228	31
1254	229	228	17
1320	351	10	4
1000	92		

[출처: John Wiley & Sons, Inc.]

a. 면적(x)으로부터 개체수(y)를 예측하기 위한 최소제곱직선을 계산하시오.
b. (a)에서 구한 최소제곱직선을 이용하여 5,000 m^2 면적의 지역에서의 개체수를 예측하시오.
c. ln x로부터 ln y를 예측하기 위한 최소제곱 직선을 계산하시오.
d. (c)에서 구한 최소제곱직선을 이용하여 5,000 m^2 면적의 지역에서의 개체수를 예측하시오.
e. 개체수(y)와 면적(x) 사이의 산점도를 그리시오.
f. ln x와 ln y 사이의 산점도를 그리시오.
g. 두 산점도 중 최소제곱직선으로 더 적절하게 요약된 산점도는 무엇인지 판단하시오.
h. (b)와 (d)의 예측 중 어느 예측을 더 신뢰할 수 있는가? 답을 구하고 설명하시오.

Chapter 3

확률

개요

17세기 도박꾼들은 당시의 최고 수학자 몇 명을 고용하여 도박에 대한 정확한 승률을 계산하게 하였는데, 이것이 확률이론의 발전에 큰 도움이 되었다. 후에 과학적인 과정이 우연을 포함한다는 것을 알게 되었고 확률의 방법이 물질계를 연구하는 데 사용되었다.

지금은 확률이 폭넓은 수학의 한 분야이다. 많은 책들이 주제에 충실하고, 많은 연구자들이 그 분야의 발전을 위해 전문경력을 바치고 있다. 이 장에서는 통계학의 연구에 가장 중요한 확률 개념을 소개할 것이다.

3.1 기본 개념

확률의 체계적인 연구를 위해서는 약간의 전문용어가 필요하다. 먼저 **실험(experiment)**은 확신을 가지고 미리 예측할 수 없는 결과를 도출해내는 과정이다. 동전 던지기, 주사위 굴리기, 볼트의 지름 측정, 시리얼 상자의 내용물 무게 측정, 낚싯줄의 파괴강도 측정 등이 모두 실험의 예이다. 확률용어에서 실험을 논의하기 위해서는 가능한 결과를 구체적으로 명시해야 한다.

정의

실험의 가능한 모든 결과의 집합을 실험에 대한 **표본공간(sample space)**이라 부른다.

동전 던지기의 경우에 표본공간은 {앞면, 뒷면}이고 6면 주사위 굴리기의 경우에 표본공간은 {1, 2, 3, 4, 5, 6}이다. 이 표본공간들은 유한하다. 반면 어떤 실험은 무한개의 결과를 가지는 표본공간을 나타낸다. 예를 들어, 지름 10 mm의 펀치로 금속박판에 구멍을 뚫는다고 하자. 이때 펀치각의 변화와 금속박판의 미세한 움직임 때문에 구멍의 지름은 10.0~10.2 mm 사이에서 변화한다. 구멍을 뚫는 실험에 대해 합리적인 표본공간은 구간 (10.0, 10.2) 또는 집합 표기법으로 $\{x \mid 10.0 < x < 10.2\}$이다. 이 집합은 분명히 무한개의 결과를 포함한다. 표본공간의 부분집합을 일컫는 특별한 이름이 있다.

정의

표본공간의 부분집합을 **사건(event)**이라 부른다.

모든 표본공간에서 공집합 $\varnothing$는 전체 표본공간과 마찬가지로 사건이라는 것을 주목해야 한다. 만약 실험의 결과가 사건에서의 결과 중 하나라고 하면, 주어진 사건은 발생되었다고 한다. 예를 들어, 주사위의 눈이 2가 나온다면 사건 {2, 4, 6}과 {1, 2, 3}은 결과 2를 포함하므로 둘 다 발생한 것이다.

예제 3.1

어떤 기술자가 4개의 볼트를 포함하는 상자와 4개의 너트를 포함하는 다른 상자를 가지고 있다. 볼트의 지름은 4, 6, 8과 10 mm이고, 너트의 지름은 6, 10, 12와 14 mm이다. 하나의 볼트와 하나의 너트를 선택한다고 했을 때, A는 볼트의 지름이 8보다 작은 사건, B는 너트의 지름이 10보다 큰 사건, 그리고 C는 볼트와 너트의 지름이 같은 사건이라 하자. 이 실험에 대한 표본공간을 구하고 사건 A, B, C에 해당하는 부분집합을 나타내시오.

풀이

이 실험에 대한 좋은 표본공간은 첫 번째 성분이 볼트의 지름이고, 두 번째 성분은 너트의 지름인 순서쌍의 집합이다. 이 표본공간을 $\boldsymbol{S}$로 나타낼 것이다.

$$\begin{aligned}\boldsymbol{S} = \{&(4, 6), (4, 10), (4, 12), (4, 14), (6, 6), (6, 10), (6, 12), (6, 14),\\ &(8, 6), (8, 10), (8, 12), (8, 14), (10, 6), (10, 10), (10, 12), (10, 14)\}\end{aligned}$$

사건 A, B 및 C는

$$\begin{aligned}A &= \{(4, 6), (4, 10), (4, 12), (4, 14), (6, 6), (6, 10), (6, 12), (6, 14)\}\\ B &= \{(4, 12), (4, 14), (6, 12), (6, 14), (8, 12), (8, 14), (10, 12), (10, 14)\}\\ C &= \{(6, 6), (10, 10)\}\end{aligned}$$

로 주어진다.

사건의 결합

때때로 간단한 사건들을 결합하여 사건을 구성할 수도 있다. 사건은 표본공간의 부분집합이기 때문에 이 방식으로 구성된 사건을 설명하기 위해 집합 표기법을 사용하는 것이 일반적이다. 여기서 필요한 기호를 검토한다.

- $A \cup B$로 나타낸 두 사건 A와 B의 **합집합(union)**은 A 또는 B에 속하거나 둘 다에 속하는 결과의 집합이다. 즉, $A \cup B$는 'A 또는 B'를 의미한다. 따라서 사건 $A \cup B$는 A 또는 B(혹은 둘 다)일 때 발생한다.
- $A \cap B$로 나타낸 두 사건 A와 B의 **교집합(intersection)**은 A와 B 모두에 속하는 결과의 집합이다. 즉, $A \cap B$는 'A 그리고 B'를 의미한다. 따라서 사건 $A \cap B$는 A와 B 둘 다일 때 발생한다.
- A^c로 나타낸 사건 A의 **여사건(complement)**은 A에 속하지 않는 결과의 집합이다. 즉, A^c는 'A가 아닌 것'을 의미한다. 따라서 사건 A^c는 A가 발생하지 않을 때 발생한다.

상호배반사건

어떤 사건들은 결코 동시에 발생할 수 없다. 예를 들어, 동전의 앞면과 뒷면이 동시에 나오는 것이 불가능하고, 강철핀은 너무 길거나 너무 짧을 수는 없다. 이와 같은 사건을 **상호배반(mutually exclusive)**이라고 한다.

정의

- 사건 A와 B의 교집합이 없다면, 두 사건 A와 B는 **상호배반(mutually exclusive)**이라 한다.
- 일반적으로 사건의 모임 $A_1, A_2, \cdots, A_n$에서 어떤 두 사건도 교집합이 없다면 상호배반이라 한다.

예제 3.2

예제 3.1의 실험이 만약 진행된다면, 사건 A와 B가 동시에 발생할 수 있는가? B와 C 또는 A와 C는 어떠한가? 어떤 사건들이 상호배반인지 나타내시오.

풀이

만약 결과가 (4, 12), (4, 14), (6, 12) 또는 (6, 14)이면 사건 A와 B는 동시에 발생한다. 만약 결과가 (6, 6)이면 A와 C는 동시에 발생한다. B와 C는 교집합이 없으므로 두 사건은 상호배반이기 때문에 동시에 발생하는 것은 불가능하다.

확률

표본공간에서 모든 사건은 발생 **확률(probability)**을 갖는다. 직관적으로 확률은 사건이 발생할 가능성을 정량적으로 측정한 것이다. 공식적으로 말하면 확률의 여러 가지 해석이 있는데, 우리가 채택할 것은 사건의 확률은 실험이 계속해서 반복되는 경우에 사건이 발생할 횟수의 비율이라는 것이다.

문자 P는 확률을 나타낼 때 종종 사용한다. 즉, 동전을 던졌을 때 표기하는 P(앞면)$=1/2$은 동전이 앞면으로 떨어질 확률이 1/2과 같다는 것을 뜻한다.

요약

어떤 실험과 사건 A가 주어져 있을 때,

- $P(A)$는 사건 A가 발생할 확률을 나타낸다.
- $P(A)$는 실험이 계속해서 반복될 때 사건 A가 발생하게 될 횟수의 비율이다.

많은 상황에서 사건의 확률을 추정하는 유일한 방법은 실험을 여러 번 반복하고 사건이 발생하는 횟수의 비율을 결정하는 것이다. 예를 들어, 특정 공정으로 제조된 인쇄회로기판(PCB)이 불량일 확률을 추정하고자 한다면, 일반적으로 다수의 기판을 생산하고 이를 테스트하여 불량률을 결정하는 것이 필요하다. 어떤 경우에 확률은 실험의 물리적 특성에 대한 지식을 통해 결정될 수 있다. 예를 들어, 주사위의 모양이 거의 완전한 정육면체이고 그 질량은 거의 균등하게 분포되었다면 주사위를 굴릴 때 각 6개의 면이 위쪽으로 떨어질 가능성은 같다고 가정할 수 있다.

어떤 사건의 확률이 과학적인 지식 또는 경험을 통해 알게 되었다면 다른 사건의 확률은 수학적으로 계산될 수 있다. 예를 들어, PCB 결함확률이 0.10이라는 것이 실험을 통해 추정되었다면 결함이 없는 판의 확률 추정은 0.90으로 계산될 수 있다. 다른 예를 들어보자. 특정 공정에 의해 제조된 강철핀이 너무 짧거나 너무 길어 길이규격을 충족할 수 없다고 가정했을 때, 많은 수의 핀을 측정함으로써 핀이 너무 짧을 확률이 0.02이고 핀이 너무 길 확률은 0.03으로 추정되면, 핀이 규격을 충족하지 못할 확률은 0.05로 추정될 수 있다.

실제로 과학자와 기술자는 과학적인 이해와 경험을 바탕으로 어떤 사건의 확률을 추정한 다음 다른 사건의 확률 추정값을 계산하기 위하여 수학적 법칙을 사용한다. 이 절의 나머지 부분에서는 이러한 법칙 중 몇 가지를 설명하고 그것을 어떻게 이용하는지 보여줄 것이다.

확률의 공리

확률의 주제는 공리로 알려진 3개의 상식적인 법칙을 근거로 하며 다음과 같다.

확률의 공리

1. $\boldsymbol{S}$를 표본공간이라 하면 $P(\boldsymbol{S}) = 1$이다.

2. 모든 사건 A에 대해 $0 \leq P(A) \leq 1$이다.

3. 만약 A와 B가 상호배반 사건이면, $P(A \cup B) = P(A) + P(B)$이다.
좀 더 일반적으로 만약 A_1, A_2, $\cdots$이 상호배반 사건이면,
$P(A_1 \cup A_2 \cup \cdots) = P(A_1) + P(A_2) + \cdots$이다.

조금만 생각하면 3개의 공리가 실제로 일반 상식에 일치한다는 것을 쉽게 알 수 있다. 첫 번째 공리는 실험의 결과가 항상 표본공간 안에 있다는 것을 말한다. 이것은 표본공간이 실험의 모든 가능한 결과를 포함하고 있다는 정의에 의해 분명하다. 두 번째 공리는 모든 사건의 장기간 실행 빈도는 항상 0%와 100% 사이에 있다는 것이다. 세 번째 공리를 설명하는 예로서 핀이 너무 짧을 확률이 0.02이고 핀이 너무 길 확률이 0.03인 강철핀을 제조하는 과정을 논의하였다. 세 번째 공리는 핀이 너무 짧거나 너무 길 확률이 $0.02 + 0.03 = 0.05$라는 것을 말한다.

이제 확률을 계산하는 데 도움을 줄 수 있는 두 개의 간단한 법칙을 제시한다. 이 법칙은 직관적으로 분명하며 논리적으로 공리를 따르는 것을 알 수 있다.

모든 사건 A에 대해

$$P(A^c) = 1 - P(A) \tag{3.1}$$

이고 $\emptyset$는 공집합을 나타낸다고 하면,

$$P(\emptyset) = 0 \tag{3.2}$$

이다.

식 (3.1)은 사건이 발생하지 않을 확률은 1에서 사건이 발생할 확률을 뺀 것과 같다는 것을 말한다. 예를 들어, 비가 올 확률이 40%이면 비가 오지 않을 확률은 60%이다. 또한 식 (3.2)는 실험에서 결과가 없다는 것이 불가능하다는 것을 말한다.

예제 3.3

시험사격장의 표적은 주위에 두 개의 동심원 고리가 있는 과녁으로 구성되어 있다. 발사체가 과녁을 향해 쏘아졌다. 발사체가 과녁 중심을 맞힐 확률은 0.10, 내부 원을 맞힐 확률은 0.25, 외부 원을 맞힐 확률은 0.45이다. 발사체가 과녁을 맞힐 확률은 얼마인가? 그리고 발사체가 과녁을 빗나갈 확률은 얼마인가?

풀이

과녁 중심을 맞히고, 내부의 원을 맞히면서 외부의 원을 맞히는 것은 상호배반 사건이다. 왜냐하면 이 사건들 중 하나 이상 발생하는 것은 불가능하기 때문이다. 따라서 세 번째 공리를 이용하면,

$$\begin{aligned} P(\text{과녁 맞힘}) &= P(\text{과녁 중심}) + P(\text{내부 원}) + P(\text{외부 원}) \\ &= 0.10 + 0.25 + 0.45 \\ &= 0.80 \end{aligned}$$

이다. 다음으로 발사체가 과녁을 빗나갈 확률은 식 (3.1)을 사용함으로써 계산할 수 있다.

$$\begin{aligned} P(\text{과녁 빗나감}) &= 1 - P(\text{과녁 맞힘}) \\ &= 1 - 0.80 \\ &= 0.20 \end{aligned}$$

등확률 결과를 갖는 표본공간

어떤 실험에서는 모든 결과가 등확률로 나타나는 표본공간을 구성할 수 있다. 간단한 예로 표본공간이 {1, 2, 3, 4, 5, 6}이고 각 결과의 확률이 1/6인 공정한 주사위를 굴리는 것이다. 만약 표본공간이 등확률을 가진 N개의 결과를 포함한다면, 각 결과의 확률은 $1/N$이다. 이것은 전체 표본공간의 확률이 1이어야 하고 이 확률은 N개의 결과로 똑같이 나누어지기 때문이다. 만약 A가 k개의 결과를 포함하는 사건이면, $P(A)$는 k개의 결과에 대한 확률을 더하면 알 수 있으므로 $P(A) = k/N$이다.

만약 **S**는 N개의 등확률 결과를 포함하는 표본공간이고 A가 k개의 결과를 포함하는 사건이면,

$$P(A) = \frac{k}{N} \tag{3.3}$$

예제 3.4

압출다이(extrusion die)는 알루미늄 막대를 생산하는 데 사용된다. 막대의 길이와 지름에 대해 규격이 정해지며, 각 막대는 길이가 너무 짧음, 너무 김, 적합함으로 분류되고, 지름은 너무 얇음, 너무 굵음, 적합함으로 분류된다. 1,000개의 막대 모집단에서 각 계급의 막대 수는 다음과 같다.

	지름		
길이	너무 얇음	적합함	너무 굵음
너무 짧음	10	3	5
적합함	38	900	4
너무 김	2	25	13

이 모집단에서 랜덤으로 막대 하나를 선택할 때 막대가 너무 짧을 확률을 구하시오.

풀이

1,000개의 막대 각각을 표본공간의 결과로 생각할 수 있다. 1,000개의 막대 각각은 발생할 확률이 똑같다. 사건에 해당하는 결과의 수를 세어서 문제를 풀어보자. 너무 짧은 막대의 수는 $10+3+5=18$이고, 전체 막대의 수는 1,000개이므로 다음과 같다.

$$P(\text{너무 짧음}) = \frac{18}{1000}$$

덧셈법칙

만약 A와 B가 상호배반 사건이면, $P(A \cup B) = \mathrm{P}(A) + \mathrm{P}(B)$이다. 이 규칙은 A와 B가 상호배반이 아닌 경우를 포괄하도록 일반화할 수 있다. 예제 3.5는 그 추론을 실례로 들어 설명하고 있다.

예제 3.5

예제 3.4의 실험에서 막대가 랜덤으로 선택되었다면, 선택된 막대가 너무 짧거나 너무 굵을 확률을 구하시오.

풀이

먼저 사건에 해당하는 결과의 수를 세어보면 이 문제를 해결할 수 있다. 다음 표에서 너무 굵은 막대의 수는 동그라미를 그렸고, 너무 짧은 막대의 수는 주위에 직사각형을 만들었다. 막대 중에서 5개는 너무 짧으면서 너무 굵다는 것에 주목해야 한다.

	너무 얇음	적합함	너무 굵음
너무 짧음	[10]	[3]	[(5)]
적합함	38	900	(4)
너무 김	2	25	(13)

1,000개의 결과 중 너무 짧거나 너무 굵은 막대의 수는 $10+3+5+4+13=35$이다. 따라서

$$P(\text{너무 짧거나 너무 굵음}) = \frac{35}{1000}$$

이다. 보다 좀 더 일반적인 방법으로 문제를 풀어보자. 표본공간에서 너무 짧은 막대는 $10+3+5=18$이고 너무 굵은 막대는 $5+4+13=22$이다. 그러나 $18+22$를 더해 너무 짧거나 너무 굵은 막대의 수를 찾으려고 한다면 너무 큰 수(35 대신 40)를 얻는다. 그 이유는 너무 짧으면서 너무 굵은 5개의 막대가 있는데 이것이 두 번 계산되기 때문이다. 18과 22를 더해 문제를 해결할 수도 있지만, 이중으로 계산한 것을 수정하기 위해 5를 빼주어야 한다. 확률을 이용하여 이 추론을 다시 고쳐 쓰면 다음과 같다.

$$P(\text{너무 짧음}) = \frac{18}{1000}, \quad P(\text{너무 굵음}) = \frac{22}{1000}, \quad P(\text{너무 짧고 너무 굵음}) = \frac{5}{1000}$$

$$\begin{aligned} P(\text{너무 짧거나 너무 굵음}) &= P(\text{너무 짧음}) + P(\text{너무 굵음}) - P(\text{너무 짧고 너무 굵음}) \\ &= \frac{18}{1000} + \frac{22}{1000} - \frac{5}{1000} \\ &= \frac{35}{1000} \end{aligned}$$

예제 3.5의 방법은 모든 표본공간의 두 사건에 적용할 수 있다. 일반적으로 두 사건 중 하나가 발생할 확률을 알기 위해 사건의 확률을 더한 다음 동시에 발생할 확률을 빼면 된다.

요약

두 사건 A와 B에 대해

$$P(A \cup B) = P(A) + P(B) - P(A \cap B) \tag{3.4}$$

이다.

3.1 연습문제

1. 볼트가 강도 사양을 충족할 확률은 0.87이다. 볼트가 사양을 충족하지 않을 확률은 얼마인지 구하시오.

2. 시험지에 4개의 참–거짓 문제가 있다. 완성된 시험지는 랜덤으로 선택되고 4개의 답이 기록된다.

a. 표본공간에 있는 16개의 결과를 모두 나열하시오.

b. 결과가 같을 가능성이 있다고 가정하고 모든 답이 같을 확률을 구하시오.

c. 결과가 같을 가능성이 있다고 가정하고 4개의 대답 중 정확히 하나가 참일 확률을 구하시오.

d. 결과가 같을 가능성이 있다고 가정하고 4개의 대답 중 최대 하나가 참일 확률을 구하시오.

3. 보건 의료 품질청 보고서에 따르면 천식 관련 질병으로 병원에 입원한 사람들의 연령 분포는 다음과 같다.

나이(세)	비율
1 미만	0.02
1~17	0.25
18~44	0.19
45~64	0.30
65~84	0.20
85 이상	0.04

a. 천식 환자가 18세에서 64세 사이일 확률을 구하시오.

b. 천식 환자가 85세 미만일 확률을 구하시오.

4. 어떤 시스템에 A와 B 두 가지 구성 요소가 있다. 이 시스템은 두 구성 요소가 모두 작동하는 경우에만 작동한다. 기능 A가 작동할 확률은 0.98, 기능 B가 작동할 확률은 0.95, A 또는 B가 작동할 확률은 0.99이다. 시스템이 작동할 확률은 얼마인지 구하시오.

5. 다음 문장에 대해 참 또는 거짓을 구하시오.

만약 A와 B가 상호배반이면,

a. $P(A \cup B) = 0$

b. $P(A \cap B) = 0$

c. $P(A \cup B) = P(A \cap \text{B})$

d. $P(A \cup B) = P(A) + P(B)$

6. 어떤 초등학교의 모든 4학년 학생들은 표준화된 시험을 보았다. 총 85%의 학생이 읽기에 능숙하고 78%는 수학에 능숙하고 65%는 읽기와 수학에 능숙한 것으로 나타났다. 학생은 랜덤으로 선택된다.

a. 선택된 학생이 읽기, 수학 또는 둘 다에 능숙할 확률은 얼마인지 구하시오.

b. 선택된 학생이 읽기나 수학에 능숙하지 않을 확률은 얼마인지 구하시오.

c. 선택된 학생이 수학에는 능숙하지만 읽기에는 능숙하지 않을 확률은 얼마인지 구하시오.

7. 랜덤으로 선택한 대학생이 통계 과목을 수강한 사건을 S, 같은 학생이 화학 과목을 수강한 사건을 C라 하자. $P(S) = 0.4$, $P(C) = 0.3$, $P(S \cap C) = 0.2$라고 가정한다.

a. 학생이 통계, 화학 또는 둘 다를 수강할 확률을 구하시오.

b. 학생이 통계나 화학을 모두 수강하지 않았을 확률을 구하시오.

c. 학생이 통계는 수강하고 화학은 수강하지 않았을 확률을 구하시오.

3.2 조건부확률과 독립성

표본공간은 실험의 모든 가능한 결과를 포함한다. 때때로 우리는 결과가 표본공간의 특정 부분에서 나온다는 것을 알려주는 실험에 대한 추가정보를 얻는다. 이 경우 사건의 확률은 표본공간의 해당 부분에서 얻은 결과를 기반으로 한다. 표본공간의 일부를 기반으로 하는 확률을 **조건부확률(conditional probability)**이라고 한다. 몇 가지 예를 통해 이 개념을 알아보자.

예제 3.4(3.1절)에서 우리는 1,000개의 알루미늄 막대의 모집단을 논의했다. 각 막대에 대해 길이는 너무 짧음, 너무 김, 적합함으로 분류되고 지름은 너무 얇음, 너무 굵음, 적합함으로 분류되었다. 이 1,000개의 막대는 각 막대가 뽑힐 확률이 같은 표본공간을 형성한다.

각 범주의 막대 수는 표 3.1에 나와 있으며, 1,000개의 막대 중 928개가 지름의 사양을 충족하고 있다. 따라서 막대가 표본으로 뽑힌다면, P(지름 OK) = 928/1,000 = 0.928이다. 이 확률을 **조건없는 확률(unconditional probability)**이라 부르는데, 전체 표본공간에 근거하였기 때문이다. 이제 막대가 표본으로 추출되고 길이 사양을 충족하는 것으로 확인되었다고 가정하자. 그 막대가 지름 규격을 충족시킬 확률은 얼마인가? 이 확률을 계산하는 이유는 길이 사양을 충족한다는 사실을 알면, 막대의 지름을 나타내는 표본공간이 줄어든다는 사실을 알 수 있기 때문이다. 표 3.2는 이러한 사항을 나타내고 있다. 길이 사양이 충족되었다는 것을 알게 되면, 막대가 표 3.2에 제시된 표본공간에서 942개의 막대 중 하나가 될 것임을 알 수 있게 된다.

표 3.1 1,000개의 알루미늄 막대를 포함하는 표본공간

	지름		
길이	너무 얇음	적합함	너무 굵음
너무 짧음	10	3	5
적합함	38	900	4
너무 김	2	25	13

표 3.2 길이 규격을 충족시키는 942개의 알루미늄 막대를 포함하는 표본공간

	지름		
길이	너무 얇음	적합함	너무 굵음
너무 짧음	–	–	–
적합함	38	900	4
너무 김	–	–	–

이 표본공간에 있는 942개의 막대 중 900개가 지름 규격을 충족한다. 따라서 막대가 길이 규격을 충족한다는 것을 안다면 막대가 지름 규격을 충족할 확률은 900/942이다. 막대가 길이 규격을 충족한다는 조건에서 막대가 지름 규격을 충족할 **조건부확률**은 900/942와 같고 P(지름 적합 | 길이 적합) = 900/942 = 0.955라고 표기한다.

조건부확률 P(지름 적합 | 길이 적합)은 전체 표본공간(표 3.1)에서 0.928로 계산된 조건없는 확률 P(지름 적합)과 다르다.

예제 3.6

조건부확률 P(지름 적합|길이가 너무 김)을 계산하시오. 조건없는 확률 P(지름 적합)과 같은가?

풀이

조건부확률 P(지름 적합 | 길이가 너무 김)은 막대가 너무 길다는 가정하에 계산된다. 그러면 표본공간이 다음 표에서 굵은 글씨로 표시된 40개 항목으로 줄어든다.

길이	지름		
	너무 얇음	적합함	너무 굵음
너무 짧음	10	3	5
적합함	38	900	4
너무 김	**2**	**25**	**13**

40개의 결과 중 25개가 지름 규격을 충족한다. 따라서

$$P(\text{지름 적합} \mid \text{길이 너무 김}) = \frac{25}{40} = 0.625$$

이다. 조건없는 확률 P(지름 적합)은 표본공간에서 모든 1,000개의 결과를 근거로 계산되었고 928/1000 = 0.928과 같다. 이 경우 조건부확률은 조건없는 확률과 다르다.

예제 3.6에 대한 풀이를 좀 더 자세하게 살펴보자. 우리는

$$P(\text{지름 적합} \mid \text{길이 너무 김}) = \frac{25}{40}$$

이라는 것을 알았다. 답 25/40에서 분모 40은 막대가 너무 길다는 조건을 만족하는 결과의 수를 나타내고 분자 25는 막대가 너무 길다는 조건과 지름 적합을 모두 만족하는 결과의 수를 나타낸다. 이 답의 분자와 분모를 전체 표본공간의 결과 수인 1000으로 나누면,

$$P(\text{지름 적합} \mid \text{길이 너무 김}) = \frac{25/1000}{40/1000}$$

이다. 분모 40/1000는 막대가 너무 길다는 조건을 만족시킬 확률을 나타내므로

$$P(\text{길이 너무 김}) = \frac{40}{1000}$$

이고, 분자 25/1000는 막대가 너무 길고 지름 적합이라는 조건을 모두 만족할 확률을 나타내므로

$$P(\text{지름 적합 및 길이 너무 김}) = \frac{25}{1000}$$

이다. 따라서 조건부확률을

$$P(\text{지름 적합} \mid \text{길이 너무 김}) = \frac{P(\text{지름 적합 및 길이 너무 김})}{P(\text{길이 너무 김})}$$

로 표현할 수 있다. 이 추론을 확장하여 모든 표본공간에 적용되는 조건부확률의 정의를 구성하면 다음과 같으며, 그림 3.1은 조건부확률의 개념을 설명하기 위한 벤다이어그램이다.

정의

A와 B를 $P(B) \neq 0$인 사건들이라 하자. B가 주어진 경우 A의 조건부확률은

$$P(A|B) = \frac{P(A \cap B)}{P(B)} \tag{3.5}$$

이다.

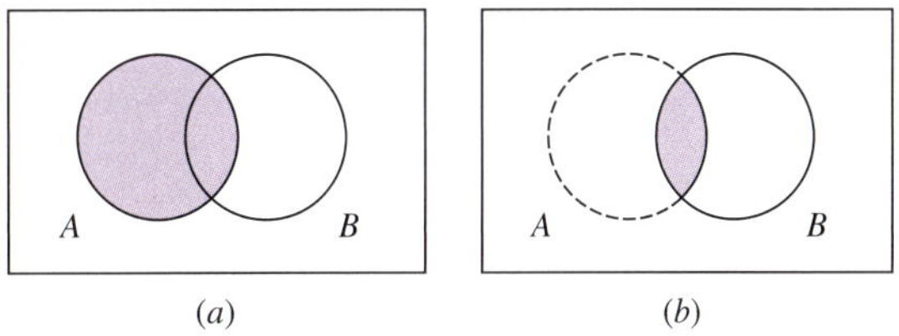

그림 3.1 (*a*)는 조건없는 확률 $P(A)$을 나타내는 벤다이어그램이다. $P(A)$는 사각형으로 표시되는 전체 표본공간에 비례하여 사건 A를 고려한 것이다. (*b*)는 조건부확률 $P(A|B)$를 나타내는 벤다이어그램이다. 사건 B가 발생하는 것으로 알려져 있으므로 사건 B는 표본공간이 된다. 사건 A가 발생하려면 결과가 교집합 $A \cap B$가 되어야 한다. 그러므로 조건부확률 $P(A|B)$는 전체 사건 B에 비례하여 교집합 $A \cap B$를 고려함으로써 설명된다.

독립사건

때로는 한 사건이 발생했다는 사실이 다른 사건이 발생할 확률을 바꾸지 않는다. 이 경우 조건부확률과 조건없는 확률은 같고 두 사건은 **서로 독립**(**independent**)이라고 한다. 예제를 살펴보자.

예제 3.7

만약 알루미늄 막대가 표 3.1에 나타난 표본공간으로부터 뽑힌 표본이라면 $P(\text{너무 김})$과 $P(\text{너무 김} \mid \text{너무 얇음})$을 구하시오. 두 확률은 다른가?

풀이

$$P(\text{너무 김}) = \frac{40}{1000} = 0.040$$

$$\begin{aligned} P(\text{너무 김} \mid \text{너무 얇음}) &= \frac{P(\text{너무 길고 너무 얇음})}{P(\text{너무 얇음})} \\ &= \frac{2/1000}{50/1000} \\ &= 0.040 \end{aligned}$$

조건부확률과 조건없는 확률은 같다. 막대가 너무 얇다는 정보는 막대가 너무 길 확률을 변화시키지 않는다.

예제 3.7은 한 사건이 발생한다는 사실이 때때로 다른 사건이 발생할 확률을 변경하지 않는다는 것을 보여준다. 이 경우 두 사건은 **서로 독립**이라고 한다. 막대가 너무 길다는 사건과 막대가 너무 얇다는 사건은 독립이다. 이제 단어와 기호 모두에서 용어에 대한 보다 정확한 정의를 제공한다.

정의

두 사건 A와 B는 각 사건의 확률이 다른 사건의 발생 여부와 상관없이 동일하게 유지되는 경우 **서로 독립(independent)**이라 한다.
기호: 두 사건 A와 B에 대해 $P(A) \neq 0$이고 $P(B) \neq 0$일 때,

$$P(B|A) = P(B) \text{ 또는 } P(A|B) = P(A)\text{이면,} \tag{3.6}$$

A와 B는 서로 독립이다.

만약 $P(A) = 0$ 또는 $P(B) = 0$이면, A와 B는 서로 독립이다.

A와 B가 서로 독립이면 사건들의 쌍 A와 B^c, A^c과 B, A^c과 B^c도 서로 독립이다. 이것의 증명은 연습으로 남긴다. 독립성의 개념은 두 개 이상의 사건으로 확장될 수 있다.

정의

사건 $A_1, A_2, \cdots, A_n$에 대해 다른 사건이 발생하더라도 각각의 사건이 발생할 확률이 동일하게 유지되는 경우 사건 $A_1, A_2, \cdots, A_n$은 서로 독립이라 한다.
기호: 각각의 사건 A_i와 $P(A_{j1} \cap A_{j2} \cap \cdots \cap A_{jm}) \neq 0$를 만족하는 사건들의 각 모임 $A_{j1}, A_{j2}, \cdots, A_{jm}$에 대해

$$P(A_i | A_{j1} \cap A_{j2} \cap \cdots \cap A_{jm}) = P(A_i) \tag{3.7}$$

를 만족하면 사건 $A_1, A_2, \cdots, A_n$는 서로 독립이라 한다.

곱셈법칙

$P(A|B)$를 알고 $P(A \cap B)$를 찾고 싶을 때는 식 (3.5)의 양변에 $P(B)$를 곱함으로써 유용한 결과를 얻을 수 있다. 이것은 곱셈법칙으로 이어진다.

두 사건 A와 B에 대해 $P(B) \neq 0$이면,

$$P(A \cap B) = P(B)P(A|B) \tag{3.8}$$

이고 두 사건 A와 B에 대해 $P(A) \neq 0$이면,

$$P(A \cap B) = P(A)P(B|A) \tag{3.9}$$

이며 $P(A) \neq 0$와 $P(B) \neq 0$를 모두 만족하면, 식 (3.8)과 (3.9)는 둘 다 성립한다.

두 사건이 서로 독립이면 $P(A|B) = P(A)$ 및 $P(B|A) = P(B)$이므로 곱셈법칙은 다음과 같이 단순화된다.

두 사건 A와 B가 서로 독립일 때

$$P(A \cap B) = P(A)P(B) \tag{3.10}$$

이다. 이 결과는 여러 사건의 경우까지 확장될 수 있다. 만약 A_1, A_2, …, A_n이 서로 독립이면 사건들의 각 모임 A_{j1}, A_{j2}, …, A_{jm}에 대해

$$P(A_{j1} \cap A_{j2} \cap \cdots \cap A_{jm}) = P(A_{j1})P(A_{j2}) \cdots P(A_{jm}) \tag{3.11}$$

이 성립한다. 특히

$$P(A_1 \cap A_2 \cap \cdots \cap A_n) = P(A_1)P(A_2) \cdots P(A_n) \tag{3.12}$$

예제 3.8

특정 제조업체가 생산하는 자동차의 5%와 경트럭의 10%는 보증 서비스가 필요한 것으로 알려져 있다. 누군가가 이 제조업체에서 자동차와 경트럭을 모두 구매하는 경우 차량이 독립적으로 작동한다고 가정할 때 둘 다 보증 서비스가 필요할 확률은 얼마인가지 구하시오.

풀이

P(자동차 서비스 요구 그리고 트럭이 서비스 요구)를 계산할 필요가 있다. 각 차량이 독립적으로 작동하기 때문에 식 (3.10)을 이용할 수 있다.

$$\begin{aligned} &P(\text{자동차 서비스 요구 그리고 트럭이 서비스 요구}) \\ &= P(\text{자동차 서비스 요구})P(\text{트럭이 서비스 요구}) \\ &= (0.05)(0.10) \\ &= 0.005 \end{aligned}$$

식 (3.10)과 (3.11)은 사건이 서로 독립이라는 것을 알 때 확률을 계산하는 방법을 알려 주지만, 두 사건이 실제로 서로 독립인지 아닌지를 결정할 때는 일반적으로 별로 도움이 되지 않는다. 대부분의 경우에 사건이 서로 독립인지 아닌지를 확인하는 가장 좋은 방법은 사건을 만드는 과정을 이해하는 것이다. 여기에 몇 가지 사례가 있다.

- 주사위를 두 번 던진다. 두 번째 던진 결과는 첫 번째 던진 결과에 따라 영향을 받지 않는다고 믿는 것이 합리적이다. 그러므로 첫 번째 결과를 아는 것은 두 번째 결과를 예측하는 데 도움이 되지 않는다. 두 번의 주사위 던지기는 독립적이다.
- 어떤 화학 반응은 매번 다른 장비를 사용하여 두 번 진행한다. 한 반응의 산출량은 다른 반응의 산출량에 아무런 영향을 미치지 않는다고 믿는 것이 합리적이다. 이 경우에 산출량은 서로 독립이다.
- 화학 반응은 같은 장비를 사용하여 두 번 진행한다. 이 경우에 산출량이 서로 독립이라고 가정하는 것은 현명하지 않을 수도 있다. 예를 들어, 첫 번째 시행에서 낮은 산출량은 평소보다 더 많은 잔류물이 남아 있음을 나타낸다. 이것은 다음 시행에서 산출량을 더 많이 만들려는 경향이 있다. 따라서 첫 번째 시행의 산출량을 아는 것은 두 번째 시행에 대한 산출량을 예측하는 데 도움을 줄 수 있다.
- 모집단이 유한하지 않고 표본이 모집단의 약 5% 이상을 포함하지 않으면 단순확률표본의 항목은 독립적으로 취급될 수 있다.

신뢰성 분석에 적용

신뢰성 분석은 시스템의 고장률 추정과 관련된 공학 분야이다. 신뢰성 분석에서 어떤 문제는 고급 수학적 방법을 요구하는 반면 지금까지 배운 방법으로 풀 수 있는 문제도 많이 있다. **직렬(in series)**로 연결된 두 구성 요소로 이루어진 시스템의 신뢰성 계산을 설명하는 예로 시작한다.

예제 3.9

시스템에는 다음 그림과 같이 직렬로 연결된 두 개의 구성 요소 A와 B를 포함한다.

시스템은 두 구성 요소가 모두 작동할 경우에만 작동한다. 구성 요소 A가 작동할 확률은 $P(A) = 0.98$이고, 구성 요소 B가 작동할 확률은 $P(B) = 0.95$이다. A와 B가 독립적으로 작동한다고 가정하고 시스템이 작동할 확률을 구하시오.

풀이

시스템은 두 구성 요소가 모두 작동하는 경우에만 작동하므로 다음과 같다.

$$\begin{aligned} P(\text{시스템 정상 작동}) &= P(A \cap B) \\ &= P(A)P(B) \qquad (A\text{와 } B\text{가 독립이므로}) \\ &= (0.98)(0.95) \\ &= 0.931 \end{aligned}$$

예제 3.10은 병렬로 연결된 두 구성 요소로 구성된 시스템의 신뢰성 계산을 보여준다.

예제 3.10

시스템에는 다음 다이어그램과 같이 병렬로 연결된 두 개의 구성 요소 C와 D가 포함된다.

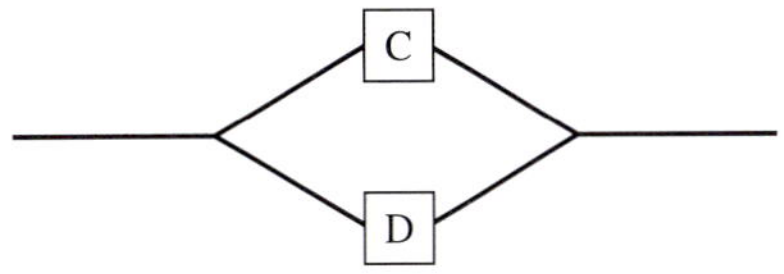

C 또는 D가 작동하면 시스템이 작동한다. C가 작동할 확률은 0.90이고 D가 작동할 확률은 0.85이다. C와 D가 독립적으로 작동한다고 가정한다. 시스템이 작동할 확률을 구하시오.

풀이

시스템은 두 구성 요소 중 하나가 작동하는 한 작동하므로 다음과 같다.

$$
\begin{aligned}
P(\text{시스템 정상 작동}) &= P(C \cup D) \\
&= P(C) + P(D) - P(C \cap D) \\
&= P(C) + P(D) - P(C)P(D) \qquad (C\text{와 } D\text{가 독립이므로}) \\
&= 0.90 + 0.85 - (0.90)(0.85) \\
&= 0.985
\end{aligned}
$$

좀 더 복잡한 시스템의 신뢰성은 종종 시스템을 직렬 또는 병렬로 연결된 구성 요소가 포함된 일련의 하위 시스템으로 분해하여 결정할 수 있다. 예제 3.11에서는 이 방법을 보여준다.

예제 3.11

"Dynamic, Single-Stage, Multiperiod, Capacitated Production Sequencing Problem with Multiple Parallel Resources" (D. Ott, M.S. thesis, Colorado School of Mines, 1998)에서는 알루미늄 캔 제조에 사용되는 생산 방법을 설명한다. 약간 단순화된 다음 회로도는 그 과정을 보여준다.

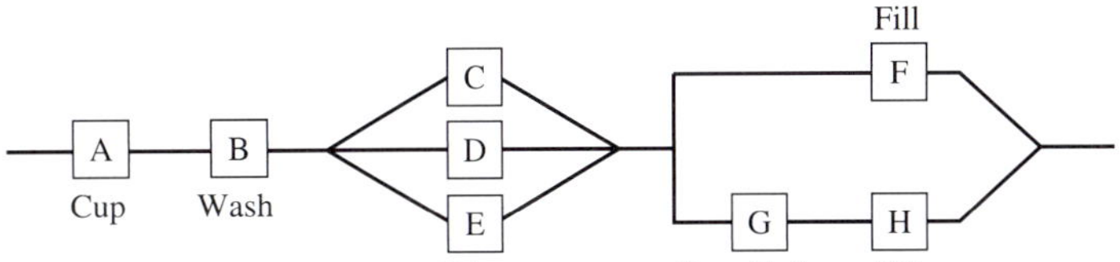

공정에 대한 초기 입력은 약 0.25 mm 두께의 코일 알루미늄 판으로 구성된다. "커핑(cupping)"이라고 하는 과정에서 이 판은 풀리면서 캔의 몸통 모양으로 성형되며 이는 하단이 닫히고 상단이 열리는 실린더 모양이다. 그다음 캔의 본체를 세척하여 프린터로 보내 상표를 인쇄한다. 실제로 한 줄에 여러 대의 프린터가 있는데, 그림에서는 3대의 프린터가 있음을 알 수 있다. 프린터는 각각 캔 7,140개를 보관할 수 있는 목재 구조물인 팔레트에 캔을 보관한다. 그 뒤 캔은 채워진다. 일부 채우기 라인은 팔레트에서 직접 캔을 받을 수 있지만 다른 채우기 라인은 각각 약 100,000개의 캔을 담는 대형 컨테이너인 셀빈(cell bins)에서만 받을 수 있다. 이러한 충전 라인을 사용하려면 캔을 팔레트에서 셀빈으로 운반해야 하며 이 과정을 디팔레타이징(depalletizing)이라 한다. 실제로 채우기 라인이 여러 개 있다. 그림에서는 두 개의 채우기 라인이 있음을 알 수 있다. 그중 하나는 팔레트에서 캔을 받아들이고 다른 하나는 그렇지 않다. 충전 과정에서 캔이 채워지고 캔 윗면이 봉합된 다음 캔을 포장하여 유통 업체에 배송한다.

이 과정이 실패 없이 하루 동안 작동할 확률을 추정하려 한다. 커핑 과정이 하루 동안 성공적으로 작동할 확률이 0.995라고 가정한다. 이 성분은 다이어그램에서 A로 표시되므로 이 확률을 $P(A)=0.995$로 표현한다. 다른 프로세스 구성 요소가 하루 동안 성공적으로 작동할 가능성이 다음과 같다고 가정한다.

$$P(B)=0.99,\ P(C)=P(D)=P(E)=0.95,\ P(F)=0.90,\ P(G)=0.90,\ P(H)=0.98$$

구성 요소가 독립적으로 작동한다고 가정하고 공정이 하루 동안 성공적으로 작동할 확률을 구하시오.

풀이

전체 과정은 간단한 직렬 또는 병렬의 구성 요소로 구성된 하위 시스템으로 나눌 수 있다는 점에 주목하여 이 문제를 해결할 수 있다. 특히, 하위 시스템 1은 직렬로 연결된 커핑과 세척의 구성 요소로 구성되고 하위 시스템 2는 병렬로 연결된 프린터로 구성되고 하위 시스템 3은 병렬로 연결된 채우기 라인으로 구성되는데, 두 개의 구성 요소로 된 두 라인 중 하나는 직렬로 연결된다. 확률 p_1, p_2, p_3을 나타내는 각 하위 시스템에 대한 성공적인 작동확률을 계산해 보자.

$$\begin{aligned} P(\text{하위 시스템 1 작동}) = p_1 &= P(A \cap B) \\ &= P(A)P(B) \\ &= (0.995)(0.990) \\ &= 0.985050 \end{aligned}$$

$$\begin{aligned} P(\text{하위 시스템 2 작동}) = p_2 &= 1 - P(\text{하위 시스템 2 정지}) \\ &= 1 - P(C^c \cap D^c \cap E^c) \\ &= 1 - P(C^c)P(D^c)P(E^c) \\ &= 1 - (0.05)^3 \\ &= 0.999875 \end{aligned}$$

F가 작동하거나 G와 H가 모두 작동하면 하위 시스템 3이 작동한다.

$$\begin{aligned} P(\text{하위 시스템 3 작동}) = p_3 &= P(F \cup (G \cap H)) \\ &= P(F) + P(G \cap H) - P(F \cap G \cap H) \\ &= P(F) + P(G)P(H) - P(F)P(G)P(H) \\ &= (0.90) + (0.90)(0.98) - (0.90)(0.90)(0.98) \\ &= 0.988200 \end{aligned}$$

전체 과정은 직렬로 연결된 3개의 하위 시스템으로 구성된다. 그러므로 이 과정이 작동하기 위해서는 3개의 하위 시스템이 모두 작동해야 한다.

$$\begin{aligned} P(\text{시스템 작동}) &= P(\text{시스템 1, 2, 3이 모두 작동}) \\ &= p_1p_2p_3 \\ &= (0.985050)(0.999875)(0.988200) \\ &= 0.973 \end{aligned}$$

구성 요소가 독립적으로 작동한다는 가정은 예제 3.9, 3.10, 3.11의 풀이에서 중요하다. 이 가정이 충족되지 않으면 정확한 신뢰도 추정을 하는 것이 매우 어려울 수 있다. 타당한 이유 없이 독립성 가정을 사용하면 신뢰도 추정에서 오해의 소지가 있을 수 있다.

3.2 연습문제

1. 생명공학 분야의 신생기업이 수익을 낼 확률이 0.2이고 정보기술 분야의 스타트업 기업이 수익을 낼 확률이 0.15라고 가정한다. 벤처투자가는 각 유형의 한 회사에 투자한다. 회사가 독립적으로 운영된다고 가정한다.

a. 두 회사가 모두 수익을 낼 확률은 얼마인지 구하시오.
b. 어느 회사도 수익성이 없을 확률은 얼마인지 구하시오.
c. 두 회사 중 하나 이상이 수익을 낼 확률은 얼마인지 구하시오.

2. 볼트의 90%와 못의 85%가 사양을 충족한다고 가정한다. 볼트와 못은 독립적으로 선택된다.

a. 둘 다 사양을 충족할 확률은 얼마인지 구하시오.

b. 둘 다 사양을 충족하지 않을 확률은 얼마인지 구하시오.

3. 상자에는 15개의 저항기가 있다. 그 중 10개는 50 Ω으로 표시되고 나머지 5개는 100 Ω으로 표시되어 있다. 두 개의 저항이 무작위로 선택된다고 하자.

a. 첫 번째 저항이 100 Ω일 확률은 얼마인지 구하시오.

b. 첫 번째 저항이 50 Ω인 경우 두 번째 저항이 100 Ω일 확률은 얼마인지 구하시오.

c. 첫 번째 저항이 100 Ω인 경우 두 번째 저항이 100 Ω일 확률은 얼마인지 구하시오.

4. 600개의 반도체 웨이퍼는 3개 로트의 웨이퍼를 포함한다. 웨이퍼는 로트 및 두께 사양을 준수하는지에 따라 분류된다. 다음 표는 각 범주의 웨이퍼 수를 나타낸다. 웨이퍼는 모집단에서 무작위로 선택된다.

로트	적합	부적합
A	88	12
B	165	35
C	260	40

a. 웨이퍼가 로트 A에서 생산된 경우, 적합할 확률은 얼마인지 구하시오.

b. 웨이퍼가 적합하다면 로트 A에서 나왔을 확률은 얼마인지 구하시오.

c. 웨이퍼가 적합하다면 로트 C에서 나오지 않았을 확률은 얼마인지 구하시오.

d. 웨이퍼가 로트 C에서 생산되지 않은 경우, 적합할 확률은 얼마인지 구하시오.

5. 유전학자가 두 가지 유전자를 연구하고 있다. 각 유전자는 우성이거나 열성일 수 있다. 100명의 표본은 다음과 같이 분류된다.

	유전자 2	
유전자 1	우성	열성
우성	56	24
열성	14	6

a. 랜덤으로 표본을 추출한 개체에서 유전자 1이 우성일 확률은 얼마인지 구하시오.

b. 랜덤으로 표본을 추출한 개체에서 유전자 2가 우성일 확률은 얼마인지 구하시오.

c. 유전자 1이 우성인 경우, 유전자 2가 우성일 확률은 얼마인지 구하시오.

d. 유전자 1이 우성인 사건과 유전자 2가 우성인 사건이 독립일 때 두 유전자는 연결 평형 상태에 있다고 한다. 이 유전자들은 연결 평형 상태인지 아닌지 판단하시오.

6. 다음 표는 2019년 1월 3일 정당 소속 및 성별로 분류된 116차 미국 의회의 100명의 상원 의원을 보여준다. 상원 의원은 이 그룹에서 랜덤으로 선택된다고 할 때 다음 확률을 계산하시오.

	남	여
민주당	28	17
공화당	45	8
무소속	2	0

[출처: The Law Library of Congress]

a. 상원 의원이 남성 공화당 소속일 확률을 구하시오.

b. 상원 의원이 민주당 소속이거나 여성일 확률을 구하시오.

c. 상원 의원이 공화당 소속일 확률을 구하시오.

d. 상원 의원이 공화당 소속이 아닐 확률을 구하시오.

e. 상원 의원이 민주당 소속일 확률을 구하시오.

f. 상원 의원이 무소속일 확률을 구하시오.

g. 상원 의원이 민주당 소속이거나 무소속일 확률을 구하시오.

7. 시스템은 다음 다이어그램과 같이 연결된 4개의 구성 요소로 되어 있다.

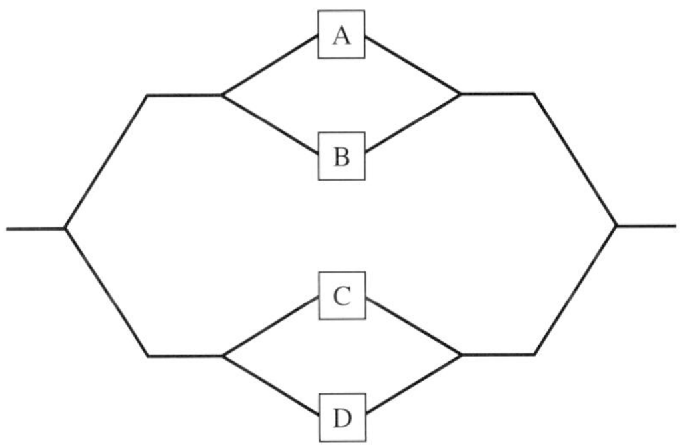

A, B, C, D가 독립적으로 작동한다고 가정한다. A, B, C, D가 정지할 확률이 각각 0.1, 0.2, 0.05, 0.3 이면 시스템이 정상적으로 작동할 확률은 얼마인지 구하시오.

8. 시스템에는 다이어그램에 표시된 대로 병렬로 연결된 두 개의 구성 요소 C와 D가 포함된다. C와 D는 독립적으로 작동한다고 가정한다. 시스템이 작동하기 위해서는 C 또는 D가 작동해야 한다.

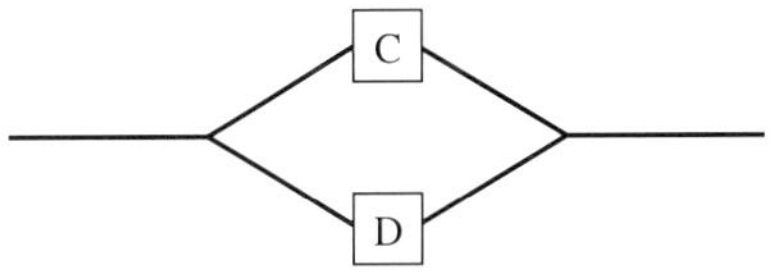

a. C가 정지할 확률이 0.08이고 D가 정지할 확률이 0.12일 때 시스템이 작동할 확률을 구하시오.

b. C와 D가 정지할 확률이 모두 p일 때 시스템이 작동할 확률이 0.99가 되려면 p의 값을 얼마로 해야 하는지 구하시오.

c. 3개의 성분이 병렬로 연결되고 독립적으로 기능하며 각각이

고장 날 확률이 p인 경우 시스템이 작동할 확률이 0.99가 되도록 하려면 p의 값은 얼마인지 구하시오.

d. 구성 요소가 독립적으로 작동하고 각 구성 요소의 고장 확률이 0.5인 경우에 시스템이 작동할 확률이 0.99 이상이 되도록 병렬로 연결해야 하는 구성 요소의 최소 개수를 구하시오.

9. 전자 메시지는 비트 문자열(0과 1)로 구성된다. 메시지는 수신되기 전에 두 개의 릴레이를 통과해야 한다. 각 릴레이에서 비트가 릴레이 되기 전에 반전될 확률은 0.1이다(즉, 1이 0으로 변경되거나 0에서 1로 변경됨). 최종 목적지에서 받은 비트의 값이 전송된 비트의 값과 같을 확률을 구하시오.

3.3 확률변수

많은 상황에서 실험의 각 결과에 숫자 값을 할당하는 것이 바람직하다. 이러한 할당을 **확률변수(random variable)**라고 하는데, 개념을 명확하게 이해하기 위해 예를 들면 다음과 같다. 콘크리트 블록을 절단하는 데 세 대의 기계를 사용할 수 있다고 가정한다. 각 기계는 유지 보수를 위해 수시로 정지되어야 한다. 특정한 순간에 기계가 정지될 확률은 0.10이고 작동할 확률은 0.90이다. 기계가 독립적으로 작동한다고 가정했을 때, 어떤 기계가 작동 중이고 어떤 기계가 작동 중지되었는지에 관한 8가지 가능한 결과가 있다. 이 확률들은 계산하기 쉽다. 예를 들어, 기계 1이 작동 중이고 기계 2가 작동이 중지되고 기계 3이 작동할 확률은 (0.9)(0.1)(0.9) = 0.081이다. 이러한 결과를 확률과 함께 나열하는 표본공간이 다음 표에 나와 있다.

기계 1	기계 2	기계 3	확률
작동	작동	작동	(0.9)(0.9)(0.9) = 0.729
작동	작동	중지	(0.9)(0.9)(0.1) = 0.081
작동	중지	작동	(0.9)(0.1)(0.9) = 0.081
작동	중지	중지	(0.9)(0.1)(0.1) = 0.009
중지	작동	작동	(0.1)(0.9)(0.9) = 0.081
중지	작동	중지	(0.1)(0.9)(0.1) = 0.009
중지	중지	작동	(0.1)(0.1)(0.9) = 0.009
중지	중지	중지	(0.1)(0.1)(0.1) = 0.001

이제 중요한 것은 어떤 기계가 작동 중이냐가 아니라 작동 중인 기계의 수라고 가정한다. 따라서 작동 중인 기계의 수를 나타내는 수량을 각 결과에 표시한다. X로 표시되는 이 할당은 다음 표에 나와 있으며, 표본공간의 각 결과에 숫자 값을 할당하는 함수 X는 확률변수이다.

기계 1	기계 2	기계 3	X	확률
작동	작동	작동	3	(0.9)(0.9)(0.9) = 0.729
작동	작동	중지	2	(0.9)(0.9)(0.1) = 0.081
작동	중지	작동	2	(0.9)(0.1)(0.9) = 0.081
작동	중지	중지	1	(0.9)(0.1)(0.1) = 0.009
중지	작동	작동	2	(0.1)(0.9)(0.9) = 0.081
중지	작동	중지	1	(0.1)(0.9)(0.1) = 0.009
중지	중지	작동	1	(0.1)(0.1)(0.9) = 0.009
중지	중지	중지	0	(0.1)(0.1)(0.1) = 0.001

확률변수(random variable)는 표본공간의 각 결과에 숫자 값을 할당한다. 또한 확률변수는 대문자로 나타내고 문자 X, Y, Z는 가장 자주 사용된다.

명백한 방법으로 확률변수에 대한 확률을 계산할 수 있다. 방금 제시된 예에서 사건 $X = 2$는 표본공간의 사건 {(작동, 작동, 중지), (작동, 중지, 작동), (중지, 작동, 작동)}에 해당한다. 따라서

$$P(X=2) = P(\{(\text{작동, 작동, 중지}), (\text{작동, 중지, 작동}), (\text{중지, 작동, 작동})\})$$
$$= 0.081 + 0.081 + 0.081 = 0.243$$

예제 3.12

확률변수 X가 가질 수 있는 값을 나열하고, 각각의 X값에 대한 확률을 구하시오.

풀이

가능한 값은 0, 1, 2, 3이다. 이들 값 중 하나의 확률을 구하기 위해 표본공간에서 이 값에 대응하는 결과의 확률을 더한다. 이 결과는 다음 표에 나와 있다.

x	$P(X = x)$
0	0.001
1	0.027
2	0.243
3	0.729

예제 3.12의 확률표에는 확률변수 X에 대한 확률을 계산하는 데 필요한 모든 정보가 포함되어 있다. 표본공간의 결과는 표에 나와 있지 않다. 확률변수와 관련된 확률을 알 때 일반적으로 표본공간에 대해 생각하지 않고 확률에만 집중한다.

확률변수에는 **이산형(discrete)**과 **연속형(continuous)**의 두 가지 중요한 유형이 있다. 이산확률변수는 가능한 값이 이산형 집합을 형성하는 변수이다. 이것은 값들을 순서대로 정렬할 수 있고 인접한 값 사이에 간격이 있음을 의미한다. 예제 3.12에 설명된 확률변수 X는 이산형이다. 반대로 연속형 확률변수의 가능한 값에는 항상 간격, 즉 일부 두 숫자 사이의 모든 점이 포함된다. 이 절의 뒷부분에서 이러한 유형의 확률변수에 대한 정확한 정의를 제공한다.

확률변수의 몇 가지 예를 더 알아보자.

예제 3.13

특정 유형의 인쇄 회로 기판의 경우 50%는 결함이 없음, 25%는 1개의 결함, 12%는 2개의 결함, 8%는 3개의 결함, 나머지 5%는 4개의 결함이 있다. Y는 랜덤으로 선택한 기판의 결함 수를 나타낸다. Y가 가질 수 있는 값은 무엇인가? Y는 이산형인가 아니면 연속형인가? 가능한 각 y의 값에 대해 $P(Y = y)$를 구하시오.

풀이

가능한 Y의 값은 정수 0, 1, 2, 3, 4이다. 확률변수 Y의 값은 정수뿐이므로 이산형이다. 표본공간에 있는 결과의 50%가 0에 할당되어 $P(Y=0)=0.5$이다. 마찬가지로 $P(Y=1)=0.25$, $P(Y=2)=0.12$, $P(Y=3)=0.08$, $P(Y=4)=0.05$이다.

예제 3.14

특정 유형의 자기 디스크는 부식성 가스에 노출된 환경에서 작동해야 한다. 이러한 모든 디스크의 10%는 100시간 이하의 수명을 갖고, 50%는 100시간보다 크고 500시간 이하의 수명을 가지며, 40%는 500시

간보다 큰 수명을 갖는 것으로 알려져 있다. Z는 임의로 선택한 디스크의 수명시간을 나타낸다. Z는 연속적인가 아니면 이산적인가? $P(Z \le 500)$을 구하시오. Z에 대한 모든 확률을 계산할 수 있는지 설명하시오.

풀이

구성 요소의 수명은 이산적으로 간격을 둔 값의 목록으로 제한되지 않으므로 Z는 연속적이다. 모든 구성 요소 중 60%는 수명이 500시간 이하이다. 따라서 $P(Z \le 500) = 0.60$이다. Z의 모든 확률을 계산하기에 충분한 정보가 없다. 예를 들어 $P(Z \le 100) = 0.10$, $P(100 < Z \le 500) = 0.50$, $P(Z > 500) = 0.40$처럼 일부만 계산할 수 있다. 그러나 예를 들어 수명이 100~200시간 또는 200~300시간인 성분의 비율을 알지 못하므로 확률변수 Z가 이 구간 중 하나에 속할 확률을 찾을 수 없다. Z에 대한 모든 확률을 계산하려면 가능한 모든 구간에 대한 확률을 계산할 수 있어야 한다. 예를 들어 $P(200 < Z \le 300)$, $P(200 < Z \le 201)$, $P(200 < Z \le 200.1)$ 등이다. 이 절의 뒷부분에서 연속확률변수에 대해 논의할 때 어떻게 할 수 있는지 살펴볼 것이다.

확률변수와 모집단

확률변수의 값을 모집단에서 추출한 것으로 생각하는 것이 종종 유용하다. 예를 들어, 예제 3.13에 설명된 확률변수 Y를 고려하자. 이 확률변수의 값을 관찰하는 것은 값 0은 50%, 값 1은 25%, 값 2는 12%, 값 3은 8%, 값 4는 5%의 비율로 0, 1, 2, 3, 4의 정수로 구성된 모집단에서 값을 추출하는 것과 같다. 연속확률변수의 경우는 가능한 모든 확률변수값을 포함하는 무한 모집단을 고려하는 것이 적절하다. 예를 들어, 예제 3.14의 확률변수 Z의 경우 모집단 값의 10%가 100 이하이고, 50%가 100보다 크고 500 이하이며, 500보다 큰 값이 40%인 모든 양수를 포함하는 모집단으로 가정한다. 모든 구간에서 모집단 값의 비율은 변수 Z가 해당 구간에 있을 확률과 같다.

확률변수로 작업하는 방법은 이산형과 연속형 확률변수가 약간 다르다. 이산형 확률변수부터 살펴보자.

이산확률변수

이산확률변수의 정의를 검토하는 것으로 시작한다.

정의

확률변수의 가능한 값이 이산 집합을 형성하는 경우 **이산형(discrete)**이라 한다. 즉, 가능한 값을 순서대로 정렬했을 때 이웃한 두 값 사이에 간격이 있다. 가능한 값의 집합은 무한일 수 있다. 예를 들어, 모든 정수의 집합과 모든 양의 정수의 집합은 모두 이산집합이다.

이산확률변수의 가능한 값이 정수의 집합인 것은 일반적이다. 이산확률변수에 대해 확률변수가 이러한 각 값을 취할 확률과 함께 가능한 값의 목록을 나열하면 확률변수가 추출되는 모집단을 완전히 설명할 수 있다.

예를 들어, 특정 공정에 의해 제조된 1인치 길이의 구리 전선의 결함수는 전선마다 다르다.

생산된 전체 전선의 48%에는 결함이 없고 39%에는 1개, 12%에는 2개, 1%에는 3개의 결함이 있다. X를 랜덤으로 선택한 구리 전선의 결함수라고 하면 다음의 값을 얻는다.

$$P(X=0)=0.48 \quad P(X=1)=0.39$$
$$P(X=2)=0.12 \quad P(X=3)=0.01$$

가능한 값 0, 1, 2, 3은 각각에 대한 확률과 함께 X가 나타내는 모집단에 대한 완전한 설명을 제공한다. 이를 **확률질량함수**라 한다.

정의

이산확률변수 X의 **확률질량함수(probability mass function)**는 함수 $p(x)=P(X=x)$이다. 확률질량함수는 확률분포라고도 한다.

따라서 전선의 결함수를 나타내는 확률변수 X의 경우 $p(0)=0.48$, $p(1)=0.39$, $p(2)=0.12$, $p(3)=0.01$와 0, 1, 2, 3 이외의 값 x에 대해 $p(x)=0$이다. 가능한 모든 X의 값에 대한 확률질량함수의 값들을 모두 더하면 1이 된다는 점에 주목해야 한다. 이것은 모든 확률질량함수에 대해 성립한다. 그 이유는 대응하는 확률변수의 가능한 모든 값에 대해 확률질량함수의 값을 더하면 확률변수가 가능한 값 중 하나와 같을 확률이 생성되고 이 확률은 항상 1이 되기 때문이다.

확률질량함수는 확률변수의 가능한 값 각각에 수직선이 그려진 그래프로 나타낼 수 있다. 선의 높이는 해당 값의 확률과 같다. 이 그래프의 물리적 해석은 각 수직선은 질량이 선의 높이와 같다는 것을 나타낸다. 그림 3.2는 확률변수 X의 확률질량함수 그래프를 보여준다.

이산확률변수의 누적분포함수

확률질량함수는 확률변수가 주어진 값과 같을 확률을 나타낸다. **누적분포함수(cumulative distribution function)**는 확률변수가 주어진 값보다 작거나 같을 확률을 나타낸다. 확률변수 X의 누적분포함수는 함수 $F(x)=P(X \le x)$이다.

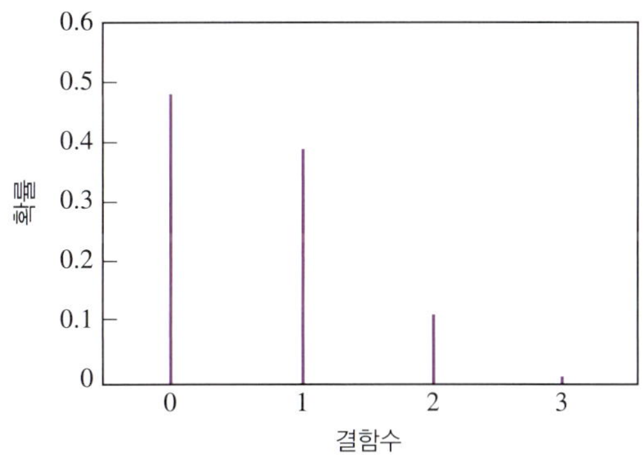

그림 3.2 랜덤추출된 구리 전선의 결함수 X의 확률질량함수

예제 3.15

$F(x)$는 임의추출된 전선의 결함수를 나타내는 확률변수 X의 누적분포함수를 나타낸다. $F(2)$와 $F(1.5)$를 구하시오.

풀이

$F(2)=P(X\leq 2)$이므로 $P(X\leq 2)$를 구해야 한다. 2보다 작거나 같은 X값, 즉 0, 1, 2에 대한 확률을 합산하여 구한다. 따라서 결과는 다음과 같다.

$$\begin{aligned} F(2) &= P(X \leq 2) \\ &= P(X=0)+P(X=1)+P(X=2) \\ &= 0.48+0.39+0.12 \\ &= 0.99 \end{aligned}$$

이제 $F(1.5)=F(X\leq 1.5)$이므로 $F(1.5)$를 계산하기 위해 X의 값이 1.5 이하인 0과 1에 대한 확률을 합산해야 한다. 따라서 결과는 다음과 같다.

$$\begin{aligned} F(1.5) &= P(X \leq 1.5) \\ &= P(X=0)+P(X=1) \\ &= 0.48+0.39 \\ &= 0.87 \end{aligned}$$

일반적으로 이산확률변수 X의 누적분포함수 $F(x)$는 x 이하의 가능한 모든 X의 값에 대한 확률을 더하면 계산할 수 있다. $F(x)$는 X가 가질 수 있는 값뿐만 아니라 어떠한 x에 대해서도 정의될 수 있다는 사실을 주목해야 한다.

요약

X를 이산확률변수라 하면,

- X의 확률질량함수는 $p(x)=P(X=x)$이다.
- X의 누적분포함수는 $F(x)=P(X\leq x)$이다.
- $F(x)=\sum_{t\leq x} p(t)=\sum_{t\leq x} P(X=t)$
- $\sum_{x} p(x)=\sum_{x} P(X=x)=1$, 여기서 합은 가능한 모든 X의 값에 대해 행해진다.

예제 3.16

랜덤으로 추출한 전선의 결함수를 나타내는 확률변수 X의 누적분포함수 $F(x)$의 그래프를 그리시오.

풀이

먼저 X가 가질 수 있는 값 0, 1, 2, 3에 대해 $F(x)$를 계산한다.

$$\begin{aligned} F(0) &= P(X \leq 0) = 0.48 \\ F(1) &= P(X \leq 1) = 0.48+0.39 = 0.87 \\ F(2) &= P(X \leq 2) = 0.48+0.39+0.12 = 0.99 \\ F(3) &= P(X \leq 3) = 0.48+0.39+0.12+0.01 = 1 \end{aligned}$$

임의의 x에 대해 x 이하의 값에 대한 확률을 모두 더함으로써 $F(x)$를 구한다. 예를 들어 x의 값이 $1 \le x < 2$이면, X가 가질 수 있는 값은 0과 1뿐이므로 $F(x) = P(X=0) + P(X=1) = F(1) = 0.87$이다. 따라서

$$F(x) = \begin{cases} 0 & x < 0 \\ 0.48 & 0 \le x < 1 \\ 0.87 & 1 \le x < 2 \\ 0.99 & 2 \le x < 3 \\ 1 & x \ge 3 \end{cases}$$

에서 $F(x)$의 그래프는 다음과 같다.

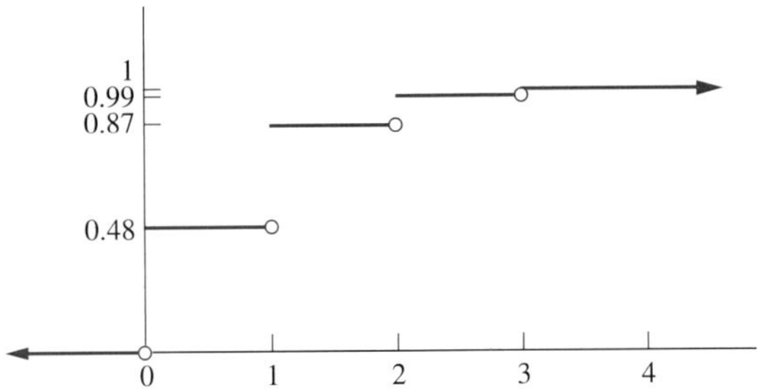

이산확률변수에 대한 $F(x)$의 그래프는 X가 가질 수 있는 값에서 도약하는 수평선(계단)들로 이루어진다. 각 점 x에서의 도약의 크기는 확률질량함수 $p(x) = P(X = x)$와 일치한다는 사실을 주목해야 한다.

이산확률변수의 평균과 분산

이산확률변수의 **모평균(population mean)**은 확률분포를 완벽하게 따르는 가상표본의 평균으로 생각할 수 있다. 이 개념을 구체적으로 설명하기 위해 전선의 결함수 X는 $P(X=0)=0.48$, $P(X=1)=0.39$, $P(X=2)=0.12$, $P(X=3)=0.01$로 앞에서 주어진 확률질량함수가 있다고 가정한다. 이제 100개의 전선 표본이 있고 표본이 분포를 완벽하게 따르고 있으므로 정확히 48개의 전선에 결함이 없고 39개에는 결함이 1개, 12개에는 결함이 2개, 1개에는 결함이 3개 있다고 가정한다. 표본평균은 총결함수를 100으로 나눈 값이다. 즉,

$$\text{평균} = \frac{0(48) + 1(39) + 2(12) + 3(1)}{100} = 0.66$$

이고,

$$\text{평균} = 0(0.48) + 1(0.39) + 2(0.12) + 3(0.01) = 0.66$$

로 표현할 수 있다. 이것은 X의 가능한 각 값에 확률을 곱한 후 그 결과를 더해 완벽한 표본의 평균을 얻을 수 있음을 보여준다. 이것은 이산확률변수의 모평균의 정의이다. 확률변수 X의 모집단평균은 X의 **기댓값(expectation 또는 expected value)**이라고도 하며 μ_X, $E(X)$, 또는 간단히 μ로 나타낸다. 때로는 '모집단'이라는 단어를 버리고 모평균을 간단하게 평균이라고도 한다.

정의

X를 확률질량함수 $p(x) = P(X = x)$를 가지는 이산확률변수라 하자.
X의 평균은

$$\mu_X = \sum_x xP(X = x) \tag{3.13}$$

이고 X가 가질 수 있는 값 전반에 걸친 합으로 나타낸다.
X의 평균은 종종 X의 기댓값이라 불리며 $E(X)$ 또는 μ로 표시한다.

예제 3.17

생산된 품목의 품질이 규격 이하로 떨어질 때마다 재보정을 위해 특정 산업공정이 중단된다. X가 일주일 동안 공정이 재조정되는 횟수를 나타내고 X가 다음과 같은 확률질량함수를 가진다고 가정했을 때, X의 평균을 구하시오.

x	0	1	2	3	4
$p(x)$	0.35	0.25	0.20	0.15	0.05

풀이

식 (3.13)을 이용하면 다음의 결과를 얻을 수 있다.

$$\mu_X = 0(0.35) + 1(0.25) + 2(0.20) + 3(0.15) + 4(0.05) = 1.30$$

모평균에는 중요한 물리적 해석이 있다. 그것은 확률질량함수의 질량중심의 수평성분이다. 즉, 확률질량함수의 그래프가 수평축에서 지지될 경우 균형을 잡는 지점이다. 그림 3.3은 모평균이 $\mu = 1.30$인 예제 3.17에 설명된 확률질량함수에 대한 이 속성을 보여준다.

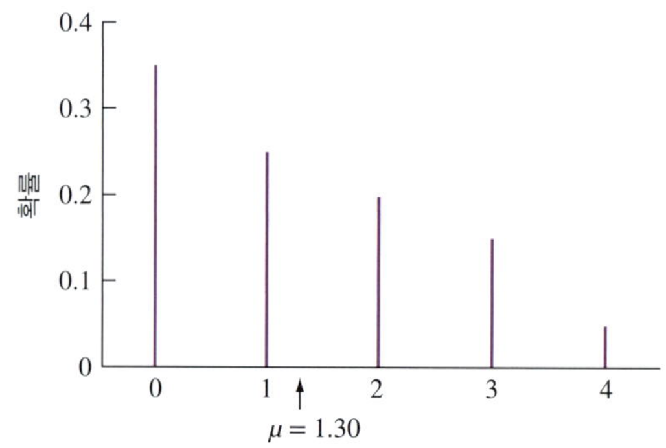

그림 3.3 확률질량함수의 그래프가 모평균에서 지원되는 경우 균형을 유지한다.

표본분산과 관련하여 이산확률변수의 **모분산(population variance)**에 대해 알아보자. 표본분산은 1.2절에서 논의되었다. 표본 $X_1, X_2, \cdots, X_n$에 대해 표본분산은 $\sum(X_i - \overline{X})^2/(n-1)$로 주어진다. 따라서 표본분산은 본질적으로 표본점과 표본평균의 차의 제곱에 대한 평균(n 대신에 $n-1$로 나눈다는 사실만 제외하면)이다.

유추하면 이산확률변수 X의 모분산은 차의 제곱인 $(x - \mu_X)^2$의 가중평균이다. 여기서 x는 확률변수 X가 가질 수 있는 모든 값이다. 이 가중평균은 각각의 차의 제곱 $(x-\mu_X)^2$과 그 확률 $P(X=x)$를 곱하고 그 결과를 더함으로써 계산할 수 있다.

확률변수 X의 모분산은 σ_X^2, $V(X)$, 또는 간단히 σ^2으로 나타낼 수 있다. 모분산은 다음 공식으로 주어지며

$$\sigma_X^2 = \sum_x (x-\mu_X)^2 P(X=x)$$

약간의 계산과정을 거치면 다른 공식도 얻을 수 있다.

$$\sigma_X^2 = \sum_x x^2 P(X=x) - \mu_X^2$$

또한 **모표준편차**(**population standard deviation**)를 모분산의 제곱근으로 정의한다. 확률변수 X의 모표준편차를 σ_X 또는 간단히 σ로 나타낸다. 평균과 마찬가지로, 종종 모집단이라는 단어를 빼고 모분산과 모표준편차를 분산과 표준편차라 부른다.

요약

X를 확률질량함수 $p(x)=P(X=x)$를 갖는 이산확률변수라 하면,

- X의 분산은

$$\sigma_X^2 = \sum_x (x-\mu_X)^2 P(X=x) \tag{3.14}$$

  이다.

- 분산에 대한 다른 공식은

$$\sigma_X^2 = \sum_x x^2 P(X=x) - \mu_X^2 \tag{3.15}$$

  이다.

- X의 분산은 $V(X)$ 또는 σ^2으로 나타낸다.
- 표준편차는 분산의 제곱근 $\sigma_X = \sqrt{\sigma_X^2}$이다.

예제 3.18

공정이 재조정되는 횟수를 나타내는 예제 3.17에서 기술된 확률변수 X에 대한 분산 및 표준편차를 구하시오.

풀이

예제 3.17에서 X의 평균이 $\mu_X=1.30$임을 계산하였다. 식 (3.14)를 이용하여 분산을 계산하면

$$\begin{aligned}\sigma_X^2 &= (0-1.30)^2P(X=0)+(1-1.30)^2P(X=1)+(2-1.30)^2P(X=2)\\ &\quad +(3-1.30)^2P(X=3)+(4-1.30)^2P(X=4)\\ &= (1.69)(0.35)+(0.09)(0.25)+(0.49)(0.20)+(2.89)(0.15)+(7.29)(0.05)\\ &= 1.51\end{aligned}$$

이고, 표준편차는 $\sigma_X = \sqrt{1.51} = 1.23$이다.

예제 3.19

다른 공식인 식 (3.15)을 이용하여 공정이 재교정되는 횟수인 X의 분산을 계산하시오.

풀이

예제 3.17에서 평균은 $\mu_X = 1.30$임을 계산하였다. 그러므로 분산은

$$\begin{aligned}\sigma_X^2 &= 0^2P(X=0) + 1^2P(X=1) + 2^2P(X=2) + 3^2P(X=3) \\ &\quad + 4^2P(X=4) - (1.30)^2 \\ &= (0)(0.35) + (1)(0.25) + (4)(0.20) + (9)(0.15) + (16)(0.05) - (1.30)^2 \\ &= 1.51\end{aligned}$$

이다.

확률 히스토그램

이산확률변수가 가질 수 있는 값이 균일한 간격으로 배치되면 확률질량함수는 확률변수가 가질 수 있는 값을 중심으로 하는 사각형 모양의 히스토그램으로 나타낼 수 있다. x를 중심으로 하는 직사각형의 면적은 $P(X=x)$와 같다. 이러한 히스토그램은 영역이 확률을 나타내기 때문에 **확률 히스토그램(probability histogram)**이라고 한다.

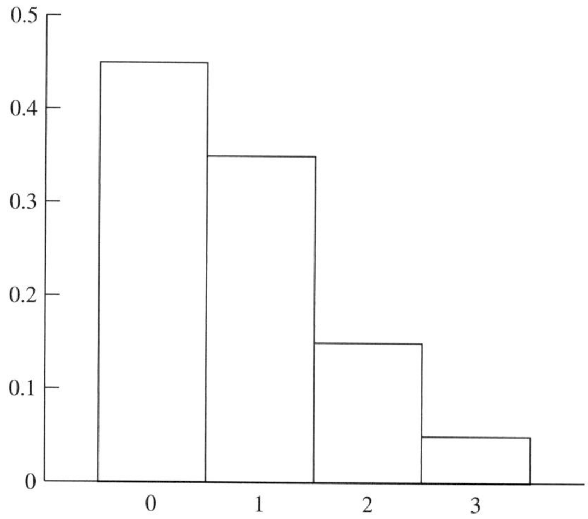

그림 3.4 인쇄 회로 기판의 결함수 X에 대한 확률 히스토그램

표 3.3

x	$P(X = x)$
0	0.45
1	0.35
2	0.15
3	0.05

표 3.3은 인쇄 회로 기판의 결함 수를 나타내는 확률변수 X에 대한 확률질량함수를 보여주고, 그림 3.4는 이 확률변수에 대한 확률 히스토그램을 보여준다. 확률변수의 값이 주어진 구간에 속할 확률은 확률 히스토그램 아래 영역의 넓이로 주어진다. 예제 3.20은 이 개념을 보여준다.

예제 3.20

임의추출된 인쇄 회로 기판의 결함수가 1개보다 많을 확률을 구하시오. 이 확률은 확률 히스토그램의 아래 영역의 넓이로 나타낸다.

풀이

$P(X > 1)$를 찾고자 한다. 결함이 3개보다 많은 기판은 없으므로 결함이 3개인 비율과 결함이 2개인 비율

을 더하면 결점이 2개 이상인 전선의 비율을 알 수 있다. 기호로는 $P(X > 1) = P(X = 2) + P(X = 3)$이다. 확률질량함수는 $P(X = 2) = 0.15$이고 $P(X = 3) = 0.05$임을 나타낸다. 따라서 $P(X > 1) = 0.15 + 0.05 = 0.20$이다. 이 확률은 1보다 큰 값을 중심으로 하는 사각형에 해당하는 확률 히스토그램 아래의 영역으로 주어진다(그림 3.5). 그 영역에는 두 개의 직사각형이 있으며 면적은 $P(X = 2) = 0.15$와 $P(X = 3) = 0.05$이다. 이것은 $P(X > 1) = 0.15 + 0.05 = 0.20$임을 보여주는 또 다른 방법이다.

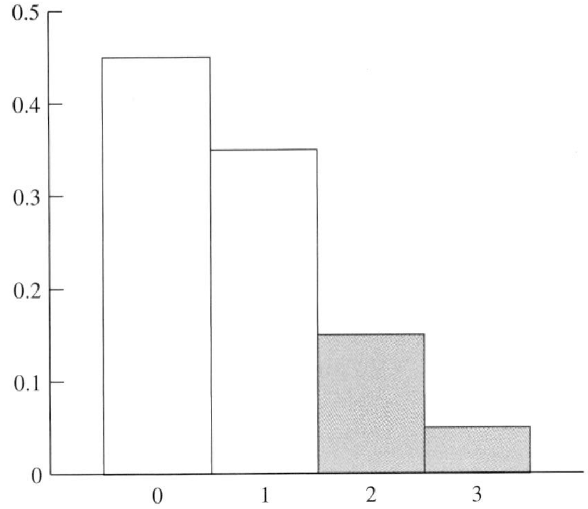

그림 3.5 인쇄 회로 기판의 결함 수인 X에 대한 **확률 히스토그램.** 1보다 큰 X의 값에 해당하는 영역은 음영 처리된다. 이 영역은 $P(X > 1)$와 같다.

4장에서는 이산확률변수에 대한 확률은 때때로 곡선 아래 면적을 계산하여 근사화할 수 있음을 알 수 있다. 확률 히스토그램으로 이산 확률을 표현하면 이것이 어떻게 수행되는지 더 쉽게 이해할 수 있다.

연속확률변수

1.3절의 그림 1.8은 62대의 차량 표본에서 소비된 연료 갤런당 부유 먼지 그램 단위의 배출량에 대한 히스토그램을 나타낸다. 가능한 값이 간격이 있는 집합으로 제한되지 않기 때문에 배출량은 연속변수이다. 계급구간은 각 구간에 상당히 많은 수의 차량이 포함되도록 선택된다. 표본이 크면 간격을 더 좁게 할 수 있다. 특히 수백만 대의 차량이 포함된 전체 인구에 대한 정보가 있다면 구간을 매우 좁힐 수 있다. 그러면 히스토그램이 매우 매끄럽게 보이고 그림 3.6과 같은 곡선으로 근사화될 수 있다.

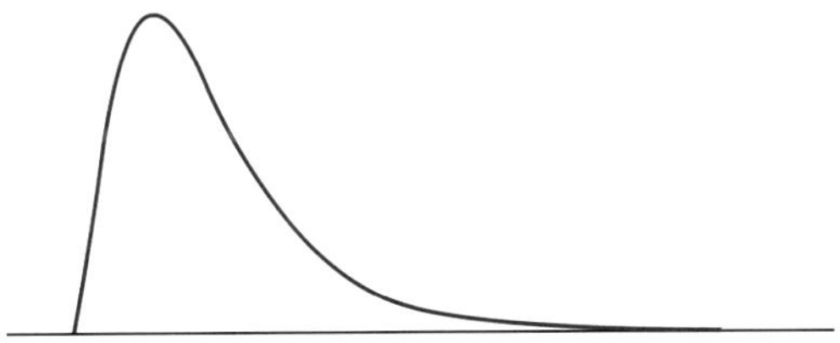

그림 3.6 대규모 연속형 모집단에 대한 히스토그램은 매우 좁은 직사각형으로 그릴 수 있으며 다음과 같은 곡선처럼 보일 수 있다.

배출량을 측정하기 위해 이 집단에서 랜덤으로 선택된 차량이라면 배출량 수준 X는 확률변수가 될 것이다. X가 두 값 a와 b 사이에 있을 확률은 a와 b 사이의 히스토그램 아래 영역과 같다. 이 경우 히스토그램은 곡선으로 표시되기 때문에 적분을 계산하여 확률을 구할 수 있다.

여기에 설명된 확률변수 X는 **연속확률변수(continuous random variable)**의 예이다. 연속확률변수는 확률이 곡선 아래 영역으로 표현되는 확률변수로 정의된다. 이 곡선을 **확률밀도함수**라고 한다. 확률밀도함수는 곡선이기 때문에 확률을 계산할 때 이산확률변수처럼 합이 아니라 적분이 포함된다.

정의

확률변수가 곡선 아래의 영역으로 주어지면 확률변수는 **연속형(continuous)**이다. 이 곡선을 확률변수에 대한 **확률밀도함수(probability density function)**라고 한다. 확률밀도함수를 **확률분포(probability distribution)**라고도 한다.

확률밀도함수로 확률 계산

X를 연속확률변수라고 하자. 함수 $f(x)$를 X의 확률밀도함수라고 한다. a와 b를 $a<b$인 두 수라고 하자. X값이 a와 b 사이에 있는 모집단의 비율은 a와 b 사이의 확률밀도함수의 아래 영역인 $\int_a^b f(x)\,dx$로 주어진다. 이것은 확률변수 X가 a와 b 사이의 값을 가질 확률이다. 곡선 아래 영역은 끝점 a와 b가 구간에 포함되는지에 따라 달라지지 않는다. 따라서 X와 관련된 확률은 구간의 끝점이 포함되는지에 의존하지 않는다.

요약

함수 $f(x)$를 연속확률변수 X의 확률밀도함수라고 하고 a와 b를 $a<b$인 두 수라고 하면

$$P(a \le X \le b) = P(a \le X < b) = P(a < X \le b) = P(a < X < b) = \int_a^b f(x)\,dx$$

이고,

$$P(X \le b) = P(X < b) = \int_{-\infty}^b f(x)\,dx \tag{3.16}$$

$$P(X \ge a) = P(X > a) = \int_a^{\infty} f(x)\,dx \tag{3.17}$$

이다.

$f(x)$가 확률변수 X의 확률밀도함수인 경우 곡선 아래의 $-\infty$에서 ∞까지의 면적은 X의 값이 $-\infty$와 ∞ 사이에 있을 확률이다. X의 값은 항상 $-\infty$와 ∞ 사이에 있으므로 이 확률은 1과 같아야 한다. 따라서 곡선 $f(x)$ 아래의 전체 영역은 1이다.

요약

함수 $f(x)$를 연속확률변수 X의 확률밀도함수라 하면 다음이 성립한다.

$$\int_{-\infty}^{\infty} f(x)\,dx = 1$$

예제 3.21

판금 부품에 구멍을 뚫은 다음 구멍을 통해 축(shaft)을 삽입한다. 축의 공차(clearance)는 구멍의 반지름과 축의 반지름의 차이와 같다. 확률변수 X는 밀리미터 단위의 공차를 나타낸다. X의 확률밀도함수는 다음과 같다.

$$f(x) = \begin{cases} 1.25(1 - x^4) & 0 < x < 1 \\ 0 & \text{그 외} \end{cases}$$

이때 0.8 mm보다 큰 간격이 있는 부품은 폐기해야 한다. 폐기되는 부품의 비율을 구하시오.

풀이

그림 3.7은 X의 확률밀도함수를 보여준다. 밀도 $f(x)$는 $x \le 0$ 또는 $x \ge 1$일 때 0의 값을 가진다. 이는 공차가 항상 0에서 1 mm 사이임을 나타낸다. 폐기해야 하는 성분의 비율은 $P(X > 0.8)$이며 이것은 0.8의 오른쪽에 있는 확률밀도함수의 아래쪽 면적과 같다.

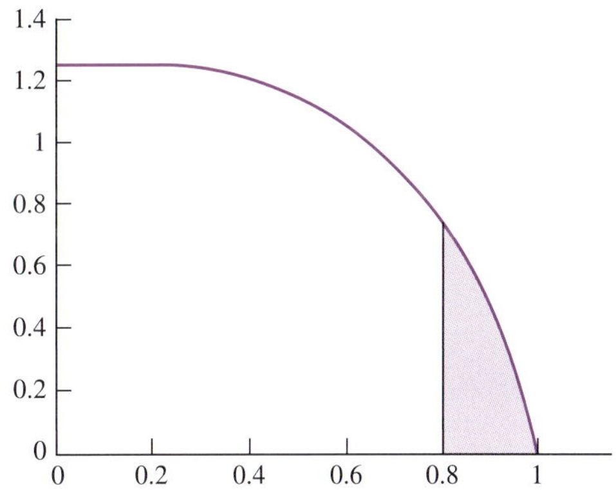

그림 3.7 축의 틈새인 X의 확률밀도함수 그래프. 음영 처리된 영역은 $P(X > 0.8)$와 같다.

이 영역은

$$\begin{aligned} P(X > 0.8) &= \int_{0.8}^{\infty} f(x)\,dx \\ &= \int_{0.8}^{1} 1.25(1 - x^4)\,dx \\ &= 1.25\left(x - \frac{x^5}{5}\right)\Bigg|_{0.8}^{1} \\ &= 0.0819 \end{aligned}$$

이다.

연속확률변수의 누적분포함수

연속확률변수 X의 누적분포함수는 이산확률변수의 경우와 마찬가지로 $F(x)=P(X \le x)$이다. 이산확률변수의 경우 $F(x)$는 확률질량함수의 값을 더하여 구할 수 있고 연속확률변수의 경우 $F(x)$는 확률밀도함수를 적분하여 구할 수 있다. $F(x)=P(X \le x)$이므로 식 (3.16)에서 $F(x) = \int_{-\infty}^{x} f(t)\,dt$이다. 여기서 $f(t)$는 확률밀도함수이다.

정의

확률밀도함수 $f(x)$를 가지는 연속확률변수 X에 대한 누적분포함수는

$$F(x) = P(X \le x) = \int_{-\infty}^{x} f(t)\,dt \tag{3.18}$$

이다.

예제 3.22

예제 3.21을 참조하여 누적분포함수 $F(x)$를 구하고 그래프를 그리시오.

풀이

X의 확률밀도함수는 $t \le 0$이면 $f(t)=0$, $0<t<1$이면 $f(t)=1.25(1-t^4)$, $t \ge 1$이면 $f(t)=0$이다. 누적분포함수는 $\int_{-\infty}^{x} f(t)\,dt$로 주어진다. $f(t)$는 세 개의 다른 구간에서 각각 정의되므로 누적분포함수도 세 가지 다른 구간에서 각각 계산된다.
만약 $x \le 0$이면,

$$\begin{aligned} F(x) &= \int_{-\infty}^{x} f(t)\,dt \\ &= \int_{-\infty}^{x} 0\,dt \\ &= 0 \end{aligned}$$

이고 $0<x<1$이면,

$$\begin{aligned} F(x) &= \int_{-\infty}^{x} f(t)\,dt \\ &= \int_{-\infty}^{0} f(t)\,dt + \int_{0}^{x} f(t)\,dt \\ &= \int_{-\infty}^{0} 0\,dt + \int_{0}^{x} 1.25(1-t^4)\,dt \\ &= 0 + 1.25\left(t - \frac{t^5}{5}\right)\Bigg|_{0}^{x} \\ &= 1.25\left(x - \frac{x^5}{5}\right) \end{aligned}$$

이고 $x>1$이면,

$$F(x) = \int_{-\infty}^{x} f(t)\,dt$$

$$= \int_{-\infty}^{0} f(t)\,dt + \int_{0}^{1} f(t)\,dt + \int_{1}^{x} f(t)\,dt$$
$$= \int_{-\infty}^{0} 0\,dt + \int_{0}^{1} 1.25(1-t^4)\,dt + \int_{1}^{x} 0\,dt$$
$$= 0 + 1.25\left(t - \frac{t^5}{5}\right)\Big|_0^1 + 0$$
$$= 0 + 1 + 0$$
$$= 1$$

이다. 따라서 누적분포함수는

$$F(x) = \begin{cases} 0 & x \le 0 \\ 1.25\left(x - \dfrac{x^5}{5}\right) & 0 < x < 1 \\ 1 & x \ge 1 \end{cases}$$

이고 그 그래프는 다음과 같다.

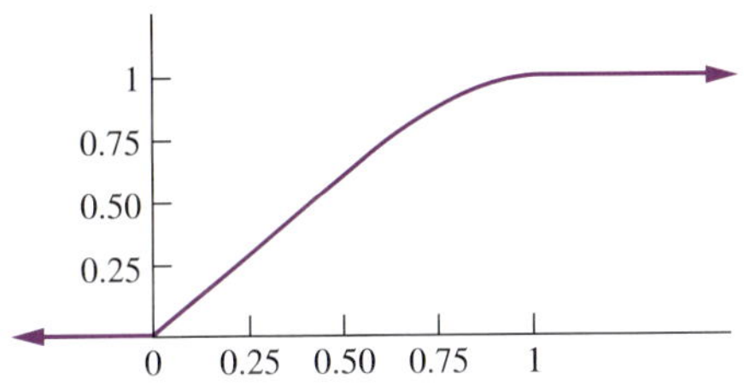

예제 3.22의 누적분포함수 $F(x)$는 연속함수이며 그래프에 도약(jump)이 없는데 이것은 연속확률변수의 특징이다. 연속확률변수의 누적분포함수는 항상 연속이지만 이산확률변수의 누적분포함수는 연속이 아니다.

예제 3.23

예제 3.21을 참조하여 공차가 0.5 mm 미만일 확률을 찾기 위해 누적분포함수를 사용하시오.

풀이

X는 공차를 나타낸다고 하자. $P(X \le 0.5)$를 구해야 한다. 이는 누적분포함수 $F(x)$에 대해 $F(0.5)$를 구하는 것과 같다. 예제 3.22의 결과를 사용하면 $F(0.5) = 1.25\left(0.5 - \frac{0.5^5}{5}\right) = 0.617$을 얻을 수 있다.

연속확률변수의 평균과 분산

연속확률변수의 모평균과 분산은 확률질량함수 대신 확률밀도함수가 사용된다는 점을 제외하고는 이산확률변수와 같은 방식으로 정의된다. 특히 X가 연속확률변수이면 모평균은 확률밀도함수의 질량중심으로 정의되고 모분산은 모평균을 통과하는 수직축 주위의 관성모멘트이다. 공식은 방정식 (3.13)에서 (3.15)까지 유사하며 합은 적분으로 대체된다.

이산확률변수의 경우와 마찬가지로 '모집단'이라는 단어를 빼고 모평균, 모분산 및 모표준편차를 각각 평균, 분산 및 표준편차로 더 간단하게 표현한다.

정의

확률밀도함수 $f(x)$를 갖는 연속확률변수 X의 평균은 다음과 같이 정의한다.

$$\mu_X = \int_{-\infty}^{\infty} xf(x)\,dx \tag{3.19}$$

X의 평균은 기댓값으로도 불리며 $E(X)$ 또는 μ로 표시한다.

정의

확률밀도함수 $f(x)$를 갖는 연속확률변수 X에 대해

- X의 분산은 다음과 같다.

$$\sigma_X^2 = \int_{-\infty}^{\infty} (x-\mu_X)^2 f(x)\,dx \tag{3.20}$$

- 분산의 또 다른 공식은 다음과 같다.

$$\sigma_X^2 = \int_{-\infty}^{\infty} x^2 f(x)\,dx - \mu_X^2 \tag{3.21}$$

- X의 분산은 $V(X)$ 또는 σ^2으로 나타낸다.
- 표준편차는 분산의 제곱근이다: $\sigma_X = \sqrt{\sigma_X^2}$

예제 3.24

예제 3.21을 참조하여 공차의 평균과 분산을 구하시오.

풀이

식 (3.19)를 이용하여 평균을 구할 수 있다.

$$\begin{aligned}\mu_X &= \int_{-\infty}^{\infty} xf(x)\,dx \\ &= \int_0^1 x[1.25(1-x^4)]\,dx \\ &= 1.25\left(\frac{x^2}{2} - \frac{x^6}{6}\right)\Bigg|_0^1 \\ &= 0.4167\end{aligned}$$

$\mu_X = 0.4167$을 계산했으므로 이제 σ_X^2을 계산할 수 있다. 두 번째 공식인 식 (3.21)을 사용하는 것이 가장 쉽다.

$$\begin{aligned}\sigma_X^2 &= \int_{-\infty}^{\infty} x^2 f(x)\,dx - \mu_X^2 \\ &= \int_0^1 x^2[1.25(1-x^4)]\,dx - (0.4167)^2\end{aligned}$$

$$= 1.25\left(\frac{x^3}{3} - \frac{x^7}{7}\right)\Bigg|_0^1 - (0.4167)^2$$

$$= 0.0645$$

3.3 연습문제

1. 다음 확률변수가 이산형인지 연속형인지 결정하시오.

a. 동전 100개를 던졌을 때 앞면의 개수

b. 하루 동안 생산한 막대에서 랜덤으로 선택한 막대의 길이

c. 지난 학기 공학 통계 수업에서 랜덤으로 선택한 학생의 최종 시험 점수

d. 랜덤으로 선택된 콜로라도 광업대학 학생의 나이

e. 랜덤으로 선택한 콜로라도 광업대학 학생이 다음 생일에 될 나이

2. 화학 공급회사는 10갤런 드럼통에 특정 용매를 배송한다. X는 랜덤으로 선택한 고객이 주문한 드럼통의 수를 나타낸다. X에 다음과 같은 확률질량함수를 가진다고 가정한다.

x	1	2	3	4	5
$p(x)$	0.4	0.2	0.2	0.1	0.1

a. 주문된 드럼통의 평균을 구하시오.

b. 주문된 드럼통의 분산을 구하시오.

c. 주문된 드럼통의 표준편차를 구하시오.

d. Y를 주문된 갤런수라고 할 때 Y의 확률질량함수를 구하시오.

e. 주문된 갤런수의 평균을 구하시오.

f. 주문된 갤런수의 분산을 구하시오.

g. 주문된 갤런수의 표준편차를 구하시오.

3. 아침 출퇴근 시간 동안 특정 고속도로에서 자동차를 조사한 결과 70%는 1명, 15%는 2명, 10%는 3명, 3%는 4명, 2%는 5명이 타고 있었다. X는 랜덤으로 선택한 자동차에 탑승한 사람의 수를 나타낸다.

a. X의 확률질량함수를 구하시오.

b. $P(X \leq 2)$를 구하시오.

c. $P(X > 3)$을 구하시오.

d. μ_X를 구하시오.

e. σ_X를 구하시오.

4. 컴퓨터는 채널을 따라 정보 패킷을 보내고 패킷이 수신되었음을 확인하는 반환신호를 기다린다. 특정 시간 내에 승인이 수신되지 않으면 패킷이 재전송된다. X는 패킷이 전송된 횟수를 나타낸다. X의 확률질량함수가 다음과 같이 주어진다고 가정한다. 단, c는 상수이다.

$$p(x) = \begin{cases} cx & x = 1, 2, 3, 4, 5 \\ 0 & \text{그 외} \end{cases}$$

a. $p(x)$가 확률질량함수가 되도록 하는 상수 c의 값을 구하시오.

b. $P(X = 2)$를 구하시오.

c. 패킷이 전송된 평균 횟수를 구하시오.

d. 패킷이 전송되는 횟수의 분산을 구하시오.

e. 패킷이 전송되는 횟수의 표준편차를 구하시오.

5. 100 Ω으로 표시된 저항기는 80 Ω에서 120 Ω 사이의 실제 저항을 나타낸다. X를 랜덤으로 선택한 저항기의 질량이라고 하자. X의 확률밀도함수는 다음과 같이 주어진다.

$$f(x) = \begin{cases} \dfrac{x-80}{800} & 80 < x < 120 \\ 0 & \text{그 외} \end{cases}$$

a. 저항이 90 Ω 미만인 저항기의 비율은 얼마인지 구하시오.

b. 평균저항을 구하시오.

c. 저항의 표준편차를 구하시오.

d. 저항의 누적분포함수를 구하시오.

6. 특정 응용 분야에서 트랜지스터의 수명은 확률밀도함수가

$$f(t) = \begin{cases} 0.1e^{-0.1t} & t > 0 \\ 0 & t \leq 0 \end{cases}$$

인 임의의 수명을 가진다.

a. 평균수명을 구하시오.

b. 수명의 표준편차를 구하시오.

c. 수명의 누적분포함수를 구하시오.

d. 수명이 12개월 미만일 확률을 구하시오.

7. 부품 길이의 오차(실제 길이와 목표 길이의 차이의 절댓값)(mm)는 확률밀도함수

$$f(x) = \begin{cases} 12(x^2 - x^3) & 0 < x < 1 \\ 0 & \text{그 외} \end{cases}$$

를 사용하는 확률변수이다.

a. 오차가 0.2 mm 미만일 확률은 얼마인지 구하시오.
b. 평균오차를 구하시오.
c. 오차의 분산을 구하시오.
d. 오차의 누적분포함수를 구하시오.
e. 오차의 범위는 0~0.8 mm이다. 사양이 충족될 확률은 얼마인지 구하시오.

8. 와셔의 두께(mm)는 확률밀도함수

$$f(x) = \begin{cases} \frac{3}{52}x(6-x) & 2 < x < 4 \\ 0 & \text{그 외} \end{cases}$$

를 갖는 확률변수이다.
a. 두께가 2.5 m 미만일 확률은 얼마인지 구하시오.
b. 두께가 2.5 m와 3.5 m 사이일 확률은 얼마인지 구하시오.
c. 평균두께를 구하시오.
d. 두께의 표준편차 σ를 구하시오.
e. 두께가 평균의 $\pm\sigma$의 범위에 있을 확률을 구하시오.
f. 두께의 누적분포함수를 구하시오.

9. 특정 화학 공정 제품의 불순물 수준(%)은 확률밀도함수

$$f(x) = \begin{cases} \frac{3}{64}x^2(4-x) & 0 < x < 4 \\ 0 & \text{그 외} \end{cases}$$

를 갖는 확률변수이다.
a. 불순물 수준이 3%를 초과할 확률은 얼마인지 구하시오.
b. 불순물 수준이 2%와 3% 사이일 확률은 얼마인지 구하시오.
c. 평균 불순물 수준을 구하시오.
d. 불순물 수준의 분산을 구하시오.
e. 불순불 수준의 누적분포함수를 구하시오.

3.4 확률변수의 함수

실제로 우리는 종종 다른 확률변수에 대해 산술연산을 수행하여 새로운 확률변수를 생성한다. 예를 들어, 확률변수에 상수를 더하거나, 확률변수에 상수를 곱하거나, 둘 이상의 확률변수를 함께 더할 수 있다. 이 절에서는 이러한 방식으로 구성된 확률변수의 평균과 분산을 계산하는 방법을 설명하고 몇 가지 실용적인 예를 제시한다.

상수 추가

확률변수에 상수를 추가하면 평균은 상수값만큼 증가하지만, 분산 및 표준편차는 변하지 않는다. 예를 들어, 특정 기계에서 생산된 강철 막대의 길이는 평균이 5.0 in이고 분산이 $\sigma^2 = 0.003$ in^{2}이라고 가정한다. 각 막대는 정확히 1.0 in 길이의 베이스에 부착된다. 조립품의 평균 길이는 $5.0 + 1.0 = 6.0$ in이다. 각 길이가 같은 양만큼 증가하므로 길이의 퍼진 정도는 변하지 않으므로 분산은 동일하게 유지된다. 이것을 통계적 용어로 표현하기 위해 X를 랜덤으로 선택한 막대의 길이라 하고 $Y = X + 1$을 조립품의 길이라고 하면, $\mu_Y = \mu_{X+1} = \mu_X + 1$이고 $\sigma_Y^2 = \sigma_{X+1}^2 = \sigma_X^2$이다. 일반적으로 확률변수에 상수를 더하면 평균은 그 상수만큼 이동하고 분산은 변하지 않는다.

요약

확률변수 X와 상수 b에 대해 다음이 성립한다.

$$\mu_{X+b} = \mu_X + b \tag{3.22}$$

$$\sigma_{X+b}^2 = \sigma_X^2 \tag{3.23}$$

상수배

종종 우리는 확률변수에 상수를 곱해야 한다. 예를 들어, 더 편리한 단위의 집합으로 변환할 수 있다. 상수에 의한 곱셈이 확률변수의 평균, 분산, 표준편차에 미치는 영향을 보여주기 위해 강철 막대 생산의 예로 알아보자.

앞에서 설명한 막대의 길이를 인치가 아닌 센티미터로 측정하면 평균 길이는 2.54 cm = 1 in이므로 5.0 in = 12.7 cm가 된다. 통계적 측면에서 확률변수 X를 랜덤으로 선택한 막대의 길이(in)로, $Y = 2.54X$를 길이(cm)로 설정하면 $\mu_Y = 2.54\mu_X$이다. 일반적으로 확률변수에 상수를 곱하면 그 평균에 같은 상수가 곱해진다.

요약

확률변수 X와 상수 a에 대해 다음이 성립한다.

$$\mu_{aX} = a\mu_X \tag{3.24}$$

막대의 길이 X의 단위가 in로 측정되었다면 분산 σ_X^2의 단위는 in^2이어야 한다. $Y = 2.54X$가 cm 단위의 길이라면 σ_Y^2의 단위는 cm^2이어야 한다. 따라서 σ_X^2에 2.54^2을 곱하여 σ_Y^2을 얻는다. 이것은 in^2을 cm^2으로 변환시키는 계수이다. 일반적으로 확률변수에 상수를 곱하면 그 분산에는 상수의 **제곱**을 곱한다.

요약

확률변수 X와 상수 a에 대해 다음이 성립한다.

$$\sigma_{aX}^2 = a^2\sigma_X^2 \tag{3.25}$$

$$\sigma_{aX} = |a|\sigma_X \tag{3.26}$$

확률변수에 상수를 곱한 다음 다른 상수를 더하면 평균 및 분산에 대한 영향은 식 (3.22) 및 (3.24)와 식 (3.23) 및 (3.25)를 결합하여 결정할 수 있다. 결과는 다음 요약에 나와 있다.

요약

확률변수 X와 상수 a, b에 대해 다음을 만족한다.

$$\mu_{aX+b} = a\mu_X + b \tag{3.27}$$

$$\sigma_{aX+b}^2 = a^2\sigma_X^2 \tag{3.28}$$

$$\sigma_{aX+b} = |a|\sigma_X \tag{3.29}$$

식 (3.27)에서 (3.29)는 1.2절에 제시된 표본평균 및 표준편차에 대한 결과와 유사하다.

예제 3.25

용액에서 용질의 몰농도는 용액 1리터당 용질의 몰수(1 mole = 6.02×10^{23} 분자)로 정의된다. 농축 황산(H_2SO_4) 저장용액의 몰농도가 X이고 용액의 1 l 물 N과 혼합되면 희석용액의 몰농도 Y는 $Y = X/(N+1)$로 주어진다. 저장용액이 평균 18 및 표준편차 0.1의 몰농도를 생성하는 공정으로 제조되었다고 가정한다. 100 ml의 저장용액을 300 ml의 물에 추가하여 만든 희석용액의 몰농도의 평균과 표준편차를 구하시오.

풀이

희석용액의 몰농도는 $Y = 0.25X$이고 X의 평균과 표준편차는 각각 $\mu_X = 18$과 $\sigma_X = 0.1$이다. 따라서

$$\begin{aligned}\mu_Y &= \mu_{0.25X} \\ &= 0.25\mu_X \qquad \text{(식 (3.24) 이용)} \\ &= 0.25(18.0) \\ &= 4.5\end{aligned}$$

이다. 또한

$$\begin{aligned}\sigma_Y &= \sigma_{0.25X} \\ &= 0.25\sigma_X \qquad \text{(식 (3.26) 이용)} \\ &= 0.25(0.1) \\ &= 0.025\end{aligned}$$

이다.

확률변수의 선형결합의 평균

두 개의 확률변수를 더하는 경우를 생각해 보자. 예를 들어, 두 대의 기계가 특정 금속 부품을 제작한다고 가정한다. 기계 A의 일일 평균 생산량은 부품 100개이고 기계 B의 일일 평균 생산량은 부품 150개이다. 분명히 두 기계의 일일 평균 생산량은 부품 250개다. 이것을 수학적으로 나타내기 위해 X는 기계 A가 특정 날짜에 생산한 부품의 수이고 Y는 기계 B가 같은 날에 생산한 부품의 수라고 하자. 총 부품의 개수는 $X + Y$이고 $\mu_{X+Y} = \mu_X + \mu_Y$이다. 이 개념은 여러 개의 확률변수로 확장될 수 있다.

> 확률변수 $X_1, X_2, \cdots, X_n$에 대해 그 합 $X_1 + X_2 + \cdots + X_n$의 평균은 다음과 같다.
>
> $$\mu_{X_1+X_2+\cdots+X_n} = \mu_{X_1} + \mu_{X_2} + \cdots + \mu_{X_n} \tag{3.30}$$

합 $X_1 + X_2 + \cdots + X_n$은 **일차결합**(**선형결합**, **linear combination**)의 특별한 경우이다.

> 확률변수 $X_1, X_2, \cdots, X_n$과 상수 $c_1, c_2, \cdots, c_n$에 대해 확률변수
>
> $$c_1X_1 + c_2X_2 + \cdots + c_nX_n$$
>
> 을 $X_1 + X_2 + \cdots + X_n$의 **일차결합**(**선형결합**, **linear combination**)이라 한다.

확률변수의 일차결합의 평균을 구하기 위해 식 (3.24)와 (3.20)을 결합할 수 있다.

X와 Y가 확률변수이고 a와 b가 상수일 때,

$$\mu_{aX+bY} = \mu_{aX} + \mu_{bY} = a\mu_X + b\mu_Y \tag{3.31}$$

이다. 좀 더 일반적으로 확률변수 $X_1, X_2, \cdots, X_n$과 상수 $c_1, c_2, \cdots, c_n$에 대해 그 일차결합 $c_1X_1 + c_2X_2 + \cdots + c_nX_n$의 평균은 다음과 같다.

$$\mu_{c_1X_1+c_2X_2+\cdots+c_nX_n} = c_1\mu_{X_1} + c_2\mu_{X_2} + \cdots + c_n\mu_{X_n} \tag{3.32}$$

독립 확률변수

확률변수에 대한 독립개념은 사건에 대한 독립개념과 매우 유사하다. 두 확률변수 중 하나에 대한 지식(정보)이 다른 확률에 영향을 미치지 않으면 두 확률변수는 독립적이다. 두 사건이 독립적인 경우 두 사건이 발생할 확률은 각 사건에 대한 확률을 곱하여 구한다(3.2절의 식 (3.10), (3.11) 참고). 독립 확률변수에 대한 비슷한 공식이 있다. 이 공식의 표기법은 다음과 같다. X를 확률변수로, S를 수의 집합이라고 하자. '$X \in S$'표기는 확률변수 X의 값이 집합 S에 속함을 의미한다.

정의

독립인 확률변수 X와 Y의 수의 집합 S와 T에 대해 다음이 성립한다.

$$P(X \in S,\ Y \in T) = P(X \in S)P(Y \in T) \tag{3.33}$$

좀 더 일반적으로 확률변수 $X_1, X_2, \cdots, X_n$과 수의 집합 $S_1, S_2, \cdots, S_n$에 대해 다음이 성립한다.

$$\begin{aligned} &P(X_1 \in S_1,\ X_2 \in S_2,\ \cdots,\ X_n \in S_n) \\ &= P(X_1 \in S_1)P(X_2 \in S_2)\cdots P(X_n \in S_n) \end{aligned} \tag{3.34}$$

예제 3.26

원통형 캔에는 높이와 반지름에 관한 사양이 있다. H와 R을 랜덤으로 추출한 캔의 높이와 반지름(mm)이라고 가정한다. H의 확률질량함수는 $P(H=119)=0.2$, $P(H=120)=0.7$, $P(H=121)=0.1$로 주어지고 R이 확률질량함수는 $P(R=30)=0.6$, $P(R=31)=0.4$로 주어진다. 캔의 부피는 $V=\pi R^2 H$이다. R과 H가 독립적이라고 가정한다. 부피가 108,000 mm^3일 확률을 구하시오.

풀이

$H=120$이고 $R=30$일 때 부피가 108,000이 된다. 따라서

$$\begin{aligned} P(V = 108{,}000) &= P(H = 120,\ R = 30) \\ &= P(H = 120)P(R = 30) \qquad H\text{와 } R\text{이 독립이므로} \\ &= (0.7)(0.6) \\ &= 0.42 \end{aligned}$$

독립인 확률변수의 일차결합의 분산

확률변수의 합의 평균은 항상 평균의 합과 같다(식 3.30). 일반적으로 확률변수의 합의 분산에 대한 공식은 조금 더 복잡하다. 그러나 확률변수가 **독립적인 경우**에는 결과는 간단하다: 합의 분산은 분산의 합이 된다.

독립인 확률변수 $X_1, X_2, \cdots, X_n$에 대해 그 합 $X_1+X_2+\cdots+X_n$의 분산은 다음과 같다.

$$\sigma^2_{X_1+X_2+\cdots+X_n} = \sigma^2_{X_1} + \sigma^2_{X_2} + \cdots + \sigma^2_{X_n} \tag{3.35}$$

확률변수의 일차결합의 분산을 구하기 위해 식 (3.35)와 (3.25)를 결합할 수 있다.

독립인 확률변수 $X_1, X_2, \cdots, X_n$과 상수 $c_1, c_2, \cdots, c_n$에 대해 그 일차결합 $c_1X_1+c_2X_2+\cdots+c_nX_n$의 분산은 다음과 같다.

$$\sigma^2_{c_1X_1+c_2X_2+\cdots+c_nX_n} = c_1^2\sigma^2_{X_1} + c_2^2\sigma^2_{X_2} + \cdots + c_n^2\sigma^2_{X_n} \tag{3.36}$$

자주 접하는 두 가지 선형 조합은 두 확률변수의 합과 차이다. 흥미롭게도 확률변수가 독립일 경우 합의 분산은 차의 분산과 일치한다.

독립인 확률변수 X와 Y의 분산이 각각 σ_X^2과 σ_Y^2일 때 두 확률변수의 합 $X+Y$의 분산은

$$\sigma^2_{X+Y} = \sigma^2_X + \sigma^2_Y \tag{3.37}$$

이고, 두 확률변수의 차 $X-Y$의 분산은 다음과 같다.

$$\sigma^2_{X-Y} = \sigma^2_X + \sigma^2_Y \tag{3.38}$$

차의 분산이 분산의 합이라는 사실은 직관적이지 않은 것처럼 보일 수 있다. 그러나 식 (3.36)에 $c_1=1$, $c_2=-1$을 대입하면 된다.

예제 3.27

초기온도가 T_0인 물체가 주변 온도가 T_a인 환경에 배치된다. 뉴턴의 냉각법칙에 따라 물체의 온도 T는 $T = cT_0+(1-c)T_a$로 주어진다. 여기서 c는 물체의 물리적 특성과 경과 시간에 따라 달라지는 상수이다. T_0는 평균 25°C, 표준편차 2 °C이고 T_a는 평균 5°C, 표준편차 1°C라고 가정한다. $c=0.25$일 때 T의 평균을 구하고, T_0와 T_a가 독립이라고 가정하고 T의 표준편차를 구하시오.

풀이

식 (3.32)를 이용하면 온도 T의 평균은

$$\begin{aligned}\mu_T &= \mu_{0.25T_0+0.75T_a} \\ &= 0.25\mu_{T_0} + 0.75\mu_{T_a} \\ &= 6.25 + 3.75 \\ &= 10\end{aligned}$$

이다. T_0와 T_a가 독립이므로 식 (3.36)을 이용하여 표준편차를 구할 수 있다.

$$\begin{aligned}\sigma_C &= \sqrt{\sigma^2_{0.25T_0+0.75T_a}} \\ &= \sqrt{(0.25)^2\sigma^2_{T_0} + (0.75)^2\sigma^2_{T_a}} \\ &= \sqrt{0.0625(2)^2 + 0.5625(1)^2} \\ &= 0.9014\end{aligned}$$

독립성과 단순확률표본

모집단에서 숫자 값의 단순확률표본을 추출하면 표본의 각 항목을 확률변수로 간주할 수 있다. 단순확률표본의 항목은 표본이 유한모집단에서 많은 비율(5% 이상)을 차지하는 경우를 제외하고는 독립적으로 취급될 수 있다(1.1절의 독립성에 대한 설명 참조). 지금부터는 따로 언급하지 않는 한, 이 예외가 발생하지 않은 것으로 가정하여 단순확률표본의 값을 독립 확률변수로 취급할 것이다.

요약

$X_1, X_2, \cdots, X_n$이 단순확률표본이면 $X_1, X_2, \cdots, X_n$은 같은 분포를 따르는 독립 확률변수로 취급한다.

$X_1, X_2, \cdots, X_n$이 같은 분포를 따르는 독립 확률변수일 때 $X_1, X_2, \cdots, X_n$을 **독립이고 같은 분포(independent and identically distributed: i.i.d.)**를 따른다고 한다.

표본평균의 평균과 분산

가장 자주 접하는 일차결합은 표본평균이다. 특히, $X_1, X_2, \cdots, X_n$이 평균이 μ이고 분산이 σ^2인 모집단의 단순확률표본이면 표본평균 $\overline{X}$는 일차결합

$$\overline{X} = \frac{1}{n}X_1 + \cdots + \frac{1}{n}X_n$$

이다. 이 사실로부터 우리는 $\overline{X}$의 평균과 분산을 계산할 수 있다.

$$\begin{aligned}\mu_{\overline{X}} &= \mu_{\frac{1}{n}X_1+\cdots+\frac{1}{n}X_n} \\ &= \frac{1}{n}\mu_{X_1} + \cdots + \frac{1}{n}\mu_{X_n} \qquad \text{식 (3.32) 이용} \\ &= \frac{1}{n}\mu + \cdots + \frac{1}{n}\mu \\ &= (n)\left(\frac{1}{n}\right)\mu \\ &= \mu\end{aligned}$$

앞서 논의한 바와 같이 단순확률표본의 항목은 독립 확률변수로 취급될 수 있다. 따라서

$$\begin{aligned}\sigma_{\overline{X}}^2 &= \sigma^2_{\frac{1}{n}X_1+\cdots+\frac{1}{n}X_n} \\ &= \frac{1}{n^2}\sigma^2_{X_1}+\cdots+\frac{1}{n^2}\sigma^2_{X_n} \qquad \text{식 (3.36) 이용} \\ &= \frac{1}{n^2}\sigma^2+\cdots+\frac{1}{n^2}\sigma^2 \\ &= (n)\left(\frac{1}{n^2}\right)\sigma^2 \\ &= \frac{\sigma^2}{n}\end{aligned}$$

이다.

요약

$X_1, X_2, \cdots, X_n$이 평균 μ, 분산 σ^2인 모집단의 단순확률표본이면 표본평균 $\overline{X}$는

$$\mu_{\overline{X}} = \mu \tag{3.39}$$

$$\sigma^2_{\overline{X}} = \frac{\sigma^2}{n} \tag{3.40}$$

$$\sigma_{\overline{X}} = \frac{\sigma}{\sqrt{n}} \tag{3.41}$$

이다.

예제 3.28

특정 응용 분야에서 전구의 수명은 평균 700시간이고 표준편차는 20시간이다. 전구는 상자에 12개씩 포장된다. 상자 안의 전구가 단순확률표본이라 가정하고 상자 안의 전구에 대한 평균수명의 평균과 표준편차를 구하시오.

풀이

상자에 있는 12개의 전구의 수명을 $T_1, T_2, \cdots, T_{12}$로 표시한다. 평균이 $\mu=700$이고 표준편차가 $\sigma=20$인 모집단에서 추출한 단순확률표본이므로 평균수명은 $\overline{T}=(T_1+T_2+\cdots+T_n)/12$이다. 식 (3.39)를 이용하면,

$$\mu_{\overline{T}} = \mu = 700$$

이고 식 (3.41)을 이용하면,

$$\sigma_{\overline{T}} = \frac{\sigma}{\sqrt{12}} = 5.77$$

이다.

확률변수의 비선형함수의 표준편차

지금까지 살펴본 예는 확률변수의 선형함수의 표준편차를 추정하는 것과 관련이 있다. 많은 경우에 확률변수의 비선형함수의 표준편차를 추정하고자 한다. 예를 들어, 원의 반지름 R이 5.43 cm로 측정되고 면적이 $A=\pi 5.43^2=92.6$ cm^{2}으로 계산된다고 가정한다. 또한 측정 오

차로 인해 측정값을 표준편차 0.01 cm의 확률변수로 모델링하는 것이 적절하다고 가정한다. 계산된 영역 A의 표준편차는 얼마인가? 통계적으로 우리는 표준편차 σ_R이 0.01 cm라는 것을 알고 있으며 A의 표준편차를 계산해야 한다. 여기서 A는 $A=\pi R^2$으로 주어진 R의 함수이다.

일반적으로 우리가 풀고자 하는 문제의 유형은 다음과 같다. 알려진 표준편차 σ_X와 함수 $U=U(x)$를 가진 확률변수 X가 주어지면 표준편차 σ_U를 어떻게 계산하는가? U가 선형함수이면 식 (3.29)를 사용할 수 있다. U가 선형이 아닌 경우에도 σ_X에 도함수 dU/dX의 절댓값을 곱해 σ_U를 근사화할 수 있다. 근사치는 σ_X가 작을수록 좋다.

> 표준편차 σ_X가 작은 확률변수 X에 대해 U가 X의 함수이면,
>
> $$\sigma_U \approx \left|\frac{dU}{dX}\right| \sigma_X \tag{3.42}$$
>
> 이다. 실제로 관측값 X의 도함수 dU/dX를 계산한다.

식 (3.42)는 **오차전파(propagation of error)** 공식으로 알려져 있다.

오차 불확실성의 전파는 근사치일 뿐이다

식 (3.42)를 사용하여 계산된 표준편차는 대개 대략적인 근사치이다. 따라서 이러한 표준편차는 유효숫자가 두 개 이하로 표시되어야 한다. 실제로 일부 저자는 유효숫자를 하나만 사용하도록 제안한다.

예제 3.29

원의 반지름 R은 5.43 cm로 측정되는데, 이때 표준편차는 0.01 cm이다. 원의 면적을 추정하고 추정값의 표준편차를 구하시오.

풀이

면적 A는 $A=\pi R^2$으로 주어지고 A의 추정치는 $\pi(5.43\text{ cm})^2 = 92.6\text{ cm}^2$이다. $\sigma_R = 0.01$ cm이고 $dA/dR = 2\pi R = 10.86\pi$ cm이다. 이제 A의 표준편차를 찾을 수 있다.

$$\begin{aligned}\sigma_A &= \left|\frac{dA}{dR}\right| \sigma_R \\ &= (10.86\pi\text{ cm})(0.01\text{ cm}) \\ &= 0.34\text{ cm}^2\end{aligned}$$

따라서 원의 면적은 표준편차가 0.3 cm^2인 92.6 cm^2으로 추정된다.

때때로 여러 개의 확률변수의 함수로 어떤 양을 추정해야 한다. 예를 들어, 암석의 질량 m과 부피 V를 측정하고 밀도를 $D=m/V$로 계산할 수 있다. 실제로 σ_m 및 σ_V 측면에서 표준편차 σ_D를 추정해야 할 수도 있다.

일반적인 문제는 여러 개의 **독립**(independent) 확률변수의 함수인 수량의 표준편차를 추정하는 것이다. 기본 공식은 다음과 같다.

작은 표준편차 $\sigma_{X_1}, \sigma_{X_2}, \cdots, \sigma_{X_n}$를 가지는 **독립**(independent) 확률변수 $X_1, X_2, \cdots, X_n$에 대해 $U = U(X_1, X_2, \cdots, X_n)$가 $X_1, X_2, \cdots, X_n$의 함수이면,

$$\sigma_U \approx \sqrt{\left(\frac{\partial U}{\partial X_1}\right)^2 \sigma_{X_1}^2 + \left(\frac{\partial U}{\partial X_2}\right)^2 \sigma_{X_2}^2 + \cdots + \left(\frac{\partial U}{\partial X_n}\right)^2 \sigma_{X_n}^2} \tag{3.43}$$

이다. 실제로 점 $(X_1, X_2, \cdots, X_n)$에서 도함수를 계산한다.

식 (3.43)은 **다변량 오차전파 공식(multivariate propagation of error formula)**이다. 확률변수 $X_1, X_2, \cdots, X_n$이 독립인 경우에만 유효하다는 점에 유의하는 것이 중요하다. 하나의 확률변수의 경우처럼 오차전파 공식으로 계산된 표준편차는 대개 대략적인 근사치이다.

예제 3.30

암석의 질량이 $m = 674.0 \pm 1.0$ g이고 부피가 $V = 261.0 \pm 0.1$ mL로 측정되었다고 가정했을 때, 암석의 밀도 D는 $D = m/V$로 주어진다. 밀도를 추정하고 추정치의 표준편차를 찾으시오.

풀이

$m = 674.0$ g과 $V = 261.0$ mL,를 대입하면 밀도 D의 추정치는 $674.0/261.0 = 2.582$ g/mL이다. $D = m/V$이므로 D의 편미분은

$$\frac{\partial D}{\partial m} = \frac{1}{V} = 0.003831\ \text{mL}^{-1}$$
$$\frac{\partial D}{\partial V} = \frac{-m}{V^2} = -0.009894\ \text{g/mL}^2$$

이다. 따라서 D의 표준편차는

$$\begin{aligned}\sigma_D &= \sqrt{\left(\frac{\partial D}{\partial m}\right)^2 \sigma_m^2 + \left(\frac{\partial D}{\partial V}\right)^2 \sigma_V^2} \\ &= \sqrt{(0.003831)^2(1.0)^2 + (-0.009894)^2(0.1)^2} \\ &= 0.0040\ \text{g/mL}\end{aligned}$$

이다. 암석의 밀도는 표준편차 0.004 g/mL인 2.582 g/mL로 추정된다.

다변량 오차전파 공식의 가장 큰 장점 중 하나는 최종 결과에 대한 랜덤변동에 가장 큰 원인이 되는 측정 오차를 결정할 수 있다는 것이다. 예제 3.31에서 이 사실을 보여준다.

예제 3.31

예제 3.30에서 암석의 밀도는 정밀도를 높이기 위해 다른 장비로 다시 추정해야 한다. 질량 추정치의 표준편차를 0.5 g으로 감소시키거나 부피 추정치의 표준편차를 0.05 mL로 감소시키는 것 중 어느 것이 밀도 추정치의 정밀도가 더 향상되는가?

풀이

예제 3.30에서 $\sigma_D = \sqrt{(0.003831)^2\sigma_m^2 + (-0.009894)^2\sigma_V^2}$을 얻었다. $\sigma_m = 0.5$이고 $\sigma_V = 0.1$인 경우와 $\sigma_m = 1.0$이고 $\sigma_V = 0.05$인 경우 중에서 선택할 수 있다.

첫 번째 경우는 $\sigma_D = 0.002$ g/mL인 반면, 두 번째 경우는 $\sigma_D = 0.004$ g/mL이다. 따라서 질량 추정치의 표준편차 σ_m을 0.5 g으로 감소시키는 것이 좋다.

3.4 연습문제

1. X와 Y는 평균이 $\mu_X = 9.5$, $\mu_Y = 6.8$이고 표준편차가 $\mu_X = 0.4$, $\mu_Y = 0.1$인 독립 확률변수이다. 다음의 평균과 표준편차를 구하시오.

a. $3X$

b. $Y - X$

c. $X + 4Y$

2. 특정 응용에서 특정 트랜지스터의 수명은 평균 900시간과 표준편차 30시간이다. 트랜지스터 4개가 지속되는 시간의 평균 및 표준편차를 구하시오.

3. 플라스틱병을 음료수로 채우는 공정은 평균 음료량이 2.013 L이고 표준편차는 0.005 L이다. 상자에는 24병이 들어 있다. 상자의 병이 이 방법으로 채워진 단순 확률표본이라고 가정할 때 상자에 담긴 한 병의 부피에 대한 평균과 표준편차를 구하시오.

4. 합판은 5단(층)으로 구성된다. 각 단(층)은 두께가 평균 1.2 mm이고 표준편차가 0.04 mm인 모집단의 단순 확률표본이다.

a. 합판 한 장의 평균두께를 구하시오.

b. 합판 한 장의 두께의 표준편차를 구하시오.

5. 용액에서 용질의 몰농도는 용액 1리터당 용질의 몰수(1몰 = 6.02×10^{23}분자)로 정의된다. X가 염화마그네슘($MgCl_2$) 용액의 몰농도이고 Y가 염화제2철($FeCl_3$) 용액의 몰농도라고 할 때 두 용액이 같은 양으로 혼합된 용액의 염화물이온(Cl^-)의 몰농도는 $M = X + 1.5Y$로 주어진다. X의 평균은 0.125이고 표준편차는 0.05이고 Y의 평균은 0.350이고 표준편차는 0.10이라고 가정한다.

a. μ_M을 구하시오.

b. X와 Y가 독립일 때 σ_M을 구하시오.

6. 액자의 네 변은 평균 길이가 30 cm이고 표준편차가 0.1 cm인 모집단에서 선택한 두 변과 평균 길이가 45 cm이고 표준편차가 0.3 cm인 모집단에서 선택한 두 변으로 구성되어 있다.

a. 평균 둘레를 구하시오.

b. 네 변이 독립적으로 선택되었다고 가정하고 둘레의 표준편차를 구하시오.

7. 특정 상업용 제트기는 승객–마일 당 평균 0.15갤런의 연료를 사용하며 표준편차는 0.01갤런이다.

a. 승객이 210명인 경우 비행기가 8,000마일을 비행하는 데 사용하는 평균 갤런수를 구하시오.

b. 사용된 연료의 양이 각각의 승객–마일에 대해 독립이라고 가정한다. 비행기가 210명의 승객을 태우면서 8,000마일을 비행하는 데 사용하는 연료량(갤런수)의 표준편차를 구하시오.

c. 비행기가 210명의 승객을 태우면서 8,000마일을 비행하는데 X갤런의 연료를 사용했다. 연비가 $X/(210 \times 8000)$으로 추정될 때, 이 추정치의 평균을 구하시오.

d. 사용된 연료의 양이 승객-마일에 대해 독립적이라면, (c)에서 구한 추정치의 표준편차를 구하시오.

8. 중력가속도 g는 물체를 떨어뜨리고 일정 거리를 이동하는 데 걸리는 시간을 측정하여 추정된다. 거리 s가 정확히 5 m로 알려져 있고 시간이 $t = 1.01 \pm 0.02$ s로 측정되었다고 가정한다. g를 추정하고 추정치의 표준편차를 구하시오($g = 2s/t^2$에 유의한다).

3장 보충연습문제

1. 특정 날짜에 제조된 주조 알루미늄 부품 중 80%는 무결점, 15%는 사소한 결함, 5%는 중대한 결함이 있었다. 랜덤으로 선택한 부품에 대해 물음에 답하시오.

a. 결함이 있을(중대 또는 경미) 확률을 구하시오.

b. 큰 결함이 없을 확률을 구하시오.

2. 원자력 발전소는 중요한 시스템에 중복 부품을 내장하여 치명적인 고장의 가능성을 줄인다. 발전소는 원자로 노심 냉각재 수준을 측정하는 두 개의 계량기를 가지고 있으며 각 계량기는 고장 확률 0.01을 가지고 있다고 가정한다. 게이지 고장의 한 가지 잠재적 원인은 노심으로부터 게이지가 위치한 제어실까지 이어지는 전기 케이블이 화재로 타버릴 수 있기 때문이라고 가정한다. 누군가는 두 계량기가 모두 고장날 확률을 추정하여 다음과 같이 계산하려고 한다.

P(두 계량기 모두 고장)
$= P$(첫 번째 계량기 고장)P(두 번째 계량기 고장)
$= (0.01)(0.01)$
$= 0.0001$

a. 이 계산에서 어떤 가정을 하고 있는지 설명하시오.
b. 이 가정이 현재 사례에서 정당화되지 않는 이유를 설명하시오.
c. 0.0001의 확률이 너무 높거나 낮을 가능성이 있는지 설명하시오.

3. 큰 하중(부하)에서 4개의 벽돌을 표본으로 추출하여 각 벽돌의 파쇄 강도를 측정하여 사양을 충족하는지 확인한다. 4개 중 어느 하나라도 사양을 충족하지 못하면 하중이 반환된다. 실제로 부하에 있는 벽돌의 10%가 사양을 충족하지 못하면 부하가 반환될 확률은 얼마인지 구하시오.

4. X와 Y는 $\mu_X = 2$, $\sigma_X = 1$, $\mu_Y = 2$, $\sigma_Y = 3$인 독립확률변수이다. 다음 확률변수의 평균과 분산을 구하시오.
a. $3X$
b. $X + Y$
c. $X - Y$
d. $2X + 6Y$

5. 단순 진자의 주기 T는 $T = 2\pi\sqrt{L/g}$로 주어지며 여기서 L은 진자의 길이이고 g는 중력가속도이다. $g = 9.80\ \text{m/s}^2$를 정확히 가정하고 L은 0.005 m의 표준편차로 0.742 m로 측정된다. T를 추정하고 추정치의 표준편차를 구하시오.

6. 특정 기계의 수리시간은 다음과 같은 확률밀도함수를 갖는 확률변수이다.

$$f(x) = \begin{cases} xe^{-x} & x > 0 \\ 0 & x \le 0 \end{cases}$$

a. 수리시간이 2시간 미만일 확률은 얼마인지 구하시오.
b. 수리시간이 1.5시간에서 3시간 사이일 확률은 얼마인지 구하시오.
c. 평균 수리시간을 구하시오.
d. 수리시간의 누적분포함수를 구하시오.

7. 피스톤링을 제조하는 공정은 확률밀도함수에 따라 지름(cm)이 다른 링을 생산한다.

$$\text{공정 } A\text{: } f(x) = \begin{cases} 3[1 - 16(x - 10)^2] & 9.75 < x < 10.25 \\ 0 & \text{그 외} \end{cases}$$

$$\text{공정 } B\text{: } f(x) = \begin{cases} 15[1 - 25(x - 10.05)^2]/4 & 9.85 < x < 10.25 \\ 0 & \text{그 외} \end{cases}$$

다음 제조 공정 A와 공정 B가 있다. 사양에 따르면 지름이 10.0 ± 0.1 cm가 되도록 요구한다. 어떤 공정이 더 나은가? 그 이유를 설명하시오.

8. "An Investigation of the $Ca-CO_3-CaF_2-K_2SiO_3-SiO_2-Fe$ Flux System Using the Submerged Arc Welding Process on HSLA-100 and AISI-1018 Steels" (G. Fredrickson, M.S. thesis, Colorado School of Mines, 1992)라는 기사에서는 용접 금속의 탄소 등가 P는 탄소(C), 망간(Mn), 구리(Cu), 크롬(Cr), 실리콘(Si), 니켈(Ni), 몰리브덴(Mo), 바나듐(V), 붕소(B)의 중량 백분율의 선형결합으로 정의된다. 탄소 등가는

$$P = \text{C} + \frac{\text{Mn} + \text{Cu} + \text{Cr}}{20} + \frac{\text{Si}}{30} + \frac{\text{Ni}}{60} + \frac{\text{Mo}}{15} + \frac{\text{V}}{10} + 5\text{B}$$

로 주어진다. 이러한 화학물질의 중량 백분율의 평균과 표준편차는 HSLA-100 강철 비금속에서 생산된 45개의 용접 금속을 측정하여 추정했다. 평균과 표준편차(SD)는 다음 표와 같다고 가정한다.

	평균	표준편차
C	0.0695	0.0018
Mn	1.0477	0.0269
Cu	0.8649	0.0225
Cr	0.7356	0.0113
Si	0.2171	0.0185
Ni	2.8146	0.0284
Mo	0.5913	0.0031
V	0.0079	0.0006
B	0.0006	0.0002

a. HSLA-1000 강철 비금속에서 생산된 용접 금속의 평균 탄소 등가를 구하시오.
b. 중량 백분율이 독립적이라고 가정하고 HSLA-1000 강철 비금속에서 생산된 용접 금속의 탄소 등가 표준편차를 구하시오.

9. "Uncertainty and Climate Change" (G. Heal and B. Kriström, *Environmental and Resource Economics*, 2002:3-39)라는 기사에서는 지구 온난화가 소득에 미치는 영향에 대해 A, B, C로 표시된 세 가지 시나리오를 고려한다. 각 시나리오에 대해 소득 손실에 대한 확률질량함수가 지정되었으며, 다음 표와 같다.

	확률		
손실(%)	시나리오 A	시나리오 B	시나리오 C
0	0.65	0.65	0.65
2	0	0	0.24
5	0.2	0.24	0.1
10	0	0	0.01
15	0.1	0.1	0
20	0	0.01	0
25	0.05	0	0

[출처: Springer Nature]

a. 시나리오 A에서 평균 손실과 표준편차를 계산하시오.
b. 시나리오 B에서 평균 손실과 표준편차를 계산하시오.
c. 시나리오 C에서 평균 손실과 표준편차를 계산하시오.
d. 각 시나리오에서 손실이 10% 미만일 확률을 계산하시오.

Chapter 4

확률분포

개요

통계적 추론은 모집단에서 표본을 추출하고 표본자료를 분석하여 모집단에 대해 학습하는 것을 포함한다. 많은 경우에 모집단의 확률질량함수(probability mass function) 또는 확률밀도함수(probability density function)에 대한 정보가 있다. 특히 확률질량함수나 확률밀도함수는 여러 표준 곡선 또는 함수 중 하나로 근사할 수 있다. 이 장에서는 이러한 표준분포의 특성과 각각에 대해 적절한 모델이 되는 몇 가지 조건을 설명한다.

4.1 이항분포

두 가지 결과 중 하나를 가져올 수 있는 실험을 상상해 보자. 한 결과는 '성공'으로 표시되고 다른 결과는 '실패'로 표시된다. 성공 확률은 p로 나타내기 때문에 실패 확률은 $1-p$이다. 이러한 시도를 성공 확률 p인 **베르누이 시행(Bernoulli trial)**이라고 한다. 가장 간단한 베르누이 시행은 동전 던지기이고, 그 결과는 앞면과 뒷면이다. 앞면을 성공으로 정의하면, p는 동전의 앞면이 나올 확률이다. 공정한 동전의 경우 $p = 1/2$이다. 베르누이 시행의 또 다른 예는 일부가 불량인 모집단에서 성분을 선택하는 것이다. 성공을 불량 성분으로 정의하면, p는 모집단에서 불량 성분의 비율이다.

많은 실험은 일련의 베르누이 시행을 수행하는 것으로 구성된다. 예를 들어, 매우 큰 로트에서 몇 개의 성분을 추출하여 그 중 불량품의 수를 센다고 가정하자. 이것은 여러 독립적인 베르누이 시행을 수행하고 성공 횟수를 계산하는 것과 같다. 성공 횟수는 **이항분포(binomial distribution)**를 갖는 확률변수이다.

이제 이항분포에 대해 자세히 알아보자. 각각 동일한 성공 확률 p를 갖는 일련의 베르누이 시행을 n번 수행한다고 하자. 이때 시행은 **독립적**이라고 가정한다. 즉, 하나의 시행 결과가 다른 시행의 결과에 영향을 주지 않는다. 확률변수 X가 n번의 시행에서 성공한 횟수라 하면, X는 매개변수 n과 p를 갖는 **이항분포**를 갖고, $X \sim \text{Bin}(n, p)$라고 나타낸다. X는 이산확률변수이고 가능한 값은 $0, 1, \cdots, n$이다.

요약

총 n번의 베르누이 시행을 수행할 때,

- 각 시행은 독립이다.
- 각 시행의 성공 확률 p는 동일하다.
- X는 n번의 시행에서 성공한 횟수이다.

여기서 X는 매개변수 n과 p를 갖는 이항분포이고, $X \sim \text{Bin}(n, p)$라고 나타낸다.

예제 4.1 동전을 10번 던질 때, X를 앞면의 수라고 하자. X의 분포를 구하시오.

풀이

10개의 독립적인 베르누이 시행이 있으며, 각 성공 확률은 $p=0.5$이다. 확률변수 X는 10회 시행의 성공 횟수와 같다. 따라서 $X \sim \text{Bin}(10,\ 0.5)$이다.

이항확률변수의 확률질량함수

이제 다음의 예시를 고려하여 이항확률변수의 확률질량함수를 유도한다. 어떤 편향된(biased) 동전은 앞면이 나올 확률이 0.6이다. 동전을 세 번 던질 때 앞면이 나온 수를 X라고 하면, $X \sim \text{Bin}(3,\ 0.6)$이다. 이때, $P(X=2)$를 계산해 보자.

동전의 앞면을 H, 뒷면을 T라고 할 때, 동전을 세 번 던져서 앞면이 2번 나오는 경우는 HHT, HTH, THH의 세 가지이다. 먼저 HHT의 확률을 계산한다. 사건 HHT는 일련의 독립적인 사건들이다. 첫 번째 던지기의 H, 두 번째 던지기의 H, 세 번째 던지기의 T에서 각각의 사건들의 확률은 다음과 같다.

$$P(\text{첫 번째 던지기의 H}) = 0.6$$
$$P(\text{두 번째 던지기의 H}) = 0.6$$
$$P(\text{세 번째 던지기의 T}) = 0.4$$

각 사건은 독립적이기 때문에 세 사건이 모두 발생할 확률은 각 확률의 곱과 같다(식 3.11 참조). 따라서 다음과 같이 나타낼 수 있다.

$$\text{P(HHT)} = (0.6)(0.6)(0.4) = (0.6)^2(0.4)^1$$

마찬가지로 나머지 경우에 대해서도 다음과 같이 나타낼 수 있다.

$$P(\text{HTH}) = (0.6)(0.4)(0.6) = (0.6)^2(0.4)^1$$
$$P(\text{THH}) = (0.4)(0.6)(0.6) = (0.6)^2(0.4)^1$$

두 번의 앞면(HH)과 한 번의 뒷면(T)이 나오는 세 가지 다른 배열이 동일한 확률을 갖는 것도 쉽게 확인할 수 있다.

$$\begin{aligned} P(X=2) &= P(\text{HHT or HTH or THH}) \\ &= P(\text{HHT}) + P(\text{HTH}) + P(\text{THH}) \\ &= (0.6)^2(0.4)^1 + (0.6)^2(0.4)^1 + (0.6)^2(0.4)^1 \\ &= 3(0.6)^2(0.4)^1 \end{aligned}$$

위 결과를 살펴보면 숫자 3은 2개의 성공(앞면, H)과 1개의 실패(뒷면, T)를 갖는 사건의 시행횟수를 나타내고, 0.6은 성공 확률 p, 지수 2는 성공 횟수, 0.4는 실패 확률 $1-p$, 지수 1은 실패 횟수를 의미한다.

이제 결과를 일반화하여 성공 확률이 p인 n개의 독립적인 베르누이 시행에서 x번 성공할 확률을 x, n, p에 대한 공식으로 나타낼 수 있다. 즉, $X \sim \text{Bin}(n,\ p)$일 때 $P(X=x)$를 계산할 수 있다.

$$P(X=x)=(n\text{번의 시행에서 } x\text{번 성공한 배열의 수})\cdot p^x(1-p)^{n-x} \tag{4.1}$$

이제 n번의 시도에서 x번 성공하는 배열의 개수에 대한 표현식이 필요하다. 이 숫자를 표현하려면 계승(factorial) 표기법이 필요하다. 양의 정수 n에 대해 $n!$(n계승)은 다음과 같다.

$$n! = (n)(n-1)(n-2)\cdots(3)(2)(1)$$

또한 $0!=1$로 정의한다. n번의 시도에서 x번의 성공에 대한 배열의 수는 $n!/[x!(n-x)!]$이다. 이제 이항확률변수에 대한 확률질량함수를 정의할 수 있다.

만약, $X \sim \text{Bin}(n, p)$이면 X의 확률질량함수는 다음과 같다.

$$p(x) = P(X=x) = \begin{cases} \dfrac{n!}{x!(n-x)!}p^x(1-p)^{n-x} & x = 0, 1, \ldots, n \\ 0 & \text{그 외} \end{cases} \tag{4.2}$$

그림 4.1은 Bin(10, 0.4) 및 Bin(20, 0.1)의 확률질량함수에 대한 확률 히스토그램을 나타낸다.

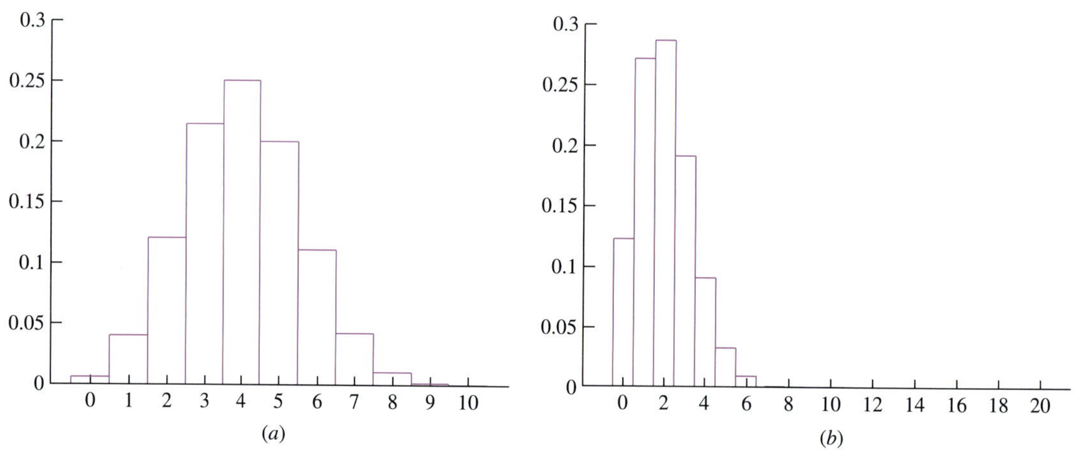

그림 4.1 (*a*) Bin(10, 0.4) 확률 히스토그램. (*b*) Bin(20, 0.1) 확률 히스토그램.

예제 4.2

신생아가 여자아이일 확률은 약 0.49이다. 특정 병원에서 태어나는 5명의 신생아 중에서 여자아이가 2명 이하일 확률을 구하시오.

풀이

각 출생은 성공 확률 0.49의 베르누이 시행이다. X는 5명 중에서 여자아이의 수를 나타낸다고 가정하면, $X \sim \text{Bin}(5, 0.49)$이다. 확률질량함수를 이용하여 $P(X \le 2)$를 구한다.

$$\begin{aligned} P(X \le 2) &= P(X = 0 \text{ 또는 } X = 1 \text{ 또는 } X = 2) \\ &= P(X = 0) + P(X = 1) + P(X = 2) \\ &= \frac{5!}{0!(5-0)!}(0.49)^0(0.51)^{5-0} + \frac{5!}{1!(5-1)!}(0.49)^1(0.51)^{5-1} \\ &\quad + \frac{5!}{2!(5-2)!}(0.49)^2(0.51)^{5-2} \\ &= 0.0345 + 0.1657 + 0.3185 \\ &= 0.5187 \end{aligned}$$

유한 모집단에서 표집

어떤 공장에서 하루 동안 10,000개의 스테인리스 스틸 리벳을 생산한다. 이 공장에서 제조된 리벳의 8%가 강도 기준을 충족하지 못하는 것으로 알려져 있다. 고객에게 배송하기 위해 20개의 리벳으로 구성된 단순 확률표본이 포장된다. 한 품질 엔지니어가 선적물에 정확히 세 개의 결함 있는 리벳이 들어 있을 확률을 알고 싶어 한다.

이 확률을 계산하기 위해 이항분포를 사용할 수 있다. 선적된 20개의 리벳은 각각 시험용이다. 리벳에 결함이 있으면 성공이 발생한다. 각 시행의 성공 확률은 0.08임이 분명하다. 20번의 시행에서 3번의 성공을 관찰할 확률을 알고자 한다. 이항분포를 사용하려면, 시행이 독립적인지 확인해야 한다. 1.1절의 독립성에 대한 논의에서 유한한 모집단에서 표본을 추출할 때, 표본이 모집단의 5% 미만을 차지하는 경우 표본 항목은 독립적으로 취급될 수 있다는 사실을 상기한다. 따라서 X가 20개의 표본에서 결함이 있는 리벳의 수라고 하면, 다음과 같이 나타낼 수 있다.

$$P(X = 3) = \frac{20!}{3!17!}(0.08)^3(0.92)^{17} = 0.1414$$

요약

유한 모집단에 성공과 실패라는 두 가지 유형의 항목이 포함되어 있고, 모집단에서 단순 확률표본이 추출되었다고 가정한다. 이때 표본의 크기가 모집단의 5% 이하일 때 이항분포를 사용하여 성공 횟수를 모형화할 수 있다.

예제 4.3

어떤 부품에는 수천 개의 구성 요소가 포함되어 있는데, 그중 10%에 결함이 있다고 한다. 이때 9개의 성분을 부품에서 추출한다. X는 표본의 결함 수를 나타낸다. 정확히 2개가 불량일 확률을 구하시오.

풀이

표본의 크기가 모집단과 비교하여 작으므로(즉, 5% 미만) 표본의 성공 횟수는 대략 이항분포를 따른다. 따라서 Bin(9, 0.1) 분포로 X를 모형화한다. 정확히 2개가 불량일 확률은 다음과 같다.

$$P(X = 2) = \frac{9!}{2!(9-2)!}(0.1)^2(0.9)^7 = 0.1722$$

이항분포표 사용

부록 A의 표 A.1에서는 $n \le 20$ 및 선택된 p값에 대한 $P(X \le x)$ 형식의 이항분포확률을 나타낸다. 예제 4.4와 4.5를 통해 표의 사용법을 알아보자.

예제 4.4

J.D. Power and Associates의 2016년 보고서에 따르면 등록된 자동차의 약 20%가 제조업체의 결함으로 리콜되었지만, 수리되지 않았다고 한다. 12대의 자동차가 임의로 추출될 때, 리콜되었지만 수리되지 않은 자동차가 4대 미만일 확률을 구하시오.

풀이

X를 리콜되었지만 수리되지 않은 자동차의 수라고 하면 $X \sim \text{Bin}(12,\ 0.2)$이다. 이때 리콜되었지만 수리되지 않은 자동차가 4대 미만일 확률은 $P(X \le 3)$이다. 따라서 $n = 12$, $p = 0.2$, $x = 3$에 대한 표 A.1을 참조하면 $P(X \le 3) = 0.795$이다.

때때로 사건의 확률을 계산하는 가장 좋은 방법은 사건이 발생하지 않을 확률을 계산한 결과를 1에서 빼는 것이다. 예제 4.5를 살펴보자.

예제 4.5

예제 4.4를 참고하여 12대 중에서 리콜되었지만 수리되지 않은 자동차가 1대보다 많을 확률을 구하시오.

풀이

X는 리콜되었지만 수리되지 않은 자동차의 수를 나타낸다고 하면, $P(X > 1)$을 계산하려 한다. 표 A.1은 $P(X \le x)$ 형식의 확률을 나타낸다. $P(X > 1) = 1 - P(X \le 1)$이므로 $n = 12$, $p = 0.2$, $x = 1$에 대한 표를 참조하면, $P(X \le 1) = 0.275$이다. 따라서 $P(X > 1) = 1 - 0.275 = 0.725$이다.

이항확률변수의 평균과 분산

조금만 생각하면 이항확률변수의 평균을 계산하는 방법을 쉽게 알 수 있다. 예를 들어, 어떤 동전을 10번 던지면 평균적으로 앞면이 5번 나올 것으로 예상한다. 숫자 5는 성공 확률(0.5)에 시행횟수(10)을 곱한 값이다. 이 방법은 일반적으로 적용될 수 있다. 각 성공 확률이 p인 베르누이 시행을 n번 수행하면 평균 성공 횟수는 np이다. 따라서 $X \sim \text{Bin}(n,\ p)$이면 $\mu_X = np$이다. 이항확률변수의 분산은 그렇게 직관적이지 않으며 $np(1 - P)$로 알려져 있다.

요약

$X \sim \text{Bin}(n,\ p)$이면 X의 평균과 분산은 다음과 같다.

$$\mu_X = np \tag{4.3}$$

$$\sigma_X^2 = np(1 - p) \tag{4.4}$$

4.1 연습문제

1. $X \sim \text{Bin}(7,\ 0.3)$일 때, 다음을 구하시오.

a. $P(X=1)$

b. $P(X=2)$

c. $P(X<1)$

d. $P(X>4)$

e. μ_X

f. σ_X^2

2. 다음 확률을 구하시오.

a. $X \sim \text{Bin}(4,\ 0.6)$일 때, $P(X=2)$

b. $X \sim \text{Bin}(8,\ 0.2)$일 때, $P(X>2)$

c. $X \sim \text{Bin}(5,\ 0.4)$일 때, $P(X \le 2)$

d. $X \sim \text{Bin}(6,\ 0.7)$일 때, $P(3 \le X \le 5)$

3. 특정 어셈블리의 모든 용접 실패 중 85%는 용접 금속 자체에서 발생하고, 나머지 15%는 비금속에서 발생한다. 20개의 용접 실패 표본을 검사할 때, 다음 물음에 답하시오.

a. 정확히 5개가 비금속 고장일 확률은 얼마인지 구하시오.

b. 그중 4개 미만이 비금속 고장일 확률은 얼마인지 구하시오.

c. 그 중 어느 것도 비금속 고장이 아닐 확률은 얼마인지 구하시오.

d. 평균 비금속 고장 횟수를 찾으시오.

e. 비금속 고장 횟수의 표준편차를 구하시오.

4. 동전을 8번 던질 때, 다음 물음에 답하시오.

a. 앞면이 정확히 5번 나올 확률은 얼마인지 구하시오.

b. 앞면이 나오는 평균횟수를 구하시오.

c. 앞면이 나오는 횟수의 분산을 구하시오.

d. 앞면이 나오는 횟수의 표준편차를 구하시오.

5. 수백만 장의 복권이 팔렸고 표의 60%는 여성이 보유하고 있다. 5장의 당첨권이 랜덤으로 추첨이 될 때, 다음 물음에 답하시오.

a. 당첨자 중 3명 이하가 여성일 확률을 구하시오.

b. 당첨자 중 세 사람이 한 성별이고, 두 사람이 다른 성별에 속할 확률을 구하시오.

6. 특정 용도로 제작된 볼트 중 90%는 길이 사양을 충족하여 즉시 사용할 수 있고, 6%는 너무 길어서 절단 후 사용할 수 있으며, 4%는 너무 짧아 폐기해야 한다.

a. 랜덤으로 선택한 볼트가 사용할 수 있는 볼트일 확률을 구하시오(즉시 또는 절단 후).

b. 10개의 볼트 표본 중 9개 미만이 사용할 수 있는 볼트일 확률을 구하시오(즉시 또는 절단 후).

7. 어느 회사원은 출근길에 세 개의 신호등을 통과해야 한다. 회사원이 도착했을 때 각 신호등이 녹색일 확률은 0.6이다. 여기서 각 신호등은 독립적이다.

a. 3개의 신호등이 모두 녹색일 확률을 구하시오.

b. 회사원은 일주일에 5일 출근한다. X를 특정 주에 5일 중 3개의 신호등이 모두 녹색인 날의 횟수라고 하자. 매일 각각 독립적이라고 가정한다. 이때 X의 분포를 구하시오.

c. $P(X=3)$을 구하시오.

8. n개의 시스템 중 k개의 시스템은 n개의 구성 요소를 가지고 있고, 최소 k개의 구성 요소가 작동하면 시스템이 작동한다. 구성 요소가 서로 독립적으로 작동한다고 가정한다.

a. 5개의 시스템 중 3개의 시스템에서 각 구성 요소가 작동할 확률이 0.9이다. 시스템이 작동할 확률을 구하시오.

b. n개의 시스템 중 3개의 시스템에서 각 구성 요소가 작동할 확률이 0.9일 때, 시스템이 작동할 확률이 0.90 이상이 되게 하는 n의 최솟값을 구하시오.

9. 특정 대량 배송에는 결함 품목이 15% 이하로 포함된다는 보장이 있다. 배송품의 불량품 비율이 15%를 초과하는 경우 배송품은 반품될 수 있다. 임의로 10개의 표본을 뽑아 불량품의 수를 X라 하자.

a. 정확하게 배송품의 15%에 결함이 있어 간신히 보장 조건을 만족하는 경우 $P(X \ge 7)$는 얼마인지 구하시오.

b. (a)의 결과에 따르면, 배송품의 15%에 결함이 있는 경우 10개의 표본에서 7개의 결함은 큰 수인가?

c. 10개의 표본 중에서 7개에 결함이 있다면, 배송물을 반품해야 한다는 확실한 증거가 되는가? 그 이유를 설명하시오.

d. 실제로 배송품의 15%에 결함이 있는 경우 $P(X \ge 2)$는 얼마인지 구하시오.

e. (d)의 결과에 따르면, 배송품의 15%에 결함이 있는 경우 10개의 표본에서 2개의 결함은 비정상적으로 큰 숫자인가?

f. 10개의 표본에서 2개에 결함이 있다면, 배송품을 반품해야 한다는 확실한 증거가 되는가? 그 이유를 설명하시오.

10. 메시지는 비트 문자열(0과 1)로 구성된다. 통신 채널의 노이즈 때문에 각 비트는 반전 (즉, 1이 0으로 변경되거나 0이 1로 변경)될 확률이 0.3이다. 통신의 정확도를 높이기 위해 각 비트는 5번 전송(예를 들어, 0은 00000으로 전송)된다. 수신기는 3개 이상의 비트가 0으로 디코딩되면 값 0을 할당하고 3개 이상의 비트가 1로 디코딩되면 1을 할당한다. 오류는 독립적으로 발생한다고 가정한다.

a. 0이 전송(00000)될 때, 수신기가 올바른 값 0을 할당할 확률을 구하시오.

b. 각 비트가 n번 전송되고(여기서 n은 홀수) 수신기는 대부분의 비트에서 디코딩된 값을 할당한다고 가정한다. 올바른 값이 할당될 확률이 0.90 이상이 되도록 하는 n의 최솟값을 구하시오.

4.2 포아송 분포

포아송 분포는 과학영역에서 자주 발생한다. 이 절에서는 물리학의 고전적인 응용인 방사성 물질에 의해 방출되는 입자의 수를 설명함으로써 이 분포에 대해 소개할 것이다.

방사성 물질은 10,000개의 방사성 원자를 포함한다. 원자가 1분 동안 붕괴될 확률은 0.0002이다. 1분 안에 붕괴되는 원자의 수를 X라 하자. 각 원자가 붕괴하는 경우를 성공이라고 가정하면, 베르누이 시행을 적용할 수 있다. 따라서 X는 10,000개의 독립적인 베르누이 시행의 성공 횟수이고 각각 성공 확률은 0.0002이므로 X의 분포는 Bin(10,000, 0.0002)이다.

이제 이 물질에서 1분 안에 정확히 3개의 원자가 붕괴될 확률을 계산하고자 한다. 이항확률 질량함수를 이용하여 다음과 같이 계산할 수 있다.

$$P(X = 3) = \frac{10{,}000!}{3!\,9997!}(0.0002)^3(0.9998)^{9997} = 0.18047$$

이항확률 계산에는 어느 정도 큰 계승과 큰 지수가 포함된다. 이와 거의 똑같은 결과를 산출하는 더 간단한 계산이 있다. 특히, n이 크고 p가 작을 때 $\lambda = np$라 하면 음이 아닌 정수 x에 대해 다음과 같이 나타낼 수 있다.

$$\frac{n!}{x!(n-x)!}p^x(1-p)^{n-x} \approx e^{-\lambda}\frac{\lambda^x}{x!} \tag{4.5}$$

이는 포아송 확률질량함수(Poisson probability mass function)라고 하는 새로운 확률질량함수를 정의한다. 포아송 확률질량함수는 다음과 같이 정의된다.

$$p(x) = P(X = x) = \begin{cases} e^{-\lambda}\dfrac{\lambda^x}{x!} & x\text{가 음수가 아닌 정수} \\ 0 & \text{그 외} \end{cases} \tag{4.6}$$

X를 확률질량함수가 식 (4.6)에 의해 주어진 확률변수인 경우 X는 모수가 λ인 **포아송 분포(Poisson distribution)**라 하고, 기호 $X \sim \text{Poisson}(\lambda)$로 나타낸다.

앞에서 설명한 방사성 물질에 대해 포아송 질량함수를 사용하여 $\lambda = (10{,}000)(0.0002) = 2$를 식 (4.6)에 대입하여 $P(X = x)$를 근사한 결과는 다음과 같다.

$$P(X = 3) = e^{-2}\frac{2^3}{3!} = 0.18045$$

이때, 포아송 분포에 따른 확률은 소수점 자리까지의 이항확률과 일치한다.

예제 4.6

$X \sim \text{Poisson}(5)$일 때, $P(X=3)$, $P(X=8)$, $P(X=0)$, $P(X=-1)$, $P(X=0.5)$를 구하시오.

풀이

확률질량함수 식 (4.6)을 이용하여 $\lambda=5$로부터 다음을 얻는다.

$$P(X=3) = e^{-5}\frac{5^3}{3!} = 0.1404$$

$$P(X=8) = e^{-5}\frac{5^8}{8!} = 0.0653$$

$$P(X=0) = e^{-5}\frac{5^0}{0!} = 0.0067$$

$P(X=-1)=0$ -1은 음이 아닌 정수가 아니기 때문

$P(X=0.5)=0$ 0.5는 음이 아닌 정수가 아니기 때문

예제 4.7

$X \sim \text{Poisson}(4)$일 때, $P(X \leq 2)$와 $P(X > 1)$을 구하시오.

풀이

$$\begin{aligned} P(X \leq 2) &= P(X=0) + P(X=1) + P(X=2) \\ &= e^{-4}\frac{4^0}{0!} + e^{-4}\frac{4^1}{1!} + e^{-4}\frac{4^2}{2!} \\ &= 0.0183 + 0.0733 + 0.1465 \\ &= 0.2381 \end{aligned}$$

$P(X > 1)$을 구하기 위해 다음과 같이 나타낼 수도 있다.

$$P(X > 1) = P(X=2) + P(X=3) + \cdots$$

하지만 이렇게 나타내면 계산하기 어려운 무한개의 합이 된다. 따라서 다음과 같이 나타낼 수 있다.

$$\begin{aligned} P(X > 1) &= 1 - P(X \leq 1) \\ &= 1 - [P(X=0) + P(X=1)] \\ &= 1 - \left(e^{-4}\frac{4^0}{0!} + e^{-4}\frac{4^1}{1!}\right) \\ &= 1 - (0.0183 + 0.0733) \\ &= 0.9084 \end{aligned}$$

요약

$X \sim \text{Poisson}(\lambda)$이면,

- X는 음수가 아닌 정수를 갖는 이산확률변수이다.
- 모수 λ는 양의 상수이다.
- X의 확률질량함수는 다음과 같다.

$$p(x) = P(X = x) = \begin{cases} e^{-\lambda}\dfrac{\lambda^x}{x!} & x\text{는 음수가 아닌 정수} \\ 0 & \text{그 외} \end{cases}$$

- 포아송 확률질량함수는 n이 크고 p가 작을 때 이항확률질량함수와 매우 근사하고 $\lambda = np$이다.

포아송 확률변수의 평균과 분산

포아송 확률변수의 평균과 분산은 식 (3.13)과 식 (3.14)에서 정의된 확률질량함수를 이용하여 계산할 수 있다. 평균과 분산은 모두 λ와 같다.

포아송 확률변수의 평균과 분산

$X \sim \text{Poisson}(\lambda)$이면, X의 평균과 분산은 다음과 같다.

$$\mu_X = \lambda \tag{4.7}$$

$$\sigma_X^2 = \lambda \tag{4.8}$$

그림 4.2는 Poisson(1)과 Poisson(10)의 확률질량함수에 대한 확률 히스토그램이다. 포아송분포의 초기 산업적 용도 중 하나는 맥주 양조에 적용하는 것이었다. 양조 과정에서 발효를 위해 뜨거운 물과 맥아의 혼합물인 매시(mash)를 준비할 때, 효모를 추가하는 것은 중요한 단계이다. 살아있는 효모 세포는 배양액에 보관한다. 효모는 살아있으므로 배양액의 농도는 시간이 지남에 따라 변한다. 따라서 효모를 첨가하기 직전에 배양액의 단위 부피당 효모 세포의 농도를 추정하여 적절한 양을 첨가해야 한다.

20세기 초까지 이것은 양조업자에게 문제가 되었다. 그들은 소량의 배양액에서 현미경으로

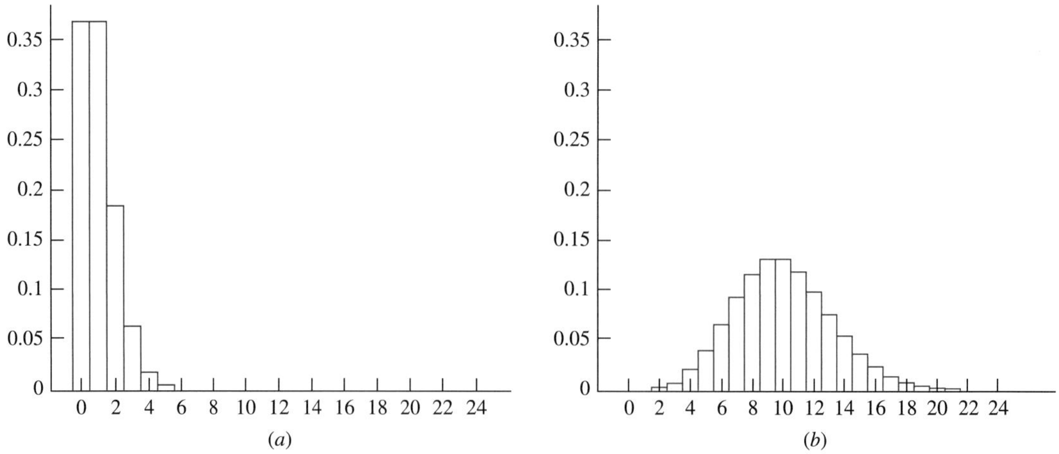

그림 4.2 (*a*) Poisson(1)의 확률 히스토그램. (*b*) Poisson(10)의 확률 히스토그램.

그 안에 있는 효모 세포의 수를 세는 명백한 방법으로 농도를 추정했다. 물론 이러한 방식으로 결정된 추정치는 변동의 가능성이 있지만, 변동의 크기를 측정하는 방법을 아무도 몰랐다. 따라서 표본의 농도가 실제 농도와 얼마나 다를지 아무도 알지 못했다.

아일랜드 더블린에 있는 기네스 양조회사에 근무한 대 중반의 청년 William Sealy Gosset은 1904년에 배양액에서 추출된 표본에서 효모 세포의 수가 포아송 분포를 따른다는 것을 발견하여 효모 세포의 농도를 더 정확하게 측정하는 방법을 개발할 수 있었다. Gosset의 발견으로 기네스는 더 일관된 제품을 생산할 수 있을 뿐만 아니라 포아송 분포가 여러 분야에서 중요하게 응용될 수 있음을 보여주었다. Gosset은 그의 결과를 공개하고 싶었지만, 기네스의 관리자들은 그의 발견을 독점적인 정보로 여겼다. 그들은 경쟁 양조장이 그 결과가 얼마나 유용한지 깨닫지 못하게 하도록 그에게 필명을 사용하도록 요구했다. Gosset은 'Student'라는 필명을 사용했다.

예제 4.8에서 우리는 Student의 결과로 이어지는 일련의 생각을 살펴본다. 그 전에 Student는 통계에서 가장 중요한 문제 중 하나를 해결한 또 다른 발견을 했으며, 그 결과는 거의 모든 과학 분야에 큰 영향을 미쳤다는 사실을 언급한다. 그 결과는 5.4절에서 논의할 것이다.

예제 4.8

입자(즉, 효모 세포)는 mL당 10개의 입자농도로 배양액에 포함된다. 많은 양의 배양액을 완전히 뒤흔든 다음 1 mL를 추출한다. 정확히 8개의 입자가 인출될 확률을 구하시오.

풀이

추출한 부피가 총량의 작은 부분이면, 이 문제에 대한 해결책은 배양액의 총 부피에 의존하지 않고 입자의 농도에만 의존한다. V를 배양액의 총 부피(mL)라고 하면, 배양액의 총 입자 수는 10 V이다. 10 V개의 입자 각각을 베르누이 시행으로 생각하라. 입자가 인출되면 성공이다. 이제 전체 V (mL) 중에서 1 mL를 추출해야 한다. 따라서 추출하는 양은 전체의 $1/V$이므로 각 입자는 추출될 확률이 $1/V$이다. X가 인출된 입자의 수를 나타내면, X는 10 V번의 베르누이 시행에서 성공 횟수를 나타내며, 각각의 성공 확률은 $1/V$이다. 따라서 $X \sim \text{Bin}(10\,V,\ 1/V)$이다. V가 크므로 10 V는 크고 $1/V$는 작다. 따라서 $X \sim \text{Poisson}(10)$으로 근사화되고 포아송 확률질량함수로 $P(X=8)$을 계산한다.

$$P(X=8) = e^{-10}10^8/8! = 0.1126$$

예제 4.8에서 1 mL의 배양액(회수된 부피)의 평균 입자 수가 10이었기 때문에 λ는 10이다.

예제 4.9

입자는 ml 당 6개의 입자농도로 배양액에 포함된다. 많은 양의 배양액을 완전히 뒤흔든 다음 3 mL를 추출한다. 정확히 15개의 입자가 인출될 확률을 구하시오.

풀이

X는 인출된 입자의 수를 나타낸다. 3 mL 부피의 평균 입자 수는 18개이다. 따라서 $X \sim \text{Poisson}(18)$이다. 정확히 15개의 입자가 인출될 확률은 다음과 같다.

$$\begin{aligned} P(X = 15) &= e^{-18}\frac{18^{15}}{15!} \\ &= 0.0786 \end{aligned}$$

예제 4.8과 4.9에 대한 풀이가 정확하기 위해서는 추출된 배양액의 양이 총배양액과 비교했을 때, 너무 크지 않아야 한다. 예를 들어, 예제 4.9의 총배양액이 3 mL이고 전체 양이 추출되면 18개 입자가 모두 추출되는 것이 확실하므로 15개 입자를 추출할 확률은 0이 된다.

예제 4.10

할머니는 초콜릿 칩 쿠키를 100개씩 굽는다. 쿠키의 반죽에 300개의 초콜릿 칩을 넣고, 쿠키가 완성되면 하나를 제공한다. 쿠키에 초콜릿 칩이 없을 확률을 구하시오.

풀이

이것은 배양액에 있는 입자의 또 다른 예이다. X는 쿠키에 들어 있는 칩의 개수를 나타낸다. 평균 칩의 개수는 쿠키 당 3개이므로 $X \sim \text{Poisson}(3)$이다. 따라서 다음과 같이 나타낼 수 있다.

$$\begin{aligned} P(X=0) &= e^{-3}\frac{3^0}{0!} \\ &= 0.0498 \end{aligned}$$

예제 4.8과 4.9는 매질 전체에 랜덤으로 균일하게 분포된 입자의 경우 매질의 작은 부분에 포함된 입자 수가 포아송 분포를 따른다는 것을 보여준다. 이 예제에서 입자는 실제 입자였고 매질은 실제 공간이다. 그러나 많은 경우 '입자'는 사건을 나타내고, '매질'은 시간을 나타낸다.

이 절의 앞부분에서 특정한 시간의 방사성 붕괴 사건 수가 포아송 분포를 따르는 것을 확인하였다. 예제 4.11에서는 또 다른 예를 살펴보자.

예제 4.11

컴퓨터 서버에서 수신한 이메일 메시지의 수는 분당 평균 6개의 포아송 분포를 따른다. 다음 3분 동안 정확히 20개의 메시지가 수신될 확률을 구하시오.

풀이

X를 3분 동안 받은 메시지 수라고 하자. 3분 동안 받은 평균 메시지의 수는 $(6)(3) = 18$이므로 $X \sim \text{Poisson}(18)$이다. Poisson(18)의 확률 질량 함수를 사용하여 다음 결과를 얻을 수 있다.

$$\begin{aligned} P(X=20) &= e^{-18}\frac{18^{20}}{20!} \\ &= 0.0798 \end{aligned}$$

4.2 연습문제

1. $X \sim \text{Poisson}(4)$일 때, 다음을 구하시오.
   a. $P(X=1)$
   b. $P(X=0)$
   c. $P(X<2)$
   d. $P(X>1)$
   e. μ_X
   f. σ_X

2. 택배사에 의해 배달되는 대형 패키지의 수는 하루 평균 5개인 포아송 분포를 따른다. 특정 날짜에 배달되는 대형 패키지의 수를 X라고 할 때 다음을 구하시오.
   a. $P(X=6)$
   b. $P(X \le 2)$
   c. $P(5<X<8)$
   d. μ_X
   e. σ_X

3. 특정 웹 사이트의 메시지 수는 분당 평균 4인 포아송 분포를 따른다.
   a. 특정 시간에 5개의 메시지가 수신될 확률을 구하시오.
   b. 1.5분 안에 9개의 메시지가 수신될 확률을 구하시오.
   c. 30초 동안 수신되는 메시지가 3개 미만일 확률을 구하시오.

4. 데이터 센터에는 1,000대의 컴퓨터 서버가 있다. 각 서버는 특정 날짜에 오류가 발생할 확률이 0.003이다.
   a. 정확히 두 대의 서버에서 오류가 발생할 확률을 구하시오.
   b. 998대 미만의 서버가 작동할 확률을 구하시오.
   c. 오류가 발생하는 평균 서버의 수를 구하시오.
   d. 오류가 발생하는 서버의 수의 표준편차를 구하시오.

5. 확률변수 X는 이항분포를 따르고, 확률변수 Y는 포아송 분포를 따른다. X와 Y는 모두 평균이 3이다. 분산이 더 큰 확률변수를 확인할 수 있는가? 다음 중 하나를 선택하시오.
   ① 예, X의 분산이 더 크다.
   ② 예, Y의 분산이 더 크다.
   ③ 아니요, X에 대한 시행횟수 n을 알아야 한다.
   ④ 아니요, X에 대한 성공 확률 p를 알아야 한다.
   ⑤ 아니요, Y에 대한 λ의 값을 알아야 한다.

6. 특정 유형의 목재에서 결함의 수는 선형 미터당 0.45의 비율로 포아송 분포를 따른다.
   a. 3 m 길이의 보드에 결함이 없을 확률을 구하시오.
   b. 결함이 없을 확률이 0.5가 되려면 보드는 얼마나 길어야 하는지 구하시오.

7. 누군가는 특정 배양액이 mL당 최소 7개의 입자를 포함한다고 주장한다. 1 mL의 용액의 표본을 추출하여 X를 표본의 입자 수라고 하자.
   a. 평균 입자 수가 mL당 정확히 7개여서 배양액의 조건을 겨우 만족했을 때, $P(X \le 1)$을 구하시오.
   b. (a)의 결과에 따르면, 배양액의 mL당 7개의 입자가 포함되어 있는 경우에 1 mL의 표본에 입자가 하나이면 비정상적으로 적은 수인가?
   c. 표본에서 입자가 하나였다면, 주장이 거짓이라는 설득력 있는 증거가 되는가? 이유를 설명하시오.
   d. 평균 입자 수가 mL당 정확히 7개라면 $P(X \le 6)$을 구하시오.
   e. (d)의 결과에 따르면, 배양액이 mL당 7개의 입자를 포함하는 경우 1 mL의 표본에 6개의 입자가 비정상적으로 적은 수인가?
   f. 표본에서 입자가 6개라면, 주장이 거짓이라는 설득력 있는 증거가 되는가? 이유를 설명하시오.

4.3 정규분포

정규분포(normal distribution)(또는 **가우스분포(Gauss disribution)**라고도 함)는 통계에서 가장 일반적으로 사용되는 분포이다. 이 분포는 전부는 아니지만 수많은 연속 모집단에 좋은 모형을 제공한다. 그 이유 중 하나는 4.8절에서 논의할 중심극한정리 때문이다.

정규분포는 이산형보다는 연속형이다. 정규확률변수의 평균은 임의의 값을 가질 수 있고, 분산은 임의의 양의 값을 가질 수 있다. 평균이 μ이고, 분산이 σ^2인 정규확률변수의 확률밀도함수는 다음과 같다.

$$f(x) = \frac{1}{\sigma\sqrt{2\pi}} e^{-(x-\mu)^2/(2\sigma^2)} \tag{4.9}$$

X가 평균이 μ, 분산이 σ^2이고 확률밀도함수가 정규인 확률변수일 때, $X \sim N(\mu, \sigma^2)$으로 나타낸다.

요약

$X \sim N(\mu, \sigma^2)$이면, X의 평균과 분산은 다음과 같다.

$$\mu_X = \mu$$
$$\sigma_X^2 = \sigma^2$$

그림 4.3은 평균 μ와 표준편차 σ인 정규확률밀도함수의 그래프를 보여준다. 정규확률밀도함수를 때때로 **정규곡선(normal curve)**이라고도 부른다. 또한 정규모집단의 경우

- 모집단의 약 68%가 $\mu \pm \sigma$의 범위에 있다.
- 모집단의 약 95%가 $\mu \pm 2\sigma$의 범위에 있다.
- 모집단의 약 99.7%가 $\mu \pm 3\sigma$의 범위에 있다.

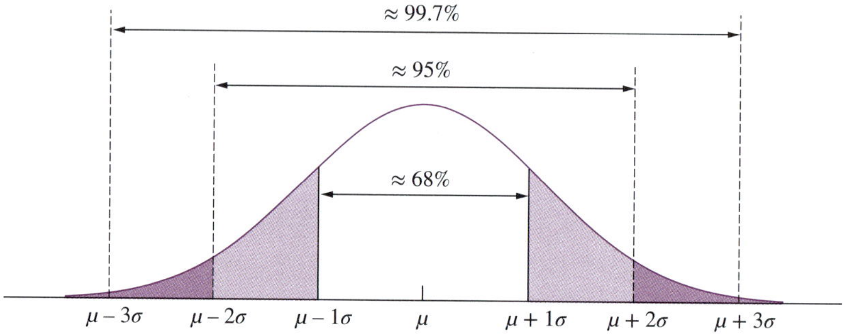

그림 4.3 평균 μ와 분산 σ^2인 정규모집단의 확률밀도함수

정규모집단에서 평균의 표준편차 배수 내에 있을 비율은 모든 정규모집단이 같다. 이러한 이유로 일반 모집단을 다룰 때, 모집단 항목이 원래 측정된 단위에서 **표준단위(standard units)**로 변환하는 경우가 많다. 표준단위는 관측값이 모평균에서 어느 정도의 표준편차를 가지는지 나타낸다.

예제 4.12

전선의 저항은 평균 20 mΩ과 표준편차 3 mΩ인 정규분포를 따른다. 임의로 추출한 두 전선의 저항이 23 mΩ과 16 mΩ이다. 이 수치를 표준단위로 변환하시오.

풀이

저항 23 mΩ은 평균 20보다 3 mΩ이 더 많고, 3 mΩ은 1배의 표준편차와 같다. 따라서 23 mΩ은 평균에서 1배의 표준편차이므로 1배의 표준단위와 같다. 저항 16 mΩ는 평균에서 1.33배 표준편차이므로 16 mΩ은 −1.33배의 표준단위와 같다.

일반적으로 평균을 빼고 표준편차로 나누어 표준단위로 변환한다. 따라서 x가 평균이 μ이고 분산이 σ^2인 정규모집단에서 추출된 항목이면, x에 해당하는 표준단위는 z로 나타낸다.

$$z = \frac{x - \mu}{\sigma} \tag{4.10}$$

여기서 z는 x의 z점수라고 한다. 점수는 평균이 0이고, 표준편차가 1인 정규모집단에서 추출한 항목이다. 이 정규모집단을 **표준정규모집단(standard normal population)**이라고 한다.

예제 4.13

염료 제조 공정의 산출량(단위는 g)은 평균 1,500이고, 표준편차 50으로 정규분포된다. 특정 실행의 생산량은 1,568 g이다. z점수를 구하시오.

풀이

수 1,568은 평균이 $\mu = 1500$이고, 표준편차가 $\sigma = 50$인 정규모집단에서의 관측값이다. 따라서 다음과 같다.

$$\begin{aligned} z &= \frac{1568 - 1500}{50} \\ &= 1.36 \end{aligned}$$

예제 4.14

예제 4.13을 참고하여 특정 실행의 산출량은 z점수가 −1.4이다. 산출량을 g 단위로 구하시오.

풀이

식 (4.10)을 사용하여 z에 −1.4를 대입하여 x를 구한다.

$$-1.4 = \frac{x - 1500}{50}$$

로부터 $x = 1430$을 얻는다. 따라서 산출량은 1,430 g이다.

주어진 구간 내에 있는 정규모집단의 비율은 해당 구간 위의 정규확률밀도함수 아래의 면적과 같다. 이것은 식 (4.9)에 주어진 정규확률밀도함수를 적분하여 이러한 비율을 계산함을 의미한다. 흥미롭게도 이 곡선 아래의 영역은 함수의 역도함수를 계산하여 적분 결과에 극한을 취하는 기본 미적분에서 가르치는 방법으로는 찾을 수 없다. 그 이유는 이 함수의 역도함수가 무한급수이고, 정확하게 표현할 수 없기 때문이다. 대신 이 곡선 아래의 면적은 수치상으로 근사화되어야 한다.

표준정규곡선 아래의 영역(평균 0, 분산 1)은 광범위하게 표로 작성되었다. **표준정규분포표(standard normal table)** 또는 z **분포표(z table)**라고 하는 일반적인 표는 표 A.2(부록 A 참조)에 나와 있다. 평균과 분산이 다른 정규곡선의 아래 영역을 찾기 위해 표준단위로 변환하고 z 분포표를 사용한다. 표 A.2는 z값에 대한 곡선의 왼쪽 꼬리 영역을 나타낸다. 다른 영역은 빼기 또는 곡선 아래의 전체영역이 1이라는 사실을 사용하여 계산할 수 있다. 이제 z 분포표의 사용법을 설명하기 위해 몇 가지 예제를 살펴보자.

예제 4.15

$z = 0.47$의 왼쪽에 있는 정규곡선의 아래 영역을 구하시오.

풀이

z 분포표에서 면적은 0.6808이다. 그림 4.4를 참조한다.

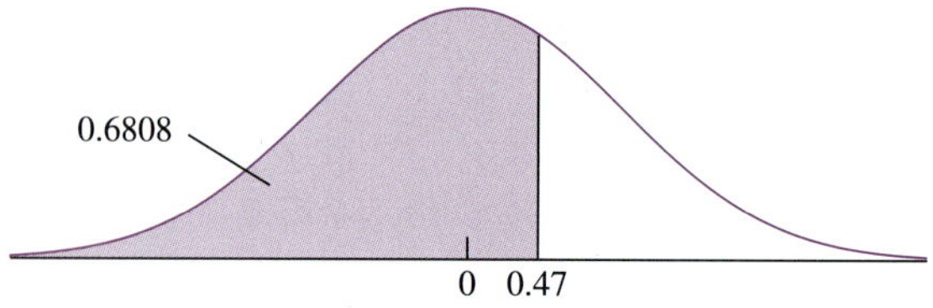

그림 4.4 예제 4.15의 풀이

예제 4.16 $z = 1.38$의 오른쪽에 있는 정규곡선 아래 영역을 구하시오.

풀이

z 분포표에서 $z = 1.38$의 왼쪽 영역은 0.9162이다. 따라서 오른쪽 영역은 $1 - 0.9162 = 0.0838$이다. 그림 4.5를 참조한다.

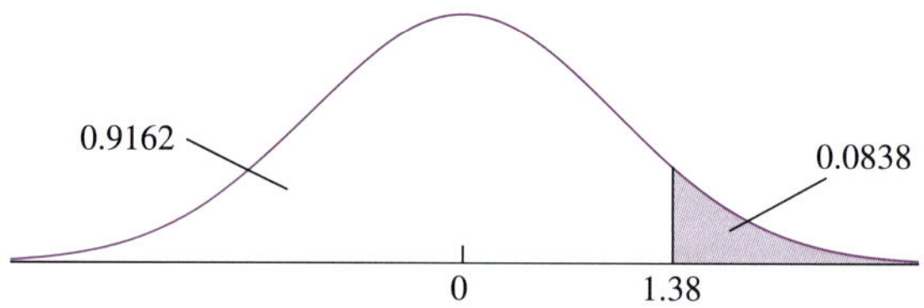

그림 4.5 예제 4.16의 풀이

예제 4.17 정규곡선 아래에서 $z = 0.71$과 $z = 1.28$ 사이의 면적을 구하시오.

풀이

z 분포표에서 $z = 1.28$의 왼쪽 영역은 0.8997이다. $z = 0.71$의 왼쪽 영역은 0.7611이다. 따라서 $z = 0.71$과 $z = 1.28$ 사이의 면적은 $0.8997 - 0.7611 = 0.1386$이다. 그림 4.6을 참조한다.

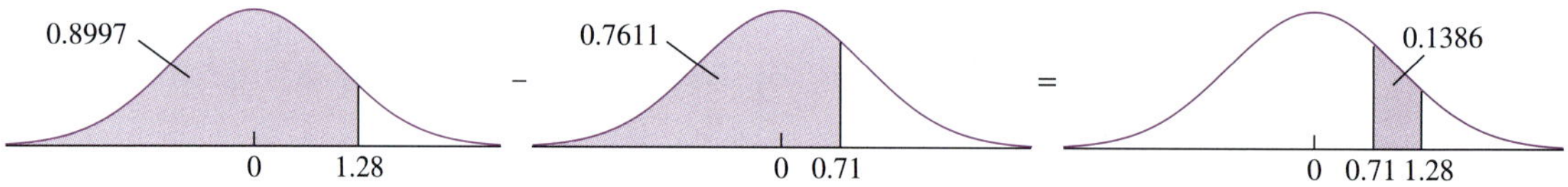

그림 4.6 예제 4.17의 풀이

표본의 p 백분위수는 표본값의 p%가 p 백분위수보다 적도록 표본을 나누는 값이다(1.2절 참조). 이 개념은 모집단에도 적용된다. 모집단의 p 백분위수는 모집단값의 p%가 p 백분위수보다 적도록 표본을 나누는 값이다. 따라서 정규모집단의 경우 p 백분위수는 정규곡선 아래 영역의 p%가 왼쪽에 있는 값이다. 중앙값은 50 백분위수이다. 정규모집단의 경우 중앙값은 평균과 같다.

예제 4.18 정규분포의 75 백분위수에 해당하는 z점수는 무엇인가? 25 백분위수는? 중앙값은?

풀이

이 질문에 답하기 위해 z 분포표를 반대로 사용한다. 곡선 영역의 75%가 왼쪽에 있는 z점수를 찾아야 한다. 표에서 75%에 가장 가까운 면적은 0.7486으로 z점수 0.67에 해당한다. 따라서 75 백분위수는 약

0.67이다. 곡선의 대칭으로 25 백분위수는 $z = -0.67$이다(이는 표에서 직접 찾아볼 수도 있다). 그림 4.7을 참조한다. 중앙값은 $z = 0$이다.

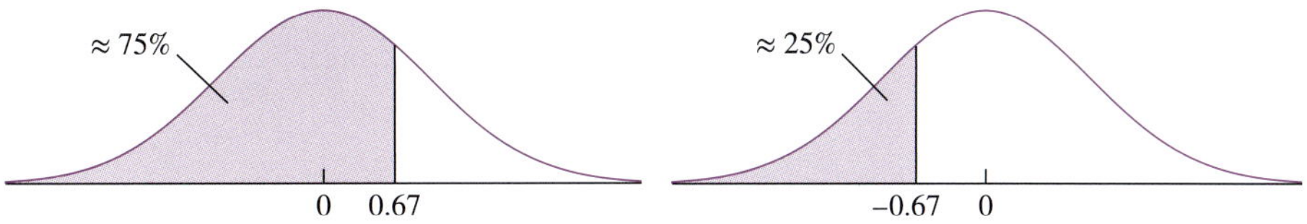

그림 4.7 예제 4.18의 풀이

예제 4.19

특정 애플리케이션에서 배터리의 수명은 평균 50시간, 표준편차 5시간인 정규분포이다. 임의로 추출한 배터리가 42~52시간 동안 지속될 확률을 구하시오.

풀이

X는 임의로 추출한 배터리의 수명을 나타낸다. 그러면 $X \sim N(50, 5^2)$이다. 그림 4.8은 $N(50, 5^2)$인 모집단의 확률밀도함수를 보여준다. 색칠된 영역은 $P(42 < X < 52)$을 나타내며, 임의로 추출한 배터리의 수명이 42시간에서 52시간 사이일 확률이다. 면적을 계산하기 위해 분포표를 사용한다. 먼저 수 42와 52를 표준단위로 변환해야 한다.

$$z = \frac{42 - 50}{5} = -1.60 \qquad z = \frac{52 - 50}{5} = 0.40$$

z 분포표에서 $z = -1.60$의 왼쪽 영역은 0.0548이고, $z = 40$의 왼쪽 영역은 0.6554이다. 배터리의 수명이 42~52시간일 확률은 $0.6554 - 0.0548 = 0.6006$이다.

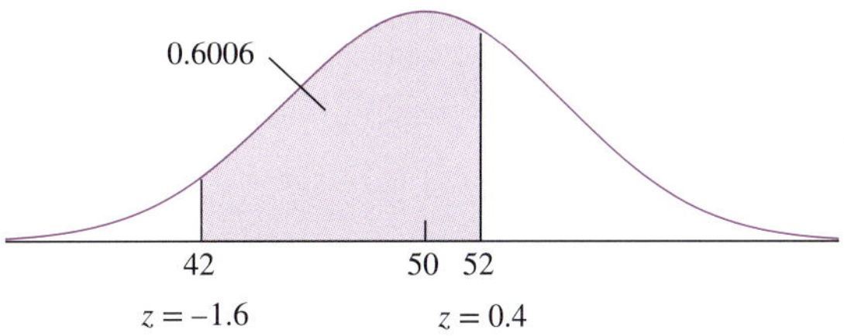

그림 4.8 예제 4.19의 풀이

예제 4.20

예제 4.19를 참고하여 배터리 수명의 40 백분위수를 구하시오.

풀이

z 분포표에서 0.4000에 가장 가까운 영역은 0.4013이며, z점수는 −0.25이다. 수명의 모집단은 평균 50이고, 표준편차는 5이다. 40 백분위수는 평균보다 낮은 0.25 표준편차이다. 식 (4.10)을 사용하여 z점수를 원점수로 변환하면 다음과 같다.

$$-0.25 = \frac{x - 50}{5}$$

여기서 x를 구하면 $x = 48.75$이다. 배터리 수명의 40 백분위수는 48.75시간이다. 그림 4.9를 참조한다.

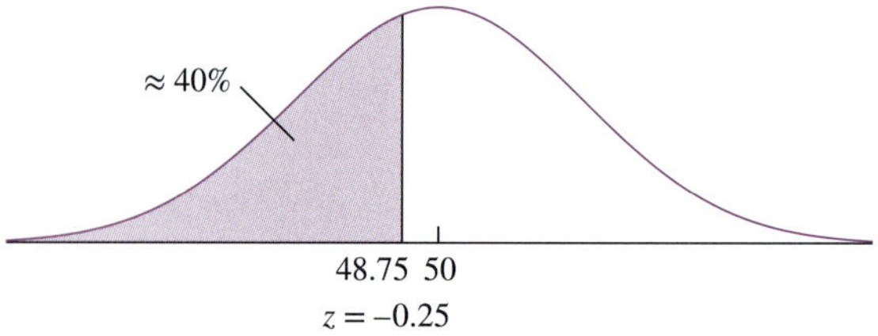

그림 4.9 예제 4.20의 풀이

예제 4.21 어떤 공장에서 지름이 평균 2.505 cm, 표준편차 0.008 cm인 정규분포를 따르는 볼베어링을 제조한다. 규격에 따라 지름은 구간 2.5 ± 0.01 cm에 있어야 한다. 사양을 충족하는 볼베어링의 비율을 구하시오.

풀이

X를 랜덤으로 추출한 볼베어링의 지름이라 하면, $X \sim N(2.505,\ 0.008^2)$이다. 그림 4.10은 $N(2.505,\ 0.008^2)$인 모집단의 확률밀도함수를 나타낸다. 색칠된 영역이 사양을 충족하는 볼베어링의 비율인 $P(2.49 < X < 2.51)$이다. 2.49와 2.51의 z점수를 계산하면 다음과 같다.

$$z = \frac{2.49 - 2.505}{0.008} = -1.88 \qquad z = \frac{2.51 - 2.505}{0.008} = 0.63$$

$z = -1.88$의 왼쪽 영역은 0.0301이고, $z = 0.63$의 왼쪽 영역은 0.7357이다. $z = 0.63$과 $z = -1.88$ 사이의 영역은 $0.7357 - 0.0301 = 0.7056$이다. 대략 70.56%가 지름 사양을 만족한다.

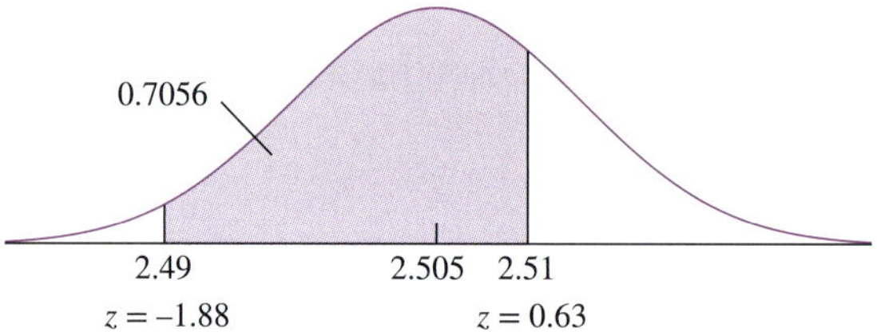

그림 4.10 예제 4.21의 풀이

정규확률변수의 선형함수

정규확률변수에 0이 아닌 상수가 곱해지거나 상수를 더하면, 그 결과로 생긴 확률변수도 정규분포를 따르며 이때 평균과 분산은 원래 평균과 분산 및 상수에 의해 결정된다.

요약

$X \sim N(\mu, \sigma^2)$일 때, 두 상수 $a \neq 0$와 b에 대해 다음을 만족한다.

$$aX + b \sim N(a\mu + b,\ a^2\sigma^2) \tag{4.11}$$

예제 4.22 어떤 화학자는 용액 온도를 °C 단위로 측정한다. 측정값은 C로 나타내며 평균은 40°C이고, 표준편차가 1°C인 정규분포를 따른다. 측정값은 식 $F = 1.8C + 32$에 의해 °F로 변환된다. F의 분포를 구하시오.

풀이

C는 정규분포를 따르므로 F도 마찬가지이다. $\mu_C = 40$이므로 $\mu_F = 1.8(40) + 32 = 104$이고, $\sigma_C^2 = 1$이므로 $\sigma_F^2 = 1.8^2(1) = 3.24$이다. 따라서 $F \sim N(104,\ 3.24)$이다.

독립인 정규확률변수의 선형결합

정규분포의 주목할만한 특징 중 하나는 독립인 정규확률변수의 선형결합도 정규확률변수라는 것이다. 구체적으로 $X_1 \sim N(\mu_1,\ \sigma_1^2)$, $X_2 \sim N(\mu_2,\ \sigma_2^2)$, $\cdots$, $X_n \sim N(\mu_2,\ \sigma_n^2)$이 서로 독립인 정규확률변수라고 가정하자. 이 확률변수들의 평균과 분산은 서로 다를 수 있다. c_1, c_2, $\cdots$, c_n을 상수라고 하면, 선형결합 $c_1X_1 + c_2X_2 + \cdots + c_nX_n$은 정규분포확률변수이다. 선형결합의 평균과 분산은 각각 $c_1\mu_1 + c_2\mu_2 + \cdots + c_n\mu_n$과 $c_1^2\sigma_1^2 + c_2^2\sigma_2^2 + \cdots + c_n^2\sigma_n^2$이다(식 (3.32)와 (3.36) 참조).

요약

X_1, X_2, $\cdots$, X_n은 평균이 μ_1, μ_2, $\cdots$, μ_n이고, 분산이 σ_1^2, σ_2^2, $\cdots$, σ_n^2인 독립인 정규분포를 한다. 상수 c_1, c_2, $\cdots$, c_n에 대한 선형결합을 $c_1X_1 + c_2X_2 + \cdots + c_nX_n$이라 하면, 다음과 같이 나타낼 수 있다.

$$c_1X_1 + c_2X_2 + \cdots + c_nX_n \sim N(c_1\mu_1 + c_2\mu_2 + \cdots + c_n\mu_n,\ c_1^2\sigma_1^2 + c_2^2\sigma_2^2 + \cdots + c_n^2\sigma_n^2) \quad (4.12)$$

예제 4.23

"Advances in Oxygen Equivalent Equations for Predicting the Properties of Titanium Welds" (D. Harwig, W. Ittiwattana, and H. Castner, *The Welding Journal*, 2001:126s–136s)에서 저자는 거의 순수한 티타늄으로 만든 용접의 강도, 연성, 경도를 예측하기 위해 산소 등가 방정식을 제안한다. 방정식은 $E = 2C + 3.5N + O$이다. 여기서 E는 산소 당량이고 C, N, O는 각각 탄소, 질소, 산소의 중량 비율(백만분율)이다(상수항 철분 함량 포함). 특정 등급의 상업용 순수 티타늄에 대해 C, N, O의 수량은 거의 독립적이며 평균은 $\mu_C = 150$, $\mu_N = 200$, $\mu_O = 1500$이고, 표준편차는 $\sigma_C = 30$, $\sigma_N = 60$, $\sigma_O = 100$이다. E의 분포를 구하고 $P(E > 3000)$을 구하시오.

풀이

E는 독립인 정규확률변수의 선형결합이므로 정규분포이다. 이제 E의 평균과 분산을 찾아야 한다. 식 (4.12)를 사용하여 계산하면

$$\begin{aligned}
\mu_E &= 2\mu_C + 3.5\mu_N + 1\mu_O \\
&= 2(150) + 3.5(200) + 1(1500) \\
&= 2500 \\
\sigma_E^2 &= 2^2\sigma_C^2 + 3.5^2\sigma_N^2 + 1^2\sigma_O^2 \\
&= 2^2(30^2) + 3.5^2(60^2) + 1^2(100^2) \\
&= 57700
\end{aligned}$$

이므로 $E \sim N(2500,\ 57700)$라는 결론이 나온다.

$P(E>3000)$을 찾기 위해 점수를 계산하면, $z=(3000-2500)/\sqrt{57,700}=2.08$이다. 정규분포에서 $z=2.08$의 오른쪽 영역은 0.0188이다. 따라서 $P(E>3000)=0.0188$이다.

$X_1, X_2, \cdots, X_n$이 평균 μ와 분산 σ^2을 가지는 모집단에서 랜덤으로 추출한 표본이라면, 표본평균 $\overline{X}$는 평균 $\mu_{\overline{X}}=\mu$이고, 분산 $\sigma^2_{\overline{X}}=\sigma^2/n$이다. 모집단이 정규이면 $\overline{X}$는 상수 $c_1=c_2=\cdots=c_n=1/n$에 대한 $X_1, X_2, \cdots, X_n$의 선형결합이므로 정규분포이다.

요약

$X_1, X_2, \cdots, X_n$이 평균 μ와 분산 σ^2을 가지는 독립인 정규분포이면 다음과 같다.

$$\overline{X} \sim N\left(\mu, \frac{\sigma^2}{n}\right) \tag{4.13}$$

다른 중요한 선형결합은 두 확률변수의 합과 차이다. X와 Y가 독립인 정규확률변수일 때, 합 $X+Y$와 차 $X-Y$는 선형결합이다. $X+Y$와 $X-Y$의 분포는 식 (4.12)를 사용하여 $X+Y$는 $c_1=1$, $c_2=1$이고, $X-Y$는 $c_1=1$, $c_2=-1$이다.

요약

X와 Y는 $X \sim N(\mu_X, \sigma^2_X)$과 $Y \sim N(\mu_Y, \sigma^2_Y)$인 독립인 확률변수이면 다음과 같다.

$$X+Y \sim N(\mu_X+\mu_Y, \sigma^2_X+\sigma^2_Y) \tag{4.14}$$

$$X-Y \sim N(\mu_X-\mu_Y, \sigma^2_X+\sigma^2_Y) \tag{4.15}$$

내 자료의 출처가 정규모집단인지 어떻게 알 수 있는가?

실제로 우리는 종종 어떤 모집단의 표본을 가지게 되며 표본을 사용하여 모집단이 근사적으로 정규분포를 따르는지 결정해야 한다. 표본이 상당히 크면, 표본의 히스토그램이 좋은 지표를 제공할 수 있다. 정규모집단의 대표본은 중앙에서 정점이고, 양쪽에서 대칭적으로 다소 감소하는 정규밀도함수와 유사한 히스토그램이 나타난다. 4.7절에서 논의할 확률도(probability plot)는 대표본이 근사적으로 정규모집단에서 나오는지 아닌지를 결정하는 또 다른 좋은 방법을 합리적으로 제공한다. 소표본의 경우 정규분포가 적절한지를 판별하기 어려울 수 있다. 한 가지 중요한 사실은 다음과 같다. **정규모집단의 표본에는 이상점(outliers)을 거의 포함하지 않는다.** 따라서 정규분포는 일반적으로 이상점을 포함하는 자료의 집합에 사용되지 않아야 한다. 이것은 표본크기가 작은 경우 특히 그렇다. 안타깝게도 이상점을 포함하지 않는 작은 자료 집합의 경우 모집단이 근사적으로 정규분포를 따르는지 결정하기가 어렵다. 일반적으로 데이터를 생성한 프로세스에 대한 지식이 필요하다.

4.3 연습문제

1. 정규곡선 아래 영역을 구하시오.
a. $z=-0.85$의 오른쪽 영역
b. $z=0.40$과 $z=1.30$ 사이의 영역
c. $z=-0.30$과 $z=0.90$ 사이의 영역
d. $z=-1.50$와 $z=-0.45$의 외부영역

2. $Z\sim N(0,\ 1)$에 대해 상수 c를 찾으시오.
a. $P(Z\geq c)=0.1587$
b. $P(c\leq Z\leq 0)=0.4772$
c. $P(-c\leq Z\leq c)=0.8664$
d. $P(0\leq Z\leq c)=0.2967$
e. $P(|Z|\geq c)=0.1470$

3. 표준화된 시험의 점수는 평균이 460이고, 표준편차가 80인 근사적으로 정규분포이다.
a. 550점 이상의 비율을 구하시오.
b. 점수의 35 백분위수를 구하시오.
c. 누군가의 점수가 600점이면 백분위수는 얼마인가?
d. 420점과 520점 사이의 비율을 구하시오.

4. 최근 연구에서 질병통제센터(Centers for Disease Control)는 미국 성인 여성의 이완기 혈압(mmHg)이 평균 80.5이고, 표준편차가 9.9인 근사적으로 정규분포를 따른다고 보고했다.
a. 혈압이 70 미만인 여성의 비율을 구하시오.
b. 혈압의 80 백분위수를 구하시오.
c. 혈압이 84인 여성의 백분위수는 얼마인가?
d. 이완기 혈압이 90보다 높으면 고혈압으로 분류된다. 고혈압이 있는 여성의 비율을 구하시오.

5. 알루미늄 합금의 강도는 평균이 10 GPa(기가파스칼)이고, 표준편차가 1.4 GPa인 정규분포를 따른다.
a. 이 합금의 시편이 12 GPa보다 큰 강도를 가질 확률을 구하시오.
b. 이 합금 강도의 제1사분위수를 구하시오.
c. 이 합금 강도의 95 백분위수를 구하시오.

6. 페니실린은 페니실리움(Penicillium)균을 이용하여 생산하며, 당 함량을 주의 깊게 관리해야 하는 액상(broth)에서 배양된다. 최적의 당 농도는 4.9 mg/mL이다. 농도가 6.0 mg/mL을 초과하면, 균이 죽고 하루 동안 공정을 중단해야 한다.
a. 액상의 당 농도가 평균 4.9 mg/mL이고, 표준편차가 0.6 mg/mL인 정규분포를 따를 때, 공정이 중단되는 날의 비율을 구하시오.
b. 공급 업체는 평균 5.2 mg/mL이고, 표준편차가 0.4 mg/mL인 정규분포를 따르는 당 함량이 포함된 액상을 판매할 것을 제안한다. 이 액상으로 인해 공정이 중단되는 날이 더 짧아지는가? 그 이유를 설명하시오.

7. 저항이 R_1과 R_2인 두 저항이 직렬로 연결되어 있다. R_1은 평균 100 Ω이고, 표준편차가 5 Ω인 정규분포를 따르고, R_2는 평균 120 Ω이고, 표준편차가 10 Ω인 정규분포를 따른다.
a. $R_2>R_1$일 확률을 구하시오.
b. R_2가 R_1 보다 30 Ω 초과할 확률을 구하시오.

4.4 로그 정규분포

치우침이 심하거나 이상점을 포함하는 데이터의 경우 일반적으로 정규분포가 적절하지 않다. 정규분포와 관련된 로그 정규분포는 종종 이러한 자료 집합에 대해 적합하다. **로그 정규분포(lognormal distribution)**는 다음과 같이 정규분포에서 파생된다. X가 평균 μ이고 분산이 σ^2인 정규확률변수일 때, 확률변수 $Y=e^X$은 모수가 μ와 σ^2인 로그 정규분포를 따른다고 한다. Y가 모수 μ와 σ^2인 로그 정규분포를 따를 때, $X=\ln Y$는 평균 μ이고 분산 σ^2인 정규분포를 따른다.

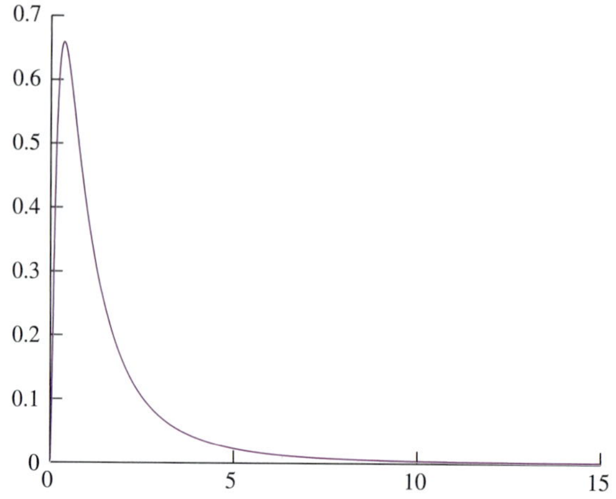

그림 4.11 모수가 $\mu=0$, $\sigma=1$인 로그 정규분포의 확률밀도함수

요약

- $X \sim N(\mu, \sigma^2)$이면, 확률변수 $Y=e^X$는 모수 μ와 σ^2인 로그 정규분포를 따른다.
- Y가 모수 μ와 σ^2인 로그 정규분포를 따르면, 확률변수 $X=\ln Y$는 $N(\mu, \sigma^2)$분포이다.

모수가 μ와 σ^2인 로그정규확률변수의 확률밀도함수는 다음과 같다.

$$f(x)=\begin{cases} \dfrac{1}{\sigma x\sqrt{2\pi}} \exp\left[-\dfrac{1}{2\sigma^2}(\ln x-\mu)^2\right] & \text{if } x>0 \\ 0 & \text{if } x\le 0 \end{cases} \tag{4.16}$$

그림 4.11은 모수 $\mu=0$와 $\sigma=1$인 로그 정규분포의 확률밀도함수의 그래프를 보여준다.

밀도함수는 고도로 치우쳐 있다. 그 이유는 로그 정규분포가 종종 큰 값 또는 이상점을 생성하는 경향이 있는 프로세스를 모형화하는 데 사용되기 때문이다.

Y를 모수 μ와 σ^2에 대한 로그 정규확률변수라 하면, 평균 $E(Y)$와 분산 $V(Y)$는 다음과 같이 주어진다.

$$E(Y)=e^{\mu+\sigma^2/2} \qquad V(Y)=e^{2\mu+2\sigma^2}-e^{2\mu+\sigma^2} \tag{4.17}$$

Y가 로그 정규분포이면, 모수 μ와 σ^2은 Y의 평균과 분산을 의미하지 않는다. 대신 정규확률변수인 $\ln Y$의 평균과 분산을 의미한다. 식 (4.17)에서는 μ와 σ의 혼동을 피하기 위해 μ_Y 대신 $E(Y)$를 사용하고, σ_Y^2 대신 $V(Y)$를 사용하였다.

로그 정규확률변수와 관련된 확률을 계산하려면, 로그를 취하고 z 분포표(표 A.2)를 사용한다. 예제 4.24에서는 그 방법에 대해 제시한다.

예제 4.24

살충제가 피부에 닿으면 일정 비율이 흡수된다. 일정 기간 흡수되는 백분율은 종종 로그 정규분포로 모형화된다. 특정 살충제가 2시간 이내에 흡수되는 양(%)은 $\mu=1.5$와 $\sigma=0.5$인 로그 정규분포를 따른다고 가정한다. 5시간 이내에 5% 이상의 살충제가 흡수될 확률을 구하시오.

풀이

Y가 흡수된 살충제의 비율을 나타낸다고 할 때 $P(Y>5)$를 구한다. Y는 정규분포를 따르지 않기 때문에 z 분포표를 사용할 수 없다. 그러나 $\ln Y$는 정규분포를 따른다. 구체적으로 $\ln Y \sim N(1.5,\ 0.5^2)$이다. $\ln Y$를 포함하는 확률로 $P(Y>5)$를 나타낸다.

$$P(Y > 5) = P(\ln Y > \ln 5) = P(\ln Y > 1.609)$$

1.609의 값은 다음과 같다.

$$\begin{aligned} z &= \frac{1.609 - 1.500}{0.5} \\ &= 0.22 \end{aligned}$$

z 분포표에서 $P(\ln Y>1.609)=0.4129$임을 알 수 있다. 농약의 5% 이상이 흡수될 확률은 약 0.41이다.

내 자료가 로그 정규모집단에서 가져온 것인지 어떻게 알 수 있는가?

앞서 언급했듯이 정규모집단의 표본에는 이상점이 거의 포함되지 않는다. 반대로 로그정규모집단의 표본에는 종종 오른쪽 꼬리에 이상점이 포함된다. 즉, 표본에 나머지 자료보다 훨씬 큰 몇 개의 값이 포함된다. 물론 이것은 로그 정규밀도함수의 긴 오른쪽 꼬리를 반영한다(그림 4.11 참조). 오른쪽에 이상값이 있는 표본의 경우 각 값에 자연로그(또는 로그)를 취하여 자료를 변환한다. 그다음 이러한 로그에 대한 히스토그램 또는 확률도를 그려서 정규모집단에서 가져온 것인지 확인하려 한다. 확률도는 4.7절에서 논의할 것이다.

4.4 연습문제

1. 고온의 환경에서 작동하는 특정 전자부품의 수명(일)은 $\mu=1.2$와 $\sigma=0.4$인 로그 정규분포를 따른다.

a. 평균 수명을 구하시오.

b. 부품의 수명이 3~6일 동안 지속될 확률을 구하시오.

c. 수명의 중앙값을 구하시오.

d. 수명의 90 백분위수를 구하시오.

2. 사람의 체질량지수(BMI)는 체질량을 키의 제곱으로 나눈 값이다. "Influences of Parameter Uncertainties within the ICRP 66 Respiratory Tract Model: Particle Deposition" (W. Bolch, E. Farfan, et al., *Health Physics*, 2001:378–394)에서 25~34세 남성의 BMI는 모수 $\mu=3.215$와 $\sigma=0.157$인 로그 정규분포를 따른다고 기술하고 있다.

a. 25~34세 남성의 평균 BMI를 구하시오.

b. 25~34세 남성의 BMI 표준편차를 구하시오.

c. 25~34세 남성의 BMI 중앙값을 구하시오.

d. 25~34세 남성의 BMI가 22 미만인 비율은 얼마인가?

e. 25~34세 남성 BMI의 75 백분위수를 구하시오.

3. 주식 또는 기타 금융상품의 가격은 종종 로그 정규분포로 모형화된다. 투자자가 A 또는 B라는 두 회사 중 하나에서 주식을 구매할 것을 고려하고 있다. 현재 주식가격은 두 회사 모두 1달러이다. 회사 A의 경우 지금부터 1년 후의 주식 가치는 모수 $\mu=0.05$와 $\sigma=0.1$인 로그 정규분포로 모형화되고, 회사 B의 경우 지금부터 1년 후의 주식가치는 모수 $\mu=0.02$와 $\sigma=0.2$인 로그 정규분포로 모형화된다.

a. 지금부터 1년 후 회사 A의 1주 가격의 평균을 구하시오.

b. 지금부터 1년 후 회사 A의 주가가 \$1.20보다 높을 확률을 구하시오.

c. 지금부터 1년 후 회사 B의 1주 가격의 평균을 구하시오.

d. 지금부터 1년 후 회사 B의 주가가 \$1.20보다 높을 확률을 구하시오.

4.5 지수분포

지수분포(exponential distribution)는 사건이 발생하기 전에 경과한 시간을 모형화하는 데 사용되는 연속분포이다. 그 시간을 **대기시간(waiting time)**이라 한다. 일반적인 예로는 부품이 고장 나는 데 걸리는 시간인 부품의 수명이다. 또한 지수분포와 포아송 분포 사이에는 밀접한 관련이 있다.

지수분포의 확률밀도함수에는 밀도함수의 위치와 모양을 결정하는 양의 상수 λ인 모수가 포함된다.

정의

모수가 $\lambda > 0$인 지수분포의 확률밀도함수는 다음과 같다.

$$f(x) = \begin{cases} \lambda e^{-\lambda x} & x > 0 \\ 0 & x \le 0 \end{cases} \tag{4.18}$$

그림 4.12는 λ의 다양한 값에 대한 지수분포의 확률밀도함수를 보여준다. X가 모수 λ인 지수분포의 확률변수일 때, $X \sim \text{Exp}(\lambda)$라고 표기한다.

지수분포의 누적분포함수는 계산하기 쉽다. $x \le 0$이면 $F(x) = P(X \le x) = 0$이고, $x > 0$이면 누적분포함수는 다음과 같다.

$$F(x) = P(X \le x) = \int_0^x \lambda e^{-\lambda t}\, dt = 1 - e^{-\lambda x}$$

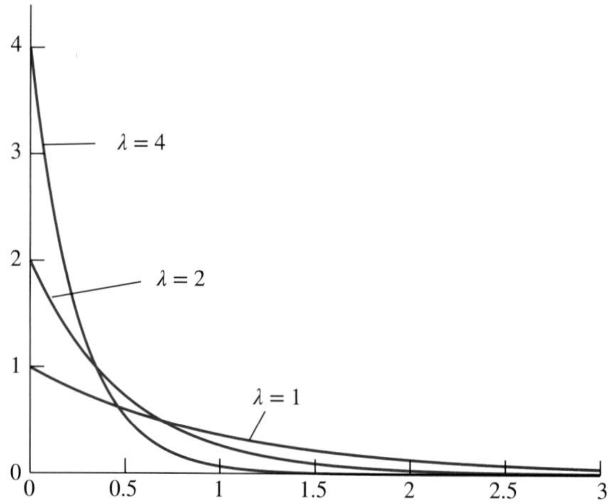

그림 4.12 다양한 λ값에 대한 지수확률밀도함수

요약

$X \sim \text{Exp}(\lambda)$이면, X의 누적분포함수는 다음과 같다.

$$F(x) = P(X \le x) = \begin{cases} 1 - e^{-\lambda x} & x > 0 \\ 0 & x \le 0 \end{cases} \tag{4.19}$$

지수확률변수의 평균과 분산은 부분적분을 사용하여 계산할 수 있다. 결과는 다음과 같다.

$X \sim \text{Exp}(\lambda)$에 대해

$$\mu_X = \frac{1}{\lambda} \tag{4.20}$$

$$\sigma_X^2 = \frac{1}{\lambda^2} \tag{4.21}$$

예제 4.25

$X \sim \text{Exp}(4)$일 때, μ_X, σ_X^2와 $P(X \le 0.2)$를 구하시오.

풀이

$\lambda = 2$를 식 (4.20)와 (4.21)에 대입하여 μ_X와 σ_X^2을 계산한다. $\mu_X = 1.25$이고, $\sigma_X^2 = 0.0625$를 얻는다. 식 (4.19)을 사용하면 다음과 같다.

$$P(X \le 0.2) = 1 - e^{-4(0.2)} = 0.5507$$

포아송 과정

4.2절에서 포아송 분포는 주어진 시간 또는 공간 영역에서 발생하는 사건의 수를 모형화하는 데 자주 사용된다고 했다. 시간 또는 공간의 서로소인 구간에 있는 사건의 수가 독립이고 길이 t인 구간에서 발생하는 사건의 수 X가 평균 λt인 포아송 분포일 때, 사건은 비율모수(rate parameter) λ에 대한 **포아송 과정(Poisson process)**을 따른다고 한다.

지수분포는 사건에 대한 대기시간을 모형화하는 데 사용된다고 언급하였다. 지수분포는 사건이 포아송 과정을 따를 때마다 대기시간에 대한 올바른 모형이라는 것이 밝혀졌다. 지수분포와 포아송 과정의 관계는 다음과 같다.

사건이 비율모수 λ에 대한 포아송 과정을 따르고, T가 시작지점에서 다음 사건까지의 대기시간을 나타내면 $T \sim \text{Exp}(\lambda)$이다.

예제 4.26

방사성 물질은 분당 평균 15개의 입자를 방출하는 포아송 과정을 따른다. 어느 시점에서 시계가 작동할 때, 다음 방출까지 5초 이상 경과 할 확률은 얼마인가? 다음 입자가 방출될 때까지의 평균 대기시간은 얼마인가?

풀이

시간을 초 단위로 측정한다. T는 다음 입자가 방출되기 전에 걸리는 시간(초)을 나타낸다. 평균 방출속도는 초당 0.25이므로 비율모수는 $\lambda = 0.25$이고 $T \sim \text{Exp}(0.25)$이다. 다음 방출까지 5초 이상 경과 할 확률은

$$\begin{aligned} P(T > 5) &= 1 - P(T \le 5) \\ &= 1 - (1 - e^{-0.25(5)}) \\ &= e^{-1.25} \\ &= 0.2865 \end{aligned}$$

이므로 평균 대기시간은 $\mu_T = \dfrac{1}{0.25} = 4$초이다.

무기억성

지수분포는 예제 4.27과 4.28에서 설명하는 **무기억성(memoryless property)**이라는 특징이 있다.

예제 4.27

특정 회로에서 트랜지스터의 수명은 평균 1.25년의 지수분포를 따른다. 회로의 수명이 2년 이상 지속될 확률을 구하시오.

풀이

T가 회로의 수명을 나타낸다고 하면, $\mu_T = 1.25$이므로 $\lambda = \dfrac{1}{1.25} = 0.8$이다. $P(T > 2)$를 구한다.

$$\begin{aligned} P(T > 2) &= 1 - P(T \le 2) \\ &= 1 - (1 - e^{-0.8(2)}) \\ &= e^{-1.6} \\ &= 0.202 \end{aligned}$$

예제 4.28

예제 4.27을 참고하여 3년 된 트랜지스터가 여전히 작동하고 있다고 가정한다. 이때 트랜지스터가 2년 이상 더 작동할 확률을 구하시오. 그리고 이 확률을 예제 4.27에서 계산된 새 트랜지스터가 2년 이상 작동할 확률과 비교하시오.

풀이

트랜지스터의 수명은 3년 이상이 될 것이며, 수명이 $3 + 2 = 5$년 이상이 될 확률을 계산해야 한다. 확률은 다음과 같다.

$$P(T > 5 | T > 3) = \frac{P(T > 5 \text{이고 } T > 3)}{P(T > 3)}$$

$T > 5$면, $T > 3$이므로 $P(T > 5$이고 $T > 3) = P(T > 5)$이다. 따라서

$$\begin{aligned} P(T > 5 | T > 3) &= \frac{P(T > 5)}{P(T > 3)} \\ &= \frac{e^{-0.8(5)}}{e^{-0.8(3)}} \\ &= e^{-0.8(2)} \\ &= e^{-1.6} \\ &= 0.202 \end{aligned}$$

이므로 3년 된 트랜지스터가 2년 더 작동할 확률은 새로운 트랜지스터가 2년 작동할 확률과 정확히 같다.

예제 4.27과 4.28은 무기억성을 보여준다. 이미 s단위를 기다렸다는 점을 고려할 때 추가로 t단위를 기다려야 할 확률은 처음부터 t단위를 기다려야 할 확률과 같다. 지수분포는 우리가 얼마나 오래 기다렸는지 기억하지 않는다. 특히, 구성 요소의 수명이 지수분포를 따르는 경우 수명이 s시간 지난 구성 요소가 추가로 t시간의 수명을 유지할 확률은 새 구성 요소가 t시간의 수명을 유지할 확률과 같다. 즉, 수명이 지수분포를 따르는 구성 요소는 노화 또는 마모의 영향을 받지 않는다.

예제 4.27과 4.28의 계산은 3과 2 대신 s와 t를, 0.8 대신 λ에 대해 반복할 수 있다. 이제 무기억성을 일반적인 형식으로 설명한다.

무기억성

$T \sim \text{Exp}(\lambda)$이고 t와 s가 양수이면, 다음이 성립한다.

$$P(T > t + s \mid T > s) = P(T > t)$$

4.5 연습문제

1. $T \sim \text{Exp}(0.5)$일 때, 다음을 구하시오.

a. μ_T
b. σ_T^2
c. $P(T > 5)$
d. T의 중앙값

2. 어떤 촉매연구원이 만든 신제품 구멍의 지름(단위는 micron)이 모수 $\lambda = 0.25$인 지수분포를 따른다고 한다.

a. 구멍의 평균 지름을 구하시오.
b. 구멍의 지름의 표준편차를 구하시오.
c. 지름이 3마이크론 미만인 구멍의 비율을 구하시오.
d. 지름이 11마이크론보다 큰 구멍의 비율을 구하시오.
e. 구멍의 지름에 대한 중앙값을 구하시오.
f. 구멍의 지름에 대한 3 사분위수를 구하시오.
g. 구멍의 지름에 대한 99 백분위수를 구하시오.

3. 특정 유형의 구성 요소는 새 제품 혹은 중고로 구입할 수 있다. 새 제품의 50%의 수명은 5년 이상이지만, 중고품의 30%만이 수명이 5년 이상이다. 새 제품의 수명이 지수분포를 따르는가? 그 이유를 설명하시오.

4. 긴 케이블의 결함 사이의 거리는 평균 12 m로 기하급수적으로

분포되어 있다.

a. 50 m 길이의 케이블에 정확히 5개의 결함이 있을 확률을 구하시오.

b. 20 m 길이의 케이블에 2개 이상의 결함이 있을 확률을 구하시오.

c. 15 m 길이의 케이블에 결함이 없을 확률을 구하시오.

d. 두 결함 사이의 거리가 15 m보다 클 확률을 구하시오.

e. 두 결함 사이의 거리가 8 m에서 20 m 사이일 확률을 구하시오.

4.6 기타 연속분포

균등분포

균등분포(uniform distribution)라고도 하는 연속균등분포는 가장 단순한 형태의 연속분포이다. 균등분포는 컴퓨터 시뮬레이션 연구에서 종종 중요한 역할을 한다. 균등분포에는 $a<b$인 두 모수 a와 b가 있다.

정의

모수가 a와 b인 연속균등분포의 확률밀도함수는 다음과 같다.

$$f(x) = \begin{cases} \dfrac{1}{b-a} & a < x < b \\ 0 & \text{그 외} \end{cases} \tag{4.22}$$

X가 확률밀도함수 $f(x)$를 갖는 확률변수이면, X는 구간 (a, b)에 균등하게 분포되어 있다고 한다.

확률밀도함수는 구간 (a, b)에서 일정하므로 확률을 구간에서 '균등하게' 분포된 것으로 생각할 수 있다. X가 구간 (a, b)에서 분포가 균등한 확률변수이면 $X \sim U(a, b)$라고 쓴다.

균등확률변수의 평균과 분산은 정의에서 쉽게 계산할 수 있다(식 (3.19), (3.20), (3.21) 참조).

$X \sim U(a, b)$라고 하면 다음이 성립한다.

$$\mu_X = \frac{a+b}{2} \tag{4.23}$$

$$\sigma_X^2 = \frac{(b-a)^2}{12} \tag{4.24}$$

감마분포

감마분포(gamma distribution)는 연속분포이며, 그 목적 중 하나는 대기시간 모형화에서 지수분포의 유용성을 확장하는 것이다. 감마분포는 **감마함수(gamma function)**라고 알려진 특정 적분을 포함한다. 감마함수를 정의하고 몇 가지 성질을 소개하고자 한다.

정의

$r > 0$인 경우 감마함수는 다음과 같다.

$$\Gamma(r) = \int_0^\infty t^{r-1} e^{-t}\, dt \tag{4.25}$$

감마함수는 다음의 성질을 만족한다.

1. r이 정수이면, $\Gamma(r) = (r-1)!$이다.
2. 모든 r에 대해 $\Gamma(r+1) = r\Gamma(r)$이다.
3. $\Gamma(1/2) = \sqrt{\pi}$이다.

감마함수는 감마분포의 확률밀도함수를 정의하는 데 사용된다. 감마확률밀도함수는 두 개의 모수 r과 λ가 있다.

정의

모수 $r > 0$과 $\lambda > 0$인 감마분포의 확률밀도함수는 다음과 같다.

$$f(x) = \begin{cases} \dfrac{\lambda^r x^{r-1} e^{-\lambda x}}{\Gamma(r)} & x > 0 \\ 0 & x \le 0 \end{cases} \tag{4.26}$$

X의 확률밀도함수가 모수 r과 λ인 확률변수일 때 $X \sim \Gamma(r, \lambda)$라고 나타낸다. $r = 1$일 때 감마분포는 지수분포와 동일하다. 기호로 나타내면 $\Gamma(1, \lambda) = \text{Exp}(\lambda)$이다. 그림 4.13은 다양한 r과 λ에 대한 감마확률밀도함수의 그래프를 보여준다.

감마확률변수의 평균과 분산은 확률밀도함수로 계산할 수 있다. 그 결과는 다음과 같다.

$X \sim \Gamma(r, \lambda)$이면,

$$\mu_X = \frac{r}{\lambda} \tag{4.27}$$

$$\sigma_X^2 = \frac{r}{\lambda^2} \tag{4.28}$$

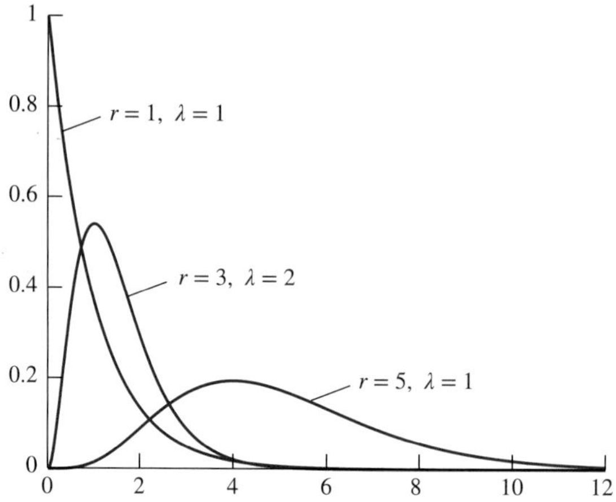

그림 4.13 다양한 r과 λ에 대한 감마확률밀도함수

모수 r이 양의 정수인 감마분포를 종종 **어랑 분포(Erlang distribution)**라고 한다. 양의 정수 k에 대해 $r = k/2$이면, $\Gamma(r,\ 1/2)$의 분포는 **자유도 k인 카이제곱분포(chi-square distibution with k degrees pf freedom)**라고 한다. 카이제곱분포는 통계적 추론에 널리 사용된다. 이 부분은 6.5절에서 논의할 것이다.

와이블 분포

와이블 분포(Weibull distribution)는 다양한 상황에서 사용되는 연속분포이다. 와이블 분포의 일반적인 적용은 베어링, 세라믹, 커패시터 및 유전체와 같은 구성 요소의 수명을 모형화하는 것이다. 와이블 확률밀도함수에는 위치와 모양을 결정하는 두 개의 양의 모수가 있다. 이 모수들을 α와 β로 표시한다. 와이블 분포의 확률밀도함수는 다음과 같다.

$$f(x) = \begin{cases} \alpha\beta^{\alpha}x^{\alpha-1}e^{-(\beta x)^{\alpha}} & x > 0 \\ 0 & x \le 0 \end{cases} \tag{4.29}$$

X가 모수 α와 β를 갖는 확률밀도함수가 와이블 확률변수이면 $X \sim \text{Weibull}(\alpha,\ \beta)$라고 쓴다. $\alpha = 1$일 때 와이블 분포는 모수 $\lambda = \beta$인 지수분포와 같다. 기호로 나타내면 $\text{Weibull}(1,\ \beta) = \text{Exp}(\beta)$이다.

그림 4.14는 모수 α와 β의 다양한 값에 대한 $\text{Weibull}(\alpha,\ \beta)$ 확률밀도함수의 그래프를 보여준다. α와 β의 값을 변경하여 다양한 곡선을 생성할 수 있다. 이러한 이유로 와이블 분포는 다양한 자료 집합에 적합하도록 만들 수 있다. 이것이 와이블 분포가 유용하다는 주된 이유이다.

와이블 누적분포함수는 확률밀도함수를 적분하여 계산할 수 있다.

$$F(x) = P(X \le x) = \begin{cases} \displaystyle\int_0^x \alpha\beta^{\alpha}t^{\alpha-1}e^{-(\beta t)^{\alpha}}\,dt = 1 - e^{-(\beta x)^{\alpha}} & x > 0 \\ 0 & x \le 0 \end{cases} \tag{4.30}$$

이 적분은 보기만큼 어렵지 않다. $u = (\beta t)^{\alpha}$와 $du = \alpha\beta^{\alpha}t^{\alpha-1}\,dt$로 치환하면 된다. 와이블 분

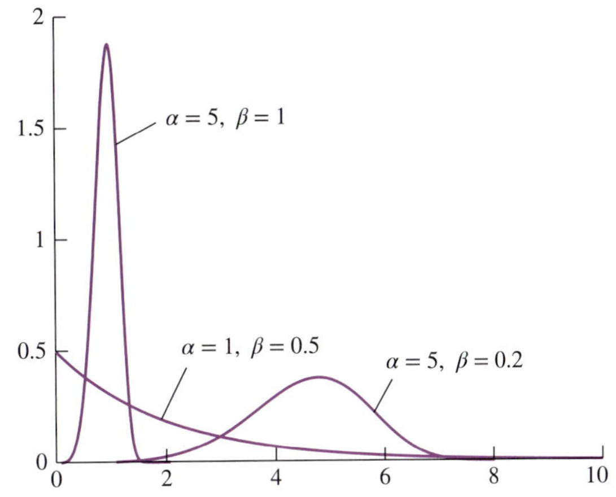

그림 4.14 다양한 α와 β에 대한 와이블 확률밀도함수

포의 평균과 분산은 감마함수로 나타낸다.

> 만약 $X \sim \text{Weibull}(\alpha, \beta)$이면,
>
> $$\mu_X = \frac{1}{\beta}\Gamma\left(1 + \frac{1}{\alpha}\right) \tag{4.31}$$
>
> $$\sigma_X^2 = \frac{1}{\beta^2}\left\{\Gamma\left(1 + \frac{2}{\alpha}\right) - \left[\Gamma\left(1 + \frac{1}{\alpha}\right)\right]^2\right\} \tag{4.32}$$
>
> 이다. $1/\alpha$이 정수인 경우는 다음과 같다.
>
> $$\mu_X = \frac{1}{\beta}\left[\left(\frac{1}{\alpha}\right)!\right] \qquad \sigma_X^2 = \frac{1}{\beta^2}\left\{\left(\frac{2}{\alpha}\right)! - \left[\left(\frac{1}{\alpha}\right)!\right]^2\right\}$$

$1/\alpha$이 정수이면, $1 + 1/\alpha$와 $1 + 2/\alpha$도 정수이므로 감마함수의 첫 번째 성질을 사용하여 μ_X와 σ_X^2을 정확하게 계산할 수 있다. $1/\alpha$이 정수 n에 대해 $n/2$ 형태이면, μ_X와 σ_X^2은 감마함수의 두 번째와 세 번째 성질을 반복적으로 적용하여 정확하게 계산할 수 있다. α의 다른 값에 대해서도 μ_X와 σ_X^2은 근사되어야 한다. 많은 컴퓨터 패키지가 이를 수행할 수 있다.

예제 4.29

"Snapshot: A Plot Showing Program through a Device Development Laboratory" (D. Lambert, J. Landwehr, and M. Shyu, *Statistical Case Studies for Industrial Process Improvement*, ASA-SIAM 1997)에서 저자는 와이블 분포를 사용하여 반도체 제조에서 베이킹 단계의 기간을 모형화할 것을 제안한다. $T \sim \text{Weibull}(0.3, 0.1)$는 랜덤으로 선택한 로트에 대한 베이킹 단계의 시간을 나타낸다. 이면 베이킹 단계가 4시간 이상 걸릴 확률은 얼마인가? 2~7시간이 걸릴 확률은 얼마인가?

풀이

누적분포함수인 식 (4.30)을 사용한다. α에 0.3을, β에 0.1을 대입하면 다음을 얻는다.

$$P(T \le t) = 1 - e^{-(0.1t)^{0.3}}$$

따라서

$$\begin{aligned} P(T > 4) &= 1 - P(T \le 4) \\ &= 1 - \left(1 - e^{-[(0.1)(4)]^{0.3}}\right) \\ &= e^{-(0.4)^{0.3}} \\ &= e^{-0.7597} \\ &= 0.468 \end{aligned}$$

이고, 2시간에서 7시간 사이에 걸릴 확률은 다음과 같다.

$$\begin{aligned} P(2 < T < 7) &= P(T \le 7) - P(T \le 2) \\ &= \left(1 - e^{-[(0.1)(7)]^{0.3}}\right) - \left(1 - e^{-[(0.1)(2)]^{0.3}}\right) \\ &= e^{-[(0.1)(2)]^{0.3}} - e^{-[(0.1)(7)]^{0.3}} \\ &= e^{-(0.2)^{0.3}} - e^{-(0.7)^{0.3}} \\ &= e^{-0.6170} - e^{-0.8985} \\ &= 0.132 \end{aligned}$$

4.6 연습문제

1. 터널 보링 머신이 하루에 움직인 거리(단위는 m)가 구간 (30, 50)에 균등하게 분포되어 있다.

a. 평균거리를 구하시오.

b. 거리의 표준편차를 구하시오.

c. 거리가 35 m에서 42 m 사이일 확률을 구하시오.

d. 서로 다른 날에 움직인 거리는 독립적이라고 가정한다. 기계가 정확히 10일 중 4일 동안 45 m 이상 움직일 확률을 구하시오.

2. $T \sim \Gamma(6, 2)$라고 할 때, 다음을 구하시오.

a. μ_T

b. σ_T

3. $T \sim \text{Weibull}(0.5, 3)$이라고 할 때, 다음을 구하시오.

a. μ_T

b. σ_T

c. $P(T < 1)$

d. $P(T > 5)$

e. $P(2 < T < 4)$

4. "Parameter Estimation with Only One Complete Failure Observation" (W. Pang, P. Leung, et al., *International Journal of Reliability, Quality, and Safety Engineering*, 2001:109–122)에서 특정 유형의 베어링의 수명은 모수 $\alpha = 2.25$와 $\beta = 4.474 \times 10^{-4}$인 와이블 분포로 모형화된다.

a. 베어링이 1,000시간 이상 지속될 확률을 구하시오.

b. 베어링이 2,000시간 미만으로 지속될 확률을 구하시오.

c. 베어링의 평균수명을 구하시오.

d. 위험함수는 고장나지 않은 항목의 비율로 표현되는 단위 시간당 고장률이며 다음과 같이 정의한다. 이때 $t = 2{,}000$ 시간에서 위험은 얼마인지 구하시오.

$$h(t) = \frac{f(t)}{1 - F(t)}$$

5. 컴퓨터 시스템에서 사용되는 냉각팬의 수명은 $\alpha = 1.5$와 $\beta = 0.0001$인 와이블 분포이다.

a. 팬이 10,000시간 이상 지속될 확률을 구하시오.

b. 팬이 5,000시간 미만으로 지속될 확률을 구하시오.

c. 팬이 3,000시간에서 9,000시간 사이에 지속될 확률을 구하시오.

4.7 확률도

과학자와 엔지니어는 어떤 모집단의 확률표본으로 생각할 수 있는 데이터를 자주 접한다. 이러한 많은 경우 해당 모집단을 근사적으로 설명하는 확률분포를 결정하는 것이 중요하다. 어떤 경우에는 데이터를 생성한 과정에 대한 지식이 결정에 도움이 될 수 있다. 하지만 적절한 분포를 결정하는 유일한 방법은 표본을 조사하여 적합한 확률분포를 찾는 것이다.

확률도는 이를 수행하는 좋은 방법을 제공한다. 확률표본 $X_1, X_2, \cdots, X_n$이 주어지면 확률도는 표본이 특정 모집단에서 추출되었을 가능성이 있는지를 확인할 수 있다. 간단한 예를 통해 확률도에 대한 개념을 살펴보자. 크기 5의 확률표본을 추출하고, 그 모집단이 정규분포인지 아닌지를 확인하려고 한다. 오름차순으로 정렬된 표본은 다음과 같다.

$$3.01, 3.35, 4.79, 5.96, 7.89$$

값을 오름차순으로 $X_1, X_2, \cdots, X_n$(이 경우 $n=5$)으로 나타낸다. 가장 먼저 해야 할 일은 X_i에 0과 1 사이의 일정한 간격으로 증가하는 값을 할당하는 것이다. 이를 수행하는 방법은 여러 가지가 있다. 아마도 가장 간단한 방법은 $(i-0.5)/n$를 X_i에 할당하는 것이다. 다음 표는 주어진 표본에 대한 할당을 보여준다.

i	X_i	$(i-0.5)/5$
1	3.01	0.1
2	3.35	0.3
3	4.79	0.5
4	5.96	0.7
5	7.89	0.9

값 $(i-0.5)/n$은 정렬된 표본에서 X_i의 위치를 반영하도록 선택된다. X_i보다 작은 $i-1$개의 값과 X_i보다 작거나 같은 i개의 값이 있다. 수량 $(i-0.5)/n$은 $(i-1)/n$과 i/n 사이의 절충안이다.

목표는 표본이 정규모집단에서 추출되었는지를 확인하는 것이다. 가장 그럴듯한 정규분포는 평균 및 표준편차가 표본평균 및 표본표준편차와 같은 분포이다. 표본평균은 $\overline{X}=5.00$이고 표본표준편차는 $s=2.00$이다. 따라서 이 표본이 $N(5, 2^2)$ 분포에서 나왔는지를 확인한다. 첫 번째 단계는 $N(5, 2^2)$ 분포의 $100(i-0.5)/n$ 백분위수(즉, 10, 30, 50, 70, 90 백분위수)를 계산하는 것이다. 이 백분위수에 해당하는 z점수를 찾은 다음 원시점수로 변환하여 이러한 값을 근사화할 수 있다. 실제로 Q_i는 컴퓨터 소프트웨어 패키지에 의해 항상 계산된다. 다음 표는 이 예에 대한 X_i와 Q_i를 보여준다.

i	X_i	Q_i
1	3.01	2.44
2	3.35	3.95
3	4.79	5.00
4	5.96	6.05
5	7.89	7.56

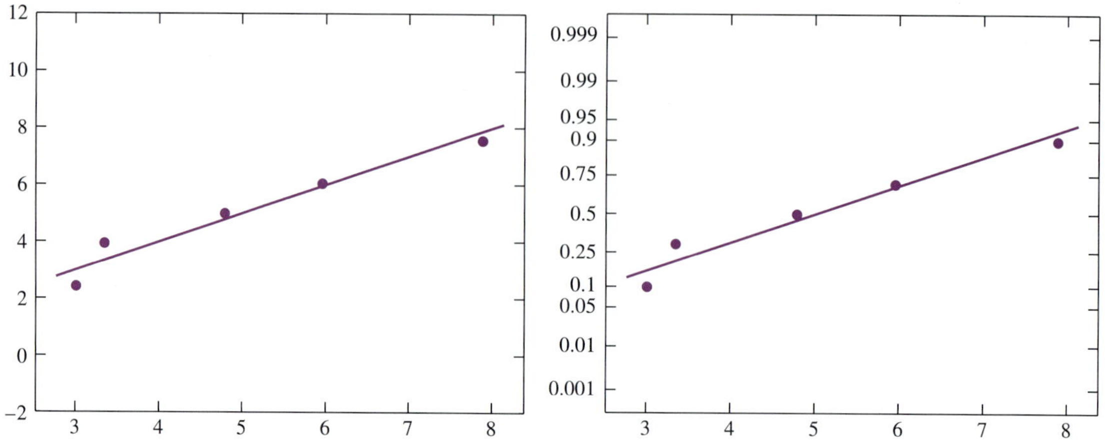

그림 4.15 표본 $X_1, X_2, \cdots, X_n$에 대한 정규확률도. 두 그래프는 수직축의 배율을 제외하고 같다. 표본점은 대략 직선 위에 있으므로 정규모집단에서 나온 것이 타당하다.

확률도(probability plot)는 점 (X_i, Q_i)로 구성된다. Q_i를 생성한 분포가 정규분포이므로 이를 **정규확률도(normal probability plot)**라고 한다. $X_1, X_2, \cdots, X_n$이 실제로 Q_i를 생성한 분포에서 나온다면 점은 직선에 가깝다.

그림 4.15는 표본 $X_1, X_2, \cdots, X_n$에 대한 정규확률도를 나타낸다. 점이 직선에 가까운지를 쉽게 판단할 수 있도록 점에 직선을 겹친다. 두 가지 버전의 그래프가 제공되는데, 두 그래프는 수직축의 배율을 제외하고는 같다. 왼쪽 그림에서 세로축의 값은 Q_i를 나타내고 오른쪽 그림에서 세로축의 값은 Q_i의 백분위수(소수로 0.1은 10 백분위수)를 나타낸다. 예를 들어, $N(5, 2^2)$의 10 백분위수는 2.44이므로 오른쪽 그림의 값 0.1은 왼쪽 그림의 값 2.44에 해당한다. 50 백분위수 또는 중앙값은 5이므로 오른쪽 그림의 값 0.5는 왼쪽 그림의 값 5에 해당한다. 컴퓨터 패키지는 종종 오른쪽 그림과 같이 세로축을 조정한다. 그림 4.15에서 표본점은 선에 가까우므로 표본이 정규분포에서 나온 것이 타당하다고 볼 수 있다.

점 $Q_1, Q_2, \cdots, Q_n$은 그것들이 생성된 분포의 분위수(quantile)라고 한다. 때때로 표본점

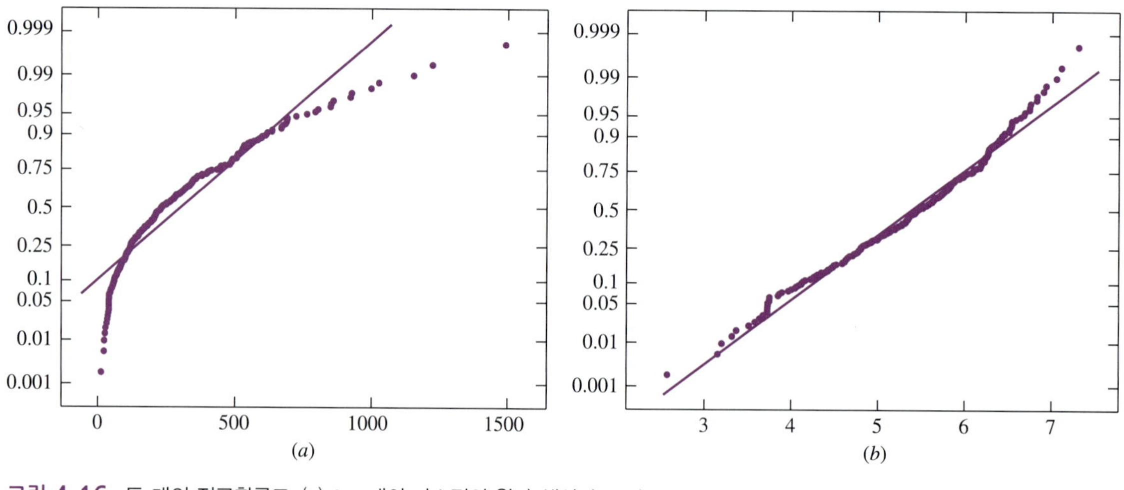

그림 4.16 두 개의 정규확률도. (a) 255개의 가스정의 월간 생산량 그래프. 이러한 자료는 직선에 가깝지 않으므로 정규에 가까운 모집단에서 가져오지 않았다. (b) 월간 생산량의 자연로그 그래프. 이러한 자료는 정규성에서 약간의 이탈을 감지할 수 있지만, 직선에 훨씬 더 가깝다.

$X_1, \cdots, X_5$를 **경험적분위수(empirical quantiles)**라고 한다. 이러한 이유로 확률도를 분위수-분위수 그림(quantile-quantile plot) 또는 QQ 그림(QQ plot)이라고도 부른다.

이 예에서는 계산을 명확하게 하기 위해 5개의 표본점만 사용하였다. 실제로 확률도는 훨씬 큰 표본에서 더 잘 작동한다. 경험상 좋은 규칙은 확률도에 의존하기 전에 최소 30개의 표본점을 필요로 한다. 확률도는 여전히 작은 표본에 사용할 수 있지만, 정규성에서 상당히 큰 차이가 생긴다.

그림 4.16은 두 개의 정규확률도를 나타낸다. 그림 4.16(a)의 그래프는 255개의 가스정의 월간 생산량이다. 이러한 데이터는 직선에 가깝지 않으므로 정규에 가까운 모집단에서 가져오지 않았다. 그림 4.16(b)의 그래프는 월간 생산량의 자연로그이다. 이러한 데이터는 정규성에서 약간의 이탈을 감지할 수 있지만, 직선에 훨씬 더 가깝다.

확률도 해석

확률도를 해석할 때 엄밀한 규칙을 사용하지 않는 것이 가장 좋다. 점들이 직선의 형태인지를 직관적으로 판단한다. 확률도의 점이 직선에 가까운지를 결정할 때 직선에서 너무 멀리 떨어져 있지 않은 한, 표본의 맨 끝(높은 또는 낮은)에 있는 점에 너무 많은 주의를 기울이지 않는다. 양 끝의 몇 개의 점이 선에서 다소 벗어나는 것이 일반적이다. 그러나 대부분의 다른 점이 가까울 때 선에서 매우 멀리 떨어진 점은 이상점이며 주의를 기울여야 한다.

4.7 연습문제

1. 다음 세 개의 표본이 정규확률도에 나타나 있다. 각각에 대해 표본이 대략 정규모집단에서 추출된 것으로 보이는지 아닌지를 결정하시오.

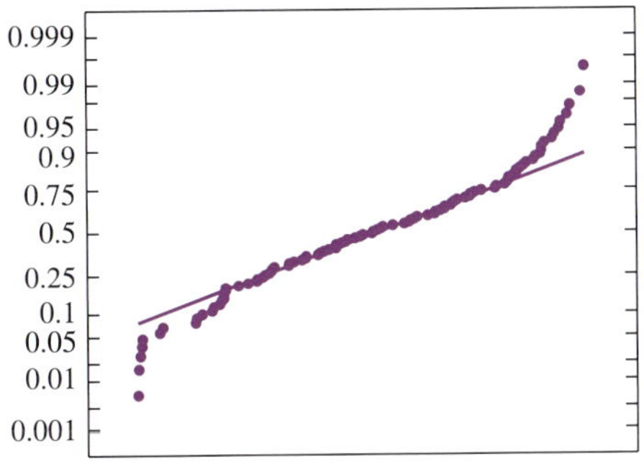

(a)

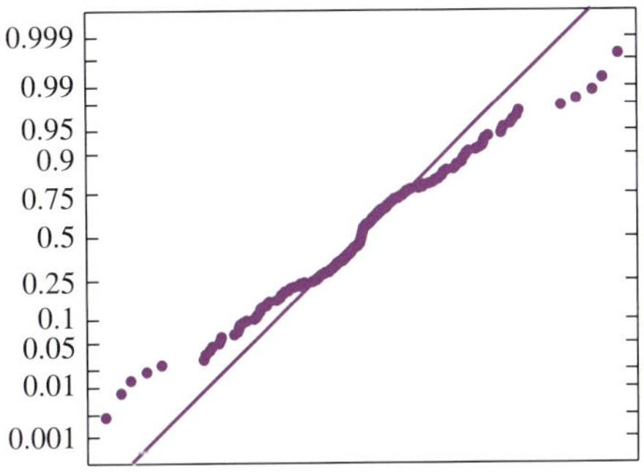

(b)

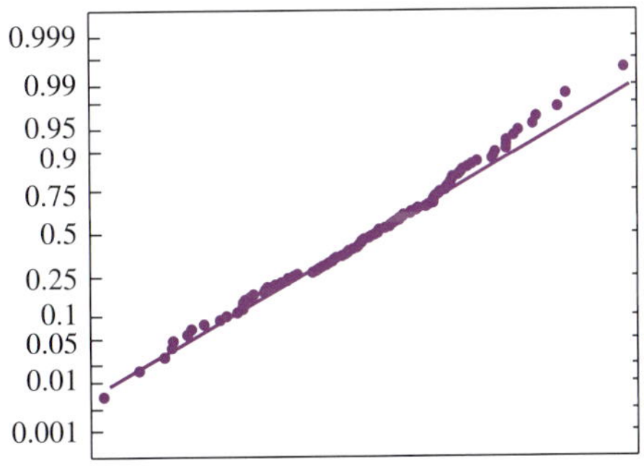

(c)

2. 다음은 옐로스톤 국립공원에 있는 간헐천 올드 페이스풀(Old Faithful)의 40번의 분출 시간(단위는 분)이다.

4.1	1.8	3.2	1.9	4.6	2.0	4.5	3.9	4.3	2.3
3.8	1.9	4.6	1.8	4.7	1.8	4.6	1.9	3.5	4.0
3.7	3.7	4.3	3.6	3.8	3.8	3.8	2.5	4.5	4.1
3.7	3.8	3.4	4.0	2.3	4.4	4.1	4.3	3.3	2.0

이 데이터에 대한 정규확률도를 나타내시오. 데이터가 대략 정규분포에서 나온 것처럼 보이는지 판단하시오.

3. 표 1.2를 참고하여 PM 데이터에 대한 정규확률도를 나타내시오. PM 데이터가 정규모집단에서 나온 것처럼 보이는지 판단하시오.

4. 3번의 확률도를 사용하여 PM 데이터가 로그 정규모집단에서 나온 것처럼 보이는지 판단하시오.

5. 다음과 같이 자료 집합이 주어질 때,

150	82	15	12	27	33	98	33	75	1
30	17	3	66	55	45	7	99	58	32
44	34	2	33	17	13	10	25	0	90
66	43	42	18	93	38	20	113	35	23

a. 이 데이터에 대한 정규확률도를 나타내시오. 데이터가 대략 정규분포에서 나온 것처럼 보이는지 판단하시오.

b. 자료 집합에 있는 각 값의 제곱근을 취하여 데이터를 변환한다. 제곱근이 대략적인 정규분포에서 나온 것처럼 보이는지 판단하시오.

4.8 중심극한정리

중심극한정리(central limit theorem)는 통계에서 매우 중요한 결과이다. 일반적으로 사용되는 많은 통계 방법이 유효성을 검증하기 위해 이 정리에 의존한다. 중심극한정리는 모집단에서 충분히 큰 표본을 추출하면 표본을 추출한 모집단과 관계없이 표본평균의 분포는 거의 정규분포임을 나타낸다. 따라서 표본을 추출한 모집단이 정규분포가 아니더라도 z 분포표를 이용하여 표본평균에 대한 확률을 계산할 수 있다. 이제 좀 더 자세히 알아보자.

$X_1, \cdots, X_n$을 평균이 μ이고, 분산이 σ^2인 모집단으로부터 추출한 단순확률표본이라 하고, $\overline{X} = (X_1 + \cdots + X_n)/n$을 표본평균이라 하자. 이제 이러한 많은 표본을 그려보고 이들의 표본평균을 계산한다고 상상해 보자. 원래 모집단에서 크기 n인 가능한 모든 표본을 그릴 수 있고 각각의 표본평균을 계산할 수 있다면, 수집된 결과는 표본평균의 모집단이 될 것이다. 이 모집단에 대해 무엇을 알고 있는가? 3.4절의 식 (3.39)와 (3.40)으로부터 평균은 $\mu_X = \mu$이고, 분산은 $\sigma^2 = \sigma_X^2/n$임을 알고 있다. 이 모집단의 확률밀도함수는 어떠한가? 이 확률밀도함수의 모양은 표본이 추출된 모집단의 모양에 따라 달라진다고 생각할 수 있다. 놀라운 것은 표본크기가 충분히 크면 그렇지 않다는 것이다. 표본크기가 충분히 크면, 표본을 추출한 모집단의 분포와 관계없이 표본평균의 분포는 거의 정규분포를 따른다.

중심극한정리

$X_1, \cdots, X_n$을 평균이 μ이고, 분산이 σ^2인 모집단으로부터 추출한 단순확률표본이라 한다. $\overline{X} = (X_1 + \cdots + X_n)/n$을 표본평균이라 하고, $S_n = X_1 + \cdots + X_n$을 표본관측값의 합이라 한다. 만약 n이 충분히 크면, 다음과 같다.

$$\overline{X} \sim N\left(\mu, \frac{\sigma^2}{n}\right) \quad \text{근사적으로} \tag{4.33}$$

$$S_n \sim N(n\mu, n\sigma^2) \quad \text{근사적으로} \tag{4.34}$$

중심극한정리는 표본크기 n이 충분히 크면, $\overline{X}$와 S_n이 근사적으로 정규분포화된다는 것을 의미한다. '얼마나 크면 충분할까?'라는 질문은 자연스럽다. 그 답은 모집단의 형태에 달려 있다. 표본이 거의 대칭인 분포에서 추출된 경우 정규근사화는 n의 매우 작은 값에도 적합할 수 있다. 그러나 모집단이 심하게 치우쳐 있는 경우에는 상당히 큰 n이 필요하다. 경험적 증거는 대부분의 모집단에 대해 표본의 크기가 30 이상이면 정규근사화가 적합할 만큼 충분히 크다는 것을 시사한다.

대부분의 모집단에 대해 표본의 크기가 30 이상이면 중심극한정리는 적합하다.

예제 4.30

X는 구리선 1인치에 포함된 결함의 수를 나타낸다. X의 확률질량함수는 다음과 같다.

x	P(X = x)
0	0.48
1	0.39
2	0.12
3	0.01

이 모집단에서 100개의 구리선을 추출했을 때, 구리선에 포함된 평균 결함의 수가 0.5 미만일 확률을 구하시오.

풀이

결함의 수에 대한 모평균은 $\mu = 0.66$이고, 모분산은 $\sigma^2 = 0.5244$이다. (이 수량은 식 (3.13), (3.14)를 사용하여 계산할 수 있다) $X_1, X_2, \cdots, X_{100}$은 추출된 100개의 전선에 포함된 결함의 수를 나타낸다. $P(\overline{X} < 0.5)$를 찾아야 한다. 표본의 크기 $n = 100$은 충분히 크다. 중심극한정리(식 4.33)에 의해 $\overline{X} \sim N(0.66, 0.005244)$.를 따른다. 0.5의 z점수는 다음과 같다.

$$z = \frac{0.5 - 0.66}{\sqrt{0.005244}} = -2.21$$

z 분포표에서 −2.21의 왼쪽 영역은 0.0136이다. 따라서 $P(\overline{X} < 0.5) = 0.0136$이므로 크기가 100인 표본의 1.36%만이 전선당 0.5개 미만의 결함을 가진다. 그림 4.17을 살펴보자.

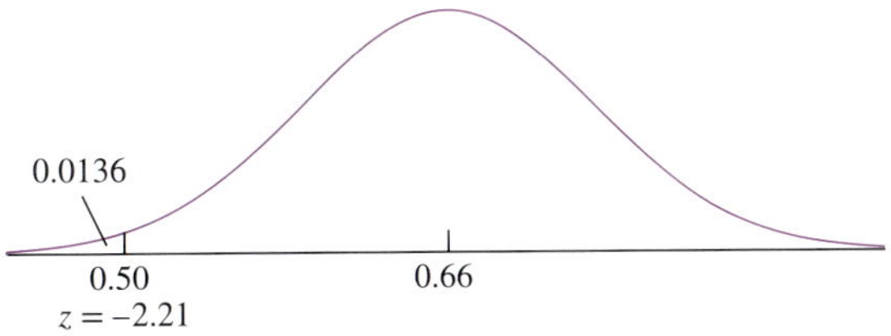

그림 4.17 예제 4.30의 풀이

예제 4.30에서 확률질량함수가 아닌 모평균과 모분산을 알아야 했다.

예제 4.31

특정 대학교에 재학 중인 학생의 평균 연령은 22.3세이고 표준편차는 4세이다. 64명의 학생을 임의로 추출할 때, 이 학생들의 평균 연령이 23세 이상일 확률을 구하시오.

풀이

$X_1, X_2, \cdots, X_{64}$를 표본에 있는 64명의 학생의 나이라고 가정하자. $P(\overline{X} > 23)$을 구하고자 한다. 이제 표본이 추출된 모집단의 평균은 $\mu = 22.3$이고, 분산은 $\sigma^2 = 16$이다. 표본의 크기는 $n = 64$이다. 중심극한정리(식 4.33)로부터 $\overline{X} \sim N(22.3, 0.25)$이다. 23에 대한 z점수는 다음과 같다.

$$z = \frac{23 - 22.3}{\sqrt{0.25}} = 1.40$$

z 분포표로부터 1.40의 오른쪽 영역은 0.0808이다. 따라서 $P(\overline{X} > 23) = 0.0808$이다. 그림 4.18을 살펴보자.

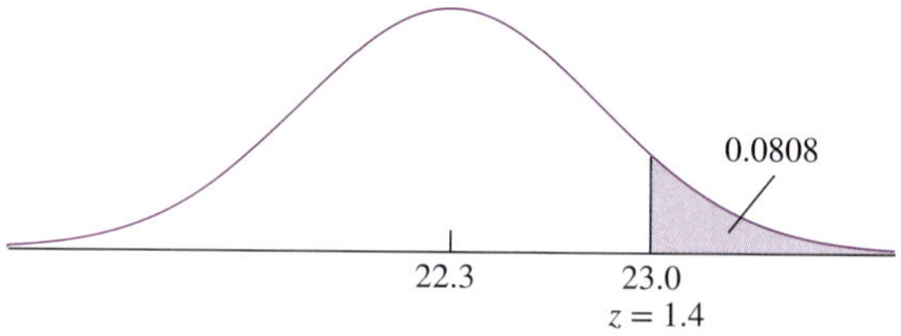

그림 4.18 예제 4.31의 풀이

이항분포의 정규근사

4.1절에서 $X \sim \text{Bin}(n, p)$이면, X는 각각 성공 확률 p를 가진 n개의 독립시행에서 성공횟수를 나타낸다. 또한 X는 평균 np와 분산 $np(1-p)$를 가진다. 시행횟수가 충분히 크면 중심극한정리에 의해 근사적으로 $X \sim N(np, np(1-p))$이다. 따라서 정규분포를 사용하여 X에 대한 확률을 계산할 수 있다.

그러면 다시 의문이 생긴다. 표본의 크기가 어느 정도라야 충분히 클까? 이항분포의 경우 정규근사의 정확도는 평균성공횟수 np와 평균실패횟수 $n(1-p)$에 따라 달라진다. np와 $n(1-p)$의 값이 클수록 근사치가 더 정확해진다. 일반적인 경험에 의해 $np > 5$이고 $n(1-p) > 5$일 때 정규근사를 사용한다. 더 효과적이고 보수적인 규칙은 $np > 10$이고 $n(1-p) > 10$일 때 정규근사를 사용하는 것이다.

요약

$X \sim \text{Bin}(n, p)$일 때 $np > 10$이고 $n(1-p) > 10$이면 근사적으로 다음과 같다.

$$X \sim N(np, np(1-p)) \tag{4.35}$$

이항에 대한 정규근사화의 정확도를 설명하기 위해 그림 4.19는 $N(20, 16)$의 확률밀도함수가 겹쳐진 Bin(100, 0.2)의 확률 히스토그램을 보여준다. 이항분포에서 약간의 왜도(skewness)를 감지할 수 있지만 정규근사와 매우 흡사하다.

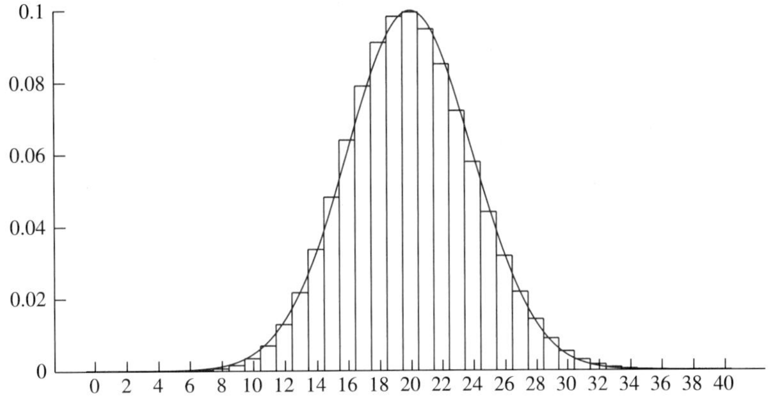

그림 4.19 $N(20, 16)$의 확률밀도함수가 겹쳐진 Bin(100, 0.2)의 확률 히스토그램

연속성수정

이항분포는 이산형이고 정규분포는 연속형이다. **연속성수정(continuity correction)**은 이산분포를 연속분포로 근사화할 때 조정하는 것으로 근사화의 정확도를 개선할 수 있다. 어떻게 작동하는지 보기 위해 공정한 동전을 100번 던졌다고 가정하자. X는 앞면의 수를 나타낸다고 하면 $X \sim \text{Bin}(100, 0.5)$이다. X가 45에서 55 사이일 확률을 계산하면, 이 확률은 끝값 45와 55가 포함되는지 아닌지에 따라 달라진다. 그림 4.20은 끝값이 포함된 경우 즉, $P(45 \leq X \leq 55)$를 계산하는 경우를 보여준다. 정확한 확률은 45에서 55까지의 정수에 해당하는 이항확률 히스토그램의 전체사각형의 면적으로 주어진다. 정규근사곡선이 겹쳐진다. 최상의 근사치를 얻으려면 정규곡선 아래의 면적을 44.5에서 55.5 사이로 계산해야 한다. 반면에 그림 4.21은 $P(45 < X < 55)$를 계산하려는 경우이다. 여기서 끝점은 제외된다. 정확한 확률은 46에서 54 사이의 정수에 해당하는 이항확률 히스토그램의 전체 사각형의 면적으로 주어진다. 45.5에서 54.5 사이의 정규곡선 아래의 면적을 계산하여 최상의 정규근사치를 구한다.

따라서 연속성수정을 적용하려면 포함할 이산확률 히스토그램의 사각형을 정확하게 결정한 다음 해당 사각형에 해당하는 정규곡선 아래의 영역을 계산한다.

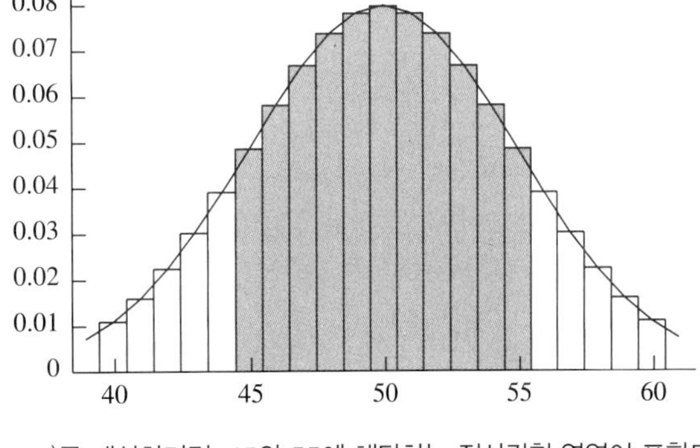

그림 4.20 $P(45 \leq X \leq 55)$를 계산하려면, 45와 55에 해당하는 직사각형 영역이 포함되어야 한다. 이 확률을 정규곡선으로 근사하려면 곡선 아래의 면적을 44.5에서 55.5 사이로 계산한다.

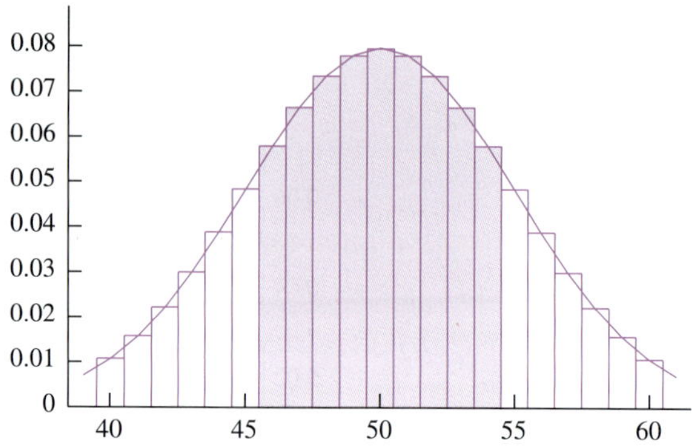

그림 4.21 $P(45 < X < 55)$를 계산하려면, 45와 55에 해당하는 직사각형 영역을 제외해야 한다. 이 확률을 정규곡선으로 근사하려면 곡선 아래의 면적을 45.5에서 54.5 사이로 계산하면 된다.

예제 4.32

동전을 100번 던질 때, 정규곡선을 이용하여 앞면의 개수가 45에서 55 사이(끝점 포함)일 확률을 근사하시오.

풀이

그림 4.20에 설명된 경우이다. X를 앞면이 나온 수라고 하면 $X \sim \text{Bin}(100, 0.5)$이다. $n = 100$과 $p = 0.5$를 식 (4.35)에 대입하면 정규근사 $X \sim N(50, 25)$를 얻는다. 끝점 45와 55가 포함되므로 정규곡선 아래의 영역을 44.5에서 55.5 사이로 계산해야 한다. 44.5와 55.5의 z점수는 다음과 같다.

$$z = \frac{44.5 - 50}{5} = -1.1, \qquad z = \frac{55.5 - 50}{5} = 1.1$$

z 분포표에서 확률이 0.7286임을 알 수 있다(그림 4.22 참조).

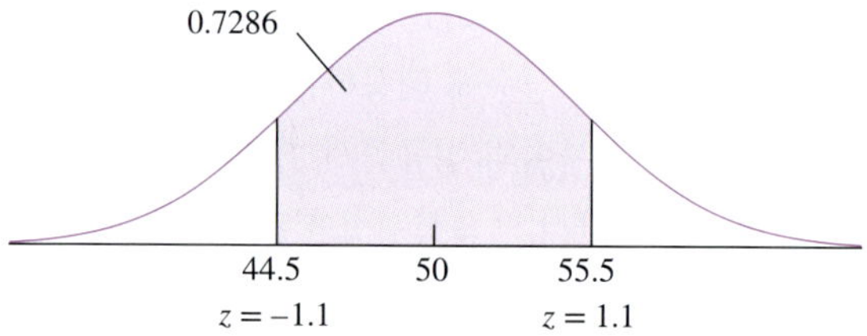

그림 4.22 예제 4.32에 대한 풀이

예제 4.33

동전을 100번 던질 때, 정규곡선을 이용하여 앞면의 개수가 45에서 55 사이(끝점 제외)일 확률을 근사하시오.

풀이

그림 4.21에 설명된 경우이다. X를 앞면이 나온 수라고 하면 예제 4.32에서처럼 $X \sim \text{Bin}(100, 0.5)$이고 정규근사는 $X \sim N(50, 25)$이다. 끝점 45와 55는 제외되므로 정규곡선 아래의 영역은 45.5에서 54.5 사이로 계산해야 한다. 45.5와 54.5의 z점수는 다음과 같다.

$$z = \frac{45.5 - 50}{5} = -0.9, \qquad z = \frac{54.5 - 50}{5} = 0.9$$

z 분포표에서 확률이 0.6318임을 알 수 있다(그림 4.23 참조).

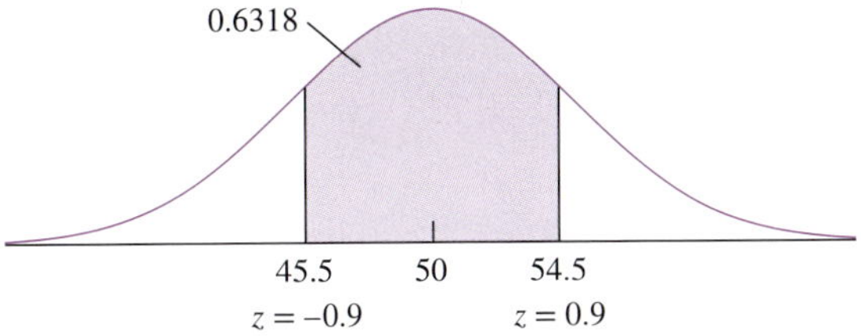

그림 4.23 예제 4.33에 대한 풀이

연속성수정의 정확성

연속성수정은 대부분의 경우에 이항분포의 정규근사의 정확도를 향상시킨다. 그러나 n이 크고 p가 작은 이항분포의 경우에는 분포의 꼬리 부분에 해당하는 확률을 계산할 때 연속성수정을 사용하면 정규근사의 정확도가 다소 감소할 수 있다. 이는 정규근사가 완벽하지 않다는 사실에서 비롯된다. 이러한 분포에서 작은 정도의 왜도를 설명하지 못한다.

따라서 연속성수정을 사용하면 대부분의 이항분포에 대한 정규근사를 더 좋게 만들 수 있지만, 모든 경우가 그렇지는 않다.

포아송에 대한 정규근사

$X \sim \text{Poisson}(\lambda)$이면, X는 큰 n과 $np=\lambda$를 갖는 이항분포로 근사된다는 점을 상기한다. 또한 $\mu_X=\lambda$와 $\sigma_X^2=\lambda$임도 기억한다. λ가 충분히 크면, 즉 $\lambda>10$이면 X는 근사적으로 $np>10$인 이항분포를 따른다. 중심극한정리에서 X는 근사적으로 정규분포를 따르고 평균과 분산은 모두 λ와 같다. 따라서 정규분포를 사용하여 포아송을 근사할 수 있다.

요약

$\lambda>10$일 때 $X \sim \text{Poisson}(\lambda)$이면 근사적으로 다음과 같다.

$$X \sim N(\lambda,\ \lambda) \tag{4.36}$$

포아송 분포에 대한 연속성 보정

포아송 분포는 이산형이므로 정규근사를 사용할 때 기본적으로 연속성수정을 적용할 수 있다. 곡선의 중앙 부분을 포함하는 영역의 경우에 연속성수정은 정규근사치를 일반적으로 향상시키지만, 꼬리 쪽 영역의 경우 연속성수정은 때때로 근사치를 악화시킨다. 포아송 분포에는 연속성 보정을 사용하지 않을 것이다.

예제 4.34 웹 사이트의 접속 횟수는 포아송 분포를 따르며 시간당 평균 접속 횟수는 27회이다. 3시간 동안 접속 횟수가 90회 이상일 확률을 구하시오.

풀이

X는 3시간 동안 웹 사이트의 접속 횟수를 나타낸다. 3시간 동안 평균 접속 횟수는 81회이므로 $X \sim \text{Poisson}(81)$이다. 정규근사를 이용하여 $X \sim N(81, 81)$임을 알 수 있다. $P(X \geq 90)$을 구하고자 한다. 90에 대한 z점수는 다음과 같다.

$$z = \frac{90 - 81}{\sqrt{81}} = 1.00$$

z 분포표를 이용하면 $P(X \geq 90) = 0.1587$임을 알 수 있다(그림 4.24 참조).

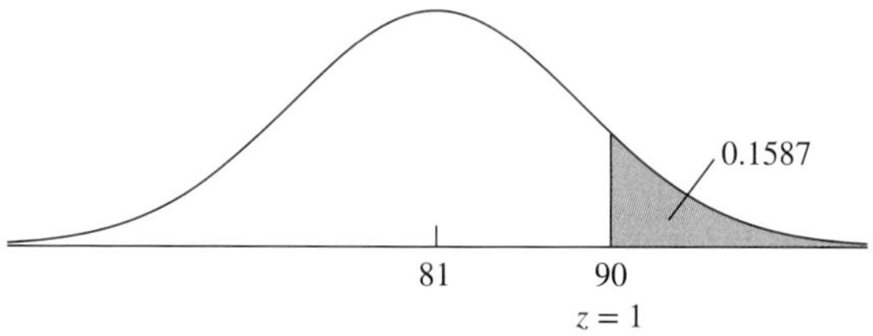

그림 4.24 예제 4.34에 대한 풀이

4.8 연습문제

1. 특정 기계에 의해 채워진 병에는 12온스의 액체가 들어 있어야 한다. 실제 충전된 액체는 평균 12.01온스이고 표준편차 0.2온스로 랜덤이다.
   a. 확률표본 144병의 평균 부피가 12온스 미만일 확률을 구하시오.
   b. 충전량의 모평균이 12.03온스로 증가하면, 크기가 144인 표본의 평균 충전량이 12온스보다 적을 확률을 구하시오.

2. 계산대에서 고객이 보낸 시간은 평균 4분이고 표준편차는 2분이다.
   a. 50명의 고객에 대해 임의로 표본을 추출한 전체 시간이 180분 미만일 확률을 구하시오.
   b. 50명의 고객이 소요한 전체 시간의 30 백분위수를 구하시오.

3. 베어링을 제조하는 공정에서 베어링의 90%가 두께 사양을 충족한다. 500개의 베어링 표본에서 440개 이상이 사양을 충족할 확률을 구하시오.

4. 특정 항공사 항공편에 위탁된 가방의 평균 무게는 15 kg이고, 표준편차는 5 kg이다. 60개의 가방을 임의로 추출한다.
   a. 표본의 평균 무게가 14 kg 미만일 확률을 구하시오.
   b. 표본의 평균 무게의 70 백분위수를 구하시오.
   c. 표본의 평균 무게가 15 kg 미만일 확률이 0.01이 되려면 표본의 크기는 얼마인지 구하시오.

5. 용액의 온도는 n개의 독립적인 판독값을 취하고 평균화하여 추정된다. 각 판독값은 표준편차 $\sigma = 0.5$℃로 편향되지 않는다. 평균이 실제 온도의 ± 0.1℃ 이내일 확률이 0.90이 되려면 몇 번의 판독값을 얻어야 하는지 구하시오.

6. 통근자는 출근길에 매일 4개의 신호등을 지난다. X는 신호등의 빨간색 불빛의 수를 나타낸다. X의 확률질량함수는 다음과 같다.

x	0	1	2	3	4
$P(X = x)$	0.1	0.3	0.3	0.2	0.1

   100일 동안 발생하는 빨간색 불빛의 평균수가 하루에 2개 이상일 확률을 구하시오.

7. 특정 기간 방사성 물질에 의해 방출되는 입자의 수는 포아송 분포를 따른다. 방사성 물질 A는 분당 평균 20개의 입자를 방출하고, 방사성 물질 B는 분당 평균 25개의 입자를 방출한다.
   a. 5분 동안 두 물질에 의해 200개 미만의 입자가 방출될 확률을 구하시오.
   b. 2분 동안 물질 B가 물질 A 보다 더 많은 입자를 방출할 확률을 구하시오.

8. 배양액의 입자 농도는 mL당 50이다. 이때 5 mL의 배양액을 추출한다.

a. 제거된 입자 수가 235에서 265 사이일 확률을 구하시오.
b. 추출된 표본에서 mL당 평균 입자 수가 48과 52 사이일 확률을 구하시오.
c. 10 mL의 표본을 추출하는 경우 추출된 표본에서 입자의 mL당 평균 입자 수가 48과 52 사이일 확률을 구하시오.
d. 표본의 mL당 평균 입자 수가 48과 52 사이일 확률이 95%가 되려면 표본을 얼마나 추출해야 하는지 구하시오.

9. 세라믹 타일을 만들기 위한 새로운 공정이 설계되었다. 목표는 표면 결함으로 인해 부적합한 타일이 5%가 넘지 않는 것이다. 1,000개의 타일을 임의추출하여 검사한다. X를 표본 중 부적합한 타일의 수라고 한다.
a. 생산된 타일의 5%가 부적합한 경우 $P(X \geq 75)$를 구하시오.
b. (a)의 결과에 따르면, 타일의 5%가 부적합한 경우 1,000개 중 75개의 부적합 타일이 비정상적으로 많은 수인지 판단하시오.
c. 표본 타일 중 75개가 부적합한 경우 목표가 달성되었다고 하는 것이 타당한가? 그 이유를 설명하시오.
d. 생산된 타일의 5%가 부적합한 경우 $P(X \geq 53)$을 구하시오.
e. (d)의 결과에 따르면, 타일의 5%가 부적합할 때 1,000개 중 53개의 부적합 타일이 비정상적으로 많은 수인지 판단하시오.
f. 표본 타일 중 53개가 부적합한 경우 목표가 달성되었다고 하는 것이 타당한가? 그 이유를 설명하시오.

4장 보충연습문제

1. 비행기에는 승객을 위한 100개의 좌석이 있다. 비행기 표를 소지한 사람이 나타날 확률은 0.90이라고 가정한다. 항공사가 105장의 표를 판매하는 경우 해당 항공편에 탑승한 모든 사람이 좌석을 확보할 확률을 구하시오.

2. 완두콩에는 종자 색에 대한 두 가지 유전자가 있으며, 각각 Y(노란색 종자) 또는 G(녹색 종자)이다. 각 유형의 유전자 중 하나를 포함하는 식물을 이형접합(heterozygous) 식물이라고 한다. 멘델의 유전학에 따르면, 두 개의 이형접합 식물이 교배되면 각각의 자손은 노란색 종자를 가질 확률이 0.75이고 녹색 종자를 가질 확률은 0.25이다.
a. 이형접합 식물의 자손 10개 중 녹색 종자가 정확히 3개일 확률을 구하시오.
b. 이형접합 식물의 자손 10개 중 녹색 종자가 정확히 2개 이상일 확률을 구하시오.
c. 이형접합 식물의 자손 100개 중 녹색 종자가 정확히 30개 이상인 확률을 구하시오.
d. 이형접합 식물의 자손 100개 중 녹색 종자가 30개에서 35개 사이(끝점 포함)일 확률을 구하시오.
e. 이형접합 식물의 자손 100개 중 노란색 종자가 80개 미만일 확률을 구하시오.

3. 환경보호국(EPA)은 수자원 지역에 있는 여러 호수의 수질을 관찰하는 장비를 계약했다. 총 10개의 장비가 사용된다. 관찰하는 동안 각 장비가 고장날 확률이 0.01이라고 가정한다.
a. 어떤 장치도 고장나지 않을 확률을 구하시오.
b. 두 대 이상의 장비가 고장 날 확률을 구하시오.
c. EPA가 장비가 고장나지 않을 확률이 0.95 이상이기를 요구하는 경우 각 장비의 허용 가능한 최대 고장 확률을 구하시오.

4. 특정 상태를 치료하기 위해 사용되는 약물은 주사기로 투여된다. 목표 용량은 μ이다. 주사기의 변형, 눈금 판독 및 혼합액으로 인해 투여되는 실제 용량은 평균 μ와 분산 σ^2인 정규분포이다.
a. 투여된 용량이 평균 μ 보다 σ만큼 적을 확률을 구하시오.
b. X를 투여된 용량을 나타낸다고 하면, $P(X < \mu + z\sigma) = 0.90$을 만족하는 값 z를 구하시오.
c. 평균 용량이 10 mg이고 분산이 2.6 mg^{2}이며 임상 과다복용이 15 mg보다 많은 용량으로 정의되는 경우 환자가 과다복용을 할 확률을 구하시오.

5. 특정 유형의 새 엔진에서 흡기 밸브 간격은 평균 200 μm이고, 표준편차 10 μm인 정규분포를 따른다.
a. 간격이 215 μm보다 클 확률을 구하시오.
b. 간격이 180 μm과 205 μm 사이일 확률을 구하시오.
c. 엔진에는 6개의 흡기 밸브가 있다. 정확히 2개가 215 μm보다 큰 간격을 가질 확률을 구하시오.

6. 특정 공정에서 불량 부품이 생산될 확률은 0.07이다.
a. 임의로 추출된 250개의 부품 중 불량품이 20개 미만일 확률을 구하시오.
b. 임의로 추출된 10개의 부품 중 1개 이상이 불량일 확률을 구하시오.
c. 250개의 부품 로트의 1%만이 20개 이상의 불량 부품을 포함하도록 하려면, 불량 부품의 확률을 어느 정도까지 줄여야 하는지 구하시오.

7. 베어링의 수명(단위는 년)은 모수 $\alpha = 1.5$와 $\beta = 0.8$인 와이블 분포를 따른다.

a. 베어링이 1년 이상 지속될 확률을 구하시오.

b. 베어링이 2년 미만 지속될 확률을 구하시오.

8. 시리얼 제조업체는 무게가 12온스인 시리얼 상자의 총 중량(포장 포함)이 평균 12.2온스이고, 표준편차 0.1온스라고 주장한다. 75개의 상자를 모아서 한꺼번에 무게를 잰다. S는 시리얼 75상자의 총 중량을 나타낸다.

a. 주장이 사실이라면, $P(S \le 914.8)$을 구하시오.

b. (a)의 결과에 대해 주장이 사실이라면 914.8온스는 표본 75상자에 대해 비정상적으로 작은 중량인지 판단하시오.

c. 상자의 총 무게가 914.8온스라면, 주장이 거짓이라고 확신할 수 있는가? 그 이유를 설명하시오.

d. 주장이 사실이라면, $P(S \le 910.3)$을 구하시오.

e. (d)의 결과에 대해 주장이 사실이라면 910.3온스는 표본 75상자에 대해 비정상적으로 작은 중량인지 판단하시오.

f. 상자의 총 무게가 910.3온스이면 주장이 거짓이라고 확신할 수 있는가? 그 이유를 설명하시오.

Chapter 5

단일표본의 점추정과 구간추정

개요

자료를 수집하면 흔히 자료를 추출한 모집단의 몇 가지 수치적 특성을 추정하기 위한 목적으로 사용된다. 예를 들어, 큰 모집단에서 볼트 표본의 직경을 측정하여 모평균 직경을 추정하기 위하여 표본평균을 계산할 수 있다. 또한 사양을 만족하는 모집단 볼트비율을 추정하기 위해 강도 사양을 만족하는 표본볼트의 비율을 계산할 수 있다.

표본평균과 표본비율은 하나의 수치 혹은 점이므로 **점추정값**의 예이다. 더 유용한 것은 **신뢰구간(confidence interval)**이라고도 하는 **구간 추정값(interval estimate)**이다. 신뢰구간의 목적은 점추정값에 대한 오차한계를 제공함으로써 참값과 얼마나 차이가 나는지 표현하는 데 있다.

예를 들어, 100개의 볼트 표본의 직경이 측정되었고, 표본평균이 5.0 mm이고 표본표준편차가 0.2 mm라고 가정하자. 표본평균 5.0 mm는 직경의 모평균 μ에 대한 점추정값이다. 이때 모평균은 5.0에 가까운 값을 가질 것이라고 예상할 수 있지만, 정확히 5.0과 일치하지는 않을 것이다. 신뢰구간은 모평균이 표본평균과 얼마나 가까운 값을 가질지에 대한 단서를 제공하며, 5.0 ± 0.04 또는 (4.96, 5.04)와 같은 형태로 얻어진다. 이 신뢰구간을 통해 95%의 확신을 가지고 모평균 μ가 (4.96, 5.04) 구간에 속한다고 판단할 수 있다는 사실을 5.2절에서 살펴볼 것이다.

5.1 점추정

우리는 모집단의 몇 가지 수치적 특성을 추정하기 위해 자료를 수집한다. 예를 들어, $X_1, \cdots, X_n$을 모집단으로부터 얻어진 확률표본이라고 하면, 표본평균 $\overline{X}$와 표본분산 s^2은 각각 모평균 μ와 모분산 σ^2 대한 점추정값으로 주로 사용된다. 다른 예로, 만일 확률변수 X가 이항분포 Bin(n, p)를 따른다면, 표본비율 $\hat{p} = X/n$은 알려지지 않은 모비율 p에 대한 점추정값으로 사용된다.

일반적으로 자료로부터 계산된 양을 **통계량(statistic)**이라고 하며, 모집단에 대한 알려지지 않은 상수 또는 모수를 추정하기 위한 통계량을 가리켜 **점추정량(point estimator)**이라고 한다. 이때 특정한 자료로 계산된 점추정량의 구체적인 값을 **점추정값(point estimate)**이라고 한다. 예를 들어, $X \sim \text{Bin}(10, p)$인 조건에서 $X=3$이 관찰되었다고 하자. 그러면 $\hat{p}=3/10$은 미지의 모수 p에 대한 점추정값이다. 반면 X에 대한 값이 결정되지 않았다면, $\hat{p}=X/10$은 p에 대한 점추정량이다. 흔히 점추정량과 점추정값을 가리켜 단순히 추정량(estimator)과 추정값(estimate)이라고도 한다.

요약

- 표본에 대한 수치적 요약을 가리켜 통계량(statistic)이라고 한다. 예를 들어, 표본평균 $\overline{X}$와 표본분산 s^2은 통계량이다.
- 모집단에 대한 수치적 요약은 모수(parameter)라고 한다. 예를 들어, 모평균 μ와 모분산 σ^2은 모수이다.
- 통계량은 주로 모수를 추정하기 위해서 사용된다. 모수를 추정하기 위해서 사용되는 통계량을 가리켜 점추정량이라고 한다.

점추정값이 추정하고자 하는 참값과 정확히 일치할 가능성은 거의 없으며, 추정값이 참값과 얼마나 가까운지는 표본에 따라서 매번 다르게 얻어진다. 예를 들어, 어떤 표본에 대해 계산된 표본평균 $\overline{X}$는 모평균 μ와 아주 가까울 수 있지만, 다른 표본에 대해서는 그다지 가깝지 않을 수 있다. 따라서 추정량이 평균적으로 참값에 얼마나 가까운지를 측정함으로써 추정량이 얼마나 우수한지를 판단한다. 좀 더 구체적으로 말하면 추정량에 대한 **편향**(**bias**)과 분산(variance)을 사용하여 결정한다. 편향에 대해서 먼저 알아보자.

추정량의 편향은 추정량의 평균과 참값의 차이를 가리킨다. 따라서 편향이 작은 추정량이 큰 것보다 우수한 추정량임은 자명할 것이다. 편향이 작다는 것은 평균적으로 추정량의 값이 참값에 가깝다는 것을 의미한다. 좋은 추정량은 대개 **비편향**(**unbiased**)이며, 이는 편향이 0이 되어 추정량의 평균과 참값이 일치함을 뜻한다.

유의할 것은 편향은 단지 추정량의 평균이 참값과 가까운 정도를 나타낼 뿐이므로 추정량의 편향이 작더라도 실제로 계산된 추정값은 참값과 큰 차이를 가질 수 있다는 것이다.

요약

모수를 θ, 모수의 추정량을 $\hat{\theta}$이라고 하자. 이때 $\hat{\theta}$의 편향은 $\hat{\theta}$의 평균과 참값 θ의 차이이다. 기호로 표현하면 다음과 같다.

$$\text{편향} = \mu_{\hat{\theta}} - \theta \tag{5.1}$$

추정량의 편향이 0인 경우 비편향(unbiased) 추정량이라고 한다.

예제 5.1

$X \sim \text{Bin}(n, p)$이고 모수 p는 알려지지 않았다고 하자. 추정량 $\hat{p} = X/n$의 편향을 구하시오.

풀이

위 추정량의 편향은 $\mu_{\hat{p}} - p$이므로 추정량의 기댓값 $\mu_{\hat{p}}$를 계산해야 한다. 4.1절의 식 (4.3)으로부터 $\mu_X = np$임을 알고 있다. 따라서

$$\mu_{\hat{p}} = \mu_{X/n} = \mu_X/n = np/n = p$$

이므로 편향은 $\mu_{\hat{p}} - p = p - p = 0$이다. 그러므로 $\hat{p}$는 비편향 추정량이다.

추정량의 판단에서 중요한 두 번째 측도는 분산이다. 물론 분산은 산포(spread)를 측정하며 작을수록 좋다. 추정량의 분산이 작다면 반복적으로 얻어진 추정량 값들은 서로 가까이 있다는 의미이다. 이것은 추정량이 추정해야 할 참값에 반드시 가깝다는 의미는 아니다. 즉, 추정량이 비편향이라는 의미와는 별개이다.

그림 5.1은 편향과 분산에 대한 다른 상황에서의 추정량의 특성을 나타내고 있다. 그림 5.1(a)와 (b)의 측정치들은 서로 가깝게 위치하고 있어 분산이 작음을 나타낸다. 그림 5.1(a)와 (c)는 참값 부근에 측정치들의 중심이 위치하고 있어 편향이 작음을 나타낸다.

추정량의 성능을 측정하는 가장 일반적인 측도는 편향의 제곱과 분산을 합해 하나의 값으로 계산하는 것이다. 이 측도를 가리켜 **평균제곱오차**(**mean squared error**, **MSE**)라고 한다.

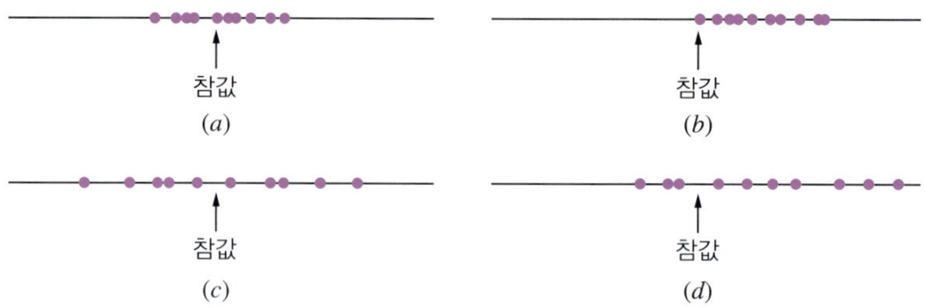

그림 5.1 (*a*) 편향과 분산이 모두 작은 경우 (*b*) 편향이 크고 분산이 작은 경우 (*c*) 편향이 작고 분산이 큰 경우 (*d*) 편향과 분산이 모두 큰 경우

요약

모수를 θ, 모수의 추정량을 $\hat{\theta}$이라고 하자. 이때 $\hat{\theta}$의 평균제곱오차(MSE)는

$$\mathrm{MSE}_{\hat{\theta}} = (\mu_{\hat{\theta}} - \theta)^2 + \sigma_{\hat{\theta}}^2 \tag{5.2}$$

또는

$$\mathrm{MSE}_{\hat{\theta}} = \mu_{(\hat{\theta}-\theta)^2} \tag{5.3}$$

와 같이 나타낸다.

식 (5.2)에서 MSE는 편향의 제곱과 분산의 합으로 계산됨을 알 수 있다. 식 (5.3)에서 $\hat{\theta}-\theta$는 추정값과 참값의 차이이며 오차(error)를 의미한다. 즉, 식 (5.3)으로부터 MSE는 제곱오차에 대한 평균을 의미하며 평균제곱오차(MSE)라는 이름이 여기서 유래한 것이다.

식 (5.2)와 (5.3)은 동일한 결과를 나타내며 MSE를 계산할 때 어느 것을 사용해도 무방하지만 실제로는 식 (5.2)가 더 이해하고 사용하기 쉽다.

예제 5.2

$X \sim \mathrm{Bin}(n, p)$이고 모수 p는 알려지지 않았다고 하자. $\hat{p} = X/n$의 MSE를 구하시오.

풀이

식 (5.2)를 이용해서 $\hat{p}$의 편향과 분산을 계산하자. 예제 5.1과 같이 $\hat{p}$의 편향은 0이다. 따라서 $\hat{p}$의 분산만 계산하면 된다. 4.1절의 식 (4.3)으로부터 $\mu_X = np$이므로 분산은 다음과 같다.

$$\sigma_{\hat{p}}^2 = \sigma_{X/n}^2 = \sigma_X^2/n^2 = np(1-p)/n^2 = p(1-p)/n$$

따라서 $\hat{p}$의 MSE는 $0+p(1-p)/n$ 또는 $p(1-p)/n$이다.

예제 5.2에서 추정량이 비편향이므로 MSE는 추정량의 분산과 동일하다.

점추정값의 한계

점추정값은 참값과 필연적으로 일치할 수 없으므로 점추정값 자체로는 사용이 제한적이다. 즉, 점추정값은 작든 크든 항상 오차를 가질 수밖에 없다. 점추정값을 유용하게 활용하기 위해서는 이 값이 참값과 어느 정도 떨어져 있는지 설명할 수 있어야 한다. 그래서 실제로는 다른 종류의 추정값을 함께 사용한다. 이 값을 구간추정(interval estimate) 또는 신뢰구간(confidence interval)이라고 한다. 신뢰구간은 하한(lower limit)과 상한(upper limit)의 두 값으로 구성되며, 두 한계 사이에 참값이 위치할 가능성이 높도록 설정된다. 신뢰구간을 설정할 때 함께 고려해야 할 것은 신뢰수준(level of confidence)이다. 이것은 신뢰구간 내에 참값이 존재할 가능성이 얼마나 되는지를 수치적으로 나타내는 값이다. 이 장의 나머지 내용은 대부분 신뢰구간에 대한 설명으로 할애될 것이다.

5.1 연습문제

1. 빈칸에 가장 적절한 답을 고르시오.

만약 추정량이 비편향이라면, (   )

① 추정량은 참값과 일치한다.
② 추정량은 참값에 가까운 값을 갖는다.
③ 추정량의 평균은 참값과 일치한다.
④ 추정량의 평균은 참값과 가까운 값을 갖는다.

2. 확률변수 X_1과 X_2가 독립이고 모평균 μ는 알려지지 않았으며 모분산은 $\sigma^2 = 1$로 알려져 있다.

a. 모평균의 추정량이 $\hat{\mu}_1 = \dfrac{X_1 + X_2}{2}$일 때, 이 추정량에 대한 편향, 분산, MSE를 구하시오.

b. 모평균의 추정량이 $\hat{\mu}_2 = \dfrac{X_1 + 2X_2}{3}$일 때, 이 추정량에 대한 편향, 분산, MSE를 구하시오.

c. 모평균의 추정량이 $\hat{\mu}_3 = \dfrac{X_1 + X_2}{4}$일 때, 이 추정량에 대한 편향, 분산, MSE를 구하시오.

3. 연습문제 2번에서 모평균 μ가 얼마의 값을 가질 때, $\hat{\mu}_3$의 MSE가 $\hat{\mu}_2$의 MSE보다 작아지는지 구하시오.

5.2 모평균의 대표본 신뢰구간

한 가지 예를 들어보자. 자동차 배터리의 중요한 성능지표는 규정된 전압을 유지하면서 0°F에서 30초 동안 전달하는 전류량을 의미하는 저온시동 전류량(Cold Cranking Amperage, CCA)이다. 엔지니어는 특정한 설계조건에서 CCA(cold cranking amperage)의 평균값을 추

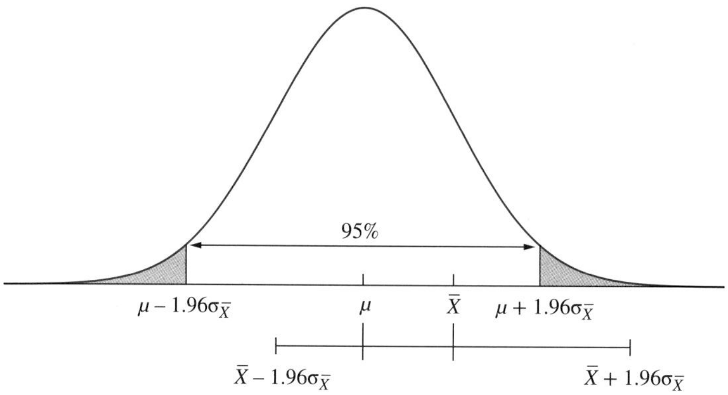

그림 5.2 표본평균 $\overline{X}$은 모평균이 μ이고, 모표준편차가 $\sigma_{\overline{X}} = \sigma/\sqrt{n}$ 정규분포를 따른다. 그림에서 표본집단에 대한 $\overline{X}$는 모집단 분포의 95% 범위에 속하므로 95% 신뢰구간 $\overline{X} \pm 1.96\sigma_{\overline{X}}$는 모평균 μ를 포함한다.

정하고 싶어 한다. 그래서 랜덤으로 추출한 100개의 배터리에 대해 CCA를 측정해서 표본평균이 $\overline{X} = 185.5$ A이고, 표본표준편차는 $s = 5.0$A임을 알아냈다.

위와 같이 표본평균 $\overline{X} = 185.5$ A는 모평균의 점추정값이고, 실제 모평균과 정확하게 일치하지는 않는다. 모평균은 아마 185.5보다 크거나 작은 어딘가에 위치하고 있을 것이다. 이 참값이 실제로 얼마나 크거나 작은지 단서를 얻기 위해 모평균을 포함할 것이라고 예상되는 185.5를 중심으로 설정되는 **신뢰구간**을 계산한다. 이때 구간 내에 실제 모평균이 포함될 것이라는 신뢰수준을 정한다. 이 예에서 신뢰구간을 계산하는 과정을 살펴보자. 먼저 μ와 σ^2는 각각 미지의 모평균과 모분산을 나타낸다. 그리고 $X_1, \cdots, X_{100}$은 100개의 배터리에서 측정한 CCA 값이다. 이때의 표본평균은 $\overline{X} = 185.5$인데, 이 값은 대표본으로부터 얻은 평균값으로서 중심극한정리에 따라 표본평균 $\overline{X}$는 평균이 μ이고 표준편차가 $\sigma_{\overline{X}} = \sigma/\sqrt{100}$인 정규분포를 따른다.

그림 5.2에 $\overline{X}$의 분포인 정규분포곡선이 표시되어 있다. 그리고 모평균 μ를 중심으로 양쪽으로 $1.96\sigma_{\overline{X}}$ 만큼의 범위는 분포의 95%를 의미한다. 표본집단으로부터 계산된 관측값 $\overline{X} = 185.5$는 이 모집단의 분포에서 추출된 하나의 점추정값이다. 실제로 참값 μ를 모르는 상황에서 표본평균 $\overline{X}$가 모집단 분포의 어느 부분에 위치하고 있는지는 알 수가 없다. 그림 5.2에서 단서를 보여주고 있는데, 표본평균 $\overline{X}$가 분포의 95% 범위에 속해있다는 것이다. 만약 우리가 표본집단을 구해 표본평균을 반복 계산한다면, 이 값들의 95%는 이 범위에 속할 것이다. 그림 5.2의 분포그림 밑에 표시된 수직선에 표본평균 $\overline{X}$를 중심으로 모집단 분포의 95% 범위와 정확히 같은 길이를 갖는 구간 $\overline{X} \pm 1.96\sigma_{\overline{X}}$이 주어져 있다. 이 구간을 모평균 μ에 대한 **95% 신뢰구간**이라고 하고, 표본평균을 중심으로 구한 신뢰구간은 모평균 μ를 포함하고 있음을 확인할 수 있다.

반면, 그림 5.3에서는 표본평균 $\overline{X}$가 모집단 분포의 95% 범위를 벗어나 있다. 우리가 표본평균을 반복해서 구한다면 그중 5%에서 이런 경우가 발생할 것이다. 이러한 드문 경우의 표본집단에 대해 95% 신뢰구간 $\overline{X} \pm 1.96\sigma_{\overline{X}}$도 모평균 μ를 포함하지 않을 것이다.

이제 평균 전류에 대한 95% 신뢰구간 $\overline{X} \pm 1.96\sigma_{\overline{X}}$을 구해보자. $\overline{X}$ 값은 185.5이고, 모표준편차가 σ이므로 알려지지 않은 표본평균의 표준편차는 $\sigma_{\overline{X}} = \sigma/\sqrt{100}$이다. 하지만 이 예의 경우 표본의 크기가 크기 때문에 표본표준편차 $s = 5.0$을 모평균 에 대한 근사값으로 사용

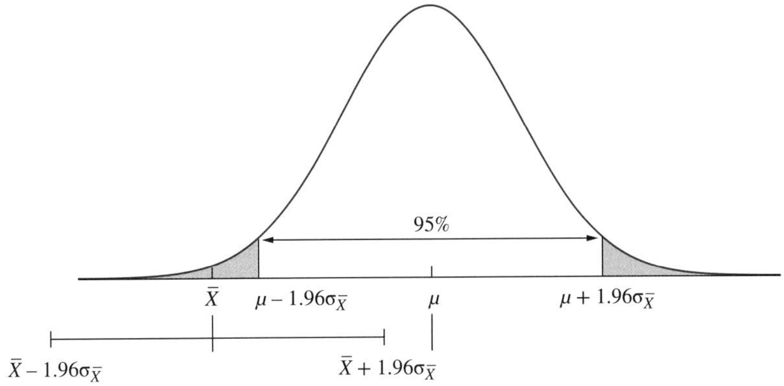

그림 5.3 표본평균 $\bar{X}$는 평균이 μ이고, 표준편차가 $\sigma_{\bar{X}} = \sigma/\sqrt{n}$인 정규분포에서 얻어진다. 이 경우 표본평균 $\bar{X}$는 분포의 바깥 5% 범위에서 얻어졌기 때문에 95% 신뢰구간 $\bar{X} \pm 1.96\sigma_{\bar{X}}$는 모평균 μ를 포함하지 못한다.

할 수 있다. 그러면 CCA의 표본평균에 대한 95% 신뢰구간은 $185.5 \pm (1.96)(5.0/\sqrt{100})$, 즉 185.5 ± 0.98(184.52와 186.48)로 구할 수 있다. 이것으로부터 95%의 확신을 가지고(또는 95% 수준의 확신으로) CCA의 모평균은 184.52에서 186.48 사이에 존재한다고 주장할 수 있다.

95% 신뢰구간이 실제로 모평균 μ를 포함하고 있을까? 그것은 신뢰구간을 계산한 표본평균이 모평균 분포의 95% 범위에 속하고 있는지, 아니면 표본평균이 모평균 분포의 바깥 5% 범위에 속하고 있는지에 달려있다. 특정 표본에 대한 신뢰구간이 참값을 포함하고 있는지를 확실하게 알 방법은 없다. 다만 엔지니어가 모평균에 대한 95% 신뢰구간 $\bar{X} \pm 1.96\sigma_{\bar{X}}$을 새로운 100개의 표본으로부터 매일 계산한다면, 장기적으로 표본평균의 95%는 모평균 분포의 95% 범위에 속할 것이고, 따라서 95% 신뢰구간도 모평균을 포함할 것이다. 이 때문에 95%라는 수치가 **신뢰수준(confidence level)**이라고 불린다. 신뢰수준은 신뢰구간의 성공비율을 의미한다. 따라서 95% 신뢰구간을 구한다면 모집단에서 추출된 표본으로 계산된 신뢰구간들의 95%는 모평균을 포함할 것이다.

신뢰구간의 신뢰수준
신뢰수준은 확률표본으로부터 계산된 신뢰구간들이 참값을 포함할 비율이다.

다시 95% 신뢰구간 185.5 ± 0.98이라는 값이 얻어진 과정을 살펴보자. 185.5라는 값은 표본평균이 $\bar{X}$이고, 모평균 μ에 대한 점추정값이다. 이 값을 중심으로 더하고 빼는 0.98을 **오차한계(margin of error)**라고 한다. 오차한계 0.98은 1.96과 $\sigma_{\bar{X}} = 0.5$의 곱으로 얻어지며 $\sigma_{\bar{X}}$를 $\bar{X}$의 표준편차, 즉 **표준오차(standard error)**라고 한다. 일반적으로 표준오차는 점추정량 또는 이것의 근사값에 대한 표준편차를 말한다. 표준오차와 곱해지는 1.96은 신뢰구간의 **임계값(critical value)**이라고 한다. 1.96이 95% 신뢰구간의 임계값인 이유는 모평균 μ를 중심으로 표준오차의 −1.96과 +1.96배가 되는 범위에서 정규분포곡선의 95% 면적이 얻어지기 때문이다.

요약

대부분의 신뢰구간은 다음의 형태로 표현된다.

$$\text{점추정값} \pm \text{오차한계}$$

여기서

$$\text{오차한계} = (\text{임계값}) \times (\text{표준오차})$$

이다.

일단 점추정값과 표준오차를 얻은 후에는 적절한 임계값을 갖도록 우리가 원하는 신뢰수준을 결정하여 신뢰구간을 계산할 수 있다. 예를 들어, μ에 대한 68% 신뢰구간을 다음과 같이 구할 수 있다. 모평균 μ을 중심으로 양쪽으로 $1.0\sigma_{\overline{X}}$ 떨어진 범위만큼의 넓이가 정규분포의 68% 해당한다는 사실을 알고 있으므로 임의의 표본에 대해서 임계값 1.0으로 계산한 신뢰구간은 68%가 모평균을 포함할 것이라고 알 수 있다. 따라서 배터리의 평균 CCA에 대한 68% 신뢰구간은 $185.5 \pm (1.0)(0.5)$, 즉 $(185.0,\ 186.0)$이다.

이제 임의의 신뢰수준에 대해서 신뢰구간을 얻는 방법을 살펴보자. 구체적으로 α가 0과 1 사이의 값을 갖는 값이라고 할 때, $100(1-\alpha)\%$를 신뢰수준으로 표기한다. 그림 5.4에 표본평균 $\overline{X}$의 분포를 나타내는 정규곡선이 있다. $z_{\alpha/2}$를 이 값보다 큰 오른쪽 꼬리에 해당하는 면적이 $\alpha/2$가 되는 z점수라고 하자. 예를 들어, z 분포표(표 A.2)에서 $z_{0.025} = 1.96$을 찾을 수 있는데, 이는 표준정규분포의 1.96보다 오른쪽 부분의 넓이가 2.5%가 되기 때문이다. 비슷하게 $-z_{\alpha/2}$는 분포의 왼쪽 꼬리에 해당하는 면적이 $\alpha/2$가 되는 값이다. 따라서 분포의 가운데 $1-\alpha$ 면적에 해당하는 구간은 $\mu \pm z_{\alpha/2}\sigma_{\overline{X}}$가 된다. 그림 5.2과 5.3을 통해 임의의 표본으로부터 계산된 신뢰구간 $\overline{X} \pm z_{\alpha/2}\sigma_{\overline{X}}$는 $1-\alpha$ 비율로 모평균 μ를 포함한다고 이해할 수 있다. 따라서 μ의 **$100(1-\alpha)\%$ 신뢰구간**은 임계값을 $z_{\alpha/2}$로 설정하여 얻어지고, $\overline{X} \pm z_{\alpha/2}\sigma_{\overline{X}}$, 즉 $\overline{X} \pm z_{\alpha/2}\sigma/\sqrt{n}$으로 계산된다.

참고할 것은 대표본이라 하더라도 $\overline{X}$의 분포는 단지 근사적으로 정규분포를 따르는 것이지 정확한 정규분포는 아니라는 것이다. 따라서 신뢰구간이 표현하는 '수준'이라는 것은 근사적인 값이다. 표본의 크기가 중심극한정리가 적용될 만큼 크다면, 근사수준과 정확한 수준 간의 차이는 현실적으로는 무시할 수 있다.

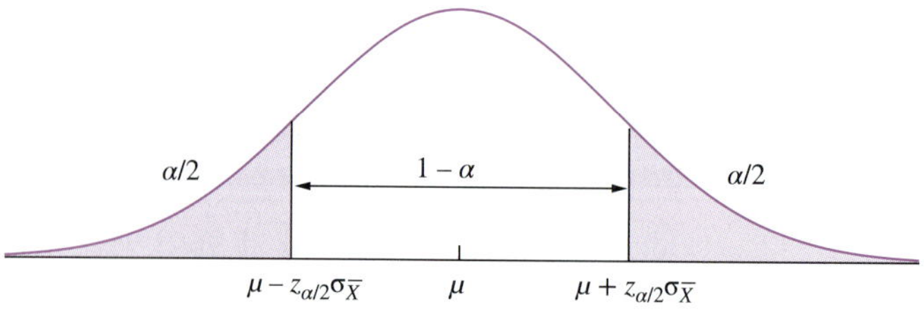

그림 5.4 표본평균 $\overline{X}$는 평균이 μ이고, 표준편차가 $\sigma_{\overline{X}} = \sigma/\sqrt{n}$인 정규분포를 따른다. $z_{\alpha/2}$는 표준정규분포의 오른쪽 꼬리의 넓이가 $\alpha/2$가 되는 z점수이다. 동일한 모집단으로부터 추출된 임의의 표본에 계산된 구간 $\overline{X} \pm z_{\alpha/2}\sigma_{\overline{X}}$ 중에서 $1-\alpha$ 비율은 모평균 μ을 포함한다. 따라서 $X \pm z_{\alpha/2}\sigma_{\overline{X}}$은 μ에 대한 $100(1-\alpha)\%$ 신뢰구간이다.

요약

$X_1, \cdots, X_n$을 평균이 μ이고, 표준편차가 σ인 모집단에서 추출된 큰$(n>30)$ 확률표본이라고 하면, $\overline{X}$는 근사적으로 정규분포를 따른다. 그러면 μ에 대한 $100(1-\alpha)\%$ 신뢰구간은

$$\overline{X} \pm z_{\alpha/2}\sigma_{\overline{X}} \tag{5.4}$$

이고, $\sigma_{\overline{X}} = \sigma/\sqrt{n}$이다. σ가 미지일 때는 표본표준편차 s로 대체할 수 있다.

특히,

- $\overline{X} \pm \dfrac{s}{\sqrt{n}}$는 μ에 대한 68% 신뢰구간이다.
- $\overline{X} \pm 1.645\dfrac{s}{\sqrt{n}}$는 μ에 대한 90% 신뢰구간이다.
- $\overline{X} \pm 1.96\dfrac{s}{\sqrt{n}}$는 μ에 대한 95% 신뢰구간이다.
- $\overline{X} \pm 2.58\dfrac{s}{\sqrt{n}}$는 μ에 대한 99% 신뢰구간이다.
- $\overline{X} \pm 3\dfrac{s}{\sqrt{n}}$는 μ에 대한 99.7% 신뢰구간이다.

예제 5.3

100개의 배터리에서 측정한 CCA의 표본평균과 표본표준편차가 각각 $\overline{X}=185.5$, $s=5.0$이다. 배터리의 평균 전류량에 대한 85% 신뢰구간을 구하시오.

풀이

먼저 점추정값, 표준오차, 임계값을 구한다. 점추정값은 $\overline{X}=185.5$이고, 표준오차 $\sigma_{\overline{X}}$는 근사적으로 $\sigma_{\overline{X}} \approx s/\sqrt{n}=0.5$이다. 85% 신뢰구간에 대한 임계값을 구하기 위해 $1-\alpha=0.85$라 하면 $\alpha=0.15$이고, $\alpha/2=0.075$이다. 표준정규분포의 오른쪽 꼬리 면적이 0.075가 되게 하는 z점수를 z 분포표에서 구하면 $z_{0.075}=1.44$이다. 따라서 오차한계는 $(1.44)(0.5)=0.72$이다. 85% 신뢰구간은 185.5 ± 0.72, 즉 $(184.78, 186.22)$이다.

예제 5.4

"A Non–Local Approach to Model the Combined Effects of Fequency Defects and Sho–Peening on the Fatigue Strength of a Pearlitic Steel" (B. Gerin, E. Pessard, et al., *Theoretical and Applied Fracture Mechanics*, 2018: 19–32)에 보고된 바에 따르면, 피로시험을 시행한 70개의 연결봉에 대한 평균 피로강도는 408.2(단위는 MPa)이고, 표준편차는 72.9였다고 한다. 이 자료로부터 평균 피로강도에 대한 95% 신뢰구간을 구하시오.

풀이

먼저 문제를 통계적 언어로 표현하자. 우리는 강도에 대한 확률표본 $X_1, \cdots, X_{70}$을 가지고 있다. 표본평균과 표준편차는 각각 $\overline{X}=408.20$이고 $s=72.9$이다. 모평균 μ는 알려지지 않았다.

신뢰구간은 식 (5.1)처럼 $\overline{X} \pm z_{\alpha/2}\sigma_{\overline{X}}$의 형태로 표현된다. 95% 신뢰구간을 구해야 하므로 $1-\alpha=0.95$이다. 따라서 $\alpha=0.05$이고, $z_{\alpha/2}=1.96$이다. 모표준편차 σ는 $s=72.9$로 근사할 수 있으므로 $\sigma_{\overline{X}} \approx 72.9/\sqrt{70}=8.7132$이다. 따라서 95% 신뢰구간은 $408.2 \pm (1.96)(8.7132)$이다. 또는 408.20 ± 17.08이나 $(391.12, 425.28)$.로 나타낼 수 있다.

다음 컴퓨터 계산 결과(Excel)는 예제 5.4의 95% 신뢰구간 계산 결과를 나타내고 있다. 여기서 '평균의 표준편차'라고 표시된 값은 표본평균에 대한 표준편차 $\sigma_{\overline{X}}$의 근사값인 $s/\sqrt{n}$이다.

가정한 표준편차	72.90000	
표본수	70	
평균	408.20000	
평균의 표준편차	8.71322	
95% 신뢰구간	391.12241	425.27759

예제 5.5

예제 5.4의 데이터를 사용하여 80% 신뢰구간을 구하시오.

풀이

80% 신뢰구간을 구하기 위해 $1-\alpha=0.8$로 하면 $\alpha=0.2$이다. z점수 $z_{0.10}$은 표준정규분포의 오른쪽 꼬리 넓이가 10%가 되는 위치이고, 그 값은 $z_{0.10}=1.28$이다. 따라서 80% 신뢰구간은 $408.20\pm(1.28)(8.7132)$이다. 또는 408.20 ± 11.15나 (397.05, 419.35)로 나타낼 수 있다.

앞에서 주어진 신뢰수준에 대해 신뢰구간을 어떻게 구하는지 살펴보았다. 다음 예제에서 주어진 신뢰구간에 대해 신뢰수준을 구하는 방법을 살펴보자.

예제 5.6

예제 5.4의 피로강도 데이터로부터 엔지니어가 신뢰구간을 (393.86, 422.54)로 계산하여 보고했는데 신뢰수준을 표시하지 않았다. 이 신뢰구간의 신뢰수준은 얼마인지 구하시오.

풀이

신뢰구간은 $\overline{X}\pm z_{\alpha/2}s/\sqrt{n}$의 형태를 갖는다. 이 문제에서는 $z_{\alpha/2}$를 z표에서 구한 다음에 α의 값을 찾는다. 먼저 $\overline{X}=408.20$, $s=72.9$, $n=70$이다. 주어진 신뢰상한은 422.54이므로 $422.54=408.20+z_{\alpha/2}(72.9/\sqrt{70})$으로 계산된다. 따라서 $z_{\alpha/2}=1.646$이다. z 분포표에 따라 1.646보다 오른쪽 영역의 면적인 $\alpha/2$는 약 0.05가 됨을 알 수 있다. 신뢰수준 $100(1-\alpha)\%$는 90%이다.

신뢰구간에 대한 설명

어떤 구간에 대한 신뢰수준은 구간을 계산한 방법에 대한 신뢰도를 측정한다. 신뢰구간의 $100(1-\alpha)\%$ 수준이라는 것은 장기적으로 계속해서 신뢰구간을 구할 때, 이 구간이 $1-\alpha$의 비율로 모평균 μ를 포함할 것을 의미한다. 신뢰수준을 높이게 되면 오차한계가 넓어져 정교하지 못한 정보를 제공하므로 신뢰수준을 결정할 때는 적절한 균형이 필요하다. 예를 들어, 68% 신뢰구간은 모평균을 표본평균의 $\pm1.0\sigma_{\overline{X}}$ 범위로 추정하지만, 95% 신뢰구간은 $\pm1.96\sigma_{\overline{X}}$ 범위로 추정하기 때문에 68% 신뢰구간과 비교하면 절반 수준의 정밀도(precision)를 갖는다. 그림 5.5는 신뢰구간과 정밀도의 trade-off 관계를 표현하고 있다. 모평균이 μ인 모집단으로부터 100개의 표본집단이 구해졌다고 가정하자. 그림 5.5(b)는 100개의 표본에서 각각 계산된 95% 신뢰구간을 나타낸다. 각 표본의 표본평균 $\overline{X}$가 다르게 얻어지므로 신뢰구간도 저마다 다른 값을 갖는다(신뢰구간에 미치는 영향은 표본평균보다는 적지만 σ의 근사값인 표본표준편차 s도 모두 다르다). 대략 95%의 신뢰구간들이 모평균 μ를 포함하고 있음을 알 수 있다. 그림 5.5(a)에는 같은 표본들에 대해서 68% 신뢰구간을 나타낸다. 이 구간은 더욱 정밀하지만(구간이 좁지만), 다수의 신뢰구간이 모평균을 포함하고 있지 못함을 알 수 있다. 그림 5.5(c)에는 99.7% 신뢰구간을 나타내는데 신뢰도가 매우 높다. 장기적으로 1,000개의 신뢰구간을 구한다면, 이 중 3개 정도가 모평균을 포함하지 못할 것이다. 하지만 이 신뢰구간들은 정밀하지 못하고(구간이 넓고), 많은 정보를 담고 있지 못하다.

실제로 신뢰수준은 대개 95%가 많이 쓰인다. 대부분의 응용사례에서 이 신뢰구간은 신뢰도와 정밀도의 적절한 절충안이 된다. 90% 미만의 신뢰수준은 거의 쓰이지 않는다. 몇몇 품질보증 사례에서 제품의 신뢰도가 아주 중요한 경우에는 99.7%와 같은 높은 신뢰수준이 쓰이기도 한다.

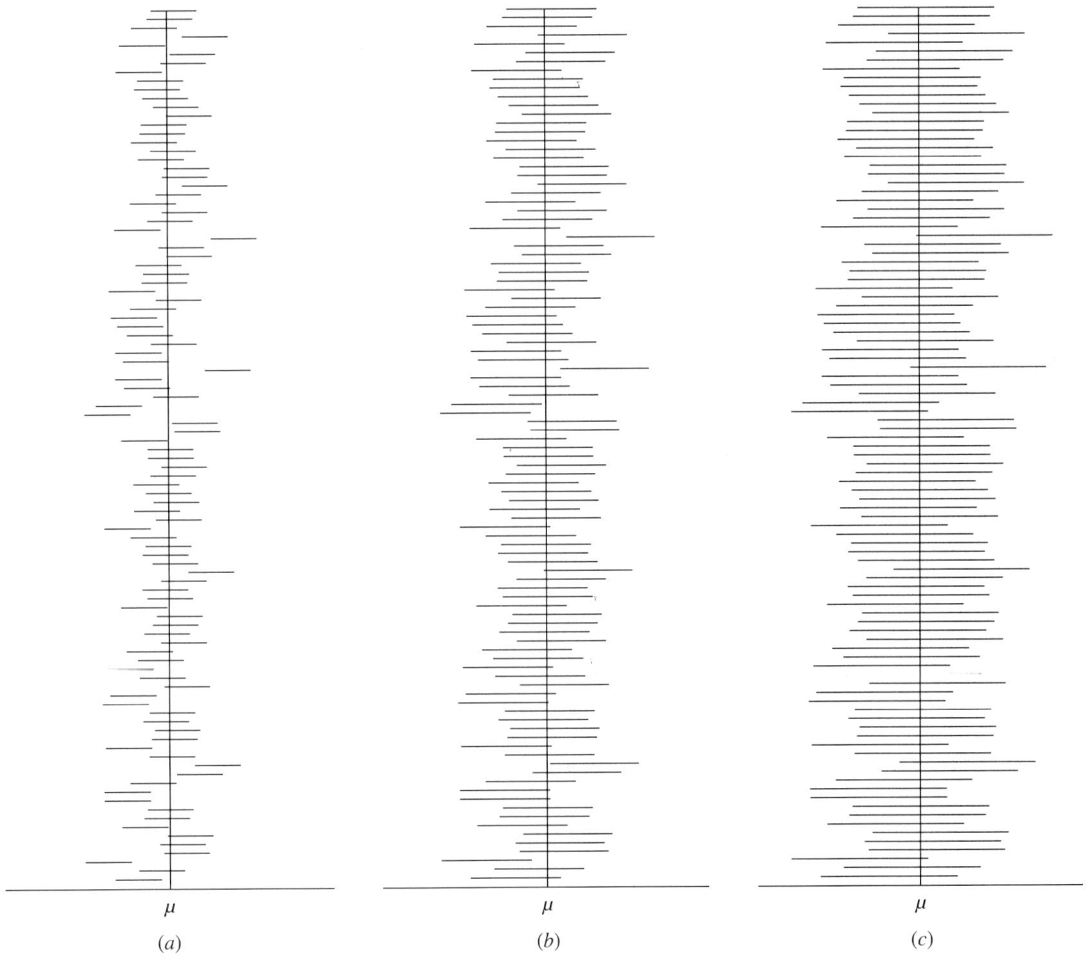

그림 5.5 (a) 모평균에 대한 100개의 68% 신뢰구간. 각각의 신뢰구간은 다른 표본으로 계산된 것이다. 32%의 신뢰구간은 모평균을 포함하지 못하고 있으므로 68% 신뢰구간은 실용적으로는 받아들이기 어려운 수준이다. (b) 앞서 계산된 표본으로 계산된 모평균에 대한 95% 신뢰구간. 이 구간은 신뢰도와 정밀도 사이에서 적절한 균형을 유지하고 있다. (c) 같은 표본으로 계산된 99.7% 신뢰구간. 1,000개 중 3개만 모평균을 포함하지 못하므로 신뢰도는 아주 높지만 낮은 정밀도를 갖는다.

확률 대 신뢰

이 장에서 논의한 저온시동 전류량(CCA) 예제에서 모평균 μ에 대한 95% 신뢰구간은 (184.52, 186.48)로 계산되었다. 이 결과에 대해 모평균이 184.52에서 186.48 사이에 존재할 '확률'이 95%라고 말하는 것은 그럴듯한 표현이다. 하지만 이 표현은 잘못된 것이다. '확률'이라는 용어는 시행을 반복할 때마다 다른 값이 얻어지는 확률 사건에 대한 것이다. 184.52와 186.48이라는 값은 확률변수가 아닌 고정된 값이다. 모평균 역시 고정된 값이다. 평균 전류량은 구간 184.52에서 186.48 사이에 존재하거나 그렇지 않은 경우로 나뉜다. 여기에서는 무작위성이 존재하지 않기 때문에 우리는 95% 확신(확률이 아닌)을 가지고 모평균이 이 구간에 포함된다고 표현하는 것이다.

다른 측면으로 95% 신뢰구간을 계산하는 **방법(method)**의 관점에서 살펴보자. 이 신뢰구간을 구하는 방법은 95%의 경우에는 모평균을 포함하고, 나머지 5%의 경우는 포함하지 않는다. 이때 신뢰구간이 모평균을 포함하는지는 실험마다 표본이 달라지므로 확률사건이다. 따라서 95% 신뢰구간을 계산하는 방법은 95%의 확률로 모평균을 포함한다고 말할 수 있다.

예제 5.7

저항(resistor)에 대한 평균저항(단위는 Ω)의 90% 신뢰구간이 (1.43, 1.56)으로 계산되었다. 다음 문장에 대해 참 또는 거짓을 답하시오.

1.43과 1.56 사이에 이 저항의 평균저항값이 존재할 확률이 90%이다.

풀이

거짓이다. 특정한 신뢰구간이 주어졌다. 모평균은 이 구간에 포함되거나 그렇지 않을 것이다. 우리는 모평균이 1.43과 1.56 사이에 존재할 거라고 90%의 확신(confident)을 갖는 것이므로, '확률'이라는 표현은 부적절하다.

예제 5.8

어떤 엔지니어가 특정한 타입의 저항에 대한 평균저항의 90% 신뢰구간을 구하려고 한다. 엔지니어는 대표본의 저항값을 측정하여, $\overline{X}$와 s를 구하고 구간 $\overline{X} \pm 1.645s/\sqrt{n}$을 계산했다. 다음 문장에 대해 참 또는 거짓을 답하시오.

모평균저항이 이 구간에 포함될 확률이 90%이다.

풀이

참이다. 여기에서는 특정한 수치보다 신뢰구간을 계산하는 방법을 설명하고 있다. 90% 신뢰구간을 계산하는 방법이 모평균을 포함할 확률이 90%라는 것은 올바른 표현이다.

정해진 폭을 갖는 신뢰구간에 필요한 표본크기의 결정

예제 5.4에서 95% 신뢰구간이 12.68 ± 1.89 또는 (10.79, 14.57)로 주어졌다. 이 구간은 평균을 중심으로 ± 1.89 범위 내로 명시하고 있다. 이 구간이 실용적으로 쓰기에는 너무 넓고, 95% 신뢰구간의 폭이 평균을 중심으로 ± 0.50 범위 내로 얻어지는 것이 바람직하다고 해보자. 이를 위해서는, 표본의 크기가 반드시 증가해야 한다. 여기서는 주어진 폭을 만족하는 신뢰구간을 얻기 위해서 필요한 표본의 크기를 구하는 방법을 소개한다.

신뢰구간의 폭은 $\pm z_{\alpha/2}\sigma/\sqrt{n}$이다. 만약 구하고자 하는 폭을 $\pm w$라고 표시한다면 $w =$

$z_{\alpha/2}\sigma/\sqrt{n}$이다. 이 방정식을 n에 대해 풀면 $n = z_{\alpha/2}^2\sigma^2/w^2$을 얻는다. 이 식은 폭을 $\pm w$로 갖는 $100(1-\alpha)\%$ 신뢰구간을 구하기 위해 필요한 표본크기 n을 찾는 데 사용될 수 있다.

요약

폭을 $\pm w$로 갖는 $100(1-\alpha)\%$ 신뢰구간을 구하기 위해 필요한 표본크기 n은 다음과 같다.

$$n = \frac{z_{\alpha/2}^2\sigma^2}{w^2} \tag{5.5}$$

예제 5.9

예제 5.3에서 100개의 배터리에서 얻어진 전류량의 표본표준편차는 $s = 5.0$ A였다. 99% 신뢰구간의 폭이 ± 1.0 A가 되려면 표본이 몇 개나 얻어져야 하는지 구하시오.

풀이

신뢰수준이 99%이므로 $1-\alpha = 0.99$이다. 따라서 $\alpha = 0.01$이고 $z_{\alpha/2} = 2.58$이다. σ의 값은 $s = 5.0$으로 추정되었다. 필요한 표본크기를 $w = 1.0$으로 하여 위의 값을 식 (5.5)에 대입하면 $n \approx 167$을 얻을 수 있다.

단측신뢰구간

지금까지는 신뢰하한(lower bound)과 상한(upper bound)을 모두 갖는 **양측신뢰구간(two-sided confidence interval)**을 다루었다. 때로는 이 중 한쪽에만 관심이 있는 경우가 있는데 이때 **단측신뢰구간(one-sided confidence interval)**을 구하는 것이 적절하다. 예를 들어, 엔지니어가 자재의 적절한 활용분야를 결정하기 위해서 어떤 콘크리트 블록의 평균 파괴강도를 추정한다고 하자. 이 엔지니어가 활용분야를 결정하기 위한 사양에는 일반적으로 최소강도만을 요구하므로 강도의 하한(lower bound)에만 관심이 있을 것이다.

대표본에서 구한 표본평균 $\overline{X}$와 표준편차 $\sigma_{\overline{X}}$가 있다고 가정한다. 그림 5.6은 모평균 μ에 대한 단측신뢰구간을 구하기 위한 개념을 소개하고 있다. 그림의 정규분포 곡선은 $\overline{X}$의 분포를

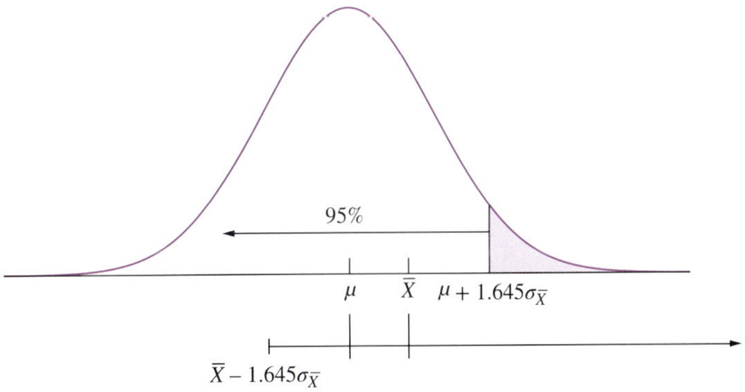

그림 5.6 표본평균 $\overline{X}$가 평균이 μ이고 표준편차가 $\sigma_{\overline{X}} = \sigma/\sqrt{n}$인 정규분포로부터 얻어졌다. 이 표본의 평균은 표본평균분포의 왼쪽 95% 범위에 속해있으므로 95% 단측신뢰구간 $(\overline{X} - 1.645\sigma_{\overline{X}}, \infty)$은 표본평균 μ를 포함한다.

나타내는데, 모든 가능한 표본으로부터 계산된 95%의 표본평균은 $\overline{X} < \mu + 1.645\sigma_{\overline{X}}$을 만족할 것이다. 따라서 신뢰구간 $(\overline{X} - 1.645\sigma_{\overline{X}}, \infty)$은 같은 원리로 모평균 μ를 포함하게 된다. 이 신뢰구간은 표본의 평균이 분포의 상위 5%에 속할 때만 모평균 μ를 포함하지 않는다. 신뢰구간 $(\overline{X} - 1.645\sigma_{\overline{X}}, \infty)$은 모평균 μ에 대한 95% 단측신뢰구간이며, $\overline{X} - 1.645\sigma_{\overline{X}}$는 μ에 대한 95% 신뢰하한이 된다.

그림 5.6과는 반대로 하위 5%가 색칠된 분포를 생각해 보면, $\overline{X} + 1.645\sigma_{\overline{X}}$는 μ에 대한 95% 신뢰상한으로 볼 수 있다. 이제 원하는 신뢰수준에서 단측신뢰구간을 계산하는 방법으로 일반화해보자. z_α를 정규분포에서 우측으로 α 만큼의 넓이를 갖도록 하는 z점수라고 하자. 예를 들어서, $z_{0.05} = 1.645$이다. 그러면, μ에 대한 $100(1-\alpha)\%$ 신뢰하한(lower confidence bound)은 $\overline{X} - z_\alpha\sigma_{\overline{X}}$이고, $100(1-\alpha)\%$ 신뢰상한(upper confidence bound)은 $\overline{X} + z_\alpha\sigma_{\overline{X}}$가 된다.

점추정값($\overline{X}$)과 표준오차($\sigma_{\overline{X}}$)는 단측 및 양측신뢰구간 계산에서 동일한 값을 가진다. 단측신뢰구간은 양측신뢰구간과 두 가지 차이점이 있다. 첫 번째, 단측신뢰구간의 임계값은 $z_{\alpha/2}$가 아닌 z_α이다. 두 번째, 단측신뢰구간에서는 신뢰상한 또는 신뢰하한을 구하기 위해 점추정값에 오차한계를 더하거나 빼기만 하지만, 양측신뢰구간에서는 동시에 더하고 빼는 과정을 통해 '구간'을 산출한다.

요약

$X_1, \cdots, X_n$을 평균이 μ이고 표준편차가 σ인 모집단으로부터 추출된 대$(n > 30)$ 확률표본이라고 하면, $\overline{X}$는 근사적으로 정규분포를 따른다. 그러면 μ에 대한 $100(1-\alpha)\%$ 신뢰하한은

$$\overline{X} - z_\alpha\sigma_{\overline{X}} \tag{5.6}$$

이고, μ에 대한 $100(1-\alpha)\%$ 신뢰상한은

$$\overline{X} + z_\alpha\sigma_{\overline{X}} \tag{5.7}$$

이다. 이때 $\sigma_{\overline{X}} = \sigma/\sqrt{n}$이며 σ가 알려지지 않은 경우 표본표준편차 s로 대체할 수 있다.

특히,

- $\overline{X} + 1.28\dfrac{s}{\sqrt{n}}$은 μ에 대한 90% 신뢰상한이다.
- $\overline{X} + 1.645\dfrac{s}{\sqrt{n}}$은 μ에 대한 95% 신뢰상한이다.
- $\overline{X} + 2.33\dfrac{s}{\sqrt{n}}$은 μ에 대한 99% 신뢰상한이다.

위에 대응되는 신뢰하한은 부호 +를 −로 대체하면 된다.

예제 5.10

예제 5.4를 참조하여 평균 피로강도에 대한 95% 신뢰하한과 99% 신뢰상한을 구하시오.

풀이

표본평균과 표본표준편차는 각각 $\overline{X} = 408.20$, $s = 72.88$이다. 표본크기는 $n = 70$이다. 이로부터 표본평균에 대한 표준편차 $\sigma_{\overline{X}} \approx 8.7108$이 얻어진다. 95% 신뢰하한은 $\overline{X} - 1.645\sigma_{\overline{X}} = 393.87$이고, 99% 신뢰상한은 $\overline{X} + 2.33\sigma_{\overline{X}} = 428.50$이다.

5.2 연습문제

1. 다음 주어진 값의 신뢰구간을 구하기 위한 수식 (5.4)의 $z_{\alpha/2}$를 구하시오.

a. 90%

b. 83%

c. 99.5%

d. 75%

2. 신뢰수준이 높아질수록, 신뢰도는 (높아 / 낮아)지고, 정밀도는 (높아 / 낮아)진다.

3. 콜레스테롤 수치를 낮추는 약물실험을 시행한 114명의 환자 표본이 있다. 콜레스테롤 저감효과(단위는 mmol/L)에 대한 95% 신뢰구간은 (0.88, 1.02)로 얻어졌다.

a. 콜레스테롤 저감수치의 표본평균은 얼마인지 구하시오.

b. 저감수치에 대한 표본표준편차는 얼마인지 구하시오.

4. 100개의 금속용기의 두께는 평균 8.1 mm, 표준편차 0.5 mm로 주어졌다.

a. 이 금속용기의 평균두께에 대한 95% 신뢰구간을 구하시오.

b. 이 금속용기의 평균두께에 대한 99% 신뢰구간을 구하시오.

c. 한 엔지니어가 평균두께가 8.02 mm에서 8.18 mm 사이라고 주장하였다. 이 주장의 신뢰수준은 어느 정도인지 구하시오.

d. 금속용기의 평균두께에 대한 95% 신뢰구간 폭이 ±8.08 mm 이내가 되려면 표본크기는 대략 얼마 정도 필요한지 구하시오.

e. 금속용기의 평균두께에 대한 99% 신뢰구간 폭이 ±8.08 mm 이내가 되려면 표본크기는 대략 얼마 정도 필요한지 구하시오.

5. 75개의 콘크리트 블록의 평균무게는 38.3 kg이고 표준편차는 0.6 kg이다.

a. 이 콘크리트 블록의 평균무게에 대한 95% 신뢰구간을 구하시오.

b. 이 콘크리트 블록의 평균무게에 대한 99% 신뢰구간을 구하시오.

c. 한 엔지니어가 평균무게가 38.2 kg에서 38.4 kg 사이라고 주장했다. 이 주장의 신뢰수준은 어느 정도인지 구하시오.

d. 콘크리트 블록의 평균무게에 대한 95% 신뢰구간의 폭이 ±0.1 kg 이내가 되려면 표본을 몇 개 얻어야 하는지 구하시오.

e. 콘크리트 블록의 평균무게에 대한 99% 신뢰구간의 폭이 ±0.1 kg 이내가 되려면 표본을 몇 개 얻어야 하는지 구하시오.

6. 80개의 전구에 대해 평균수명은 1,217시간이고 표준편차가 52시간으로 측정되었다.

a. 이 전구의 평균수명에 대한 95% 신뢰구간을 구하시오.

b. 이 전구의 평균수명에 대한 98% 신뢰구간을 구하시오.

c. 한 엔지니어가 전구의 평균수명은 1,208시간에서 1,226시간 사이라고 주장하였다. 이 주장의 신뢰수준은 얼마인지 구하시오.

d. 평균수명의 95% 신뢰구간의 폭이 ±8시간 이내가 되려면 몇 개의 전구를 평가해야 하는지 구하시오.

e. 평균수명의 98% 신뢰구간의 폭이 ±8시간 이내가 되려면 몇 개의 전구를 평가해야 하는지 구하시오.

7. 어떤 아침 식사용 시리얼 1회 제공량의 표본을 140회 추출하여 설탕 함유량을 측정했을 때, 평균은 11.9 g이고 표준편차는 1.1 g으로 얻어졌다.

a. 평균 설탕 함유량에 대한 95% 신뢰구간을 구하시오.

b. 평균 설탕 함유량에 대한 99% 신뢰구간을 구하시오.

c. 구간 (11.81, 11.99)에 대한 신뢰수준은 얼마인지 구하시오.

d. 95% 신뢰구간의 폭이 ±0.1 이내가 되려면 얼마나 많은 표본이 필요한지 구하시오.

e. 99% 신뢰구간의 폭이 ±0.1 이내가 되려면 얼마나 많은 표본이 필요한지 구하시오.

8. 연습문제 4번에 대해 다음 물음에 답하시오.

a. 평균두께에 대한 95% 신뢰하한을 구하시오.
b. 누군가 평균두께는 8.2 mm보다 작다고 했을 때, 이 주장에 대한 신뢰수준을 구하시오.

9. 연습문제 5번에 대해 다음 물음에 답하시오.
a. 평균무게에 대한 95% 신뢰하한을 구하시오.
b. 어떤 엔지니어가 평균무게는 38.25 kg보다 크다고 주장했을 때, 이 주장에 대한 신뢰수준을 구하시오.

10. 연습문제 6번에 대해 다음 물음에 답하시오.
a. 평균수명에 대한 90% 신뢰상한을 구하시오.
b. 누군가 평균수명이 1,220시간보다 작다고 했을 때, 이 주장에 대한 신뢰수준을 구하시오.

11. 연습문제 7번에 대해 다음 물음에 답하시오.
a. 평균 설탕 함유량에 대한 95% 신뢰상한을 구하시오.
b. 평균 설탕 함유량이 11.7 g보다 크다는 주장에 대한 신뢰수준을 구하시오.

5.3 비율에 대한 신뢰구간

5.2절에 소개된 방법, 특히 식 (5.4)는 대표본으로 얻어진 모평균의 신뢰구간을 구하는 데 사용될 수 있다. 이 절에서는 이 방법을 모집단의 비율에 대한 신뢰구간을 구하기 위해 어떻게 적용할 수 있는지 소개한다. 예를 살펴보자.

예제 5.4에서 저탄소 합금강을 시추할 때 마이크로드릴에 대한 평균수명의 신뢰구간을 구하였다. 여기서 드릴의 제품규격을 고장나기 전까지 적어도 10개의 구멍을 뚫을 수 있어야 한다고 가정하자. 144개의 마이크로드릴을 테스트했을 때, 120개인 83.3%가 이 규격을 만족했다. p를 마이크로드릴 모집단에서 규격을 만족하는 비율이라고 하자. 비율 p에 대한 95% 신뢰구간을 얻고 싶다면, 점추정값, 임계값, 표준오차를 구해야 한다.

점추정값을 계산하는 방법에는 2가지가 있다. 오랜 역사를 가진 전통적인 방법과 좀 더 정확한 것으로 알려진 최신의 방법이다. 최신방법을 쓰는 것이 바람직하지만, 전통적인 방법도 여전히 자주 쓰이므로 이를 이해하는 것 또한 중요하다.

먼저 전통적인 방법부터 살펴보자. p에 대한 점추정값을 구할 때, X를 표본에서 규격을 만족하는 드릴의 개수라고 가정하자. 그러면 $X \sim \text{Bin}(n, p)$를 따르고 $n=144$이다. p에 대한 추정값은 $\hat{p}=X/n$이 된다. 위의 예시에 따르면 $X=120$이므로 $\hat{p}=120/144=0.833$이다.

표본의 크기가 충분히 크기 때문에 중심극한정리(4.8절의 식 (4.35))에 의해 확률변수 X는 다음의 정규분포를 따른다.

$$X \sim N(np, np(1-p))$$

$\hat{p}=X/n$이므로 다음을 구할 수 있다.

$$\hat{p} \sim N\left(p, \frac{p(1-p)}{n}\right)$$

여기서 $\hat{p}$의 표준편차는 $\sigma_{\hat{p}} = \sqrt{p(1-p)/n}$이다. 하지만 위 식에는 알려지지 않은 모수 p가 포함되어 있으므로 신뢰구간을 계산하는 데 사용할 수 없다. 전통적인 방법에서는 이 p값을 $\hat{p}$으로 대체하여 $\sqrt{\hat{p}(1-\hat{p})/n}$로 계산한다. 점추정값 $\hat{p}$이 근사적으로 정규분포를 따르므로 95% 신뢰구간의 임계값은 z 분포표로부터 얻은 1.96이다. 따라서 전통적인 95% 신뢰구간은

$\hat{p} \pm 1.96\sqrt{\hat{p}(1-\hat{p})/n}$이다.

시뮬레이션 연구를 포함한 최근 연구결과에 따르면, n과 $\hat{p}$을 약간 수정할 경우 신뢰구간이 개선될 수 있음을 보였다. 구체적으로 시행횟수에 4를 더하고 성공횟수에 2를 더하는, 즉 n 대신에 $\tilde{n}=n+4$, $\hat{p}$ 대신에 $\tilde{p}=(X+2)/\tilde{n}$을 사용한다. 그러면 p에 대한 95% 신뢰구간은 $\tilde{p} \pm 1.96\sqrt{\tilde{p}(1-\tilde{p})/\tilde{n}}$이 된다. 위의 예시에 따르면, $\tilde{n}=148$, $\tilde{p}=122/148=0.8243$으로 대체하여 95% 신뢰구간은 0.8243 ± 0.0613 또는 $(0.763, 0.886)$이 된다.

중심극한정리에 근거하여 이러한 방식으로 구한 신뢰구간이 n이 충분히 큰 경우에 타당함을 보였다. 하지만 이 방법으로 계산된 신뢰구간은 어떤 표본크기 n에 대해서도 사용할 수 있다. 작은 표본으로 신뢰구간을 구할 때, 때때로 신뢰구간의 하한이 0보다 작거나 상한이 1보다 큰 경우가 발생할 수 있다. 이 경우에는 $0<p<1$,이므로 0보다 작은 신뢰하한이나 1보다 큰 신뢰상한은 0과 1로 수정한다.

요약

X를 성공확률이 p인 n번의 독립적인 베르누이 시행으로부터 얻어진 성공횟수라고 하면, $X \sim \text{Bin}(n, p)$이다.

$\tilde{n}=n+4$와 $\tilde{p} = \dfrac{X+2}{\tilde{n}}$로 정의하면, p에 대한 $100(1-\alpha)\%$ 신뢰구간은

$$\tilde{p} \pm z_{\alpha/2}\sqrt{\frac{\tilde{p}(1-\tilde{p})}{\tilde{n}}} \qquad (5.8)$$

이다. 만일 신뢰하한이 0보다 작거나 신뢰상한이 1보다 크면 각각 0과 1로 수정한다.

식 (5.8)에 주어진 신뢰구간은 이 방법을 개발한 Alan Agresti와 Brent Coull의 이름을 따서 Agresti–Coull 신뢰구간으로 부르기도 한다. 이 신뢰구간에 대한 더 자세한 정보는 "Approximate Is Better Than 'Exact' for Interval Estimation of Binomial Proportions" (A. Agresti and B. Coull, The American Statisticain, 1998: 119–126)을 참고하라.

예제 5.11

전방 십자인대 파열(The anterior cruciate ligament, ACL)은 무릎 중앙에서 대각선으로 질러서 발생한다. 논문 "Return to Sport After Pediatric Anterior Cruciate Ligament Reconstruction and Its Effect on Subsequent Anterior Cruciate Ligament Injury" (T. Dekker, J. Godin, et al., Journal of Bone and Joint Surgery, 2017: 897–904)에서는 ACL 부상을 입은 85명의 어린 운동선수를 조사하였다. 85명 중 왼쪽 무릎부상은 51명이었고, 오른쪽 무릎부상은 34명이었다. 왼쪽 무릎을 다친 ACL 부상의 비율에 대한 90% 신뢰구간을 구하시오.

풀이

성공횟수 X가 51이고, 시행횟수 n은 85이다. 따라서 $\tilde{n}=85+4=89$, $\tilde{p}=(51+2)/89=0.5955$이고, $\sqrt{\tilde{p}(1-\tilde{p})/\tilde{n}}=0.0520$이다. 90% 신뢰구간을 구하기 위해 $\alpha/2=0.05$이므로 임계값은 $z_{\alpha/2}=1.645$이다. 따라서 90% 신뢰구간은 $0.5955 \pm (1.645)(0.0520)$ 또는 $(0.510, 0.681)$이다.

마찬가지로 단측신뢰구간도 계산할 수 있다. 5.2절의 식 (5.6)과 (5.7)의 모평균의 단측신뢰구

간과 유사하다. 단측신뢰구간의 신뢰수준은 적은 표본인 경우에는 대략적인 근사값을 얻는다.

요약

X를 성공확률이 p인 n번의 독립적인 베르누이 시행으로부터 얻어진 성공횟수라고 하면, $X \sim \text{Bin}(n, p)$이다.

$\tilde{n}=n+4$와 $\tilde{p} = \dfrac{X+2}{\tilde{n}}$로 정의하면, p에 대한 $100(1-\alpha)\%$ 신뢰하한은

$$\tilde{p} - z_\alpha \sqrt{\frac{\tilde{p}(1-\tilde{p})}{\tilde{n}}} \tag{5.9}$$

이고, p에 대한 $100(1-\alpha)\%$ 신뢰상한은

$$\tilde{p} + z_\alpha \sqrt{\frac{\tilde{p}(1-\tilde{p})}{\tilde{n}}} \tag{5.10}$$

이다. 만일 신뢰하한이 0보다 작거나 신뢰상한이 1보다 크면 각각 0과 1로 수정한다.

정해진 폭을 갖는 신뢰구간을 위해 필요한 표본크기의 결정

비율에 대한 신뢰구간의 폭은 $\pm z_{\alpha/2}\sqrt{\tilde{p}(1-\tilde{p})/\tilde{n}}$이다. 만일 바람직한 폭을 $\pm w$라고 표시한다면, $\tilde{n}=n+4$일 때 $w=\sqrt{\tilde{p}(1-\tilde{p})/\tilde{n}}$이다. 이 방정식을 n에 대해 풀면, $n=z^2_{\alpha/2}\tilde{p}(1-\tilde{p})/w^2-4$을 얻는다. 만일 $\tilde{p}$에 대한 정보가 주어졌다면, 이 방정식은 폭이 $\pm w$인 신뢰수준 $100(1-\alpha)\%$을 갖는 신뢰구간을 얻는 데 필요한 표본크기 n을 결정하기 위해 사용될 수 있다. $\tilde{p}$에 대한 정보가 주어지지 않았다면, $\tilde{p}=0.5$로 설정하여 $n=z^2_{\alpha/2}/4w^2-4$로 구할 수 있다. $\tilde{p}=0.5$로 설정하는 이유는 이 경우에 $\tilde{p}(1-\tilde{p})$가 최대가 되기 때문이다. 즉, 이 방식으로 n을 계산하면 보수적인 값을 얻게 되므로 어떤 $\tilde{p}$의 경우라도 신뢰구간의 폭이 $\pm w$ 보다 커지지 않게 된다.

요약

폭이 $\pm w$인 신뢰수준 $100(1-\alpha)\%$의 신뢰구간을 계산하는 데 필요한 표본크기 n은 다음과 같다.

$$n = \frac{z^2_{\alpha/2}\tilde{p}(1-\tilde{p})}{w^2} - 4, \text{ 추정치 } \tilde{p}\text{를 알 수 있는 경우} \tag{5.11}$$

$$n = \frac{z^2_{\alpha/2}}{4w^2} - 4, \text{ 추정치 } \tilde{p}\text{를 알 수 없는 경우} \tag{5.12}$$

예제 5.12

예제 5.11에서 95% 신뢰구간의 폭이 ±0.08이 되려면 표본크기가 얼마로 해야 하는지 구하시오.

풀이

원하는 신뢰수준이 95%이므로 임계값은 $z_{\alpha/2}=1.96$이다. 예제 5.11의 데이터에 따라 $\tilde{p}=0.5955$이므

로 $w=0.08$일 때의 값을 수식 (5.11)에 대입하면, $n \approx 141$을 얻는다.

예제 5.13

예제 5.11에서 표본에 대한 정보가 주어지지 않았을 때 95% 신뢰구간의 폭이 ±0.08보다 크지 않은 것을 보장하려면 표본크기를 얼마로 해야 하는지 구하시오.

풀이

원하는 신뢰수준이 95%이므로 임계값은 $z_{\alpha/2}=1.96$이다. $\tilde{p}$가 주어지지 않았으므로 $w=0.08$일 때의 값을 수식 (5.12)에 대입하면 $n \approx 147$을 얻는다. 예제 5.12에서 얻은 표본의 크기보다 다소 큰 값이 얻어진 것을 유의해야 한다.

전통적인 방법

비록 오래전 방법을 단순화한 형태이긴 하지만, 추천한 방법은 비교적 최근에 개발되었다. 대다수는 여전히 앞 절에서 설명한 전통적인 방법을 주로 사용하고 있다. 전통적인 방법은 $\tilde{n}$과 $\tilde{p}$ 대신에 실제 표본크기 n과 실제 표본비율 $\hat{p}$를 사용한다. 비록 이 방법이 여전히 널리 사용되고 있긴 하지만, 상당히 큰 표본크기 n에서도 명시된 포함확률을 만족하지 못한다. 즉, 전통적인 방법으로 계산된 $100(1-\alpha)\%$ 신뢰구간은 $100(1-\alpha)\%$ 보다 적은 비율로 모비율을 포함한다. 전통적인 방법은 소표본에 대해서는 전혀 신뢰수준을 만족하지 못한다. 표본크기에 대한 경험법칙은 $n\hat{p}$(성공횟수)와 $n(1-\hat{p})$(실패횟수)가 모두 10보다 큰 경우 바람직하다고 판단한다.

전통적인 법칙이 여전히 널리 사용되고 있으므로 다음과 같이 요약하였다. 매우 큰 표본에 대해서 전통적인 방법의 결과는 최신방법과 거의 동일한 결과를 갖는다. 소표본이거나 적당히 큰 표본에 대해서는 최신방법이 더 우수하다.

요약

비율에 대한 신뢰구간을 계산하는 전통적인 방법 (널리 사용되지만 추천하지는 않음)

$\hat{p}$를 성공확률이 p인 독립적인 베르누이 시행으로 대표본 n으로부터 얻어진 성공의 비율이라고 하자. 이때 p에 대한 전통적인 $100(1-\alpha)\%$ 신뢰구간은 다음과 같다.

$$\hat{p} \pm z_{\alpha/2}\sqrt{\frac{\hat{p}(1-\hat{p})}{n}} \tag{5.13}$$

이 방법은 표본에서 성공과 실패횟수가 각각 적어도 10회 이상 포함된 경우에만 사용해야 한다.

5.3 연습문제

1. 어떤 주에 등록된 차량 중 70대를 랜덤으로 추출해서 검사해보니 이 중 28대의 배출가스가 허용치를 초과하는 것으로 나타났다.

a. 표본에서 배출가스 허용치를 초과하는 차량의 비율을 구하시오.

b. 배출가스 허용치를 초과하는 차량의 비율에 대한 95% 신뢰구간을 구하시오.

c. 배출가스 허용치를 초과하는 차량의 비율에 대한 98% 신뢰구간을 구하시오.

d. 비율에 대한 95% 신뢰구간의 폭이 ±0.10 이내가 되려면 차량을 몇 대 검사해야 하는지 구하시오.

e. 비율에 대한 98% 신뢰구간의 폭이 ±0.10 이내가 되려면 차량을 몇 대 검사해야 하는지 구하시오.

2. 음료 제조업체가 외부업체로부터 알루미늄 캔을 구매한다. 대량의 구매물품 중에 70개의 캔을 무작위로 선택해서 측면에 힘을 가했을 때 파손이 생기는 강도를 측정했다. 이 중 52개가 파손저항기준을 만족했다.

a. 기준을 만족하는 알루미늄 캔의 비율에 대한 95% 신뢰구간을 구하시오.

b. 기준을 만족하는 알루미늄 캔의 비율에 대한 90% 신뢰구간을 구하시오.

c. 95% 신뢰구간의 폭이 ±0.05 이내가 되려면 표본이 얼마나 필요한지 구하시오.

c. 90% 신뢰구간의 폭이 ±0.05 이내가 되려면 표본이 얼마나 필요한지 구하시오.

3. 높은 혈당수치는 2종 당뇨병의 위험을 높이는데 관련이 있다. 혈당이 정상수치보다 높은 수준일 때를 '공복혈당장애'라고 한다. "Association of Low-Moderate Arsenic Exposure and ArsenicMetabolism with Incident Diabetes and Insulin Resistance in the Strong Heart Family Study" (M. Grau-Perez, C. Kuo, et al., *Environmental Health Perspecitve*, 2017, online)에서는 공복혈당장애를 겪는 환자 155명 중 47명이 2종 당뇨병을 앓고 있다고 보고하였다. 이 표본은 확률표본이라고 할 때 다음 물음에 답하시오.

a. 2종 당뇨병을 앓고 있는 공복혈당장애 환자의 비율에 대한 95% 신뢰구간을 구하시오.

b. 2종 당뇨병을 앓고 있는 공복혈당장애 환자의 비율에 대한 99% 신뢰구간을 구하시오.

c. 한 의사가 공복혈당장애를 앓는 사람 중 2종 당뇨병에 걸린 사람의 비율이 35% 미만이라고 주장했다. 이 주장에 대한 신뢰수준은 얼마인지 구하시오.

4. 연습문제 1번에 대해 배출가스 기준치를 초과하는 차량의 비율에 대한 95% 신뢰하한을 구하시오.

5. 신호등이 노란불로 바뀌면 당신은 멈추는가? 아니면 그대로 통과하는가? "Evaluation of Driver Behavior in Type II Dilemma Zones at High-Speed Signalized Intersections" (D. Hurwitz, M. Knodler, and B. Nyquist, *Journal of Transportation Engineering*, 2011: 277.286)에서는 교차로에서 차량으로 2.5초에서 5.5초 정도 거리의 구간을 '딜레마존'이라고 정의하였다. Vermont 주의 여러 교차로에서 노란불로 바뀔 때 딜레마존을 지나친 710대의 차량을 조사한 결과 89대가 신호를 무시하고 지나쳤다.

a. 딜레마존에서 노란불로 바뀌었을 때 신호를 무시하는 사람의 비율에 대한 90% 신뢰구간을 구하시오.

b. 딜레마존에서 노란불로 바뀌었을 때 신호를 무시하는 사람의 비율에 대한 95% 신뢰구간을 구하시오.

c. 딜레마존에서 노란불로 바뀌었을 때 신호를 무시하는 사람의 비율에 대한 99% 신뢰구간을 구하시오.

6. 어떤 사회학자가 컴퓨터 관련 직종에 종사하는 근로자를 조사해서 최근 일 년 동안 이직을 한 사람의 비율을 추정했다. 다음 물음에 답하시오.

a. 예비실험 데이터가 존재하지 않는 경우, 비율에 대한 95% 신뢰구간의 폭이 ±0.05 이내가 되도록 하려면 표본을 얼마나 추출해야 하는지 구하시오.

b. 100명의 근로자 중에서 20명이 지난 1년 동안 이직했다는 표본을 확보했다. 작년 한 해 동안 이직한 사람의 비율에 대한 95% 신뢰구간을 구하시오.

c. (b)의 데이터를 근거로, 비율에 대한 95% 신뢰구간의 폭이 ±0.05 이내가 되도록 하려면 표본을 얼마나 추출해야 하는지 구하시오.

7. "A Music Key Detection Method Based on Pitch Class Distribution Theory" (J. Sun, H. Li, and L.Ma, *International Journal of Knowledge-based and Intelligent Engineering Systems*, 2011: 165.175)에서는 전자음원의 키를 분석하는 방법을 소개하고 있다. 연구결과 335개의 클래식 음원 중에 293개의 키를 정확하게 식별하였다.

a. 제대로 키를 분류한 비율에 대한 90% 신뢰구간을 구하시오.

b. 제대로 키를 분류한 비율에 대한 90% 신뢰구간의 폭이 ±0.025 이내가 되도록 하려면 얼마나 많은 전자음원을 표본으로 추출해야 하는지 구하시오.

c. 다른 방법으로 키를 식별하는 방법을 테스트하려고 한다. 이때 새로운 방법이 정확하게 키를 분류하는 비율에 대한 정보가 주어지지 않았을 때, 비율에 대한 90% 신뢰구간의 폭이 ±0.05 이내가 되도록 하려면 표본이 몇 개나 필요한지 구하시오.

5.4 모평균의 소표본 신뢰구간

5.2절에서 살펴본 모평균의 신뢰구간을 구하는 방법은 많은 표본을 필요로 한다. 하지만 표본의 크기가 작은 경우, 일반적인 상황에서 우수한 신뢰구간을 구할 수 있는 방법은 존재하지 않는다. 모집단이 근사적으로 정규분포를 따르는 경우 모평균에 대한 신뢰구간을 구할 때 Student's t 분포를 사용할 수 있다. 이 절에서는 이 분포와 사용법을 살펴본다.

Student's *t* 분포

만약 $\overline{X}$가 평균이 μ이고 분산이 σ^2인 모집단으로부터 얻어진 표본크기가 n인 대표본의 평균이라고 가정하면, 중심극한정리에 의해 $\overline{X} \sim N(\mu, \sigma^2/n)$이 성립한다. 이때 통계량 $(\overline{X}-\mu)/(\sigma/\sqrt{n})$은 평균이 0이고 분산이 1인 정규분포를 따른다. 또한 표본표준편차 s는 거의 확실하게 모집단의 표준편차 σ에 가까운 값을 갖는다. 따라서 통계량 $(\overline{X}-\mu)/(s/\sqrt{n})$는 근사적으로 평균이 0이고 분산이 1인 정규분포를 따르므로 이 통계량에 대한 확률을 계산하기 위해 표준정규분포표(z 분포표)를 사용할 수 있다. 이러한 절차에 따라 5.2절의 방법으로 모평균 μ에 대한 다양한 신뢰수준에서의 신뢰구간을 계산할 수 있다.

소표본에 대해 주어진 평균 $\overline{X}$에 대해서는 어떻게 할 수 있을까? 만일 표본의 크기가 작다면 표본표준편차 s는 σ의 값과 가깝지 않을 수 있고, $\overline{X}$ 또한 근사적으로 정규분포를 따르지 않을 수도 있다. 하지만 모집단이 근사적으로 정규분포를 따른다면, 소표본이라 할지라도 $\overline{X}$는 근사적으로 정규분포를 따른다. 이 사실로부터 통계량 $(\overline{X}-\mu)/(s/\sqrt{n})$를 여전히 사용할 수 있지만, s가 σ와 다를 수 있으므로 이 통계량은 정규분포를 따르지 않게 된다. 대신 자유도 $n-1$을 갖는 **Student's *t* 분포(Student's *t* distribution)**를 따르고, t_{n-1}로 표기한다. t 분포의 자유도 값은 표본의 크기에서 1을 뺀 값이다.

Student's t 분포는 1908년 아일랜드 더블린의 Guinness Brewing Company에서 근무하던 통계학자인 William Sealy Gosset에 의해서 발견되었다. Guinness의 경영진은 이 발견을 독점적인 정보로 판단했기 때문에 경쟁사들이 이 결과의 유용함을 알지 못하게 하기 위해 Gosset의 이름으로 발표하는 것을 허락하지 않았다. 따라서 익명인 'Student'라는 이름으로 연구결과를 발표하였다. 그는 이전에도 이렇게 한 적이 있다(4.2절 참조).

요약

$X_1, \cdots, X_n$을 평균이 μ인 정규모집단으로부터 추출된 소표본 (e.g., $n<30$)이라고 가정하자. 이때 통계량

$$\frac{\overline{X}-\mu}{s/\sqrt{n}}$$

은 자유도 $n-1$인 Student's t 분포를 따르고, t_{n-1}로 표기한다.

n이 매우 클 때, 통계량 $(\overline{X}-\mu)/(s/\sqrt{n})$의 분포는 정규분포에 매우 근접하게 된다. 따라서 t 분포 대신 정규분포를 사용할 수 있다.

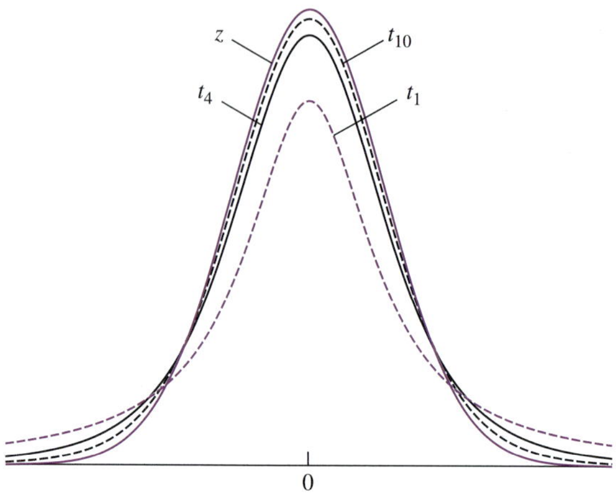

그림 5.7 다양한 자유도에서의 Student's t 분포의 확률밀도함수. 평균이 0이고 분산이 1인 정규분포곡선(z 곡선)이 비교를 위해 함께 도시되어 있다. t 곡선은 정규곡선보다 더 넓게 퍼져있는 형태를 가지지만, 자유도가 증가함에 따라 산포가 감소한다.

Student's t 분포의 확률밀도함수는 자유도에 따라 달라진다. 그림 5.7은 다양한 자유도 조건에서 확률밀도함수를 나타내고 있다. 곡선은 모두 평균이 0이고 표준편차가 1인 정규분포 곡선, 즉 z 곡선과 유사하지만, t 곡선이 좀 더 넓게 퍼져있는 형태이다. 자유도가 1 또는 2밖에 되지 않는 경우, t 곡선은 정규분포보다 훨씬 더 퍼져있는 형태가 된다. 자유도가 높아지면, 즉 표본이 많아지면 s는 σ에 근접하게 되고 t 곡선과 정규곡선의 차이는 점차 줄어든다.

표 A.3(부록 A)의 t 분포표에 Student's t 분포의 확률이 주어져 있다. 몇 가지 예제를 통해 t 분포표의 사용법을 살펴보자.

예제 5.14

평균이 4인 정규분포를 따르는 모집단으로부터 크기가 10인 확률표본을 얻는다. Student's t 통계량 $t = (\overline{X} - 4)/(s/\sqrt{10})$을 계산할 때, $t > 1.833$일 확률은 얼마인지 구하시오.

풀이

이 t 통계량은 자유도가 $10 - 1 = 9$이다. t 분포표로부터 $P(t > 1.833) = 0.05$이다. 그림 5.8을 참고하라.

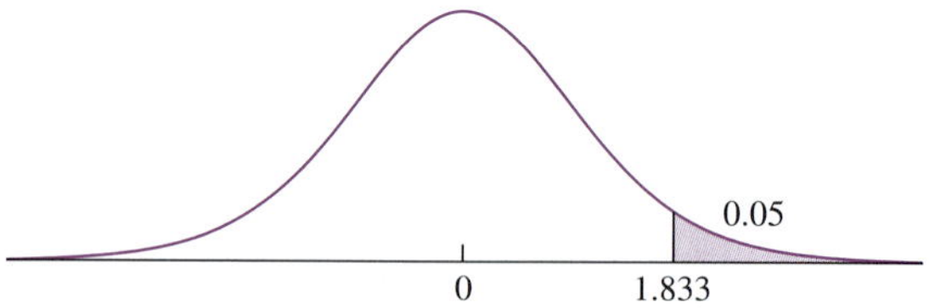

그림 5.8 예제 5.14의 풀이

예제 5.15

예제 5.14에 대해서 $P(t > 1.5)$를 구하시오.

풀이

자유도가 9일 때의 t 분포표의 행을 보면, t 분포표에 1.5에 대한 값은 주어져 있지 않다. 따라서 $P(t > 1.383) = 0.10$와 $P(t > 1.833) = 0.05$를 찾으면, $0.05 < P(t > 1.5) < 0.10$임을 알 수 있다. 그림 5.9를 참고한다. 컴퓨터 통계패키지로 셋째 자리 유효숫자를 구하면 0.0839이다.

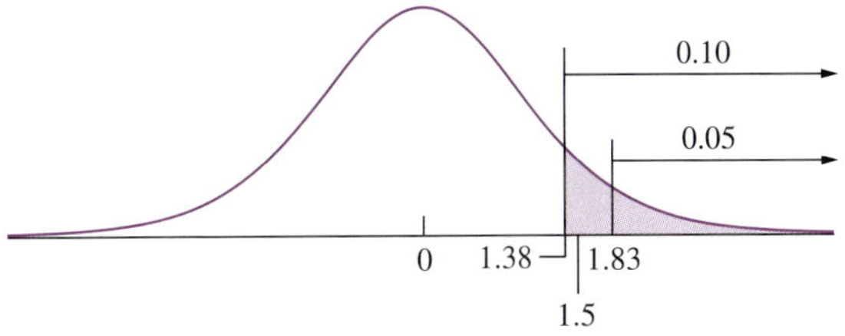

그림 5.9 예제 5.15의 풀이

예제 5.16

오른쪽 꼬리의 확률이 0.025가 되도록 하는 t_{12} 분포의 값을 구하시오.

풀이

t 분포표 상단에서 '0.025'가 기재된 열을 따라 내려가서 자유도가 12일 때의 값을 찾으면, t_{12}에 해당하는 값은 2.179이다.

예제 5.17

왼쪽 꼬리의 확률이 0.01이 되도록 하는 t_{14} 분포의 값을 구하시오.

풀이

t 분포표 상단에서 '0.01'이 기재된 열을 따라 내려가서 자유도가 14일 때의 값을 찾으면, t_{14}에 해당하는 값은 2.624이다. 이 값은 오른쪽 꼬리의 상위 1%에 해당하는 값이다. 따라서 왼쪽 꼬리의 하위 1%에 해당하는 값은 −2.624이다.

표본에 이상점이 있을 때는 Stduent's *t* 분포를 사용해서는 안된다

Student's t 분포가 유효하려면 표본은 반드시 근사적으로 정규분포를 따르는 모집단으로부터 얻어져야 한다. 이러한 표본은 거의 이상점을 갖지 않는다. 따라서 Student's t 분포를 사용하는 방법은 이상점을 갖는 표본에 대해서는 사용하지 않아야 한다.

Student's *t* 분포를 이용한 신뢰구간

표본의 크기가 작고 모집단이 근사적으로 정규분포를 따르면, 신뢰구간을 계산할 때 Student's t 분포를 사용할 수 있다. 이런 상황에서 신뢰구간을 구하는 것은 z점수 대신에 Student's t 분포에서 얻어진 값을 사용하는 것을 제외하면 5.2절의 신뢰구간 계산과 매우 유사하다.

좀 더 구체적으로 살펴보면, $X_1, \cdots, X_n$을 근사적으로 정규분포를 따르는 모집단에서 추출된 확률 소표본이라고 하자. 모평균 μ에 대한 $100(1-\alpha)\%$ 신뢰구간을 구하기 위해 점추정값 $\overline{X}$와 표준편차 $\sigma_{\overline{X}}=\sigma/\sqrt{n}$의 근사값인 $s/\sqrt{n}$을 사용한다. 임계값은 오른쪽 꼬리의 면적이 $\alpha/2$가 되는 값인 자유도가 $n-1$인 Student's t 분포의 $1-\alpha/2$ 분위수이다. 이 임계값을 $t_{n-1,\ \alpha/2}$로 표시한다. 예를 들어, 예제 5.16에서 $t_{12,0.025}=2.179$이다. 모평균 μ에 대한 $100(1-\alpha)\%$, 신뢰구간은 $\overline{X}-t_{n-1,\ \alpha/2}(s/\sqrt{n})<\mu<\overline{X}+t_{n-1,\ \alpha/2}(s/\sqrt{n})$ 또는 $\overline{X}\pm t_{n-1,\ \alpha/2}(s/\sqrt{n})$이다.

요약

$X_1, \cdots, X_n$을 평균이 μ인 정규모집단으로부터 추출된 소표본이라고 하자. μ에 대한 100

$(1-\alpha)$% 신뢰구간은 다음과 같다.

$$\overline{X} \pm t_{n-1,\alpha/2}\frac{s}{\sqrt{n}} \tag{5.14}$$

Student's *t* 분포가 타당한지 어떻게 판단할까?

Student's *t* 분포는 모집단이 근사적으로 정규분포를 따르는 표본에서 얻어지기만 했다면 타당하다. 과거의 경험을 근거로 데이터가 근사적으로 정규분포를 따른다는 사실을 알 수도 있지만, 대개는 모집단이 근사적으로 정규분포를 따르는지는 표본을 통해 조사를 해봐야 한다. 유감스럽게도 표본크기가 작을 때는 정규성을 따르는지를 알기란 어렵다. 시도해볼 수 있는 합리적인 방안은 표본에 대한 상자그림 또는 점도표를 그려보는 것이다. 만약 그림에서 심각한 비대칭성이나 이상점을 발견할 수 없다면, 대부분의 경우에 Student's *t* 분포는 신뢰할 수 있다. 원칙상 모집단이 근사적으로 정규분포를 따르는지는 확률지를 통해서 판단할 수 있지만, 직접 손으로 그려야 하는 경우에는 상자그림이나 점도표가 그리기 훨씬 편리하다.

예제 5.18

"Direct Strut-and-TieModel for Prestressed Deep Beams" (K. Tan, K. Tong, and C. Tang, *Journal of Structural Engineering*, 2001: 1076.1084)에서 콘크리트 빔 15개에 대한 압축응력테스트를 실시하여 공칭 전단강도를 측정했다. 결과는 다음과 같다.

580	400	428	825	850	875	920	550
575	750	636	360	590	735	950	

[출처: Journal of Transportation Engineering]

평균 전단강도에 대한 99% 신뢰구간을 구하는 데 Student's *t* 분포를 사용하는 것이 타당한가? 그렇지 않다면 이유를 설명하시오.

풀이

Student's *t* 분포가 타당한지 판단하기 위해서 표본에 대한 상자그림과 점도표가 다음과 같이 주어져 있다.

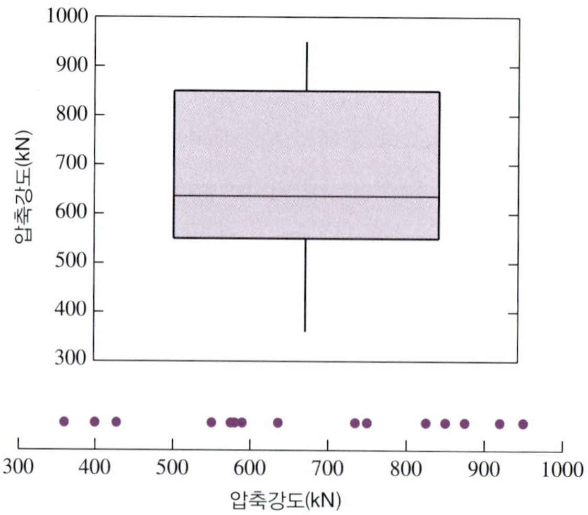

그림을 보면 정규분포를 크게 벗어난다고 판단할 수 있는 근거가 없다. 특히 데이터의 비대칭성이 보이지 않고, 이상점도 확인되지 않는다. 따라서 Student's t 분포를 사용하는 것이 타당하다고 볼 수 있으므로 $\overline{X}=668.27$과 $s=192.089$를 계산한다. $n=15$와 $\alpha/2=0.005$를 바탕으로 식 (5.14)를 적용한다. t 분포표로부터 자유도가 14일 때, $t_{14,0.005}=2.977$를 구할 수 있다. 따라서 99% 신뢰구간은 $668.27 \pm (2.977)(192.089)\sqrt{15}$, 또는 (520.62, 815.92)이다.

예제 5.18에 대한 컴퓨터 프로그램(EXCEL)의 계산 결과는 다음과 같다. 엑셀의 수식을 활용하면 위의 값을 대입해 쉽게 결과를 얻을 수 있다.

표본수	15	
평균	668.2667	
표준편차	192.0891	
평균의 표준편차	49.59718	
95% 신뢰구간	520.6237	815.9097

예제 5.19

예제 5.18의 논문에서 원통압축강도(Mpa)가 11개의 빔에 대해 측정되었다. 그 결과는 다음과 같다.

38.43 38.43 38.39 38.45 38.35 38.43 38.31 38.32 38.48 38.50

평균 원통압축강도에 대한 95% 신뢰구간을 구하는 데 Student's t 분포를 사용하는 것이 타당한가? 그렇지 않다면 이유를 설명하시오.

풀이

예제 5.18과 마찬가지로 표본에 대한 상자그림과 좀도표가 다음과 같이 주어져 있다.

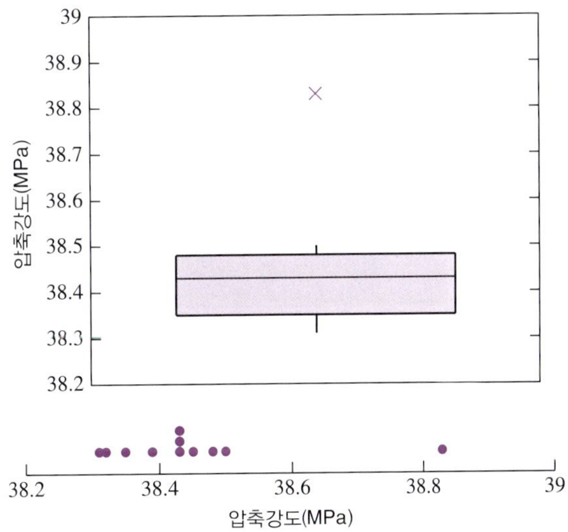

이 표본에는 이상점이 한 개 확인되므로 Student's t 분포를 사용해서는 안 된다.

Student's t 분포로 단측신뢰구간을 구할 수 있다. 관련 식은 대표본에서 구하는 방식과 유사하다.

요약

$X_1, \cdots, X_n$을 평균이 μ인 정규모집단으로부터 추출된 소표본이라고 하자.
μ에 대한 $100(1-\alpha)\%$ 신뢰상한은 다음과 같다.

$$\overline{X} + t_{n-1,\alpha}\frac{s}{\sqrt{n}} \tag{5.15}$$

μ에 대한 $100(1-\alpha)\%$ 신뢰하한은 다음과 같다.

$$\overline{X} - t_{n-1,\alpha}\frac{s}{\sqrt{n}} \tag{5.16}$$

σ가 주어졌다면 t가 아닌 z를 사용하라

때때로 표준편차 σ가 주어진 조건에서 정규모집단으로부터 소표본을 추출할 수 있다. 이 경우에는 Student's t 분포를 사용하지 않는다. 왜냐하면 s로 σ를 근사할 필요가 없기 때문이다. 대신 z 분포표를 사용한다. 예제 5.20에서는 이 방법에 대해 설명하고 있다.

예제 5.20

예제 5.18에서 다른 빔에 대한 매우 방대한 측정실험으로부터 전단강도 모집단이 근사적으로 정규분포를 따르며 표준편차가 $\sigma = 180.0$ kN으로 알려졌다고 가정하자. 평균 전단강도에 대한 99% 신뢰구간을 구하시오.

풀이

$\overline{X} = 668.27$을 먼저 계산한다. 모집단의 표준편차 σ가 주어졌으므로 s는 계산할 필요가 없다. 99% 신뢰구간을 구해야 하므로 $\alpha/2 = 0.005$이다. 또한 σ가 알려져 있으므로 Student's t 분포 대신 $z_{\alpha/2} = z_{0.005}$를 사용하여 신뢰구간을 계산한다. z 분포표로부터 $z_{0.005} = 2.58$이다. 따라서 신뢰구간은 $668.27 \pm (2.58)(180.0)/\sqrt{15}$ 또는 (548.36, 788.18)이다.

표준편차가 알려져 있는지에 관계없이 표본이 작을 때는 모집단이 반드시 근사적으로 정규분포를 따라야 함을 기억해야 한다.

요약

$X_1, \cdots, X_n$을 평균이 μ인 정규모집단으로부터 추출된 소표본이라고 하자. 표준편차 σ가 알려졌다면, μ에 대한 $100(1-\alpha)\%$ 신뢰구간은 다음과 같다.

$$\overline{X} \pm z_{\alpha/2}\frac{\sigma}{\sqrt{n}} \tag{5.17}$$

때때로 표준편차가 알려진 모집단에 대해서 표본을 한 개만 얻는 경우가 있다. 이 때는 μ에 대한 신뢰구간은 수식 (5.17)의 특수한 경우로서 $n=1$로 계산할 수 있다.

요약

X를 평균이 μ인 정규모집단으로부터 추출된 하나의 값이라고 하자. 표준편차 σ가 알려졌다면, μ에 대한 $100(1-\alpha)\%$ 신뢰구간은 다음과 같다.

$$X \pm z_{\alpha/2}\sigma \tag{5.18}$$

5.4 연습문제

1. 다음 주어진 표본크기와 신뢰수준에 대해 양측신뢰구간을 구하기 위한 임계값 $t_{n-1,\alpha/2}$을 구하시오.
a. 신뢰수준 90%, 표본크기 9.
b. 신뢰수준 95%, 표본크기 5.
c. 신뢰수준 99%, 표본크기 29.
d. 신뢰수준 95%, 표본크기 2.

2. 다음 주어진 표본크기와 임계값 $t_{n-1,\alpha/2}$에서 양측신뢰구간의 신뢰수준을 구하시오.
a. $t=2.179$, 표본크기 13.
b. $t=3.365$, 표본크기 6.
c. $t=1.729$, 표본크기 20.
d. $t=3.707$, 표본크기 7.
e. $t=3.707$, 표본크기 27.

3. 액체에 침적된 실린더의 열전달 계수 예측모델값은 매우 낮은 유체 흐름 조건에서 상수가 된다. 10개의 측정치를 구한 결과(단위는 W/m^3)는 다음과 같다. 이때 열전달 계수에 대한 95% 신뢰구간을 구하시오.

13.7	12.0	13.1	14.1	13.1
14.1	14.4	12.2	11.9	11.8

4. "Ozone for Removal of Acute Toxicity from Logyard Run-off" (M. Zenaitis and S. Duff, *Ozone Science and Engineering*, 2002:83–90)에서 British Columbia 지방의 제재소에서 흘러나오는 유출수에 대한 화학분석을 시행했다. 6개의 시편에 대한 pH 측정값은 다음과 같다: 5.9, 5.0, 6.5, 5.6, 5.9, 6.5. 근사적으로 정규분포를 따르는 모집단에서 추출된 확률표본이라고 가정했을 때, 평균 pH에 대한 95% 신뢰구간을 구하시오.

5. "Wind-Uplift Capacity of Residential Wood Roof-Sheathing Panels Retrofitted with Insulating Foam Adhesive" (P. Datin, D. Prevatt, and W. Pang, *Journal of Architectural Engineering*, 2011:144–154)에서 지붕패널의 파괴압력에 대한 연구를 수행했다. 아래 결과는 kPa 단위로 측정된 5개 패널의 파괴압력이다. 다음 자료는 논문에 제시된 평균과 분산이 일치하고 있다. 이때 지붕패널의 평균 파괴압력에 대한 95% 신뢰구간을 구하시오.

3.32	2.53	3.45	2.38	3.01

6. "An Automatic Visual System for Marble Tile Classification" (L. Carrino, W. Polini, and S. Turchetta, *Journal of Engineering Manufacture*, 2002:1095–1108)에서는 대리석 타일의 밝기를 측정하기 위해 0에서 255 사이의 값을 갖도록 광반사량을 측정한 결과가 주어져 있다. 완전하게 검은 타일은 빛을 반사하지 않으므로 0으로 측정되고, 완전하게 하얀 타일은 255로 측정된다. 9개의 Mezza Perla 타일을 측정한 결과는 다음과 같다.

204.999	206.149	202.102	207.048	203.496
206.343	203.496	206.676	205.831	

[출처: SAGE Journals]

Mezza Perla 타일의 평균밝기에 대한 95% 신뢰구간을 구하는 데 Student's t 분포를 사용하는 것이 타당한가? 만약 그렇다면 신뢰구간을 구하고, 그렇지 않다면 그 이유를 설명하시오.

7. North Appalanchian에서 채굴된 10개의 석탄 표본의 수은 함유량은 평균 0.242 ppm이고, 표준편차는 0.031 ppm이다. 이 석탄에 포함된 수은 함유량에 대한 95% 신뢰구간을 구하시오.

8. 다음 결과는 엑셀에서 계산된 모평균에 대한 신뢰구간 결과인데, 몇몇 결과가 지저분해서 판독할 수 없는 상태이다. 빠진 값을 채우시오.

표본수	20	
평균	2.39374	
표준편차	(a)	
평균의 표준편차	0.5264	
95% 신뢰구간	(b)	(c)

9. "Arsenic and Mercury in Lake Whitefish and Burbot Near the Abandoned Giant Mine on Great Slave Lake" (P. Cott, B. Zajdlik, et al., *Journal of Great Lakes Research*, 2016:223.232)에서는 Northern Canada에서 잡힌 물고기의 비소농도를 측정하였다.

a. Yellowknife Bay에서 잡힌 8마리의 whitefish 표본에 대해 물고기의 간에 함유된 비소농도의 평균은 0.32 mg/kg이고, 표준편차는 0.05 mg/kg이다. 여기서 잡힌 물고기의 평균비소농도에 대한 95% 신뢰구간을 구하시오.

b. Baker Pond에서 잡힌 8마리의 whitefish 표본에 대해서 물고기의 간에 함유된 비소농도의 평균은 0.55 mg/kg이고, 표준편차는 0.36 mg/kg으로 얻어졌다. 여기서 잡힌 물고기의 평균비소농도에 대한 95% 신뢰구간을 구하는데, Student's t 분포를 사용해야 하는가? 만약 그렇다면 신뢰구간을 구하고, 그렇지 않다면 그 이유를 설명하시오.

5.5 예측구간과 허용구간

모평균과 같은 모수에 대한 신뢰구간은 모수의 참값을 포함할 수 있는 구간을 말한다. 반면, 예측구간과 허용구간은 모집단 자체와 미래에 얻어질 표본의 값과 관련이 있다. 예측구간(prediction interval)과 허용구간(tolerance interval)은 모집단에 대한 형태가 알려져 있을 때만 유용하다. 여기에 소개된 가장 널리 사용되는 방법들은 모집단이 알려져 있고 정규분포를 따를 때만 유효하다.

예측구간

예측구간(prediction interval)은 미래에 모집단으로부터 얻어질 값이 존재할 수 있는 구간이다. 즉, 아직 추출되지 않은 미래에 모집단으로부터 얻어질 값이 예측구간 내에 존재할 것을 '예측'하는 것이다. 예시와 함께 살펴보자.

강철빔 표본 5개에서 측정된 실리콘 함유량(%)의 표본평균은 $\overline{X} = 0.26$고, 표본표준편차는 $s = 0.05$이라고 하자. 그리고 실리콘 함유량은 정규분포를 따른다고 가정하자. 미래에 다른 빔에 대한 실리콘 함유량 Y를 측정할 때, 0.95의 확률로 Y값을 포함할 구간을 구하고 싶다. 이를 위해 μ와 σ를 실리콘 함유량에 대한 정규모집단의 평균과 표준편차라고 하면, $Y \sim N(\mu, \sigma^2)$이고 표본의 크기는 $n = 5$이므로 $\overline{X} \sim N(\mu, \sigma^2/5)$이다. 따라서 두 확률변수의 차이 $Y - \overline{X}$는 평균이 0이고 분산이 $\sigma^2(1 + 1/5)$인 정규분포를 따를 것이다. 여기서

$$\frac{Y - \overline{X}}{\sigma\sqrt{1 + 1/5}} \sim N(0, 1)$$

를 구할 수 있다. s로 σ를 근사적으로 나타내면, 통계량 $(Y - \overline{X})(s\sqrt{1 + 1/5})$은 자유도 $5 - 1 = 4$인 Student's t 분포를 따른다(자유도는 s를 계산하는 표본의 크기로 결정된다). Student's t 분포표(표 A.3)로부터 자유도가 4인 t 분포의 95%에 해당하는 영역을 구하면 −2.776에서 2.776이다. 이를 식으로 나타내면 다음과 같다.

$$P\left(-2.776 < \frac{Y - \overline{X}}{s\sqrt{1 + 1/5}} < 2.776\right) = 0.95$$

여기서 식을 정리하면,

$$P\left(\overline{X} - 2.776s\sqrt{1+1/5} < Y < \overline{X} + 2.776s\sqrt{1+1/5}\right) = 0.95$$

으로 표현된다. 구간 $\overline{X} \pm 2.776s\sqrt{1+1/5}$는 Y에 대한 95% 예측구간이다. 이 예시에서 $\overline{X} = 0.26$이고 $s = 0.05$이므로 95% 예측구간은 0.26 ± 0.15 또는 (0.11, 0.41)이다. 이 절차를 일반화하면 표본크기가 n일 때, $100(1-\alpha)\%$ 예측구간은 $\overline{X} \pm t_{n-1,\alpha/2}\left(s\sqrt{1+1/n}\right)$이다.

요약

$X_1, \cdots, X_n$을 정규모집단에서 추출된 표본이라고 하자. Y는 아직 관측되지 않은 이 모집단에서 얻을 새로운 값이라고 하면, Y에 대한 $100(1-\alpha)\%$ 예측구간은

$$\overline{X} \pm t_{n-1,\alpha/2}s\sqrt{1+\frac{1}{n}} \tag{5.19}$$

이다. Y값이 이 구간에 포함될 확률은 $1-\alpha$이다.

예제 5.21

어떤 공정으로부터 제조된 콘크리트 블록 10개의 표본은 평균 압축강도가 $\overline{X} = 1312$ MPa이고, 표준편차가 $s = 25$이다. 아직 측정되지 않은 블록의 강도에 대한 95% 예측구간을 구하시오.

풀이

95% 예측구간에 대해 $\alpha = 0.025$이다. $n = 10$인 표본을 가지고 있으므로 Student's t 분포표(표 A.3)를 이용해서 $t_{9,0.025} = 2.262$를 얻을 수 있다. $\overline{X} = 1312$와 $s = 25$를 식 (5.19)에 적용하면, 95% 예측구간은 $1312 \pm 2.262(25)\sqrt{1+1/10}$ 또는 (1253, 1371)이다.

예측구간과 신뢰구간의 비교

예측구간의 공식은 정규모집단의 평균에 대한 신뢰구간과 비슷하다. 사실 예측구간은 $s\sqrt{1/n}$을 $s\sqrt{1+1/n}$으로 대체하면, 신뢰구간 식으로부터 산정할 수 있다. 제곱근에 포함된 $1/n$은 모평균의 추정량으로서 표본평균의 확률변동을 나타낸다. 예측구간의 제곱근에 포함된 값 1은 예측할 미래의 표본의 값에 대한 확률변동을 반영한다. 1이 $1/n$보다 크기 때문에 예측구간의 오차한계는 대부분 예측할 값의 변동에 영향을 받으며, 예측구간은 신뢰구간보다 훨씬 넓다. 표본의 크기가 증가하면 신뢰구간과 예측구간도 다른 방식으로 영향을 받는다. 표본의 크기가 커질수록, $100(1-\alpha)\%$ 신뢰구간의 오차한계 $t_{n-1,\alpha/2}s\sqrt{1/n}$는 0에 수렴한다. 반면, $100(1-\alpha)\%$ 예측구간에서 오차한계 $t_{n-1,\alpha/2}s\sqrt{1+1/n}$는 표본의 크기 n이 커질수록 $t_{n-1,\alpha/2}$는 $z_{\alpha/2}$에 가까워지고 s는 σ에 가까워지므로 $z_{\alpha/2}\sigma$에 수렴하게 된다. 이것은 모집단에서 추출될 값의 확률변동은 항상 존재한다는 사실을 나타낸다.

단측예측구간

단측예측구간(one-sided prediction interval)은 단측신뢰구간과 유사하게 계산될 수 있다.

요약

X_1, ⋯, X_n을 정규모집단에 추출된 표본이라 하고, Y는 아직 관측되지 않은 이 모집단에서 얻을 새로운 값이라고 가정하자. Y에 대한 $100(1-\alpha)\%$ 예측상한은 다음과 같다.

$$\overline{X} + t_{n-1,\alpha} s\sqrt{1+\frac{1}{n}} \tag{5.20}$$

또한 Y에 대한 $100(1-\alpha)\%$ 예측하한은 다음과 같다.

$$\overline{X} - t_{n-1,\alpha} s\sqrt{1+\frac{1}{n}} \tag{5.21}$$

예측구간은 정규성 이탈에 민감하다

여기서 소개된 예측구간을 계산하는 방법은 모집단이 정규분포라는 가정에 민감하다. 만일 모집단의 형태가 정규곡선과 크게 다르다면, 예측구간은 잘못된 결과를 제공할 수 있으므로 예측구간을 해석할 때 주의해야 한다. 대표본인 경우도 마찬가지이다. 표본이 아무리 크더라도 모집단이 정규분포를 따르지 않는다면, 예측구간은 유효하지 않다.

정규모집단에 대한 허용구간

허용구간(tolerance interval)은 지정된 비율의 모집단을 포함할 가능성이 있는 구간을 말한다. 여기서 소개되는 가장 널리 사용되는 방법은 모집단의 정규성이 요구된다. 방법을 소개하기 위해 먼저 평균이 μ이고, 표준편차가 σ인 정규모집단을 가정하자. 만약 이 모집단의 90%를 포함하는 구간을 얻고자 한다면 정확하게 구할 수 있다. 구간 $\mu \pm 1.645\sigma$는 이 모집단의 90%를 포함한다. 일반적으로 구간 $\mu \pm z_{\gamma/2}\sigma$는 모집단의 $100(1-\gamma)\%$을 포함한다.

실제로는 μ와 σ를 알지 못한다. 대신 크기가 n인 표본을 가지고 있으므로 μ와 σ를 각각 표본평균 $\overline{X}$와 표본표준편차 s로 추정한다. 이 추정에는 두 가지 결과를 초래한다. 첫 번째는 μ와 σ가 알려진 경우보다 구간을 반드시 넓게 추정해야 한다. 두 번째는 얻어진 허용구간이 원래 설정한 모집단의 비율대로 얻어졌다고 100% 확신할 수 없다.

따라서 허용구간을 구하려면, 지정한 비율대로 구간을 포함할 신뢰수준 $100(1-\alpha)\%$와 함께 허용구간의 비율 $100(1-\gamma)\%$을 정해야 한다. 그러면 고급기법을 통해 $k_{n,\alpha,\gamma}$를 구하고 신뢰수준 $100(1-\alpha)\%$에서 적어도 모집단의 $100(1-\gamma)\%$를 포함하는 허용구간을 다음과 같이 구할 수 있다.

$$\overline{X} \pm k_{n,\alpha,\gamma} s$$

$k_{n,\alpha,\gamma}$의 값은 다양한 α, γ, n에 대해 표 A.4에 주어져 있다.

요약

X_1, ⋯, X_n을 정규모집단에 추출된 표본이라고 하자. 신뢰수준 $100(1-\alpha)\%$에서 적어도 모집단의 $100(1-\gamma)\%$를 포함하는 허용구간은 다음과 같다.

$$\overline{X} \pm k_{n,\alpha,\gamma} s \tag{5.22}$$

이 방법으로 계산된 모든 허용구간의 $100(1-\alpha)\%$는 적어도 모집단의 $100(1-\gamma)\%$를 실제로 포함한다.

예제 5.22

특정 공정으로 제조된 볼트의 길이는 정규분포를 따른다고 알려져 있다. 30개의 볼트 표본은 평균 길이가 10.25 cm이고, 표준편차는 0.20 cm이다. 볼트 길이에 대한 95% 신뢰수준에서 90% 허용구간을 구하시오.

풀이

$\overline{X} = 10.25$와 $s = 0.20$이다. 허용구간에 대한 설정값은 $\gamma = 0.1$과 $\alpha = 0.05$이고, 표본의 크기는 $n = 30$이다. 표 A.4로부터 $k_{n,\alpha,\gamma} = 2.1398$을 얻을 수 있으므로 허용구간은 $10.25 \pm 2.1398(0.20)$ 또는 (9.82, 10.68)이다.

5.5 연습문제

1. 100 Ω으로 표기된 25개의 저항표본의 평균저항은 101.4 Ω이고, 표준편차가 2.3 Ω이다. 저항은 정규분포를 따른다고 가정할 때 다음 물음에 답하시오.

a. 하나의 저항에 대한 95% 예측구간을 구하시오.

b. 90% 신뢰수준에서 저항에 대한 90% 허용구간을 구하시오.

2. "Ozone for Removal of Acute Toxicity from Logyard Run-off" (M. Zenaitis and S. Duff, *Ozone Science and Engineering*, 2002:83–90)에서는 British Columbia 지방의 제재소에서 흘러나오는 유출수에 대한 화학분석을 시행했다. 6개의 시편에 대한 pH 측정값은 다음과 같다: 5.9, 5.0, 6.5, 5.6, 5.9, 6.5. 근사적으로 정규분포를 따르는 모집단에서 추출된 확률표본이라고 가정했을 때 다음 물음에 답하시오.

a. 한 시편에 대한 pH의 98% 예측구간을 구하시오.

b. 신뢰수준 95%에서 pH에 대한 95% 허용구간을 구하시오.

3. 특정 유형의 가솔린 옥탄가에 대한 측정값 5개를 구했다. 그 결과는 87.0, 86.0, 86.5, 88.0, 85.3이다(단위는 %). 다음 물음에 답하시오.

a. 한 측정값에 대한 95% 예측구간을 구하시오.

b. 99% 신뢰수준에서 pH에 대한 90% 허용구간을 구하시오.

5장 보충연습문제

1. 일산화탄소(CO)와 같은 대기오염물질의 농도를 분광광도계도로 측정할 수 있다. 교정시험을 위해 일산화탄소 농도가 70 ppm로 맞추어진 표준시편에 대해서 50번의 농도측정을 시행했다. 측정값이 참값과 5 ppm 이내로 차이가 난다면 그 값은 기준을 충족한 것으로 판단하는데, 50회 측정값 중 37회가 정확한 것으로 측정되었다.

a. 기준을 충족하게 측정된 비율은 얼마인지 구하시오.

b. 이 장비로 측정할 경우 기준을 충족한 측정비율에 대한 95% 신뢰구간을 구하시오.

c. 이 비율에 대한 95% 신뢰구간의 폭이 ±0.10 이내가 되도록 하려면 측정을 몇 회 실시해야 하는지 구하시오.

d. 이 장비로 측정할 경우 기준을 충족한 측정비율에 대한 99% 신뢰구간을 구하시오.

e. 이 비율에 대한 99% 신뢰구간의 폭이 ±0.10 이내가 되도록 하려면 측정을 몇 회 실시해야 하는지 구하시오.

2. 동일한 표본으로부터 앵커볼트의 평균 전단강도(단위: ksi)에 대한 신뢰구간이 세 개 주어져 있다: (4.01, 6.02), (4.20, 5.83), (3.57, 6.46). 신뢰수준 90%, 95%, 99%를 각 신뢰구간에 맞도록 고르시오.

3. 어떤 도시에서 도심 현대화 프로젝트에 대한 찬성 또는 반대의 견을 묻기 위해 시민을 대상으로 랜덤으로 표본을 추출하여 설문 조사를 하려고 한다. 찬성 비율에 대한 98% 신뢰구간의 폭이 ± 0.04 이내가 되도록 하려면 몇 명에게 설문을 시행해야 하는지 구하시오.

4. 64개의 표본으로 모평균에 대한 99% 신뢰구간을 구한 결과 (16.3, 18.7)이 얻어졌다. 99% 신뢰구간의 폭이 ± 1.0 이내가 되려면 표본이 얼마나 필요한지 구하시오.

5. 어떤 공정에서 생산된 400개의 전자부품에 대한 확률표본을 검사했더니 그 중 30개가 불량품이었다.

a. p를 불량품의 비율이라고 할 때, p에 대한 95% 신뢰구간을 구하시오.

b. 불량품의 비율에 대한 95% 신뢰구간의 폭이 ± 0.02 이내가 되려면, 표본을 몇 개나 얻어야 하는지 구하시오.

c. (어려움) 이 회사는 부품을 200개를 한 로트(lot)로 출하하고, 20개 이상의 불량품이 포함된 로트는 회수된다. 이때 회수될 로트의 비율에 대한 95% 신뢰구간을 구하시오.

6. 금속공학자가 어떤 합금의 녹는점을 여러 차례 측정하고 95% 신뢰구간을 2038 ± 2℃로 계산했다. 측정방식은 편의가 없다고 가정할 때 다음 물음에 대해 참 또는 거짓을 답하시오.

a. 진짜 녹는점이 2038 ± 2℃ 구간 내에 속할 확률은 95%이다.

b. 이 실험을 반복한다면, 이 실험의 평균 측정값이 2038 ± 2℃ 구간에 속할 확률은 95%이다.

c. 이 실험을 반복한다면, 이 신뢰구간이 진짜 녹는점을 포함할 확률이 95%이다.

d. 한 번의 측정실험을 더 했을 때, 이 값이 2038 ± 2℃ 구간에 속할 확률은 95%이다.

7. 8개의 볼베어링에 대해 mm 단위로 지름을 측정하였다. 그 결과는 8.4, 8.2, 9.5, 9.3, 8.8, 9.8, 8.5, 9.1이다. 지름은 정규분포를 따른다고 가정할 때 다음 물음에 답하시오.

a. 한 개의 볼베어링에 대한 지름의 98% 예측구간을 구하시오.

b. 95% 신뢰수준에서 볼베어링의 지름에 대한 99% 허용구간을 구하시오.

8. 조사관이 70개의 표본으로 모평균의 95% 신뢰구간을 계산했다. 이 신뢰구간보다 폭이 절반인 신뢰구간을 얻으려면 표본을 몇 개나 얻어야 하는지 구하시오.

9. 어떤 커패시터의 대표본에 대해서 평균 정전용량(단위는 μF)에 대한 95% 신뢰구간을 계산해보니 (0.213, 0.241)로 얻어졌다. 이 커패시터에 대한 평균 정전용량의 90% 신뢰구간을 구하시오.

10. 10,000개의 볼베어링이 담긴 상자에서 무작위로 120개의 표본을 추출했다. 표본의 평균 지름은 10 mm이고, 표준편차는 0.24 mm이다. 다음 물음에 대해 참 또는 거짓을 답하시오.

a. 표본의 120개 볼베어링 평균 지름의 95% 신뢰구간은 $10 \pm (1.96)(0.24)\sqrt{120}$이다.

b. 상자의 10,000개 볼베어링 평균 지름의 95% 신뢰구간은 $10 \pm (1.96)(0.24)\sqrt{120}$이다.

c. 상자의 10,000개 볼베어링 평균 지름의 95% 신뢰구간은 $10 \pm (1.96)(0.24)\sqrt{10000}$이다.

11. 어떤 용액의 온도에 대해 많은 횟수를 독립적으로 측정하여 평균을 구했다. 온도의 추정값은 37℃이고, 표준편차는 0.1℃이다.

a. 온도에 대한 95% 신뢰구간을 구하시오.

b. 구간 37 ± 0.1℃의 신뢰수준은 얼마인지 구하시오.

c. 만일 독립적인 측정횟수가 적다면, 신뢰구간을 계산하기 위해 추가로 어떤 가정이 필요한지 설명하시오.

d. 10개의 측정횟수만 얻어졌다고 할 때, 추가적인 가정을 하여 95% 신뢰구간을 구하시오.

12. X를 n 단위(시간 또는 공간)에서 관측된 사건의 수라고 가정하고 이를 $X \sim \text{Poisson}(n\lambda)$라고 가정하자. 그리고 λ를 단위(시간 또는 공간)당 사건의 평균 발생횟수이다. X가 충분히 커서 $X \sim N(n\lambda, n\lambda)$로 정규근사가 된다고 하자. (a)에서 (d) 까지의 단계를 거쳐 λ에 대한 $100(1-\alpha)$% 신뢰구간을 구하시오. 그리고 (e)에서 (d) 까지의 결과를 활용하여 물음에 답하시오.

a. 모든 가능한 $1-\alpha$ 표본의 비율에 대해 $X - z_{\alpha/2}\sigma_{\overline{X}} < n\lambda < X + z_{\alpha/2}\sigma_{\overline{X}}$를 보이시오.

b. $\hat{\lambda} = X/n$일 때, $\sigma_{\hat{\lambda}} = \sigma_X/n$임을 보이시오.

c. 모든 가능한 표본의 $1-\alpha$ 비율이 $\hat{\lambda} - z_{\alpha/2}\sigma_{\hat{\lambda}} < \lambda < \hat{\lambda} + z_{\alpha/2}\sigma_{\hat{\lambda}}$와 같다는 결과를 보이시오.

d. $\sigma_{\hat{\lambda}} \approx \sqrt{\hat{\lambda}/n}$라는 사실을 이용해 λ에 대한 $100(1-\alpha)$% 신뢰구간 수식을 유도하시오.

e. 5 mL의 현탁액 내에 300개의 입자가 포함되어 있다. λ를 mL당 평균 입자 개수라고 할 때, λ에 대한 95% 신뢰구간을 구하시오.

Chapter 6

단일표본의 가설검정

개요

5.2절의 예제 5.4에서 70개의 연결봉 표본에 대한 평균 피로강도가 $\overline{X}=408.2$ MPa이고, 표준편차는 $s=72.9$라고 했다. 이때 평균강도 μ가 400을 초과하는지의 여부가 궁금하면 어떻게 해야 할까? 이 질문은 표본평균 $\overline{X}$의 값을 조사하면 답을 얻을 수 있다. 앞서 얻어진 값에 따라 $\overline{X}>400$임을 알 수는 있지만, $\overline{X}$는 확률변수로서 변동을 가지므로 $\mu>400$이라는 것을 보증하지는 않는다. 여기서 $\mu>400$이라는 것을 얼마나 확신할 수 있는지 알아야 한다. 신뢰구간은 우리가 원하는 방식의 답이 아니다. 예제 5.4에서 모평균에 대한 95% 신뢰구간은 (391.14, 425.28)로 계산되었다. 이 결과는 우리가 95%의 확신을 가지고 μ가 391.12에서 425.28 사이에 있다는 주장의 근거를 제공하지만, 직접적으로 $\mu>400$라는 주장을 얼마나 확신하는지 말해주지는 못한다.

'$\mu>400$'이라는 진술은 모평균 μ에 대한 **가설(hypothesis)**이다. 이 가정이 참이라는 가설을 얼마나 확신하는지 확인하려면 반드시 **가설검정(hypothesis test)**을 시행해야 한다. 가설검정은 가설의 진실에 대한 확신의 정도를 0과 1 사이의 값으로 제공한다. 결국 가설검정은 신뢰구간과 밀접한 관련이 있다. 일반적으로 신뢰구간을 계산하면 가설검정을 수행할 수 있고 그 역도 성립한다.

6.1 모평균에 대한 대표본 검정

예시를 먼저 살펴보자. 회전기어의 마모를 감소시키기 위한 새로운 코팅제가 개발되었다. 과거 오랜 경험을 통해 코팅되지 않은 기어는 한 달에 평균 80 μm 정도 마모되는 것으로 알려져 있다. 엔지니어는 새로운 코팅제가 마모를 감소시키는지 판단하기 위해 실험을 시행한다. 랜덤으로 추출된 60개의 기어에 대해 코팅제를 적용하고 한 달간 사용한 후에 마모량을 측정한 결과 마모량의 표본평균은 74 μm이고, 표본표준편차는 $s=18$ μm로 계산되었다.

이 예에서 모집단은 새로운 코팅제가 적용 되었을 때 모든 기어에 대한 마모량이다. 표본평균에 대한 확률변동이 없다면, 80에서 74 μm로 감소되었으므로 새로운 코팅제는 마모를 감소시킨다고 결론지을 수 있을 것이다. 하지만 당연히 표본평균은 확률변동을 갖는다. 따라서 실제 모평균은 74 부근에서 작거나 큰 값을 가질 것이다.

엔지니어는 새로운 코팅제가 마모량을 감소시키지 않을 수도 있다는 우려를 하고 있다. 즉, 코팅된 기어의 마모량 모평균은 80 이상일 수 있다는 우려를 하고 있다. 엔지니어는 이러한 우려가 타당한지 알고 싶다. 따라서 엔지니어의 질문은 다음과 같다.

"평균이 74인 표본은 평균이 80 이상인 모집단에서 얻어졌을 가능성이 있는가?"

이것은 가설검정을 통해 해결하도록 설계된 질문이며, 이 문제를 풀기 위해서 가설검정의 절차를 구성해 보자. 평균이 74인 표본을 갖고 있다. 이 관찰값에 대해 두 가지 해석을 할 수 있다.

1. 실제 모평균은 80 이상이고, 표본평균이 이보다 작은 이유는 모집단으로부터 표본을 추출할 때 발생하는 확률변동 때문이다. 따라서 이 코팅제를 적용한다면 실제 평균 마모량은 80 이상일 것이고, 이 표본은 오해의 소지가 있다.
2. 실제 모평균은 80 미만이고, 표본평균은 이 사실을 나타내고 있다. 따라서 표본의 결과는 실제 이 코팅제가 적용되었을 때의 마모량 개선 정도를 보여주고 있다.

이 두 가지 해석은 각자의 고유 명칭이 있다. 첫 번째는 **귀무가설(null hypothesis)**이다. 대부분의 경우에 귀무가설은 표본에 의한 효과는 오직 표본과 모집단의 확률변동에 의한 것이라고 말한다. 두 번째 해석은 **대립가설(alternate hypothesis)**이다. 대립가설은 표본에 의한 효과는 실재하며, 전체 모집단을 정확하게 나타낸다고 말한다.

위 예시에서 엔지니어는 귀무가설이 참인지를 우려하고 있다. 가설검정은 귀무가설의 타당성을 정량적인 지표로 평가한다. 가설검정을 시행하면 엔지니어에게 수치적으로 얼마나 그들의 우려가 유효한지 보여줄 수 있다. 좀 더 엄밀하게 모든 것을 기호로 표현하면, 귀무가설은 H_0로 표기하고, 대립가설은 H_1으로 표기한다. 모평균은 앞에서와 같이 μ로 나타낸다. 따라서 다음과 같이 쓸 수 있다.

$$H_0 : \mu \geq 80 \quad \text{versus} \quad H_1 : \mu < 80$$

가설검정을 시행할 때, 우리는 본질적으로 귀무가설을 판정한다. 피고가 무죄라고 가정하고 재판을 시작하듯이 우선 귀무가설 H_0가 참이라는 가정에서부터 시작한다. 확률표본은 증거를 제공한다. 가설검정은 표본과 H_0 사이에 존재하는 불일치의 정도를 평가하여 ***P*-값(*P*-value)**이라고 하는 0과 1 사이의 숫자를 제공한다. P-값은 H_0의 타당성을 측정한다. P-값이 작을수록 H_0에 반하는 증거가 강함을 의미하고, P-값이 충분히 작다면 H_0가 참이라는 가정을 포기하고 H_1을 믿을 수 있다. 이것을 가리켜 귀무가설을 **기각(reject)**한다고 한다.

이 예시에서 $X_1, \cdots, X_{60}$을 60개 기어에 대한 마모량 측정값이라고 가정하자. 관측값의 표본평균은 $\overline{X} = 74$이고, 표본평균은 $s = 18$이다. 이제 모집단에서 추출된 관측값의 평균이 74라는 사실로부터 H_0, 즉 모평균이 80 이상이라는 주장의 타당성을 평가해야 한다. 이 절차는 다음의 두 단계로 구성된다.

1. H_0가 참이라는 가정하에 $\overline{X}$의 분포를 계산한다. 이 분포를 $\overline{X}$의 **귀무분포(null distribution)**라고 한다.
2. P-값을 계산한다. 이 값은 H_0가 참이라는 가정하에 H_0와 불일치되는 정도가 적어도 74라는 값만큼 되는 $\overline{X}$를 관측할 확률이다. 즉, 귀무가설이 참이라면 표본에서 계산된 $\overline{X} = 74$가 얼마나 관찰되기 어려운지를 확률로 표현한 값이다.

1단계를 수행하기 위해 $\overline{X}$는 대표본의 평균이므로 중심극한정리에 따라 평균이 μ이고, 분산이 $\sigma^2/60$인 정규분포를 따른다고 말할 수 있다. 여기서 σ^2은 모분산이고 60은 표본크기이다. 먼저 귀무가설을 판정하기 위해 μ와 σ를 지정해야 한다. H_0가 참이라고 가정하고 있으므로 $\mu \geq 80$이라고 가정한다. 여기서는 μ 값을 구체적으로 지정하지 않았는데, 대립가설 H_1에 가장 가까운 값으로 μ를 설정한다. 그 이유는 이 절의 뒤에서 다시 설명할 것이다. 따라서 $\mu = 80$이

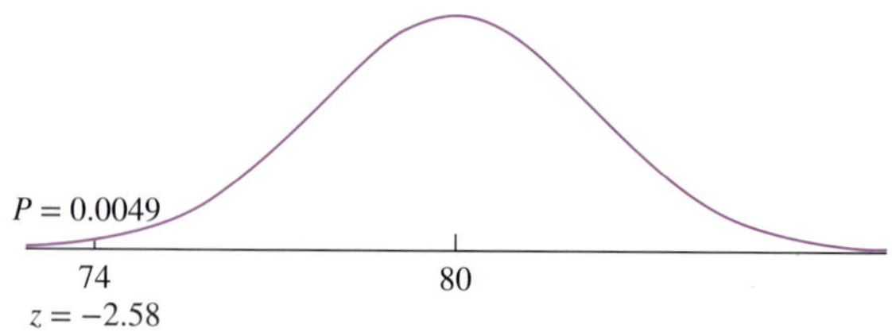

그림 6.1 $\overline{X}$의 귀무분포는 $N(80, 2.324^2)$이다. 따라서 H_0가 참일 때, $\overline{X}$이 관측값 74보다 더 극단적인 값이 얻어질 확률은 0.0049이다. 이것이 P-값이다.

라고 가정한다. 모표준편차 σ는 알려지지 않은 값이지만, 표본이 충분히 크기 때문에 표본표준편차 $s = 18$를 σ로 근사해서 사용할 수 있다. 따라서 H_0 가정하에서 $\overline{X}$는 평균이 80이고, 표준편차가 $18/\sqrt{60} = 2.324$인 정규분포를 따른다. 그러면 귀무분포는 $\overline{X} \sim N(80, 2.324^2)$이다.

이제 2단계를 수행할 준비가 되었다. 그림 6.1에 귀무분포가 주어져 있는데, 관측값 74가 $\overline{X}$의 분포에서 한 점으로 표시되어 있다. 74만큼이나 작은 값이 이 분포에서 얻어질 가능성이 얼마나 되어 보이는가? P-값으로 이것이 수치화되는데, P-값은 귀무분포로부터 얻어진 값이 관측값인 $\overline{X} = 74$만큼이나 H_0와 불일치할 확률이다. H_0를 표본평균 $\overline{X}$가 80 이상이라고 설정했으므로 74 미만인 값은 H_0와 불일치 정도가 매우 클 것이다. 따라서 P-값은 $N(80, 2.324^2)$인 분포에서 얻어진 값이 74 이하일 확률이다. 이 확률은 다음과 같이 z점수로 계산된다.

$$z = \frac{74 - 80}{2.324} = -2.58$$

z 분포표로부터 표준정규분포 확률변수 z가 -2.58 이하일 확률은 0.0049이다. 따라서 이 검정의 P-값은 0.0049이다.

앞서 말한 대로 P-값은 H_0의 타당성에 대한 정량적 척도를 제공한다. 하지만 이 값을 어떻게 해석해야 하는가? 적절한 해석을 하는 것은 다소 미묘한 문제이다. P-값은 만약 H_0가 참이라면 표본평균이 H_0로부터 멀리 떨어진 74로 관측될 확률이 0.0049에 불과하다는 것을 말해준다. 따라서 여기 두 가지 결론을 내릴 수 있다.

- H_0는 거짓이다.
- H_0는 참이고, 추출될 수 있는 모든 표본 중에서 오직 0.49%만이 현재 얻어진 표본의 값 이하로 평균값이 얻어질 수 있다는 것을 의미한다. 즉, 현재 얻은 표본평균은 이 분포의 가장 극단적인 0.49%에 위치하는 값이다.

현실적으로 분포에서 가장 극단적인 0.49%에 위치한 사건은 거의 발생하지 않는다. 따라서 H_0를 기각하고, 코팅제는 평균 마모량을 80 μm 이하로 감소시킨다는 결론을 내린다.

이 예시에서 귀무가설을 $\mu \geq 80$으로 지정했다. H_0가 참이라는 가정하에서 왜 우리는 H_1에 가장 가까운 $\mu = 80$을 가설검정의 대상으로 선택했을까? H_0에 공정한 검정을 시행하려면 가장 타당한 방식으로 검정을 시행해야 하는데, 이를 위해 $\overline{X}$에 가장 가까운 값으로 μ를 지정하는 것이다. $\overline{X} = 74$이이므로 $\mu \geq 80$에서 $\overline{X}$에 가장 가까운 값은 $\mu = 80$이다. 그리고 이 값은 H_1에도 가장 가까운 값이다. 이것은 전형적인 방식이며 실제로 가설검정을 수행할 때 H_0에 대한 가장 그럴듯한 값은 H_1에 가장 가까운 값이기도 하다.

이제 H_0를 기각하기 위해서는 P-값이 얼마나 작아야 하는지 의문점이 드는 것이 당연한 순서이다. 어떤 사람은 '5% 규칙'을 사용한다. 즉, $P \le 0.05$일 때, H_0를 기각한다. 하지만 이 규칙을 포함한 어떤 규칙도 과학적 근거는 없다. 우리는 이 문제를 6.2절에서 보다 자세히 다룰 것이다.

여기서 설명한 가설검정 방법은 중심극한정리를 사용함에 유의해야 한다. 이 방법이 유효하려면 표본의 크기는 충분히 커야 한다(30 이상). 소표본에 대해서도 유효한 가설검정은 6.4절에 소개할 것이다.

마지막으로 P-값의 계산은 z점수를 계산함으로써 얻을 수 있다. 이런 이유로 z점수는 **검정통계량(test statistic)**이라고도 부른다. z점수를 검정통계량으로 사용하는 검정을 가리켜서 z 검정이라고 한다.

이 외에도 다양한 가설검정이 존재한다. 모든 가설검정은 아래 상자에 주어진 기본적인 절차를 따른다.

가설검정 수행절차

1. 귀무가설 H_0와 대립가설 H_1을 정의한다.

2. H_0가 참이라고 가정한다.

3. **검정통계량**을 계산한다. 검정통계량은 H_0에 불리한 증거의 강도를 평가하는 데 사용된다.

4. 검정통계량의 P-값을 계산한다. P-값은 H_0가 참이라고 가정했을 때, 실제로 관측된 검정통계량값 이상으로 H_0와 불일치하는 검정통계량이 얻어질 확률을 말한다.

5. H_0에 불리한 증거의 강도를 바탕으로 결론을 기술한다.

H_0를 표현하는 다른 방법

H_0가 참이라고 가정했을 때, 우리는 H_1에 가장 가까운 값을 가설검정에 사용한다고 언급했다. 일부 저자는 앞선 예제의 경우에서 H_0를 단일값으로 간주하기도 한다. 그들은 $H_0: \mu \ge 80$ 대신 $H_0: \mu = 80$으로 쓴다. 이 표현방식은 H_0가 참이라고 할 때, 어떤 값을 사용해야 하는지 분명하게 해주는 장점이 있다. 하지만 해석에 있어서 단점이 있다. 일반적으로 H_1에 가까운 값은 관심 대상이 아니다. 예를 들어, 기어마모 예시에서 $\mu = 80$일 확률은 구체적인 관심 사안이 아니다. 대신 $\mu \ge 80$일 가능성에 관심이 있다. H_0를 기각하는 것이 중요한 것은 $\mu = 80$값만을 기각하는 것이 아니라 $\mu \ge 80$에 해당하는 모든 값을 기각하는 것에 있다. 따라서 우리는 $H_0: \mu \ge 80$을 사용한다.

예제 6.1

"Wear in Boundary Lubrication" (S. Hsu, R. Munro, and M. Shen, Journal of Engineering Tribology, 2002:427.441)에서는 다양한 윤활유에 대한 실험결과를 고찰했다. 한 실험에서 정제 파라핀으로 윤활 처리된 45개의 쇠공을 60분 동안 600 rpm에 40 kg 부하 조건에서 평가하였다. 평균 지름감소값은 673.2 μm이고, 표준편차는 14.9 μm이었다. 윤활유의 규격은 평균 지름감소 수준이 675 μm 미만이라고 하자. $H_0: \mu \ge 675$ versus $H_1: \mu < 675$인 검정에 대한 P-값을 구하시오.

풀이

먼저 주어진 문제를 통계적 언어로 번역해 보자. 지름감소값에 대한 확률표본 $X_1, \cdots, X_{45}$이 주어져 있다. 표본평균과 표본표준편차는 $\overline{X} = 673.2$와 $s = 14.9$이다. 모평균은 알려지지 않았고 μ라고 쓰자. 검정을 구성하기 전에 기본적인 문제는 표본평균의 확률변동임을 다시 한번 지적할 것이다. 만일 표본평균에 확률변동이 존재하지 않는다면, $673.2 < 675$이므로 윤활유는 제품규격을 만족한다고 결론을 내릴 것이다. 질문은 표본평균의 확률변동이 충분히 커서 675보다 실제 모평균이 클 수도 있는지 여부이다.

이 가설검정은 앞서 설명한 절차를 따라서 수행한다. 귀무가설은 윤활유가 규격을 만족하지 못하고 표본평균 673.2와 규격 675의 차이가 발생한 것은 우연에 의한 것이라고 보는 것이다. 대립가설은 윤활유는 규격을 만족한다고 본다. 귀무가설 H_0가 참이라고 가정하여 표본이 $\mu = 675$(H_1에 가장 가까운 값)인 모집단에서 추출되었다고 하자. 모표준편차 σ는 표본 표준편차 $s = 14.9$로 추정한다. 검정은 $\overline{X}$를 기반으로 수행된다. H_0하에서 $\overline{X}$는 평균이 675이고, 표준편차가 $14.9/\sqrt{45} = 2.22$인 정규분포에서 얻어진다고 본다. P-값은 표본평균이 673.2 이하일 확률이다. 검정통계량은 z점수인데 다음과 같이 계산된다.

$$z = \frac{673.2 - 675}{2.22} = -0.81$$

P-값은 0.209이다(그림 6.2 참조). 따라서 H_0가 참일 때, 실제 관찰된 표본평균보다 H_0에 일치하지 않는 표본이 얻어질 가능성은 20.9%이다. 0.209는 그다지 작은 확률이 아니므로 H_0를 기각하지 않는다. 대신 H_0가 타당하다고 결론을 내린다. 자료가 윤활유가 규격을 만족한다는 결론을 보여주지 않는다. H_0가 참이라고 결론짓지 **않고**, 단지 **타당하다**고 함에 유의하라. 이 구분에 대해서 6.2절에서 다시 논의할 것이다.

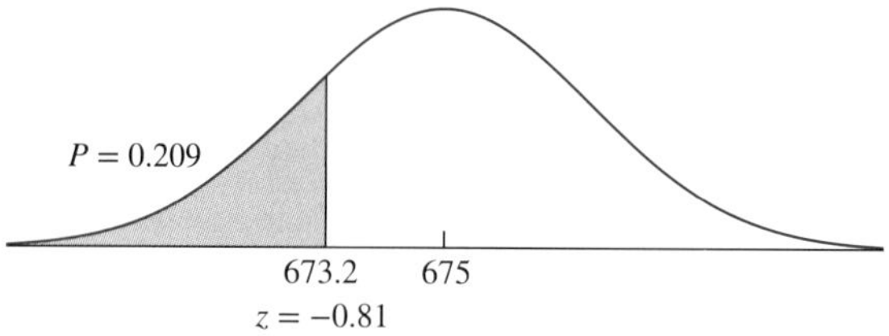

그림 6.2 $\overline{X}$의 귀무분포는 $N(675, 2.22^2)$이다. 따라서 H_0가 참일 때, 673.2라는 관측값보다 더 극단적인 $\overline{X}$가 얻어질 확률은 0.209이다. 이것이 P-값이다.

예제 6.1에 대한 컴퓨터 계산 결과(Excel)가 다음과 같이 주어져 있다.

가설	H0: mu = 675 vs. H1: mu < 675
표본수	45
평균	673.2
표준편차	14.9
평균의 표준편차	2.221
95% 신뢰상한	676.853
Z점수	-0.81
P값	0.209

이 예제를 통해 모평균이 어떤 값 이하이거나 어떤 값 이상인 귀무가설에 대한 검정을 보였다. 어떤 경우에는 귀무가설은 모평균이 특정한 값과 같다는 설정을 하기도 한다. 예제 6.2를 살펴보자.

예제 6.2

1,000 g짜리 기준시편으로 저울을 60회 측정하여 교정한다. 60회의 측정에서 평균은 1,000.6 g이고 표준편차는 2 g이 얻어졌다. 가설검정 $H_0: \mu = 1000$ versus $H_1: \mu \neq 1000$에 대한 P-값을 구하시오.

풀이

μ를 저울계측값의 모평균이라고 하자. 귀무가설은 저울의 모평균 μ가 기준시편의 무게 1,000 g과 일치하는 교정상태라는 것이다. 이때 발생하는 저울계측값의 표본평균과 참값의 차이는 전적으로 우연에 의한 것으로 본다. 대립가설은 저울이 교정 불량 상태라는 것이다.

이 예제에서 귀무가설은 μ가 규정된 값 이상이거나 이하가 아니라 정확히 일치한다고 설정한다. 따라서 μ보다 훨씬 크거나 작은 $\overline{X}$은 H_0에 불리한 증거가 된다. 앞선 예제에서는 μ의 한쪽 영역으로만 $\overline{X}$가 H_0에 불리한 증거로 사용되었다.

H_0가 참이라고 가정하므로 표본에 대한 저울계측값은 평균이 $\mu = 1000$인 모집단에서 얻어진다. 모표준편차 σ의 근사치는 $s = 2$로 한다. 따라서 $\overline{X}$의 귀무분포는 평균이 1000이고, 표준편차가 $2/\sqrt{60} = 0.258$인 정규분포이다. 관측값 $\overline{X} = 1000.6$에 대한 점수는 다음과 같다.

$$z = \frac{1000.6 - 1000}{0.258} = 2.32$$

H_0에서 $\mu = 1000$이라고 설정하고 있으므로 관측값 1000.6보다 먼 분포곡선의 양쪽 꼬리 부분은 H_0와 더 불일치되는 영역이다. P-값은 양쪽 꼬리 영역의 합인 0.0204이다(그림 6.3 참고). 따라서 H_0가 참일 때, 관측값 이상으로 극단적인 값이 얻어질 확률은 단지 0.0204이다. H_0에 반하는 증거가 매우 강력하므로 H_0를 기각하고 저울을 재교정하는 것이 현명하다.

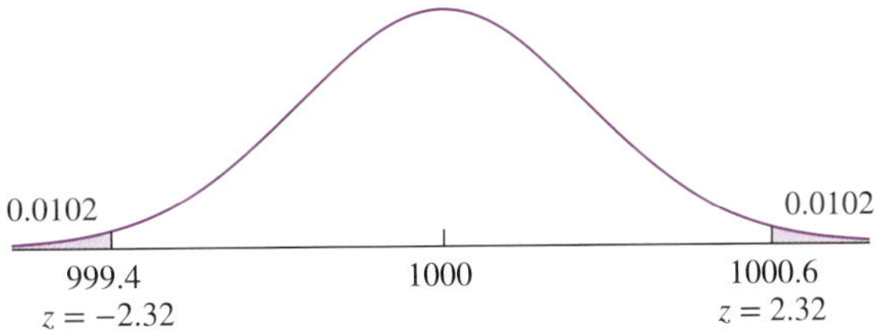

그림 6.3 $\overline{X}$의 귀무분포는 $N(1000, 0.258^2)$이다. 따라서 H_0가 참일 때, 1000.6이라는 관측값보다 더 극단적인 $\overline{X}$가 얻어질 확률은 0.0204이다. 이것이 P-값이다.

예제 6.2에서처럼 H_0에서 μ를 단일 값으로 규정하는 경우, 분포의 양쪽 꼬리가 모두 P-값 계산에 기여하므로 이 검정을 가리켜 **양측검정(two-sided test)** 또는 **양쪽꼬리검정(two-tailed test)**이라고 한다. H_0에서 μ를 어떤 값 이상 또는 이하로 규정하는 경우 분포의 한쪽 꼬리만 P-값에 기여하므로 이 검정을 가리켜 **단측검정(one-sided test)** 또는 **한쪽꼬리검정(one-tailed test)**이라고 한다. 모평균에 대한 대표본 가설검정을 수행하기 위한 절차를 정리하고 본 절을 마무리하자.

요약

$X_1, \cdots, X_n$을 평균이 μ이고, 표준편차가 σ인 모집단에서 추출된 대표본(e.g., $n > 30$)이라고 가정하자. $H_0: \mu \le \mu_0$, $H_0: \mu \ge \mu_0$ 또는 $H_0: \mu = \mu_0$과 같은 귀무가설을 검정하기 위해

- z점수를 계산한다. 이때 σ가 알려지지 않았으면, s를 근사치로 쓸 수 있다.

$$z = \frac{\overline{X} - \mu_0}{\sigma/\sqrt{n}}$$

■ P-값을 계산한다. P-값은 정규곡선에서 대립가설 종류별로 주어진 영역의 면적이다.

대립가설	P-값
$H_1: \mu > \mu_0$	z값의 오른쪽 영역
$H_1: \mu < \mu_0$	z값의 왼쪽 영역
$H_1: \mu \neq \mu_0$	z와 $-z$값의 바깥쪽 꼬리 영역의 합

6.1 연습문제

1. 최근 많은 회사들이 직원들의 재택근무를 하는 실험을 하고 있다. 무엇보다 재택근무를 통해서 병가일수를 줄이는 것으로 알려져 있다. 어떤 회사는 지난 몇 년간 직원의 병가일수는 평균 5.4일이었다. 올해 이 회사는 재택근무를 도입하였는데, 경영진에서 80명의 직원을 무작위로 선정하여 추적한 결과 연말의 대상 직원의 평균 병가일수는 4.5일이었고, 표준편차는 2.7일이었다. μ를 이 회사 전 직원의 평균 병가일수라고 하자.

a. $H_0: \mu \geq 5.4$ versus $H_1: \mu < 5.4$을 검정하기 위한 P-값을 구하시오.

b. 재택근무가 도입된 이후로 평균 병가일수가 감소했거나 이 표본이 귀무분포의 가장 극단적인 (　　　)%에 속한다.

2. "Supply Voltage Quality in Low-Voltage Industrial Networks of Estonia" (T. Vinnal, K. Janson, et al., *Estonian Journal of Engineering*, 2012:102–126)에서는 Estonia의 66개 산업 네트워크 표본에 대한 전압을 측정했다. 이 네트워크의 정격전압은 232 V라고 하자. 표본평균은 231.7 V이고, 표본표준편차는 2.19 V이다. μ를 이 네트워크의 모평균 전압이라고 하자.

a. $H_0: \mu = 232$ versus $H_1: \mu \neq 232$을 검정하기 위한 P-값을 구하시오.

b. 평균 전압이 232와 같지 않거나 이 표본은 귀무분포의 가장 극단적인 (　　　)%에 속한다.

3. 50개의 구리선 표본의 평균 저항이 1.03 mΩ이고, 표준편차가 0.1 mΩ이다. μ를 이 구리선 제품의 평균저항이라고 하자.

a. $H_0: \mu \leq 1$ versus $H_1: \mu > 1$을 검정하기 위한 P-값을 구하시오.

b. 평균 저항은 1 mΩ보다 크거나 이 표본은 귀무분포의 가장 극단적인 (　　　)%에 속한다.

4. 어떤 화학공장이 정상적으로 운영될 때의 평균 생산량은 적어도 740톤이다. 무작위로 선정된 60일 동안 생산량을 측정하였다. 그 결과 표본평균은 715톤/일이고 표준편차는 24톤/일이었다. μ를 이 공장의 일일 평균 생산량이라고 하자. 한 엔지니어는 $H_0: \mu \geq 740$ versus $H_1: \mu < 740$을 검정하려고 한다.

a. P-값을 구하시오.

b. 이 공장이 정상적으로 운영되고 있다는 것이 타당하다고 생각하는가? 아니면 공장이 정상적으로 운영되지 못한다고 확신하는가? 추론의 근거를 설명하시오.

5. "Predicting Profit Performance for Selecting Candidate International Construction Projects" (S. Han, D. Kim, and H. Kim, *Journal of Construction Engineering and Management Science*, 2007: 425.436)에서는 국제 건설프로젝트의 수익분석을 시행했다. 126개의 프로젝트 표본에서 평균수익(%)은 8.24이고, 표준편차는 16.33이었다. $H_0: \mu \geq 10$ versus $H_1: \mu < 10$을 검정하려고 할 때 다음 물음에 답하시오.

a. P-값을 구하시오.

b. 평균수익이 적어도 10% 이상이라는 것이 타당하다고 생각하는가? 아니면 10% 미만이라고 확신하는가? 추론의 근거를 설명하시오.

6. 다음 빈칸에 알맞은 보기를 선택하시오.

> 귀무가설이 $H_0: \mu \leq 4$라면, 귀무분포하에서 $\overline{X}$의 평균은 (　　　)이다.

① 0
② 4
③ 4 이하인 모든 수
④ H_1이 주어지지 않으면 알 수 없다.

7. 다음 빈칸에 알맞은 보기를 선택하시오.

> $H_0: \mu = 5$ versus $H_1: \mu \neq 5$ 검정에서 표본평균은 $\overline{X} = 4$이고, P-값은 0.22이었다. 만약 $\mu = 5$라면 100회 반복실험에서 4에서 6 사이에 $\overline{X}$을 관측하는 횟수는 대략 (　　　)회임을 의미한다.

① 4
② 22
③ 78
④ 6

8. oz 단위로 많은 수량의 음료수 캔의 용량을 측정한 결과 $\overline{X}=11.98$이고, $\sigma_{\overline{X}}=0.02$가 얻어졌다. 이 정보를 이용하여 다음 검정에 대한 P-값을 계산하시오: $H_0: \mu = 12.0$ versus $H_1: \mu \neq 12.0$.

9. 다음 엑셀(Excel) 계산 결과는 모평균 μ에 대한 가설검정 결과를 나타내고 있다.

단일표본	Z검정
가설	H0: mu = 45 vs. H1: mu > 45
표본수	122
평균	46.2598
표준편차	5.0921
평균의 표준편차	0.461
95% 신뢰하한	45.5015
Z점수	2.73
P값	0.003

a. 이 검정이 단측검정인지 양측검정인지 구하시오.
b. 귀무가설은 무엇인지 구하시오.
c. P-값은 얼마인지 구하시오.
d. 위 결과와 적절한 분포표를 활용하여 $H_0: \mu \leq 46$ versus $H_1: \mu > 46$에 대한 P-값을 구하시오.
e. 위 결과와 적절한 분포표를 활용하여 μ에 대한 98% 신뢰구간을 구하시오.

10. 다음 엑셀(Excel) 계산 결과는 모평균 μ에 대한 가설검정 결과를 나타내고 있는데, 몇몇 값이 유실되었다. 빈칸을 채우시오.

단일표본	Z검정
가설	H0: mu = 3.5 vs. H1: mu > 3.5
표본수	87
평균	4.07114
표준편차	2.00819
평균의 표준편차	(a)
95% 신뢰하한	3.717
Z점수	(b)
P값	(c)

6.2 가설검정 결과로부터 결론 도출하기

6.1절의 예제 6.1과 6.2에서 얻은 결론을 자세히 살펴보자. 예제 6.2에서 우리는 H_0를 기각했다. 즉, H_0가 거짓이라는 결론을 내렸다. 예제 6.1에서는 H_0를 기각하지 않았다. 하지만 H_0가 참이라고 결론 내리지는 않았다. 단지 H_0가 타당하다고 결론지을 수 있었다.

사실 가설검정에서 도달할 수 있는 결론은 H_0가 거짓이거나 H_0가 타당하다는 결론 두 가지뿐이다. 특히 결코 H_0가 참이라고 결론을 내릴 수는 없다. 그 이유를 이해하기 위해 예제 6.1을 다시 살펴보자. 표본평균은 $\overline{X}=673.2$이고, 귀무가설은 $\mu \geq 675$이다. 결론은 673.2가 675에 충분히 가까우므로 귀무가설이 참일 수도 있다는 것이었다. 하지만 표본평균 673.2는 675보다 작은 값이므로 $\mu \geq 675$라는 결론을 내릴 수는 없다. 이것은 다양한 가설검정에서 발생하는 전형적인 상황이다. 오직 문제가 되는 것은 P-값으로 측정되는 귀무가설과의 불일치 정도가 귀무가설을 타당하지 않도록 하기에 충분히 큰지 여부이다.

H_0의 기각 여부를 어떻게 판단할 수 있을까? P-값이 작을수록 H_0의 타당성은 줄어든다. 일반적인 경험 법칙은 5%로 설정하는 것이다. 경험 법칙에 따르면, $P \leq 0.05$이면 H_0을 기각하고, 그렇지 않으면 H_0를 기각하지 않는다. 사실 더운 날과 추운 날의 명확한 기준이 없는 것처럼 H_0에 반하는 결정적인 증거와 그렇지 않은 증거에 대한 구분기준은 없다. 따라서 경험 법칙이 편리하긴 하지만, 과학적 근거가 있는 것은 아니다.

요약

- P-값이 작을수록 H_0가 거짓이라고 확신할 수 있다.
- P-값이 클수록 H_0가 타당하다고 볼 수 있지만, 결코 H_0가 참이라고 확신할 수는 없다.
- H_0를 기각하기 위한 경험 법칙은 $P \le 0.05$이다. 이 법칙은 편리하지만, 과학적 근거는 없다.

통계적 유의성

P-값이 특정 임계값보다 작을 때, 그 결과는 해당 수준에서 '통계적으로 유의'하다고 말한다. 예를 들어, $P \le 0.05$를 만족한다면 그 결과는 5% 수준에서 통계적으로 유의하다. $P \le 0.01$이라면 1% 수준에서 통계적으로 유의하다. 만약 결과가 $100\alpha\%$ 수준에서 통계적으로 유의하다면, 우리는 귀무가설을 '$100\alpha\%$ 수준에서 기각'한다고 말할 수 있다.

예제 6.3

귀무가설 $H_0: \mu = 0$에 대한 가설검정을 시행했다. P-값이 0.02로 얻어졌다면, 이 결과는 10% 수준에서 통계적으로 유의한가? 5% 수준에서는? 1% 수준에서는 어떤가? 귀무가설이 유의수준 10% 수준에서 기각되는가? 5% 수준에서는? 1% 수준에서는 어떤가?

풀이

이 결과에서 2% 이상인 수준에 대해서는 모두 통계적으로 유의하다. 따라서 10%, 5% 수준에서 통계적으로 유의하다고 말하며, 1% 수준에서는 그렇지 않다. 비슷하게 우리는 2% 이상인 수준에 대해서 귀무가설을 기각할 수 있다. 따라서 H_0는 10%, 5% 수준에서 기각되지만, 1%에서는 그렇지 않다.

때때로 사람들이 P-값을 제시하지 않은 채 특정 수준에서 검정결과가 통계적으로 유의하다고 설명하는 경우가 있다. 예를 들어, '5% 수준에서 통계적으로 유의함' 또는 '통계적으로 유의함($P < 0.05$)'라고 일반적으로 읽는다. 이것은 세 가지 이유에서 잘못된 방식이다. 첫째, 이 결과가 P-값이 간신히 0.05보다 작은지 아니면 훨씬 작은 상황에서 얻어졌는지를 판단할 수 없다. 둘째, 실제로는 거의 차이가 없음에도 불구하고 0.05 미만의 P-값과 0.05보다 약간 높은 P-값 사이에 큰 차이가 있다고 의미를 부여하는 것이다. 셋째, 위와 같은 설명은 결과를 제공받는 사람이 귀무가설을 기각하기에 P-값이 충분히 작은지 스스로 판단할 수 없게 한다. 만일 어떤 사람이 $P < 0.01$이 아니면 귀무가설을 기각해서는 안 된다고 믿고 있을 때, $P < 0.05$의 여부만 보고하게 되면 이 사람은 H_0의 기각 여부를 결정할 수 없다.

P-값을 함께 제공하면 귀무가설에 반하는 강도에 대한 상세한 정보를 제공하며, 결과를 해석하는 사람들이 직접 기각 여부를 판단할 수 있게 해준다. 통계 소프트웨어에서는 항상 P-값을 제공한다. 이 값은 가설검정의 결과를 제공할 때 항상 포함되어 있어야 한다.

요약

α를 0과 1 사이의 숫자라고 할 때 만약 $P \le \alpha$이면,

- 검정결과는 $100\alpha\%$ 수준에서 통계적으로 유의하다.

- $100\alpha\%$ 수준에서 귀무가설을 기각한다.
- 가설검정 결과를 제공할 때는 0.05 또는 0.01에 대한 비교결과만 제시하지 말고 P-값을 함께 제공하라.

P-값은 H_0가 참일 확률이 아니다

P-값이 확률이고 P-값이 작을수록 H_0가 참일 확률이 낮다는 것을 나타내므로, P-값을 H_0가 참일 확률이라고 생각하는 것은 그럴듯하다. 하지만 이것은 전혀 사실이 아니다. 여기서 말하는 확률의 개념은 실험이 반복될 때, 매번 다르게 나타나는 결과에 대해서만 적용된다. 실험을 반복할 때마다 $\overline{X}$는 다른 값이 얻어지는데, 이때 $\overline{X}$만큼 극단적인 값이 관측될 확률로 P-값을 정의하는 것이 합리적이다. 반면에 귀무가설은 참이거나 참이 아닌 두 가지 경우만 존재한다. H_0의 진실 또는 거짓의 여부는 실험을 반복하더라도 바뀌지 않는다. 따라서 H_0가 참일 확률을 논하는 것은 옳지 않다.

올바른 질문에 답하기 위한 H_0의 선택

가설검정을 수행할 때, 검정결과로 옳은 결론에 도달할 수 있도록 H_0와 H_1을 적절하게 선택하는 것은 중요하다. 다음 예제 6.4와 6.5에서는 이 내용에 대해 다루고 있다.

예제 6.4

교량 건설에 사용되는 강판에 대한 항복강도(F_y) 규격은 최소 345 MPa를 초과할 것을 요구한다. 엔지니어가 이 강판을 사용해도 되는지 판단하기 위한 가설검정을 시행하려고 한다. 강판을 랜덤으로 골라서 파괴강도를 측정하고 가설검정을 시행한다. 강판의 강도가 $\mu > 345$로 결론이 나지 않으면 이 강판은 사용하지 않는다. $H_0 : \mu \le 345$ versus $H_1 : \mu > 345$를 검정하려고 한다. H_0가 기각되면 엔지니어는 이 강판을 사용한다고 판단할 수 있는가? 만일 H_0가 기각되지 않는다면 어떻게 되는가?

풀이

H_0가 기각되면, 엔지니어는 $\mu > 345$라는 결론을 내리고 강판을 사용할 것이다. 만일 H_0가 기각되지 않는다면, 엔지니어는 μ가 345 **이하일 수도 있다**는 결론을 내리고 강판을 사용하지 않을 것이다.

예제 6.5

예제 6.4에서 엔지니어가 $H_0 : \mu \ge 345$ versus $H_1 : \mu < 345$를 검정한다고 하자. H_0가 기각된다면, 엔지니어는 이 강판을 사용한다고 판단할 수 있는가? 만약 H_0가 기각되지 않으면, 어떻게 되는가?

풀이

만일 H_0가 기각된다면, 엔지니어는 $\mu < 345$라고 결론 내리게 되므로 강판을 사용하지 않을 것이다. 만약 H_0를 기각하지 못한다면, 엔지니어는 μ가 345 이상일 수도 있다고 결론을 내리게 된다. 하지만 345 이상이 아닐 수도 있기 때문에 이 경우에도 강판을 사용하지 않게 된다.

예제 6.5에서 강판의 사용 여부에 대한 엔지니어의 판단은 H_0의 기각 여부와 관계없이 모두 사용하지 않는다는 결론을 내린다. 즉, 가설검정을 수행하는 의미가 없게 된다. 이는 가설 H_0와 H_1이 올바르게 설정되지 않았기 때문이다.

최종 정리: 단측검정에서 등호는 항상 귀무가설에 포함된다. 따라서 μ_0를 H_0와 H_1을 나누는 기준이라고 하면, 귀무가설은 $H_0 : \mu \le \mu_0$ 또는 $H_0 : \mu \ge \mu_0$과 같이 표현하고, $H_0 : \mu < \mu_0$ 또는

$H_0 : \mu > \mu_0$와 같이 쓰지 않는다. 이러한 이유는 귀무분포를 설정할 때, H_1에 가장 가까운 μ값을 H_0를 판단할 때 사용하기 때문이다. 만일 등호를 사용하지 않고 H_0를 설정하면, H_1에 가장 가까운 H_0값을 설정할 수 없다. 따라서 등호는 반드시 H_0에 사용되어야 한다.

통계적 유의성은 실제적 유의성과 같지 않다

작은 P-값이 결과로 얻어졌을 때, 우리는 '통계적으로 유의(Statistical Significance)'하다고 한다. 일반적으로 '**유의**(significant)'하다는 말은 '중요(important)'하다는 의미를 갖는다. 따라서 통계적으로 유의한 결과는 항상 중요하다고 생각하기 쉽다. 하지만 이것은 사실이 아니다. 때로는 통계적으로 유의한 결과가 어떠한 과학적 또는 실용적 중요성을 갖지 못하는 경우가 있다. 예를 들어, 어떤 공정에서 생산되는 합성섬유는 평균파괴강도가 50 N으로 알려져 있다. 공정에 반영하기 위해 상당한 공정변경이 요구되는 신공정이 개발되었다. 새로운 방법으로 제조된 1,000개의 섬유표본을 평가한 결과, 평균파괴강도가 50.1 N이고, 표준편차는 1 N으로 측정되었다. 신공정의 파괴강도가 증가했다고 결론지을 수 있는가?

질문에 답하기 위해서 μ를 신공정으로 제조된 섬유의 평균 파괴강도라고 하자. 우리는 $H_0 : \mu \leq 50$ versus $H_1 : \mu > 50$을 검정해야 한다. 이 방식으로 만일 H_0를 기각한다면, 우리는 새로운 공정은 개선되었다고 결론지을 수 있다. H_0 가정하에서 표본평균 $\overline{X}$는 평균이 50이고, 표준편차가 $1/\sqrt{1000} = 0.0316$인 정규분포를 따른다. z점수는 다음과 같다.

$$z = \frac{50.1 - 50}{0.0316} = 3.16$$

P-값은 0.0008이다. 이 결과는 H_0를 부정하는 매우 강력한 증거이다. 따라서 신공정으로 생산되는 섬유는 평균 파괴강도가 개선되었다고 판단할 수 있다.

이 결과로부터 이끌 수 있는 실용적 결론은 무엇인가? 가설검정의 결과를 토대로 신공정이 더 우수하다는 것을 확신한다. 그러면 신공정을 구현하는 것이 가치가 있을까? 아마도 그렇지 않을 것이다. 이유는 기존 공정과 신공정의 파괴강도 차이는 매우 높은 통계적인 유의성을 갖지만, 고작 0.1 N의 차이만 있을 뿐이다. 이것은 충분히 개선되었다고 보기는 어려운 차이이다.

여기서 얻을 수 있는 교훈은 가설검정 결과는 통계적으로 유의할 수 있지만, 그것이 항상 실제적으로 유의한 것은 아니라는 것이다. 어떻게 이런 일이 발생할 수 있을까? 표준편차와 비교하여 평균의 차이가 상대적으로 크다면 통계적으로 유의하기 때문이다. 이 예제에서 0.1 N의 차이가 통계적으로 유의하게 결론지어진 이유는 표준편차가 0.0316밖에 되지 않았기 때문이다. 표준편차가 매우 작으면, 작은 차이만 존재하더라도 통계적으로 유의할 수 있다.

P-값은 실제적 유의성(practical significance)을 측정하지 않는다. 이 값이 측정하는 것은 귀무가설에서 지정한 값과 가설검정 대상의 참값이 실제로 얼마나 차이가 나는지 확신하는 수준이다. 이것은 실제로 중요할 만큼 차이가 크다는 것을 의미하지는 않는다.

가설검정과 신뢰구간의 관계

신뢰구간과 가설검정은 둘 다 모평균 μ와 같은 어떤 양의 타당한 값을 결정하는 것과 관련이 있다. 모평균 μ에 대한 가설검정에서 μ(귀무가설)에 특정한 값을 설정하고, 이 값이 타당한지를 결정한다. 반면, 모평균 μ에 대한 신뢰구간은 신뢰수준 $100(1-\alpha)\%$로 지정된 타당성 기준을 만족하는 μ에 대한 값의 집합으로 생각할 수 있다. 실제로 신뢰구간과 가설검정은 매우 밀접한 관련이 있다.

구체적으로 모평균 μ에 대한 $100(1-\alpha)\%$ 양측신뢰구간에 속한 값들은 양측가설검정에서 P-값이 α을 초과하도록 하는 값과 일치한다. 이를 설명하기 위해 다음 예제를 살펴보자. 50개의 마이크로드릴 수명의 표본평균은 $\overline{X}=12.68$이고, 표준편차는 $s=6.83$이었다. α를 0.05(5%)로 설정하고, 수명의 모평균에 대한 95% 신뢰구간을 계산하면, (10.79, 14.57)로 얻어진다. μ가 신뢰구간의 한 끝점과 같다는 가설을 검정한다고 하자. 예를 들어, $H_0: \mu=10.79$ versus $H_1: \mu \neq 10.79$ 검정을 생각해 보자. H_0 가정하에서 관측값 $\overline{X}=12.68$은 평균이 10.79이고, 표준편차가 $6.83/\sqrt{50}=0.9659$인 정규분포로부터 얻어졌다고 본다. 이에 대한 z점수는 $(12.68-10.79)/0.9659 = 1.96$이다. H_0를 10.79와 같다고 설정했으므로 귀무분포의 양쪽 꼬리가 P-값 계산에 기여함으로써 0.05로 얻어지고, α와 일치한다(그림 6.4 참고).

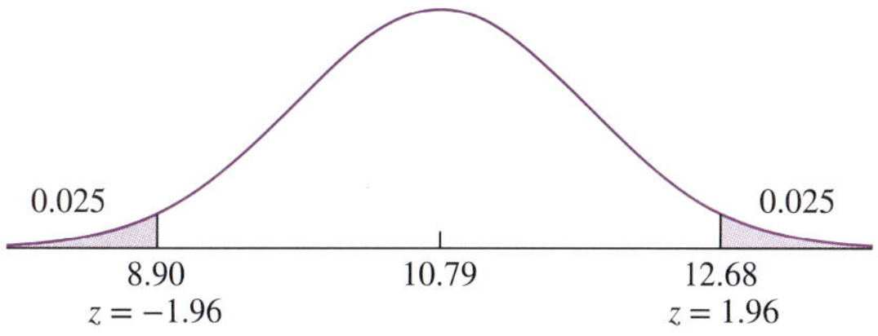

그림 6.4 표본평균 $\overline{X}$는 12.68이다. 10.79는 $\overline{X}=12.68$을 기준으로 얻어진 95% 신뢰구간의 끝점이기 때문에 $H_0: \mu=10.79$에 대한 검정결과 P-값은 0.05로 얻어진다.

이제 신뢰구간의 반대편 끝점인 $H_0: \mu=14.57$ versus $H_1: \mu \neq 14.57$에 대한 가설검정을 생각해 보자. 이번에는 $z=(12.68-14.57)/0.9659=-1.96$이 얻어지고, P-값은 동일하게 0.05이다. 만약 μ_0로 (10.79, 14.57) 구간 내의 점을 선택하고, $H_0: \mu=\mu_0$ versus $H_1: \mu \neq \mu_0$에 대한 P-값을 구하면 0.05보다 클 것이다. 반대로 $\mu_0<10.79$ 또는 $\mu_0>14.57$에 속하는 점을 선택하면, P-값은 0.05보다 작을 것이다. 따라서 95% 신뢰구간은 정확하게 가설검정에서 0.05보다 큰 P-값을 가지는 값들로 구성된다. 이 관점에서 신뢰구간은 모평균 μ에 대한 타당한 값들로 구성된 값의 집합이다.

$100(1-\alpha)\%$ 단측신뢰구간에 속한 값들은 모두 단측검정에서 P-값이 α보다 크다는 것도 쉽게 확인할 수 있다. 예를 들어, $\overline{X}=12.68$, $s=6.83$, $n=50$인 조건에서 95% 신뢰하한은 11.09이다. 만약 $\mu_0>11.09$라면, $H_0: \mu \leq \mu_0$에 대한 가설검정의 P-값은 0.05보다 클 것이다. 마찬가지로 95% 신뢰상한은 14.27인데, $\mu_0<14.27$로 설정한다면, $H_0: \mu \geq \mu_0$는 항상 0.05보다 클 것이다.

6.2 연습문제

1. $P=0.10$과 $P=0.01$ 중에서 귀무가설을 더욱 타당하게 해주는 값은 무엇인지 구하시오.

2. $P=0.01$일 때, 다음 중 가장 타당한 결론을 고르시오.

① H_0는 확실히 거짓이다.

② H_0는 확실히 참이다.

③ H_0가 참일 확률은 1%이다.
④ H_0는 참일 수도 있지만, 그럴 것 같지 않다.
⑤ H_0는 거짓일 수 있지만, 그럴 것 같지 않다.
⑥ H_0는 타당하다.

3. 다음 물음에 참 또는 거짓을 답하시오: 만약 $P=0.02$라면
① 이 결과는 5% 수준에서 통계적으로 유의하다.
② 이 결과는 1% 수준에서 통계적으로 유의하다.
③ 귀무가설은 5% 수준에서 기각된다.
④ 귀무가설은 1% 수준에서 기각된다.

4. IQ 검사는 평균점수가 100점으로 알려져 있다. 60명의 학생을 무작위로 뽑아서 테스트를 받기 전에 코칭수업을 시행했다. μ를 모든 학생이 코칭수업을 들었을 때의 IQ 점수 모평균이라고 하고, $\mu>100$이면 이 수업은 성공적이라고 하자. $H_0: \mu \le 100$ versus $H_1: \mu > 100$에 대한 가설검정을 시행한다. 다음 세 가지 결론을 생각해 보자: (i) 이 수업은 성공적이다. (ii) 이 수업은 성공적이지 못하다. (iii) 이 수업은 성공적이지 않을 수 있다.
a. H_0가 기각되었을 때, 위의 세 가지 결론 중 가장 타당한 것을 구하시오.
b. H_0가 기각되지 않았을 때, 위의 세 가지 결론 중 가장 타당한 것을 구하시오.

5. 다음의 각 상황에서 모평균 μ에 대한 가장 적절한 귀무가설을 기술하시오.
a. 평균수명이 8년을 초과하는 것으로 밝혀지면 심장박동기에 새로운 종류의 배터리를 사용하려고 한다.
b. 새로운 원자재를 사용했을 때 타이어의 평균 수명이 60,000 마일 이상으로 밝혀지면 이 원자재를 생산에 투입하려고 한다.
c. 품질관리 요원이 유량계가 10 mL/s 이상 오차가 발생하면 재교정을 하려고 한다.

6. 10 g짜리 표준시편을 100회 측정하여 저울이 잘 교정되었는지 확인하려고 한다. μ를 저울의 모평균이라고 할 때, $\mu=10$이면 저울은 교정상태라고 한다. $H_0: \mu = 10$ versus $H_1: \mu \ne 10$에 대한 가설검정을 시행한다. 다음 세 가지 결론을 생각해 보자: (i) 저울은 교정상태이다. (ii) 저울은 비교정상태이다. (iii) 저울은 교정상태일 수 있다.
a. H_0가 기각되었을 때, 위의 세 가지 결론 중 가장 타당한 것을 구하시오.
b. H_0가 기각되지 않았을 때, 위의 세 가지 결론 중 가장 타당한 것을 구하시오.
c. 저울이 교정상태라고 확실하게 입증할 수 있는 가설검정을 수행할 수 있는가? 이유를 설명하시오.

7. 강철에 아연을 도금하는 어떤 방법을 적용하면 평균두께가 7미크론 이하인 것으로 알려져 있다. 품질관리 담당자가 36개의 코팅 시편을 측정하여 $H_0: \mu \le 7$ versus $H_1: \mu > 7$에 대한 검정을 시행한 결과 P-값은 0.40으로 얻어졌다. $P>0.05$이므로 이 담당자는 평균두께가 규격 내에 있다고 결론지었다. 이 결론은 옳은가? 이유를 설명하시오.

8. μ에 대한 95% 신뢰구간이 (1.2, 2.0)으로 주어져 있다. 다음 귀무가설 중 $P=0.05$인 것을 고르시오.
① $H_0: \mu = 1.2$
② $H_0: \mu \le 1.2$
③ $H_0: \mu \ge 1.2$

9. 특정유형의 고무강도를 측정하려면 고무 조각에 대한 마모시험을 실시해야 한다. 고무 재질이 채택되려면 평균질량손실 μ가 3.5 mg 미만이어야 한다. 특정 방식으로 경화시킨 많은 수량의 고무 조각을 테스트한 결과 평균질량손실에 대한 95% 신뢰상한이 3.45 mg로 얻어졌다. $H_0: \mu \ge 3.5$ versus $H_1: \mu < 3.5$에 대한 가설검정에 대해 다음 물음에 답하시오.
a. 신뢰상한으로부터 $P<0.05$인지 판단할 수 있는가? 설명하시오.
b. 신뢰상한으로부터 $P<0.01$인지 판단할 수 있는가? 설명하시오.

10. 문제 9번에 대해서 다음 물음에 답하시오. 신뢰상한을 구하는데 사용된 표본평균이 $\overline{X}=3.40$으로 밝혀졌다. $P<0.01$인지 판단할 수 있는가? 설명하시오.

11. 어떤 수술을 받은 환자를 대상으로 새로운 수술 후 치료방법을 적용했다. 과거 방식을 적용할 경우 환자가 병원의 입원 기간은 평균 6.3일이었다. 새로운 방법을 적용한 후 표본에 대한 평균은 6.1일로 얻어졌다. 새로운 방법의 평균 입원 기간은 과거 방식과 같거나 그 이상이라는 귀무가설과 새로운 방법의 평균 입원 기간은 과거 방식 미만이라는 대립가설을 설정하여 가설검정을 시행하였다. 그 결과 P-값이 0.002로 얻어졌을 때, 다음에 대해 참 또는 거짓을 답하시오.
a. P-값이 매우 작기 때문에 새로운 방법은 평균 입원 기간을 크게 단축시킨다는 결론을 내릴 수 있다.
b. P-값이 매우 작기 때문에 과거 방식보다 새로운 방식으로 치료받은 환자의 평균 입원 기간이 짧다고 결론지을 수 있다.

12. 다음 엑셀(Excel) 계산 결과는 모평균 에 대한 가설검정 결과이다.

단일표본	Z검정	
가설	H0: mu = 37 vs. H1: mu ≠ 37	
표본수	87	
평균	36.528	
표준편차	3.2614	
평균의 표준편차	0.3497	
95% 신뢰하한	35.8247	37.2133
Z점수	-1.35	
P값	0.177	

a. 5% 수준에서 H_0를 기각할 수 있는가? 설명하시오.

b. 누군가 $H_0: \mu = 36$ versus $H_1: \mu \neq 36$에 대한 검정에서 5% 수준에서 귀무가설을 기각할 수 있는지 물었다. 추가적인 계산 없이 위의 결과만으로 답할 수 있는가? 설명하시오.

6.3 모비율에 대한 검정

비율에 대한 검정은 6.1절에서 다룬 모평균의 검정과 유사하다. 예시를 살펴보자.

반도체 웨이퍼 공급업자는 자신이 공급하는 모든 웨이퍼의 불량률은 10% 미만이라고 주장한다. 400개의 웨이퍼 표본을 검사한 결과 50개인 12.5%가 불량으로 확인되었다. 우리는 이 주장이 거짓이라고 결론지을 수 있는가?

이 가설검정은 6.1절의 절차와 매우 유사하다. 차이점은 이 예시에서의 표본은 성공과 실패로 구성되어 있다는 것이다. 여기서 '성공'은 불량 웨이퍼를 나타낸다. 불량 웨이퍼의 모비율을 p라고 표기한다면, 이 공급업자의 주장은 $p \leq 0.1$로 쓸 수 있다. X를 표본에 포함된 불량의 개수라고 표현하면, $X \sim \text{Bin}(n, p)$라고 쓸 수 있고 $n = 400$이다. 이 예시에서 $X = 50$으로 관찰되었다. 우리는 모비율에 대한 가설을 검정하므로 표본비율 $\hat{p} = X/n$을 검정한다. 여기서는 $\hat{p} = 50/400 = 0.125$이다. 웨이퍼 표본은 독립적으로 추출되었고 표본이 충분히 크기 때문에 우리는 중심극한정리(4.8절의 수식 4.35)에 따라 다음과 같이 합리적인 가정을 할 수 있다.

$$X \sim N(np,\ np(1-p)) \tag{6.1}$$

또한 $\hat{p} = X/n$이므로 다음도 성립한다.

$$\hat{p} \sim N\left(p,\ \frac{p(1-p)}{n}\right) \tag{6.2}$$

가설검정을 수행하려면 반드시 귀무가설을 설정해야 한다. 최초의 질문은 우리가 가진 데이터로 공급자의 주장이 거짓이라고 결론지을 수 있는지 여부이다. 따라서 공급자의 주장인 $p \leq 0.1$이 귀무가설 H_0가 된다. 이렇게 설정하지 않으면 아무리 데이터가 많더라도 이 주장이 거짓인지 증명할 수 없다.

귀무가설과 대립가설은

$$H_0: p \leq 0.1 \quad \text{versus} \quad H_1: p > 0.1$$

이다. 가설검정을 수행하기 위해 H_0가 참이라고 가정하고 $p = 0.1$로 놓자. 식 (6.2)에 $p = 0.1$과 $n = 400$을 적용하면, 다음과 같이 $\hat{p}$에 대한 귀무분포를 얻을 수 있다.

$$\hat{p} \sim N(0.1,\ 2.25 \times 10^{-4})$$

$\hat{p}$의 표준편차는 $\sigma_{\hat{p}} = \sqrt{2.25 \times 10^{-4}} = 0.015$이다. $\hat{p}$는 $50/400 = 0.125$이다. 따라서 $\hat{p}$에 대한 z 점수는

$$z = \frac{0.125 - 0.100}{0.015} = 1.67$$

이다. z 분포표에서 표준정규분포의 확률변수가 1.67보다 클 확률을 대략 0.0475로 구할 수 있으므로 P-값은 0.0475이다(그림 6.5 참조).

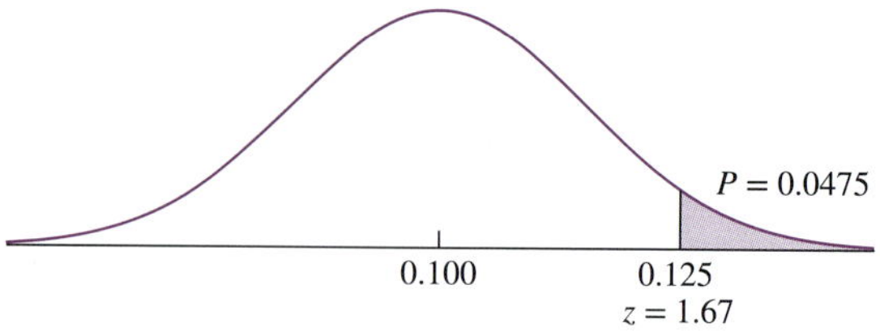

그림 6.5 $\hat{p}$의 귀무분포는 $N(0.1, 0.015^2)$이다. 따라서 H_0가 참이라면, $\hat{p}$가 관측값인 0.125 이상으로 극단적인 값이 얻어질 확률은 0.0475이다. 이것이 P-값이다.

H_0에 대해 어떤 결론을 내릴 수 있는가? 공급업자의 주장이 거짓이거나 우리가 가진 표본이 관찰 가능한 표본 중에 4.75% 정도의 극단적인 값이거나 둘 중 하나일 것이다. 이런 표본은 드물긴 하지만 완전히 가능성이 없지는 않다. 공급업자의 주장에 의심스러운 부분이 분명히 있지만, 아직 공급업자의 주장을 거짓으로 단정해서는 안 된다. 가능하다면 더 많은 웨이퍼 표본을 얻는 것이 바람직하다.

일반적으로 통용되는 경험 법칙하에서는 P-값이 0.05 미만이었으므로 H_0를 기각하고 공급업자를 비판할 것이다. 이 예시는 이 법칙의 약점을 드러내고 있다. 만약 웨이퍼 표본 중에서 50개가 아닌 49개가 불량이었다면, P-값은 0.0668이 되고 공급업자는 의심에서 벗어날 수 있다. 따라서 공급업자의 운명이 400개 중 한 장의 웨이퍼의 결과에 달린 것이다. 이런 식으로 뚜렷한 경계를 긋는 것은 이치에 맞지 않는다. 따라서 확실한 결론에 도달하기 전까지는 P-값을 공유하고 더 많은 증거를 수집하는 것이 바람직하다.

표본의 크기는 반드시 커야 한다

여기서 설명한 검정에서는 표본비율이 근사적으로 정규분포를 따라야 한다고 했다. 이 가정은 $np_0 > 10$과 $n(1-p_0) > 10$이 모두 성립할 때 성립한다. 여기서 p_0는 귀무분포에서 설정한 모비율이다. 이후에 검정통계량으로 z점수를 계산하고 z 검정을 실시한다.

예제 6.6

설문 조사 과정에서 현장조사는 중요한 과정이다. "Enhancing Civil Engineering Surveying Learning throughWorkshops" (J. Awange, A. Faisal Anwar, et al., *Journal of Surveying Engineering*, 2017, online)에서는 설문 조사를 공부하는 67명의 학생 중에서 45명이 현장조사를 통해 예기치 않는 문제를 처리하는 능력을 향상시켰다고 응답했다. 65% 이상의 학생이 현장조사가 예기치 않은 문제를 처리하는 능력을 향상시킨다는 것을 믿는다고 말할 수 있는가?

풀이

p를 무작위로 추출된 학생에 대해서 현장조사가 예기치 않은 문제를 처리하는 능력을 향상시킨다고 믿는 학생의 비율이라고 하자. 귀무가설과 대립가설은

$$H_0 : p \leq 0.65 \text{ versus } H_1 : p > 0.65$$

이다. 표본비율은 $\hat{p} = 45/67 = 0.6716$이다. 귀무가설하에서 $\hat{p}$는 평균이 0.65이고, 표준편차가 $\sqrt{(0.65)(1-0.65)/67} = 0.0583$인 정규분포를 따른다. z점수는

$$z = \frac{0.6716 - 0.6500}{0.0583} = 0.37$$

이다. P-값은 0.3557이다(그림 6.6 참조). 따라서 학생의 65% 이상이 현장조사가 도움이 된다는 것을 믿는다고 결론지을 수 없다.

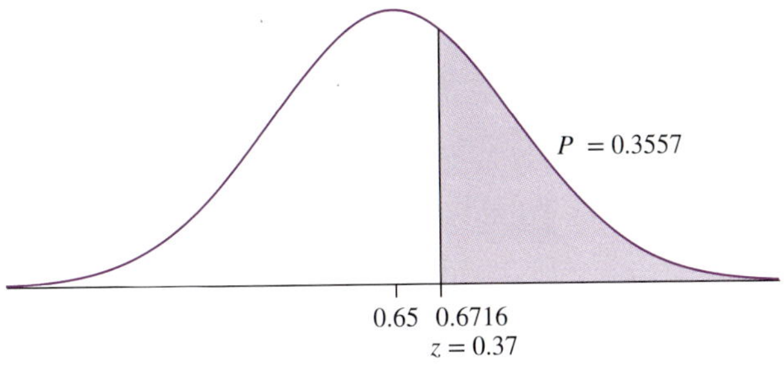

그림 6.6 귀무분포는 $N(0.65, 0.0583^2)$이다. 따라서 H_0가 참이라면, $\hat{p}$가 관측값인 0.6716 이상으로 극단적인 값이 얻어질 확률은 0.3557이다. 이것이 P-값이다.

예제 6.6에 대한 컴퓨터 계산 결과(Excel)가 다음과 같이 주어져 있다.

단일표본에 대한 모비율 검정	
가설	H0: p = 0.65 vs. H1: p > 0.65
관측수	67
표본수	0.671642
표본비율	0.577272
95% 신뢰하한	0.37
Z점수	0.356
P값	

비율에 대한 신뢰구간의 관계

모평균 μ에 대한 $100(1-\alpha)\%$ 신뢰구간은 가설검정의 P-값이 α보다 큰 값들로 이루어져 있다. 5.3절에 주어진 모비율에 대한 신뢰구간과 이 절의 가설검정에 대해서는 오직 근사적으로만 진실이다. 그 이유는 5.3절에 소개된 방법은 더욱 정확한 결과를 제공하는 정교한 신뢰구간을 구하는 방법을 훨씬 계산하기 쉽도록 약간 수정한 것이기 때문이다.

요약

X를 성공확률이 p인 n회의 독립적인 베르누이 시행에서 얻어진 성공횟수라고 하자. 즉, $X \sim \text{Bin}(n, p)$라고 하자. np_0와 $n(1-p_0)$가 모두 10보다 크다는 조건하에서 $H_0: p \le p_0$, $H_0: p \ge p_0$ 또는 $H_0: p = p_0$과 같은 귀무가설은 다음과 같은 절차로 진행된다.

- z점수를 계산한다.

$$z = \frac{\hat{p} - p_0}{\sqrt{p_0(1-p_0)/n}}$$

- P-값을 계산한다. P-값은 정규곡선에서 대립가설 종류별로 주어진 영역의 면적이다.

대립가설	P-값
$H_1: p > p_0$	z 오른쪽 영역 넓이
$H_1: p < p_0$	z 왼쪽 영역 넓이
$H_1: p \neq p_0$	z와 $-z$값의 바깥쪽 꼬리 영역의 합

6.3 연습문제

1. 자갈의 크기는 소형, 중형, 대형으로 분류된다. 한 업체가 자신들이 공급하는 자갈의 최소 10%는 대형이라고 주장한다. 1,600조각을 랜덤으로 추출해서 검사해 보니 그중 130개가 대형으로 확인되었다. 이 주장을 기각할 근거는 충분한가?

2. 욕실의 저울이 사람의 실제 무게를 과소평가하는 경향이 있는가? 50군데의 욕실 저울에 대해 150 lb 테스트 시편으로 무게를 측정했다. 그중 29개의 저울은 너무 가볍게 측정되었고 21개는 너무 무겁게 측정되었다. 욕실 저울의 절반 이상이 무게를 과소평가한다고 결론지을 수 있는가?

3. 어느 도시의 주민 500명에 대해서 설문 조사를 시행했다. 그중 274명은 새로운 쇼핑몰을 짓는 것에 반대했다. 우리는 이 도시 주민의 절반이 넘는 사람들이 새로운 쇼핑몰 건축을 반대한다고 결론지을 수 있는가?

4. "Developing a Tool to Measure the Factors Influencing Nurses' Enjoyment of Nursing" (L.Wilkes,M. Doull, et al., *Journal of Clinical Nursing*, 2016:1854−1860)에서는 124명의 간호사 중에 54명은 바쁜 업무량은 그들이 업무를 즐기는 데 긍정적인 영향을 준다고 답했다. 45% 미만의 간호사가 바쁜 업무량이 업무를 즐기는 데 긍정적인 영향을 끼치는 것으로 느낀다고 결론지을 수 있는가?

5. A와 B를 게놈의 특정 형질에서 DNA의 두 변이(대립 유전자)를 나타낸다고 하자. 특정 모집단에서 40%의 대립 유전자는 A 유형이고 30%는 B 유형이라고 가정하자. AB형 유기체의 비율이 (0.40)(0.30) = 0.12이면, 그 형질은 Hardy−Weinberg 평형상태라고 한다. 300개의 유기체 표본에서 AB형이 42개로 확인되었다. 이 형질은 Hardy−Weinberg 평형상태가 아니라는 결론을 내릴 수 있는가?

6. 종합사회조사기관에서 1,294명의 표본을 대상으로 작년에 자원봉사를 한 적이 있는지 물었는데, 517명이 그렇다고 답했다. 작년에 봉사활동을 한 성인의 비율이 35%보다 크다고 결론지을 수 있는가?

7. 다음 엑셀(Excel) 계산 결과는 모비율 p에 대한 가설검정 결과를 나타내고 있다. 빈칸을 채우시오.

단일표본에 대한 모비율 검정	
가설	H0: p = 0.7 vs. H1: p < 0.7
관측수	345
표본수	500
표본비율	(a)
95% 신뢰상한	0.724021
Z점수	(b)
P값	(c)

6.4 모평균에 대한 소표본 검정

6.1절에서 대표본에서 모평균에 대한 가설검정 방법을 소개했다. 그 방법에서 중요한 단계는 모표준편차 σ를 표본 표준편차 s로 근사하여 대체하는 것이었다. 그리고 정규분포 곡선으로부터 P-값을 계산했다. 하지만 표본의 크기가 작을 때, s는 실제 σ와 비슷한 값을 갖지 않는

다. 따라서 대표본에 기반한 방법을 사용할 수 없다. 하지만 모집단이 근사적으로 정규분포를 따른다면, Student's t 분포를 사용할 수 있다. 다음 예시를 살펴보자.

변속기 중간축의 스페이서 컬러(spacer collar)의 두께규격은 38.98~39.02 mm이다. 컬러를 생산하는 공정에서 컬러의 평균두께를 규격의 중앙값인 39.00 mm로 교정했다. 6개의 컬러 표본을 추출하여 두께를 측정했을 때, 39.030, 38.997, 39.012, 39.008, 39.019, 39.002를 얻었다. 컬러 두께의 모집단은 근사적으로 정규분포를 따른다고 가정하자. 이 공정은 재교정이 필요하다고 결론지을 수 있는가?

모평균을 μ라고 할 때, 귀무가설과 대립가설은 다음과 같다.

$$H_0: \mu = 39.00 \quad \text{versus} \quad H_1: \mu \neq 39.00$$

교정은 정확한 값에 일치하도록 요구하기 때문에 H_0을 μ에 대한 단일값으로 설정했음을 유의해야 한다. 모집단이 정규분포를 따른다고 가정했으므로 검정통계량은

$$t = \frac{\overline{X} - \mu}{s/\sqrt{n}}$$

이고, 자유도가 $n - 1 = 5$인 Student's t 분포를 따른다.

이 예에서 표본평균과 표준편차는 각각 $\overline{X} = 39.01133$, $s = 0.011928$이고, 표본의 크기는 $n = 6$이다. 귀무가설은 $\mu = 39$이다. 따라서 검정통계량은

$$t = \frac{39.01133 - 39.00}{0.011928/\sqrt{6}} = 2.327$$

이다. P-값은 실제 관측값보다 H_0에 더 반하는 검정통계량 값이 얻어질 확률이다. H_0는 $\mu = 39.00$이므로 양측검정을 시행한다. 따라서 39.00의 양쪽으로 크거나 작은 값들은 모두 H_0에 반하는 값들이 된다. 따라서 P-값은 $t > 2.327$과 $t < -2.327$에 속하는 분포곡선의 면적의 합이다.

그림 6.7은 귀무분포와 검정통계량의 위치를 나타내고 있다. t 분포표(표 A.3)로부터 자유도 5에 해당하는 행에서 $t = \pm 2.015$ 바깥 영역의 넓이는 각각 0.05이고, 더하면 0.10이 된다. 같은 행에서 $t = \pm 2.571$ 바깥 영역의 넓이는 각각 0.025이고, 더하면 0.05가 된다. 따라서 P-값은 0.05에서 0.10 사이에 존재한다(정확하게 계산하면 $P = 0.0675$이다). 이 공정이 교정상태를 벗어났다고 단정할 수는 없지만, 양호해 보이지는 않는다. 즉, 재교정하는 것이 바람직하다.

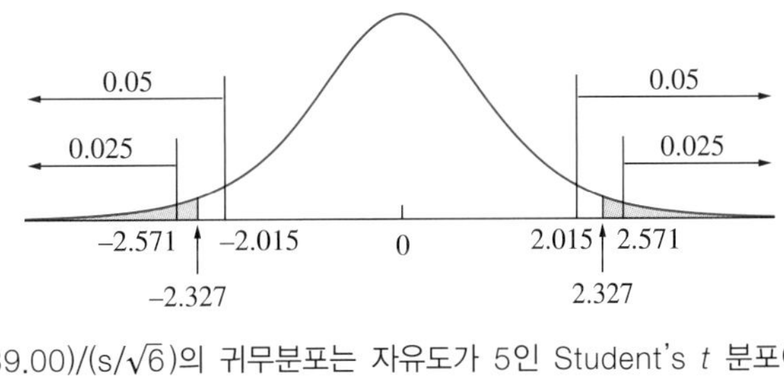

그림 6.7 $t = (\overline{X} - 39.00)/(s/\sqrt{6})$의 귀무분포는 자유도가 5인 Student's t 분포이다. $\overline{X} = 39.01133$과 $s = 0.011928$에 대한 t 값은 2.327이다. H_0가 참이라면 이 값 이상으로 극단적인 검정통계량 t 값이 얻어질 확률은 0.05에서 0.10 사이에 존재한다. H_0를 μ가 특정한 값과 일치한다고 설정하였으므로 P-값은 분포곡선의 양쪽 꼬리의 영역으로 계산된다.

이 예에서는 검정통계량을 z점수가 아닌 t 통계량을 사용했다. 따라서 이 검정을 t 검정이라고 한다.

예제 6.7

"Geographically Weighted Regression-Based Methods for Merging Satellite and Gauge Precipitation" (L. Chao, K. Zhang, et al., *Journal of Hydrology*, 2018:275.289)에서는 위성측정과 지상측정결과를 결합하여 강수량을 측정하는 방법을 소개하였다. 16개월 동안 오차를 기록하였는데, 평균이 0.393 mm 표준편차가 0.368 mm였다. 평균오차가 0.6mm 미만이라는 결론을 내릴 수 있는가?

풀이

μ를 평균오차라고 하자. 귀무가설 및 대립가설은

$$H_0: \mu \geq 0.6 \quad \text{versus} \quad H_1: \mu < 0.6$$

이다. 귀무가설 H_0에서 검정통계량은

$$t = \frac{\overline{X} - 0.6}{s/\sqrt{n}}$$

이고, 자유도가 15인 Student's t 분포를 따른다. $\overline{X} = 0.393$, $s = 0.368$, $n = 16$을 대입하면, 검정통계량 값은

$$t = \frac{0.393 - 0.6}{0.368/\sqrt{16}} = -2.25$$

이다. t 분포표를 참고하면 $t = -2.131$의 왼쪽 꼬리의 면적은 0.025이고, $t = -2.602$의 왼쪽 꼬리 면적은 0.01이다(그림 6.8 참고). 따라서 P-값은 0.01에서 0.025 사이에 존재한다(정확한 값은 $P = 0.0199$이다).

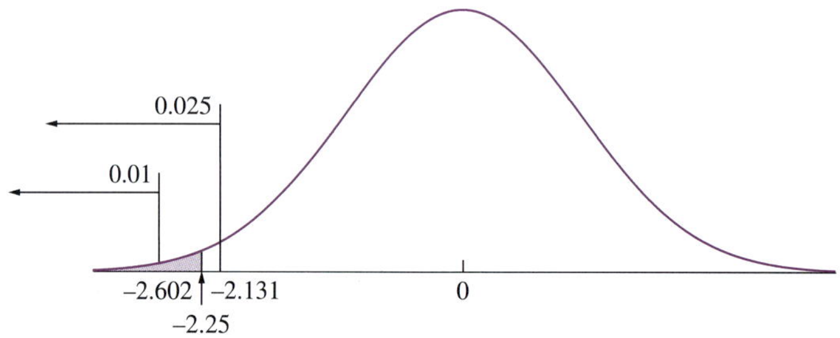

그림 6.8 귀무분포는 자유도가 15인 Student's t 분포를 따르고, 검정통계량 t의 관측값은 −2.25이다. 만약 H_0가 참이라면 이 값 이상으로 극단적인 검정통계량 t값이 얻어질 확률은 0.01에서 0.025 사이에 존재한다. 정확한 값은 0.0199이다.

다음은 예제 6.7의 컴퓨터 계산 결과(Excel)이다. 결과에 주어진 95% 신뢰상한이 대립가설과 일치함을 확인하면, P-값이 5% 미만임을 알 수 있다.

단일표본 t 검정	
가설	H0: mu = 0.6 vs. H1: mu < 0.6
관측수	15
평균	0.393
표준편차	0.368
평균의 표준편차	0.092
95% 신뢰상한	0.55428
T점수	-2.25
P값	0.02

σ가 알려져 있다면, t가 아닌 z를 사용하라

때때로 표준편차 σ가 알려진 정규모집단에서 소표본을 얻는 경우가 있다. 이 경우에는 σ를 s로 근사하여 대체하지 않기 때문에 Student's t 분포를 사용하지 않는다. 대신 t 분포표를 사용하여 z 검정을 실시한다. 예제 6.8에서 이 방법을 살펴보자.

예제 6.8

이 절의 초반부에서 두께가 39.030, 38.997, 39.012, 39.008, 39.019, 39.002(단위는 mm)인 6개의 스페이서 컬러 표본을 다루었다. μ를 두께의 모평균이라고 할 때, 다음 가설을 검정한다.

$$H_0: \mu = 39.00 \text{ versus } H_1: \mu \neq 39.00$$

위의 스페이서 컬러 6개를 생산한 기계는 최근에 다른 곳으로부터 이전하여 설치되었는데, 이전 위치에서 수많은 컬러를 생산한 결과 두께의 모집단은 정규분포와 매우 가까우며 표준편차가 $\sigma = 0.010$ mm로 알려져 있다고 한다. 그리고 이 값은 바뀌지 않는 것이 합리적이라고 가정한다. 이 정보를 기반으로 H_0를 기각할 수 있는가?

풀이

표본으로부터 $\overline{X} = 39.01133$을 계산하고, $\sigma = 0.0100$으로 주어져 있으므로 s값은 필요하지 않다. 모집단이 정규분포를 따르므로 표본의 크기가 작더라도 $\overline{X}$는 정규분포를 따른다. 따라서 귀무분포는

$$\overline{X} \sim N(39.00,\ 0.010^2)$$

이다. z점수는

$$z = \frac{39.01133 - 39.000}{0.010/\sqrt{6}} = 2.78$$

이다. P-값은 0.0054로 얻어지므로 H_0를 기각할 수 있다.

요약

$X_1, \cdots, X_n$을 평균이 μ이고 표준편차가 σ인 정규모집단에서 얻어진 표본이라고 하자. 여기서 σ는 알려지지 않았다. $H_0: \mu \leq \mu_0$, $H_0: \mu \geq \mu_0$ 또는 $H_0: \mu = \mu_0$과 같은 귀무가설은 다음과 같은 절차로 진행된다.

- 검정통계량 t를 계산한다.

$$t = \frac{\overline{X} - \mu_0}{s/\sqrt{n}}$$

- P-값을 계산한다. P-값은 자유도가 $n-1$인 Student's t 분포에서 대립가설 종류별로 주어진 영역의 면적이다.

대립가설	P-값
$H_1: \mu > \mu_0$	t 오른쪽 영역 넓이
$H_1: \mu < \mu_0$	t 왼쪽 영역 넓이
$H_1: \mu \neq \mu_0$	t와 $-t$값의 바깥쪽 꼬리 영역의 합

- 만약 σ가 주어졌다면, 검정통계량은 $z = \dfrac{\overline{X} - \mu_0}{\sigma/\sqrt{n}}$으로 계산하고 z 검정을 시행한다.

6.4 연습문제

1. 다음 주어진 데이터는 일산화탄소(CO) 농도가 60 ppm로 알려진 가스표본의 반복측정 값이다. 계측값은 정규분포를 따르는 모집단으로부터 확률표본이라고 가정하자. 측정기기가 제대로 교정되었는지 판단하기 위해 가능하다면 t 검정을 시행하라. 불가능하다면 이유를 설명하라.

a. 60.02, 59.98, 60.03

b. 60.01

2. 한 봉지에 16 oz의 사탕을 포장해야 하는 포장기계를 구매했다. 포장된 봉지의 무게는 근사적으로 정규분포를 따른다고 가정하자. 10개의 랜덤으로 추출된 표본의 무게는 다음과 같다(단위는 oz).

15.87	16.02	15.78	15.83	15.69	15.81
16.04	15.8	15.92	16.10		

위 데이터로부터 실제 사탕 봉지가 16 oz 미만이라고 결론지을 수 있는가?

a. 알맞은 귀무가설과 대립가설을 기술하시오.

b. 검정통계량을 계산하시오.

c. P-값을 계산하고 결론을 기술하시오.

3. "Influence of Penetration Rate on Penetrometer Resistance" (G. Gagnon and J. Doubrough, *Canadian Journal of Civil Engineering*, 2011:741–750)에서는 Nova Scotia 지역의 Bridgewater의 공공기관에서 취수된 2 L 용량의 물 표본 20개를 연구하였다. 평균 납 함유량은 6.7 μg/L이고, 표준편차는 3.9 μg/L였다.

a. 캐나다 보건 가이드라인에 따르면 농도는 10 μg/L 미만이어야 한다. 이 물이 가이드라인을 만족한다고 결론지을 수 있는가?

b. 허용 농도를 7.5 μg/L 미만으로 하는 보다 엄격한 가이드라인을 검토 중이다. 이 물은 새로운 가이드라인 기준을 만족한다고 결론지을 수 있는가?

4. 2 L 용량의 폴리카보네이트 병의 평균두께 규격은 4 mm이다. 품질관리 엔지니어가 7개의 표본을 큰 생산배치로부터 추출하여 두께를 각각 측정하였다. 측정값은 3.999, 4.037, 4.116, 4.063, 3.969, 3.955, 4.091이다. $H_0: \mu = 4.0$ versus $H_1: \mu \neq 4.0$을 검정하려고 한다.

a. 7개의 값에 대한 점그림을 그리시오.

b. Student's t 분포를 H_0 검정에 사용해야 하는가? 그렇다면 검정을 수행하고, 그렇지 않다면 이유를 설명하시오.

c. 다른 유형의 7개 병에 대한 두께를 측정한 결과 4.065, 3.967, 4.028, 4.008, 4.195, 4.057, 4.010으로 얻어졌다. 이 값에 대한 점그림을 그리시오.

d. $H_0: \mu = 4.0$ versus $H_1: \mu \neq 4.0$을 검정하는 데 Student's t 검정이 사용되어야 하는가? 만약 그렇다면 검정을 수행하고, 그렇지 않으면 이유를 설명하시오.

5. Incoloy 825 강철 표본 8개를 산성화 염용액에 4시간 담가놓았다. 각 표본마다 부식된 구멍의 개수를 측정한 결과 11, 26, 34, 21, 42, 18, 31, 34로 얻어졌다. 평균 부식구멍의 개수가 40개 미만이라는 결론을 내릴 수 있는가?

6. "Approximate Methods for Estimating Hysteretic Energy Demand on Plan-Asymmetric Buildings" (M. Rathhore, A. Chowdhury, and S. Ghosh, *Journal of Earthquake Engineering*, 2011: 99–123)에서는 MPA(Modal Pushover Analysis) 기반으로 지진에 의한 구조물에 인가되는 이력에너지(hysteretic energy) 수요를 추정하는 방법을 제안했다. 18개의 표본으로부터 평균오차가 457.8 kNm이고, 표준편차는 317.7 kNm로 측정되었다. 엔지니어가 이 방법은 비편향이라고 주장했다. 즉, 평균오차가 0이라고 주장했다. 이 주장이 거짓이라는 결론을 내릴 수 있는가?

7. 다음 엑셀(Excel) 계산 결과는 모평균 μ에 대한 가설검정 결과를 나타낸다. 빈칸을 채우시오.

단일표본 t 검정		
가설	H0: mu = 16 vs. H1: mu ≠ 16	
관측수	11	
평균	13.2874	
표준편차	(a)	
평균의 표준편차	1.8389	
95% 신뢰상한	(b)	(c)
T점수	(d)	
P값	0.171	

6.5 카이제곱검정

6.3절에서 성공확률 p에 대한 가설검정 방법을 공부했다. 여러 번의 시도를 다룬 데이터에서 각각의 결과는 성공과 실패의 둘 중 하나의 경우로 이루어져 있었다. 이 개념의 일반화된 형태는 $k \geq 2$인 k개의 결과 중 하나를 가질 수 있는 **다항시행(multinomial trial)**이다. k개의 결과의 확률은 각각 $p_1, \cdots, p_k$이다. 예를 들어, 육면체 주사위를 던지는 것은 1, 2, 3, 4, 5, 6의 6개의 경우를 갖는 다항시행이고, 각각의 확률은 $p_1 = p_2 = p_3 = p_4 = p_5 = p_6 = 1/6$이다. 이 절에서는 다항시행의 성공확률에 대한 검정을 다룬다. 먼저 성공확률 $p_1, p_2, \cdots, p_k$가 사전에 정해진 값인 $p_{01}, p_{02}, \cdots, p_{0k}$을 갖는 다항확률에 대한 가설검정, 즉 $H_0 : p_1 = p_{01}, p_2 = p_{02}, \cdots, p_k = p_{0k}$인 예시를 살펴보자.

도박꾼이 주사위가 공정한지 확인하기 위해 주사위를 검정한다고 생각해 보자. p_i를 숫자 i가 나타날 확률이라고 하자. 귀무가설은 '주사위는 공정하다'는 것이고, 따라서 귀무가설은 $H_0 : p_1 = \cdots = p_6 = 1/6$이다. 도박꾼은 주사위를 600번 던져서 나오는 숫자를 표 6.1의 '관측횟수' 열에 정리했다. 이 결과를 **관측값(observed values)**이라고 한다. 귀무가설을 검정하기 위해 두 번째 열에 '기대횟수'를 기록했다. 이 열에는 **기댓값(expected values)**이 주어져 있다. 해당 결과의 기댓값은 H_0가 참이라면, 해당 결과가 얻어질 평균 시행횟수이다. 기댓값을 계산하기 위해 N을 총 시행횟수라고 하자(이 예제에서 $N = 600$). H_0가 참이라면, 결과 i가 나올 확률은 p_{0i}이므로 결과 i에 대한 기대횟수는 Np_{0i}이다. 주사위 예제에서 각 결과의 기대횟수는 100이다.

표 6.1 600번의 주사위 시행에서의 관측값과 기댓값

Category	관측값	기댓값
1	115	100
2	97	100
3	91	100
4	101	100
5	110	100
6	86	100
합계	600	600

가설검정은 기본적으로 H_0가 참이라면 관측값과 기댓값은 서로 유사한 값을 가진다는 개념을 따른다. 따라서 기댓값과 관측값의 유사도를 측정하도록 검정통계량을 구성한다. 이 통계량을 가리켜 **카이제곱 통계량(chi-square statistic)**이라고 한다. 이를 정의하기 위해 k는 결과의 개수(주사위 예제에서는 $k = 6$)라고 하고, O_i와 E_i는 각각 결과 i에 대한 관측값과 기댓값이라고 한다. 카이제곱 통계량은 다음과 같다.

$$\chi^2 = \sum_{i=1}^{k} \frac{(O_i - E_i)^2}{E_i} \tag{6.3}$$

χ^2 값이 클수록 H_0에 반하는 강력한 증거가 된다. 이 검정의 P-값을 계산하기 위해서는 이 검정통계량에 대한 귀무분포를 알아야 한다. 일반적으로 귀무분포를 정확하게 결정할 수 없다. 하지만 기댓값이 충분히 크다면 우수한 근사값을 사용할 수는 있다. 이를 가리켜 자유도 $k - 1$인 **카이제곱분포(chi-square distribution)**라고 하고, χ^2_{k-1}로 표기한다. 자유도는 범주의 개수에서 하나를 뺀 값임을 유의해야 한다. 카이제곱분포는 모든 결과의 기댓값이 5 이상일 때 사용하는 것이 적합하다.

카이제곱분포표는 표 A.5를 참조한다. 이 표는 다양한 자유도에서의 특정 분위수 또는 상위 백분율 위치에서의 값을 제공한다. 한 예로 그림 6.9에는 χ^2_{10} 분포에 대한 확률밀도함수가 주어져 있다. 분포의 상위 5%가 색칠되어 있다. 분포표에서 상위 5%에 해당하는 점을 찾으려면, $\alpha = 0.05$에서 자유도 $v = 10$인 값을 찾으면 된다. 그 값은 18.307이다.

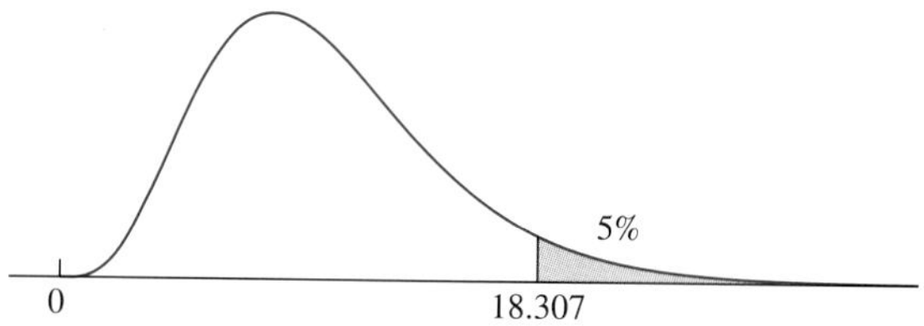

그림 6.9 χ^2_{10}**의 확률밀도함수.** 상위 5% 위치는 18.307이다. 부록 A의 표 A.5 카이제곱분포표를 참조한다.

이제 표 6.1에 주어진 데이터에 대한 카이제곱 통계량을 계산해 보자. 자유도는 (결과의 개수에서 1을 뺀) 5이다. 식 (6.3)을 이용해서 검정통계량을 계산하면,

$$\begin{aligned}\chi^2 &= \frac{(115-100)^2}{100} + \cdots + \frac{(86-100)^2}{100} \\ &= 2.25 + \cdots + 1.96 \\ &= 6.12\end{aligned}$$

이다. 검정통계량에 대한 P-값을 계산할 때, 먼저 모든 기댓값이 5 이상인지 살펴보고 카이제곱분포를 사용하는 것이 적절한지 확인해야 함을 유의해야 한다. 자유도 5일 때의 카이제곱분포표를 확인하면, 상위 10% 위치는 9.236이다. 따라서 $P > 0.10$이라고 결론 내린다(그림 6.10 참고). 정확한 계산 결과는 $P = 0.295$이다. 따라서 주사위가 공정하지 않다는 증거는 없다.

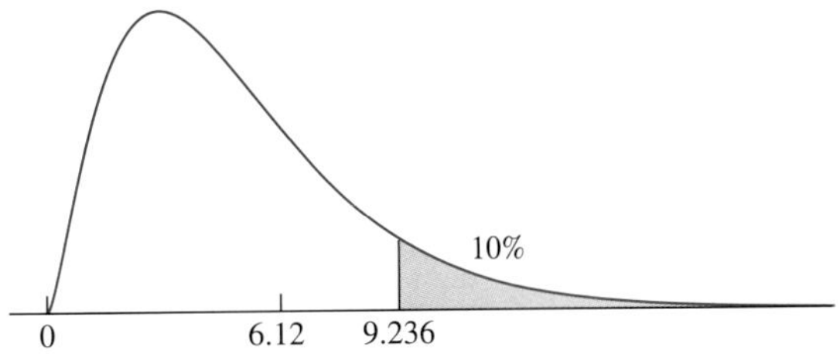

그림 6.10 χ^2_5의 **확률밀도함수.** 관측값에 대한 검정통계량은 6.12이다. 상위 10% 위치는 9.236이다. 따라서 P-값은 0.10보다 크다.

동질성에 대한 카이제곱검정

이전 예제에서는 다항시행의 확률이 미리 지정된 값과 같다는 귀무가설을 검정했다. 때때로 동일한 결과집합을 갖는 여러 다항시행을 시행할 때가 있다. 이때 귀무가설은 결과의 확률이 각 실험에서 동일하다는 것이다. 예시를 살펴보자.

4대의 기계로 원통형 강철핀을 생산하는데, 이 핀은 지름에 대한 규격이 있어서 너무 두꺼워도 안 되고 얇아서도 안 된다. 각각의 기계에서 핀 표본을 추출해서 각 범주에 맞도록 분류했다. 그 결과는 표 6.2에 주어져 있다.

표 6.2 지름규격에 대한 여러 범주 핀의 관측값

	너무 얇음	적절함	너무 두꺼움	합계
기계 1	10	102	8	120
기계 2	34	161	5	200
기계 3	12	79	9	100
기계 4	10	60	10	80
합계	66	402	32	500

표 6.2는 **분할표(contingency table)**의 한 예이다. 각 행(Row)은 한 기준(여기서는 기계)에 대한 범주를 나타내고, 각 열(column)은 다른 기준(여기서는 두께)에 대한 범주를 나타낸다. 행과 열이 교차하는 부분은 칸(cell)이라고 하고, 표 6.2에서는 12개의 칸이 있다.

i번째 행과 j번째 열 칸의 숫자는 행 범주 i와 열 범주 j에 해당하는 결과의 관측횟수가 기록된다. 이것을 칸 ij의 관측값이라고 부른다. 각 행과 열의 끝에는 행과 열의 합계가 기록되어 있다. 이 값들은 **주변합계(marginal totals)**라고 한다.

귀무가설은 너무 얇거나, 적당하거나, 너무 두꺼운 강철핀의 비율이 모든 기계에 대해 동일하다는 것이다. 좀 더 일반적으로 표현하면, 귀무가설은 어떤 행을 선택하더라도 각 열에 해당하는 결과 확률은 동일하다는 것을 의미한다. 여기서 H_0을 나타내고 검정통계량을 정의할 수 있는 표기를 소개할 것이다.

I를 표에서 행의 개수라고 하고, J를 열의 개수라고 하자. p_{ij}는 시행의 결과가 i번째 행의 j번째 열에 해당할 확률이다. 그러면 귀무가설은

$$H_0: \text{각 } j\text{번째 열에 대해 } p_{1j} = \cdots = p_{Ij} \tag{6.4}$$

O_{ij}를 칸 ij의 관측값이라고 하자. $O_{i.}$은 i번째 행 관측값의 합, $O_{.j}$는 j번째 열 관측값의 합, $O_{..}$을 모든 칸의 관측값 합이라고 하자(표 6.3 참고).

표 6.3 관측값의 표기

	열 1(Column 1)	열 2(Column 2)	⋯	열 J(Column J)	합계
행 1(Row 1)	O_{11}	O_{12}	⋯	O_{1J}	$O_{1.}$
행 1(Row 1)	O_{21}	O_{22}	⋯	O_{2J}	$O_{2.}$
⋮	⋮	⋮	⋮	⋮	⋮
행 I(Row I)	O_{I1}	O_{I2}	⋯	O_{IJ}	$O_{I.}$
합계	$O_{.1}$	$O_{.2}$	⋯	$O_{.J}$	$O_{..}$

검정통계량을 정의하기 위해 분할표의 각 칸에 대한 기댓값을 계산해야 한다. H_0하에서 각 j번째 열의 결과 확률은 각 i번째 행에서 모두 동일하다. 이 확률의 가장 좋은 추정치는 j번째 열에 해당하는 시행결과의 비율을 계산하는 것이다. 이 비율은 $O_{.j}/O_{..}$이다. 칸 ij에 대한 관측 기댓값을 구하기 위해 기댓값을 E_{ij}라고 표기하자. 이는 j번째 열의 결과 발생비율에 $O_{i.}$을 곱하면 된다. 즉,

$$E_{ij} = \frac{O_{i.}O_{.j}}{O_{..}} \tag{6.5}$$

이다. 그러면 관측값과 기댓값의 차이로 구해지는 검정통계량은 다음과 같다.

$$\chi^2 = \sum_{i=1}^{I}\sum_{j=1}^{J}\frac{(O_{ij}-E_{ij})^2}{E_{ij}} \tag{6.6}$$

H_0하에서 위 검정통계량은 자유도가 $(I-1)(J-1)$인 카이제곱분포를 따른다. 이때 각 칸의 기댓값이 5 이상일 때 카이제곱분포를 사용하는 것이 적절하다는 것을 유의한다.

예제 6.9

표 6.2의 값을 이용하여 각 기계별로 너무 얇거나, 적당하거나, 너무 두꺼운 강철핀의 비율이 차이가 없다는 귀무가설을 검정하시오.

풀이

먼저 수식 (6.5)를 이용해서 기댓값 E_{ij}를 계산하자. E_{11}과 E_{23}의 계산을 자세히 살펴보자.

$$E_{11} = \frac{(120)(66)}{500} = 15.84$$

$$E_{23} = \frac{(200)(32)}{500} = 12.80$$

기댓값을 완성한 표는 다음과 같다.

표 6.2의 기댓값

	너무 얇음	적절함	너무 두꺼움	합계
기계 1	15.84	96.48	7.68	120.00
기계 2	26.40	160.80	12.80	200.00
기계 3	13.20	80.40	6.40	100.00
기계 4	10.56	64.32	5.12	80.00
합계	66.00	402.00	32.00	500.00

모든 칸의 기댓값이 5보다 크다는 것을 확인했다. 따라서 카이제곱검정을 사용하는 것이 적절하다.

식 (6.6)을 사용해서 카이제곱검정통계량을 계산한다.

$$\chi^2 = \frac{(10-15.84)^2}{15.84} + \cdots + \frac{(10-5.12)^2}{5.12}$$

$$= \frac{34.1056}{15.84} + \cdots + \frac{23.8144}{5.12}$$

$$= 15.5844$$

3개의 열에 대해 4개의 행이 존재하므로 자유도는 $(4-1)(3-1)=6$이다. 카이제곱분포표(표 A.5)를 이용해서 P-값을 구한다. 자유도 6일 때, 상위 2.5%의 위치를 찾으면 14.449이고, 상위 1% 위치를 찾으면 16.812이다. 즉, $0.01 < P < 0.025$이다. 정확한 계산 결과는 $P = 0.016$이다. 따라서 기계별로 강철핀의 두께판정 비율은 다르다고 결론 내리는 것이 합리적이다.

관측값의 행과 열의 합계는 기댓값에 대한 행과 열의 합계와 같으며 항상 성립한다. 다음은 이 가설검정의 계산 결과(Excel)를 나타내고 있다.

카이제곱 검정				
	너무얇음	적당	너무두꺼움	합계
1	10	102	8	120
	15.840	96.480	7.680	
	2.153	0.316	0.013	
2	34	161	5	200
	26.400	160.800	12.800	
	2.188	0.000	4.753	
3	12	79	9	100
	13.200	80.400	6.400	
	0.109	0.024	1.056	
4	10	60	10	80
	10.560	64.320	5.120	
	0.030	0.290	4.651	
합계	66	402	32	500
			카이제곱 검정통계량	15.584
			자유도	6
			P값	0.016

이 결과를 보면, 각 칸에 숫자가 3개씩 기록되어 있다. 가장 위 숫자는 관측값이고, 가운데 숫자는 기댓값, 아래 숫자는 카이제곱검정통계량의 계산을 위한 $(O_{ij} - E_{ij})^2/E_{ij}$이다.

독립성을 위한 카이제곱검정

예제 6.9에서 열 합계(column total)는 확률변수였지만, 행 합계(row total)는 기계에서 측정된 항목을 대표하므로 사전에 고정된 값으로 가정했다. 경우에 따라서는 행과 열 모두 확률변수로 놓을 수 있다. 두 경우 모두 각 행의 결과에 대해 열의 결과에 대한 발생확률은 동일하다는 귀무가설을 검정하고, 검정내용은 동일하다. 행과 열이 모두 확률변수일 때를 가리켜 행과 열에 대한 **독립성검정(test of independence)**이라고 한다.

6.5 연습문제

1. 항공기용으로 제조되는 잠금장치가 있다. 각 잠금장치는 적합(의도한 용도에 적합함), 미흡(의도한 용도에는 부적합하지만 다른 목적으로 사용 가능), 폐기(사용 불가)로 분류된다. 85%의 잠금장치는 적합하고, 10%는 미흡, 5%는 폐기라고 한다. 500개의 잠금장치 표본을 검사해 보니 405개는 적합, 55개는 미흡, 40개는 폐기로 판정되었다. 이 표본의 등급비율이 각각 85%, 10%, 5%와 다르다고 결론지을 수 있는가?

a. 적절한 귀무가설을 기술하시오.
b. 귀무가설에 대한 기댓값을 계산하시오.
c. 카이제곱검정통계량을 계산하시오.
d. P-값을 계산하시오. 어떤 결론을 얻을 수 있는가?

2. "Inconsistent Health Perceptions for US Women and Men with Diabetes" (M. McCollum, L. Hansen, et al., *Journal of Women's Health*, 2007:1421.1428)에서는 성인 당뇨병에 대한 설문 조사를 시행했다. 각 응답자는 성별과 소득수준으로 분류되었는데, 각 범주에 대한 결과는 다음과 같다.

	Poor	Near Poor	Low Income	Middle Income	High Income
남자	156	77	253	513	604
여자	348	152	433	592	511

[출처: Mary Ann Liebert, Inc]

성별에 따라서 소득비율에 차이가 있다고 결론지을 수 있는가?

3. "Chronic Beryllium Disease and Sensitization at a Beryllium Processing Facility" (K. Rosenman, V. Hertzberg, et al., *Environmental Health Perspectives*, 2005:1366.1372)에서는 한 노동자 집단에 대한 베릴륨 노출의 영향에 대해 연구했다. 노동자들은 노출기간(단위는 년)과 질병상태(만성 베릴륨 질환, 베릴륨 과민증, 정상)에 따라서 분류되었다. 그 결과는 다음과 같다.

	노출기간		
	< 1	1 to < 5	≥ 5
질환	10	8	23
과민증	9	19	11
정상	70	136	206

[출처: Environmental Health Perspectives.]

노출기간에 따라서 질병상태의 비율이 다르다고 결론지을 수 있는가?

4. 다음 주어진 표에 대해 물음에 답하시오.

	관측값		
	1	2	3
A	15	10	12
B	3	11	11
C	9	14	12

a. 다음 표에 대응되는 기댓값 표를 작성하시오.
b. 카이제곱검정을 적용하는 것이 적절한지 판단하고, 적절하다면 행과 열의 독립성에 대한 귀무가설을 검정하시오. 적절하지 않다면 이유를 설명하시오.

5. 다음 빈칸에 적절한 말을 고르시오.

관측값과 기댓값에 대해 (　　　)

① 각 관측값의 행 합계는 반드시 기댓값의 행 합계와 일치해야 하지만, 열 합계는 성립하지 않을 수 있다.
② 각 열 합계는 반드시 기댓값의 열 합계와 일치해야 하지만, 행 합계는 성립하지 않을 수 있다.
③ 관측값에 대한 행과 열의 합계는 기댓값의 행과 열의 합계와 반드시 일치해야 한다.
④ 관측값에 대한 행과 열의 합계는 기댓값의 행과 열의 합계와 어느 것도 일치할 필요가 없다.

6. 플레이트는 표면 마감처리 상태에 따라 4등급으로 분류된다(프리미엄, 양품, 미흡, 불량). 품질 엔지니어는 각 등급의 비율이 각각 10%, 70%, 15%, 5%라고 주장하였다. 200개의 플레이트 표본을 평가한 결과 각각 등급별로 19개, 133개, 35개, 13개가 얻어졌다. 엔지니어의 주장이 잘못되었다고 결론지을 수 있는가?

7. "Analysis of Unwanted Fire Alarm: Case Study" (W. Chow, N. Fong, and C. Ho, Journal of *Architectural Engineering*, 1999: 62.65)에서는 각 장소에서의 오경보 횟수를 측정했다. 월별로 오경보 횟수를 조사하여 그 원인이 파악된 경우와 그렇지 않은 경우로 나누고 다음 표로 정리했다. 이 데이터로부터 월별로 오경보의 원인이 알려진 비율에 차이가 있다고 결론지을 수 있는가?

	월별 측정											
	1	2	3	4	5	6	7	8	9	10	11	12
경보	20	13	21	26	23	18	14	10	20	20	18	14
오경보	12	2	16	12	22	30	32	32	14	16	10	12

[출처: Journal of Architectural Engineering]

6.6 고정수준검정

가설검정은 P-값을 통해 귀무가설의 타당성을 측정한다. P-값이 작을수록 귀무가설의 타당성이 낮다고 해석한다. 하지만 이 값에 대한 타당함과 그렇지 않은 상태의 구분기준을 나누는 과학적 기준은 존재하지 않는다. 따라서 H_0를 기각해야 하는 '올바른' P-값을 정하는 것은 불가능하다. 가능하다면 단순히 P-값만을 보고하고 기각 여부에 대한 단정적인 결정은 하지 않는 것이 좋다. 하지만 때로는 결정을 내려야 할 때가 있다. 예를 들어, 조립공정에서 표본을 추출하였는데, 평균 지름이 허용 공차 내에 있는지 검정해야 할 때는 공정을 재교정해야 하는지를 반드시 결정해야 한다. 선적품에서 부품표본을 추출하여 불량검사를 했다면, 합격 또는 불합격 판정을 반드시 내려야 한다. 가설검정의 결과를 기반으로 의사결정을 내려야 한다면, P-값에 대한 판단기준을 결정해야 한다. 이 기준을 정했다면 이 검정을 가리켜 **고정수준검정(fixed-level test)**이라 한다.

고정수준검정은 지금까지 우리가 논의한 가설검정과 동일하다. 단, 귀무가설을 기각하기에 앞서 확고한 기준을 사전에 설정하는 것뿐이다. 먼저 $0<\alpha<1$인 값 α를 결정한다. 그리고 P-값을 계산한다. 만약 $P \le \alpha$라면 귀무가설을 기각하고, 대립가설을 진실로 채택한다. 만약 $P>\alpha$라면 귀무가설이 타당하다고 판단할 수 있다. 이 α 값을 가리켜서 검정의 **유의수준(significance level)** 또는 단순히 **수준(level)**이라고 한다. 6.2절에서 P-값이 α 이하라면 우리는 귀무가설을 수준 α(또는 $100\alpha\%$)에서 기각하거나 결과가 수준 α(또는 $100\alpha\%$)에서 통계적으로 유의하다고 판정했던 것을 상기해 보자. 앞서 언급한 것처럼 일반적으로 α는 0.05로 선택한다.

요약

고정수준검정을 수행할 때는

- $0<\alpha<1$ 사이의 α를 정한다. 이 값을 검정의 유의수준 또는 수준이라고 부른다.
- P-값을 계산한다.
- $P \le \alpha$면 H_0를 기각하고, $P>\alpha$면 H_0를 기각하지 않는다.

예제 6.10

예제 6.1을 참고하여 물음에 답하시오. 45개의 쇠공의 평균 마모량은 $\overline{X}=673.2$ μm이고, 표준편차는 $s=14.9$ μm이다. μ를 모집단의 평균 마모량이라고 하자. $H_0: \mu \ge 675$ versus $H_1: \mu < 675$에 대한 검정에서 P-값이 0.209로 얻어졌다. 25% 수준에서 H_0를 기각할 수 있는가? 5% 수준에서 H_0를 기각할 수 있는가?

풀이

P-값이 0.209이므로 0.25보다 작기 때문에 유의수준 $\alpha=0.25$에서 H_0를 기각할 수 있다. 하지만 $0.209 > 0.05$이므로 5% 수준에서는 H_0를 기각할 수 없다.

고정수준검정에서 **임계점(critical point)**은 P-값이 α와 일치하는 검정통계량 값이다. 유의수준이 P-값에 대한 구분기준인 것과 마찬가지로 임계점은 검정통계량에 대한 구분기준이다. 만약 검정통계량이 임계점을 기준으로 한쪽에 위치할 때, P-값이 α보다 작게 될 것이고, H_0는 기각될 것이다. 만일 검정통계량 임계점의 다른 쪽에 위치한다면, P-값은 α보다 클 것이고, H_0를 기각할 수 없을 것이다. 임계점을 기준으로 귀무가설을 기각하는 영역을 가리켜 **기각역(rejection region)**이라 한다. 이때, 임계점도 기각역에 속한다.

예제 6.11

새로운 콘크리트 배합방법을 평가하려고 한다. 새로운 배합방법으로 100개의 콘크리트 블록을 만들어 압축강도에 대한 표본평균 $\overline{X}$를 계산(단위는 MPa)하고, $H_0: \mu \leq 1350$ versus $H_1: \mu > 1350$을 검정하였다. 사전에 실시된 유사한 종류의 검정결과를 바탕으로 모평균 σ는 70 MPa로 가정할 수 있다. 유의수준 5%에서 수행되는 가설검정의 임계점과 기각역을 찾으시오.

풀이

P-값이 0.05 이하면, H_0을 기각한다. 이 검정에서 P-값은 $\overline{X}$값의 오른쪽 영역이 된다. 귀무분포의 상위 5%의 영역에 값이 위치(그림 6.11 참고)한다면 P-값은 0.05 미만이 되고, H_0은 기각된다. 따라서 기각역은 귀무분포의 상위 5% 영역이 된다. 임계점은 상위 5%영역의 경계이다. 귀무분포는 정규분포이고, 분포표로부터 임계값에 대한 표준정규분포의 상위 5%에 해당하는 z점수를 구하면 $z_{0.05} = 1.645$이고, 기각역은 $z \geq 1.645$가 된다. 때때로 z점수를 원래 값으로 변환하여 임계점과 기각역을 $\overline{X}$에 대해 표현하는 것이 편리할 때가 있다. 귀무분포는 평균이 $\mu = 1350$이고, 표준편차 $\sigma_{\overline{X}} = \sigma/\sqrt{n} \approx 70/\sqrt{100} = 7$이다. 따라서 임계점은 $\overline{X} = 1350 + (1.645)(7) = 1361.5$이다. 기각역은 $\overline{X}$가 1361.5 이상인 모든 영역이 된다.

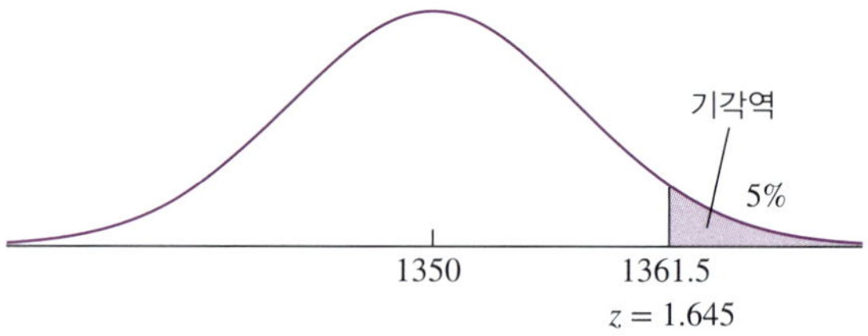

그림 6.11 귀무분포의 상위 5%를 포함하고 있는 단측검정의 기각역. 기각역의 경계에 위치한 임계점은 1361.5이다.

1종 오류와 2종 오류

고정수준검정은 확실하게 결정을 하기 때문에 결정이 잘못되었을 가능성이 있다. 잘못된 결정을 내리는 경우는 두 가지가 있다. 하나는 H_0가 참임에도 불구하고 기각하는 경우이고, 이를 **1종 오류(type I error)**라고 한다. 다른 하나는 H_0가 거짓임에도 기각하지 않는 경우이고, 이를 **2종 오류(type II error)**라고 한다.

고정수준으로 분석하고자 하는 실험을 설계할 때, 1종 오류와 2종 오류를 합리적인 수준으로 작게 만드는 것이 중요하다. 잘못된 결정을 내릴 가능성이 큰 실험을 하는 것은 의미가 없다. 다음 결과에서 볼 수 있듯이 1종 오류 확률을 제어하는 것은 쉽다.

α를 검정의 유의수준이라고 하면, 1종 오류의 확률은 α 이하이다.

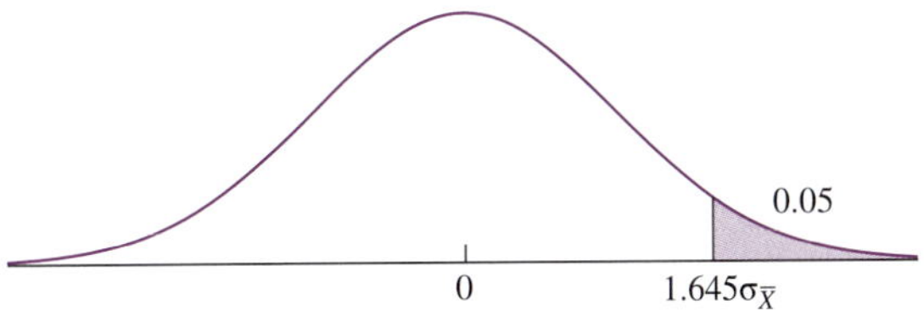

그림 6.12 $H_0 : \mu \le 0$에 대한 귀무분포와 기각역

다음 예시를 통해 이 사실을 살펴보자. $X_1, \cdots, X_n$을 평균이 μ이고, 분산이 σ^2인 모집단에서 추출된 대표본이라고 하자. 그러면 $\overline{X}$는 평균이 μ이고, 분산이 σ^2/n인 정규분포를 따른다. 가설 $H_0 : \mu \le 0$ versus $H_1 : \mu > 0$을 고정수준 $\alpha = 0.05$에서 검정하려고 한다. 즉, $P \le 0.05$면, H_0을 기각한다. 그림 6.12에 주어진 귀무분포는 평균이 0이고, 분산이 $\sigma^2_{\overline{X}} = \sigma^2/n$이다. 귀무가설이 참이라고 가정해 보자. 우리는 1종 오류의 확률을 계산하고 이것이 0.05를 초과하지 않음을 보일 것이다.

1종 오류는 $P \le 0.05$ 또는 $\overline{X} \ge 1.645\sigma_{\overline{X}}$일 때, 귀무가설 H_0를 기각하면 발생한다. 따라서 기각역은 $\overline{X} \ge 1.645\sigma_{\overline{X}}$이다. 여기서 H_0가 참이라고 했으므로 $\mu \le 0$이다. 먼저 $\mu = 0$인 경우를 생각해 보자. 그림 6.12에 $\overline{X}$의 분포가 주어져 있다. 이 경우 $P(\overline{X} \ge 1.645\sigma_{\overline{X}}) = 0.05$이므로 H_0를 기각하고, 1종 오류를 범할 확률은 0.05이다. 다음으로 $\mu < 0$인 경우를 생각해 보자. 그러면 $\overline{X}$의 분포는 그림 6.12의 분포곡선을 왼쪽으로 이동시킨 것이 되므로 $P(\overline{X} \ge 1.645\sigma_{\overline{X}}) \le 0.05$이고, 1종 오류 확률은 0.05 미만이 된다. 이 과정에서 0.05 대신에 어느 값이든 α에 대입할 수 있다. 따라서 H_0가 참일 때, 1종 오류를 범할 확률은 α를 초과할 수 없다고 결론지을 수 있다. μ가 H_0의 경계(이 예에서는 $\mu = 0$)에 위치할 때는 1종 오류 확률은 α와 일치함을 유의하라.

1종 오류는 우리가 선택하는 유의수준 α를 초과할 수 없으므로 1종 오류의 확률 역시 우리가 원하는 만큼 낮출 수 있다. 하지만 6.7절에서 살펴보게 될 것처럼 1종 오류의 확률을 낮출수록 2종 오류의 확률은 증가하게 된다. 일반적인 전략은 1종 오류 확률을 합리적으로 낮은 수준이 되도록 α값을 설정하는 것이다. 앞서 언급한 것처럼 일반적인 선택은 $\alpha = 0.05$이다. 그리고 2종 오류의 확률을 계산하고 이것이 너무 크지 않기를 바라는 것이다. 만약 이 값이 크다면, 실험을 재설계 함으로써 낮출 수 있다(e.g., 표본크기를 증가). 2종 오류를 계산하고 제어하는 것은 1종 오류를 다루는 것보다 다소 어렵다. 6.7절에서 이 문제에 대해 다룰 것이다.

요약

유의수준 α에서 고정수준검정을 시행할 때, 2종류의 오류를 범할 수 있다.

- 1종 오류(Type I error): H_0가 참임에도 불구하고 기각하는 것
- 2종 오류(Type II error): H_0가 거짓임에도 기각하지 못하는 것

이때, 1종 오류의 확률은 α를 결코 초과할 수 없다.

6.6 연습문제

1. 가설검정을 수행하는데, P-값이 0.07로 얻어졌다. 다음이 옳은지 답하시오.
   a. 5% 수준에서 H_0를 기각한다.
   b. 2% 수준에서 H_0를 기각하지 않는다.
   c. 10% 수준에서 H_0를 기각한다.

2. 새로운 석탄액화공정은 증류 연료의 평균수율 를 향상시킬 것으로 기대된다. 신공정은 매우 비싸기 때문에 $\mu > 20$을 만족하지 않으면 비용손실이 발생한다. $H_0 : \mu \le 20$ versus $H_1 : \mu > 20$에 대한 가설검정을 수행하고, H_0이 기각된다면 신공정을 생산에 적용하려 한다. 5% 수준과 1% 수준 중에서 어느 것이 비용손실 확률을 줄일 수 있는지 구하시오.

3. 특정 용도에 사용되는 와셔의 두께는 2 mm이다. 품질관리 엔지니어가 와셔 표본에 대해 두께를 측정하고, $H_0 : \mu = 2$ versus $H_1 : \mu \ne 2$에 대한 검정을 시행했다.
   a. 1종 오류가 발생했다면, 평균두께에 대해 어떤 결론을 내렸겠는가?
   b. 2종 오류가 발생했다면, 평균두께에 대해 어떤 결론을 내렸겠는가?

4. 고부하 냉각팬 제조업체가 이 팬의 평균수명은 가혹한 환경에서도 수명이 6개월을 초과한다고 주장했다. μ를 이 팬의 실제 평균수명이라고 하자. 가설 $H_0 : \mu \ge 6$ versus $H_1 : \mu < 6$에 대한 검정을 시행했다. 다음의 각 상황에서 의사결정이 옳은지 1종 오류 또는 2종 오류가 발생했는지 판단하시오.
   a. 주장은 참이고, H_0는 기각되었다.
   b. 주장은 거짓이고, H_0는 기각되었다.
   c. 주장은 참이고, H_0는 기각되지 않았다.
   d. 주장은 거짓이고, H_0는 기각되지 않았다.

5. 10 g짜리 표준시편으로 100회 측정하여 저울을 교정하려 한다. μ를 저울 눈금의 모집단 평균 측정값이라고 할 때, $\mu = 10$이면 교정상태이고, $\mu \ne 10$이면 교정상태가 아니다. $H_0 : \mu = 10$ versus $H_1 : \mu \ne 10$에 대한 가설검정을 시행했다.
   a. 저울이 교정상태라고 가정하자. 하지만 가설검정의 결론은 저울이 교정상태가 아닌 것으로 얻어졌을 때, 어떤 종류의 오류가 발생한 것인지 구하시오.
   b. 저울이 교정상태가 아니라고 가정하자. 1종 오류가 발생할 가능성이 있는가? 설명하시오.
   c. 저울이 교정상태가 아니라고 가정하자. 2종 오류가 발생할 가능성이 있는가? 설명하시오.

6. 밸브 연마기계는 평균길이가 100 mm이고, 표준편차가 0.1 mm인 밸브를 생산하도록 설정되어 있다. 기계를 새로운 장소로 이동했는데, 이 때문에 평균길이에 대한 교정이 잘못되었을 가능성이 있지만, 표준편차에는 영향을 미치지 않는다. μ를 기계 이동 이후의 밸브 평균길이라고 하자. 교정 여부를 검정하기 위해 100개의 밸브표본에 대해 가공 후 길이를 측정하고, $H_0 : \mu = 100$ versus $H_1 : \mu \ne 100$에 대한 가설검정을 시행했다.
   a. 5% 수준에서 검정을 시행할 때, 기각역을 구하시오.
   b. 10% 수준에서 검정을 시행할 때, 기각역을 구하시오.
   c. 만일 길이의 표본평균이 99.97 mm일 때, 5% 수준에서 H_0이 기각되는가?
   d. 만일 길이의 표본평균이 100.01 mm일 때, 10% 수준에서 H_0이 기각되는가?
   e. 임계점이 100.015 mm이다. 이 검정의 수준은 얼마인지 구하시오.

7. 5% 수준의 $H_0 : \mu \ge 10$ versus $H_1 : \mu < 10$에 대한 검정에서 기각역이 $\overline{X} < 7.9$로 얻어졌다. 1% 수준에서의 기각역을 구하시오.

6.7 검정력

가설검정에서 귀무가설 H_0가 거짓임에도 기각하지 않는다면 2종 오류가 발생한다. 검정의 **검정력(power)**은 H_0가 거짓일 때 이를 기각할 확률을 말한다. 따라서

$$\text{검정력(Power)} = 1 - P(\text{2종 오류})$$

가설검정이 쓸모가 있으려면, 1종 오류와 2종 오류의 확률이 모두 합리적으로 낮은 수준이어야 한다. 1종 오류는 유의수준 α를 작은 값으로 설정함으로써 작게 유지할 수 있다. 이후에

검정의 검정력을 계산한다. 검정력이 크다면, 2종 오류 확률도 역시 작을 것이고 검정은 유용할 것이다. 일반적으로 검정력은 데이터를 수집하기 전에 계산됨을 유의해야 한다. 검정력을 계산하는 목적은 가설검정을 수행할 때, H_0가 거짓일 때 H_0를 기각할 가능성이 큰지 확인하기 위한 것이다.

검정력 계산의 예를 들어 보자. 현재 공정보다 수율을 개선할 수 있는 새로운 화학공정을 개발했다고 생각해 보자. 현재 공정은 평균수율이 80이고, 표준편차가 5이다(단위는 %). 새로운 공정의 평균수율이 80보다 크다면, 이것을 생산라인에 투입하려 한다. μ를 새로운 공정의 평균 수율이라고 하자. 새로운 공정을 50회 적용해 보고, 다음 가설검정을 5% 유의수준에서 실시하려 한다.

$$H_0 : \mu \leq 80 \quad \text{versus} \quad H_1 : \mu > 80$$

만약 H_0가 기각된다면, $\mu > 80$이라고 결론을 내리고 새로운 공정을 생산라인에 적용할 것이다. 새로운 공정의 수율이 81이면 공정을 생산에 적용하는 것이 상당한 이익이 된다고 가정한다. 만약 평균수율이 $\mu = 81$로 사실이라면, 이 검정의 검정력은 얼마인가? 즉, H_0가 기각될 확률은 얼마나 되는가?

풀이를 설명하기 전에 검정력을 계산하려면, 대립가설의 μ값을 설정(여기서는 $\mu = 81$)할 필요가 있음을 유의해야 한다. 검정력은 μ에 따라서 변화하는 값이기 때문이다. μ가 H_0에 가까울수록 검정력은 작아지고, μ가 H_0에서 멀어질수록 검정력이 증가하는 것을 뒤에서 살펴볼 것이다.

검정력의 계산은 다음의 두 단계를 포함한다.

1. 기각역을 계산한다.

2. 대립가설이 참일 경우 검정통계량이 기각역에 속할 확률을 계산한다. 이 확률이 검정력이다.

검정력을 구하기 위해 6.6절의 예제 6.11에서 사용된 방법으로 기각역을 먼저 계산한다. 먼저 귀무분포를 구한다. 검정통계량 $\overline{X}$는 평균이 μ이고, 표준편차가 $\sigma_{\overline{X}} = \sigma/\sqrt{n}$인 정규분포를 따른다. 여기서 표본의 크기는 $n = 50$이다. H_0하에서 $\mu = 80$을 설정한다. 이제 σ에 대한 근사값을 찾아야 하는데, 표본이 아직 얻어지지 않았으므로 표본표준편차 s가 존재하지 않아 해결이 어려울 수 있다. 이 경우 σ를 근사할 수 있는 몇 가지 방법이 있다. 예를 들어, 타당성 조사 등을 통해 작은 규모의 예비실험 표본을 구할 수도 있는데, 이 샘플에서 얻어진 표본표준편차가 σ의 만족스러운 근사값이 될 수 있다. 또 다른 경우는 유사한 모집단으로부터 표본을 구하고 여기서 얻어진 표준편차를 사용할 수도 있다. 이 예시에서는 표준편차가 5로 알려진 기존에 오랫동안 사용 중인 공정이 존재하는 경우이다. 새로운 공정의 표준편차가 현재 공정의 표준편차와 비슷할 것이라고 가정하는 것이 합리적이라고 생각해 보자. 따라서 새로운 공정 모집단의 표준편차는 $\sigma = 5$이고, $\sigma_{\overline{X}} = 5/\sqrt{50} = 0.707$이다.

그림 6.13은 $\overline{X}$의 귀무분포를 나타내고 있다. H_0가 $\mu \leq 80$이므로 큰 $\overline{X}$값은 H_0와 일치하지 않는다. 따라서 P-값은 $\overline{X}$값의 오른쪽 영역의 면적이 된다. $\overline{X}$가 귀무분포의 상위 5% 영역에 속한다면 P-값은 0.05 이하가 될 것이다. 이 상위 5% 영역이 기각역이다. 임계점은 z점수가 1.645가 되는 지점이고, 이에 해당하는 $\overline{X}$는 $80 + (1.645)(0.707) = 81.16$이다. 우리는

$\overline{X} \geq 81.16$이면 H_0를 기각한다. 이 범위가 기각역이다.

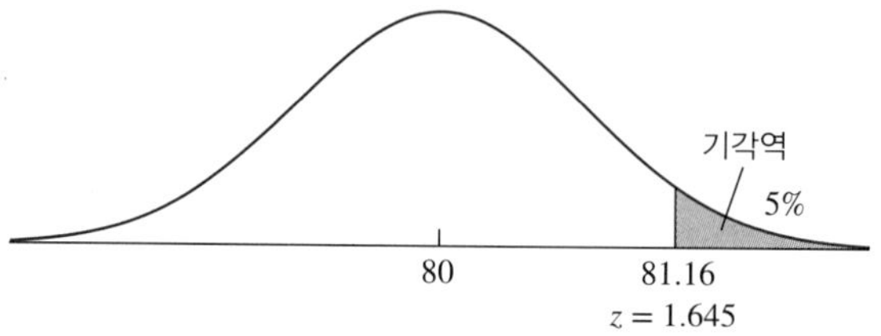

그림 6.13 가설검정을 유의수준 5%에서 수행한다. 이 검정의 기각역은 P-값이 0.05보다 작은 영역이다.

이제 대립가설 $\mu = 81$이 참일 때, $\overline{X}$가 기각역에 속할 확률인 검정력을 계산할 준비가 되었다. 대립가설조건하에서 $\overline{X}$의 분포는 평균이 81이고, 표준편차가 0.707인 정규분포를 따른다.

그림 6.14에서 대립분포와 귀무분포를 한 그림에 함께 도시하였다. 대립분포는 귀무분포를 평균 80에서 대립가설의 평균 81로 평행이동시켜 얻었음을 유의한다. 대립분포가 수평 이동하였기 때문에 검정통계량이 기각역에 속할 확률은 H_0일 때보다 커진다. 좀 더 구체적으로 H_1하에서 임계점 81.16에 대한 z점수는 $z = (81.16 - 81)/0.707 = 0.23$이다. $z = 0.23$보다 오른쪽 영역의 면적은 0.4090이다. 이것이 검정력이다.

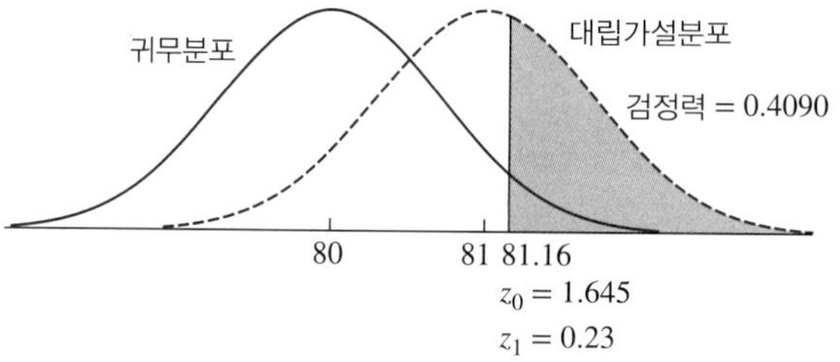

그림 6.14 귀무분포의 상위 5% 영역인 기각역이 칠해져 있다. 귀무분포하에서 임계점에 대한 z점수는 $z_0 = 1.645$이고, 대립분포하에서는 $z_1 = 0.23$이다. 검정력은 대립분포하에서 기각역의 면적이 되고 여기서는 0.4090이다.

검정력 0.4090은 아주 낮은 값이다. 이것은 새로운 공정의 평균수율이 실제로 81이라고 하더라도, 이번 실험을 통해서 실제 공정이 과거 공정과 비교하여 개선되었음을 판단하고 신공정을 생산라인에 적용할 확률이 41%에 불과하다는 의미이다.

그러면 어느 정도의 검정력이 있어야만 검정이 수행할 가치가 있을까. P-값과 마찬가지로 충분과 불충분한 검정력 사이에 과학적인 구분기준이 존재하지는 않는다. 일반적으로 검정력이 0.8 또는 0.9보다 큰 검정은 허용 가능한 수준으로 받아들여지지만, 널리 통용되는 경험법칙이 존재하지는 않는다.

검정력은 대립가설에 대한 μ에 따라서 달라지고 귀무가설의 평균에서 멀어질수록 검정력은 증가한다. 예제 6.12에서 이를 자세히 살펴보자.

예제 6.12

새로운 공정의 평균 수율에 대해 5% 수준에서 수행되는 $H_0 : \mu \leq 80$ versus $H_1 : \mu > 80$에 대한 검정의 검정력을 구하시오. 여기서 대립가설의 평균은 $\mu = 82$이고, $n = 50$과 $\sigma = 5$로 가정한다.

풀이

이미 풀이의 첫 번째 단계인 기각역은 알고 있다. $\overline{X} > 181.16$면 H_0를 기각한다. 그림 6.15에서 대립분포와 귀무분포를 동시에 나타내고 있다. 대립가설하에서 임계점 81.16에 대한 z점수를 구하면, $z = (81.16 - 82)/0.707 = -1.19$이다. $z = -1.19$ 오른쪽 영역의 면적은 0.8830이고, 이것이 검정력이다.

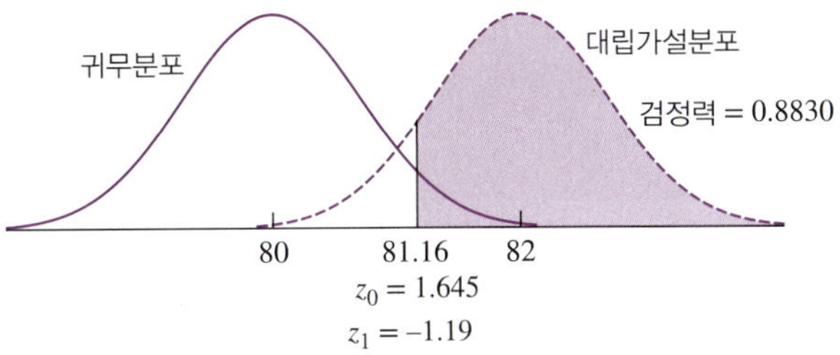

그림 6.15 귀무분포의 상위 5%에 해당하는 기각역이 칠해져 있다. 귀무분포하에서 임계값에 대한 z점수는 $z_0 = 1.645$이고, 대립가설하에서는 $z_1 = -1.19$이다. 검정력은 대립분포하에서 기각역의 면적이고 0.8830이다.

대립분포는 귀무분포를 수평 이동해서 얻으므로 검정력은 대립분포에서 선택되는 μ에 따라 달라지며, 유의수준 α부터 거의 1까지의 범위를 가진다. 대립가설 평균이 귀무가설에서 멀다면, 대립분포 곡선의 거의 대부분이 기각역에 속할 것이고, 이 경우에는 검정력이 1에 가까울 것이다.

검정력이 충분히 크지 않다면, 표본크기를 늘림으로써 검정력을 향상시킬 수 있다. 실험을 설계할 때, 원하는 검정력을 확보하도록 표본의 크기를 결정할 수 있는데, 예제 6.13에서 이를 살펴보자.

예제 6.13

새로운 공정의 평균수율에 대한 가설 $H_0: \mu \le 80$ versus $H_1: \mu > 80$의 검정에서 대립분포의 평균이 $\mu = 81$일 때, 유의수준 5%에서 검정력이 0.90이 되려면 새로운 공정에 대한 테스트를 몇 회 실시해야 하는가? (표준편차는 $\sigma = 5$로 가정하라)

풀이

n을 필요한 표본크기라고 하자. 먼저 귀무분포를 사용해서 n에 대한 임계점을 구한다. $\overline{X}$에 대한 귀무분포는 평균이 80이고, 표준편차가 $5/\sqrt{n}$인 정규분포이다. 따라서 임계점은 $80 + 1.645(5/\sqrt{n})$이다. 이제 대립분포를 이용해서 n에 대한 임계점을 구한다(그림 6.16 참고). 검정력은 대립분포 곡선에서 기각역에 해당하는 넓이이다. 이 넓이가 반드시 0.90이 되어야 한다. 따라서 대립분포하에서 임계점에 대한 z점수를 계산하면 $z = -1.28$이다. 즉, 임계점은 $81 - 1.28(5/\sqrt{n})$이다. 이제 임계점에 대한 두 가지 다른 수식이 얻어졌다. 임계점은 오직 한 점에서만 존재하므로 두 수식을 같다고 놓고 n에 대해 정리한다.

$$80 + 1.645\left(\frac{5}{\sqrt{n}}\right) = 81 - 1.28\left(\frac{5}{\sqrt{n}}\right)$$

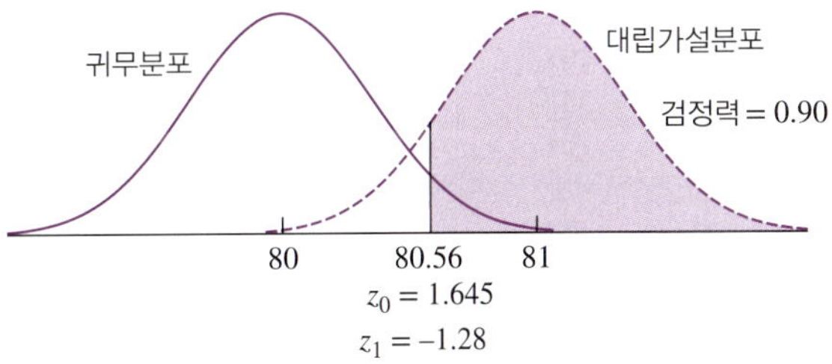

그림 6.16 유의수준 0.05에서 검정력 0.90을 얻기 위해 귀무분포하에서 임계점은 $z_0 = 1.645$이고, 대립분포하에서 임계점은 $z_1 = -1.28$이 되어야 한다.

위 방정식을 n에 대해서 정리하면 $n \approx 214$를 얻는다. 이 값을 앞서 얻은 두 수식 중 하나에 대입하면 임계점을 얻을 수 있다. 임계점은 80.56이다.

컴퓨터를 이용한 검정력 계산

이 절에서는 모평균에 대한 단측 대표본 검정에서 검정력을 계산하는 방법과 원하는 검정력을 얻는 데 필요한 표본크기를 결정하는 방법을 소개했다. 이 방법을 양측검정이나 모비율에 대한 검정으로 확장하여 검정력을 계산하거나 필요한 표본크기를 구하는 것은 간단하게 가능하다. t 검정, F 검정, 카이제곱검정에 대해 확장하는 것은 좀 더 어렵지만, 컴퓨터 통계프로그램을 통해 모든 검정에 대한 검정력을 계산하거나 필요한 표본크기를 구할 수 있다. 다음 몇 가지 예제를 살펴보자.

예제 6.14

여론조사 요원이 학교채권에 대한 정책을 지지하는 비율을 추정하기 위해서 랜덤으로 추출된 유권자 표본을 대상으로 설문 조사를 시행했다. p를 정책을 지지하는 모집단의 비율이라고 하자. 여론조사 요원은 $H_0: p = 0.50$ versus $H_1: p \neq 50$에 대한 검정을 수준 5%에서 시행하려 한다. 200명의 유권자를 표본으로 얻은 경우, p의 참값이 0.55일 때 검정력은 얼마인지 구하시오.

풀이

다음 계산 결과(Excel)에 답이 주어져 있다.

단일비율에 대한 검정력	
가설	H0: p = 0.5 vs. H1: p ≠ 0.5
비교 비율	0.55
유의수준(alpha)	0.05
표본크기	200
검정력	0.292022

여기서는 유의수준 $\alpha = 0.05$인 양측검정에 대한 것임을 유의한다. 비교비율 p는 0.55로 검정력을 계산할 때 참으로 가정하는 값이다. 표본크기는 200으로 지정되어 있으며, 결과로 계산된 검정력은 0.292이다.

예제 6.15

예제 6.14에 대해 물음에 답하시오. 참값이 $p = 0.55$일 때, 검정력이 0.8이 되려면 유권자 표본은 몇 명을 얻어야 하는지 구하시오.

풀이

다음 결과(Excel)에 답이 주어져 있다.

n	power
781	0.799232
782	0.799736
783	0.800239
784	0.800741
785	0.801242
786	0.801742
787	0.800224
788	0.802738
789	0.803234

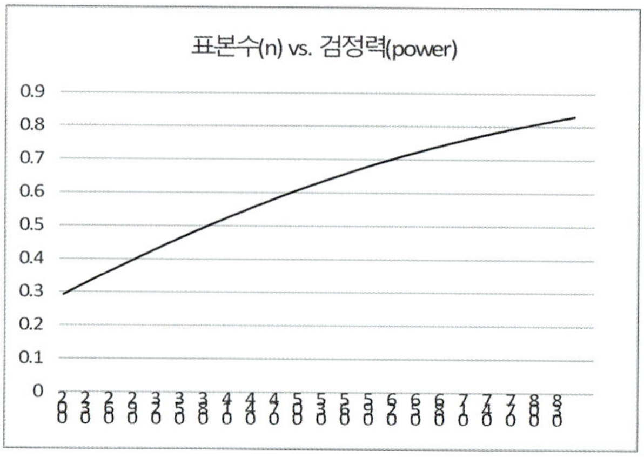

필요한 표본의 수는 783이다. 실제 검정력은 0.80보다 약간 높음에 유의한다. 왜냐하면 표본크기는 이산적이기 때문에 정확하게 요구하는 검정력(목표 검정력)을 만족하는 표본크기를 구하는 것은 불가능하다. 따라서 엑셀 계산을 통해 요구한 검정력을 초과하는 가장 작은 표본크기를 계산한다.

예제 6.16

커피 원두를 출하하기 위해 수분 함량을 검사한다. 높은 수분 함량은 물에 의한 오염 가능성이 있으므로 출하가 거부된다. μ를 해당 출하물량의 평균 수분 함량(무게대비 백분율)이라고 하자. 랜덤으로 선택된 원두에 대해 5번의 측정이 이루어진다. 가설 $H_0: p \leq 10$ versus $H_1: p > 10$에 대해 수준 5%에서 Student' t 검정으로 시행한다. 실제 수분 함량이 12%이고, 표준편차가 $\sigma = 1.5\%$일 때, 이 검정의 검정력은 얼마인지 구하시오.

풀이

다음 결과(Excel)에 답이 주어져 있다.

단일표본 대한 검정력	
가설	평균 = 귀무가설값 vs. 평균 > 귀무가설값
차이	2
표준편차	1.5
유의수준(alpha)	0.05
표본크기	5
검정력	0.786485

검정력은 참 평균과 귀무 평균의 값 자체가 아닌 두 값의 차이 12−10 = 2에 의존한다. 따라서 검정력은 0.786이다. 여기서는 단측검정에 대한 검정력이 주어져 있음을 유의한다.

예제 6.17

예제 6.16에 대해 물음에 답하시오. 검정력이 적어도 0.9가 되려면 표본크기는 얼마나 필요한지 구하시오.

풀이

다음 결과(Excel)에 답이 주어져 있다.

n	power
2	0.033433
3	0.457501
4	0.651545
5	0.786845
6	0.8736
7	0.92675
8	0.958326
9	0.976652
10	0.987091

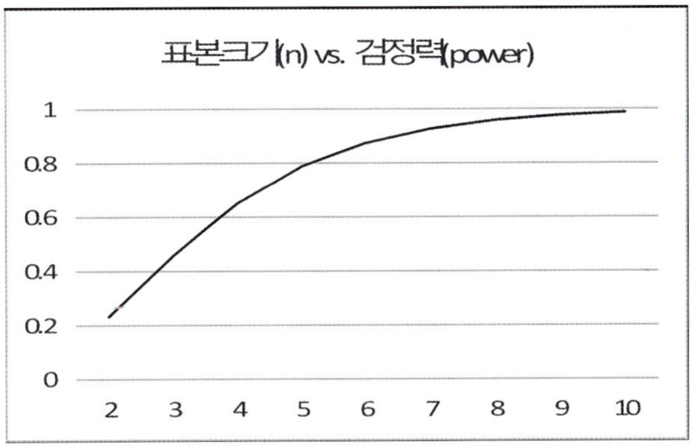

검정력 0.9를 만족하는 최소의 표본크기는 7이다. 그리고 이때의 실제 검정력은 0.927이다.

6.7 연습문제

1. $\mu=10$일 때, 어떤 검정의 검정력은 0.85이다. 참 또는 거짓을 답하시오.

a. $\mu=10$일 때, H_0를 기각할 확률은 0.85이다.

b. $\mu=10$일 때, 올바른 결정을 내릴 확률은 0.85이다.

c. $\mu=10$일 때, 올바른 결정을 내릴 확률은 0.15이다.

d. $\mu=10$일 때, H_0가 참일 확률은 0.15이다.

2. 표본크기가 같고 수준 α가 증가한다면, 검정력은 (올라간다/내려간다).

3. $\mu=10$일 때, $H_0: \mu \le 8$ versus $H_1: \mu > 8$에 대한 검정력이 0.80으로 얻어졌다. 만약 $\mu=12$이라면, 다음 문장 중 참인 것을 고르시오.

① 검정력은 0.8보다 낮다.

② 검정력은 0.8보다 크다.

③ 모표준편차 σ에 대한 정보가 없으면 검정력을 계산할 수 없다.

4. 한 타이어회사의 타이어 수명은 평균 50,000마일이 넘는다고 주장한다. 타이어 수명의 표준편차는 5,000마일로 알려져 있다. 당신이 100개의 타이어 샘플을 수집해서 평균 타이어 수명이 적어도 50,000마일이고, 이에 대한 대립가설은 그렇지 않다는 가설을 검정하려 한다. 여기서 참 평균수명은 49,500마일이라고 가정하자.

a. 귀무가설과 대립가설을 기술하시오. 어느 가설이 참인가?

b. 표본평균이 49,400보다 작으면 H_0를 기각하는 것으로 결정했다. 이 검정의 유의수준과 검정력을 계산하시오.

c. 5% 수준에서 이 검정을 시행했다면, 검정력은 얼마인지 구하시오.

d. 검정력이 0.80이 되려면 수준은 얼마여야 하는지 구하시오.

e. 좀 더 많은 표본을 얻을 기회가 생겼다. 수준 5%에서 검정력이 0.80이 되려면 표본을 몇 개나 얻어야 하는지 구하시오.

5. 다음 엑셀(Excel) 결과는 모비율 p에 대한 검정의 검정력 계산 결과이다.

단일비율에 대한 검정력	
가설	H0: p = 0.5 vs. H1: p ≠ 0.5
비교 비율	0.4
유의수준(alpha)	0.05
표본크기	150
검정력	0.691332

a. 여기서 검정력은 단측검정과 양측검정 중 어느 것에 대해 얻어졌는지 구하시오.

b. 검정력이 계산된 귀무가설은 무엇인지 구하시오.

c. 검정력 계산에 사용된 대립비율은 얼마인지 구하시오.

d. 표본크기가 100일 때, 검정력은 0.7 미만, 0.7 초과, 이 결과로부터는 알 수 없다 중에 어느 것을 답할 것인가? 이유를 설명하시오.

e. 표본크기가 200일 때, 검정력은 0.6 미만, 0.6 초과, 이 결과로부터는 알 수 없다 중에 어느 것을 답할 것인가? 이유를 설명하시오.

f. 표본크기 150에 대해, 대립비율 $p=0.3$에 대한 검정력은 0.65 미만, 0.65 초과, 이 결과로부터는 알 수 없다 중에 어느 것을 답할 것인가? 이유를 설명하시오.

g. 표본크기 150에 대해, 대립비율 $p=0.45$에 대한 검정력은 0.65 미만, 0.65 초과, 또는 이 결과로부터는 알 수 없다 중에 어느 것을 답할 것인가? 이유를 설명하시오.

6. 다음 엑셀(Excel) 결과는 서로 다른 두 평균 $\mu_1-\mu_2$에 대한 검정력 계산 결과이다.

두 표본 t검정에 대한 검정력	
가설	평균1 = 평균2 vs. 평균1 ≠ 평균2
차이	3
표준편차	1.5
유의수준(alpha)	0.05
표본크기	60 (두 집단에 각각 해당)
목표 검정력	0.9
실제 검정력	0.90315

a. 여기서 검정력은 단측검정과 양측검정 중 어느 것에 대해서 얻어졌는지 구하시오.

b. 표본크기가 각 그룹마다 50이라면, 검정력은 0.9 미만, 0.9 초과, 이 결과로부터는 알 수 없다 중에 어느 것을 답할 것인가? 이유를 설명하시오.

c. 만일 두 평균의 차이가 4라면, 검정력은 0.9 미만, 0.9 초과, 이 결과로부터는 알 수 없다 중에 어느 것을 답할 것인가? 이유를 설명하시오.

6.8 다중 검정

가끔 여러 가설검정을 시행해야 할 때가 있다. 이 상황에서의 기본 규칙은 많은 검정을 수행할수록 검정결과에 대한 신뢰도는 감소한다는 것이다. 이 절에서는 이러한 점을 예제와 함께 설명하고자 한다.

아주 작은 탄화텅스텐 입자가 포함된 하드 코팅을 적용하면 특정 산업 분야에서 캠기어의 마모를 줄일 수 있다. 탄화텅스텐의 입자크기와 농도에 따라 적용할 수 있는 코팅 배합은 매우 다양하다. 20개의 서로 다른 배합을 제조했다. 각 배합을 많은 수의 기어에 도포하고 특정 기간 동안 동작시킨 후의 마모량을 측정했다. 오랜 경험에 따르면 코팅되지 않은 기어의 평균 마모량은 100 μm으로 알려져 있다. 각 배합에 대해 귀무가설 $H_0 : \mu \geq 100$ μm을 검정했다. H_0는 코팅 배합이 기어마모를 감소시키지 않는다는 것이다. 20개 중 19개 배합에 대한 P-값이 0.05를 초과하여, H_0가 기각되지 않았다. 한 가지 배합에 대해서만 H_0가 기각되었다. 따라서 이 배합은 기어마모를 감소시킨다는 결론을 내리는 것이 자연스러워 보인다. 예제 6.18에서 6.21까지는 이 결론이 너무 이른 판단일 수 있다는 것을 설명하고 있다.

예제 6.18

한 가지 배합만을 테스트했는데, 사실 이 배합은 마모에 영향을 미치지 않는다. 이 경우 H_0를 기각해서 잘못된 결론을 내릴 확률은 얼마인지 구하시오.

풀이

이 배합이 마모에 영향을 미치지 않는다면, $\mu = 100$ μm이므로 H_0는 참이다. H_0를 기각하는 것은 1종 오류에 해당한다. 따라서 이 질문은 1종 오류의 가능성을 묻고 있다. 일반적으로 이 확률은 항상 검정에 대한 유의수준(이 경우 0.05) 이하의 값을 갖는다. H_0가 기각될 확률은 0.05이다.

예제 6.19

20개의 배합 중 한 가지에 대해 H_0가 기각되었다는 점에서 이 배합이 마모에 실제로 영향을 미치지 않는다는 것이 타당한지 구하시오.

풀이

그렇다. H_0가 기각된 배합을 포함하여 코팅제 배합 중 어느 것도 마모에 효과가 없다고 보는 것이 타당하다. 20개의 가설검정이 이루어졌다. 각각의 검정은 5%의 1종 오류 확률이 있다. 따라서 평균적으로 20개의 참 귀무가설 중 하나가 기각되는 것은 기대할 수 있는 결과이다. 20개 중에 하나의 H_0를 기각하는 것은 어떤 배합도 마모량 차이를 갖지 않는 경우에서 예상할 수 있는 결과이다.

예제 6.20

실제로 20개 배합 중 어느 것도 마모에 영향을 주지 않는다고 할 때, 한 개 이상의 H_0가 기각될 확률은 얼마인지 구하시오.

풀이

모든 배합에 대해 옳은 결론(H_0를 기각하지 않음)을 내릴 확률을 먼저 구한다. 각 배합에 대해 H_0가 기각되지 않을 확률은 $1 - 0.05 = 0.95$이다. 따라서 20개의 배합 중 어느 것도 기각되지 않을 확률은 $(0.95)^{20} = 0.36$이다. 즉, 1개 이상의 H_0가 잘못 기각될 확률은 $1 - 0.36 = 0.64$이다.

예제 6.21

실험을 반복했다. 이번에는 작업자가 코팅제를 도포하는 것을 잊어서 실제로 코팅이 되지 않은 기어에 대해 20개의 측정실험이 이루어졌다. H_0가 기각되는 방식으로 1개 이상의 배합이 마모를 줄이는 것으로 나타날 가능성이 있는지 구하시오.

풀이

그렇다. 예제 6.20에서 실제로 배합이 적용되지 않았을지라도 한 개 이상의 코팅에서 마모량이 감소하는 것으로 나타날 확률이 0.64임을 보였다.

예제 6.18부터 6.21까지는 **다중검정문제(multiple testing problem)**로 알려진 현상에 대해 설명하고 있다. 간단히 설명하자면 다중검정문제는 다음과 같다. H_0가 기각되었을 때, 우리는 그것이 거짓이라는 강력한 증거를 가지고 있다. 하지만 강력한 증거는 확실하지 않다. 때때로 참인 귀무가설이 기각되기도 한다. 많은 검정이 수행되면 일부 참 귀무가설이 기각될 가능성이 더 크다. 따라서 많은 검정을 수행할 때는 기각될 귀무가설 중에 어떤 것이 실제로 거짓이고 어떤 것이 1종 오류에 해당하는지 구분하기 어렵다.

Bonferroni 방법

Bonferroni 방법은 여러 가설검정을 시행할 때, P-값을 상향보정하는 방법을 제공한다. 보정을 시행한 후에도 여전히 P-값이 작다면 귀무가설을 기각할 수 있다. Bonferroni 보정을 시행하기 위해서는 단순히 P-값에 수행된 검정의 횟수를 곱하면 된다. 다음 두 가지 예제를 살펴보자.

예제 6.22

캠기어의 마모량을 100 μm 미만으로 줄일 수 있는지 확인하기 위해 4개의 다른 코팅 배합을 검정하였다. 귀무가설 $H_0: \mu \geq 100$ μm을 각각의 배합에 대해 검정한 결과는 다음과 같다.

배합 A: $P = 0.37$
배합 B: $P = 0.41$
배합 C: $P = 0.005$
배합 D: $P = 0.21$

품질기사는 배합 C가 효과적일 수 있다는 의구심이 있지만, 많은 횟수의 검정이 이루어졌기 때문에 0.005라는 P-값은 신뢰할 수 없다는 것을 알고 있다. Bonferroni 보정을 사용하여 신뢰할 수 있는 P-값을 구하시오.

풀이

4개의 검정이 이루어졌으므로 배합 C에 대한 Bonferroni 보정을 통해 $P = (4)(0.005) = 0.02$를 얻는다. 따라서 배합 C가 실제로 효과가 있다는 증거는 충분히 강력하다.

예제 6.23

예제 6.22에서 배합 C의 P-값이 0.005가 아니라 0.03이라고 가정하자. 이 경우에는 어떤 결론에 도달하는지 구하시오.

풀이

Bonferroni 보정을 통해 $P = (4)(0.03) = 0.12$를 얻는다. 이 확률은 배합 C가 실제로 효과가 있다는 증거로는 충분하지 않다. 하지만 원래 P-값이 작았기 때문에 운전원은 아직 배합 C를 포기하고 싶지는 않을 것이다.

Bonferroni 보정은 보수적이다. 즉, 참 P-값보다 결코 작은 P-값을 제공하지 않는다. 따라서 Bonferroni 방법으로 보정된 P-값이 작다면, 귀무가설을 확실하게 기각할 수 있다. 불행하게도 예제 6.23에서 알 수 있듯이 원래의 P-값은 귀무가설이 거짓이라는 강한 의혹을 가질 만큼 작을 수 있지만, Bonferroni 보정값으로는 귀무가설을 기각할 수 없는 경우가 많다.

Bonferroni 보정 P-값이 귀무가설을 기각하기에는 크지만, 원래 P-값이 귀무가설이 거짓이라는 의심을 하기에 충분히 작다면, 가장 좋은 방법은 새로운 실험을 시행해서 얻은 데이터로 귀무가설이 거짓으로 판단된 검정을 다시 시행하는 것이다. 재실험 결과에서도 P-값이 다시 작게 나온다면, 이번에는 다중검정 없이 귀무가설에 반하는 실제 증거가 된다.

실제 산업공정에서는 공정 결과가 규격을 만족하는지 확인하기 위해 빈번하게 표본을 추출하고 검정을 시행하여 상태를 감시한다. 종종 결과가 규격을 벗어난 것처럼 나타나는데, 이때 공정이 실제로 오작동(관리이탈) 되었는지 또는 1종 오류인지 알 수 있을까? 이것은 많은 관심을 받는 다중검정문제의 한 유형이다. 통계적 품질관리(10장 참고)에서 많은 부분을 할애하여 이 다중검정문제를 극복하려는 방법을 다룬다.

6.6 연습문제

1. 한 농업학자가 A, B, C, D, E, F로 표기된 여섯 종류의 비료를 테스트해서 현재 비료로 키운 리마 콩보다 수확량이 증가하는지 알아보려 한다. 비료 C는 수준 0.05에서 통계적으로 유의한 수확량 증가가 있었다. 나머지 5개 비료는 증가가 통계적으로 유의하지 않았다. 이 학자는 비료 C를 사용하면, 현재 사용 중인 비료보다 수확량이 증가한다는 결론을 내렸다. 이 결론이 왜 정당하지 않은지를 설명하시오.

2. 불량품 비율을 낮출 수 있는지 확인하기 위해 설비에 6개의 다른 설정을 시도했다. 각각의 설정에 대해 불량품 비율이 감소했는지 확인하기 위한 적절한 귀무가설을 검정하였다. P-값은 각각 0.34, 0.27, 0.002, 0.45, 0.03, 0.19였다.

a. P-값이 0.002인 설정에 대한 Bonferroni 보정 P-값을 구하시오. 이 설정이 불량품 비율을 감소시킨다고 결론지을 수 있는가?

b. P-값이 0.03인 설정에 대한 Bonferroni 보정 P-값을 구하시오. 이 설정이 불량품 비율을 감소시킨다고 결론지을 수 있는가?

3. 기어마모를 줄일 수 있는지 확인하기 위해 20개의 코팅 배합을 검정했다. Bonferroni 보정 P-값이 0.05인 배합의 원래 P-값은 얼마인지 구하시오.

4. 품질 엔지니어가 200일 동안 15 A짜리 퓨즈 144개의 표본을 뽑아 소모전류를 측정했다. 이 엔지니어는 $H_0 : \mu = 15$ versus $H_1 : \mu \neq 50$에 대한 검정을 시행하는데, μ는 그날 생산된 퓨즈의 평균 소모전류이다.

a. 200일 중 10일에서 H_0가 5% 수준에서 기각되었다. 이 결과는 퓨즈의 평균 소모전류가 200일 중 적어도 하루는 15 A와 다르다는 결정적인 증거가 되는가?

b. 200일 중 H_0를 기각한 날이 20일이면, (a)의 결과가 달리지는가?

6장 보충연습문제

1. 어떤 특정한 포장에 사용되는 종이의 규격은 평균 인장강도 μ가 50 psi보다 커야 한다고 요구한다. 새로운 종류의 종이를 이 포장에 사용하려 한다. 110개의 표본에 대해 인장강도를 측정했다. 평균 강도는 51.2 psi이고, 표준편차는 4.0 psi였다. 평균 인장강도가 50 psi를 초과한다고 결론지을 수 있는지 구하시오.

2. 새로운 브레이크 시스템을 특정 차종에 적용하기 위해 평가했다. 30 mph 속도로 달리다가 특정한 제어 조건하에서 정지거리가 90 ft 미만이라는 결론을 내릴 수 있으면, 이 브레이크 시스템을 적용할 수 있다. 이 제어조건에서 제동거리의 표준편차는 대략 5 ft로 알려져 있다. 30 mph 속도에서 150개의 정지 표본을 얻는다. μ는 새로운 브레이크 시스템의 평균 정지거리이다.

a. 적절한 귀무가설과 대립가설을 기술하시오.

b. 5% 수준에서 검정을 시행할 때 기각역을 구하시오.

c. 누군가 $\overline{X} \geq 89.4$일 때, H_0를 기각할 것을 제안했다. 이것은 적절한 기각역인가? 아니면 잘못되었는가? 이것이 적절한 기각역이면 검정의 수준을 구하시오. 그렇지 않으면 무엇이 잘못되었는지 설명하시오.

d. 누군가 $\overline{X} \leq 89.4$일 때, H_0를 기각할 것을 제안했다. 이것은 적절한 기각역인가? 아니면 잘못되었는가? 이것이 적절한 기각역이면 검정의 수준을 구하시오. 그렇지 않다면 무엇이 잘못되었는지 설명하시오.

e. 누군가 $\overline{X} \leq 89.4$ 또는 $\overline{X} \geq 90.6$일 때, H_0를 기각할 것을 제안했다. 이것은 적절한 기각역인가? 아니면 잘못되었는가? 이것이 적절한 기각역이면 검정의 수준을 구하시오. 그렇지 않다면 무엇이 잘못되었는지 설명하시오.

3. 어떤 기계가 3인치 길이의 볼트를 생산한다. 품질 엔지니어는 매일 무작위로 50개의 볼트를 당일 생산물량에서 샘플링하고 길이를 측정하여 $H_0 : \mu = 3$ versus $H_1 : \mu \neq 3$을 검정한다. μ는 그날 생산된 볼트의 평균 길이이다. 볼트 길이의 모표준편차는 0.1인치라고 가정하자. 5% 수준에서 H_0가 기각된다면, 이 기계의 작동을 멈추고 재교정을 실시한다.

a. 검사한 날의 참 평균 길이가 3인치라고 가정하자. 기계가 작동을 멈출 확률은 얼마인지 구하시오(이것을 **오경보율**(**false alarm rate**)이라고 한다).

b. 어떤 날의 참 평균길이가 3.01인치라면, 이 기계가 재교정될 확률을 구하시오.

4. 어떤 전기모터가 4개의 다른 생산라인에서 제조된다. 각 라인에서 무작위로 표본을 추출하고 검사하여 합격한 경우와 불합격한 경우를 다음 표에 정리했다.

	라인			
	1	**2**	**3**	**4**
합격	482	467	458	404
불합격	57	59	37	47

공정 엔지니어는 3번째 라인의 표본에서 불합격 비율이 가장 낮은 것을 발견했다. Bonferroni 보정을 이용하여 라인 3의 불합격 비율이 0.10 보다 작다는 결론을 내릴 수 있는지 판단하시오.

5. 어떤 인류학자가 고대묘지에서 발굴된 유골의 연령분포를 연구하여 고대 사회의 출생률을 추정했다. "Paleoanthropological Traces of a Neolithic Demographic Transition" (J. Bocquet-Appel, *Current Anthropology*, 2002:637.650)에 두 장소에서 발굴된 유골의 분석결과에 대해 주어져 있다.

	유골의 나이(년)		
장소	**0~4**	**5~19**	**20~**
A	27	61	126
B	38	60	118

[출처: Wenner-Gren Foundation for Anthropological Research]

이 데이터로 두 장소에서 발굴된 유골의 연령분포가 다르다고 말할 수 있는지 판단하시오.

Chapter 7

이표본에 대한 추론

개요

5장과 6장에서는 단일표본의 평균 또는 비율에 대한 신뢰구간을 정의하는 방법과 가설검정을 수행하는 방법을 살펴보았다. 본 장에서는 두 모집단을 고려하는 경우 표본들 사이의 평균, 비율, 분산의 차이에 주목하고자 한다. 예를 들어, 어떤 금속학자가 두 가지 용접형태에 대한 강도의 차이를 추정하는 데 관심이 있다고 가정한다. 그는 한 유형의 용접형태에 대해서는 총 6개의 표본 실험을 통해 극한강도의 평균 83.2 ksi 및 표준편차 5.2 ksi를 얻었고, 다른 유형에 대해서는 총 8개의 표본 실험을 통해 극한강도의 평균 71.3 ksi 및 표준편차 3.1 ksi를 얻었다. 극한강도의 차이에 대한 점추정값은 쉽게 계산할 수 있다. 표본평균의 차이는 $83.2-71.3=11.9$(단위는 ksi)로 나타난다. 그러나 신뢰구간을 결정하기 위해서는 표준오차와 이 점추정값에 대한 임계값(critical value)을 찾는 방법을 알아야 한다. 평균 극한강도가 다르다는 결론을 낼지 말지를 판단하는 가설검정을 수행하기 위해서는 검정통계량을 어떻게 만들어야 하는지를 알아야 한다. 본 장에서는 이와 같은 상황에서 신뢰구간을 정의하는 방법과 가설검정을 수행하는 방법을 제시해 보고자 한다.

7.1 두 모평균의 차이에 대한 대표본 추론

두 평균의 차이에 대한 신뢰구간

지금부터 두 모집단의 평균의 차이를 추정하기 위한 예제를 살펴보고자 한다. 자료는 각각의 모집단으로부터 추출된 두 개의 표본으로 구성되어 있다. 본 절에서 설명하는 방법은 4.3절에서 언급한 바 있는 두 개의 독립적인 정규확률변수의 차이에 대한 결과를 기반으로 하고 있다. 먼저 이 결과를 요약하여 정리하면 다음과 같다.

> X와 Y가 서로 독립이고 각각 $X \sim N(\mu_X, \sigma_X^2)$와 $Y \sim N(\mu_Y, \sigma_Y^2)$이라고 가정하면, 다음과 같다.
>
> $$X - Y \sim N(\mu_X - \mu_Y, \sigma_X^2 + \sigma_Y^2) \quad (7.1)$$

만약 $\overline{X}$가 크기 n_X인 대표본의 평균이고, $\overline{Y}$가 크기 n_Y인 대표본의 평균이라면, $\overline{X} \sim N(\mu_X, \sigma_X^2/n_X)$이고 $\overline{Y} \sim N(\mu_Y, \sigma_Y^2/n_Y)$이다. 만약 $\overline{X}$와 $\overline{Y}$가 독립이라면, $\overline{X}-\overline{Y}$는 평균 $\mu_X-\mu_Y$와 표준편차 $\sigma_{\overline{X}-\overline{Y}}=\sqrt{\sigma_X^2/n_X+\sigma_Y^2/n_Y}$인 정규분포를 따르게 된다. 그림 7.1은 $\overline{X}-\overline{Y}$의 분포 형태와 $\pm 1.96\sigma_{\overline{X}-\overline{Y}}$의 폭을 갖는 95% 신뢰구간을 보여주고 있다.

$\mu_X-\mu_Y$의 점추정값은 $\overline{X}-\overline{Y}$이고, 표준오차는 $\sqrt{\sigma_X^2/n_X+\sigma_Y^2/n_Y}$가 된다. 따라서 $\mu_X-\mu_Y$의 95% 신뢰구간은 다음과 같다.

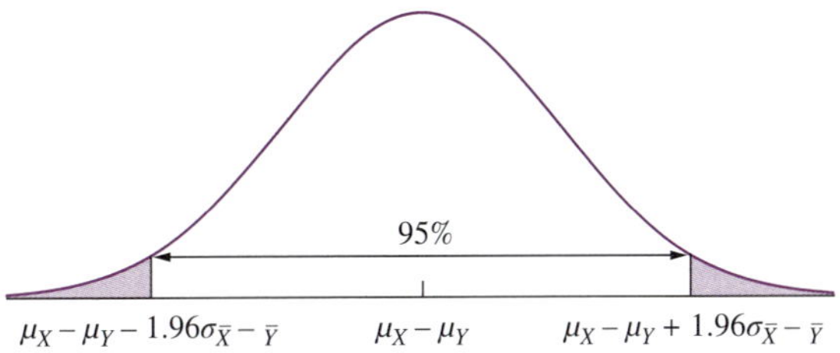

그림 7.1 $\bar{X}-\bar{Y}$는 평균 $\mu_X-\mu_Y$와 표준편차 $\sigma_{\bar{X}-\bar{Y}}=\sqrt{\sigma_X^2/n_X+\sigma_Y^2/n_Y}$를 갖는 정규분포를 따른다.

$$\bar{X}-\bar{Y}\pm 1.96\sqrt{\frac{\sigma_X^2}{n_X}+\frac{\sigma_Y^2}{n_Y}}$$

일반적으로 $\mu_X-\mu_Y$의 $100(1-\alpha)\%$ 신뢰구간은 위 식에서 1.96으로 표현된 임계값을 $z_{\alpha/2}$로 바꾸어 나타낸다.

요약

임의의 변량 $X_1, \cdots, X_{n_X}$를 평균 μ_X와 표준편차 σ_X를 갖는 모집단으로부터 추출한 크기 n_X의 대확률표본이라 하고, $Y_1, \cdots, Y_{n_Y}$를 평균 μ_Y와 표준편차 σ_Y를 갖는 모집단으로부터 추출한 크기 n_Y의 대확률표본이라 가정하자. 만약 두 표본이 독립이라면, $\mu_X-\mu_Y$에 대한 $100(1-\alpha)\%$ 신뢰구간은 다음과 같다.

$$\bar{X}-\bar{Y}\pm z_{\alpha/2}\sqrt{\frac{\sigma_X^2}{n_X}+\frac{\sigma_Y^2}{n_Y}} \tag{7.2}$$

위 식에서 σ_X와 σ_Y의 값을 모르는 경우에는 표본표준편차인 s_X와 s_Y로 대체하여 사용할 수 있다.

예제 7.1

흙의 화학적인 성분은 깊이에 따라 변한다. 논문 "Sampling Soil Water in Sandy Soils: Comparative Analysis of Some CommonMethods" (M. Ahmed, M. Sharma, et al., *Communications in Soil Science and Plant Analysis*, 2001:1677–1686)에서는 서부 호주의 한 농장에서 추출된 토양의 성분 분석에 대해 설명하고 있다. 먼저 깊이 50 cm와 250 cm에서 각각 50개의 시료를 추출하였다. 깊이 50 cm에서 NO_3의 평균 농도(mg/L)는 88.5이고, 표준편차는 49.4로 나타났다. 깊이 250 cm에서 NO_3의 평균 농도(mg/L)는 110.6이고, 표준편차는 51.5로 나타났다. 서로 다른 두 개의 깊이에서 추출된 시료의 NO_3 농도 차에 대한 95%의 신뢰구간을 구하시오.

풀이

깊이 50 cm에서 추출한 시료 50개의 농도를 $X_1, \cdots, X_{50}$이라 하고, 깊이 250 cm에서 추출한 시료 50개의 농도를 $Y_1, \cdots, Y_{50}$이라 하자. $\bar{X}=88.5$, $\bar{Y}=110.6$, $s_X=49.4$, $s_Y=51.5$이다. 표본의 크기는 $n_X=n_Y=50$이다. 두 표본은 크기가 크므로 식 (7.2)를 사용할 수 있다. 이 문제에서는 95%의 신뢰구간을 구하는 것이므로 $z_{\alpha/2}=1.96$이다. 평균의 차이 $\mu_X-\mu_Y$에 대한 95% 신뢰구간은 $110.6-88.5\pm 1.96\sqrt{49.4^2/50+51.5^2/50}$ 또는 22.1 ± 19.8이 된다.

두 평균의 차이에 대한 가설검정

가끔 대표본들의 평균의 차이가 어떤 특정한 값과 같은지를 결정해야 할 필요가 있다. 이런 경우 $\mu_X - \mu_Y$의 차에 대한 가설검정을 수행한다. 검정은 $\overline{X} - \overline{Y}$에 근거하며, 귀무가설은 $\mu_X - \mu_Y$가 어떤 특정 값을 갖는다는 것이 된다. 이 값을 Δ_0라고 하자. 즉, $\overline{X} - \overline{Y}$의 귀무분포는 식 (7.3)이며, 검정통계량은 식 (7.4)와 같이 나타낼 수 있다.

$$\overline{X} - \overline{Y} \sim N\left(\Delta_0, \frac{\sigma_X^2}{n_X} + \frac{\sigma_Y^2}{n_Y}\right) \tag{7.3}$$

$$z = \frac{\overline{X} - \overline{Y} - \Delta_0}{\sqrt{\sigma_X^2/n_X + \sigma_Y^2/n_Y}} \tag{7.4}$$

만약 σ_X와 σ_Y의 값을 모른다면, 각각 s_X과 s_Y로 대체할 수 있다. P-값은 단측검정이냐 양측검정이냐에 따라 정규분포 곡선의 한쪽 또는 양쪽 꼬리 부분의 면적으로 계산된다.

예제 7.2

"Effect ofWelding Procedure on Flux Cored SteelWire Deposits" (N. Ramini de Rissone, I. de S. Bott, et al., *Science and Technology of Welding and Joining*, 2003:113–122)에서는 실드가스로 이산화탄소를 이용한 용접과 아르곤, 이산화탄소의 혼합물을 이용한 용접의 특성들을 비교하였다. 조사된 한 가지 특성이 용접부에 함유된 입자들의 직경이다. 실드가스로 아르곤을 이용한 용접부에 함유된 544개 입자 표본들의 직경은 평균이 0.37 μm이고, 표준편차가 0.25 μm인 것으로 나타났다. 실드가스로 이산화탄소를 이용한 용접부에 함유된 581개 입자 표본들의 직경은 평균이 0.40 μm이고, 표준편차가 0.26 μm인 것으로 나타났다(각 표본들에 대한 표준편차는 주어진 그래프로부터 추정되었다). 그렇다면 용접부에 함유된 입자들의 평균 직경이 두 종류의 실드가스에 따라 다르게 나타난다고 결론지을 수 있는지 판단하시오.

풀이

$\overline{X} = 0.37$을 아르곤 용접부에 대한 표본의 평균 직경이라 하면, $s_X = 0.25$이고 표본의 크기는 $n_X = 544$이다. $\overline{Y} = 0.40$은 이산화탄소 용접부에 대한 표본의 평균 직경이라 하면, $s_Y = 0.26$이고 표본의 크기는 $n_Y = 581$이다. 또한 μ_X는 아르곤 용접부에 대한 모집단의 평균 직경 μ_X는 이산화탄소 용접부에 대한 모집단의 평균 직경이라고 하자. 귀무가설과 대립가설을 다음과 같이 나타낼 수 있으며, 검정통계량의 값은 다음과 같다.

$$H_0: \mu_X - \mu_Y = 0 \quad \text{versus} \quad H_1: \mu_X - \mu_Y \neq 0$$

$$z = \frac{0.37 - 0.40 - 0}{\sqrt{0.25^2/544 + 0.26^2/581}} = -1.97$$

이 문제는 양측검정에 해당하므로 P-값은 0.0488이다(그림 7.2 참고). 따라서 유의수준 5%에 대해서 귀무가설은 기각된다. 즉, 귀무가설에 대해 회의적인 입장을 취하는 것은 분명 타당한 측면이 있다.

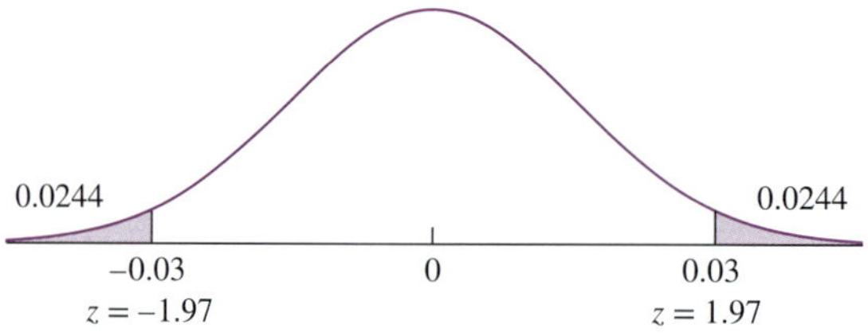

그림 7.2 예제 7.2에 대한 풀이

다음 컴퓨터 계산 결과(Excel)는 예제 7.2에 대한 계산 결과를 나타낸다.

	아르곤	이산화탄소
평균	0.37	0.4
분산	0.0625	0.0676
표준편차	0.25	0.26
관측수	544	581
가설 평균차	0	
자유도	1122	
t 통계량	1.97	
P(T<=t) 양측 검정	0.0488	

여기서 컴퓨터 프로그램에서는 z 통계량 대신 t 통계량을 사용하였다는 점에 주목할 필요가 있다. 대부분의 컴퓨터 프로그램에서는 표본표준편차를 가지고 모집단의 표준편차를 추정하는 경우 t 통계량을 사용한다.

표본의 크기가 큰 경우 실제 문제를 적용할 때, t와 z 통계량 간의 차이는 무시할 만하다. 컴퓨터 대신 표를 이용하는 경우 z 점수가 더욱 유용하게 사용될 수 있는데, 이는 z 분포표를 이용한 P-값의 결정이 t 분포표를 이용하는 경우보다 더 높은 정확도를 갖게 되기 때문이다.

예제 7.3은 두 모집단의 평균이 특정 상수값만큼 차이가 난다고 규정하는 귀무가설을 포함하는 상황을 보여준다.

예제 7.3

예제 7.2를 참고하여 이산화탄소 용접부에 함유된 입자의 평균 직경(μ_Y)이 아르곤 용접부의 평균 직경(μ_X)보다 0.015 μm 이상 크다고 결론지을 수 있는지 판단하시오.

풀이

귀무가설과 대립가설은 다음과 같다.

$$H_0: \mu_X - \mu_Y \geq -0.015 \quad \text{versus} \quad H_1: \mu_X - \mu_Y < -0.015$$

우리는 이미 $\overline{X}=0.37$, $\overline{Y}=0.40$, $s_X=0.25$, $s_Y=0.26$, $n_X=544$, $n_Y=581$임을 알고 있다. 귀무가설하에서 $\mu_X-\mu_Y=-0.015$가 된다. $\overline{X}-\overline{Y}$의 귀무분포는 식 (7.3)에 따라 다음과 같다.

$$\overline{X} - \overline{Y} \sim N(-0.015,\ 0.01521^2)$$

$\overline{X}-\overline{Y}=0.37-0.40=-0.03$이므로 z점수는 다음과 같다.

$$z = \frac{-0.03-(-0.015)}{0.01521} = -0.99$$

이 문제는 단측검정에 해당하므로 P-값은 0.1611로 결정된다. 따라서 이산화탄소 용접부에 함유된 입자들의 평균 직경이 아르곤 용접부에 대한 평균 직경보다 0.015 μm 이상 크다고 단정할 수 없다.

요약

$X_1, \cdots, X_{n_X}$와 $Y_1, \cdots, Y_{n_Y}$는 평균 μ_X와 μ_Y, 표준편차 σ_X와 σ_Y를 만족시키는 모집단으로부터 추출된 대표본(예를 들어, $\mu_X>30$와 $\mu_Y>30$)이라 하자. 또한 각각의 표본들은 서로 독립적으로 선택되었다고 가정하자. $H_0: \mu_X-\mu_Y \leq \Delta_0$, $H_0: \mu_X-\mu_Y \geq \Delta_0$, $H_0: \mu_X-\mu_Y=\Delta_0$와 같은 형태를 지닌 귀무가설을 검정하기 위해서는 다음과 같은 과정이 수반되어야 한다.

- $z = \frac{(\overline{X} - \overline{Y}) - \Delta_0}{\sqrt{\sigma_X^2/n_X + \sigma_Y^2/n_Y}}$로 정의되는 z점수를 계산하라. 만약 σ_X와 σ_Y가 주어지지 않은 경우, 근사적으로 s_X와 s_Y를 이 값들 대신 사용할 수 있다.
- P-값을 계산하라. P-값은 정규분포곡선 아래의 면적으로 계산되지만, 어떤 면적인지는 대립가설에 따라 달라진다. 그 특성은 다음과 같다.

대립가설	P-값
$H_1 : \mu_X - \mu_Y > \Delta_0$	z값의 오른쪽 영역 넓이
$H_1 : \mu_X - \mu_Y < \Delta_0$	z값의 왼쪽 영역 넓이
$H_1 : \mu_X - \mu_Y \neq \Delta_0$	z와 $-z$값의 바깥쪽 꼬리 영역의 합

7.1 연습문제

1. "Automatic Filtering of Outliers in RR Intervals Before Analysis of Heart Rate Variability in Holter Recordings: a Comparison with Carefully Edited Data" (M. Karlsson, et al., *Biomedical Engineering Online*, 2012)에서는 25~49세인 환자 40명과 50~75세인 환자 43명을 대상으로 0.003 ~ 0.4Hz의 주파수 범위에서 로그 척도로 심박동수의 변동성에 대한 총 전력의 측정 결과를 전하고 있다. 25~49세 환자의 평균은 3.64이고, 표준편차가 0.23이다. 50~75세 환자의 평균은 3.40이고, 표준편차는 0.28이다. 두 그룹 간의 평균 검정력 차이에 대한 95%의 신뢰구간을 구하시오.

2. "Effects of Diets with Whole Plant-Origin Proteins Added with Different Ratios of Taurine: Methionine on the Growth, Macrophage Activity and Antioxidant Capacity of Rainbow Trout (Oncorhynchus mykiss) Fingerlings" (O. Hernandez, L. Hernandez, et al., *Veterinary and Animal Science*, 2017:4–9)에서는 70일 동안 아미노산 타우린과 메티오닌을 같은 양으로 보강한 식단을 먹은 210마리의 어린 무지개송어는 표준편차 25, 평균 313%의 체중 증가율을 보인 반면, 대조 식단을 먹인 210마리의 송어는 표준편차 19, 평균 233%의 체중 증가율을 보였다. 단위는 %이다. 두 식단의 체중 증가 차이에 대한 99%의 신뢰구간을 찾으시오.

3. 두 종류의 합금에 대한 녹는점을 비교해 보고자 한다. 합금 1에 대한 35개의 표본을 녹여본 결과, 녹는점의 평균은 517.0°F이고, 표준편차는 2.4°F로 나타났다. 또한 합금 2에 대한 47개의 표본을 녹여본 결과, 녹는점의 평균은 510.1°F이고, 표준편차는 2.1°F로 나타났다. 두 종류의 합금에 나타난 녹는점 차이에 대한 99% 신뢰구간을 구하시오.

4. "The Prevalence of Daytime Napping and Its Relationship to Nighttime Sleep" (J. Pilcher, K. Michalkowski, and R. Carrigan), *Behavioral Medicine*, 2001:71–76)에서는 성인을 대상으로 수면습관을 조사했다. 87명의 젊은 성인을 대상으로 조사한 결과, 하루에 침대에서 보내는 시간(깨어있는 시간 또는 수면시간)의 평균은 7.7시간이고, 표준편차는 1.02시간이었다. 또한 침대에서 보내는 시간 중에 잠들어 있는 시간의 평균은 7.06시간이고, 표준편차는 1.11시간이었다. 침대에서 보내는 시간 중에 깨어 있는 평균시간은 7.70−7.06=0.64시간으로 추정되었다. 침대에서 보낸 시간 중에 깨어 있는 평균시간에 대한 95% 신뢰구간을 계산할 수 있는가? 만약 그렇다면 신뢰구간을 구하고, 만약 그렇지 않다면 그 이유를 설명하시오.

5. 피부에 바르는 항진균성 연고와 같은 약물의 효과를 확인하기 위해서는 실험에서 반드시 환자의 피부 속 약물의 농도를 측정해야 한다. "Determining Bioequivalence of Topical Dermatological Drug Products by Tape-Stripping" (W. Navidi, A. Hutchinson, et al., *Journal of Pharmacokinetics and Pharmacodynamics*, 2008:213–220)에서는 피부 속 모든 약물이 회수되도록 설계된 개선된 측정 방법에 대해 설명한다. 기존 방법을 사용한 실험에서 49명의 환자 표본에서 회수된 약물의 평균량은 105 ng, 표준편차가 20 ng이었고, 새로운 방법을 사용한 실험에서 35명의 환자 표본에서 회수된 약물의 평균량은 117 ng, 표준편차는 15 ng이라고 가정한다. 두 방법에 대해 회수된 약물의 평균량의 차이에 대해 98% 신뢰구간을 구하시오.

6. "Capillary Leak Syndrome in Children with C4A-Deficiency Undergoing Cardiac Surgery with Cardiopulmonary Bypass: A Double-Blind, Randomised Controlled Study" (S. Zhang, S. Wang, et al., *Lancet*, 2005:556−562)에서는 성분 C4A를 포함하는 혈장을 소아개심술 환자에게 주입하는 것의 유효성에 대한 연구결과를 제시한다. C4A가 풍부한 혈장을 주입한 58명의 환자들에 대한 결과를 살펴보면, 병원에서 치료받은 기간의 평균은 8.5일, 표준편차는 1.9일로 나타났다. 또한 C4A가 없는 혈장을 주입한 58명의 환자들에 대한 결과를 살펴보면, 병원에서 치료받은 기간의 평균은 11.9일, 표준편차는 3.6일로 나타났다.

a. C4A가 없는 혈장을 주입받은 환자들과 비교하여 C4A가 풍부한 혈장을 주입받은 환자들이 병원에서 치료받은 평균적인 기간의 감소에 대한 99% 신뢰구간을 구하시오.

b. C4A가 풍부한 혈장을 주입받은 환자들의 평균 입원 기간이 더 짧다고 결론지을 수 있는지 판단하시오.

7. 스테인리스 스틸을 보관하기 위해 비싼 부식 억제제와 상대적으로 저렴한 부식 억제제를 후보로 논의하고 있다. 두 종류의 부식 억제제를 비교하기 위해, 스테인리스 스틸 표본을 황산과 부식 억제제의 혼합용액에 4시간 동안 넣어두었다. 저렴한 부식 억제제에 넣은 38개 표본은 평균 242 mg 감소하였으며, 표준편차는 20이었다. 비싼 부식 억제제에 넣은 42개 표본은 평균 180 mg 감소하였으며, 표준편차는 31이었다. 저렴한 부식 억제제의 감소한 평균 무게가 50 mg보다 크다면 비싼 부식 억제제를 사용한다. 적절한 가설검정을 수행하고, 어떤 부식 억제제를 사용할지 결정하시오.

8. 당신은 오프라인 시험을 보는 것과 온라인 시험을 보는 것 중 어느 것을 선호하는가? 한 대학강사가 50명의 학생으로 구성된 임의표본 두 그룹에 동일한 시험를 시행했다. 한 그룹은 종이로 시험을 봤고, 다른 그룹은 온라인으로 시험을 봤다. 종이로 시험을 본 학생들은 평균이 68.4점, 표준편차가 12.1점이었고, 온라인으로 시험을 치른 학생들은 평균 71.8점, 표준편차가 14.2점이었다. 온라인 시험과 종이 시험의 평균 점수가 다르다고 결론지을 수 있는가?

9. 160명의 학생을 가르치는 한 통계강사는 학생들이 단측검정과 양측검정 중 어떤 것을 더욱 어려워하는지를 조사하고자 한다. 랜덤으로 선택한 80명의 학생에게 10점짜리 단측검정 문제를 주었으며, 다른 80명의 학생에게는 10점짜리 양측검정 문제를 주었다. 단측검정을 푼 학생들의 평균 점수는 7.79점이고, 표준편차는 1.06이었으며, 양측검정을 푼 학생들의 평균점수는 7.64점이고, 표준편차는 1.31이었다.

a. 단측검정 시험의 평균점수 μ_1이 양측검정 시험의 평균 점수 μ_2보다 높다고 할 수 있는가? 적절한 귀무가설 및 대립가설을 세우고 *P*-값을 구하시오.

b. 단측검정 시험의 평균점수 μ_1와 양측검정 시험의 평균 점수 μ_2가 다르다고 할 수 있는가? 적절한 귀무가설 및 대립가설을 세우고 *P*-값을 구하시오.

10. 페인트 제조 공정에서 생산량을 증가시키기 위한 두 가지의 방법을 고려하고 있다. 랜덤으로 추출한 100일 표본 중 첫 번째 방법을 사용한 날의 일 평균 페인트 생산량은 625톤이었으며, 표준편차는 40톤이었다. 무작위 추출한 64일 표본 중 두 번째 방법을 사용한 날의 일 평균 페인트 생산량은 645톤이고, 표준편차는 50톤이었다. 각 표본은 독립이라고 가정한다.

a. 두 번째 방법을 사용한 날의 일 페인트 생산량이 더 크다고 할 수 있는가?

b. 두 번째 방법을 사용한 날의 일 페인트 생산량이 첫 번째 방법을 사용한 날보다 5톤 이상 많다고 할 수 있는가?

11. 다음 컴퓨터 계산 결과(Excel)는 두 모평균의 차 $\mu_X-\mu_Y$에 대한 가설검정 결과이다. 빈칸을 채우시오.

	X	Y
평균	23.3	20.63
표준편차	(i)	3.02
관측수	78	63
평균의 표준오차	1.26	(ii)
자유도	90	
차이에 대한 95% 신뢰구간	0.05472, 5.2853	
t 통계량	2.03	
P 값	0.045	

a. (i)과 (ii)를 채우시오.

b. 본 결과는 *t* 검정(Student's *t* test)을 나타내고 있다. *z* 검정을 사용하여 *P*-값을 계산하고, 두 검정 결과를 비교하시오.

c. 본 결과와 적절한 표를 사용하여, *z* 통계량을 근거로 $\mu_X-\mu_Y$에 대한 98% 신뢰구간을 구하시오.

7.2 두 비율의 차이에 대한 추론

두 비율의 차이에 대한 신뢰구간

7.1절에서는 두 모평균의 차이에 대한 신뢰구간을 결정하는 방법을 제시하였다. 이번 절에서는 이와 유사하게 두 모비율의 차이에 대한 신뢰구간을 정의하는 방법을 소개한다.

성공확률이 p_X인 시행을 n_X번 반복한 경우의 성공횟수를 X라 하자. 아울러 성공확률이 p_Y인 시행을 n_Y번 반복한 경우의 성공횟수를 Y라 하자. 표본비율은 각각 $\hat{p}_X = X/n_X$와 $\hat{p}_Y = Y/n_Y$로 나타낸다. 만약 시행횟수 n_X와 n_Y가 충분히 크다면, 성공횟수 X와 Y는 모두 정규분포를 따르게 된다. 따라서 표본비율 $\hat{p}_X$와 $\hat{p}_Y$의 차이인 $\hat{p}_X - \hat{p}_Y$도 근사적으로 정규분포를 따르게 된다. 특히 X와 Y가 서로 독립이면, 표본비율의 차인 $\hat{p}_X - \hat{p}_Y$는 다음과 같은 정규분포를 따르게 된다.

$$\hat{p}_X - \hat{p}_Y \sim N\left(p_X - p_Y,\ \frac{p_X(1-p_X)}{n_X} + \frac{p_Y(1-p_Y)}{n_Y}\right)$$

표본비율의 차인 $\hat{p}_X - \hat{p}_Y$의 표준오차는 $\sqrt{p_X(1-p_X)/n_X + p_Y(1-p_Y)/n_Y}$가 된다. 그러나 이 값은 미지수 p_X와 p_Y를 포함하므로 신뢰구간을 산정하는 데 사용할 수 없다. 이에 대한 기존의 접근방법은 p_X와 p_Y를 각각 $\hat{p}_X$와 $\hat{p}_Y$로 대체하여 $\sqrt{\hat{p}_X(1-\hat{p}_X)/n_X + \hat{p}_Y(1-\hat{p}_Y)/n_Y}$를 구하는 것이다. 표본비율의 차인 $\hat{p}_X - \hat{p}_Y$의 점추정값은 정규분포를 따르므로 $100(1-\alpha)\%$의 신뢰구간을 얻기 위한 임계값은 $z_{\alpha/2}$가 된다.

그러나 최근의 연구는 이러한 점추정값과 표준오차를 약간 수정하여 신뢰구간의 정확도가 보다 향상될 수 있음을 보여준다. 단순히 성공횟수 X와 Y에 각각 1을 더하고, 시행횟수 n_X와 n_Y에 각각 2를 더해 다음과 같이 정의할 수 있다.

$$\tilde{n}_X = n_X + 2,\ \tilde{n}_Y = n_Y + 2,\ \tilde{p}_X = (X+1)/\tilde{n}_X,\ \text{그리고}\ \ \tilde{p}_Y = (Y+1)/\tilde{n}_Y$$

이때, $p_X - p_Y$의 차이에 대한 수준 $100(1-\alpha)\%$의 신뢰구간은 다음과 같다.

$$\tilde{p}_X - \tilde{p}_Y \pm z_{\alpha/2}\sqrt{\tilde{p}_X(1-\tilde{p}_X)/\tilde{n}_X + \tilde{p}_Y(1-\tilde{p}_Y)/\tilde{n}_Y}$$

이러한 방법은 거의 모든 표본크기에 대해 상당히 좋은 결과를 주는 것으로 알려져 있다.

요약

X를 성공확률 p_X인 n_X번의 독립적인 베르누이 시행에서의 성공횟수라 하고, Y를 성공확률 p_Y인 n_Y번의 독립적인 베르누이 시행에서의 성공횟수라 하면, $X \sim \text{Bin}(n_X,\ p_X)$이고, $Y \sim \text{Bin}(n_Y,\ p_Y)$이다. $\tilde{n}_X$, $\tilde{p}_X$, $\tilde{n}_Y$, $\tilde{p}_Y$를 각각 $\tilde{n}_X = n_X + 2$, $\tilde{n}_Y = n_Y + 2$, $\tilde{p}_X = (X+1)/\tilde{n}_X$, and $\tilde{p}_Y = (X+1)/\tilde{n}_Y$라 정의하자.

이때, $p_X - p_Y$의 차이에 대한 수준 $100(1-\alpha)\%$의 신뢰구간은 다음과 같다.

$$\tilde{p}_X - \tilde{p}_Y \pm z_{\alpha/2}\sqrt{\frac{\tilde{p}_X(1-\tilde{p}_X)}{\tilde{n}_X} + \frac{\tilde{p}_Y(1-\tilde{p}_Y)}{\tilde{n}_Y}} \tag{7.5}$$

만약 신뢰구간의 하한값이 -1보다 작으면, 이를 -1로 대체하고, 신뢰구간의 상한값이 1보다 크면 이를 1로 대체한다.

여기에 설명한 두 표본에 대한 신뢰구간의 조정은 5.3절에서 제시된 단일표본에 대한 신뢰구간의 조정과 유사하다. 두 경우 모두 두 번의 성공횟수와 네 번의 시행횟수가 더해진다. 두 표본의 경우에서 한 번의 성공과 두 번의 시행횟수가 각각의 표본에 나누어져 더해지게 된다. 그러나 단일표본의 경우 두 번의 성공과 네 번의 시행횟수가 한 개의 표본에 동시에 더해지게 된다. 식 (7.5)와 같이 나타난 신뢰구간은 이를 제안한 Alan Agresti와 Brian Caffo의 이름을 따서 *Agresti–Caffo* 구간으로 불린다. 이러한 신뢰구간에 대해 더 자세히 알고자 하는 경우에는 논문 "Simple and Effective Confidence Intervals for Proportions and Differences of Proportions Result from Adding Two Successes and Two Failures" (A. Agresti and B. Caffo, *The American Statistician*, 2000: 280–288)을 참고하기 바란다.

예제 7.4

"Recent Findings on the Prevalence of E-Cigarette Use Among Adults in the United States" (F. Wilson and Y. Wang, *American Journal of Preventive Medicine*, 2017:385–390)에서는 18~64세 성인들을 대상으로 전자담배를 사용한 적이 있는지 조사하였다. 16,611명의 남성 표본에서는 2,350명이 전자담배를 사용했었다고 밝혔고, 17,745명의 여성 표본에서는 1,929명이 사용했다고 말했다. 전자담배를 사용한 남성과 여성의 비율에 대한 95%의 신뢰구간을 구하시오.

풀이

남성 표본에 대한 성공횟수는 $X = 2350$이고, 여성 표본에 대한 성공횟수는 $Y = 1929$이다. 시행횟수 n_X와 n_Y는 각각 16611과 17745이다. 그러므로 $\tilde{n}_X = 16613$이고, $\tilde{n}_Y = 17747$이다. $\tilde{p}_X = (2350+1)/16613 = 0.14152$이고, $\tilde{p}_Y = (1929+1)/17747 = 0.10875$로 계산된다. 따라서 $z_{\alpha/2}$의 값은 1.96이므로, 95% 신뢰구간은 $0.14152 - 0.10875 \pm 1.96\sqrt{(0.14152)(0.85848)/16{,}613 + (0.10875)(0.89125)/17{,}747}$ 또는 0.0328 ± 0.0070이다.

전통적인 방법

많은 사람들은 비율의 차이에 대한 신뢰구간을 계산할 때 전통적인 방법을 사용한다. 이 방법에서는 표본비율 $\hat{p}_X$와 $\hat{p}_Y$, 실제 표본의 크기인 n_X와 n_Y를 이용한다. 표본이 큰 경우에 있어 전통적인 방법은 앞서 설명한 현대적인 방법과 유사한 결과를 주는 것이 사실이다. 그러나 표본의 크기가 작은 경우, 전통적인 방법의 신뢰구간은 그에 대한 수렴확률을 주는 데 실패하게 된다. 즉, 전통적인 방법으로부터 계산된 $100(1-\alpha)$%의 신뢰구간은 실제로는 $100(1-\alpha)$%보다 작은 범위에 드는 참값만을 포함하게 되는 것이다.

요약

비율차이에 대한 신뢰구간을 계산하는 전통적인 방법(널리 사용되지만 권장하지는 않음)

성공확률이 p_X인 대수 n_X번의 독립적인 베르누이 시행에서의 성공비율을 $\hat{p}_X$라 하고, 성공확률이 p_Y인 대수 n_Y번의 독립적인 베르누이 시행에서의 성공비율을 $\hat{p}_Y$라 하자. 그러면

$p_X - p_Y$에 대한 수준 $100(1-\alpha)\%$의 전통적인 신뢰구간은 다음과 같다.

$$\hat{p}_X - \hat{p}_Y \pm z_{\alpha/2}\sqrt{\frac{\hat{p}_X(1-\hat{p}_X)}{n_X} + \frac{\hat{p}_Y(1-\hat{p}_Y)}{n_Y}} \tag{7.6}$$

이 방법은 두 표본이 모두 최소 10번의 성공횟수와 최소 10번의 실패횟수를 갖지 않는다면 결코 사용되어서는 안 된다.

두 비율의 차이에 대한 가설검정

표본의 크기가 충분히 커서 표본비율 $\hat{p}_X$와 $\hat{p}_Y$가 근사적으로 정규분포를 따를 때, 두 비율의 차이인 $p_X - p_Y$에 대한 가설검정을 수행할 수 있다. 경험적으로 볼 때 각각의 표본이 최소 10번의 성공횟수와 최소 10번의 실패횟수를 갖는다면, 이 표본은 충분히 크다고 간주할 수 있다.

가설검정을 수행할 때는 신뢰구간을 계산할 때와는 달리 X, Y, n_X, n_Y의 값들을 조정하여 사용하지 않는다. 표본비율은 각각 $\hat{p}_X = X/n_X$와 $\hat{p}_Y = X/n_Y$가 된다. 검정은 통계값 $\hat{p}_X - \hat{p}_Y$에 대해 수행된다. 따라서 통계값들에 대한 귀무분포를 결정해야 한다. 시행횟수 n_X와 n_Y가 충분히 크므로,

$$\hat{p}_X - \hat{p}_Y \sim N\left(p_X - p_Y,\ \frac{p_X(1-p_X)}{n_X} + \frac{p_Y(1-p_Y)}{n_Y}\right) \tag{7.7}$$

귀무분포를 얻기 위해 평균 $p_X - p_Y$와 분산 $p_X(1-p_X)/n_X + p_Y(1-p_Y)/p_Y$를 대체해야 한다. 평균은 쉽게 대체할 수 있다. 우리가 살펴볼 문제들에서 귀무가설은 $p_X - p_Y = 0$가 될 것이다. 분산은 평균에 비해 다소 까다롭다. 언뜻 보기에 모비율 p_X와 p_Y를 표본비율 $\hat{p}_X$와 $\hat{p}_Y$로 대체함으로써 표준편차를 근사화하는 것이 그럴듯해 보일 수 있다. 그러나 귀무가설 H_0은 모집단 비율이 동일하다고 명시한다. 따라서 두 값은 같은 값이어야 한다. 적절한 값은 합동비율이라고 정의되는 값으로 이는 두 표본의 성공횟수의 합을 두 표본크기의 합으로 나눔으로써 구할 수 있다. 즉,

$$\hat{p} = \frac{X+Y}{n_X + n_Y}$$

이다. 따라서 $\hat{p}_X - \hat{p}_Y$에 대한 귀무분포는 p_X와 p_Y를 식 (7.7)에 표현된 합동비율 $\hat{p}$로 대체함으로써 추정할 수 있다.

$$\hat{p}_X - \hat{p}_Y \sim N\left(0,\ \hat{p}(1-\hat{p})\left(\frac{1}{n_X} + \frac{1}{n_Y}\right)\right) \tag{7.8}$$

검정통계량은 다음과 같다.

$$z = \frac{\hat{p}_X - \hat{p}_Y}{\hat{p}(1-\hat{p})(1/n_X + 1/n_Y)} \tag{7.9}$$

예제 7.5

"Prognosis of Patients with Secondary Mitral Regurgitation and Reduced Ejection Fraction" (S.Mowakeaa, A. Dwivedi, et al., *Open Heart*, 2018, online)에서는 승모판 역류(mitral regurgitation, MR)가 있는 심장병 환자들의 상태에 대한 연구를 제시하고 있다. 승모판 역류가 있는 192명의 표본에서 161명이 고혈압을 앓고 있는 반면, 승모판 역류가 없는 179명의 표본에서는 142명이 고혈압을 앓고 있었다. 승모판 역류 환자가 고혈압을 앓는 비율이 더 높다는 결론을 내릴 수 있는지 판단하시오.

풀이

승모판 역류 환자 중 고혈압을 앓는 환자의 표본비율을 $\hat{p}_X = 161/192 = 0.8385$라 하고, 승모판 역류가 없는 고혈압 환자의 표본비율을 $\hat{p}_Y = 142/179 = 0.7933$이라 하자. 표본의 크기는 각각 $p_X = 192$, $p_Y = 179$이다. 또한 p_X와 p_Y는 각각 승모판 역류가 있는 경우와 없는 경우의 모비율을 의미한다. 귀무가설 및 대립가설은 다음과 같다.

$$H_0 : p_X - p_Y \leq 0 \quad \text{versus} \quad H_1 : p_X - p_Y > 0$$

본 검정은 $p_X - p_Y$를 기반으로 하며, 두 표본이 모두 크기 때문에 $p_X - p_Y$의 귀무분포는 식 (7.8)에 제시하였다. 합동비율은 다음과 같다.

$$\hat{p} = \frac{161 + 142}{192 + 179} = 0.8167$$

귀무분포는 평균이 0이고, 아래에 제시된 표준편차를 갖는 정규분포를 따른다.

$$\sqrt{0.8167(1 - 0.8167)(1/192 + 1/179)} \; = \; 0.0402$$

관측치 $\hat{p}_X - \hat{p}_Y$는 $0.838542 - 0.793296 = 0.045246$이다. 따라서 z점수는 다음과 같다.

$$z = \frac{0.045246 - 0}{0.0402} = 1.13$$

P-값은 0.1292가 된다(그림 7.3 참고). 따라서 승모판 역류 환자가 고혈압을 앓는 비율이 더 높다고 결론지을 수 없다.

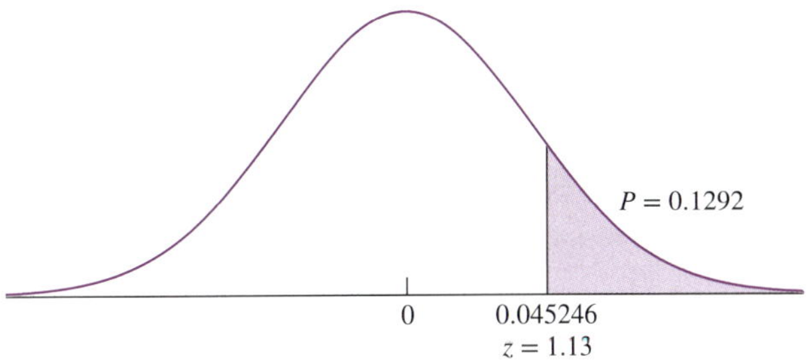

그림 7.3 예제 7.5에 대한 풀이

다음 컴퓨터 계산 결과(Excel)는 예제 7.5의 결과를 보여준다.

	승모판 역류	승모판 역류(x)
X	161	142
N	192	179
표본비율	0.838542	0.793296
$\hat{p}_X - \hat{p}_Y$	0.045246	
z 통계량	1.13	
P(Z<=z) 단측 검정	0.1292	

요약

$X \sim \text{Bin}(n_X,\ p_X)$와 $Y \sim \text{Bin}(n_Y,\ p_Y)$라고 하자. 또한 각각의 표본들은 최소 10번의 성공횟수와 최소 10번의 실패횟수를 가지며 X와 Y가 서로 독립이라고 가정한다. $H_0: p_X - p_Y \le 0$, $H_0: p_X - p_Y \ge 0$, $H_0: p_X - p_Y = 0$와 같은 형태의 귀무가설을 검정하기 위해서는 다음과 같은 과정이 수행되어야 한다.

- $\hat{p}_X = \dfrac{X}{n_X},\ \hat{p}_Y = \dfrac{Y}{n_Y},\ \hat{p} = \dfrac{X+Y}{n_X+n_Y}$를 계산한다.
- z점수를 계산한다: $z = \dfrac{\hat{p}_X - \hat{p}_Y}{\sqrt{\hat{p}(1-\hat{p})(1/n_X + 1/n_Y)}}$
- P-값을 계산한다. P-값은 정규분포곡선 아래의 면적으로 계산되지만, 어떤 면적인지는 대립가설에 따라 달라진다.

대립가설	P-값
$H_1: p_X - p_Y > 0$	z값의 오른쪽 영역 넓이
$H_1: p_X - p_Y < 0$	z값의 왼쪽 영역 넓이
$H_1: p_X - p_Y \ne 0$	z와 $-z$값의 바깥쪽 꼬리 영역의 합

7.2 연습문제

1. "Genetically Based Tolerance to Endosulfan, Chromium (VI) and Fluoranthene in the Grass Shrimp *Palaemonetes pugio*" (R. Harper-Arabie, Ph.D. thesis, Colorado School of Mines, 2002)는 다음과 같이 보고했다. 사우스캐롤라이나주, 찰스턴시의 디젤 개울(Diesel Creek)에서는 새우들이 총 1,985개의 알을 낳아 그중 1,919개의 알이 부화했으며, 찰스턴시의 조선소 크리드(Shipyard Creed) 장소에서는 총 4,988개 중 4,561개의 알이 부화했다. 두 장소에서 알이 부화한 비율 차에 대한 99% 신뢰구간을 구하시오.

2. 한 통신 판매 회사는 새로운 강력 포장 재료를 사용할 때 얻을 수 있는 잠재이익을 조사하고 있다. 그들은 1,000개의 주문을 새로운 포장으로 배송하였으며, 다른 1,000개의 주문을 기존의 가벼운 포장으로 배송하였다. 기존의 포장으로 배송한 주문 중 32개가 배송 중에 손상된 반면, 새로운 포장으로 배송한 주문 중에서는 15개만이 손상되었다. 두 포장으로 배송한 주문의 손상 비율 차에 대한 95% 신뢰구간을 구하시오.

3. 모바일 컴퓨터 네트워크는 지역을 이동하면서 서로 통신하는 여러 컴퓨터(노드라고 함)로 구성되어 있다. 그중에서 다른 노드의 전송 범위를 벗어나 통신할 수 없는 노드는 분할된다고 한다. Colorado School of mine에서 수행된 연구에서 S. Kurkowski는 균일분포에서 무작위로 목적지가 선택된 185개의 노드에 대한 네트워크에서 19개의 노드가 분할되었음을 발견했다. J. Norman은 대학 캠퍼스에서의 이동을 모방한 164개의 노드 네트워크에서 30개의 노드가 분할되었음을 발견했다. 두 네트워크에서 분할된 노드 비율의 차이에 대한 99% 신뢰구간을 구하시오.

4. "Leachate from Land Disposal Residential Construction Waste" (W. Weber, Y. Jang et al., *Journal of Environmental Engineering*, 2002:237–245)에서는 총 42개 침출수 표본을 추출하여 몇몇 오염물질의 존재 여부를 조사한 실험에 대해 보고했다. 42개의 표본 중 26개에서 납이 검출되었으며, 32개에서 크롬이 검출되었다. 본 절에서 제시된 방법을 이용하여 표본에서 납이 검출될 확률과 크롬이 검출될 확률 간의 차에 대한 95% 신뢰구간을 구하는 것이 가능한가? 가능하다면 신뢰구간을 구하고, 그렇지 않다면 그 이유를 설명하시오.

5. 혈관 성형술은 막힌 현관을 넓히는 의료 시술이다. 경우에 따

라서는 스텐트라고 하는 와이어 메시 튜브를 혈관에 배치하여 혈관을 열린 상태로 유지하기도 한다. "Long-term Outcomes of Patients Receiving Drug-eluting Stents" (A. Philpott, D. Southern, et al., Canadian Medical Association Journal, 2009:167-174)에서는 베어 메탈 스텐트의 효과를 혈관의 재차단을 방지하기 위해 설계된 약물로 코팅한 스텐트와 비교한 연구결과로 제시하고 있다. 총 5,320명의 환자가 베어 메탈 스텐트를 받았고, 이 중에서 841명이 1년 안에 재차단 치료가 필요했다. 약물로 코딩한 스텐트는 총 1,120명이 시술을 받았으며 그 중에서 134명이 1년 이내에 치료를 받아야 했다.

a. 약물 코팅 스텐트와 베어 메탈 스텐트의 비율 차에 대해 98% 신뢰구간을 구하시오.

b. 신뢰구간의 정밀도를 높이기 위해 추가 환자를 치료한다고 가정한다. 세 가지 표집계획이 검토되고 있다. 첫 번째 계획에서는 1,000명의 추가 환자가 베어 메탈 스텐트로 치료될 것이다. 두 번째 계획에서는 500명의 추가 환자가 약물 코팅 스텐트로 치료될 것이다. 세 번째 계획에서는 500명의 추가 환자는 베어 메탈 스텐트로 치료하고 250명의 추가 환자는 약물 코팅 스텐트로 치료된다. 신뢰구간의 정밀도를 가장 크게 높일 수 있는 계획은 무엇인지 설명하시오.

6. 강철 막대를 생산하는 두 개의 압출 기계를 비교해 보자. 기계 1이 생산한 총 1,000개의 막대 중 960개가 길이 및 직경 규격을 충족했다. 반면 기계 2가 생산한 총 600개의 막대 중 582개가 길이 및 직경 규격을 충족했다. 기계 2의 작동 비용이 더 비싸므로 기계 2가 규격을 충족시키는 막대를 생산하는 비율이 기계 1보다 더 크다는 확신이 없으면, 기계 1을 사용하기로 한다.

a. 어떤 기계를 사용할지 결정하기 위해 적절한 귀무가설 및 대립가설을 설정하시오.

b. P-값을 구하시오.

c. 어떤 기계가 사용되어야 하는지 판단하시오.

7. "A Music Key Detection Method Based on Pitch Class Distribution Theory" (J. Sun, H. Li, and L.Ma, *International Journal of Knowledge-based and Intelligent Engineering Systems*, 2011:165-175)에서는 디지털 음악 파일을 분석하여 음악에서 쓰인 키를 결정하는 방법을 설명한다. 307개의 팝 선곡 표본 중에서 245개에서 키가 정확히 식별되었다. 또한 347개의 뉴 에이지 선곡 표본 중에서는 304개의 키가 정확하게 식별되었다. 이 방법이 팝보다 뉴 에이지에서 더 정확하다고 결론지을 수 있는지 판단하시오.

8. "HIV-positive Smokers Considering Quitting: Differences by Race/Ethnicity" (E. Lloyd- Richardson, C. Stanton, et al., *American Journal of Health Behavior*, 2008:3-15)에 따르면 230명의 유럽계 미국인 HIV 양성 흡연자 그룹에서는 102명이 담배를 끊기 위해 니코틴 패치를 사용했다. 또한 72명의 히스패닉계 미국인 HIV 양성 흡연자 그룹에서는 20명이 니코틴 패치를 사용했다고 언급했다. 유럽계 미국인들 사이에서 패치 사용자 비율이 더 높다고 결론지을 수 있는지 판단하시오.

9. 해수면에서 운전되는 차를 임의표본으로 280대 추출한 결과, 이 중 38대는 연료 소비 1갤런당 미립자 오염물질을 10 g 이상 배출했다. 더 높은 고도에서 운전되는 차를 임의표본으로 77대 추출한 결과, 그중 18대의 차가 연료 소비 1갤런당 미립자 오염물질을 10 g 이상 배출했다. 그러면 해수면에서 차를 운전할 때보다 더 높은 고도에서 차를 운전할 때, 연료 소비 1갤런당 오염물질을 10 g 이상 배출할 확률이 더 크다고 할 수 있는가?

10. "Weekly Personal Ozone Exposure and Respiratory Health in a Panel of Greek Schoolchildren" (A. Karakatsani, E. Samoli, et al., *Environmental Health Perspectives*, 2017, online)에서는 오존으로 인한 대기 오염이 어린이들의 건강에 미치는 영향에 대해 언급하고 있다. 오존 수치가 낮은 지역에서 거주하는 70명의 아이 중 30명은 5주 동안 적어도 하루 이상 학교를 결석했다. 반면 오존 수치가 높은 지역에서 거주하는 118명의 아이 중에서 5주 동안 하루 이상 결석한 수는 53명이었다. 오존 수치가 높은 지역에 사는 어린이들이 결석할 가능성이 더 높다고 결론지을 수 있는지 판단하시오.

11. 어떤 해의 경우 덴버에서 측정 가능한 눈이 내린 날은 80일이었고, 시카고에서 측정 가능한 눈이 내린 날은 63일이었다. 한 기상학자가 다음과 같은 식, $(80+1)/(365+2)=0.22$, $(63+1)/(365+2)=0.17$을 계산하고, 두 도시에 나타난 눈이 온 날의 비율 차에 대한 95% 신뢰구간을 다음과 같이 계산할 것을 제안하였다.

$$0.22-0.17\pm1.96\sqrt{\frac{(0.22)(0.78)}{367}+\frac{(0.17)(0.83)}{367}}$$

이러한 신뢰구간 제안은 타당한가? 그 이유를 설명하라.

12. 다음 컴퓨터 계산 결과(Excel)는 두 모집단 비율 간의 차이 p_1-p_2에 대한 가설검정의 결과를 나타낸다. 다음 빈칸을 채우시오.

	표본1	표본2
X	101	(b)
N	153	3.02
표본비율	(a)	0.544444
$p_1 - p_2$	0.115686	
차이에 대한 95% 신뢰구간	- 0.0116695,	0.243042
z	(c)	
P 값	(d)	

7.3 두 평균의 차이에 대한 소표본 추론

두 평균의 차이에 대한 소표본 추론

Student's t 분포는 표본의 크기가 작아 중심극한정리가 적용되지 못하는 경우에 사용될 수 있다. 이러한 경우에 있어 두 평균의 차이에 대한 신뢰구간은 다음과 같은 결과에 근거하여 결정한다.

만약 $X_1, \cdots, X_{n_X}$가 평균이 μ_X인 정규분포를 따르는 모집단으로부터 추출된 크기 n_X인 표본이고, $Y_1, \cdots, Y_{n_Y}$가 평균이 μ_Y인 정규분포를 따르는 모집단으로부터 추출된 크기 n_Y인 표본이라면, 다음 변량은 근사적으로 Student's t 분포를 따르게 된다.

$$\frac{(\overline{X}-\overline{Y})-(\mu_X-\mu_Y)}{\sqrt{s_X^2/n_X+s_Y^2/n_Y}}$$

이러한 분포에 사용되는 자유도의 수는 다음과 같다.

$$\nu=\frac{\left(\dfrac{s_X^2}{n_X}+\dfrac{s_Y^2}{n_Y}\right)^2}{\dfrac{(s_X^2/n_X)^2}{n_X-1}+\dfrac{(s_Y^2/n_Y)^2}{n_Y-1}} \tag{7.10}$$

위 식의 결과가 정수로 나타나지 않으면, 소수점 이하를 버린 가장 가까운 정수를 취한다. 5.4절에 제시된 추론 방법에 따라 평균의 차이 $\mu_X-\mu_Y$에 대한 $100(1-\alpha)\%$의 신뢰구간은 다음과 같다.

$$\overline{X}-\overline{Y}\pm t_{\nu,\alpha/2}\sqrt{s_X^2/n_X+s_Y^2/n_Y}$$

요약

$X_1, \cdots, X_{n_X}$가 평균 μ_X를 갖는 정규분포를 따르는 모집단으로부터 추출된 크기 n_X인 표본이고, $Y_1, \cdots, Y_{n_Y}$가 평균 μ_Y를 갖는 정규분포를 따르는 모집단으로부터 추출된 크기 n_Y인 표본이라 하자. 또한 두 표본은 서로 독립이라 가정한다. 이때, $\mu_X-\mu_Y$에 대한 수준 $100(1-\alpha)\%$의 신뢰구간은 다음과 같다.

$$\overline{X}-\overline{Y}\pm t_{\nu,\alpha/2}\sqrt{\frac{s_X^2}{n_X}+\frac{s_Y^2}{n_Y}} \tag{7.11}$$

자유도의 수 ν는 다음과 같이 결정된다.

$$\nu=\frac{\left(\dfrac{s_X^2}{n_X}+\dfrac{s_Y^2}{n_Y}\right)^2}{\dfrac{(s_X^2/n_X)^2}{n_X-1}+\dfrac{(s_Y^2/n_Y)^2}{n_Y-1}}$$

위 식의 결과가 정수로 나타나지 않으면, 소수점 이하를 버린 가장 가까운 정수를 취한다.

예제 7.6

"Estimating Plastic Strain and Residual Strain Capacity of Earthquake- Damaged Steel Reinforcing Bars" (G. Loporcaro, S. Pamapnin, and M. Kral, *Journal of Structural Engineering*, 2018, online)에서는 AS/NZS 등급 300E 철근의 인장강도에 대한 연구를 설명하고 있다. 소성변형 정도가 4%인 강철 시제품 10개는 평균 항복강도가 456 MPa이고, 표준편차가 3.2이다. 소성변형 정도가 2%인 강철 시제품 10개는 평균 항복강도가 391 MPa이고, 표준편차가 11.3이다. 소성변형 정도가 4%인 시제품과 2%인 시제품의 평균 극한강도 차이에 대한 98% 신뢰구간을 구하시오.

풀이

먼저 $\overline{X}=456$, $s_X=3.2$, $n_X=10$, $\overline{Y}=391$, $s_Y=11.3$, $n_Y=10$이다. 식 (7.10)으로부터 자유도의 수를 계산할 수 있으며 그 결과는 다음과 같다.

$$\nu=\frac{\left(\frac{3.2^2}{10}+\frac{11.3^2}{10}\right)^2}{\frac{(3.2^2/10)^2}{10-1}+\frac{(11.3^2/10)^2}{10-1}}=10.43\approx 10$$

t 분포표(표 A.3 참고)로부터 $t_{10,0.01}=2.764$이다. 식 (7.11)을 이용하여 98% 신뢰구간을 구하면 그 결과는 다음과 같다.

$$456-391\pm 2.764\sqrt{3.2^2/10+11.3^2/10},\quad \text{또는}\quad 54.7\pm 75.3$$

모분산이 동일한 경우의 대안

두 개의 모분산 σ_X^2와 σ_Y^2가 동일한 경우, 신뢰구간을 계산하기 위한 대안이 있다. 이러한 대안은 과거에 널리 사용되었으며, 지금도 여전히 많은 컴퓨터 프로그램 패키지에서 선택 사항으로 주어지고 있다. 이 대안이 비록 가끔이지만 여전히 사용되므로 여기서 간단히 소개하고자 한다. 그러나 실무에서 이 대안의 사용이 권장되지는 않는다.

두 개의 모분산 σ_X^2와 σ_Y^2가 동일한 경우 신뢰구간을 산정하는 방법(권장되지 않음)

단계 1: 다음과 같은 합동 표준편차 s_p를 구한다.

$$s_p=\sqrt{\frac{(n_X-1)s_X^2+(n_Y-1)s_Y^2}{n_X+n_Y-2}}$$

단계 2: 자유도를 구한다.

$$(\text{자유도의 수}=n_X+n_Y-2)$$

수준 C의 신뢰구간은 다음과 같다.

$$\overline{X}-\overline{Y}-t_C s_p\sqrt{\frac{1}{n_X}+\frac{1}{n_Y}}<\mu_X-\mu_Y<\overline{X}-\overline{Y}+t_C s_p\sqrt{\frac{1}{n_X}+\frac{1}{n_Y}}$$

이 방법의 가장 큰 문제점은 이 방법이 모분산이 동일하다는 가정에 매우 엄격하게 의존한다는 점이다. 즉, 모분산이 동일하지 않았을 때 이 방법을 사용한다면, 신뢰할 수 없는 결과가 도출될 수 있다. 사실 실무에서는 모분산인 σ_X^2와 σ_Y^2에 대해 알기 어렵다. 그러므로 두 개의 모분산이 서로 동일하다고 확신하는 것은 거의 불가능하다. 컴퓨터 프로그램 패키지들은 가끔 분산이 동일한지 아닌지를 선택할 수 있는 기능을 제공한다. 그러나 최선의 방법은 모분산이 정확히 동일하다고 확신하는 경우를 제외하고는 모두 분산이 동일하지 않다고 가정하는 것이다.

두 평균의 차이에 대한 소표본 가설검정

다음과 같은 변량은 개략적으로 Student's t 분포를 따르므로 $\mu_X-\mu_Y$ 차이에 대한 가설검증의 검정통계량을 산정하는 데 이용될 수 있다.

$$\frac{(\overline{X}-\overline{Y})-(\mu_X-\mu_Y)}{\sqrt{s_X^2/n_X+s_Y^2/n_Y}} \tag{7.12}$$

귀무가설은 $\mu_X-\mu_Y$가 어떤 값을 갖는지를 명시한 것이다. 이를 Δ_0라 하면, 검정통계량은 다음과 같이 결정된다.

$$t=\frac{(\overline{X}-\overline{Y})-\Delta_0}{\sqrt{s_X^2/n_X+s_Y^2/n_Y}} \tag{7.13}$$

귀무분포는 자유도가 ν인 Student's t 분포이며, ν는 식 (7.10)을 이용하여 구할 수 있다.

예제 7.7

좋은 웹사이트 디자인은 웹 내비게이션을 더욱 쉽게 만들어 줄 수 있다. "The Implications of Visualization Ability and Structure Preview Design for Web Information Search Tasks" (H. Zhang and G. Salvendy, *International Journal of Human-Computer Interaction*, 2001:75–95)에서는 두 종류의 디자인에 공통으로 들어있는 항목들의 인식 정도를 비교하였다. 전통적인 웹 디자인을 사용한 10명의 사용자 표본에서는 웹 사용자가 평균적으로 32.3개의 항목을 인식하는 것으로 확인되었다(표준편차는 8.56). 새롭게 구성된 웹 디자인을 이용한 10명의 사용자 표본에서는 웹 사용자들이 평균적으로 44.1개의 항목을 인식하는 것으로 확인되었다(표준편차는 10.09). 그렇다면 새롭게 구축된 웹 디자인에서 인식된 항목들의 평균적인 수가 전통적인 웹디자인에 비해 상대적으로 더 많다고 결론지을 수 있는지 판단하시오.

풀이

새롭게 구성된 웹 디자인에 대한 표본평균을 $\overline{X}=44.1$이라 하자. 또한 $s_X=10.09$이고, $n_X=10$이다. 전통적인 웹 디자인에 대한 표본평균은 $\overline{Y}=32.3$이라 하자. 또한 $s_Y=8.56$이고, $n_Y=10$이다. μ_X와 μ_Y를 각각 새롭게 구성된 웹 디자인과 전통적인 웹 디자인 방법에 의한 모평균 측정치라 하면, 귀무가설과 대립가설은 각각 다음과 같다.

$$H_0: \mu_X - \mu_Y \leq 0 \quad \text{versus} \quad H_1: \mu_X - \mu_Y > 0$$

검정통계량은 다음과 같다.

$$t = \frac{(\overline{X} - \overline{Y}) - 0}{\sqrt{s_X^2/n_X + s_Y^2/n_Y}}$$

$\overline{X}$, $\overline{Y}$, s_X, s_Y, n_X, n_Y에 해당하는 값을 대입함으로써 검정통계량 $t = 2.820$를 계산할 수 있다. 귀무가설 H_0하에서 이러한 통계량은 아래에 제시된 자유도와 함께 개략적으로 Student's t 분포를 따르게 된다.

$$\nu = \frac{\left(\dfrac{10.09^2}{10} + \dfrac{8.56^2}{10}\right)^2}{\dfrac{(10.09^2/10)^2}{9} + \dfrac{(8.56^2/10)^2}{9}} = 17.53 \approx 17$$

자유도 17에 대한 t 분포표를 살펴보면, 오른쪽 꼬리 부분으로부터 1%를 만족시키는 값은 2.567이며, 0.5%를 만족시키는 값은 2.898임을 알 수 있다. 그러므로 관측값인 2.820과 유사하거나 그 이상인 값에 대응하는 오른쪽 꼬리 부분의 면적은 0.005와 0.010 사이에 있게 된다. 즉, $0.005 < P < 0.01$이다(그림 7.4 참고). 따라서 이 결과는 새로운 디자인으로부터 인식된 항목들의 평균적인 수가 더 크다는 명백한 증거가 될 수 있다.

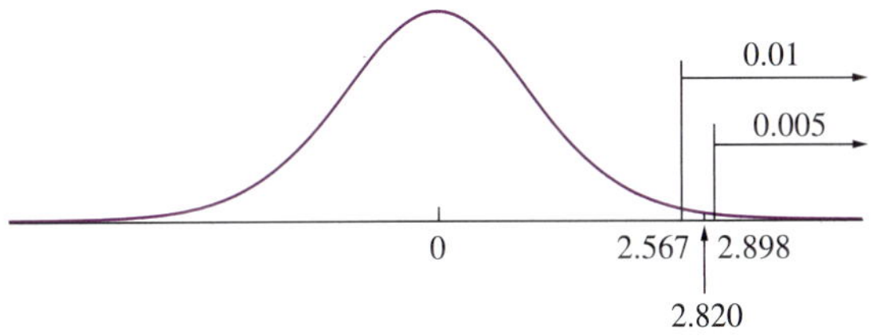

그림 7.4 예제 7.7에 대한 풀이. P-값은 오른쪽 꼬리 부분의 0.005와 0.01 사이에 해당하는 면적을 의미한다.

다음 컴퓨터 계산 결과(Excel)는 예제 7.7의 결과를 보여준다.

	기존	신규
평균	32.3	44.1
분산	73.2736	101.8081
표준편차	8.56	10.09
관측수	10	10
자유도	17	
t 통계량	2.82	
P(T<=t) 단측 검정	0.006	

95% 신뢰구간의 하한값은 대립가설과 일관됨에 주목할 필요가 있다. 이는 P-값이 5%보다 작다는 것을 의미한다.

예제 7.8

예제 7.7에서 새롭게 구성된 웹 디자인으로부터 인식된 항목들의 평균적인 수가 전통적인 디자인 방법에 대한 결과보다 2 이상 크다고 결론지을 수 있는지 판단하시오.

풀이

귀무가설과 대립가설은 다음과 같다.

$$H_0 : \mu_X - \mu_Y \leq 2 \quad \text{versus} \quad H_1 : \mu_X - \mu_Y > 2$$

먼저 $\overline{X} = 44.1$, $\overline{Y} = 32.3$, $s_X = 10.09$, $s_Y = 8.56$, $n_X = 10$, $n_Y = 10$이다. 귀무가설 H_0하에서 $\mu_X - \mu_Y = 2$이므로 식 (7.13)으로 표현되는 검정통계량은 다음과 같다.

$$t = \frac{(\overline{X} - \overline{Y}) - 2}{\sqrt{s_X^2/n_X + s_Y^2/n_Y}}$$

자유도의 수는 예제 7.7에서와 같은 방법으로 계산한다. 따라서 자유도의 수는 17이다. 검정통계량은 $t = 2.342$이다. 이 문제는 단측검정이며, P-값은 0.01과 0.025 사이로 나타난다. 따라서 새롭게 구축된 웹 디자인으로부터 인식된 항목들의 평균적인 수가 전통적인 디자인 방법에 대한 결과보다 2 이상 크다고 결론지을 수 있다.

요약

$X_1, \cdots, X_{n_X}$와 $Y_1, \cdots, Y_{n_Y}$는 각각 평균 μ_X, μ_Y와 표준편차 σ_X, σ_Y를 갖는 정규분포를 따르는 모집단으로부터 추출된 표본들이라고 하자. 또한 표본들은 서로 독립이라 가정하자. 만약 모표준편차 σ_X와 σ_Y가 동일한지 모른다면, $H_0 : \mu_X - \mu_Y \leq \Delta_0$, $H_0 : \mu_X - \mu_Y \geq \Delta_0$, $H_0 : \mu_X - \mu_Y = \Delta_0$와 같은 형태의 귀무가설을 검정하기 위한 방법은 다음과 같다.

- $\nu = \dfrac{[(s_X^2/n_X) + (s_Y^2/n_Y)]^2}{[(s_X^2/n_X)^2/(n_X - 1)] + [(s_Y^2/n_Y)^2/(n_Y - 1)]}$을 계산한다(소수점 이하를 버리고 가장 가까운 정수를 취한다).
- 검정통계량 $t = \dfrac{(\overline{X} - \overline{Y}) - \Delta_0}{\sqrt{s_X^2/n_X + s_Y^2/n_Y}}$을 계산한다.
- P-값을 계산한다. P-값은 자유도가 ν인 Student's t 분포의 곡선 아래 면적으로 계산되지만, 어떤 면적인지는 대립가설에 따라 달라진다.

대립가설	P-값
$H_1 : \mu_X - \mu_Y > \Delta_0$	t값의 오른쪽 영역 넓이
$H_1 : \mu_X - \mu_Y < \Delta_0$	t값의 왼쪽 영역 넓이
$H_1 : \mu_X - \mu_Y \neq \Delta_0$	t와 $-t$값의 바깥쪽 꼬리 영역의 합

모분산이 같은 경우의 대안

두 개의 모분산 σ_X^2와 σ_Y^2가 동일하다고 알려진 경우 $\mu_1 - \mu_2$에 대한 가설을 검정하기 위한 대안이 있다. 이는 앞 절에서 이미 제시된 신뢰구간을 찾는 대안과 유사하다. 이러한 대안은 과거에 널리 이용되었으며, 오늘날에도 여전히 많은 컴퓨터 프로그램 패키지들에서 선택 사항으로 제공하고 있다. 아직 가끔 사용되는 방법이므로 이번 절에서 간단히 설명하고자 한다.

그러나 신뢰구간을 구하기 위한 대안으로서와 마찬가지로 이 방법의 사용은 권장되지 않는다. 이는 이 방법이 모분산이 같다는 가정에 너무 민감하기 때문인데, 실제로는 모분산이 일반적으로 서로 다르고 또는 같은지를 명확히 규명하기 어렵다. 컴퓨터 프로그램 패키지들은 종종 모분산이 같은지 혹은 다른지에 대해 선택할 수 있는 기회를 제공해준다. 가장 좋은 방법은 모분산이 명백히 동일하다고 확신하지 않는 한, 항상 모분산이 동일하지 않다고 가정하는 것이다.

모분산 $\sigma_X = \sigma_Y$일 때, 평균의 차이 $\mu_X - \mu_Y$에 대한 가설을 검정하는 방법(권장되지 않음)

단계 1: 다음과 같은 합동 표준편차 s_p를 구한다.

$$s_p = \sqrt{\frac{(n_X - 1)s_X^2 + (n_Y - 1)s_Y^2}{n_X + n_Y - 2}}$$

단계 2: 귀무가설 H_0에서 규정된 $\mu_X - \mu_Y$의 값을 Δ_0라 하자. 다음과 같은 검정통계량을 구한다.

$$t = \frac{(\overline{X} - \overline{Y}) - \Delta_0}{s_p\sqrt{\dfrac{1}{n_X} + \dfrac{1}{n_Y}}}$$

단계 3: 자유도를 구한다.

$$\text{자유도} = n_X + n_Y - 2$$

단계 4: 자유도 $n_X + n_Y - 2$인 t 분포를 이용하여 P-값을 구한다.

7.3 연습문제

1. 개인용 부양 장치에서 사용되는 특정 유형의 실의 파괴강도와 관련된 실험에서 한 묶음의 실은 60초 동안 열처리를 받았고, 다른 묶음의 실은 120초 동안 열처리를 받았다. 열처리 방법에 따라 각각 10개의 실 묶음에 대해 파괴강도(N)를 측정하였다.

60초:	43	52	52	58	49	52	41	52	56	54
120초:	59	55	59	66	62	55	57	66	66	51

60초 동안 열처리된 실 묶음과 120초 동안 열처리된 실 묶음의 파괴강도 차이에 대해 99% 신뢰구간을 구하시오.

2. "Differences in Susceptibilities of Different Cell Lines to Bilirubin Damage" (K. Ngai,C. Yeung, and C. Leung, *Journal of Paediatric Child Health*, 2000:36–45)에서 여러 세포계 속 빌리루빈의 독성에 대해 조사하였다. 10세트의 인간 간세포와 10세트의 쥐 섬유아세포를 빌리루빈/알부민 분자비가 1.4인 용액에 24시간 동안 넣었다. 10세트의 인간 간세포 안에서 살아남은 세포는 평균 53.9%이며, 표준편차는 10.7이었다. 또한 10세트의 쥐 섬유아세포에서 살아남은 세포는 평균 73.1%이며, 표준편차는 9.1이었다. 인간 간세포 세트와 쥐 섬유아세포 세트 간의 생존율(%) 차에 대한 98% 신뢰구간을 구하시오.

3. 1999년 봄, 세르비아의 많은 연료 저장 시설이 폭격에 의해 파괴되었다. 결과적으로 석유 제품이 상당량 흘러나오고, 타버려 토양이 오염되었다. "Mobility of Heavy Metals Originating from

Bombing of Industrial Sites" (B.Škrbić, J. Novaković, and N. Miljević, *Journal of Environmental Science and Health*, 2002:7-16)에서는 폭격이 일어난 직후인 1999년 6월에 여러 산업 지역의 중금속 농도를 측정한 후, 2000년 3월에 다시 측정하였다. Smederevo 지역의 다뉴브 강변에서 1999년에 추출한 8개의 토양 표본에서는 납 농도가 평균 10.7(단위는 mg/kg)이었으며, 표준편차는 3.3이었다. 2000년에 추출한 4개의 토양 표본에서는 납 농도가 평균 33.8이었으며, 표준편차가 0.5였다. 1999년 6월과 2000년 3월 사이의 납 농도 증가량에 대한 95% 신뢰구간을 구하시오.

4. "Toward a Lifespan Metric of Reading Fluency" (S. Wallot and G. Van Orden, *International Journal of Bifurcation and Chaos*, 2011:1173-1192)에서는 학부생과 대학원생의 읽기 속도에 대해 연구를 진행하였다. 24명의 학부생 표본에서 특정 구절을 읽는 데 걸리는 평균시간은 4.8초였으며, 표준편차는 1.9초였다. 24명의 박사과정 학생 표본에서는 평균시간이 2.8초였고, 표준편차가 1.0초였다. 두 그룹 간의 읽기 속도 차이에 대한 95% 신뢰구간을 구하시오.

5. 한 컴퓨터 과학자는 특정 운영 체제를 사용하는 컴퓨터가 운영체제의 수명에 따라 느려지는 경향에 관하여 연구하였다. 그는 9대의 컴퓨터에 운영체제를 설치한 후, 1개월이 지난 경우와 7대의 컴퓨터에 운영체제를 설치한 후, 6개월이 지난 경우에 대한 로딩 시간(초)을 측정하였다. 측정 결과는 다음과 같다.

설치 후 1개월이 지난 경우:	84.3	53.2	127.3
	201.3	174.2	246.2
	149.4	156.4	103.3
설치 후 6개월이 지난 경우:	207.4	233.1	215.9
	235.1	225.6	244.4
	245.3		

설치 후 1개월이 지난 컴퓨터와 6개월이 지난 컴퓨터 간의 평균 로딩 시간차에 대한 95% 신뢰구간을 구하시오.

6. 유향나무는 스페인 남동부의 산림 개간 작업에 사용된다. "Nutrient Deprivation Improves Field Performance of Woody Seedlings in a Degraded Semi-arid Shrubland" (R. Trubata, J. Cortina, and A. Vilagrosaa, *Ecological Engineering*, 2011:1164-1173)에서는 식물의 성장에 대한 일반적인 해결책으로 완효성비료를 주는 것에 대한 효과를 조사하여 제시하고 있다. 아래는 일반비료(대조군)로 자란 나무 10그루와 완효성비료(처리)로 자란 나무 10그루의 높이(cm)이다. 이 데이터는 논문에서 언급한 평균 및 표준편차와 일치한다. 완효성비료로 자란 나무의 평균 높이가 일반비료로 자란 나무의 평균 높이보다 크다고 결론지을 수 있는지 판단하시오.

일반:	17.3	20.0	19.5	18.7	19.5
	18.5	18.6	20.3	20.3	20.3
완효성:	25.2	23.2	25.2	26.2	25.0
	25.5	25.2	24.1	24.8	23.6

7. "Wind-Uplift Capacity of Residential Wood Roof-Sheathing Panels Retrofitted with Insulating Foam Adhesive" (P. Datin, D. Prevatt, and W. Pang, *Journal of Architectural Engineering*, 2011:144-154)에서는 지붕패널의 손상압력에 대한 연구에 대해 설명하고 있다. 중간 늑골의 못 간격이 8인치로 구성된 15개 패널 표본은 평균 손상압력이 8.38 kPa이고, 표준편차는 0.96 kPa이었다. 또한 중간 늑골의 못 간격이 6인치로 구성된 15개 패널 표본은 평균 손상압력이 9.83 kPa이고, 표준편차가 1.02 kPa이다. 못의 간격이 6인치일 때의 평균 손상압력이 더 높다고 결론지을 수 있는지 판단하시오.

8. 특정 화학물질을 생산하는 신공정이 현재 사용되고 있는 공정보다 더 저렴하다고 판단된다. 각각의 공정을 6번 진행하였으며, 매회 화학약품 100 L의 제조원가가 결정되었다. 결과(달러)는 다음과 같다.

신공정:	51	52	55	53	54	53
구공정:	50	54	59	56	50	58

신공정의 평균 비용이 구공정보다 더 저렴하다고 결론지을 수 있는지 판단하시오.

9. 새로운 수면제의 효과를 시험하기 위한 실험에서 표본으로 선정된 12명의 환자는 신약을 복용하고, 14명의 환자는 일반적으로 사용되는 약을 복용했다. 신약을 복용한 환자는 평균 수면시간이 27.3분이고 표준편차가 5.2분이었다. 일반 약을 복용한 환자는 평균 수면시간이 32.7분이고, 표준편차가 4.1분이었다. 신약의 평균 수면시간이 더 적다고 결론지을 수 있는지 판단하시오.

10. "Influence of Penetration Rate on Penetrometer Resistance" (J. Oliveira,M. Almeida, et al., *Journal of Geotechnical and Geoenvironmental Engineering*, 2011:695-703)에서는 특정 세립질 토양에서 표준량의 배수로 측정한 침투 저항을 제시한다. 1 m의 깊이에서 15회 측정한 결과의 평균은 2.31이고, 표준편차는 0.89이다. 2 m 깊이에서 15회 측정한 결과는 평균이 2.80, 표준편차가 1.10이다. 두 깊이에서 침투 저항이 다르다고 결론지을 수 있는지 판단하시오.

11. 원격수업의 효과를 전통적인 교실수업과 비교한 연구에서 12명의 학생은 온라인 비즈니스 과정을 수강했고, 14명은 교실에서 수강했다. 온라인 수업으로 수강한 학생들의 기말고사 점수는 평균 76.8점, 표준편차 8.6점이었다. 교실에서 수강한 학생

들은 평균 80.1점, 표준편차가 9.3점이었다. 전통적인 교실수업이 더 효과적이었다고 결론지을 수 있는지 판단하시오.

12. 다음 컴퓨터 계산 결과(Excel)는 두 인구의 평균차 $\mu_X - \mu_Y$에 대한 가설검정 결과를 나타낸다. 다음 빈칸을 채우시오.

	X	Y
평균	1.755	3.239
표준편차	0.482	(b)
관측수	6	13
평균의 표준오차	(a)	0.094
자유도	7	
$u_X - u_Y$	(c)	
차이에 대한 95% 신뢰구간	-1.99996,	-0.96791
t 값	(d)	
P 값	0	

7.4 짝자료를 이용한 추론

짝자료를 이용한 신뢰구간

지금까지 두 개의 표본자료를 근거로 신뢰구간을 산정하기 위해 적용된 방법들은 표본자료들이 서로 독립이라는 점이 전제되어야 했다. 어떤 경우에 있어서는 특정 표본에 나타난 각각의 자료들이 다른 표본에 나타난 자료와 짝을 이루도록 실험을 설계하는 것이 더 나을 수 있다. 예시를 살펴보자.

어떤 타이어 제조업자가 새로운 재료로 만든 타이어의 마모한계를 기존 방법으로 만든 타이어의 마모한계와 비교하기를 원한다고 하자. 각 종류의 타이어 한 개씩을 전륜구동 자동차 10대의 앞바퀴에 장착했을 때, 어떤 종류의 타이어가 오른쪽 바퀴에 장착되는지 또는 왼쪽 바퀴에 장착되는지는 동전을 던져서 랜덤으로 결정했다. 각각의 자동차가 40,000마일을 주행한 후에 각 타이어의 트레드 깊이를 측정하였다. 그 결과는 그림 7.5와 같다.

그림 7.5의 오른쪽 부분은 10쌍(20개)의 타이어에 대한 결과를 나타낸 것이다. 두 표본의 마모한계가 상당 부분 겹쳐진 형태로 나타나고 있음을 확인할 수 있다. 따라서 이 결과를 가지고 기존의 타이어 제조 방법과 새로운 방법 간의 차이가 존재하는지를 판단하기는 어렵다. 그러나 자료들을 짝을 이루어 검토할 때에는 새로운 방법으로 만들어진 타이어가 기존 방법에 대한 결과보다 더 큰 트레드를 갖는다는 것이 명백하게 나타난다. 짝을 이룬 자료의 분석이 이렇게 명백한 결과를 제시하는 이유는 자동차들에 따라 타이어의 마모가 매우 다르게 나타나기 때문이다. 무거운 차의 경우 또는 급가속과 급정지를 반복하는 운전습관은 일반적으로 타이어 마모를 크게 한다. 그림 오른쪽에 제시된 전체 자료들은 타이어들의 손상 정도에 대한 변동성뿐만 아니라 자동차들 사이의 변동성까지를 포함하고 있다. 그러나 자료들이 짝으로 고려되는 경우에는 자동차들 사이의 변동성은 사라지게 되는데 이는 짝으로 된 두 타이어가 같은 자동차에서 나왔기 때문이다.

표 7.1은 각각의 자동차에 대한 두 타이어의 트레드 깊이뿐만 아니라 둘 사이의 차이를 제시하고 있다. 짝계획(paired design)으로 감소된 변동성의 장점을 이용하여 기존 재료와 새로운 재료로 만들어진 타이어 수명의 평균 차이에 대한 95% 신뢰구간을 계산해 보자.

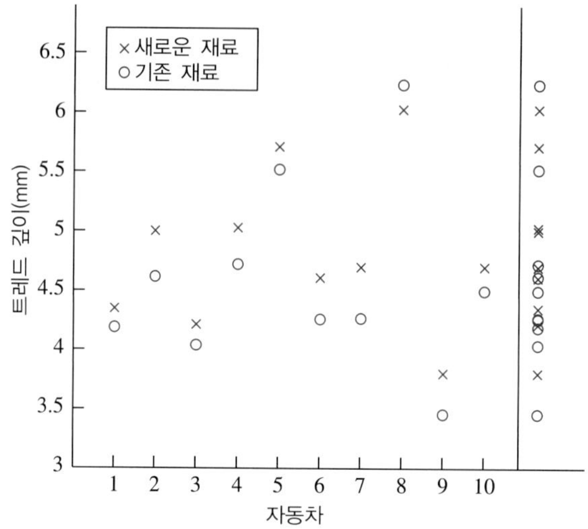

그림 7.5 10쌍의 타이어에 대한 트레드 깊이

표 7.1 새로운 재료와 기존 재료로 만들어진 타이어들의 트레드 깊이(mm)

	자동차									
	1	2	3	4	5	6	7	8	9	10
새로운 재료	4.35	5.00	4.21	5.03	5.71	4.61	4.70	6.03	3.80	4.70
기존 재료	4.19	4.62	4.04	4.72	5.52	4.26	4.27	6.24	3.46	4.50
차이	0.16	0.38	0.17	0.31	0.19	0.35	0.43	−0.21	0.34	0.20

먼저 동일한 자동차에 장착된 기존 종류의 타이어와 새로운 종류의 타이어로부터의 관측값 쌍들에 대한 모집단을 고려하자. 모집단 내에 있는 각각의 쌍들에 대해 (New−Old)의 차이가 발생함에 따라 차이에 대한 모집단이 존재하게 된다. 자료들은 각각의 쌍들에 해당하는 모집단으로부터 추출된 확률표본이며, 그 결과들의 차이는 두 결과의 차이에 대한 모집단으로부터 추출된 확률표본임을 알 수 있다.

이를 통계적 표기법으로 나타내면 먼저, $(X_1, Y_1), \cdots, (X_{10}, Y_{10})$는 10개의 관측 자료쌍이다. 여기서 X_i는 i번째 자동차에서 새로운 재료로 만들어진 타이어의 트레드 깊이를 나타내고, Y_i는 i번째 자동차에서 기존의 재료로 만들어진 타이어의 트레드 깊이를 나타낸다. $D_i = X_i - Y_i$이고, 이는 i번째 자동차 타이어의 트레드 깊이 차이를 나타낸다. μ_X와 μ_Y를 각각 X와 Y에 대한 모평균이라 하자. 모평균의 차이 $\mu_X - \mu_Y$에 대한 95% 신뢰구간을 산정해 보자. 또한 μ_D를 차이들에 대한 모평균이라고 하자. 즉, $\mu_D = \mu_X - \mu_Y$이다. 이는 μ_D에 대한 신뢰구간이 $\mu_X - \mu_Y$에 대한 신뢰구간과 동일하게 됨을 의미한다.

$D_1, \cdots, D_{10}$이 평균 μ_D를 갖는 모집단으로부터 추출된 확률표본이므로 μ_D의 신뢰구간 계산에는 단일 표본에 적용했던 방법을 그대로 이용할 수 있다. 이번 예제의 경우 표본의 크기가 작으므로 5.4절의 Student's t 분포를 이용한 방법을 적용하기로 한다. 표본평균 및 표본표준편차는 다음과 같다.

$$\overline{D} = 0.232 \qquad s_D = 0.183$$

표본크기가 10이므로 자유도는 9이다. 따라서 유의수준을 고려한 값 t는 $t_{9,0.025}=2.262$가 된다. 식 5.14를 이용한 신뢰구간(5.4절 참고)은 $0.232 \pm (2.262)(0.183)/\sqrt{10}$ 또는 (0.101, 0.363)로 계산된다. 두 자료 집합의 짝들의 수가 많을 때는 5.2절의 대표본에 적용 가능한 방법, 즉 식 (5.4)를 이용할 수 있다.

요약

$D_1, \cdots, D_n$는 짝들의 차이를 나타내는 변수로서 크기가 작은($n \le 30$) 임의표본이라 하자. 만약 차이들의 모집단이 근사적으로 정규분포를 따른다고 하면, 차이의 평균 μ_D에 대한 수준 $100(1-\alpha)\%$의 신뢰구간은 다음과 같다.

$$\overline{D} \pm t_{n-1,\alpha/2}\frac{s_D}{\sqrt{n}} \tag{7.14}$$

여기서 s_D는 $D_1, \cdots, D_n$의 표본표준편차이다. 참고로 이 신뢰구간은 식 (5.14)로 주어진 결과와 동일하다. 만약 표본의 크기가 크다면, 차이의 평균 μ_D에 대한 수준 $100(1-\alpha)\%$의 신뢰구간은 다음과 같다.

$$\overline{D} \pm z_{\alpha/2}\sigma_{\overline{D}} \tag{7.15}$$

실무에서 $\sigma_{\overline{D}}$는 근사적으로 $s_D/\sqrt{n}$로 계산한다. 참고로 이러한 신뢰구간은 5.2절에 제시된 식 (5.4)에 주어진 결과와 동일하다.

짝자료를 이용한 가설검정

짝자료를 다루는 경우 평균의 차이인 μ_D에 대한 가설을 검정하기 위해 표본평균의 차이인 $\overline{D}$와 표본표준편차 s_D를 이용할 수 있다. 예시를 통해 그 방법을 살펴보도록 하자.

자동차로부터 방출되는 입자상물질(PM)은 심각한 환경 문제의 원인이 된다. 출고 대기 중인 차량 8대를 랜덤으로 선정하여, 고속도로를 달리는 경우(highway emission)와 가다 서기를 반복하는 운전조건(stop-and-go emission)하에서 각 방출량을 측정하였다. 두 경우의 차이에 해당하는 (stop-and-go emission − highway emission)도 계산했다. 그 결과를 연료 1갤런당 입자상물질의 양(mg)으로 나타내면 다음과 같다.

	자동차							
	1	**2**	**3**	**4**	**5**	**6**	**7**	**8**
가다 서기	1500	870	1120	1250	3460	1110	1120	880
고속도로 주행	941	456	893	1060	3107	1339	1346	644
차이	559	414	227	190	353	−229	−226	236

이 결과를 바탕으로 고속도로를 달리는 경우가 가다 서기를 반복하는 경우보다 방출되는 물질들의 양이 더 작다고 결론지을 수 있는가? 표본의 크기는 겨우 8개로 소표본에 해당한다. 만일 차이에 대한 모집단이 정규분포를 따른다고 가정한다면, 6.4절에서 제시된 Student's 검

정을 사용할 수 있다. 차이들의 표본평균은 $\overline{D}=190.5$이고, 표본표준편차는 $s_D=284.1$이다. 귀무가설과 대립가설은 다음과 같다.

$$H_0: \mu_D \le 0 \quad \text{versus} \quad H_1: \mu_D > 0$$

검정통계량은 다음과 같다.

$$t = \frac{\overline{D}-0}{s_D/\sqrt{n}} = \frac{190.5-0}{284.1/\sqrt{8}} = 1.897$$

검정통계량에 대한 귀무분포는 자유도가 7인 Student's t 분포이다. 그림 7.6은 귀무분포의 형태와 검정통계량의 위치를 보여준다. 단측검정이므로 t 분포표 꼬리 부분의 5%에 해당하는 면적은 1.895로 관측값인 1.897과 상당히 유사함을 알 수 있다. P-값은 대략 0.05이다. 다음에 제시된 컴퓨터 프로그램 출력 결과(Excel)는 이러한 결과를 제시하고 있다.

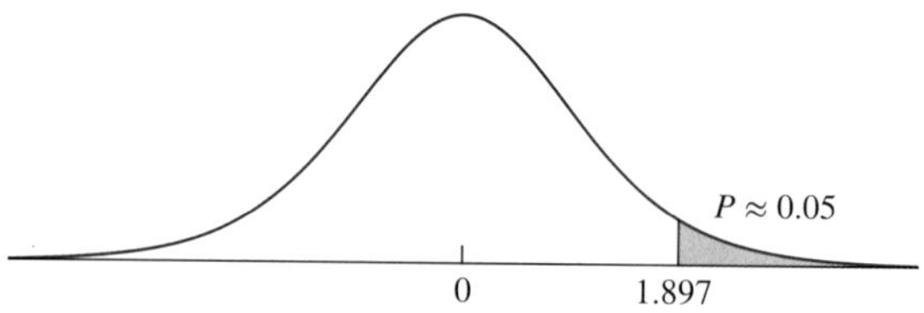

그림 7.6 $t=(\overline{D}-0)/(s_D/\sqrt{8})$에 대한 귀무분포는 t_7이다. 관측값 $\overline{D}=190.5$와 $s_D=284.1$에 상응하는 t는 1.897이다. 만약 귀무가설 H_0가 참이라면, t가 관측값과 같이 극단적인 값을 갖거나 그보다 더 극단적인 값을 가질 확률은 0.05에 매우 가까워진다.

	가다 서기	고속도로 주행	차이
평균	1413.75	1223.25	190.5
분산	723826.6084	673794.7225	36290.25
표준편차	850.78	820.85	290.21
관측수	8	8	8
가설 평균차	0		
t 통계량	1.897		
P(T<=t) 단측 검정	0.05		

95%의 하한은 대립가설의 경우와 간신히 일치함에 주목할 필요가 있다. 이는 P-값이 0.05보다 약간 작게 나타났음을 의미한다(비록 이 값이 두 개의 유효숫자를 갖는 0.050으로 주어졌을지라도).

요약

$(X_1, Y_1), \cdots, (X_n, Y_n)$는 그 차이 $D_1, \cdots, D_n$이 평균 μ_D인 정규분포의 모집단으로부터 추출된 순서쌍들의 표본이라 하자. s_D는 $D_1, \cdots, D_n$의 표본표준편차이다.

$H_0: \mu_D \le \mu_0$, $H_0: \mu_D \ge \mu_0$, $H_0: \mu_D = \mu_0$와 같은 귀무가설을 검정하기 위한 방법은 다음과 같다.

■ 검정통계량 $t = \dfrac{\overline{D}-\mu_0}{s_D/\sqrt{n}}$를 구한다.

- P-값을 구한다. P-값은 자유도가 $n-1$인 Student's t 분포 곡선 아래의 면적으로 계산되지만, 어떤 면적인지는 대립가설에 따라 달라진다.

대립가설	P-값
$H_1 : \mu_D > \mu_0$	t값의 오른쪽 영역 넓이
$H_1 : \mu_D < \mu_0$	t값의 왼쪽 영역 넓이
$H_1 : \mu_D \neq \mu_0$	t와 $-t$값의 바깥쪽 꼬리 영역의 합

- 만약 표본크기가 크다면, D_i가 정규분포를 따를 필요는 없으며 검정통계량으로 $z = \dfrac{\overline{D} - \mu_0}{s_D/\sqrt{n}}$를 적용하여 z 검정을 수행해야 한다.

7.4 연습문제

1. 본 연구에서는 A 항균 연고와 B 항균 연고의 흡수 속도를 비교하기 위해 피실험자 14명을 대상으로 동일한 양의 두 연고를 바르는 실험을 수행하였다. 6시간 이후, 피부에 흡수되는 양(μg/cm^2)을 측정한 결과는 다음과 같다.

실험자	A	B	차이
1	2.56	2.34	0.22
2	2.08	1.49	0.59
3	2.46	1.86	0.60
4	2.61	2.17	0.44
5	1.94	1.29	0.65
6	5.50	4.07	0.43
7	2.27	1.83	0.44
8	3.19	2.93	0.26
9	3.16	2.58	0.58
10	3.02	2.73	0.29
11	3.46	2.84	0.62
12	2.57	2.37	0.20
13	2.64	2.42	0.22
14	2.63	2.44	0.19

A, B 연고 흡수량의 차에 대한 95% 신뢰구간을 구하시오.

2. 경피 수분 손실(Transepidermal water loss, TEWL)은 물의 확산과 증발을 통해 피부에서 수분이 손실되는 비율을 측정한 것이다. 일반적으로 손상된 피부는 손상되지 않은 피부보다 TEWL이 더 높다. "U.S. Food and Drug Administration" (*Therapeutic Equivalence of Topical Products*, A. Bunge, B. N'Dri-Stempfer, et al., 2007)에 제출된 보고서에는 특정 약물의 농도를 측정하기 위해 팔뚝의 작은 부위의 표피층을 부분적으로 제거한 실험을 기술했다. 표피 제거 전후의 TEWL(시간당 g/m^2)은 모두 측정되었다. 10명에 대한 결과는 다음과 같다.

실험자	제거 전	제거 후
1	18	27
2	12	19
3	14	19
4	11	20
5	12	22
6	17	26
7	16	18
8	18	26
9	14	22
10	14	24

TEWL 증가에 대한 98% 신뢰구간을 구하시오.

3. 고혈압 환자 5명에게 혈압을 낮추기 위해 고안된 신약이 주어졌다. 수축기 혈압(mmHg)은 개인별로 치료 전후로 측정되었으며 다음과 같은 결과가 도출되었다.

환자	측정 전	측정 후
1	170	145
2	164	132
3	168	129
4	158	135
5	183	145

평균 수축기 혈압의 감소에 대한 90% 신뢰구간을 구하시오.

4. 타이어 제조업자는 서로 다른 2개의 타이어 접지면 무늬(tread pattern)에 대한 연비를 검사하는 데 관심이 있다. 서로 다른 종류의 타이어를 이용하여 18종의 자동차로 각각 1,000마일씩 운전한 결과 mileages(mpg)는 다음과 같다.

자동차	A	B
1	24.1	20.3
2	22.3	19.7
3	24.5	22.5
4	26.1	23.2
5	22.6	20.4
6	23.3	23.5
7	22.4	21.9
8	19.9	18.6
9	27.1	25.8
10	23.5	21.4
11	25.4	20.6
12	24.9	23.4
13	23.7	20.3
14	23.9	22.5
15	24.6	23.5
16	26.4	24.5
17	21.5	22.4
18	24.6	24.9

a. 두 타이어의 평균 연비의 차이에 대한 99% 신뢰구간을 구하시오.

b. 위의 표를 바탕으로 한 신뢰구간은 폭 ±0.5 mpg로 나타난다. 이러한 결과가 80%, 90%, 95% 신뢰구간에 근접한지 판단하시오.

5. 자동차 제조업체의 한 생산자는 두 브랜드의 타이어 수명을 비교하였다. 그는 브랜드마다 6종류의 타이어 샘플을 얻었다. 자동차 6대마다 앞바퀴에 각 브랜드의 타이어를 각각 하나씩 설치하였다. 원래 바퀴 트레드(tread)의 20%가 남을 때까지 자동차를 주행한 결과, 각 타이어에 대한 주행 거리(mile)는 다음 표와 같았다.

자동차	A	B
1	36,925	34,318
2	45,300	42,280
3	36,240	35,500
4	32,100	31,950
5	37,210	38,015
6	48,360	47,800
7	38,200	33,215

a. 적절한 귀무가설 및 대립가설을 설정하시오.

b. 검정통계량을 구하시오.

c. P-값을 구하고, 두 브랜드 타이어 간의 평균 수명이 다른지를 판단하시오.

6. "Improved Bioequivalence Assessment of Topical Dermatological Drug Products Using Dermatopharmacokinetics" (B. N'Dri-Stempfer, W. Navidi, R. Guy, and A. Bunge, *Pharmaceutical Research*, 2009:316–328)에서는 항균 연고의 여러 제형에 대해 인간의 피부에 흡수되는 질산에코나졸의 양을 비교하는 연구를 진행하였다. 14명의 피험자 팔에 브랜드 제품과 복제약을 각각 적용하여 $\mu g/cm^2$ 단위로 피부에 흡수되는 양을 측정하였다. 결과는 아래와 같다. 흡수되는 평균량이 브랜드 제품과 복제약에 차이가 있다고 할 수 있는지 판단하시오.

브랜드 제품	복제약	차이
2.23	1.42	0.81
1.68	1.95	−0.27
1.96	2.58	−0.62
2.81	2.25	0.56
1.14	1.21	−0.07
3.20	3.01	0.19
2.33	2.76	−0.43
4.06	3.65	0.41
2.92	2.89	0.03
2.92	2.85	0.07
2.83	2.44	0.39
3.45	3.11	0.34
2.72	2.64	0.08
3.74	2.82	0.92

7. 두 개의 서로 다른 척도를 사용하여 얻은 무게 사이에 체계적 차이가 있는지 확인하기 위한 실험에서 척도마다 10개의 암석 표본의 무게를 그램 단위로 측정하였다. 입수한 데이터는 다음과 같다.

암석	척도 1	척도 2
1	11.23	11.27
2	14.36	14.41
3	8.33	8.35
4	10.50	10.52
5	23.42	23.41
6	9.15	9.17
7	13.47	13.52
8	6.47	6.46
9	12.40	12.45
10	19.38	19.35

척도 2의 평균 무게가 척도 1의 평균 무게보다 무겁다고 결론지을 수 있는지 판단하시오.

8. 콘크리트 블록의 압축강도(KPa)는 주입 후 3일째와 6일째에 5개

의 서로 다른 콘크리트 배치에서 측정되었다. 데이터는 다음과 같다.

	콘크리트 배치				
	1	2	3	4	5
3일째	1341	1316	1352	1355	1327
6일째	1376	1373	1366	1384	1358

6일째의 평균 강도가 3일째의 평균 강도보다 크다고 결론지을 수 있는지 판단하시오.

9. 어떤 택시회사의 경영진들은 연비를 향상시키기 위해 바이어스(bias) 타이어에서 레이디얼(radial) 타이어로 바꾸어야 하는지 결정하고자 한다. 10대의 택시에 각각 두 종류의 타이어를 장착시켜 실험했다. 이때 운전자를 바꾸지 않고 타이어만을 바꾸어 실험을 반복하였다. 10대의 차량에서 측정한 연비(mpg) 결과는 다음과 같다.

자동차	레이디얼	바이어스
1	32.1	27.1
2	36.1	31.5
3	32.3	30.4
4	29.5	26.9
5	34.3	29.9
6	31.9	28.7
7	33.4	30.2
8	34.6	31.8
9	35.2	33.6
10	32.7	29.9

a. 택시의 타이어를 교체하는 비용은 비싸기 때문에 회사 경영진들은 가설검정 결과가 실험 주행에서 연비가 크게 개선된다는 점을 제시해주지 못하면, 타이어를 교체하지 않고자 한다. 적절한 귀무가설 및 대립가설을 설정하고, P-값을 구하시오.

b. 비용 편익을 분석한 결과, 평균 연비가 2 mpg보다 크면, 레이디얼(radial) 타이어로 교체하는 것이 더 이익인 것으로 나타났다. 타이어를 교체할지에 대한 여부를 결정하기 위해 가설검정을 하고자 할 때, 적절한 귀무가설 및 대립가설을 설정하고, P-값을 구하시오.

10. 다음 컴퓨터 계산 결과(Excel)는 두 모집단평균의 차 $\mu_X - \mu_Y$에 대한 쌍표본 가설검정의 결과를 나타낸다. 다음 빈칸을 채우시오.

	X	Y	차이
평균	12.4141	8.3476	(c)
표준편차	2.9235	(b)	3.16758
평균의 표준오차	(a)	1.0764	1.19723
관측수	7	7	7
평균차이에 대한 95% 신뢰 하한		1.74006	
t 값		(d)	
P 값		0.007	

7.5 정규모집단의 분산 검정

지금까지 살펴본 검정들은 평균 혹은 비율에 대한 것이었다. 때로는 분산에 대한 가설을 검정하는 것이 필요할 수도 있다. 일반적으로 이를 수행하기 위한 좋은 방법을 찾기 쉽지 않다. 그러나 두 모집단이 정규분포를 따르는 경우에는 특별히 적용할 수 있는 방법이 있다.

정규모집단의 분산 검정

$X_1, \cdots, X_n$을 $N(\mu, \sigma^2)$ 모집단의 단순확률표본이라 하고, s^2을 표본분산이라고 가정하자.

$$s^2 = \frac{1}{n-1}\sum_{i=1}^{n}(X_i - \overline{X})^2$$

여기서 검정통계량은 $\dfrac{(n-1)s^2}{\sigma_0^2}$이고, 다음의 3가지 귀무가설 중 어느 하나를 취할 수 있다.

$$H_0: \sigma^2 \le \sigma_0^2 \qquad H_0: \sigma^2 \ge \sigma_0^2 \qquad H_0: \sigma^2 = \sigma_0^2$$

H_0가 참이면, $\sigma^2 = \sigma_0^2$이라고 가정한다. 그러면 검정통계량은 자유도가 $n-1$인 카이제곱분포를 갖는다. 다음 예제를 통해 검정을 살펴보자.

예제 7.9

정육점에서 저울의 신뢰성을 확인하기 위해 무게가 400 g으로 알려진 시험 중량의 무게를 16회 측정했다. 저울을 신뢰할 수 있는 것으로 간주하려면 반복측정의 분산이 1보다 작아야 한다. 16회 측정된 무게의 표본분산은 $s^2 = 0.81$이었다. 측정된 무게는 독립적이고 정규분포를 따른다고 가정한다. 측정값의 모분산이 1보다 작다고 볼 수 있는지 판단하시오.

풀이

σ^2을 모분산이라고 가정하자. 귀무가설과 대립가설은 $H_0: \sigma \ge 1$, $H_1: \sigma < 1$이다. 검정통계량 값은 다음과 같다.

$$\frac{(n-1)s^2}{1^2} = 12.15$$

만약 H_0가 참이라면, s^2은 평균적으로 1보다 크거나 같을 것이다. 그러므로 검정통계량이 작을수록 H_0에 대한 증거가 더 강해진다. 따라서 P-값은 H_0가 참이라는 가정하에서 관측값이 12.15보다 작거나 같은 검정통계량을 관측할 확률이다. 자유도가 $n-1=15$인 카이제곱표(표 A.7 참고)를 참고하면, 하위 10%인 점이 8.547임을 알 수 있다. 따라서 $P > 0.10$(그림 7.7 참고)이며, 저울을 신뢰할 수 있다고 할 수 없다.

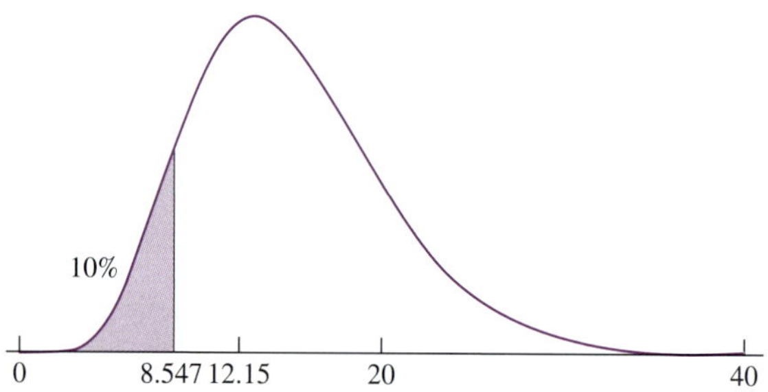

그림 7.7 카이제곱분포의 확률밀도함수. 검정통계량의 관측값은 12.15이며, 하위 10%인 점은 8.5487이다. 따라서 P-값은 0.10보다 크다(소프트웨어에서는 $P = 0.332$를 산출한다).

귀무가설이 $H_0: \sigma^2 \le \sigma_0^2$인 경우 검정통계량이 클수록 H_0에 대한 강력한 증거가 된다. P-값은 검정통계량 관측값의 오른쪽에 있는 영역이다. 귀무가설이 $H_0: \sigma^2 = \sigma_0^2$인 경우 검정통계량의 큰 값과 작은 값은 모두 H_0에 대한 증거가 된다. P-값은 검정통계량의 관측값을 포함하는 꼬리 영역을 두 배로 늘려서 구할 수 있다.

등분산에 대한 F 검정

때때로 두 모집단의 분산이 같다는 귀무가설을 검정하는 것이 바람직하다. 일반적으로 이를 수행하기 위한 좋은 방법을 찾기란 쉽지 않다. 그러나 두 모집단이 정규분포를 따르는 경우에는 특별히 적용 가능한 방법이 있다.

X_1, ⋯, X_m를 정규분포 $N(\mu_1, \sigma_1^2)$을 따르는 모집단으로부터 추출된 확률표본이라 하고, Y_1, ⋯, Y_n를 정규분포 $N(\mu_2, \sigma_2^2)$을 따르는 모집단으로부터 추출된 확률표본이라 하자. 각 표본은 서로 독립적으로 선택되었다고 가정한다.

여기서는 평균 μ_1과 μ_2의 값은 관심 대상이 아니다. 단지 분산 σ_1^2과 σ_2^2에만 관심이 있다. 표본의 크기 m과 n은 서로 다를 수도 있음에 주의할 필요가 있다. s_1^2과 s_2^2은 표본들의 분산이라 하자. 즉,

$$s_1^2 = \frac{1}{m-1}\sum_{i=1}^{m}(X_i - \overline{X})^2 \qquad s_2^2 = \frac{1}{n-1}\sum_{i=1}^{n}(Y_i - \overline{Y})^2$$

다음 제시된 세 가지의 귀무가설 중 어느 하나의 경우에 대해 검정을 수행할 수 있다.

$$H_0: \frac{\sigma_1^2}{\sigma_2^2} \le 1 \quad \text{또는} \quad \sigma_1^2 \le \sigma_2^2$$

$$H_0: \frac{\sigma_1^2}{\sigma_2^2} \ge 1 \quad \text{또는} \quad \sigma_1^2 \ge \sigma_2^2$$

$$H_0: \frac{\sigma_1^2}{\sigma_2^2} = 1 \quad \text{또는} \quad \sigma_1^2 = \sigma_2^2$$

이러한 가설들을 검정하기 위한 절차들은 유사하지만 동일하지는 않다. 먼저 대립가설 H_1: $\sigma_1^2/\sigma_2^2 > 1$에 대해 귀무가설 H_0: $\sigma_1^2/\sigma_2^2 \le 1$을 검정하기 위한 절차를 소개하고, 그다음 다른 두 가설을 검정하기 위해 절차들이 어떻게 다른지를 설명하고자 한다.

검정통계량은 두 표본분산의 비로 나타난다.

$$F = \frac{s_1^2}{s_2^2} \tag{7.16}$$

귀무가설 H_0가 참인 경우에 대해 $\sigma_1^2/\sigma_2^2 = 1$($H_1$과 가장 가까운 값) 또는 $\sigma_1^2 = \sigma_2^2$이라 가정한다. 귀무가설 H_0가 참일 때, 평균적으로 표본들의 분산 s_1^2과 s_2^2은 유사한 값을 가지게 되기 때문에 값 F는 거의 1로 나타난다. 귀무가설 H_0가 거짓일 때, $\sigma_1^2 > \sigma_2^2$이므로 s_1^2은 s_2^2보다 크게 되며, 값 F 또한 1보다 커지게 된다. 검정통계량으로 값 F를 사용하기 위해서는 그것의 귀무분포를 알아야 한다. 이때 귀무분포를 F 분포라 부르며, 그 특성은 다음과 같다.

F 분포

F 분포를 갖는 통계치들은 식 (7.16)에 제시된 두 표본분산의 비와 같은 정량적인 수치들의 비율이다. 그러므로 F 분포는 자유도로 두 개의 값을 갖게 된다.

하나는 분자와 관련되어 있으며, 또 다른 하나는 분모와 관련되어 있다. 자유도의 수는 F라는 문자의 아래 첨자로 제시되어 있다. 예를 들어, $F_{3,16}$은 분자에 대한 자유도의 수 3과 분모에 대한 자유도의 수 16을 만족시키는 F 분포를 의미한다. 여기서 항상 분자에 대한 자유도의

수를 먼저 기입한다는 점을 명심한다.

F 분포표는 부록 A의 표 A.6에 제시되어 있다. F 분포표는 다양한 자유도에 대한 특정 분위 값 또는 상위 퍼센트 점의 값들을 제공해 준다. 예를 들면, 그림 7.7은 $F_{3,16}$ 분포에 대한 확률밀도함수를 나타낸다. 분포의 상위 5% 부분이 어두운색으로 표시되어 있다. 이 표에서 상위 5%에 해당하는 점을 확인하기 위해 $\alpha = 0.050$, 자유도의 수 $\nu_1 = 3$, $\nu_2 = 16$을 만족하는 값을 찾아보면 3.24이다.

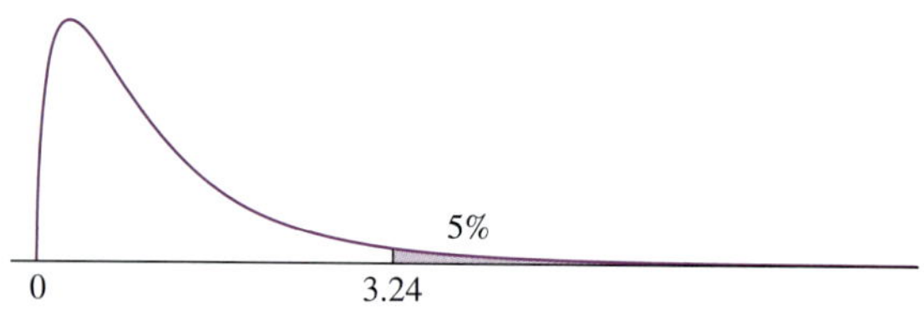

그림 7.8 $F_{3,16}$ **분포의 확률밀도함수.** 상위 5%에 해당하는 점은 3.24이다. (부록 A에 제시된 분포표(표 A.6) 참고)

등분산 검정을 위한 F 통계량

검정통계량 $F = s_1^2/s_2^2$에 대한 귀무분포는 $F_{m-1,n-1}$이다. 분자에 대한 자유도의 수는 s_1^2을 계산하기 위해 사용되는 표본의 크기보다 하나 작고, 분모에 대한 자유도의 수는 s_2^2을 계산하기 위해 사용되는 표본의 크기보다 하나 작다. 예제를 통해 이러한 F 검정 과정을 살펴보자.

예제 7.10

피부에 대한 특정 살충제의 흡수율을 결정하는 실험의 하나로 정해진 양 만큼의 두 살충제를 몇 개의 피부 시료들에 적용하였다. 시간이 흐른 뒤, 흡수된 양(μg)이 측정되었다. 살충제 A의 경우, 6개의 시료에 흡수된 양의 분산이 2.3이었으며, 살충제 B의 경우, 10개의 견본으로부터 흡수된 양의 분산이 0.6으로 나타났다. 각 살충제에 대한 흡수량은 정규분포를 따르는 모집단으로부터 추출된 임의표본이라 가정하자. 그렇다면 흡수된 양의 분산이 살충제 B보다 살충제 A에서 크다고 결론지을 수 있는지 판단하시오.

풀이

σ_1^2을 살충제 A에 대한 모집단 분산, σ_2^2을 살충제 B에 대한 모집단 분산이라 하자. 귀무가설은 다음과 같다.

$$H_0: \frac{\sigma_1^2}{\sigma_2^2} \le 1$$

표본분산 s_1^2과 s_2^2은 각각 2.3과 0.6이다. 검정통계량의 값은 다음과 같다.

$$F = \frac{2.3}{0.6} = 3.83$$

검정통계량의 귀무분포는 $F_{5,9}$이다. 만약 H_0가 참이면, 평균적으로 s_1^2이 s_2^2보다 작게 될 것이다. 즉, F 값이 더 크면 클수록 귀무가설 H_0을 기각할 수 있는 더 확실한 증거가 된다. 5와 9의 자유도를 갖는 F 분포표를 참고하면, 상위 5%에 해당하는 점은 3.48로, 상위 1%에 해당하는 점은 6.06으로 나타난다. 따라서 $0.01 < P < 0.05$가 된다. 이는 귀무가설을 기각할만한 상당히 강력한 증거가 된다(그림 7.9 참고).

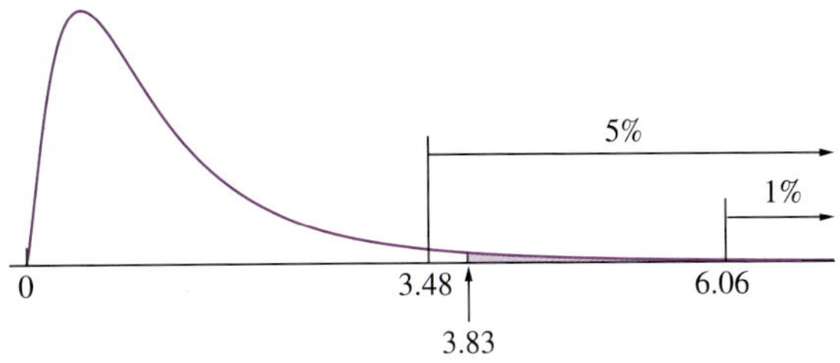

그림 7.9 검정통계량의 관측값은 3.830이다. $F_{5,9}$ 분포의 상위 5%에 해당하는 점은 3.48이다. 상위 1%에 해당하는 점은 6.06이다. 그러므로 P-값은 0.01과 0.05 사이에 위치한다.

이제 다른 귀무가설을 검정하기 위해 예제 7.10에 제시된 과정이 어떻게 수정되어야 하는지 살펴보기로 한다. 다음과 같은 귀무가설을 검정하기 위해 원칙적으로 검정통계량 s_1^2/s_2^2을 사용할 수 있는데, 값이 작다면 귀무가설 H_0를 기각할 수 있는 증거가 된다.

$$H_0: \frac{\sigma_1^2}{\sigma_2^2} \geq 1$$

그러나 F 분포표가 F 통계량에 대해 큰 값(1보다 큰)만을 제시하고 있으므로 검정통계량 s_2^2/s_1^2을 이용하는 것이 더 용이하다. 귀무가설 H_0하에서 s_2^2/s_1^2의 분포는 $F_{n-1,m-1}$이다. 마지막으로 양측가설을 검정하기 위한 방법에 대해 살펴보자.

$$H_0: \frac{\sigma_1^2}{\sigma_2^2} = 1$$

이 가설의 경우 검정통계량 s_1^2/s_2^2의 값이 크거나 작은 경우 모두 귀무가설 H_0를 기각할만한 증거를 제공하게 된다. 그 절차는 s_2^2/s_1^2과 s_1^2/s_2^2 중에서 1보다 큰 값을 갖는 검정통계량을 선택하여 사용하는 것이다. 양측검정에 대한 P-값은 단측검정에 대한 P-값보다 두 배만큼 큰 값을 갖게 된다. 다시 말하면, 양측검정의 P-값은 F 분포의 상위 꼬리 부분에 해당하는 면적의 두 배 큰 값이다. 다음 예제를 통해 자세히 살펴보자.

예제 7.11

예제 7.10에서 표본크기가 6인 경우 $s_1^2 = 2.3$이고, 표본크기가 10인 경우 $s_2^2 = 0.6$이었다. 이때 다음과 같은 귀무가설을 검정하시오.

$$H_0: \sigma_1^2 = \sigma_2^2$$

풀이

귀무가설 $\sigma_1^2 = \sigma_2^2$은 $\sigma_2^2/\sigma_2^2 = 1$과 동일하다. $s_1^2 > s_2^2$이므로 검정통계량 s_1^2/s_2^2을 사용한다. 예제 7.9에서 단측검정에 대해 $0.01 < P < 0.05$임을 확인한 바 있다. 그러므로 양측검정에 대해서는 $0.02 < P < 0.10$이 된다. 아래 컴퓨터 출력(Excel)은 예제 7.10에 대한 풀이를 보여주고 있다.

	살충제 A	살충제 B
분산	2.3	0.6
관측수	6	10
검정통계량	3.83	
P 값	0.078	

F 검정은 정규성의 이탈 정도에 민감하다

F 검정은 t 검정에서와 마찬가지로 표본들이 정규모집단으로부터 추출되었다는 가정을 수반한다. 그러나 t 검정과는 달리 분산을 비교하기 위한 F 검정은 이러한 가정에 더욱 민감하다. 만약 모집단의 형태가 정규분포곡선과 많이 다르다면, F 검정은 잘못된 결과를 제시할 수도 있다. 이러한 이유로 분산을 비교하기 위한 F 검정은 주의를 기울여 사용해야만 한다. 8장과 9장에서도 선형회귀와 분산분석과 관련한 가설검정을 수행하기 위해 F 분포를 사용한다. 그러나 이러한 상황에서의 F 검정은 정규성가정의 위반에 대해 상대적으로 덜 민감하다고 알려져 있다.

7.5 연습문제

1. 두 확률변수의 자유도가 각각 7, 20인 F 분포의 상위 5% 지점을 구하시오.

2. 분자의 자유도가 5이고, 분모의 자유도가 7인 F 분포에 대해 F 검정을 수행한 결과 F 검정값이 7.46이었다.

a. 단측검정을 수행할 경우, P-값(유의확률)을 구하시오.

b. 양측검정을 수행할 경우, P-값(유의확률)을 구하시오.

3. IQ 테스트 점수는 정규분포를 따른다. 25개의 IQ 점수에 대한 표본은 $s^2 = 64$의 분산을 가졌다. 테스트 개발자는 모집단의 분산이 $\sigma^2 = 225$라고 주장한다. 이 자료들이 개발자의 주장에 반박할 충분한 증거를 제공하고 있는지 판단하시오.

4. (국민건강통계자료에 근거)25명의 1세 여자아이에 대한 표본은 평균 몸무게가 24.1파운드였고, 표준편차가 4.3파운드였다. 체중에 대한 모집단이 정규분포를 따른다고 가정한다. 한 소아과 의사는 1세 여자아이들의 몸무게 표준편차가 5파운드 미만이라고 주장한다. 데이터가 소아과 의사의 주장이 사실이라는 설득력 있는 증거를 제공하는지 판단하시오.

5. 두 브랜드의 초콜릿 바 표본에서 나트륨 함량을 측정하면 다음과 같은 결과가 나온다 (단위는 g).

브랜드 A	34.36	31.26	37.36	28.52	33.14
	32.74	34.34	34.33	30.95	
브랜드 B	41.08	38.22	39.59	38.82	36.24
	37.73	35.03	39.22	34.13	34.33
	34.98	29.64	40.60		

두 브랜드 간에 나트륨 함량의 분산이 다르다는 결론을 내릴 수 있는지 판단하시오.

7장 보충연습문제

1. 콜레스테롤 수치를 낮추기 위해 고안된 두 약물의 효과를 비교하기 위한 테스트에서 무작위로 선택된 75명의 환자에게는 약물 A를 투여하고 100명의 환자에게는 약물 B를 투여했다. 약물 A를 투여한 사람들은 콜레스테롤 수치가 평균 40, 표준편차 12로 감소했고, 약물 B를 투여한 사람들은 평균 42, 표준편차 15로 낮아졌다. 단위는 혈청 1 dl 당 콜레스테롤 1 mg이다. 약물 B를 사용했을 때의 평균 감소가 약물 A를 사용했을 때의 감소보다 크다고 볼 수 있는지 판단하시오.

2. 한 엔지니어는 가정용 컴퓨터를 위한 신형 전원 공급 장치가 구형보다 수명이 길다고 주장한다. 두 가지 유형에 대해 각각 75개의 임의표본을 선택하고 수명에 대한 평균과 표준편차를 계산했다.

$$\text{신형: } \overline{X}_1 = 4387 \qquad s_1 = 252$$
$$\text{구형: } \overline{X}_2 = 4260 \qquad s_2 = 231$$

신형 전원 공급 장치의 평균 수명이 구형 전원 공급 장치보다 더 길다고 결론지을 수 있는지 판단하시오.

3. 습기가 전기 연결부에 미치는 영향에 대한 실험에서 습한 조건에서는 100개의 전기 연결부를 시험했고 건조한 조건에서는 150개를 시험했다. 이때 습한 조건에서는 20개가 실패했고 건조한 조건에서는 10개만 실패했다. 건조할 때와 습할 때 연결에 실패하는 비율의 차에 대해 90% 신뢰구간을 구하시오.

4. 특정 마이크로 칩을 제조하기 위해 두 가지 공정이 비교되고 있다. 저렴한 공정에서는 400개의 칩이 표본으로 선택됐으며 62개의 칩에서 결함이 있는 것으로 나타났다. 더 비싼 공정에서는 100개의 칩이 표본으로 선택됐고 12개에서 결함이 발견되었다.

a. 두 공정에서 생산된 불량 칩 비율 차이에 대한 95% 신뢰구간을 구하시오.

b. 신뢰구간의 정밀도를 높이기 위해 추가 칩을 표본화한다. 동일한 비용의 세 가지 표본화 계획이 고려되고 있다. 첫 번째 계획에서는 저렴한 공정에서 추가로 100개의 칩을 표본화한다. 두 번째 계획에서는 비싼 공정에서 50개의 칩을 추가로 표본화한다. 세 번째 계획에서는 저렴한 공정에서 50개, 비싼 공정에서 25개의 칩을 표본화한다. 신뢰구간의 정밀도를 가장 크게 증가시킬 수 있는 계획은 무엇인지 설명하시오.

5. 새로운 광고 캠페인을 남성과 여성 중에서 어디에 더 많이 홍보할 것인지를 결정하기 위해 광고주는 임의표본으로 500의 부부를 선정해서 필요할 때 쉽게 찾을 수 있는 신형 TV 리모컨을 제공했다. 500명의 남편 중 62%는 새 리모컨이 이전 리모컨보다 찾기 쉽다고 답했으며 500명의 아내 중에서는 54%만이 찾기 쉽다고 답했다. p_1은 새 리모컨이 더 찾기 쉽다고 생각하는 기혼 남성 수의 비율이고, p_2는 기혼 여성에 해당하는 비율이라고 하자. 통계 $\hat{p}_1-\hat{p}_2=0.62-0.54$를 사용하여 $H_0: p_1-p_2=0$, $H_1: p_1-p_2\neq 0$를 검정할 수 있는가? 할 수 있다면 검정을 수행하고 P-값을 구하시오. 만약 그렇지 않다면, 그 이유를 설명하시오.

6. 무작위로 선정된 특정 신용카드 소지자 100명을 대상으로 한 설문 조사에서 57명은 신용카드를 사용하면 특정 항공사에서 마일리지를 적립할 수 있다는 사실을 알고 있다고 말했다. 이 혜택에 대한 인지도를 높이기 위한 광고 캠페인 후 200명의 신용카드 소지자를 대상으로 독립적인 설문 조사가 이루어졌고 135명이 혜택을 알고 있다고 답했다. 광고 캠페인 이후 혜택에 대한 인지도가 높아졌다는 결론을 내릴 수 있는지 판단하시오.

7. 분자 생물학자는 특정 효소가 DNA 뉴클레오티드를 소화하는 효과를 연구하고 있다. 그는 6개의 DNA 표본을 두 부분으로 나누고, 한 부분은 효소로 처리하고, 다른 부분은 처리하지 않고 내버려 두었다. 그런 다음 중합효소 연쇄반응 분석을 사용하여 주어진 서열을 포함하는 DNA 조각의 수를 계산하였다. 결과는 다음과 같다.

	표본					
	1	2	3	4	5	6
효소처리 O	22	16	11	14	12	30
효소처리 X	43	34	16	27	10	40

평균 조각 수 차이에 대한 95% 신뢰구간을 구하시오.

8. "Groundwater Electromagnetic Imaging in Complex Geological and Topographical Regions:ACase Study of a Tectonic Boundary in the French Alps" (S. Houtot, P. Tarits, et al., *Geophysics*, 2002:1048–1060)에서 pH는 프랑스 알프스의 Gittaz 호수와 근처 여러 곳의 물 표본에 대해서 측정되었다. 호수의 북쪽 11개소와 남쪽 6개소에 대한 결과는 다음과 같다.

북쪽:	8.1	8.2	8.1	8.2	8.2	7.4
	7.3	7.4	8.1	8.1	7.9	
남쪽	7.8	8.2	7.9	7.9	8.1	8.1

북쪽과 남쪽의 pH 차이에 대한 98% 신뢰구간을 구하시오.

9. 100대의 택시를 50대씩 두 그룹으로 나누어 고급 휘발유가 유지보수비 절감에 기여하는지를 살펴봤다. 고급 무연 휘발유는 그룹 A에서, 보통 무연 휘발유는 그룹 B에서 사용된다. 1년 동안 차량별 총유지보수비를 기록한다. 고급 휘발유는 유지보수비 절감효과가 입증될 경우 사용된다. 고급 휘발유가 유지보수비 절감에 기여하는지를 판단하시오.

10. 다양한 금도금 방법을 비교한 연구에서 7개의 인쇄 회로 에지 커넥터는 제어 침지 팁 도금으로 금도금했다. 이때 금 두께의 평균은 1.5 μm, 표준편차는 0.25 μm이다. 또한 5개의 커넥터를 마스킹한 후 전체를 침지 도금했을 때에는 평균 금 두께는 1.0 μm, 표준편차는 0.15 μm이다. 두 가지 방법으로 생성된 도금의 평균 두께 차이에 대해 99% 신뢰구간을 구하시오.

11. 부식 방지를 위해 설계된 두 가지 제형의 코팅에 대해 시험하고 있다. 8개의 파이프에 대해 절반은 제형 A로 코팅되고, 나머지 절반은 제형 B로 코팅된다. 각각의 파이프는 500시간 동안 소금 환경에 노출된다. 그 후 각 파이프의 제형별 부식 손실(μm)을 측정했다.

파이프	A	B
1	197	204
2	161	182
3	144	140
4	162	178

5	185	183
6	154	163
7	136	156
8	130	143

두 제형별 평균 부식량이 다르다고 결론지을 수 있는지 판단하시오.

12. 로켓 연료에 대한 두 가지 서로 다른 화학 공식이 특정 설계에서 로켓 엔진에 최대 추진력을 전달하기 위해 고려된다. 각각의 두 연료에 대한 추진력/중량비(kgf/g)는 여러 번 측정된다. 결과는 다음과 같다.

연료 A: 54.3 52.9 57.9 58.2 53.4 51.4
56.8 55.9 57.9 56.8 58.4 52.9
55.5 51.3 51.8 53.3

연료 B: 55.1 55.5 53.1 50.5 49.7 50.1
52.4 54.4 54.1 55.6 56.1 54.8
48.4 48.3 55.5 54.7

a. 현재 연료처리 공장은 연료 B를 생산하도록 구성되어 있고 전환 비용이 높다고 가정한다. 로켓 연료에 대한 추진력/중량비(kgf/g)가 증가하는 것이 이롭기 때문에 연료 A로 전환할지를 결정하는 시험에서 귀무가설과 대립가설을 어떻게 설정해야 하는지 구하시오.

b. 연료 A로 전환해야 한다고 결론을 내릴 수 있는지 판단하시오.

Chapter 8

선형모형의 추론

개요

(x_1, y_1), ⋯, (x_n, y_n)과 같이 짝으로 배열된 자료를 이변량자료(bivariate data)라 한다. 2장에서 우리는 최소제곱직선을 이용하여 주어진 x값으로부터 y값을 예측하는 법을 다뤘다.

많은 경우에 x, y가 식 $y=\beta_0+\beta_1 x+\varepsilon$을 만족하는 선형관계를 가진다고 가정하는 것이 합리적이다. 여기서 ε는 확률변수이다. 이 경우에 식 $y=\beta_0+\beta_1 x$는 참회귀직선이며, 표본을 통해 구한 최소제곱직선은 참 직선의 추정값이다. 8.1절에서는 참회귀직선의 기울기와 절편의 신뢰구간을 구하고 가설검정을 수행하는 법에 대해 다룰 것이다.

신뢰구간과 가설검정이 타당하기 위해서는 확실한 가정들을 만족해야 한다. 우리는 이러한 가정들을 확인하는 방법에 대해 다룰 것이며 8.2절에서는 그것에 관한 명백한 위반에 대해 다룰 것이다.

이변량자료에서 x는 독립변수이며, y는 종속변수이다. 종속변수 y가 하나의 독립변수 x에 영향을 받는 선형모형 $y=\beta_0+\beta_1 x+\varepsilon$을 단순선형회귀모형이라 한다. 그러나 하나의 독립변수는 충분하지 않는 경우가 많다. 두 개 이상의 독립변수 x_1, x_2, x_3, ⋯, x_p가 종속변수 y에 영향을 미친다. 이러한 경우 독립변수와 종속변수가 선형관계라면 **다중회귀(multiple regression)** 방법을 이용한다.

예를 들어, 트럭의 연료 효율을 측정한다고 가정한다. 이때 독립변수는 무게, 엔진 위치, 트럭출고일이다. 이러한 경우 다중회귀모형인 $y=\beta_0+\beta_1 x_1+\beta_2 x_2+\beta_3 x_3+\varepsilon$을 이용하여 연료의 효율을 예측할 수 있다($y$는 연료 효율, x_1은 무게, x_2는 엔진 위치, x_3는 트럭출고일). 8.3절과 8.4절에서는 다중회귀에 대해 다룰 것이다.

8.1 최소제곱계수를 이용한 추론

두 변수가 선형관계를 가질 때, 산점도는 최소제곱직선으로 알려진 직선 주위에 모이는 경향이 있다(그림 2.2 참고). 많은 경우에 최소제곱직선의 기울기와 절편으로 참회귀직선의 기울기와 절편을 추정한다. 이 절에서는 최소제곱직선을 사용하여 참 직선의 기울기와 절편에 대한 신뢰구간을 구하고, 가설검정을 하는 방법을 살펴본다.

한 가설 실험을 생각해 보자. 스프링은 하중이 작용할 때 늘어나는 성질이 있다. 스프링의 강성은 단위 하중 당 늘어나는 길이, 즉 '스프링 상수'로 측정된다. x_1, x_2, ⋯, x_n을 하중, l_i를 늘어나는 길이라고 할 때 훅의 법칙에 따르면,

$$l_i = \beta_0 + \beta_1 x_i \tag{8.1}$$

이다. 여기서 β_0는 원래 스프링의 길이이며, β_1은 스프링 상수이다. 하중 x_i가 작용할 때, 측정상의 오류를 고려한 스프링의 길이를 y_i라 하면,

$$y_i = l_i + \varepsilon_i \tag{8.2}$$

이다. 여기서 ε_i는 i번째 측정에서 발생하는 오차이다. 식 (8.1)과 (8.2)를 통해

$$y_i = \beta_0 + \beta_1 x_i + \varepsilon_i \tag{8.3}$$

식 (8.3)에서 y는 **종속변수(dependent variable)**, x는 **독립변수(independent variable)**, β_0과 β_1은 **회귀계수(regression coefficient)**, ε는 **오차(error)**이다. $y = \beta_0 + \beta_1 x$는 **참회귀직선(true regression line)**이고 식 8.3은 **선형모형(linear model)**이다.

표 8.1 다양한 하중에서의 스프링의 길이 측정

하중(lb) x	측정 길이(in) y	하중(lb) x	측정 길이(in) y
0.0	5.06	2.0	5.40
0.2	5.01	2.2	5.57
0.4	5.12	2.4	5.47
0.6	5.13	2.6	5.53
0.8	5.14	2.8	5.61
1.0	5.16	3.0	5.59
1.2	5.25	3.2	5.61
1.4	5.19	3.4	5.75
1.6	5.24	3.6	5.68
1.8	5.46	3.8	5.80

표 8.1은 가상 실험의 결과를 나타낸 것이다. β_1은 스프링 상수이고, β_0은 하중이 없을 때의 스프링 길이이다. 측정상의 오차가 없다면 각 점은 β_0을 x축 상의 절편으로 하고 기울기가 β_1인 직선상에 놓이게 된다. 하지만 측정상의 오류로 인해 β_0과 β_1은 정확히 결정될 수 없다. 최소제곱법을 이용하여 다음과 같이 나타낼 수 있다.

$$y = \hat{\beta}_0 + \hat{\beta}_1 x \tag{8.4}$$

여기서 $\hat{\beta}_0$, $\hat{\beta}_1$은 **최소제곱계수(least-squares coefficient)**이다. 최소제곱직선의 기울기인 계수 $\hat{\beta}_1$은 참의 스프링 상수 β_1의 추정값이고, 최소제곱직선의 절편인 계수 $\hat{\beta}_0$은 참의 무하중 길이 β_0의 추정값이다. 그림 8.1은 회귀직선을 그린 x, y의 산점도를 나타낸다. 최소제곱계수를 구하는 공식을 식 (2.6), (2.7)에 나타내었다. 요약하면 다음과 같다.

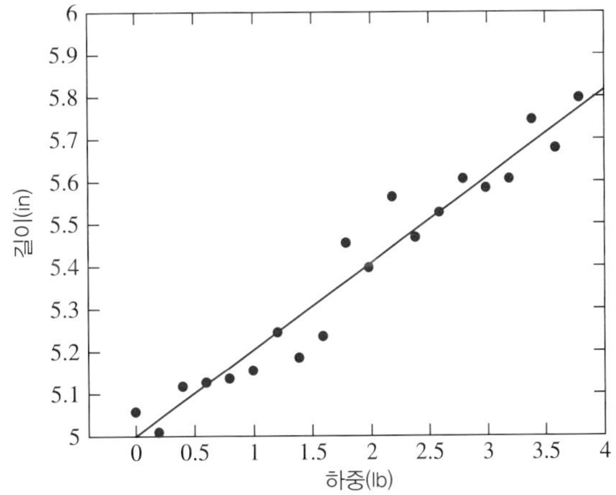

그림 8.1 다양한 하중에서의 스프링의 길이 측정의 산점도. 최소제곱직선을 그려 넣었다.

요약

$(x_1, y_1), \cdots, (x_n, y_n)$에서 최소제곱직선은 $y=\hat{\beta}_0+\hat{\beta}_1 x$이다.

$$\hat{\beta}_1 = \frac{\sum_{i=1}^{n}(x_i-\bar{x})(y_i-\bar{y})}{\sum_{i=1}^{n}(x_i-\bar{x})^2} \tag{8.5}$$

$$\hat{\beta}_0 = \bar{y} - \hat{\beta}_1 \bar{x} \tag{8.6}$$

예제 8.1

표 8.1에 주어진 훅의 법칙 자료를 이용하여 스프링 상수와 길이의 최소제곱 추정값을 구하시오. 최소제곱 직선 방정식을 구하시오.

풀이

스프링 상수의 추정값은 $\hat{\beta}_1$이고, 스프링 길이의 추정값은 $\hat{\beta}_0$이다. 표 8.1을 통해 계산하면,

$$\bar{x} = 1.9000 \qquad \bar{y} = 5.3885$$

$$\sum_{i=1}^{n}(x_i-\bar{x})^2 = \sum_{i=1}^{n} x_i^2 - n\bar{x}^2 = 26.6000$$

$$\sum_{i=1}^{n}(x_i-\bar{x})(y_i-\bar{y}) = \sum_{i=1}^{n} x_i y_i - n\bar{x}\,\bar{y} = 5.4430$$

이고, 식(8.5), (8.6)을 통해

$$\hat{\beta}_1 = \frac{5.4430}{26.6000} = 0.2046$$

$$\hat{\beta}_0 = 5.3885 - (0.2046)(1.9000) = 4.9997$$

이다. 최소제곱직선의 식은 $y=\hat{\beta}_0+\hat{\beta}_1 x$이다. 대입하면 $y=4.9997+0.2046x$이다.

최소제곱 추정값의 확률변동

참값 β_0, β_1과 최소제곱 추정값 $\hat{\beta}_0$, $\hat{\beta}_1$의 차이를 이해하는 것은 중요하다. 참값은 값이 정해지지 않은 상수이다. 추정값은 자료로부터 얻어지는 값이다. 우리는 실험이나 자료를 통해 참값과 유사한 추정값을 얻게 되고, 참값과 유사한 추정값을 사용하게 된다.

예를 들어, 훅의 법칙과 같은 실험은 무수히 반복될 수 있다. 참값 β_0, β_1은 실험에 의한 값과 상관없는 상수이다. 하지만 실험에 의해 추정된 회귀계수 $\hat{\beta}_0$, $\hat{\beta}_1$은 실험 자료값에 의해 변한다. 추정값 $\hat{\beta}_1$, $\hat{\beta}_0$이 유용하려면, 값들이 얼마만큼 변하는지를 결정하기 위해 표준편차를 추정해야 한다. 또한 표준편차를 구하기 위해서는 오차에 대해 알아볼 필요가 있다.

다음의 중요한 가정 사항을 만족하는 간단한 상황에 대해 알아보자.

선형모형의 확률오차에 대한 가정

1. 오차 $\varepsilon_1, \cdots, \varepsilon_n$들은 서로 독립인 확률변수이다. ε_i와 ε_{i+1}은 상관관계가 없다.

2. 오차 $\varepsilon_1, \cdots, \varepsilon_n$들의 평균은 0이다.

3. 오차 $\varepsilon_1, \cdots, \varepsilon_n$들은 같은 분산을 가지며 분산은 σ^2이다.

4. 오차 $\varepsilon_1, \cdots, \varepsilon_n$들은 정규분포를 따른다.

위 가정들은 제한적이므로 실제적으로 어느 정도의 위반을 수용하는지를 토의하는 것이 필요하다. 만약 표본의 크기가 크면, 4번 가정 사항의 중요성이 작아진다. 분산이 일정하다는 가정에서 조금 벗어나는 것은 크게 문제가 되지는 않지만, 심각한 경우에는 정정되어야 한다. 이 문제에 대해서는 8.2절에서 다룰 것이다.

이러한 가정에서 얼마나 큰 오차가 발생할지는 분산에 따라 결정되기 때문에 오차 ε_i은 분산 σ^2의 크기에 주로 영향을 받는다. 이것은 먼저 각각의 x_i에 대한 $\hat{y}_i = \hat{\beta}_0 + \hat{\beta}_1 x_i$를 구해봄으로써 알 수 있다. 잔차는 값 $\varepsilon_i = y_i - \hat{y}_i$이다. 오차에 대한 분산($\sigma^2$)의 추정값 s^2은 다음과 같다.

$$s^2 = \frac{\sum_{i=1}^{n} e_i^2}{n-2} = \frac{\sum_{i=1}^{n} (y_i - \hat{y}_i)^2}{n-2} \tag{8.7}$$

오차분산의 추정값은 잔차제곱의 평균으로 n이 아닌 $(n-2)$를 나눈 값이다. 최소제곱직선은 잔차제곱합 $\sum_{i=1}^{n} e_i^2$을 최소화 하므로 잔차는 오차 ε_i보다 작은 경향이 있다. 따라서 적절히 값을 조정하기 위해 n이 아닌 $n-2$를 나눈다.

상관계수 r을 이용하면 보다 쉽게 s^2를 계산할 수 있다.

$$s^2 = \frac{(1-r^2)\sum_{i=1}^{n} (y_i - \bar{y})^2}{n-2} \tag{8.8}$$

1~4번의 가정하에서 관측값 y_i 또한 확률변수이다. $y_i = \beta_0 + \beta_1 x_i + \varepsilon_i$이므로 y는 평균이 $\beta_0 + \beta_1 x_i$이고, 분산이 σ^2인 정규분포를 따른다. β_1은 x가 한 단위 증가와 연관된 y의 평균 변화를 나타낸다.

요약

1~4번의 가정하의 선형모형 $y_i = \beta_0 + \beta_1 x_i + \varepsilon_i$에서 관측값 $y_1, \cdots, y_i$는 정규분포를 따르는 종속변수이다. y_i의 평균과 분산은 다음과 같다.

$$\mu_{y_i} = \beta_0 + \beta_1 x_i$$

$$\sigma_{y_i}^2 = \sigma^2$$

기울기 β_1은 x가 한 단위 증가와 연관된 y의 평균 변화를 나타낸다.

$\hat{\beta}_0$, $\hat{\beta}_1$의 평균과 표준편차는 다음과 같다.

$$\mu_{\hat{\beta}_0} = \beta_0 \qquad \mu_{\hat{\beta}_1} = \beta_1$$

$$\sigma_{\hat{\beta}_0} = \sigma\sqrt{\frac{1}{n} + \frac{\bar{x}^2}{\sum_{i=1}^{n}(x_i - \bar{x})^2}} \qquad \sigma_{\hat{\beta}_1} = \frac{\sigma}{\sqrt{\sum_{i=1}^{n}(x_i - \bar{x})^2}}$$

$\hat{\beta}_0$, $\hat{\beta}_1$은 그 평균값이 참값과 같으므로 비편향추정량이다. 또한 독립정규확률변수 y_i의 선형결합이기 때문에 정규분포를 따른다. 실제로 표준편차를 계산할 때, σ값을 모르기 때문에 근사적으로 s값을 사용한다.

요약

1~4번의 가정하에서

- $\hat{\beta}_0$, $\hat{\beta}_1$은 정규분포를 따르는 확률변수이다.
- $\hat{\beta}_0$, $\hat{\beta}_1$의 평균은 참값 β_0, β_1과 같다.
- $\hat{\beta}_0$, $\hat{\beta}_1$의 표준편차는 다음과 같이 구한다.

$$s_{\hat{\beta}_0} = s\sqrt{\frac{1}{n} + \frac{\bar{x}^2}{\sum_{i=1}^{n}(x_i - \bar{x})^2}} \tag{8.9}$$

$$s_{\hat{\beta}_1} = \frac{s}{\sqrt{\sum_{i=1}^{n}(x_i - \bar{x})^2}} \tag{8.10}$$

여기서 $s = \sqrt{\dfrac{(1 - r^2)\sum_{i=1}^{n}(y_i - \bar{y})^2}{n - 2}}$은 오차표준편차 σ의 추정값이다.

예제 8.2

훅의 법칙 자료를 이용하여 s, $s_{\hat{\beta}_1}$, $s_{\hat{\beta}_0}$를 구하고, 스프링 상수와 스프링의 원래 길이, 표준편차를 구하시오.

풀이

예제 8.1에 따라 $\bar{x} = 1.9000$, $\bar{y} = 5.3885$, $\sum_{i=1}^{n}(x_i - \bar{x})^2 = 26.6000$, $\sum_{i=1}^{n}(x_i - \bar{x})(y_i - \bar{y}) = 5.4430$이다. $\sum_{i=1}^{n}(y_i - \bar{y})^2 = 1.1733$이고, s를 계산하기 위해 먼저 상관계수 r을 구한다.

$$r = \frac{\sum_{i=1}^{n}(x_i - \bar{x})(y_i - \bar{y})}{\sqrt{\sum_{i=1}^{n}(x_i - \bar{x})^2}\sqrt{\sum_{i=1}^{n}(y_i - \bar{y})^2}} \quad \text{(식 (2.1) 참조)}$$

상관계수 $r = 5.4430/\sqrt{(26.6000)(1.1733)} = 0.9743$이다.
식 (8.8)에 대입하면 $s = 0.0575$이고, 식 (8.9)에 대입하면 $s_{\hat{\beta}_0} = 0.0248$이다.
따라서 식 (8.10)에 대입하여 $s_{\hat{\beta}_1} = 0.0111$이다.

x값이 넓게 분포할수록 좋다

표준편차 $s_{\hat{\beta}_0}$, $s_{\hat{\beta}_1}$를 구하는 식 (8.9), (8.10)에서 $\sum_{i=1}^{n}(x_i-\bar{x})^2$ 항이 분모에 들어있다. 다른 값이 일정하다면, x의 값이 넓게 분포할 때 $\hat{\beta}_0$, $\hat{\beta}_1$의 표준편차가 작아지게 되고, 참값 β_0, β_1에 근접한 추정값이 된다. 물론 x값이 너무 크거나 작아서 선형모형 임계점 범위를 벗어나지 않는 것도 중요하다.

> **요약**
>
> x값을 선택할 때 값들이 넓게 퍼질수록 $\hat{\beta}_0$, $\hat{\beta}_1$의 표준편차가 작아진다. 특히 $\hat{\beta}_1$의 표준편차 $\sigma_{\hat{\beta}_1}$은 $\sqrt{\sum_{i=1}^{n}(x_i-\bar{x})^2}$ 또는 표본의 독립변수 x_1, x_2, $\cdots$, x_n의 표준편차와 반비례한다.
> 만약 x값이 선형모형 임계점 범위를 벋어나게 되면, 결과가 유효하지 않다는 것에 유의한다.

추정회귀직선의 정확도를 높일 수 있는 다른 두 가지 방법이 있다. 보다 많은 관측을 통해 $\sum_{i=1}^{n}(x_i-\bar{x})^2$의 값을 크게 만드는 방법과 보다 정확한 측정으로 오차의 분산 σ^2의 크기를 줄이는 방법이다. 그러나 이 두 가지 방법은 많은 노력이 필요하다.

예제 8.3

두 명의 엔지니어가 특정 스프링의 스프링 상수를 측정하기 위해 독립적인 실험을 하려 한다. 엔지니어 A는 0, 1, 2, 3, 4 lb의 하중 사용을 제안했고, 엔지니어 B는 0, 2, 4, 6, 8 lb의 하중 사용을 제안했다. 어느 엔지니어의 결과가 더 정확할지 판단하시오.

풀이

0, 2, 4, 6, 8의 표준편차는 0, 1, 2, 3, 4의 표준편차의 2배이다. 따라서 엔지니어 A의 표준편차가 엔지니어 B의 표준편차보다 2배 크고 엔지니어 B의 결과가 2배 정확하다.

위 풀이에는 두 가지 가정 사항이 있다. 첫째는 두 엔지니어 측정결과의 오차분산이 같다는 것이다. 같은 도구와 측정 방법을 사용하였을 때 이 가정이 성립한다. 그러나 한 엔지니어가 더 정밀하게 측정하였다면, 이것에 대해 고려할 필요가 있다. 둘째는 8 lb까지 스프링이 탄성거동을 하여 모든 자료가 선형모형을 만족한다는 것이다.

기울기와 절편의 추론

좌표 (x_1, y_1), $\cdots$, (x_n, y_n)인 산점도가 주어지면 최소제곱직선의 기울기 $\hat{\beta}_1$과 절편 $\hat{\beta}_0$을 구할 수 있다. 참의 기울기 β_1과 절편 β_0을 추정하기 위해 $\hat{\beta}_1$, $\hat{\beta}_0$을 고려한다. 여기서는 참값 β_1, β_0의 신뢰구간을 추정하고 검정하는 방법에 대해 살펴본다.

Student's t 분포를 기반으로 한 모평균에 대한 방법을 이 목적에 쉽게 적용할 수 있다. 앞서 언급한 4가지 가정을 통해 $\hat{\beta}_0$과 $\hat{\beta}_1$이 정규분포를 나타낸다는 것을 알았다(평균 β_0, β_1이고, 표준편차, $s_{\hat{\beta}_0}$, $s_{\hat{\beta}_1}$). $(\hat{\beta}_0-\beta_0)/s_{\hat{\beta}_0}$과 $(\hat{\beta}_1-\beta_1)/s_{\hat{\beta}_1}$의 값은 자유도가 $n-2$일 때의 Student's t 분포를 따른다. $s_{\hat{\beta}_0}$와 $s_{\hat{\beta}_1}$을 계산하는 과정에서 잔차제곱합을 $n-2$를 나눴기 때문에 자유도 역시 $n-2$가 된다. 표본의 크기 n이 충분히 크다면, 정규분포와 Student's t 분포는 거의 유사

하며 정규분포를 대신 사용할 수 있다.

그러나 대부분의 소프트웨어는 현재 표본의 크기와 무관하게 Student's t 분포를 사용하고 있다.

요약

4가지 가정하에서 $(\hat{\beta}_0-\beta_0)/s_{\hat{\beta}_0}$과 $(\hat{\beta}_1-\beta_1)/s_{\hat{\beta}_1}$의 값은 자유도가 $n-2$인 Student's t 분포를 따른다.

β_0, β_1에 대한 신뢰구간은 Student's t 분포에 기초하여 모평균의 신뢰구간을 구하는 것과 거의 같은 방법으로 구할 수 있다. $t_{n-2,\alpha/2}$를 자유도 $n-2$를 가지는 Student's t 곡선에서 오른쪽으로 면적 $\alpha/2$를 가지는 점이라 하자. 신뢰구간에 대한 점추정값은 $\hat{\beta}_0$, $\hat{\beta}_1$이고, 표준오차는 $s_{\hat{\beta}_0}$, $s_{\hat{\beta}_1}$, 임계값은 $t_{n-2,\alpha/2}$이다.

β_0, β_1에 대한 $100(1-\alpha)\%$ 신뢰구간은

$$\hat{\beta}_0 \pm t_{n-2,\alpha/2} \cdot s_{\hat{\beta}_0} \qquad \hat{\beta}_1 \pm t_{n-2,\alpha/2} \cdot s_{\hat{\beta}_1} \tag{8.11}$$

$$s_{\hat{\beta}_0} = s\sqrt{\frac{1}{n} + \frac{\overline{x}^2}{\sum_{i=1}^{n}(x_i-\overline{x})^2}} \qquad s_{\hat{\beta}_1} = \frac{s}{\sqrt{\sum_{i=1}^{n}(x_i-\overline{x})^2}}$$

예제 8.4

훅의 법칙 자료에서 스프링 상수의 95% 신뢰구간을 구하시오.

풀이

스프링 상수는 β_1이다. 예제 8.1과 8.2에서 $\hat{\beta}_1 = 0.2046$, $s_{\hat{\beta}_1} = 0.0111$이다.

자유도 $n-2$는 $20-2=18$이다. 95% 신뢰구간에서 $t(18,\ 0.25)$는 2.101이다. 따라서 β_1의 신뢰구간은 다음과 같다.

$$0.2046 \pm (2.101)(0.0111) = 0.2046 \pm 0.0233 = (0.181,\ 0.228)$$

95% 신뢰구간에서 하중 1 lb당 스프링 길이는 0.181에서 0.228로 증가한다. 물론 이 신뢰구간은 자료의 범위 안에서만 유효하다(0~3.8 lb).

예제 8.5

훅의 법칙 자료에서 하중이 없을 때 스프링의 길이의 99% 신뢰구간을 구하시오.

풀이

하중이 없을 때의 스프링 길이는 β_0이다. 예제 8.1과 8.2에서 $\hat{\beta}_0 = 4.9997$, $s_{\hat{\beta}_0} = 0.0248$이다.

자유도 $n-2$는 $20-2=18$이다. 99% 신뢰구간에서 $t(18,\ 0.05)$는 2.878이다. 따라서 β_0의 신뢰구간은 다음과 같다.

$$4.9997 \pm (2.878)(0.0248) = 4.9997 \pm 0.0714 = (4.928,\ 5.071)$$

즉, 99% 신뢰구간에서 하중이 없을 때의 스프링 길이는 4.928에서 5.071 in 사이이다.

또한 β_0, β_1에 대한 가설검정을 할 수 있다. 다음의 예제를 살펴보자.

예제 8.6

스프링 제조업자가 스프링 상수 β_1이 최소 0.215 in/lb 이상이라고 주장한다. 추정 스프링 상수 $\hat{\beta}_1$의 값은 0.2046 in/lb이다. 제조업자의 주장이 잘못되었다고 말할 수 있는지 판단하시오.

풀이

위의 문제는 가설검정이라고 불린다. 귀무가설과 대립가설은 $H_0: \beta_1 \geq 0.215$ vs $H_1: \beta_1 < 0.215$이다.

$(\hat{\beta}_1 - \beta_1)/s_{\hat{\beta}_1}$은 자유도 $n = 20 - 2 = 18$의 Student's t 분포를 가진다. 따라서 검정통계량은 $(\hat{\beta}_1 - 0.215)/s_{\hat{\beta}_1}$이다. 앞에서 구한 $\hat{\beta}_1 = 0.2046$, $s_{\hat{\beta}_1} = 0.0011$을 대입하면, $(0.2046 - 0.215)/0.0111 = -0.937$이다.

t 분포표를 참고하면 P-값은 0.10에서 0.25 사이가 된다(소프트웨어 결과값은 $P = 0.181$). 따라서 이러한 자료를 기준으로 제조업자의 주장을 기각할 수 없다.

예제 8.7

훅의 법칙 자료를 통해 하중이 없을 때의 스프링 길이가 4.9 in 보다 길다고 할 수 있는지 판단하시오.

풀이

가설검정이 필요하다. 귀무가설과 대립가설은 $H_0: \beta_0 \leq 4.9$ vs $H_1: \beta_0 > 4.9$이다.

$(\hat{\beta}_0 - \beta_0)/s_{\hat{\beta}_0}$은 자유도 $n = 20 - 2 = 18$의 Student's t 분포를 가진다. 따라서 검정통계량은 $(\hat{\beta}_0 - 4.9)/s_{\hat{\beta}_0}$이다. 앞에서 구한 $\hat{\beta}_0 = 4.9997$, $s_{\hat{\beta}_0} = 0.0248$을 대입하면, $(4.9997 - 4.9)/0.0248 = 4.020$이다.

t 분포표를 참고하면 P-값은 0.0005보다 작은 것을 알 수 있다(소프트웨어 결과값은 $P = 0.0004$). 따라서 하중이 없을 때의 스프링 길이는 4.9 in 이상이라고 할 수 있다.

가장 일반적인 귀무가설은 $H_0: \beta_1 = 0$이다. 만약 이 가설이 참이라면, x값이 증가하거나 감소해도 y값에 영향을 미치지 않는다. 이는 x, y가 선형적인 관계를 갖지 않는다는 것을 의미한다. 보통 가설 $\beta_1 = 0$이 기각되지 않는다면, x로부터 y를 예측하기 위해 선형모형을 사용하지 않는다.

예제 8.8

합성섬유의 수축에 대한 온도의 영향을 구하는 실험에서 25가지 합성섬유를 다양한 온도에 노출 시켰다. 각각의 실험에서 온도(℃)와 수축률(%)을 측정하였고 다음과 같은 결과가 계산되었다.

$$\sum_{i=1}^{n}(x_i - \bar{x})^2 = 87.34 \qquad \sum_{i=1}^{n}(x_i - \bar{x})(y_i - \bar{y}) = 11.62 \qquad s = 0.951$$

x, y가 선형모형을 따른다고 가정할 때 온도 1℃당 추정 수축률을 구하시오. 그리고 온도와 수축률 관계를 예상할 때 선형모형을 사용해도 되는지 판단하시오.

풀이

선형모형 $y = \beta_0 + \beta_1 x + \varepsilon$에서 온도 1℃가 상승할 때 변하는 수축률은 β_1이다.

귀무가설과 대립가설은 $H_0: \beta_1 = 0$ vs $H_1: \beta_1 \neq 0$이다. 귀무가설은 온도의 상승이 수축률에 영향을 미치지 않는다는 것이고 대립가설은 영향을 미친다는 것이다.

$(\hat{\beta}_1-\beta_1)/s_{\hat{\beta}_1}$은 자유도 $n=25-2=23$의 Student's t분포를 가진다. H_0에서 $\beta_1=0$이고 검정통계량은 $(\hat{\beta}_1-0)/s_{\hat{\beta}_1}$이다. $\hat{\beta}_1$와 $s_{\hat{\beta}_1}$를 풀면 다음과 같다.

$$\hat{\beta}_1 = \frac{\sum_{i=1}^{n}(x_i-\bar{x})(y_i-\bar{y})}{\sum_{i=1}^{n}(x_i-\bar{x})^2} = \frac{11.62}{87.34} = 0.13304$$

$$s_{\hat{\beta}_1} = \frac{s}{\sqrt{\sum_{i=1}^{n}(x_i-\bar{x})^2}} = 0.10176$$

검정통계량은 $(0.13304-0)/0.10176=1.307$이고, t 분포표에서 P-값은 0.20보다 크다(소프트웨어 결과값은 $P=0.204$). 따라서 선형모형이 적합하다고 말할 수 없다.

평균 반응에 대한 추론

훅의 법칙 자료를 사용하여 적절한 값 $\hat{y}=\hat{\beta}_0+\hat{\beta}_1x$를 계산함으로써 하중 x lb에서의 스프링 길이를 구할 수 있다. $\hat{\beta}_0$, $\hat{\beta}_1$ 값이 확률변수이기 때문에 $\hat{y}$ 역시 확률변수이다. $\hat{y}$를 좀 더 유용하게 측정하기 위해서 이 확률변수를 반영하는 신뢰구간을 세울 필요가 있다. 이 방법에 대해 알아보자.

측정값 y가 하중 x lb에서의 스프링 길이일 때, y의 평균값은 참의 길이 $\beta_0+\beta_1x$가 될 것이다(β_1은 실제 스프링 상수, β_0는 하중이 없을 때의 스프링 길이이다). 이 길이는 $\hat{y}=\hat{\beta}_0+\hat{\beta}_1x$를 통해 추정할 수 있다. $\hat{\beta}_0$, $\hat{\beta}_1$가 평균이 β_0, β_1인 정규분포를 따르기 때문에 $\hat{y}$ 역시 $\beta_0+\beta_1x$를 평균으로 하는 정규분포를 따른다.

신뢰구간을 구하기 위해 $\hat{y}$를 사용하려면 표준편차를 알아야 한다. 표준편차는 다음과 같이 계산된다.

$$s_{\hat{y}} = s\sqrt{\frac{1}{n}+\frac{(x-\bar{x})^2}{\sum_{i=1}^{n}(x_i-\bar{x})^2}} \tag{8.12}$$

$[\hat{y}-(\beta_0+\beta_1x)]/s_{\hat{y}}$는 자유도 $n-2$를 가지는 student's t 분포를 따른다. 이제 평균 반응치에 대한 신뢰구간을 나타낼 수 있다.

> $\beta_0+\beta_1x$에 대한 $100(1-\alpha)\%$ 신뢰구간은 다음과 같다.
>
> $$\hat{\beta}_0+\hat{\beta}_1x \pm t_{n-2,\alpha/2}\cdot s_{\hat{y}} \tag{8.13}$$

예제 8.9

훅의 법칙 자료에서 하중 1.4 lb에서 스프링의 길이의 95% 신뢰구간을 구하시오.

풀이

식 (8.13)을 이용하여 $\hat{y}$, $s_{\hat{y}}$, $\hat{\beta}_0$, $\hat{\beta}_1$을 구한다. $n=20$이며 예제 8.2에 따라 $s=0.0575$이고, 예제 8.1에 따라 $\hat{\beta}_1=0.2046$, $\hat{\beta}_0=4.9997$, $\bar{x}=1.9$, $\sum_{i=1}^{n}(x_i-\bar{x})^2=26.6$이다. 여기에 $x=1.4$를 대입하면 다음과 같다.

$$\hat{y} = \hat{\beta}_0 + \hat{\beta}_1 x = 4.9997 + (0.2046)(1.4) = 5.286$$

식 (8.12)에 $x = 1.4$를 대입하면,

$$s_{\hat{y}} = 0.0575\sqrt{\frac{1}{20} + \frac{(1.4 - 1.9)^2}{26.6}} = 0.0140$$

자유도는 $n - 2 = 20 - 2 = 18$이다. t 값은 $t_{18,0.25} = 2.101$이다. 식 (8.13)을 이용하면 95%신뢰구간은 다음과 같다.

$$5.286 \pm (2.101)(0.0140) = 5.286 \pm 0.0294 = (5.26, 5.32)$$

예제 8.10

인간 피부의 투과율(y)과 전기 저항(x) 사이의 관계에 대한 연구에서 면적이 2.54 cm^2인 50개의 피부 표본에 대해 다음 표에 제시된 자료를 수집했다. 여기서 투과율은 μm/h 단위로, 저항은 kΩ 단위로 측정된다. 선형모형을 사용하여 저항이 25 kΩ인 피부 표본의 평균 투과율에 대한 95% 신뢰구간을 구하시오.

저항(x)	투과율(y)	저항(x)	투과율(y)	저항(x)	투과율(y)
10.09	11.58	18.67	9.73	25.98	7.01
11.37	13.89	20.28	14.33	26.37	6.66
12.08	11.77	20.17	7.52	26.42	5.35
12.25	9.02	20.17	5.96	26.75	4.05
13.08	9.65	19.94	8.10	26.92	7.16
13.52	9.91	21.72	10.44	27.80	7.07
13.75	12.42	20.94	7.30	27.80	6.47
14.19	9.93	21.44	7.56	28.63	6.50
15.13	10.08	22.05	7.58	28.47	5.30
15.13	5.42	21.66	6.49	28.19	4.93
16.07	12.99	21.72	5.90	28.97	4.36
16.51	10.49	22.66	7.01	29.85	4.28
17.18	8.13	22.10	9.14	30.02	4.88
18.34	5.78	22.82	8.69	31.79	6.02
18.84	7.47	23.99	4.66	34.28	4.67
18.34	7.93	24.82	8.88	34.61	6.12
18.17	9.95	25.70	5.92		

풀이

먼저 다음과 같이 계산할 수 있다.

$$\bar{x} = 21.7548 \quad \bar{y} = 7.849 \quad \sum_{i=1}^{n}(x_i - \bar{x})^2 = 1886.48 \quad \sum_{i=1}^{n}(y_i - \bar{y})^2 = 325.993$$

$$\sum_{i=1}^{n}(x_i - \bar{x})(y_i - \bar{y}) = -566.121 \quad \hat{\beta}_0 = 14.3775 \quad \hat{\beta}_1 = \quad 0.300094 \quad s = 1.80337$$

저항이 25 kΩ인 피부 표본의 평균 투과율 추정량은 다음과 같다.

$$\hat{y} = 14.3775 - 0.300094(25) = 6.875$$

$\hat{y}$의 표준편차 추정량 $s_{\hat{y}}$은 다음과 같다.

$$s_{\hat{y}} = s\sqrt{\frac{1}{n} + \frac{(x - \bar{x})^2}{\sum_{i=1}^{n}(x_i - \bar{x})^2}}$$

$$= 1.80337\sqrt{\frac{1}{50} + \frac{(25 - 21.7548)^2}{1886.48}}$$
$$= 0.28844$$

자유도는 $n-2=50-2=48$이며 t 값은 $t_{48,0.25}=2.011$이다(이 값은 표 A.3에서 확인할 수 없으나 계산기 또는 컴퓨터 소프트웨어를 통해 구할 수 있다. 또는 자유도가 30보다 크므로 $z=1.96$을 사용할 수도 있다). 따라서 95% 신뢰구간은 다음과 같다.

$$6.785 \pm (2.011)(0.28844) = (6.295, 7.455)$$

student's t 분포를 이용하여 평균 반응치에 관한 가설검정을 할 수 있다. 다음 예제를 살펴보자.

예제 8.11

예제 8.10을 참조하여 μ_0을 저항 15 kΩ인 피부의 평균 투과율이라고 하자. 다음 가설을 검정하시오.

$$H_0: \mu_0 \le 9 \text{ versus } H_1: \mu_0 > 9$$

풀이

μ_0는 저항 15 kΩ인 피부의 평균 투과율이므로 $\mu_0=\beta_0+\beta_1(15)$이다. 이제 $\hat{y}=\hat{\beta}_0+\hat{\beta}_1(15)$라 하면, 다음과 같이 계산할 수 있다.

$$\frac{\hat{y} - [\beta_0 + \beta_1(15)]}{s_{\hat{y}}} = \frac{\hat{y} - \mu_0}{s_{\hat{y}}}$$

이 값은 자유도 $n-2=48$인 student's t 분포를 따른다. H_0하에서 $\mu_0=9$이고, 검정통계량은

$$\frac{\hat{y} - 9}{s_{\hat{y}}}$$

이다. $\hat{y}$, $s_{\hat{y}}$를 계산하면,

$$\hat{y} = \hat{\beta}_0 + \hat{\beta}_1(15) = 14.3775 - 0.300094(15) = 9.8761$$

$$s_{\hat{y}} = 1.80337\sqrt{\frac{1}{50} + \frac{(15 - 21.7548)^2}{1886.48}} = 0.37908$$

검정통계량은 다음과 같다.

$$\frac{9.8761 - 9}{0.37908} = 2.31$$

자유도는 $n-2=50-2=48$이다. 이러한 자유도는 표 A.3에서 확인할 수 없다. 반면, P-값은 계산기 또는 컴퓨터 소프트웨어를 통해 0.0126으로 구할 수 있다. 또는 자유도가 30보다 크므로 z 표(표 A.2)를 사용하여 P-값을 0.0104로 근사할 수 있다. 따라서 평균 투과율이 9 μm/h보다 크다는 결론을 내리는 것이 합리적이다.

미래 관측값에 대한 예측구간

예제 8.10에서 저항이 25 kΩ인 피부 표본의 평균 투과율에 대한 신뢰구간을 구하였다. 여기서 조금 다른 문제를 생각해 보자. 모든 표본의 평균 투과율이 아닌 저항이 25 kΩ인 특정 피

부 표본의 투과율을 예측한다고 가정해 보자.

예제 8.10에서 계산된 값을 이용하여 표본의 투과율을 $\hat{y} = \hat{\beta}_0 + \hat{\beta}_1(25) = 14.3775 - 0.300094(25) = 6.875$라고 예측한다. 이 예측은 저항이 25 kΩ인 모든 피부 표본에 대한 평균 투과율의 추정값과 같다. 이제 이 예측값에 구간을 설정하여 불확실성을 나타내려고 한다. 이 **예측구간(prediction interval)**을 계산하려면 예측값의 불확실성을 결정해야 한다.

저항이 25 kΩ인 피부 표본의 평균 투과율은 $\beta_0 + \beta_1(25)$이다. 특정 표본의 실제 투과율은 $\beta_0 + \beta_1(25) + \varepsilon$과 같다. 여기서 ε은 특정 표본의 투과율과 저항이 25 kΩ인 모든 표본의 평균 투과율 사이 확률 차이를 나타낸다. 특정 표본의 투과율을 예측할 때의 오류는 예측오류로 다음과 같이 나타낸다.

$$\hat{y} - [\beta_0 + \beta_1(25)] - \varepsilon \tag{8.14}$$

투과율 예측의 불확실성은 이 예측오차에 대한 표준편차이다. 이 표준편차를 계산하는 과정을 간략하게 표현하면 다음과 같다. $\beta_0 + \beta_1(25)$의 값은 일정하며 표준편차에 영향을 주지 않는다. $\hat{y}$은 예제 8.10의 자료에서 계산되는 반면, ε은 해당 자료형의 일부가 아닌 표본에 적용되므로 $\hat{y}$과 ε의 값은 독립적이다. 예측오차의 표본편차 근사값은 다음과 같다.

$$s_{\text{pred}} = \sqrt{s_{\hat{y}}^2 + s^2}$$

식 (8.12)에 따라 $s_{\hat{y}}$를 위의 식에 대입하면,

$$s_{\text{pred}} = s\sqrt{1 + \frac{1}{n} + \frac{(x - \overline{x})^2}{\sum_{i=1}^{n}(x_i - \overline{x})^2}} \tag{8.15}$$

이다. 예측구간에 관한 식을 다음과 같이 나타낼 수 있다.

$\beta_0 + \beta_1 x$에 대한 $100(1 - \alpha)\%$ 예측구간은 다음과 같다.

$$\hat{\beta}_0 + \hat{\beta}_1 x \pm t_{n-2,\alpha/2} \cdot s_{\text{pred}} \tag{8.16}$$

$$s_{\text{pred}} = s\sqrt{1 + \frac{1}{n} + \frac{(x - \overline{x})^2}{\sum_{i=1}^{n}(x_i - \overline{x})^2}}$$

여기서 s_{pred}가 $s_{\hat{y}}$의 값보다 크기 때문에 예측구간이 신뢰구간보다 더 크다는 것에 유의한다.

예제 8.12

예제 8.10을 이용하여 투과율 자료에서 저항이 25 kΩ인 특정 피부의 투과율에 관한 95% 예측구간을 구하시오.

풀이

예제 8.10에서 계산한 예측 투과량 $\hat{y}=\hat{\beta}_0+\hat{\beta}_1(25)$의 값은 6.875이다. 예제 8.10의 조건들을 통해 다음과 같이 계산할 수 있다.

$$s_{\text{pred}} = 1.80337\sqrt{1+\frac{1}{50}+\frac{(25-21.7548)^2}{1886.48}}$$
$$= 1.8263$$

자유도 $n-2=50-2=48$이고, $t_{48,0.25}=2.011$이다(이 값은 표 A.3에서 확인할 수 없으나 계산기 또는 컴퓨터 소프트웨어를 통해 구할 수 있다. 또는 자유도가 30보다 크므로 $z=1.96$을 사용할 수 있다). 따라서 95% 예측구간은 다음과 같다.

$$6.875 \pm (2.011)(1.8263) = (3.202,\ 10.548)$$

컴퓨터 출력결과의 해석

최근 최소제곱 계산이 컴퓨터를 통해 이루어지고 있다. 다음은 훅의 법칙 자료에 대한 계산 과정(Excel)이다.

회귀분석 통계량	
다중 상관계수	0.97432
결정계수 (6)	0.94930
조정된 결정계수	0.94648
표준 오차 (5)	0.05749
관측수	20

분산 분석(7)

	자유도	제곱합	제곱 평균	F 비	유의한 F
회귀	1	1.11388	1.11377	337.01638	4.20376-13
잔차	18	0.05949	0.00330		
계	19	1.17326			

	계수 (1)	표준 오차 (2)	t 통계량 (3)	P-값 (4)	하위 95%	상위 95%
Y 절편	4.99971	0.02477	201.81364	1.18844E-31	4.94767	5.05176
X 1	0.20462	0.01115	18.35801	4.20376E-13	0.18121	0.22804

반응치 추론(8)

변수 X	적합값 ŷ	s_ŷ	s_pred	신뢰 95%	예측 95%
1.2	5.24526	0.01504	0.05942	5.27686	5.37010
				5.21367	5.12042

출력결과를 살펴보면 다음과 같다. 각 항목에 대해 살펴보자.

(1) 최소제곱직선 계수: $\hat{\beta}_0=4.99971$, $\hat{\beta}_1=0.20462$.

(2) 표준오차: 표준편차 $s_{\hat{\beta}_0}$, $s_{\hat{\beta}_1}$

(3) t 통계량: 가설검정에서 $\beta_0 = 0$, $\beta_1 = 0$일 때, Student's t값

(4) P-값: 가설검정에서 $\beta_0 = 0$, $\beta_1 = 0$일 때의 P-값이다. β_1에 대한 P-값이 더 중요하다. P-값이 $\beta_1 = 0$을 만족하지 않을 만큼 작지 않으면, x로부터 y값을 예상하는 데 선형모형이 유용하지 않다. 이 예제에서는 P-값이 아주 작으므로 β_0, β_1 모두 0이 아니다.

(5) 표준오차: 오차표준편차의 추정값

(6) 결정계수: 상관계수 r^2

(7) 분산분석: 이 표는 하나의 독립변수를 갖는 단순회기직선에서는 크게 중요하지 않고, 두 개 이상의 독립변수를 갖는 다중회귀에서 중요하다. 제곱합 밑의 항은 각각 $\sum_{i=1}^{n}(\hat{y}_i - \bar{y})^2$, 오차의 합 $\sum_{i=1}^{n}(y_i - \hat{y})^2$ 이고, 위 두 항의 합 $\sum_{i=1}^{n}(y_i - \bar{y})^2$ 이다.

(8) 사용자가 정한 변수 x에 대한 신뢰구간과 예측구간이다. 주어진 데이터는 $x = 1.2$일 때의 적합값이고, $\hat{y}$ 항은 $\hat{y} = \hat{\beta}_0 + \hat{\beta}_1 x$, 신뢰구간을 구하기 위한 표준편차 $s_{\hat{y}}$와 예측구간을 구하기 위한 표준편차 s_{pred}이다. 다음 두 항은 $x = 1.2$에 관한 신뢰구간과 예측구간이다.

모상관계수의 추론

점 (x_i, y_i)가 순서 짝으로 된 모집단의 확률표본일 때, 상관계수 r을 **표본상관(sample correlation)**이라 한다. ρ로 표시되는 모상관도 있다. 모상관의 직관적인 이해를 돕기 위해 유한개의 많은 점으로 구성된 모집단과 전체 모집단에 대한 표본평균을 모평균으로 대체한 식 (2.1)을 사용하여 계산된 모상관 ρ를 생각할 수 있을 것이다.

모집단이 **이변량 정규분포(bivariate normal distribution)**를 따른다면 표본상관계수 r은 모상관 ρ의 신뢰구간을 구하고 가설검정에 사용될 수 있다. 실제로 x축 좌표와 y축 좌표가 모두 정규분포를 따른다면, 모집단이 이변량 정규분포를 따르므로 이어서 설명되는 신뢰구간과 가설검정이 타당할 것이다.

가장 많이 사용되는 귀무가설검정의 형태는 $\rho = 0$, $\rho \le 0$, $\rho \ge 0$이다. 이 가설검정은 검정통계량

$$U = \frac{r\sqrt{n-2}}{\sqrt{1-r^2}}$$

을 기반으로 한다.

$\rho = 0$일 때, U는 자유도가 $n-2$인 student's t 분포를 따른다. 예제 8.13에서 U를 검정통계량으로 사용하는 방법에 대해 살펴보자.

예제 8.13

"Withdrawal Strength of Threaded Nails" (D. Rammer, S. Winistorfer, and D. Bender, *Journal of Structural Engineering*, 2001:442–449)에서는 못의 직경(x)과 극한인장강도(y) 사이의 관계를 조사하기 위한 실험을 설명한다. 고리 모양의 나사못을 전나무 목재에 박은 다음 인장강도를 N/mm 단위로 측정했다. 10개의 다른 직경(mm)에 대한 결과는 다음과 같다.

x	2.52	2.87	3.05	3.43	3.68	3.76	3.76	4.50	4.50	5.26
y	54.74	59.01	72.92	50.85	54.99	60.56	69.08	77.03	69.97	90.70

표본의 상관계수는 $r = 0.7492$로 계산된다. 가설 $H_0: \rho \le 0$ versus $H_0: \rho > 0$에 대해 검정하시오.

풀이

H_0하에서 $\rho = 0$이므로 검정통계량 U는 자유도가 $n-2=8$인 student's t 분포를 따른다. 표본상관계수는 $r = 0.7492$이므로 U의 값은 다음과 같다.

$$U = \frac{r\sqrt{n-2}}{\sqrt{1-r^2}} = \frac{0.7492\sqrt{10-2}}{\sqrt{1-0.7492^2}} = 3.199$$

자유도가 8인 student's t 분포의 표를 참조하면 P-값이 0.005와 0.01 사이의 값을 갖는 것을 알 수 있다(소프트웨어 결과값은 $P = 0.0063$). 따라서 $\rho > 0$이라는 결론을 내리는 것이 타당하다.

8.1 연습문제

1. 화학실험을 12번 시행하여 기온 x_i(℃)와 산출량 y_i(이론적 최대치대비 비율 %)가 매회 기록되었다. 다음은 요약된 통계량들이다.

$$\bar{x} = 65.0 \qquad \bar{y} = 29.05 \qquad \sum_{i=1}^{12}(x_i - \bar{x})^2 = 6032.0$$

$$\sum_{i=1}^{12}(y_i - \bar{y})^2 = 835.42 \qquad \sum_{i=1}^{12}(x_i - \bar{x})(y_i - \bar{y}) = 1988.4$$

β_0를 0℃에서의 가상 산출량이라 하고, β_1은 기온 1℃ 증가에 따른 산출량의 증가를 나타낸다고 하자. 8.1절의 **선형모형의 확률오차에 관한 가정** 1부터 4까지 성립된다고 가정한다.

a. $\hat{\beta}_0$와 $\hat{\beta}_1$을 예측하는 최소제곱 추정값을 구하시오.

b. s^2을 구하시오.

c. β_0와 β_1에 대한 95% 신뢰구간을 구하시오.

d. 어떤 화학 엔지니어는 기온 1℃ 증가당 산출량이 0.5 이상 증가한다고 주장한다. 주어진 자료들이 엔지니어의 주장이 틀렸다고 결론짓기에 충분한지 판단하시오.

e. 기온 40℃일 때, 평균 산출량에 대한 95% 신뢰구간을 구하시오.

f. 기온 40℃일 때, 특정 반응의 산출량에 대한 95% 예측구간을 구하시오.

2. 오존(O_3)은 많은 도시에서 대기오염의 주범이다. 오존층은 날씨를 포함한 많은 요인에 의해 영향을 받는다. 한 연구에서는 평균 상대습도 퍼센트(x)와 평균 오존 농도(y, ppb)를 120일 동안 측정하였다. 다음 Excel 결과는 이 자료에 선형모형을 적용한 결과이다. 8.1절의 **선형모형의 오차에 대한 가정** 1부터 4까지 성립된다고 가정한다.

회귀분석 통계량	
결정계수	0.22000
조정된 결정계수	0.21400
표준 오차	11.43000
관측수	120

	계수	표준 오차	t 통계량	P-값
Y 절편	88.76100	7.28800	12.18000	0.000
X 1	−0.75240	0.13024	−5.78000	0.000

반응치 추론

변수 X	적합값 ŷ	s_ŷ	s_pred	신뢰 95%	예측 95%
60	43.61700	1.20000	11.49282	45.99333	66.37591
				41.24067	20.85809

a. 최소제곱직선의 기울기와 절편을 구하시오.

b. 상대습도로부터 오존 농도를 예측하기에 선형모형은 유용한지 판단하시오.

c. 상대습도가 50%인 날의 오존 농도를 예측하시오.

d. 상대습도와 오존 농도의 연관성을 구하시오.

e. Excel 결과는 상대습도가 60%인 날의 평균 오존 농도에 대한 95% 신뢰구간을 제공하며, 120개의 관찰값이 있다. $s_{\hat{y}}$을 사용하여 90% 신뢰구간을 구하시오.

f. 실제 상대습도가 60%인 어떤 날, 누군가 그날의 상대습도는 80 ppb라고 예측했다. 이 예측이 타당한지 설명하시오. 만약 그렇지 않다면, 예측된 값의 타당한 범위를 구하시오.

3. "Evaluation of the Expansion Attained to Date by Concrete Affected by Alkali-Silica Reaction. Part III: Application to Existing Structures" (M. Berube, N. Smaoui, et al, *Canadian Journal of Civil Engineering*, 2005: 463–479)에서는 캐나다 퀘벡시에 있는 콘크리트 교량 여러 개의 확장에 대한 측정결과를 보고하고 있다. 다음은 Pere-Lelievre 다리의 여러 위치에 대한 수평과 수직 확산의 측정(파트당 100,000)이다.

수직(x)	20	15	43	5	18	24	32	10	21
수평(y)	58	58	55	80	58	68	57	69	63

a. 수직과 수평 확장의 최소제곱직선을 구하시오.
b. β_0과 β_1에 대한 95% 신뢰구간을 구하시오.
c. 수평 확장이 25인 곳에 수직 확장에 대한 95% 신뢰구간을 구하시오.
d. 수직 확장은 두 장소에서 예측하는 것이 바람직하다. 한 곳에서는 수평 확장이 15이고, 다른 곳은 30이다. 만약 두 장소의 수직 확장에 대한 95% 신뢰구간이 계산되었다면, 어떤 곳이 더 넓을지 판단하시오.

4. 실외 주위 기온과 토양수분 증발률의 관계 연구에서 평균 낮 기온(℃)과 증발(mm/day)이 40일 동안 측정되었다.

Temp.	Evap.	Temp.	Evap.
11.8	2.4	11.8	3.8
21.5	4.4	24.2	5.0
16.5	5.0	15.8	2.6
23.6	4.1	26.8	8.0
19.1	6.0	24.8	5.4
21.6	5.9	26.2	4.2
31.0	4.8	14.2	4.4
18.9	3.0	14.1	2.2
24.2	7.1	30.3	5.7
19.1	1.6	15.2	1.2
18.6	3.5	14.0	1.1
25.4	5.5	13.6	3.5
22.1	4.8	25.4	5.1
25.4	4.8	17.7	2.0
22.6	3.2	24.7	5.7
24.4	5.1	24.3	4.7
15.8	3.3	25.8	5.8
22.3	4.9	28.3	5.8
23.2	7.4	29.8	7.8
19.7	3.3	26.5	5.1

a. 특정 기온(x)에서 증발(y)을 예측하기 위한 최소제곱직선을 구하시오.
b. β_0와 β_1에 대한 95% 신뢰구간을 구하시오.
c. 20℃일 때의 증발률을 예측하시오.
d. 20℃인 모든 날의 평균 증발률에 대한 95% 신뢰구간을 구하시오.
e. 20℃인 날의 증발률에 대한 95% 예측구간을 구하시오.

5. 예제 8.10에서 저항이 15, 20, 25 kΩ일 경우 평균 투과율에 대한 95% 신뢰구간을 계산한다고 가정한다. 신뢰구간 중 가장 짧은 것과 가장 긴 것은 무엇인지 판단하시오.

6. 다음 Excel 결과에서 몇몇 숫자들이 실수로 삭제되었다. 기존 숫자들을 이용하여 다시 계산하시오. 총 25개의 자료가 있다.

회귀분석 통계량	
결정계수	0.38200
표준 오차	0.05749
관측수	25

	계수	표준 오차	t 통계량	P-값
Y 절편	1.71348	6.69327	(a)	(b)
X 1	4.28473	(c)	3.76800	(d)

7. Beer–Lambert 법칙은 용액의 흡광도 A에 대해 A = MLC 식으로 용액 내 화학종의 농도 C와 관련시킨다. 여기서 L은 경로 길이이고, M은 몰 흡수 계수이다. L = 1 cm라 가정하자. A의 측정은 다양한 농도에서 이루어진다. 측정된 자료는 다음과 같다.

농도 (mol/cm^3)	1.00	1.20	1.50	1.70	2.00
흡광도 (L/cm^3)	0.99	1.13	1.52	1.73	1.96

a. $A = \hat{\beta}_0 + \hat{\beta}_1 C$를 농도($C$)로부터 흡광도($A$)를 예측하기 위한 최소제곱직선의 방정식이라고 하자. $\hat{\beta}_0$와 $\hat{\beta}_1$의 값을 구하시오.
b. Beer–Lambert 법칙은 β_0에 어떤 의미를 부여하는지 설명하시오.
c. $\hat{\beta}_1$은 어떤 물리량을 추정하는지 구하시오.
d. 가설 $H_0: \beta_0 = 0$을 검정하시오. 결과가 Beer–Lambert 법칙과 일치하는지 구하시오.

8. 어떤 가스정에서는 생산량 증대를 위해 '균열처리' 절차가 주로 사용된다. 이 절차는 모래와 혼합된 유체인 균열처리용 유체를 가스정 내로 주입하는 것이다. 다음 그림에는 255개 가스정의 월 생산량 대 가스정에 주입된 균열처리용 유체량을 나타내는 산포도이다. 생산량과 유체량의 단위는 가스정 단위 깊이(ft)당 부피이다. 그림에 나타난 최소제곱직선의 식은 $y = 106.11 + 0.1119x$이다.

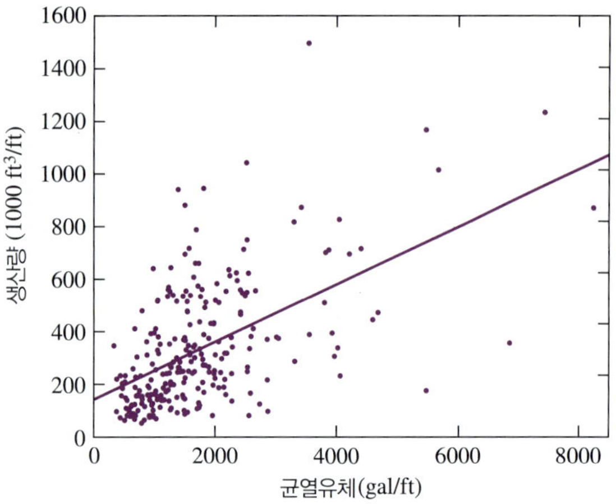

a. 최소제곱직선을 이용하여 주입된 유체량이 4,000 gal/ft일 때의 생산량을 예측하시오.

b. 최소제곱직선을 이용하여 주입된 유체량이 500 gal/ft일 때의 생산량을 예측하시오.

c. 새로운 가스정을 설치하고 500 gal/ft의 균열처리용 유체를 주입하였다. 산포도로부터 가스정의 생산량은 최소제곱추정치보다 클지 작을지를 판단하시오.

d. 본 산포도에서 8.1절의 **선형모형의 오차에 대한 가정** 3이 어떻게 위반되었는지 설명하시오.

9. "'Little Ice Age' Proxy Glacier Mall Balance Records Reconstructed from Tree Rings in the Mt.Waddington Area, British Columbia Coast Mountains, Canada" (S. Larocque and D. Smith, *The Holocene*, 2005:748.757)에서는 나이테의 넓이를 이용하여 빙하량의 변화를 추정하는 방법을 소개하고 있다. 특정 빙하에서 순 질량 변화(여름의 마지막과 다음 여름의 마지막 사이의 무게 차이)를 23년 동안 측정했다. 같은 시간대에서 흰 소나무의 나이테의 지수가 측정되었고, 순 질량 변화와 나이테 지수 사이의 표본상관계수는 $r = -0.509$로 나타났다. 모상관계수 ρ가 0과 다르다고 결론지을 수 있는지 판단하시오.

8.2 가정 확인

지금까지 언급한 방법들은 변수 x, y의 관계가 선형모형($y_i = \beta_0 + \beta_1 xi + \varepsilon_i$)이고, 오차 ε_i가 네 가지 가정 사항을 만족할 때 유효하다. 가정 사항을 다시 살펴보자.

> **선형모형의 확률오차에 대한 가정**
>
> **1.** 오차 $\varepsilon_1, \cdots, \varepsilon_n$들은 서로 독립인 확률변수이다. ε_i와 ε_{i+1}은 상관관계가 없다.
>
> **2.** 오차 $\varepsilon_1, \cdots, \varepsilon_n$들의 평균은 0이다.
>
> **3.** 오차 $\varepsilon_1, \cdots, \varepsilon_n$들은 같은 분산을 가지며 분산은 σ^2이다.
>
> **4.** 오차 $\varepsilon_1, \cdots, \varepsilon_n$들은 정규분포를 따른다.

앞에서 언급한 것처럼 정규성 가정(4)는 표본의 크기가 클수록 중요성이 낮아진다. 일정한 분산에 관한 가정(3)을 약간 벗어나도 크게 문제가 되지는 않지만, 다른 가정 사항들을 벗어나는 것은 문제가 된다.

따라서 앞서 배운 방법들이 적절한지 확인하기 위해 이 가정 사항들을 확인해야 한다. 많은 진단 방법이 제시되고 있으며 이 주제에 관한 많은 책들이 출간되고 있다. 우리는 가장 기본이 되는 방법을 살펴보기로 한다.

잔차도

최소제곱회귀의 가장 좋은 진단법은 **잔차도(residual plot)**를 이용하여 가정을 검토하는 것이다. 그림 8.2는 훅의 법칙 자료(그림 8.1 참조)의 잔차도이다.

수학적으로 잔차의 평균은 0이고, 잔차와 적합값 사이의 상관계수 또한 0이다. 따라서 최소제곱직선은 수평이며, 수직축 0을 지난다. 선형모형이 유효하고 가정 사항 1~4를 만족한다면, 산점도에서 어떤 분명한 패턴이 나타나서는 안 된다. 일정한 수평축 범위에서 많은 점들이 수직적으로 분포하거나(가장자리 제외) 점들이 곡선형으로 분포하면 안 된다. 이러한 조건들은 훅의 법칙 자료들에 대해 만족한다. 그림은 선형모형의 유효성을 확인한다.

전문적인 용어로 산점도에서 수직 분포가 넓지 않은 것을 **등분산성(homoscedastic)**, 넓은 것을 **이분산성(heteroscedastic)**이라 한다.

보기 좋은 형태의 잔차도는 선형모형의 가정이 다른 방식으로 어긋날 수 있으므로 그 자체로 선형모형이 적절한지 아닌지를 확인할 수는 없다. 반면, 잔차도에서 결함이 보인다면 선형모형으로 적합하지 않다는 것을 명확하게 나타낸다.

요약

만약 잔차도가

- 실질적인 추세나 곡선이 나타나지 않고,
- 등분산성, 즉 수직 산포가 가장자리를 제외하고 그림의 수평축을 따라 그다지 많이 변하지 않는다면,

선형모형의 가정이 성립할 가능성은 있으나 확실하지는 않다. 잔차도가 실질적인 패턴이나 곡선을 보이고 이분산성을 보인다면, 선형모형의 가정은 성립하지 않는다.

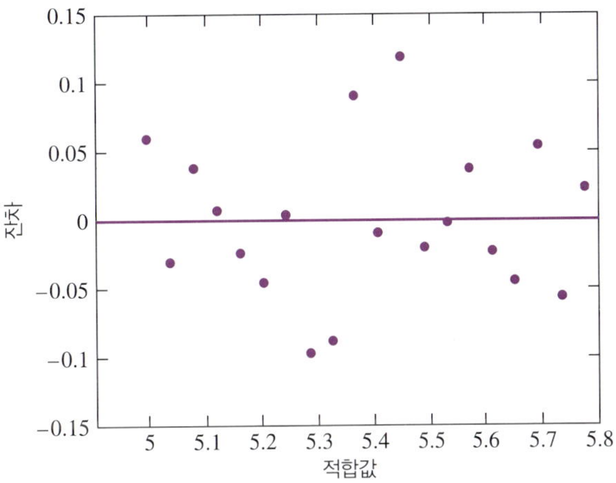

그림 8.2 훅의 법칙 자료에 대한 잔차도(e_i)와 적합값($\hat{y}_i$). 도표에 실질적인 패턴이 없으며 가장자리 근처를 제외한 수직 산포는 크게 변하지 않는다. 이는 선형모형의 가정과 일치한다.

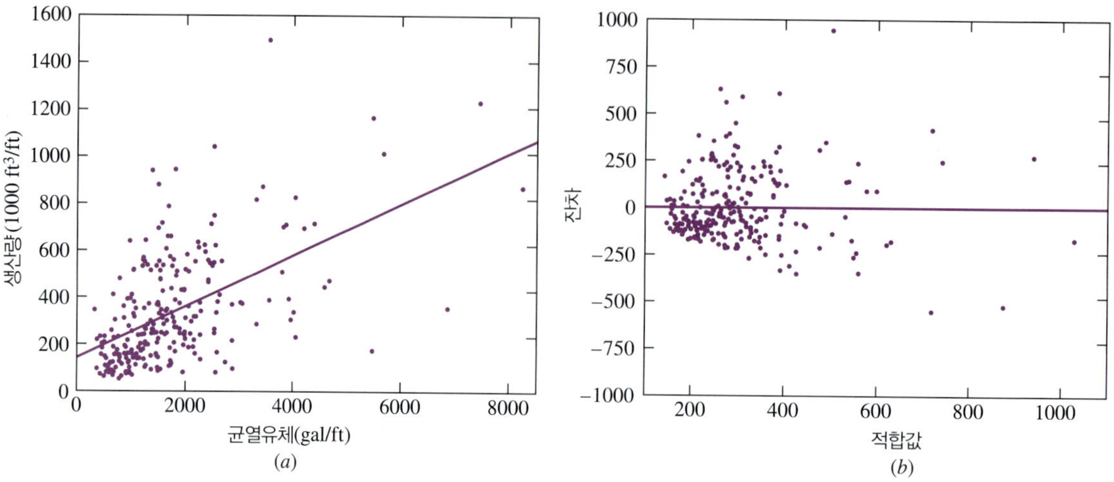

그림 8.3 (a) 255개 가스정의 월간 생산량과 균열유체의 부피에 대한 그래프. (b) 가스정 자료에 대한 잔차도(e_i)와 적합값($\hat{y}_i$)의 그래프. 수직 산포가 적합값에 따라 뚜렷하게 증가한다. 이는 일정 오차 분산의 가정에 위배됨을 나타낸다.

변수 변환

잔차도는 곡선형이거나 이분산성을 가지는 경우가 많다. 그림 8.3은 255개의 가스정에 대한 산점도와 잔차도이다. 이 자료들은 8.1절의 연습문제 8번에 대한 자료이다. 그림의 잔차도는 이분산성을 가지며, 추정 생산량이 큰 가스정에서 큰 오차분산을 보인다. 그 이유는 균열유체가 큰 가스정의 자료들 때문이다. 따라서 균열유체가 큰 가스정의 생산 추정량을 구할 때 선형모형을 사용할 수 없다.

때때로 이런 문제는 x, y 대신에 $\ln x$, $\ln y$를 대입하여 해결할 수 있다. $\ln y = \beta_0 + \beta_1 \ln x + \varepsilon$의 결과를 그림 8.4에 나타내었고, 균열유체의 양과 생산량이 근사적으로 선형관계를 가지는 것을 확인할 수 있다.

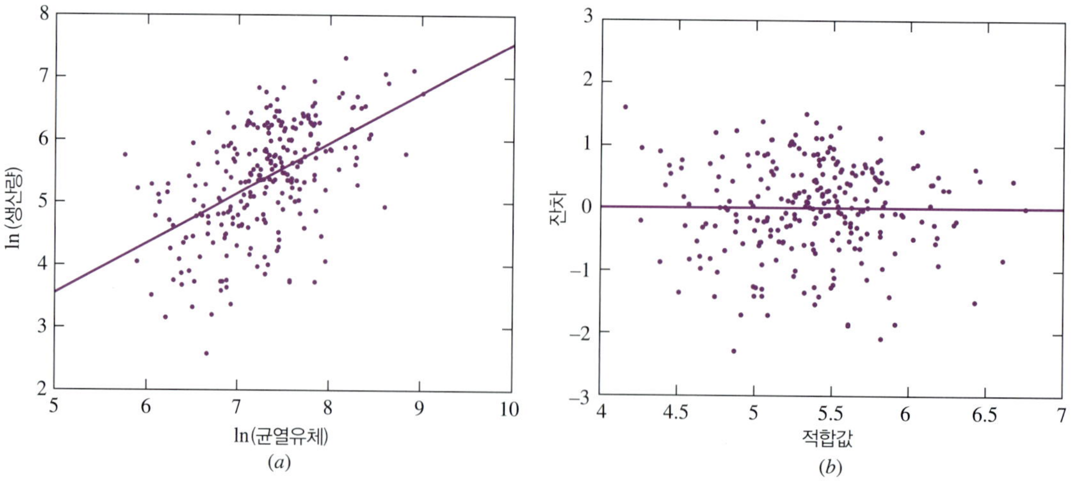

그림 8.4 (a) 최소제곱직선과 함께 도시된 255개 가스정에 대해 로그 척도로 나타낸 생산량과 균열유체 부피의 그래프. (b) 잔차도와 적합값에 대한 그래프. 잔차에 대한 실질적인 패턴이 없으므로 선형모형이 더 적합함을 확인할 수 있다.

원래의 변수 x, y를 이 변수들의 함수로 대체하는 과정을 통해 가스정에 관한 선형 관계를 얻었다. 이러한 과정을 **변수 변환(transforming the variable)**이라고 한다. 가스정 자료에서 우리는 변수 x, y를 로그 변환하였다. 어떠한 경우에는 x, y 중에 하나의 변수만 변환하는 것이 유용할 때가 있다. 또한 로그 변환 이외에 x나 y 또는 x, y 모두 거듭곱하여 변환하기도 한다.

적합한 변환의 결정

산점도나 잔차도를 보고 경험적으로 변수를 어떻게 변환할 것인지 예측할 수 있고, 수학적으로도 알맞은 변환을 결정할 수 있다. 분명한 것은 많은 시도와 노력이 필요하다.

잔차도가 등분산성을 가지고 분명한 형태가 없을 때까지 여러 가지 방법을 통한 변환을 해봐야 한다. 하지만 때때로 어떠한 변환을 하여도 만족스러운 잔차도를 얻지 못하는 경우가 있다. 이때 다른 방법을 사용해야 하는데 그중에 하나가 8.3절에서 다루게 될 다중회귀이다.

자료가 적은 잔차도의 해석은 어렵다

잔차도에 몇 개의 점만 존재한다면 선형모형의 가정 사항이 적당한지 결정하기 힘들다. 이러한 잔차도는 얼핏 보면 이분산성을 나타내는 것처럼 보인다. 하지만 자세히 보면 단지 한 두 개의 점 때문이라는 것을 알 수 있다. 또한 잔차도의 이상점 포함 여부에 대한 결정도 어렵다.

해석하기 힘든 빈약한 잔차도를 다룰 때는 선형모형에 적용하긴 하지만 그 결과는 타당성이 보장되지 않는 임시적인 것으로 생각해야 한다. 주어지는 데이터가 많을수록 좋은 결과를 얻을 수 있다. 물론 빈약한 잔차도의 해석이 항상 어려운 것은 아니다. 때때로 한 두 개의 점을 제외하고 명확한 패턴을 보이는 경우가 있는데, 이 경우에는 선형모형을 사용하지 않는다.

그림 8.5에 잔차도의 일반적인 예를 나타내었고 각각 해결책을 제시하였다.

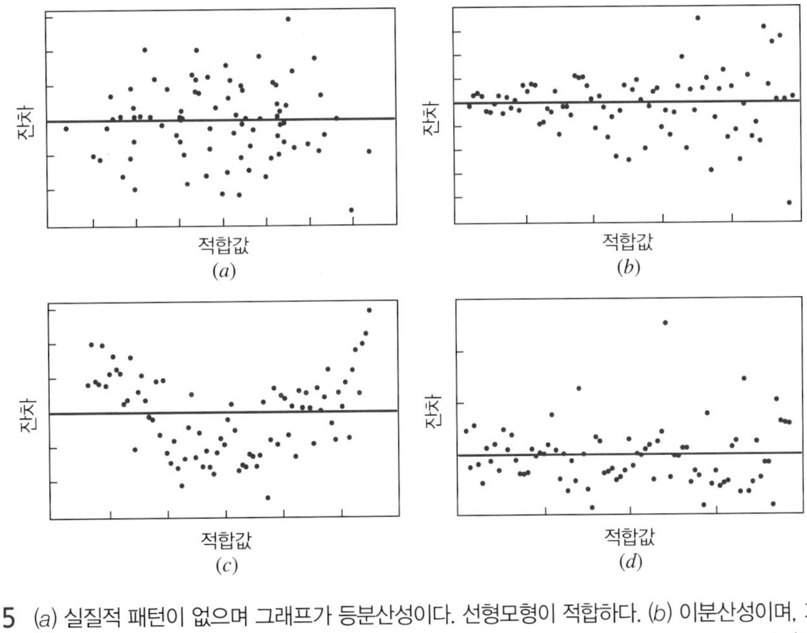

그림 8.5 (*a*) 실질적 패턴이 없으며 그래프가 등분산성이다. 선형모형이 적합하다. (*b*) 이분산성이며, 거듭곱하여 변환한다. (*c*) 잔차에 대한 식별 가능한 추세를 보이며, 거듭곱하여 변환하거나 다중회귀를 사용한다. (*d*) 이상점이 있다. 문제가 있는 자료를 조사하여 오류인지 확인한다.

독립성과 정규성 확인

잔차도에 이상이 없다면 선형모형의 적합을 확인하기 위해 추가적인 진단을 할 수 있다. 관측이 정해진 시간 순서에 따라 일어났다면, 관측의 순서에 따라 잔차를 표시해야 한다. 잔차들이 방향성을 갖는다면, x와 y가 시간에 따라 변화하는 관계를 갖는다는 것을 뜻한다. 이러한 경우 시간에 관한 변수가 추가적인 독립변수로서 모형에 적용되어야 하며, 다중회귀가 사용된다. 때때로 잔차도와 시간 사이의 관계에서 시간에 따라 잔차들이 진동하는 것을 볼 수 있다. 이는 하나의 오차가 다른 오차들에 영향을 주는 것을 뜻하고, 오차들이 독립적이지 않다는 것을 말한다. 이 경우에 선형회귀를 사용하는 대신 시계열분석을 사용한다. "Brockwell and Davis(2002)"을 참고하라.

오차들이 정규분포를 따르는지 확인하기 위해서 잔차들의 정규확률도 그림을 그려본다. 정규확률도가 직선으로 나타나면 잔차들은 정규성을 가진다. 앞에서 언급한 것처럼 정규성에 관한 가정은 자료가 많을 때는 중요성이 낮다. 하지만 자료가 작을 때는 정규성의 이탈을 찾아내기 힘들다.

경험적 모형과 물리적 법칙

두 변수 사이에 선형 관계를 어떻게 알아낼 수 있는가? 훅의 법칙과 같은 물리적 법칙은 선형모형이 정확하다는 확신을 준다. 가스정의 월별 생산량의 로그변환과 균열유체량의 로그변환의 관계는 물리적 법칙이 알려지지 않았지만, 자료가 잘 적합되기때문에 선형모형을 사용한다. 물리적 이론이 없을 경우에 자료에 적합되므로 선택된 모형을 **경험적 모형(empirical model)**이라고 한다. 실제 많은 자료분석은 경험적 모형에 기초한다. 알려진 물리적 법칙이 적용되는 일은 흔하지 않다. 물론 많은 물리적 법칙들은 경험적 모형으로 시작되었다. 만약 경험적 모형이 다양한 환경하에 많은 다른 경우에서 검증되고 예외 없이 성립된다면, 물리적 법칙이 적용될 수 있다.

물리적 법칙에서 나온 결과의 해석과 경험적 모형에서 나온 결과의 해석은 중요한 차이점이 있다. 경험적 모형에서 나온 것이 유용하기를 바라지만 물리적 법칙은 확실한 것으로 여겨진다. 예를 들어, 훅의 법칙에서 하중과 스프링 길이 사이의 관계는 확실한 선형 관계를 갖는다고 확신할 수 있다. 스프링에 다른 하중을 가해도 스프링의 길이는 정확하게 선형모형을 따른다고 확신한다. 반면, 가스정 데이터에서는 선형 관계가 자료를 잘 설명하지만, 두 변수 사이의 참의 관계를 표현한다고는 확신할 수 없다.

설명에 대한 예시를 살펴보자. 그림 8.6에 서로 다른 모양의 20가지 삼각형이 있다. 삼각형의 면적을 구하는 공식을 모른다고 가정해 보자. 하지만 우리는 둘레의 길이가 큰 삼각형의 면적이 더 커 보인다는 것을 알 수 있으므로 선형모형

$$\text{면적} = \beta_0 + \beta_1(\text{둘레길이}) + \varepsilon$$

을 적합시킨다. 그림 8.6은 최소제곱직선을 첨가한 면적과 둘레의 길이에 대한 산점도이다. 최소제곱직선의 식은 다음과 같다.

$$\text{면적} = -1.232 + 1.373(\text{둘레길이})$$

이 식에서 단위는 임의의 단위이다. 면적과 둘레길이 사이의 상관계수는 $r = 0.88$이며 선형

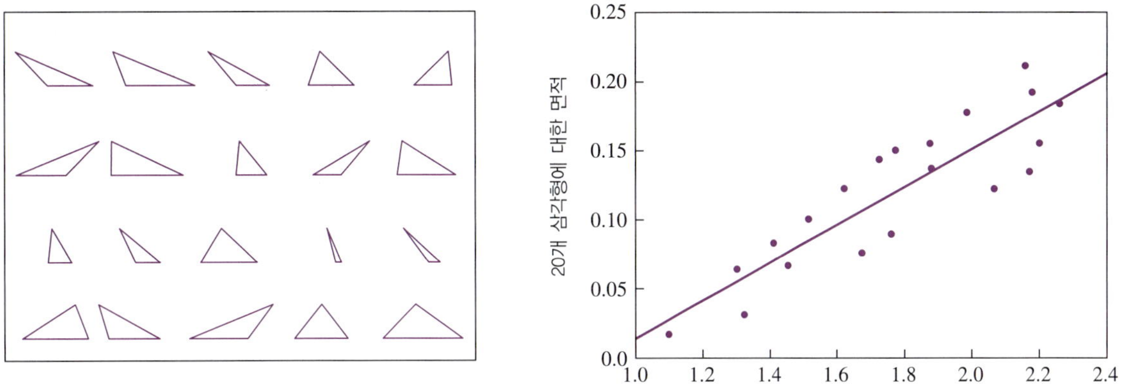

20개의 삼각형
(*a*)

20개 삼각형에 대한 둘레
(*b*)

그림 8.6 (*a*) 20개의 삼각형. (*b*) 20개의 삼각형에 대한 면적과 둘레에 대한 그래프. 둘레와 면적의 상관관계는 0.88이다.

모형에 적합하다. 우리는 추정값을 구하기 위해 이 모형을 사용할 수 있다. 예를 들어, 둘레길이 5인 삼각형의 면적은 5.633이다.

이 선형모형이 유용할지는 몰라도 실제의 값은 아니다. 선형모형에서 둘레길이가 길수록 면적이 넓어지는 경향을 보인다. 더 좋은 방법이 없었다면 우리는 이 모형을 이용해서 삼각형의 면적을 구했을지도 모른다. 그러나 이 모형은 후에 면적을 계산하는 공식에 큰 영향을 끼치지 않았다. 실제 공식은 법칙에 의해 주어진다.

$$\text{면적} = \text{밑변} \times \text{높이} \times \frac{1}{2}$$

경험적 모형에 의해 예측된 결과는 반복하면 유지되지 않을 수도 있다. 예를 들어, 어느 삼각형의 집합은 큰 둘레를 가졌지만 작은 면적을 가진 것들로 모을 수 있다. 다른 그룹에서는 면적이 둘레의 제곱 또는 로그에 비례하는 것으로 나타날 수도 있다. 삼각형 자료의 통계적 분석으로는 경험적 모형이 모든 삼각형에 얼마나 잘 적용될지 확인할 수 없다. 경험적 모형의 결과를 미래 관측에 적용하는 것이 적절한지 판단하는 것은 통계보다는 과학적 판단의 문제이다.

요약

- 물리적 법칙은 향후 모든 관측에 적용된다.
- 경험적 모형은 적합한 자료에 대해서만 유효하다. 후속 관측에 대한 결과를 예측하는 데 유용할 수도 있지만, 그렇지 않을 수도 있다.
- 경험적 모형을 미래 관측에 적용할지를 결정하려면, 통계적 분석보다는 과학적 판단이 필요하다.

8.2 연습문제

1. 다음 Excel 결과는 $\ln y = \beta_0 + \beta_1 \ln x + \varepsilon$모형의 최소제곱적용이다. y는 가스정의 매달 생산량을 나타내며, x는 주입된 균열유체의 부피이다(이 자료의 산점도는 그림 8.4를 참고한다).

회귀 분석: 생산량 대 주입유체 부피

회귀분석 통계량	
결정계수	0.28200
조정된 결정계수	0.27900
표준 오차	0.74590
관측수	255

분산 분석(7)

	자유도	제곱합	제곱 평균	F 비	유의한 F
회귀	1	55.26800	55.26800	99.34000	0
잔차	253	140.75600	0.55600		
계	254	196.02400			

	계수	표준 오차	t 통계량	P-값
Y 절편	-0.44420	0.58530	-0.76000	0.449
X 1	0.79833	0.08010	9.97000	0

반응치 추론

변수 X	적합값 ŷ	s_ŷ	s_pred	신뢰 95%	예측 95%
7.3778	5.44572	0.04730	0.74740	5.53887	6.91763
				5.35257	3.97380

a. $\ln x$로부터 $\ln y$를 예측하기 위해 필요한 최소제곱직선의 식을 구하시오.

b. 균열유체 주입량이 2,500 gal/ft인 가스정의 생산량을 예측하시오.

c. 균열유체 주입량이 1,600 gal/ft인 가스정의 생산량을 예측하시오.

d. 균열유체 주입량이 2,500 gal/ft인 가스정의 생산량에 대한 95% 신뢰구간을 구하시오($\ln 1600 = 7.3778$).

2. "Application of Genetic Algorithms to Optimum Design of Elasto-damping Elements of a Half-Car Model Under Random Road Excitations" (M. Mirzael and R. Hassannejad, *Proceedings of the Institution of Mechanical Engineers*, 2007: 515–526)에서는 자동차의 서스펜션에 미치는 도로 영향을 나타내는 값(y)과 자동차가 앞차축과 뒷차축 간의 길이와 같은 거리를 이동하는 시간(t)을 나타내고 있다.

t	y	t	y
0.0	1.000	0.8	0.990
0.1	0.999	0.9	0.988
0.2	0.998	1.0	0.987
0.3	0.997	1.1	0.985
0.4	0.996	1.2	0.983
0.5	0.995	1.3	0.981
0.6	0.993	1.4	0.979
0.7	0.992		

a. 시간(t)으로부터 도로 영향(y)을 예측하기 위한 최소제곱직선을 구하시오.

b. t로부터 $\ln y$를 예측하는 최소제곱직선을 구하시오. 잔차 대 예측값 그래프를 그리시오.

c. $t^{1.5}$로부터 y를 예측하는 최소제곱직선을 구하시오. 잔차 대 예측값 그래프를 그리시오.

d. (a)부터 (c)까지의 모형 중에 어떤 것이 가장 적합한지 판단하시오.

e. 최적의 모형을 사용하여 t가 0.75일 때의 도로 영향을 예측하시오.

3. 특정 화학반응의 수율에 미치는 기온의 영향을 알아내기 위해 여러 기온에서 총 24회를 측정했다. 다음 표는 매회 기온과 수율(이론적 최댓값 대비 백분율)이 나와 있다. 결과는 실험 시행 순으로 정리되었다.

측정	기온	수율	측정	기온	수율
1	30	49.2	13	30	58.3
2	32	55.3	14	39	64.3
3	35	53.4	15	40	71.6
4	39	59.9	16	44	73.0
5	31	51.4	17	34	65.9
6	27	52.1	18	43	75.2
7	33	60.2	19	34	69.5
8	34	60.5	20	41	80.8
9	25	59.3	21	36	78.6
10	38	64.5	22	37	77.2
11	39	68.2	23	42	80.3
12	30	53.0	24	28	69.5

a. 기온(x)으로부터 수율(y)을 예측하는 최소제곱직선을 구하시오.

b. 잔차 대 예측값 그래프를 그리시오. 또한 선형모형이 알맞은지 설명하시오.

c. 잔차 대 관찰된 순서의 그래프를 그리시오. 시간이 갈수록 잔차에 특정한 추세가 보이는가? 또한 선형모형이 알맞은지 설명하시오.

4. "Some Parameters of the Population Biology of Spotted Flounder" (Turker et al., *Turkish Journal of Veterinary and Animal Science*, 2005: 1013–1018)에서는 가자미의 무게(W)와 길이(L)의 관계를 $W = aL^b$로 모형화했다. a와 b는 자료에서 측정된 정수이다. 이 식을 선형모형으로 바꾸시오.

5. 특정 스프링의 스프링 상수를 구하고자 한다. 스프링의 한쪽 끝에 여러 가지 추를 달고, 그 길이를 매번 측정했다. 길이(y) 대 하중(x)을 그린 산점도는 다음과 같다.

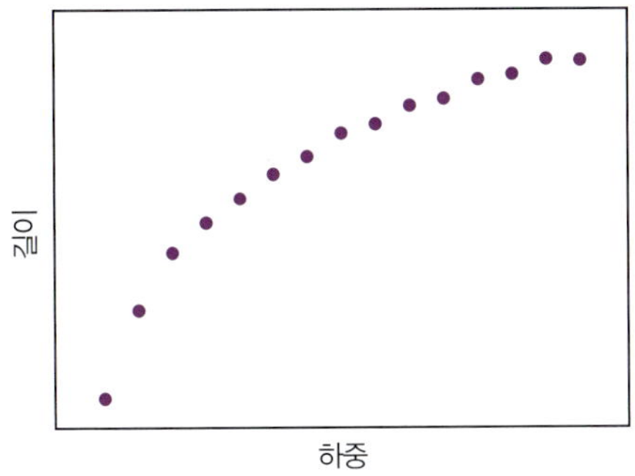

a. 모형 $y = \beta_0 + \beta_1 x$는 경험적 모형인가? 물리적 법칙인가?
b. 모형이 더욱 선형으로 될 수 있게 변수 변환을 해야 할까 아니면 실험을 다시 하는 것이 좋을까? 설명하시오.

8.3 다중회귀

단순선형회귀법은 단 하나의 독립변수에 대한 종속변수 y값을 선형모형에 적용하는 방법이다. 많은 응용 분야에서 실험의 종속변수는 하나의 독립변수에 기초하기보다 여러 개의 독립변수 $x_1, x_2, \cdots, x_p$에 기초할 때 더 적절하게 예측될 수 있다. 독립변수들과 종속변수가 선형적인 관계일 때 **다중회귀(multiple regression)** 방법을 사용할 수 있다.

다중회귀모형에 대해 알아보자. n개의 표본이 있고, 각 항목에서 종속변수 y와 p개의 독립변수 $x_1, x_2, \cdots, x_p$를 측정했다고 가정한다. 따라서 i번째 표본은 정렬된 집합 $(y_i, x_{1i}, \cdots, x_{pi})$를 생성한다. 그러면 다중회귀모형

$$y_i = \beta_0 + \beta_1 x_{1i} + \cdots + \beta_p x_{pi} + \varepsilon_i \tag{8.17}$$

을 적합시킬 수 있다. 다중회귀모형의 특별한 사례가 실제로 자주 사용된다. 그중 하나는 독립변수가 모두 단일변수의 거듭곱인 **다항회귀모형(polynomial regression model)**이다. **p차 다항회귀모형**은 다음과 같다.

$$y_i = \beta_0 + \beta_1 x_i + \beta_2 x_i^2 + \cdots + \beta_p x_i^p + \varepsilon_i \tag{8.18}$$

다항회귀모형은 여러 변수의 거듭곱으로 구성될 수 있다. 예를 들어, 2차 다항 회귀모형은 두 변수 x_1, x_2에 대해 다음과 같으며, **2차 모형(quadratic model)**이라고도 불린다.

$$y_i = \beta_0 + \beta_1 x_{1i} + \beta_2 x_{2i} + \beta_3 x_{1i} x_{2i} + \beta_4 x_{1i}^2 + \beta_5 x_{2i}^2 + \varepsilon_i \tag{8.19}$$

두 변수를 곱한 변수를 **상호작용(interaction)**이라고 하며, 식 (8.19)에서 $x_{1i}\, x_{2i}$는 x_1과 x_2의 **상호작용**이다. 모형 (8.18), (8.19)는 독립변수에 비선형 항을 가짐에도 불구하고 **계수 β_i로 인해 선형모형으로 간주된다.**

계수의 추정

다중회귀모형에서 추정값 $\hat{\beta}_0, \hat{\beta}_1, \cdots, \hat{\beta}_p$는 단순선형회귀와 같이 최소제곱법으로 계산된다.

$$\hat{y} = \hat{\beta}_0 + \hat{\beta}_1 x_1 + \cdots + \hat{\beta}_p x_p \tag{8.20}$$

를 **최소제곱방정식(least-squares equation)** 또는 **적합회귀방정식(fitted regression equation)**이라 한다. 이제 $\hat{y}_i$을 x값($x_{1i}, \cdots, x_{pi}$)에 해당하는 최소제곱방정식의 y 좌표로 정의한다. 잔차는 관측값 y와 식에 주어진 y값 사이의 차이인 수량 $e_i = y_i - \hat{y}_i$이다. 잔차제곱합 $\sum_{i=1}^{n} e_i^2$의 합을 최소화하여 $\hat{\beta}_0, \hat{\beta}_1, \cdots, \hat{\beta}_p$을 계산하려 한다. 이를 위해 e_i를 $\hat{\beta}_0, \hat{\beta}_1, \cdots, \hat{\beta}_p$로 표현한다.

$$e_i = y_i - \hat{\beta}_0 - \hat{\beta}_1 x_{1i} - \cdots - \hat{\beta}_p x_{pi} \tag{8.21}$$

따라서 합

$$\sum_{i=1}^{n} (y_i - \hat{\beta}_0 - \hat{\beta}_1 x_{1i} - \cdots - \hat{\beta}_p x_{pi})^2 \tag{8.22}$$

을 최소화한다. 최소제곱추정량을 결정하기 위해 위의 식 (8.22)에 대해 $\hat{\beta}_0, \hat{\beta}_1, \cdots, \hat{\beta}_p$에 대한 편미분을 하여 $p+1$개의 식을 0으로 둔다. 이것을 푸는 것은 매우 복잡한 일이지만 많은 컴퓨터 소프트웨어가 개발되어 컴퓨터로 쉽게 구할 수 있다.

제곱합

다중회귀분석법은 보통 세 가지의 기본값인 **회귀제곱합(regression sum of squares, SSR)**, **오차제곱합(error sum of squares, SSE)**, **전체제곱합(total sum of squares, SST)**에 근거하고 있다. 앞서 2.3절에서 3가지 사항에 대해 정의했고 다시 살펴보면 다음과 같다.

> **정의**
>
> **제곱합(Sums of Squares)**
>
> 다중회귀모형에서는 다음과 같은 제곱합이 정의된다.
>
> $$y_i = \beta_0 + \beta_1 x_{1i} + \cdots + \beta_p x_{pi} + \varepsilon_i$$
>
> - 회귀제곱합: $\text{SSR} = \sum_{i=1}^{n} (\hat{y}_i - \bar{y})^2$
> - 오차제곱합: $\text{SSE} = \sum_{i=1}^{n} (y_i - \hat{y}_i)^2$
> - 전체제곱합: $\text{SST} = \sum_{i=1}^{n} (y_i - \bar{y})^2$
>
> 따라서 다음과 같다는 것을 알 수 있으며, 이 식 (8.23)을 **분산분석항등식(analysis of variance identity)**이라 한다.
>
> $$\text{SST} = \text{SSR} + \text{SSE} \tag{8.23}$$

이제 위의 제곱합이 다중회귀법에서 어떻게 사용되는지 알아보자. 선형회귀법에서와 마찬가지로 확률오차 ε_i에 대한 네 가지 가정을 만족하는 경우에 대해서만 논의한다.

선형모형의 확률오차에 대한 가정

1. 오차 $\varepsilon_1, \cdots, \varepsilon_n$들은 서로 독립인 확률변수이다. ε_i와 ε_{i+1}은 상관관계가 없다.
2. 오차 $\varepsilon_1, \cdots, \varepsilon_n$들의 평균은 0이다.
3. 오차 $\varepsilon_1, \cdots, \varepsilon_n$들은 같은 분산을 가지며 분산은 σ^2이다.
4. 오차 $\varepsilon_1, \cdots, \varepsilon_n$들은 정규분포를 따른다.

단순선형회귀와 마찬가지로 이 가정은 관측값 y_i가 독립인 확률변수임을 의미한다. 구체적으로 y_i는 평균이 $\beta_0 + \beta_1 x_{1i} + \cdots + \beta_p x_{pi}$이고, 분산이 σ^2인 정규분포를 따른다. 계수 β_i는 하나의 변수 x_i의 증가에 따른 y의 평균 변화를 의미한다. 이때 다른 x_i를 제외한 다른 x 변수들은 일정하다.

요약

확률오차에 대한 가정 1~4를 만족하는 다중회귀모형 $y_i = \beta_0 + \beta_1 x_{1i} + \cdots + \beta_p x_{pi} + \varepsilon_i$에서 관측값 $y_1, \cdots, y_n$은 독립인 확률변수이며 정규분포를 따른다.

$$\mu_{y_i} = \beta_0 + \beta_1 x_{1i} + \cdots + \beta_p x_{pi}$$

$$\sigma_{y_i}^2 = \sigma^2$$

계수 β_i는 하나의 변수 x_i의 증가에 따른 y의 평균 변화를 의미한다. 이때 다른 x_i를 제외한 다른 x 변수들은 일정하다.

통계량 s^2, R^2, F

다중회귀에서 가장 많이 사용되는 통계량은 추정오차분산 s^2, 결정계수 R^2, F 통계량이다. 단순선형회귀에서 추정오차분산은 $\sum_{i=1}^{n}(y_i - \hat{y}_i)^2/(n-2)$이다. 잔차는 오차 ε_i보다 작은 경향이 있으므로 적절히 값을 조정하기 위해 n이 아닌 $n-2$로 나눈다. 잔차가 약간 작은 이유는 $\hat{\beta}_0$와 $\hat{\beta}_1$이 $\sum_{i=1}^{n}(y_i - \hat{y}_i)^2$을 최소화하도록 선택했기 때문이다. 다중회귀에서 오차값이 실제오차보다 작으므로 n값의 조정이 필요하고, $n-p-1$을 나눠서 오차의 분산을 구한다.

$$s^2 = \frac{\sum_{i=1}^{n}(y_i - \hat{y}_i)^2}{n-p-1} = \frac{\text{SSE}}{n-p-1} \tag{8.24}$$

각 최소제곱계수 $\hat{\beta}_i$의 추정분산 $s^2_{\hat{\beta}_i}$은 x_{ij}의 복잡한 함수에 s^2을 곱하여 구한다. 실제 $s^2_{\hat{\beta}_i}$은 컴퓨터로 구한다. 오차에 대한 가정 4가지를 만족한다면, $(\hat{\beta}_i - \beta_i)/s^2_{\hat{\beta}_i}$는 자유도 $n-p-1$의 student's t 분포를 따른다. 이 통계량은 단순선형회귀와 마찬가지로 β_i의 신뢰구간과 가설검정을 수행하는 데 이용된다.

단순선형회귀에서 결정계수 r^2은 선형모형의 적합도를 측정한다. 다중회귀에서 적합도 통계량은 R^2으로 표기되는 양으로 결정계수 혹은 회귀에 의해 설명되는 분산의 비율이라 한다. R^2의 값은 단순선형회귀에서의 r^2과 같은 방법으로 계산된다(식 (2.14) 참고).

$$R^2 = \frac{\sum_{i=1}^{n}(y_i - \bar{y})^2 - \sum_{i=1}^{n}(y_i - \hat{y}_i)^2}{\sum_{i=1}^{n}(y_i - \bar{y})^2} = \frac{\text{SST} - \text{SSE}}{\text{SST}} = \frac{\text{SSR}}{\text{SST}} \qquad (8.25)$$

단순선형회귀의 귀무가설은 대부분의 경우 $\beta_1 = 0$이 된다. 이 가설이 기각되지 않는다면 선형모형은 유용하지 않다. 다중회귀에서 이와 유사한 귀무가설은 $H_0 : \beta_1 = \beta_2 = \cdots = \beta_p = 0$이다. 이는 어떠한 독립변수도 종속변수와 선형 관계를 갖지 않는다는 것을 의미한다. 이 가설에 대한 검정통계량은

$$F = \frac{\left[\sum_{i=1}^{n}(y_i - \bar{y})^2 - \sum_{i=1}^{n}(y_i - \hat{y}_i)^2\right]/p}{\left[\sum_{i=1}^{n}(y_i - \hat{y}_i)^2\right]/(n-p-1)} = \frac{[\text{SST} - \text{SSE}]/p}{\text{SSE}/(n-p-1)} = \frac{\text{SSR}/p}{\text{SSE}/(n-p-1)} \qquad (8.26)$$

이며 귀무분포는 $F_{p,n-p-1}$를 따른다. F 통계량의 분모는 식 (8.24)에 따라 s^2이며, p, $n-p-1$은 **자유도(degree of freedom)**를 말한다. 때때로 독립변수 $x_1, \cdots, x_p$를 가진 모형에서 일부의 변수 $x_{k+1}, \cdots, x_p$에서 종속변수와 선형 관계가 성립하는지를 검정하는 귀무가설이 필요할 때가 있다. 이러한 경우 귀무가설 H_0는 $H_0 : \beta_{k+1} = \cdots = \beta_p = 0$이 된다. 이 부분에 대해서는 8.4절에서 살펴보기로 하자.

예제

다중회귀에 대한 예를 살펴보자. 모바일 애드혹 네트워크(Mobile Ad-hoc NETwork)는 네트워크 구간 안에서 작동하는 여러 개의 컴퓨터(단말기)로 구성된다. 보통 메시지들이 하나의 단말기에서 다른 단말기로 전송되는데, 수신 단말기가 네트워크 범위 밖에 있으면 메시지는 가장 가까운 단말기로 전송되고 여러 번의 과정을 통해 수신 단말기까지 전송된다. 성공적으로 전달된 메시지의 비율을 유효처리율(Goodput)이라 하는데, 이를 예측해 보자.

유효처리율은 각 단말기의 평균 노드 속도와 지체시간 등에 영향을 받는다. 표 8.2에 평균 노드 속도, 지체시간, 유효처리율에 관한 25번의 시행결과를 나타내었다. 이 자료는 "Metrics to Enable Adaptive Protocols for Mobile Ad Hoc Networks" (J. Boleng, W. Navidi, and T. Camp, *Proceedings of the 2002 International Conference on Wireless Networks*, 2002:293~298)의 연구에서 인용했다.

표 8.2 평균 노드 속도, 지체시간, 컴퓨터 네트워크에 대한 유효처리율

속도(m/s)	시간(s)	처리율(%)	속도(m/s)	시간(s)	처리율(%)
5	10	95.111	20	40	87.800
5	20	94.577	20	50	89.941
5	30	94.734	30	10	62.963
5	40	94.317	30	20	76.126
5	50	94.644	30	30	84.855
10	10	90.800	30	40	87.694
10	20	90.183	30	50	90.556
10	30	91.341	40	10	55.298
10	40	91.321	40	20	78.262
10	50	92.104	40	30	84.624
20	10	72.422	40	40	87.078
20	20	82.089	40	50	90.101
20	30	84.937			

노드 속도와 지체시간에 대한 유효처리율을 예측하기 위해 다중회귀모형을 사용해 보자. 표 8.2의 유효처리율은 다음과 같은 모형을 따른다.

$$\text{유효처리율} = \beta_0 + \beta_1(\text{속도}) + \beta_2(\text{시간}) + \beta_3(\text{속도})\cdot(\text{시간}) + \beta_4(\text{속도})^2 + \beta_5(\text{시간})^2 + \varepsilon$$

회귀분석 통계량	
다중 상관계수	0.965203
결정계수	0.931617
조정된 결정계수	0.913622
표준 오차	2.94204
관측수	25

분산 분석

	자유도	제곱합	제곱 평균	F 비	유의한 F
회귀	5	2240.489	448.0979	51.7697	2.06E-10
잔차	19	164.4564	8.655599		
계	24	2404.945			

	계수	표준 오차	t 통계량	P-값
Y 절편	96.0244	3.945887	24.33532	8.76E-16
평균노드속도	-1.82453	0.237622	-7.6783	3.07E-07
지체시간	0.565163	0.225612	2.505025	0.021511
노드속도*지체시간	0.024731	0.003249	7.612063	3.48E-07
노드속도^2	0.01402	0.004745	2.954829	0.008135
지체시간^2	-0.01179	0.003516	-3.35362	0.003336

반응치 추론

변수 X_1, X_2	적합값 ŷ	s_ŷ	s_pred	신뢰 95%	예측 95%
25	74.27215	1.17500	3.16800	76.70282	80.82565
15				71.84147	67.71864

대부분의 출력값은 단순선형회귀의 결과와 유사하다. 과정을 살펴보면 결정계수 R^2과 조정된 R^2, 오차의 추정표준편차 s가 윗부분에 나타나 있다.

분산분석표는 단순선형회귀와 유사하다. 회귀에 대한 자유도는 독립변수의 수와 같다. student's t 값의 자유도는 $25-5-1=19$가 된다. 전체에 대한 자유도는 표본의 크기 25보다 1작은 24가 된다. 총 자유도는 회귀에 대한 자유도와 오차에 대한 자유도의 합이다. 각 제곱합은 SSR(the regression sum of squares), SSE(the error sum of squares), SST(the total sum of squares)에 대한 것이다(SST = SSR + SSE).

노드속도^2, 지체시간^2, 노드속도*지체시간을 각각 하나의 독립변수라고 생각한다. 제곱평균은 각 제곱합을 자유도로 나눈 평균제곱이다. 오차에 대한 평균제곱은 추정오차분산값 s^2과 같다($s^2 = S^2 = 2.942^2 = 8.66$). F 비 항은 회귀에 대한 평균제곱을 오차에 대한 평균제곱으로 나눈 값이다(448.10/8.66 = 51.77). F값은 어떤 독립변수도 종속변수와 선형적 관계를 갖지 않는다는 귀무가설을 검정하는 데 사용한다. 이 실험에 대한 P-값(유의한 F)은 0에 가깝다. 밑에 계수추정값 $\hat{\beta}_i'$와 추정표준편차 $s^2_{\hat{\beta}_i}$값이 있다. 다음으로 $\beta_i = 0$인 귀무가설에 대한 표준편차의 student's t값이 있다. 이 값은 표준편차에 대한 계수추정값의 비다. $n = 25$는 5개의 $p = 5$이므로 student's t값의 자유도는 $25 - 5 - 1 = 19$이다. 다음은 검정에 대한 P-값이다. P-값이 모두 작으므로 각각의 독립변수들이 유효처리율을 예상하는 데 유용하다고 말할 수 있다.

반응치 추론 항은 사용자에 의해 설정된 종속변수들의 값의 예측구간과 평균값에 대한 신뢰구간을 나타낸다. 설정된 종속변수들에 관한 값이 변수 X_1, X_2에 나타나 있다. 이 실험값에 대한 독립변수는 평균 노드속도 = 25.0, 지체시간 = 15이다. 74.272는 회귀식에 독립변수들을 대입해서 얻은 $\hat{y}$값이며 $s_{\hat{y}}$항은 신뢰구간 95%에 대한 $\hat{y}$의 추정표준편차값이다. 예측 95% 항은 독립변수들을 대입했을 때, 미래 관측값에 대한 95% 예측구간이다.

신뢰구간과 마찬가지로 예측구간 역시 $\hat{y}$을 중심으로 한다. 또한 단순선형회귀처럼 그 폭이 신뢰구간보다 넓다.

예제 8.14

다중회귀모형을 이용하여 노드속도 12 m/s, 지체시간 25초에서의 유효처리율을 구하시오.

풀이

$$\text{유효처리율} = 96.0 - 1.82(\text{속도}) + 0.565(\text{시간}) + 0.0247(\text{속도})\cdot(\text{시간}) + 0.0140(\text{속도})^2 - 0.0118(\text{시간})^2$$

여기에 노드속도 = 12 m/s, 지체시간 = 25 s를 대입하면, 유효처리율은 90.336(%)이다.

예제 8.15

유효처리율 자료를 이용하여 노드속도 = 20, 지체시간 = 30에서의 잔차를 구하시오.

풀이

표 8.2에 따라 유효처리율은 $y = 84.937$이다. 예제 8.14의 식에 노드속도 = 20, 지체시간 = 30을 대입하면 $\hat{y} = 86.350$이다. 따라서 잔차는 다음과 같다.

$$y - \hat{y} = 84.937 - 86.350 = -1.413$$

예제 8.16

다중회귀모형에서 노드속도 계수에 대한 95% 신뢰구간을 구하시오.

풀이

추정계수는 −1.8245이고, 표준편차는 0.2376이다. 신뢰구간을 구하기 위해 자유도를 19로 하는 student's t 분포를 이용한다. t값에 대한 자유도는 오차에 대한 자유도와 같다. 95% 신뢰구간에서 t값은 $t_{19,0.25} = 2.093$이다. 따라서 95% 신뢰구간은 다음과 같다.

$$-1.8245 \pm (2.093)(0.2376) = -1.8245 \pm 0.4973 = (-2.3218, -1.3272)$$

예제 8.17

지체시간에 대한 계수가 0.3 이하라는 귀무가설을 검정하시오.

풀이

지체시간의 추정계수는 $\hat{\beta}_2 = 0.5652$, 표준편차는 $s_{\hat{\beta}_2} = 0.2256$이다. 귀무가설은 $H_0 : \beta_2 \leq 0.3$이다. 따라

서 $t=(\hat{\beta}_2-0.3)/0.2256$이고, t값은 자유도 19인 student's t 분포를 따른다.

t값에 대한 자유도는 오차에 대한 자유도와 같다. 따라서 t값은 $(0.5652-0.3)/0.2256=1.1755$이다. P-값이 0.10과 0.25 사이이므로 $\beta_2 \le 0.3$은 타당하다.

예제 8.18

평균값 μ_{yi}에 대한 95% 신뢰구간을 구하고, 미래의 관측값 노드속도 25 m/s, 지체시간 15초에 대한 예측구간을 구하시오.

풀이

앞의 결과에 따라 95% 신뢰구간은 (71.812, 76.732)이고, 예측구간은 (67.641, 80.903)이다.

다중회귀에서의 가정 확인

단순선형회귀와 마찬가지로 다중회귀에서도 선형모형의 오차에 대한 가정이 타당한지 확인해 보는 것이 중요하며, 이는 단순선형회귀에 적용한 진단법을 이용하여 확인할 수 있다. 다음으로 잔차도, 잔차에 대한 정규확률도, 잔차와 각 관측이 일어난 순서에 대한 그래프가 있다. 또한 잔차에 대한 독립변수들의 그래프를 그려보는 것도 좋은 방법이다. 잔차도를 통해 가정에 위배되는 사항을 알아낸다면 변수 변환을 통해 문제를 해결할 수 있다.

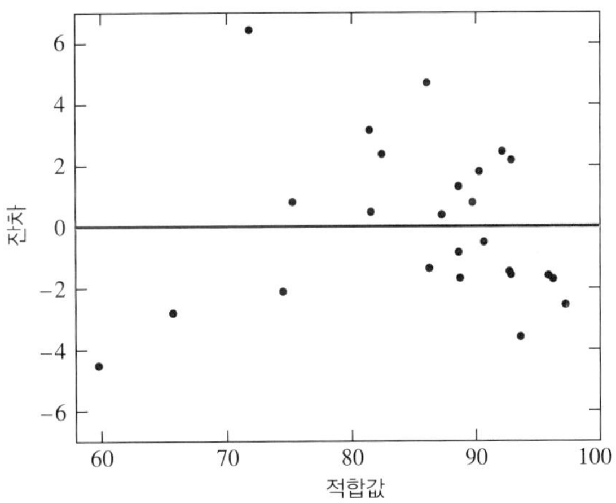

그림 8.7 유효처리율에 대한 자료에서 잔차도 대 적합값

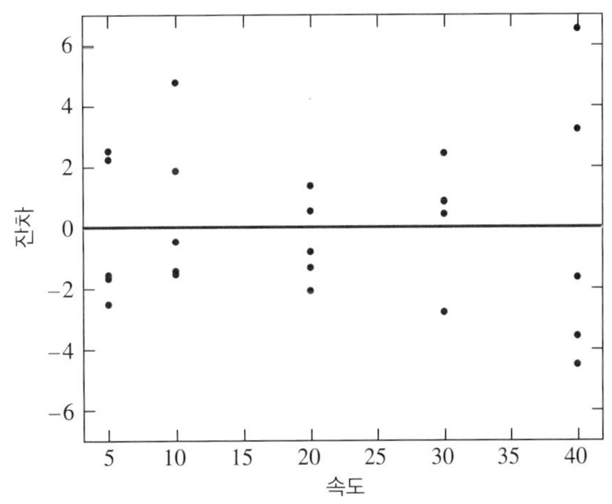

그림 8.8 유효처리율에 대한 자료에서 잔차도 대 속도

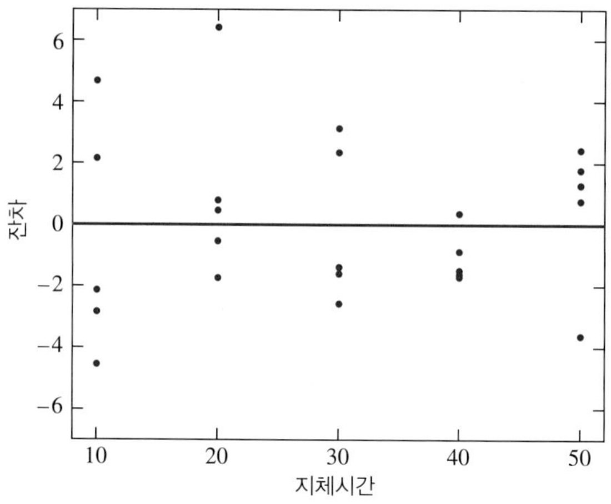

그림 8.9 유효처리율 자료에서 잔차도 대 지체시간

그림 8.7은 유효처리율에 대한 잔차도이고 그림 8.8과 8.9는 각각 잔차와 노드 속도, 지체시간에 대한 그림이다. 그림 8.7에서는 잔차도의 몇 개의 점과 끝부분에서 곡선 형태를 띠는 것을 확인할 수 있다. 그림 8.9와 그림 8.9의 잔차와 각 독립변수와의 그래프에서는 가정을 위배하는 형태를 띠지 않는다. 이 결과를 통해 어떤 사람은 이 모형을 잘 적용된 사례로 받아들일 것이고, 어떤 사람은 다른 대안의 모형을 찾기 위해 모형선택 기술을 사용할 것이다. 이 부분에 대해서는 8.4절에서 다루기로 한다.

8.2 연습문제

1. 강철판 인장강도 영향 요소 결정 실험에서 20개의 판에 대해 인장강도(kg/mm²), 망간함유량(1,000 부품당), 두께(mm)가 측정되었다. 다음 Excel 결과는 인장강도 = $\beta_0 + \beta_1$(망간함유량) + β_2(두께) 맞춤(fitting)의 모형 적용 결과이다.

회귀 분석

회귀분석 통계량	
결정계수	0.86200
조정된 결정계수	0.84600
표준 오차	0.82280
관측수	20

분산 분석

	자유도	제곱합	제곱 평균	F 비	유의한 F
회귀	2	72.01000	36.00500	53.19000	0
잔차	17	11.50800	0.67690		
계	19	83.51700			

	계수	표준 오차	t 통계량	P-값
Y 절편	26.64100	2.72340	9.78000	0
망간함유량	3.32010	0.33198	10.00000	0
두께	−0.42490	0.12606	−3.37000	0.004

a. 두께가 10 mm이고 8.2 ppt의 망간함유 표본의 강도를 예측하시오.

b. 두 표본이 두께가 같고 망간함유량이 10 ppt 차이가 난다면, 그 강도가 얼마나 다를지 판단하시오.

c. 두 표본이 같은 양의 망간함유량을 가지고 있고 두께가 5 mm 차이가 난다면, 그 강도가 얼마나 다를지 판단하시오.

2. 문제 1의 자료가 다음과 같이 정리되어 있다. 잔차도 대 적합값 그래프를 그리시오. 또한 이 그래프가 선형모형이 타당하다고 나타내고 있는지 설명하시오.

강도	함유량	두께	잔차	적합값
47.7	7.4	8.0	−0.111	47.811
50.9	8.8	10.0	−0.709	51.609
51.7	8.8	10.0	0.091	51.609
51.9	8.8	10.0	0.291	51.609
50.0	8.1	7.1	−0.517	50.517
50.5	8.1	9.0	0.790	49.710
50.0	8.1	7.1	−0.517	50.517
49.7	8.1	9.0	−0.010	49.710

50.6	8.1	9.0	0.890	49.710
47.7	7.2	7.2	0.214	47.486
47.1	7.3	7.8	−0.464	47.564
45.0	7.3	11.8	−0.864	45.864
47.6	7.3	8.0	0.121	47.479
45.7	7.3	11.8	−0.164	45.864
47.0	7.3	8.7	−0.181	47.181
45.7	7.3	11.7	−0.206	45.906
48.8	7.3	8.7	1.619	47.181
45.8	7.3	7.8	−1.764	47.564
48.5	7.3	9.0	1.446	47.054
48.6	7.6	7.8	0.040	48.560

3. "Application of Statistical Design in the Statistical Design in the Leaching Study of Low-Grade Manganese Ore Using Aqueous Sulfur Dioxide" (P. Naik, L. Sukla, and S. Das, *Separation Science and Technology*, 2002: 1375−1389)은 망간 추출률(%, y)을 입자 크기(mm, x_1), 이산화황의 양(x_2), 침출 시간(분, x_3) 등을 이용하여 예측하는 모형을 발표했다.

$$y = 56.145 - 9.046x_1 - 33.421x_2 + 0.243x_3 - 0.5963x_1x_2 - 0.0394x_1x_3 + 0.6022x_2x_3 + 0.6901x_1^2 + 11.7244x_2^2 - 0.0097x_3^2$$

표본의 크기 n은 27이고, SSE = 209.55, SST = 6777.5이다.

a. 입자 크기가 3 mm, 이산화황의 양이 1.5, 침출 시간이 20분일 때의 추출률을 예측하시오.

b. 침출 시간이 1분 더 늘었을 때의 추출률 변화를 예측하는 것이 가능한가? 그렇다면 예측된 변화를 구하시오. 만약 그렇지 않다면, 왜 불가능한지 설명하시오.

c. 결정계수 R^2을 계산하시오.

d. 모든 계수가 0이라는 귀무가설을 검정하기 위한 F 통계량을 구하시오. 이 가설은 기각할 수 있는가?

4. 어린이 폐 기능의 연구에서 1초 동안 힘주어 내쉬는 공기의 부피를 FEV_1이라 한다(Forced Expiratory Volume in one second). 특정 어린이 그룹에 대해 2년 동안 매년 측정하였으며, 금년 FEV_1(L)을 작년 FEV_1(L)의 함수로 표현하기 위해 선형모형이 적용되었다. 성별값은 남자인 경우는 0, 여자인 경우는 1을 대입한다.

$$FEV_1 = \beta_0 + \beta_1 \text{ Last } FEV_1 + \beta_2 \text{ Gender} + \beta_3 \text{ Height} + \beta_4 \text{ Pressure } + \varepsilon$$

회귀 분석

회귀분석 통계량	
결정계수	0.93500
조정된 결정계수	0.93300
표준 오차	0.22039
관측수	165

분산 분석

	자유도	제곱합	제곱 평균	F 비	유의한 F
회귀	4	111.3100	27.8260	572.8900	0.0000
잔차	160	7.7716	0.0486		
계	164	119.0800			

	계수	표준 오차	t 통계량	P-값
Y 절편	−0.2195	0.4503	−0.4900	0.6270
작년FEV	0.7790	0.0491	15.8700	0.0000
성별	−0.1083	0.0352	−3.0800	0.0020
키	1.3536	0.2880	4.7000	0.0000
대기압	−0.0013	0.0005	−2.8400	0.0050

a. 키가 1.4 m, 대기압은 730 mm, 작년 측정치가 2.113 L인 남자아이의 금년도 FEV_1을 예측하시오.

b. 만약 두 여자아이의 키 차이가 5 cm이고 나머지는 다 같다면, 그들의 FEV_1은 얼마나 다른지 예측하시오.

c. 정수 β_0가 음수로 추정되었다. 그러나 FEV_1은 항상 양수여야 한다. 무엇이 잘못되었는지 설명하시오.

5. "Drying of Pulps in Sprouted Bed: Effect of Composition on Dryer Performance" (M. Medeiros, S. Rocha, et al., *Drying Technology*, 2002:865−881)은 pH, 점도(kg/m·s), 밀도(g/cm^3), BRIX(%)의 측정치를 보고했다. 다음은 Excel에서 아래의 모형을 적용한 결과이다.

$$\text{pH} = \beta_0 + \beta_1(\text{점착력}) + \beta_2(\text{밀도}) + \beta_3(\text{BRIX}) + \varepsilon$$

회귀분석 통계량	
결정계수	0.5000
조정된 결정계수	0.4060
표준 오차	0.3796

	계수	표준 오차	t 통계량	P-값
Y 절편	−1.7914	6.2339	−0.2900	0.7780
저도	0.00026626	0.00011517	2.3100	0.0340
밀도	9.8184	5.7173	1.7200	0.1050
BRIX	−0.29982	0.099039	−3.0300	0.0080

반응치 추론

변수 순번	적합값 $\hat{y}$	s_ŷ	신뢰 95%	예측 95%
1	3.08750	0.1351	(2.8010, 3.3740)	(2.2333, 3.9416)
2	3.73510	0.1483	(3.4207, 4.0496)	(2.8712, 4.5990)
3	2.85760	0.251	(2.3255, 3.3896)	(1.8929, 3.8222)

변수

순번	점도	밀도	BRIX
1	1000	1.05	19.0
2	1200	1.08	18.0
3	2000	1.03	20.0

a. 점도 1,500 kg/m·s, 밀도 1.04 g/cm^3, BRIX 17.5%일 때 펄프의 pH를 예측하시오.

b. 만약 두 펄프의 밀도가 0.01 g/cm^{3}만큼 다르고 나머지는 다 같다면, 그들의 pH는 얼마나 달라질지 예측하시오.

c. 상수 β_0가 음수로 계산되었다. 그러나 펄프의 pH는 항상 양수여야 한다. 무엇이 잘못되었는지 설명하시오.

d. 점도 1,200 kg/m·s, 밀도 1.08 g/cm^3, BRIX 18%인 펄프의 평균 pH에 대한 95% 신뢰구간을 구하시오.

e. 점도 1,000 kg/m·s, 밀도 1.05 g/cm^3, BRIX 19%인 펄프의 평균 pH에 대한 95% 예측구간을 구하시오.

f. 펄프 A는 점도 2,000 kg/m·s, 밀도 1.03 g/cm^3, BRIX 19%이다. 어떤 펄프에서 더 정확한 pH가 예측되는지 판단하시오.

6. 다음 Excel 결과는 다중회귀에 대한 결과이다. 프린터에 문제가 생겨 몇몇 값들이 사라졌다. 빈칸을 채우시오.

회귀 분석

회귀분석 통계량	
결정계수	0.9020
조정된 결정계수	0.8530
표준 오차	0.8690

분산 분석

	자유도	제곱합	제곱 평균	F 비	유의한 F
회귀	3	41.7600	(e)	(f)	0.0000
잔차	6	(g)	0.7600		
계	(h)	46.3000			

	계수	표준 오차	t 통계량	P-값
Y 절편	−0.5876	0.2873	(a)	0.0860
X1	1.5102	(b)	4.3000	0.0050
X2	(c)	0.3944	−0.6200	0.5600
X3	1.8233	0.3867	(d)	0.0030

7. "Evaluating Vent Manifold Inerting Requirements: Flash Point Modeling for Organic Acid-Water Mixtures" (R. Garland and M. Malcolm, *Process Safety Progress*, 2002:254−260)은 물, 아세트산, 프로피온산, 뷰티르산의 농도(단위는 무게 %)로 혼합물의 인화점(°F)을 예측하는 모형을 보였으며, 결과는 다음과 같다. 변수 '뷰티르산 * 아세트산'은 뷰티르산 농도와 아세트산 농도의 상호작용이다.

	계수	표준 오차	t 통계량	P-값
Y 절편	267.53	11.306	23.66	0.000
아세트산	−1.5926	0.1295	−12.30	0.000
프로피온산	−1.3897	0.1260	−11.03	0.000
뷰티르산	−1.0934	0.1164	−9.39	0.000
뷰티르산*아세트산	−0.002658	0.001145	−2.32	0.034

a. 30% 아세트산, 35% 프로피온산, 30% 뷰티르산 혼합물의 인화점을 예측하시오(주의: 모형에서는 30%는 0.3이 아닌 30으로 표현되어 있다).

b. 만약 나머지 농도는 변하지 않고 아세트산의 농도가 10% 증가한다면, 인화점이 얼마나 달라지는가에 대한 질문을 받았다. 이 질문에 답하는 것이 가능한가? 그렇다면 답을 제시하고, 만약 그렇지 않다면, 그 이유를 설명하시오.

c. 만약 나머지 농도는 변하지 않고 프로피온산의 농도가 10% 증가한다면, 인화점이 얼마나 달라지는가에 대한 질문을 받았다. 이 질문에 답하는 것이 가능한가? 그렇다면 답을 제시하고, 만약 그렇지 않다면, 그 이유를 설명하시오.

8. 다음은 압출압력(KPa)과 마모(mg)의 관계에 대한 연구 실험자료이다. 최소제곱 2차 모형은 $y = -32.445714 + 0.43154286x - 0.000982857x^2$이다.

x	150	175	200	225	250	275
y	10.4	12.4	14.9	15.0	13.9	11.9

a. 위 모형식을 사용하여 잔차를 구하시오.

b. SSE와 SST를 구하시오.

c. s^2을 구하시오.

d. 결정계수 R^2을 구하시오.

e. 가설 $H_0: \beta_1 = \beta_2 = 0$의 F 통계량을 구하시오. 또한 이 통계량의 자유도를 구하시오.

f. 가설 $H_0: \beta_1 = \beta_2 = 0$은 5% 유의수준에서 기각될 수 있는지 판단하시오.

9. 2001년 11월 24일, The Economist에서는 선진 15개 국가의 경제자료를 발표하였다. 2000년 가을부터 2001년 가을까지의 GDP(국내 총생산) 변화(%), IP(공업생산), CP(소비자 물가), PP(생산자 물가), 2001년 가을의 UNEMP(실업률)이다. 다른 변수들로부터 GDP를 예측하는 모형을 만들고자 한 예측 모형은 아래와 같고, 그 결과는 다음의 표에 있다.

$$\text{GDP} = \beta_0 + \beta_1 \text{IP} + \beta_2 \text{UNEMP} + \beta_3 \text{CP} + \beta_4 \text{PP} + \varepsilon$$

	계수	표준 오차	t 통계량	P-값
Y 절편	1.18957	0.42180	2.82	0.018
IP	0.17326	0.041962	4.13	0.002
UNEMP	0.17918	0.045895	3.90	0.003
CP	0.17591	0.11365	1.55	0.153
PP	−0.18393	0.068808	−2.67	0.023

a. IP = 0.5, UNEMP = 5.7, CP = 3, PP = 4.1인 국가의 GDP 변화를 예측하시오.

b. 만약 두 국가의 실업률이 1%로 다르면, 국내 총생산율 변화는 얼마나 달라지는가? 나머지 변수들은 같다.

c. CP와 PP는 둘 다 인플레이션율의 척도이다. 둘 중 어떤 것이 GDP를 예측하는 데 더 유용한지 설명하시오.

d. 2000년 9월 스웨덴의 생산자 물가지수는 4.0이었고, 오스트리아는 6.0이었다. 다른 변수들은 같을 때, 어떤 나라의 국내

총생산의 퍼센트 변화가 더 클지 판단하시오.

10. 사면에서 물체의 가속도를 측정하기 위한 실험에서 물체의 사면 최고점으로부터 이동 거리인 y(m)는 0.1초마다 $t=0.1$부터 $t=1.0$까지 측정되었다. 결과는 다음 표와 같다.

t	y	t	y
0.1	0.03	0.6	1.07
0.2	0.1	0.7	1.46
0.3	0.27	0.8	1.89
0.4	0.47	0.9	2.39
0.5	0.73	1.0	2.95

이는 이차모형 $y=\beta_0+\beta_1 t+\beta_2 t^2+\varepsilon$을 따르며, β_0는 물체의 초기 위치를 나타내고, β_1은 초기 속도, $\beta_2=a/2$이다. a는 물체의 가속도이고 변함이 없다고 가정한다. 완벽한 실험에서는 $t=0$일 때, 물체의 위치와 속도가 0일 것이다. 그러나 실험 오류로 $t=0$일 때, 속도가 0이 아닐 수도 있다.

a. 2차 모형 $y=\beta_0+\beta_1 t+\beta_2 t^2+\varepsilon$을 구하시오.
b. β_2의 95% 신뢰구간을 구하시오.
c. 가속도 a의 95% 신뢰구간을 구하시오.
d. 각 계수의 P-값을 구하시오.
e. 초기 위치가 0이 아니라고 결론지을 수 있는지 설명하시오.
f. 초기 속도가 0이 아니라고 결론지을 수 있는지 설명하시오.

8.4 모형선택

많은 수의 독립변수가 측정되고 그중 일부를 선택적으로 모형에 적용해야 하는 경우가 종종 있다. 이것이 **모형선택(model selection)**의 문제이고 상당히 어려운 작업이다. 실제로 모형선택은 보통의 경우 일반화할 수 없는 물리적인 직관에 따라 진행된다. 여기서 논하고자 하는 것은 이 넓고 어려운 주제에 대해 완벽한 결론을 내리는 것이 아니다. 대신 기본적인 원리와 몇 개의 예시를 통해 모형선택에 대해 알아보고자 한다.

좋은 모형선택은 Occam's razor라고 알려진 기본 원칙에 의해 이루어진다.

Occam's Razor

가장 좋은 과학적 모형은 관측된 사실을 설명하는 가장 단순한 모형이다.

선형모형에 있어서 Occam's Razor는 **절약성의 원리(principle of parsimony)**를 의미한다.

절약성의 원리

모형은 자료를 적합시키는 데 필요한 가장 작은 수의 변수를 포함해야 한다.

다음은 절약성의 원리에 대한 예외사항이다.

1. 물리적 이론이 없는 한 모형은 절편을 포함해야 한다.
2. 물리적 이론이 없는 한 거듭곱 x^n이 모형애 포함되어 있으면, 낮은 거듭곱 $x, x^2, \cdots, x^{n-1}$이 반드시 포함되어야 한다.
3. 물리적 이론이 없는 한 두 변수의 곱 $x_i y_i$가 모형에 포함되어 있으면, 변수 x_i, y_i도 따로 포함되어야 한다.

표 8.3 Jaw Crusher에 대한 공급량과 사용전력

공급량	전력	공급량	전력	공급량	전력	공급량	전력
0.10	11	0.20	15	0.91	45	1.36	58
1.55	60	2.91	84	0.59	12	2.36	45
3.00	40	0.36	30	0.27	24	2.95	75
3.64	150	0.14	16	0.55	49	1.09	44
0.38	69	0.91	30	0.68	45	0.91	58
1.59	77	4.27	150	4.27	150	2.91	149
4.73	83	4.36	144	3.64	100		

자료 적용에 꼭 필요한 변수만을 갖는 모형을 **절약모형(parsimonious model)**이라고 한다. 다중회귀 대부분의 실질적 연구가 절약모형의 개발을 통해 이루어진다. 예를 통해 절약모형의 원리에 대해 설명하고자 한다. 표 8.3의 자료들은 "Capacities and Performance Characteristics of Jaw Crushers"의 보고서 중 산업용 쇄석기에서 공급량과 사용전력의 관계에 대한 내용이다.

다음의 출력물(Excel)은 아래 모형에 적용한 결과이다.

$$전력 = \beta_0 + \beta_1(공급량) + \varepsilon \tag{8.27}$$

회귀분석 통계량	
결정계수	0.685
조정된 결정계수	0.672
표준 오차	26.20

분산 분석

	계수	표준 오차	t 통계량	P-값
Y 절편	21.028	8.038	2.62	0.015
공급량	24.595	3.3380	7.37	0.000

출력물을 통해 우리는 적용된 모형이 다음과 같다는 것을 알 수 있다.

$$전력 = 21.028 + 24.595(공급량) \tag{8.28}$$

공급량에 대한 계수가 0과 상당히 많은 차이를 나타낸다. ($t = 7.37$, $P \approx 0$) 이제 2차 모형이 선형모형보다 더 적합한지를 알아보기 위해 다음의 모형을 적합시킨다.

$$전력 = \beta_0 + \beta_1(공급량) + \beta_2(공급량)^2 + \varepsilon \tag{8.29}$$

다음은 2차 모형에 대한 결과이다. 절편의 값과 공급량에 대한 계수가 선형모형의 값과 다르다. 이것은 아주 전형적인 결과로 새로운 변수가 모형에 추가되면, 변수의 계수가 이전 모형과 비교하여 크게 변하게 된다.

회귀분석

회귀분석 통계량	
결정계수	0.685
조정된 결정계수	0.659
표준 오차	26.72

분산 분석

	계수	표준 오차	t 통계량	P-값
Y 절편	19.34	11.56	1.67	0.107
공급량	27.47	14.31	1.92	0.067
공급량^2	−0.6387	3.0900	−0.21	0.838

여기서 주목해야 할 점은 (공급량)^{2}에 대한 계수의 P-값이 크다는 것이다(0.838). P-값은 독립변수의 계수가 0이라는 귀무가설의 검정을 위한 값이다. 위의 출력물은 (공급량)2의 계수가 0이 아니라는 어떤 근거도 제시하지 못한다. 게다가 상관계수 R^2에도 큰 변화가 없으므로 2차 모형이 선형모형보다 적합하다고 할 수 없으며, 절약성의 원리에 따라 선형모형을 선택하는 것이 옳다.

그림 8.10은 절약성의 원리를 설명하는 그림이다.

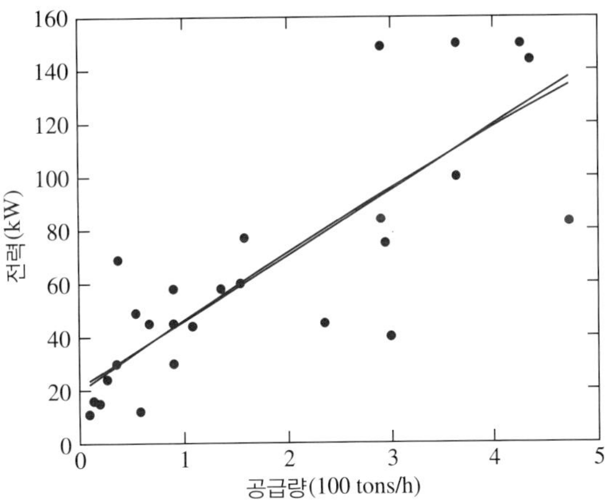

그림 8.10 27개의 Jaw Crusher의 전력과 공급량의 산포도. 최소제곱직선과 가장 잘 맞는 2차 모형이 모두 중첩된다. 두 선은 거의 동일하며, 이는 2차 모형의 (공급량)^{2}의 계수가 0과 크게 다르지 않다는 사실을 반영한다.

공급량과 전력 그래프에서 모형의 계수들이 다름에도 불구하고 최소제곱직선(식 (8.28) 참고)과 2차 모형(식 (8.29) 참고)이 거의 일치하는 것을 알 수 있다. 따라서 모형을 복잡하게 만들 뿐 적합성의 증진이 없는 2차 항을 포함시킬 이유가 없다.

모형에서 변수 제거의 결정

많은 수의 독립변수를 가지는 모형에서 모형의 정확성을 유의하게 감소시키지 않고 변수를 제거하고자 하는 경우가 있다. 다시 말해, 변수 x, y 사이의 관계를 나타내는 모형

$$y_i = \beta_0 + \beta_1 x_{1i} + \cdots + \beta_k x_{ki} + \beta_{k+1} x_{k+1\,i} + \cdots + \beta_p x_{pi} + \varepsilon_i \tag{8.30}$$

을 알고 있고 그것이 참이라고 생각해 보자. 이러한 모형을 '완전모형(Full Model)'이라고 한다. 귀무가설

$$H_0 : \beta_{k+1} = \cdots = \beta_p = 0$$

을 검정해 보자. H_0가 참이라면, 변수 x_{k+1}, ⋯, x_p는 제거할 수 있다. 따라서 완전모형은 다음과 같이 축소모형으로 대체된다.

$$y_i = \beta_0 + \beta_1 x_{1i} + \cdots + \beta_k x_{ki} + \varepsilon_i \tag{8.31}$$

완전모형과 축소모형의 오차제곱합(SSE)을 통해 H_0에 대한 검정통계량을 구해 보자. SSE_{full}의 자유도는 $n-p-1$이고, $\text{SSE}_{\text{reduced}}$의 자유도는 $n-k-1$이다.

완전모형이 참이기 때문에 $\text{SSE}_{\text{full}}/(n-p-1)$은 오차분산 σ^2의 추정값으로 바로 s^2이다. 만약 H_0가 참이라면 축소모형 역시 참이고, $\text{SSE}_{\text{reduced}}/(n-k-1)$도 오차분산의 추정값이다. 직관적으로 SSE_{full}은 $(n-p-1)\sigma^2$에 가깝고, H_0가 참이라면 $\text{SSE}_{\text{reduced}}$은 $(n-k-1)\sigma^2$에 가깝다.

위 과정을 통해 H_0가 참이라면 $\text{SSE}_{\text{reduced}} - \text{SSE}_{\text{full}}$는 $(p-k)\sigma^2$이 되고, $(\text{SSE}_{\text{reduced}} - \text{SSE}_{\text{full}})/(p-k)$는 σ^2이 된다. 검정통계량은 다음과 같다.

$$f = \frac{(\text{SSE}_{\text{reduced}} - \text{SSE}_{\text{full}})/(p-k)}{\text{SSE}_{\text{full}}/(n-p-1)} \tag{8.32}$$

이제 H_0가 참이면, f의 분자와 분모 모두 σ^2이고 그 값은 1에 가까워진다. H_0가 거짓이라면 $\text{SSE}_{\text{reduced}}$은 커질 것이고 f값 역시 커진다. 통계량 f는 F 통계량으로 귀무분포가 $F_{p-k,\, n-p-1}$이다.

앞에서 제시한 방법은 불필요한 변수를 제거함으로써 절약모형을 만드는 데 굉장히 유용하다. 여러 개의 변수를 가진 모형에서 몇몇 변수들은 큰 P-값을 가지고 F 검정은 변수를 제거해야 하는지에 대한 결정에 사용된다. 그러나 실제로 앞에서 가정한 것처럼 완전모형이 참인 경우는 많지 않다. 이 방법은 매우 유용하지만 이론적인 절차이기보다는 비공식적 방법이다.

예제를 통해 이 방법에 대해 알아보자. 모바일 애드혹 네트워크(Mobile Ad-hoc NETwork)에서 메시지들은 목적지에 도달할 때까지 여러 개의 단말기를 통해 전달된다.

자료의 오버헤드란 메시지를 알맞은 장소로 전달하기 위해 메시지와 함께 송출되는 정보의 바이트 수이다. 좋은 프로토콜은 일반적으로 적은 자료 오버헤드를 가진다. 오버헤드는 컴퓨터의 동작 속도, 각 목적지에서의 지체시간, LCR(link change rate) 등 네트워크의 여러 가지 특징들에 영향을 받는다. 표 8.4는 25개의 컴퓨터 네트워크 내의 평균속도, 지체시간, LCR, 오버헤드들을 나타낸다.

많은 조건에서의 네트워크 동작에 대한 연구를 위해 이 자료에 대해 2차 모형을 적용해 보자.

$$\begin{aligned}\text{오버헤드} = {} & \beta_0 + \beta_1(\text{속도}) + \beta_2(\text{시간}) + \beta_3(\text{LCR}) + \beta_4(\text{속도})(\text{시간}) + \beta_5(\text{속도})(\text{LCR}) \\ & + \beta_6(\text{시간})(\text{LCR}) + \beta_7(\text{속도})^2 + \beta_8(\text{시간})^2 + \beta_9(\text{LCR})^2 + \varepsilon\end{aligned}$$

표 8.4 모바일 컴퓨터 네트워크에 대한 자료(오버헤드, 평균속도, LCR(Link Change Rate))

속도	시간	LCR	오버헤드	속도	시간	LCR	오버헤드
5	10	9.426	428.90	20	40	12.117	501.48
5	20	8.318	443.68	20	50	10.284	519.20
5	30	7.366	452.38	30	10	33.009	445.45
5	40	6.744	461.24	30	20	22.125	489.02
5	50	6.059	475.07	30	30	16.695	506.23
10	10	16.456	446.06	30	40	13.257	516.27
10	20	13.281	465.89	30	50	11.107	508.18
10	30	11.155	477.07	40	10	37.823	444.41
10	40	9.506	488.73	40	20	24.140	490.58
10	50	8.310	498.77	40	30	17.700	511.35
20	10	26.314	452.24	40	40	14.064	523.12
20	20	19.013	475.97	40	50	11.691	523.36
20	30	14.725	499.67				

2차 모형에 적용한 결과는 다음과 같다.

회귀분석

회귀분석 통계량	
결정계수	0.987
조정된 결정계수	0.979
표준 오차	4.19902

분산 분석

	자유도	제곱합	제곱 평균	F 비	유의한 F
회귀	9	19859.9	2206.7	125.15	0
잔차	15	264.5	17.6		
계	24	20124.3			

	계수	표준 오차	t 통계량	P-값
Y 절편	436.03	25.78	16.92	0.000
평균속도	0.560	2.349	0.24	0.815
지체시간	−2.156	1.290	−1.67	0.115
LCR	−2.253	3.255	−0.69	0.499
평균속도*지체시간	−0.04813	0.03141	−1.53	0.146
평균속도*LCR	−0.14594	0.08420	−1.73	0.104
지체시간*LCR	0.36387	0.09421	3.86	0.002
평균속도^2	0.05113	0.02551	2.00	0.063
지체시간^2	0.02359	0.01290	1.83	0.087
LCR^2	0.07580	0.09176	0.83	0.422

이제 (평균속도)^2, (지체시간)^2, (LCR)^2 항을 제거한 축소모형이 적절한 모형인지 결정하기 위해 F 검정을 수행하자. 2차 모형에 대한 출력물에서 $SSE_{full} = 264.5$이고, 자유도는 15, 독립변수의 수 $p = 9$이다.

(평균속도)^2, (지체시간)^2, (LCR)^2 항을 제거한 축소모형은 아래과 같으며, 이 축소모형을 적용한 결과는 다음과 같다.

$$\text{오버헤드} = \beta_0 + \beta_1(\text{속도}) + \beta_2(\text{시간}) + \beta_3(\text{LCR}) + \beta_4(\text{속도})(\text{시간}) + \beta_5(\text{속도})(\text{LCR}) + \beta_6(\text{시간})(\text{LCR}) + \varepsilon$$

회귀분석

회귀분석 통계량	
결정계수	0.982
조정된 결정계수	0.976
표준 오차	4.4778

분산 분석

	자유도	제곱합	제곱 평균	F 비	유의한 F
회귀	6	19763.4	3293.9	164.28	0.000
잔차	18	360.9	20.1		
계	24	20124.3	838.5		

	계수	표준 오차	t 통계량	P-값
Y 절편	405.48	43.97	43.97	0.000
평균속도	2.008	2.08	2.08	0.052
지체시간	0.246	0.76	0.76	0.456
LCR	−0.242	−0.46	−0.46	0.654
평균속도*지체시간	−0.02554	−2.01	−2.01	0.060
평균속도*LCR	−0.06443	−2.98	−2.98	0.008
지체시간*LCR	0.18515	5.41	5.41	0.000

이 축소모형에 대한 출력물에서 $\text{SSE}_{\text{reduced}} = 360.9$이고 변수의 수 $k = 6$이다. 식 (8.32)를 이용하여 F 통계량을 계산하면 다음과 같다.

$$f = \frac{(360.9 - 264.5)/(9-6)}{264.5/15} = 1.822$$

귀무분포는 $F_{3,15}$이다. F 분포표(표 A.6)에서 $P > 0.10$임을 확인할 수 있다. P-값이 크기 때문에 축소모형은 적합하다.

최량부분집합회귀

앞에서 언급했듯이 모형선택의 방법은 보통 비공식적이거나 임시적이다. 그러나 그 과정을 조금 더 조직적으로 만드는 몇 가지 방법이 있다. 그중에 하나가 **최량부분집합회귀(best subset regression)**이다. 개념은 간단하다. 모형에 p개의 독립변수 $x_1, \cdots, x_p$가 있다. 우리가 정확히 4개의 독립변수를 갖는 좋은 모형을 찾기를 원한다고 가정해 보자.

4개의 변수를 포함하는 가능한 모든 모형을 적용하고 결정계수 R^2를 이용해서 적합도가 높은 순으로 정렬시킨다. 가장 큰 R^2를 갖는 부분집합이 크기 4에서의 최량부분집합이다. 다른 크기에서의 최량부분집합을 찾기 위해 같은 방법을 사용한다. 최량부분집합은 어떤 부분집합이 좋은 적합도를 보이는지 알아내기 위해 조사한다.

독립변수들이 많은 경우에 적용할 모형이 아주 많아진다. 하지만 최근에 컴퓨터를 이용하여 30개 혹은 그 이상의 독립변수들을 다룰 수 있게 되었다. 다음 Excel 출력물은 표 8.4의 자료에 최량부분집합을 적용한 것이며, 9개의 독립변수가 고려되었다.

최량부분집합회귀

종속변수: 오버헤드

변수 개수	결정계수	조정결정계수	Mallows C-p	표준 오차	평균속도	지체시간	LCR	평균속도*지체시간	평균속도*LCR	지체시간*LCR	평균속도^2	지체시간^2	LCR^2
1	85.5	84.9	144.5	11.264						X			
1	73.7	72.6	279.2	15.171				X					
2	97.7	97.5	6.9	4.5519						X			X
2	97.3	97.1	11.5	4.9448					X	X			
3	98.0	97.7	5.6	4.3590			X			X			X
3	97.8	97.5	7.8	4.5651				X		X			X
4	98.2	97.9	5.3	4.2354		X	X			X			X
4	98.2	97.8	5.8	4.2806			X			X		X	X
5	98.4	97.9	5.6	4.1599			X	X	X	X	X		
5	98.3	97.9	6.4	4.2395	X			X	X	X	X		
6	98.6	98.1	4.9	3.9434		X		X	X	X	X	X	
6	98.4	97.9	7.4	4.2444			X	X	X	X	X	X	
7	98.6	98.1	6.6	4.0265		X		X	X	X	X	X	X
7	98.6	98.0	6.8	4.0496	X	X		X	X	X	X	X	
8	98.7	98.0	8.1	4.0734		X	X	X	X	X	X	X	X
8	98.6	98.0	8.5	4.1301	X	X		X	X	X	X	X	X
9	98.7	97.9	10.0	4.1990	X	X	X	X	X	X	X	X	X

이 출력물에는 크기 1~9에 대한 최량부분집합과 차선부분집합(second-best subset)이 나타나 있다. 최량부분집합은 모형의 R^2이 가장 큰 것을 의미하는 것이지 실용적인 측면에서 가장 좋은 것을 의미하는 것은 이니다. 출력물을 살펴보자.

첫째 행은 하나의 독립변수로 만들어진 최량부분집합이고 둘째 행은 차선부분집합이다. 셋째와 넷째 행은 두 개의 독립변수로 만들어진 모형을 나타낸다. 결정계수 항은 각 모형에서의 결정계수 R^2을 나타낸다. 최량부분집합의 R^2값은 변수의 수가 많아질수록 증가한다.

표준오차 항은 오차표준편차의 추정값이다. 이는 식 (8.24)에 나타난 s^2의 제곱근이다. 마지막으로 제일 오른쪽 항은 모형에 포함되는 독립변수를 나타낸 것이다. 표시된(X) 변수들이 모형에 포함된다. 따라서 3개의 변수를 가지는 모형에서는 LCR, 지체시간 * LCR, LCR^2이 변수가 된다.

최량부분집합회귀의 출력물은 보면서 최량부분집합과 차선부분집합이 적합도에 대해 거의 차이가 없다는 것을 아는 것과 R^2의 값이 데이터에 대한 확률값이라는 것을 이해하는 것이 중요하다. 만약 과정들이 반복되고 새로운 데이터가 주어진다면, R^2의 값은 변하고 다른 모형이 선택될 것이다. 이러한 이유에서 이 단일모형을 선택할 때 이 방법을 사용하지 않는다. 대신 자료에 거의 같은 수준으로 적합한 모형이 여러 개 있다는 것을 알 수 있다.

그런데도 하나의 모형을 선택하는 방법이 개발되고 있는데, 그중에 두 가지 방법을 알아보자(너무 심각하게 받아들이지 않아도 좋다). 만약 모형을 선택하는 데 있어서 R^2의 값이 가장 큰 것을 선택한다면, 변수의 수가 클수록 R^2의 값이 크기 때문에 항상 모든 변수를 포함한 모형을 선택하게 될 것이다. 따라서 단일모형을 선택하는 방법은 이러한 특징을 제거하는 **수정 R^2(수정 결정계수, adjusted R^2)**의 값을 포함한다.

먼저 수정 R^2의 값에 대해 알아보자. 관측값의 수를 n, 모형에서 독립변수들의 수를 k라고 하면, 수정 R^2의 값은 다음과 같다.

$$\text{Adjusted } R^2 = R^2 - \left(\frac{k}{n-k-1}\right)(1-R^2) \tag{8.33}$$

수정 R^2은 항상 R^2보다 작다. 변수의 수 k가 증가하면 R^2의 값이 증가하지만, 식의 오른쪽 항에 나타난 것처럼 빼는 값도 증가한다. 수정 R^2이 최대일 때, k값을 모형에서 변수의 수를 정하는 데 사용하여 최량부분집합의 크기를 정할 수 있다. 앞의 출력물에서 수정 R^2의 값이 6개의 변수를 가질 때, 98.1로 가장 큰 것을 확인할 수 있다.

다른 방법은 **Mallow의 C_p 통계량**을 사용하는 것이다. 이를 계산하기 위해 관측값의 수를 n, 고려되는 총 독립변수의 수를 p, 부분집합에서의 독립변수들의 수를 k라고 한다. 전과 같이 SSE_{full}은 모든 변수를 포함하는 모형의 오차제곱합, $\text{SSE}_{\text{reduced}}$은 k개의 변수를 갖는 모형의 오차제곱합이다.

$$C_p = \frac{(n-p-1)\text{SSE}_{\text{reduced}}}{\text{SSE}_{\text{full}}} - (n-2k-2) \tag{8.34}$$

C_p를 이용한 모형선택에 대한 기준값이 제안되어 왔다. 가장 보편적인 방법은 가장 작은 C_p를 가지는 모형을 선택하는 것이다. 앞의 출력물에서 가장 작은 C_p를 가지는 모형은 $C_p = 4.9$인 6개의 변수를 가지는 모형이다. 이 모형은 수정 R^2에 의해서도 선택되었다.

데이터를 통해 수정 R^2과 C_p가 같은 모형을 선택했다. 많은 경우에 이 기준들은 다른 모형을 선택한다. 어떤 경우에도 이 기준들은 근사적인 제안 모형 정도로 해석하고 자료에 거의 같은 수준으로 적합한 모형이 여러 개 있다는 것을 유념해야 한다.

단계적 회귀

단계적 회귀(stepwise regression)는 모형선택에서 가장 널리 사용되는 방법이다. 최량부분집합회귀와 비교하여 계산이 간단하기 때문에 독립변수들의 수가 아주 많고 가능한 부분집합들의 수가 너무 많을 때 사용한다.

P-값에 기반을 둔 단계별 회귀는 다음과 같다(F 통계량에 기반을 둔 단계별 회귀도 존재한다). 알고리즘을 돌리기 전에 사용자들은 P-값의 두 경계 α_{in}, α_{out}($\alpha_{\text{in}} \le \alpha_{\text{out}}$)를 정한다. 단계적 회귀는 $P < \alpha_{\text{in}}$을 만족하는 가장 작은 P-값을 가지는 독립변수를 선택하는 **변수추가법(forward selection)**에서 시작한다. 이 변수가 모형에 들어가고 한 개의 독립변수를 갖는 모

형을 만든다. 이 변수를 x_1이라고 한다. 다음 단계는 앞의 선택법과 마찬가지로 남아있는 변수 중에 두 번째 변수가 되기 위한 후보들을 조사한다. 가장 작은 P-값을 가지는 변수가 모형에 추가된다.

다음 단계는 **변수제거법(backward elimination)**이라고 하는데 P-값이 α_{out}을 초과하면 그 변수는 제거된다. 알고리즘이 변수 추가법과 변수 제거법을 반복하면서 진행된다. 변수추가법은 가장 작은 P-값을 가지는 변수가 $P < \alpha_{in}$을 만족한다면 변수를 추가하고, 변수제거법은 가장 큰 P-값을 가지는 변수가 $P > \alpha_{out}$을 만족한다면 변수를 제거한다. 이 알고리즘은 모형에 변수들이 추가되고 제거되면서 더는 어떠한 변수도 기준을 만족시키지 않을 때까지 지속된다.

다음의 출력물은 표 8.4의 데이터를 적용한 단계적 회귀 과정이다. P-값의 경계는 $\alpha_{in} = \alpha_{out} = 0.15$이다. 총 9개의 독립변수가 고려되었다.

$\alpha_{in} = 0.15$ $\alpha_{out} = 0.15$

9개 변수에 대한 종속변수(오버헤드)에 대한 분석 결과

N = 25

단계	1	2	3	4
Y절편	407.7	416.0	410.0	394.9
지체시간*LCR	0.1929	0.1943	0.1902	0.1606
T-값	11.65	29.02	27.79	7.71
P-값	0.000	0.000	0.000	0.000
LCR^2		-0.0299	-0.0508	-0.0751
T-값		-10.90	-4.10	-3.72
P-값		0.000	0.001	0.001
LCR			0.90	2.38
T-값			1.73	2.15
P-값			0.098	0.044
지체시간				0.37
T-값				1.50
P-값				0.150
표중오차	11.3	4.55	4.36	4.24
결정계수	85.50	97.73	98.02	98.22
조정된 결정계수	84.87	97.53	97.73	97.86
Mallows C-p	144.5	6.9	5.6	5.3

첫 단계에서 변수 지체시간 * LCR이 가장 작은 P-값 0.000을 가진다. 따라서 모형의 첫 번째 변수가 된다. 두 번째 단계에서 LCR^2이 가장 작은 P-값 0.000을 가지기 때문에 다음으로 추가된다. 세 번째와 네 번째 단계에서 변수 LCR과 지체시간이 차례로 추가된다. 변수의 P-값이 0.15를 넘는 변수가 없으므로 제거되는 변수들이 없다. 다섯 번째 단계에서 P-값이 0.15 이하인 변수가 남아있지 않으므로 알고리즘이 중지된다. 최종 모형은 변수 지체시간 * LCR, LCR^2, LCR, 지체시간을 포함한다.

모형선택 절차는 때때로 예기치 않은 모형을 구한다

종속변수의 값을 예측하기 위해 모형을 만들 때, 가능한 많은 독립변수들을 가지고 모형을 찾기 시작하는 것이 논리적인 것처럼 보인다. 따라서 모형선택 과정은 굉장히 많은 수의 선택 가능한 모형을 가진다. 불행히도 이는 좋은 생각이 아니다.

때때로 아무런 실제 관련이 없는 두 변수가 우연히 강하게 관련이 있게 되는 경우가 있다. 예를 통해 알아보자. 통계학자 George Udny Yule은 1875년~1920년 사이의 영국의 연간 출생률이 미국의 연간 선철 생산량에 거의 완벽하게 상관이 있다는 사실을 알았다($r = -0.98$). 그렇지만 그 누구도 이 변수와 다른 변수 간의 관계를 예측하려고 시도하지 않을 것이다. 이를 통해 모든 모형선택 과정에서의 어려움을 알 수 있다. 더 많은 관련이 있을 것 같은 독립변수들을 고려할수록 종속변수와 전혀 관련이 없는 독립변수들이 나타나게 된다.

이 상황을 모의실험을 통해 설명해 보자. $N(0,1)$ 분포로부터 크기가 30인 확률표본 y_1, ⋯, y_{30}을 만든다. 이 표본을 y라 한다. 그다음 $N(0,1)$ 분포로부터 크기가 30인 20개의 독립표본을 만든다. 이 표본들을 x_1, ⋯, x_{20}라 한다. 표본 x_i는 x_{i1}, ⋯, x_{i30}인 30개의 값을 포함한다. 다음으로 이 실험자료를 최량부분집합회귀와 단계적 회귀에 적용한다.

x_i가 독립적으로 생성되었기 때문에 어떤 x_i도 y와 관련이 없다. 따라서 모형선택과정에서 이상적인 출력값은 종속인 변수가 전혀 없는 모형을 만드는 것이다. 그러나 실제 결과는 전혀 다르다. 다음의 두 출력물은 각각 단계적 회귀와 최량부분집합회귀에 대한 Excel 출력물이다. 단계적 회귀는 수정 R^2이 41.89%이고, 6개의 변수를 포함하는 모형을 제안한다. 최량부분집합회귀는 1~20개의 각 변수 수에 대한 최적 모형을 만든다. 수정 R^2 기준으로 최량부분집합법은 R^2이 51.0%이고, 12개의 변수를 포함하는 모형을 제안한다. Mallow's C_p 기준으로는 5개의 변수를 갖는 모형이 최적 모형이다. 이 출력물을 보면 몇 개의 독립변수가 종속변수들을 예측하는 데 유용할 것으로 생각할 것이다. 하지만 나타난 모든 관계는 완벽히 우연이다.

단계별 회귀
$\alpha_{\text{in}} = 0.15$ $\alpha_{\text{out}} = 0.15$

20개 변수에 대한 종속변수(오버헤드)에 대한 분석 결과
N = 30

단계	1	2	3	4	5	6
Y절편	0.14173	0.11689	0.12016	0.13756	0.09070	0.03589
X15	−0.38	−0.38	−0.28	−0.32	−0.28	−0.30
T-값	−2.08	−2.19	−1.60	−1.87	−1.69	−1.89
P-값	0.047	0.037	0.122	0.073	0.105	0.071
X6		0.39	0.55	0.57	0.57	0.52
T-값		2.04	2.76	2.99	3.15	2.87
P-값		0.051	0.010	0.006	0.004	0.009
X16			−0.43	−0.43	−0.55	−0.73
T-값			−1.98	−2.06	−2.60	−3.07
P-값			0.058	0.050	0.016	0.005
X12				0.33	0.42	0.49
T-값				1.79	2.29	2.66
P-값				0.086	0.031	0.014

X3					-0.42	-0.52
T-값					-1.83	-2.23
P-값					0.080	0.035
X17						0.35
T-값						1.53
P-값						0.140
표중오차	1.15	1.09	1.04	0.998	0.954	0.928
결정계수	13.33	24.92	34.75	42.15	49.23	53.91
조정된 결정계수	10.24	19.36	27.22	32.90	38.66	41.89
Mallows C-p	5.5	3.3	1.7	1.0	0.4	0.7

최량부분집합회귀

종속변수: Y

변수 개수	결정계수	조정된 결정계수	Mallows C-p	표준 오차	X 1	X 2	X 3	X 4	X 5	X 6	X 7	X 8	X 9	X 10	X 11	X 12	X 13	X 14	X 15	X 16	X 17	X 18	X 19	X 20
1	13.3	10.2	5.5	1.1539															X					
2	28.3	23.0	2.0	1.0685						X										X				
3	34.8	27.2	1.7	1.0390						X									X	X				
4	43.2	34.1	0.6	0.98851			X			X						X				X				
5	49.2	38.7	0.4	0.95391			X			X						X			X	X				
6	53.9	41.9	0.7	0.92844			X			X						X			X	X	X			
7	57.7	44.3	1.3	0.90899	X	X				X						X			X	X			X	
8	61.2	46.4	2.1	0.89168			X			X						X	X		X	X	X		X	
9	65.0	49.3	2.7	0.86747			X			X						X	X		X	X	X		X	
10	67.6	50.5	3.8	0.85680			X			X	X					X	X		X	X	X	X	X	
11	69.2	50.4	5.2	0.85803	X	X	X			X	X				X	X			X	X	X		X	
12	71.3	51.0	6.4	0.85267	X	X	X			X	X				X	X		X	X	X	X		X	
13	72.4	49.9	8.0	0.86165	X	X	X			X	X			X	X	X		X	X	X	X		X	
14	73.0	47.8	9.8	0.87965	X	X	X			X	X	X		X	X	X		X	X	X	X		X	
15	74.2	46.5	11.4	0.89122	X	X	X			X	X	X		X	X	X		X	X	X	X	X	X	
16	74.5	43.1	13.3	0.91886	X	X	X		X	X	X	X		X	X	X		X	X	X	X	X	X	
17	74.8	39.2	15.1	0.94985	X	X	X		X	X	X	X		X	X	X	X	X	X	X	X	X	X	
18	75.1	34.2	17.1	0.98777	X	X	X		X	X	X	X		X	X	X	X	X	X	X	X	X	X	X
19	75.1	27.9	19.0	1.0344	X	X	X		X	X	X	X	X	X	X	X	X	X	X	X	X	X	X	X
20	75.2	20.1	21.0	1.0886	X	X	X	X	X	X	X	X	X	X	X	X	X	X	X	X	X	X	X	X

유용한 모형을 구성하는 데 어느 정도 효과적인 개선된 변수 선택 방법이 있다. 자료를 두 부분으로 나눈 뒤, 하나(학습 집합)를 사용하여 모형을 적합시키고 다른 하나(평가 집합)를 사용하여 평가하는 것이 도움이 될 수 있다. 이러한 아이디어의 개선된 형태는 교차검증으로 알려져 있다. 다양한 방법 중 수축 방법으로 알려진 올가미(lasso) 방법이 특정 상황에서 효과적인 것으로 나타났다. 마지막으로 더 많은 자료를 수집하기 위해 실험을 반복할 수 있다면, 원래 자료로 구성된 모형을 새 자료에 맞출 수 있다. 이 모형이 잘 맞는다면 실제 관계에 대해

더 설득력 있는 증거가 될 수 있다. 더 많은 정보는 James, Witten, et al., (2013)에서 찾아볼 수 있다.

모형선택에 관한 논의를 다음의 네 가지로 요약할 수 있다.

요약

회귀모형을 선택할 때 다음을 기억한다.

- 이론적 근거가 없다면, 자료에 적합한 모형이 여러 개 있다.
- 모형을 선택하는 방법은 자료에 영향을 받는 통계량(R^2, F, C_p)을 포함한다. 따라서 실험이 반복되면, 통계량이 변하게 되고 서로 다른 모형들이 최적 모형이 된다.
- 모형에서 선택된 몇 개 혹은 모든 독립변수가 실제로는 종속변수와 상관관계가 없을 수 있다. 가능하다면 적당한 관계를 검정할 수 있을 만큼 실험을 반복해야 한다.
- 모형선택은 과학이 아니라 기술이다.

8.4 연습문제

1. 다음 각 항의 참 또는 거짓을 판단하시오.

a. 모든 자료 집합에는 항상 최적 모형이 존재한다.

b. 특정 모형을 명시하는 물리적 이론이 없을 때는 보통 최적 모형은 존재하지 않으나, 거의 동등하게 적합한 모형들은 많이 존재한다.

c. 최량부분집합이나 단계적 회귀분석과 같은 모형선택 기법들은 최적 모형을 찾기 위해 과학적으로 만들어졌다.

d. 최량부분집합이나 단계적 회귀분석과 같은 모형선택 기법들은 자료에 적합한 모형을 찾아준다.

2. "Simultaneous Optimization of Mechanical Properties of Steel by Maximizing Exponential Desirability Functions" (K. J. Kim and D. K. J. Lin, Journal of the Royal Statistical *Society Series C, Applied Statistics*, 2000:311−325)은 강철관 72개의 측정결과를 제시한다. 아래 Excel 결과는 항복강도(kg/mm^2)와 탄소, 망간, 실리콘의 비율 백분율의 관계를 결정하는 연구 결과를 보여주고 있다. 모형은 다음과 같다.

$$\text{산출력} = \beta_0 + \beta_1\ \text{탄소} + \beta_2\ \text{망간} + \beta_3\ \text{실리콘} + \varepsilon$$

회귀 분석

	계수	표준 오차	t 통계량	P-값
Y 절편	24.677	5.8589	4.21	0.000
탄소	-19.402	28.455	-0.68	0.498
망간	14.720	5.6237	2.62	0.011
실리콘	70.720	45.675	1.55	0.126

다음 보기 중 다음 단계에서 어떤 분석을 해야 하는지 고르고 이유를 설명하시오.

① (탄소 · 망간), (망간 · 실리콘)의 상호작용 항을 추가한다.
② (탄소 · 실리콘)의 상호작용 항을 추가한다.
③ 현재 모형으로 충분하기 때문에 아무것도 안 해도 된다.
④ 탄소와 실리콘 항을 삭제하고 F 검정을 진행한다.
⑤ 망간 항을 삭제하고 F 검정을 진행한다.

3. 다음은 다섯 개의 독립변수 X_1, ⋯, X_5와 관련된 최량부분집합회귀의 결과이다. R^2의 값이 가장 큰 두 모형이 나나타 있다. 잘못된 부분을 찾으시오.

최량부분집합회귀

종속변수: Y

변수 개수	결정계수	조정된 결정계수	Mallows C-p	표준 오차	X 1	X 2	X 3	X 4	X 5
1	69.1	68.0	101.4	336.79					X
1	60.8	59.4	135.4	379.11		X			
2	80.6	79.2	55.9	271.60	X		X		
2	79.5	77.9	60.7	279.59	X	X			
3	93.8	92.8	13.4	184.27	X	X		X	
3	93.7	92.7	18.8	197.88	X	X	X		
4	91.4	90.4	5.5	159.59	X	X		X	X
4	90.1	88.9	5.6	159.81	X	X	X		X
5	94.2	93.0	6.0	157.88	X	X	X	X	X

4. 8.3절의 문제 4번을 참조하여 FEV_1의 예측을 개선하기 위해 체중(kg), 키와 체중의 상호작용, 기온(℃) 등의 독립변수들이 모형에 추가되었다. 아래 Excel 결과는 다음의 모형 적용결과이다.

$$\text{금년 } FEV_1 = \beta_0 + \beta_1(\text{작년 } FEV_1) + \beta_2(\text{성별}) + \beta_3(\text{키}) + \beta_4(\text{체중}) + \beta_5(\text{키} \cdot \text{체중}) + \beta_6(\text{기온}) + \beta_7(\text{대기압}) + \varepsilon$$

회귀 분석

회귀분석 통계량	
결정계수	0.935
조정된 결정계수	0.932
표준 오차	0.22189

분산 분석

	자유도	제곱합	제곱 평균	F 비	유의한 F
회귀	7	111.35	15.907	323.06	0.000
잔차	157	7.7302	0.049237		
계	164	119.08			

	계수	표준 오차	t 통계량	P-값
Y 절편	-0.2565	0.7602	-0.34	0.736
작년FEV	0.77818	0.05270	14.77	0.000
성별	-0.10479	0.03647	-2.87	0.005
키	1.2128	0.4270	2.84	0.005
체중	-0.00624	0.01351	-0.46	0.645
키*체중	0.003864	0.008414	0.46	0.647
기온	-0.0074	0.009313	-0.79	0.428
대기압	-0.00148	0.0005170	-2.86	0.005

a. 다음 Excel 결과는 체중, 키 · 체중, 기온을 삭제한 모형적용 결과이다. 이 축소된 모형의 타당성을 검정할 *F* 통계량을 구하시오.

회귀 분석

회귀분석 통계량	
결정계수	0.935
조정된 결정계수	0.933
표준 오차	0.22039

분산 분석

	자유도	제곱합	제곱 평균	F 비	유의한 F
히귀	4	111.31	27.826	572.89	0.000
잔차	160	7.7716	0.048572		
계	164	119.08			

	계수	표준 오차	t 통계량	P-값
Y 절편	-0.21947	0.4503	-0.49	0.627
작년FEV	0.779	0.04909	15.87	0.000
성별	-0.10827	0.0352	-3.08	0.002
키	1.3536	0.2880	4.70	0.000
대기압	-0.0013431	0.0004722	-2.84	0.005

b. 이 *F* 통계량의 자유도를 구하시오.

c. *F* 통계량의 *P*-값을 구하시오. 또한 모형축소가 타당한지 판단하시오.

d. 삭제된 변수들은 *P*-값이 컸으므로 모형축소는 당연히 타당하다. 따라서 *F* 검정을 시행할 필요가 없다는 주장이 있다. 이 주장이 타당한지 판단하시오.

e. 독립변수들이 다름에도 불구하고 SST는 두 모형이 다 같았다. 계산과정에 실수가 있었는지 판단하시오.

5. "Vehicle-Arrival Characteristics at Urban Uncontrolled Intersections" (V. Rengaraju and V. Rao, *Journal of Transportation Engineering*, 1995:317–323)은 인도 마드라스의 10개 교차로에서 통행특성을 제시한다. 다음 표에서 도로 폭(m, x_1)과 시간당 · 차선당 통행 차량 수(x_2), 주행속도의 중간값(km/h, x_3)을 제공한다.

y	x_1	x_2	y	x_1	x_2
35.0	76	370	26.5	75	842
37.5	88	475	27.5	92	723
26.5	76	507	28.0	90	923
33.0	80	654	23.5	86	1039
22.5	65	917	24.5	80	1120

a. $y=\beta_0+\beta_1x_1+\beta_2x_2+\varepsilon$ 모형을 적용하시오. 계수들이 0이라는 것을 검정하기 위한 *P*-값을 구하시오.

b. $y=\beta_0+\beta_1x_1+\varepsilon$ 모형을 적용하시오. 계수들이 0이라는 것을 검정하기 위한 *P*-값을 구하시오.

c. $y=\beta_0+\beta_1x_2+\varepsilon$ 모형을 적용하시오. 계수들이 0이라는 것을 검정하기 위한 *P*-값을 구하시오.

d. (a)~(c) 중 어떤 모형이 가장 적합한지 판단하시오.

6. "Modeling Resilient Modulus and Temperature Correction for Saudi Roads" (H. Wahhab, I. Asi, and R. Ramadhan, *Journal of Materials in Civil Engineering*, 2001:298–305)은 물리적 특성으로부터의 도로포장의 회복 탄성계수를 예측하는 연구이다. 다음 표는 40℃에서의 회복 탄성계수(10^6 kPa, y), 골재의 표면적(m^2/kg, x_1), 아스팔트의 연화점(℃, x_2)에 대한 자료이다.

y	x_1	x_2	y	x_1	x_2	y	x_1	x_2
1.48	5.77	60.5	3.06	6.89	65.3	1.88	5.93	63.2
1.70	7.45	74.2	2.44	8.64	66.2	1.90	8.17	62.1
2.03	8.14	67.6	1.29	6.58	64.1	1.76	9.84	68.9
2.86	8.73	70.0	3.53	9.10	68.6	2.82	7.17	72.2
2.43	7.12	64.6	1.04	8.06	58.8	1.00	7.78	54.1

$y=\beta_0+\beta_1x_1+\beta_2x_2+\beta_3x_1x_2+\beta_4x_1^2+\beta_5x_2^2+\varepsilon$ 모형의 어떤 부분집합모형이 적합한가? 두 개 이상의 모형을 적용하고, 결과를 비교하시오.

8장 보충연습문제

1. "A Robust Optimization Approach for the Capacitated Vehicle Routing Problem with Demand Uncertainty" (I. Sungur, F. Ordo´nez, and M. Dessouky, *IIE Transactions*, 2008:509-523)은 수요를 충족시키면서 운송비용을 줄이는 방법에 대해 설명한다. 한 연구에서 미충족 수요 비율(y)과 예상 수요를 맞추는 데 필요한 차량 용량 비율(x)이 27가지 시나리오에 대해 기록되었다. 결과는 다음과 같다.

x	y	x	y	x	y
82	0.5	89	0.2	90	0.3
92	0.0	88	0.8	81	0.2
95	0.7	96	1.4	95	1.0
87	1.3	95	0.9	98	1.0
90	0.8	86	1.4	89	1.0
94	1.1	95	0.4	93	1.3
92	0.9	98	1.7	91	1.3
97	1.2	93	1.1	94	1.2
97	1.3	93	0.8	94	0.7

a. 차량 용량(x)에서 미충족 수요(y)를 예측하기 위한 최소제곱직선을 구하시오.

b. β_0 및 β_1에 대한 95% 신뢰구간을 구하시오.

c. 차량 용량이 93%일 때의 미충족 수요를 예측하시오.

d. 차량 용량이 93%일 때의 평균 미충족 수요에 대한 95% 신뢰구간을 구하시오.

e. 차량 용량이 93%인 시나리오의 미충족 수요에 대한 95% 예측구간을 구하시오.

2. "Optimization of Medium Composition for Lipase Production by Candida rugosa NCIM 3462 Using Response Surface Methodology" (A. Ragendran and V. Thangavelu, *Canadian Journal of Microbiology*, 2007: 643-655)에서는 페놀 수용액의 촉매 습식산화반응 실험결과의 설명을 기록하고 있다. 한 실험에서는 초기산화비율(페놀 kg당 촉매 kg당 시간)과 산소농도(mol/m^3)가 측정되었고, 그 결과는 다음과 같다.

비율(y)	0.44	0.49	0.60	0.64	0.72
산소농도(x)	3.84	4.76	6.08	7.06	8.28

a. x와 y는 식 $y = kx^r$로 연관되어 있으며, r은 산소 반응차수이다. 이 식을 알맞은 선형방정식으로 표현하시오.

b. 최소제곱직선을 계산하여 k와 r의 값을 예측하시오.

c. 이 자료를 보았을 때, 산소 반응차수가 0.5인 것이 타당한지 판단하시오.

3. 옐로스톤 국립공원에 있는 올드 페이스풀 간헐천의 분출은 보통 1.5~5분 동안 지속되고, 휴면기에는 보통 50~100분 동안 지속된다. 휴면기는 다른 말로 분출 간 대기시간이라고 볼 수 있다. 다음 표에서는 연속되는 60번의 휴면기의 지속기간(분당)이 주어졌다. 휴면기 길이의 예측방법은 바로 이전 휴면기의 길이를 이용하는 것이 바람직하다. 이것을 기호로 표현하기 위해 휴면기의 수열을 $T_1, \cdots, T_{60}$로 나타내시오. T_{i+1}을 예측할 때는 T_i을 사용하는 것이 바람직하다.

i	T_i	i	T_i	i	T_i	i	T_i	i	T_i	i	T_i
1	80	11	56	21	82	31	88	41	72	51	67
2	84	12	80	22	51	32	51	42	75	52	81
3	50	13	69	23	76	33	80	43	75	53	76
4	93	14	57	24	82	34	49	44	66	54	83
5	55	15	90	25	84	35	82	45	84	55	76
6	76	16	42	26	53	36	75	46	70	56	55
7	58	17	91	27	86	37	73	47	79	57	73
8	74	18	51	28	51	38	67	48	60	58	56
9	75	19	79	29	85	39	68	49	86	59	83
10	80	20	53	30	45	40	86	50	71	60	57

a. 점 (T_i, T_{i+1})과 $i=1, \cdots, 59$를 사용하여 산포도를 구성하시오.

b. T_i를 사용하여 T_{i+1}을 예측하기 위해 최소제곱직선을 계산하시오(힌트: 독립변수(x) 값은 $T_1, \cdots, T_{59}$, 종속변수(y) 값은 $T_2, \cdots, T_{60}$이다).

c. 기울기 β_1에 대한 95% 신뢰구간을 구하시오.

d. 직전 분출 대기시간이 70분이었다면 다음 분출 대기시간의 예측값은 몇 분인지 예측하시오.

e. 직전 분출 대기시간이 70분일 때의 다음 분출 대기시간 평균값에 대한 98% 신뢰구간을 구하시오.

f. 직전 분출 대기시간이 70분일 때의 다음 분출 대기시간에 대한 99% 예측구간을 구하시오.

4. 어떤 화학자가 공기 표본 안에 있는 일산화탄소의 농도를 측정하기 위해 사용될 분광 광도계의 눈금을 재고 있다. 눈금을 체크하기 위해 주어진 농도의 표본이 측정되었고, 아래 표에 실제 농도(x)와 측정 농도(y)가 주어졌다. 임의오차를 통해 같은 표본에서 반복 측정된 값은 달라지고, 평균 반응이 실제 농도와 같을 때 그 기계는 교정된다. 교정을 체크하기 위해 선형모형 $y=\beta_0+\beta_1 x+\varepsilon$을 사용하시오. 이상적으로는, β_0의 값은 0이어야 하며, β_1의 값은 1이어야 한다.

실제 농도(ppm)	측정 농도(ppm)
0	1
10	11
20	21
30	28
40	37
50	48
60	56
70	68
80	75
90	86
100	96

a. $\hat{\beta}_0$와 $\hat{\beta}_1$의 최소제곱예측값을 구하시오.

b. 귀무가설 $H_0: \beta_0=0$을 기각할 수 있는지 판단하시오.

c. 귀무가설 $H_0: \beta_1=1$을 기각할 수 있는지 판단하시오.

d. 자료들이 그 기계가 교정되었다는 결론을 내릴 수 있을 만큼 충분한 증거를 제공하는지 판단하시오.

e. 실제 농도가 20 ppm일 때, 평균 측정값에 대한 95% 신뢰구간을 구하시오.

f. 실제 농도가 80 ppm일 때, 평균 측정값에 대한 95% 신뢰구간을 구하시오.

g. 누군가 이 기계는 농도가 20 ppm에 가까울 때 교정된다고 주장했다. 이 자료가 해당 주장이 틀렸다는 결론을 내릴 수 있을 만큼의 증거를 제공하는지 설명하시오.

5. "Low-Temperature Heat Capacity and Thermodynamic Properties of 1,1,1-trifluoro-2,2-dichloroethane" (R. Varushchenko and A. Druzhinina, *Fluid Phase Equilibria*, 2002:109–119)은 프레온 R-123 표본이 열량계에서 녹는 실험에 대한 설명을 한다. 각각의 표본이 융해할 때 열량계에는 다양한 크기의 에너지가 공급된다. 평형 융해온도(t)와 부분 융해(f)가 측정되었다. 최소제곱직선은 모형 $y=\beta_0+\beta_1(1/f)+\varepsilon$에 적합하게 일치시켰고, $1/f$은 (부분 융해의) 역수이며, 다음은 적합 과정의 결과이다.

회귀 분석

회귀분석 통계량	
결정계수	0.976
조정된 결정계수	0.974
표준 오차	0.019516

분산 분석

	자유도	제곱합	제곱 평균	F 비	유의한 F
회귀	1	0.20	0.200	524.70	0.000
잔차	13	0.00495	0.000381		
계	14	0.205			

	계수	표준 오차	t 통계량	P-값
Y 절편(t)	145.736	0.00848	17190.1	0.000
역수(1/f)	−0.05180	0.00226	−22.906	0.000

a. 표본의 반이 녹을 온도를 추정하시오(i.e., $f=1/2$).

b. 이 결과에서 평형 온도와 부분 융해의 역수 사이 상관계수를 구할 수 있는가? 만약 그렇지 않다면 어떤 정보가 더 필요한지 설명하시오.

c. 삼중점 온도는 표본 전체가 융해되는 제일 낮은 온도를 뜻한다(i.e., $f=1$). 삼중점 온도를 구하시오.

6. "Advances in Oxygen Equivalence Equations for Predicting the Properties of Titanium Welds" (D. Harwig, W. Ittiwattana, and H. Castner, *The Welding Journal*, 2001:126s−136s)은 티타늄 용접의 여러 가지 특징을 예측하는 실험에 대한 연구이다. 여러 특징 중 산소 및 질소 함량(%)과 함께 연신율(%)이 측정되었다. 아래 Excel 결과는 이 모형의 적합 결과를 나타낸다.

$$\text{연신율} = \beta_0 + \beta_1(\text{산소}) + \beta_2(\text{질소}) + \beta_3(\text{산소})(\text{질소})$$

회귀 분석

회귀분석 통계량	
결정계수	0.745
조정된 결정계수	0.723
표준 오차	2.809

분산 분석

	자유도	제곱합	제곱 평균	F 비	유의한 F
회귀	3	805.43	268.48	34.03	0.000
잔차	35	276.11	7.89		
계	38	1081.54			

	계수	표준 오차	t 통계량	P-값
Y 절편	46.802	3.702	12.64	0.000
산소	-130.11	20.467	-6.36	0.000
질소	-807.10	158.03	-5.107	0.000
산소*질소	3580.5	958.05	3.737	0.001

a. 0.15%의 산소함유량과 0.01%의 질소함유량 용접에 대한 연신율을 예측하시오.

b. 만약 두 용접 모두 0.006%의 질소함유량으로 진행했고, 둘의 산소함유량에 0.05%의 차이가 있다면, 둘의 연신율은 어떻게 다를지 예측하시오.

c. 두 용접 모두 같은 산소함유량으로 진행했고 질소함유량에 0.005%의 차이가 있다면, 이 정보들은 연신율을 예측하기에 충분한가? 그렇다면 연신율을 예측하시오. 만약 아니라면 어떤 다른 정보가 필요한지 설명하시오.

7. 다음 Excel 출력물은 다중회귀를 위한 결과이다. 특정 숫자들이 번져 읽을 수 없다. 빈칸을 채우시오.

회귀 분석

회귀분석 통계량	
결정계수	0.834
조정된 결정계수	0.806
표준 오차	(d)

분산 분석

	자유도	제곱합	제곱 평균	F 비	유의한 F
회귀	(e)	(f)	(g)	(h)	0.000
잔차	12	17.28	1.44		
계	(i)	104.09			

	계수	표준 오차	t 통계량	P-값
Y 절편	(a)	0.3501	0.59	0.568
X1	1.8515	(b)	2.31	0.040
X2	2.7241	0.7124	(c)	0.002

8. 30개의 모바일 컴퓨터 네트워크의 시뮬레이션에서 평균속도, 정지 시간, 이웃 숫자가 측정되었다. 여기서 '이웃'은 다른 컴퓨터의 송신 범위 안에 있는 컴퓨터를 의미한다. 자료를 다음 표로 제시하였다.

이웃	속도	정지	이웃	속도	정지	이웃	속도	정지
10.17	5	0	9.36	5	10	8.92	5	20
8.46	5	30	8.30	5	40	8.00	5	50
10.20	10	0	8.86	10	10	8.28	10	20
7.93	10	30	7.73	10	40	7.56	10	50
10.17	20	0	8.24	20	10	7.78	20	20
7.44	20	30	7.30	20	40	7.21	20	50
10.19	30	0	7.91	30	10	7.45	30	20
7.30	30	30	7.14	30	40	7.08	30	50
10.18	40	0	7.72	40	10	7.32	40	20
7.19	40	30	7.05	40	40	6.99	40	50

a. 종속변수로 이웃을, 독립변수로 속도, 정지, 속도 · 정지, (속도)^2, (정지)^{2}으로 모형을 맞추시오.
b. P-값이 큰 변수를 버려서 축소모형을 만들어라. 그리고 F 검정을 사용하여 모형의 타당성을 검정하시오.
c. 잔차도 대 축소모형의 적합값을 기록하시오. 또한 이 모형이 부적합하다고 생각되는 지표가 있는지 판단하시오.
d. 모형의 종속변수로 정지와 (정지)^{2}만 있으면 충분하다는 제안이 있다. 이 제안에 대한 동의 여부와 그 이유를 설명하시오.
e. 최량부분집합 소프트웨어 패키지를 사용하여 하나의 변수부터 다섯 개의 변수까지 각각 R^2 값이 가장 큰 두 모형을 구하시오.
f. 최소 C_p에 의해 선택된 모형이 무엇이고, 수정 R^2에 의해 선택된 모형이 무엇인가? 또한 두 모형이 같은 모형인지 판단하시오.

9. 다음 표에 주어진 자료는 종이의 인장강도(psi, y)를 견목제의 함유량 비율(x)의 함수로 나타낸 것이다.

견목제 비율	인장강도	견목제 비율	인장강도
1.0	26.8	7.0	52.1
1.5	29.5	8.0	56.1
2.0	36.6	9.0	63.1
3.0	37.8	10.0	62.0
4.0	38.2	11.0	62.5
4.5	41.5	12.0	58.0
5.0	44.8	13.0	52.9
5.5	44.7	14.0	38.2
6.0	48.5	15.0	32.9
6.5	50.1	16.0	21.9

a. 견목제 함유량으로부터 인장강도를 예측하기 위해 1, 2차 등 여러 차수를 사용한 다항식 모형을 적용하시오. 각 모형 당 F 검정을 사용하여 1차수 낮은 모형과 비교하시오. F 검정의 P-값이 0.05보다 클 때 멈추시오. 이 방법을 사용했을 때 선택된 모형의 차수는 얼마인지 구하시오.
b. (a)에서 구한 모형으로, 제일 높은 인장강도를 나타내는 견목제 함유량을 예측하시오.

10. "Groundwater Electromagnetic Imaging in Complex Geological and Topographical Regions: A Case Study of a Tectonic Boundary in the French Alps" (S. Houtot, P. Tarits, et al., *Geophysics*, 2002:1048–1060)은 프랑스 알프스의 기타즈 강 근처 여러 장소에서 채취한 물 표본에 대한 여러 가지 화학 물질의 농도(mmol/L)와 전기 전도율(10^{-2} S/m)을 제시한다. 다음 표에 마그네슘과 칼슘에 대한 결과가 제시되어 있으며, 두 성분 이외의 값은 삭제되었다.

전도율	마그네슘	칼슘	전도율	마그네슘	칼슘
2.77	0.037	1.342	1.10	0.027	0.487
3.03	0.041	1.500	1.11	0.039	0.497
3.09	0.215	1.332	2.57	0.168	1.093
3.29	0.166	1.609	3.27	0.172	1.480
3.37	0.100	1.627	2.28	0.044	1.093
0.88	0.031	0.382	3.32	0.069	1.754
0.77	0.012	0.364	3.93	0.188	1.974
0.97	0.017	0.467	4.26	0.211	2.103

a. 마그네슘(x_1)과 칼슘(x_2)의 농도로부터 전도율(y)을 예측하기 위해 이차방정식 모형 $y=\beta_0+\beta_1x_1+\beta_2x_2+\beta_3x_1^2+\beta_4x_2^2+\beta_5x_1x_2+\varepsilon$을 적용하시오. 분산에 대해 분석한 표를 구하시오.

b. F 검정을 사용하여 이차방정식 모형의 부속 모형을 구하시오. 어떤 모형이 가장 적합한지 제시하고 그 이유를 설명하시오.

c. 최량부분집합을 사용하여 최대 수정 R^2값과 최소 Mallows C_p의 부속 모형을 찾으시오. 이 둘은 같은 모형인가? 이 모형들의 적합성에 대해 설명하시오.

11. "Lead Dissolution from Lead Smelter Slags Using Magnesium Chloride solutions" (A. Xenidis, T. Lillis,and I. Hallikia, *The Aus IMM Proceedings*, 1999:37–44)에서는 염화마그네슘 용액에 들어있는 납의 침출 속도에 대한 조사를 언급한다. 다음 표에서 시간에 따라 추출된 납의 비율을 제시한다.

시간(t)	4	8	16	30	60	120
추출 비율(y)	1.2	1.6	2.3	2.8	3.6	4.4

a. 이 논문은 주어진 자료에 이차방정식 모형 $y=\beta_0+\beta_1t+\beta_2t^2+\varepsilon$을 적용하는 것을 제안하고 있다. 이 모형을 적용하고, 계수들의 표준편차를 구하시오.

b. 함수 $dy/dt=\beta_1+2\beta_2t$에 의해 시간 t에 대한 반응속도가 주어졌다. 반응속도가 0.05일 때의 시간을 예측하시오.

c. 시간 $t=0$일 때, 반응속도는 β_1과 같다. $t=0$일 때의 반응속도에 대한 95% 신뢰구간을 구하시오.

d. 시간에 따라 반응속도가 감소한다는 결론을 내릴 수 있는지 설명하시오.

12. "Estimating Resource Requirements at Conceptual Design Stage Using Neural Networks" (A. Elazouni, I. Nosair, et al., *Journal of Computing in Civil Engineering*, 1997:217–223)에서는 콘크리트 사일로를 제조하는데 필요한 특정 자원을 모형을 이용하여 예측할 수 있다고 제안한다. 여기에는 특정 작업에 필요한 콘크리트 양(m^3, y), 노동에 대한 근무일(z), 또는 콘크리트 믹서를 돌리는 시간(w)를 포함한다. 표 SE12A는 y, z 또는 w를 예측하기 위해 사용될 수 있는 23개의 독립변수 후보를 규정한다. 28일간의 제조 작업 중 수집된 종속변수와 독립변수의 값은 표 SE12B와 표 SE12C에 제시되어 있다. 별도의 표기가 없을 경우 길이는 미터 단위, 넓이는 m^2, 부피는 m^3 단위이다.

a. 최량부분집합회귀를 이용하여 수정 R^2 기준값에 따라 y를 예측하는 가장 적합한 모형을 구하시오.

b. 최량부분집합회귀를 이용하여 최소 Mallows C_p 기준값에 따라 y를 예측하는 가장 적합한 모형을 구하시오.

c. 단계적 회귀분석을 사용하여 y를 예측하는 모형을 구하시오. 그 모형에서 어떤 변수를 포함하거나 제외할지 알아내기 위해 사용할 기준값을 설명하시오.

d. 최량부분집합회귀를 이용하여 수정 R^2 기준값에 따라 z를 예측하는 가장 적합한 모형을 구하시오.

e. 최량부분집합회귀를 이용하여 최소 Mallows C_p 기준값에 따라 z를 예측하는 가장 적합한 모형을 구하시오.

f. 단계적 회귀분석을 사용하여 z를 예측하는 모형을 구하시오. 그 모형에서 어떤 변수를 포함하거나 제외할지 알아내기 위해 사용할 기준값을 설명하시오.

g. 최량부분집합회귀를 이용하여 수정 R^2 기준값에 따라 w를 예측하는 가장 적합한 모형을 구하시오.

h. 최량부분집합회귀를 이용하여 최소 Mallows C_p 기준값에 따라 w를 예측하는 가장 적합한 모형을 구하시오.

i. 단계적 회귀분석을 사용하여 w를 예측하는 모형을 구하시오. 그 모형에서 어떤 변수를 포함하거나 제외할지 알아내기 위해 사용할 기준값을 설명하시오.

표 SE12A 문제 12번을 위한 변수 설명

x_1	통의 수	x_{13}	너비와 두께의 비율
x_2	시간당 최대 필요로 하는 콘크리트	x_{14}	(사일로) 단지의 둘레
x_3	높이	x_{15}	믹서 용량
x_4	슬립폼의 속도(m/day)	x_{16}	저장물질의 밀도
x_5	건설단계의 수	x_{17}	철근의 낭비율
x_6	슬립폼의 둘레	x_{18}	콘크리트의 낭비율
x_7	사일로 단지의 부피	x_{19}	콘크리트 업무 노동자의 수
x_8	사일로 벽의 겉넓이	x_{20}	벽 두께(cm)
x_9	통 하나의 부피	x_{21}	철근 작업 노동자의 수
x_{10}	벽부터 바닥까지의 넓이	x_{22}	거푸집 작업 노동자의 수
x_{11}	리프팅 잭의 수	x_{23}	길이와 너비의 비율
x_{12}	길이와 두께의 비율		

표 SE12B 문제 12번의 자료

y	z	w	x_1	x_2	x_3	x_4	x_5	x_6	x_7	x_8	x_9	x_{10}	x_{11}
1,850	9,520	476	33	4.5	19.8	4.0	4	223	11,072	14,751	335	26.1	72
932	4,272	268	24	3.5	22.3	4.0	2	206	2,615	8,875	109	27.9	64
556	3,296	206	18	2.7	20.3	5.0	2	130	2,500	5,321	139	28.4	48
217	1,088	68	9	3.2	11.0	4.5	1	152	1,270	1,675	141	11.6	40
199	2,587	199	2	1.0	23.8	5.0	1	79	1,370	7,260	685	17.1	21
56	1,560	120	2	0.5	16.6	5.0	1	43	275	1,980	137	22.0	15
64	1,534	118	2	0.5	18.4	5.0	1	43	330	825	165	23.6	12
397	2,660	133	14	3.0	16.0	4.0	1	240	5,200	18,525	371	12.8	74
1,926	11,020	551	42	3.5	16.0	4.0	4	280	15,500	3,821	369	12.8	88
724	3,090	103	15	7.8	15.0	3.5	1	374	4,500	5,600	300	12.2	114
711	2,860	143	25	5.0	16.0	3.5	1	315	2,100	6,851	87	24.8	60
1,818	9,900	396	28	4.8	22.0	4.0	3	230	13,500	13,860	482	17.6	44
619	2,626	202	12	3.0	18.0	5.0	1	163	1,400	2,935	115	26.4	36
375	2,060	103	12	5.8	15.0	3.5	1	316	4,200	4,743	350	11.8	93
214	1,600	80	12	3.5	15.0	4.5	1	193	1,300	2,988	105	20.6	40
300	1,820	140	6	2.1	14.0	5.0	1	118	800	1,657	133	17.0	24
771	3,328	256	30	3.0	14.0	5.0	3	165	2,800	2,318	92	19.9	43
189	1,456	91	12	4.0	17.0	4.5	1	214	2,400	3,644	200	13.6	53
494	4,160	320	27	3.3	20.0	4.5	3	178	6,750	3,568	250	14.0	44
389	1,520	95	6	4.1	19.0	4.0	1	158	2,506	3,011	401	11.8	38
441	1,760	110	6	4.0	22.0	5.0	1	154	2,568	3,396	428	14.1	35
768	3,040	152	12	5.0	24.0	4.0	1	275	5,376	6,619	448	14.5	65
797	3,180	159	9	5.0	25.0	4.0	1	216	4,514	5,400	501	14.8	52
261	1,131	87	3	3.0	17.5	4.0	1	116	1,568	2,030	522	10.5	24
524	1,904	119	6	4.4	18.8	4.0	1	190	3,291	3,572	548	9.8	42
1,262	5,070	169	15	7.0	24.6	3.5	1	385	8,970	9,490	598	12.9	92
839	7,080	354	9	5.2	25.5	4.0	1	249	5,845	6,364	649	13.9	60
1,003	3,500	175	9	5.7	27.7	4.0	1	246	6,095	6,248	677	15.1	60

표 SE12C 문제 12번의 자료

x_{12}	x_{13}	x_{14}	x_{15}	x_{16}	x_{17}	x_{18}	x_{19}	x_{20}	x_{21}	x_{22}	x_{23}
19.6	17.6	745	0.50	800	6.00	5.50	10	24	7	20	1.12
16.0	16.0	398	0.25	600	7.00	5.00	10	20	6	20	1.00
15.3	13.5	262	0.25	850	7.00	4.50	8	20	5	18	1.13
17.0	13.8	152	0.25	800	5.00	4.00	8	25	6	16	1.23
28.1	27.5	79	0.15	800	7.50	3.50	5	20	4	14	1.02
20.3	20.0	43	0.15	600	5.00	4.00	5	15	1	12	1.02
24.0	18.3	43	0.15	600	5.05	4.25	5	15	2	12	1.31
27.5	23.0	240	0.25	600	6.00	4.00	8	20	7	22	1.20
27.5	23.0	1121	0.25	800	8.00	4.00	10	20	9	24	1.20
21.2	18.4	374	0.75	800	5.00	3.50	10	25	12	24	1.15
10.6	10.0	315	0.50	800	6.00	4.00	10	25	11	20	1.06
20.0	20.0	630	0.50	800	7.00	5.00	10	25	9	18	1.00
13.7	13.9	163	0.25	600	6.00	4.50	8	18	11	18	1.20
20.4	20.4	316	0.50	800	6.50	3.50	10	25	6	14	1.00
13.6	10.2	193	0.50	800	5.00	3.50	10	25	4	14	1.33
13.6	12.8	118	0.25	800	5.00	3.75	8	25	6	14	1.06
13.6	9.6	424	0.25	800	5.00	3.75	8	25	6	14	1.42
18.5	16.0	214	0.50	600	6.00	4.00	8	20	4	14	1.15
19.5	16.0	472	0.25	600	6.50	4.50	10	20	3	14	1.20
21.0	12.8	158	0.50	800	5.50	3.50	6	25	8	14	1.30
20.8	16.0	154	0.50	800	7.00	4.00	8	36	8	14	1.35
23.4	17.3	275	0.50	600	7.50	5.50	8	22	11	16	1.40
16.8	15.4	216	0.50	800	8.00	5.50	8	28	12	16	1.10
26.8	17.8	116	0.25	850	6.50	3.00	6	25	5	14	1.50
23.6	16.1	190	0.50	850	6.50	4.50	5	28	9	16	1.45
23.6	16.6	385	0.75	800	8.00	6.50	15	25	16	20	1.43
25.6	16.0	249	0.50	600	8.00	5.50	12	25	13	16	1.60
22.3	14.3	246	0.50	800	8.50	6.00	8	28	16	16	1.55

Chapter 9

요인실험

개요

실험은 공학 및 과학적 방법의 개발과 개선에 필수적인 요소이다. 많은 실험에서 하나 이상의 특정 변수값을 변경하여 반응에 미치는 영향을 결정한다. 예를 들어, 농업 과학자들은 여러 유형의 비료 중 하나를 선택하거나 급수 일정을 조정하여 농작물의 수확량을 극대화할 수 있다. 그들은 여러 구획에 작물을 심고, 다양한 조합의 비료와 급수 일정으로 구획을 처리하여 각 구획의 수확량을 측정한다. 이와 같은 실험은 종종 다른 산업에서도 찾아볼 수 있다. 촉매 농도에 따른 화학 반응 영향분석, 절삭 속도 및 칼날의 각도가 공구 수명에 미치는 영향분석, 모래 및 시멘트 유형, 양생 시간이 콘크리트 블록의 강도에 미치는 영향분석 등이 이러한 실험에 포함된다.

이렇게 실험에서 변화하는 다양한 양을 **요인(factors)** 또는 **인자**라고 하며, 이러한 실험을 **요인실험(factorial experiments)**이라고 한다. 요인실험이 유용하려면 실험이 적절하게 설계되어야 하며 생성된 자료를 적절하게 분석해야 한다. 9.1절 및 9.2절에서는 하나의 요인에 의한 실험을 다룰 것이다. 9.3절과 9.4절에서는 두 가지 요인에 의한 요인실험을 다룰 것이며, 9.5절에서는 두 가지 이상의 요인을 사용한 실험을 소개하기로 한다.

9.1 요인실험

"An Investigation of $CaCO_3$-CaF_2-K_2SiO_3-SiO_2-Fe Flux System Using the Submerged Arc Welding Process on HSLA-100 and AISI-1081 Steels"에 언급된 각각 다른 화학성분의 용접 플럭스에 관한 분석을 살펴보자. 네 가지 플럭스에 대한 5회의 강도 측정결과를 표 9.1에 나타내었으며, 그림 9.1에는 네 가지 플럭스에 대한 강도 좌표와 각 표본들의 평균을 '×'로 표시하였다.

표본들의 평균들은 서로 다른데, 플럭스 C를 이용한 용접 강도가 가장 높으며 플럭스 A를 이용한 용접 강도가 가장 낮다. 그렇다면 네 가지 플럭스들의 모평균에 차이가 있다고 할 수 있을까?

일반적으로 요인실험은 여러 개의 변수를 포함하고 있다. 하나의 변수는 **반응변수(response variable)** 혹은 **종속변수(dependent variable)**이고, 나머지는 **인자**라고 불리는 변수들이다. 요인실험에서 제기되는 문제는 인자들의 변화가 반응변수들의 평균에 영향을 끼치는가에 대한

표 9.1 네 가지 다른 플럭스를 이용하여 용접한 Brinell 강도 결과

플럭스	표본값					표본평균	표본표준편차
A	250	264	256	260	239	253.8	9.7570
B	263	254	267	265	267	263.2	5.4037
C	257	279	269	273	277	271.0	8.7178
D	253	258	262	264	273	262.0	7.4498

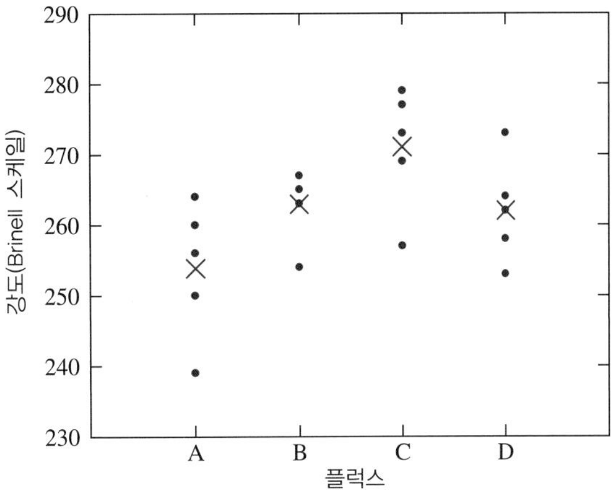

그림 9.1 표 9.1의 각 표본에 대한 점도표. 각 표본의 평균은 ×로 표시되어 있다. 표본의 평균값은 다소 다르지만 표본값은 상당히 중복된다.

것이다. 표 9.1에서는 강도가 반응변수이고 플럭스가 한 개의 인자이다. 한 개의 인자만 있으므로 **1-요인실험(one factor experiment)**이라고 한다. 하나의 인자에 대해 네 가지 다른 플럭스 값들이 있는데, 이러한 다른 값들을 요인의 **수준(levels)** 또는 **처리(treatment)**라고 한다. 또한 측정이 이루어지는 대상을 **실험단위(experimental units)**라고 하며 주어진 처리에 할당된 단위를 **반복(replicates)**이라고 한다. 위 실험에서는 실험단위로서 각 플럭스마다 5번의 반복실험이 있다.

이 실험에서 네 가지 플럭스는 모집단에서 랜덤으로 선택된 것이 아니라 실험자에 의해 의도적으로 선택된 것이다. 이러한 실험을 **고정효과모형(fixed effect model)**이라고 하고, 반대로 수준이나 처리를 랜덤으로 선택하는 실험을 **임의효과모형(random effect model**; 확률효과모형)이라고 한다. 9.1절에서는 고정효과모형에 대해 초점을 맞춰 논의할 것이고, 이 절의 마지막에서는 고정효과모형과 임의효과모형의 차이에 대해 논의할 것이다.

완전확률화실험

앞의 용접 실험에서 네 가지 플럭스에 대해 각 5번씩, 총 20회의 용접을 실행하였다. 각 용접은 다른 베이스 플레이트에서 실행하였기 때문에 이 실험을 위해 실험자는 네 가지의 플럭스마다 5개의 베이스 플레이트(총 20개)를 선택해야 한다. 베이스 플레이트는 물리적 특성이 다소 다르기 때문에 일부 베이스 플레이트는 더 단단한 용접결과를 나타내기도 한다. 여기서 중요한 점은 특정 플럭스에서 우수한 베이스 플레이트를 할당하는 것을 피하는 것이다. 따라서 베이스 플레이트를 정하는 가장 좋은 방법은 랜덤으로 고르는 것이다. 베이스 플레이트에 1부터 20까지 랜덤으로 순번을 부여한 다음, 1부터 5까지의 숫자를 순번으로 갖는 베이스 플레이트를 플럭스 A에, 6부터 10까지의 숫자를 순번으로 갖는 베이스 플레이트를 플럭스 B에 배정하는 방식으로 그룹을 나눈다. 이것을 **완전확률화실험(completely randomized experiments)**이라고 한다.

정의

요인실험에서 실험단위를 랜덤으로 할당하여 모든 처리에 동일하게 적용하는 실험을 **완전확률화실험(completely randomized experiments)**이라 한다.

많은 상황에서 실험결과는 관찰순서에 영향을 받을 수 있다. 예를 들어, 측정에 사용되는 기계의 성능은 보정 드리프트 또는 예열 효과로 인해 시간이 지남에 따라 변동될 수 있다. 이때 이상적인 절차는 랜덤순서로 관찰하는 것이다. 이를 위해서는 주어진 처리에 해당하는 모든 관찰을 연속적으로 실행하는 것이 아니라 관찰을 하면서 처리를 전환해야 한다. 하지만, 처리법을 바꾸는 데는 많은 시간과 비용이 필요해서 처리법을 바꾸지 못하는 경우도 있는데, 이때 랜덤순서로 처리가 실행되어야 한다.

완전확률화실험에서의 각 처리는 모집단을 나타내는 것으로 생각하고, 처리에서 관측된 반응을 해당 모집단에서 추출한 **단순확률표본(simple random sample)**으로 생각하는 것이 적절하다. 따라서 실험에서 얻은 자료는 각각 다른 모집단의 여러 확률표본으로 구성된다. 이때 모평균을 **처리평균(treatment means)**이라 한다.

일원분산분석

어느 처리평균이 다른지에 대한 형식적인 결정을 하려면 가설검정이 필요하다. 각각의 다른 처리로부터 I개 표본이 있다. 처리평균을 다음과 같이 나타낸다.

$$\mu_1, \ldots, \mu_I$$

나중에 다루겠지만 표본의 크기가 같을 필요는 없다. 표본의 수는 다음과 같이 나타낸다.

$$J_1, \ldots, J_I$$

표본의 수 총합을 N이라 한다.

$$N = J_1 + J_2 + \cdots + J_I$$

우리가 검정하고자 하는 귀무가설은 다음과 같다.

$$H_0: \mu_1 = \cdots = \mu_I \text{ (vs } H_1\text{: 두 개 이상의 } \mu_i\text{가 다르다.)}$$

이 가설을 검정하기 위해서는 **분산분석법(analysis of variance**, ANOVA)을 사용한다. 일원분산분석법의 검정통계량을 정의하기 위해 먼저 기호에 대해 살펴보자. 먼저 두 개의 작은 기호를 하나의 문자에 덧붙여 사용하는데, 첫 번째 기호는 표본의 수를, 두 번째 기호는 표본의 관측값 위치를 표현하는 것이다. 예를 들어, 즉, X_{ij}는 i번째 표본에서 j번째 관측을 나타내고, i번째 표본의 표본평균을 $\overline{X}_i$로 표기한다.

$$\overline{X}_{i.} = \frac{\sum_{j=1}^{J_i} X_{ij}}{J_i} \tag{9.1}$$

표본총평균(sample grand mean)은 $\overline{X}_{..}$로 나타내고 모든 관측값의 평균을 의미한다.

$$\overline{X}_{..} = \frac{\sum_{i=1}^{I}\sum_{j=1}^{J_i} X_{ij}}{N} \tag{9.2}$$

대수적인 방법으로 다음과 같이 나타낼 수 있다.

$$\overline{X}_{..} = \frac{\sum_{i=1}^{I} J_i \overline{X}_{i.}}{N} \tag{9.3}$$

예제 9.1

표 9.1을 이용하여 $I, J_1, \cdots, J_I, N, X_{23}, \overline{X}_{3..}, \overline{X}_{..}$를 구하시오.

풀이

표본의 수는 네 가지이므로 $I = 4$이다. 또한 각 표본은 5개의 관측값을 가지므로 $J_1 = J_2 = J_3 = J_4 = 5$이다. 전체 표본의 수 $N = 20$이며, X_{23}은 두 번째 표본의 3번째 관측값이므로 $X_{23} = 267$이고, 세 번째 표본의 평균 $\overline{X}_{3.}$는 271.0이다. 마지막으로 표본총평균 $\overline{X}_{..}$는 다음과 같다.

$$\begin{aligned}\overline{X}_{..} &= \frac{(5)(253.8) + (5)(263.2) + (5)(271.0) + (5)(262.0)}{20} \\ &= 262.5\end{aligned}$$

그림 9.2는 일원분산분석법 배후에 있는 생각을 보여준다. 네 가지 처리에 의한 가상의 표본들과 표본평균, 표본총평균이 나타나 있다. 표본평균들은 표본총평균 주위에 산포하고 일원분산분석법에서는 이 산포를 측정하는 방법을 제공한다. 표본평균들이 넓게 퍼져 있으면 H_0는 기각될 것이다. 표본총평균 주위의 표본평균의 변동은 **처리제곱합(treatment sum of squares**, SSTr)

$$\text{SSTr} = \sum_{i=1}^{I} J_i(\overline{X}_{i.} - \overline{X}_{..})^2 \tag{9.4}$$

이라고 하는 양으로 측정된다. SSTr의 각항은 표본평균과 표본총평균의 차를 나타낸다. 각 제곱합에 표본의 수를 곱하기 때문에 표본의 수가 많을수록 SSTr 값은 커진다. SSTr을 통해 각 표본평균들이 얼마나 다른지 알 수 있다. SSTr 값이 클 때는 표본평균들은 넓게 퍼지고 이를 통해 H_0를 기각하는 것이 합리적이다.

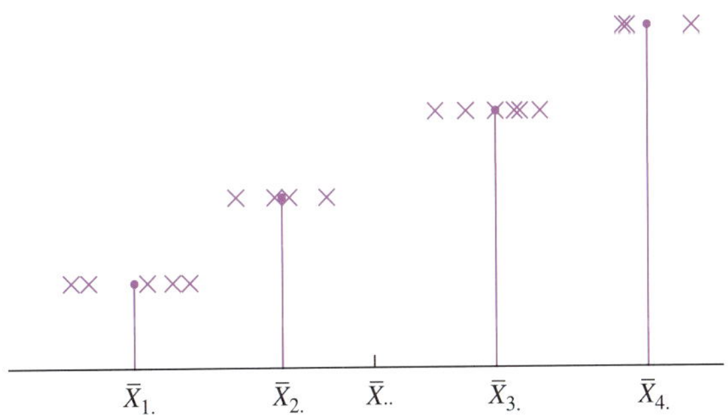

그림 9.2 표본총평균 주위의 표본평균들의 변동은 확률변동과 처리평균 간의 차이로 인한 것이며, 표본평균 주위에서 주어진 표본의 변동은 오직 확률변동에 기인한다.

반대로 SSTr 값이 작을 때는 표본평균들이 표본총평균에 가깝고, 그 값들이 비슷할 것으로 판단할 수 있다. 좀 더 쉽게 계산할 수 있는 SSTr 식은 다음과 같다.

$$\mathrm{SSTr} = \sum_{i=1}^{I} J_i \overline{X}_{i.}^{\ 2} - N\overline{X}_{..}^{\ 2} \tag{9.5}$$

SSTr이 H_0를 기각할 만큼 충분히 큰지를 결정하려면 **오차제곱합(error sum of squares,** SSE)과 비교해야 한다. SSE는 각 표본평균 주위에서 개별표본점들 사이의 변동을 측정한다. 이 변동은 각 표본에서 표본평균 간 차이의 제곱을 합산한 것으로 다음과 같이 계산한다.

$$\mathrm{SSE} = \sum_{i=1}^{I}\sum_{j=1}^{J_i}(X_{ij} - \overline{X}_{i.})^2 \tag{9.6}$$

여기서 $X_{ij} - \overline{X}_{i.}$은 **잔차(residuals)**라 불리며, SSE는 잔차의 제곱합을 말한다. SSE는 SSTr과는 다르게 처리평균으로부터의 차이와 상관없이 표본점과 각 표본의 평균과의 차이에만 영향을 받는다. SSE는 회귀의 오차제곱합과 유사하다. 좀 더 쉽게 계산할 수 있는 SSE 식은 다음과 같다.

$$\mathrm{SSE} = \sum_{i=1}^{I}\sum_{j=1}^{J_i}X_{ij}^2 - \sum_{i=1}^{I} J_i \overline{X}_{i.}^{\ 2} \tag{9.7}$$

SSE는 표본의 분산을 통해서 구할 수도 있다. i번째 표본의 분산을 s_i^2라고 했을 때,

$$s_i^2 = \frac{\sum_{j=1}^{J_i}(X_{ij} - \overline{X}_{i.})^2}{J_i - 1} \tag{9.8}$$

이며, 식 (9.8)에서 $\sum_{j=1}^{J_i}(X_{ij} - \overline{X}_{i.})^2 = (J_i - 1)s_i^2$을 식 (9.6)에 대체하면 다음과 같다.

$$\mathrm{SSE} = \sum_{i=1}^{I}(J_i - 1)s_i^2 \tag{9.9}$$

예제 9.2

표 9.1을 이용하여 SSTr과 SSE를 구하시오.

풀이

표 9.1에서 표본들의 평균은 다음과 같다.

$$\overline{X}_{1.} = 253.8 \qquad \overline{X}_{2.} = 263.2 \qquad \overline{X}_{3.} = 271.0 \qquad \overline{X}_{4.} = 262.0$$

예제 9.1의 풀이에 따라 표본총평균은 $\overline{X}_{..} = 262.5$이고,
식 (9.4)를 이용해 SSTr을 구하면 SSTr = 743.4이고,
식 (9.9)를 이용해 SSE를 구하면 SSE = 1023.6이다.

SSTr과 SSE를 검정통계량으로 사용하려면 다음 두 가지 가정을 만족해야 한다.

> **일원분산분석의 기본가정**
>
> **1.** 처리모집단의 분포는 정규분포를 따른다.
>
> **2.** 처리모집단은 σ^2으로 표기되는 같은 분산을 갖는다.

검정통계량을 나타내기 전에 어떻게 작용하는지 알아보자. 만약 위 두 가지 가정을 만족한다면, SSE와 SSTr의 평균을 구할 수 있다. SSTr이 작으면 H_0은 참이고, 크면 H_0이 거짓이므로 SSTr의 평균은 H_0이 참인지 거짓인지에 관련이 있으며 다음의 조건을 만족한다.

$$\mu_{\text{SSTr}} = (I-1)\sigma^2,\ H_0\text{가 참일 때.} \tag{9.10}$$

$$\mu_{\text{SSTr}} > (I-1)\sigma^2,\ H_0\text{가 거짓일 때.} \tag{9.11}$$

이때 SSE의 평균은 H_0이 참인지 거짓인지와 관련이 없으며, SSE의 평균은 다음과 같다.

$$\mu_{\text{SSE}} = (N-I)\sigma^2 \tag{9.12}$$

$I-1$과 $N-I$는 SSTr과 SSE의 **자유도(degrees of freedom)**이고, 제곱합을 자유도로 나눈 값을 **평균제곱(mean square)**이라 한다. **처리평균제곱(treatment mean square)**은 MSTr이고, **오차평균제곱(error mean square)**은 MSE라 부른다.

$$\text{MSTr} = \frac{\text{SSTr}}{I-1} \qquad \text{MSE} = \frac{\text{SSE}}{N-I} \tag{9.13}$$

식 (9.10)부터 (9.13)을 통해서 다음을 알 수 있다.

$$\mu_{\text{MSTr}} = \sigma^2,\ H_0\text{가 참일 때.} \tag{9.14}$$

$$\mu_{\text{MSTr}} > \sigma^2,\ H_0\text{가 거짓일 때,} \tag{9.15}$$

$$\mu_{\text{MSE}} = \sigma^2,\ \text{모든 } H_0 \tag{9.16}$$

식 (9.14)와 (9.16)을 통해 H_0가 참이면 MSTr과 MSE가 같은 값을 가지는 것을 알 수 있다. 따라서 H_0가 참이면 두 값의 비가 1이 될 것이고, $H_0 : \mu_1 = \cdots \mu_I$의 검정통계량으로 다음의 통계량을 이용한다.

$$F = \frac{\text{MSTr}}{\text{MSE}} \tag{9.17}$$

H_0가 참이면 F의 분자와 분모가 같아지므로 F가 1에 가까울 것이다. 사실 H_0가 참이면 이 검정통계량은 자유도 $I-1$과 $N-I$인 F 분포 $F_{I-1,\,N-I}$를 따르고, 거짓이면 F는 1보다 커진다.

> **일원분산분석을 위한 *F* 검정**
>
> $H_0 : \mu_1 = \cdots \mu_I$ vs H_1 : 두 개 이상의 μ_i가 다르다(모든 평균이 같지는 않다).
>
> **1.** $\text{SSTr} = \sum_{i=1}^{I} J_i(\overline{X}_{i.} - \overline{X}_{..})^2 = \sum_{i=1}^{I} J_i\overline{X}_{i.}^{\,2} - N\overline{X}_{..}^{\,2}$

2. $\text{SSE} = \sum_{i=1}^{I}\sum_{j=1}^{J_i}(X_{ij}-\overline{X}_{i.})^2 = \sum_{i=1}^{I}\sum_{j=1}^{J_i}X_{ij}^2 - \sum_{i=1}^{I}J_i\overline{X}_{i.}^{\,2} = \sum_{i=1}^{I}(J_i-1)s_i^2$

3. $\text{MSTr} = \dfrac{\text{SSTr}}{I-1}$, $\text{MSE} = \dfrac{\text{SSE}}{N-I}$

4. $F = \dfrac{\text{MSTr}}{\text{MSE}}$

5. F 분포표를 참고하여 자유도가 $I-1$, $N-I$일 때, P-값을 찾는다.

다음 예제를 통해 분산분석에 대해 알아보자.

예제 9.3

표 9.1을 이용하여 MSTr, MSE, F를 구하여라. 또한 'H_0: 모든 평균이 같다'에 대한 P-값을 구하여라.

풀이

예제 9.2의 풀이에 따라 SSTr = 743.4, SSE = 1023.6, $I = 4$, $N = 20$이다. 식 (9.13)을 이용하여

$$\text{MSTr} = \frac{743.4}{4-1} = 247.8, \quad \text{MSE} = \frac{1023.6}{20-4} = 63.975$$
$$F = \frac{247.8}{63.975} = 3.8734$$

P-값을 구하기 위해 F 분포표(부록 A.6)를 참고한다. 분자에 대한 자유도는 $4-1=3$이고, 분모에 대한 자유도는 $20-4=16$이다. H_0에서 F는 $F_{3,16}$을 따른다. 자유도 (3, 16)의 F 분포표를 보면, 상위 5%에 해당하는 점은 3.24이고, 1%에 해당하는 점은 5.29이다. 따라서 P-값은 0.01과 0.05 사이이다. 즉, 모집단의 평균이 같지 않으면 플럭스가 강도에 영향을 준다고 할 수 있다.

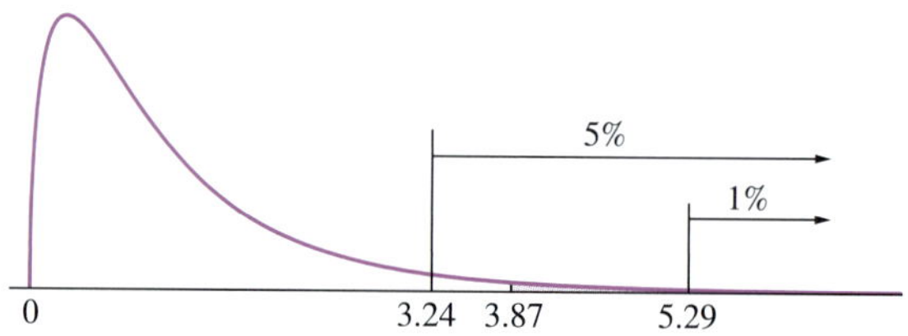

그림 9.3 검정통계량의 관찰된 값은 3.87이다. $F_{3,16}$ 분포의 상위 5%에 해당하는 점은 3.24이고, $F_{3,16}$ 분포의 상위 1%에 해당하는 점은 5.29이다. 따라서 P-값은 0.01과 0.05 사이이다. 컴퓨터 소프트웨어 패키지는 0.029의 값을 제공한다.

분산분석표

분산분석(analysis of variance, ANOVA)의 결과는 보통 분산분석표에 의해 요약된다. 다음 Excel 출력물은 표 9.1의 용접 자료에 대한 분산분석을 보여준다.

```
One-way ANOVA: A, B, C, D

Source  DF      SS       MS     F      P
Factor   3   743.40  247.800  3.87  0.029
Error   16  1023.60   63.975
Total   19  1767.00

S = 7.998   R-Sq = 42.07%   R-Sq(adj) = 31.21%
```

분산분석표에서 DF 항은 처리('Factor')제곱합 및 오차('Error')제곱합에 대한 자유도를 나타낸다. SS열은 SSTr('Factor' 항이 있는 행) 및 SSE('Error' 항이 있는 행)를 나타낸다. Total 행에는 SSTr과 SSE의 합계인 **총제곱합(total sum of squares)**을 나타낸다. MS 항은 평균제곱 MSTr('Factor' 항) 및 MSE('Error' 항)를 나타낸다. F 항은 모든 모집단 평균이 같다는 귀무가설을 검정하기 위한 F 통계량을 나타낸다. 마지막으로 P 항은 F 검정에 대한 P-값을 나타낸다.

다음으로 S값은 MSE의 제곱근을 구해 계산한 오차표준편차 σ의 합동추정값이다. R-Sq 항은 결정계수인 R^2이고 SSTr/SST와 동일하며, 다중회귀와 유사하다(8.3절의 식 (8.25) 참고). R-Sq(adj) 항은 조정된 R^2로 $R^2-[(I-1)/(N-I)](1-R^2)$이다. R^2 및 조정된 R^2은 다중회귀에서처럼 분산분석에 많이 사용되지 않는다.

예제 9.4

논문 "Review of Development and Application of CRSTER and MPTER Models"에는 4개의 발전소에 대한 SO_2의 시간당 최대농도가 나타나 있다.

발전소 1	438	619	732	638		
발전소 2	857	1014	1153	883	1053	
발전소 3	925	786	1179	786		
발전소 4	893	891	917	695	675	595

다음 Excel 출력물은 일원분산분석의 결과이다. 시간당 최대농도가 발전소마다 다르다고 할 수 있는가?

```
One-way ANOVA: Plant 1, Plant 2, Plant 3, Plant 4

Source  DF      SS      MS     F      P
Plant    3  378610  126203  6.21  0.006
Error   15  304838   20323
Total   18  683449

S = 142.6   R-Sq = 55.40%   R-Sq(adj) = 46.48%

                         Individual 95% CIs For Mean Based on
                         Pooled StDev
```

풀이

분산분석표에서 모든 처리평균이 같다는 귀무가설에 대한 P-값은 0.006이다. 따라서 처리평균이 모두 같지 않다고 결론을 내린다.

가정 사항의 검토

앞에서 언급한 것처럼 분산분석법은 '각 처리의 관측값은 같은 분산을 갖는 정규분포를 따른다'라는 가정을 만족해야 한다. 정규분포에 대한 가정을 검정하기 위해서는 일반적으로 **정규확률도(normal probability plot)**를 사용한다. 표본의 크기가 아주 크다면 각 표본마다 나눠서 확률도를 그릴 수 있지만 실제로 이러한 경우는 극히 드물다. 표본의 크기가 작아서 확률도로 판단할 수 없는 경우에 잔차 $X_{ij} - \overline{X}_{i.}$를 포함하는 확률도를 그린다. 정규성과 등분산성에 대한 가정을 만족한다면, 잔차는 평균이 0인 정규분포를 따를 것이고 거의 직선 형태를 따른다. 그림 9.4는 표 9.1에 대한 잔차의 정규확률도이다. 정규성 가정의 심각한 위반은 없다.

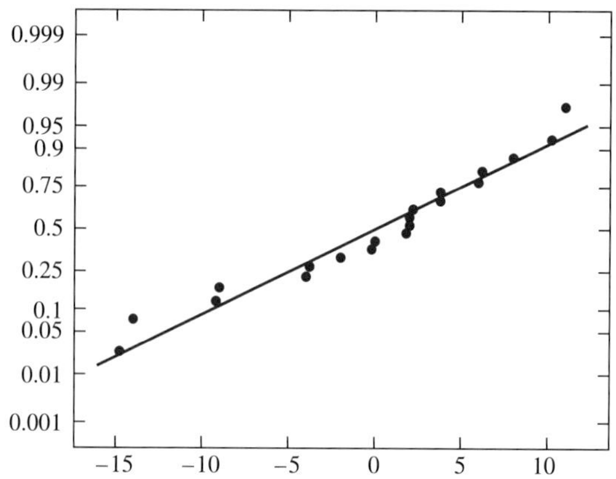

그림 9.4 **용접 자료에서 잔차에 대한 확률도.** 정규성 가정의 심각한 위반증거가 없다.

각 표본에서 관측이 몇개 뿐이어서 등분산의 가정을 확인하는 것은 어렵다. 심지어 가정이 성립할 때도 표본표준편차는 많이 다를 수 있다. 용접자료에 대해 표본표준편차는 5.4037에서 9.7570까지 걸쳐있지만 분산이 동일하다고 보는 것이 합리적이다. 많은 표본들의 관측값 산포는 잔차도를 그려봄으로써 확인할 수 있다. Y축은 잔차 $X_{ij} - \overline{X}_{i.}$, X축은 표본평균 $\overline{X}_{i.}$가 된다. 표본들의 산포가 상당히 다르다면 등분산성에 대한 가정을 의심해봐야 한다. 만약 하나 이상의 표본이 이상점(outlier)을 가진다면 정규성에 대한 가정도 의심해봐야 한다. 그림 9.5

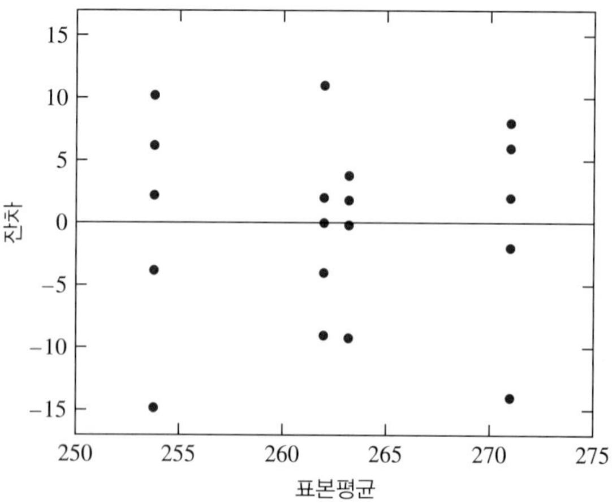

그림 9.5 **용접 자료에서 $X_{ij} - \overline{X}_{i.}$값과 $\overline{X}_{i.}$값에 대한 잔차도.** 표본들의 산포는 크게 다르지 않으며, 심각한 이상점도 없다.

는 용접 자료에 대한 잔차도를 나타낸다. 이상점이 존재하지 않고 표본들의 산포가 크게 다르지 않다.

균형설계와 불균형설계

각 처리에 같은 수의 실험단위를 사용하는 설계를 **균형(balanced)**설계라고 한다. 일원분산분석법에 균형설계와 불균형설계가 모두 사용될 수 있지만, 균형설계는 불균형설계와 비교하여 등분산성에 대한 가정 위반에 둔감하다는 큰 장점이 있다.

등분산성에 대한 가정에 대한 위반은 찾아내기 어렵기 때문에 가능한 균형설계를 사용하는 것이 좋다. 균형설계를 할 수 없는 경우에는 최소한의 불균형성을 갖는 설계를 지향해야 한다.

요약

- 균형설계에서 이분산(unequal variance)의 효과가 크지 않다.
- 불균형설계에서 이분산의 효과가 상당할 수 있다.
- 불균형성이 큰 설계일수록 이분산의 효과가 커진다.

분산분석의 항등식

선형회귀와 분산분석에서 표본총평균과 각 관측값 간 차의 제곱을 더해 총제곱합을 구한다. 일원분산분석의 총제곱합은 다음과 같다.

$$\text{SST} = \sum_{i=1}^{I}\sum_{j=1}^{J_i}(X_{ij} - \overline{X}_{..})^2 \tag{9.18}$$

또한 다음과 같이 나타낼 수도 있다.

$$\text{SST} = \sum_{i=1}^{I}\sum_{j=1}^{J_i} X_{ij}^2 - N\overline{X}_{..}^{\,2} \tag{9.19}$$

식 (9.5), (9.7), (9.19)를 통해 총제곱합(SST)은 처리제곱합(SSTr)과 오차제곱합(SSE)의 합으로 나타낼 수 있다.

분산분석의 항등식

$$\text{SST} = \text{SSTr} + \text{SSE} \tag{9.20}$$

대체 모수화

각 처리 모집단으로부터 추출된 확률표본을 이용하여 여러 처리평균을 비교하는 방법으로 일원분산분석의 표현식은 개체를 관망하기 위한 하나의 자연스러운 방법이다. 다른 기호로 조금은 유용한 같은 의미를 표현하는 다른 방법이 있다.

각 관측값 X_{ij}에 대해 관측값과 평균의 차이를 $\varepsilon_{ij} = X_{ij} - \mu_i$로 정의한다. 선형회귀에서처럼 ε_{ij}를 **오차**라고 한다.

$$X_{ij} = \mu_i + \varepsilon_{ij} \tag{9.21}$$

X_{ij}는 평균이 μ_i이고, 분산이 σ^2인 정규분포를 따르기 때문에 ε_{ij}는 평균이 0이고, 분산 σ^2인 정규분포를 따른다.

1-요인실험에서 우리는 처리평균들이 모두 같은지 결정하는 데 관심이 있다. 처리평균이 $\mu_1, \cdots, \mu_I$로 주어질 때 모든 처리평균의 평균은 다음과 같이 나타낼 수 있다.

$$\mu = \frac{1}{I}\sum_{i=1}^{I}\mu_i \tag{9.22}$$

여기서 μ를 **모집단총평균(population grand mean)**이라 한다. i번째 **처리효과(treatment effect)**인 α_i는 i번째 처리평균과 모집단총평균의 차이

$$\alpha_i = \mu_i - \mu \tag{9.23}$$

이다. α_i의 정의로부터 $\sum_{i=1}^{I}\alpha_i = 0$이고, 처리평균은 다음과 같다.

$$\mu_i = \mu + \alpha_i \tag{9.24}$$

식 (9.21)과 (9.24)를 통해 **일원분산분석모형(one-way analysis of variance model)**을 구할 수 있다.

$$X_{ij} = \mu + \alpha_i + \varepsilon_{ij} \tag{9.25}$$

귀무가설 H_0: $\mu_1 = \cdots = \mu_I$은 H_0: $\alpha_1 = \cdots = \alpha_i = \alpha_I = 0$으로 나타낼 수 있다. 일원분산분석은 처리효과 α_i보다 설명했듯이 처리평균 μ_i로 처리할 수 있다. 다요인실험에서는 처리평균을 이용하는 것이 여의치 않으므로 위에서 언급한 방법을 사용해야 한다. 해당 내용에 대해서는 9.3절에서 다룰 것이다.

임의효과모형

많은 요인실험에서 각 처리는 실험자에 의해 의도적으로 선택된다. 이러한 시험을 **고정효과모형(fixed effect model)**이라 한다. 반대로 수준이나 처리를 랜덤으로 선정하는 실험을 **임의효과모형(random effect model)**이라 한다. 고정효과모형에서는 실험에서 채택된 특정한 처리에 중점을 두고 임의효과모형에서는 특정한 처리가 아닌, 가능한 처리의 전체 모집단에 중점을 둔다.

앞에서 언급한 용접 강도 실험은 각 처리가 의도적으로 선택된 고정효과모형이다. 고정효과모형과 임의효과모형의 결과는 해석상 중요한 차이점이 있다. 고정효과모형에서 얻어지는 결론은 단지 실험에서 사용되는 처리들에 대한 결론이다. 하지만 임의효과모형에서 처리는 처리모집단의 단순확률표본이므로 실험에서 이용되지 않은 처리를 포함하여 전체 모집단에 대한 결론이 유도된다.

해석상의 차이로 인해 귀무가설에도 차이가 나타난다. 고정효과모형에서의 귀무가설은 H_0: $\mu_1 = \cdots = \mu_I$이고, 임의효과모형에서의 귀무가설은 다음과 같다. H_0: 처리평균이 모든 모집단 내의 처리에 대해 동일하다.

또한 임의효과모형에서 대립가설은 모집단의 처리평균이 정규분포를 따르기 때문에 모두 같지는 않다는 것이다. 흥미롭게도 고정효과모형과 임의효과모형의 귀무가설은 다르지만,

가설검정은 일치하기 때문에 F 검정이 고정효과모형뿐만 아니라 임의효과모형에도 모두 사용된다.

예제 9.5

예제 9.4에서 4개의 발전소는 발전소 모집단의 확률표본이고, 모집단의 SO_2 농도가 정규분포를 따른다고 가정한다. 이때 모집단에 속하는 발전소의 시간당 SO_2 농도가 다르다고 할 수 있는가?

풀이

위 실험은 임의효과모형이다. 따라서 '모집단 내 모든 처리평균이 같다'는 귀무가설의 검정을 위해 F 검정을 사용한다. 예제 9.4에 따라 F 검정의 결과 P-값은 0.006이다. 따라서 귀무가설은 거짓이 되고 발전소들의 SO_2 농도가 다르다고 할 수 있다.

9.1 연습문제

1. 다음 표는 콘크리트의 압축 강도에 양생 온도가 미치는 영향에 대한 연구 자료이다. 5개의 콘크리트 표본을 각각 4개의 다른 기온에서 양생하고, 압축 강도(MPa)를 측정하였다.

온도(℃)	강도				
0	31.2	29.6	30.8	30.0	31.4
10	30.0	27.7	31.1	31.3	30.6
20	35.9	36.8	35.0	34.6	36.5
30	38.3	37.0	37.5	36.1	38.4

a. 분산분석표를 작성하고, P-값의 범위를 구하시오.

b. 평균압축강도가 기온에 따라 변한다고 결론지을 수 있는지 판단하시오.

2. 매립지의 침출수 처리 과정에서 암모니아성 질소를 제거하는 것은 중요하다. 다음 표는 여러 처리기술에 의한 제거율(1일당 제거 %)을 기록한 자료이다.

처리기술	제거율(%)			
A	5.21	4.65		
B	5.59	2.69	7.57	5.16
C	6.24	5.94	6.41	
D	6.85	9.18	4.94	
E	4.04	3.29	4.52	3.75

a. 분산분석표를 작성하고, P-값의 범위를 구하시오.

b. 처리기술이 제거율에 영향이 있다고 결론지을 수 있는지 판단하시오.

3. "Influence of Age on Masonry Bond Strength and Mortar Microstructure" (H. Sugo, A. Page, and S. Lawrence, *Canadian Journal of Civil Engineering*, 2007:1433~1442)에서는 모르타르의 인장 강도에 대한 수명의 영향을 조사하였다. 다양한 수명의 표본들이 파손될 때까지 적재되었고 각각에 대해 최대하중(MPa)을 기록하였다. 결과는 다음과 같다.

수명(일)	최대하중(MPa)														
3	1.69	1.69	1.97	2.09	1.81	1.53	1.63	1.70	1.73	1.72	1.48	1.15			
7	1.82	1.86	1.72	1.73	1.70	1.44	2.00	1.78	1.47	1.32	1.87	1.57			
28	2.76	2.60	2.38	2.06	1.81	2.76	2.41	2.29	2.00	2.15	0.97	1.91	2.26		
90	1.18	1.46	2.02	2.16	1.79	1.74	2.08	1.99	1.63	1.95	1.66	2.34			
180	2.60	2.28	2.42	2.66	2.24	2.53	1.66	2.33	2.02	2.28	2.18	2.27	2.24	1.18	1.93
365	2.16	1.51	2.44	2.13	2.01	2.00	2.09	2.18	2.48	1.99	2.15	2.14	1.56	1.94	1.75

a. 분산분석표를 작성하고, *P*-값의 범위를 구하시오.
b. 평균최대하중 간에 차이가 있다고 결론지을 수 있는지 판단하시오.

4. "Secretion of Parathyroid Hormone Oscillates Depending on the Change in Serum Ionized Calcium During Hemodialysis and May Affect Bone Metabolism" (T. Kitahara et al., *Nephron Clinical Practice*, 2005:c9–c17)에서는 부갑상선호르몬(PTH)을 가지고 있는 네 그룹의 환자들에 대한 기저 이온화된 칼슘 레벨의 측정결과를 보여주고 있다. 다음 결과는 평균과 표준편차에 대한 자료이다.

그룹	칼슘 레벨(mM)									
I	1.23	1.02	1.33	1.36	1.11	1.51	1.51	1.30	1.36	1.34
	1.27	1.43	1.21	1.69	1.28	1.33	1.49			
II	1.18	1.16	1.07	1.21	1.01	1.26	1.37	1.09	1.28	1.33
	0.98	0.99	1.24	1.12	1.26	1.27	1.26	1.33	1.26	1.32
III	1.04	1.32	1.29	0.95	1.38	1.08	1.65	1.14	1.44	1.37
	1.11	0.82	1.31	1.09	1.46					
IV	1.35	1.67	1.38	1.05	1.32	0.95	1.21	1.21	1.22	1.13
	1.51	0.72	1.33	1.46						

a. 분산분석표를 작성하고, *P*-값의 범위를 구하시오.
b. 평균 칼슘 레벨에 차이가 있다고 결론지을 수 있는지 판단하시오.

5 "Experimental and Statistical Investigation of Self-Consolidating Concrete Mixture Constituents for Prestressed Bridge Girder Fabrication" (E. Torres, J. Seo, and R. Lederle, *Journal of Materials in Civil Engineering* 2017, online)에서는 세 곳의 플랜트에서 제조된 콘크리트의 압축 강도(MPa)를 측정하였다. 결과는 다음과 같다.

플랜트	압축 강도(MPa)										
A	44.42	41.00	48.45	46.58	44.71	47.98	49.20	58.14	48.60	48.22	49.94
B	36.00	38.06	42.66	48.25	49.05	47.98	40.81	46.11	49.29	40.47	
C	57.28	61.58	58.72	62.58	46.38	46.98	49.17				

a. 분산분석표를 작성하고, *P*-값의 범위를 구하시오.
b. 콘크리트의 평균 압축 강도가 플랜트 간에 차이가 있다고 결론지을 수 있는지 판단하시오.

6. 가열냉각 온도가 연성철의 인장 강도에 영향을 미치는지에 대해 알아보기 위해 실험을 수행하였다. 다섯 개의 표본에 4개의 다른 가열냉각 온도를 적용하여 인장 강도(ksi)를 측정하였다. 결과는 다음과 같다.

온도(℃)	표본값				
750	19.72	20.88	19.63	18.68	17.89
800	16.01	20.04	18.10	20.28	20.53
950	16.66	17.38	14.49	18.21	15.58
900	16.93	14.49	16.15	15.53	13.25

a. 분산분석표를 작성하고, *P*-값의 범위를 구하시오.
d. 평균 인장 강도에 차이가 있다고 결론지을 수 있는지 판단하시오.

7. "Multi-objective Scheduling Problems: Determination of Pruned Pareto Sets" (H. Taboada and D. Coit, *IIE Transactions*, 2008:552~564)에서는 산업 스케줄링 및 생산 계획을 위한 최적화 방법에 대한 논의의 예를 제시한다. 예시로 다섯 대의 각 기계에 7개의 다른 작업이 수행되었다. 각 기계에 대한 처리시간의 평균과 표준편차는 다음과 같다.

기계	평균	표준편차	표본크기
A	25.43	10.67	7
B	23.71	13.92	7

C	44.57	15.90	7
D	23.14	12.75	7
E	58.00	19.11	7

a. 분산분석표를 작성하고, P-값의 범위를 구하시오.
b. 평균 처리시간 간에 차이가 있다고 결론지을 수 있는지 판단하시오.

8. "Solid-Phase Chemical Fractionation of Selected Trace Metals in Some Northern Kentucky Soils" (A. Karathanasis and J. Pils, *Soil and Sediment Contamination*, 2005:293308)에서는 세 개의 다른 토양에서 가져온 표본의 pH 측정결과를 보여준다.

토양	pH 측정										
Alluvium	6.53	6.03	6.75	6.82	6.24						
Glacial till	6.07	6.07	5.36	5.57	5.48	5.27	5.80	5.03	6.65		
Residuum	6.03	6.16	6.63	6.13	6.05	5.68	6.25	5.43	6.46	6.91	5.75	6.53

a. 분산분석표를 작성하고, P-값의 범위를 구하시오.
b. 평균 pH에 차이가 있다고 결론지을 수 있는지 판단하시오.

9.2 1-요인실험에서의 짝비교

일원분산분석에서 F 검정은 모든 처리평균이 같다는 귀무가설을 검정하기 위해 사용된다. 이 가설이 기각된다면 처리평균이 같지 않다는 것을 알 수 있지만, 어떤 처리평균이 다른지는 알 수 없다. 하지만 어떤 μ_i가 다른지 알기를 원하는 경우가 많은데, 이때 **짝비교(multiple comparisons method)**가 사용된다. 짝비교에 가장 많이 사용되는 Tukey–Kramer 절차에 대해 알아보자.

Tukey–Kramer 절차

Tukey–Kramer 절차는 모든 처리평균의 짝 사이의 차이 $\mu_i - \mu_j$에 대한 신뢰구간을 계산하는 것을 포함한다. 통상적인 신뢰구간과 같이 수준 $1-\alpha$의 신뢰구간은 $1-\alpha$ 확률로 참값을 포함한다. 여러 개의 신뢰구간을 계산한다면 모든 구간이 참값을 포함할 확률은 대개 $1-\alpha$보다 작다. 하지만 수준 $1-\alpha$의 Tukey–Kramer 구간에서는 모든 신뢰구간에서 참값을 동시에 포함할 확률이 $1-\alpha$와 같으므로 이 신뢰구간을 **동시신뢰구간(simultaneous confidence intervals)**이라고 한다.

Tukey–Kramer 구간을 정하기 위해 $\mu_i - \mu_j$의 점추정값은 $\overline{X}_{i.} - \overline{X}_{j.}$이다. 임계값은 **Student's 화 범위분포(Studentized range distribution)**로부터 구한다. 이 분포는 2개의 자유도를 가지고 있고 Tukey–Kramer 절차에서는 I와 $N-I$가 된다. $q_{I,N-I,\alpha}$를 자유도 $I, N-I, \alpha$에 대한 임계값이라고 한다. $\mu_i - \mu_j$에 대한 신뢰구간의 오차범위는 $q_{I,N-I,\alpha}\sqrt{(\text{MSE}/2)(1/J_i + 1/J_j)}$이며, 이 값을 **정직유의차(honestly significant difference, HSD)**라고 부르기도 한다.

Tukey–Kramer 절차는 **동시가설검정(simultaneous hypothesis tests)**에서도 사용할 수 있다. $H_0: \mu_i - \mu_j = 0$인 모든 귀무가설을 검정할 때 수준 α에서 P-값이 α보다 작은 모든 귀무가설을 기각할 수 있다.

동시신뢰구간과 동시가설검정을 위한 Tukey–Kramer 절차

$\mu_i - \mu_j$의 차이에 대한 Tukey–Kramer $100(1-\alpha)\%$ 수준의 동시신뢰구간은

$$\overline{X}_{i.} - \overline{X}_{j.} \pm q_{I,N-I,\alpha}\sqrt{\frac{\text{MSE}}{2}\left(\frac{1}{J_i}+\frac{1}{J_j}\right)} \tag{9.26}$$

모든 i, j에 대해 $\mu_i - \mu_j$의 참값이 Tukey–Kramer 신뢰구간에 포함될 확률은 $100(1-\alpha)\%$이다. $H_0: \mu_i - \mu_j = 0$인 모든 귀무가설을 검정할 때 검정통계량은

$$\frac{\overline{X}_{i.} - \overline{X}_{j.}}{\sqrt{\dfrac{\text{MSE}}{2}\left(\dfrac{1}{J_i}+\dfrac{1}{J_j}\right)}}$$

각 검정의 P-값은 자유도가 I, $N-I$인 Student's화 범위분포표(부록 A.7)를 참고하여 구할 수 있다. 다음을 만족하는 모든 쌍(i, j)에서

$$|\overline{X}_{i.} - \overline{X}_{j.}| > q_{I,N-I,\alpha}\sqrt{\frac{\text{MSE}}{2}\left(\frac{1}{J_i}+\frac{1}{J_j}\right)}$$

$H_0: \mu_i - \mu_j = 0$인 모든 귀무가설은 수준 α에서 기각된다.

표본의 크기가 J인 균형설계에서 $\sqrt{(\text{MSE}/2)(1/J_i + 1/J_j)}$는 $\sqrt{\text{MSE}/J}$가 된다. 이 경우는 간단히 Tukey의 방법이라고 한다.

예제 9.6

다음 Excel 출력물은 표 9.1의 용접 자료에 대한 분산분석표이다. 강도에 미치는 영향에 따라 5%의 수준에서 강도효과에 차이가 있다고 결론을 내릴 수 있는 플럭스짝은 무엇인지 답하시오.

```
One-way ANOVA: A, B, C, D

Source  DF      SS       MS     F      P
Factor   3   743.40  247.800  3.87  0.029
Error   16  1023.60   63.975
Total   19  1767.00

S = 7.998   R-Sq = 42.07%   R-Sq(adj) = 31.21%
```

풀이

$I=4$, $J=5$, $N=20$이다. $\alpha=0.05$일 때 Student's화 범위분포표(부록 A.7)에 따라 $q_{4,16,0.05}=4.05$이고, $\text{MSE}=63.975$이므로 $q_{I,N-I,\alpha}\sqrt{\text{MSE}/J} = 4.05\sqrt{63.975/5} = 14.49$이다. 네 가지 플럭스의 표본평균은 다음과 같다.

플럭스	A	B	C	D
표본평균	253.8	263.2	271.0	262.0

이때, 표본평균의 차이가 14.49보다 큰 쌍은 271.0, 253.8뿐이다. 따라서 플럭스 A와 C의 평균 강도가 다르다고 결론 낼 수 있다.

```
Tukey 95% Simultaneous Confidence Intervals
All Pairwise Comparisons

Individual confidence level = 98.87%


A subtracted from:

    Lower  Center   Upper
B  -5.087   9.400  23.887
C   2.713  17.200  31.687
D  -6.287   8.200  22.687

B subtracted from:

     Lower  Center   Upper
C   -6.687   7.800  22.287
D  -15.687  -1.200  13.287

C subtracted from:

     Lower  Center  Upper
D  -23.487  -9.000  5.487
```

다음은 용접 자료에 대한 Tukey-Kramer 95% 동시신뢰구간을 나타낸 것이다. Center 항은 처리평균 쌍의 차이이고 Lower, Upper 항은 각 신뢰구간의 하계(lower bound)와 상계(upper bound)를 나타낸다. 모든 신뢰구간이 실제 처리평균 차이값을 포함할 확률은 95%이다. 여기서 'Individual confidence level = 98.87%'라는 것은 어떤 특정한 신뢰구간에 참값을 포함할 확률이 98.87%라는 뜻이다.

9.2 연습문제

1. "Organic Recycling for Soil Quality Conservation in a SubTropical Plateau Region" (K. Chakrabarti et al., J. Agronomy and Crop Science, 2000:137142)에서는 토양 표본을 처리마다 두 번씩 반복하여 총 6가지의 서로 다른 방법으로 처리하여 산 인산염의 활성도를 보고하였다. 분산분석의 결과와 처리평균은 다음과 같다.

```
One-way ANOVA:  Treatments A, B, C, D, E, F

Source      DF       SS       MS       F      P
Treatment    5  1.18547  0.23709  46.64  0.000
Error        6  0.03050  0.00508
Total       11  1.21597
```

처리	A	B	C	D	E	F
평균	0.99	1.99	1.405	1.63	1.395	1.22

a. 처리방법마다 산 인산염의 활성도에 차이가 있다고 결론지을 수 있는가?

b. Tukey-Kramer 절차를 사용하여 어떤 처리평균이 5% 유의수준에서 다르지 구하시오.

2. 9.1절의 연습문제 3번을 참고하시오. Tukey-Kramer 절차를 사용하여 어떤 처리평균들이 5% 유의수준에서 다른지 구하시오.

3. 9.1절의 연습문제 5번을 참고하시오. Tukey-Kramer 절차를 사용하여 어떤 처리평균들이 5% 유의수준에서 다른지 구하시오.

4. 특정 반응의 수율에 대한 촉매의 영향을 파악하기 위한 실험에서, 네 개의 촉매와 함께 수행된 반응의 평균수율은 $\overline{X}_1 = 89.88$, $\overline{X}_2 = 89.51$, $\overline{X}_3 = 86.98$, $\overline{X}_4 = 85.79$이다. 촉매마다 5번씩 수행하였을 때 물음에 답하시오.

a. MSE = 3.85라면, 네 개의 촉매 모두 같은 평균수율을 가지

고 있다는 귀무가설을 검정할 통계량의 값을 계산하시오. 이 귀무가설은 5% 유의수준에서 기각될 수 있는가?

b. Tukey–Kramer 절차를 사용하여 어떤 촉매들이 5% 유의수준에서 다른지 구하시오.

5. 특정 자료에서 F 검정은 평균 수율에 차이가 없는 귀무가설을 기각하나, Tukey–Kramer 절차는 다르다고 결론지을 수 있는 평균의 짝을 찾지 않을 수도 있다. 문제 3에서 주어진 네 개의 표본평균을 보고, 각 처리마다 표본크기가 5라고 가정했을 때, F 통계량이 5% 수준에서 차이가 없다는 귀무가설을 기각하고, Tukey–Kramer 절차가 5% 유의수준에서 다른 평균 짝을 찾지 않게 하는 MSE의 값을 구하시오.

9.3 2-요인실험

9.1절과 9.2절에서 언급한 1-요인실험의 목적은 한 인자의 수준 변화가 반응값에 영향을 미치는가를 알아보는 것이었다. 많은 실험에는 여러 개의 인자가 포함되며각 요인은 반응에 영향을 미칠 수 있다. 이 절에서는 두 개의 인자를 가지는 경우에 대해 알아볼 것이며, 이 실험을 **2-요인실험(two-factor experiments)**이라고 한다. 예를 들어, 한 화학자가 어떤 작용의 수율(yield)에 대해 다양한 시약과 촉매의 영향을 연구하고 있다. 수율이란 이론상 기대할 수 있는 최대 생산량을 백분율로 나타낸 값이다. 세 가지 시약과 네 가지 촉매의 조합에 대한 결과는 표 9.2에 나타나 있다. 여기서 촉매는 **행 인자(row factor)**라 하고 시약은 **열 인자(column factor)**라 한다.

행 인자는 I개의 수준이 있고, 열 인자는 J개의 수준이 있으며, 총 IJ개의 다른 조합이 있다($I=4$, $J=3$). 인자조합에 대한 용어는 아직 표준화되어있지 않기 때문에 각 조합을 **처리(treatment)** 또는 **처리조합(treatment combination)**이라 한다. 모든 가능한 처리에 대해 관측하는 것을 **완전설계(complete design)** 또는 **완전요인설계(full factorial design)**라고 한다. 한 개 혹은 그 이상의 처리에 대한 자료가 없는 경우에는 특별한 경우를 제외하고 해석하기가 어렵다. 따라서 가능한 완전요인설계를 사용하는 것이 좋다.

각 처리에 같은 반복 횟수(관측값의 수)가 적용될 때 이 설계는 **균형적(balanced)**이라고 한다. 1-요인실험에서는 설계가 균형적이라고 가정할 필요가 없었지만, 2-요인실험에서 불균형 설계를 분석하는 것은 매우 어렵기 때문에 균형설계에 대해서만 논의하겠다.

완전확률화설계에서는 각 처리들이 모집단을 나타내고 처리의 관측값들은 모집단의 단순확률표본이다. 행 인자의 i번째 수준과 열 인자의 j번째 수준을 갖는 처리의 표본값을 $X_{ij1}, \cdots, X_{ijK}$로 나타내고, 모집단평균은 μ_{ij}로 나타내며, μ_{ij}값을 **처리평균(treatment means)**이라 한다.

표 9.2 시약과 촉매의 다양한 조합과 수율

	시약											
촉매	1				2				3			
A	86.8	82.4	86.7	83.5	93.4	85.2	94.8	83.1	77.9	89.6	89.9	83.7
B	71.9	72.1	80.0	77.4	74.5	87.1	71.9	84.1	87.5	82.7	78.3	90.1
C	65.5	72.4	76.6	66.7	66.7	77.1	76.7	86.1	72.7	77.8	83.5	78.8
D	63.9	70.4	77.2	81.2	73.7	81.6	84.2	84.9	79.8	75.7	80.5	72.9

2-요인실험의 목적은 처리평균이 행인자, 열인자 혹은 둘다에 의해 영향을 받는지를 결정하는 것이다. 2-요인실험에 적합한 분석 방법을 **이원분산분석(two-way analysis of variance)**이라고 한다.

이원분산분석을 위한 모수화

이원분산분석에서는 행 또는 열 요인의 수준을 변경하면 μ_{ij}값이 변경되는지를 확인하려고 한다. 이를 위해서는 행 요인과 열 요인을 별도로 기술하는 모수 μ_{ij}로 표현해야 한다. 행 및 열 요인의 여러 수준에 대한 처리평균의 몇 가지 표기법에 대해 알아보자.

행 인자의 i번째 수준에서 i수준의 처리평균들의 평균을 $\bar{\mu}_{i.}$라 표현한다. 여기서 $\bar{\mu}_{i.}$을 처리평균으로 나타내면 다음과 같다.

$$\bar{\mu}_{i.} = \frac{1}{J}\sum_{j=1}^{J}\mu_{ij} \tag{9.27}$$

마찬가지로 열 인자의 j번째 수준에서 j수준의 처리평균들의 평균을 $\bar{\mu}_{.j}$라 표현하고, $\bar{\mu}_{.j}$를 처리평균으로 나타내면 다음과 같다.

$$\bar{\mu}_{.j} = \frac{1}{I}\sum_{i=1}^{I}\mu_{ij} \tag{9.28}$$

마지막으로 μ로 표현되는 **모집단총평균(population grand mean)**은 처리평균 μ_{ij}의 평균을 나타낸다. 모집단총평균은 $\bar{\mu}_{i.}$와 $\bar{\mu}_{.j}$의 평균으로 나타낼 수도 있다.

$$\mu = \frac{1}{I}\sum_{i=1}^{I}\bar{\mu}_{i.} = \frac{1}{J}\sum_{j=1}^{J}\bar{\mu}_{.j} = \frac{1}{IJ}\sum_{i=1}^{I}\sum_{j=1}^{J}\mu_{ij} \tag{9.29}$$

표 9.3은 μ와 μ_{ij}, $\bar{\mu}_{i.}$, $\bar{\mu}_{.j}$ 사이의 관계를 나타낸 것이다. μ와 $\bar{\mu}_{i.}$, $\bar{\mu}_{.j}$를 사용하여 μ_{ij}를 다음과 같이 나타낼 수 있다.

$$\mu_{ij} = \mu + (\bar{\mu}_{i.} - \mu) + (\bar{\mu}_{.j} - \mu) + (\mu_{ij} - \bar{\mu}_{i.} - \bar{\mu}_{.j} + \mu) \tag{9.30}$$

표 9.3 처리평균과 행과 열의 평균

행 수준	열 수준 1	2	⋯	J	행평균
1	μ_{11}	μ_{12}	⋯	μ_{1J}	$\bar{\mu}_{1.}$
2	μ_{21}	μ_{22}	⋯	μ_{2J}	$\bar{\mu}_{2.}$
⋮	⋮	⋮	⋯	⋮	⋮
I	μ_{I1}	μ_{I2}	⋯	μ_{IJ}	$\bar{\mu}_{I.}$
열평균	$\bar{\mu}_{.1}$	$\bar{\mu}_{.2}$	⋯	$\bar{\mu}_{.J}$	μ

식 (9.30)은 처리평균 μ_{ij}를 4개 항의 합으로 나타낸 것이며, 우측 3개 항은 다음과 같이 더 간단하게 나타낼 수 있다.

$$\alpha_i = \overline{\mu}_{i.} - \mu \tag{9.31}$$

$$\beta_j = \overline{\mu}_{.j} - \mu \tag{9.32}$$

$$\gamma_{ij} = \mu_{ij} - \overline{\mu}_{i.} - \overline{\mu}_{.j} + \mu \tag{9.33}$$

각 항 μ, α_i, β_i, γ_{ij}은 중요한 의미를 가진다.

μ, α_i, β_i, γ_{ij}의 의미

- μ는 모집단총평균이다.
- $\alpha_i = \overline{\mu}_{i.} - \mu$를 i번째 **행효과(row effect)**라고 한다. α_i의 값은 행 i로 인한 총평균으로부터의 편차이며, 행 인자의 i번째 수준이 결과에 영향을 미치는 정도를 의미한다.
- $\beta_j = \overline{\mu}_{.j} - \mu$를 j번째 **열효과(column effect)**라고 한다. β_j의 값은 열 j로 인한 총평균으로부터의 편차이며, 열 인자의 j번째 수준이 결과에 영향을 미치는 정도를 의미한다.

  $\gamma_{ij} = \mu_j - \overline{\mu}_{i.} - \overline{\mu}_{j.} + \mu$는 행 i와 열 j 사이의 **상호작용(interaction)**이라고 한다. 행(또는 열) 인자 수준의 효과는 쌍을 이루는 열(또는 행) 인자의 수준에 따라 달라질 수 있다. 상호작용은 이러한 현상이 발생하는 정도를 측정한다. 예를 들어, 행 인자의 수준 1은 열 수준 1에서 큰 결과값을 가지고 열 수준 2에서 작은 값을 가진다고 가정했을 때, γ_{11}은 양수이고, γ_{12}는 음수이다.

상호작용과 구별하기 위해서 행효과와 열효과를 합쳐 **주효과(main effects)**라고 한다. I 행효과는 행 요인의 각 수준당 하나씩 있으며, J 열효과는 열 요인의 각 수준당 하나씩 있다. 또한, IJ 상호작용은 각 처리마다 하나씩 있다. 행효과, 열효과, 상호작용은 다음의 제한사항을 만족한다.

$$\sum_{i=1}^{I} \alpha_i = 0 \qquad \sum_{j=1}^{J} \beta_j = 0 \qquad \sum_{i=1}^{I} \gamma_{ij} = \sum_{j=1}^{J} \gamma_{ij} = 0 \tag{9.34}$$

이제 처리평균 μ_{ij}를 α_i, β_i, γ_{ij}의 항으로 나타낼 수 있다. 식 (9.30)에 대입하면 식 (9.35)로 나타낼 수 있다.

$$\mu_{ij} = \mu + \alpha_i + \beta_j + \gamma_{ij} \tag{9.35}$$

상호작용 γ_{ij}가 0이면 **가법모형(additive model)**이 적용된다. 가법모형에서 식 (9.35)는 식 (9.36)으로 나타낼 수 있다.

$$\mu_{ij} = \mu + \alpha_i + \beta_j \tag{9.36}$$

가산모형에서 처리평균 μ_{ij}는 모집단총평균과 α_i, β_i의 합으로, 행수준 i와 열수준 j의 결합효과는 두 수준의 주효과의 합으로 구해진다. 만약 상호작용이 0이 아니면 가법모형이 성립되지 않고, 행수준과 열수준의 결합효과는 각각의 주효과로 결정될 수 없다.

가설검정을 위한 이원분산분석

이원분산분석은 다음 세 가지 질문을 다루며 설계된다.

> **1.** 가법모형이 성립하는가?
> **2.** 그렇다면 행 인자 모든 수준에서 평균이 같은가?
> **3.** 그렇다면 열 인자 모든 수준에서 평균이 같은가?

일반적으로 2번, 3번 질문은 가법모형일 때만 유효하며, 이에 대해서는 이 장의 뒷부분에서 다루겠다. 이 세 가지 질문은 가설검정을 통해 다룬다. 이에 대한 귀무가설은 다음과 같다.

1. 가법모형이 성립하는지를 검정하기 위해 모든 상호작용이 0이라는 귀무가설을 검정한다.

$$H_0 : \gamma_{11} = \gamma_{12} = \gamma_{13} = \cdots = \gamma_{IJ} = 0$$

만약 귀무가설이 참이면 가법모형이 성립한다.

2. 행 인자의 모든 수준에서 평균 결과값이 같은지 검정하기 위해서 모든 행효과가 0이라는 귀무가설을 검정한다.

$$H_0 : \alpha_1 = \alpha_2 = \alpha_3 = \cdots = \alpha_I = 0$$

귀무가설이 참이면 행 인자의 모든 수준에서 평균 결과값이 같다.

3. 열 인자의 모든 수준에서 평균 결과값이 같은지 검정하기 위해서 모든 열효과가 0이라는 귀무가설을 검정한다.

$$H_0 : \beta_1 = \beta_2 = \beta_3 = \cdots = \beta_J = 0$$

귀무가설이 참이면 열 인자의 모든 수준에서 평균 결과값이 같다.

위 가설들의 검정통계량은 표 9.2의 자료를 예를 들어 정의한 X_{ijk}의 여러 가지 평균들을 통해 구한다. 표 9.4는 표 9.2에 주어진 자료의 4회 처리에 대한 평균수율을 나타내며, 표 9.4의 각 숫자는 표9.2의 해당 셀에 있는 4개 숫자의 평균이다. 이를 **칸평균(cell means)**이라 하고 $\overline{X}_{ij}$로 표시한다.

$$\overline{X}_{ij.} = \frac{1}{K}\sum_{k=1}^{K} X_{ijk} \tag{9.37}$$

표 9.4 $\overline{X}_{ij.}$의 평균수율(다양한 시약과 촉매의 조합에 대한 수율의 평균)

	시약			
촉매	**1**	**2**	**3**	**행평균 $\overline{X}_{i..}$**
A	84.85	89.13	85.28	86.42
B	75.35	79.40	84.65	79.80
C	70.30	76.65	78.20	75.05
D	73.18	81.10	77.23	77.17
열평균 $\overline{X}_{.j.}$	75.92	81.57	81.34	표본총평균 $\overline{X}_{...} = 79.61$

행에 대한 칸평균의 평균값은 행평균 $\overline{X}_{i..}$이다.

$$\overline{X}_{i..} = \frac{1}{J}\sum_{j=1}^{J}\overline{X}_{ij.} = \frac{1}{JK}\sum_{j=1}^{J}\sum_{k=1}^{K}X_{ijk} \tag{9.38}$$

열에 대한 칸평균의 평균값이 열평균 $\overline{X}_{.j.}$이다.

$$\overline{X}_{.j.} = \frac{1}{I}\sum_{i=1}^{I}\overline{X}_{ij.} = \frac{1}{IK}\sum_{i=1}^{I}\sum_{k=1}^{K}X_{ijk} \tag{9.39}$$

표본총평균 $\overline{X}_{...}$는 행평균의 평균값, 열평균의 평균값, 칸평균의 평균값 혹은 전체 관측값의 평균을 통해 구할 수 있다.

$$\overline{X}_{...} = \frac{1}{I}\sum_{i=1}^{I}\overline{X}_{i..} = \frac{1}{J}\sum_{j=1}^{J}\overline{X}_{.j.} = \frac{1}{IJ}\sum_{i=1}^{I}\sum_{j=1}^{J}\overline{X}_{ij.} = \frac{1}{IJK}\sum_{i=1}^{I}\sum_{j=1}^{J}\sum_{k=1}^{K}X_{ijk} \tag{9.40}$$

이제 이 귀무가설들에 대한 검정에 대해 알아보자. 이 검정이 유효하려면 다음과 같은 조건들을 만족해야 한다.

요약

이원분산분석에서의 가정

이원분산분석에서 가설검정은 다음 조건들에서 유효하다.

- 설계는 완전(complete)하다.
- 설계는 균형적이다.
- 처리당 반복수가 K의 값이 적어도 2 이상이다.
- 어떤 처리에서도 관측값 $X_{ij1}, \cdots, X_{ijK}$는 정규모집단의 단순확률표본이다.
- 모분산이 모든 처리에서 같으며, 이 분산을 σ^2으로 나타낸다.

이원분산분석에서는 일원분산분석에서와 마찬가지로 제곱합을 이용하여 귀무가설을 검정한다. 특히 행제곱합(SSA), 열제곱합(SSB), 상호작용제곱합(SSAB) 오차제곱합(SSE), 총제곱합(SST)을 이용하여 귀무가설을 검정한다. 표 9.5에 제곱합에 대한 공식과 자유도를 나타내었다.

SSA가 크다면 모든 행효과가 0인 귀무가설이 기각되고, SSB가 크다면 모든 열효과가 0인 귀무가설이 기각된다. SSAB가 크면 모든 상호작용이 0인 귀무가설이 기각된다.

SSA, SSB, SSAB가 귀무가설을 기각할 만큼 큰지 결정하기 위해서는 오차제곱합(SSE)과 비교해야 한다. SSE와 SSA, SSB, SSAB를 비교하기 위해서 먼저 각 제곱합들을 자유도로 나눠 **평균제곱(mean squares)**으로 나타낸다. 평균제곱 MSA, MSB, MSAB, MSE는 다음과 같이 정의된다.

$$\text{MSA} = \frac{\text{SSA}}{I-1} \qquad \text{MSB} = \frac{\text{SSB}}{J-1} \qquad \text{MSAB} = \frac{\text{SSAB}}{(I-1)(J-1)}$$
$$\text{MSE} = \frac{\text{SSE}}{IJ(K\quad 1)} \tag{9.41}$$

표 9.5 이원분산분석을 위한 분산분석표

용어	자유도	제곱합
행제곱합(SSA)	$I-1$	$JK\sum_{i=1}^{I}(\overline{X}_{i..}-\overline{X}_{...})^2$
열제곱합(SSB)	$J-1$	$IK\sum_{j=1}^{J}(\overline{X}_{.j.}-\overline{X}_{...})^2$
상호작용제곱합(SSAB)	$(I-1)(J-1)$	$K\sum_{i=1}^{I}\sum_{j=1}^{J}(\overline{X}_{ij.}-\overline{X}_{i..}-\overline{X}_{.j.}+\overline{X}_{...})^2$
오차제곱합(SSE)	$IJ(K-1)$	$\sum_{i=1}^{I}\sum_{j=1}^{J}\sum_{k=1}^{K}(X_{ijk}-\overline{X}_{ij.})^2$
총제곱합(SST)	$IJK-1$	$\sum_{i=1}^{I}\sum_{j=1}^{J}\sum_{k=1}^{K}(X_{ijk}-\overline{X}_{...})^2$

세 귀무가설의 검정통계량은 MSA, MSB, MSAB와 MSE에 의해 결정되고, 검정통계량의 귀무분포는 F 분포를 따른다.

- $H_0 : \alpha_1 = \alpha_2 = \cdots = \alpha_I = 0$라면 $\dfrac{\text{MSA}}{\text{MSE}}$는 $F_{I-1,\,IJ(K-1)}$ 분포를 따른다.
- $H_0 : \beta_1 = \beta_2 = \cdots = \beta_J = 0$라면 $\dfrac{\text{MSA}}{\text{MSE}}$는 $F_{J-1,\,IJ(K-1)}$ 분포를 따른다.
- $H_0 : \gamma_{11} = \cdots = \gamma_{IJ} = 0$라면 $\dfrac{\text{MSAB}}{\text{MSE}}$는 $F_{(I-1)(J-1),\,IJ(K-1)}$ 분포를 따른다.

```
Two-way ANOVA: Yield versus Catalyst, Reagent

Source       DF       SS       MS       F       P
Catalyst      3   877.56  292.521    9.36   0.000
Reagent       2   327.14  163.570    5.23   0.010
Interaction   6   156.98   26.164    0.84   0.550
Error        36  1125.33   31.259
Total        47  2487.02

S = 5.591    R-sq = 54.75%     R-Sq(adj) = 40.93%
```

일반적으로 제곱합, 평균제곱, 검정통계량은 컴퓨터를 이용하여 계산한다. 다음 Excel 출력물은 표 9.2에 대한 분산분석표이다. DF, SS, MS, F, P 항은 각각 자유도, 제곱합, 평균제곱, F 통계량, P-값이다. 일원분산분석에서와 같이 평균오차제곱(MSE)은 오차분산 σ^2의 추정값이다. S 항의 값은 MSE의 제곱근이고 오차표준편차 σ의 추정값이다. R−sq와 R−Sq(adj) 항은 일원분산분석에서와 유사한 방법으로 계산된다.

예제 9.7

분산분석표를 이용하여 표 9.2의 자료를 가법모형이라고 볼 수 있는지 결정하라. 만약 가법모형이라면 시약과 촉매 모두가 수율에 영향을 미치는지 판단하시오.

풀이

먼저 가법모형인지 살펴보자. 상호작용에 대한 P-값이 0.55로 작지 않다. 따라서 모든 상호작용이 0인 귀무가설은 기각되지 않으므로 가법모형이라고 할 수 있다.

다음으로 행 인자와 열 인자가 결과값에 영향을 미치는지 알아보자. 행 인자에 대한 P-값은 거의 0에 가깝기 때문에 행 인자(촉매)는 수율에 영향을 미친다. 열 인자에 대한 P-값 역시 0.010으로 매우 작다. 따라서 시약 역시 수율에 영향을 미친다.

예제 9.8

논문 "Uncertainty in Measurements of Dermal Absorption of Pesticides"에서는 다양한 농도와 시간 조건에서 살충제를 피부에 닿게 하는 실험을 시행하였다. 결과값은 피부에 흡수되는 살충제의 양을 나타내며, 다음 출력물은 분산분석표를 나타낸다. 이때 이 자료를 가법모형이라고 볼 수 있는가? 만약 그렇다면 농도와 시간 모두가 살충제가 흡수된 양에 영향을 미치는지 판단하시오.

```
Two-way ANOVA: Absorbed versus Concentration, Duration

Source       DF      SS       MS       F       P
Concent       2  49.991   24.996  107.99   0.000
Duration      2  19.157    9.579   41.38   0.000
Interaction   4   0.337    0.084    0.36   0.832
Error        27   6.250    0.231
Total        35  75.735
```

풀이

상호작용에 대한 P-값은 0.832이므로 가법모형이라고 볼 수 있으며, 농도와 시간에 대한 P-값은 작기 때문에 모두 흡수량에 영향을 미친다고 결론지을 수 있다.

가정 검토

잔차도는 등분산 가정을 검정하는 데 사용할 수 있고, 잔차에 대한 정규확률도는 정규성을 검정하는 데 사용할 수 있다. 잔차도는 표본평균 $\overline{X}_{ij.}$과 잔차 $X_{ijk}-\overline{X}_{ij.}$에 대한 그래프이며, 그림 9.6과 9.7은 표 9.2에 대한 정규확률도와 잔차도이다. 그림을 통해 가정이 만족한다는 것을 알 수 있다.

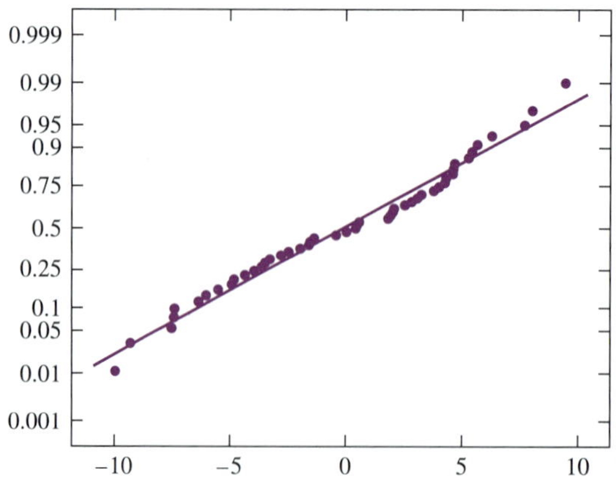

그림 9.6 수율 자료로 얻은 잔차의 정규확률도. 정규성에 크게 벗어난 증거가 없다.

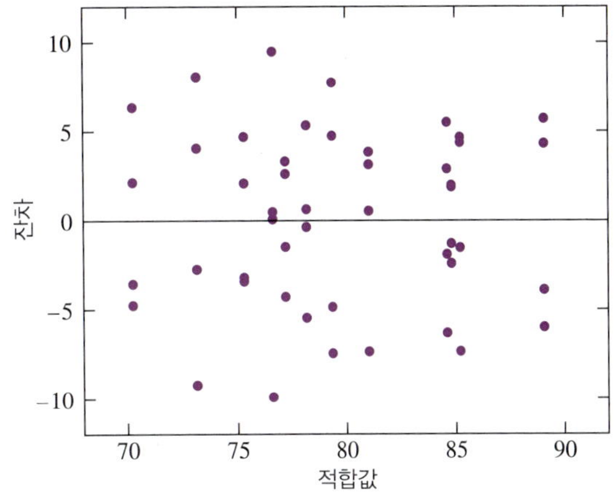

그림 9.7 수율 자료의 잔차도. 등분산 가정에 어긋나는 증거가 없다.

가법모형이 성립되지 않을 때 주효과를 해석하지 마라

상호작용이 매우 작아서 가법모형으로 볼 수 있으면, 주효과를 해석하는 것은 예제 9.7과 예제 9.8에서 보인 바와 같이 간단하다. 그러나 가법모형이 아닌 경우 주효과를 해석하기는 쉽지 않다. 이를 설명하기 위한 예제를 살펴보자.

	열 수준 1	열 수준 2
행 수준 1	51, 49	43, 41
행 수준 2	43, 41	51, 49

두 개의 인자에 각각 두 개의 수준을 가지는 공정이 있다고 가정하자. 행과 열 수준의 4가지 조합으로 2개의 런(run)이 만들어지며, 그 결과를 다음 표에 나타내었다. 수율을 가장 크게 하려면 행 수준 1과 열 수준 1 또는 행 수준 2와 열 수준 2가 쌍을 이루면 된다. 분산분석표를 살펴보자.

```
Source        DF        SS         MS        F        P
Row            1    0.0000     0.0000     0.00    1.000
Column         1    0.0000     0.0000     0.00    1.000
Interaction    1    128.00     128.00    64.00    0.001
Error          4    8.0000     2.0000
Total          7    136.00
```

주효과인 행효과와 열효과의 제곱합은 모두 0이고 P-값은 1이다. 예제 9.7과 9.8의 과정을 따른다면, 행 인자와 열 인자 모두 수율에 영향을 미치지 않는다고 결론지을 수 있다. 그러나 자료를 살펴보면 행 인자와 열 인자는 수율에 영향을 미친다. 열 인자의 수준 1에서는 행 인자의 수준 1이 수율이 좋고, 열 인자의 수준 2에서는 행 인자의 수준 2가 수율이 좋다. 열 인자의 2가지 수준에 대해 평균을 구하면, 행 인자들은 같은 수율평균을 가진다. 마찬가지로 행 인자의 2가지 수준에 대해 평균을 구하면 열 인자들은 같은 수율평균을 가진다. 행 수준의 효과가 어떤 열 수준과 짝을 이룸에 따라 영향을 받는다면(반대의 경우도 마찬가지), 주효과들의 해석은 빗나가게 된다.

표에서 상호작용의 P-값은 주효과를 해석하려고 시도하지 말라는 것을 암시한다. P-값이 매우 작기 때문에 가법모형은 기각된다. 이때 몇몇 상호작용들은 0이 아니므로 행 수준의 효과는 열 수준의 효과에 영향을 받는다(반대의 경우도 마찬가지이다). 이러한 이유로 가법모형이 아니라면 주효과를 해석하려고 시도해서는 안 된다. 얼마나 많은 행과 열 수준의 조합이 결과에 영향을 미치는지 보기 위해서는 표의 각 칸평균을 살펴볼 필요가 있다.

요약

이원분산분석에서

- 가법모형이 기각되지 않는다면 행과 열 인자들이 결과에 영향을 미치는지 결정하기 위해 주효과들에 대한 가설검정을 할 수 있다.
- 가법모형이 기각된다면 주효과들에 대한 가설검정은 수행하지 않아야 한다. 대신 얼마나 많은 행과 열 수준의 조합이 결과에 영향을 미치는지 확인하기 위해 표의 각 칸평균을 검토한다.

예제 9.9

반도체 웨이퍼(wafer)의 산화 실리콘층의 두께는 반도체의 성능에 결정적인 영향을 미친다. "Virgin Versus Recycled Wafers for Furnace Qualification: Is the Expense Justified?"에서는 층의 두께가 다른 세 가지 종류의 웨이퍼에 대해 측정하였다. 또한 산화물층을 성장시키기 위해 세 곳의 노(爐)가 사용되었다. 세 가지 종류의 웨이퍼와 세 곳의 노(爐)에 대한 이원분산분석이 수행되었고, 그 결과는 다음과 같다. 회사에서는 재생된 웨이퍼가 저렴하기 때문에 세 가지 웨이퍼의 산화물층의 두께에 차이가 없기를 바라고 있다. 이때 자료가 일정한지 결정하시오.

노의 위치	웨이퍼 종류	산화물층의 두께		
1	Virgin	90.1	90.7	89.4
1	In-house	90.4	88.8	90.6
1	External	92.6	90.0	93.3
2	Virgin	91.9	88.6	89.7
2	In-house	90.3	91.9	91.5
2	External	88.3	88.2	89.4
3	Virgin	88.1	90.2	86.6
3	In-house	91.0	90.4	90.2
3	External	91.5	89.8	89.8

```
Two-way ANOVA for Thickness versus Wafer, Location

Source       DF       SS       MS       F       P
Wafer         2   5.8756   2.9378    2.07   0.155
Location      2   4.1089   2.0544    1.45   0.262
Interaction   4   21.349   5.3372    3.76   0.022
Error        18   25.573   1.4207
Total        26   56.907
```

풀이

상호작용들의 P-값은 0.022로 작기 때문에 가법모형이라고 볼 수 없으며, 주효과들을 해석할 수 없다. 따라서 각 칸평균에 대한 표를 만들어보는 것이 좋은 방법이다.

표 9.6으로부터 웨이퍼의 종류에 따라 산화물층의 두께가 변하는 것을 확인할 수 있다. 그러나 모든 노에서 일정하게 두껍거나 얇은 웨이퍼는 없다. 예를 들어, 1번 노에서는 External 웨이퍼의 층이 가장 두껍고, In-house 웨이퍼의 층이 가장 얇다. 2번 노에서는 결과가 반대이다. 이것은 노와 웨이퍼 종류의 상호작용 때문이다.

표 9.6 각 처리의 표본평균

	웨이퍼 종류			
노의 위치	Virgin	In-house	External	행평균
1	90.067	89.933	91.967	90.656
2	90.067	91.233	88.633	89.978
3	88.300	90.533	80.367	89.733
열평균	89.478	90.566	90.322	

이원분산분석은 두 개의 일원분산분석과 같지 않다

예제 9.9에서는 3개의 행 수준과 3개의 열 수준을 갖는 전체 9개의 처리에 대한 이원분산분석을 제시했다. 여기서 행 인자와 열 인자를 개별적으로 분리하여 일원분산분석을 수행하면 6개의 처리가 있다. 이는 인자를 분리하여 일원분산분석을 하는 것이 이원분산분석을 하는 것보다 경제적이라는 것을 의미하고, 이러한 이유로 순차적 설계는 종종 사용된다. 그러나 상호작용이 나타날 때 이러한 순차적 일원분산분석의 결과가 타당하지 않다는 것을 아는 것이 중요하다. 한 과학자가 가장 얇은 산화물층을 생산하기 위해 웨이퍼와 노의 조합을 찾아낸다고 가정해보자. 먼저 In-house 웨이퍼를 이용하여 각 노의 위치에 대한 공정을 수행한다. In-house 웨이퍼에서는 1번 노에서 가장 얇은 층이 형성된다. In-house 웨이퍼에 대한 가장 적합한 노가 1번이었기 때문에 과학자는 1번 노를 이용하여 각 웨이퍼에 대해 공정을 수행한다. 3가지 종류의 웨이퍼 중에 In-house 웨이퍼가 1번 노에서 가장 얇은 층을 형성한다. 따라서 가장 좋은 조합은 In-house 웨이퍼와 1번 노의 조합이라는 결론을 내리게 된다. 하지만 표 9.6을 살펴보면 이 결론은 거짓임을 할 수 있다. 이 조합보다 얇은 층을 만드는 조합이 2개나 더 있기 때문이다.

이 순차적 방법은 한 노에서 가장 얇은 층을 형성하는 웨이퍼가 모든 노에서 가장 얇은 층을 형성한다는 것과 한 웨이퍼에서 가장 얇은 층을 형성하는 노가 모든 웨이퍼에서 가장 얇은 층을 형성한다는 것을 가정하고 있다. 이는 웨이퍼와 노 사이에 상호작용이 없다고 가정하는 것과 일치하며, 앞의 경우에서는 옳지 않다. 즉, 순차적 방법은 인자들 사이의 상호작용을 찾아낼 수 없다.

요약

- 인자가 2가지이면 2-인자설계를 수행해야 한다.
- 한 번에 하나의 인자만 검사하는 것으로는 인자 간의 상호작용을 찾아낼 수 없다.

상호작용도

상호작용도(interaction plots)는 상호작용들을 시각화하는 데 도움이 된다. 그림 9.8은 웨이퍼 자료에 대한 상호작용도이다. 수직축은 산화물층의 두께를 나타내고, 수평축에는 인자들 중 하나가 선택된다. 그림 9.8에서는 노의 위치가 선택되었다(웨이퍼 종류도 선택될 수 있다).

External 웨이퍼에서 칸평균은 표 9.6에 나타나 있는 대로 91.967, 88.633, 90.367이다. 이 값을 각 노의 위치에 표시하여 선으로 연결하고, 다른 웨이퍼에 대해서도 이 과정을 반복한다. 그림에서 External 웨이퍼의 평균은 다른 웨이퍼들과 전혀 다른 패턴을 보이는데, 이것은 두 인자의 상호작용 때문이고, 웨이퍼와 노에 대한 주효과를 쉽게 해석할 수 없는 이유이다. 반대로 상호작용이 0인 가산모형에서는 상호작용도의 선이 그림 9.9와 같이 평행한 것을 확인할 수 있다.

다음으로 그림 9.10은 수율자료에 관한 상호작용도를 나타낸 것이다. 각 칸평균들은 표 9.4에 나타나 있다. 선들은 평행하지 않지만 웨이퍼 자료보다는 기울기가 비슷하다. 실제로 상호작용이 없다는 귀무가설검정에 대한 *P*-값은 0.550이다. 따라서 그림 9.10에 나타난 것처럼 상호작용이 0인 가설을 만족할 만큼 평행에 대한 편차는 작다고 볼 수 있다.

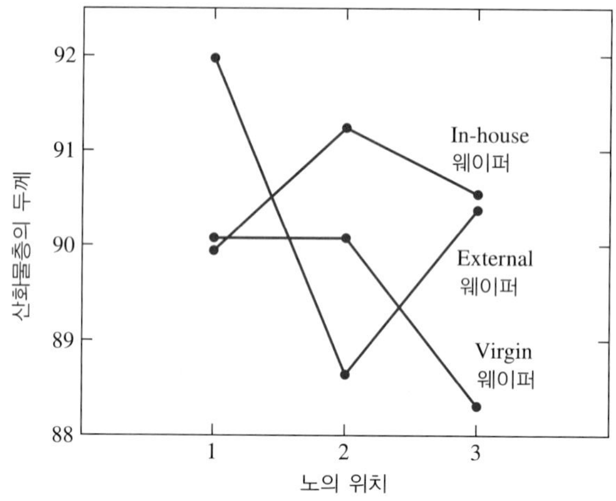

그림 9.8 웨이퍼 자료의 상호작용도. 요인 간의 실질적인 상호작용을 나타내는 선은 평행과는 거리가 멀다.

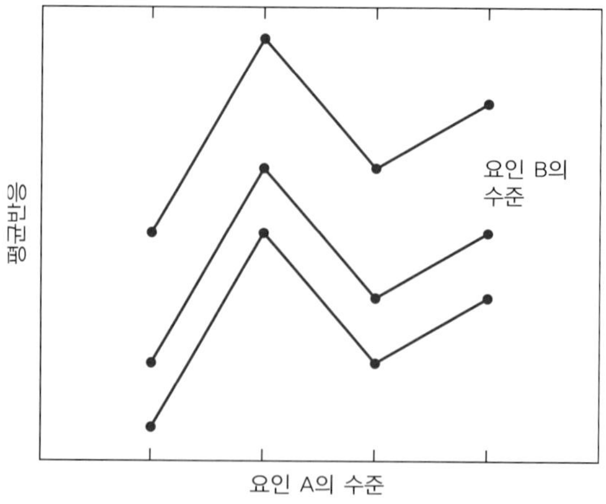

그림 9.9 상호작용 추정치 $\hat{\gamma}_{ij}$가 0인 가상의 상호작용도. 선들이 서로 평행이다.

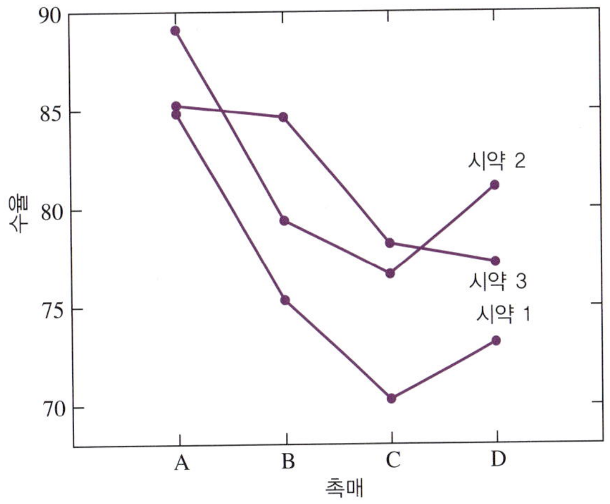

그림 9.10 수율 자료의 상호작용도

$K=1$일 때의 이원분산분석

위에서 설명한 F 검정은 표본크기 K가 각 처리에서 최소한 2 이상이라는 가정이 필요하다. 그 이유는 $K=1$일 때 오차제곱합(SSE)이 0이 되기 때문이다($X_{ijk}=\overline{X}_{ij\cdot}$). 또한 SSE의 자유도 $IJ(K-1)$는 $K=0$일 때 0이 된다. 따라서 $K=1$일 때는 가법모형이 확실하지 않는 한 이원분산분석을 할 수 없다. 이 경우에 상호작용은 0이라고 가정되므로 상호작용평균제곱(MSAB)과 자유도는 행과 열효과를 검정할 때 MSE를 대신하여 사용할 수 있다.

변량인자

2-요인실험에 대해 그동안 두 개의 인자가 모두 **고정요인(fixed factor)**인 경우를 중점적으로 다루었는데, 이러한 모형을 **고정효과모형(fixed effect model)**이라고 한다. 때때로 실험들이 변량인자로 설계되는 경우가 있다. 두 개의 인자가 모두 **변량인자(random factors)**인 모형을 **임의효과모형(random effect model)**이라고 한다. 또한 모수요인과 변량인자를 하나씩 가지는 모형을 **혼합모형(mixed model)**이라고 한다.

인자가 하나인 경우에는 고정효과모형과 임의효과모형의 분석은 동일하지만 귀무가설의 검정은 다르다. 인자가 두 개인 경우에는 분석방법과 귀무가설의 검정이 고정효과모형, 임의효과모형, 혼합모형 모두 다르다. 임의효과모형과 혼합모형에 대해서는 Hocking(2003)을 참고하라.

불균형설계

지금까지 우리는 설계가 균형적이라고 가정했다. 균형설계는 각 처리에서 반응수가 같은 것을 의미한다. 이 책에서는 불균형설계에 대해 언급하지 않는다. 단, 불균형설계는 다중회귀법을 이용하여 분석해야 한다. 더 자세한 사항은 Draper and Smith(1998)를 참고하라.

9.3 연습문제

1. 피스톤링과 오일의 종류가 피스톤링의 마모에 미치는 영향을 평가하기 위해 세 종류의 피스톤링과 네 종류의 오일을 연구하였다. 4시간 동안 작동시킨 링으로부터 몇 밀리그램의 손실이 발생했는지 측정하는 실험을 오일과 피스톤링의 12가지 조합으로 각 3회씩 반복 시행하였다. 오일 종류는 행 인자, 피스톤링의 종류는 열 인자이고, SSA=1.0926, SSB=0.9340, SSAB=0.2485, SSE=1.7034이다.
   a. 오일 종류의 효과에 대한 자유도를 구하시오.
   b. 피스톤링 종류의 효과에 대한 자유도를 구하시오.
   c. 상호작용에 대한 자유도를 구하시오.
   d. 오류에 대한 자유도를 구하시오.
   e. 분산분석표를 작성하고, *P*-값의 범위를 구하시오.
   f. 가산모형은 타당한가? 검정통계량의 값과 *P*-값을 구하시오.
   g. 오일 종류의 주효과는 모두 0인가? 검정통계량의 값과 *P*-값을 구하시오.
   h. 피스톤링 종류의 주효과는 모두 0인가? 검정통계량의 값과 *P*-값을 구하시오.

2. 금형 온도가 인장 강도에 미치는 영향을 파악하는 실험에서 세 개의 다른 합금과 다섯 개의 금형 온도가 사용되었다. 각 합금의 네 개의 표본들을 각 금형 온도에서 실험하였다. 금형 온도는 행 인자, 합금이 열 인자이고, SSA=69,738, SSB=8958, SSAB=7275, SST=201,816이다.
   a. 분산분석표를 작성하고, *P*-값의 범위를 구하시오.
   b. 가산모형은 타당한지 설명하시오.
   c. 금형 온도의 주효과는 0인가? 검정통계량의 값과 *P*-값을 구하시오.
   d. 합금의 주효과는 0인가? 검정통계량의 값과 *P*-값을 구하시오.

3. "Change in Creep Behavior of Plexiform Bone with Phosphate Ion Treatment" (R. Regimbal, C. DePaula, and N. Guzelsu, *BioMedical materials and Engineering*, 2003:1125)에서는 식염수와 인산이온용액이 plexiform 골격에 미치는 영향을 연구하기 위한 실험을 설명하고 있다. 다음 표는 식염수 또는 인산이온용액으로 25°C와 37°C에서 처리된 6개의 표본에 대한 항복응력 측정결과이다.

용액	온도	항복응력(MPa)					
식염수	25°C	138.40	130.89	94.646	96.653	116.90	88.215
식염수	37°C	92.312	147.28	116.48	88.802	114.37	90.737
인산이온용액	25°C	120.18	129.43	139.76	132.75	137.23	121.73
인산이온용액	37°C	123.50	128.94	102.86	99.941	161.68	136.44

   a. 분산분석표를 작성하고, *P*-값의 범위를 구하시오.
   b. 가산모형은 타당한가? 검정통계량의 값과 *P*-값을 구하시오.
   c. 항복응력에 미치는 용액들의 영향은 용액의 주효과로 설명될 수 있는가? 그렇다면 검정통계량의 값과 *P*-값을 이용하여 주효과를 설명하시오. 만약 그렇지 않다면 그 이유를 설명하시오.
   d. 항복 응력에 미치는 기온의 영향은 기온의 주효과로 설명될 수 있나? 그렇다면 검정통계량의 값과 *P*-값을 이용하여 주효과를 설명하시오. 만약 그렇지 않다면 그 이유를 설명하시오.

4. 두 개의 접착제에 대해 접착압력이 결합 강도(MPa)에 미치는 영향을 실험하였다. 세 가지의 접착압력에 각 접착제와 결합 강도의 조합으로 세 번의 반복실험이 시행되었다. 결과는 다음과 같다.

접착제	접착압력	결합 강도		
A	낮음	8.9	9.6	7.1
A	중간	7.2	7.0	8.7
A	높읍	1.1	4.7	0.2
B	낮은	4.3	52.	2.9
B	중간	2.3	4.6	5.0
B	높음	5.9	2.2	4.6

   a. 분산분석표를 작성하고, *P*-값의 범위를 구하시오.
   b. 가산모형은 타당한가? 검정통계량의 값과 *P*-값을 구하시오.
   c. 결합 강도에 미치는 접착제의 영향은 접착제의 주효과로 설명될 수 있는가? 그렇다면 검정통계량의 값과 *P*-값을 이용하여 주효과를 설명하시오. 만약 그렇지 않다면 그 이유를 설명하시오.
   d. 결합 강도에 미치는 접착압력의 영향은 접착압력의 주효과로 설명될 수 있는가? 그렇다면 검정통계량의 값과 *P*-값을 이용하여 주효과를 설명하시오. 만약 그렇지 않다면 그 이유를 설명하시오.

5. 인공관절은 테이퍼 위에 세라믹 구를 장착하여 만든다. "Friction in Orthopaedic Zirconia Taper Assemblies" (W. Macdonald, A. Aspenberg, et al, *Proceedings of the Institution of Mechanical Engineers*, 2000: 685692)에서는 두 가지 지르코늄 합금과 세 가지 다른 목 길이를 사용하여 만들어진 테이퍼 조립에, 2 kN의 하중에 대한 마찰계수의 결과를 보여주고 있다. 각 조합마다 다섯 번의 반복 측정을 하였으며, 결과는 다음과 같다.

테이퍼	목 길이	마찰계수				
CPTi-ZrO_2	Short	0.254	0.195	0.281	0.289	0.220
CPTi−ZrO_2	Medium	0.196	0.220	0.185	0.259	0.197
CPTi−ZrO_2	Long	0.329	0.481	0.320	0.296	0.178
TiAlloy-ZrO_2	Short	0.150	0.118	0.158	0.175	0.131
TiAlloy-ZrO_2	Medium	0.180	0.184	0.154	0.156	0.177
TiAlloy-ZrO_2	Long	0.178	0.198	0.201	0.199	0.210

a. 분산분석표를 작성하고 *P*-값의 범위를 구하시오.
b. 가산모형은 타당한가? 검정통계량의 값과 *P*-값을 구하시오.
c. 마찰계수에 미치는 재료의 영향은 재료의 주효과으로 설명될 수 있는가? 그렇다면 검정통계량의 값과 *P*-값을 이용하여 주효과를 설명하시오. 만약 그렇지 않다면 그 이유를 설명하시오.

6. "Anodic Fenton Treatment of Treflan MTF" (D. Saltmiras and A. Lemley, *Journal of Environmental Science and Health*, 2001:261–274)에서는 제초제 trifluralin의 흡착을 연구하기 위해 고안된 2-요인실험을 설명하고 있다. 요인은 초기 trifluralin의 농도와 Fe^2:H_2O_2의 전달비율이다. 각 처리에 대해 세 번의 반복실험을 수행하였으며, 결과는 다음과 같다.

초기 농도(M)	전달비율	흡착률(%)		
15	1:0	10.90	8.47	12.43
15	1:1	3.33	2.40	2.67
15	1:5	0.79	0.76	0.84
15	1:10	0.54	0.69	0.57
40	1:0	6.84	7.68	6.79
40	1:1	1.72	1.55	1.82
40	1:5	0.68	0.83	0.89
40	1:10	0.58	1.13	1.28
100	1:0	6.61	6.66	7.43
100	1:1	1.25	1.46	1.49
100	1:5	1.17	1.27	1.16
100	1:10	0.93	0.67	0.80

이때 전달비율이 1:0인 조건은 대조군이며, 실험 후 이러한 대조군에서 높은 수준의 흡착은 주로 trifluralin의 휘발성 때문이라는 것이 발견되었다. 자료에서 대조군을 제거하시오.
a. 분산분석표를 작성하고, *P*-값의 범위를 구하시오.
b. 가산모형은 타당한가? 검정통계량의 값과 *P*-값을 구하시오.
c. 상호작용도를 작성하시오. 그래프가 상호작용이 존재하는 정도를 어떻게 나타내는지 설명하시오.

7. 세 명의 사람이 여러 개의 실리콘 웨이퍼 무게를 두 번 측정하였다. 다음 표는 세 개의 웨이퍼에 대한 결과이다. 모든 웨이퍼는 54 g에 가까운 무게를 가지고 있어서 무게는 54 g 이상의 μg 단위로 기록되었다.

웨이퍼	측정자 1		측정자 2		측정자 3	
1	11	15	10	6	14	10
2	210	208	205	201	208	207
3	111	113	102	105	108	111

a. 분산분석표를 작성하고, *P*-값의 범위를 구하시오.
b. 분산분석표에서 측정자에 따라 결과 차이가 있는지 알 수 있는가? 그렇다면 검정통계량의 값과 *P*-값을 구하시오. 만약 그렇지 않다면 그 이유를 설명하시오.

8 "Cellulose Acetate Microspheres Prepared by O/W Emulsification and Solvent Evaporation Method" (K. Soppinmath et al., *Journal of Microencapsulation*, 2001: 811817)에서는 이부프로펜을 포함하는 마이크로 크기의 캡슐을 생산하는 과정에서 폴리비닐알코올(PVAL)과 디클로로메탄(DCM)이 미치는 영향에 대해 설명하고 있다. PVAL의 농도는 세 가지이며(% w/v 단위로 측정) DCM 부피도 세 가지이다(mL).

PVAL	DCM = 50			DCM = 40			DCM = 30		
0.5	98.983	99.268	95.149	96.810	94.572	86.718	75.288	74.949	72.363
1.0	89.827	94.136	96.537	82.352	79.156	80.891	76.625	76.941	72.635
2.0	95.095	95.153	92.353	86.153	91.653	87.994	80.059	79.200	77.141

a. 분산분석표를 작성하고, *P*-값의 범위를 구하시오.
b. PVAL의 농도, DCM의 부피, 캡슐생산 효율성의 관계에 대해 설명하시오.

9.4 완전확률화 블록설계

어떤 실험들에서는 실험자의 관심 대상이 아닌 효과가 반응값에 영향을 미치는 인자가 되는 경우가 있다. 예를 들어, 실험을 하루 만에 끝내는 것이 불가능하여서 관측이 수일에 걸쳐서 진행될 수도 있다. 만약 결과에 영향을 주는 조건들이 날마다 변한다면, 실험일은 결과에 미치는 영향에 관심이 없을지라도 하나의 인자가 된다.

좀 더 자세한 예를 살펴보자. 세 가지의 비료가 오렌지 과수원의 수확에 어떠한 영향을 미치는지 평가한다고 가정하자. 각 비료마다 반복횟수는 3이고 총 9개의 관측값이 있다. 면적은 3행, 3열의 9개 면적으로 나눴다. 이제 행마다 다른 양의 물을 공급받는다고 하였을 때, 물의 양은 실험자가 물이 수확에 미치는 영향에 관심이 없더라도 실험의 새로운 인자가 된다. 만약 물 인자를 무시한다면, 비료만을 인자로 하는 1-요인실험이 되고 비료들은 세 종류로 나뉜다. 완전확률화실험에서 각각의 처리들은 랜덤으로 배치된다. 그림 9.11은 가능한 두 가지의 배열을 나타낸다. 왼쪽 배열에서는 비료 A가 다른 비료들보다 많은 물을 공급받고, 오른쪽 배열에서는 C가 가장 많이 공급받는다. 만약 한 인자에 대한 처리들이 완전히 랜덤으로 배치되는 것은 다른 인자의 수준에 고르게 배치되지 못할 것이다.

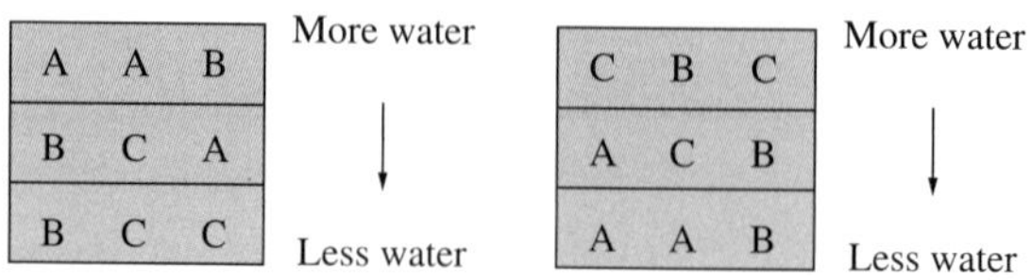

그림 9.11 세 가지 비료 A, B, C의 두 가지 가능한 배열. 물의 양은 비료에 따라 다를 수 있다.

만약 물의 양이 결과에 거의 영향을 미치지 않는다면, 완전확률화 1-요인설계가 적당하다. 결과에 영향을 미치지 않는 인자에 대해서는 걱정할 이유가 없다. 하지만 물의 수준이 결과에 큰 영향을 미친다고 가정해보자. 그림 9.11은 처리의 추정 효과들이 물의 수준이 다름으로 인해서 한쪽으로 치우치거나 기준을 벗어나 버릴 수 있다는 것을 보여준다. 처리의 배치에 따라서 추정값이 다르게 되며, 만약 실험을 몇 번 더 하게 된다면 추정값은 실험을 반복할 때마다 변하게 된다. 이러한 이유로 완전확률화 1-요인설계는 큰 표준편차를 갖는 추정된 효과를 만든다.

이러한 실험에서는 물을 두 번째 인자로 갖는 2-요인설계가 더 좋다. 물에 대한 영향에는 관심이 없으므로 여기서 물을 **블록인자(blocking factor)**라고 한다. 이 2-요인실험에는 세 가지 토양의 처리수준과 세 가지 물 블록수준, 즉 9개의 처리와 블록 간의 조합이 있다. 9개의 실험요소는 토양과 물의 조합에 겹치지 않게 배치한다. 그림 9.12에 가능한 두 가지 배치를 나타냈다.

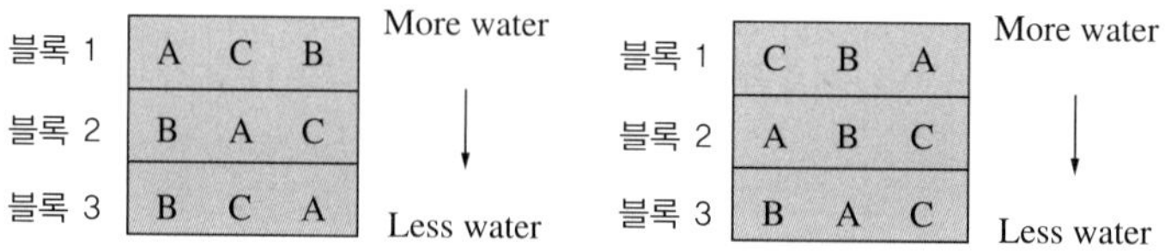

그림 9.12 세 가지 비료 A, B, C의 두 가지 가능한 배열. 각 비료가 각 물(블록)에 한 번씩 나타나야 하며, 물의 배급은 각 비료마다 같다.

2-요인설계에서 각 블록에서 각 처리가 동일하게 한 번씩 나타난다. 따라서 블록인자의 효과는 처리인자의 효과를 추정하는 데 있어서 확률변동으로 취급되지 않는다. 각 처리는 각 블록에서 동일하게 나타나기 때문에 처리의 배치에 있어서의 확률화는 어떤 블록에서 어떤 처리가 나타나는지 순서를 정하는 것이다. 이것은 완전확률화설계가 아니고 처리가 **블록 내에서 확률화(randomized within blocks)**되는 확률화설계이다. 또 처리와 블록 간의 모든 가능한 조합이 실험에 포함되어 있으므로 이 설계를 **완전하다(complete)**고 한다. 이러한 이유에서 이 설계를 **완전확률화 블록설계(randomized complete block design)**라고 한다.

완전확률화설계는 여러 개의 처리인자와 여러 개의 블록인자로 구성된다. 하지만 이 책에서는 하나의 처리인자와 하나의 블록인자를 가지는 경우만 다루겠다. 완전확률화설계의 자료는 이원분산분석법으로 분석하는 데 한 가지 중요한 고려사항이 있다. 실험자가 관심 있는 효과는 처리인자에 대한 주효과이다. 주효과를 해석하기 위해서 처리인자와 블록인자 사이에 상호작용이 없다고 생각한다.

예제 9.10

오렌지 과수원에서 세 가지 토양이 수확에 어떤 영향을 미치는지에 관한 연구가 있다. 9개의 땅이 사용되었고, 3개의 블록으로 나누어졌으며, 각 토양이 각 블록에 나타나는 완전확률화 블록설계가 사용되었다. 수확량과 이원분산분석표는 다음과 같다. 이때 평균수확량이 토양에 따라서 다르다고 할 수 있는가? 토양과 블록인자 사이의 상호작용에 대해 어떤 가정이 있는가? 계산된 오차제곱합은 얼마인가?

토양	구역1	구역2	구역3
A	430	542	287
B	367	463	253
C	320	421	207

```
Two-way ANOVA: Yield versus Block, Fertilizer

Source      DF       SS        MS      F       P
Fertilizer   2  16213.6  8106.778  49.75   0.001
Block        2  77046.9  38523.44  236.4   0.000
Error        4  651.778  162.9444
Total        8  93912.2
```

풀이

토양인자에 대한 P-값은 0.001이기 때문에 토양이 수확량에 영향을 미친다고 할 수 있다. 토양과 블록인자 사이에 상호작용이 없다고 가정하여 토양의 주효과를 해석할 수 있다. 각 처리와 블록 간의 조합에 하나의 관측값만 있기 때문에($K=1$) 출력물의 오차제곱합(SSE)은 상호작용제곱합(SSAB)이고, 오차평균제곱(MSE)은 MSAB이다.

예제 9.10의 분산분석표를 살펴보면 블록이 토양의 효과를 찾아내기 위해 필요하다는 것을 알 수 있다. 이 실험을 1-요인실험으로 생각해 보자. 오차제곱합(SSE)은 블록설계의 오차제곱합과 블록들의 제곱합의 합이 된다($651.778 + 77,046.9 = 77,698.7$). 오차에 대한 자유도 역시 블록설계 오차의 자유도와 블록 자유도의 합이다($2 + 4 = 6$). 따라서 오차평균제곱(MSE)은 162.9444가 아닌 $77,698.7/6 \approx 12,950$이 된다. 토양의 효과에 관한 F 통계량은 1보다 작아서 효과를 알아낼 수 없다.

블록설계를 사용하면 오차의 자유도를 줄여서 효과를 쉽게 찾을 수 있다. 블록인자가 결과값에 아주 약간의 영향을 미치더라도 오차제곱합을 줄임으로써 블록인자가 유용해질 수 있다. 이러한 이유에서 블록인자가 결과에 영향을 미칠지도 모르는 경우에는 언제나 블록설계를 하는 것이 좋다.

요약

- 2-요인 완전확률화 블록설계는 관심의 대상인 인자(처리인자)와 관심의 대상이 아닌 인자(블록인자)가 완전히 균형적인 2-요인설계이다.
- 완전확률화 블록설계의 목적은 처리인자의 주효과를 추정하는 것이므로 처리인자와 블록인자 사이에 상호작용이 없어야 한다.
- 효과를 추정하고 처리인자의 주효과에 대한 가설검정을 할 때 이원분산분석법을 사용한다.
- 완전확률화 블록설계는 완전확률화설계와 비교하여 블록인자가 결과에 큰 영향을 미칠 때 큰 장점을 가지고 있으며, 블록인자가 결과에 영향을 미치지 않을 때는 상대적으로 작은 단점이 있다. 따라서 불확실한 경우에는 블록설계를 사용한다.

예제 9.11

금속으로 된 항공기 부품에 뚫린 구멍의 품질에 관한 연구가 있다. 구멍의 품질의 중요한 척도는 드릴 날의 직경과 구멍 직경의 차이인 '초과 직경'인데, 이 초과 직경은 작을수록 좋다. 드릴의 회전속도가 초과 직경에 미치는 영향에 관심이 있다고 가정해보자. 6개의 실험판에 3가지 속도(6,000, 10,000, 15,000 rpm)로 구멍을 뚫을 때 초과 직경은 회전속도뿐만 아니라 실험판의 물리적 성분에 의해서도 영향을 받을 것이다. 이 실험에 적절한 설계는 무엇인지 구하시오.

풀이

드릴의 회전속도를 처리인자, 실험판을 블록인자로 하는 완전확률화 블록설계가 적당하다. 6개의 관측값이 각 블록에 만들어지기 때문에 각 드릴 회전속도가 블록당 두 번씩 나타난다. 블록 내의 회전속도의 순서는 무작위로 선택되어야 한다.

예제 9.12

예제 9.11에 제안된 설계가 채택되어 실험이 진행되었고, 그 결과가 다음과 같다. 결과가 가정에 대한 위반사항을 나타내는가? 초과 직경에 대한 드릴의 회전속도를 어떻게 결론지을 수 있는가?

```
Two-way ANOVA: Excess Diameter versus Block, Speed

Source       DF       SS          MS     F      P
Block         5  0.20156   0.0403117  1.08  0.404
Speed         2  0.07835   0.0391750  1.05  0.370
Interaction  10  0.16272   0.0162717  0.44  0.909
Error        18  0.67105   0.0372806
Total        35  1.11368

S = 0.1931   R-Sq = 39.74%   R-Sq(adj) = 0.00%
```

풀이

완전확률화 블록설계에서 처리인자의 주효과를 해석하기 위해서는 처리인자와 블록인자 사이의 상호작용이 없어야 한다. 상호작용에 대한 P-값은 0.909이므로 상호작용은 없다고 할 수 있다. 따라서 결과에는 가정에 대한 위반사항이 없다. 회전속도의 주효과에 대한 P-값은 0.370으로 작지 않다. 따라서 구멍 직경이 드릴의 회전속도에 영향을 받는다고 볼 수 없다.

9.5 연습문제

1. 신문지의 재활용은 쓰레기를 줄이는 데 중요하다. "The Influence of Newspaper Aging on Optical Properties of Its De-inked Pulp" (M. Rahmaninia, A. Latibari, et al., Turkish Journal of Engineering and Environmental Sciences, 2008:35–39)에서는 신문지의 인쇄 시기가 재활용지의 밝기(%)에 미치는 영향을 결정하기 위한 결과를 설명하고 있다. 네 가지 노화 기간을 고려했으며, 용지를 탈착하는 데 사용되는 수산화나트륨(NaOH)의 다섯 가지 농도도 고려되었다. 이때 수산화나트륨 농도의 영향은 중요하지 않으며, 결과는 다음과 같다.

	NaOh 농도				
노화 기간(달)	0%	0.5%	1%	1.5%	2%
0	54.6	54.3	55.5	56.3	56.6
4	45.6	44.1	43.7	45.6	47.1
8	46.1	45.9	46.4	45.0	47.9
12	44.0	44.1	45.2	43.7	46.5

a. 처리인자와 블록인자를 구분하시오.
b. 분산분석표를 작성하고, P-값의 범위를 구하시오.
c. 재활용지의 밝기가 인쇄 시기에 따라 다르다는 결론을 내릴 수 있는가? 그 이유를 설명하시오.

2. 세 개의 방에서 각각 네 개의 조명방법이 사용되었다. 각 방과 각 방법마다, 각각 다른 때에 3번에 걸쳐 조명도(lux)를 측정하였으며, 이를 3회 반복하였다. 유일한 관심사는 영향은 조명방법의 종류이고 각 방은 블록인자이다. 제곱합은 다음과 같다. 블록제곱합 = 11432, 처리제곱합 = 9943, 상호작용제곱합 = 6135, 총제곱합 = 51376.

a. 분산분석표를 작성하고, P-값의 범위를 구하시오.
b. 완전확률화 블록설계의 가정들은 충족되었는가? 그 이유를 설명하시오.
c. 분산분석표는 조명방법의 종류가 조명도에 영향을 준다는 증거를 제공하는가? 그 이유를 설명하시오.

3. "GenotypeEnvironment Interactions and Phenotypic Stability Analyses of Linseed in Ethiopia" (W. Adguna and M. Labuschagne, *Plant Breeding*, 2002:66–71)에서는 열 가지 종류의 종자를 비교한 연구에 대해 설명하고 있다. 각 종자는 여섯 군데의 서로 다른 토양에서 키워졌으며, 산출량(kg/ha)은 다음과 같다.

종자	토양					
	1	2	3	4	5	6
A	2032	1377	1343	1366	1276	1209
B	1815	1126	1338	1188	1566	1454
C	1739	1311	1340	1250	1473	1617
D	1812	1313	1044	1245	1090	1280
E	1781	1271	1308	1220	1371	1361
F	1703	1089	1256	1385	1079	1318
G	1476	1333	1162	1363	1056	1096
H	1745	1308	1190	1269	1251	1325
I	1679	1216	1326	1271	1506	1368
J	1903	1382	1373	1609	1396	1366

a. 분산분석표를 작성하고, P-값의 범위를 구하시오.
b. 각 종자가 다른 평균산출량을 가지고 있다고 결론지을 수 있는지 판단하시오.

4. 다섯 종류의 전기 모터의 수명에 대한 연구를 계획하고자 한다. 첫 질문은 다섯 종류 모터의 평균 수명에 차이가 있냐는 것이다. 각 종류당 4개, 총 20개의 모터가 있다. 하루에 최대 5개의 모터를 실험할 수 있다. 단, 매일 주변의 기온이 달라지지만 모터의 수명에 영향을 주지는 않는다.

a. 하루에 테스트할 다섯 개의 모터를 어떻게 결정할지 설명하시오. 완전확률화설계를 사용하겠는가? 아니면 임의추출을 사용할 것인가?
b. 만약 X_{ij}가 모터 i종류의 j일에 측정된 모터의 수명이라면, X_{ij} 값이 같다는 귀무가설을 검정하기 위한 검정통계량은 무엇인지 구하시오.

9.5 2^p-요인실험

실험자가 여러 개의 인자를 동시에 연구할 때 다른 처리의 수가 과도하게 커질 수 있다. 이때 각 인자들이 두 개의 수준만을 가지는 예비 실험이 이루어지는데, 하나는 **고수준(high level)**, 다른 하나는 **저수준(low level)**이라고 한다. 만약 p개의 인자가 있으면 2^p개의 서로 다른 처리가 존재하게 된다. 이러한 실험을 **2^p-요인실험(2^p factorial experiments)**이라 한다. 보통 2^p-요인실험의 목적은 어떤 인자가 결과에 중요한 영향을 미치는지 결정하는 것이고, 이를 바탕으로 보다 정교한 실험을 수행하는 것이다. 예로서, 2^3-요인실험에 대해 알아보도록 하자.

2^3-요인실험에서 기호

2^3-요인실험에는 세 개의 인자와 $2^3=8$개의 처리가 있다. 인자의 **주효과**는 인자가 고수준에 있을 때의 평균반응과 인자가 저수준에 있을 때의 평균반응의 차이로 정의된다. 일반적으로 주효과는 보통 A, B, C로 나타낸다. 다른 요인실험에서처럼 인자 간의 상호작용이 존재할 수 있으며, 인자가 3개이면 AB, AC, BC, ABC와 같이 4개의 상호작용이 존재한다. 처리는 전통적으로 한 인자가 고수준이라는 것을 나타내는 소문자로 표기된다. 예를 들어, ab는 처음 두 인자 A, B가 고수준에 있고 C가 저 수준에 있는 처리를 나타낸다. 1은 모든 인자가 저수준에 있는 처리를 나타낸다.

2^3-요인실험의 추정효과

2^3-요인실험에서 각 처리에 대해 반복수 K가 있다고 가정하자. 각 처리마다 칸평균은 각 처리에서 K 관측값의 평균이다. 효과추정값을 구하는 식은 표 9.7의 2^3-**부호표(sign table)**를 통해 쉽게 확인할 수 있다. 표에서 부호는 다음과 같이 배치된다. 주효과 A, B, C에서 인자가 고수준에 있는 처리는 '+', 저수준에 있는 처리는 '−'로 표시한다. 주효과 A에서 처리 a, ab, ac, abc에서는 '+', 나머지 처리에서는 '−'가 된다. 상호작용에서는 주효과의 부호를 곱하여 정한다. 예를 들어, 상호작용 AB의 부호는 A의 부호와 B의 부호를, 상호작용 ABC의 부호는 A, B, C의 부호를 곱한다.

주효과와 상호작용의 추정은 부호표를 통해 이루어진다. 이제 인자 A의 주효과를 어떻게 추정하는지 알아보자. 인자 A는 표의 +부호에서 고수준이다. 각 칸평균 $\overline{X}_a$, $\overline{X}_{ab}$, $\overline{X}_{ac}$, $\overline{X}_{abc}$는 고수준의 인자 A로 만들어지는 평균반응이다. 인자 A가 고수준에 있을 때 평균반응은 이 칸평균의 평균으로 구한다.

$$\text{고수준 A의 추정된 평균반응} = \frac{1}{4}(\overline{X}_a + \overline{X}_{ab} + \overline{X}_{ac} + \overline{X}_{abc})$$

A에 대해서 −부호를 가지는 항은 인자 A가 저수준일 때의 처리를 나타낸다.

표 9.7 2^3-요인실험의 부호표

처리	칸평균	A	B	C	AB	AC	BC	ABC
1	$\overline{X}_1$	−	−	−	+	+	+	−
a	$\overline{X}_a$	+	−	−	−	−	+	+
b	$\overline{X}_b$	−	+	−	−	+	−	+
ab	$\overline{X}_{ab}$	+	+	−	+	−	−	−
c	$\overline{X}_c$	−	−	+	+	−	−	+
ac	$\overline{X}_{ac}$	+	−	+	−	+	−	−
bc	$\overline{X}_{bc}$	−	+	+	−	−	+	−
abc	$\overline{X}_{abc}$	+	+	+	+	+	+	+

$$\text{저수준 A의 추정된 평균반응} = \frac{1}{4}(\overline{X}_1 + \overline{X}_b + \overline{X}_c + \overline{X}_{bc})$$

인자 A의 주효과의 추정값은 고수준과 저수준의 추정된 평균반응의 차이다.

$$\text{A 효과추정값} = \frac{1}{4}(-\overline{X}_1 + \overline{X}_a - \overline{X}_b + \overline{X}_{ab} - \overline{X}_c + \overline{X}_{ac} - \overline{X}_{bc} + \overline{X}_{abc})$$

괄호 안의 양을 인자 A의 **대비(contrast)**라고 한다. 이는 부호표에서 부호를 사용하여 칸평균을 더하거나 빼서 계산한다. +부호와 −부호의 수가 같으므로 계수의 합은 0이 된다. 효과추정값은 대비를 처리수의 절반으로 나누어서 구한다. 즉, 2^3의 절반인 4로 나눈다. 다른 주효과와 상호작용을 추정하는 것도 같은 방법으로 계산한다. 다음은 주효과 C와 상호작용 AB에 관한 효과추정값이다.

$$C \text{ 효과추정값} = \frac{1}{4}(-\overline{X}_1 - \overline{X}_a - \overline{X}_b - \overline{X}_{ab} + \overline{X}_c + \overline{X}_{ac} + \overline{X}_{bc} + \overline{X}_{abc})$$

$$AB \text{ 상호작용추정값} = \frac{1}{4}(\overline{X}_1 - \overline{X}_a - \overline{X}_b + \overline{X}_{ab} + \overline{X}_c - \overline{X}_{ac} - \overline{X}_{bc} + \overline{X}_{abc})$$

요약

주효과와 상호작용의 대비는 부호표에서 부호를 사용하여 칸평균들을 더하거나 빼서 얻을 수 있다. 2^3-요인실험에서는 다음과 같다.

$$\text{효과추정값} = \frac{\text{대비}}{4} \tag{9.42}$$

예제 9.13

콘크리트의 압축강도에서 세 가지 인자의 효과를 추정하기 위해 2^3-요인실험이 실행되었다. A 인자: 모래의 종류(가는 모래, 굵은 모래), B 인자: 콘크리트의 종류(표준형, 신형), C 인자: 물의 양(적다, 많다)이며, 각 처리마다 3개의 반복수를 가진다. 다음 표는 MPa 단위로 측정된 콘크리트의 압축강도이다. 모든 효과와 상호작용을 추정하시오.

처리	압축강도(MPa)			칸평균
1	16.157	18.777	21.351	18.7617
a	18.982	14.843	18.154	17.3263
b	18.760	20.661	20.409	19.9433
ab	23.459	29.009	23.051	25.1730
c	24.209	15.112	15.833	18.3847
ac	17.427	18.606	19.143	18.3920
bc	14.571	18.383	19.120	17.3580
abc	30.510	21.710	30.745	27.6550

풀이

부호표(표 9.7)를 참조하여 적절한 칸평균의 합과 차를 찾아낸다. 주효과 A, 상호작용 BC, 상호작용 ABC에 대한 계산과정은 다음과 같다.

$$A \text{ 효과추정값} = \frac{1}{4}(-18.7617 + 17.3263 - 19.9433 + 25.1730 - 18.3846 + 18.3920 - 17.3580 + 27.6550) = 3.5247$$

$$BC \text{ 상호작용추정값} = \frac{1}{4}(18.7617 + 17.3263 - 19.9433 - 25.1730 - 18.3846 - 18.3920 + 17.3580 + 27.6550) = -0.1980$$

$$ABC \text{ 상호작용추정값} = \frac{1}{4}(-18.7617 + 17.3263 + 19.9433 - 25.1730 + 18.3846 - 18.3920 - 17.3580 + 27.6550) = 0.9062$$

다음 표에 추정된 모든 효과를 나타내었다.

A	3.525	*AB*	4.239
B	4.316	*AC*	1.628
C	0.146	*BC*	−0.198
		ABC	0.906

각 효과에서 효과가 0이라는 귀무가설을 검정할 수 있고, 귀무가설이 기각된다면 인자가 실제로 결과에 영향을 미치는 증거가 된다. 귀무가설을 검정하기 위해서 제곱합을 포함하는 분산분석표를 만든다. 이때 검정이 유효하려면 각 처리에서 반복수가 같고 2 이상이어야 한다. 또한 각 처리에서 관측값은 정규모집단에서 추출된 확률표본이어야 하며, 모집단들은 같은 분산을 가져야 한다.

오차제곱합(SSE)은 모든 처리에 대해 표본평균과의 제곱편차의 합을 더해서 구한다. s_1^2, ⋯, s_8^2를 8개의 처리에서 관측값의 표본분산이라 하고 K를 처리의 반복수라고 하면,

$$\text{SSE} = (K-1)\sum_{i=1}^{8} s_i^2 \tag{9.43}$$

주효과와 상호작용은 제곱합을 가지는데 이를 계산하기는 쉽다. 효과와 상호작용의 제곱합은 대비를 제곱하여 반복수 K를 곱하고 모든 처리의 수(2^3)를 나눠서 계산한다.

$$\text{효과의 제곱합} = \frac{K(\text{대비})^2}{8} \tag{9.44}$$

효과와 상호작용의 제곱합의 자유도는 1이고, 오차제곱합의 자유도는 $8(K-1)$이다. 평균제곱과 F 통계량을 계산하는 방법은 이원분산분석표에서 설명한 방법과 동일하다(9.3절 참조). 각 평균제곱은 각 제곱합에 자유도를 나눈 것과 같다. '효과나 상호작용은 0'의 귀무가설을 검정하기 위한 검정통계량은 평균제곱에서 평균제곱오차를 나눠서 계산하며, 귀무가설이 참이라면 검정통계량은 $F_{1,8(K-1)}$분포를 따른다.

예제 9.14

예제 9.13의 자료에 대한 분산분석표를 작성하시오. 각 효과와 상호작용이 0인 귀무가설을 검정하시오. 어느 인자가 결과에 가장 큰 영향을 미치는가?

풀이

분산분석표는 다음과 같다. 효과와 상호작용의 제곱합은 식 (9.44)를 이용하여 계산하고, 오차제곱합은

식 (9.43)을 이용하여 계산한다. 각 F 통계량은 평균제곱과 평균제곱오차의 몫이며, F 통계량은 1과 16의 자유도를 가진다.

	효과	DF	제곱합	평균제곱	F	P
A	3.525	1	74.540	74.540	7.227	0.016
B	4.316	1	111.776	111.776	10.838	0.005
C	0.146	1	0.128	0.128	0.012	0.913
AB	4.239	1	107.798	107.798	10.452	0.005
AC	1.628	1	15.893	15.893	1.541	0.232
BC	−0.198	1	0.235	0.235	0.023	0.882
ABC	0.906	1	4.927	4.927	0.478	0.499
오차		16	165.020	10.314		
합계		23	480.316			

인자 A, B의 주효과와 AB의 상호작용은 작은 P-값을 가진다. 따라서 이 효과는 0이 아니며, 인자 A와 B는 결과에 영향을 미친다는 것을 알 수 있다.

인자 C의 주효과와 상호작용이 0이 아니라는 증거는 없다. 더 나아가 실험이 인자 A와 B를 중심으로 진행될 것이고, 그 효과에 대한 자세한 정보를 얻기 위해 이원분산분석을 수행할 수 있다.

컴퓨터를 이용한 결과값의 해석

요인설계의 분석은 대부분 컴퓨터를 통해 이루어진다. 다음 컴퓨터 프로그램의 출력물은 예제 9.13, 9.14에 대한 분석을 나타낸다.

```
Factorial Fit: Yield versus A, B, C

Estimated Effects and Coefficients for Yield (coded units)

Term       Effect      Coef  SE Coef      T      P
Constant            20.3742   0.6555  31.08  0.000
A          3.5247    1.7623   0.6555   2.69  0.016
B          4.3162    2.1581   0.6555   3.29  0.005
C          0.1463    0.0732   0.6555   0.11  0.913
A*B        4.2387    2.1193   0.6555   3.23  0.005
A*C        1.6275    0.8138   0.6555   1.24  0.232
B*C       -0.1980   -0.0990   0.6555  -0.15  0.882
A*B*C      0.9062    0.4531   0.6555   0.69  0.499


S = 3.2115    R-Sq = 65.64%   R-Sq(adj) = 50.61%


Analysis of Variance for Yield (coded units)

Source              DF    Seq SS    Adj SS   Adj MS     F      P
Main Effects         3  186.4439  186.4439  62.1480  6.03  0.006
2-Way Interactions   3  123.9255  123.9255  41.3085  4.01  0.026
3-Way Interactions   1    4.9268    4.9268   4.9268  0.48  0.499
Residual Error      16  165.0201  165.0201  10.3138
  Pure Error        16  165.0201  165.0201  10.3138
Total               23  480.3164
```

표의 가장 윗부분은 효과추정값과 계수를 나타내며, 'coded units'은 실제값이 아니라 각 인자의 고수준과 저수준을 나타내는 데 사용되는 1과 −1값을 의미한다. Effects 항은 효과추정값을 나타내고, 그 다음 열은 추정된 **계수(coefficients)**가 있으며 각 효과의 1/2값이 들어간다. 효과가 인자의 고수준과 저수준 간의 평균반응 차이를 나타내는 반면, 계수는 고수준의 평균반응과 총평균반응의 차이를 나타낸다. Constant 항은 모든 관측값의 평균, 즉 표본총평균이다. 모든 계수추정값은 SE Coef 항에 표시된 같은 표준편차를 가진다.

프로그램에서는 효과가 0이라는 가설의 검정을 위해 F 통계량보다 Student's t 통계량을 사용한다. T 항은 계수추정값(Coef)과 표준편차(SE Coef)의 몫인 Student's t 통계량을 나타낸다. 귀무가설의 검정에서 t 통계량은 자유도 $8(K-1)$인 Student's t 분포를 따른다. P 항에는 P-값을 나타난다. 프로그램에서 수행된 t 검정은 예제 9.14의 F 검정과 비슷하다. $t_{8(K-1)}$ 통계량은 $F_{1,8(K-1)}$ 통계량의 제곱근에 효과추정값의 부호를 적용하여 계산할 수 있다. P-값은 같다.

다음으로 분산분석표를 살펴보자. 먼저 DF 항은 자유도를 나타낸다. Seq SS 항과 Adj SS 항은 앞으로 다루게 될 모든 예제에서 같은 값을 가질 것이고 제곱합을 나타낸다. Adj MS 항은 평균제곱 또는 제곱합을 자유도로 나눈 값을 나타낸다. 이제 오차에 대한 행을 살펴보자. Pure Error는 오차제곱합(SSE)에 관한 항이고, 순수오차는 자유도 $8(K-1)=16$을 갖는다(식 9.43). 자유도 옆의 두 열은 순수오차의 제곱합인 오차제곱합(SSE)이고, Adj MS 항은 평균오차제곱이다. 순수오차 위에 있는 행 Residual Error는 잔차오차를 나타낸다. 잔차오차의 제곱합은 순수오차의 제곱합과 모형에 포함되지 않는 주효과 또는 상호작용의 제곱합의 합과 같다. 잔차오차제곱합의 자유도는 순수오차제곱합의 자유도와 모형에 포함되지 않는 주효과 또는 상호작용의 자유도의 합과 같다. 이 예제에서는 모든 주효과와 상호작용이 모형에 포함되지 때문에 잔차오차제곱합과 자유도는 각각 순수오차제곱합과 자유도에 일치한다. Total 항은 총제곱합(SST)을 나타낸다. 총제곱합과 그 자유도는 모든 효과, 상호작용, 잔차오차에서 같다.

표의 윗부분으로 돌아가서 첫 행인 Main Effects는 주효과를 나타낸다. A, B, C 세 가지의 주효과가 있으므로 주효과의 자유도는 3이다. Seq SS 항은 세 가지의 각 주효과의 제곱합의 합이다. 평균제곱(Adj MS)은 제곱합을 자유도로 나눈 값이며, F 항은 모든 주효과들이 0이라는 귀무가설에 대한 통계량이다. 통계량의 값 6.03은 주효과의 평균제곱(62.1480)과 평균오차제곱(10.3138)의 몫과 같다. 통계량의 자유도는 3, 16으로 두 평균제곱의 자유도와 같다. P 항은 F 검정에 대한 P-값이다. 이 경우에 P-값은 0.006으로 '모든 효과들이 0인 것은 아니다'라는 의미를 가진다.

2-Way Interaction과 3-Way Interaction 항도 Main Effects 항과 같다. 이원상호작용의 P-값은 0.026으로 적어도 몇 개의 상호작용은 0이 아니라는 명백한 증거가 된다. 3원상호작용$(A\times B\times C)$의 P-값은 0.499이다. 가설검정은 모든 관측값이 같은 표준편차를 가진다는 가정하에 이루어진다. S 항은 σ의 추정값으로 평균오차제곱(MSE)의 제곱근과 같다. R−sq, R−sq(adj) 항은 상관계수 R^2이고 일원분산분석에서와 같은 방법으로 계산한다.

2^p-요인실험에서 효과추정

부호표는 2^p-요인실험의 효과추정값을 계산하는 식을 얻기 위해 사용된다. 방법은 2^3-요인실험에서와 동일하다. 주효과의 부호는 인자가 고수준 혹은 저수준이냐에 따라 +, −를 나타낸다. 상호작용들의 부호는 상호작용하는 인자들의 부호의 곱으로 알 수 있다. 효과나 상호작용의 추정은 알맞은 부호를 이용하여 칸평균을 더하거나 빼서 대비를 구하고, 이를 통해 추정할 수 있다. 그다음 대비를 모든 처리의 수의 반으로 나누거나 2^{p-1}로 나누어 효과추정값을 구한다.

요약

2^p-요인실험에서 효과추정값은 다음과 같다.

$$\text{효과추정값} = \frac{\text{대비}}{2^{p-1}} \tag{9.45}$$

표 9.8에는 2^5-요인실험에 대한 부호표가 있다. 제곱합은 2^3-요인실험과 유사한 방법으로 구한다. 오차제곱합(SSE)을 구하기 위해 $s_1, \cdots, s_{2p}$를 각 2^p 처리에서 관측값의 표본분산이라고 하자.

$$\text{SSE} = (K-1)\sum_{i=1}^{2^p} s_i^2$$

표 9.8 2^5-요인실험의 부호표

처리	A	B	C	D	E	AB	CDE	ABDE	ABCDE
1	−	−	−	−	−	+	−	+	−
a	+	−	−	−	−	−	−	−	+
b	−	+	−	−	−	−	−	−	+
ab	+	+	−	−	−	+	−	+	−
c	−	−	+	−	−	+	+	+	+
ac	+	−	+	−	−	−	+	−	−
bc	−	+	+	−	−	−	+	−	−
abc	+	+	+	−	−	+	+	+	+
d	−	−	−	+	−	+	+	−	+
ad	+	−	−	+	−	−	+	+	−
bd	−	+	−	+	−	−	+	+	−
abd	+	+	−	+	−	+	+	−	+
cd	−	−	+	+	−	+	−	−	−
acd	+	−	+	+	−	−	−	+	+
bcd	−	+	+	+	−	−	−	+	+
abcd	+	+	+	+	−	+	−	−	−
e	−	−	−	−	+	+	+	−	+
ae	+	−	−	−	+	−	+	+	−
be	−	+	−	−	+	−	+	+	−
abe	+	+	−	−	+	+	+	−	+
ce	−	−	+	−	+	+	−	−	−
ace	+	−	+	−	+	−	−	+	+
bce	−	+	+	−	+	−	−	+	+
abce	+	+	+	−	+	+	−	−	−
de	−	−	−	+	+	+	−	+	−
ade	+	−	−	+	+	−	−	−	+
bde	−	+	−	+	+	−	−	−	+
abde	+	+	−	+	+	+	−	+	−
cde	−	−	+	+	+	+	+	+	+
acde	+	−	+	+	+	−	+	−	−
bcde	−	+	+	+	+	−	+	−	−
abcde	+	+	+	+	+	+	+	+	+

K가 각 처리의 반복수일 때 오차의 자유도는 $2^p(K-1)$이다. 각 효과와 상호작용의 제곱합은 $\frac{K(\text{대비})^2}{2^p}$이고, 자유도는 1이다.

$$\text{효과의 제곱합} = \frac{K(\text{대비})^2}{2^p} \tag{9.46}$$

주효과들과 상호작용들에 대한 통계량은 효과의 오차제곱합을 평균오차제곱으로 나누어 구한다. 이 F 통계량의 분포는 $F_{1,2^p(K-1)}$이다.

반복이 없는 요인실험

인자의 수 p가 크다면 각 처리에 한 개 이상의 반복을 하는 것은 바람직하지 않다. 이 경우 SSE를 구할 수 없고 가설검정을 수행할 수 없다. 만약 고차 상호작용을 0으로 가정할 수 있다면, 그 상호작용의 제곱합을 더해 하나의 오차제곱합으로 생각할 수 있고, 주효과와 나머지 상호작용의 검정을 할 수 있다.

예제 9.15

백열등의 품질에 영향을 미치는 5가지 인자의 효과를 측정하기 위해 2^5-요인실험을 실행하였다. 각 처리의 반복수는 1이다. 각 인자는 다음과 같다. A: 제조공장(1, 2), B: 기계종류(고속, 저속), C: 작업시간(낮, 저녁), D: 전류도입선(표준형, 신형), E: 작업종류(수동, 자동). 결과는 표 9.9와 같으며, 주효과 및 상호작용의 추정치와 제곱합을 구하시오. 3차, 4차, 5차 상호작용은 무시할 수 있고, 제곱합을 오차제곱합 대신 사용할 수 있다. 주효과와 2차 상호작용에 대한 가설검정을 수행하시오.

풀이

식 (9.46)을 이용하여 효과를 계산할 수 있다. 표 9.10을 살펴보자. 3차, 4차, 5차 상호작용 중에 큰 효과를 보이는 것이 없다(있다면 그 제곱합을 결합할 수 없다). 따라서 고차 상호작용의 제곱합을 더한다. 그 결과가 다음 출력물에 나타나 있다.

표 9.9

처리	결과	처리	결과	처리	결과	처리	결과
1	32.07	d	35.64	e	25.10	de	40.60
a	39.27	ad	35.91	ae	39.25	ade	37.57
b	34.81	bd	47.75	be	37.77	bde	47.22
ab	43.07	abd	51.47	abe	46.69	$abde$	56.87
c	31.55	cd	33.16	ce	32.55	cde	34.51
ac	36.51	acd	35.32	ace	32.56	$acde$	36.67
bc	28.80	bcd	48.26	bce	28.99	$bcde$	45.15
abc	43.05	$abcd$	53.28	$abce$	48.92	$abcde$	48.72

주효과와 2차 상호작용의 추정값은 변하지 않는다. 분산분석표에서 잔차제곱합(175.5)은 모형에서 제거되는 모든 고차 상호작용의 제곱합이다. 자유도(16)는 16개의 고차 상호작용의 자유도를 더한 것이다. 각 처리마다 반복수가 1이기 때문에 순수오차에 대한 오차제곱합(SSE)은 없으며, 잔차제곱합이 오차제곱합을 대신해 사용된다. 출력물을 통해서 인자 A, B, D와 그 상호작용이 결과에 가장 큰 영향을 미친다고 결론지을 수 있다. 따라서 인자 A, B, D에 초점을 맞춘 실험을 계획하는 것이 올바르다.

표 9.10

항	효과	제곱합	항	효과	제곱합
A	6.33	320.05	ABD	−0.29	0.67
B	9.54	727.52	ABE	0.76	4.59
C	−2.07	34.16	ACD	0.11	0.088
D	6.70	358.72	ACE	−0.69	3.75
E	0.58	2.66	ADE	−0.45	1.60
AB	2.84	64.52	BCD	0.76	4.67
AC	0.18	0.27	BCE	−0.82	5.43
AD	−3.39	91.67	BDE	−2.17	37.63
AE	0.60	2.83	CDE	−1.25	12.48
BC	−0.49	1.95	$ABCD$	−2.83	63.96
BD	4.13	136.54	$ABCE$	0.39	1.22
BE	0.65	3.42	$ABDE$	0.22	0.37
CD	−0.18	0.26	$ACDE$	0.18	0.24
CE	−0.81	5.23	$BCDE$	−0.25	0.52
DE	0.24	0.46	$ABCDE$	−1.73	23.80
ABC	1.35	14.47			

```
Factorial Fit: Response versus A, B, C, D, E

Estimated Effects and Coefficients for Response (coded units)

Term        Effect     Coef  SE Coef      T      P
Constant             39.658   0.5854  67.74  0.000
A            6.325    3.163   0.5854   5.40  0.000
B            9.536    4.768   0.5854   8.14  0.000
C           -2.066   -1.033   0.5854  -1.76  0.097
D            6.696    3.348   0.5854   5.72  0.000
E            0.576    0.288   0.5854   0.49  0.629
A*B          2.840    1.420   0.5854   2.43  0.027
A*C          0.183    0.091   0.5854   0.16  0.878
A*D         -3.385   -1.693   0.5854  -2.89  0.011
A*E          0.595    0.298   0.5854   0.51  0.618
B*C         -0.494   -0.247   0.5854  -0.42  0.679
B*D          4.131    2.066   0.5854   3.53  0.003
B*E          0.654    0.327   0.5854   0.56  0.584
C*D         -0.179   -0.089   0.5854  -0.15  0.881
C*E         -0.809   -0.404   0.5854  -0.69  0.500
D*E          0.239    0.119   0.5854   0.20  0.841


S = 3.31179   R-Sq = 90.89%   R-Sq(adj) = 82.34%


Analysis of Variance for Response (coded units)

Source              DF  Seq SS  Adj SS  Adj MS      F      P
Main Effects         5  1443.1  1443.1  288.62  26.31  0.000
2-Way Interactions  10   307.1   307.1   30.71   2.80  0.032
Residual Error      16   175.5   175.5   10.97
Total               31  1925.7
```

큰 효과를 찾아내기 위한 확률도 사용

어떤 효과가 큰지를 결정하는 데 도움을 주는 다른 방법들이 있다. 그중의 하나가 효과와 상호작용의 추정값을 정규확률도에 그려보는 것이다. 어떤 인자도 결과에 영향을 주지 않는다면, 효과와 상호작용 추정값은 정규모집단으로부터의 하나의 확률표본을 형성하여 거의 직선의 형태를 나타낸다. 대부분의 추정값은 선으로 모이고, 몇 개의 점만 떨어져서 분포한다. 여기서 추정값이 선에서 떨어져 분포하는 주효과와 상호작용은 중요할 확률이 높다. 그림 9.13은 예제 9.15의 자료에 대한 주효과와 상호작용 추정값의 정규확률도이다. 이 그림에서 인자 A, B, D와 상호작용 AB, BD가 다른 값과 비교하여 눈에 띄게 큰 것을 알 수 있다.

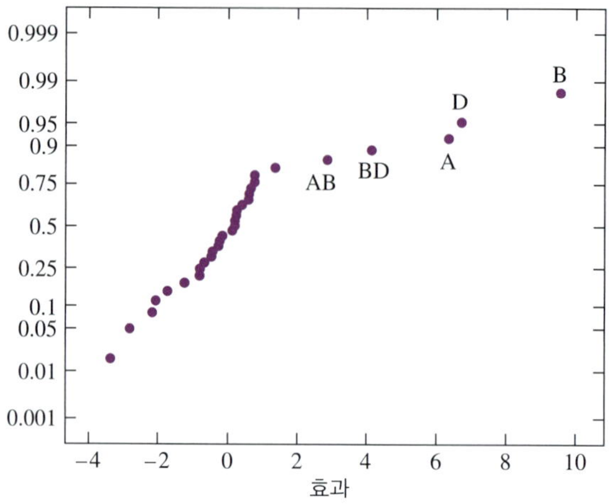

그림 9.13 예제 9.15의 효과추정값의 정규확률도

부분요인실험

인자의 수가 많을 때, 각 처리에 대해 한 번의 반복실험도 수행하지 못할 수도 있다. 이런 상황에서는 그 처리의 일부분만 관측될 수 있으며, 만약 그 처리가 알맞게 선택되었다면 인자에 대한 정보를 얻을 수 있다.

각 인자들의 수준이 두 개일 때, 그 분모는 항상 2의 거듭제곱이어야 한다. 처리의 반만 사용되는 실험을 **half-replicate**라고 부른다. 만약 처리의 1/4만 사용되었다면 **quarter-replicate**라고 부른다. 2^p의 half-replicate는 p개의 인자가 있을 때는 2^{p-1} 처리만 고려된다는 것을 보여주기 위해 보통 2^{p-1}로 표기된다. 비슷하게 quarter-replicate는 2^{p-2}로 표기된다. 여기서는 half-replicate 실험에 중점을 둘 것이다.

다음은 2^5의 half-replicate 실험을 선택하는 방법을 보여준다. 이러한 실험은 2^5인 32를 보아, 16개의 처리가 있을 것이다. 이들을 선택하기 위해서 주효과와 최고차 상호작용의 부호를 보여주는 2^4을 위한 부호표를 만든다. 표 9.11을 살펴보자.

표 9.11은 16개의 처리가 있지만 4개의 인자밖에 없다. 이것을 2^5 설계를 위한 half replicate로 바꾸려면 다섯 번째 인자인 E를 들여와야 한다. 최고차 상호작용을 E로 대체하여 수행할 수 있다. 이로써 E의 주효과의 부호가 확정된다. E의 부호가 +인 각 행에서는 인자 E가 해당 처리에서 고수준으로 결정되는 것을 표시하기 위해 처리에 문자 e를 더한다. 만약 부호가 −라면 인자 E는 저수준으로 결정된다. 그 결과설계를 2^5의 **주부분(principal fraction)**

표 9.11 2^4-요인실험의 주효과와 4가지의 상호작용을 위한 부호표

처리	A	B	C	D	ABCD	처리	A	B	C	D	ABCD
1	−	−	−	−	+	*d*	−	−	−	+	−
a	+	−	−	−	−	*ad*	+	−	−	+	+
b	−	+	−	−	−	*bd*	−	+	−	+	+
ab	+	+	−	−	+	*abd*	+	+	−	+	−
c	−	−	+	−	−	*cd*	−	−	+	+	+
ac	+	−	+	−	+	*acd*	+	−	+	+	−
bc	−	+	+	−	+	*bcd*	−	+	+	+	−
abc	+	+	+	−	−	*abcd*	+	+	+	+	+

이라 한다. 표 9.12는 이 설계의 주효과와 선택된 상호작용의 부호를 보여주고 있다.

오직 처리의 반만 사용하기 위해서는 이 대가를 치러야 한다. 표 9.12에서 *AB* 상호작용은 *CDE* 상호작용과 같은 부호를 가지고 있고, *ACDE* 상호작용은 B에 대한 주효과 부호와 같다. 두 효과가 같은 부호를 가지고 있을 때, 그들은 짝을 이루었다고 한다. 실제로 절반부분의 주효과와 상호작용이 짝을 이루고, 이 2^5 설계의 절반부분을 위한 짝들은 다음과 같다.

{*A*, *BCDE*}	{*B*, *ACDE*}	{*C*, *ABDE*}	{*D*, *ABCE*}	{*E*, *ABCD*}
{*AB*, *CDE*}	{*AC*, *BDE*}	{*AD*, *BCE*}	{*AE*, *BCD*}	{*BC*, *ADE*}
{*BD*, *ACE*}	{*BE*, *ACD*}	{*CD*, *ABE*}	{*CE*, *ABD*}	{*DE*, *ABC*}

두 효과가 짝을 이룰 때, 효과추정값은 두 부호가 같으므로 서로 같다. 주부분이 사용되었을 때, 효과의 추정값은 그 효과와 그것의 짝의 합이다. 그러므로 2^5 설계의 주부분에서 각 주효과추정값은 주효과와 그것의 짝이 된 4가지 상호작용의 합을 나타내며, 각 2차 상호작용추정값은 그 2차 상호작용과 그것과 짝이 된 3차 상호작용의 합을 나타낸다.

표 9.12 2^5-요인실험의 주부분의 주효과와 4가지의 상호작용을 위한 부호표

처리	A	B	C	D	E = ABCD	AB	CDE	ABDE
1	−	−	−	−	+	+	+	−
a	+	−	−	−	−	−	−	−
b	−	+	−	−	−	−	−	+
ab	+	+	−	−	+	+	+	+
c	−	−	+	−	−	+	+	−
ac	+	−	+	−	+	−	−	−
bc	−	+	+	−	+	−	−	+
abc	+	+	+	−	−	+	|	+
d	−	−	−	+	−	+	+	−
ad	+	−	−	+	+	−	−	−
bd	−	+	−	+	+	−	−	+
abd	+	+	−	+	−	+	+	+
cd	−	−	+	+	+	+	+	−
acd	+	−	+	+	−	−	−	−
bcd	−	+	+	+	−	−	−	+
abcd	+	+	+	+	+	+	+	+

많은 경우에 고차 상호작용이 작다고 예측하는 것은 타당하다. 2^5 half-replcate에서는 만약 4차 상호작용이 무시될 수 있을 때, 주효과추정값은 정확할 것이다. 또한 3차 상호작용이 무시될 수 있을 때, 2차 상호작용추정값 역시 정확할 것이다.

반복이 없는 부분설계에서는 오차제곱합을 계산하는 좋은 방법이 없으므로 효과가 0이라는 가설을 증명할 방법도 없다. 대부분의 경우 부분설계의 목표는 결과에 가장 큰 영향을 미치는 몇몇 인자를 확인하는 것이다. 이 정보는 이러한 인자를 조사하기 위해 더 정교한 실험을 설계하는 데 사용될 수 있다. 이 목적을 위해서는 가설검정도 하지 않고 효과와 2차 상호작용이 큰 요인을 선택하는 것으로 충분할 수 있다. 내림차순으로 추정치를 나열하고, 나머지보다 눈에 띄게 큰 수를 확인하면 된다. 다른 방법은 효과와 상호작용측정값을 정규확률도에 표시하는 것이다.

예제 9.16

에멀전 막 시스템에서는 오염물질이 들어있는 액체 매질 안에 에멀전이 분산되어 있다. 오염물질이 그 액체 매질에서 에멀전으로 흘러 들어가면서 제거된다. 추출된 물질의 일부가 외부 액체에 흐르면 내부 상(internal phase) 누출이 일어난다. “Leakage and Swell in Emulsion Liquid Membrane Systems: Batch Experiments” (R. Pfeiffer, W. Navidi, and A. Bunge, *Separation Science and Technology*, 2003: 519–539)에서는 어떤 시스템에 미치는 누출의 영향을 알아내기 위해 다섯 개 요인의 영향을 연구하였다. 다섯 가지 요인은 다음과 같다. *A*: 계면활성제 농도, *B*: 내부 상 수산화리튬 농도, *C*: 막 phase, *D*: 내부 상 부피부분, *E*: 교반속도. 설계의 절반부분이 사용되었다. 자료는 다음과 같다(실제 실험에서 각각 포인트는 두 추정값의 평균을 나타낸다). 누출의 단위는 백분율(%)이다. 3차, 4차, 5차 상호작용은 무시될 수 있다고 가정했을 때, 만약 나머지보다 확연히 큰 것이 있는지 확인하시오.

	누출(%)		누출(%)		누출(%)		누출(%)
e	0.61	*c*	0.35	*d*	2.03	*cde*	1.45
a	0.13	*ace*	0.075	*ade*	0.64	*acd*	0.31
b	2.23	*bce*	7.31	*bde*	11.72	*bcd*	1.33
abe	0.095	*abc*	0.080	*abd*	0.54	*abcde*	6.24

풀이

부호표(표 9.12)를 이용하여 주효과와 두 가지 상호작용을 추정한다.

	효과		효과		효과
A	−2.36	*AB*	−1.54	*BD*	0.86
B	3.00	*AC*	1.43	*BE*	2.65
C	−0.11	*AD*	0.17	*CD*	−1.30
D	1.68	*AE*	−1.15	*CE*	0.61
E	2.64	*BC*	0.20	*DE*	1.32

추정의 제곱합을 계산하지 않은 이유는 그것과 비교할 SSE가 없기 때문이다. 추가 조사에 가장 가치가 있는 효과를 비공식적으로 알아보기 위해서 측정값의 절대값을 나열한다(*B*: 3.00, *BE*: 2.65, *E*: 2.64, *A*: −2.36, *D*: 1.68 등). A와 D 효과에는 큰 차이가 있다고 결론지을 수 있으므로 요인 *A*, *B*, *E*가 가장 중요하다고 판단할 수 있다.

9.5 연습문제

1. 2^4 설계에 대한 주부분(principal fraction)의 부호표를 작성하고, 모든 짝을 나타내시오.

2. 한 화학반응은 기온(A), 시약 농도(B), pH(C)를 각기 두 가지 다른 값을 사용하여 실행되었다. 각각 요인마다 고수준은 1로 표시하고, 저수준은 −1로 표시했다. 각 조합에 대해 화학반응을 두 번씩 시행하고 수율(%)을 기록했다. 결과는 다음과 같다.

A	B	C	수율	평균수율
−1	−1	−1	74, 71	72.5
1	−1	−1	73, 74	73.5
−1	1	−1	78, 74	76.0
1	1	−1	86, 89	87.5
−1	−1	1	71, 68	69.5
1	−1	1	77, 77	77.0
−1	1	1	75, 85	80.0
1	1	1	92, 82	87.0

a. 주효과, 상호작용, 제곱합, P-값을 구하시오.
b. 어떤 주효과와 상호작용이 중요한지 판단하시오.
c. 다른 조건은 동일할 때, 기온이 높거나 낮으면 평균수율이 높아지는가? 그 이유를 설명하시오.

3. "Efficient Pyruvate Production by a Multi-Vitamin Auxotroph of Torulopsis glabrata: Key Role and Optimization of Vitamin Levels" (Y. Li, J. Chen, et al., *Applied Microbiology and Biotechnology*, 2001:680−685)에서는 세포 배양 내 여러 비타민 수준이 유용한 유기산인 피루베이트의 수율(g/L)에 미치는 영향을 조사하였다. 다음은 2^3개의 설계에 대한 두 개의 반복실험 자료이다. 요인은 A: 니코틴산, B: 티아민, C: 바이오틴이다.

A	B	C	수율	평균수율
−1	−1	−1	0.55, 0.49	0.520
1	−1	−1	0.60, 0.42	0.510
−1	1	−1	0.37, 0.28	0.325
1	1	−1	0.30, 0.28	0.290
−1	−1	1	0.54, 0.54	0.540
1	−1	1	0.54, 0.47	0.505
−1	1	1	0.44, 0.33	0.385
1	1	1	0.36, 0.20	0.280

여기서 각 인자가 포도당 소비량에 미치는 영향(g/L)도 조사했다. 각 요인의 조합에 대해 단일 측정이 제공되었으며, 결과는 다음과 같다.

A	B	C	포도당 소비량
−1	−1	−1	68.0
1	−1	−1	77.5
−1	1	−1	98.0
1	1	−1	98.0
−1	−1	1	74.0
1	−1	1	77.0
−1	1	1	97.0
1	1	1	98.0

a. 주효과와 상호작용의 추정값을 구하시오.
b. 오차제곱합을 계산할 수 있는가? 그 이유를 설명하시오.
c. 상호작용 간에 더 큰 영향을 미치는 것이 있는가? 있다면 어떤 것인지 설명하시오.
d. 가산모형이 보유하고 있는 것이 과거의 경험에서 알려진 것으로 가정하고, 상호작용에 대한 제곱합을 더하고 오차제곱합 대신 그 결과를 사용하여 주효과가 0이라는 가설을 검정하시오.

4. "An Investigation into the Ball Burnishing of Aluminium Alloy 6061-T6" (M. El-Axir, *Journal of Engi neering Manufacture*, 2007:1733−1742)에서는 세 가지 버니싱 요인이 공작물의 지름 감소에 미치는 영향을 조사한 연구 결과를 제시한다. 요인은 A: 버니싱 속도, B: 버니싱 힘, C: 연소 공급이다. 다음 표에 제시된 결과는 2^3-요인설계를 형성한다(일부 추가 결과는 생략된다).

A	B	C	감소
−1	−1	−1	570
1	−1	−1	353
−1	1	−1	778
1	1	−1	769
−1	−1	1	544
1	−1	1	319
−1	1	1	651
1	1	1	625

a. 주효과와 상호작용의 추정값을 구하시오.
b. 오차제곱합을 계산할 수 있는가? 그 이유를 설명하시오.
c. 상호작용 간에 더 큰 영향을 미치는 것이 있는가? 있다면 어떤 것인지 설명하시오.
d. 누군가는 가산모형이 유효하다고 주장한다. 결과가 이 주장을 뒷받침할 수 있는지 설명하시오.

5. 자동차설계에서 안전은 필수 고려사항이다. "An Optimum Design Methodology Development Using a Statistical

Technique for Vehicle Occupant Safety" (J. Hong, M.Mun, and S.Song, Proceedings of the Institution of Mechanical Engineers, 2001:795 801)에서는 승객 시뮬레이션 연구 결과를 나타낸다. 충돌 0.003초 후 흉부 가속도(g)가 중요하며, 네 가지 요인이 고려되었다. *A*: 에어백 통풍구 특성, *B*: 에어백 팽창기의 가동시간, *C*: 에어백 팽창기의 유량, *D*: 무릎 고무의 응력과 변형도 관계. 결과는 다음과 같으며, 처리당 하나의 반복이 있다.

처리	결과	처리	결과	처리	결과	처리	결과
1	85.2	*c*	66.0	*d*	85.0	*cd*	62.6
a	79.2	*ac*	69.0	*ad*	82.0	*acd*	65.4
b	84.3	*bc*	68.5	*bd*	84.7	*bcd*	66.3
ab	89.0	*abc*	76.4	*abd*	82.2	*abcd*	69.0

a. 주 효과와 상호작용의 추정값을 구하시오.

b. 만약 추후 실험을 설계한다면, 어떤 요소에 중점을 두겠는가? 설명하시오.

6. "Factorial Design for Column Flotation of Phosphate Wastes" (N. Abdel-Khalek, *Particulate Science and Technology*, 2000:57–70)에서는 표면 공기 속도(A), 거품 농도(B), 표면 세척수 속도(C)가 P_2O_5의 회수율에 미치는 영향을 조사하기 위한 2^3-요인설계를 나타내고 있다. 연구는 두 번의 반복실험을 수행하였으며, 결과는 다음과 같다.

A	B	C	회수율
−1	−1	−1	56.30, 54.85
1	−1	−1	70.10, 72.70
−1	1	−1	65.60, 63.60
1	1	−1	80.20, 78.80
−1	−1	1	50.30, 48.95
1	−1	1	65.30, 66.00
−1	1	1	60.53, 59.50
1	1	1	70.63, 69.86

a. 주효과와 상호작용의 추정값, 제곱합, *P*-값을 구하시오.

b. 가장 중요한 요인은 무엇인가? 중요한 요인이 상호작용하는가? 설명하시오.

7. 2^{5-1} 설계에서 요인 A의 주효과추정치는 실제로 무엇을 나타내는지 고르시오.

① A의 주효과

② A와 BCDE 상호작용의 주효과의 합계

③ A의 주효과와 BCDE 상호작용의 차이

④ A와 BCDE 사이의 상호작용

9장 보충연습문제

1. "Gypsum Effect on theAggregate Size andGeometry of Three Sodic SoilsUnder Reclamation" (I. Lebron, D. Suarez, and T. Yoshida, *Journal of the Soil Science of America*, 2002:92–98)에서는 침출되기 전 여러 양의 토양 표본에 석고가 더해지는 실험에 대해 나타내고 있다. 흥미 있는 결과 중 하나는 토양의 pH이다. 석고는 네 개의 다른 양으로 더해졌는데, 각각 세 개의 토양 표본을 받았다. 다음 표에서는 표본의 pH 측정값을 나타내고 있다.

석고(g/kg)	pH		
0.00	7.88	7.72	7.68
0.11	7.81	7.64	7.85
0.19	7.84	7.63	7.87
0.38	7.80	7.73	8.00

a. 석고가 더해지는 양에 따라 pH가 달라진다고 결정지을 수 있는지 설명하시오.

b. *P*-값과 검정통계량을 구하시오.

2. 페니실린은 설탕 함량이 잘 조절돼야 하는 브로스에서 생성된다. 여러 개의 브로스 표본이 3일 동안 채취되었으며, 각 표본에서 용해되어있는 설탕의 양(mg/mL)을 측정하였다. 결과는 다음과 같다.

1일: 4.8 5.1 5.1 4.8 5.2 4.9 5.0 4.9 5.0 4.8 4.8 5.1 5.0
2일: 5.4 5.0 5.0 5.1 5.2 5.1 5.3 5.2 5.2 5.1 5.4 5.2 5.4
3일: 5.7 5.1 5.3 5.5 5.3 5.5 5.1 5.6 5.3 5.2 5.5 5.3 5.4

이때 평균 설탕 농도가 3일 동안 달라진다고 결론지을 수 있는지 판단하시오.

3. 다양한 종류의 초콜릿에 대한 용해시간을 알아보기 위해 40명의 사람을 다섯 그룹으로 나누었다. 각 그룹에는 특정 초콜릿이 주어졌으며, 각 사람들이 초콜릿 한 조각을 녹이고 그 용해시간(초)을 기록하였다. 비교를 위해 각 그룹에서 한 사람씩 버터 스카치 캔디 한 조각을 녹였으며, 이 조각은 각 그룹마다 같았다. 그룹과 초콜릿과 버터 스카치 캔디의 용해시간과 용해시간의 차이, 용해시간의 비율은 다음과 같다. 설계는 불균형하다. 그룹 3에는 9명이 있고, 그룹 5에는 7명이 있다.

그룹	초콜릿	버터 스카치 캔디	차이	비율
1	135	60	75	2.25
1	865	635	230	1.36
1	122	63	59	1.94

1	110	75	35	1.47
1	71	37	34	1.92
1	81	58	23	1.40
1	2405	1105	1300	2.18
1	242	135	107	1.79
2	42	38	4	1.11
2	30	30	0	1.00
2	104	110	−6	0.95
2	124	118	6	1.05
2	75	40	35	1.88
2	80	91	−11	0.88
2	255	121	134	2.11
2	71	71	0	1.00
3	51	53	−2	0.96
3	47	40	7	1.18
3	90	155	−65	0.58
3	65	90	−25	0.72
3	27	33	−6	0.82
3	105	68	37	1.54
3	90	72	18	1.25
3	54	52	2	1.04
3	93	77	16	1.21
4	48	30	18	1.60
4	85	55	30	1.55
4	82	50	32	1.64
4	46	22	24	2.09
4	64	46	18	1.39
4	125	45	80	2.78
4	69	30	39	2.30
4	73	44	29	1.66
5	105	45	60	2.33
5	99	58	41	1.71
5	45	23	22	1.96
5	137	64	73	2.14
5	170	105	65	1.62
5	153	93	60	1.65
5	49	28	21	1.75

a. 서로 다른 종류의 초콜릿에 대한 평균 용해시간에 차이가 있는지 검정하기 위해, 누군가 초콜릿 용해시간 자료를 이용하여 일원분산분석을 수행하는 것을 제안하였다. 이 자료는 일원분산분석을 위한 가정을 만족하는가? 그 이유를 설명하시오.

b. 누군가는 초콜릿과 버터 스카치 캔디의 차이를 사용하는 것을 제안했다. 이 자료는 일원분산분석을 위한 가정을 만족하는가? 그 이유를 설명하시오.

c. 비율을 이용하여 일원변량분석을 수행하시오. 각각 다른 종류의 초콜릿들이 서로 다른 평균 용해시간 비율을 가지고 있다고 결론지을 수 있는지 설명하시오.

4. 한 부품이 두 디자인과 더 비싸거나 더 싼 재료에 따라 제조될 수 있다. 여러 부품들이 디자인과 재료 각각의 조합에 따라 제조되었고, 그 수명을 측정하였다(hours). 또한 디자인과 재료가 부품의 수명에 미치는 영향을 측정하는 이원변량분석을 시행하였으며, 칸평균과 주효과는 다음과 같다.

	칸평균	
	디자인 1	**디자인 2**
더 비싼	118	120
더 싼	60	122

주효과			
더 비싼	14	디자인 1	−16
더 싼	−14	디자인 2	16

분산분석표					
요인	**DF**	**SS**	**MS**	**F**	**P**
재료	1	2352.0	2352.0	10.45	0.012
디자인	1	3072.0	3072.0	13.65	0.006
상호작용	1	2700.0	2700.0	12.00	0.009
오차	8	1800.0	225.00		
합계	11	9924.0			

엔지니어는 디자인 2가 더 비싼 재료와 함께 사용되어야 한다고 제안하였다. 그는 디자인 2와 더 비싼 재료의 주효과이 둘 다 +이기 때문에 저 조합을 사용하는 것이 부품의 수명을 가장 많이 늘릴 것이라고 하였다. 이 제안에 동의하는가? 그 이유를 설명하시오.

5. "Combined Analysis of Real-Time Kinematic GPS Equipment and Its Users for Height Determination" (W. Featherstone and M. Stewart, *Journal of Surveying Engineering*, 2001:31−51)에서는 높이 측정 시 지구위치측정시스템(GPS) 장비의 정확성에 대한 연구를 수행하였다. 세 가지 유형의 장비를 연구하였고, 각 기기는 서로 다른 4곳의 기지국에서 측정을 위해 사용되었다(연구에서는 다섯 번째 기지국을 포함하였고, 그 결과는 다른 4개 기지국과 상당히 달랐다). 기지국마다 장비 하나당 60번의 측정이 이루어졌다. 측정 오류이 평균 및 표준편차(mm)는 다음과 같다.

	장비 A		장비 B		장비 C	
	평균	**표준편차**	**평균**	**표준편차**	**평균**	**표준편차**
기지국 0	3	15	−24	18	−6	18
기지국 1	14	26	−13	13	−2	16
기지국 2	1	26	−22	39	4	29
기지국 3	8	34	−17	26	15	18

a. 분산분석표를 작성하시오(*P*-값의 범위를 지정할 수 있음).

b. 관심 대상은 평균오차가 장비마다 다른지이며, 기지국마다 오차가 다른지 판별하는 것은 관심 대상이 아니다. 이러한 이유로 평가관은 기지국을 블록으로 사용하는 완전확률화 블록 설계를 제안하였다. 이것은 적절한가? 그 이유를 설명하시오.

6. 토목공사는 도시주위에 홍수로 인한 물을 우회시키는 배수로의 설계에 관심을 가지고 있다. 여러 실험을 통해 다섯 가지 배수로에 연결된 저수지의 배수시간은 다음과 같다.

배수로 종류	배수시간(min)			
1	41.4	43.4	50.0	41.2
2	37.7	49.3	52.1	37.3
3	32.6	33.7	34.8	22.5
4	27.3	29.9	32.3	24.8
5	44.9	47.2	48.5	37.1

a. 각 배수로마다 평균 배수시간이 다르다고 결론지을 수 있는지 판단하시오.

b. 다른 배수로가 있다면, 각자의 평균 배수시간이 달라지는지 구하시오.

7 "Occurrence and Distribution of Ammonium in Iowa Groundwater" (K. Schilling, *Water Environment Research*, 2002:177–186)에서는 아이오와 주의 많은 우물에서 암모늄 농도(mg/L)를 측정하였다. 다섯 종류의 암반 우물이 포함되어 있었으며, 각 우물에서의 암모늄 농도에 대한 평균 및 표준편차는 다음과 같다.

우물의 종류	표본크기	평균	표준편차
A	53	0.75	0.90
B	57	0.90	0.92
C	66	0.68	1.03
D	67	0.50	0.97
E	51	0.82	0.89

이때 다섯 종류의 우물에서 평균농도가 다르다는 결론을 내릴 수 있는가? 그 이유를 설명하시오.

8. "Factorial Experiments in the Optimization of Alkaline Wastewater Pretreatment" (M. Prisciandaro, A. Del Borgh, and F. Veglio, *Industrial Engineering and Chemistry Research*, 2002:5034–5041)에서는 알칼리성 폐수를 다루는 방법을 조사하기 위한 여러 실험의 결과를 나타주고 있다. 실험은 반복되지 않은 2^4 설계이며, 네 개의 요인은 황산농도(A), 온도(B), 시간(C), 염화칼슘농도(D)이다. 결과변수는 침전물의 양(kg/m^3)이다. 결과는 다음과 같다.

A	B	C	D	결과	A	B	C	D	결과
−1	−1	−1	−1	6.4	−1	−1	−1	1	11.9
1	−1	−1	−1	12.9	1	−1	−1	1	13.1
−1	1	−1	−1	8.6	−1	1	−1	1	12.1
1	1	−1	−1	12.9	1	1	−1	1	16.0
−1	−1	1	−1	7.4	−1	−1	1	1	12.4
1	−1	1	−1	12.0	1	−1	1	1	16.5
−1	1	1	−1	10.7	−1	1	1	1	15.3
1	1	1	−1	15.0	1	1	1	1	18.3

a. 모든 주효과와 상호작용을 추정하시오.

b. 어떤 효과가 다른 효과보다 더 큰지 고르시오.

c. 3차 또는 고차 상호작용이 0이라고 가정하고, 제곱합을 더하시오. 오차제곱합 대신 결과를 사용하여 주효과에 대한 F 통계량과 *P*-값을 구하시오. 어떤 요인이 결과에 영향을 미치는지 결론지을 수 있는가?

d. 이 글은 이 실험의 반복성을 설명하고 있으며, 오차평균제곱이 1.04이고 자유도가 4임을 제시한다. 이 값을 사용하여 주효과와 상호작용의 F 통계량과 *P*-값을 구하시오.

e. (d)의 결과가 3차 또는 고차 상호작용이 0이라는 걸 정당화하는 데 도움이 되는가? 그 이유를 설명하시오.

f. (d)의 결과를 사용하여 결과에 영향을 미친다고 결론지을 수 있는 요인은 무엇인가?

9. "Factorial Experiments in the Optimization of Alkaline Wastewater Pretreatment" (M. Prisciandaro, A. Del Borgh, and F.Veglio, *Industrial Engineering and Chemistry Research*, 2002:5034–5041)에서는 알칼리성 폐수를 처리할 때 침전되는 검은 진흙에 있는 황산과 염화칼슘농도의 영향에 대한 실험의 결과를 보여주고 있다. 각 농도에는 세 개의 수준이 있고, 각 수준의 조합에서는 두 개의 실험 반복이 일어났다. 결과는 다음과 같다(측정 단위: kg/m^3).

황산	염화칼슘	침전물	
110	15	100.2	98.2
110	30	175.8	176.2
110	45	216.5	206.0
123	15	110.5	105.5
123	30	184.7	189.0
123	45	234.0	222.0
136	15	106.5	107.0
136	30	181.7	189.0
136	45	211.8	201.3

a. 분산분석표를 작성하고, *P*-값의 범위를 구하시오.

b. 이 가산모형이 타당한지 설명하시오

c. 황산농도가 침전물에 영향을 미친다고 결론지을 수 있는지 설명하시오.

d. 염화칼슘농도가 침전물에 영향을 미친다고 결론지을 수 있는지 설명하시오.

Chapter 10

통계적 품질관리

10.1 기본 개념

10.2 계량형 관리도

10.3 계수형 관리도

10.4 CUSUM 관리도

10.5 공정능력

개요

시장이 세계화됨에 따라 제조업자들은 경쟁성을 확보하기 위해서는 제품에 대한 신뢰도가 높아져야 한다는 것을 알게 되었다. 높은 품질을 유지하는 가장 경제적인 방법은 제조과정의 꾸준한 모니터링이다. 모니터링은 보통 생산물의 표본추출이나 품질특성을 측정하는 방법으로 실행된다. 표본은 큰 모집단에서 추출되기 때문에 모니터링은 통계적 방법으로 이루어진다.

통계적 품질관리 분야에서 큰 발전을 이룬 사람 중 한 명은 Bell Telephone Laboratories의 Dr. Walter A. Shewart이다. 1924년에 그는 오늘날 가장 널리 사용되고 있는 품질관리의 도구 중 하나인 관리도(control chart)를 개발했다. 세계 2차 대전 이후, W. Edwards Deming은 품질관리에 대한 관심을 높이는 것에 중요한 역할을 했다(처음에는 일본, 미국 그리고 다른 나라). 일본의 과학자 Genichi Taguchi 또한 품질 향상에 대한 실험적인 디자인을 향상시키는 방법을 개발하는 데 중요한 역할을 했다. 이 장에서는 통계적 품질관리에서 일반적으로 가장 많이 쓰이는 Shewart control 관리도와 누적합(cumulative sum; CUSUM) 관리도에 초점을 두고 알아볼 것이다.

10.1 기본 개념

관리도의 기본 원리는 어떠한 공정이라도 그 결과에는 언제나 변동이 있을 것이라는 것이다. 이 변동 중 일부는 공정에 있어 내재되어 있거나, 구체적으로 명시하기 어렵거나, 불가능한 원인에 의한 것이다. 이러한 원인을 **공통원인(common causes)** 또는 **우연원인(chance causes)**이라고 한다. 공통원인이 변동의 유일한 원인일 경우, 그 공정은 **통계적 관리상태(in a state of statistical control)**에 있거나 더 간단하게 '**관리상태(in control)**'라고 한다.

때때로 특별한 요인의 존재가 추가적인 변동을 만들기도 한다. 기계의 오작동, 기계 조작자의 실수, 주위 환경의 변동, 원재료 특성의 변동 등은 가장 흔한 **특수원인(special causes)**이다. 이러한 요인을 **이상원인(assignable cause)**이라고 한다. 이상원인은 공통원인보다 일반적으로 더 높은 수준의 변동을 유발한다(이러한 변동은 받아들여질 수 없다고 생각된다). 공정이 하나 또는 그 이상의 이상원인이 존재하는 상태에서 작동하는 것을 '**이상상태(out of control)**에 있다'고 한다.

관리도는 엔지니어가 공정이 정상상태에 있는지, 하나 또는 그 이상의 이상 원인이 존재하는지 결정할 수 있게 해준다. 만약 공정이 이상상태에 있다면 통계적 관리를 위해 이상원인을 결정하고 수정해야 한다. 관리도는 몇 가지 종류가 있다. 품질특성이 **연속변수(continuous variable)**이냐, **이진변수(binary variable)**이냐, **빈도변수(count variable)**이냐에 따라 다르게 사용된다. 예를 들어, 알루미늄 음료 캔을 만드는 과정을 모니터링할 때, 표본 캔의 높이가 각각 측정될 수 있다. 이때 높이는 연속변수이다. 몇몇 상황에서는 캔이 사양 조건을 만족하는지 알아보기 위해 이 과정이 충분할지도 모른다. 이러한 상황에서의 품질측정은 만족 또는 불만족, 둘 중 하나의 값만 필요하다. 이 측정은 두 가지 값을 가지므로 이진변수이다. 마지막으로 캔 표면의 결점 개수를 세는 데 관심이 있는데, 이것을 빈도변수라 한다.

연속변수에 사용되는 관리도는 **계량형 관리도(control chart for variables)**이다. 그중에 $\overline{X}$ 관리도, R 관리도, S 관리도가 있다. 이진변수 또는 빈도변수에 사용되는 관리도는 **계수형 관리도(control chart for attributes)**이다. p 관리도는 이진변수에, c 관리도는 빈도변수에 주로 으로 사용된다.

자료 수집–합리적 부분군

관리도 구성을 위해 사용되는 자료들은 일정 시간에 걸쳐 다수의 표본으로부터 수집된다. 이러한 표본을 **합리적 부분군(rational subgroup)**이라 한다. 합리적 부분군을 선택하는 방법은 여러 가지가 있다. 따라야 할 기본 원리는 합리적 부분군 내에 있는 모든 차이는 이상원인이 아닌 공통원인에 의한 것이어야 한다는 것이다. 일반적으로 합리적 부분군을 선택하는 좋은 방법은 어떠한 이상원인을 알아내는 것이 가장 중요한지 결정하고, 그 뒤 그것들을 알아낼 수 있는 가장 좋은 합리적 부분군을 선택하는 것이다. 가장 일반적으로 이용되는 두 가지 방법은 다음과 같다.

- 각 표본들은 제조시간이 비슷한 시기에 일정한 시간 간격을 두고 추출되어야 한다.
- 각 표본들은 마지막 표본이 추출된 때로부터 일정한 시간 간격을 두고 추출되어야 한다.

가변적인 자료의 경우 각 표본의 단위는 일반적으로 작으며, 보통 3~8 사이이다. 표본의 수는 최소한 20개여야 한다. 일반적으로 자주 추출된 많은 수의 작은 표본이 가끔 추출된 큰 수의 표본보다 좋다. 이진변수와 빈도변수의 경우 표본은 일반적으로 커야 한다.

공정관리와 공정능력

공정관리와 공정능력의 차이를 이해하는 것은 중요하다. 작동에 있어 이상원인이 없다면 공정은 정상상태에 있다. 공통원인은 시간에 따라 변하지 않으므로 정상상태에 있는 공정의 특징으로는 품질특성의 값들이 경향이나 패턴이 없이 변한다는 것이다. 하지만 도출된 결과가 주어진 사양에 맞지 않더라도 공정이 정상상태에 있을 가능성도 꽤 있다. 예를 들어, 일정한 변화의 패턴 없이 길이가 19.9~20.1 cm 내에서 랜덤으로 변하는 철 막대를 생산하는 공정을 가정해 보자. 이 공정은 정상상태에 있다. 하지만 설계 사양이 21~21.2 cm의 길이를 필요로 한다면, 매우 적은 양의 결과만이 사양에 부합할 것이다. 주어진 사양을 만족하는 결과를 만드는 공정의 능력을 공정능력이라고 한다. 공정능력에 대해서는 10.5절에서 다루도록 하겠다.

공정관리는 연속적으로 이루어져야 한다

관리도를 사용할 때는 세 가지 기본 단계가 있다. 첫째, 자료를 모은다. 둘째, 수집한 자료들을 공정이 정상상태인지 결정하기 위해 도식화한다. 셋째, 공정이 정상상태가 된다면 공정능력을 이용한다. 물론, 정상상태 공정과 주어진 시간 내에 가능한 공정은 나중에 이상원인이 재발생함에 따라 이상상태로 변할 수도 있다. 따라서 공정을 지속적으로 모니터링해야 한다.

관리도와 가설검정의 유사성

관리도는 많은 면에서 가설검정처럼 작용한다. 귀무가설은 공정이 정상상태에 있다는 것을 의미한다. 관리도에는 가정의 참에 대한 증거를 제공하는 자료가 존재한다. 만약 귀무가설에 반대되는 증거가 충분히 확실하다면, 공정은 이상상태로 결정된다. 관리도를 어떻게 사용하는지 이해하는 것은 공정이 정상상태에 있다는 가정에 반대하는 증거의 강력한 정도를 측정하기 위해 어떤 자료를 수집해야 하는지와 수집한 자료를 어떻게 구성할 것인지를 아는 것이다.

10.1 연습문제

1. 다음 품질특성들이 연속변수, 이진변수, 빈도변수인지 나타내시오.

a. 판유리가 들어있는 창에 있는 몇 가지 흠.

b. 마무리된 제품의 최종점검 하는데 걸리는 시간.

c. 나사의 파괴강도가 사양을 충족하는지 여부.

d. 리벳 헤드의 지름.

2. 다음 문장의 빈칸을 채우시오.

a. 특정 공정의 변동성이 시간이 지나도 변함이 없으면 그 공정은 (정상상태이다 / 공정능력이 있다).

b. 대부분의 생산품이 사양에 맞으면 그 공정은 (정상상태이다 / 공정능력이 있다).

3. 다음 각 항에 대해 참 또는 거짓을 답하시오.

a. 특정 공정이 통계학적 정상상태이면 대부분의 결과물은 사양을 충족한다.

b. 특정 공정이 이상상태이면 생산량의 엄청나게 많은 부분이 사양을 충족하지 않는다.

c. 특정 공정이 통계학적 정상상태이면 공정 내 모든 변동은 내재요인에 기인한다.

d. 특정 공정이 이상상태이면 공정 내 일부 변동은 외부요인에 기인한다.

10.2 계량형 관리도

품질측정이 연속적인 척도로 이루어져 있을 때 그 자료를 **변수자료(variables data)**라고 부른다. 이들 자료에 대해 공정에서 변동을 관리하기 위해 R 관리도 또는 S 관리도가 먼저 사용되고, $\overline{X}$ 관리도가 공정평균을 관리하기 위해 사용된다. 이 절에서 설명하는 방법들은 측정값이 근사적으로 정규분포를 따른다고 가정한다.

예를 들어, 소금 포장의 품질관리를 담당하는 엔지니어는 소금의 수분 함량에 대해 걱정한다. 공정이 정상상태에 있는지 결정하기 위해 먼저 합리적 부분군을 결정하고, 자료를 수집한다. 소금 포장의 공정에 있어서 주요 관심사는 소금의 수분 함량을 변화시킬 수 있는 공장 내 습도의 변화라고 가정한다. 각 표본 내의 변동이 이상원인이 아닌 공통원인에 의한 것이도록 합리적 부분군을 선택해야 한다. 따라서 이러한 경우 합리적 부분군의 좋은 선택은 몇 개의 표본을 일정한 시간 간격을 두고 채집하는 것이다. 표본은 가능한 빠른 시간에 한 번에 생산되는 것이 좋다. 이러한 방법으로 주변 습도는 각 표본과 거의 같아져서 그룹 내의 차이는 이상원인의 영향을 받지 않을 것이다. 8시간 동안 15분의 간격으로 5개의 소금 포장이 표본채취되었다고 가정하면, 각 포장의 수분 함량은 총 무게에 대한 비율(%)로 측정될 것이다. 이에 대한 자료는 표 10.1에 나타나 있다.

습도는 연속적인 척도로 측정되기 때문에 변수자료이다. 표 10.1의 각 행은 주어진 표본에서의 5개의 관측값을 산술평균값(means) $\overline{X}$, 표준편차(Standard deviation) s, 범위 R(최대값과 최소값의 차이)에 따라 나타낸다. 표의 마지막 줄은 평균값의 평균 $\overline{\overline{X}}$, 표본 범위의 평균 $\overline{R}$, 표준편차의 평균 $\bar{s}$를 나타낸다.

표 10.1에 있는 32개의 표본은 평균 μ와 표준편차 σ를 갖는 정규모집단으로부터 추출되었다고 가정한다. 이때 μ를 **공정평균(process mean)**이라 하고, σ를 **공정표준편차(process standard deviation)**라고 한다.

표본이 채집되는 시간 동안 $\overline{X}$의 각 값은 공정평균에 근사하고, R과 s값은 공정표준편차에

표 10.1 소금 포장의 수분 함량(총 종량의 백분율)

표본	표본값					평균($\overline{X}$)	범위(R)	표준편차(s)
1	2.53	2.66	1.88	2.21	2.26	2.308	0.780	0.303
2	2.69	2.38	2.34	2.47	2.61	2.498	0.350	0.149
3	2.67	2.23	2.10	2.43	2.54	2.394	0.570	0.230
4	2.10	2.26	2.51	2.58	2.28	2.346	0.480	0.196
5	2.64	2.42	2.56	2.51	2.36	2.498	0.280	0.111
6	2.64	1.63	2.95	2.12	2.67	2.402	1.320	0.525
7	2.58	2.69	3.01	3.01	2.23	2.704	0.780	0.327
8	2.31	2.39	2.60	2.40	2.46	2.432	0.290	0.108
9	3.03	2.68	2.27	2.54	2.63	2.630	0.760	0.274
10	2.86	3.22	2.72	3.09	2.48	2.874	0.740	0.294
11	2.71	2.80	3.09	2.60	3.39	2.918	0.790	0.320
12	2.95	3.54	2.59	3.31	2.87	3.052	0.950	0.375
13	3.14	2.84	3.77	2.80	3.22	3.154	0.970	0.390
14	2.85	3.29	3.25	3.35	3.59	3.266	0.740	0.249
15	2.82	3.71	3.36	2.95	3.37	3.242	0.890	0.358
16	3.17	3.07	3.14	3.63	3.70	3.342	1.630	0.298
17	2.81	3.21	2.95	3.04	2.85	2.972	0.400	0.160
18	2.99	2.65	2.79	2.80	2.95	2.836	0.340	0.137
19	3.11	2.74	2.59	3.01	3.03	2.896	0.520	0.221
20	2.83	2.74	3.03	2.68	2.49	2.754	0.540	0.198
21	2.76	2.85	2.59	2.23	2.87	2.660	0.640	0.265
22	2.54	2.63	2.32	2.48	2.93	2.580	0.610	0.226
23	2.27	2.54	2.82	2.11	2.69	2.486	0.710	0.293
24	2.40	2.62	2.84	2.50	2.51	2.574	0.440	0.168
25	2.41	2.72	2.29	2.35	2.63	2.480	0.430	0.186
26	2.40	2.33	2.40	2.02	2.43	2.316	0.410	0.169
27	2.56	2.47	2.11	2.43	2.85	2.484	0.740	0.266
28	2.21	2.61	2.59	2.24	2.34	2.398	0.400	0.191
29	2.56	2.26	1.95	2.26	2.40	2.286	0.610	0.225
30	2.42	2.37	2.13	2.09	2.41	2.284	0.330	0.161
31	2.62	2.11	2.47	2.27	2.49	2.392	0.510	0.201
32	2.21	2.15	2.18	2.59	2.61	2.348	0.460	0.231
						$\overline{\overline{X}}=2.6502$	$\overline{R}=0.6066$	$\bar{s}=0.2445$

근사하다고 가정한다. 만약 공정이 정상상태에 있다면, 공정평균과 표준편차는 각 표본값과 같을 것이다. 만약 공정이 이상상태에 있다면 공정평균 μ 또는 공정표준편차 σ 또는 두 값 모두 표본값과 다를 것이다. 따라서 $\overline{X}$, R, s값은 과정이 이상상태에 있을 때보다 정상상태에 있을 때 더 적게 변할 것이다. 만약 공정이 정상상태에 있다면, $\overline{X}$, R, s값은 거의 항상 **관리한계**(**control limit**)라고 부르는 어떠한 특정 한계 범위 안에 있을 것이다. 만약 공정이 이상상태에 있다면 $\overline{X}$, R, s값은 관리한계를 초과할 가능성이 크다. 관리도는 관리한계와 함께 $\overline{X}$, R 또는 s값을 나타내어 공정이 이상상태에 있는지 결론을 내릴 수 있을 만큼 큰 변동을 보이는지 쉽게 알 수 있게 해준다.

소금 포장 공정이 수분 함량에 대해 정상상태에 있는지 결정하는 방법을 살펴보자. 표본 간의 차이는 공통원인에 따라 발생하는 것이므로 그 차이는 표본 간에 너무 다르지 않아야 한다. 따라서 가장 먼저 해야 할 일은 각 표본에서 표본의 범위나 표본표준편차의 값이 표본별로 큰 차이가 없다는 것을 확인하는 것이다. 이것을 위해 R 관리도는 표본범위의 변화를 평가하는 데 사용되고, S 관리도는 표본표준편차의 차이를 평가하는 데 사용된다. R 관리도가 더 많이 사용되므로 먼저 R 관리도에 대해 살펴보고, S 관리도는 이 절의 마지막에 살펴보도록 한다.

그림 10.1은 소금 포장의 수분 함량에 대한 R 관리도이다. 가로축은 1~32까지의 표본을 나타낸 것이고, 표본범위는 세로축에 표시되어 있다. 가장 중요한 것은 세 개의 수평선인데, 가운데 있는 선은 **중심선**(**center line**)으로 $\overline{R}$값을 나타낸 것이다. 윗선과 아랫선은 **관리한계**이며, 3σ값을 나타낸다(각각 UCL, LCL). 공정이 정상상태에 있을 때 거의 모든 점은 그려진 관리한계 안에 존재한다. 또한 관리한계의 바깥에 찍힌 점은 공정이 이상상태에 있다는 증거이다.

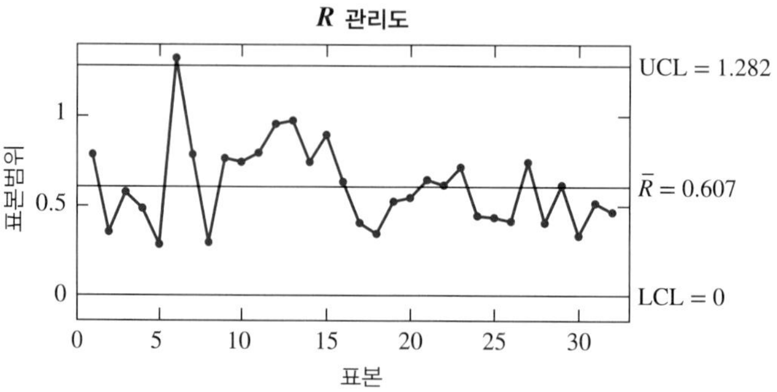

그림 10.1 소금 포장의 수분 함량에 대한 R 관리도

관리한계의 위치를 이해하기 위해 32개의 표본범위가 평균 μ_R과 표준편차 σ_R인 모집단으로부터 왔다고 가정하자. μ_R값과 σ_R값은 정확하게는 알 수 없지만, 대다수의 모집단에 대해 값이 평균보다 표준편차가 3배 이상 차이가 나는 것은 흔하지 않다고 알려져 있다. 이러한 이유로 관례적으로 관리한계는 $\mu_R \pm 3\sigma_R$ 위치에 표시된다. 진보된 방법으로 $\mu_R \pm 3\sigma_R$값은 대략적으로 $\overline{R}$의 곱으로 표현될 수 있는데, 이 곱은 D_3와 D_4이다. $\mu_R - 3\sigma_R$ 값은 $D_3\overline{R}$로 추산되고, $\mu_R \pm 3\sigma_R$ 값은 $D_4\overline{R}$로 추산된다. D_3와 D_4의 값은 표본크기 n에 따라 값이 다른 정수이다. D_3와 D_4에 대한 간략한 값은 다음과 같다. 더 큰 도표는 부록의 표 A.8에 나타나 있다. 6개 혹

은 그보다 작은 크기의 표본에 대해 D_3는 0이다. 이러한 작은 표본크기에 대해 $\mu_R - 3\sigma_R$값은 음수이다. 범위가 음으로 되는 것은 불가능하므로 이러한 경우에 관리하한은 0으로 정해진다.

n	2	3	4	5	6	7	8
D_3	0	0	0	0	0	0.076	0.136
D_4	3.267	2.575	2.282	2.114	2.004	1.924	1.864

예제 10.1

표 10.1에 있는 함수율 자료에 대한 3σ 관리도 R 관리상한과 관리하한을 구하시오.

풀이

$\overline{R}$값은 0.606이다(표 10.1). 표본크기 $n=5$이다. 표에 따라 $D_3=0$, $D_4=2.114$이다. 따라서 관리상한은 (2.114)(0.6066)=1.282이고, 관리하한은 (0)(0.6066)=0이다.

요약

R 관리도에서 중심선과 3σ 관리상한, 관리하한은 다음과 같다.

- 3σ 관리상한 $= D_4\overline{R}$
- 중심선 $= \overline{R}$
- 3σ 관리하한 $= D_3\overline{R}$

D_3와 D_4값은 표본크기에 따라 다르며, 값은 표 A.8에 나타나 있다.

일단 관리한계가 계산되고 점이 도식화되면, 차이값에 대해 공정이 정상상태에 있는지 평가하기 위해 R 관리도가 이용된다. 그림 10.1에서 표본 6의 범위가 관리상한의 위쪽에 있는데, 이것은 이상원인이 있고 공정이 정상상태에 있지 않다는 것을 보여주는 증거이다. 이때 적절한 행동은 이상원인의 특성을 결정하고, 이상상태의 표본을 지우고 관리한계를 다시 계산하는 것이다. 표본을 채취하는 엔지니어가 환풍구를 닫지 않아서 보통의 함수율 변화보다 더 큰 변화를 야기했던 것이 원인이라고 밝혀졌다고 가정하면, 엔지니어를 다시 교육시키는 것이 이상원인을 수정하는 방법일 것이다. 그림 10.2는 표본 6을 자료에서 지우고, R 관리도를 다

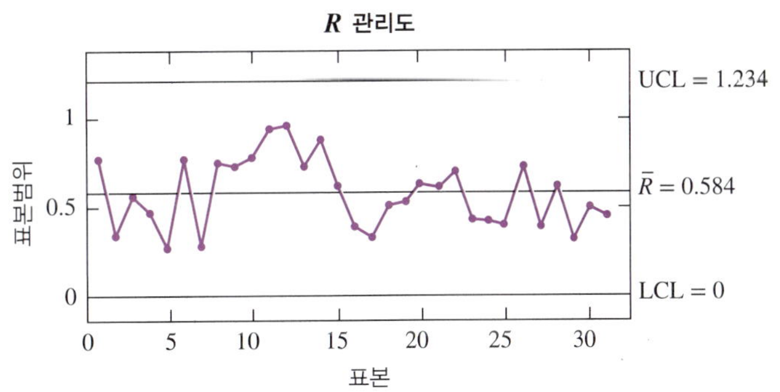

그림 10.2 이상상태의 표본을 지운 소금 포장의 수분 함량에 대한 R 관리도

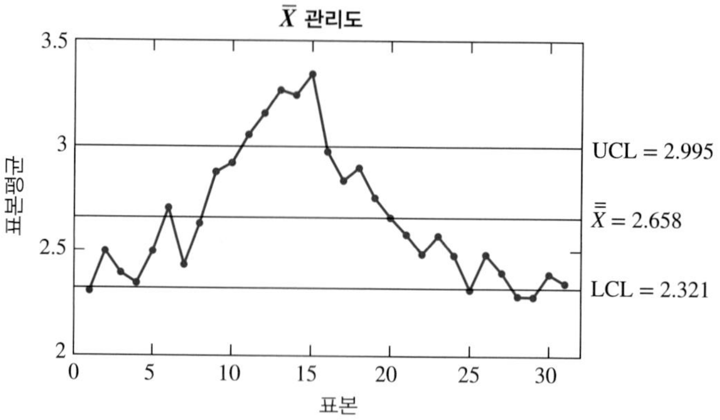

그림 10.3 소금 포장의 수분 함량에 대한 $\overline{X}$ 관리도. 공정을 정상상태로 가져오기 위해 표본 6은 제거되었지만, $\overline{X}$ 관리도는 공정평균이 이상상태에 있음을 나타낸다.

시 계산한 결과이다. 공정은 이제 정상상태에 있다고 볼 수 있다.

공정이 정상상태로 바뀌었기 때문에 우리는 $\overline{X}$ 관리도를 그려서 공정의 평균값을 구할 수 있다. $\overline{X}$ 관리도는 그림 10.3에 나타나 있다. 표본평균은 세로축에 나타나 있다. 공정을 정상상태로 가져오기 위해 표본 6은 이 그림에 나타나 있지 않다.

다른 관리도와 같이 $\overline{X}$ 관리도도 중심선과 상 · 하한 관리한계가 있다. 중심선과 관리한계를 계산하기 위해 모든 표본의 표준편차가 같다고 가정하자. R 관리도가 정상상태로 되었기 때문에 가정할 수 있다. 만약 공정평균 μ 또한 정상상태라면 모든 표본에서 같은 값을 가진다. 이 경우 32개의 표본평균은 평균이 $\mu_{\overline{X}} = \mu$이고, 표준편차가 $\sigma_{\overline{X}} = \sigma/\sqrt{n}$인 정규모집단에서 추출된다. 여기서 n은 표본의 크기이고 이 경우 5가 된다. 이상적으로 중심선은 μ의 위치에, 3σ 관리한계는 $\mu_R \pm 3\sigma_R$의 위치에 그려질 것이다. 하지만 μ와 $\sigma_{\overline{X}}$값은 알려지지 않았으므로 자료로부터 추정되어야 한다. μ값은 표본의 평균값인 $\overline{\overline{X}}$로 추정한다. 따라서 중심선은 $\overline{\overline{X}}$의 위치에 그려진다. $\sigma_{\overline{X}}$값은 평균범위 $\overline{R}$ 또는 표본표준편차를 이용해 추정할 수 있다. 여기서는 $\overline{R}$을 이용한 방법을 사용하고, 이 절의 뒷부분에서는 표준편차에 근거한 방법을 S 관리도와 함께 살펴볼 것이다.

다른 방법으로 A_2가 표본크기에 따라 값이 변하는 상수일 때, $3\sigma_{\overline{X}}$는 $A_2\overline{R}$의 값으로 추정될 수 있다. A_2에 대한 간략한 표는 다음과 같다. 더 넓은 범위의 표는 부록의 표 A.8에 나타나 있다.

n	2	3	4	5	6	7	8
A_2	1.880	1.023	0.729	0.577	0.483	0.419	0.373

요약

$\overline{X}$ 관리도에서 $\overline{R}$은 $\sigma_{\overline{X}}$값을 추정하는 데 사용되며, 중심선과 3σ 관리상한, 관리하한은 다음과 같다.

- 3σ 관리상한 $= \overline{\overline{X}} + A_2\overline{R}$
- 중심선 $= \overline{\overline{X}}$

■ 3σ 관리하한 $= \overline{\overline{X}} - A_2\overline{R}$

A_2값은 표본크기에 따라 다르며, 값은 표 A.8에 나타나 있다.

예제 10.2

표 10.1에 있는 함수율 자료에 대한 $3\sigma\ \overline{X}$ 관리도의 관리상한과 관리하한을 구하시오.

풀이

표본 6의 자료를 제거했으므로 $\overline{\overline{X}}$의 값은 2.658이고, $\overline{R}$값은 0.5836이다. 표본크기 $n=5$이다. 표에 따라 관리상한은 $2.658 + (0.577)(0.5836) = 2.995$이고, 관리하한은 $2.658 - (0.577)(0.5836) = 2.321$이다.

몇몇 점들이 관리한계선 밖에 위치함에 따라 $\overline{X}$ 관리도가 공정평균이 정상상태에 있지 않다는 것을 명확하게 보여준다. 엔지니어가 주변 습도를 모니터링하기 위해 습도계를 설치하여 수분 함량의 변동 원인이 주변 습도의 변화 때문이라는 것을 알았다. 주변 습도를 안정화하기 위해 제습기를 설치했다. 이러한 이상원인이 개선된 후 더 많은 자료가 수집되었고, 새로운 R 관리도와 $\overline{X}$ 관리도가 만들어졌다. 결과는 그림 10.4에 나타나 있다. 공정은 이제 통계적 관리상태에 있다. 이상원인은 이따금 발생할 수 있고, 이는 발견되고 개선되어야 하므로 당연히 공정은 지속적으로 모니터 되어야 한다.

관리도로 이상원인의 존재 여부는 알아낼 수 있지만, 그 특성이나 개선방법을 나타내지는 않는다는 것을 알아두자. 공학도에게 관리도를 통한 이상원인의 발견과 진단 및 개선을 위해 공정에 대한 정확한 이해가 필수적이다.

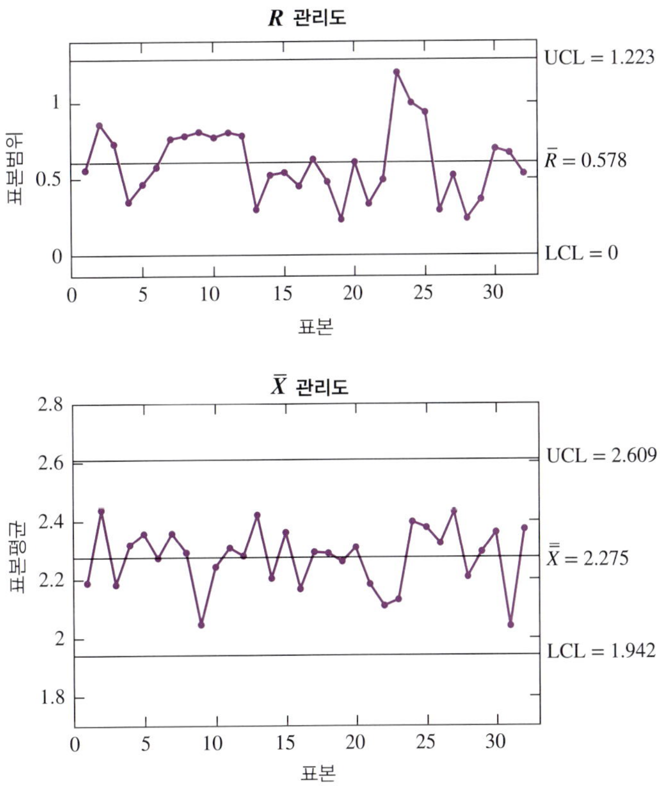

그림 10.4 이상원인이 해결된 관리도. 과정은 이제 통계적 관리상태에 있다.

요약

R 관리도와 $\overline{X}$ 관리도를 이용하는 단계

1. 합리적 부분군을 선택한다.
2. R 관리도를 계산한다.
3. 이상상태인 표본에 대한 이상원인을 결정한다.
4. R 관리도를 다시 계산하여 이상상태인 표본을 제거한다.
5. $\overline{X}$ 관리도를 계산한다. 이때 R 관리도가 정상상태를 나타내면, R 관리도의 이상상태인 표본을 제거한다.
6. $\overline{X}$ 관리도가 정상상태를 나타내지 않으면, 이상원인을 찾아 수집한다.
7. 지속적으로 두 관리도를 모니터링한다.

관리도의 성능

관리도와 가설검정에는 밀접한 관계가 있다. 귀무가설은 공정이 정상상태에 있다는 것이기 때문에 3σ 관리한계선 외부의 존재하는 점은 귀무가설에 반하는 증거이다. 어떠한 가설검정에 대해 오차가 발생하는 것은 가능하다. 예를 들어, 공정이 정상상태에 있다고 하더라도 때때로 3σ 관리한계선 밖에 점이 찍히기도 한다. 이것을 **오경보(false alarm)**라고 한다. 또한 정상상태에 있지 않은 공정일지라도 관리한계선 외부에 점이 찍히지 않는 경우도 있다. 특히 충분히 긴 시간에 걸쳐 관찰되지 않는 경우 더 그러하다. 이러한 것을 **검출 실패(failure to detect)**라고 한다.

이런 오류들은 가능한 발생하지 않는 것이 바람직하다. 오류가 발생하는 빈도의 양을 **평균작동길이(average run length, ARL)**라고 한다. ARL은 관리한계선 외부에 점이 찍히기 전에 평균적으로 관찰되어야 하는 표본의 수이다. 과정이 정상상태라면 ARL이 크고, 이상상태라면 ARL이 작다. 공정평균 μ와 공정표준편차 σ를 알고 있다고 가정하면, $\overline{X}$ 관리도를 위한 ARL을 계산할 수 있다. 그러면 중심선은 공정평균 μ에 위치하고, 관리한계선은 $\mu \pm 3\sigma_{\overline{X}}$에 위치한다. 또한 측정된 값들이 대략적으로 정규분포를 따른다고 가정해야 한다. 예제 10.3~10.6에서 ARL을 계산하는 방법에 대해 살펴보자.

예제 10.3

관리한계선 $\mu \pm 3\sigma_{\overline{X}}$를 갖는 $\overline{X}$ 관리도에 대해 정상상태에 있는 과정의 ARL을 구하시오.

풀이

표본평균을 $\overline{X}$라고 하면, $\overline{X} \sim N(\mu, \sigma^2_{\overline{X}})$이다.

점이 관리한계선 밖에 찍힐 확률은 $P(\overline{X} < \mu - 3\sigma_{\overline{X}}) + P(\overline{X} > \mu + 3\sigma_{\overline{X}})$와 같다. 이 확률은 $0.00135 + 0.00135 = 0.0027$과 같다(그림 10.5). 따라서 평균적으로 10,000개당 27개의 점이 관리한계선 외부에 찍힐 것이다. 이것은 1개의 점이 $10{,}000/27 = 370.4$개마다 찍히는 것과 같다. 따라서 평균작동길이는 370.4이다.

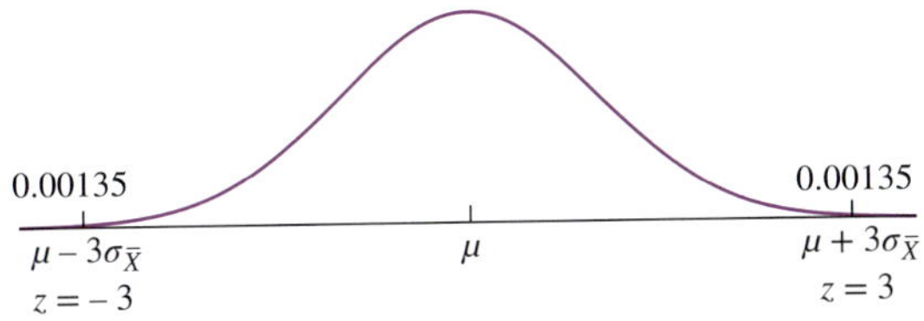

그림 10.5 공정이 정상상태일 때, 점이 3σ 관리한계선을 벗어날 확률은 0.0027(0.00135 + 0.00135)이다.

예제 10.3의 결과는 다음과 같이 풀이될 수 있다. 만약 공정이 정상상태에 있다면 오경보를 나타내는 관리한계선 바깥에 점이 하나 찍히기까지 평균적으로 370개의 표본을 모니터링해야 한다. 또한 예제 10.3의 ARL은 10,000/27, 즉 1/0.0027로 0.0027은 주어진 어떠한 표본에 대해 점이 관리한계선 바깥에 찍힐 확률이며, 일반적으로 이것은 사실이다.

요약

평균작동길이(average run length, ARL)는 관리한계선 바깥에 점이 하나 찍히기까지 평균적으로 모니터링되어야 하는 표본의 수이다. 만약 p가 주어진 어떠한 점이 관리한계선 바깥에 찍힐 확률이라면, ARL은 다음과 같다.

$$\text{ARL} = \frac{1}{p} \tag{10.1}$$

만약 공정이 이상상태에 있다면 ARL은 370.4 이하일 것이다. 예제 10.4는 공정이 이상상태로 변했을 때 ARL을 계산하는 방법을 보여주고 있다.

예제 10.4

평균이 $\mu = 3$이고, 표준편차가 $\sigma = 1$인 공정이 있다. 표본크기는 $n = 1$이다. 이상원인이 공정평균을 3.5로 변화시켰을 때의 ARL을 구하시오.

풀이

주어진 점이 관리한계선의 밖에 찍힐 확률 p를 먼저 계산하면 ARL = $1/p$이다. 관리한계선은 공정이 정상상태에 있다는 근거하에 그려진다. 그러므로 관리한계선은 $\mu = 3$, $\sigma_{\overline{X}} = \sigma/\sqrt{n} = 1/\sqrt{4} = 0.5$일 때, $\mu \pm 3\sigma_{\overline{X}}$이다. 따라서 관리하한은 1.5에, 관리상한은 4.5에 위치한다.

만약 공정평균이 옮겨진 후의 표본평균이 $\overline{X}$라면, $\overline{X} \sim N(3.5,\ 0.5^2)$이다. $\overline{X}$가 관리한계선의 바깥에 위치할 확률은 $P(\overline{X} < 1.5) + P(\overline{X} > 4.5)$와 같으며, 0.0228이다(그림 10.6). 따라서 ARL은 1/0.0228 = 43.9와 같다. 평균적으로 이 이동이 발견되기 전까지 44개의 표본을 모니터링해야만 한다.

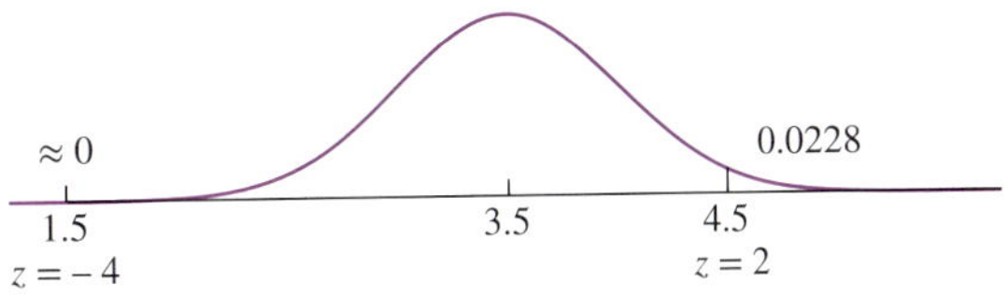

그림 10.6 공정평균이 $\mu = 3$에서 $\mu = 3.5$로 이동했다. 관리상한 4.5는 현재 평균보다 $2\sigma_{\overline{X}}$ 높으며, $z = 2$이다. 관리하한은 평균보다 $4\sigma_{\overline{X}}$ 낮다. 점이 관리한계선을 벗어날확률은 0.0228(0 + 0.0228)이다.

예제 10.5 예제 10.4를 참고하여 ARL이 20일 때, 발견될 수 있는 상향이동 값을 구하시오.

풀이

공정이 이동한 후의 새로운 평균값을 m이라고 하자. 상향이동에 대해 명시했기 때문에 $m>3$이다. 예제 10.4에서 관리한계선은 1.5와 4.5로 계산하였다. 만약 공정평균이 이동한 후에 채취된 표본의 평균이 $\overline{X}$라면, $\overline{X} \sim N(m,\ 0.5^2)$이다.

$\overline{X}$가 관리한계선 바깥에 위치할 확률은 $P(\overline{X}<1.5)+P(\overline{X}>4.5)$이다(그림 10.7). 이 확률은 $1/\text{ARL}=1/20=0.05$와 같다. $m>3$이므로 m은 1.5보다 4.5에 가깝다. 1.5의 왼편은 무시할 수 있고, 4.5의 오른편은 0.05라는 가정으로 시작하자. 4.5의 z점수는 1.645이다. 따라서 $(4.5-m)/0.5=1.645$이다. m을 구하면 $m=3.68$이다. 1.5의 왼편은 무시할 수 있다는 가정을 확인하고 끝낸다. $m=3.68$의 z점수는 $(1.5-3.68)/0.5=-4.36$이다. 따라서 1.5의 왼편은 실제로 무시할 수 있다.

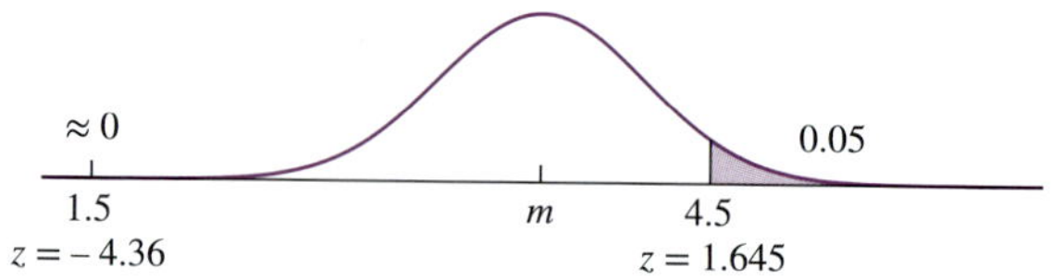

그림 10.7 예제 10.5에 대한 풀이

예제 10.6 예제 10.4를 참고하여 표본크기가 $n=4$로 유지되고 공정평균이 3.5로 이동했을 때, ARL이 10이 되기 위한 공정표준편차 σ의 값을 구하시오.

풀이

σ를 새로운 공정표준편차라고 가정하자. 새로운 관리한계선은 $3 \pm 3\sigma/\sqrt{n}$ 또는 $3 \pm 3\sigma/2$이다. 만약 공정평균이 3.5로 이동하였다면, $\overline{X} \sim N(3.5,\ \sigma^2/4)$이다. $\overline{X}$가 관리한계선 바깥에 위치할 확률은 $P(\overline{X}<3-3\sigma/2)+P(\overline{X}>3+3\sigma/2)$.이다. 이 확률은 $1/\text{ARL}=1/10=0.1$과 같다(그림 10.8). 공정평균 3.5는 $3-3\sigma/2$보다 $3+3\sigma/2$에 더 가깝다. $3-3\sigma/2$의 왼편은 무시할 수 있고, $3+3\sigma/2$는 0.10이라고 가정하자. $3+3\sigma/2$의 z점수는 1.28이므로

$$\frac{(3+3\sigma/2)-3.5}{\sigma/2}=1.28$$

이고, σ에 대해 풀면 $\sigma=0.58$을 얻는다. $3-3\sigma/2$의 왼편을 무시할 수 있다는 가정을 확인하면서 마무리할 수 있다. $\sigma=0.58$을 대입하면, $3-3\sigma/2=2.13$을 얻는다. z점수는 $(2.13-3.5)/(0.58/2)=-4.72$이다. 따라서 $3-3\sigma/2$의 왼편은 실제로 무시할 수 있다.

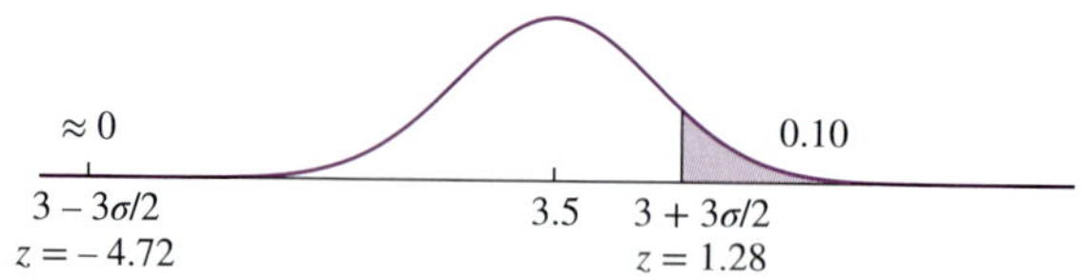

그림 10.8 예제 10.6에 대한 풀이

예제 10.4부터 10.6의 예제들은 $\overline{X}$ 관리도는 작은 이동에 대해서는 빨리 발견할 수 없다는 것을 보여준다. 다시 말해 공정평균이 매우 작게 이동했을 때는 ARL이 더 유용하다. 기본적으로 관리한계선을 중심선에 더 가깝게 이동함으로써 ARL을 감소시킬 수 있다. 이것은 이상상태를 감지하기 위해 필요한 이동의 크기를 줄여서 공정평균의 변화를 더 빨리 발견할 수 있

을 것이다. 그러나 여기에는 대가가 있다. 관리한계선 외부의 이동이 우연히 일어날 가능성이 커지기 때문에 오경보의 비율은 증가한다는 것이다. 모수수준(fixed-level) 가설검정의 경우가 이 상황과 매우 비슷하다. 귀무가설은 과정이 정상상태에 있다는 것이다. 관리도는 각 표본의 가설검정을 수행한다. 점이 관리한계선 바깥에 찍혔을 때 귀무가설은 기각된다. $\pm 3\sigma_{\overline{X}}$의 관리한계선 값일 경우, 1종 오류(귀무가설의 불인정)는 매 370 표본마다 한 번씩 일어난다. 낮은 비율의 오경보의 경우 그것이 거짓일 때 귀무가설을 인정하지 않는 힘이 세지 않다는 단점이 있다. 관리한계선을 서로 가깝게 옮기는 것은 해결책이 아니다. 그것이 귀무가설을 반대하는 힘을 높일지라도 또한 오경보의 비율을 높인다.

전문가들이 작은 변화도 재빨리 감지하는 능력을 향상시키기 위해 시도한 두 가지 방법은 **Western Electric 법칙(Western Electric rule)**과 CUSUM 관리도이다. CUSUM 관리도는 10.4절에서 알아볼 것이다. Western Electric 법칙에 대해 살펴보자.

Western Electric 법칙

그림 10.9는 $\overline{X}$ 관리도를 나타낸다. 3σ 관리한계선의 바깥에 위치한 점은 없지만, 표본평균이 비확률표본이기 때문에 이 과정은 명백히 관리상태가 아니다. 관리한계선 바깥에 위치한 점 없이도 공정이 정상상태가 아니라는 사실을 알게 되면서 Western Electric company의 공학자들은 공정이 이상상태에 있다는 것을 증명할 수 있는 조건들의 목록을 1956년에 제안했다.

이 조건들의 배경 개념은 만약 관리도의 추세나 패턴이 충분히 긴 시간 동안 지속된다면, 3σ 관리한계선 바깥에 점이 찍혀있지 않아도 이것은 관리의 부재를 나타낸다는 것이다.

Western electric 법칙을 적용하기 위해서는 1σ과 2σ의 관리한계선을 계산해야 한다. 1σ 관리한계선은 $\overline{\overline{X}} \pm A_2\overline{R}/3$으로 주어지고, 2σ 관리한계선은 $\overline{\overline{X}} \pm 2A_2\overline{R}/3$으로 주어진다.

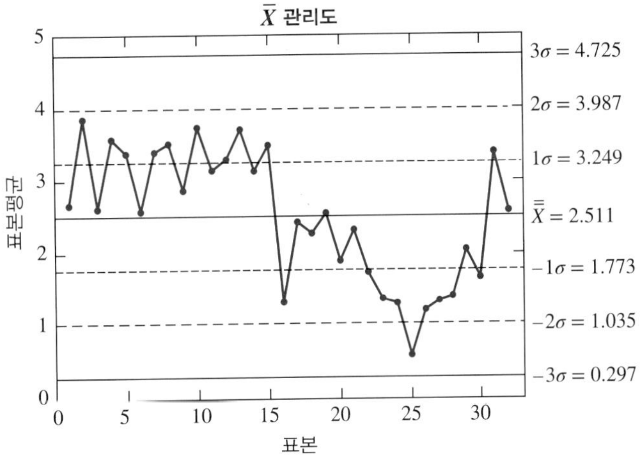

그림 10.9 이 관리도는 비확률표본이므로 3σ 관리한계선을 벗어나는 점이 없음에도 관리소홀임을 나타낸다. Western Electric 법칙을 적용할 수 있도록 이 그림에는 1σ과 2σ 관리한계선이 나타나 있다.

Western Electric 법칙

다음의 조건 중 하나에 해당하면, 공정이 이상상태에 있다는 증거이다.

1. 3σ 관리한계선 바깥에 점이 있다.
2. 3개의 연속된 점 중에서 2개는 중앙선을 기준으로 같은 쪽 2σ 한계 바깥에 있다.
3. 5개의 연속된 점 중에서 4개는 중앙선을 기준으로 같은 쪽 1σ 한계 바깥에 있다.
4. 8개의 연속된 점은 중앙선을 기준으로 같은 쪽에 있다.

그림 10.9에서 표본 8에서 이상상태에 있다는 것을 5개의 연속된 점 중 4개가 1σ 관리한계선 위에 있을 경우의 Western Electric 법칙으로 알 수 있다. Western Electric 법칙과 관리도에 대한 더 많은 정보는 Montgomery(2009b)를 참고한다.

S 관리도

S 관리도는 *R* 관리도의 대안이다. *S* 관리도와 *R* 관리도 모두 공정의 변화를 조절하기 위해 사용된다. *R* 관리도가 표본범위의 변화를 평가하는 반면, *S* 관리도는 표본의 표준편차를 이용한다. 그림 10.10은 표 10.1의 함수율 자료의 *S* 관리도를 나타낸 것이다.

함수율 자료의 *S* 관리도가 모양에 있어서 같은 자료의 *R* 관리도와 비슷하다는 것을 확인할 수 있다. *R* 관리도와 같이 *S* 관리도도 표본 6에서 이상상태라는 것을 보여준다.

관리한계선이 어디에 위치하는지 이해하기 위해 32개 표본의 표준편차가 모집단의 평균 μ_s와 표준편차 σ_s로부터 추출되었다고 가정하자. 이상적으로 중심선은 μ_s에 위치하고, 관리한계선은 $\mu_s = 3\sigma_s$에 위치할 것이다. 이러한 양들은 일반적으로 알려져 있지 않다. 따라서 표본표준편차의 평균인 $\bar{s}$를 통해 μ_s를 추측하면, 중심선은 $\bar{s}$에 위치한다. 진보된 방법으로 $\mu_s \pm 3\sigma_s$의 값은 대략적으로 $\bar{s}$의 곱으로 표현될 수 있다. 이 곱은 B_3과 B_4이다. $\mu_s - 3\sigma_s$의 값은 $B_3\bar{s}$로 추정되고, $\mu_s + 3\sigma_s$의 값은 $B_4\bar{s}$로 추정된다. B_3과 B_4의 값은 표본의 크기에 따라 값이 다른 정수이다. B_3과 B_4에 대한 간략한 값들은 다음과 같으며, 더 큰 도표는 부록의 표 A.8에 나타나 있다.

5개 혹은 그보다 작은 크기의 표본에 대해 B_3는 0이다. 예를 들어, 이러한 작은 표본크기에 대해 $\mu_s - 3\sigma_s$의 값은 음수이다. 표준편차가 음으로 되는 것은 불가능하기 때문에 이러한 경우 관리하한은 0으로 정해진다.

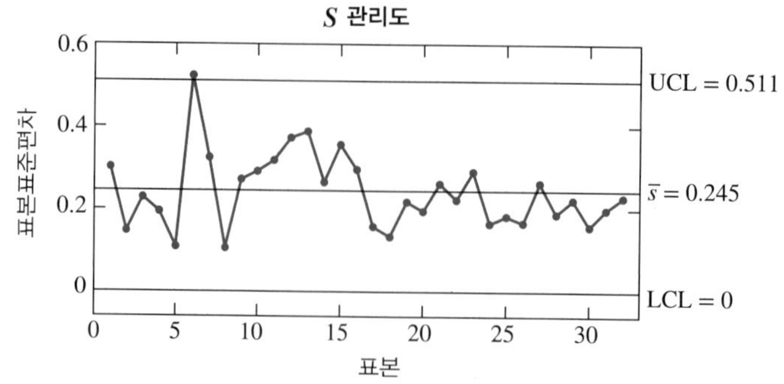

그림 10.10 표 10.1의 함수율 자료의 *S* 관리도

n	2	3	4	5	6	7	8
B_3	0	0	0	0	0.030	0.118	0.185
B_4	3.267	2.568	2.266	2.089	1.970	1.882	1.815

예제 10.7

표 10.1의 함수량 자료에 대해 중심선, 3σ S 관리도의 관리상한과 관리하한을 구하시오.

풀이

$\bar{s}$값은 0.2445이고(표 10.1), 표본크기 $n=5$이다. 표에 따라 바로 진행하면, $B_3=0$이고, $B_4=2.089$이다. 따라서 관리상한은 $(2.089)(0.2445)=0.5108$이고, 관리하한은 $(0)(0.2445)=0$이다.

요약

S 관리도에서 중심선, 3σ 관리상한, 관리하한은 다음과 같다.

- 3σ 관리상한 $= B_4\bar{s}$
- 중심선 $= \bar{s}$
- 3σ 관리하한 $= B_3\bar{s}$

B_3과 B_4의 값은 표본크기에 따라 달라진다. 이 값들은 표 A.8에 나타나 있다.

그림 10.10의 S 관리도는 표본 6에서 공정이 이상상태에 있음을 보여준다. 이 표본을 제거하고 S 관리도를 다시 계산하면, 그림 10.11의 결과가 나온다. 값들은 이제 정상상태에 있다. S 관리도의 모양이 그림 10.2의 R 관리도와 비슷하다는 것을 확인할 수 있다.

관리도의 변화가 정상상태에 있으면 공정평균을 산정하기 위해 $\overline{X}$ 관리도를 계산한다. $\overline{X}$ 관리도에서 중심선은 $\overline{\overline{X}}$에 위치하고, 관리상한과 관리하한은 이상적으로 중심선으로부터 $3\sigma_{\overline{X}}$ 떨어진 곳에 위치해야 함을 다시 한 번 기억한다. 공정분산을 산정하기 위해 S 관리도를 이용했으므로 $\bar{s}$의 곱으로 $3\sigma_{\overline{X}}$의 값을 추정할 것이다. 구체적으로 표본크기 n에 따라 그 값이 변하는 상수 A_S일 때, $A_S\bar{s}$로 $3\sigma_{\overline{X}}$의 값을 추정할 수 있다. A_S에 대한 간략한 표는 다음과 같다. 더 넓은 범위는 표 A.8에 나타나 있다.

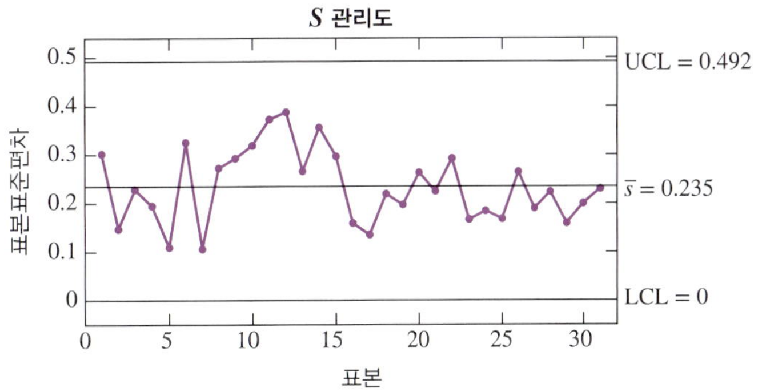

그림 10.11 이상상태 표본을 제거한 함수율 자료의 S 관리도. 그림 10.2와 비교한다.

n	2	3	4	5	6	7	8
A_3	2.659	1.954	1.628	1.427	1.287	1.182	1.099

요약

$\sigma_{\overline{X}}$를 추정하기 위해 $\bar{s}$를 이용했을 때, $\overline{X}$ 관리도의 중심선과 3σ 관리상한, 관리하한은 다음과 같다.

- 관리상한 $= \overline{\overline{X}} + A_3\bar{s}$
- 중심선 $= \overline{\overline{X}}$
- 관리하한 $= \overline{\overline{X}} - A_3\bar{s}$

A_4의 값은 표본크기에 따라 달라진다. 이 값은 표 A.8에 나타나 있다.

Western Electric 법칙을 이용하기 위해서는 1σ, 2σ 관리한계선이 반드시 계산되어야 한다. 1σ 관리한계선은 $\overline{\overline{X}} \pm A_3\bar{s}/3$이고, 2σ 관리한계선은 $\overline{\overline{X}} \pm 2A_3\bar{s}/3$이다.

예제 10.8

표 10.1에 제시된 함수율 자료에서 3σ $\overline{X}$ 관리도의 관리상한, 관리하한을 구하시오.

풀이

표본 6이 제거되면, $\overline{\overline{X}}$의 값은 2.658이고, $\bar{s}$의 값은 0.2354이다. 표본크기는 $n = 5$이다. 표에 따라 $A_3 = 1.427$의 값을 얻는다. 따라서 관리상한은 $2.658 + (1.427)(0.2354) = 2.994$이고, 관리하한은 $2.658 - (1.427)(0.2354) = 2.322$이다.

표본 6의 값이 지워진 함수율 자료의 $\overline{X}$ 관리도가 그림 10.12에 나타나 있다. 관리한계선은 그림 10.3에 나와 있는 표본범위로부터 계산한 값과 매우 비슷하다. 그림 10.12는 공정이 이상상태에 있음을 나타낸다. 개선과정을 거친 후 새로운 S 관리도와 $\overline{X}$ 관리도가 만들어졌다. 그림 10.13이 그 결과를 보여준다. 공정은 이제 통계적 관리상태에 있다.

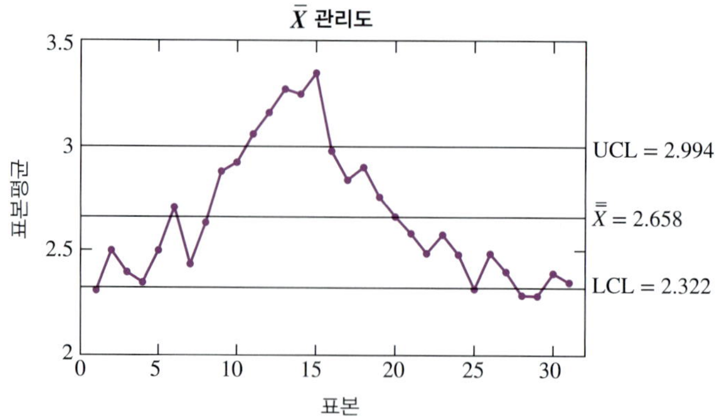

그림 10.12 함수율 자료의 $\overline{X}$ 관리도. 관리한계선은 표본범위가 아닌 표본표준편차를 기반으로 한다. 그림 10.3과 비교한다.

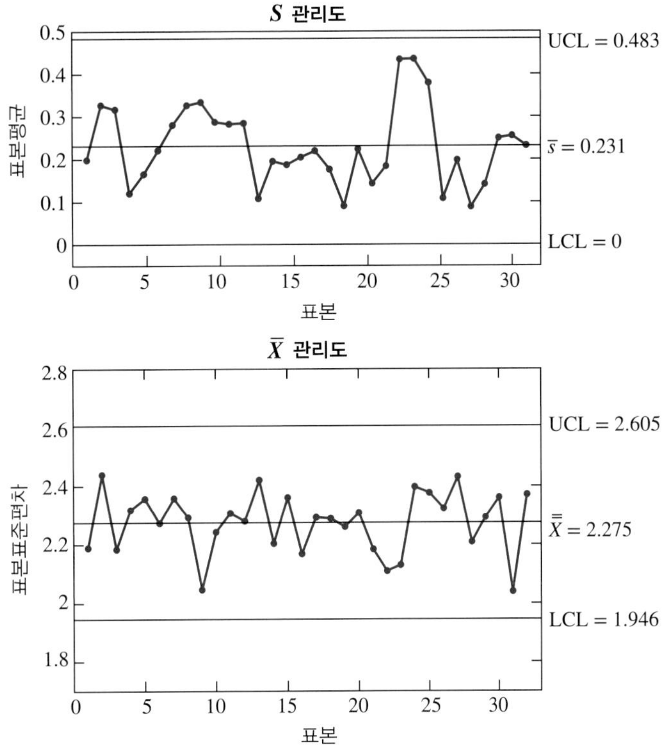

그림 10.13 이상원인이 해결된 관리도. 공정은 이제 통계적 관리상태에 있다. 그림 10.4와 비교한다.

요약하면, S 관리도는 R 관리도의 대안으로서 $\overline{X}$ 관리도와 함께 쓰인다. 함수율 자료에 대해 두 관리도는 매우 비슷한 결과를 보여주는 것으로 나타났다. 많은 경우에 있어 이것은 사실이지만 가끔 결과가 다른 경우도 발생한다.

S 관리도와 R 관리도 중 어느 것이 더 나은가?

R 관리도와 S 관리도는 모두 같은 목적을 가지고 있다. 공정의 표준편차를 추정하고, 공정이 정상상태에 있는지 결정하는 것이다. 공정표준편차를 표본의 표준편차 s로 추정하는 것이 범위 R로 추정하는 것보다 더 자연스러워 보인다. 실제로 모집단이 정규분포를 따르는 경우 표준편차가 작기 때문에 s가 R보다 더 정확한 공정표준편차 값을 추정할 수 있다. s의 계산에는 각 표본에 대한 모든 측정값이 수반되고, R의 계산에는 두 가지의 측정값(최대와 최소)이 수반된다는 것을 알면 직관적으로 알 수 있다. R이 작거나 표본크기가 클 때 s값의 정확도는 증가한다. 따라서 표본크기가 클 경우(5개 또는 그 이상)에는 S 관리도가 더 유용하다. 하지만 여전히 R 관리도가 더 많이 사용된다. R 관리도는 표본표준편차와 비교하여 산술계산을 더 적게 한다는 장점을 가졌다. 그러나 대부분의 계산이 컴퓨터 프로그램으로 수행되기 때문에 이러한 장점은 더 이상 소용이 없다. 따라서 S 관리도가 일반적으로 더 나은 선택이다.

크기가 1인 표본

가끔 합리적 부분군을 정의할 때, 각 표본이 한 개의 값만을 포함하는 경우가 필요하다. 예를 들어, 생산속도가 매우 느리면 축적된 표본의 크기 $n = 1$ 이상이 되도록 기다리는 것은 편리하지 않다. 크기가 1인 표본에 대해 표본범위 또는 표본표준편차를 계산하는 것은 불가능하므로 R 관리도와 S 관리도는 이용될 수 없다. 따라서 다른 몇 개의 방법들을 이용해야 한다. 그 중에 한 가지 방법이 10.4절에서 살펴볼 CUSUM 관리도이다.

10.2 연습문제

1. 특정 공정 품질관리계획에서 크기 4인 표본을 취한다. 최종 30개의 표본에 대한 결과는 다음과 같다.

$$\sum_{i=1}^{30} \overline{X}_i = 712.5 \quad \sum_{i=1}^{30} R_i = 143.7 \quad \sum_{i=1}^{30} s_i = 62.5$$

a. R 관리도에 대한 3σ 관리한계를 구하시오.

b. S 관리도에 대한 3σ 관리한계를 구하시오.

c. 표본범위를 사용하여 $\overline{X}$ 관리도에 대한 3σ 관리한계를 구하시오.

d. 표본의 표준편차를 사용하여 $\overline{X}$ 관리도에 대한 3σ 관리한계를 구하시오.

2. 금속세척기의 두께(mm)를 크기가 5인 표본을 이용하여 측정하였다. 다음 표에는 20개의 연속추출된 표본의 평균, 범위, 표준편차가 나타나 있다. 평균은 $\overline{\overline{X}} = 2.505$, $\overline{R} = 0.1395$, $\overline{s} = 0.057$이다.

표본	$\overline{X}$	R	s
1	2.49	0.12	0.07
2	2.45	0.17	0.06
3	2.51	0.13	0.06
4	2.53	0.25	0.09
5	2.49	0.11	0.06
6	2.44	0.11	0.06
7	2.44	0.12	0.05
8	2.42	0.18	0.06
9	2.42	0.08	0.05
10	2.47	0.06	0.02
11	2.54	0.19	0.07
12	2.45	0.09	0.04
13	2.54	0.21	0.07
14	2.55	0.10	0.05
15	2.50	0.25	0.08
16	2.53	0.11	0.04
17	2.58	0.16	0.07
18	2.59	0.09	0.03
19	2.60	0.12	0.05
20	2.56	0.14	0.06

a. R 관리도에 대한 3σ 관리한계를 구하시오. 관리도의 변화가 정상상태인가? 만약 그렇지 않다면, 이상상태인 표본을 찾아내고 $\overline{\overline{X}}$와 $\overline{R}$을 다시 구하시오.

b. 표본범위 R에 근거하여 $\overline{X}$ 관리도에 대한 3σ 관리한계를 구하시오. 3σ 관리한계에 근거했을 때, 공정평균은 정상상태인가? 만약 그렇지 않다면, 언제 처음으로 이상상태가 되었는지 답하시오.

c. Western Electric 법칙에 따르면, 공정평균은 정상상태인가? 만약 그렇지 않다면, 언제 처음으로 이상상태가 되었는지 답하시오.

3. 평균이 12이고 표준편차가 3인 공정에 대해 크기 5인 표본을 정기적으로 추출하여 모니터링하였다. 만약 $\overline{X}$ 관리도에서 3σ 관리한계를 벗어나는 점이 하나라도 나오면, 그 공정은 이상상태라고 간주된다.

a. 만약 공정평균이 14로 바뀌면, 이동이 $\overline{X}$ 관리도에서 발견되기 전에 평균적으로 몇 개의 표본이 추출되는지 구하시오.

b. ARL이 4일 때, 얼마로 상승되었는지 구하시오.

c. 만약 표본의 크기가 5이고 공정평균이 14로 변화되었을 때, ARL이 4가 되려면 표준편차는 얼마나 줄어들어야하는지 구하시오.

d. 만약 표준편차가 3이고 공정평균이 14로 변화되었을 때, ARL이 4보다 커지지 않으려면 표본의 크기는 얼마가 되어야 하는지 구하시오.

4. 일정한 주기로 모니터링되는 공정이 있다. $\overline{X}$ 관리도에서 3σ 관리한계를 벗어나는 점이 나오면 이상상태라고 선언된다. 현재 공정이 정상상태라고 가정한다.

a. 다음 50개의 표본에서 오경보가 발생할 확률을 구하시오.

b. 다음 100개의 표본에서 오경보가 발생할 확률을 구하시오.

c. 다음 200개의 표본에서 오경보가 발생할 확률을 구하시오.

d. 빈칸을 채우시오. 다음 ( )개의 표본에서 오경보가 발생할 확률은 0.5이다.

5. 8개의 볼트 표본을 주기적으로 채취하여 직경(mm)을 측정했다. 다음 표는 25개의 연속표본에 대한 평균, 범위, 표준편차를 나타낸다. 평균은 $\overline{\overline{X}} = 9.9892$, $\overline{R} = 0.2628$, $\overline{s} = 0.0880$이다.

표본	$\overline{X}$	R	s
1	9.99	0.28	0.09
2	10.02	0.43	0.13
3	10.10	0.16	0.05
4	9.90	0.26	0.09
5	9.92	0.22	0.07
6	10.05	0.40	0.15
7	9.97	0.08	0.03
8	9.93	0.48	0.15
9	10.01	0.25	0.09
10	9.87	0.29	0.10
11	9.90	0.39	0.14
12	9.97	0.27	0.08
13	10.02	0.20	0.07
14	9.99	0.37	0.13
15	9.99	0.20	0.06
16	10.04	0.26	0.09
17	10.07	0.23	0.07
18	10.04	0.35	0.12
19	9.95	0.25	0.09
20	9.98	0.15	0.06
21	9.98	0.30	0.10
22	10.02	0.14	0.06
23	9.94	0.24	0.07
24	10.04	0.13	0.04
25	10.04	0.24	0.07

a. R 관리도에 대한 3σ 관리한계를 계산하시오. 변화가 정상상태인가? 만약 그렇지 않다면, 이상상태인 표본을 찾아내고 $\overline{X}$와 $\overline{R}$을 다시 구하시오.

b. 표본범위 R에 근거하여 $\overline{X}$ 관리도에 대한 3σ 관리한계를 구하시오. 3σ 관리한계에 근거했을 때, 공정평균은 정상상태인가? 만약 그렇지 않다면, 언제 처음으로 이상상태가 되었는지 구하시오.

c. Western Electric 법칙에 따르면, 공정평균은 정상상태인가? 만약 그렇지 않다면, 언제 처음으로 이상상태가 되었는지 구하시오.

6. 특정 유형의 집적회로는 5개의 전선으로 프레임에 연결된다. 각각 5개 단위의 표본 30개를 추출하여 각 단위의 와이어 1개에 대한 인장강도(g)를 측정했다. 데이터는 다음의 표에 제시되어 있다. 평균은 $\overline{\overline{X}}=9.81$, $\overline{R}=1.14$, $\bar{s}=0.4647$이다.

표본	표본값					$\overline{X}$	R	s
1	10.3	9.8	9.7	9.9	10.2	9.98	0.6	0.26
2	9.9	9.4	10.0	9.4	10.2	9.78	0.8	0.36
3	9.0	9.9	9.6	9.2	10.6	9.66	1.6	0.63
4	10.1	10.6	10.3	9.6	9.7	10.06	1.0	0.42
5	10.8	9.4	9.9	10.1	10.1	10.06	1.4	0.50
6	10.3	10.1	10.0	9.5	9.8	9.94	0.8	0.30
7	8.8	9.3	9.9	8.9	9.3	9.24	1.1	0.43
8	9.4	9.7	9.4	9.9	10.5	9.78	1.1	0.45
9	9.1	8.9	9.8	9.0	9.3	9.22	0.9	0.36
10	8.9	9.4	10.6	9.4	8.7	9.40	1.9	0.74
11	9.0	8.6	9.9	9.6	10.5	9.52	1.9	0.75
12	9.5	9.2	9.4	9.3	9.6	9.40	0.4	0.16
13	9.0	9.4	9.7	9.4	8.6	9.22	1.1	0.43
14	9.4	9.2	9.4	9.3	9.7	9.40	0.5	0.19
15	9.4	10.2	9.0	8.8	10.2	9.52	1.4	0.66
16	9.6	9.5	10.0	9.3	9.4	9.56	0.7	0.27
17	10.2	8.8	10.0	10.1	10.1	9.84	1.4	0.59
18	10.4	9.4	9.9	9.4	9.9	9.80	1.0	0.42
19	11.1	10.5	10.6	9.8	9.4	10.28	1.7	0.68
20	9.3	9.9	10.9	9.5	10.6	10.04	1.6	0.69
21	9.5	10.2	9.7	9.4	10.0	9.76	0.8	0.34
22	10.5	10.5	10.1	9.5	10.3	10.18	1.0	0.41
23	9.8	8.9	9.6	9.8	9.6	9.54	0.9	0.37
24	9.3	9.7	10.3	10.1	9.7	9.82	1.0	0.39
25	10.2	9.6	8.8	9.9	10.2	9.74	1.4	0.58
26	10.8	9.5	10.5	10.5	10.1	10.28	1.3	0.50
27	10.4	9.9	10.1	9.9	10.9	10.24	1.0	0.42
28	11.0	10.8	10.1	9.2	9.9	10.20	1.8	0.72
29	10.3	10.0	10.6	10.0	11.1	10.40	1.1	0.46
30	10.9	10.6	9.9	10.0	10.8	10.44	1.0	0.46

a. R 관리도에 대한 3σ 관리한계를 계산하시오. 변화가 정상상태인가? 만약 그렇지 않다면, 이상상태인 표본을 찾아내고 $\overline{X}$와 $\overline{R}$을 다시 구하시오.

b. 표본범위 R에 근거하여 $\overline{X}$ 관리도에 대한 3σ 관리한계를 구하시오. 3σ 관리한계에 근거했을 때, 공정평균은 정상상태인가? 만약 그렇지 않다면, 언제 처음으로 이상상태가 되었는지 구하시오.

c. Western Electric 법칙에 따르면, 공정평균은 정상상태인가? 만약 그렇지 않다면, 언제 처음으로 이상상태가 되었는지 구하시오.

7. 구리선은 얇은 플라스틱으로 코팅되어 있다. 4개의 전선샘플을 매 시간마다 추출하여 코팅 두께(마일)를 측정한다. 마지막 30개 샘플의 데이터는 다음의 표에 나타나 있다. 평균은 $\overline{\overline{X}}=150.075$, $\overline{R}=6.97$, $\bar{s}=3.082$이다.

표본	표본값				$\overline{X}$	R	s
1	146.0	147.4	151.9	155.2	150.125	9.2	4.22
2	147.1	147.5	151.4	149.4	148.850	4.3	1.97
3	148.7	148.4	149.6	154.1	150.200	5.7	2.65
4	151.3	150.0	152.4	148.2	150.475	4.2	1.81
5	146.4	147.5	152.9	150.3	149.275	6.5	2.92
6	150.2	142.9	152.5	155.5	150.275	12.6	5.37
7	147.8	148.3	145.7	149.7	147.875	4.0	1.66
8	137.1	156.6	147.2	148.9	147.450	19.5	8.02
9	151.1	148.1	145.6	147.6	148.100	5.5	2.27

10	151.3	151.3	142.5	146.2	147.825	8.8	4.29
11	151.3	153.5	150.2	148.7	150.925	4.8	2.02
12	151.9	152.2	149.3	154.2	151.900	4.9	2.01
13	152.8	149.1	148.5	146.9	149.325	5.9	2.5
14	152.9	149.9	151.9	150.4	151.275	3.0	1.38
15	149.0	149.9	153.1	152.8	151.200	4.1	2.06
16	153.9	150.8	153.9	145.0	150.900	8.9	4.20
17	150.4	151.8	151.3	153.0	151.625	2.6	1.08
18	157.2	152.6	148.4	152.6	152.700	8.8	3.59
19	152.7	156.2	146.8	148.7	151.100	9.4	4.20
20	150.2	148.2	149.8	142.1	147.575	8.1	3.75
21	151.0	151.7	148.5	147.0	149.550	4.7	2.19
22	143.8	154.5	154.8	151.6	151.175	11.0	5.12
23	143.0	156.4	149.2	152.2	150.200	13.4	5.64
24	148.8	147.7	147.1	148.2	147.950	1.7	0.72
25	153.8	145.4	149.5	153.4	150.525	8.4	3.93
26	151.6	149.3	155.0	149.0	151.225	6.0	2.77
27	149.4	151.4	154.6	150.0	151.350	5.2	2.32
28	149.8	149.0	146.8	145.7	147.825	4.1	1.90
29	155.8	152.4	150.2	154.8	153.300	5.6	2.51
30	153.9	145.7	150.7	150.4	150.175	8.2	3.38

a. R 관리도에 대한 3σ 관리한계를 계산하시오. 변화가 정상상태인가? 만약 그렇지 않다면, 이상상태인 표본을 찾아내고 $\overline{\overline{X}}$와 $\overline{R}$을 다시 구하시오.

b. 표본범위 R에 근거하여 $\overline{X}$ 관리도에 대한 3σ 관리한계를 구하시오. 3σ 관리한계에 근거했을 때, 공정평균은 정상상태인가? 만약 그렇지 않다면, 언제 처음으로 이상상태가 되었는지 구하시오.

c. Western Electric 법칙에 따르면, 공정평균은 정상상태인가? 만약 그렇지 않다면, 언제 처음으로 이상상태가 되었는지 구하시오.

10.3 계수형 관리도

p 관리도

p 관리도는 개체에 대해 측정된 품질특성이 일반적으로 '결함'과 '비결함' 두 개의 값을 가질 때 사용되며, 각 표본에 대해 결함의 비율을 계산하고 나타낸다. 이제 중심선과 관리한계선이 어떻게 계산되는지 알아보자.

주어진 개체가 결함품일 확률을 p라고 하자. 만약 공정이 정상상태에 있다면, 이 확률은 시간이 흘러도 일정할 것이다. 이때 표본의 수를 k라 하자. 각 표본은 크기가 같다고 가정하고, 그 크기는 n으로 표기한다. X_i를 i번째의 표본에 있는 결함품의 수라고 하고, $\hat{p}_i$는 i번째 표본에 있는 결함품의 비율로 $p_i = X_i/n$라고 나타낸다. $X_i \sim B(n,\ p)$이고 만약 $np > 10$이면, 중심극한정리에 따라 근사적으로 $X \sim N(np,\ np(1-p))$이다. $\hat{p} = X/n$이므로 $\hat{p}_i \sim N(p,\ p(1-p)/n)$이 된다. $\hat{p}_i$가 평균 $\mu = p$이고, 표준편차 $\sigma = \sqrt{p(1-p)/n}$에 따라 중심선은 p의 위치에 있어야 하고, 3σ 관리한계선은 $p \pm 3\sqrt{p(1-p)/n}$의 위치에 있어야 한다. 보통 p는 잘 알려져 있지 않고, 표본비율의 평균이 $\hat{p}_i$일 때, $\bar{p} = \sum_{i=1}^{k} \hat{p}_i/k$로 추정된다.

요약

각 표본의 항목 수가 n인 p 관리도에서 중심선과 3σ 관리상한, 관리하한은 다음과 같다.

- 3σ 관리상한 $= \bar{p} + 3\sqrt{\dfrac{\bar{p}(1-\bar{p})}{n}}$
- 중심선 $= \bar{p}$
- 3σ 관리하한 $= \bar{p} - 3\sqrt{\dfrac{\bar{p}(1-\bar{p})}{n}}$

만약 $n\bar{p} > 10$라면, 관리한계선은 타당할 것이다.

예제 10.9

실리콘 웨이퍼 제조과정에서 크기 500의 30묶음을 표본추출했고, 각 표본의 결함 웨이퍼의 비율을 계산했다. 결과가 표 10.2와 같을 때, p 관리도를 위한 중심선과 3σ 관리한계선을 구하고 관리도를 그리시오. 또한 공정이 정상상태인지 판단하시오.

풀이

30개의 표본비율의 평균은 $\bar{p} = 0.050867$이다. 따라서 중심선은 0.050867에 위치한다. 관리한계선은 $0.050867 \pm 3\sqrt{(0.050867)(0.949133)/500}$이다. 따라서 관리상한은 0.0803이고, 관리하한은 0.0214이다. 그림 10.14는 p 관리도를 나타내며 공정은 정상상태이다.

표 10.2 예제 10.9에 대한 자료

표본	결함 수	결함 비율	표본	결함 수	결함 비율
1	17	0.034	16	26	0.052
2	26	0.052	17	19	0.038
3	31	0.062	18	31	0.062
4	25	0.050	19	27	0.054
5	26	0.052	20	24	0.048
6	29	0.058	21	22	0.044
7	36	0.072	22	24	0.048
8	26	0.052	23	30	0.060
9	25	0.050	24	25	0.050
10	21	0.042	25	26	0.052
11	18	0.036	26	28	0.056
12	33	0.066	27	22	0.044
13	29	0.058	28	31	0.062
14	17	0.034	29	18	0.036
15	28	0.056	30	23	0.046

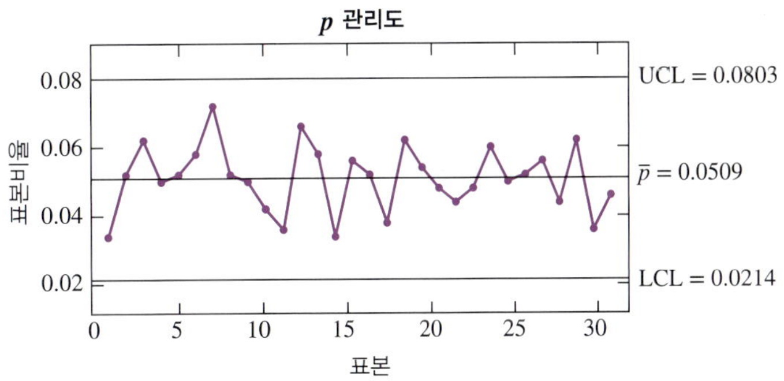

그림 10.14 표 10.2의 자료에 대한 p 관리도

p 관리도를 만들기 위해 필요한 표본크기는 $\overline{X}$ 관리도를 만들기 위해 필요한 표본크기보다 훨씬 크다. 몇몇 결함품이 대부분의 표본에 있을 것이기 때문에 표본의 크기는 충분히 커야 한다. 결함품이 흔하지 않다면, 표본의 크기는 정말로 커야만 한다.

계수형 관리도에서의 이상상태신호 해석

결함품의 수를 모니터링하기 위해 계수형 관리도를 사용할 때, 관리상한 위쪽에 있는 점들은 관리하한의 아래쪽에 있는 점들과 꽤 다른 반응이 요구된다. 두 가지 조건 모두 이상원인이 결함품의 비율을 변화시켰다는 것을 나타낸다. 관리상한 위에 위치한 점은 결함품의 비율이 증가했다는 것을 의미하므로 이상원인을 정의하고 제거하는 조치를 취해야 하지만, 관리하한 아래쪽에 있는 점은 이상원인이 결함품의 비율을 감소시킨 것을 나타낸다. 하지만 이러한 경우에도 이상원인이 여전히 정의되어야 하고, 결함품의 비율을 영구적으로 감소시키기 위한 조치가 취해져야 한다.

c 관리도

품질의 측정이 주어진 개체의 결함 수일 때 c 관리도를 사용한다. 개체는 하나일지도 모르고 또는 결함의 수가 충분히 크다고 예상할 수 있을 정도로 큰 개체의 집단일지도 모른다. c 관리도를 사용하기 위해 결함의 수는 포아송 분포를 따라야 한다. k개의 단위가 표본추출되었다고 하고, c_i를 i번째 단위의 총 결함 수라고 가정하자. 단위당 총 결함의 평균을 λ라고 하면, $c_i \sim \text{Poisson}(\lambda)$이다. 만약 공정이 정상상태에 있다면, λ값은 시간이 지나도 일정할 것이다. 만약 λ값이 $\lambda > 10$으로 충분히 크다면, 중심극한정리에 따라 대략적으로 $c_i \sim N(\lambda, \lambda)$가 된다. 단위당 충분히 많은 수의 항목을 선택하면 λ값은 원칙적으로 충분히 커질 수 있다. c_i값을 점으로 찍어 c 관리도를 만들 수 있다. c_i가 평균값 λ와 표준편차 $\sqrt{\lambda}$의 값을 갖고 있기 때문에 중심선은 λ에 위치해야 하고, 3σ 관리한계선은 $\lambda \pm 3\sqrt{\lambda}$에 위치한다. 보통 λ값은 알려져 있지 않지만, 자료를 바탕으로 추정할 수 있다. 적당한 추정은 단위당 결함 수의 평균인 $\bar{c} = \sum_{i=1}^{k} c_i / k$이다.

요약

c 관리도에서 중심선과 3σ 관리상한, 관리하한은 다음과 같다.

- 3σ 관리상한 $= \bar{c} + 3\sqrt{\bar{c}}$
- 중심선 $= \bar{c}$
- 3σ 관리하한 $= \bar{c} - 3\sqrt{\bar{c}}$

만약 $\bar{c} > 10$라면, 관리한계선은 타당할 것이다.

예제 10.10에서 c 관리도에 대해 살펴보자.

예제 10.10 캔을 제조할 때 쓰이는 알루미늄의 표면 결함에 대해 검사를 수행했다. 표 10.3은 각 100 m^2의 40개의 표본의 결함 수를 나타낸다. c 관리도를 위한 중심선과 3σ 관리한계선을 구하고 관리도를 그리시오. 또한 공정이 정상상태인지 판단하시오.

풀이

40개의 표본에 대한 평균은 $\bar{c} = 12.275$이다. 따라서 중심선은 12.275에 위치한다. 3σ 관리한계선은 $12.275 \pm 3\sqrt{12.275}$에 위치한다. 따라서 관리상한은 22.7857이고, 관리하한은 1.7643이다. 그림 10.15는 c 관리도를 나타낸다. 공정은 정상상태에 있다.

표 10.3 예제 10.10에 대한 자료

표본	결함 수	표본	결함 수	표본	결함 수	표본	결함 수
1	16	11	14	21	11	31	10
2	12	12	11	22	16	32	10
3	9	13	10	23	16	33	10
4	13	14	9	24	13	34	12
5	15	15	9	25	12	35	14
6	5	16	14	26	17	36	10
7	13	17	10	27	15	37	15
8	11	18	12	28	13	38	12
9	15	19	8	29	15	39	11
10	12	20	14	30	13	40	14

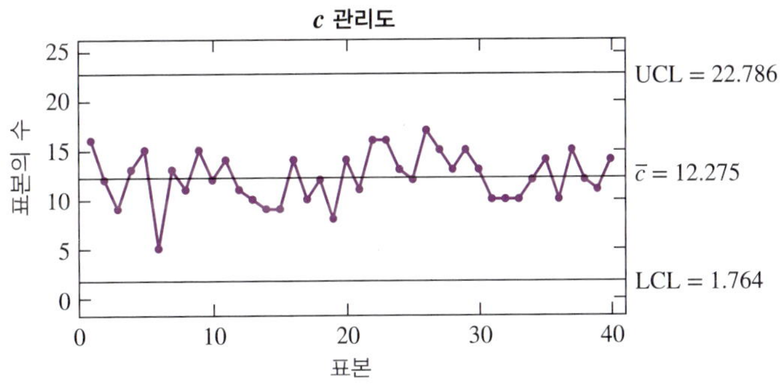

그림 10.15 표 10.3의 자료에 대한 c 관리도

10.3 연습문제

1. 매일 300개의 표본을 취해 결함비율을 계산하여 특정 공정을 모니터링하고 있다. i번째 표본의 결함비율을 p_i라고 하자. 마지막 40개의 표본에 대한 비율의 합은 $\sum_{i=1}^{40} p_i = 1.42$이다. p 관리도의 3σ 관리상한, 관리하한과 중심선을 구하시오.

2. 특정 공정에 대해 정기적으로 200개의 표본을 추출하여 결함이 있는 제품의 수를 모니터링하고 있다. 마지막 40개 표본에서 총 748개의 결함품이 나왔다. 이 정보가 p 관리도에 대한 3σ 관리한계선을 구하기에 충분한 정보인가? 만약 그렇지 않다면, 어떤 정보가 추가로 필요한지 답하시오.

3. 공정관리를 위해 매일 20개 제품의 표본을 추출하여 그 중 결함품의 개수를 세고자 한다. 처음 10개의 표본에서 하자품의 수

는 0, 0, 1, 0, 1, 0, 0, 0, 1, 0이다. 품질 관리팀 직원은 정확한 p 관리도를 만들기에는 결함품의 수가 너무 적지 않은지 걱정하고 있다. 다음 중 어떻게 조언하는 것이 가장 좋은지 고르시오.

① 아무것도 바뀌지 않아도 된다. 결함품의 수가 적더라도 p 관리도를 만들 수 있다.

② 결함비율이 너무 적어서 이 공정의 p 관리도를 만들 필요가 없다.

③ 매 표본의 결함품 수를 증가시키기 위해 p값을 증가시켜라.

④ 매 표본의 결함품 수를 증가시키기 위해 표본의 크기를 증가시켜라.

4. 차량용 거울을 생산하는 공정은 1,500개의 거울 표본을 추출하여 모든 표본의 총 시각적 결함 수를 세어 모니터링한다. i번째 표본에 있는 총 결함 수를 c_i라고 한다. 최근 70개 표본에 대한 결함 수는 $\sum_{i=1}^{70} c_i = 876$으로 나타났다. 이때 34번째 표본의 결함은 총 27개로 나타났다. 공정이 정상상태에 있는지 판단하시오. 만약 그렇지 않다면, 어떤 정보가 필요한지 답하시오.

10.4 CUSUM 관리도

$\overline{X}$ 관리도의 한 가지 목적은 공정평균의 이동을 감지하기 위한 것이다. 그러나 이동이 꽤 크지 않다면, 한 점이 3σ 관리한계선의 바깥에 위치하기까지 시간이 걸릴 것이다. 예제 10.4는 공정평균이 $\sigma_{\overline{X}}$만큼 이동할 때, 평균작동길이(ARL)가 44임을 보여준다. 즉, 공정이 이상상태에 있다고 판단되기까지 평균 44개의 표본을 모니터링해야 한다는 것을 말한다. Western Electric 법칙(10.2절)은 ARL을 줄이는 방법 중 하나이고, CUSUM 관리도 또한 또 다른 방법이다.

작은 이동을 알 수 있는 한 가지 방법은 중심선 아래 또는 위쪽의 연속된 점들을 사용하는 것이다. Western Electric 법칙은 연속에 대해 반응하도록 설계되었다. 작은 이동을 알아내는 또 다른 방법은 **누적합(cumulative sum)**을 사용하는 것이다. 공정평균이 위쪽으로 살짝 이동했다고 가정하자. 점들이 중심선 위쪽에 위치하는 경향을 보일 것이다. 만약 중심선으로부터의 편차를 더하고, 누적합을 표에 그린다면 점은 위로 이동할 것이고, $\overline{X}$ 관리도에서 그런 것보다 관리한계선을 더 빨리 초과할 것이다.

이제 CUSUM 관리도에서 점을 어떻게 그릴 것인지 설명할 것이다. 표본평균이 $\overline{X}_1, \cdots, \overline{X}_m$인 크기 n의 표본이 m개 있다고 하고, 목표값 μ를 공정평균이라고 정의하자. 주로 μ값은 $\overline{\overline{X}}$로부터 구해진다. 그다음 표본평균의 표준편차 $\sigma_{\overline{X}}$를 추정하는 것이 필요하다. 이것은 $\sigma_{\overline{X}} \approx A_2\overline{R}/3$을 이용한 표본범위를 통해 구하거나, $\sigma_{\overline{X}} \approx A_3\overline{R}/3$을 이용한 표본표준편차를 이용해 구할 수 있다. 만약 표본당 한 개의 항목만 존재한다면($n = 1$), 다른 추측이 필요하다. 대략적인 추측도 좋은 결과를 주기 때문에 CUSUM은 $n = 1$일 때 매우 유용하다. 마지막으로 주로 k와 h로 불리는 두 개의 상수값이 정해져야 한다. 큰 값의 두 상수는 긴 ARL을 주는데, 이는 결과적으로 적은 오경보를 나타내지만, 공정이 이상상태에 있다는 것을 발견하기까지 긴 대기시간이 소요된다. 주로 $k = 0.5$, $h = 4$ 또는 5의 값이 이용되는데, 이는 공정이 여전히 이상상태에 있지만, $1\sigma_{\overline{X}}$ 또는 그 이상의 공정평균의 이동에 대해 꽤 긴 ARL을 제공하기 때문이다.

각 표본에 대해 목표값으로부터의 편차는 $\overline{X}_i - \mu$이다. 우리는 두 개의 누적합, 즉 SH와 SL

에 대해 정의해야 한다. SH의 합은 항상 양수이거나 0이고, 공정평균이 목표값보다 커졌다는 신호이다. SL의 합은 항상 음수이거나 0이고, 공정평균이 목표값보다 작아졌다는 신호이다. 이 두 합은 재귀적(recursively)으로 계산된다. 다시 말해서 현재의 값이 다음 값을 계산하기 위해 사용된다. 처음의 SH와 SL의 값은

$$\text{SH}_0 = 0 \qquad \text{SL}_0 = 0 \tag{10.2}$$

이고, $i \geq 1$에 대해 다음과 같다.

$$\text{SH}_i = \max[0,\ \overline{X}_i - \mu - k\sigma_{\overline{X}} + \text{SH}_{i-1}] \tag{10.3}$$

$$\text{SL}_i = \min[0,\ \overline{X}_i - \mu + k\sigma_{\overline{X}} + \text{SL}_{i-1}] \tag{10.4}$$

만약 몇몇 i에 대해 $\text{SH}_i > h\sigma_{\overline{X}}$라면, 공정평균이 목표값보다 커졌다고 결론지을 수 있고, 몇몇 i에 대해 $\text{SL}_i < -h\sigma_{\overline{X}}$라면, 공정평균이 목표값보다 작아졌다고 결론지을 수 있다.

그림 10.16은 그림 10.9에 있는 자료의 CUSUM 관리도를 나타낸다. $k = 0.5$와 $h = 4$값이 사용되었으며, 2.952라는 값은 $h\sigma_{\overline{X}} = 4(0.738)$로부터 구했다. CUSUM 관리도는 표본 10에 대해 이상상태임을 나타내고 있다. 표본 8에 대해 이상상태임을 결정하기 위해 CUSUM 관리도는 Western Electric 법칙과 똑같이 수행된다(그림 10.9).

요약

CUSUM 관리도에는 SH와 SL의 두 가지 누적합이 그려진다.
처음 값은 $\text{SH}_0 = \text{SL}_0 = 0$이고, $i \geq 1$에 대해 다음과 같다.

$$\text{SH}_i = \max[0, \overline{X}_i - \mu - k\sigma_{\overline{X}} + \text{SH}_{i-1}]$$
$$\text{SL}_i = \min[0, \overline{X}_i - \mu + k\sigma_{\overline{X}} + \text{SL}_{i-1}]$$

상수 k와 h는 반드시 명시되어야 한다. $k = 0.5$, $h = 4$ 또는 5로부터 구해진다. 만약 어떤 i값에 대해 $\text{SH}_i > h\sigma_{\overline{X}}$ 또는 $\text{SL}_i < -h\sigma_{\overline{X}}$라면, 공정은 이상상태에 있다고 판단된다.

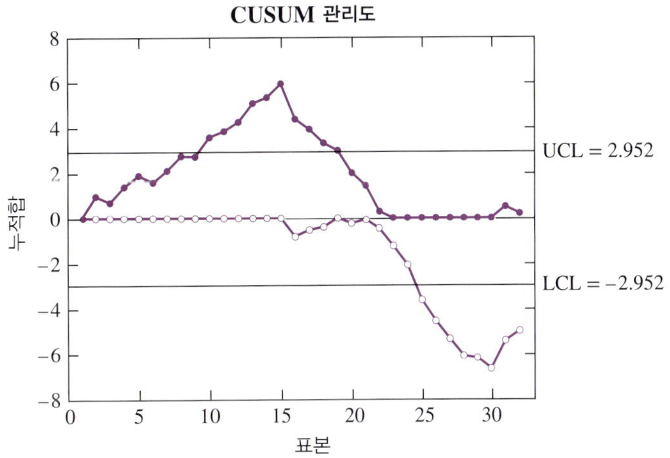

그림 10.16 그림 10.9의 자료에 대한 CUSUM 관리도

여기에 설명된 것과 같거나 또는 거의 비슷하게 CUSUM 관리도를 그리는 다른 몇 개의 방법이 있다. 몇몇 사람들은 편차를 z점수 $z_i=(\overline{X}_i-\mu)/\sigma_{\overline{X}}$를 이용하여($z_i$ 자리에 $\overline{X}_i-\mu$를, k 자리에 $k\sigma_{\overline{X}}$를 대입) SH와 SL을 구한다. 이 정의를 이용하면 관리한계선은 $\pm h\sigma_{\overline{X}}$가 아닌 $\pm h$에 위치한다.

또 다른 가장 일반적인 다른 방법은 'V-mask' 접근법이다. Montgomery(2009b)와 같은 통계품질관리 서적에서 더 많은 정보를 찾아볼 수 있다.

10.4 연습문제

1. 10.2절의 문제 2를 참고하시오.

a. 공정을 정상상태로 만들기 위해 필요한 표본을 모두 제거하시오.

b. $\overline{R}$을 사용하여 $\sigma_{\overline{X}}$를 추정하시오($\sigma_{\overline{X}}$는 $\overline{\overline{X}}$와 $\overline{X}$ 관리도에 있는 1σ 관리한계의 차이이다).

c. $\overline{\overline{X}}$를 목표평균 μ로 하고, $\sigma_{\overline{X}}$를 표준편차로 하여 CUSUM 관리도를 만드시오($k=0.5$이고, $h=4$이다).

d. 공정이 정상상태인지 판단하시오. 만약 그렇지 않다면, 언제 처음으로 이상상태로 되었는지 답하시오.

e. $\overline{X}$ 관리도를 만들고, Western Electric 법칙을 사용하여 공정이 정상상태인지 판단하시오. Western Electric 법칙과 CUSUM 관리도의 결과가 같은가? 만약 그렇지 않다면, 얼마나 다른지 답하시오.

2. 10.2절의 문제 6을 참고하시오.

a. 공정을 정상상태로 만들기 위해 필요한 표본을 모두 제거하시오.

b. $\overline{R}$을 사용하여 $\sigma_{\overline{X}}$를 추정하시오($\sigma_{\overline{X}}$는 $\overline{\overline{X}}$와 $\overline{X}$ 관리도에 있는 1σ 관리한계의 차이이다).

c. $\overline{\overline{X}}$를 목표평균 μ로 하고, $\sigma_{\overline{X}}$를 표준편차로 하여 CUSUM 관리도를 만드시오($k=0.5$이고, $h=4$이다).

d. 공정이 정상상태인지 판단하시오. 만약 그렇지 않다면, 언제 처음으로 이상상태로 되었는지 답하시오.

e. $\overline{X}$ 관리도를 만들고, Western Electric 법칙을 사용하여 공정이 정상상태인지 판단하시오. Western Electric 법칙과 CUSUM 관리도의 결과가 같은가? 만약 그렇지 않다면, 얼마나 다른지 답하시오.

3. 콘크리트 블록을 특정 용도에 사용하기 위해서는 평균 압력강도가 1,500 MPa여야 한다. 크기 1인 표본을 추출하여 품질관리를 하였다. 마지막 40개 표본의 압력강도는 다음 표에 나타나 있다.

표본	강도	표본	강도
1	1487	21	1507
2	1463	22	1474
3	1499	23	1515
4	1502	24	1533
5	1473	25	1487
6	1520	26	1518
7	1520	27	1526
8	1495	28	1469
9	1503	29	1472
10	1499	30	1512
11	1497	31	1486
12	1516	32	1505
13	1489	33	1507
14	1545	34	1505
15	1498	35	1517
16	1503	36	1504
17	1522	37	1515
18	1502	38	1467
19	1499	39	1491
20	1484	40	1488

이전 연구결과로부터 $\sigma=15$라는 것을 알았다.

a. 목표평균 μ를 1,500으로 하고, $k=0.5$이고 $h=4$이다. CUSUM 관리도를 만드시오.

b. 공정은 정상상태인가? 만약 그렇지 않다면, 언제 처음 이상상태로 발견되었는지 답하시오.

10.5 공정능력

공정이 관리상태에 있다면 설계사양에 부합하는 결과값을 만들어내는 능력을 평가하는 것이 중요하다. 우리는 변수자료를 고려할 것이고, 우리가 관심 있는 품질특성이 정규분포를 따른다고 가정할 것이다.

공정능력을 평가하는 첫 번째 단계는 공정평균과 표준편차를 추정하는 것이다. 이 값은 각각 $\hat{\mu}$와 $\hat{\sigma}$라고 한다. 자료에 쓰이는 $\hat{\mu}$와 $\hat{\sigma}$는 보통 과정이 정상상태에 있을 때의 관리도로부터 구해진다. 공정평균은 $\hat{\mu}=\overline{\overline{X}}$로 추정한다. 공정표준편차는 평균표본범위 $\overline{R}$ 또는 평균표본표준편차 $\overline{s}$를 이용해 추정한다. 구체적으로 $\hat{\sigma}$는 $\overline{R}$를 d_2라는 상수로 나누거나 $\overline{s}$를 c_4라는 상수로 나누어서 구할 수 있다. 상수값 d_2와 c_4는 표본의 크기에 따라 달라진다. 값들은 부록의 표 A.8을 참고한다.

요약

공정이 관리상태에 있을 때의 품질특성이 정규분포를 따른다면, 공정평균 $\hat{\mu}$와 $\hat{\sigma}$ 표준편차 는 관리도의 자료로부터 다음과 같이 추정할 수 있다.

- $\hat{\mu}=\overline{\overline{X}}$
- $\hat{\sigma}=\overline{R}/d_2$ 또는 $\hat{\sigma}=\overline{s}/c_4$

d_2와 c_4의 값은 표본의 크기에 따라 변한다.

공정표준편차 σ는 $\overline{X}$ 관리도에서 3σ 관리한계선을 계산한 값과 같지 않다는 것을 알아야 한다. 표본평균의 표준편차가 $\sigma_{\overline{X}}$일 때, 관리한계선은 $\mu \pm 3\sigma_{\overline{X}}$이다. 공정표준편차 σ는 각 항목의 품질특성의 표준편차이다. 표본크기가 n일 때, $\sigma_{\overline{X}}=\sigma/\sqrt{n}$의 관계가 있다.

사용에 적합하기 위해 품질특성은 반드시 규격하한(lower specification limit, LSL)과 규격상한(upper specification limit, USL) 사이에 있어야 한다. 가끔 규격한계가 한 가지일 경우가 있는데, 그 경우에 대해서는 이 절의 마지막에서 다룰 것이다. 규격한계는 설계요구사항에 따라 결정된다. 이것은 관리도에 있는 관리한계선이 **아니다**. 공정평균이 LSL과 USL 사이에 있다고 가정할 것이다.

공정능력의 두 지표 C_{pk}와 C_p에 대해 알아보자. C_{pk}는 공정능력 그 자체를 의미하고, C_p는 잠재적인 공정능력을 의미한다. 선형모형선택(8.4절)에 사용된 Mallows' C_p와 공정능력 C_p

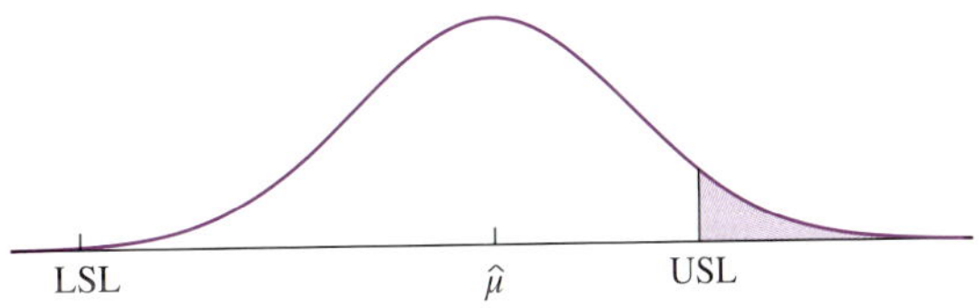

그림 10.17 정규곡선은 공정에 의해 생성된 단위의 모집단을 나타낸다. 공정평균이 규격하한(LSL)보다 규격하한(USL)에 더 가깝다. 따라서 C_{pk}는 $(\text{USL}-\hat{\mu})/3\hat{\sigma}$이다.

는 관계가 없음을 알아두자. 두 값이 같은 이름을 갖고 있는 것은 우연이다.

C_{pk}는 $\hat{\mu}$로부터 가장 가까운 규격한계까지의 거리를 $3\hat{\sigma}$로 나눈 값으로 정의된다. 그림 10.17은 $\hat{\mu}$가 규격상한에 더 가까운 경우를 나타낸다.

정의

C_{pk}는 다음 중 작은 값을 말한다.

$$\frac{\hat{\mu} - \text{LSL}}{3\hat{\sigma}} \quad \text{또는} \quad \frac{\text{USL} - \hat{\mu}}{3\hat{\sigma}}$$

일반적으로 C_{pk}의 최소 허용값은 1이다. 즉, 공정평균이 가장 가까운 규격한계로부터 3배의 표준편차만큼 떨어져 있을 때, 공정이 최소한도로 유효한 것으로 간주된다. 공정평균이 가장 가까운 규격한계로부터 4배의 표준편차만큼 떨어져 있을 때, C_{pk}의 값은 1.33이고, 이것은 일반적으로 좋은 것으로 간주된다.

예제 10.11

자동 변속기에 사용되는 피스톤 봉의 설계사양에는 봉의 길이가 71.4 mm에서 72.8 mm 사이에 있어야 한다고 한다. 표본의 크기는 $n = 5$이고, 과정이 $\overline{X}$ 관리도와 S 관리도를 이용해 모니터링되고 있다. 과정은 정상상태로 나타났다. $\overline{\overline{X}}$의 값은 71.8 mm이고, $\overline{s}$의 값은 0.20 mm이다. C_{pk}을 구하고, 이 공정능력을 수용할 수 있는지 답하시오.

풀이

$\hat{\mu} = \overline{\overline{X}} = 71.8$이다. $\hat{\sigma}$를 계산하기 위해, 표본크기가 5일 때 표 A.8로부터 $c_4 = 0.9400$의 값을 얻는다. 따라서 $\hat{\sigma} = \overline{s}/c_4 = 0.20/0.9400 = 0.2128$이다. LSL = 71.4 mm이고, USL = 72.8 mm이다. $\hat{\mu}$는 USL보다 LSL에 더 가깝다. 따라서 다음과 같다.

$$\begin{aligned} C_{pk} &= \frac{\hat{\mu} - \text{LSL}}{3\hat{\sigma}} = \frac{71.8 - 71.4}{(3)(0.2128)} \\ &= 0.6266 \end{aligned}$$

따라서 $C_{pk} < 1$이므로 공정능력을 수용할 수 없다.

예제 10.12

예제 10.11을 참고하여 공정평균을 원하는 어떤 값으로도 변경하는 것이 가능하다고 가정하자. C_{pk}를 최대화하기 위해 필요한 값을 구하고, C_{pk}의 값을 구하시오.

풀이

LSL = 71.4이고, USL = 72.8이다. 공정평균이 규격한계의 가운데인 $\mu = 72.1$에 위치할 때 C_{pk}가 최대가 된다. 공정표준편차는 $\hat{\sigma} = 0.2128$로 추정된다. 따라서 C_{pk}의 최대값은 $(72.1 - 71.4)/(3)(0.2128) = 1.0965$이므로 공정능력을 수용할 수 있다.

공정평균을 규격한계의 가운데로 옮겨서 얻을 수 있는 잠재적인 공정능력을 **공정능력지수(process capability index)**라고 하고, C_p로 표시한다. 만약 공정평균이 LSL과 USL의 중앙에 있다면, $\mu - \text{LSL} = \text{USL} - \mu = (\text{USL} - \text{LSL})/2$로 평균으로부터 어느 한쪽의 규격한계까지의 거리는 규격한계의 거리의 반과 같다(그림 10.18).

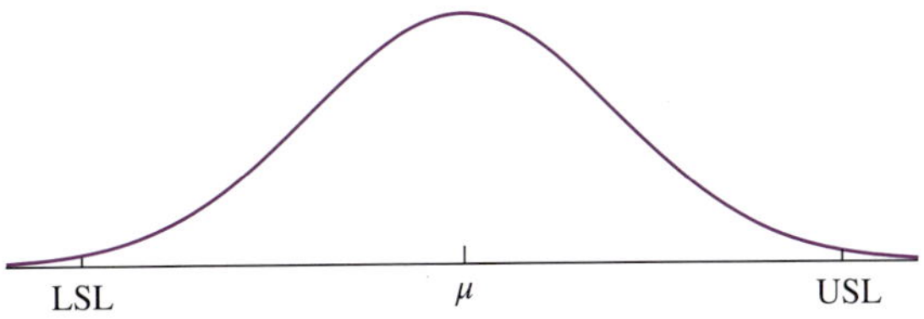

그림 10.18 공정평균이 규격한계 사이의 가운데에 있을 때, 공정은 최대능력을 갖는다. 이때 $\mu - \text{LSL} = \text{USL} - \mu = (\text{USL} - \text{LSL})/2$이다.

$$C_p = \frac{\text{USL} - \text{LSL}}{6\hat{\sigma}} \tag{10.5}$$

공정능력지수 C_p는 공정표준편차를 감소시키지 않고 얻을 수 있는 최고의 공정능력으로 잠재적인 공정능력이다.

예제 10.13

어떤 전기 회로의 전압 출력량의 사양은 48 V에서 52 V이다. $\hat{\sigma} = 0.482$ V로 과정은 정상상태에 있다. 공정능력지수 C_p를 구하시오.

풀이

계산은 다음과 같으며, 공정능력은 잠재적으로 좋다.

$$\begin{aligned} C_p &= \frac{\text{USL} - \text{LSL}}{6\hat{\sigma}} = \frac{52 - 48}{(6)(0.482)} \\ &= 1.38 \end{aligned}$$

공정능력에 부합하지 않는 단위의 비율 추정

많은 사람들이 C_p값을 사양에 부합하지 않은 단위의 비율을 추정하기 위해 사용한다. 예를 들어, $C_p = 1$이라면, 규격한계는 각각 $\hat{\mu} - 3\hat{\sigma}$과 $\hat{\mu} + 3\hat{\sigma}$이다. 따라서 공정평균으로부터 표준편차의 3배 이상 차이가 날 경우 단위는 공정능력에 부합하지 않을 것이다. 정규분포에서 평균으로부터 3배의 표준편차에 거리 이상에 있는 항목의 비율은 0.0027이다. 그래서 가끔 $C_p = 1$인 과정에 대해 10,000개당 27개의 부적합품이 나온다고 한다.

이것의 문제는 정규성가정이 실제 과정에 대해 대략적이라는 것이다. 근사치는 곡선의 중간에서는 실제값과 매우 유사하지만, 곡선의 꼬리 부분에서는 정확하지 않은 경우가 많다. 따라서 실제 부적합품의 비율은 특히 비율이 매우 낮은 경우 정규곡선에서 예측한 것과는 상당히 다른 결과를 나타낼 수 있다.

6-sigma 품질

품질관리의 논의에 있어 '6-sigma 품질(six-sigma quality)'은 매우 일반적인 용어이다. 만약 공정능력지수 C_p가 2 또는 그보다 큰 값을 가질 때, 과정은 6-sigma 품질을 갖는다고 말한다. 또 USL−LSL이 최소한 12σ여도 과정은 6-sigma 품질을 갖는다고 한다. 과정이 6-sigma 품질을 가질 때 공정평균이 최적으로 조정된다면, 이것은 각 규격한계로부터 6배의 표준편차이다. 이러한 경우 부적합품의 비율은 사실상 0이다.

6-sigma 공정의 중요한 특징은 공정능력의 커다란 저하 없이 공정평균의 중간 변화를 견디

낼 수 있다는 것이다. 예를 들어, 공정평균이 3σ의 크기로 한쪽 또는 다른 한쪽으로 이동된다 할지라도 가장 가까운 규격한계로부터 여전히 3σ의 거리에 있으므로 공정능력지수는 여전히 수용할 수 있다.

예제 10.14

예제 10.13을 참고하여 과정이 6-sigma 품질을 갖기 위해 얼마만큼의 공정표준편차가 감소해야 하는지 구하시오.

풀이

6-sigma 품질을 얻기 위해서는 C_p값이 최소 2.0이어야 한다. 이때 σ의 값을 구하기 위해서는 $C_p = 2.0$으로 두고 σ에 대해 계산한다. 따라서

$$2.0 = \frac{52 - 48}{6\sigma}$$

이며, $\sigma = 0.33$의 값을 얻을 수 있다.

최근 몇 년 동안 '6-sigma'라는 용어는 그 의미가 확장되어 이제는 제조공정과 비즈니스 과정에서 결함을 발견하고 제거하는 방법인 비즈니스매니지먼트 전략으로 언급되고 있다.

편측공차

몇몇 특성은 오직 하나의 규격한계가 있다. 예를 들어, 어떤 물건에 대한 강도는 사용상의 이유로 규격상한이 없고 규격하한만을 가진다. 오직 규격하한만 있을 때의 C_{pk}는 **공정능력지수하한(lower capability index)**이라고 하고 C_{pl}로 표기한다. 오직 규격상한만이 있을 때는 **공정능력지수상한(upper capability index)**이라고 하고 C_{pu}로 표기한다. 각각의 값은 추정된 값인 $\hat{\mu}$와 품질규격의 차이값을 $3\hat{\sigma}$로 나눈 값이다

요약

만약 공정이 규격하한(LSL)만을 갖고 있다면, 공정능력지수하한은 다음과 같다.

$$C_{pl} = \frac{\hat{\mu} - \text{LSL}}{3\hat{\sigma}}$$

만약 공정이 규격상한(USL)만을 갖고 있다면, 공정능력지수상한은 다음과 같다.

$$C_{pu} = \frac{\text{USL} - \hat{\mu}}{3\hat{\sigma}}$$

10.5 연습문제

1. 알루미늄 시트의 두께 사양은 0.246~0.254 mm이다. 공정이 정상상태이고 크기가 6인 표본을 기반으로 $\overline{X}$ 관리도의 자료는 $\overline{\overline{X}} = 0.248$이고, $\overline{s} = 0.002$이다.

a. 이 공정의 C_{pk}의 값을 구하시오.

b. 이 공정능력은 수용할 수 있는지 설명하시오.

2. 어떤 볼 베어링 직경의 사양은 15.40~15.60 mm이다. 공정이 정상상태이고 크기가 8인 표본을 기반으로 $\overline{X}$ 관리도의 자료는 $\overline{\overline{X}} = 15.52$이고, $\overline{R} = 0.05$이다.

a. 공정능력을 최대화하기 위해 공정평균의 값이 얼마나 되어야 하는지 구하시오.

b. 그렇다면 공정능력은 얼마가 되어야 하는지 구하시오.

3. 공정능력지수가 $C_p = 1.2$인 공정이 있다.

a. 공정평균이 최적화되었다고 가정하자. 공정평균과 표준편차를 이용하여 규격상한과 규격하한을 구하시오.

b. 정규곡선을 사용하여 사양에 맞지 않는 단위의 비율을 추정하시오.

c. 사양에 맞지 않는 실제 단위의 비율은 (b)에서 추정된 부분과 다른가? 만약 그렇지 않다면, 그 이유에 대해 설명하시오.

10장 보충연습문제

1. 매일 300개 품목의 표본을 추출하고 불량인 비율을 계산하여 공정에서 불량 품목이 있는지 모니터링한다. i번째 표본에서 불량품의 비율을 p_i라고 할 때, 마지막 100개 표본에 대해 비율의 합은 $\sum_{i=1}^{100} = 5.83$이다. p 관리도의 3σ 관리상한, 관리하한과 중심선을 구하시오.

2. 세 개의 저항기 표본이 주기적으로 추출하여 저항도(ohms)를 측정했다. 다음 표는 연속된 30개의 표본의 평균, 범위, 표준편차이다. $\overline{\overline{X}} = 5.095$, $\overline{R} = 0.110$, $\overline{s} = 0.058$이다.

표본	$\overline{X}$	R	s
1	5.114	0.146	0.077
2	5.144	0.158	0.085
3	5.220	0.057	0.031
4	5.196	0.158	0.081
5	5.176	0.172	0.099
6	5.222	0.030	0.017
7	5.209	0.118	0.059
8	5.212	0.099	0.053
9	5.238	0.157	0.085
10	5.152	0.104	0.054
11	5.163	0.051	0.026
12	5.221	0.105	0.055
13	5.144	0.132	0.071
14	5.098	0.123	0.062
15	5.070	0.083	0.042
16	5.029	0.073	0.038
17	5.045	0.161	0.087
18	5.008	0.138	0.071
19	5.029	0.082	0.042
20	5.038	0.109	0.055
21	4.962	0.066	0.034
22	5.033	0.078	0.041
23	4.993	0.085	0.044
24	4.961	0.126	0.066
25	4.976	0.094	0.047
26	5.005	0.135	0.068
27	5.022	0.120	0.062
28	5.077	0.140	0.074
29	5.033	0.049	0.026
30	5.068	0.146	0.076

a. R 관리도에 대한 3 한계를 구하시오. 어떤 점에서든지 분산이 통제되지 않는 부분이 있는가? 만약 있다면, 통제되지 않는 부분은 잘라내고 다시 $\overline{\overline{X}}$와 $\overline{R}$을 구하시오.

b. $\overline{X}$ 관리도에 대한 3σ 한계를 구하시오. 3σ 한계를 볼 때, 공정평균이 통제되어 있는가? 만약 아니라면, 통제가 안 되는 첫 번째 점은 무엇인지 답하시오.

c. Western Electric 법칙을 기반으로 할 때, 공정평균이 통제되어 있는가? 만약 아니라면, 통제가 안 되는 첫 번째 점은 무엇인지 답하시오.

3. 문제 2를 참고하시오.

a. 공정을 정상상태로 만들기 위해 필요한 표본을 모두 제거하시오.

b. $\overline{R}$을 사용하여 $\sigma_{\overline{X}}$를 추정하시오($\sigma_{\overline{X}}$는 $\overline{\overline{X}}$와 $\overline{X}$ 관리도에 있는 1σ 관리한계의 차이이다).

c. $\overline{\overline{X}}$를 목표평균 μ로 사용하고, $\sigma_{\overline{X}}$를 표준편차로 사용하여 CUSUM 관리도를 만드시오($k = 0.5$이고, $h = 4$이다).

d. 공정은 정상상태인가? 만약 그렇지 않다면, 언제 처음으로 이상상태가 되었는지 답하시오.

e. $\overline{X}$ 관리도를 만들고 Western Electric 법칙을 사용하여 공정이 정상상태인지 답하시오. Western Electric 법칙과 CUSUM 관리도는 결과가 같은가? 만약 그렇지 않다면, 얼마나 다른지 답하시오.

4. 컴퓨터 칩을 생산하는 과정을 감시하는 p 관리도를 만들기 위해서는 매일 300개의 칩 표본을 추출하여 결함이 있는 칩을 센다. 마지막 20일에 결함이 있는 칩의 수는 다음과 같다.

12	13	11	10	15	9	1	10	9	15
8	13	11	9	16	12	19	20	18	9

a. p 관리도에 대한 3σ 관리상한과 관리하한을 구하시오.

b. 어떤 표본에서 공정이 통제를 벗어난 것으로 감지되는지 구하시오.

c. 통제가 안 되는 상태를 초래한 이상원인이 발견되었다고 가정하자. 이 원인은 해결되어야 하는지 설명하시오.

부록 **A**

분포표

부록 **B**

연습문제 해답

참고문헌

찾아보기

부록 A
분포표

표 A.1 누적이항분포표

$$F(x) = P(X \le x) = \sum_{k=0}^{x} \frac{n!}{k!(n-k)!} p^k (1-p)^{(n-k)}$$

		p												
n	x	0.05	0.10	0.20	0.25	0.30	0.40	0.50	0.60	0.70	0.75	0.80	0.90	0.95
2	0	0.902	0.810	0.640	0.562	0.490	0.360	0.250	0.160	0.090	0.062	0.040	0.010	0.003
	1	0.997	0.990	0.960	0.938	0.910	0.840	0.750	0.640	0.510	0.438	0.360	0.190	0.098
	2	1.000	1.000	1.000	1.000	1.000	1.000	1.000	1.000	1.000	1.000	1.000	1.000	1.000
3	0	0.857	0.729	0.512	0.422	0.343	0.216	0.125	0.064	0.027	0.016	0.008	0.001	0.000
	1	0.993	0.972	0.896	0.844	0.784	0.648	0.500	0.352	0.216	0.156	0.104	0.028	0.007
	2	1.000	0.999	0.992	0.984	0.973	0.936	0.875	0.784	0.657	0.578	0.488	0.271	0.143
	3	1.000	1.000	1.000	1.000	1.000	1.000	1.000	1.000	1.000	1.000	1.000	1.000	1.000
4	0	0.815	0.656	0.410	0.316	0.240	0.130	0.062	0.026	0.008	0.004	0.002	0.000	0.000
	1	0.986	0.948	0.819	0.738	0.652	0.475	0.313	0.179	0.084	0.051	0.027	0.004	0.000
	2	1.000	0.996	0.973	0.949	0.916	0.821	0.688	0.525	0.348	0.262	0.181	0.052	0.014
	3	1.000	1.000	0.998	0.996	0.992	0.974	0.938	0.870	0.760	0.684	0.590	0.344	0.185
	4	1.000	1.000	1.000	1.000	1.000	1.000	1.000	1.000	1.000	1.000	1.000	1.000	1.000
5	0	0.774	0.590	0.328	0.237	0.168	0.078	0.031	0.010	0.002	0.001	0.000	0.000	0.000
	1	0.977	0.919	0.737	0.633	0.528	0.337	0.187	0.087	0.031	0.016	0.007	0.000	0.000
	2	0.999	0.991	0.942	0.896	0.837	0.683	0.500	0.317	0.163	0.104	0.058	0.009	0.001
	3	1.000	1.000	0.993	0.984	0.969	0.913	0.812	0.663	0.472	0.367	0.263	0.081	0.023
	4	1.000	1.000	1.000	0.999	0.998	0.990	0.969	0.922	0.832	0.763	0.672	0.410	0.226
	5	1.000	1.000	1.000	1.000	1.000	1.000	1.000	1.000	1.000	1.000	1.000	1.000	1.000
6	0	0.735	0.531	0.262	0.178	0.118	0.047	0.016	0.004	0.001	0.000	0.000	0.000	0.000
	1	0.967	0.886	0.655	0.534	0.420	0.233	0.109	0.041	0.011	0.005	0.002	0.000	0.000
	2	0.998	0.984	0.901	0.831	0.744	0.544	0.344	0.179	0.070	0.038	0.017	0.001	0.000
	3	1.000	0.999	0.983	0.962	0.930	0.821	0.656	0.456	0.256	0.169	0.099	0.016	0.002
	4	1.000	1.000	0.998	0.995	0.989	0.959	0.891	0.767	0.580	0.466	0.345	0.114	0.033
	5	1.000	1.000	1.000	1.000	0.999	0.996	0.984	0.953	0.882	0.822	0.738	0.469	0.265
	6	1.000	1.000	1.000	1.000	1.000	1.000	1.000	1.000	1.000	1.000	1.000	1.000	1.000
7	0	0.698	0.478	0.210	0.133	0.082	0.028	0.008	0.002	0.000	0.000	0.000	0.000	0.000
	1	0.956	0.850	0.577	0.445	0.329	0.159	0.063	0.019	0.004	0.001	0.000	0.000	0.000
	2	0.996	0.974	0.852	0.756	0.647	0.420	0.227	0.096	0.029	0.013	0.005	0.000	0.000
	3	1.000	0.997	0.967	0.929	0.874	0.710	0.500	0.290	0.126	0.071	0.033	0.003	0.000
	4	1.000	1.000	0.995	0.987	0.971	0.904	0.773	0.580	0.353	0.244	0.148	0.026	0.004
	5	1.000	1.000	1.000	0.999	0.996	0.981	0.938	0.841	0.671	0.555	0.423	0.150	0.044
	6	1.000	1.000	1.000	1.000	1.000	0.998	0.992	0.972	0.918	0.867	0.790	0.522	0.302
	7	1.000	1.000	1.000	1.000	1.000	1.000	1.000	1.000	1.000	1.000	1.000	1.000	1.000

표 A.1 누적이항분포표

		p												
n	**x**	**0.05**	**0.10**	**0.20**	**0.25**	**0.30**	**0.40**	**0.50**	**0.60**	**0.70**	**0.75**	**0.80**	**0.90**	**0.95**
8	**0**	0.663	0.430	0.168	0.100	0.058	0.017	0.004	0.001	0.000	0.000	0.000	0.000	0.000
	1	0.943	0.813	0.503	0.367	0.255	0.106	0.035	0.009	0.001	0.000	0.000	0.000	0.000
	2	0.994	0.962	0.797	0.679	0.552	0.315	0.145	0.050	0.011	0.004	0.001	0.000	0.000
	3	1.000	0.995	0.944	0.886	0.806	0.594	0.363	0.174	0.058	0.027	0.010	0.000	0.000
	4	1.000	1.000	0.990	0.973	0.942	0.826	0.637	0.406	0.194	0.114	0.056	0.005	0.000
	5	1.000	1.000	0.999	0.996	0.989	0.950	0.855	0.685	0.448	0.321	0.203	0.038	0.006
	6	1.000	1.000	1.000	1.000	0.999	0.991	0.965	0.894	0.745	0.633	0.497	0.187	0.057
	7	1.000	1.000	1.000	1.000	1.000	0.999	0.996	0.983	0.942	0.900	0.832	0.570	0.337
	8	1.000	1.000	1.000	1.000	1.000	1.000	1.000	1.000	1.000	1.000	1.000	1.000	1.000
9	**0**	0.630	0.387	0.134	0.075	0.040	0.010	0.002	0.000	0.000	0.000	0.000	0.000	0.000
	1	0.929	0.775	0.436	0.300	0.196	0.071	0.020	0.004	0.000	0.000	0.000	0.000	0.000
	2	0.992	0.947	0.738	0.601	0.463	0.232	0.090	0.025	0.004	0.001	0.000	0.000	0.000
	3	0.999	0.992	0.914	0.834	0.730	0.483	0.254	0.099	0.025	0.010	0.003	0.000	0.000
	4	1.000	0.999	0.980	0.951	0.901	0.733	0.500	0.267	0.099	0.049	0.020	0.001	0.000
	5	1.000	1.000	0.997	0.990	0.975	0.901	0.746	0.517	0.270	0.166	0.086	0.008	0.001
	6	1.000	1.000	1.000	0.999	0.996	0.975	0.910	0.768	0.537	0.399	0.262	0.053	0.008
	7	1.000	1.000	1.000	1.000	1.000	0.996	0.980	0.929	0.804	0.700	0.564	0.225	0.071
	8	1.000	1.000	1.000	1.000	1.000	1.000	0.998	0.990	0.960	0.925	0.866	0.613	0.370
	9	1.000	1.000	1.000	1.000	1.000	1.000	1.000	1.000	1.000	1.000	1.000	1.000	1.000
10	**0**	0.599	0.349	0.107	0.056	0.028	0.006	0.001	0.000	0.000	0.000	0.000	0.000	0.000
	1	0.914	0.736	0.376	0.244	0.149	0.046	0.011	0.002	0.000	0.000	0.000	0.000	0.000
	2	0.988	0.930	0.678	0.526	0.383	0.167	0.055	0.012	0.002	0.000	0.000	0.000	0.000
	3	0.999	0.987	0.879	0.776	0.650	0.382	0.172	0.055	0.011	0.004	0.001	0.000	0.000
	4	1.000	0.998	0.967	0.922	0.850	0.633	0.377	0.166	0.047	0.020	0.006	0.000	0.000
	5	1.000	1.000	0.994	0.980	0.953	0.834	0.623	0.367	0.150	0.078	0.033	0.002	0.000
	6	1.000	1.000	0.999	0.996	0.989	0.945	0.828	0.618	0.350	0.224	0.121	0.013	0.001
	7	1.000	1.000	1.000	1.000	0.998	0.988	0.945	0.833	0.617	0.474	0.322	0.070	0.012
	8	1.000	1.000	1.000	1.000	1.000	0.998	0.989	0.954	0.851	0.756	0.624	0.264	0.086
	9	1.000	1.000	1.000	1.000	1.000	1.000	0.999	0.994	0.972	0.944	0.893	0.651	0.401
	10	1.000	1.000	1.000	1.000	1.000	1.000	1.000	1.000	1.000	1.000	1.000	1.000	1.000
11	**0**	0.569	0.314	0.086	0.042	0.020	0.004	0.000	0.000	0.000	0.000	0.000	0.000	0.000
	1	0.898	0.697	0.322	0.197	0.113	0.030	0.006	0.001	0.000	0.000	0.000	0.000	0.000
	2	0.985	0.910	0.617	0.455	0.313	0.119	0.033	0.006	0.001	0.000	0.000	0.000	0.000
	3	0.998	0.981	0.839	0.713	0.570	0.296	0.113	0.029	0.004	0.001	0.000	0.000	0.000
	4	1.000	0.997	0.950	0.885	0.790	0.533	0.274	0.099	0.022	0.008	0.002	0.000	0.000
	5	1.000	1.000	0.988	0.966	0.922	0.753	0.500	0.247	0.078	0.034	0.012	0.000	0.000
	6	1.000	1.000	0.998	0.992	0.978	0.901	0.726	0.467	0.210	0.115	0.050	0.003	0.000
	7	1.000	1.000	1.000	0.999	0.996	0.971	0.887	0.704	0.430	0.287	0.161	0.019	0.002
	8	1.000	1.000	1.000	1.000	0.999	0.994	0.967	0.881	0.687	0.545	0.383	0.090	0.015
	9	1.000	1.000	1.000	1.000	1.000	0.999	0.994	0.970	0.887	0.803	0.678	0.303	0.102
	10	1.000	1.000	1.000	1.000	1.000	1.000	1.000	0.996	0.980	0.958	0.914	0.686	0.431
	11	1.000	1.000	1.000	1.000	1.000	1.000	1.000	1.000	1.000	1.000	1.000	1.000	1.000

표 A.1 누적이항분포표

n	x	p 0.05	0.10	0.20	0.25	0.30	0.40	0.50	0.60	0.70	0.75	0.80	0.90	0.95
12	0	0.540	0.282	0.069	0.032	0.014	0.002	0.000	0.000	0.000	0.000	0.000	0.000	0.000
	1	0.882	0.659	0.275	0.158	0.085	0.020	0.003	0.000	0.000	0.000	0.000	0.000	0.000
	2	0.980	0.889	0.558	0.391	0.253	0.083	0.019	0.003	0.000	0.000	0.000	0.000	0.000
	3	0.998	0.974	0.795	0.649	0.493	0.225	0.073	0.015	0.002	0.000	0.000	0.000	0.000
	4	1.000	0.996	0.927	0.842	0.724	0.438	0.194	0.057	0.009	0.003	0.001	0.000	0.000
	5	1.000	0.999	0.981	0.946	0.882	0.665	0.387	0.158	0.039	0.014	0.004	0.000	0.000
	6	1.000	1.000	0.996	0.986	0.961	0.842	0.613	0.335	0.118	0.054	0.019	0.001	0.000
	7	1.000	1.000	0.999	0.997	0.991	0.943	0.806	0.562	0.276	0.158	0.073	0.004	0.000
	8	1.000	1.000	1.000	1.000	0.998	0.985	0.927	0.775	0.507	0.351	0.205	0.026	0.002
	9	1.000	1.000	1.000	1.000	1.000	0.997	0.981	0.917	0.747	0.609	0.442	0.111	0.020
	10	1.000	1.000	1.000	1.000	1.000	1.000	0.997	0.980	0.915	0.842	0.725	0.341	0.118
	11	1.000	1.000	1.000	1.000	1.000	1.000	1.000	0.998	0.986	0.968	0.931	0.718	0.460
	12	1.000	1.000	1.000	1.000	1.000	1.000	1.000	1.000	1.000	1.000	1.000	1.000	1.000
13	0	0.513	0.254	0.055	0.024	0.010	0.001	0.000	0.000	0.000	0.000	0.000	0.000	0.000
	1	0.865	0.621	0.234	0.127	0.064	0.013	0.002	0.000	0.000	0.000	0.000	0.000	0.000
	2	0.975	0.866	0.502	0.333	0.202	0.058	0.011	0.001	0.000	0.000	0.000	0.000	0.000
	3	0.997	0.966	0.747	0.584	0.421	0.169	0.046	0.008	0.001	0.000	0.000	0.000	0.000
	4	1.000	0.994	0.901	0.794	0.654	0.353	0.133	0.032	0.004	0.001	0.000	0.000	0.000
	5	1.000	0.999	0.970	0.920	0.835	0.574	0.291	0.098	0.018	0.006	0.001	0.000	0.000
	6	1.000	1.000	0.993	0.976	0.938	0.771	0.500	0.229	0.062	0.024	0.007	0.000	0.000
	7	1.000	1.000	0.999	0.994	0.982	0.902	0.709	0.426	0.165	0.080	0.030	0.001	0.000
	8	1.000	1.000	1.000	0.999	0.996	0.968	0.867	0.647	0.346	0.206	0.099	0.006	0.000
	9	1.000	1.000	1.000	1.000	0.999	0.992	0.954	0.831	0.579	0.416	0.253	0.034	0.003
	10	1.000	1.000	1.000	1.000	1.000	0.999	0.989	0.942	0.798	0.667	0.498	0.134	0.025
	11	1.000	1.000	1.000	1.000	1.000	1.000	0.998	0.987	0.936	0.873	0.766	0.379	0.135
	12	1.000	1.000	1.000	1.000	1.000	1.000	1.000	0.999	0.990	0.976	0.945	0.746	0.487
	13	1.000	1.000	1.000	1.000	1.000	1.000	1.000	1.000	1.000	1.000	1.000	1.000	1.000
14	0	0.488	0.229	0.044	0.018	0.007	0.001	0.000	0.000	0.000	0.000	0.000	0.000	0.000
	1	0.847	0.585	0.198	0.101	0.047	0.008	0.001	0.000	0.000	0.000	0.000	0.000	0.000
	2	0.970	0.842	0.448	0.281	0.161	0.040	0.006	0.001	0.000	0.000	0.000	0.000	0.000
	3	0.996	0.956	0.698	0.521	0.355	0.124	0.029	0.004	0.000	0.000	0.000	0.000	0.000
	4	1.000	0.991	0.870	0.742	0.584	0.279	0.090	0.018	0.002	0.000	0.000	0.000	0.000
	5	1.000	0.999	0.956	0.888	0.781	0.486	0.212	0.058	0.008	0.002	0.000	0.000	0.000
	6	1.000	1.000	0.988	0.962	0.907	0.692	0.395	0.150	0.031	0.010	0.002	0.000	0.000
	7	1.000	1.000	0.998	0.990	0.969	0.850	0.605	0.308	0.093	0.038	0.012	0.000	0.000
	8	1.000	1.000	1.000	0.998	0.992	0.942	0.788	0.514	0.219	0.112	0.044	0.001	0.000
	9	1.000	1.000	1.000	1.000	0.998	0.982	0.910	0.721	0.416	0.258	0.130	0.009	0.000
	10	1.000	1.000	1.000	1.000	1.000	0.996	0.971	0.876	0.645	0.479	0.302	0.044	0.004
	11	1.000	1.000	1.000	1.000	1.000	0.999	0.994	0.960	0.839	0.719	0.552	0.158	0.030
	12	1.000	1.000	1.000	1.000	1.000	1.000	0.999	0.992	0.953	0.899	0.802	0.415	0.153
	13	1.000	1.000	1.000	1.000	1.000	1.000	1.000	0.999	0.993	0.982	0.956	0.771	0.512
	14	1.000	1.000	1.000	1.000	1.000	1.000	1.000	1.000	1.000	1.000	1.000	1.000	1.000

표 A.1 누적이항분포표

n	x	p 0.05	0.10	0.20	0.25	0.30	0.40	0.50	0.60	0.70	0.75	0.80	0.90	0.95
15	**0**	0.463	0.206	0.035	0.013	0.005	0.000	0.000	0.000	0.000	0.000	0.000	0.000	0.000
	1	0.829	0.549	0.167	0.080	0.035	0.005	0.000	0.000	0.000	0.000	0.000	0.000	0.000
	2	0.964	0.816	0.398	0.236	0.127	0.027	0.004	0.000	0.000	0.000	0.000	0.000	0.000
	3	0.995	0.944	0.648	0.461	0.297	0.091	0.018	0.002	0.000	0.000	0.000	0.000	0.000
	4	0.999	0.987	0.836	0.686	0.515	0.217	0.059	0.009	0.001	0.000	0.000	0.000	0.000
	5	1.000	0.998	0.939	0.852	0.722	0.403	0.151	0.034	0.004	0.001	0.000	0.000	0.000
	6	1.000	1.000	0.982	0.943	0.869	0.610	0.304	0.095	0.015	0.004	0.001	0.000	0.000
	7	1.000	1.000	0.996	0.983	0.950	0.787	0.500	0.213	0.050	0.017	0.004	0.000	0.000
	8	1.000	1.000	0.999	0.996	0.985	0.905	0.696	0.390	0.131	0.057	0.018	0.000	0.000
	9	1.000	1.000	1.000	0.999	0.996	0.966	0.849	0.597	0.278	0.148	0.061	0.002	0.000
	10	1.000	1.000	1.000	1.000	0.999	0.991	0.941	0.783	0.485	0.314	0.164	0.013	0.001
	11	1.000	1.000	1.000	1.000	1.000	0.998	0.982	0.909	0.703	0.539	0.352	0.056	0.005
	12	1.000	1.000	1.000	1.000	1.000	1.000	0.996	0.973	0.873	0.764	0.602	0.184	0.036
	13	1.000	1.000	1.000	1.000	1.000	1.000	1.000	0.995	0.965	0.920	0.833	0.451	0.171
	14	1.000	1.000	1.000	1.000	1.000	1.000	1.000	1.000	0.995	0.987	0.965	0.794	0.537
	15	1.000	1.000	1.000	1.000	1.000	1.000	1.000	1.000	1.000	1.000	1.000	1.000	1.000
16	**0**	0.440	0.185	0.028	0.010	0.003	0.000	0.000	0.000	0.000	0.000	0.000	0.000	0.000
	1	0.811	0.515	0.141	0.063	0.026	0.003	0.000	0.000	0.000	0.000	0.000	0.000	0.000
	2	0.957	0.789	0.352	0.197	0.099	0.018	0.002	0.000	0.000	0.000	0.000	0.000	0.000
	3	0.993	0.932	0.598	0.405	0.246	0.065	0.011	0.001	0.000	0.000	0.000	0.000	0.000
	4	0.999	0.983	0.798	0.630	0.450	0.167	0.038	0.005	0.000	0.000	0.000	0.000	0.000
	5	1.000	0.997	0.918	0.810	0.660	0.329	0.105	0.019	0.002	0.000	0.000	0.000	0.000
	6	1.000	0.999	0.973	0.920	0.825	0.527	0.227	0.058	0.007	0.002	0.000	0.000	0.000
	7	1.000	1.000	0.993	0.973	0.926	0.716	0.402	0.142	0.026	0.007	0.001	0.000	0.000
	8	1.000	1.000	0.999	0.993	0.974	0.858	0.598	0.284	0.074	0.027	0.007	0.000	0.000
	9	1.000	1.000	1.000	0.998	0.993	0.942	0.773	0.473	0.175	0.080	0.027	0.001	0.000
	10	1.000	1.000	1.000	1.000	0.998	0.981	0.895	0.671	0.340	0.190	0.082	0.003	0.000
	11	1.000	1.000	1.000	1.000	1.000	0.995	0.962	0.833	0.550	0.370	0.202	0.017	0.001
	12	1.000	1.000	1.000	1.000	1.000	0.999	0.989	0.935	0.754	0.595	0.402	0.068	0.007
	13	1.000	1.000	1.000	1.000	1.000	1.000	0.998	0.982	0.901	0.803	0.648	0.211	0.043
	14	1.000	1.000	1.000	1.000	1.000	1.000	1.000	0.997	0.974	0.937	0.859	0.485	0.189
	15	1.000	1.000	1.000	1.000	1.000	1.000	1.000	1.000	0.997	0.990	0.972	0.815	0.560
	16	1.000	1.000	1.000	1.000	1.000	1.000	1.000	1.000	1.000	1.000	1.000	1.000	1.000
17	**0**	0.418	0.167	0.023	0.008	0.002	0.000	0.000	0.000	0.000	0.000	0.000	0.000	0.000
	1	0.792	0.482	0.118	0.050	0.019	0.002	0.000	0.000	0.000	0.000	0.000	0.000	0.000
	2	0.950	0.762	0.310	0.164	0.077	0.012	0.001	0.000	0.000	0.000	0.000	0.000	0.000
	3	0.991	0.917	0.549	0.353	0.202	0.046	0.006	0.000	0.000	0.000	0.000	0.000	0.000
	4	0.999	0.978	0.758	0.574	0.389	0.126	0.025	0.003	0.000	0.000	0.000	0.000	0.000
	5	1.000	0.995	0.894	0.765	0.597	0.264	0.072	0.011	0.001	0.000	0.000	0.000	0.000
	6	1.000	0.999	0.962	0.893	0.775	0.448	0.166	0.035	0.003	0.001	0.000	0.000	0.000
	7	1.000	1.000	0.989	0.960	0.895	0.641	0.315	0.092	0.013	0.003	0.000	0.000	0.000
	8	1.000	1.000	0.997	0.988	0.960	0.801	0.500	0.199	0.040	0.012	0.003	0.000	0.000
	9	1.000	1.000	1.000	0.997	0.987	0.908	0.685	0.359	0.105	0.040	0.011	0.000	0.000

표 A.1 누적이항분포표

		p												
n	x	0.05	0.10	0.20	0.25	0.30	0.40	0.50	0.60	0.70	0.75	0.80	0.90	0.95
17	10	1.000	1.000	1.000	0.999	0.997	0.965	0.834	0.552	0.225	0.107	0.038	0.001	0.000
	11	1.000	1.000	1.000	1.000	0.999	0.989	0.928	0.736	0.403	0.235	0.106	0.005	0.000
	12	1.000	1.000	1.000	1.000	1.000	0.997	0.975	0.874	0.611	0.426	0.242	0.022	0.001
	13	1.000	1.000	1.000	1.000	1.000	1.000	0.994	0.954	0.798	0.647	0.451	0.083	0.009
	14	1.000	1.000	1.000	1.000	1.000	1.000	0.999	0.988	0.923	0.836	0.690	0.238	0.050
	15	1.000	1.000	1.000	1.000	1.000	1.000	1.000	0.998	0.981	0.950	0.882	0.518	0.208
	16	1.000	1.000	1.000	1.000	1.000	1.000	1.000	1.000	0.998	0.992	0.977	0.833	0.582
	17	1.000	1.000	1.000	1.000	1.000	1.000	1.000	1.000	1.000	1.000	1.000	1.000	1.000
18	0	0.397	0.150	0.018	0.006	0.002	0.000	0.000	0.000	0.000	0.000	0.000	0.000	0.000
	1	0.774	0.450	0.099	0.039	0.014	0.001	0.000	0.000	0.000	0.000	0.000	0.000	0.000
	2	0.942	0.734	0.271	0.135	0.060	0.008	0.001	0.000	0.000	0.000	0.000	0.000	0.000
	3	0.989	0.902	0.501	0.306	0.165	0.033	0.004	0.000	0.000	0.000	0.000	0.000	0.000
	4	0.998	0.972	0.716	0.519	0.333	0.094	0.015	0.001	0.000	0.000	0.000	0.000	0.000
	5	1.000	0.994	0.867	0.717	0.534	0.209	0.048	0.006	0.000	0.000	0.000	0.000	0.000
	6	1.000	0.999	0.949	0.861	0.722	0.374	0.119	0.020	0.001	0.000	0.000	0.000	0.000
	7	1.000	1.000	0.984	0.943	0.859	0.563	0.240	0.058	0.006	0.001	0.000	0.000	0.000
	8	1.000	1.000	0.996	0.981	0.940	0.737	0.407	0.135	0.021	0.005	0.001	0.000	0.000
	9	1.000	1.000	0.999	0.995	0.979	0.865	0.593	0.263	0.060	0.019	0.004	0.000	0.000
	10	1.000	1.000	1.000	0.999	0.994	0.942	0.760	0.437	0.141	0.057	0.016	0.000	0.000
	11	1.000	1.000	1.000	1.000	0.999	0.980	0.881	0.626	0.278	0.139	0.051	0.001	0.000
	12	1.000	1.000	1.000	1.000	1.000	0.994	0.952	0.791	0.466	0.283	0.133	0.006	0.000
	13	1.000	1.000	1.000	1.000	1.000	0.999	0.985	0.906	0.667	0.481	0.284	0.028	0.002
	14	1.000	1.000	1.000	1.000	1.000	1.000	0.996	0.967	0.835	0.694	0.499	0.098	0.011
	15	1.000	1.000	1.000	1.000	1.000	1.000	0.999	0.992	0.940	0.865	0.729	0.266	0.058
	16	1.000	1.000	1.000	1.000	1.000	1.000	1.000	0.999	0.986	0.961	0.901	0.550	0.226
	17	1.000	1.000	1.000	1.000	1.000	1.000	1.000	1.000	0.998	0.994	0.982	0.850	0.603
	18	1.000	1.000	1.000	1.000	1.000	1.000	1.000	1.000	1.000	1.000	1.000	1.000	1.000
19	0	0.377	0.135	0.014	0.004	0.001	0.000	0.000	0.000	0.000	0.000	0.000	0.000	0.000
	1	0.755	0.420	0.083	0.031	0.010	0.001	0.000	0.000	0.000	0.000	0.000	0.000	0.000
	2	0.933	0.705	0.237	0.111	0.046	0.005	0.000	0.000	0.000	0.000	0.000	0.000	0.000
	3	0.987	0.885	0.455	0.263	0.133	0.023	0.002	0.000	0.000	0.000	0.000	0.000	0.000
	4	0.998	0.965	0.673	0.465	0.282	0.070	0.010	0.001	0.000	0.000	0.000	0.000	0.000
	5	1.000	0.991	0.837	0.668	0.474	0.163	0.032	0.003	0.000	0.000	0.000	0.000	0.000
	6	1.000	0.998	0.932	0.825	0.666	0.308	0.084	0.012	0.001	0.000	0.000	0.000	0.000
	7	1.000	1.000	0.977	0.923	0.818	0.488	0.180	0.035	0.003	0.000	0.000	0.000	0.000
	8	1.000	1.000	0.993	0.971	0.916	0.667	0.324	0.088	0.011	0.002	0.000	0.000	0.000
	9	1.000	1.000	0.998	0.991	0.967	0.814	0.500	0.186	0.033	0.009	0.002	0.000	0.000
	10	1.000	1.000	1.000	0.998	0.989	0.912	0.676	0.333	0.084	0.029	0.007	0.000	0.000
	11	1.000	1.000	1.000	1.000	0.997	0.965	0.820	0.512	0.182	0.077	0.023	0.000	0.000
	12	1.000	1.000	1.000	1.000	0.999	0.988	0.916	0.692	0.334	0.175	0.068	0.002	0.000
	13	1.000	1.000	1.000	1.000	1.000	0.997	0.968	0.837	0.526	0.332	0.163	0.009	0.000
	14	1.000	1.000	1.000	1.000	1.000	0.999	0.990	0.930	0.718	0.535	0.327	0.035	0.002

표 A.1 누적이항분포표

		p												
n	***x***	**0.05**	**0.10**	**0.20**	**0.25**	**0.30**	**0.40**	**0.50**	**0.60**	**0.70**	**0.75**	**0.80**	**0.90**	**0.95**
19	**15**	1.000	1.000	1.000	1.000	1.000	1.000	0.998	0.977	0.867	0.737	0.545	0.115	0.013
	16	1.000	1.000	1.000	1.000	1.000	1.000	1.000	0.995	0.954	0.889	0.763	0.295	0.067
	17	1.000	1.000	1.000	1.000	1.000	1.000	1.000	0.999	0.990	0.969	0.917	0.580	0.245
	18	1.000	1.000	1.000	1.000	1.000	1.000	1.000	1.000	0.999	0.996	0.986	0.865	0.623
	19	1.000	1.000	1.000	1.000	1.000	1.000	1.000	1.000	1.000	1.000	1.000	1.000	1.000
20	**0**	0.358	0.122	0.012	0.003	0.001	0.000	0.000	0.000	0.000	0.000	0.000	0.000	0.000
	1	0.736	0.392	0.069	0.024	0.008	0.001	0.000	0.000	0.000	0.000	0.000	0.000	0.000
	2	0.925	0.677	0.206	0.091	0.035	0.004	0.000	0.000	0.000	0.000	0.000	0.000	0.000
	3	0.984	0.867	0.411	0.225	0.107	0.016	0.001	0.000	0.000	0.000	0.000	0.000	0.000
	4	0.997	0.957	0.630	0.415	0.238	0.051	0.006	0.000	0.000	0.000	0.000	0.000	0.000
	5	1.000	0.989	0.804	0.617	0.416	0.126	0.021	0.002	0.000	0.000	0.000	0.000	0.000
	6	1.000	0.998	0.913	0.786	0.608	0.250	0.058	0.006	0.000	0.000	0.000	0.000	0.000
	7	1.000	1.000	0.968	0.898	0.772	0.416	0.132	0.021	0.001	0.000	0.000	0.000	0.000
	8	1.000	1.000	0.990	0.959	0.887	0.596	0.252	0.057	0.005	0.001	0.000	0.000	0.000
	9	1.000	1.000	0.997	0.986	0.952	0.755	0.412	0.128	0.017	0.004	0.001	0.000	0.000
	10	1.000	1.000	0.999	0.996	0.983	0.872	0.588	0.245	0.048	0.014	0.003	0.000	0.000
	11	1.000	1.000	1.000	0.999	0.995	0.943	0.748	0.404	0.113	0.041	0.010	0.000	0.000
	12	1.000	1.000	1.000	1.000	0.999	0.979	0.868	0.584	0.228	0.102	0.032	0.000	0.000
	13	1.000	1.000	1.000	1.000	1.000	0.994	0.942	0.750	0.392	0.214	0.087	0.002	0.000
	14	1.000	1.000	1.000	1.000	1.000	0.998	0.979	0.874	0.584	0.383	0.196	0.011	0.000
	15	1.000	1.000	1.000	1.000	1.000	1.000	0.994	0.949	0.762	0.585	0.370	0.043	0.003
	16	1.000	1.000	1.000	1.000	1.000	1.000	0.999	0.984	0.893	0.775	0.589	0.133	0.016
	17	1.000	1.000	1.000	1.000	1.000	1.000	1.000	0.996	0.965	0.909	0.794	0.323	0.075
	18	1.000	1.000	1.000	1.000	1.000	1.000	1.000	0.999	0.992	0.976	0.931	0.608	0.264
	19	1.000	1.000	1.000	1.000	1.000	1.000	1.000	1.000	0.999	0.997	0.988	0.878	0.642
	20	1.000	1.000	1.000	1.000	1.000	1.000	1.000	1.000	1.000	1.000	1.000	1.000	1.000

표 A.2 누적정규분포표

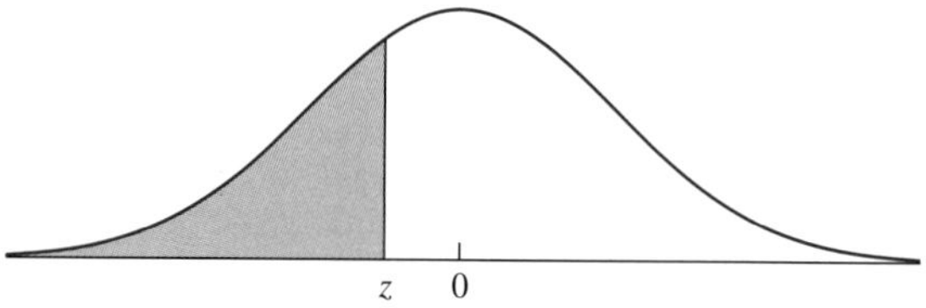

z	0.00	0.01	0.02	0.03	0.04	0.05	0.06	0.07	0.08	0.09
−3.6	.0002	.0002	.0001	.0001	.0001	.0001	.0001	.0001	.0001	.0001
−3.5	.0002	.0002	.0002	.0002	.0002	.0002	.0002	.0002	.0002	.0002
−3.4	.0003	.0003	.0003	.0003	.0003	.0003	.0003	.0003	.0003	.0002
−3.3	.0005	.0005	.0005	.0004	.0004	.0004	.0004	.0004	.0004	.0003
−3.2	.0007	.0007	.0006	.0006	.0006	.0006	.0006	.0005	.0005	.0005
−3.1	.0010	.0009	.0009	.0009	.0008	.0008	.0008	.0008	.0007	.0007
−3.0	.0013	.0013	.0013	.0012	.0012	.0011	.0011	.0011	.0010	.0010
−2.9	.0019	.0018	.0018	.0017	.0016	.0016	.0015	.0015	.0014	.0014
−2.8	.0026	.0025	.0024	.0023	.0023	.0022	.0021	.0021	.0020	.0019
−2.7	.0035	.0034	.0033	.0032	.0031	.0030	.0029	.0028	.0027	.0026
−2.6	.0047	.0045	.0044	.0043	.0041	.0040	.0039	.0038	.0037	.0036
−2.5	.0062	.0060	.0059	.0057	.0055	.0054	.0052	.0051	.0049	.0048
−2.4	.0082	.0080	.0078	.0075	.0073	.0071	.0069	.0068	.0066	.0064
−2.3	.0107	.0104	.0102	.0099	.0096	.0094	.0091	.0089	.0087	.0084
−2.2	.0139	.0136	.0132	.0129	.0125	.0122	.0119	.0116	.0113	.0110
−2.1	.0179	.0174	.0170	.0166	.0162	.0158	.0154	.0150	.0146	.0143
−2.0	.0228	.0222	.0217	.0212	.0207	.0202	.0197	.0192	.0188	.0183
−1.9	.0287	.0281	.0274	.0268	.0262	.0256	.0250	.0244	.0239	.0233
−1.8	.0359	.0351	.0344	.0336	.0329	.0322	.0314	.0307	.0301	.0294
−1.7	.0446	.0436	.0427	.0418	.0409	.0401	.0392	.0384	.0375	.0367
−1.6	.0548	.0537	.0526	.0516	.0505	.0495	.0485	.0475	.0465	.0455
−1.5	.0668	.0655	.0643	.0630	.0618	.0606	.0594	.0582	.0571	.0559
−1.4	.0808	.0793	.0778	.0764	.0749	.0735	.0721	.0708	.0694	.0681
−1.3	.0968	.0951	.0934	.0918	.0901	.0885	.0869	.0853	.0838	.0823
−1.2	.1151	.1131	.1112	.1093	.1075	.1056	.1038	.1020	.1003	.0985
−1.1	.1357	.1335	.1314	.1292	.1271	.1251	.1230	.1210	.1190	.1170
−1.0	.1587	.1562	.1539	.1515	.1492	.1469	.1446	.1423	.1401	.1379
−0.9	.1841	.1814	.1788	.1762	.1736	.1711	.1685	.1660	.1635	.1611
−0.8	.2119	.2090	.2061	.2033	.2005	.1977	.1949	.1922	.1894	.1867
−0.7	.2420	.2389	.2358	.2327	.2296	.2266	.2236	.2206	.2177	.2148
−0.6	.2743	.2709	.2676	.2643	.2611	.2578	.2546	.2514	.2483	.2451
−0.5	.3085	.3050	.3015	.2981	.2946	.2912	.2877	.2843	.2810	.2776
−0.4	.3446	.3409	.3372	.3336	.3300	.3264	.3228	.3192	.3156	.3121
−0.3	.3821	.3783	.3745	.3707	.3669	.3632	.3594	.3557	.3520	.3483
−0.2	.4207	.4168	.4129	.4090	.4052	.4013	.3974	.3936	.3897	.3859
−0.1	.4602	.4562	.4522	.4483	.4443	.4404	.4364	.4325	.4286	.4247
−0.0	.5000	.4960	.4920	.4880	.4840	.4801	.4761	.4721	.4681	.4641

표 A.2 누적정규분포표

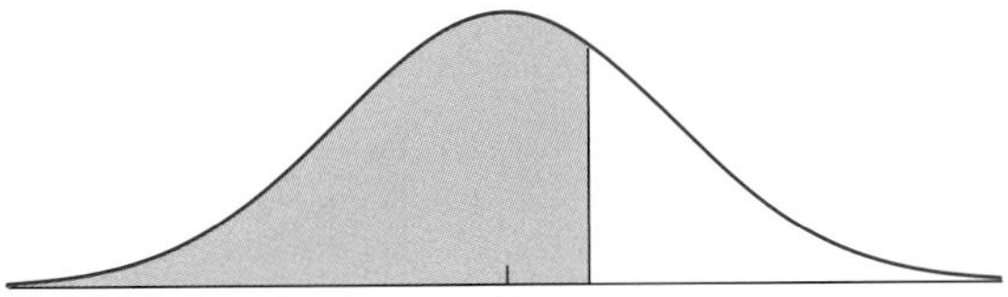

z	0.00	0.01	0.02	0.03	0.04	0.05	0.06	0.07	0.08	0.09
0.0	.5000	.5040	.5080	.5120	.5160	.5199	.5239	.5279	.5319	.5359
0.1	.5398	.5438	.5478	.5517	.5557	.5596	.5636	.5675	.5714	.5753
0.2	.5793	.5832	.5871	.5910	.5948	.5987	.6026	.6064	.6103	.6141
0.3	.6179	.6217	.6255	.6293	.6331	.6368	.6406	.6443	.6480	.6517
0.4	.6554	.6591	.6628	.6664	.6700	.6736	.6772	.6808	.6844	.6879
0.5	.6915	.6950	.6985	.7019	.7054	.7088	.7123	.7157	.7190	.7224
0.6	.7257	.7291	.7324	.7357	.7389	.7422	.7454	.7486	.7517	.7549
0.7	.7580	.7611	.7642	.7673	.7704	.7734	.7764	.7794	.7823	.7852
0.8	.7881	.7910	.7939	.7967	.7995	.8023	.8051	.8078	.8106	.8133
0.9	.8159	.8186	.8212	.8238	.8264	.8289	.8315	.8340	.8365	.8389
1.0	.8413	.8438	.8461	.8485	.8508	.8531	.8554	.8577	.8599	.8621
1.1	.8643	.8665	.8686	.8708	.8729	.8749	.8770	.8790	.8810	.8830
1.2	.8849	.8869	.8888	.8907	.8925	.8944	.8962	.8980	.8997	.9015
1.3	.9032	.9049	.9066	.9082	.9099	.9115	.9131	.9147	.9162	.9177
1.4	.9192	.9207	.9222	.9236	.9251	.9265	.9279	.9292	.9306	.9319
1.5	.9332	.9345	.9357	.9370	.9382	.9394	.9406	.9418	.9429	.9441
1.6	.9452	.9463	.9474	.9484	.9495	.9505	.9515	.9525	.9535	.9545
1.7	.9554	.9564	.9573	.9582	.9591	.9599	.9608	.9616	.9625	.9633
1.8	.9641	.9649	.9656	.9664	.9671	.9678	.9686	.9693	.9699	.9706
1.9	.9713	.9719	.9726	.9732	.9738	.9744	.9750	.9756	.9761	.9767
2.0	.9772	.9778	.9783	.9788	.9793	.9798	.9803	.9808	.9812	.9817
2.1	.9821	.9826	.9830	.9834	.9838	.9842	.9846	.9850	.9854	.9857
2.2	.9861	.9864	.9868	.9871	.9875	.9878	.9881	.9884	.9887	.9890
2.3	.9893	.9896	.9898	.9901	.9904	.9906	.9909	.9911	.9913	.9916
2.4	.9918	.9920	.9922	.9925	.9927	.9929	.9931	.9932	.9934	.9936
2.5	.9938	.9940	.9941	.9943	.9945	.9946	.9948	.9949	.9951	.9952
2.6	.9953	.9955	.9956	.9957	.9959	.9960	.9961	.9962	.9963	.9964
2.7	.9965	.9966	.9967	.9968	.9969	.9970	.9971	.9972	.9973	.9974
2.8	.9974	.9975	.9976	.9977	.9977	.9978	.9979	.9979	.9980	.9981
2.9	.9981	.9982	.9982	.9983	.9984	.9984	.9985	.9985	.9986	.9986
3.0	.9987	.9987	.9987	.9988	.9988	.9989	.9989	.9989	.9990	.9990
3.1	.9990	.9991	.9991	.9991	.9992	.9992	.9992	.9992	.9993	.9993
3.2	.9993	.9993	.9994	.9994	.9994	.9994	.9994	.9995	.9995	.9995
3.3	.9995	.9995	.9995	.9996	.9996	.9996	.9996	.9996	.9996	.9997
3.4	.9997	.9997	.9997	.9997	.9997	.9997	.9997	.9997	.9997	.9998
3.5	.9998	.9998	.9998	.9998	.9998	.9998	.9998	.9998	.9998	.9998
3.6	.9998	.9998	.9999	.9999	.9999	.9999	.9999	.9999	.9999	.9999

표 A.3 Student's t 분포표

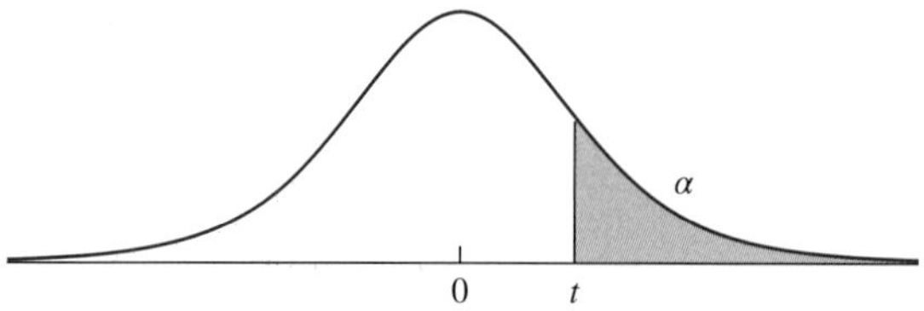

	α								
v	**.40**	**.25**	**.10**	**.05**	**.025**	**.01**	**.005**	**.001**	**.0005**
1	0.325	1.000	3.078	6.314	12.706	31.821	63.657	318.309	636.619
2	0.289	0.816	1.886	2.920	4.303	6.965	9.925	22.327	31.599
3	0.277	0.765	1.638	2.353	3.182	4.541	5.841	10.215	12.924
4	0.271	0.741	1.533	2.132	2.776	3.747	4.604	7.173	8.610
5	0.267	0.727	1.476	2.015	2.571	3.365	4.032	5.893	6.869
6	0.265	0.718	1.440	1.943	2.447	3.143	3.707	5.208	5.959
7	0.263	0.711	1.415	1.895	2.365	2.998	3.499	4.785	5.408
8	0.262	0.706	1.397	1.860	2.306	2.896	3.355	4.501	5.041
9	0.261	0.703	1.383	1.833	2.262	2.821	3.250	4.297	4.781
10	0.260	0.700	1.372	1.812	2.228	2.764	3.169	4.144	4.587
11	0.260	0.697	1.363	1.796	2.201	2.718	3.106	4.025	4.437
12	0.259	0.695	1.356	1.782	2.179	2.681	3.055	3.930	4.318
13	0.259	0.694	1.350	1.771	2.160	2.650	3.012	3.852	4.221
14	0.258	0.692	1.345	1.761	2.145	2.624	2.977	3.787	4.140
15	0.258	0.691	1.341	1.753	2.131	2.602	2.947	3.733	4.073
16	0.258	0.690	1.337	1.746	2.120	2.583	2.921	3.686	4.015
17	0.257	0.689	1.333	1.740	2.110	2.567	2.898	3.646	3.965
18	0.257	0.688	1.330	1.734	2.101	2.552	2.878	3.610	3.922
19	0.257	0.688	1.328	1.729	2.093	2.539	2.861	3.579	3.883
20	0.257	0.687	1.325	1.725	2.086	2.528	2.845	3.552	3.850
21	0.257	0.686	1.323	1.721	2.080	2.518	2.831	3.527	3.819
22	0.256	0.686	1.321	1.717	2.074	2.508	2.819	3.505	3.792
23	0.256	0.685	1.319	1.714	2.069	2.500	2.807	3.485	3.768
24	0.256	0.685	1.318	1.711	2.064	2.492	2.797	3.467	3.745
25	0.256	0.684	1.316	1.708	2.060	2.485	2.787	3.450	3.725
26	0.256	0.684	1.315	1.706	2.056	2.479	2.779	3.435	3.707
27	0.256	0.684	1.314	1.703	2.052	2.473	2.771	3.421	3.690
28	0.256	0.683	1.313	1.701	2.048	2.467	2.763	3.408	3.674
29	0.256	0.683	1.311	1.699	2.045	2.462	2.756	3.396	3.659
30	0.256	0.683	1.310	1.697	2.042	2.457	2.750	3.385	3.646
35	0.255	0.682	1.306	1.690	2.030	2.438	2.724	3.340	3.591
40	0.255	0.681	1.303	1.684	2.021	2.423	2.704	3.307	3.551
60	0.254	0.679	1.296	1.671	2.000	2.390	2.660	3.232	3.460
120	0.254	0.677	1.289	1.658	1.980	2.358	2.617	3.160	3.373
∞	0.253	0.674	1.282	1.645	1.960	2.326	2.576	3.090	3.291

표 A.4 정규분포허용구간

Sample Size n	Confidence Level 95%			Confidence Level 99%		
	Percent of Population Contained			Percent of Population Contained		
	90%	95%	99%	90%	95%	99%
2	32.0187	37.6746	48.4296	160.1940	188.4915	242.3004
3	8.3795	9.9158	12.8613	18.9304	22.4009	29.0553
4	5.3692	6.3699	8.2993	9.3984	11.1501	14.5274
5	4.2749	5.0787	6.6338	6.6118	7.8550	10.2602
6	3.7123	4.4140	5.7746	5.3366	6.3453	8.3013
7	3.3686	4.0074	5.2481	4.6129	5.4877	7.1868
8	3.1358	3.7317	4.8907	4.1473	4.9355	6.4683
9	2.9670	3.5317	4.6310	3.8223	4.5499	5.9660
10	2.8385	3.3794	4.4330	3.5821	4.2647	5.5943
11	2.7372	3.2592	4.2766	3.3970	4.0449	5.3075
12	2.6550	3.1617	4.1496	3.2497	3.8700	5.0792
13	2.5868	3.0808	4.0441	3.1295	3.7271	4.8926
14	2.5292	3.0124	3.9549	3.0294	3.6081	4.7371
15	2.4799	2.9538	3.8785	2.9446	3.5073	4.6053
16	2.4371	2.9029	3.8121	2.8717	3.4207	4.4920
17	2.3995	2.8583	3.7538	2.8084	3.3453	4.3934
18	2.3662	2.8188	3.7022	2.7527	3.2792	4.3068
19	2.3366	2.7835	3.6560	2.7034	3.2205	4.2300
20	2.3099	2.7518	3.6146	2.6594	3.1681	4.1614
25	2.2083	2.6310	3.4565	2.4941	2.9715	3.9039
30	2.1398	2.5494	3.3497	2.3848	2.8414	3.7333
35	2.0899	2.4900	3.2719	2.3063	2.7479	3.6107
40	2.0516	2.4445	3.2122	2.2468	2.6770	3.5177
45	2.0212	2.4083	3.1647	2.1998	2.6211	3.4443
50	1.9964	2.3787	3.1259	2.1616	2.5756	3.3846
60	1.9578	2.3328	3.0657	2.1029	2.5057	3.2929
70	1.9291	2.2987	3.0208	2.0596	2.4541	3.2251
80	1.9068	2.2720	2.9859	2.0260	2.4141	3.1725
90	1.8887	2.2506	2.9577	1.9990	2.3819	3.1303
100	1.8738	2.2328	2.9343	1.9768	2.3555	3.0955
200	1.7981	2.1425	2.8158	1.8651	2.2224	2.9207
300	1.7670	2.1055	2.7671	1.8199	2.1685	2.8499
400	1.7492	2.0843	2.7392	1.7940	2.1377	2.8094
500	1.7373	2.0701	2.7206	1.7769	2.1173	2.7826
600	1.7287	2.0598	2.7071	1.7644	2.1024	2.7631
700	1.7220	2.0519	2.6967	1.7549	2.0911	2.7481
800	1.7167	2.0456	2.6884	1.7473	2.0820	2.7362
900	1.7124	2.0404	2.6816	1.7410	2.0746	2.7264
1000	1.7087	2.0361	2.6759	1.7358	2.0683	2.7182

표 A.5 카이제곱(χ^2) 분포표

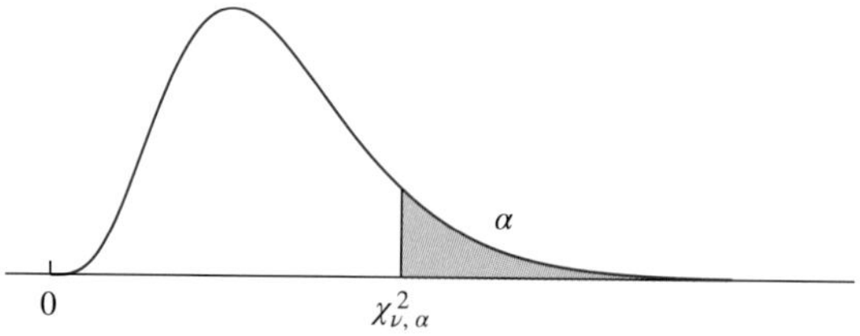

ν	.995	.99	.975	.95	.90	.10	.05	.025	.01	.005
	α									
1	0.000	0.000	0.001	0.004	0.016	2.706	3.841	5.024	6.635	7.879
2	0.010	0.020	0.051	0.103	0.211	4.605	5.991	7.378	9.210	10.597
3	0.072	0.115	0.216	0.352	0.584	6.251	7.815	9.348	11.345	12.838
4	0.207	0.297	0.484	0.711	1.064	7.779	9.488	11.143	13.277	14.860
5	0.412	0.554	0.831	1.145	1.610	9.236	11.070	12.833	15.086	16.750
6	0.676	0.872	1.237	1.635	2.204	10.645	12.592	14.449	16.812	18.548
7	0.989	1.239	1.690	2.167	2.833	12.017	14.067	16.013	18.475	20.278
8	1.344	1.646	2.180	2.733	3.490	13.362	15.507	17.535	20.090	21.955
9	1.735	2.088	2.700	3.325	4.168	14.684	16.919	19.023	21.666	23.589
10	2.156	2.558	3.247	3.940	4.865	15.987	18.307	20.483	23.209	25.188
11	2.603	3.053	3.816	4.575	5.578	17.275	19.675	21.920	24.725	26.757
12	3.074	3.571	4.404	5.226	6.304	18.549	21.026	23.337	26.217	28.300
13	3.565	4.107	5.009	5.892	7.042	19.812	22.362	24.736	27.688	29.819
14	4.075	4.660	5.629	6.571	7.790	21.064	23.685	26.119	29.141	31.319
15	4.601	5.229	6.262	7.261	8.547	22.307	24.996	27.488	30.578	32.801
16	5.142	5.812	6.908	7.962	9.312	23.542	26.296	28.845	32.000	34.267
17	5.697	6.408	7.564	8.672	10.085	24.769	27.587	30.191	33.409	35.718
18	6.265	7.015	8.231	9.390	10.865	25.989	28.869	31.526	34.805	37.156
19	6.844	7.633	8.907	10.117	11.651	27.204	30.144	32.852	36.191	38.582
20	7.434	8.260	9.591	10.851	12.443	28.412	31.410	34.170	37.566	39.997
21	8.034	8.897	10.283	11.591	13.240	29.615	32.671	35.479	38.932	41.401
22	8.643	9.542	10.982	12.338	14.041	30.813	33.924	36.781	40.289	42.796
23	9.260	10.196	11.689	13.091	14.848	32.007	35.172	38.076	41.638	44.181
24	9.886	10.856	12.401	13.848	15.659	33.196	36.415	39.364	42.980	45.559
25	10.520	11.524	13.120	14.611	16.473	34.382	37.652	40.646	44.314	46.928
26	11.160	12.198	13.844	15.379	17.292	35.563	38.885	41.923	45.642	48.290
27	11.808	12.879	14.573	16.151	18.114	36.741	40.113	43.195	46.963	49.645
28	12.461	13.565	15.308	16.928	18.939	37.916	41.337	44.461	48.278	50.993
29	13.121	14.256	16.047	17.708	19.768	39.087	42.557	45.722	49.588	52.336
30	13.787	14.953	16.791	18.493	20.599	40.256	43.773	46.979	50.892	53.672
31	14.458	15.655	17.539	19.281	21.434	41.422	44.985	48.232	52.191	55.003
32	15.134	16.362	18.291	20.072	22.271	42.585	46.194	49.480	53.486	56.328
33	15.815	17.074	19.047	20.867	23.110	43.745	47.400	50.725	54.776	57.648
34	16.501	17.789	19.806	21.664	23.952	44.903	48.602	51.966	56.061	58.964
35	17.192	18.509	20.569	22.465	24.797	46.059	49.802	53.203	57.342	60.275
36	17.887	19.233	21.336	23.269	25.643	47.212	50.998	54.437	58.619	61.581
37	18.586	19.960	22.106	24.075	26.492	48.363	52.192	55.668	59.893	62.883
38	19.289	20.691	22.878	24.884	27.343	49.513	53.384	56.896	61.162	64.181
39	19.996	21.426	23.654	25.695	28.196	50.660	54.572	58.120	62.428	65.476
40	20.707	22.164	24.433	26.509	29.051	51.805	55.758	59.342	63.691	66.766

For $\nu > 40$, $\chi^2_{\nu,\alpha} \approx 0.5(z_\alpha + \sqrt{2\nu - 1})$.

표 A.6 *F* 분포표

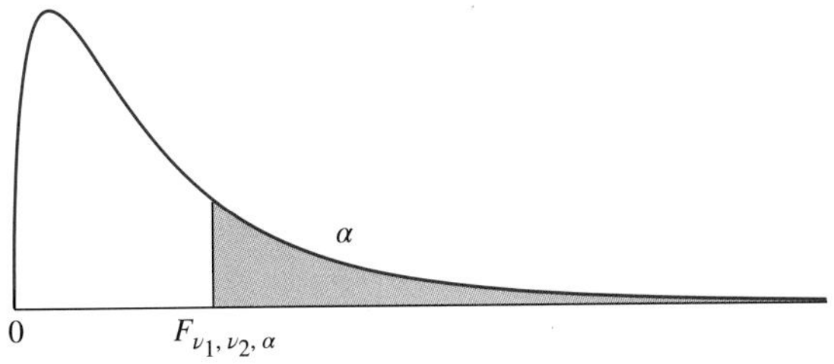

ν_2	α	ν_1 1	2	3	4	5	6	7	8	9
1	**0.100**	39.86	49.50	53.59	55.83	57.24	58.20	58.91	59.44	59.86
	0.050	161.45	199.50	215.71	224.58	230.16	233.99	236.77	238.88	240.54
	0.010	4052.18	4999.50	5403.35	5624.58	5763.65	5858.99	5928.36	5981.07	6022.47
	0.001	405284	500012	540382	562501	576405	585938	592874	598144	603040
2	**0.100**	8.53	9.00	9.16	9.24	9.29	9.33	9.35	9.37	9.38
	0.050	18.51	19.00	19.16	19.25	19.30	19.33	19.35	19.37	19.38
	0.010	98.50	99.00	99.17	99.25	99.30	99.33	99.36	99.37	99.39
	0.001	998.50	999.00	999.17	999.25	999.30	999.33	999.36	999.37	999.39
3	**0.100**	5.54	5.46	5.39	5.34	5.31	5.28	5.27	5.25	5.24
	0.050	10.13	9.55	9.28	9.12	9.01	8.94	8.89	8.85	8.81
	0.010	34.12	30.82	29.46	28.71	28.24	27.91	27.67	27.49	27.35
	0.001	167.03	148.50	141.11	137.10	134.58	132.85	131.58	130.62	129.86
4	**0.100**	4.54	4.32	4.19	4.11	4.05	4.01	3.98	3.95	3.94
	0.050	7.71	6.94	6.59	6.39	6.26	6.16	6.09	6.04	6.00
	0.010	21.20	18.00	16.69	15.98	15.52	15.21	14.98	14.80	14.66
	0.001	74.14	61.25	56.18	53.44	51.71	50.53	49.66	49.00	48.47
5	**0.100**	4.06	3.78	3.62	3.52	3.45	3.40	3.37	3.34	3.32
	0.050	6.61	5.79	5.41	5.19	5.05	4.95	4.88	4.82	4.77
	0.010	16.26	13.27	12.06	11.39	10.97	10.67	10.46	10.29	10.16
	0.001	47.18	37.12	33.20	31.09	29.75	28.83	28.16	27.65	27.24
6	**0.100**	3.78	3.46	3.29	3.18	3.11	3.05	3.01	2.98	2.96
	0.050	5.99	5.14	4.76	4.53	4.39	4.28	4.21	4.15	4.10
	0.010	13.75	10.92	9.78	9.15	8.75	8.47	8.26	8.10	7.98
	0.001	35.51	27.00	23.70	21.92	20.80	20.03	19.46	19.03	18.69
7	**0.100**	3.59	3.26	3.07	2.96	2.88	2.83	2.78	2.75	2.72
	0.050	5.59	4.74	4.35	4.12	3.97	3.87	3.79	3.73	3.68
	0.010	12.25	9.55	8.45	7.85	7.46	7.19	6.99	6.84	6.72
	0.001	29.25	21.69	18.77	17.20	16.21	15.52	15.02	14.63	14.33
8	**0.100**	3.46	3.11	2.92	2.81	2.73	2.67	2.62	2.59	2.56
	0.050	5.32	4.46	4.07	3.84	3.69	3.58	3.50	3.44	3.39
	0.010	11.26	8.65	7.59	7.01	6.63	6.37	6.18	6.03	5.91
	0.001	25.41	18.49	15.83	14.39	13.48	12.86	12.40	12.05	11.77
9	**0.100**	3.36	3.01	2.81	2.69	2.61	2.55	2.51	2.47	2.44
	0.050	5.12	4.26	3.86	3.63	3.48	3.37	3.29	3.23	3.18
	0.010	10.56	8.02	6.99	6.42	6.06	5.80	5.61	5.47	5.35
	0.001	22.86	16.39	13.90	12.56	11.71	11.13	10.70	10.37	10.11

표 A.6 *F* 분포표

		ν_1								
ν_2	α	**10**	**12**	**15**	**20**	**25**	**30**	**40**	**50**	**60**
1	**0.100**	60.19	60.71	61.22	61.74	62.05	62.26	62.53	62.69	62.79
	0.050	241.88	243.91	245.95	248.01	249.26	250.10	251.14	251.77	252.20
	0.010	6055.85	6106.32	6157.29	6208.73	6239.83	6260.65	6286.78	6302.52	6313.03
	0.001	606316	611276	616292	621362	624430	626486	659725	660511	6610390
2	**0.100**	9.39	9.41	9.42	9.44	9.45	9.46	9.47	9.47	9.47
	0.050	19.40	19.41	19.43	19.45	19.46	19.46	19.47	19.48	19.48
	0.010	99.40	99.42	99.43	99.45	99.46	99.47	99.47	99.48	99.48
	0.001	999.40	999.42	999.43	999.45	999.46	999.47	999.47	999.48	999.48
3	**0.100**	5.23	5.22	5.20	5.18	5.17	5.17	5.16	5.15	5.15
	0.050	8.79	8.74	8.70	8.66	8.63	8.62	8.59	8.58	8.57
	0.010	27.23	27.05	26.87	26.69	26.58	26.50	26.41	26.35	26.32
	0.001	129.25	128.32	127.37	126.42	125.84	125.45	124.96	124.66	124.47
4	**0.100**	3.92	3.90	3.87	3.84	3.83	3.82	3.80	3.80	3.79
	0.050	5.96	5.91	5.86	5.80	5.77	5.75	5.72	5.70	5.69
	0.010	14.55	14.37	14.20	14.02	13.91	13.84	13.75	13.69	13.65
	0.001	48.05	47.41	46.76	46.10	45.70	45.43	45.09	44.88	44.75
5	**0.100**	3.30	3.27	3.24	3.21	3.19	3.17	3.16	3.15	3.14
	0.050	4.74	4.68	4.62	4.56	4.52	4.50	4.46	4.44	4.43
	0.010	10.05	9.89	9.72	9.55	9.45	9.38	9.29	9.24	9.20
	0.001	26.92	26.42	25.91	25.39	25.08	24.87	24.60	24.44	24.33
6	**0.100**	2.94	2.90	2.87	2.84	2.81	2.80	2.78	2.77	2.76
	0.050	4.06	4.00	3.94	3.87	3.83	3.81	3.77	3.75	3.74
	0.010	7.87	7.72	7.56	7.40	7.30	7.23	7.14	7.09	7.06
	0.001	18.41	17.99	17.56	17.12	16.85	16.67	16.44	16.31	16.21
7	**0.100**	2.70	2.67	2.63	2.59	2.57	2.56	2.54	2.52	2.51
	0.050	3.64	3.57	3.51	3.44	3.40	3.38	3.34	3.32	3.30
	0.010	6.62	6.47	6.31	6.16	6.06	5.99	5.91	5.86	5.82
	0.001	14.08	13.71	13.32	12.93	12.69	12.53	12.33	12.20	12.12
8	**0.100**	2.54	2.50	2.46	2.42	2.40	2.38	2.36	2.35	2.34
	0.050	3.35	3.28	3.22	3.15	3.11	3.08	3.04	3.02	3.01
	0.010	5.81	5.67	5.52	5.36	5.26	5.20	5.12	5.07	5.03
	0.001	11.54	11.19	10.84	10.48	10.26	10.11	9.92	9.80	9.73
9	**0.100**	2.42	2.38	2.34	2.30	2.27	2.25	2.23	2.22	2.21
	0.050	3.14	3.07	3.01	2.94	2.89	2.86	2.83	2.80	2.79
	0.010	5.26	5.11	4.96	4.81	4.71	4.65	4.57	4.52	4.48
	0.001	9.89	9.57	9.24	8.90	8.69	8.55	8.37	8.26	8.19

표 A.6 F 분포표

		ν_1								
ν_2	α	1	2	3	4	5	6	7	8	9
10	**0.100**	3.29	2.92	2.73	2.61	2.52	2.46	2.41	2.38	2.35
	0.050	4.96	4.10	3.71	3.48	3.33	3.22	3.14	3.07	3.02
	0.010	10.04	7.56	6.55	5.99	5.64	5.39	5.20	5.06	4.94
	0.001	21.04	14.91	12.55	11.28	10.48	9.93	9.52	9.20	8.96
11	**0.100**	3.23	2.86	2.66	2.54	2.45	2.39	2.34	2.30	2.27
	0.050	4.84	3.98	3.59	3.36	3.20	3.09	3.01	2.95	2.90
	0.010	9.65	7.21	6.22	5.67	5.32	5.07	4.89	4.74	4.63
	0.001	19.69	13.81	11.56	10.35	9.58	9.05	8.66	8.35	8.12
12	**0.100**	3.18	2.81	2.61	2.48	2.39	2.33	2.28	2.24	2.21
	0.050	4.75	3.89	3.49	3.26	3.11	3.00	2.91	2.85	2.80
	0.010	9.33	6.93	5.95	5.41	5.06	4.82	4.64	4.50	4.39
	0.001	18.64	12.97	10.80	9.63	8.89	8.38	8.00	7.71	7.48
13	**0.100**	3.14	2.76	2.56	2.43	2.35	2.28	2.23	2.20	2.16
	0.050	4.67	3.81	3.41	3.18	3.03	2.92	2.83	2.77	2.71
	0.010	9.07	6.70	5.74	5.21	4.86	4.62	4.44	4.30	4.19
	0.001	17.82	12.31	10.21	9.07	8.35	7.86	7.49	7.21	6.98
14	**0.100**	3.10	2.73	2.52	2.39	2.31	2.24	2.19	2.15	2.12
	0.050	4.60	3.74	3.34	3.11	2.96	2.85	2.76	2.70	2.65
	0.010	8.86	6.51	5.56	5.04	4.69	4.46	4.28	4.14	4.03
	0.001	17.14	11.78	9.73	8.62	7.92	7.44	7.08	6.80	6.58
15	**0.100**	3.07	2.70	2.49	2.36	2.27	2.21	2.16	2.12	2.09
	0.050	4.54	3.68	3.29	3.06	2.90	2.79	2.71	2.64	2.59
	0.010	8.68	6.36	5.42	4.89	4.56	4.32	4.14	4.00	3.89
	0.001	16.59	11.34	9.34	8.25	7.57	7.09	6.74	6.47	6.26
16	**0.100**	3.05	2.67	2.46	2.33	2.24	2.18	2.13	2.09	2.06
	0.050	4.49	3.63	3.24	3.01	2.85	2.74	2.66	2.59	2.54
	0.010	8.53	6.23	5.29	4.77	4.44	4.20	4.03	3.89	3.78
	0.001	16.12	10.97	9.01	7.94	7.27	6.80	6.46	6.19	5.98
17	**0.100**	3.03	2.64	2.44	2.31	2.22	2.15	2.10	2.06	2.03
	0.050	4.45	3.59	3.20	2.96	2.81	2.70	2.61	2.55	2.49
	0.010	8.40	6.11	5.18	4.67	4.34	4.10	3.93	3.79	3.68
	0.001	15.72	10.66	8.73	7.68	7.02	6.56	6.22	5.96	5.75
18	**0.100**	3.01	2.62	2.42	2.29	2.20	2.13	2.08	2.04	2.00
	0.050	4.41	3.55	3.16	2.93	2.77	2.66	2.58	2.51	2.46
	0.010	8.29	6.01	5.09	4.58	4.25	4.01	3.84	3.71	3.60
	0.001	15.38	10.39	8.49	7.46	6.81	6.35	6.02	5.76	5.56
19	**0.100**	2.99	2.61	2.40	2.27	2.18	2.11	2.06	2.02	1.98
	0.050	4.38	3.52	3.13	2.90	2.74	2.63	2.54	2.48	2.42
	0.010	8.18	5.93	5.01	4.50	4.17	3.94	3.77	3.63	3.52
	0.001	15.08	10.16	8.28	7.27	6.62	6.18	5.85	5.59	5.39
20	**0.100**	2.97	2.59	2.38	2.25	2.16	2.09	2.04	2.00	1.96
	0.050	4.35	3.49	3.10	2.87	2.71	2.60	2.51	2.45	2.39
	0.010	8.10	5.85	4.94	4.43	4.10	3.87	3.70	3.56	3.46
	0.001	14.82	9.95	8.10	7.10	6.46	6.02	5.69	5.44	5.24

표 A.6 *F* 분포표

ν_2	α	ν_1 10	12	15	20	25	30	40	50	60
10	**0.100**	2.32	2.28	2.24	2.20	2.17	2.16	2.13	2.12	2.11
	0.050	2.98	2.91	2.85	2.77	2.73	2.70	2.66	2.64	2.62
	0.010	4.85	4.71	4.56	4.41	4.31	4.25	4.17	4.12	4.08
	0.001	8.75	8.45	8.13	7.80	7.60	7.47	7.30	7.19	7.12
11	**0.100**	2.25	2.21	2.17	2.12	2.10	2.08	2.05	2.04	2.03
	0.050	2.85	2.79	2.72	2.65	2.60	2.57	2.53	2.51	2.49
	0.010	4.54	4.40	4.25	4.10	4.01	3.94	3.86	3.81	3.78
	0.001	7.92	7.63	7.32	7.01	6.81	6.68	6.52	6.42	6.35
12	**0.100**	2.19	2.15	2.10	2.06	2.03	2.01	1.99	1.97	1.96
	0.050	2.75	2.69	2.62	2.54	2.50	2.47	2.43	2.40	2.38
	0.010	4.30	4.16	4.01	3.86	3.76	3.70	3.62	3.57	3.54
	0.001	7.29	7.00	6.71	6.40	6.22	6.09	5.93	5.83	5.76
13	**0.100**	2.14	2.10	2.05	2.01	1.98	1.96	1.93	1.92	1.90
	0.050	2.67	2.60	2.53	2.46	2.41	2.38	2.34	2.31	2.30
	0.010	4.10	3.96	3.82	3.66	3.57	3.51	3.43	3.38	3.34
	0.001	6.80	6.52	6.23	5.93	5.75	5.63	5.47	5.37	5.30
14	**0.100**	2.10	2.05	2.01	1.96	1.93	1.91	1.89	1.87	1.86
	0.050	2.60	2.53	2.46	2.39	2.34	2.31	2.27	2.24	2.22
	0.010	3.94	3.80	3.66	3.51	3.41	3.35	3.27	3.22	3.18
	0.001	6.40	6.13	5.85	5.56	5.38	5.25	5.10	5.00	4.94
15	**0.100**	2.06	2.02	1.97	1.92	1.89	1.87	1.85	1.83	1.82
	0.050	2.54	2.48	2.40	2.33	2.28	2.25	2.20	2.18	2.16
	0.010	3.80	3.67	3.52	3.37	3.28	3.21	3.13	3.08	3.05
	0.001	6.08	5.81	5.54	5.25	5.07	4.95	4.80	4.70	4.64
16	**0.100**	2.03	1.99	1.94	1.89	1.86	1.84	1.81	1.79	1.78
	0.050	2.49	2.42	2.35	2.28	2.23	2.19	2.15	2.12	2.11
	0.010	3.69	3.55	3.41	3.26	3.16	3.10	3.02	2.97	2.93
	0.001	5.81	5.55	5.27	4.99	4.82	4.70	4.54	4.45	4.39
17	**0.100**	2.00	1.96	1.91	1.86	1.83	1.81	1.78	1.76	1.75
	0.050	2.45	2.38	2.31	2.23	2.18	2.15	2.10	2.08	2.06
	0.010	3.59	3.46	3.31	3.16	3.07	3.00	2.92	2.87	2.83
	0.001	5.58	5.32	5.05	4.78	4.60	4.48	4.33	4.24	4.18
18	**0.100**	1.98	1.93	1.89	1.84	1.80	1.78	1.75	1.74	1.72
	0.050	2.41	2.34	2.27	2.19	2.14	2.11	2.06	2.04	2.02
	0.010	3.51	3.37	3.23	3.08	2.98	2.92	2.84	2.78	2.75
	0.001	5.39	5.13	4.87	4.59	4.42	4.30	4.15	4.06	4.00
19	**0.100**	1.96	1.91	1.86	1.81	1.78	1.76	1.73	1.71	1.70
	0.050	2.38	2.31	2.23	2.16	2.11	2.07	2.03	2.00	1.98
	0.010	3.43	3.30	3.15	3.00	2.91	2.84	2.76	2.71	2.67
	0.001	5.22	4.97	4.70	4.43	4.26	4.14	3.99	3.90	3.84
20	**0.100**	1.94	1.89	1.84	1.79	1.76	1.74	1.71	1.69	1.68
	0.050	2.35	2.28	2.20	2.12	2.07	2.04	1.99	1.97	1.95
	0.010	3.37	3.23	3.09	2.94	2.84	2.78	2.69	2.64	2.61
	0.001	5.08	4.82	4.56	4.29	4.12	4.00	3.86	3.77	3.70

표 A.6 F 분포표

ν_2	α	ν_1 1	2	3	4	5	6	7	8	9
21	**0.100**	2.96	2.57	2.36	2.23	2.14	2.08	2.02	1.98	1.95
	0.050	4.32	3.47	3.07	2.84	2.68	2.57	2.49	2.42	2.37
	0.010	8.02	5.78	4.87	4.37	4.04	3.81	3.64	3.51	3.40
	0.001	14.59	9.77	7.94	6.95	6.32	5.88	5.56	5.31	5.11
22	**0.100**	2.95	2.56	2.35	2.22	2.13	2.06	2.01	1.97	1.93
	0.050	4.30	3.44	3.05	2.82	2.66	2.55	2.46	2.40	2.34
	0.010	7.95	5.72	4.82	4.31	3.99	3.76	3.59	3.45	3.35
	0.001	14.38	9.61	7.80	6.81	6.19	5.76	5.44	5.19	4.99
23	**0.100**	2.94	2.55	2.34	2.21	2.11	2.05	1.99	1.95	1.92
	0.050	4.28	3.42	3.03	2.80	2.64	2.53	2.44	2.37	2.32
	0.010	7.88	5.66	4.76	4.26	3.94	3.71	3.54	3.41	3.30
	0.001	14.20	9.47	7.67	6.70	6.08	5.65	5.33	5.09	4.89
24	**0.100**	2.93	2.54	2.33	2.19	2.10	2.04	1.98	1.94	1.91
	0.050	4.26	3.40	3.01	2.78	2.62	2.51	2.42	2.36	2.30
	0.010	7.82	5.61	4.72	4.22	3.90	3.67	3.50	3.36	3.26
	0.001	14.03	9.34	7.55	6.59	5.98	5.55	5.23	4.99	4.80
25	**0.100**	2.92	2.53	2.32	2.18	2.09	2.02	1.97	1.93	1.89
	0.050	4.24	3.39	2.99	2.76	2.60	2.49	2.40	2.34	2.28
	0.010	7.77	5.57	4.68	4.18	3.85	3.63	3.46	3.32	3.22
	0.001	13.88	9.22	7.45	6.49	5.89	5.46	5.15	4.91	4.71
26	**0.100**	2.91	2.52	2.31	2.17	2.08	2.01	1.96	1.92	1.88
	0.050	4.23	3.37	2.98	2.74	2.59	2.47	2.39	2.32	2.27
	0.010	7.72	5.53	4.64	4.14	3.82	3.59	3.42	3.29	3.18
	0.001	13.74	9.12	7.36	6.41	5.80	5.38	5.07	4.83	4.64
27	**0.100**	2.90	2.51	2.30	2.17	2.07	2.00	1.95	1.91	1.87
	0.050	4.21	3.35	2.96	2.73	2.57	2.46	2.37	2.31	2.25
	0.010	7.68	5.49	4.60	4.11	3.78	3.56	3.39	3.26	3.15
	0.001	13.61	9.02	7.27	6.33	5.73	5.31	5.00	4.76	4.57
28	**0.100**	2.89	2.50	2.29	2.16	2.06	2.00	1.94	1.90	1.87
	0.050	4.20	3.34	2.95	2.71	2.56	2.45	2.36	2.29	2.24
	0.010	7.64	5.45	4.57	4.07	3.75	3.53	3.36	3.23	3.12
	0.001	13.50	8.93	7.19	6.25	5.66	5.24	4.93	4.69	4.50
29	**0.100**	2.89	2.50	2.28	2.15	2.06	1.99	1.93	1.89	1.86
	0.050	4.18	3.33	2.93	2.70	2.55	2.43	2.35	2.28	2.22
	0.010	7.60	5.42	4.54	4.04	3.73	3.50	3.33	3.20	3.09
	0.001	13.39	8.85	7.12	6.19	5.59	5.18	4.87	4.64	4.45
30	**0.100**	2.88	2.49	2.28	2.14	2.05	1.98	1.93	1.88	1.85
	0.050	4.17	3.32	2.92	2.69	2.53	2.42	2.33	2.27	2.21
	0.010	7.56	5.39	4.51	4.02	3.70	3.47	3.30	3.17	3.07
	0.001	13.29	8.77	7.05	6.12	5.53	5.12	4.82	4.58	4.39
31	**0.100**	2.87	2.48	2.27	2.14	2.04	1.97	1.92	1.88	1.84
	0.050	4.16	3.30	2.91	2.68	2.52	2.41	2.32	2.25	2.20
	0.010	7.53	5.36	4.48	3.99	3.67	3.45	3.28	3.15	3.04
	0.001	13.20	8.70	6.99	6.07	5.48	5.07	4.77	4.53	4.34

표 A.6 *F* 분포표

ν_2	α	ν_1 10	12	15	20	25	30	40	50	60
21	**0.100**	1.92	1.87	1.83	1.78	1.74	1.72	1.69	1.67	1.66
	0.050	2.32	2.25	2.18	2.10	2.05	2.01	1.96	1.94	1.92
	0.010	3.31	3.17	3.03	2.88	2.79	2.72	2.64	2.58	2.55
	0.001	4.95	4.70	4.44	4.17	4.00	3.88	3.74	3.64	3.58
22	**0.100**	1.90	1.86	1.81	1.76	1.73	1.70	1.67	1.65	1.64
	0.050	2.30	2.23	2.15	2.07	2.02	1.98	1.94	1.91	1.89
	0.010	3.26	3.12	2.98	2.83	2.73	2.67	2.58	2.53	2.50
	0.001	4.83	4.58	4.33	4.06	3.89	3.78	3.63	3.54	3.48
23	**0.100**	1.89	1.84	1.80	1.74	1.71	1.69	1.66	1.64	1.62
	0.050	2.27	2.20	2.13	2.05	2.00	1.96	1.91	1.88	1.86
	0.010	3.21	3.07	2.93	2.78	2.69	2.62	2.54	2.48	2.45
	0.001	4.73	4.48	4.23	3.96	3.79	3.68	3.53	3.44	3.38
24	**0.100**	1.88	1.83	1.78	1.73	1.70	1.67	1.64	1.62	1.61
	0.050	2.25	2.18	2.11	2.03	1.97	1.94	1.89	1.86	1.84
	0.010	3.17	3.03	2.89	2.74	2.64	2.58	2.49	2.44	2.40
	0.001	4.64	4.39	4.14	3.87	3.71	3.59	3.45	3.36	3.29
25	**0.100**	1.87	1.82	1.77	1.72	1.68	1.66	1.63	1.61	1.59
	0.050	2.24	2.16	2.09	2.01	1.96	1.92	1.87	1.84	1.82
	0.010	3.13	2.99	2.85	2.70	2.60	2.54	2.45	2.40	2.36
	0.001	4.56	4.31	4.06	3.79	3.63	3.52	3.37	3.28	3.22
26	**0.100**	1.86	1.81	1.76	1.71	1.67	1.65	1.61	1.59	1.58
	0.050	2.22	2.15	2.07	1.99	1.94	1.90	1.85	1.82	1.80
	0.010	3.09	2.96	2.81	2.66	2.57	2.50	2.42	2.36	2.33
	0.001	4.48	4.24	3.99	3.72	3.56	3.44	3.30	3.21	3.15
27	**0.100**	1.85	1.80	1.75	1.70	1.66	1.64	1.60	1.58	1.57
	0.050	2.20	2.13	2.06	1.97	1.92	1.88	1.84	1.81	1.79
	0.010	3.06	2.93	2.78	2.63	2.54	2.47	2.38	2.33	2.29
	0.001	4.41	4.17	3.92	3.66	3.49	3.38	3.23	3.14	3.08
28	**0.100**	1.84	1.79	1.74	1.69	1.65	1.63	1.59	1.57	1.56
	0.050	2.19	2.12	2.04	1.96	1.91	1.87	1.82	1.79	1.77
	0.010	3.03	2.90	2.75	2.60	2.51	2.44	2.35	2.30	2.26
	0.001	4.35	4.11	3.86	3.60	3.43	3.32	3.18	3.09	3.02
29	**0.100**	1.83	1.78	1.73	1.68	1.64	1.62	1.58	1.56	1.55
	0.050	2.18	2.10	2.03	1.94	1.89	1.85	1.81	1.77	1.75
	0.010	3.00	2.87	2.73	2.57	2.48	2.41	2.33	2.27	2.23
	0.001	4.29	4.05	3.80	3.54	3.38	3.27	3.12	3.03	2.97
30	**0.100**	1.82	1.77	1.72	1.67	1.63	1.61	1.57	1.55	1.54
	0.050	2.16	2.09	2.01	1.93	1.88	1.84	1.79	1.76	1.74
	0.010	2.98	2.84	2.70	2.55	2.45	2.39	2.30	2.25	2.21
	0.001	4.24	4.00	3.75	3.49	3.33	3.22	3.07	2.98	2.92
31	**0.100**	1.81	1.77	1.71	1.66	1.62	1.60	1.56	1.54	1.53
	0.050	2.15	2.08	2.00	1.92	1.87	1.83	1.78	1.75	1.73
	0.010	2.96	2.82	2.68	2.52	2.43	2.36	2.27	2.22	2.18
	0.001	4.19	3.95	3.71	3.45	3.28	3.17	3.03	2.94	2.87

표 A.6 *F* 분포표

		ν_1								
ν_2	α	1	2	3	4	5	6	7	8	9
32	**0.100**	2.87	2.48	2.26	2.13	2.04	1.97	1.91	1.87	1.83
	0.050	4.15	3.29	2.90	2.67	2.51	2.40	2.31	2.24	2.19
	0.010	7.50	5.34	4.46	3.97	3.65	3.43	3.26	3.13	3.02
	0.001	13.12	8.64	6.94	6.01	5.43	5.02	4.72	4.48	4.30
33	**0.100**	2.86	2.47	2.26	2.12	2.03	1.96	1.91	1.86	1.83
	0.050	4.14	3.28	2.89	2.66	2.50	2.39	2.30	2.23	2.18
	0.010	7.47	5.31	4.44	3.95	3.63	3.41	3.24	3.11	3.00
	0.001	13.04	8.58	6.88	5.97	5.38	4.98	4.67	4.44	4.26
34	**0.100**	2.86	2.47	2.25	2.12	2.02	1.96	1.90	1.86	1.82
	0.050	4.13	3.28	2.88	2.65	2.49	2.38	2.29	2.23	2.17
	0.010	7.44	5.29	4.42	3.93	3.61	3.39	3.22	3.09	2.98
	0.001	12.97	8.52	6.83	5.92	5.34	4.93	4.63	4.40	4.22
35	**0.100**	2.85	2.46	2.25	2.11	2.02	1.95	1.90	1.85	1.82
	0.050	4.12	3.27	2.87	2.64	2.49	2.37	2.29	2.22	2.16
	0.010	7.42	5.27	4.40	3.91	3.59	3.37	3.20	3.07	2.96
	0.001	12.90	8.47	6.79	5.88	5.30	4.89	4.59	4.36	4.18
36	**0.100**	2.85	2.46	2.24	2.11	2.01	1.94	1.89	1.85	1.81
	0.050	4.11	3.26	2.87	2.63	2.48	2.36	2.28	2.21	2.15
	0.010	7.40	5.25	4.38	3.89	3.57	3.35	3.18	3.05	2.95
	0.001	12.83	8.42	6.74	5.84	5.26	4.86	4.56	4.33	4.14
37	**0.100**	2.85	2.45	2.24	2.10	2.01	1.94	1.89	1.84	1.81
	0.050	4.11	3.25	2.86	2.63	2.47	2.36	2.27	2.20	2.14
	0.010	7.37	5.23	4.36	3.87	3.56	3.33	3.17	3.04	2.93
	0.001	12.77	8.37	6.70	5.80	5.22	4.82	4.53	4.30	4.11
38	**0.100**	2.84	2.45	2.23	2.10	2.01	1.94	1.88	1.84	1.80
	0.050	4.10	3.24	2.85	2.62	2.46	2.35	2.26	2.19	2.14
	0.010	7.35	5.21	4.34	3.86	3.54	3.32	3.15	3.02	2.92
	0.001	12.71	8.33	6.66	5.76	5.19	4.79	4.49	4.26	4.08
39	**0.100**	2.84	2.44	2.23	2.09	2.00	1.93	1.88	1.83	1.80
	0.050	4.09	3.24	2.85	2.61	2.46	2.34	2.26	2.19	2.13
	0.010	7.33	5.19	4.33	3.84	3.53	3.30	3.14	3.01	2.90
	0.001	12.66	8.29	6.63	5.73	5.16	4.76	4.46	4.23	4.05
40	**0.100**	2.84	2.44	2.23	2.09	2.00	1.93	1.87	1.83	1.79
	0.050	4.08	3.23	2.84	2.61	2.45	2.34	2.25	2.18	2.12
	0.010	7.31	5.18	4.31	3.83	3.51	3.29	3.12	2.99	2.89
	0.001	12.61	8.25	6.59	5.70	5.13	4.73	4.44	4.21	4.02
50	**0.100**	2.81	2.41	2.20	2.06	1.97	1.90	1.84	1.80	1.76
	0.050	4.03	3.18	2.79	2.56	2.40	2.29	2.20	2.13	2.07
	0.010	7.17	5.06	4.20	3.72	3.41	3.19	3.02	2.89	2.78
	0.001	12.22	7.96	6.34	5.46	4.90	4.51	4.22	4.00	3.82
60	**0.100**	2.79	2.39	2.18	2.04	1.95	1.87	1.82	1.77	1.74
	0.050	4.00	3.15	2.76	2.53	2.37	2.25	2.17	2.10	2.04
	0.010	7.08	4.98	4.13	3.65	3.34	3.12	2.95	2.82	2.72
	0.001	11.97	7.77	6.17	5.31	4.76	4.37	4.09	3.86	3.69
120	**0.100**	2.75	2.35	2.13	1.99	1.90	1.82	1.77	1.72	1.68
	0.050	3.92	3.07	2.68	2.45	2.29	2.18	2.09	2.02	1.96
	0.010	6.85	4.79	3.95	3.48	3.17	2.96	2.79	2.66	2.56
	0.001	11.38	7.32	5.78	4.95	4.42	4.04	3.77	3.55	3.38

표 A.6 *F* 분포표

v_2	α	v_1 10	12	15	20	25	30	40	50	60
32	0.100	1.81	1.76	1.71	1.65	1.62	1.59	1.56	1.53	1.52
	0.050	2.14	2.07	1.99	1.91	1.85	1.82	1.77	1.74	1.71
	0.010	2.93	2.80	2.65	2.50	2.41	2.34	2.25	2.20	2.16
	0.001	4.14	3.91	3.66	3.40	3.24	3.13	2.98	2.89	2.83
33	0.100	1.80	1.75	1.70	1.64	1.61	1.58	1.55	1.53	1.51
	0.050	2.13	2.06	1.98	1.90	1.84	1.81	1.76	1.72	1.70
	0.010	2.91	2.78	2.63	2.48	2.39	2.32	2.23	2.18	2.14
	0.001	4.10	3.87	3.62	3.36	3.20	3.09	2.94	2.85	2.79
34	0.100	1.79	1.75	1.69	1.64	1.60	1.58	1.54	1.52	1.50
	0.050	2.12	2.05	1.97	1.89	1.83	1.80	1.75	1.71	1.69
	0.010	2.89	2.76	2.61	2.46	2.37	2.30	2.21	2.16	2.12
	0.001	4.06	3.83	3.58	3.33	3.16	3.05	2.91	2.82	2.75
35	0.100	1.79	1.74	1.69	1.63	1.60	1.57	1.53	1.51	1.50
	0.050	2.11	2.04	1.96	1.88	1.82	1.79	1.74	1.70	1.68
	0.010	2.88	2.74	2.60	2.44	2.35	2.28	2.19	2.14	2.10
	0.001	4.03	3.79	3.55	3.29	3.13	3.02	2.87	2.78	2.72
36	0.100	1.78	1.73	1.68	1.63	1.59	1.56	1.53	1.51	1.49
	0.050	2.11	2.03	1.95	1.87	1.81	1.78	1.73	1.69	1.67
	0.010	2.86	2.72	2.58	2.43	2.33	2.26	2.18	2.12	2.08
	0.001	3.99	3.76	3.51	3.26	3.10	2.98	2.84	2.75	2.69
37	0.100	1.78	1.73	1.68	1.62	1.58	1.56	1.52	1.50	1.48
	0.050	2.10	2.02	1.95	1.86	1.81	1.77	1.72	1.68	1.66
	0.010	2.84	2.71	2.56	2.41	2.31	2.25	2.16	2.10	2.06
	0.001	3.96	3.73	3.48	3.23	3.07	2.95	2.81	2.72	2.66
38	0.100	1.77	1.72	1.67	1.61	1.58	1.55	1.52	1.49	1.48
	0.050	2.09	2.02	1.94	1.85	1.80	1.76	1.71	1.68	1.65
	0.010	2.83	2.69	2.55	2.40	2.30	2.23	2.14	2.09	2.05
	0.001	3.93	3.70	3.45	3.20	3.04	2.92	2.78	2.69	2.63
39	0.100	1.77	1.72	1.67	1.61	1.57	1.55	1.51	1.49	1.47
	0.050	2.08	2.01	1.93	1.85	1.79	1.75	1.70	1.67	1.65
	0.010	2.81	2.68	2.54	2.38	2.29	2.22	2.13	2.07	2.03
	0.001	3.90	3.67	3.43	3.17	3.01	2.90	2.75	2.66	2.60
40	0.100	1.76	1.71	1.66	1.61	1.57	1.54	1.51	1.48	1.47
	0.050	2.08	2.00	1.92	1.84	1.78	1.74	1.69	1.66	1.64
	0.010	2.80	2.66	2.52	2.37	2.27	2.20	2.11	2.06	2.02
	0.001	3.87	3.64	3.40	3.14	2.98	2.87	2.73	2.64	2.57
50	0.100	1.73	1.68	1.63	1.57	1.53	1.50	1.46	1.44	1.42
	0.050	2.03	1.95	1.87	1.78	1.73	1.69	1.63	1.60	1.58
	0.010	2.70	2.56	2.42	2.27	2.17	2.10	2.01	1.95	1.91
	0.001	3.67	3.44	3.20	2.95	2.79	2.68	2.53	2.44	2.38
60	0.100	1.71	1.66	1.60	1.54	1.50	1.48	1.44	1.41	1.40
	0.050	1.99	1.92	1.84	1.75	1.69	1.65	1.59	1.56	1.53
	0.010	2.63	2.50	2.35	2.20	2.10	2.03	1.94	1.88	1.84
	0.001	3.54	3.32	3.08	2.83	2.67	2.55	2.41	2.32	2.25
120	0.100	1.65	1.60	1.55	1.48	1.44	1.41	1.37	1.34	1.32
	0.050	1.91	1.83	1.75	1.66	1.60	1.55	1.50	1.46	1.43
	0.010	2.47	2.34	2.19	2.03	1.93	1.86	1.76	1.70	1.66
	0.001	3.24	3.02	2.78	2.53	2.37	2.26	2.11	2.02	1.95

표 A.7 표준화 정규분포표

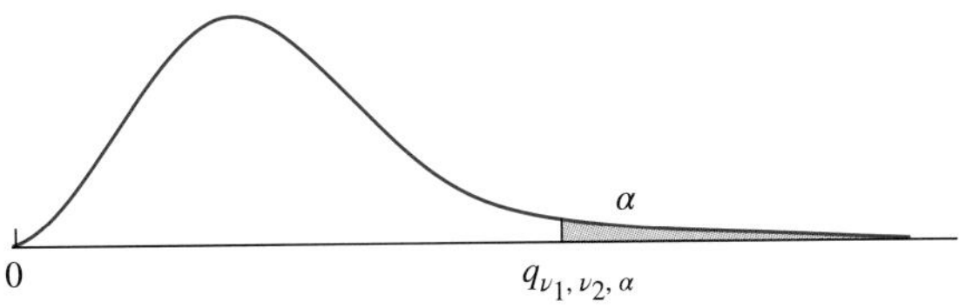

ν_2	α	ν_1 = 2	3	4	5	6	7	8	9	10	11	12	13	14	15
1	**0.10**	8.93	13.44	16.36	18.49	20.15	21.51	22.64	23.62	24.48	25.24	25.92	26.54	27.10	27.62
	0.05	17.97	26.98	32.82	37.08	40.41	43.12	45.40	47.36	49.07	50.59	51.96	53.20	54.33	55.36
	0.01	90.03	135.0	164.3	185.6	202.2	215.8	227.2	237.0	245.6	253.2	260.0	266.2	271.8	277.0
2	**0.10**	4.13	5.73	6.77	7.54	8.14	8.63	9.05	9.41	9.72	10.01	10.26	10.49	10.70	10.89
	0.05	6.08	8.33	9.80	10.88	11.74	12.44	13.03	13.54	13.99	14.39	14.75	15.08	15.38	15.65
	0.01	14.04	19.02	22.29	24.72	26.63	28.20	29.53	30.68	31.69	32.59	33.40	34.13	34.81	35.43
3	**0.10**	3.33	4.47	5.20	5.74	6.16	6.51	6.81	7.06	7.29	7.49	7.67	7.83	7.98	8.12
	0.05	4.50	5.91	6.82	7.50	8.04	8.48	8.85	9.18	9.46	9.72	9.95	10.15	10.35	10.52
	0.01	8.26	10.62	12.17	13.33	14.24	15.00	15.64	16.20	16.69	17.13	17.53	17.89	18.22	18.52
4	**0.10**	3.01	3.98	4.59	5.03	5.39	5.68	5.93	6.14	6.33	6.49	6.65	6.78	6.91	7.02
	0.05	3.93	5.04	5.76	6.29	6.71	7.05	7.35	7.60	7.83	8.03	8.21	8.37	8.52	8.66
	0.01	6.51	8.12	9.17	9.96	10.58	11.10	11.55	11.93	12.27	12.57	12.84	13.09	13.32	13.53
5	**0.10**	2.85	3.72	4.26	4.66	4.98	5.24	5.46	5.65	5.82	5.97	6.10	6.22	6.34	6.44
	0.05	3.64	4.60	5.22	5.67	6.03	6.33	6.58	6.80	6.99	7.17	7.32	7.47	7.60	7.72
	0.01	5.70	6.98	7.80	8.42	8.91	9.32	9.67	9.97	10.24	10.48	10.70	10.89	11.08	11.24
6	**0.10**	2.75	3.56	4.07	4.44	4.73	4.97	5.17	5.34	5.50	5.64	5.76	5.87	5.98	6.07
	0.05	3.46	4.34	4.90	5.30	5.63	5.90	6.12	6.32	6.49	6.65	6.79	6.92	7.03	7.14
	0.01	5.24	6.33	7.03	7.56	7.97	8.32	8.61	8.87	9.10	9.30	9.48	9.65	9.81	9.95
7	**0.10**	2.68	3.45	3.93	4.28	4.55	4.78	4.97	5.14	5.28	5.41	5.53	5.64	5.74	5.83
	0.05	3.34	4.16	4.68	5.06	5.36	5.61	5.82	6.00	6.16	6.30	6.43	6.55	6.66	6.76
	0.01	4.95	5.92	6.54	7.01	7.37	7.68	7.94	8.17	8.37	8.55	8.71	8.86	9.00	9.12
8	**0.10**	2.63	3.37	3.83	4.17	4.43	4.65	4.83	4.99	5.13	5.25	5.36	5.46	5.56	5.64
	0.05	3.26	4.04	4.53	4.89	5.17	5.40	5.60	5.77	5.92	6.05	6.18	6.29	6.39	6.48
	0.01	4.75	5.64	6.20	6.62	6.96	7.24	7.47	7.68	7.86	8.03	8.18	8.31	8.44	8.55
9	**0.10**	2.59	3.32	3.76	4.08	4.34	4.54	4.72	4.87	5.01	5.13	5.23	5.33	5.42	5.51
	0.05	3.20	3.95	4.41	4.76	5.02	5.24	5.43	5.59	5.74	5.87	5.98	6.09	6.19	6.28
	0.01	4.60	5.43	5.96	6.35	6.66	6.91	7.13	7.33	7.49	7.65	7.78	7.91	8.03	8.13
10	**0.10**	2.56	3.27	3.70	4.02	4.26	4.47	4.64	4.78	4.91	5.03	5.13	5.23	5.32	5.40
	0.05	3.15	3.88	4.33	4.65	4.91	5.12	5.30	5.46	5.60	5.72	5.83	5.93	6.03	6.11
	0.01	4.48	5.27	5.77	6.14	6.43	6.67	6.87	7.05	7.21	7.36	7.49	7.60	7.71	7.81
11	**0.10**	2.54	3.23	3.66	3.96	4.20	4.40	4.57	4.71	4.84	4.95	5.05	5.15	5.23	5.31
	0.05	3.11	3.82	4.26	4.57	4.82	5.03	5.20	5.35	5.49	5.61	5.71	5.81	5.90	5.98
	0.01	4.39	5.15	5.62	5.97	6.25	6.48	6.67	6.84	6.99	7.13	7.25	7.36	7.46	7.56
12	**0.10**	2.52	3.20	3.62	3.92	4.16	4.35	4.51	4.65	4.78	4.89	4.99	5.08	5.16	5.24
	0.05	3.08	3.77	4.20	4.51	4.75	4.95	5.12	5.27	5.39	5.51	5.61	5.71	5.80	5.88
	0.01	4.32	5.05	5.50	5.84	6.10	6.32	6.51	6.67	6.81	6.94	7.06	7.17	7.26	7.36

표 A.7 표준화 정규분포표

		ν_1													
ν_2	α	2	3	4	5	6	7	8	9	10	11	12	13	14	15
13	0.10	2.50	3.18	3.59	3.88	4.12	4.30	4.46	4.60	4.72	4.83	4.93	5.02	5.10	5.18
	0.05	3.06	3.73	4.15	4.45	4.69	4.88	5.05	5.19	5.32	5.43	5.53	5.63	5.71	5.79
	0.01	4.26	4.96	5.40	5.73	5.98	6.19	6.37	6.53	6.67	6.79	6.90	7.01	7.10	7.19
14	0.10	2.49	3.16	3.56	3.85	4.08	4.27	4.42	4.56	4.68	4.79	4.88	4.97	5.05	5.12
	0.05	3.03	3.70	4.11	4.41	4.64	4.83	4.99	5.13	5.25	5.36	5.46	5.55	5.64	5.71
	0.01	4.21	4.89	5.32	5.63	5.88	6.08	6.26	6.41	6.54	6.66	6.77	6.87	6.96	7.05
15	0.10	2.48	3.14	3.54	3.83	4.05	4.23	4.39	4.52	4.64	4.75	4.84	4.93	5.01	5.08
	0.05	3.01	3.67	4.08	4.37	4.59	4.78	4.94	5.08	5.20	5.31	5.40	5.49	5.57	5.65
	0.01	4.17	4.84	5.25	5.56	5.80	5.99	6.16	6.31	6.44	6.55	6.66	6.76	6.84	6.93
16	0.10	2.47	3.12	3.52	3.80	4.03	4.21	4.36	4.49	4.61	4.71	4.81	4.89	4.97	5.04
	0.05	3.00	3.65	4.05	4.33	4.56	4.74	4.90	5.03	5.15	5.26	5.35	5.44	5.52	5.59
	0.01	4.13	4.79	5.19	5.49	5.72	5.92	6.08	6.22	6.35	6.46	6.56	6.66	6.74	6.82
17	0.10	2.46	3.11	3.50	3.78	4.00	4.18	4.33	4.46	4.58	4.68	4.77	4.86	4.93	5.01
	0.05	2.98	3.63	4.02	4.30	4.52	4.70	4.86	4.99	5.11	5.21	5.31	5.39	5.47	5.54
	0.01	4.10	4.74	5.14	5.43	5.66	5.85	6.01	6.15	6.27	6.38	6.48	6.57	6.66	6.73
18	0.10	2.45	3.10	3.49	3.77	3.98	4.16	4.31	4.44	4.55	4.65	4.75	4.83	4.90	4.98
	0.05	2.97	3.61	4.00	4.28	4.49	4.67	4.82	4.96	5.07	5.17	5.27	5.35	5.43	5.50
	0.01	4.07	4.70	5.09	5.38	5.60	5.79	5.94	6.08	6.20	6.31	6.41	6.50	6.58	6.65
19	0.10	2.45	3.09	3.47	3.75	3.97	4.14	4.29	4.42	4.53	4.63	4.72	4.80	4.88	4.95
	0.05	2.96	3.59	3.98	4.25	4.47	4.65	4.79	4.92	5.04	5.14	5.23	5.31	5.39	5.46
	0.01	4.05	4.67	5.05	5.33	5.55	5.73	5.89	6.02	6.14	6.25	6.34	6.43	6.51	6.58
20	0.10	2.44	3.08	3.46	3.74	3.95	4.12	4.27	4.40	4.51	4.61	4.70	4.78	4.85	4.92
	0.05	2.95	3.58	3.96	4.23	4.45	4.62	4.77	4.90	5.01	5.11	5.20	5.28	5.36	5.43
	0.01	4.02	4.64	5.02	5.29	5.51	5.69	5.84	5.97	6.09	6.19	6.28	6.37	6.45	6.52
24	0.10	2.42	3.05	3.42	3.69	3.90	4.07	4.21	4.34	4.44	4.54	4.63	4.71	4.78	4.85
	0.05	2.92	3.53	3.90	4.17	4.37	4.54	4.68	4.81	4.92	5.01	5.10	5.18	5.25	5.32
	0.01	3.96	4.55	4.91	5.17	5.37	5.54	5.69	5.81	5.92	6.02	6.11	6.19	6.26	6.33
30	0.10	2.40	3.02	3.39	3.65	3.85	4.02	4.16	4.28	4.38	4.47	4.56	4.64	4.71	4.77
	0.05	2.89	3.49	3.85	4.10	4.30	4.46	4.60	4.72	4.82	4.92	5.00	5.08	5.15	5.21
	0.01	3.89	4.45	4.80	5.05	5.24	5.40	5.54	5.65	5.76	5.85	5.93	6.01	6.08	6.14
40	0.10	2.38	2.99	3.35	3.60	3.80	3.96	4.10	4.21	4.32	4.41	4.49	4.56	4.63	4.69
	0.05	2.86	3.44	3.79	4.04	4.23	4.39	4.52	4.63	4.73	4.82	4.90	4.98	5.04	5.11
	0.01	3.82	4.37	4.70	4.93	5.11	5.26	5.39	5.50	5.60	5.69	5.76	5.83	5.90	5.96
60	0.10	2.36	2.96	3.31	3.56	3.75	3.91	4.04	4.16	4.25	4.34	4.42	4.49	4.56	4.62
	0.05	2.83	3.40	3.74	3.98	4.16	4.31	4.44	4.55	4.65	4.73	4.81	4.88	4.94	5.00
	0.01	3.76	4.28	4.59	4.82	4.99	5.13	5.25	5.36	5.45	5.53	5.60	5.67	5.73	5.78
120	0.10	2.34	2.93	3.28	3.52	3.71	3.86	3.99	4.10	4.19	4.28	4.35	4.42	4.48	4.54
	0.05	2.80	3.36	3.68	3.92	4.10	4.24	4.36	4.47	4.56	4.64	4.71	4.78	4.84	4.90
	0.01	3.70	4.20	4.50	4.71	4.87	5.01	5.12	5.21	5.30	5.37	5.44	5.50	5.56	5.61
∞	0.10	2.33	2.90	3.24	3.48	3.66	3.81	3.93	4.04	4.13	4.21	4.28	4.35	4.41	4.47
	0.05	2.77	3.31	3.63	3.86	4.03	4.17	4.29	4.39	4.47	4.55	4.62	4.68	4.74	4.80
	0.01	3.64	4.12	4.40	4.60	4.76	4.88	4.99	5.08	5.16	5.23	5.29	5.35	5.40	5.45

표 A.8 관리도 상수

Subgroup Size n	A_2	A_3	B_3	B_4	D_3	D_4	c_4	d_2
2	1.880	2.659	0.000	3.267	0.000	3.267	0.7979	1.128
3	1.023	1.954	0.000	2.568	0.000	2.575	0.8862	1.693
4	0.729	1.628	0.000	2.266	0.000	2.282	0.9213	2.059
5	0.577	1.427	0.000	2.089	0.000	2.114	0.9400	2.326
6	0.483	1.287	0.030	1.970	0.000	2.004	0.9515	2.534
7	0.419	1.182	0.118	1.882	0.076	1.924	0.9594	2.704
8	0.373	1.099	0.185	1.815	0.136	1.864	0.9650	2.847
9	0.337	1.032	0.239	1.761	0.184	1.816	0.9693	2.970
10	0.308	0.975	0.284	1.716	0.223	1.777	0.9727	3.078
11	0.285	0.927	0.321	1.679	0.256	1.744	0.9754	3.173
12	0.266	0.866	0.354	1.646	0.283	1.717	0.9776	3.258
13	0.249	0.850	0.382	1.618	0.307	1.693	0.9794	3.336
14	0.235	0.817	0.406	1.594	0.328	1.672	0.9810	3.407
15	0.223	0.789	0.428	1.572	0.347	1.653	0.9823	3.472
16	0.212	0.763	0.448	1.552	0.363	1.637	0.9835	3.532
17	0.203	0.739	0.466	1.534	0.378	1.622	0.9845	3.588
18	0.194	0.718	0.482	1.518	0.391	1.609	0.9854	3.640
19	0.187	0.698	0.497	1.503	0.403	1.597	0.9862	3.689
20	0.180	0.680	0.510	1.490	0.415	1.585	0.9869	3.735
21	0.173	0.663	0.523	1.477	0.425	1.575	0.9876	3.778
22	0.167	0.647	0.534	1.466	0.434	1.566	0.9882	3.819
23	0.162	0.633	0.545	1.455	0.443	1.557	0.9887	3.858
24	0.157	0.619	0.555	1.445	0.452	1.548	0.9892	3.895
25	0.153	0.606	0.565	1.435	0.459	1.541	0.9896	3.931

For $n > 25$: $A_3 \approx 3/\sqrt{n}$, $B_3 \approx 1 - 3/\sqrt{2n}$, and $B_4 \approx 1 + 3/\sqrt{2n}$.

부록 B

연습문제 해답

1장

1.1 연습문제

1. (a) 모집단은 설문 조사가 실행될 수 있는 모든 시간으로 구성된다. 개념적 모집단이다.

(b) 인구는 주에 등록된 모든 유권자로 구성된다. 유형적 모집단이다.

(c) 인구는 콜레스테롤 수치가 높은 모든 사람들로 구성된다. 유형적 모집단이다.

(d) 모집단은 새로운 공식으로 만들 수 있는 모든 콘크리트 표본으로 구성됩니다. 개념적 모집단이다.

(e) 인구는 그날 제조된 모든 볼트로 구성된다. 유형적 모집단이다.

2. (a) 거짓, (b) 참

3. (a) 아니다. 중요한 것은 불량품의 모집단 비율이다. 표본의 비율은 근사치일 뿐이다. 새 공정의 인구 비율은 실제로 이전 공정의 인구 비율보다 크거나 작을 수 있다.

(b) 아니다. 표본의 비율이 0.11에 불과하더라도 새 공정의 모집단 비율은 0.12 이상일 수 있다.

(c) 표본에서 2개의 결함 있는 회로를 찾는다.

4. 데이터를 생성하는 과정에 대한 지식

1.2 연습문제

1. (a) 평균은 2.2로 나누어질 것이다.

(b) 표준편차는 2.2로 나누어질 것이다.

2. 거짓

3. 거짓이다. 예를 들어 표본 1,2,4는 평균 7/3으로 표본 안에 평균값이 존재하지 않는다.

4. 표본의 크기가 홀수인 경우이다.

5. 나열된 모든 숫자가 같은 경우 표준편차는 0이 된다.

6. 남자 키의 합은 $20 \times 178 = 3560$이다. 여자 키의 합은 $30 \times 164 = 4920$이다. 모든 50명의 키의 합계는 $3560 + 4920 = 8480$이다. 따라서 두 남녀를 합친 평균 점수는 $8480/50 = 169.6$이다

7. (a) 표본크기는 16이다. 제1삼분위수 = 5.67, 제2삼분위수 = 11.33이므로 제1삼분위수는 나열한 숫자의 위치 5와 6의 표본 값의 평균으로 $(44 + 46)/2 = 45$이다. 제2삼분위수는 나열한 숫자의 위치 11과 12의 표본 값의 평균으로 $(76 + 79)/2 = 77.5$이다.

(b) 표본크기는 16이다. 5분위수에는 1, 2, 3, 4의 컷 포인트가 있다. 따라서 5분위수는 나열한 숫자의 위치 3과 4, 위치 6과 7, 위치 10과 11 및 위치에서의 표본 값의 평균 13번과 14번의 위치에 따라서 5분위수는 $(23 + 41)/2 = 32$, $(46 + 49)/2 = 47.5$, $(74 + 76)/2 = 75$이고, $(82 + 89)/2 = 85.5$이다.

1.3 연습문제

1. (a)

줄기	잎
0	011112235677
1	235579
2	468
3	11257
4	14699
5	5
6	16
7	9
8	0099
9	
10	
11	0
12	7
13	7

(b)

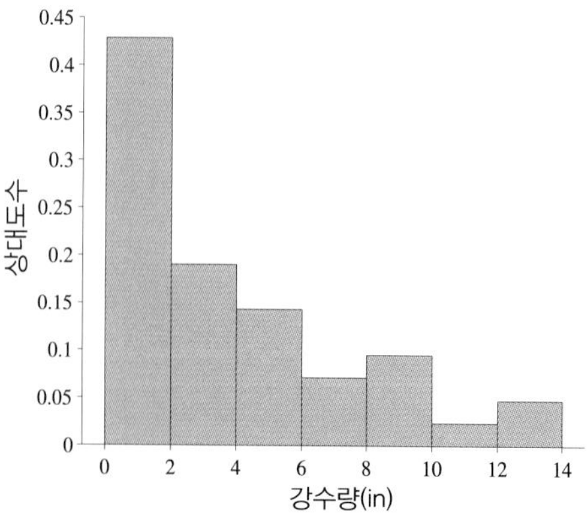

(c)

(d)

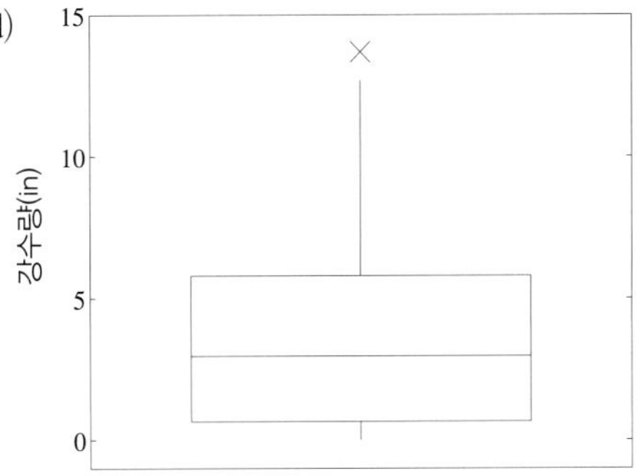

2. 23개의 줄기가 있다. 그림 1.6과 비교한 이 방법의 장점으로 값이 한 자릿수가 아니라 열 번째 자릿수에 제공된다. 단점으로 줄기가 너무 많고, 비어 있는 것이다.

줄기	잎	줄기	잎	줄기	잎
1	1588	11		21	
2	00003468	12	2	22	
3	0234588	13	06	23	3
4	0346	14			
5	2235666689	15			
6	00233459	16			
7	113558	17	1		
8	568	18	6		
9	1225	19	9		
10	1	20			

3. (a)

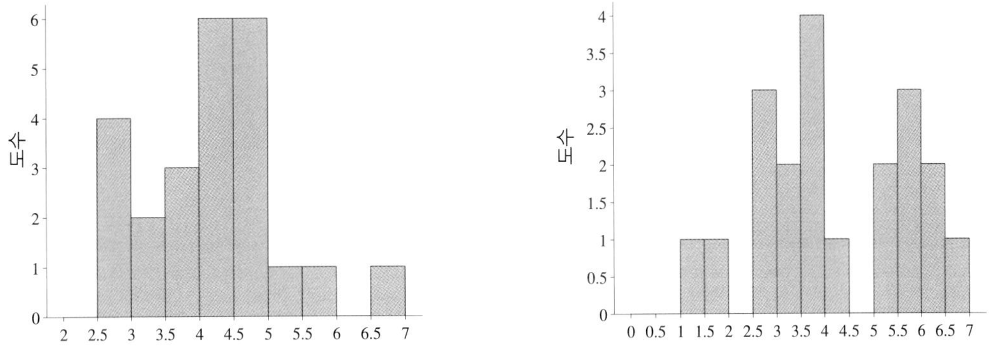

(b)

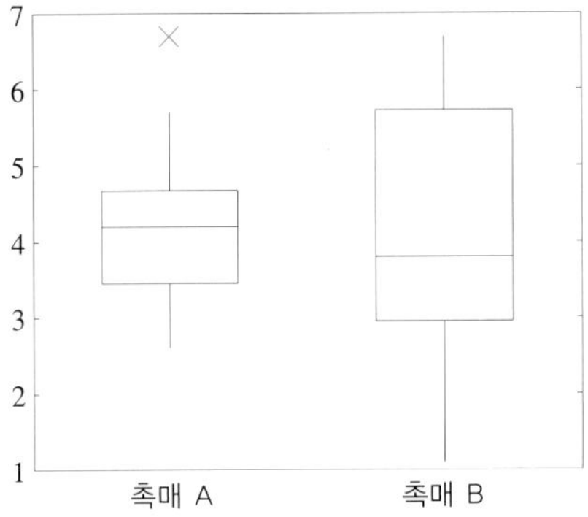

(c) B에 대한 결과는 A에 대한 결과보다 눈에 띄게 분산되어 있다. A의 중앙값이 B의 중앙값 보다 크다. B의 중앙값은 제3사분위수 보다 제1사분위수에 가깝지만 낮은 수염은 위쪽 수염보다 길기 때문에 중앙값은 데이터의 극단값과 거의 동일하다. A에 대한 가장 큰 결과는 이상점이며, A에 대한 나머지는 거의 대칭이다.

4. (a) 콜레스테롤 수치가 240 mg/dL 이상인 남성의 비율은 사각형의 상대도수(높이)의 합계로 약 0.14+0.10+0.05+0.01+0.02이다. 따라서 콜레스테롤 수치 240 mg/dL 이상인 남성의 비율은 30%에 가장 가깝다.

(b) 콜레스테롤 수치 240−260mg/dL 구간에 걸친 직사각형의 높이는 280−340mg/dL 구간에 걸친 직사각형의 높이 합보다 크다. 따라서 콜레스테롤 수치 240−260 mg/dL 구간에는 남성이 더 많다.

5. 제1사분위수보다 작거나 제3사분위수보다 높은 점은 이상점으로 지정된다. 위의 11개의 자료에서 IQR을 찾으려면 4, 10, 20, 25, 31, 36, 37, 41, 44, 68, 82 순으로 값을 정렬한다. 제1사분위수의 위치 0.25(분위수 + 1) = 3(분위수 20)의 값이다. 제3사분위수는 위치 0.75(분위수 + 1) = 9(분위수 44)의 값이다. 사분위간 범위는 44 − 20 = 24이다. 그래서 1.5 IQR은 (1.5)(24) = 36.20 − 36 = −16보다 작은 점이 없으므로 낮은 쪽에 이상점이 없다. 44 + 36 = 80보다 큰 82의 점이 있다. 따라서 82가 유일한 이상점이다.

6. (a)

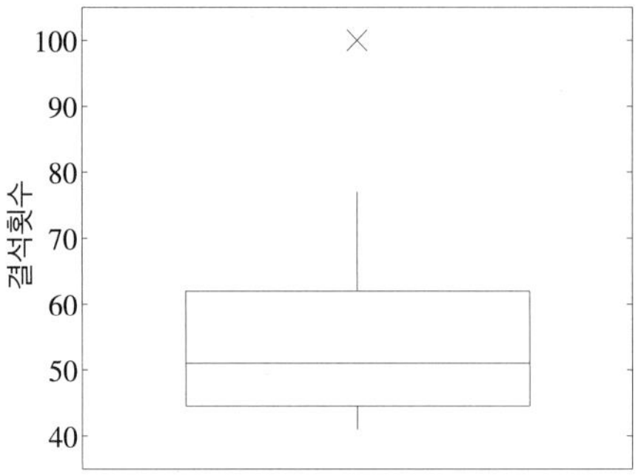

(b) 이상점이다.

7. (a) IQR = (제3사분위수) − (제1사분위수)이고, A: IQR = 6.02 − 1.42 = 4.60, B: IQR = 9.13 − 5.27 = 3.86이다.
   (b) 작성할 수 있다. 최소값이 제1사분위수 1.5 IQR 이내이고, 최소값이 1.5 IQR 안에 있고 최대값은 제3사분위수의 1.5 IQR 안에 있으며 이상점은 없으며 지정된 숫자는 상자의 경계와 수염의 끝을 지정한다.
   (c) 작성할 수 없다. −2.235의 최소값은 사분위간 범위가 제1사분위간 범위보다 1.5배 이상 낮기 때문에 이상점이다. 낮은 수염은 이상값이 아닌 가장 작은 점까지 확장되어야 하지만 이 점의 값은 그릴 수 없다.

8. (a)

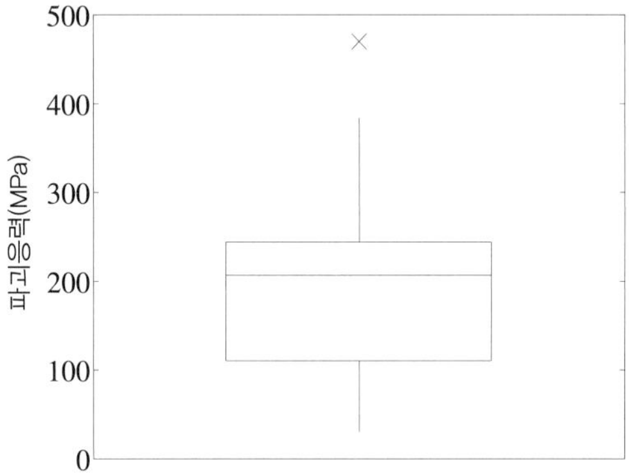

   (b) 상자 그림을 확인해 보면, 470이 이상점임을 알 수 있다.
   (c)

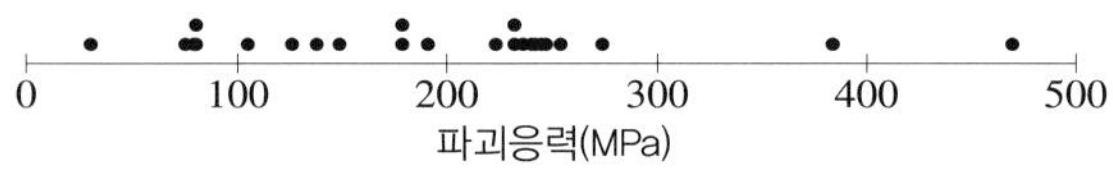

   (d) 점도표에서 값 384는 대부분의 자료값과 떨어져 있으므로 이상점으로 볼 수 있다.

1장 보충연습문제

1. 평균임금과 임금의 표준편차는 모두 5%씩 증가한다.

2. (a) 거짓이다. 표집변동으로 인해 100개의 철사 중 4개를 관측했을 때 실제 백분율은 5%보다 클 수 있다.
   (b) 참이다.
   (c) 거짓이다. 결과가 5%와 크게 다를 경우 표집변동 때문일 가능성은 낮다.
   (d) 참이다. 결과가 5%와 크게 다를 경우 표집변동 때문일 가능성은 낮다.

3. (a) 표본크기를 알 수 없기 때문에 평균이 얼마나 변하는지 알 수 없다.
   (b) 목록에 두 개 이상의 숫자가 있는 경우 중앙값은 변경되지 않는다. 목록에 숫자가 두 개만 있으면 중앙값이 바뀌는데 어느 정도인지 알 수 없다.
   (c) 표본크기를 알 수 없고 원래 표준편차를 알 수 없기 때문에 표준편차가 얼마나 변하는지 알 수 없다.

4. (a) 평균은 0.774만큼 감소한다.
   (b) 바뀐 후의 평균값은 25 − 0.774 = 24.226이다.
   (c) 중앙값은 변하지 않는다.

(d) 원래 표준편차를 알 수 없기 때문에 표준편차가 얼마나 변하는지 알 수 없다.

5. (a) 표본이 오른쪽으로 치우쳐 있다.

6. (a) 왼쪽으로 치우쳐 있다. 85번째 백분위수는 15번째 백분위수보다 중앙값에 훨씬 가깝다. 따라서 히스토그램은 오른쪽 꼬리보다 왼쪽 꼬리가 더 길다.

(b) 오른쪽으로 치우쳐 있다. 15번째 백분위수는 85번째 백분위수보다 중앙값에 훨씬 가깝다. 따라서 히스토그램의 오른쪽 꼬리가 왼쪽 꼬리보다 더 길다.

7. (a)

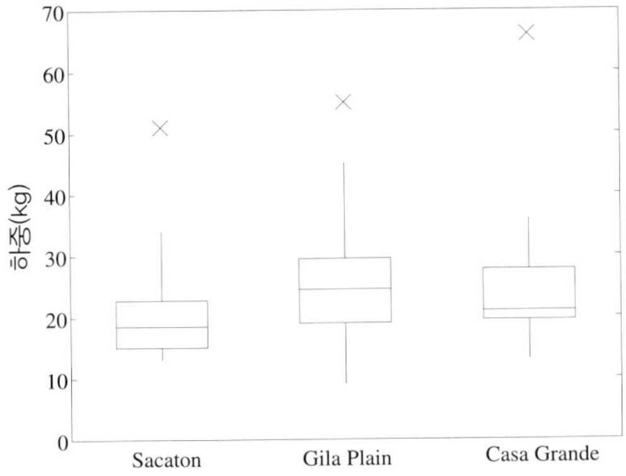

(b) 각 표본에는 하나의 이상점을 가지고 있다.

(c) Sacaton 상자 그림에서 중앙값은 제1사분위수와 제3사분위수 사이의 중간 정도이므로 이 사분위수 사이의 데이터가 상당히 대칭적이라는 것을 알 수 있다. 상자의 위쪽 수염은 아래쪽 수염보다 훨씬 길고 위쪽에는 이상점이 있다. 이것은 전체 데이터가 오른쪽으로 치우쳐 있음을 보여준다.

Gila Plain 상자 그림 데이터에서 중앙값은 제1사분위수와 제3사분위수 사이의 중간 정도이므로 이 사분위수 사이의 데이터가 상당히 대칭적이라는 것을 알 수 있다. 위쪽 수염은 아래쪽 수염보다 약간 길고 위쪽에는 이상점이 있다. 이는 전체 데이터가 오른쪽으로 다소 치우쳐 있음을 보여준다.

Casa Grande 상자 그림에서 중앙값은 제1사분위수에 매우 가깝다. 이는 데이터를 통과하기 위한 약 4분의 1에 가까운 여러 값이 서로 매우 가깝다는 것을 나타낸다. 두 수염의 길이는 거의 같으며, 위쪽의 이상점을 제외하고 꼬리가 거의 같다는 것을 나타낸다.

2장

2.1 연습문제

1. $\overline{x} = 3.0, \overline{y} = 3.4, \quad \sum_{i=1}^{n}(x_i - \overline{x})^2 = 10, \quad \sum_{i=1}^{n}(y_i - \overline{y})^2 = 21.2, \quad \sum_{i=1}^{n}(x_i - \overline{x})(y_i - \overline{y}) = 12$

$$r = \frac{\sum_{i=1}^{n}(x_i - \overline{x})(y_i - \overline{y})}{\sqrt{\sum_{i=1}^{n}(x_i - \overline{x})^2}\sqrt{\sum_{i=1}^{n}(y_i - \overline{y})^2}} = 0.8242$$

2. (a) 상관 계수가 적절하다. 점들이 거의 한 선 주위에 군집화되어 있다.

(b) 상관 계수가 적절하지 않다. 관계는 선형 관계가 아니라 곡선 관계이다.

(c) 상관 계수가 적절하지 않다. 그림에 이상점이 포함되어 있다.

3.

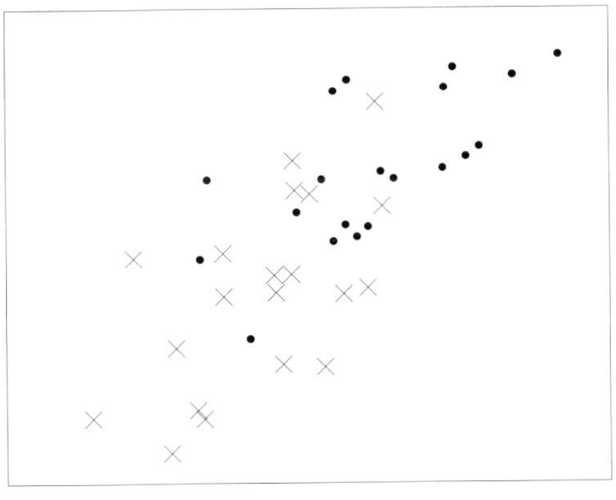

남자(점)의 키와 몸무게는 여자(x)의 키보다 전체적으로 더 크다. 따라서 남성의 산점도는 위, 오른쪽으로 이동된다. 전체 그림은 두 그림보다 더 높은 상관관계를 나타낸다. 남녀의 키와 몸무게의 상관관계는 0.6 이상이 될 것이다.

4. (a) x는 온도, y는 교반 속도, z는 생산량을 나타낸다.

$\overline{x} = 119.875,\ \ \overline{y} = 45,\ \ \overline{z} = 75.590625,\ \ \sum_{i=1}^{n}(x_i - \overline{x})^2 = 1845.75,$

$\sum_{i=1}^{n}(y_i - \overline{y})^2 = 1360,\ \ \sum_{i=1}^{n}(z_i - \overline{z})^2 = 234.349694,\ \ \sum_{i=1}^{n}(x_i - \overline{x})(y_i - \overline{y}) = 1436,$

$\sum_{i=1}^{n}(x_i - \overline{x})(z_i - \overline{z}) = 481.63125,\ \ \sum_{i=1}^{n}(y_i - \overline{y})(z_i - \overline{z}) = 424.15$

온도와 생산량 사이의 상관계수, $r = \dfrac{\sum_{i=1}^{n}(x_i - \overline{x})(z_i - \overline{z})}{\sqrt{\sum_{i=1}^{n}(x_i - \overline{x})^2}\sqrt{\sum_{i=1}^{n}(z_i - \overline{z})^2}} = 0.7323$

교반 속도과 생산량 간의 상관계수, $r = \dfrac{\sum_{i=1}^{n}(y_i - \overline{y})(z_i - \overline{z})}{\sqrt{\sum_{i=1}^{n}(y_i - \overline{y})^2}\sqrt{\sum_{i=1}^{n}(z_i - \overline{z})^2}} = 0.7513$

온도와 교반 속도 사이의 상관계수, $r = \dfrac{\sum_{i=1}^{n}(x_i - \overline{x})(y_i - \overline{y})}{\sqrt{\sum_{i=1}^{n}(x_i - \overline{x})^2}\sqrt{\sum_{i=1}^{n}(y_i - \overline{y})^2}} = 0.9064$

(b) 아니다. 온도와 교반 속도의 상관 관계가 0에서 멀기 때문에 교락 때문일 수 있다.

(c) 아니다. 온도와 교반 속도의 상관 관계가 0에서 멀기 때문에 교락 때문일 수 있다.

2.2 연습문제

1. (a) $245.82 + 1.13(65) = 319.27$ kg

   (b) y의 1단위 변화로부터 예측되는 y의 차이는 기울기 $\hat{\beta}_1 = 1.13$이다. 따라서 5°C의 변화에서 예측되는 증기의 양 변화는 $1.13(5) = 5.65$ kg이다.

2. (a) $-0.2967 + 0.2738(70) = 18.869$ in

   (b) x를 필요한 높이로 한다면, 19 in $= -0.2967 + 0.2738x$이므로 $x = 70.477$ in이다.

   (c) 아니다. 점수가 최소제곱선 아래에 있는 남성 중 일부는 팔이 더 짧다.

3. (a) 적절한 선형모형이다.

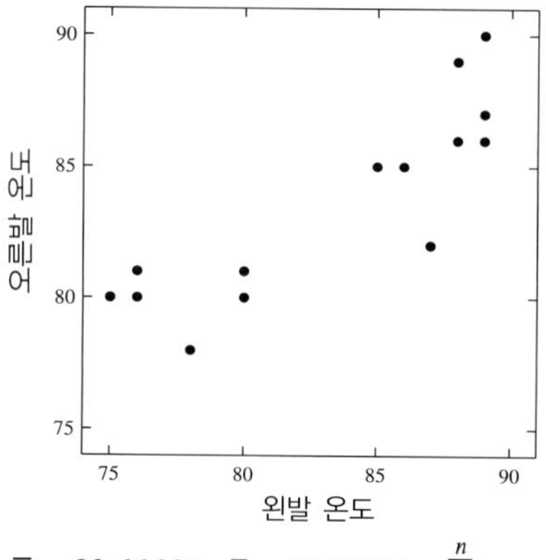

   (b) $\overline{x} = 83.66667,\ \ \overline{y} = 83.38889,\ \ \sum_{i=1}^{n}(x_i - \overline{x})^2 = 466.00000,\ \ \sum_{i=1}^{n}(y_i - \overline{y})^2 = 248.277778,\ \ \sum_{i=1}^{n}(x_i - \overline{x})(y_i - \overline{y}) = 276.33333$

   $\hat{\beta}_1 = \dfrac{\sum_{i=1}^{n}(x_i - \overline{x})(y_i - \overline{y})}{\sum_{i=1}^{n}(x_i - \overline{x})^2} = 0.592990,\ \ \hat{\beta}_0 = \overline{y} - \hat{\beta}_1\overline{x} = 33.775393$

   최소제곱직선의 방정식은 $y = 33.775393 + 0.592990x$이다.

   (c) $0.592990(2) = 1.1860$°F

(d) 33.775393 + 0.592990(81) = 81.805°F

4. (a) 적합한 선형모형이다.

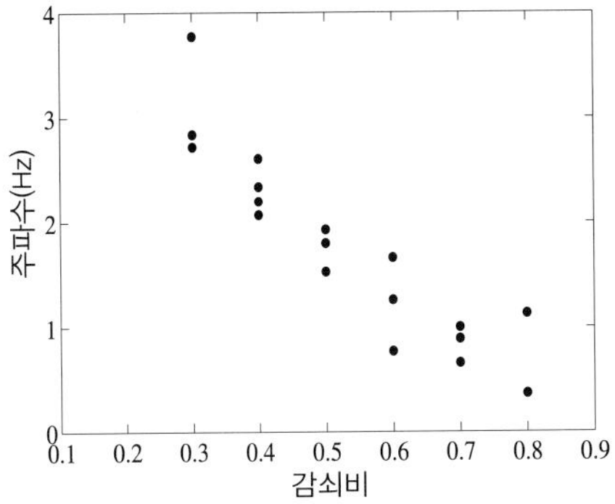

(b) $\overline{x} = 0.527778$, $\overline{y} = 1.752778$, $\sum_{i=1}^{n}(x_i - \overline{x})^2 = 0.476111$, $\sum_{i=1}^{n}(y_i - \overline{y})^2 = 13.672761$, $\sum_{i=1}^{n}(x_i - \overline{x})(y_i - \overline{y}) = -2.335389$

$$\hat{\beta}_1 = \frac{\sum_{i=1}^{n}(x_i - \overline{x})(y_i - \overline{y})}{\sum_{i=1}^{n}(x_i - \overline{x})^2} = -4.905134, \quad \hat{\beta}_0 = \overline{y} - \hat{\beta}_1\overline{x} = 4.341599$$

최소제곱직선의 방정식은 $y = 4.341599 - 4.905134x$이다.

(c) 4.905134(0.2) = 0.9810Hz

(d) 4.341599−4.905134(0.75) = 0.6627

(e) x를 감쇠비라 하면 $2.0 = 4.341599 - 4.905134x$이다. 따라서 $x = 0.47738$이다.

5. (a)

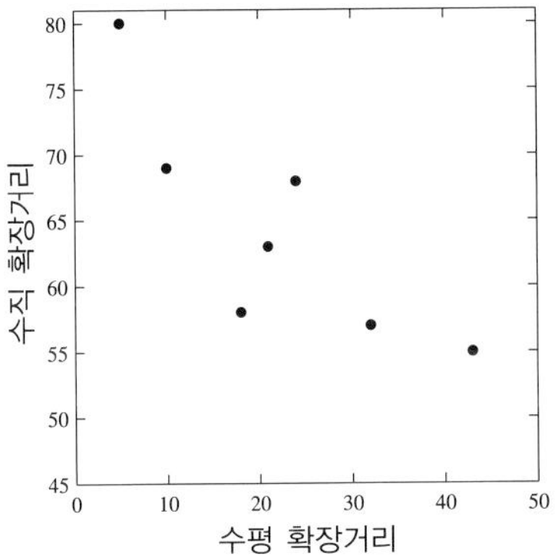

(b) $\overline{x} = 21.857143$, $\overline{y} = 64.285714$, $\sum_{i=1}^{n}(x_i - \overline{x})^2 = 994.857143$, $\sum_{i=1}^{n}(y_i - \overline{y})^2 = 463.428571$, $\sum_{i=1}^{n}(x_i - \overline{x})(y_i - \overline{y}) = -557.714286$

$$\hat{\beta}_1 = \frac{\sum_{i=1}^{n}(x_i - \overline{x})(y_i - \overline{y})}{\sum_{i=1}^{n}(x_i - \overline{x})^2} = 76.538771, \quad \hat{\beta}_0 = \overline{y} - \hat{\beta}_1\overline{x} = -0.560597$$

최소제곱직선 방정식은 $y = 76.538771 - 0.560597x$이다.

(c)

x	y	적합값 $\hat{y} = \hat{\beta}_0 + \hat{\beta}_1 x$	잔차 $e = y - \hat{y}$
43	55	52.433	2.5669
5	80	73.736	6.2642
18	58	66.448	−8.448
24	68	63.084	4.9156
32	57	58.600	−1.5997
10	69	70.933	−1.9328
21	63	64.766	−1.7662

(d) −0.560597(10) = −5.6059797

(e) 76.538771−0.560597(30) = 59.7209

6. (a)

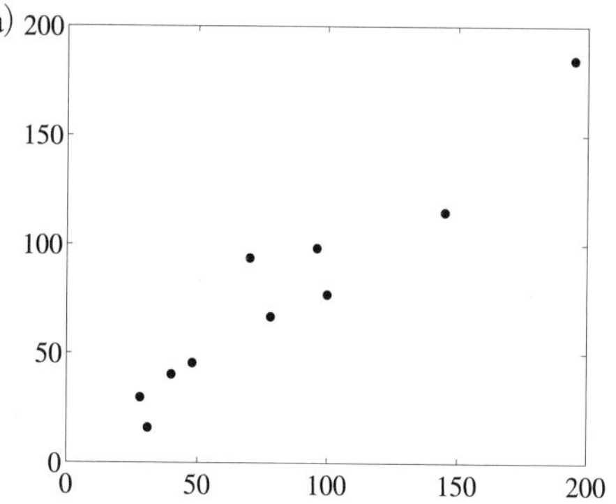

(b) $n = 10$, $\overline{y} = 64.285714$, $\sum_{i=1}^{n}(x_i - \overline{x})^2 = 25843$, $\sum_{i=1}^{n}(y_i - \overline{y})^2 = 22131$, $\overline{x} = 83.10$, $\overline{y} = 76.72$, $\sum_{i=1}^{n}(x_i - \overline{x})(y_i - \overline{y}) = 22955$

$$\widehat{\beta}_1 = \frac{\sum_{i=1}^{n}(x_i - \overline{x})(y_i - \overline{y})}{\sum_{i=1}^{n}(x_i - \overline{x})^2} = 0.88824, \quad \widehat{\beta}_0 = \overline{y} - \widehat{\beta}_1\overline{x} = -0.560597$$

최소제곱직선 방정식은 $y = 2.9073 + 0.88824x$이다.

(c) $0.88824(12) = 10.659 \times 1010$ joules

(d) $2.9073 + 0.88824(50) = 47.319 \times 1010$ joules

(e) 가계 소득을 x라 하면, $2.9073 + 0.88824x = 100$이다. 따라서 $x = 109.31$이다.

2.3 연습문제

1. (a)

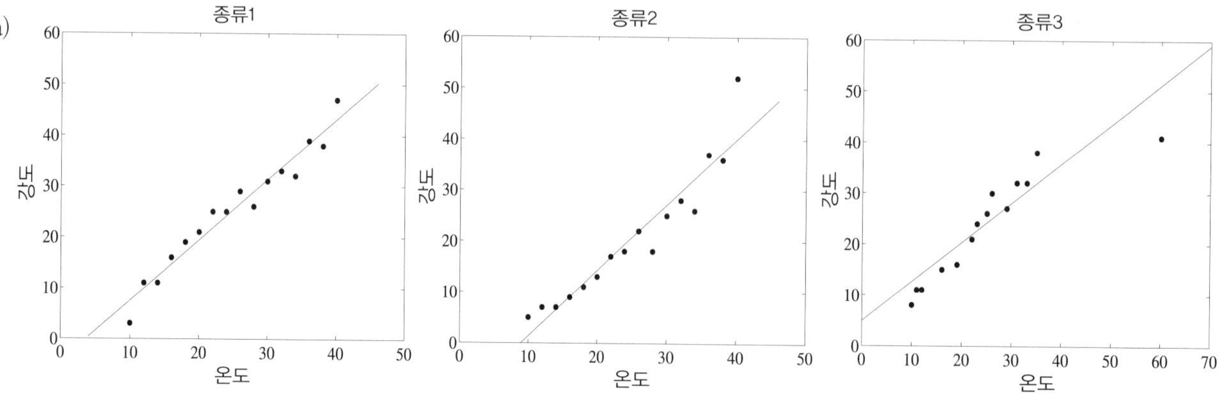

(b) 산점도에 명확한 선형 추세가 나타나므로 종류1에 적합하다. 산점도에 곡선 패턴이 있으므로 종류2에는 적합하지 않다. 산점도에 이상점이 포함되어 있으므로 종류3에는 적합하지 않다.

2. (a) $n = 6$, $\sum_{i=1}^{n}(x_i - \overline{x})^2 = 70$, $\sum_{i=1}^{n}(y_i - \overline{y})^2 = 297.38$, $\overline{x} = 7$, $\overline{y} = 10.9$, $\sum_{i=1}^{n}(x_i - \overline{x})(y_i - \overline{y}) = 141.6$

$$\widehat{\beta}_1 = \frac{\sum_{i=1}^{n}(x_i - \overline{x})(y_i - \overline{y})}{\sum_{i=1}^{n}(x_i - \overline{x})^2} = 2.0229, \quad \widehat{\beta}_0 = \overline{y} - \widehat{\beta}_1\overline{x} = -3.26$$

최소제곱직선 방정식은 $y = -3.26 + 2.0229x$이다.

(b) 사용하지 않는다. 관측된 시간의 최소값은 2시간이기 때문이다.

(c) 사용한다. $-3.26 + 2.0229(5) = 6.8545$

(d) 사용하지 않는다. 관측시간의 가장 큰 값은 12시간이기 때문이다.

3. $$r^2 = 1 - \frac{\sum_{i=1}^{n}(y_i - \widehat{y}_i)^2}{\sum_{i=1}^{n}(y_i - \overline{y})^2} = 1 - \frac{1450}{9615} = 0.8492$$

4. $\widehat{\beta}_1 = rs_y/s_x = (0.85)(1.9)/1.2 = 1.3458$, $\widehat{\beta}_0 = \overline{y} - \widehat{\beta}_1\overline{x} = 30.4 - 1.3458(8.1) = 19.499$

최소제곱직선 방정식은 $y = 19.499 + 1.3458x$이다.

5. $\hat{\beta}_1 = rs_y/s_x = 0.5(10/0.5) = 10$. $\hat{\beta}_0 = \bar{y} - \hat{\beta}_1\bar{x} = 50 - 10(3) = 20$

최소제곱직선 방정식은 $y = 20 + 10x$이다.

6. 최소제곱 직선의 기울기는 $r\dfrac{s_y}{s_x}$이다. $s_x = s_y$이므로 기울기는 r이다. 1과 −1이므로 나희의 말이 옳다.

2장 보충연습문제

1. c. 4,000만 원과 같을 것이다.

최소제곱직선은 점$(\bar{x}, \bar{y})$를 지난다. 따라서 키가 평균 소득과 같을 때 소득은 평균 4,000만 원과 같다.

2. −1에 가장 가깝다. 만약 두 사람이 x세로 나이가 다르면, 큰 사람의 졸업 연도는 작은 사람의 졸업 연도에 비해 대략 x년이 적어질 것이다. 따라서 연령 대 졸업 연도의 산점도에 있는 점은 음의 기울기를 가진 직선에 매우 가깝다.

3. $\bar{x} = 0.5,\ \sum_{i=1}^{n}(x_i - \bar{x})^2 = 5,\ \ \bar{y} = [-1 + 0 + 1 + y]/4 = y/4,\ \ y = 4\bar{y}$

$\sum_{i=1}^{n}(x_i - \bar{x})(y_i - \bar{y}),\ \sum_{i=1}^{n}(y_i - \bar{y})^2$

$$\sum_{i=1}^{n}(x_i - \bar{x})(y_i - \bar{y}) = (-1)(-1 - \bar{y}) + 0(0 - \bar{y}) + 1(1 - \bar{y}) + 2(4\bar{y} - \bar{y}) = 6\bar{y} + 2$$

$$\sum_{i=1}^{n}(y_i - \bar{y})^2 = (-1 - \bar{y})^2 + (0 - \bar{y})^2 + (1 - \bar{y})^2 + (4\bar{y} - \bar{y})^2 = 12\bar{y}^2 + 2$$

$$r = \frac{6\bar{y} + 2}{\sqrt{5}\sqrt{12\bar{y}^2 + 2}}$$

(a) 상관계수 r이 1이 되는 y값은 $6\bar{y} + 2 = \sqrt{5}\sqrt{12\bar{y}^2 + 2}$, $36\bar{y}^2 + 24\bar{y} + 4 = 60\bar{y}^2 + 10$, $4\bar{y}^2 - 4\bar{y} + 1$, $\bar{y} = 1/2$, $y = 4\bar{y} = 2$이다.

(b) 상관계수 r이 0이 되는 값은 $6\bar{y} + 2 = 0$이다. 따라서 y값은 $\bar{y} = -1/3$, $y = 4\bar{y} = -4/3$이다.

(c) 상관계수가 −1이 되려면 점이 음의 기울기를 가진 직선에 있어야 한다.

4. (a) x는 면적 y는 개체수를 나타낸다.

$\bar{x} = 2812.1,\ \ \bar{y} = 612.74,\ \ \sum_{i=1}^{n}(x_i - \bar{x})^2 = 335069724.6,\ \ \sum_{i=1}^{n}(y_i - \bar{y})^2 = 18441216.4,\ \ \sum_{i=1}^{n}(x_i - \bar{x})(y_i - \bar{y}) = 32838847.8$

$$\hat{\beta}_1 = \frac{\sum_{i=1}^{n}(x_i - \bar{x})(y_i - \bar{y})}{\sum_{i=1}^{n}(x_i - \bar{x})^2} = 0.098006,\ \hat{\beta}_0 = \bar{y} - \hat{\beta}_1\bar{x} = 337.13$$

최소제곱직선의 방정식은 $y = 337.13 + 0.098006x$이다.

(b) $337.13 + 0.098006(5000) = 827$

(c) x는 면적, y는 개체수를 나타낸다면 최고제곱직선의 방정식은 $-0.4658 + 0.8198\ \ln$이다.

$\bar{x} = 6.7769,\ \ \bar{y} = 5.0895,\ \ \sum_{i=1}^{n}(x_i - \bar{x})^2 = 76.576,\ \ \sum_{i=1}^{n}(y_i - \bar{y})^2 = 78.643,\ \ \sum_{i=1}^{n}(x_i - \bar{x})(y_i - \bar{y}) = 62.773$

$$\hat{\beta}_1 = \frac{\sum_{i=1}^{n}(x_i - \bar{x})(y_i - \bar{y})}{\sum_{i=1}^{n}(x_i - \bar{x})^2} = 0.8198,\ \ \hat{\beta}_0 = \bar{y} - \hat{\beta}_1\bar{x} = -0.4658$$

(d) $-0.4685 + 0.8198(\ln 5000) = 6.5166$이다. 따라서 예측된 개체수는 $e^{6.5166} \approx 676$이다.

(e)

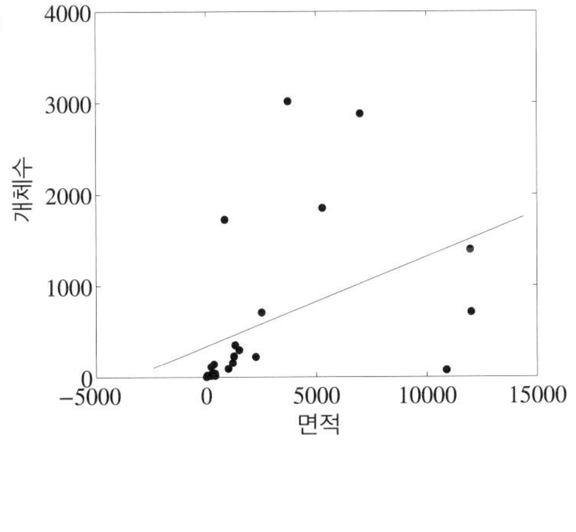

(f)

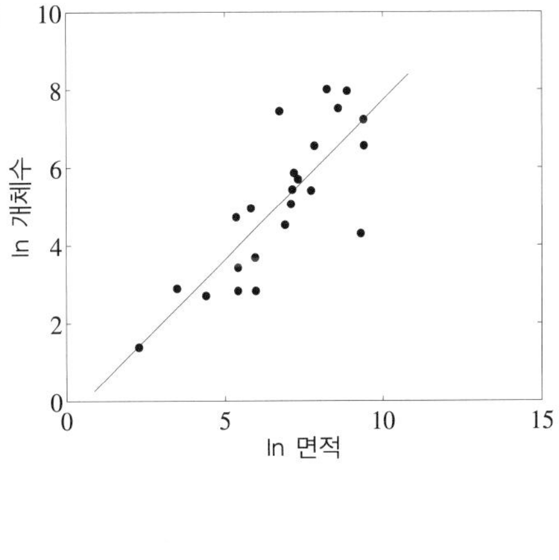

(g) ln면적, ln개체수의 산점도가 최소제곱직선을 더 적절하게 요약했다.

(h) d의 예측이 좀 더 선형의 산점도를 기반으로 하므로 신뢰성이 높다.

3장

3.1 연습문제

1. P(충족하지 않을 확률) = 1 − P(충족할 확률) = 1 − 0.87 = 0.13

2. (a) {TTTT, TTTF, TTFT, TTFF, TFTT, TFTF, TFFT, TFFF, FTTT, FTTF, FTFT, FTFF, FFTT, FFTF, FFFT, FFFF}

(b) 정답은 모두 TTTT와 FFFF 두 개로 동일하다. 따라서 확률은 2/16 또은 1/8이다.

(c) TFFF, FFTFF, FFTF, FFTT의 네 가지가 있다. 따라서 확률은 4/16 또는 1/4이다.

(d) TFFF, FTFF, FFTF, FFFT, FFFF가 있다. 따라서 확률은 5/16이다.

3. (a) P(천식 환자가 18세에서 64세) = P(천식환자가 18세에서 44세) + P(천식환자가 45세에서 64세)
= 0.19 + 0.30 = 0.49

(b) 1 − P(천식환자가 85세 이상) = 1 − 0.04 = 0.96

4. $P(A \cap B) = P(A) + P(B) - P(A \cup B)$
$= 0.98 + 0.95 - 0.99 = 0.94$

5. (a) 거짓, (b) 참, (c) 거짓, (d) 참

6. R = 읽기가 능숙할 확률, M = 수학이 능숙할 확률이면,

(a) $P(R \cup M) = P(R) + P(M) - P(R \cap M)$
$= 0.85 + 0.78 - 0.65 = 0.98$

(b) $P(R^c \cap M) = P(M) - P(R \cap M)$
$= 0.78 - 0.65 = 0.13$

(c) $P(R^c \cap M^c) = 1 - P(R \cup M)$
$= 1 - (P(R) + P(M) - P(R \cap M))$
$= 1 - (0.85 + 0.78 - 0.65) = 0.02$

7. (a) $P(S \cup C) = P(S) + P(C) - P(S \cap C)$
$= 0.4 + 0.3 - 0.2 = 0.5$

(b) $P(S^c \cap C^c) = 1 - P(S \cup C) = 1 - 0.5 = 0.5$

(c) $P(S \cap C^c)$
$P(S) = P(S \cap C) + P(S \cap C^c)$
$P(S \cap C) = P(S) + P(C) - P(S \cup C)$
$= 0.4 + 0.3 - 0.5 = 0.2$
$P(S) = 0.4,\ P(S \cap C) = 0.2,\ P(S \cap C^c) = 0.2$

3.2 연습문제

1. A는 생명공학 기업이 수익을 낼 확률, B는 정보기술 기업이 수익을 낼 확률이라고 하면, ($P(A) = 0.2$, $P(B) = 0.15$)이다.

(a) $P(A \cap B) = P(A)P(B) = (0.2)(0.15) = 0.03$

(b) $P(A^c \cap B^c) = P(A^c)P(B^c) = (1 - 0.2)(1 - 0.15) = 0.68$

(c) $P(A \cup B) = P(A) + P(B) - P(A \cap B)$
$= P(A) + P(B) - P(A)P(B)$
$= 0.2 + 0.15 - (0.2)(0.15) = 0.32$

2. 볼트가 사양을 충족하는 확률을 A라 하고, 못이 사양을 충족하는 확률을 B라고 하면, ($P(A) = 0.9$, $P(B) = 0.85$)이다.

(a) $P(A \cap B) = P(A)P(B) = (0.9)(0.85) = 0.765$

(b) $P(A^c \cap B^c) = P(A^c)P(B^c) = (1 - 0.9)(1 - 0.85) = 0.015$

3. (a) 5/15

(b) 첫 번째 저항이 50Ω인 경우 14개의 저항기가 남아 있다. 이 중 5개는 100Ω이다. 따라서 p(2번째 100Ω | 1번째 50Ω) = 5/14이다.

(c) 첫 번째 저항이 100Ω인 경우 14개의 저항기가 남아 있다. 이 중 4개의 저항이 100Ω이다. 따라서 p(2번째 100Ω | 1번째

$100\Omega) = 4/14$이다.

4. (a) $\dfrac{88}{12+88} = 0.88$, (b) $\dfrac{88}{88+165+260} = 0.1715$, (c) $\dfrac{88+165}{88+165+260} = 0.4932$, (d) $\dfrac{88+165}{88+165+12+35} = 0.8433$

5. (a) $\dfrac{56+24}{100} = 0.80$

(b) $\dfrac{56+14}{100} = 0.70$

(c) $P(\text{유전자 } 2 \mid \text{유전자 } 1) = \dfrac{P(\text{유전자 } 1 \cap \text{유전자 } 2)}{P(\text{유전자 } 1)}$

$= \dfrac{56/100}{0.8} = 0.7$

(d) 연결 평형 상태이다. $P(\text{유전자 } 2 \mid \text{유전자 } 1) = P(\text{유전자 } 2)$

6. R, D, I는 상원의원이 각각 공화당원, 민주당원, 무소속인 경우를, M, F는 상원의원이 각각 남성 또는 여성인 경우를 각각 나타낸다면,

(a) $P(R \cap M) = 0.45$

(b) $P(D \cup F) = P(D) + P(F) - P(D \cap F)$

$= (0.28 + 0.17) + (0.17 + 0.08) - 0.17 = 0.53$

(c) $P(R) = P(R \cap M) + P(R \cap F)$

$= 0.45 + 0.08 = 0.53$

(d) $P(R^c) = 1 - P(R) = 1 - 0.53 = 0.47$

(e) $P(D) = P(D \cap M) + P(D \cap F)$

$= 0.28 + 0.17 = 0.45$

(f) $P(I) = P(I \cap M) + P(I \cap F)$

$= 0.02 + 0 = 0.02$

(g) $P(D \cup I) = P(D) + P(I)$

$= 0.45 + 0.02 = 0.47$

7. A, B, C, D가 작동할 확률은 $P(A) = 1-0.1 = 0.9$, $P(B) = 1-0.2 = 0.8$, $P(C) = 1-0.05 = 0.95$, $P(D) = 1-0.3 = 0.7$이다.

시스템 전체가 작동하는 사건는 $(A \cup B) \cup (C \cup D)$이다.

$P(A \cup B) = P(A) + P(B) - P(A \cap B) = P(A) + P(B) - P(A)P(B) = 0.9 + 0.8 - (0.9)(0.8) = 0.98$

$P(C \cup D) = P(C) + P(D) - P(C \cap D) = P(C) + P(D) - P(C)P(D) = 0.95 + 0.7 - (0.95)(0.7) = 0.985$

$P[(A \cup B) \cup (C \cup D)] = P(A \cup B) + P(C \cup D) - P(A \cup B)P(C \cup D) = 0.98 + 0.985 - (0.98)(0.985) = 0.9997$

8. (a) $P(\text{시스템이 작동할 확률}) = P(C \cup D)$

$= P(C) + P(D) - P(C \cap D)$

$= (1 - 0.08) + (1 - 0.12) - (1 - 0.08)(1 - 0.12) = 0.9904$

(b) $1 - P(C^c \cap D^c) = 1 - p^2 = 0.99$, $p = \sqrt{1 - 0.99} = 0.1$

(c) $1 - p^3 = 0.99$, $p = (1 - 0.99)^{1/3} = 0.2154$

(d) n를 필요한 구성 요소 수로 지정한다. n은 $1-0.5^n \geq 0.99$와 같은 가장 작은 정수이다. 이 값은 $n \ln(0.5) \leq \ln 0.01$이다.

따라서 $n \geq (\ln 0.01)(\ln 0.5) = 6.64$이다. n은 정수여야 하므로 $n = 7$이다.

9. A는 첫 번째 릴레이에서 비트가 반전되는 확률, B는 두 번째 릴레이에서 비트가 반전되는 확률이라 하면,

$P(\text{받는 비트와 보내는 비트가 동일}) = P(A^c \cap B^c) + P(A \cap B)$

$= P(A^c)P(B^c) + P(A)P(B)$

$= 0.9^2 + 0.1^2 = 0.82$

3.3 연습문제

1. (a) 이산형, (b) 연속형, (c) 이산형, (d) 연속형, (e) 이산형

2. (a) $\mu_X = 1(0.4) + 2(0.2) + 3(0.2) + 4(0.1) + 5(0.1) = 2.3$

(b) $\sigma_X^2 = (1-2.3)^2(0.4) + (2-2.3)^2(0.2) + (3-2.3)^2(0.2) + (4-2.3)^2(0.1) + (5-2.3)^2(0.1) = 1.81$

또는 $\sigma_X^2 = 1^2(0.4) + 2^2(0.2) + 3^2(0.2) + 4^2(0.1) + 5^2(0.1) - 2.3^2 = 1.81$

(c) $\sigma_X = \sqrt{1.81} = 1.345$

(d) $Y = 10X$

y	10	20	30	40	50
$p(y)$	0.4	0.2	0.2	0.1	0.1

(e) $\mu_Y = 10(0.4) + 20(0.2) + 30(0.2) + 40(0.1) + 50(0.1) = 23$

(f) $\sigma_Y^2 = (10-23)^2(0.4) + (20-23)^2(0.2) + (30-23)^2(0.2) + (40-23)^2(0.1) + (50-23)^2(0.1) = 181$

또는 $\sigma_Y^2 = 10^2(0.4) + 20^2(0.2) + 30^2(0.2) + 40^2(0.1) + 50^2(0.1) - 23^2 = 181$

(g) $\sigma_Y = \sqrt{181} = 13.45$

3. (a)

x	1	2	3	4	5
p(x)	0.70	0.15	0.10	0.03	0.02

(b) $P(X \le 2) = P(X=1) + P(X=2) = 0.70 + 0.15 = 0.85$

(c) $P(X > 3) = P(X=4) + P(X=5) = 0.03 + 0.02 = 0.05$

(d) $\mu_X = 1(0.70) + 2(0.15) + 3(0.10) + 4(0.03) + 5(0.02) = 1.52$

(e) $\sigma_X = \sqrt{1^2(0.70) + 2^2(0.15) + 3^2(0.10) + 4^2(0.03) + 5^2(0.02) - 1.52^2} = 0.9325$

4. (a) $\sum_{x=1}^{5} cx = 1,\ c(1+2+3+4+5) = 1,\ c = 1/15$

(b) $P(X=2) = c(2) = 2/15 = 0.2$

(c) $\mu_X = \sum_{x=1}^{5} xP(X=x) = \sum_{x=1}^{5} x^2/15 = (1^2+2^2+3^2+4^2+5^2)/15 = 11/3$

(d) $\sigma_X^2 = \sum_{x=1}^{5}(x-\mu_X)^2 P(X=x) = \sum_{x=1}^{5} x(x-11/3)^2/15 = (64/135) + 2(25/135) + 3(4/135) + 4(1/135) + 5(16/135) = 14/9$

(e) $\sigma_X = \sqrt{14/9} = 1.2472$

5. (a) $\int_{80}^{90} \frac{x-80}{800}\,dx = \left.\frac{x^2-160x}{1600}\right|_{80}^{90} = 0.0625$

(b) $\int_{80}^{120} x\frac{x-80}{800}\,dx = \left.\frac{x^3-120x}{2400}\right|_{80}^{120} = 320/3 = 106.67$

(c) $\sigma_X^2 = \int_{80}^{120} x^2\frac{x-80}{800}\,dx - (320/3)^2 = \left.\frac{x^4}{3200} - \frac{x^3}{30}\right|_{80}^{120} - (320/3)^2 = 800/9$

$\sigma_X = \sqrt{800/9} = 9.428$

(d) $F(x) = \int_{-\infty}^{x} f(t)\,dt$

만약 $x < 80,\ F(x) = \int_{-\infty}^{80} 0\,dt = 0$

만약 $80 \le x < 120,\ F(x) = \int_{-\infty}^{80} 0\,dt + \int_{80}^{x} \frac{t-80}{800}\,dt = x^2/1600 - x/10 + 4$

만약 $X \ge 120,\ F(x) = \int_{-\infty}^{80} 0\,dt + \int_{80}^{120} \frac{t-80}{800}\,dt + \int_{120}^{x} 0\,dt = 1$

6. (a) $\mu = \int_0^{\infty} 0.1te^{-0.1t}\,dt$

$= -te^{-0.1t}\Big|_0^{\infty} - \int_0^{\infty} -e^{-0.1t}\,dt$

$= 0 - 10e^{-0.1t}\Big|_0^{\infty} = 10$

(b) $\sigma^2 = \int_0^{\infty} 0.1t^2e^{-0.1t}\,dt - \mu^2$

$= -t^2e^{-0.1t}\Big|_0^{\infty} - \int_0^{\infty} -2te^{-0.1t}\,dt - 100$

$= 0 + 20\int_0^{\infty} 0.1te^{-0.1t}\,dt - 100$

$= 0 + 20(10) - 100 = 100$

$\sigma_X = \sqrt{100} = 10$

(c) $F(x) = \int_{-\infty}^{x} f(t)\,dt$

만약 $x \le 0$, $F(x) = \int_{-\infty}^{x} 0\,dt = 0$

만약 $x > 0$, $F(x) = \int_{-\infty}^{0} 0\,dt + \int_0^{x} 0.1e^{-0.1t}\,dt = 1 - e^{-0.1x}$

(d) T가 수명이라 하면, $P(T < 12) = P(T \le 12) = F(12) = 1 - e^{-1.2} = 0.6988$이다.

7. (a) $P(X < 0.2) = \int_0^{0.2} 12(x^2 - x^3)\,dx = 4x^3 - 3x^4\Big|_0^{0.2} = 0.0272$

(b) $\mu = \int_0^{1} 12x(x^2 - x^3)\,dx = 3x^4 - \frac{12}{5}x^5\Big|_0^{1} = 0.6$

(c) $\sigma^2 = \int_0^{1} 12x^2(x^2 + x^3)\,dx - \mu^2$

$= \left(\frac{12}{5}x^5 + 2x^6\right)\Big|_0^{1} - 0.6^2 = 0.04$

(d) $F(x) = \int_{-\infty}^{x} f(t)\,dt$

만약 $x \le 0$, $F(x) = \int_{-\infty}^{x} 0\,dt = 0$

만약 $0 < x \le 1$, $F(x) = \int_0^{x} 12(t^2 - t^3)\,dt = 4t^3 - 3t^4\Big|_0^{x} = 4x^3 - 3x^4$

만약 $x > 1$, $F(x) = \int_0^{1} 12(t^2 - t^3)\,dt = 1$

(e) $P(0 < X < 0.8) = \int_0^{0.8} 12(x^2 - x^3)\,dx = \left(4x^3 - 3x^4\right)\Big|_0^{0.8} = 0.81922$

8. (a) $P(X < 2.5) = \int_2^{2.5} (3/52)x(6 - x)\,dx = (9x^2 - x^3)/52\Big|_2^{2.5} = 0.2428$

(b) $P(2.5 < X < 3.5) = \int_{2.5}^{3.5} (3/52)x(6 - x)\,dx = \frac{9x^2 - x^3}{52}\Big|_{2.5}^{3.5} = 0.5144$

(c) $\mu = \int_2^4 (3/52)x^2(6-x)\,dx = \left.\dfrac{24x^3 - 3x^4}{208}\right|_2^4 = 3$

(d) $\sigma^2 = \int_2^4 (3/52)x^3(6-x)\,dx - \mu^2$

$= \left.\dfrac{9x^4}{104} - \dfrac{3x^5}{260}\right|_2^4 - 3^2 = 0.3230769$

$\sigma = \sqrt{0.3230769} = 0.5684$

(d) X가 두께라 하면, X는 $2.4316 < X < 3.5684$인 경우 평균의 $\pm\sigma$ 내에 있다.

$P(2.4316 < X < 3.5684) = \int_{2.4316}^{3.5684} (3/52)x(6-x)\,dx = \left.\dfrac{9x^2 - x^3}{52}\right|_{2.4316}^{3.5684} = 0.5832$

9. (a) $P(X > 3) = \int_3^4 (3/64)x^2(4-x)\,dx = \left.\dfrac{x^3}{16} - \dfrac{3x^4}{256}\right|_3^4 = 67/256$

(b) $P(2 < X < 3) = \int_2^3 (3/64)x^2(4-x)\,dx = \left.\dfrac{x^3}{16} - \dfrac{3x^4}{256}\right|_2^3 = 109/256$

(c) $\mu_X = \int_0^4 (3/64)x^3(4-x)\,dx = \int_0^4 \left.\dfrac{3x^3}{64} - \dfrac{3x^5}{320}\right|_0^4 = 2.4$

(d) $\sigma^2 = \int_0^4 (3/64)x^4(4-x)\,dx - \mu^2$

$= \left.\dfrac{3x^5}{80} - \dfrac{x^6}{128}\right|_0^4 - 2.4^2 = 0.64$

(e) $F(x) = \int_{-\infty}^x f(t)\,dt$

만약 $x < 0,\ F(x) = \int_{-\infty}^0 0\,dt = 0$

만약 $0 \le x < 4,\ F(x) = \int_{-\infty}^0 0\,dt + \int_0^x (3/64)t^2(4-t)\,dt = \left.\left(\dfrac{t^3}{16} - \dfrac{3t^4}{256}\right)\right|_0^x = \dfrac{x^3}{16} - \dfrac{3x^4}{256}$

만약 $x \ge 4,\ F(x) = \int_0^4 (3/64)t^2(4-t)\,dt = 1$

3.4 연습문제

1. (a) $\mu_{3X} = 3\mu_X = 3(9.5) = 28.5,\ \sigma_{3X} = 3\sigma_X = 3(0.4) = 1.2$

(b) $\mu_{Y-X} = \mu_Y - \mu_X = 6.8 - 9.5 = -2.7,\ \sigma_{Y-X} = \sqrt{\sigma_Y^2 + \sigma_X^2} = \sqrt{0.1^2 + 0.4^2} = 0.412$

(c) $\mu_{X+4Y} = \mu_X + 4\mu_Y = 9.5 + 4(6.8) = 36.7,\ \sigma_{X+4Y} = \sqrt{\sigma_X^2 + 4^2\sigma_Y^2} = \sqrt{0.4^2 + 4^2(0.1^2)} = 0.566$

2. $X_1, \cdots, X_4$는 4개의 트랜지스터의 수명을 나타내고, $S = X_1 + \cdots + X_4$는 트랜지스터의 총 수명을 나타낸다.

$\mu_S = \sum \mu_{X_i} = 4(900) = 3600,\quad \sigma_S = \sqrt{\sum \sigma_{X_i}^2} = \sqrt{4(30^2)} = 60$

3. $X_1, \cdots, X_{24}$는 케이스에 들어가 있는 병의 부피를 나타내고, $\overline{X}$는 부피의 평균을 나타낸다.

$\mu_{\overline{X}} = \mu_{X_i} = 2.013,\ \sigma_{\overline{X}} = \sigma_{X_i}/\sqrt{24} = 0.005/\sqrt{24} = 0.00102$

4. $X_1, \cdots, X_5$는 합판의 두께를 나타내고, $S = X_1 + \cdots + X_5$는 합판 두께의 총합을 나타낸다.

(a) $\mu_S = \sum \mu_{X_i} = 5(1.2) = 6.0$

(b) $\sigma_S = \sqrt{\sum \sigma_{X_i}^2} = \sqrt{5(0.04^2)} = 0.0894$

5. (a) $\mu_M = \mu_{X+1.5Y} = \mu_X + 1.5\mu_Y = 0.125 + 1.5(0.350) = 0.650$

(b) $\sigma_M = \sigma_{X+1.5Y} = \sqrt{\sigma_X^2 + 1.5^2\sigma_Y^2} = \sqrt{0.05^2 + 1.5^2(0.1^2)} = 0.158$

6. X_1과 X_2는 평균 30과 표준편차 0.1을 가진 모집단에서 선택한 조각의 길이를 나타내고, Y_1과 Y_2는 평균 45와 표준편차 0.3을 가진 모집단에서 선택한 조각의 길이를 나타낸다.

(a) $\mu_{X_1+X_2+Y_1+Y_2} = \mu_{X_1} + \mu_{X_2} + \mu_{Y_1} + \mu_{Y_2} = 30 + 30 + 45 + 45 = 150$

(b) $\sigma_{X_1+X_2+Y_1+Y_2} = \sqrt{\sigma_{X_1}^2 + \sigma_{X_2}^2 + \sigma_{Y_1}^2 + \sigma_{Y_2}^2} = \sqrt{0.1^2 + 0.1^2 + 0.3^2 + 0.3^2} = 0.447$

7. (a) 탑승객 수는 8000명(210명) = 1,680,000명이고, 사용되는 연료의 개수는 X라고 하면, $\mu_X = 1,680,000(0.15) = 252,000$갤런이다.

(b) $\sigma_X = \sqrt{(1,680,000)}(0.01) = 12.9615$

(c) $\mu_{X/1,680,000} = (1/1,680,000)\mu_X = (1/1,680,000)(252,000) = 0.15$

(d) $\sigma_{X/1,680,000} = (1/1,680,000)\sigma_X = (1/1,680,000)(12.9615) = 7.7152 \times 10^{-6}$

8. $s = 5,\ t = 1.01,\ \sigma_t = 0.02,\ g = 2st^{-2} = 9.80$

$\dfrac{dg}{dt} = -4st^{-3} = -19.4118, \quad \sigma_g = \left|\dfrac{dg}{dt}\right|\sigma_t = 0.39$

$g = 9.80 \pm 0.39\ \text{m/s}^2$

3장 보충연습문제

1. (a) 중대한 결점이 있고 사소한 결함만 있는 사건은 상호배반사건이다.

따라서 P(중대한 결함 또는 사소한 결함) = P(중대한 결함) + P(사소한 결함만 해당) = 0.15 + 0.05 = 0.20이다.

(b) P(중대한 결함이 아닌경우) = 1 − P(중대한 결함) = 1 − 0.05 = 0.95

2. (a) 첫 번째 계량기와 두 번째 계량기가 고장날 확률은 독립이다.

(b) 실패의 원인은 한 가지이다. 화재는 두 게이지 모두 고장을 일으키기 때문에 계량기는 독립적으로 고장나지 않는다.

(c) 너무 낮다. 올바른 계산은 P(두 번째 계량기 고장) 대신 P(두 번째 계량기 고장 | 첫 번째 계량기 고장)을 사용해야 한다.

화재 시 두 게이지가 함께 고장날 가능성이 있기 때문에 첫 번째 게이지가 고장 나면, 두 번째 게이지도 고장날 가능성이 커진다.

P(두 번째 계량기 고장 | 첫 번째 계량기 고장) > P(두 번째 계량기 고장)

3. 벽돌이 반환될 경우는 R로 나타낸다. B_1을 첫 번째 선택된 벽돌로 사양을 충족하는 경우로 하고, B_2를 두 번째 벽돌로, B_3를 세 번째 벽돌로, B_4를 네 번째 벽돌로 한다. 표본크기 4는 모집단의 작은 비율이므로 각 사건들을 0.9의 확률로 독립적인 것으로 처리하는 것이 합리적이다. $P(R) = 1 - P(R^c) = 1 - P(B_1 \cap B_2 \cap B_3 \cap B_4) = 1 - (0.9)^4 = 0.3439$

4. (a) $\mu_{3X} = 3\mu_X = 3(2) = 6,\ \sigma_{3X}^2 = 3^2\sigma_X^2 = (3^2)(1^2) = 9$

(b) $\mu_{X+Y} = \mu_X + \mu_Y = 2 + 2 = 4,\ \sigma_{X+Y}^2 = \sigma_X^2 + \sigma_Y^2 = 1^2 + 3^2 = 10$

(c) $\mu_{X-Y} = \mu_X - \mu_Y = 2 - 2 = 0,\ \sigma_{X-Y}^2 = \sigma_X^2 + \sigma_Y^2 = 1^2 + 3^2 = 10$

(d) $\mu_{2X+6Y} = 2\mu_X + 6\mu_Y = 2(2) + 6(2) = 16,\ \sigma_{2X+6Y}^2 = 2^2\sigma_X^2 + 6^2\sigma_Y^2 = (2^2)(1^2) + (6^2)(3^2) = 328$

5. $g = 9.80,\ L = 0.742,\ \sigma_L = 0.005,\ T = 2\pi\sqrt{L/g} = 2.00709\sqrt{L} = 1.7289$

$\dfrac{dT}{dL} = 1.003545L^{-1/2} = 1.165024,\ \sigma_T = \left|\dfrac{dT}{dL}\right|\sigma_L = 0.0058$

$T = 1.7289 \pm 0.0058\ \text{s}$

6. (a) $P(X<2)=\int_0^2 xe^{-x}\,dx=\left(-xe^{-x}\Big|_0^2+\int_0^2 e^{-x}\,dx\right)=\left(-2e^{-2}-e^{-x}\Big|_0^2\right)=1-3e^{-2}=0.5940$

(b) $P(1.5<X<3)=\int_{1.5}^3 xe^{-x}\,dx=\left(-xe^{-x}\Big|_{1.5}^3+\int_{1.5}^3 e^{-x}\,dx\right)=\left(-3e^{-3}+1.5e^{-1.5}-e^{-x}\Big|_{1.5}^3\right)$

$=2.5e^{-1.5}-4e^{-3}=0.3587$

(c) $\mu=\int_0^\infty x^2e^{-x}\,dx=-x^2e^{-x}\Big|_0^\infty+\int_0^\infty 2xe^{-x}\,dx=0+2xe^{-x}\Big|_0^\infty=2$

(d) $F(x)=\int_{-\infty}^x f(t)\,dt$

만약 $x<0$이면, $F(x)=\int_{-\infty}^x 0\,dt=0$이고, $x>0$이면, $F(x)=\int_0^x te^{-t}\,dt=1-(x+1)e^{-x}$이다.

7. 공정 B에서 피스톤링이 규격을 충족시킬 확률은

$\int_{9.9}^{10.1} 15[1-25(x-10.05)^2]/4\,dx=\int_{-0.15}^{0.05} 15[1-25x^2]/4\,dx=0.25(15x-125x^3)\Big|_{-0.15}^{0.05}=0.641$이고,

공정 A에서 피스톤리잉 규격을 충족시킬 확률은

$\int_{9.9}^{10.1} 3[1-16(x-10)^2]\,dx=\int_{-0.1}^{0.1} 3[1-16x^2]\,dx=3x-16x^3\Big|_{-0.1}^{0.1}=0.568$이다. 따라서 공정 A가 더 나은 공정이다.

8. (a) $\mu=0.0695+\frac{1.0477}{20}+\frac{0.8649}{20}+\frac{0.7356}{20}+\frac{0.2171}{30}+\frac{2.8146}{60}+\frac{0.5913}{15}+\frac{0.0079}{10}+5(0.0006)=0.2993$

(b) $\sigma=\sqrt{0.0018^2+(\frac{0.0269}{20})^2+(\frac{0.0225}{20})^2+(\frac{0.0113}{20})^2+(\frac{0.0185}{30})^2+(\frac{0.0284}{60})^2+(\frac{0.0031}{15})^2+(\frac{0.0006}{10})^2+5^2(0.0002)^2}=0.00288$

9. (a) 시나리오 A

$\mu=0(0.65)+5(0.2)+15(0.1)+25(0.05)=3.75,\quad \sigma=\sqrt{0^2(0.65)+5^2(0.2)+15^2(0.1)+25^2(0.05)-3.75^2}=6.68$

(b) 시나리오 B

$\mu=0(0.65)+5(0.24)+15(0.1)+20(0.01)=2.90,\quad \sigma=\sqrt{0^2(0.65)+5^2(0.24)+15^2(0.1)+20^2(0.01)-2.90^2}=4.91$

(c) 시나리오 C

$\mu=0(0.65)+2(0.24)+5(0.1)+10(0.01)=1.08,\quad \sigma=\sqrt{0^2(0.65)+2^2(0.24)+5^2(0.1)+10^2(0.01)-1.08^2}=1.81$

(d) A, $P(L<10)=P(L=0)+P(L=5)=0.65+0.2=0.85$

B, $P(L<10)=P(L=0)+P(L=5)=0.65+0.24=0.89$

C, $P(L<10)=P(L=0)+P(L=2)+P(L=5)=0.65+0.24+0.1=0.99$

4장

4.1 연습문제

1. (a) $P(X=1)=\frac{7!}{1!(7-1)!}(0.3)^1(1-0.3)^{7-1}=0.2471$

(b) $P(X=2)=\frac{7!}{2!(7-2)!}(0.3)^2(1-0.3)^{7-2}=0.3177$

(c) $P(X<1)=P(X=0)=\frac{7!}{0!(7-0)!}(0.3)^0(1-0.3)^{7-0}=0.0824$

(d) $P(X>4)=P(X=5)+P(X=6)+P(X=7)$

$=\frac{7!}{5!(7-5)!}(0.3)^5(1-0.3)^{7-5}+\frac{7!}{6!(7-6)!}(0.3)^6(1-0.3)^{7-6}+\frac{7!}{7!(7-7)!}(0.3)^7(1-0.3)^{7-7}$

$=0.002500+0.003572+0.0002187=0.0288$

(e) $\mu_X = (7)(0.3) = 2.1$

(f) $\sigma_X^2 = (7)(0.3)(1 - 0.3) = 1.47$

2. (a) $P(X = 2) = \frac{4!}{2!(4-2)!}(0.6)^2(1 - 0.6)^{4-2} = 0.3456$

(b) $P(X > 2) = 1 - P(X \le 2) = 1 - P(X = 0) - P(X = 1) - P(X = 2)$
$= 1 - \frac{8!}{0!(8-0)!}(0.2)^0(1 - 0.2)^{8-0} - \frac{8!}{1!(8-1)!}(0.2)^1(1 - 0.2)^{8-1} - \frac{8!}{2!(8-2)!}(0.2)^2(1 - 0.2)^{8-2} = 0.2031$

(c) $P(X \le 2) = P(X = 0) + P(X = 1) + P(X = 2)$
$= \frac{5!}{0!(5-0)!}(0.4)^0(1 - 0.4)^{5-0} + \frac{5!}{1!(5-1)!}(0.4)^1(1 - 0.4)^{5-1} + \frac{5!}{2!(5-2)!}(0.4)^2(1 - 0.4)^{5-2} = 0.6826$

(d) $P(3 \le X \le 5) = P(X = 3) + P(X = 4) + P(X = 5)$
$= \frac{6!}{3!(6-3)!}(0.7)^3(1 - 0.7)^{6-3} + \frac{6!}{4!(6-4)!}(0.7)^4(1 - 0.7)^{6-4} + \frac{6!}{5!(6-5)!}(0.7)^5(1 - 0.7)^{6-5} = 0.8119$

3. X를 용접 실패 중 금속 자체에서 발생하는 실패 횟수, $X \sim \text{Bin}(20,\ 0.15)$라고 하면,

(a) $P(X = 5) = \frac{20!}{5!(20-5)!}(0.15)^5(1 - 0.15)^{20-5} = 0.1028$

(b) $P(X < 4) = P(X = 0) + P(X = 1) + P(X = 2) + P(X = 3)$
$= \frac{20!}{0!(20-0)!}(0.15)^0(1 - 0.15)^{20-0} + \frac{20!}{1!(20-1)!}(0.15)^1(1 - 0.15)^{20-1} + \frac{20!}{2!(20-2)!}(0.15)^2(1 - 0.15)^{20-2}$
$+ \frac{20!}{3!(20-3)!}(0.15)^3(1 - 0.15)^{20-3} = 0.6477$

(c) $P(X = 0) = \frac{20!}{0!(20-0)!}(0.15)^0(1 - 0.15)^{20-0} = 0.0388$

(d) $\mu_X = (20)(0.15) = 3$

(e) $\sigma_X = \sqrt{(20)(0.15)(0.85)} = 1.5969$

4. X는 동전을 던질 때 앞면이 나오는 횟수, $X \sim \text{Bin}(8, 0.5)$라고 하면,

(a) $P(X = 5) = \frac{8!}{5!(8-5)!}(0.5)^5(1 - 0.5)^{8-5} = 0.21875$

(b) $\mu_X = (8)(0.5) = 4$

(c) $\sigma_X^2 = (8)(0.5)(0.5) = 2$

(d) $\sigma_X = \sqrt{(8)(0.5)(0.5)} = 1.4142$

5. 5명의 당첨자 중 X를 여성이라 하면, $X \sim \text{Bin}(5, 0.6)$이다.

(a) $P(X \le 3) = 1 - P(X > 3) = 1 - P(X = 4) - P(X = 5) = 1 - \frac{5!}{4!(5-4)!}(0.6)^4(1-0.6)^{5-4} - \frac{5!}{5!(5-5)!}(0.6)^5(1-0.6)^{5-5}$
$= 1 - 0.25920 - 0.07776 = 0.6630$

(b) $P(\text{3 of one gender and 2 of another}) = P(X = 2) + P(X = 3) = \frac{5!}{2!(5-2)!}(0.6)^2(1-0.6)^{5-2} + \frac{5!}{3!(5-3)!}(0.6)^3(1-0.6)^{5-3}$
$= 0.2304 + 0.3456 = 0.5760$

6. (a) P(사용할 수 있는 볼트) $= P$(규격에 맞는 볼트) $+ P$(길이가 긴 볼트) $= 0.90 + 0.06 = 0.96$

(b) $P(X < 9) = 1 - P(X \ge 9) = 1 - P(X = 9) - P(X = 10)$
$= 1 - \frac{10!}{9!(10-9)!}(0.96)^9(1 - 0.96)^{10-9} - \frac{10!}{10!(10-10)!}(0.96)^{10}(1 - 0.96)^{10-10}$
$= 1 - 0.27701 - 0.66483 = 0.0582$

7. (a) Y는 불빛이 녹색일 경우라고 하면, $Y \sim \text{Bin}(3, 0.6)$이다.

$P(Y = 3) = \frac{3!}{3!(3-3)!}(0.6)^3(1 - 0.6)^{3-3} = 0.216$

(b) $X \sim \text{Bin}(5, 0.216)$

(c) $P(X = 3) = \dfrac{5!}{3!(5-3)!}(0.216)^3(1-0.216)^{5-3} = 0.0619$

8. (a) X는 구성요소가 각동하는 경우라고 하면, $X \sim \text{Bin}(5, 0.9)$이다.

$$P(X \geq 3) = \frac{5!}{3!(5-3)!}(0.9)^3(1-0.9)^{5-3} + \frac{5!}{4!(5-4)!}(0.9)^4(1-0.9)^{5-4} + \frac{5!}{5!(5-5)!}(0.9)^5(1-0.9)^{5-5} = 0.9914$$

(b) $P(X \leq 2) < 0.10$일 때, $X \sim \text{Bin}(n, 0.9)$이 가장 작은 n값을 찾아야 한다.
만약 $n = 3$일 경우라고 하면 $P(X \leq 2) = 0.271$이고, $n = 4$일 경우라고 하면 $P(X \leq 2) = 0.052$이다. 따라서 $n = 4$이다.

9. (a) $X \sim \text{Bin}(10, 0.15)$

$$\begin{aligned}P(X \geq 7) &= P(X = 7) + P(X = 8) + P(X = 9) + P(X = 10)\\ &= \frac{10!}{7!(10-7)!}(0.15)^7(1-0.15)^{10-7} + \frac{10!}{8!(10-8)!}(0.15)^8(1-0.15)^{10-8}\\ &\quad + \frac{10!}{9!(10-9)!}(0.15)^9(1-0.15)^{10-9} + \frac{10!}{10!(10-10)!}(0.15)^{10}(1-0.15)^{10-10}\\ &= 1.2591 \times 10^{-4} + 8.3326 \times 10^{-6} + 3.2677 \times 10^{-7} + 5.7665 \times 10^{-9} = 1.346 \times 10^{-4}\end{aligned}$$

(b) 큰 결함이다. 10개의 표본 10만 개당 13, 14개 정도에서 7개 이상의 불량품이 있을 것이다.

(c) 증거가 된다. 10개의 표본 중 불량품 7개는 좋은 배송에 비해 유별나게 많은 불량품의 개수이다.

(d) $P(X \geq 2) = 1 - P(X < 2) = 1 - P(X = 0) - P(X = 1)$

$$\begin{aligned}&= 1 - \frac{10!}{0!(10-0)!}(0.15)^0(1-0.15)^{10-0} - \frac{10!}{1!(10-1)!}(0.15)^1(1-0.15)^{10-1}\\ &= 1 - 0.19687 - 0.34743 = 0.4557\end{aligned}$$

(e) 큰 숫자가 아니다. 표본이 10, 2개 이상인 표본의 약 45%에서는 불량품이 된다.

(f) 증거가 되지 못한다. 10개의 표본중 2개의 불량품은 유별나게 많은 불량품의 개수가 아니다.

10. (a) 반전된 비트의 수를 X라 하면, $X \sim \text{Bin}(5, 0.3)$, $(X \leq 2)$일 때 올바른 값이 할당된다.

$$\begin{aligned}P(X \leq 2) &= P(X = 0) + P(X = 1) + P(X = 2)\\ &= \frac{5!}{0!(5-0)!}(0.3)^0(1-0.3)^{5-0} + \frac{5!}{1!(5-1)!}(0.3)^1(1-0.3)^{5-1} + \frac{5!}{2!(5-2)!}(0.3)^2(1-0.3)^{5-2} = 0.8369\end{aligned}$$

(b) n의 가장 작은 홀수 값을 찾아야 한다. 그러면 $X \sim \text{Bin}(n, 0.3)$일 때 $P(X \leq (n-1)/2) \geq 0.90$이 된다. 표 A.1에서 $n = 3$, $P(X \leq 1) = 0.784$, $n = 5$, $P(X \leq 2) = 0.837$, $n = 7$, $P(X \leq 3) = 0.874$, $n = 9$이면, $P(X \leq 4) = 0.901$이다. 따라서 n의 가장 작은 값은 $n = 9$이다.

4.2 연습문제

1. (a) $P(X = 1) = e^{-4}\dfrac{4^1}{1!} = 0.0733$

(b) $P(X = 0) = e^{-4}\dfrac{4^0}{0!} = 0.0183$

(c) $P(X < 2) = P(X = 0) + P(X = 1) = e^{-4}\dfrac{4^0}{0!} + e^{-4}\dfrac{4^1}{1!} = 0.0183 + 0.0733 = 0.0916$

(d) $P(X > 1) = 1 - P(X \leq 1) = 1 - P(X = 0) - P(X = 1) = 1 - 0.0183 - 0.0733 = 0.9084$

(e) $X \sim \text{Poisson}(4)$, $\mu_X = 4$

(f) $X \sim \text{Poisson}(4)$, $\sigma_X = \sqrt{4} = 2$

2. (a) $X \sim \text{Poisson}(5)$, $P(X = 6) = e^{-5}\dfrac{5^6}{6!} = 0.1462$

(b) $P(X \leq 2) = P(X = 0) + P(X = 1) + P(X = 2)$

$$\begin{aligned}&= e^{-6}\frac{6^0}{0!} + e^{-6}\frac{6^1}{1!} + e^{-6}\frac{6^2}{2!}\\ &= 0.0067379 + 0.03369 + 0.084224 = 0.1247\end{aligned}$$

(c) $P(5 < X < 8) = P(X = 6) + P(X = 7)$
$= e^{-5}\frac{5^6}{6!} + e^{-5}\frac{5^7}{7!}$
$= 0.14622 + 0.10444 = 0.2507$

(d) $X \sim \text{Poisson}(5),\ \mu_X = 5$

(e) $X \sim \text{Poisson}(5),\ \sigma_X = \sqrt{5} = 2.236$

3. (a) X는 1분 동안 평균 메시지 수이다. 분당 4개의 메시지를 받음에 따라

$X \sim \text{Poisson}(4),\ P(X = 5) = e^{-4}\frac{4^5}{5!} = 0.1563$

(b) X는 1.5분 동안 평균 메시지 수이다. 분당 4개의 메시지를 받음에 따라

$X \sim \text{Poisson}(6),\ P(X = 9) = e^{-6}\frac{6^9}{9!} = 0.0688$

(c) X는 30초 동안 평균 메시지 수이다. 분당 4개의 메시지를 받음에 따라
$X \sim \text{Poisson}(2),\ P(X < 3) = P(X = 0) + P(X = 1) + P(X = 2)$
$= e^{-2}\frac{2^0}{0!} + e^{-2}\frac{2^1}{1!} + e^{-2}\frac{2^2}{2!} = 0.13534 + 0.27067 + 0.27067 = 0.6767$

4. (a) $P(X = 2) = e^{-3}\frac{3^2}{2!} = 0.2240$

(b) 998개 미만의 서버가 작동하는 이벤트는 2개 이상의 서버가 실패하는확률과 동일하므로 $X > 2$이다.

$P(X > 2) = 1 - P(X \leq 2) = 1 - e^{-3}\frac{3^0}{0!} - e^{-3}\frac{3^1}{1!} - e^{-3}\frac{3^2}{2!}$
$= 1 - 0.04979 - 0.14936 - 0.22404 = 0.5768$

(c) $\mu_X = 3$

(d) $\sigma_X = \sqrt{3} = 1.732$

5. 2. $X \sim \text{Bin}\ (n,\ p)$이므로 $\mu_X = np = 3$, $\sigma_X^2 = np\ (1 - p)$, $1 - p < 1$이기 때문에 3보다 작다. 이제 Y에 평균이 3인 포아송 분포를 가진다. 포아송 변수의 분산은 항상 평균과 같기 때문에 Y의 분산은 3이다. 따라서 Y은 X보다 분산이 더 크다.

6. (a) X는 3미터 보드의 결함 수이다. 평균 결함 수는 미터당 0.45개이므로

$X \sim \text{Poisson}(1.35),\ P(X = 0) = e^{-1.35}\frac{1.35^0}{0!},\quad P(X = 0) = 0.2592$이다.

(b) n은 결합이 없는 확률이 0.5가 되기 위한 필요길이이다.

$X \sim \text{Poisson}(0.45n),\ P(X = 0) = e^{-0.45n}\frac{0.45n^0}{0!} = 0.5$. 따라서 $n = 1.54$이다.

7. 평균 입자 수가 mL당 정확히 7개라면 $X \sim \text{Poisson}(7)$이다.

(a) $P(X \leq 1) = P(X = 0) + P(X = 1) = e^{-7}\frac{7^0}{0!} + e^{-7}\frac{7^1}{1!} = 7.295 \times 10^{-3}$

(b) 비정상적으로 적다. 평균 입자 수가 mL당 입자 7개이면 1,000개의 1 mL 표본 중 약 7개만이 1개 이하의 입자를 포함한다.

(c) 설득력 있는 증거가 된다. 1 mL 표본에서 1입자는 평균 입자 수가 mL당 7 입자일 경우 비정상적으로 작은 숫자이기 때문이다.

(d) $P(X \leq 6) = \sum_{x-0}^{6} P(X = x) = \sum_{x=0}^{6} e^{-7}\frac{7^x}{x!} = 0.4497$

(e) 아니다. 평균 입자 수가 mL당 7 입자일 경우, 1 mL 표본의 약 45%가 6개 이하의 입자를 포함하고 있다.

(f) 아니다. 평균 입자 수가 mL당 7 입자일 경우 1 mL 표본에 있는 6개의 입자가 비정상적으로 작은 숫자가 아니다.

4.3 연습문제

1. (a) $1 - 0.1977 = 0.8023$, (b) $0.9032 - 0.6554 = 0.2478$, (c) $0.8159 - 0.3821 = 0.4338$, (d) $0.0668 + (1 - 0.3264) = 0.7404$

2. (a) $c = 1$, (b) $c = -2.00$, (c) $c = 1.50$, (d) $c = 0.83$, (e) $c = 1.45$

3. (a) $z = (550 - 460)/80 = 1.13$, $z = 1.13$의 오른쪽 영역은 0.1292이다.

(b) 35번째 백분위수의 z점수는 ≈ -0.39이다. 따라서 10번째 백분위수는 $\approx 460 - 0.39(80) = 428.8$이다.

(c) $z = (600 - 460)/80 = 1.75$. $z = 1.75$의 왼쪽 영역은 0.9599이다. 따라서 600점은 대략 96번째 백분위수이다.

(d) 420의 경우 $z = (420 - 460)/80 = -0.50$이고, 520의 경우 $z = (520 - 460)/80 = 0.75$이므로 $z = -0.50$과 $z = 0.75$ 사이의 면적은 $0.7734 - 0.3085 = 0.4649$이다.

4. (a) $z = (70 - 80.5)/9.9 = -1.06$이므로 $z = -1.06$의 오른쪽 영역은 0.1446이다.

(b) 80번째 백분위수의 z점수는 ≈ 0.84이다. 따라서 80번째 백분위수는 $\approx 80.5 + 0.84\ (9.9) = 88.8$

(c) $z = (84 - 80.5)/9.9 = 0.35$이므로 $z = 0.35$의 왼쪽 영역은 0.6368이다. 따라서 84점은 대략 64번째 백분위수이다.

(d) $(90-80.5)/9.9 = 0.96$이므로 $z = 0.96$의 왼쪽 영역은 0.8315이다.

5. (a) $z = (12 - 10)/1.4 = 1.43$이므로 $z = 1.43$의 오른쪽 영역은 $1 - 0.9236 = 0.0764$이다.

(b) 25번째 백분위수의 z점수는 ≈ -0.67이다. 따라서 25번째 백분위수는 $\approx 10 - 0.67\ (1.4) = 9.062$ GPa이다.

(c) 95번째 백분위수의 z점수는 ≈ 1.645이다. 따라서 25번째 백분위수는 $\approx 10 + 1.645(1.4) = 12.303$ GPa이다.

6. (a) $z = (6 - 4.9)/0.6 = 1.83$이므로 $z = 1.83$의 오른쪽 영역은 $1 - 0.9664 = 0.0336$이다. 이 공정은 일의 3.36%에 종료된다.

(b) $z = (6 - 5.2)/0.4 = 2.00$이므로 $z = 2.00$의 오른쪽 영역은 $1 - 0.9772 = 0.0228$이다. 이 액상을 사용하는 공정은 일의 2.28%에 중단됨으로 이 액상은 생산 손실일수를 줄인다.

7. (a) $D = R_2 - R_1$. $R_2 > R_1$인 이벤트는 $D > 0$이다. $\mu_D = \mu_{R_2} - \mu_{R_1} = 120 - 100 = 20$이므로 R_1과 R_2는 독립적이다.

$\sigma_D = \sqrt{\sigma_{R_1}^2 + \sigma_{R_2}^2} = \sqrt{5^2 + 10^2} = 11.180$이다.

D은 독립 정규확률변수의 선형조합이므로 D는 정규분포를 따른다. 0에 대한 z점수는 $(0 - 20)\ /11.180 = -1.79$이므로 $z = -1.79$의 오른쪽 영역은 $1 - 0.0367 = 0.9633$이다. 따라서 $P(D > 0) = 0.9633$이다.

(b) $D = R_2 - R_1$. R_2가 R_1을 30 이상 초과하는 경우는 $D > 30$이다. $\mu_D = \mu_{R_2} - \mu_{R_1} = 120 - 100 = 20$이므로 R_1과 R_2는 독립적이다.

$\sigma_D = \sqrt{\sigma_{R_1}^2 + \sigma_{R_2}^2} = \sqrt{5^2 + 10^2} = 11.180$이다.

D은 독립 정규확률변수의 선형조합이므로 D는 정규분포를 따른다. 30에 대한 z점수는 $(30 - 20)/11.180 = 0.89$이므로 $z = 0.89$의 오른쪽 영역은 $1 - 0.8133 = 0.1867$이다. 따라서 $P(D > 30) = 0.1867$이다.

4.4 연습문제

1. (a) Y는 구성 요소의 수명이라 하면, $E(Y) = e^{\mu+\sigma^2/2} = e^{1.2+(0.4)^2/2} = 3.5966$이다.

(b) $P(3 < Y < 6) = P(\ln 3 < \ln Y < \ln 6) = P(1.0986 < \ln Y < 1.7918)$. $\ln Y \sim N(1.2, 0.4^2)$

1.0986의 z점수는 $(1.0986 - 1.2)/0.4 = -0.25$이고, 1.7918의 z점수는 $(1.7918 - 1.2)/0.4 = 1.48$이다.

$z = -0.25$와 $z = 1.48$ 사이의 면적은 $0.9306 - 0.4013 = 0.5293$이다. 따라서 $P(3 < Y < 6) = 0.5293$이다.

(c) m을 Y의 중앙값이라 하면, $P(Y \le m) = P(\ln Y \le \ln m) = 0.5$이다. $\ln Y \sim N(1.2,\ 0.4^2)$, $P(\ln Y < 1.2) = 0.5$이다. 따라서 $\ln m = 1.2$이므로 $m = e^{1.2} = 3.3201$이다.

(d) y_{90}을 Y의 90번째 백분위수라고 하면, $P(Y \le y_{90}) = P(\ln Y \le \ln y_{90}) = 0.90$이다.

90번째 백분위수의 z점수는 약 $z = 1.28$이다. 따라서 $\ln y_{90}$의 z점수는 1.28이여야 함으로 $\ln y_{90}$은 $1.28 = (\ln y_{90} - 1.2)/0.4$를 충족한다. $\ln y_{90} = 1.712$이므로 $y_{90} = e^{1.712} = 5.540$이다.

2. Y은 무작위로 선택된 25~34세 남성의 BMI를 나타낸다.

(a) $E(Y) = e^{\mu+\sigma^2/2} = e^{3.215+(0.157)^2/2} = 25.212$

(b) $V(Y) = e^{2\mu+2\sigma^2} - e^{2\mu+\sigma^2} = e^{2(3.215)+2(0.157)^2} - e^{2(3.215)+(0.157)^2} = 15.86285$

$\sqrt{V(Y)} = \sqrt{e^{2(3.215)+2(0.157)^2} - e^{2(3.215)+(0.157)^2}} = \sqrt{15.86285} = 3.9828$

(c) m을 Y의 중앙값으로 한다. $P(Y \le m) = P(\ln Y \le \ln m) = 0.5$이고,

$\ln Y \sim N(3.215, 0.157^2)$, $P(\ln Y < 3.215) = 0.5$이므로 $\ln m = 3.215$, so $m = e^{3.215} = 24.903$이다.

(d) $P(Y < 22) = P(\ln Y < \ln 22) = P(\ln Y < 3.0910)$

3.0910에 대한 z점수는$(3.0910-3.215)/0.157 = -0.79$이므로 $z = -0.79$의 왼쪽 영역은 0.2148이고, $P(Y < 22) = 0.2148$이다.

(e) y_{75}는 Y의 75번째 백분위수이다. $P(Y \le y_{75}) = P(\ln Y \le \ln y_{75}) = 0.75$이고, 75번째 백분위수의 z점수는 약 $z = 0.67$이므로 $\ln y_{75}$의 z점수는 0.67이어야 한다. $\ln y_{75}$는 $0.67 = (\ln y_{75} - 3.215)/0.157$을 충족한다. $\ln y_{75} = 3.3202$, $y_{75} = e^{3.3202} = 27.666$이다.

3. X는 지금부터 1년 후 회사 A의 주식 가격을 나타내고, Y는 지금부터 1년 후 회사 B의 주식 가격을 나타낸다.

(a) $E(X) = e^{0.05+(0.1)^2/2} = \$1.0565$

(b) $P(X>1.20) = P(\ln X > \ln 1.20) = P(\ln X > 0.1823)$이다.
0.1823의 z점수는 $(0.1823-0.05)/0.1 = 1.32$이고, $z = 1.32$의 오른쪽 영역은 $1-0.9066 = 0.0934$이므로 $P(X>1.20) = 0.0934$이다.

(c) $E(Y) = e^{0.02+(0.2)^2/2} = \$1.0408$

(d) $P(Y>1.20) = P(\ln Y > \ln 1.20) = P(\ln Y > 0.1823)$이다. 0.1823의 z점수는 $(0.1823-0.02)/0.2 = 0.81$이고, $z = 0.81$의 오른쪽 영역은 $1-0.7910 = 0.2090$이므로 $P(Y>1.20) = 0.2090$이다.

4.5 연습문제

1. (a) $\mu_T = 1/0.5 = 2$

(b) $\sigma_T^2 = 1/(0.52) = 4$

(c) $P(T>5) = 1-P(T\le 5) = 1-(1-e^{-0.5(5)}) = 0.0821$

(d) m은 중앙값이므로 $P(T\le m) = 0.5$이므로 $P(T\le m) = 1-e^{-0.5m} = 0.5$, $e^{-0.5m} = 0.5$, $m = 1.3863$이다.

2. X는 지름을 나타낸다면,

(a) $\mu_X = 1/\lambda = 1/0.25 = 4$ microns

(b) $\sigma_X = 1/\lambda = 1/0.25 = 4$ microns

(c) $P(X<3) = 1\ e^{-0.25(3)} = 0.5276$

(d) $P(X>11) = 1-(1-e^{-0.25(11)}) = 0.0639$

(e) m은 중앙값이므로 $P(T\le m) = 0.5$이다.
$P(T\le m) = 1-e^{-0.25m} = 0.5$, $e^{-0.25m} = 0.5$, $m = 2.7726$ micron

(f) x_{75}를 75번째 백분위수로 제3사분위수이다. 따라서 $P(T\le x_{75}) = 0.75$이다.
$P(T\le x_{75}) = 1-e^{-0.25x_{75}} = 0.75$, $e^{-0.25x_{75}} = 0.25$, $x_{75} = 5.5452$ micron

(g) x_{99}는 99번째 백분위수를 나타낸다. 따라서, $P(T\le x_{99}) = 0.75$이다.
$P(T\le x_{99}) = 1-e^{-0.25x_{99}} = 0.99$, $e-0.25x99 = 0.01$, $x_{99} = 18.4207$ micron

3. 지수분포를 따르지 않는다. 수명이 기하 급수적으로 분포된 경우, 5년 이상 지속되는 사용 된 구성요소의 비율은 메모리 속성이 부족하기 때문에 5년 이상 지속되는 새로운 구성요소의 비율과 동일하다.

4. (a) 결함 사이의 평균 거리는 12 m이므로 평균 결함수는 미터당 1/12이다.

X를 50 m 길이의 결함수라 하면, $X \sim \text{Poisson}(25/6)$이므로 $P(X=5) = e^{-(25/6)}\dfrac{(25/6)^5}{5!} = 0.1623$이다.

(b) X를 20 m 길이의 결함수라 하면, $X \sim \text{Poisson}(5/3)$이다.

$$P(X>2) = 1-P(X=0)-P(X=1)-P(X=2)$$
$$= 1-e^{-(5/3)}\frac{(5/3)^0}{0!}-e^{-(5/3)}\frac{(5/3)^1}{1!}-e^{-(5/3)}\frac{(5/3)^2}{2!} = 1-0.18888-0.31479-0.26233 = 0.2340$$

(c) X를 15 m 길이의 결함수라 하면, $X \sim \text{Poisson}(5/4)$이다.

$$P(X=0) = e^{-(5/4)}\frac{(5/4)^0}{0!} = 0.2865$$

(d) D는 두 결함 사이의 거리를 나타낸다.

$$P(D>15) = 1-P(D\le 15) = 1-(1-e^{-15/12}) = 0.2865$$

(e) D는 두 결함 사이의 거리를 나타낸다.

$$P(8<D<20) = P(D<20)-P(D\le 8) = P(D\le 20)-P(D\le 8)$$
$$= (1-e^{-20/12})-(1-e^{-8/12}) = 0.3245$$

4.6 연습문제

1. D는 거리를 나타낸다면,

(a) $\mu_T = (30+50)/2 = 40\,\text{m}$

(b) $\sigma_T = \sqrt{\dfrac{(50-30)^2}{12}} = 5.7735\,\text{m}$

(c) $P(35 < T < 42) = \dfrac{42-35}{50-30} = 0.35$

(d) 움직인 거리가 45 m보다 클 확률은 $(50-45)/(50-30) = 0.25$이다.

X을 움직인 거리가 45 m보다 큰 날이라면, $X \sim \text{Bin}(10,\ 0.25)$이다.

$P(X=4) = \dfrac{10!}{4!(10-4)!}(0.25)^4(1-0.25)^{10-4} = 0.1460$

2. (a) $\mu_T = 6/2 = 3$, (b) $\sigma_T = \sqrt{6/2^2} = 1.2247$

3. $\alpha = 0.5, \beta = 3, 1/\alpha = 2$

(a) $\mu_T = \dfrac{1}{\beta}[(1/\alpha)!] = 0.6667$

(b) $\sigma_T^2 = \dfrac{1}{\beta^2}[(2/\alpha)! - [(1/\alpha)!]^2] = 20/9$, $\sigma_T = \sqrt{20/9} = 1.4907$

(c) $P(T < x) = 1 - e^{-[\beta(x)]^\alpha}$, $\quad P(T < 1) = 0.8231$

(d) $P(T > x) = e^{-[\beta(x)]^\alpha}$, $\quad P(T > 5) = 0.0208$

(e) $P(2 < T < 4) = [1 - e^{-(4\beta)^\alpha}] - [1 - e^{-(2\beta)^\alpha}] = e^{-(2\beta)^\alpha} - e^{-(4\beta)^\alpha} = e^{-\sqrt{6}} - e^{-\sqrt{12}} = 0.0550$

4. T는 베어링의 수명을 나타낸다면,

(a) $P(T > 1000) = 1 - P(T \le 1000) = 1 - (1 - e^{-[(0.0004474)(1000)]^{2.25}}) = e^{-[(0.0004474)(1000)]^{2.25}} = 0.8490$

(b) $P(T < 2000) = P(T \le 2000) = 1 - e^{-[(0.0004474)(2000)]^{2.25}} = 0.5410$

(c) m은 중위수를 나타낸다면,

$P(T \le m) = 0.5,\ 1 - e^{-[(0.0004474)(m)]^{2.25}} = 0.5,\ e^{-[(0.0004474)(m)]^{2.25}} = 0.5$

$(0.0004474m)^{2.25} = -\ln 0.5 = 0.693147,\ 0.0004474m = (0.693147)^{1/2.25} = 0.849681$

$m = 0.849681/0.0004474 = 1899.2$시간

(d) $h(t) = \alpha\beta^\alpha t^{\alpha-1} = 2.25(0.0004474^{2.25})(2000^{2.25-1}) = 8.761 \times 10^{-4}$

5. T는 냉각팬의 수명을 나타낸다면,

(a) $P(T > 10,000) = 1 - (1 - e^{-[(0.0001)(10,000)]^{1.5}}) = e^{-[(0.0001)(10,000)]^{1.5}} = 0.3679$

(b) $P(T < 5000) = P(T \le 5000) = 1 - e^{-[(0.0001)(5000)]^{1.5}} = 0.2978$

(c) $P(3000 < T < 9000) = P(T \le 9000) - P(T \le 3000)$

$= (1 - e^{-[(0.0001)(9000)]^{1.5}}) - (1 - e^{-[(0.0001)(3000)]^{1.5}}) = 0.4227$

4.7 연습문제

1. (a) 아니다. (b) 아니다. (c) 맞다.

2. 데이터는 근사적으로 정규분포를 따르지 않는다.

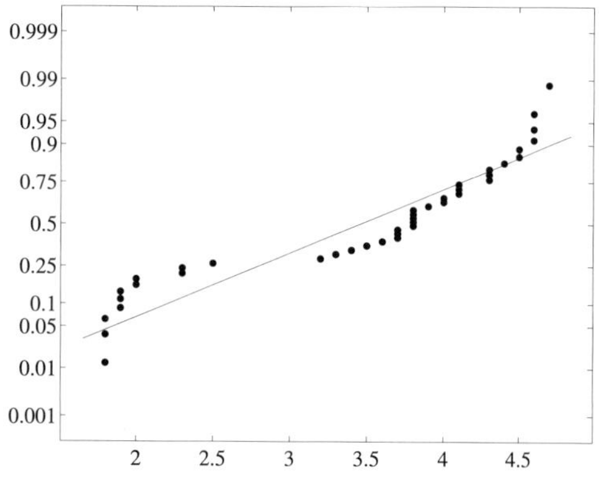

3. PM 데이터는 근사적으로 정규분포를 따르지 않는다.

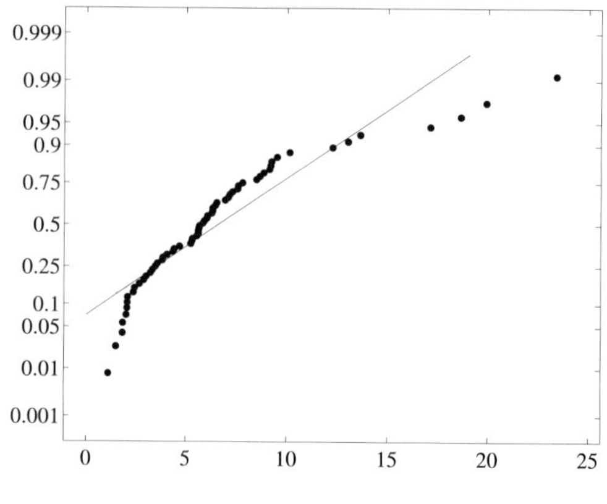

4. 예. PM 데이터의 로그가 정규모집단에서 가져온 경우라면, PM 데이터는 로그 정규모집단에서 가져오고 그 반대의 경우도 같다.

5. (a) 데이터는 근사적으로 정규분포를 따르지 않는다.

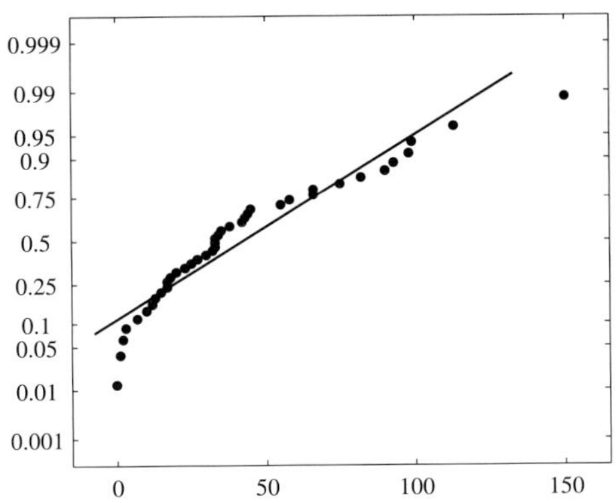

(b) 제곱근을 취한 데이터는 근사적으로 정규분포를 따른다.

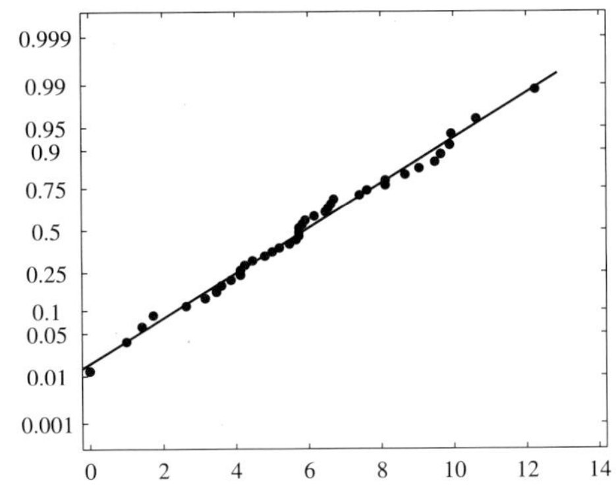

4.8 연습문제

1. (a) X_1, ⋯, X_{144}는 144개의 병의 부피를 나타낸다. X의 평균은 근사적으로 정규분포를 따른다고 할 때, $\mu_{\overline{X}} = 12.01$, $\sigma_{\overline{X}} = 0.2/\sqrt{144} = 0.01667$이다.
12.00에 대한 z점수는 $(12.00-12.01)/0.01667 = -0.60$이므로 $z=-0.60$의 왼쪽 영역은 0.2743이므로 $P(\overline{X}<12) = 0.2743$이다.

(b) $\overline{X}$의 평균은 근사적으로 분포를 따른다고 할 때, $\mu_{\overline{X}} = 12.03$, $\sigma_{\overline{X}} = 0.2/\sqrt{144} = 0.01667$이다.
12.00에 대한 z점수 12.00은 $(12.00-12.03)\ /0.01667 = -1.80$이므로 $z=-1.80$의 왼쪽 영역은 0.0359이므로 $P(\overline{X}<12) = 0.0359$이다.

2. (a) X_1, ⋯, X_{50}는 50명의 고객이 각각 보낸 시간을 나타낸다. $S = X_1 + \cdots + X_{50}$이므로
S는 근사적으로 정규분포를 따를 때, 평균은 $\mu_S = 50(4) = 200$이고 표준편차는 $\sigma_S = 2\sqrt{50} = 14.142$이다.
180에 대한 z점수는 $(180-200)/14.142 = -1.41$이므로 $z=-1.41$의 왼쪽 영역은 0.0793이다. $P(S<180) = 0.0793$이다.

(b) X_1, ⋯, X_{50}는 50명의 고객이 각각 보낸 시간을 나타낸다. $S = X_1 + \cdots + X_{50}$이므로
S는 근사적으로 정규분포를 따를 때, 평균은 $\mu_S = 50(4) = 200$이고 표준편차는 $\sigma_S = 2\sqrt{50} = 14.142$이다.
x_{30}은 50명의 고객이 소요한 총 시간의 30번째 백분위수를 나타낸다.
30번째 백분위수의 z점수는 약 $z=-0.52$이다. 따라서 $x_{30} = 200 - 0.52(14.142) = 192.65$이다.

3. X는 사양을 충족하는 베어링 수를 나타낸다. 따라서 $X \sim \text{Bin}\ (500,\ 0.90)$, X의 평균은 $\mu_X = 500(0.90) = 450$, 표준편차는 $\sigma_X = \sqrt{500(0.9)(0.1)} = 6.7082$이고 근사적으로 정규분포를 따른다.
$P(X>440)$을 연속성수정을 사용하여 440.5의 z점수를 찾으면, 440.5의 z점수는 $(440.5-450)/6.7082 = -1.42$이다.
$z=-1.42$의 오른쪽 영역은 $1-0.0778 = 0.9222$이므로 $P(X>90) = 0.9222$이다.

4. (a) X_1, ⋯, X_{60}는 가방의 무게를 나타낸다. $\overline{X}$는 근사적으로 정규분포를 따르며, $\mu_{\overline{X}} = 15$, $\sigma_{\overline{X}} = 5/\sqrt{60} = 0.6455$이다.
14에 대한 z점수는 $(14-15)/0.6455 = -1.55$이므로 $z=-1.55$의 왼쪽 영역은 0.0606이다. $P(X<14) = 0.0606$이다.

(b) x_{70}은 70번째 백분위수를 나타낸다. 70번째 백분위수의 z점수는 약 $z=0.52$이다.
따라서 x_{70}은 방정식 $0.52 = (x70-15)/0.6455$이므로 $x_{70} = 15.34$ kg이다.

(c) n은 필요한 표본크기를 나타낸다. $\overline{X}$는 근사적으로 정규분포를 따르며, $\mu_{\overline{X}} = 15$, $\sigma_{\overline{X}} = 5/\sqrt{n}$이다.
$P(\overline{X}<14) = 0.01$ 따라서 14는 $\overline{X}$의 첫 번째 백분위수이다. 첫 번째 백분위수의 z점수는 약 $z=-2.33$이므로 $14 = 15 - 2.33(5/\sqrt{n})$. n을 구하면 $n \approx 136$이다.

5. n을 필요한 측정 수로 지정하고, X을 n 측정의 평균이라고 하자. 그렇다면 평균은 $\mu_{\overline{X}}$, 표준편차는 $\sigma_{\overline{X}} = \sigma/\sqrt{n} = 0.5/\sqrt{n}$이다.
$P(\mu_{\overline{X}} - 0.10 < \overline{X} < \mu_{\overline{X}} + 0.10) = 0.90$이다. 따라서 모든 정규모집단에서 모집단의 90 %는 평균의 1.645 표준편차 내에 있다.
$1.645\sigma_{\overline{X}} = 0.1$, $\sigma_{\overline{X}} = 0.5\sqrt{n}$, $n = 67.65$ 따라서 n의 가장 작은 값은 68이다.

6. 하루 평균 빨간불의 수는 $\mu_{\overline{X}} = 0(0.1) + 1(0.3) + 2(0.3) + 3(0.2) + 4(0.1) = 1.9$이다.
표준편차는 $\sigma_X = \sqrt{(0-1.9)^2(0.1) + (1-1.9)^2(0.3) + (2-1.9)^2(0.3) + (3-1.9)^2(0.2) + (4-1.9)^2(0.1)} = 1.1358$이다.
X_1, ⋯, X_{100}를 100일 동안 마주 친 붉은 빛의 수를 나타낸다면, $\overline{X}$는 근사적으로 정규분포를 따르며 $\mu_{\overline{X}} = 1.9$, $\sigma_{\overline{X}} = 1.1358/\sqrt{100} = 0.11358$이다.

2에 대한 z점수는 $z = (2 - 1.9)/0.11358 = 0.88$이므로 $z = 0.88$의 오른쪽 영역은 $1 - 0.8106 = 0.1894$이다. $P(\overline{X} > 2) = 0.1894$이다.

7. (a) X를 물질 A에 의해 방출되는 입자의 수라고 하고 Y을 물질 B에 의해 5분 동안 방출되는 입자의 수라고 한다. $X \sim \text{Poisson}(100)$과 $Y \sim \text{Poisson}(125)$. X은 평균 100과 분산 100으로 근사적으로 정규분포를 따르고, Y은 평균 125와 분산 125로 근사적으로 정규분포를 따른다. 두 물질이 함께 방출하는 입자의 수는 $S = X + Y$이다.

X과 Y은 독립적이고 근사적으로 정규분포를 따름으로 S도 근사적으로 정규분포를 따른다. 따라서 평균은 $\mu_S = 100 + 125 = 225$이고 표준편차는 $\sigma_X = \sqrt{100 + 125} = 15$이다. 200에 대한 z점수는 $(200 - 225)/15 = -1.67$이므로 $z = -1.67$의 왼쪽 영역은 0.0475이다. $P(S < 200) = 0.0475$이다.

(b) X을 물질 A에 의해 방출되는 입자의 수라고하고 Y을 물질 B에 의해 2분 동안 방출되는 입자의 수라고 한다. $X \sim \text{Poisson}(40)$, $Y \sim \text{Poisson}(50)$. X는 평균 40과 분산 40으로 근사적으로 정규분포를 따르고, Y는 평균 50과 분산 50으로 근사적으로 정규분포를 따른다. 두 물질에 의해 방출되는 입자 수의 차이는 $D = Y - X$이다. 물질 B는 물질 A보다 더 많은 입자를 방출한다.

X과 Y은 독립적이고 근사적으로 정규분포를 따름으로 D도 근사적으로 정규분포를 따르면 평균은 $\mu_D = 50 - 40 = 10$이고 표준편차는 $\mu_D = \sqrt{50 + 40} = 9.486833$이다. z점수 0은 $(0 - 10)/9.486833 = -1.05$이므로 $z = -1.05$의 오른쪽 영역은 $1 - 0.1469 = 0.8531$이다. $P(D > 0) = 0.8531$이다.

8. (a) X는 5 mL 부피에서 추출한 입자의 수. 그러면 X의 평균은 $50(5) = 250$이므로 $X \sim \text{Poisson}(250)$, X은 평균 $\mu_X = 250$으로 $\sigma_X = \sqrt{250} = 15.8114$으로 근사적으로 정규분포를 따른다. 235의 z점수는 $(235-250)/15.8114 = -0.95$이고, 265의 z점수는 $(265-250)/15.8114 = 0.95$이다. $z = -0.95$와 $z = 0.95$ 사이의 면적은 $0.8289 - 0.1711 = 0.6578$이므로 확률은 0.6578이다.

(b) 추출된 표본에는 5 mL가 포함되어 있으므로 mL당 평균 입자 수는 48~52개이다.

총 입자 수가 $5(48) = 240$과 $5(52) = 260$ 사이인 경우, X는 평균 $\mu_X = 250$, $\sigma_X = \sqrt{250}$인 근사적으로 정규분포를 따른다. 240의 z점수는 $(240 - 250)/15.8114 = -0.63$이고, 260의 z점수는 $(260 - 250)/15.8114 = 0.63$이다. $z = -0.63$과 $z = 0.63$ 사이의 면적은 $0.7357 - 0.2643 = 0.4714$이므로 확률은 0.4714이다.

(c) X를 10 mL 표본에서 추출한 ml당 평균 입자 수라고 하면, X의 평균은 $50(10) = 500$이므로 $X \sim \text{Poisson}(500)$, $\mu_X = 500$, $\sigma_X = \sqrt{500} = 22.3607$로 근사적으로 정규분포를 따른다.

총 입자 수가 $10(48) = 480 \sim 10(52) = 520$인 경우 mL당 평균 입자 수는 48~52이다. 480의 z점수는 $(480 - 500)/22.3607 = -0.89$이고, 520의 z점수는 $(520 - 500)/22.3607 = 0.89$이다. $z = -0.89$와 $z = 0.89$ 사이의 면적은 $\sqrt{v} = 1.96\sqrt{50}/2$이므로 $8133 - 0.1867 = 0.6266$이고 확률은 0.6266이다.

(d) v는 필수 입자 수를 나타낸다. X를 v mL의 부피에서 빼낸 입자의 수라고 하면, $X \sim \text{Poisson}(50v)$이다. X는 평균 $\mu_X = 50v$, $\sigma_X = \sqrt{50v}$로 근사적으로 정규분포를 따른다. 총 입자 수 X가 $48v \sim 52v$인 경우 mL당 평균 입자 수는 48~52이다.

$\mu_X = 50v$이므로 $P(48v < X < 52v) = 0.95$이다. $48v$의 z점수가 -1.96이고 $52v$의 z점수가 1.96이면, 1.96의 z점수는 $1.96 = 0\ (52v - 50v)/\sqrt{50v}$를 충족한다. $\sqrt{v} = 1.96\sqrt{50}/2$이므로 $v = 48.02$ ml이다.

9. (a) $X \sim \text{Bin}(1000, 0.05)$이므로 X는 평균 $\mu_X = 1000(0.05) = 50$이다. $\sigma_X = \sqrt{1000(0.05)(0.95)} = 6.89202$로 근사적으로 정규분포를 따른다. $P(X \geq 75)$를 찾으려면 연속성 수정을 사용하고 z점수 74.5를 찾아야 한다.

74.5의 z점수는 $(74.5 - 50)/6.89202 = 3.55$이므로 $z = 3.55$의 오른쪽 영역은 $1 - 0.9998 = 0.0002$이다. $P(X \geq 75) = 0.0002$이다.

(b) 그렇다. 1,000개의 표본 10,000개 중 2개 정도만 목표 달성 시 부적합 타일이 75개 이상일 것이다. 따라서 부적합한 타일이 비정상적으로 많다고 할 수 있다.

(c) 아니다. 1,000개의 표본에서 75개의 부적합한 타일은 목표에 도달한 경우 비정상적으로 큰 숫자이다. 따라서 목표가 달성되었다고 하는 것은 타당하지 않다.

(d) 주장이 사실이면 $X \sim \text{Bin}(1000, 0.05)$이므로 X는 평균 $\mu_X = 1000(0.05) = 50$으로 $\sigma_X = \sqrt{1000(0.05)(0.95)} = 6.89202$로 근사적으로 정규분포를 따른다.

$P(X \geq 53)$을 찾으려면 연속성 수정을 사용하고 52.5의 z점수를 찾는다. 52.5의 z점수는 $(52.5 - 50)/6.89202 = 0.36$이므로 $z = 0.36$의 오른쪽 영역은 $1 - 0.6406 = 0.3594$이다. $P(X \geq 53) = 0.3594$이다.

(e) 아니다. 목표에 도달하면 크기가 1000인 표본의 1/3 이상이 53개 이상의 부적합 타일을 가지게 된다. 따라서 부적합 수가 비정상적으로 많지 않다.

(f) 그렇다. 1,000개 표본 중 53개의 부적합 타일이 목표에 도달한 경우 비정상적으로 많은 수는 아니다. 따라서 목표가 달성되었다고 보는 것이 타당하다.

4장 보충연습문제

1. X는 105명 중 비행기에 탑승하는 인원수를 나타낸다. $X \sim \text{Bin}(105, 0.9)$이므로 X는 평균 $\mu_X = 105(0.9) = 94.5$이다.

$\sigma_X = \sqrt{105(0.9)(0.1)} = 3.0741$로 근사적으로 정규분포를 따른다. $P(X \le 100)$을 찾으려면 연속성수정을 사용하고 100.5에 대한 z점수를 찾는다.

100.5의 z점수는 $(100.5 - 94.5)/3.0741 = 1.95$이므로 $z = 1.95$의 왼쪽 영역은 0.9744이다. $P(X \le 100) = 0.9744$이다.

2. (a) X를 이형접합식물 10개 중 녹색씨앗을 가진 수라고 하자.

$X \sim \text{Bin}(10,\ 0.25)$

$$P(X = 3) = \frac{10!}{3!(10-3)!}(0.25)^3(1-0.25)^{10-3} = 0.2503$$

(b) $P(X > 2) = 1 - P(X \le 2) = 1 - P(X = 0) - P(X = 1) - P(X = 2)$

$$= 1 - \frac{10!}{0!(10-0)!}(0.25)^0(1-0.25)^{10-0} - \frac{10!}{1!(10-1)!}(0.25)^1(1-0.25)^{10-1} - \frac{10!}{2!(10-2)!}(0.25)^2(1-0.25)^{10-2}$$

$= 0.4744$

(c) Y를 이형접합식물 100개 중 녹색씨앗을 가진 이형접합 식물의 수라고 하자.

$Y \sim \text{Bin}(100,\ 0.25)$ 그래서 Y은 평균 $\mu_Y = 100(0.25) = 25$, $\sigma_Y = \sqrt{100(0.25)(0.75)} = 4.3301$로 근사적으로 정규분포를 따른다. $P(Y > 30)$을 찾으려면 연속성수정을 사용하고 30.5에 대한 z점수를 찾는다. z점수 30.5는 $(30.5 - 25)/4.3301 = 1.27$이므로 $z = 1.27$의 오른쪽 영역은 $1 - 0.8980 = 0.1020$이다. $P(Y > 30) = 0.1020$이다.

(d) $P(30 \le Y \le 35)$를 찾으려면 연속성수정을 사용하고 29.5 및 35.5에 대한 z점수를 찾아야 한다.

29.5의 z점수는 $(29.5 - 25)/4.3301 = 1.04$이고, 35.5의 z점수는 $(35.5 - 25)/4.3301 = 2.42$이므로 $z = 1.04$와 $z = 2.42$ 사이의 영역은 $0.9922 - 0.8508 = 0.1414$이다. $P(30 \le Y \le 35) = 0.1414$이다.

(e) 20개 이상의 녹색씨앗이 있으면 80개 미만의 노란색씨앗이 있다. $P(Y > 20)$을 찾으려면 연속성수정을 사용하고 20.5에 대한 z점수를 찾는다. 20.5의 z점수는 $(20.5 - 25)/4.3301 = -1.04$이므로 $z = -1.04$의 오른쪽 영역은 $1 - 0.1492 = 0.8508$이다.

3. X는 고장난 장치의 수를 나타낸다. $X \sim \text{Bin}(10,\ 0.01)$

(a) $P(X = 0) = \frac{10!}{0!(10-0)!}(0.01)^0(1-0.01)^{10-0} = 0.99^{10} = 0.9044$

(b) $P(X \ge 2) = 1 - P(X \le 1) = 1 - P(X = 0) - P(X = 1)$

$$= 1 - \frac{10!}{0!(10-0)!}(0.01)^0(1-0.01)^{10-0} - \frac{10!}{1!(10-1)!}(0.01)^1(1-0.01)^{10-1} = 0.00427$$

(c) p는 최대고장 확률을 나타낸다. $X \sim \text{Bin}\ (10,\ p)$

$$P(X = 0) = \frac{10!}{0!(10-0)!}p^0(1-p)^{10-0} = (1-p)^{10} = 0.95\ p = 0.00512$$

4. (a) 정규확률변수가 평균의 1 표준편차 안에 있을 확률은 $z = -1$과 $z = 1$ 사이의 정규분포곡선 아래의 영역이다.

이 영역은 $0.8413 - 0.1587 = 0.6826$이다.

(b) 수량 $\mu + z\sigma$은 X 분포의 90번째 백분위수이다. 정규분포의 90번째 백분위수는 평균보다 1.28 표준편차이다. $z = 1.28$이다.

(c) 15에 대한 z점수는 $(15 - 10)/\sqrt{2.6} = 3.10$이므로 $z = 3.10$의 오른쪽 영역은 $1 - 0.9990 = 0.0010$이다. $P(X > 15) = 0.0010$이다.

5. (a) 215의 z점수는 $(215 - 200)/10 = 1.5$이므로 $z = 1.5$의 오른쪽 영역은 $1 - 0.9332 = 0.0668$이다. 따라서 간격이 215 μm보다 클 확률은 0.0668이다.

(b) 180의 z점수는 $(180 - 200)/10 = -2.00$이고, 205의 z점수는 $(205 - 200)/10 = 0.50$이므로 $z = -2.00$과 $z = 0.50$ 사이의 면적은 $0.6915 - 0.0228 = 0.6687$이다. 따라서 간격이 180에서 205 μm 사이일 확률은 0.6687이다.

(c) X을 215 μm보다 큰 간격을 가진 밸브의 수라고 하자.

(a)에서 밸브의 간격이 215 μm보다 클 확률은 0.0668이므로 $X \sim \text{Bin}\ (6,\ 0.0668)$이다.

$$P(X = 2) = \frac{6!}{2!(6-2)!}(0.0668)^2(1-0.0668)^{6-2} = 0.0508$$

6. (a) X를 250개 표본에서 결함이 있는 부품의 수라고 하자.

$X \sim \text{Bin}(250,\ 0.07)$이므로 X는 평균 $\mu_X = 250\ (0.07) = 17.5$이고 $\sigma_X = \sqrt{250(0.07)(0.93)} = 4.0342$로 근사적으로 정규분포를 따른다. $P(X < 20)$을 찾으려면 연속성 수정을 사용하고 19.5의 z점수를 찾는다. 19.5에 대한 z점수는 $(19.5-17.5)/4.0342 = 0.50$이므로 $z = 0.50$의 왼쪽 영역은 0.6915이다. $P(X < 20) = 0.6915$이다.

(b) Y를 10개 표본에서 결함이 있는 부품의 수라고 하자.

$X \sim \text{Bin}\ (10,\ 0.07)$, $P(X \ge 1) = 1 - P(X = 0) = 1 - \frac{10!}{0!(10-0)!}(0.07)^0(1-0.07)^{10-0} = 0.5160$

(c) p를 필수 확률로 X는 250개 표본에서 결함이 있는 성분의 수를 나타낸다.

7. (a) T를 베어링의 수명이라고 하자.

$P(T > 1) = 1 - P(T \le 1) = 1 - (1 - e^{-[(0.8)(1)]^{1.5}}) = 0.4889$

(b) $P(T \le 2) = 1 - e^{-[(0.8)(2)]^{1.5}} = 0.8679$

8. (a) S는 평균 $\mu_S = 75\ (12.2) = 915$, $\sigma_S = 0.1\sqrt{75} = 0.86603$로 근사적으로 정규분포를 따른다.

914.8의 z점수는 $(914.8 - 915)/0.86603 = -0.23$이므로 $z = -0.23$의 왼쪽 영역은 0.4090이다. $P(S < 914.8) = 0.4090$이다.

(b) 거짓이다. 주장이 사실인 경우 표본의 40% 이상이 총 중량이 914.8 온스 이하이다.

(c) 거짓이다. 주장이 사실이라면 총 914.8 온스의 무게는 비정상적으로 작지 않다.

(d) S는 평균 $\mu_X = 75(12.2) = 915$, $\sigma_X = 0.1\sqrt{75} = 0.86603$로 근사적으로 정규분포를 따른다.

(e) 비정상적으로 작은 중량이다. 주장이 사실이면 총 중량이 910.3 온스 이하인 표본은 거의 없다.

(f) 거짓이다. 주장이 사실인 경우 총 910.3온스의 무게는 비정상적으로 작기 때문이다.

5장

5.1 연습문제

1. ③ 정의에 따라 추정량은 평균이 참 값과 같으면 편향되지 않는다.

2. (a) $\hat{\mu}_1$의 평균을 $E(\hat{\mu}_1)$로 표시하고 $\hat{\mu}_1$의 분산을 $V(\hat{\mu}_1)$으로 표시한다.

$$E(\hat{\mu}_1) = \frac{\mu_{X_1} + \mu_{X_2}}{2} = \frac{\mu + \mu}{2} = \mu$$

$\hat{\mu}_1$의 편향은 $E(\hat{\mu}_1) - \mu = \mu - \mu = 0$이다. $\hat{\mu}_1$의 분산은 $V(\hat{\mu}_1) = \dfrac{\sigma^2 + \sigma^2}{4} = \dfrac{\sigma^2}{2} = \dfrac{1}{2}$이다.

$\hat{\mu}_1$의 평균제곱오차는 분산과 변향의 제곱의 합이므로 $MSE(\hat{\mu}_1) = \dfrac{1}{2} + 0^2 = \dfrac{1}{2}$이다.

(b) $\hat{\mu}_2$의 평균을 $E(\hat{\mu}_2)$로 표시하고 $\hat{\mu}_2$의 분산을 $V(\hat{\mu}_2)$으로 표시한다.

$$E(\hat{\mu}_2) = \frac{\mu_{X_1} + 2\mu_{X_2}}{3} = \frac{\mu + 2\mu}{3} = \mu$$

$\hat{\mu}_2$의 편향은 $E(\hat{\mu}_2) - \mu = \mu - \mu = 0$ 이다. $\hat{\mu}_2$의 분산은 $V(\hat{\mu}_2) = \dfrac{\sigma^2 + 4\sigma^2}{9} = \dfrac{5\sigma^2}{9} = \dfrac{5}{9}$이다.

$\hat{\mu}_2$의 평균제곱오차는 분산과 변향의 제곱의 합이므로 $MSE(\hat{\mu}_2) = \dfrac{5}{9} + 0^2 = \dfrac{5}{9}$이다.

(c) $\hat{\mu}_3$의 평균을 $E(\hat{\mu}_3)$로 표시하고 $\hat{\mu}_3$의 분산을 $V(\hat{\mu}_3)$으로 표시한다.

$$E(\hat{\mu}_3) = \frac{\mu_{X_1} + \mu_{X_2}}{4} = \frac{\mu + \mu}{4} = \frac{\mu}{2}$$

$\hat{\mu}_3$의 편향은 $E(\hat{\mu}_3) - \mu = \dfrac{\mu}{2} - \mu = -\dfrac{\mu}{2}$이다. $\hat{\mu}_3$의 분산은 $V(\hat{\mu}_3) = \dfrac{\sigma^2 + \sigma^2}{16} = \dfrac{\sigma^2}{8}$이다.

$\hat{\mu}_3$의 평균제곱오차는 분산과 변향의 제곱의 합이므로 $MSE(\hat{\mu}_3) = \dfrac{\sigma^2}{8} + \left(-\dfrac{\mu}{2}\right)^2 = \dfrac{2\mu^2 + 1}{8}$이다.

3. $\hat{\mu}_3$은 $\dfrac{2\mu^2 + 1}{8} < \dfrac{5}{9}$일 때 $\hat{\mu}_2$보다 평균제곱오차가 작다. μ을 구하면 $-1.3123 < \mu < 1.3123$이 된다.

5.2 연습문제

1. (a) 1.645, (b) 1.37, (c) 2.81, (d) 1.15

2. 수준은 신뢰구간이 참값을 포함할 표본의 비율이다. 따라서 신뢰수준이 올라갈수록 신뢰도가 올라간다. 이러한 신뢰도의 증가는 신뢰구간의 폭을 늘림으로써 얻을 수 있다. 따라서 신뢰수준이 올라갈수록 정밀도는 내려간다.

3. (a) 표본평균은 신뢰구간 끝점 사이의 중간이다. 따라서 표본평균은 $(0.88 + 1.02)/2 = 0.95$이다.

(b) 신뢰구간의 너비는 $\pm 1.96s/\sqrt{114}$이며, s는 표본표준편차이다. 따라서 $1.02 - 0.88 = 3.92s/\sqrt{114}$이고, s를 구하면 $s = 0.3813$이다.

4. (a) $\overline{X} = 8.1$, $s = 0.5$, $n = 100$, $z_{0.025} = 1.96$이므로 신뢰구간은 $8.1 \pm 1.96(0.5/\sqrt{100})$, $(8.002,\ 8.198)$이다.

(b) $\overline{X} = 8.1$, $s = 0.5$, $n = 100$, $z_{0.005} = 2.58$이므로 신뢰구간은 $8.1 \pm 2.58(0.5/\sqrt{100})$, $(7.971,\ 8.229)$이다.

(c) $\overline{X}=8.1$, $s=0.5$, $n=100$, 신뢰상한 8.18은 $8.1 \pm z_{\alpha/2}(0.5/\sqrt{100})$이다. 따라서 $z_{\alpha/2}$는 1.60이다. $z=1.60$의 오른쪽 영역은 $1-0.9452=0.0548$이므로 $\alpha/2=0.0548$이다. 따라서 신뢰수준은 $1-\alpha=1-2\ (0.0548)=0.8904$ 또는 89.04%이다.

(d) $z_{0.025}=1.96$, $1.96(0.5/\sqrt{n})=0.08$, $n=151$

(e) $z_{0.005}=2.58$, $2.58(0.5/\sqrt{n})=0.08$, $n=261$

5. (a) $\overline{X}=38.3$, $s=0.6$, $n=75$, $z_{0.025}=1.96$이므로 신뢰구간은 $38.3 \pm 1.96(0.6/\sqrt{75})$, (38.164, 38.436)이다.

(b) $\overline{X}=38.3$, $s=0.6$, $n=75$, $z_{0.005}=2.58$이므로 신뢰구간은 $38.3 \pm 2.58(0.6/\sqrt{75})$, (38.121, 38.479)이다.

(c) $\overline{X}=38.3$, $s=0.6$, $n=75$, 38.4의 신뢰상한은 $38.4=38.3+z_{\alpha/2}(0.6/\sqrt{75})$를 만족한다. $z_{\alpha/2}$를 구하면 $z_{\alpha/2}=1.44$이므로 $z=1.44$의 오른쪽 영역은 $1-0.9251=0.0749$, $\alpha/2=0.0749$이다. 따라서 신뢰수준은 $1-\alpha=1-2(0.0749)=0.8502$ 또는 85.02%이다.

(d) $z_{0.025}=1.96$, $1.96(0.6/\sqrt{n})=0.1$, $n=139$

(e) $z_{0.005}=2.58$, $2.58(0.6/\sqrt{n})=0.1$, $n=240$

6. (a) $\overline{X}=1217$, $s=52$, $n=80$, $z_{0.025}=1.96$이므로 신뢰구간은 $1217 \pm 1.96(52/\sqrt{80})$, (1205.6, 1228.4)이다.

(b) $\overline{X}=1217$, $s=52$, $n=80$, $z_{0.01}=2.33$이므로 신뢰구간은 $1217 \pm 2.33(52/\sqrt{80})$, (1203.5, 1230.5)이다.

(c) $\overline{X}=1217$, $s=52$, $n=80$, 따라서 1226의 신뢰상한은 $1226=1217+z_{\alpha/2}(52/\sqrt{80})$를 만족한다. $z_{\alpha/2}$를 구하면 $z_{\alpha/2}=1.55$이고, $z=1.55$의 오른쪽 영역은 $1-0.9394=0.0606$이므로 $\alpha/2=0.0606$이다. 따라서 신뢰수준은 $1-\alpha=1-2(0.0606)=0.8788$ 또는 87.88%이다.

(d) $z_{0.025}=1.96$, $1.96(52/\sqrt{n})=8$, $n=163$

(e) $z_{0.025}=2.33$, $2.33(0.1/\sqrt{n})=8$, $n=230$

7. (a) $\overline{X}=11.9$, $s=1.1$, $n=140$, $z_{0.025}=1.96$이므로 신뢰구간은 $11.9 \pm 11.9(1.1/\sqrt{140})$, (11.718, 12.082)이다.

(b) $\overline{X}=11.9$, $s=1.1$, $n=140$, $z_{0.005}=2.58$이므로 신뢰구간은 $11.9 \pm 2.58(1.1/\sqrt{140})$, (11.660, 12.140)이다.

(c) $\overline{X}=11.9$, $s=1.1$, $n=140$, 따라서 11.99의 신뢰상한은 $11.9=11.9+z_{\alpha/2}(1.1/\sqrt{140})$를 만족한다. $z_{\alpha/2}$를 구하면 $z_{\alpha/2}=0.97$이고, $z=0.97$의 오른쪽 영역은 $1-0.8340=0.1660$이므로 $\alpha/2=0.1660$이다. 따라서 신뢰수준은 $1-\alpha=1-2(0.1660)=0.6680$ 또는 66.80%이다.

(d) $z_{0.025}=1.96$, $1.96(1.1/\sqrt{n})=0.1$, $n=465$

(e) $z_{0.005}=2.58$, $2.58(1.1/\sqrt{n})=0.1$, $n=806$

8. (a) $\overline{X}=136.9$, $s=22.6$, $n=123$, $z_{0.02}=2.05$이므로 신뢰하한은 $136.9-2.05(22.6/\sqrt{123})=132.72$이다.

(b) 신뢰하한 134.3은 $134.3=136.9+z_{\alpha}(22.6/\sqrt{123})$를 만족한다. z_{α}을 풀면 $z_{\alpha}=1.28$이고, $z=1.28$의 왼쪽 영역은 $1-\alpha=0.8997$이므로 신뢰수준은 0.8997 또는 89.97%이다.

9. (a) $\overline{X}=38.3$, $s=0.6$, $n=75$, $z_{0.05}=1.645$이므로 신뢰하한은 $38.3-1.645(0.6/\sqrt{75})=38.186$이다.

(b) 신뢰하한 38.25는 $38.25=38.3+z_{\alpha}(0.6/\sqrt{75})$를 만족한다.

10. (a) $\overline{X}=1217$, $s=52$, $n=80$, $z_{0.10}=1.28$이므로 신뢰상한은 $1217+1.28(52/\sqrt{80})=1224.4$이다.

(b) 신뢰상한 1220는 $1220=1217+z_{\alpha}(52/\sqrt{80})$이다. 따라서 $z_{\alpha}=0.52$를 구하면, $z=0.52$의 왼쪽 영역은 0.6985이므로 신뢰수준은 0.6985 또는 69.85%이다.

11. (a) $\overline{X}=11.9$, $s=1.1$, $n=140$, $z_{0.05}=1.645$이므로 신뢰상한은 $11.9-1.645(1.1/\sqrt{140})=12.053$이다.

(b) 신뢰하한 11.7은 $11.7=11.9+z_{\alpha}(1.1/\sqrt{140})$을 만족한다. 따라서 $z_{\alpha}=2.15$를 구하면, $z=2.15$의 왼쪽 영역은 $1-\alpha=0.9842$이므로, 신뢰수준은 0.9842 또는 98.42%이다.

5.3 연습문제

1. (a) $28/70=0.4$

(b) $X=28$, $n=70$, $\tilde{p}=(28+2)/(70+4)=0.405405$, $z_{0.025}=1.96$

신뢰구간은 $0.405405 \pm 1.96\sqrt{0.405405(1-0.405405)/(70+4)}$, (0.294, 0.517)이다.

(c) $X=28$, $n=70$, $\tilde{p}=(28+2)/(70+4)=0.405405$, $z_{0.01}=2.33$

신뢰구간은 $0.405405 \pm 2.33\sqrt{0.405405(1-0.405405)/(70+4)}$, (0.272, 0.538)이다.

(d) n을 필요한 표본의 수라 한다면 n은 다음과 같은 방정식을 만족한다.

$0.10 = 1.96\sqrt{\tilde{p}(1-\tilde{p})/(n+4)}$, 이때 $\tilde{p}$에 0.405405를 대입하면 $n = 89$이다.

(e) n을 필요한 표본의 수라 한다면 n은 다음과 같은 방정식을 만족한다.

$0.10 = 2.33\sqrt{\tilde{p}(1-\tilde{p})/(n+4)}$, 이때 $\tilde{p}$에 0.405405를 대입하면 $n = 127$이다.

2. (a) $X = 52$, $n = 70$, $\tilde{p} = (52+2)/(70+4) = 0.72973$, $z_{0.025} = 1.96$

신뢰구간은 $0.72973 \pm 1.96\sqrt{0.72973(1-0.72973)/(70+4)}$, (0.629, 0.831)이다.

(b) $X = 52$, $n = 70$, $\tilde{p} = (52+2)/(70+4) = 0.72973$, $z_{0.05} = 1.645$

신뢰구간은 $0.72973 \pm 1.645\sqrt{0.72973(1-0.72973)/(70+4)}$, (0.645, 0.815)이다.

(c) n을 필요한 표본의 수라 한다면 n은 다음과 같은 방정식을 만족한다.

$0.05 = 1.96\sqrt{\tilde{p}(1-\tilde{p})/(n+4)}$, 이때 $\tilde{p}$에 0.72973을 대입하면 $n = 300$이다.

(d) n을 필요한 표본의 수라 한다면 n은 다음과 같은 방정식을 만족한다.

$0.05 = 1.645\sqrt{\tilde{p}(1-\tilde{p})/(n+4)}$, 이때 $\tilde{p}$에 0.72973을 대입하면 $n = 210$이다.

3. (a) $X = 47$, $n = 155$, $\tilde{p} = (47+2)/(155+4) = 0.30818$, $z_{0.025} = 1.96$

신뢰구간은 $0.30818 \pm 1.96\sqrt{0.30818(1-0.30818)/(155+4)}$, (0.236, 0.380)이다.

(b) $X = 47$, $n = 155$, $\tilde{p} = (47+2)/(155+4) = 0.30818$, $z_{0.005} = 2.58$

신뢰구간은 $0.30818 \pm 2.58\sqrt{0.30818(1-0.30818)/(155+4)}$, (0.214, 0.403)이다.

(c) 신뢰상한 0.35는 다음 방정식을 만족한다.

$0.35 = 0.30818 \pm z_\alpha\sqrt{0.30818(1-0.30818)/(155+4)}$

$z_\alpha = 1.14$, $z = 1.14$의 왼쪽 영역은 $1-\alpha = 0.8729$이므로 신뢰수준은 0.8729, 87.29%이다.

4. $X = 73$, $n = 100$, $\tilde{p} = (73+2)/(100+4) = 0.72115$, $z_{0.02} = 2.05$

신뢰상한은 $0.72115 \pm 2.05\sqrt{0.72115(1-0.72115)/(100+4)}$, 0.811이다.

5. (a) $X = 89$, $n = 710$, $\tilde{p} = (89+2)/(710+4) = 0.12745$, $z_{0.05} = 1.645$

신뢰구간은 $0.12745 \pm 1.645\sqrt{0.12745(1-0.12745)/(710+4)}$, (0.107, 0.148)이다.

(b) $X = 89$, $n = 710$, $\tilde{p} = (89+2)/(710+4) = 0.12745$, $z_{0.025} = 1.96$

신뢰구간은 $0.12745 \pm 1.96\sqrt{0.12745(1-0.12745)/(710+4)}$, (0.103, 0.152)이다.

(c) $X = 89$, $n = 710$, $\tilde{p} = (89+2)/(710+4) = 0.12745$, $z_{0.005} = 2.58$

신뢰구간은 $0.12745 \pm 2.58\sqrt{0.12745(1-0.12745)/(710+4)}$, (0.095, 0.160)이다.

6. (a) n을 필요한 표본의 수라 한다면 n은 다음과 같은 방정식을 만족한다.

$0.05 = 1.96\sqrt{\tilde{p}(1-\tilde{p})/(n+4)}$, 이때 표본의 값이 주어지지 않았음으로 $\tilde{p}$에 0.5를 대입하면 $n = 381$이다.

(b) $X = 20$, $n = 100$, $\tilde{p} = (20+2)/(100+4) = 0.21154$, $z_{0.05} = 1.96$

신뢰구간은 $0.21154 \pm 1.98\sqrt{0.21154(1-0.21154)/(100+4)}$, (0.133, 0.290)이다.

(c) n을 필요한 표본의 수라 한다면 n은 다음과 같은 방정식을 만족한다.

$0.05 = 1.96\sqrt{\tilde{p}(1-\tilde{p})/(n+4)}$, 이때 $\tilde{p}$에 0.21154를 대입하면 $n = 253$이다.

7. (a) $X = 293$, $n = 335$, $\tilde{p} = (293+2)/(335+4) = 0.87021$, $z_{0.05} = 1.645$

신뢰구간은 $0.87021 \pm 1.645\sqrt{0.87021(1-0.87021)/(293+4)}$, (0.840, 0.900)이다.

(b) n을 필요한 표본의 수라 한다면 n은 다음과 같은 방정식을 만족한다.

$0.025 = 1.645\sqrt{\tilde{p}(1-\tilde{p})/(n+4)}$, 이때 $\tilde{p}$에 0.87021을 대입하면 $n = 486$이다.

(c) n을 필요한 표본의 수라 한다면 n은 다음과 같은 방정식을 만족한다.

$0.025 = 1.645\sqrt{\tilde{p}(1-\tilde{p})/(n+4)}$, 이때 표본의 값이 주어지지 않았음으로 $\tilde{p}$에 0.5를 대입하면, $0.03 = 1.645\sqrt{0.5(1-0.5)/(n+4)}$ 이므로 $n = 748$이다.

5.4 연습문제

1. (a) 1.860, (b) 2.776, (c) 2.763, (d) 12.706

2. (a) 95%, (b) 98%, (c) 90%, (d) 99%, (e) 99.9%

3. $\overline{X}=13.040$, $s=1.0091$, $n=10$, $t_{10-1,0.025}=2.262$이므로 신뢰구간은 $13.040\pm2.262(1.0091/\sqrt{10})$, (12.318, 13.762)이다.

4. $\overline{X}=5.900$, $s=0.56921$, $n=6$, $t_{6-1,0.025}=2.571$이므로 신뢰구간은 $5.9\pm2.571(1.56921/\sqrt{6})$, (5.303, 6.497)이다.

5. $\overline{X}=2.938$, $s=0.47199$, $n=5$, $t_{5-1,0.025}=2.776$이므로 신뢰구간은 $2.938\pm2.776(1.47199/\sqrt{5})$, (2.352, 3.524)이다.

6. 이상치가 없으므로 student's t 분포를 사용하는 것이 타당하다.
$\overline{X}=205.1267$, $s=1.7174$, $n=9$, $t_{9-1,0.025}=2.306$이므로 신뢰구간은 $205.1267\pm2.306(1.7174/\sqrt{9})$, (203.81, 206.45)이다.

7. $\overline{X}=0.242$, $s=0.031$, $n=10$, $t_{10-1,0.025}=2.262$이므로 신뢰구간은 $0.242\pm2.262(0.031/\sqrt{10})$, (0.2198, 0.2642)이다.

8. (a) 평균의 표준편차가 0.5264이므로 표준편차는 평균의 표준편차/$\sqrt{20}$이다. 따라서 표준편차는 2.3541이다.
(b) $\overline{X}=2.39374$, $s=2.3541$, $n=20$, $t_{20-1,0.005}=2.861$
신뢰하한은 $2.39374-2.861(2.3541/\sqrt{20})$, 0.888, 2.39374−2.861(0.52640)이다.
(c) $\overline{X}=2.39374$, $s=2.3541$, $n=20$, $t_{20-1,0.005}=2.861$
신뢰상한은 $2.39374-2.861(2.3541/\sqrt{20})$, 3.900, 2.39374−2.861(0.52640), 2.39374 + 2.861(0.52640)이다.

10. (a) $\overline{X}=0.32$, $s=0.05$, $n=8$, $t_{8-1,0.025}=2.365$이므로 신뢰구간은 $0.32\pm2.365(0.05/\sqrt{8})$, (0.2782, 0.3618)이다.
(b) student's t 분포를 사용하지 않는다. 가능한 최소값은 0으로, 표본평균보다 두 표본의 표준편차보다 작다. 따라서 표본평균보다 두 개 이상의 표본표준편차가 낮은 값을 관찰하는 것은 불가능하다. 표본이 정규모집단에서 추출되지 않았을 수 있음을 나타낸다.

5.5 연습문제

1. (a) $\overline{X}=101.4$, $s=2.3$, $n=25$, $t_{25-1,0.005}=2.064$이므로 예측구간은 $101.4\pm2.064(2.3\sqrt{1+1/25})$, (96.559, 106.241)이다.
(b) $\overline{X}=101.4$, $s=2.3$, $n=25$, $k_{25,0.05,0.010}=2.2083$이므로 허용 구간은 $101.4\pm2.2083(2.3)$, (96.321, 106.479)이다.

2. (a) $\overline{X}=5.9$, $s=0.56921$, $n=6$, $t_{6-1,0.01}=3.365$이므로 예측구간은 $5.9\pm3.365(0.56921/\sqrt{1+1/6})$, (3.8311, 7.9689)이다.
(b) $\overline{X}=5.9$, $s=0.56921$, $n=6$, $k_{6,0.05,0.05}=4.4140$이므로 허용 구간은 $5.9\pm4.4140(0.56921)$, (3.3875, 8.4125)이다.

3. (a) $\overline{X}=86.56$, $s=1.02127$, $n=5$, $t_{5-1,0.25}=2.776$이므로 예측구간은 $86.56\pm2.776(1.02127/\sqrt{1+1/5})$, (83.454, 89.666)이다.
(b) $\overline{X}=86.56$, $s=1.02127$, $n=5$, $k_{5,0.01,0.10}=6.6118$이므로 허용 구간은 $86.56\pm6.6118(1.02127)$, (79.808, 93.312)이다.

5장 보충연습문제

1. (a) $\hat{p}=37/50=0.74$
(b) $X=37$, $n=50$, $\tilde{p}=(37+2)/(50+4)=0.72222$, $z_{0.025}=1.96$
신뢰구간은 $0.72222\pm1.96\sqrt{0.72222(1-0.72222)/(50+4)}$, (0.603, 0.842)이다.
(c) n을 필요한 표본 수라고 하면, n은 다음 방정식을 따른다.
$0.10=1.96\sqrt{\tilde{p}(1-\tilde{p})/(n+4)}$이고, $\tilde{p}$에 0.72222를 대입하면 $n=74$이다.
(d) $X=37$, $n=50$, $\tilde{p}=(37+2)/(50+4)=0.72222$, $z_{0.005}=2.58$
신뢰구간은 $0.72222\pm2.58\sqrt{0.72222(1-0.72222)/(50+4)}$, (0.565, 0.879)이다.
(e) n을 필요한 표본 수라고 하면, n은 다음 방정식을 따른다.
$0.10=2.58\sqrt{\tilde{p}(1-\tilde{p})/(n+4)}$이고, $\tilde{p}$에 0.72222를 대입하면 $n=130$이다.

2. 수준이 높을수록 신뢰구간이 넓어진다. 따라서 가장 좁은 구간 (4.20, 5.83)은 90% 신뢰구간, 가장 넓은 구간 (3.57, 6.46)은 99% 신뢰구간, (4.01, 6.02)는 95% 신뢰구간이다.

3. n을 필요한 표본 수라고 하면, n은 다음 방정식을 따른다.
$0.04=2.33\sqrt{\tilde{p}(1-\tilde{p})/(n+4)}$, 이때 표본에 대한 정보가 없으므로 $\tilde{p}=0.5$이다. 따라서 $0.04=2.33\sqrt{0.5(1-0.5)/(n+4)}$이므로 $n=845$이다.

4. n은 필요한 표본 수를 나타낸다. 64개의 관측치를 기반으로 한 99% 신뢰구간의 너비는 ±1.2이다.
따라서 $1.2=2.58\sigma/\sqrt{64}$, $2.58\sigma=9.6$이므로 n은 다음의 방정식을 만족한다. $1.0=2.58\sigma/\sqrt{n}=9.6=\sqrt{n}$, $n=93$이다.

5. (a) $X=30$, $n=400$, $\tilde{p}=(30+2)/(400+4)=0.079208$, $z_{0.025}=1.96$
신뢰구간은 $0.079208\pm1.96\sqrt{0.079208(1-0.079208)/(400+4)}$, (0.0529, 0.1055)이다.
(b) n을 표본 수라고 하면, n은 다음 방정식을 따른다. $0.02=1.96\sqrt{\tilde{p}(1-\tilde{p})/(n+4)}$이고, $\tilde{p}$에 0.079208을 대입하면 $n=697$이다.
(c) X는 200개 중 불량 부품의 수를 나타내고, p는 결함이 있는 성분의 모집단 비율을 나타낸다.

그러면 $X \sim \text{Bin}(200, p)$, 따라서 X는 평균 $\mu_X = 200p$ 및 $\sigma_X = \sqrt{200p(1-p)}$으로 정규분포를 따른다. r은 회수되는 로트의 비율을 나타낸다. 연속성 수정을 이용하여 $r = P(X > 20.5)$이다.

r에 대한 95% 신뢰구간을 찾으려면 $P(X > 20.5)$의 z점수를 p의 함수로 표현하고 p에 대한 신뢰상한 및 하한. 20.5의 z점수는 $(20.5 - 200p)/\sqrt{200p(1-p)}$이다. 이제 p에 대한 신뢰상한과 하한을 대체하여 z에 대한 95 % 신뢰구간을 찾으면, (a)에서 얻은 p에 대한 95% 신뢰구간은 (0.052873, 0.10554)이다.

최종 결과에서 좋은 정밀도를 얻기 위해 신뢰구간에 추가 정밀도가 사용된다. p를 0.052873으로 대체하면 $z = 3.14$가 된다. p를 0.10554로 대체하면 $z = -0.14$가 된다. $0.052873 < p < 0.10554$에 대해 95% 확신하므로 $-0.14 < z < 3.14$에 대해 95% 확신된다. $z = -0.14$의 오른쪽 영역은 $1 - 0.4443 = 0.5557$이다. $z = 3.14$의 오른쪽 영역은 $1 - 0.9992 = 0.0008$이다.

따라서 $0.0008 < r < 0.5557$이고, 신뢰구간은 (0.0008, 0.5557)이다.

6. (a) 거짓이다. 이미 계산된 특정 신뢰구간이므로 확률의 개념은 적용되지 않는다.
(b) 거짓이다. 신뢰구간은 모평균의 위치를 지정하지만, 표본평균의 위치를 지정하지 않는다.
(c) 참이다. 95% 신뢰구간을 계산하는 데 사용된 방법이 실제 평균 95%를 성공적으로 포함한다는 것을 나타낸다.
(d) 거짓이다. 신뢰구간은 모평균의 위치를 지정한다. 하지만 향후 측정 위치를 지정하지 않는다.

7. (a) $\overline{X} = 8.95$, $s = 0.5682$, $n = 6$, $t_{8-1,0.01} = 2.998$이므로 예측구간은 $8.95 \pm 2.998(0.5682\sqrt{1+1/8})$, (7.143, 10.757)이다.
(b) $\overline{X} = 8.95$, $s = 0.5682$, $n = 6$, $k_{8,0.05,0.01} = 4.8907$이므로 허용구간은 $8.95 \pm 4.8907(0.5682\sqrt{1+1/8})$, (6.171, 11.729)이다.

8. 표본크기가 70인 경우 $\overline{X}$의 표준편차는 $\sigma/\sqrt{70}$이다.
구간의 폭을 절반으로 만들려면 $\overline{X}$의 표준편차가 $\sigma/(2\sqrt{70}) = \sigma/\sqrt{280}$이 되어야 한다. 따라서 표본크기는 280이다.

9. $0.241 = 0.227 + 1.96(s\sqrt{n})$이므로 $s\sqrt{n} = 0.00714286$이다. A 90% 신뢰구간은 $0.227 \pm 1.645(s\sqrt{n}) = 0.227 \pm 1.645(0.00714286)$ 또는 (0.21525, 0.23875)이다.

10. (a) 거짓이다. 신뢰구간은 표본평균이 아니라 모집단 평균에 대한 것이다. 표본평균이 알려져 있으므로 이에 대한 신뢰구간을 구성할 필요가 없다.
(b) 참이다. 이는 $X \pm 1.96(s\sqrt{n})$, 이는 모집단평균에 대한 95 % 신뢰구간이다.
(c) 거짓이다. 평균의 표준편차에는 모집단 크기가 아니라 표본크기의 제곱근이 포함된다.

11. (a) $X = 37$, $\sigma_X = s\sqrt{n} = 0.1$, 95% 신뢰구간은 $37 \pm 1.96(0.1)$ 또는 (36.804, 37.196)이다.
(b) $s\sqrt{n} = 0.1$이므로 신뢰구간은 $X \pm 1(s\sqrt{n})$이다. $z = 1$의 왼쪽 영역은 약 0.1587이다. 따라서 $\alpha/2 = 0.1587$이므로 수준은 $1 - \alpha = 0.6826$ 또는 약 68%이다.
(c) 측정 값은 정상 모집단에서 가져온다.
(d) $t_{9,0.025} = 2.262$이므로 95% 신뢰구간은 $37 \pm 2.262(s\sqrt{n}) = 37 \pm 2.262(0.1)$ 또는 (36.774, 37.226)이다.

12. (a) X는 평균 $n\lambda$로 정규분포를 따르기 때문에 가능한 모든 표본의 $1 - \alpha$ 비율은 $-z_{\alpha/2}\sigma_X < X - n\lambda < z_{\alpha/2}\sigma_X$이다.
-1을 곱하고 부등식에 X를 더하면 $X - z_{\alpha/2}\sigma_X < n\lambda < X + z_{\alpha/2}\sigma_X$이 생성된다.
(b) n이 상수이기 때문에 $\sigma_{X/n} = \sigma_X/n = \sqrt{n\lambda}/n = \sqrt{\lambda/n}$이다.
따라서 $\sigma_{\hat{\lambda}} = \sigma_X/n$이다.
(c) (a) 부분의 부등식을 α로 나눈다.
(d) (c)에서 $\sigma_{\hat{\lambda}}$를 $\sqrt{\hat{\lambda}/n}$로 대체하여 가능한 모든 표본의 $1 - \alpha$ 비율을 보여준다.
$\hat{\lambda} - z_{\alpha/2}\sqrt{\hat{\lambda}/n} < \lambda < \hat{\lambda} + z_{\alpha/2}\sqrt{\hat{\lambda}/n}$이므로 구간 $\hat{\lambda} \pm z_{\alpha/2}\sqrt{\hat{\lambda}/n}$은 λ에 대한 수준 $1 - \alpha$ 신뢰구간이다.
(e) $n = 5$, $\hat{\lambda} = 300/5 = 60$, $\sigma_{\hat{\lambda}} = \sqrt{60/5} = 3.4641$이므로 λ에 대한 95% 신뢰구간은 $60 \pm 1.96(3.4641)$ 또는 (53.210, 66.790)이다.

6장

6.1 연습문제

1. (a) $\overline{X} = 4.5$, $s = 2.7$, $n = 80$. 귀무 및 대립가설은 $H_0: \mu \geq 5.4$ 대 $H_1: \mu < 5.4$이다. $z = (4.5 - 5.4)/(2.7/\sqrt{80}) = -2.98$.
대립가설이 $\mu < \mu_0$의 형식이므로 P값은 $z = -2.98$의 왼쪽 영역이다. 따라서 $P = 0.0014$이다.
(b) P값은 0.0014이므로 H_0이 참이면 표본은 분포의 가장 극단적인 0.14%에 있다.

2. (a) $\overline{X} = 231.7$, $s = 2.19$, $n = 66$. 귀무가설과 대립가설은 $H_0: \mu = 232$, $H_1: \mu \neq 232$이다. $z = (231.7 - 232)/(2.19/\sqrt{66}) = -1.11$.
대립가설은 $\mu \neq \mu_0$ 형식이므로 P값은 $z = 1.11$의 오른쪽과 $z = -1.11$의 왼쪽 영역의 합이므로 $P = 0.1335 + 0.1335 = 0.2670$이다.

(b) P값은 0.2670이므로 H_0이 참이면 표본은 분포의 가장 극단적인 26.70%에 속한다.

3. (a) $\overline{X}=1.03$, $s=0.1$, $n=50$. 귀무가설과 대립가설은 $H_0: \mu \le 1$, $H_1: \mu > 1$이다. $z=(1.03-1)/(0.1/\sqrt{50})=2.12$이다. 대립가설은 $\mu > \mu_0$ 형식이므로 P값은 $z=2.12$의 오른쪽 영역이다. 따라서 $P=0.0170$이다.

(b) P값은 0.0170이므로 H_0이 참이면 표본은 분포의 가장 극단적인 1.70%에 있다.

4. (a) $\overline{X}=715$, $s=24$, $n=60$. 귀무가설과 대립가설은 $H_0: \mu \ge 740$, $H_1: \mu < 740$이다. $z=(715-740)/(24/\sqrt{60})=-8.07$이다. 대립가설은 $\mu < \mu 0$ 형식이므로 P값은 $z=-8.07$의 왼쪽 영역이다. 따라서 $P \approx 0$이다.

(b) 하루 평균 생산량이 740톤 이상이면 실제로 관측된 715의 값만큼 작은 표본평균을 관측할 확률은 거의 0이다. 따라서 우리는 하루 평균 생산량이 740톤 이상이 아니라 740톤 미만임을 확신한다.

5. (a) $\overline{X}=8.24$, $s=16.33$, $n=126$. 귀무가설과 대립가설은 $H_0: \mu \ge 10$, $H_1: \mu < 10$. $z=(8.24-10)/(16.33/\sqrt{126})=-1.21$이다. 대립가설은 $\mu < \mu_0$ 형식이므로 P값은 $z=-1.21$의 왼쪽 영역이다. 따라서 $P=0.1131$이다.

(b) 평균 수익이 10%인 경우 표본을 관찰할 확률은 관찰된 값 8.24보다 작거나 같을 경우 0.1131. 0.1131은 작은 확률이 아니므로 평균이 10% 이상인 것이 타당하다.

6. ② 4. $\overline{X}$의 귀무분포란, H_0이 참이라는 가정하에 $\overline{X}$의 분포를 계산한다.

7. ③ 78. P값은 표본과 H_0 사이에 존재하는 불일치 정도이며, P값은 0.22이다. 따라서, 확률은 4보다 작거나 6보다 큰 $\overline{X}$의 값을 관찰할 확률은 0.22이다. 따라서, 4와 6 사이의 값을 관찰할 확률은 $1-0.22=0.78$이다.

8. $\overline{X}=11.98$, $\sigma_{\overline{X}}=\sigma/\sqrt{n}=0.02$ 귀무가설과 대립가설은 $H_0: \mu=12.0$, $H_1: \mu \ne 12.0$이다. $z=(11.98-12.0)/0.02=-1.00$. 대립가설은 $\mu=\mu_0$ 형식이므로 P값은 $z=-1.00$의 오른쪽과 $z=1.00$의 왼쪽 영역의 합이므로 $P=0.1587+0.1587=0.3174$이다.

9. (a) 단측. 대립가설은 $\mu > 45$의 형식이다.

(b) $H_0: \mu \le 45$

(c) $P=0.003$

(d) $\overline{X}=46.2598$ 및 $s/\sqrt{n}=0.4610$. 귀무가설과 대립가설은 $H_0: \mu \le 46$, $H_1: \mu > 46$. $z=(46.2598-46)/0.1963=0.56$이다. 대립가설이 $\mu > \mu_0$의 형식이므로 P값은 $z=0.56$의 오른쪽 영역이다. 따라서 $P=0.2877$이다.

(e) $\overline{X}=46.2598$, $s/\sqrt{n}=0.4610$, $z_{0.01}=2.33$이므로 신뢰구간은 $46.2598 \pm 2.33(0.4610)$ 또는 (45.19, 47.33)이다.

10. (a) SE 평균 $=s/\sqrt{n}=2.00819/\sqrt{87}=0.2153$

(b) $\overline{X}=4.07114$. (a)에서 $s/\sqrt{n}=0.2153$이고, 귀무 및 대립가설은 $H_0: \mu \le 3.5$, $H_1: \mu > 3.5$. $z=(4.07114-3.5)/0.2153=2.65$이다.

(c) 대립가설은 $\mu > \mu_0$ 형식이므로 P값은 $z=2.65$의 오른쪽 영역이다. 따라서 $P=0.0040$이다.

6.2 연습문제

1. $P=0.10$. P값이 클수록 귀무가설이 더 타당하다.

2. ④ P값 0.01은 H_0이 참이면 검정통계량의 관측값이 분포의 가장 극단적인 1%에 있음을 의미한다. 가능성은 낮지만 불가능하지는 않다.

3. (a) 참이다. 결과는 2% 이상의 모든 수준에서 통계적으로 유의하다.

(b) 거짓이다. $P > 0.01$이므로 결과는 1% 수준에서 통계적으로 유의하지 않다.

(c) 참이다. 귀무가설은 2% 이상의 모든 수준에서 기각된다.

(d) 거짓이다. $P > 0.01$이므로 따라서 귀무가설은 1% 수준에서 기각되지 않는다.

4. (a) (i)을 기각하면 $\mu > 100$으로 결론을 내릴 수 있으며 이는 수업이 성공적임을 의미한다.

(b) (iii)을 기각하지 않으면 μ이 100보다 작거나 같을 수 있다고 결론을 내린다. 따라서 수업이 성공적이지 않을수 있다고 결론을 내릴수 있다.

5. (a) $H_0: \mu \le 8$. H_0이 기각되면 $\mu > 8$이며 새 배터리를 사용해야 한다는 결론을 내릴 수 있다.

(b) $H_0: \mu \le 60{,}000$. H_0이 기각되면 $\mu > 60,\ 000$이며 새로운 원자재를 사용해야 한다고 결론을 내릴 수 있다.

(c) $H_0: \mu=10$. H_0이 기각되면 $\mu \ne 10$이고 유량계를 다시 교정해야한다고 결론을 내릴 수 있다.

6. (a) (ii) 저울이 교정을 벗어났다. H_0이 기각되면 H_0이 거짓이므로 $\mu \ne 10$이다.

(b) (iii) 저울이 보정 중일 수 있다. H_0이 기각되지 않으면 H_0이 타당하다는 결론을 내릴 수 있으므로 $\mu=10$이다.

(c) 아니다. 척도는 $\mu=10$인 경우에만 교정 중이다. 가설에 찬성하는 가장 강력한 증거는 $\overline{X}=10$일 때이다. 그러나 에 불확실성이 있

기 때문에 $\mu = 10$이라고 확신 할 수 없다.

7. 아니다. 품질관리 담장자는 귀무가설이 사실이라고 결론을 내릴 수 없다.

8. (1) $H_0: \mu = 1.2$. 다른 두 가설 중 하나의 경우 P값은 0.025이다.

9. (a) 그렇다. 3.5 값은 신뢰상한 3.45보다 크다. 신뢰상한보다 큰 수량은 P값이 0.05보다 작다. 따라서 $P < 0.05$이다.
(b) 아니다. $P < 0.01$인지 확인하려면 99% 신뢰상한을 알아야 한다.

10. 그렇다. P값을 정확하게 계산할 수 있다. 95% 신뢰상한이 3.45이므로 $3.40 + 1.645s/\sqrt{n} = 3.45$이다. 따라서 $s/\sqrt{n} = 0.0304$이므로 z점수는 $(3.40 - 3.50)/0.0304 = -3.29$이고, P값은 0.0005로 0.01 미만이다.

11. (a) 거짓이다. 감소가 중요하다는 결론을 내릴 수 없다.
(b) 참이다. 감소가 있다는 결론을 내릴 수 있다.

12. (a) 아니다. P값은 0.177. 0.05보다 크므로 H_0은 5% 수준에서 기각되지 않는다.
(b) 값 36은 μ에 대한 95% 신뢰구간에 포함된다. 따라서 가설 $H_0: \mu = 36$, $H_1: \mu \neq 36$은 5% 수준에서 기각될 수 없다.

6.3 연습문제

1. $X = 130$, $n = 1600$, $\hat{p} = 130/1600 = 0.08125$이므로 귀무 및 대립가설은 $H_0: p \geq 0.10$, $H_1: p < 0.10$이다.
$z = (0.08125 - 0.10)/\sqrt{0.1(1-0.10)/1600} = -2.50$이다. 대립가설은 $p < p_0$ 형식이므로 P값은 $z = -2.50$의 왼쪽 영역이고 $P = 0.0062$이다. 주장을 기각할 충분한 증거가 있다.

2. $X = 29$, $n = 50$, $\hat{p} = 29/50 = 0.58$이므로 귀무 및 대립가설은 $H_0: p \leq 0.50$, $H_1: p > 0.50$이다.
$z = (0.58 - 0.50)/\sqrt{0.50(1-0.50)/50} = 1.13$이다. 대립가설은 $p > p_0$ 형식이므로 P값은 $z = 1.13$의 오른쪽 영역이고, $P = 0.1292$이다. 욕실 저울의 절반 이상이 체중을 과소평가한다고 결론을 내릴 수 없다.

3. $X = 274$, $n = 500$, $\hat{p} = 274/500 = 0.548$이므로 귀무 및 대립가설은 $H_0: p \leq 0.50$, $H_1: p > 0.50$이다.
$z = (0.548 - 0.50)/\sqrt{0.50(1-0.50)/500} = 2.15$이다. 대립가설은 $p > p_0$ 형식이므로 P값은 $z = 2.15$의 오른쪽 영역이고 $P = 0.0158$이다. 주민의 절반 이상이 새로운 쇼핑몰을 짓는 데 반대한다고 결론을 내릴 수 있다.

4. $X = 54$, $n = 124$, $\hat{p} = 54/124 = 0.43548$이므로 귀무 및 대립가설은 $H_0: p \geq 0.45$, $H_1: p < 0.45$이다.
$z = (0.43548 - 0.45)/\sqrt{0.45(1-0.45)/124} = -0.32$이다. 대립가설은 $p < p_0$ 형식이므로 P값은 $z = -0.32$의 왼쪽 영역이고, $P = 0.3745$이다. 45% 미만의 간호사가 바쁜 업무량이 긍정적인 영향을 미친다고 생각한다는 결론을 내릴 수 없다.

5. $X = 42$, $n = 300$, $\hat{p} = 42/300 = 0.14$이므로 귀무 및 대립가설은 $H_0: p = 0.12$, $H_1: p \neq 0.12$이다.
$z = (0.14 - 0.12)/\sqrt{0.12(1-0.12)/300} = 1.07$이다. 대립가설은 $p = p_0$ 형식이므로 P값은 $z = 1.07$ 오른쪽과 $z = -1.07$ 왼쪽 영역의 합이고, $P = 0.2846$이다. 궤적이 Hardy-Weinberg 평형에 있지 않다는 결론을 내릴 수 없다.

6. $X = 517$, $n = 1294$, $\hat{p} = 517/1294 = 0.39954$이므로 귀무 및 대립가설은 $H_0: p \leq 0.35$, $H_1: p > 0.35$이다.
$z = (0.39954 - 0.35)/\sqrt{0.35(1-0.35)/1294} = 3.74$이다. 대립가설은 $p > p_0$ 형식이므로 P값은 $z = 3.74$의 오른쪽 영역이고, $P = 0.0001$이다. 성인의 35% 이상이 지난 1년 동안 자원봉사를 수행했다고 결론 지을 수 있다.

7. (a) 표본 $p = \hat{p} = 345/500 = 0.690$
(b) 귀무가설과 대립가설은 $H_0: p \geq 0.7$, $H_1: \mu < 0.7$이다.
$n = 500$. (a)번에서 $\hat{p} = 0.690$이므로 $z = (0.690 - 0.700)/\sqrt{0.7(1-0.7)/500} = -0.49$이다.
(c) 대립가설은 $p < p_0$ 형식이므로 P값은 $z = -0.49$의 왼쪽 영역이다. 따라서 $P = 0.3121$이다.

6.4 연습문제

1. (a) $\overline{X} = 60.01$, $s = 0.026458$, $n = 3$, 자유도 $= 3 - 1 = 2$이므로 귀무 및 대립가설은 $H_0: \mu = 60$, $H_1: \mu \neq 60$이다.
$t = (60.01 - 60)/(0.026458/\sqrt{3}) = 0.655$이다. 대립가설은 $\mu \neq \mu_0$ 형식이므로 P값은 $t = 0.655$의 오른쪽 영역의 합이다.
(b) 크기 1의 표본에서 표본표준편차를 계산할 수 없기 때문에 t 검정을 수행할 수 없다.

2. (a) $H_0: \mu \geq 16$, $H_1: \mu < 16$
(b) $\overline{X} = 15.887$, $s = 0.13047$, $n = 10$. 자유도 $= 10-1 = 9$이므로 귀무가설과 대립가설은 $H_0: \mu \geq 16$, $H_1: \mu < 16$이다.
$t = (15.887 - 16)/(0.13047/\sqrt{10}) = -2.739$이다.

(c) 대립가설은 $\mu < \mu_0$ 형식이므로 P값은 $t = -2.739$의 왼쪽 영역이다.
t 표에서 $0.01 < P < 0.025$이고, 컴퓨터 패키지는 $P = 0.011$을 제공한다. 따라서 평균 충전 중량이 16oz 미만이라는 결론을 내린다.

3. (a) $\overline{X} = 6.7$, $s = 3.9$, $n = 20$. 자유도 $= 20-1 = 19$이므로 귀무가설과 대립가설은 $H_0: \mu \geq 10$, $H_1: \mu < 10$이다.
$t = (6.7 - 10)/(3.9/\sqrt{20}) = -3.784$이다. 대립가설은 $\mu < \mu_0$ 형식이므로 P값은 $t = -3.784$의 왼쪽 영역이다.
t 표에서 $0.0005 < P < 0.001$이고, 컴퓨터 패키지는 $P = 0.0006$을 제공한다. 시스템이 지침을 충족한다고 결론을 내릴 수 있다.
(b) $\overline{X} = 6.7$, $s = 3.9$, $n = 20$. 자유도 $= 20-1 = 19$이므로 귀무가설과 대립가설은 $H_0: \mu \geq 7.5$, $H_1: \mu < 7.5$이다.
$t = (6.7 - 7.5)/(3.9/\sqrt{19}) = -0.917$이다. 대립가설은 $\mu < \mu_0$ 형식이므로 P값은 $t = -0.917$의 왼쪽 영역이다.
t 테이블에서 $0.10 < P < 0.25$이고, 컴퓨터 패키지는 $P = 0.1852$를 제공한다. 시스템이 지침을 충족한다고 결론을 내릴 수 없다.

4. (a)

(b) 그렇다. 표본에 이상치가 없다.
$\overline{X} = 4.032857$, $s = 0.061244$, $n = 7$. 자유도 $= 7 - 1 = 6$이므로 귀무 및 대립가설은 $H_0: \mu = 4$, $H_1: \mu \neq 4$이다.
$t = (4.032857 - 4)/(0.061244/\sqrt{7}) = 1.419$이다. 대립가설은 $\mu \neq \mu_0$ 형식이므로 P값은 $t = 1.419$의 오른쪽 영역의 합이다.
$t - 1.419$의 왼쪽에 있다.
t 표에서 $0.20 < P < 0.50$이고, 컴퓨터 패키지는 $P = 0.2056$을 제공한다. 평균 두께가 4밀과 다르다는 결론을 내릴 수 없다.

(c)
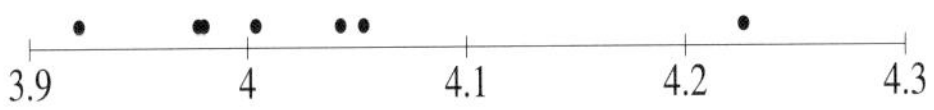

(d) 아니다. 표본에 이상치가 포함되어 있다.

5. $\overline{X} = 27.125$, $s = 10.092$, $n = 8$. 자유도 $= 8 - 1 = 7$이므로 귀무 및 대립가설은 $H_0: \mu \geq 40$, $H_1: \mu < 40$이다.
$t = (27.125 - 40)/(10.092/) = -3.6086$이다.
대립가설은 $\mu < \mu_0$ 형식이므로 P값은 $t = -3.6086$의 왼쪽 영역의 합이다. t 표에서 $0.001 < P < 0.005$이고, 컴퓨터 패키지는 $P = 0.004320$을 제공한다. 평균 구덩이 수가 40개 미만이라는 결론을 내릴 수 있다.

6. $\overline{X} = 457.8$, $s = 317.7$, $n = 18$. 자유도 $= 18-1 = 17$이므로 귀무 및 대립가설은 $H_0: \mu = 0$, $H_1: \mu \neq 0$이다.
$t = (457.8 - 0)/(317.7/\sqrt{18}) = 6.114$이다. 대립가설은 $\mu \neq \mu_0$ 형식이므로 P값은 $t = 6.114$의 오른쪽 영역의 합이다. $t = -6.114$의 왼쪽에 있다.
t 표에서 $P < 0.001$이므로 컴퓨터 패키지는 $P = 1.15 \times 10^{-5}$를 제공합니다. 따라서 평균오차가 0이 아니라는 결론을 내릴 수 있다.

7. (a) StDev = (SE 평균) $\sqrt{N} = 1.8389\sqrt{11} = 6.0989$
(b) $t_{10, 0.025} = 2.228$. 95% 신뢰하한은 $13.2874 - 2.228(1.8389) = 9.190$이다.
(c) $t_{10, 0.025} = 2.228$. 95% 신뢰상한은 $13.2874 + 2.228(1.8389) = 17.384$이다.
(d) $t = (13.2874-16)/1.8389 = -1.475$

6.5 연습문제

1. (a) p_1은 적합할 확률을, p_2는 미흡 확률을, p_3은 폐기할 확률을 나타낸다.
따라서 귀무가설은 $H_0: p_1 = 0.85$, $p_2 = 0.10$, $p_3 = 0.05$이다.
(b) 총 관측 수는 $n = 500$, 기대값은 np_1, np_2 및 np_3 또는 425, 50 및 25이다.
(c) 관찰된 값은 405, 55 및 40이므로 $\chi^2 = (405 - 450)2/450 + (55 - 50)2/50 + (40 - 25)2/25 = 10.4412$이다.
(d) $3 - 1 = 2$ 자유도가 있다. χ^2 테이블에서 $0.005 < P < 0.01$. $P = 0.00540$이므로 실제 백분율은 85%, 10% 및 5%와 다르다.

2. 행합계는 $O_{.1} = 1603$ 및 $O_{.2} = 2036$이고, 열합계는 $O_{1.} = 504$, $O_{2.} = 229$, $O_{3.} = 686$, $O_{4.} = 1105$, $O_{5.} = 1115$이다.
총합계는 $O_{..} = 3639$이며, 예상값은 다음 표와 같이 $E_{ij} = O_{i.}O_{j.}/O_{..}$이다.

	Poor	Near Poor	Low Income	Middle Income	High Income
Men	222.01	100.88	302.19	486.76	491.16
Women	281.99	128.12	383.81	618.24	623.84

자유도 $= (2-1)(5-1) = 4$, $\chi^2 = \sum_{i=1}^{2}\sum_{j=1}^{5}(O_{ij} - E_{ij})^2/E_{ij} = 108.35$

χ^2 테이블에서 $P < 0.005$이고, $P \approx 0$이므로 다양한 소득 범주의 비율이 남성과 여성에 따라 다르다는 결론을 내릴 수 있다.

3. 행합계는 $O_{1.} = 41$, $O_{2.} = 39$, $O_{3.} = 412$이고, 열합계는 $O_{.1} = 89$, $O_{.2} = 169$, $O_{.3} = 240$이다.

$O_{..} = 492$이며, 예상값은 다음 표와 같이 $E_{ij} = O_{i.}O_{.j}/O_{..}$이다.

	< 1	1 to < 5	≥ 5
Diseased	7.4167	13.583	20.000
Sensitized	7.0549	12.921	19.024
Normal	74.528	136.50	200.98

자유도 $= (3-1)(3-1) = 4$, $\chi 2$ 테이블에서 $0.025 < P < 0.05$. $P = 0.0286$이다.

$\chi^2 = \sum_{i=1}^{3} \sum_{j=1}^{3} (O_{ij} - E_{ij})^2 / E_{ij} = 10.829$이므로 다양한 질병 범주의 근로자 비율이 노출 수준에 따라 다르다는 몇 가지 증거가 있다.

4. (a) 행합계 $O_{1.} = 37$, $O_{2.} = 25$, $O_{3.} = 35$이고, 열합계는 $O_{.1} = 27$, $O_{.2} = 35$, $O_{.3} = 35$이다.
총합계는 $O_{..} = 97$이며, 예상값은 다음 표와 같이 $E_{ij} = O_{i.}O_{.j}/O_{..}$이다.

10.2990	13.3505	13.3505
6.9588	9.0206	9.0206
9.7423	12.6289	12.6289

(b) 모든 예상 값이 5보다 크므로 χ^2 검정이 적합하다. 자유도는 $(3-1)(3-1) = 4$, $\chi^2 = \sum_{i=1}^{3} \sum_{j=1}^{3} (O_{ij} - E_{ij})^2 / E_{ij} = 6.4808$이다.
χ^2 테이블에서 $P > 0.10$. $P = 0.166$이므로 행과 열이 독립적이지 않다는 증거는 없다.

5. ③ 관찰된 테이블의 행합계와 열합계는 예상 테이블의 행합계와 열합계와 각각 같아야 한다.

6. p_1은 무작위로 선택한 플레이트가 프리미엄으로 분류될 확률을 나타내고, p_2는 양품일 확률을, p_3은 미흡할 확률을, p_4는 블량일 확률을 나타낸다. 그러면 귀무가설은 H_0: $p_1 = 0.10$, $p_2 = 0.70$, $p_3 = 0.15$, $p_4 = 0.05$이다.
총 관측 수는 $n = 200$이다. 예상값은 np_1, np_2, np_3 및 np_4 또는 20, 140, 30 및 10이다. 관찰된 값은 19, 133, 35, 13이다.
$\chi^2 = (19-20)2/20 + (133-140)2/140 + (35-30)2/30 + (13-10)2/10 = 2.133$
자유도는 $4 - 1 = 3$, χ^2 테이블에서 $P > 0.10$. $P = 0.545$이므로 엔지니어의 주장이 잘못되었다고 결론을 내릴 수 없다.

7. 행합계는 $O_{1.} = 217$, $O_{2.} = 210$이고, 열합계는 $O_{.1} = 32$, $O_{.2} = 15$, $O_{.3} = 37$, $O_{.4} = 38$, $O_{.5} = 45$, $O_{.6} = 48$, $O_{.7} = 46$, $O_{.8} = 42$, $O_{.9} = 34$, $O_{.10} = 36$, $O_{.11} = 28$, $O_{.12} = 26$이다.
총합계는 $O_{..} = 427$이며, 예상값은 다음 표와 같이 $E_{ij} = O_{i.}O_{.j}/O_{..}$이다.

	1	2	3	4	5	6	7	8	9	10	11	12
Known	16.26	7.62	18.80	19.31	22.87	24.39	23.38	21.34	17.28	18.30	14.23	13.21
Unknown	15.74	7.38	18.20	18.69	22.13	23.61	22.62	20.66	16.72	17.70	13.77	12.79

자유도는 $(2-1)(12-1) = 11$, $\chi^2 = \sum_{i=1}^{2} \sum_{j=1}^{12} (O_{ij} - E_{ij})^2 / E_{ij} = 41.33$이다.
χ^2 테이블에서 $P < 0.005$. $P = 2.1 \times 10^{-5}$이므로 원인이 알려진 오경고의 비율이 월별로 다르다는 결론을 내릴 수 있다.

6.6 연습문제

1. (a) 거짓이다. H_0은 0.07보다 크거나 같은 수준에서 거부되지만 5%는 0.07보다 작다.
(b) 참이다. 2%는 0.07보다 작다.
(c) 참이다. 10%는 0.07보다 크다.

2. 비용이 많이 드는 오류는 참일 때 기각하는 것이다. 이는 제1종 오류이다. 우리가 검정하는 수준이 작을수록 제1종 오류의 확률이 낮아진다. 따라서 1% 수준에서 검정하면 더 작은 확률을 얻을 수 있다.

3. (a) 제1종 오류는 H_0이 참이지만 기각되었을 때 발생한다. 결론은 평균 두께가 2 mm와 같지 않다는 것이다.
(b) H_0이 거짓이지만 거부되지 않은 경우 유형 II 오류가 발생한다. 결론은 평균 두께가 2 mm와 같을 수 있다는 것이다.

4. (a) 제1종 오류이다. H_0은 참이며 기각되었다.
(b) 올바른 결정이다. H_0은 거짓이며 기각되었다.
(c) 올바른 결정이다. H_0은 참이며 기각되지 않았다.
(d) 유형 II 오류이다. H_0은 거짓이며 기각되지 않았다.

5. (a) H_0은 참이지만 기각되었으므로 제1종 오류이다.
(b) 제1종 오류는 H_0이 참이지만 기각되었을 때 발생한다. H_0은 참 거짓이므로 제1종 오류를 만들 수 없다.

(c) H_0이 거짓이지만 거부되지 않은 경우 제2종 오류가 발생한다. H_0은 사실 거짓이므로 제2종 오류가 발생한다. H_0은 기각되지 않는다.

6. (a) $\overline{X}$의 귀무분포는 평균 $\mu = 100$이고 표준편차 $\sigma_{\overline{X}} = 0.1/\sqrt{100} = 0.01$인 정규분포이다. 대립가설은 $\mu \neq \mu_0$ 형식이므로 기각영역은 귀무분포의 상한 및 하한 2.5%로 구성된다.
상한 및 하한 2.5%의 경계에 해당하는 z점수는 각각 $z = 1.96$ 및 $z = -1.96$이다. 따라서 경계는 $100 + 1.96(0.01) = 100.0196$ 및 $100 - 1.96(0.01) = 99.9804$이다. $\overline{X} \geq 100.0196$ 또는 $\overline{X} \leq 99.9804$이면 H_0을 기각한다.

(b) $\overline{X}$의 귀무분포는 평균 $\mu = 100$이고 표준편차 $\sigma_{\overline{X}} = 0.1/\sqrt{100} = 0.01$인 정규분포이다. 대립가설은 $\mu \neq \mu_0$ 형식이므로 기각영역은 귀무분포의 상위 5%로 구성된다.
상위 5%와 하위 5%의 경계에 해당하는 z점수는 각각 $z = 1.645$ 및 $z = -1.645$이다. 따라서 경계는 $100 + 1.645(0.01) = 100.01645$ 및 $100 - 1.645(0.01) = 99.98355$이다. $\overline{X} \geq 100.01645$ 또는 $\overline{X} \leq 99.98355$인 경우 H_0을 기각한다.

(c) 예

(d) 아니오

(e) 양측검정이므로 귀무평균 100에서 같은 거리에 있는 임계점이다. 하나의 임계점은 100.015이므로 다른 하나는 99.985이다.
검정의 수준은 귀무분포에서 계산된 합 $P(\overline{X} \leq 99.985) + P(\overline{X} \geq 100.015)$이다. 귀무분포는 평균 $\mu = 100$ 및 표준편차 $\sigma_{\overline{X}} = 0.01$인 정규분포를 따른다. 100.015의 z점수는 $(100.01 - 100)/0.01 = 1.5$이고, 99.985의 z점수는 $(99.985 - 100)/0.01 = -1.5$이므로 신뢰수준은 $0.0668 + 0.0668 = 0.1336$ 또는 13.36%이다.

7. 5% 수준의 기각역은 $\mu_0 - 1.645\sigma_{\overline{X}}$이므로 $10 - 1.645\sigma_{\overline{X}} = 7.9$, $\sigma_{\overline{X}} = 1.2766$이다.
1% 수준의 기각역은 $\mu_0 - 2.33\sigma_{\overline{X}}$이므로 1% 수준의 기각역은 < 7.0255이다.

6.7 연습문제

1. (a) 참이다. 이것이 검정력의 정의이다.

(b) 참이다. H_0이 거짓이면 올바른 결정을 내리는 것은 H_0을 거부하는 것을 의미한다.

(c) 거짓이다. 검정력은 0.15가 아니라 0.85이다.

(d) 거짓이다. H_0은 참일 가능성은 없다.

2. 올라간다. 수준이 증가하면 H_0을 기각할 확률이 증가하므로 특히 거짓일 때 H_0을 기각할 확률이 증가한다.

3. ② 12는 10보다 8의 귀무가설의 평균 8에서 더 멀기 때문에 대립가설 $\mu = 12$에 대한 검정력은 $\mu = 10$에 대한 검정력 보다 크다.

4. (a) $H_0: \mu \geq 50{,}000$, $H_1: \mu < 50{,}000$. μ의 참값이 49,500이기 때문에 H_1은 참이다.

(b) 신뢰수준은 H_0이 참일 때 기각할 확률이다.
H_0에서 X는 평균 50,000 및 표준편차 $\sigma_{\overline{X}} = 5000/\sqrt{100} = 500$으로 대략 정규분포를 따른다. H_0을 기각할 확률은 $P(\leq 49{,}400)$이다.
H_0에서 z점수 49,400은 $z = (49{,}400 - 50{,}000)/500 = -1.20$이다. 검정수준은 $z = -1.20$의 왼쪽에있는 정규곡선 아래 영역이다. 따라서 수준은 0.1151이다. 검정력은 $\mu = 49{,}500$일 때 H_0을 기각할 확률이다. $\overline{X}$은 평균 49,500 및 표준편차로 대략 정규분포를 따른다.
$\sigma_{\overline{X}} = 5000/\sqrt{100} = 500$이므로 H_0을 기각할 확률은 $P(\overline{X} \leq 49{,}400)$이다. 49,400의 z점수는 $z = (49{,}400 - 49,\ 500)/500 = -0.20$이므로 검정력은 $z = -0.20$의 왼쪽에 있는 정규곡선 아래 영역이다. 따라서 검정력은 0.4207이다.

(c) 대립가설이 $\mu < \mu_0$ 형식이므로 5% 기각역은 $\overline{X} \leq x_5$ 영역이 된다. 여기서 x_5는 귀무분포의 5번째 백분위수이다.
5번째 백분위수에 해당하는 z점수는 $z = -1.645$이다. 그러므로 $x_5 = 50{,}000 - 1.645(500) = 49{,}177.5$이다. 기각역은 $\overline{X} \leq 49{,}177.5$이다.
따라서 $\mu = 49{,}500$일 때 검정력은 $P(\overline{X} \leq 49{,}177.5)$이다. 49,177.5의 z점수는 $z = (49{,}177.5 - 49,\ 500)/500 = -0.645$이고, $z = -0.65$를 사용한다.
따라서 검정력은 $z = -0.65$의 왼쪽 영역이다. 검정력은 0.2578이다.

(d) 검정력이 0.80이 되려면 기각역이 $\overline{X} \leq x_0$이어야 한다. 여기서 $P(\overline{X} \leq x_0) = 0.80(\mu = 49{,}500$일 때$)$이다. 따라서 x_0은 $\mu = 49{,}500$일 때 정규곡선의 80번째 백분위수이다. 80번째 백분위수에 해당하는 z점수는 $z = 0.84$이다. 따라서 $x_0 = 49{,}500 + 0.84(500) = 49{,}920$이다.

이제 기각역이 $X \le 49,920$인 검정의 수준을 계산한다. 레벨은 $P(\overline{X} \le 49,920)$이며 $\mu = 50,000$이다. 49,920의 z점수는 $z = (49,920-50,000)/500 = -0.16$이다. 수준은 $z = -0.16$의 왼쪽에 있는 정규곡선 아래 영역이다. 따라서 수준은 0.4364이다.

(e) n을 필요한 타이어 수로 설정한다.
귀무분포는 $\mu = 50,\ 000, = 5000/\sqrt{n}$인 정규분포이다. x_0이 기각역의 경계를 나타낸다. 수준이 5%이므로 x_0의 z점수는 귀무분포에서 $z = -1.645$이다.
따라서 $x_0 = 50,000 - 1.645(5000/\sqrt{n})$이다.
검정력이 0.80이므로 x_0의 z점수는 대체 분포에서 $z = 0.84$이다.
따라서 $x_0 = 49,500 + 0.84(5000/\sqrt{n})$이다.
$50,000 - 1.645(5000/\sqrt{n}) = 49,500 + 0.84(5000/\sqrt{n})$이다. n을 구하면 $n = 618$이다.

5. (a) 양측이다. 대립가설은 $p \ne p_0$의 형식이다.
(b) $p = 0.5$
(c) $p = 0.4$
(d) 0.7 미만이다. 표본크기 150에 대한 검정력은 0.691332이고 더 작은 표본크기 100에 대한 검정력은 이보다 작다.
(e) 0.6보다 크다. 표본크기 150에 대한 검정력은 0.691332이고 더 큰 표본크기 200에 대한 검정력은 이보다 크다.
(f) 0.65 초과이다. 대립가설 $p = 0.4$에 대한 검정력은 0.691332이고 대립가설 $p = 0.3$은 $p = 0.4$보다 귀무분포에서 더 멀다. 따라서 대립가설 $p = 0.3$에 대한 검정력은 0.691332보다 크다.
(g) 출력에서 알 수 없다. $p = 0.45$에 대한 검정력은 $p = 0.4(0.691332)$에 대한 검정력보다 작다. 그러나 검정력이 0.65 미만인지 여부를 계산하지 않고서는 알 수 없다.

6. (a) 양측이다. 대립가설은 $\mu_1 - \mu_2 \ne \Delta$ 형식이다.
(b) 0.9 미만이다. 60의 표본크기는 목표 검정력 0.9보다 크거나 같은 검정력을 생성하는 가장 작은 크기이다.
(c) 0.9보다 크다. 검정력은 3의 차이에 대해 0.9보다 크므로 3보다 큰 차이에 대해 0.9보다 크다.

6.8 연습문제

1. 여러 검정이 수행되었으므로 하나의 테스트만 수행할 때와 같은 방식으로 P값을 해석할 수 없다.

2. (a) 6개의 검정이 있으므로 Bonferroni로 조정된 P값은 원래 P값에 6을 곱하여 찾는다. 원래 P값이 0.002인 설정의 경우 Bonferroni로 조정된 P값은 0.012이다. 이 값이 작기 때문에 설정이 불량 부품의 비율을 감소 시킨다는 결론을 내릴 수 있다.
(b) Bonferroni 조정 P값은 $6(0.03) = 0.18$이다. 이 값은 그렇게 작지 않기 때문에 설정이 불량 부품의 비율을 감소시킨다는 결론을 내릴 수 없다.

3. 원래 P값은 $0.05/20 = 0.0025$여야 한다.

4. (a) 아니다. X는 200일 동안 H_0이 거부된 횟수를 나타낸다. 평균 소모 전류가 매일 15A이면 H_0을 기각할 확률은 매일 0.05이므로 $X \sim \text{Bin}(200,\ 0.05)$이다.
200일 동안 H_0을 10번 이상 거부할 확률은 $P(X \ge 10)$이며, 대략 0.5636과 같다. 따라서 H_0이 항상 참이면 H_0을 200번의 시도에서 10번 이상 기각하는 것은 드문 일이 아니다.
또는 H_0을 기각할 확률이 매일 0.05인 경우 H_0이 200일 동안 기각될 평균 횟수는 $(200)(0.05) = 10$이다. 따라서 200일 동안 10번의 기각를 관찰하는 것은 가설과 일치한다. 평균 소모 전류는 매일 15A와 같다.
(b) 그렇다. X는 200일 동안 H_0이 거부된 횟수를 나타낸다. 평균 소모 전류가 매일 15A이면 H_0을 기각할 확률은 매일 0.05이므로 $X \sim \text{Bin}(200,\ 0.05)$이다.
200일 동안 H_0을 20번 이상 거부할 확률은 $P(X \ge 20)$이며 이는 대략 0.0010과 같다. 따라서 H_0이 항상 참이라면 200번의 시도에서 H_0을 20번 거부하는 것은 매우 드문 일이다.
평균 번 아웃 암페어가 적어도 며칠 동안 15A와 다르다는 결론을 내릴 수 있다.

6장 보충연습문제

1. $\overline{X} = 51.2,\ s = 4.0,\ n = 110$이므로 귀무가설과 대립가설은 $H_0: \mu \le 50,\ H_1: \mu > 50$이다.
$z = (51.2 - 50)/(4.0/\sqrt{110}) = 3.15$ 대립가설이 $\mu > \mu_0$의 형식이므로 P값은 $z = 3.15$의 오른쪽 영역이다.

따라서 $P = 0.0008$이다. 평균 강도가 50 psi보다 크다는 결론을 내릴 수 있다.

2. (a) $H_0: \mu \geq 90$, $H_1: \mu < 90$

(b) $\overline{X}$을 150번의 표본평균이라고 하자.

H_0에서 모집단 평균은 $\mu = 90$이고 모집단 표준편차는 $\sigma = 5$이다.

따라서 $\overline{X}$의 귀무분포는 평균이 90이고 표준편차가 $5/\sqrt{150} = 0.408248$인 정규분포이다. 대립가설은 $\mu < \mu_0$형식이므로 5% 수준 검정의 기각영역은 귀무분포의 하위 5%로 구성된다.

정규분포의 하위 5%에 해당하는 z점수는 $z = 1.645$이다.

기각역은 $90 - 1.645(0.408248) = 89.3284$보다 작거나 같은 $\overline{X}$의 모든 값으로 구성된다. $\overline{X} < 89.3284$인 경우 H_0이 기각된다.

(c) 적절한 기각역이 아니다. 기각역은 테스트의 P값을 선택한 임계값을 수준 이하로 만드는 $\overline{X}$값으로 구성되어야 한다. 따라서 기각역은 $\overline{X} \leq x_0$ 형식이어야 한다. 이 기각역은 $\overline{X} \geq x_0$ 형식이므로 P값이 일정 수준보다 큰 값으로 구성된다.

(d) 적절한 기각역이다. H_0에서 z점수 89.4는 $(89.4 - 90)/0.408248 = -1.47$이다. 대립가설은 $\mu < \mu_0$ 형식이므로 수준은 $z = -1.47$의 왼쪽 영역이다. 따라서 수준은 $\alpha = 0.0708$이다.

(e) 적절한 기각역이 아니다. 기각역은 테스트의 P값을 선택한 임계값 수준보다 작게 만드는 $\overline{X}$값으로 구성되어야 한다. 이 기각역에는 90.6보다 큰 $\overline{X}$값이 포함되어 있으며 P값이 커진다.

3. (a) 귀무가설은 평균에 대한 단일 값을 지정한다. $\mu = 3$. 5%의 수준은 $\mu = 3$일 때 귀무가설이 기각될 확률이다. 이 5% 수준에서 기각되었다. 따라서 $\mu = 3$일 때 기계가 종료될 확률은 0.05이다.

(b) 먼저 기각역을 찾는다.

$\overline{X}$의 귀무분포는 평균 $\mu = 3$이고 표준편차 $\sigma_{\overline{X}} = 0.10/\sqrt{50} = 0.014142$인 정규분포이다. 대립가설이 $\mu \neq \mu_0$ 형식이므로 기각역은 귀무분포의 상한 및 하한 2.5%로 구성된다. 상한 및 하한 2.5%의 경계에 해당하는 z점수는 각각 $z = 1.96$ 및 $z = -1.96$이다.

따라서 경계는 $3 + 1.96(0.014142) = 3.0277$, $3 - 1.96(0.014142) = 2.9723$이고, $\overline{X} \geq 3.0277$ 또는 $\overline{X} \leq 2.9723$이면 H_0이 기각된다.

장비가 재교정 될 확률은 $\mu = 3.01$이라는 가정하에 계산된 $P(\overline{X} \geq 3.0277) + P(\overline{X} \leq 2.9723)$과 같다.

3.0277의 z점수는 $(3.0277 - 3.01)/0.014142 = 1.25$이고, 2.9723의 z점수는 $(2.9723 - 3.01)/0.014142 = -2.67$이다. 따라서 $P(\overline{X} \geq 3.0277) = 0.1056$, $P(X \leq 2.9723) = 0.0038$이므로 장비가 재교정 될 확률은 $0.1056 + 0.0038 = 0.1094$이다.

4. $X = 37$, $n = 37 + 458 = 495$, $= 37/495 = 0.074747$이므로

귀무 및 대립가설은 $H_0: p \geq 0.10$, $H_1: p < 0.10$이다.

$z = (0.074747 - 0.10)/\sqrt{0.10(1 - 0.10)/495} = -1.87$이다.

대립가설은 $p < p_0$ 형식이므로 P값은 $z = -1.87$의 왼쪽 영역이므로 $P = 0.0307$이다.

총 4개의 표본이 있으므로 Bonferroni로 조정된 P값은 $4(0.0307) = 0.1228$이다. 라인 3의 고장률이 0.10보다 작다는 결론을 내릴 수 없다.

5. 행합계는 $O_{1.} = 214$, $O_{2.} = 216$이고, 열합계는 $O_{.1} = 65$, $O_{.2} = 121$, $O_{.3} = 244$이다.

총 합계는 $O_{..} = 430$이며, 예상값은 다음 표와 같이 $E_{ij} = O_{i.}O_{j.}/O_{..}$이다.

Site	Numbers of Skeletons		
	0–4 years	5–19 years	20 years or more
Casa da Moura	32.349	60.219	121.43
Wandersleben	32.651	60.781	122.57

자유도는 $(2-1)(3-1) = 2$, $\chi^2 = \sum_{i=1}^{2}\sum_{j=1}^{3}(O_{ij} - E_{ij})^2/E_{ij} = 2.1228$이다.

χ^2 표에서 $P > 0.10$, $P = 0.346$이므로 연령분포가 두 사이트 간에 다르다는 결론을 내릴 수 없다.

7장

7.1 연습문제

1. $\overline{X} = 3.64$, $s_X = 0.23$, $n_X = 40$, $\overline{Y} = 3.40$, $s_Y = 0.28$, $n_Y = 43$, $z_{0.025} = 1.96$

신뢰구간은 $3.64 - 3.40 \pm 1.96\sqrt{0.23^2/40 + 0.28^2/43}$, $(0.1301, 0.3499)$이다.

2. $\overline{X} = 313$, $s_X = 25$, $n_X = 210$, $\overline{Y} = 233$, $s_Y = 19$, $n_Y = 210$, $z_{0.005} = 2.58$

신뢰구간은 $313-233\pm2.58\sqrt{25^2/210+19^2/210}$, (74.41, 85.59)이다.

3. $\overline{X}=517.0$, $s_X=2.4$, $n_X=35$, $\overline{Y}=510.1$, $s_Y=2.1$, $n_Y=47$, $z_{0.005}=2.58$
신뢰구간은 $517.0-510.1\pm2.58\sqrt{2.4^2/35+2.1^2/47}$, (5.589, 8.211)이다.

4. 불가능하다. 침대에서 보낸 시간과 침대에서자는 시간은 서로 독립적이지 않다.

5. $\overline{X}=105$, $s_X=20$, $n_X=49$, $\overline{Y}=117$, $s_Y=15$, $n_Y=35$, $z_{0.01}=2.33$
신뢰구간은 $117-105\pm2.33\sqrt{20^2/49+15^2/35}$, (3.100, 20.900)이다.

6. (a) $\overline{X}=8.5$, $s_X=1.9$, $n_X=58$, $\overline{Y}=11.9$, $s_Y=3.6$, $n_Y=58$, $z_{0.005}=2.58$
신뢰구간은 $11.9-8.5\pm2.58\sqrt{3.6^2/58+1.9^2/58}$, (2.021, 4.779)이다.
(b) $\overline{X}=8.5$, $s_X=1.9$, $n_X=58$, $\overline{Y}=11.9$, $s_Y=3.6$, $n_Y=58$
귀무가설과 대립가설은 H_0: $\mu_X-\mu_Y\geq0$, H_1: $\mu_X-\mu_Y<0$이다.
$z=(8.5-11.9-0)/\sqrt{1.9^2/58+3.6^2/58}=-6.36$이다.
대립가설은 $\mu_X-\mu_Y<\Delta$ 형식이므로 P값은 $z=-6.36$의 왼쪽 영역이다.
따라서 $P\approx0$이므로 C4A가 풍부한 혈장을 투여받은 환자의 평균 입원 기간이 더 짧다는 결론을 내릴 수 있다.

7. $\overline{X}=242$, $s_X=20$, $n_X=38$, $\overline{Y}=180$, $s_Y=31$, $n_Y=42$이므로
귀무가설과 대립가설은 H_0: $\mu_X-\mu_Y\leq 50$, H_1: $\mu_X-\mu_Y>50$이다.
$z=(242-180-50)/\sqrt{20^2/38+31^2/42}=2.08$이다.
대립가설은 $\mu_X-\mu_Y>\Delta$ 형식이므로 P값은 $z=2.08$의 오른쪽 영역이다.
따라서 $P=0.0188$이므로 더 비싼 억제제를 사용해야 한다.

8. $\overline{X}=68.4$, $s_X=12.1$, $n_X=50$, $\overline{Y}=71.3$, $s_Y=14.2$, $n_Y=50$이므로
귀무가설과 대립가설은 H_0: $\mu_X-\mu_Y=0$, H_1: $\mu_X-\mu_Y\neq0$이다.
$z=(68.4-71.3-0)/\sqrt{12.1^2/50+14.2^2/50}=-1.10$이다.
대립가설은 $\mu_X-\mu_Y\neq\Delta$ 형식이므로 P값은 $z=1.10$의 오른쪽과 $z=-1.10$의 왼쪽 영역의 합이다.
따라서 $P=0.1357+0.1357=0.2714$이므로 온라인 시험과 종이 시험의 평균 점수가 다르다는 결론을 내릴 수 없다.

9. (a) $\overline{X}=7.79$, $s_X=1.06$, $n_X=80$, $\overline{Y}=7.64$, $s_Y=1.31$, $n_Y=80$이므로
$\mu_1=\mu_X$ 및 $\mu_2=\mu_X$에서 귀무가설과 대립가설은 H_0: $\mu_X-\mu_Y\leq0$, H_1: $\mu_X-\mu_Y>0$이다.
$z=(7.79-7.64-0)/\sqrt{1.06^2/80+1.31^2/80}=0.80$이다.
대립가설은 $\mu_X-\mu_Y>\Delta$ 형식이므로 P값은 $z=0.80$의 오른쪽 영역이다.
따라서 $P=0.2119$이므로 단측 질문의 평균 점수가 더 크다는 결론을 내릴 수 없다.
(b) 귀무가설과 대립가설은 H_0: $\mu_X-\mu_Y=0$, H_1: $\mu_X-\mu_Y\neq0$이므로
z점수는 (a)에서와 같이 계산되며, $z=0.80$이다.
대립가설은 $\mu_X-\mu_Y\neq\Delta$ 형식이므로 P값은 $z=0.80$의 오른쪽과 $z=0.80$의 왼쪽 영역의 합이다.
따라서 $P=0.2119+0.2119=0.4238$이므로 단측의 평균 점수가 양측의 평균 점수와 다르다는 결론을 내릴 수 없다.

10. (a) $\overline{X}=645$, $s_X=50$, $n_X=64$, $\overline{Y}=625$, $s_Y=40$, $n_Y=100$이므로
귀무가설과 대립가설은 H_0: $\mu_X-\mu_Y\leq0$, H_1: $\mu_X-\mu_Y>0$이다.
대립가설은 $\mu_X-\mu_Y>\Delta$ 형식이므로 P값은 $z=2.7$의 오른쪽 영역이다.
따라서 $P=0.0035$이므로 두 번째 방법이 더 큰 일일 평균 생산량을 산출한다는 결론을 내릴 수 있다.
(b) $\overline{X}=645$, $s_X=50$, $n_X=64$, $\overline{Y}=625$, $s_Y=40$, $n_Y=100$이므로
귀무가설과 대립가설은 H_0: $\mu_X-\mu_Y\leq5$, H_1: $\mu_X-\mu_Y>5$이다.
$z=(645-625-5)/\sqrt{50^2/80+40^2/100}=2.02$이다.
대립가설은 $\mu_X-\mu_Y>\Delta$ 형식이므로 P값은 $z=2.02$의 오른쪽 영역이다.
따라서 $P=0.0217$이므로 두 번째 방법의 일일 평균 생산량이 첫 번째 방법보다 5톤 이상 높다는 결론을 내릴 수 있다.

11. (a) (i) 표준편차 = (X 평균의 표준오차)$\sqrt{n_X}=1.26\sqrt{78}=11.128$
(ii) Y평균의 표준편차 = Y의 표준편차/$\sqrt{n_X}=3.02/\sqrt{63}=0.380484$

(b) $z=(23.3-20.63-0)/\sqrt{1.26^2+0.380484^2}=2.03$이다. 대립가설은 $\mu_X-\mu_Y\neq\Delta$ 형식이므로 P값은 $z=2.03$ 오른쪽과 $z=-2.03$ 왼쪽 영역의 합이다. 따라서 $P=0.0212+0.0212=0.0424$, 결과는 t 검정의 결과와 유사하다.

(c) $\overline{X}=23.3$, $s_X/\sqrt{n_X}=1.26$, $\overline{Y}=20.63$, $s_Y/\sqrt{n_Y}=0.380484$, $z_{0.01}=2.33$이므로 신뢰구간은 $23.3-20.63\pm\ 2.33\sqrt{1.26^2+0.380484^2}$, $(-0.3967,\ 5.7367)$이다.

7.2 연습문제

1. $X=1919$, $n_X=1985$, $\tilde{p}_X=(1919+1)/(1985+2)=0.966281$이고,
$Y=4561$, $n_Y=4988$, $\tilde{p}_Y=(4961+1)/(4988+2)=0.914228$, $z_{0.005}=2.58$이므로
신뢰구간은

$$0.966281-0.914228\pm2.58\sqrt{\frac{0.966281(1-0.966281)}{1985+2}+\frac{0.914228(1-0.914228)}{4988+2}}$$ 또는 $(0.0374, 0.0667)$이다.

2. $X=32$, $n_X=1000$, $\tilde{p}_X=(32+1)/(1000+2)=0.032934$이고,
$Y=13$, $n_Y=1000$, $\tilde{p}_Y=(13+1)/(1000+2)=0.01597$, $z_{0.025}=1.96$이므로
신뢰구간은

$$0.032934-0.01597\pm1.96\sqrt{\frac{0.032934(1-0.032934)}{1000+2}+\frac{0.01597(1-0.01597)}{1000+2}}$$ 또는 $(0.173, 0.343)$이다.

3. $X=30$, $n_X=164$, $\tilde{p}_X=(30+1)/(164+2)=0.186747$이고,
$Y=19$, $n_X=185$, $\tilde{p}_X=(19+1)/(185+2)=0.106752$, $z_{0.005}=2.58$이므로
신뢰구간은

$$0.186747-0.106752\pm2.58\sqrt{\frac{0.186747(1-0.186747)}{164+2}+\frac{0.106752(1-0.106752)}{185+2}}$$ 또는 $(-0.0176,\ 0.1772)$이다.

4. 불가능하다. 표본 비율은 두 개의 독립 표본이 아닌 동일한 표본에서 나온다.

5. (a) $X=841$, $n_X=5320$, $\tilde{p}_X=(841+1)/(5320+2)=0.158211$이고,
$Y=134$, $n_Y=1120$, $\tilde{p}_Y=(134+1)/(1120+2)=0.120321$, $z_{0.01}=2.33$이므로
신뢰구간은

$$0.158211-0.120321\pm2.58\sqrt{\frac{0.158211(1-0.158211)}{5320+2}+\frac{0.120321(1-0.120321)}{1120+2}}$$ 또는 $(0.0124,\ 0.0633)$이다.

(b) 비율 차이의 표준편차는 $\sqrt{p_X(1-p_X)/(n_X+2)+p_Y(1-p_Y)/(n_Y+2)}$,
$p_X\approx\tilde{p}_X=0.120321$, $p_Y\approx\tilde{p}_Y=0.158211$이다.
1000명의 추가 환자를 베어 메탈 스텐트로 치료하는 경우 비율 차이의 표준편차는
$\sqrt{0.120321(1-0.120321)/(1120+2)+0.158211(1-0.158211)/(6320+2)}=0.01074$이고,
98% 신뢰구간의 너비는 $\pm2.33\ (0.01074)=0.0250$이다.
500명의 추가 환자가 약물 코팅 스텐트로 치료되는 경우 비율 차이의 표준편차는
$\sqrt{0.120321(1-0.120321)/(1620+2)+0.158211(1-0.158211)/(5320+2)}=0.009502$이고,
98% 신뢰구간의 너비는 $\pm2.33(0.009502)=0.0221$이다.
500명의 추가 환자를 베어 메탈 스텐트로 치료하고 250명의 추가 환자를 약물 코팅 스텐트로 치료하는 경우 비율 차이의 표준편차는 $\sqrt{0.120321(1-0.120321)/(1370+2)+0.158211(1-0.158211)/(5820+2)}=0.01000$이고,
98% 신뢰구간의 너비는 $\pm2.33(0.01000)=0.0233$이다.
따라서 500명의 신규 환자를 약물 코팅 스텐트로 치료하는 경우 신뢰구간이 가장 정확하다.

6. (a) $H_0: p_X-p_Y\geq0$, $H_1: p_X-p_Y<0$

(b) $X=960$, $n_X=1000$, $\hat{p}_X=960/1000=0.960$, $Y=582$, $n_Y=600$, $\hat{p}_Y=582/600=0.970$이고,
$\hat{p}=(960+582)/(1000+600)=0.96375$이므로
귀무가설과 대립가설은 $H_0: p_X-p_Y\geq0$, $H_1: p_X-p_Y<0$이다.

$$z=\frac{0.960-0.970}{\sqrt{0.96375(1-0.96375)(1/1000+1/600)}}=-1.04$$

대립가설이 $p_X - p_Y < 0$의 형식이므로 P값은 $z = -1.04$의 왼쪽 영역이다. 따라서 $P = 0.1492$이다.

(c) $P = 0.1492$이므로 기계 2가 더 낫다고 결론을 내릴 수 없다. 따라서 기계 1을 사용해야 한다.

7. $X = 245$, $n_X = 307$, $\hat{p}_X = 245/307 = 0.7980$, $Y = 304$, $n_Y = 347$, $\hat{p}_Y = 304/347 = 0.8761$, $\hat{p} = (245+304)/(307+347) = 0.8394$

귀무가설과 대립가설은 $H_0: p_X - p_Y \geq 0$, $H_1: p_X - p_Y < 0$이다.

$$z = \frac{0.7980 - 0.8761}{\sqrt{0.8394(1-0.8394)(1/307+1/347)}} = -2.71$$

대립가설이 $p_X - p_Y < 0$의 형식이므로 P값은 $z = -2.71$의 왼쪽 영역이다.

따라서 $P = 0.0034$로 이 방법이 뉴 에이지 노래에 더 정확하다는 결론을 내릴 수 있다.

8. $X = 102$, $n_X = 230$, $\hat{p}_X = 102/230 = 0.443478$, $Y = 20$, $n_Y = 72$, $\hat{p}_Y = 20/72 = 0.277778$, $\hat{p} = (102+20)/(230+72) = 0.403974$

귀무가설과 대립가설은 $H_0: p_X - p_Y \leq 0$, $H_1: p_X - p_Y > 0$이다.

$$z = \frac{0.43478 - 0.277778}{\sqrt{0.403974(1-0.403974)(1/230+1/72)}} = 2.50$$

대립가설이 의 형식이므로 P값은 $z = 2.50$의 오른쪽 영역이다.

따라서 $P = 0.0062$으로 유럽계 미국인들 사이에서 패치 사용자의 비율이 더 높다는 결론을 내릴 수 있다.

9. $X = 18$, $n_X = 77$, $\hat{p}_X = 18/77 = 0.23377$, $Y = 38$, $n_Y = 280$, $\hat{p}_Y = 38/280 = 0.13571$, $\hat{p} = (18+38)/(77+280) = 0.15686$

귀무가설과 대립가설은 $H_0: p_X - p_Y \leq 0$, $H_1: p_X - p_Y > 0$이다.

$$z = \frac{0.23377 - 0.13571}{\sqrt{0.15686(1-0.15686)(1/77+1/280)}} = 2.10$$

대립가설이 $p_X - p_Y > 0$의 형식이므로 P값은 $z = 2.10$의 오른쪽 영역이다.

따라서 $P = 0.0179$이므로 더 높은 고도에서 비율이 더 크다는 결론을 내릴 수 있다.

10. $X = 53$, $n_X = 118$, $\hat{p}_X = 53/118 = 0.44915$, $Y = 30$, $n_Y = 70$, $\hat{p}_Y = 30/70 = 0.42857$, $\hat{p} = (53+30)/(118+70) = 0.44149$

귀무가설과 대립가설은 $H_0: p_X - p_Y \leq 0$, $H_1: p_X - p_Y > 0$이다.

$$z = \frac{0.44149 - 0.42857}{\sqrt{0.44149(1-0.44149)(1/118+1/70)}} = 0.27$$

대립가설이 $p_X - p_Y > 0$의 형식이므로 P값은 $z = 0.27$의 오른쪽 영역이다.

따라서 $P = 0.3936$으로 오존이 높은 지역에 사는 아이들이 하루를 결석 할 가능성이 더 높다는 결론을 내릴 수 없다.

11. 타당하지 않다. 단순랜덤표본이 아니다.

12. (a) $101/153 = 0.660131$

(b) $90(0.544444) = 49$

(c) $X_1 = 101$, $n_1 = 153$, $\hat{p}_1 = 101/153 = 0.660131$, $X_1 = 49$, $n_2 = 90$, $\hat{p}_2 = 49/90 = 0.544444$, $\hat{p} = (101+49)/(153+90) = 0.617284$

$$z = \frac{0.44149 - 0.42857}{\sqrt{0.617284(1-0.617284)(1/153+1/90)}} = -1.79$$

(d) 대립가설은 $p_1 - p_2 \neq 0$이므로 P값은 $z = 1.79$의 오른쪽과 $z = -1.79$의 왼쪽 영역의 합이다.

따라서 $P = 0.0367 + 0.0367 = 0.0734$이다.

7.3 연습문제

1. $\overline{X} = 59.6$, $s_X = 5.295701$, $n_X = 10$, $\overline{Y} = 50.9$, $s_Y = 5.321863$, $n_Y = 10$이다.

자유도는

$$\nu = \frac{\left[\frac{5.295701^2}{10} + \frac{5.321863^2}{10}\right]^2}{\frac{(5.295701^2/10)^2}{10-1} + \frac{(5.321863^2/10)^2}{10-1}} = 17 \text{ (가장 가까운 정수로 내림한다.)이고,}$$

$t_{17,0.005} = 2.898$, 신뢰구간은

$$59.6 - 50.9 \pm 2.898\sqrt{\frac{5.295701^2}{10} + \frac{5.321863^2}{10}}$$, (1.8197, 15.5803)이다.

2. $\overline{X} = 73.1$, $s_X = 9.1$, $n_X = 10$, $\overline{Y} = 53.9$, $s_Y = 10.7$, $n_Y = 10$이다.

자유도는

$$\nu = \frac{\left[\frac{9.1^2}{10} + \frac{10.7^2}{10}\right]^2}{\frac{(9.1^2/10)^2}{10-1} + \frac{(10.7^2/10)^2}{10-1}} = 17$$ (가장 가까운 정수로 내림한다.)이고,

$t_{17,0.01} = 2.567$, 신뢰구간은

$$73.1 - 53.9 \pm 2.567\sqrt{\frac{9.1^2}{10} + \frac{10.7^2}{10}}$$, (7.798, 30.602)이다.

3. $\overline{X} = 33.8$, $s_X = 0.5$, $n_X = 4$, $\overline{Y} = 10.7$, $s_Y = 3.3$, $n_Y = 8$이다.

자유도는

$$\nu = \frac{\left[\frac{1.9^2}{24} + \frac{1.0^2}{24}\right]^2}{\frac{(1.9^2/10)^2}{24-1} + \frac{(1.0^2/10)^2}{24-1}} = 7$$ (가장 가까운 정수로 내림한다.)이고,

$t_{7,0.025} = 2.365$, 신뢰구간은

$$33.8 - 10.7 \pm 2.365\sqrt{\frac{0.5^2}{4} + \frac{3.3^2}{8}}$$, (20.278, 25.922)이다.

4. $\overline{X} = 4.8$, $s_X = 1.9$, $n_X = 24$, $\overline{Y} = 2.8$, $s_Y = 1.0$, $n_Y = 24$이다.

자유도는

$$\nu = \frac{\left[\frac{0.5^2}{4} + \frac{3.3^2}{8}\right]^2}{\frac{(0.5^2/4)^2}{4-1} + \frac{(3.3^2/8)^2}{8-1}} = 34$$ (가장 가까운 정수로 내림한다.)이고,

$t_{34,0.025} = 2.032$, 신뢰구간은

$$4.8 - 2.8 \pm 2.032\sqrt{\frac{1.9^2}{24} + \frac{1.0^2}{24}}$$, (1.1093, 2.8907)이다.

5. $\overline{X} = 229.5429$, $s_X = 14.169$, $n_X = 7$, $\overline{Y} = 143.9556$, $s_Y = 59.757$, $n_Y = 9$이다.

자유도는

$$\nu = \frac{\left[\frac{14.169^2}{7} + \frac{59.757^2}{9}\right]^2}{\frac{(14.169^2/9)^2}{7-1} + \frac{(59.757^2/9)^2}{9-1}} = 9$$ (가장 가까운 정수로 내림한다.)이고,

$t_{9,0.025} = 2.262$, 신뢰구간은

$$229.5429 - 143.9556 \pm 2.262\sqrt{\frac{14.169^2}{7} + \frac{59.757^2}{9}}$$, (38.931, 132.24)이다.

6. $\overline{X} = 24.8$, $s_X = 0.91043$, $n_X = 10$, $\overline{Y} = 19.5$, $s_Y = 1.3106$, $n_Y = 10$이다.

자유도는

$$\nu = \frac{\left[\frac{0.91043^2}{10} + \frac{1.3106^2}{10}\right]^2}{\frac{(0.91043^2/7)^2}{10-1} + \frac{(1.3106^2/10)^2}{10-1}} = 16$$ (가장 가까운 정수로 내림한다.)이고,

$t_{16} = (24.8 - 19.5 - 0)/\sqrt{0.91043^2/10 + 1.3106^2/10} = 10.502$이다.
귀무가설과 대립가설은 $H_0: \mu_X - \mu_Y \le 0$, $H_1: \mu_X - \mu_Y > 0$이다.
대립가설은 $\mu_X - \mu_Y > \Delta$ 형식이므로 P값은 $t = 10.502$의 오른쪽 영역이다.
t 분포표에서 $P < 0.0005$이고, 컴퓨터 패키지는 $P = 6.914 \times 10^{-9}$이므로 완효성 비료로 자란 식물의 평균 높이가 더 크다는 결론을 내릴 수 있다.

7. $\overline{X} = 8.38$, $s_X = 0.96$, $n_X = 15$, $\overline{Y} = 9.83$, $s_Y = 1.02$, $n_Y = 15$이다.
자유도는

$$\nu = \frac{\left[\dfrac{0.96^2}{15} + \dfrac{1.02^2}{15}\right]^2}{\dfrac{(0.96^2/15)^2}{15-1} + \dfrac{(1.02^2/15)^2}{15-1}} = 27$$ (가장 가까운 정수로 내림한다.)이고,

$t_{27} = (8.38 - 9.83 - 0)/\sqrt{0.96^2/15 + 1.02^2/15} = -4.009$이다.
귀무가설과 대립가설은 $H_0: \mu_X - \mu_Y \le 0$, $H_1: \mu_X - \mu_Y > 0$이다.
대립가설은 $\mu_X - \mu_Y < \Delta$ 형식이므로 P값은 $t = -4.009$의 왼쪽 영역이다.
t 분포표에서 $P < 0.0005$이고, 컴퓨터 패키지는 $P = 0.000216$이다. 따라서 6인치 간격이 더 높은 평균 고장 압력을 제공한다는 결론을 내릴 수 있다.

8. $\overline{X} = 53.0$, $s_X = 1.41421$, $n_X = 6$, $\overline{Y} = 54.5$, $s_Y = 3.88587$, $n_Y = 6$이다.
자유도는

$$\nu = \frac{\left[\dfrac{1.41421^2}{6} + \dfrac{3.88587^2}{6}\right]^2}{\dfrac{(1.41421^2/6)^2}{6-1} + \dfrac{(3.88587^2/6)^2}{6-1}} = 6$$ (가장 가까운 정수로 내림한다.)이고,

$t_6 = (53.0 - 54.5 - 0)/\sqrt{1.41421^2/6 + 3.88587^2/6} = -0.889$이다.
귀무가설과 대립가설은 $H_0: \mu_X - \mu_Y \ge 0$, $H_1: \mu_X - \mu_Y < 0$이다.
대립가설은 $\mu_X - \mu_Y < \Delta$ 형식이므로 P값은 $t = -0.889$의 왼쪽 영역이다.
t 분포표에서 $0.10 < P < 0.25$이고, 컴퓨터 패키지는 $P = 0.204$이다. 따라서 새로운 방법의 평균 비용이 이전 방법의 평균 비용보다 적다는 결론을 내릴 수 없다.

9. $\overline{X} = 27.3$, $s_X = 5.2$, $n_X = 12$, $\overline{Y} = 32.7$, $s_Y = 4.1$, $n_Y = 14$이다.
자유도는

$$\nu = \frac{\left[\dfrac{5.2^2}{12} + \dfrac{1.4^2}{14}\right]^2}{\dfrac{(5.2^2/12)^2}{12-1} + \dfrac{(4.1^2/14)^2}{14-1}} = 20$$ (가장 가까운 정수로 내림한다.)이고,

$t_{20} = (27.3 - 32.7 - 0)/\sqrt{5.2^2/12 + 4.1^2/14} = -2.9056$이다.
귀무가설과 대립가설은 $H_0: \mu_X - \mu_Y \ge 0$, $H_1: \mu_X - \mu_Y < 0$이다.
대립가설은 $\mu_X - \mu_Y < \Delta$ 형식이므로 P값은 $t = -2.9056$의 왼쪽 영역이다.
t 분포표에서 $0.001 < P < 0.005$이고, 컴퓨터 패키지는 $P = 0.0043724$이다. 우리는 신약의 평균 수면 시간이 더 적다는 결론을 내릴 수 있다.

10. $\overline{X} = 2.31$, $s_X = 0.89$, $n_X = 15$, $\overline{Y} = 2.8$, $s_Y = 1.1$, $n_Y = 15$이다.
자유도는

$$\nu = \frac{\left[\dfrac{0.89^2}{15} + \dfrac{1.1^2}{15}\right]^2}{\dfrac{(0.89^2/15)^2}{15-1} + \dfrac{(1.1^2/15)^2}{15-1}} = 26$$ (가장 가까운 정수로 내림한다.)이고,

$t_{26} = (2.31 - 2.8 - 0)/\sqrt{0.89^2/15 + 1.1^2/15} = -1.341$이다.

귀무가설과 대립가설은 H_0: $\mu_X - \mu_Y = 0$, H_1: $\mu_X - \mu_Y \neq 0$이다.

대립가설은 $\mu_X - \mu_Y \neq \Delta$ 형식이므로 P값은 $t = 1.341$의 오른쪽과 $t = -1.34$의 왼쪽 영역의 합이다.

t 분포표에서 $0.10 < P < 0.20$이고, 컴퓨터 패키지는 $P = 0.191$이다. 침투 저항이 두 깊이 사이에서 다르다는 결론을 내릴 수 없다.

11. $\overline{X} = 80.1$, $s_X = 9.3$, $n_X = 14$, $\overline{Y} = 76.8$, $s_Y = 8.6$, $n_Y = 12$

자유도는

$$\nu = \frac{\left[\frac{9.3^2}{14} + \frac{8.6^2}{12}\right]^2}{\frac{(9.3^2/14)^2}{14-1} + \frac{(8.6^2/12)^2}{12-1}} = 23 \text{ (가장 가까운 정수로 내림한다.)이고,}$$

$t_{23} = (80.1 - 76.8 - 0)/\sqrt{9.3^2/14 + 8.6^2/12} = 0.9394$이다.

귀무가설과 대립가설은 H_0: $\mu_X - \mu_Y \leq 0$, H_1: $\mu_X - \mu_Y \geq 0$이다.

대립가설은 $\mu_X - \mu_Y \geq \Delta$ 형식이므로 P값은 $t = 0.9394$의 오른쪽 영역이다.

t 분포표에서 $0.10 < P < 0.25$. 컴퓨터 패키지는 $P = 0.1787$이다. 우리는 전통적인 교실 수업이 더 효과적이라고 결론을 내릴 수 없다.

12. (a) X의 평균의 표준오차 = X의 표준편차$/\sqrt{n_X} = 0.482\sqrt{6} = 0.197$

(b) Y의 표준편차 = (Y의 평균의 표준편차)$\sqrt{n_Y} = 0.094\sqrt{13} = 0.339$

(c) $\overline{X} - \overline{Y} = 1.755 - 3.239 = -1.484$

(d) $t = \dfrac{1.755 - 3.239}{\sqrt{0.482^2/6 + 0.094^2}} = -6.805$

7.4 연습문제

1. $\overline{D} = 0.40929$, $s_D = 0.17604$, $n = 14$, $t_{14-1,0.025} = 2.160$이므로

신뢰구간은 $0.40929 \pm 2.160(0.17604/\sqrt{14})$, $(0.308, 0.511)$이다.

2. 차이는 9, 7, 5, 9, 10, 9, 2, 8, 8, 10이므로 $\overline{D} = 7.7$, $s_D = 2.496664$, $n = 10$, $t_{10-1,0.01} = 2.821$이다.

신뢰구간은 $7.7 \pm 2.821(2.496664/\sqrt{14})$, $(5.473, 9.927)$이다.

3. 차이는 25, 32, 39, 23, 38 $\overline{D} = 31.4$, $s_D = 7.300685$, $n = 5$, $t_{5-1,0.05} = 2.132$이다.

신뢰구간은 $31.4 \pm 2.132(7.300685/\sqrt{5})$, $(24.4391, 38.3609)$이다.

4. (a) 차이는 3.8, 2.6, 2.0, 2.9, 2.2, −0.2, 0.5, 1.3, 1.3, 2.1, 4.8, 1.5, 3.4, 1.4, 1.1, 1.9, −0.9, −0.3이므로

$\overline{D} = 1.74444$, $s_D = 1.46095$, $n = 18$, $t_{18-1,0.05} = 2.898$이다.

신뢰구간은 $1.74444 \pm 2.898(1.46095/\sqrt{18})$, $(0.747, 2.742)$이다.

(b) 수준 $100(1-\alpha)\%$는 방정식 $t_{17,\alpha/2}(1.46095/\sqrt{18}) = 0.5$에서 결정할 수 있다.

이 방정식에서 $t_{17,\alpha/2} = 1.452$. t 분포표는 $\alpha/2$의 값이 0.05에서 0.10 사이이고 0.10에 더 가깝다는 것을 보여준다. 따라서 수준 $100(1-\alpha)\%$는 80%에 가장 가깝다.

5. (a) H_0: $\mu_1 - \mu_2 = 0$, H_1: $\mu_1 - \mu_2 \neq 0$

(b) $\overline{D} = 1608.143$, $s_D = 2008.147$, $n = 7$, 자유도는 $7-1 = 6$이다.

귀무가설과 대립가설은 H_0: $\mu_D = 0$, H_1: $\mu_D \neq 0$이므로 $t = (1608.143-0)/(2008.147\sqrt{7}) = 2.119$이다.

(c) 대립가설은 $\mu_D \neq \mu_0$ 형식이므로 P값은 $t = 2.119$의 오른쪽과 $t = -2.119$의 왼쪽 영역의 합이다.

t 분포표에서 $0.05 < P < 0.10$이고, 컴퓨터 패키지는 $P = 0.078$이다. 따라서 귀무가설은 의심스럽지만 참이 아니라고 단호하게 결론을 내리지 못할 가능성이 높다.

6. $\overline{D} = 0.17214$, $s_D = 0.44136$, $n = 14$, 자유도는 $14-1 = 13$이다.

귀무가설과 대립가설은 H_0: $\mu_D = 0$, H_1: $\mu_D \neq 0$이다.

$t = (0.17214-0)/(0.44136\sqrt{14}) = 1.459$이다.

대립가설은 $\mu_D \neq \Delta$ 형식이므로 P값은 $t = 1.459$의 오른쪽과 $t = -1.459$의 왼쪽 영역의 합이다.

t 분포표에서 $0.10 < P < 0.20$이고, 컴퓨터 패키지는 $P = 0.16821$이다. 따라서 흡수된 평균 양이 브랜드명과 약품간에 다르다는 결론을 내릴 수 없다.

7. 차이는 0.04, 0.05, 0.02, 0.02, −0.01, 0.02, 0.05, −0.01, 0.05, −0.03이므로 $\overline{D}=0.02$, $s_D=0.028674$, $n=10$, 자유도는 $10-1=9$이다.
귀무가설과 대립가설은 $H_0: \mu_D \le 0$, $H_1: \mu_D > 0$이다.
$t=(0.02-0)/(0.028674\sqrt{10})=2.206$이다.
대립가설은 $\mu_D > \Delta$ 형식이므로 P값은 $t=2.206$의 오른쪽 영역이다.
t 분포표에서 $0.025 < P < 0.05$이고, 컴퓨터 패키지는 $P=0.02742$이다. 척도 2의 평균 가중치가 척도 1의 평균 가중치보다 크다는 결론을 내릴 수 있다.

8. 차이는 35, 57, 14, 29, 31이므로 $\overline{D}=33.2$, $s_D=15.498$, $n=5$, 자유도는 $5-1=4$이다.
귀무가설과 대립가설은 $H_0: \mu_D \le 0$, $H_1: \mu_D > 0$이다.
$t=(33.2-0)/(15.498)=4.790$이다.
대립가설은 $\mu_D > \Delta$ 형식이므로 P값은 $t=4.790$의 오른쪽 영역이다.
t 분포표에서 $0.001 < P < 0.005$이고, 컴퓨터 패키지는 $P=0.0044$이다. 따라서 6일 후 평균 강도가 3일 후 평균 강도보다 크다는 결론을 내릴 수 있다.

9. 차이는 5.0, 4.6, 1.9, 2.6, 4.4, 3.2, 3.2, 2.8, 1.6, 2.8이다.
(a) μ_R을 레이디얼 타이어를 사용하는 택시의 갤런당 평균 마일 수로, μ_B을 바이어스 타이어를 사용하는 택시의 갤런당 평균 마일 수라고 하자. 적절한 귀무가설 및 대립가설은 $H_0: \mu_R-\mu_B \le 0$, $H_1: \mu_R-\mu_B > 0$이다.
$\overline{D}=3.21$, $s_D=1.1338$, $n=10$, 자유도는 $10-1=9$이다.
$t=(3.21-0)/(1.1338\sqrt{10})=8.953$이다.
대립가설은 $\mu_D > \Delta$ 형식이므로 P값은 $t=8.953$의 오른쪽 영역이다.
t 분포표에서 $P<0.0050$이고, 컴퓨터 패키지는 $P=4.5\times10^{-6}$이다. 따라서 레이디얼 타이어를 사용하면 연비가 크게 개선된다는 결론을 내릴 수 있다.
(b) 적절한 귀무가설과 대립가설은 $H_0: \mu_R-\mu_B \le 2$, $H_1: \mu_R-\mu_B > 2$이다.
$\overline{D}=3.21$, $s_D=1.1338$, $n=10$, 자유도는 $10-1=9$이다.
$t=(3.21-2)/(1.1338\sqrt{10})=3.375$이다.
대립가설은 $\mu_D > \Delta$ 형식이므로 P값은 $t=3.375$의 오른쪽 영역이다.
t 분포표에서 $0.001 < P < 0.005$이고, 컴퓨터 패키지는 $P=0.0041$이다. 따라서 레이디얼 타이어의 평균 마일리지는 바이어스 타이어보다 평균연비가 2 mpg 이상 더 높다는 결론을 내릴 수 있다.

10. (a) SE 평균 = X의 표준편차$/\sqrt{n_X}=2.9235/=1.1050$
(b) Y의 표준편차 = (Y의 평균의 표준오차)$\sqrt{n_Y}=1.0764\sqrt{7}=2.8479$
(c) $\mu_D=\mu_X-\mu_Y=12.4141-8.3476=4.0665$
(d) $t=(4.0665-0)/1.19723=3.40$

7.5 연습문제

1. $\nu_1=7$, $\nu_2=20$. F 분포표에서 상위 5%는 2.51이다.

2. (a) $F_{5,7}$ 분포의 상위 1%는 7.46이다. 따라서 P값은 0.01이다.
(b) 양측검정에 대한 P값은 해당 단측 검정에 대한 값의 두 배이다. 따라서 $P=0.02$이다.

3. $s^2=64$, $n=25$. 귀무가설과 대립가설은 $H_0: \sigma^2=225$, $H_1: \sigma^2 \ne 225$이다. 검정통계량은 $(25-1)(64)/225=6.8267$. 자유도는 $25-1=24$이다. 대립가설은 $\sigma^2 \ne \sigma_0^2$의 형식이므로 P값은 $\chi^2_{24}=6.8267$ 왼쪽 영역의 두 배이다.
χ^2 분포표에서 $P<0.01$이고, 컴퓨터 패키지는 $P=0.000463$이다. 따라서 개발자의 주장에 반박할 충분한 증거를 제공하고 있다.

4. $s^2=18.49$, $n=25$. 귀무가설과 대립가설은 $H_0: \sigma^2 \ge 25$, $H_1: \sigma^2 < 25$이다. 검정통계량은 $(25-1)(18.49)/25=17.750$. 자유도는 $25-1=24$이다. 대립가설은 $\sigma^2 < \sigma_0^2$의 형식이므로 P값은 $\chi^2_{24}=17.750$ 왼쪽 영역이다.
χ^2 분포표에서 $P>0.10$이고, 컴퓨터 패키지는 $P=0.185$이다. 따라서 소아과 의사의 주장이 사실이라고 결론을 내릴 수 없다.

5. 브랜드 A에 대한 나트륨 함량의 표본 분산은 $s_1^2=6.4764$이고 표본크기는 $n_1=9$이고, 브랜드 B에 대한 나트륨 함량의 표본분산은 $s_2^2=10.3572$이고 표본크기는 $n_1=13$이다.
귀무가설과 대립가설은 $H_0: \sigma_1^2/\sigma_2^2=1$, $H_1: \sigma_1^2/\sigma_2^2 \ne 1$이다. $F=s_2^2/s_1^2=1.6020$ 자유도는 12와 8이다.

양측검정이므로 P값은 $F_{12,8}$의 확률밀도함수에서 1.6020의 오른쪽 영역 두 배이다.

F 표에서 $P > 0.2$이고, 컴퓨터 패키지는 $P = 0.513$이다. 나트륨 함량의 차이가 브랜드마다 다르다는 결론을 내릴 수 없다.

7장 보충연습문제

1. $\overline{X} = 40$, $s_X = 12$, $n_X = 75$, $\overline{Y} = 42$, $s_Y = 15$, $n_Y = 100$이므로

귀무가설과 대립가설은 $H_0: \mu_X - \mu_Y > 0$, $H_1: \mu_X - \mu_Y \le 0$이다.

$z = (40 - 42 - 0)/\sqrt{12^2/75 + 15^2/100} = -0.98$이다.

대립가설은 $\mu_X - \mu_Y \le \Delta$ 형식이므로 P값은 $z = -0.98$의 왼쪽 영역이다.

$P = 0.1635$, 따라서 약물 B의 평균 감소가 약물 A의 평균 감소보다 크다는 결론을 내릴 수 없다.

2. $\overline{X} = 4387$, $s_X = 252$, $n_X = 75$, $\overline{Y} = 4260$, $s_Y = 231$, $n_Y = 75$이므로

귀무가설과 대립가설은 $H_0: \mu_X - \mu_Y \le 0$, $H_1: \mu_X - \mu_Y > 0$이다.

$z = (4387 - 4260 - 0)/\sqrt{252^2/75 + 231^2/75} = 3.22$이다.

대립가설은 $\mu_X - \mu_Y > \Delta$ 형식이므로 P값은 $z = 3.22$의 오른쪽 영역이다.

$P = 0.0006$, 따라서 새 전원 공급 장치가 기존 전원 공급 장치보다 오래 지속된다는 결론을 내릴 수 있다.

3. $X = 20$, $n_X = 100$, $\tilde{p}_X = (20+1)/(100+2) = 0.205882$이고,

$Y = 10$, $n_Y = 150$, $\tilde{p}_Y = (10+1)/(150+2) = 0.072368$, $z_{0.05} = 1.645$이다.

신뢰구간은

$$0.205882 - 0.072368 \pm 2.58\sqrt{\frac{0.205882(1-0.205882)}{100+2} + \frac{0.072368(1-0.072368)}{150+2}}$$ 또는 $(0.0591, 0.208)$이다.

4. (a) $X = 62$, $n_X = 400$, $\tilde{p}_X = (62+1)/(400+2) = 0.15672$이고,

$Y = 20$, $n_Y = 100$, $\tilde{p}_Y = (12+1)/(100+2) = 0.12745$, $z_{0.025} = 1.96$이다.

신뢰구간은

$$0.15672 - 0.12745 \pm 1.96\sqrt{\frac{0.15672(1-0.15672)}{400+2} + \frac{0.12745(1-0.12745)}{100+2}}$$ 또는 $(-0.0446, 0.103)$이다.

(b) 신뢰구간의 넓이는 $\pm 1.96\sqrt{\frac{\tilde{p}_X(1-\tilde{p}_X)}{n_X+2} + \frac{\tilde{p}_Y(1-\tilde{p}_Y)}{n_Y+2}}$이고,

추정값은 $\tilde{p}_X = 0.15672$ 및 $\tilde{p}_Y = 0.12745$이다.

그다음 더 저렴한 프로세스에서 100개의 추가 칩을 샘플링 하면 $n_X = 500$, $n_Y = 100$이므로 신뢰구간의 너비는 대략

$$\pm 1.96\sqrt{\frac{0.15672(1-0.15672)}{502} + \frac{0.12745(1-0.12745)}{102}} = \pm 0.0721$$이다.

더 비싼 프로세스에서 50개의 추가 칩을 샘플링 한 경우 $n_X = 400$, $n_Y = 150$이므로 신뢰구간의 너비는 약

$$\pm 1.96\sqrt{\frac{0.15672(1-0.15672)}{402} + \frac{0.12745(1-0.12745)}{152}} = \pm 0.0638$$이다.

더 저렴한 프로세스에서 50개의 추가 칩을 샘플링하고 더 비싼 프로세스에서 25개의 추가 칩을 샘플링 한 경우 $n_X = 450$ 및 $n_Y = 125$이므로 신뢰구간의 너비는 대략

$$\pm 1.96\sqrt{\frac{0.15672(1-0.15672)}{452} + \frac{0.12745(1-0.12745)}{127}} = \pm 0.0670$$이다.

따라서 더 비싼 공정에서 50 개의 추가 칩을 샘플링하여 정밀도를 가장 크게 높일 수 있다.

5. 검정을 수행할 수 없다. 두 표본이 독립적이지 않기 때문이다.

6. $X = 57$, $n_X = 100$, $\hat{p}_X = 57/100 = 0.57$, $Y = 135$, $n_Y = 200$, $\hat{p}_Y = 135/200 = 0.675$, $\hat{p} = (57+135)/(100+200) = 0.64$

귀무가설과 대립가설은 $H_0: p_X - p_Y \ge 0$, $H_1: p_X - p_Y < 0$이다.

$$z = \frac{0.57 - 0.675}{\sqrt{0.64(1-0.64)(1/100 + 1/200)}} = -1.79$$이다.

대립가설이 $p_X - p_Y < 0$의 형식이므로 P값은 $z = -1.79$의 왼쪽 영역이다.

$P=0.0367$이므로 광고 캠페인 이후 혜택에 대한 인식이 높아졌다는 결론을 내릴 수 있다.

7. 차이는 21, 18, 5, 13 ,−2, 10이므로 $\overline{D}=10.833$, $s_D=8.471521$, $n=6$, $t_{6-1,0.025}=2.571$이다.
신뢰구간은 $10.833 \pm 2.571(8.471521/\sqrt{6})$, (1.942, 19.725)이다.

8. $\overline{X}=7.909091$, $s_X=0.359039$, $n_X=11$, $\overline{Y}=8.00000$, $s_Y=0.154919$, $n_Y=6$이고,

$$\nu=\frac{\left[\dfrac{0.359039^2}{11}+\dfrac{0.154919^2}{6}\right]^2}{\dfrac{(0.359039^2/11)^2}{11-1}+\dfrac{(0.154919^2/6)^2}{6-1}}=14$$ (가장 가까운 정수로 내림한다.), $t_{14,0.01}=2.624$이다.

신뢰구간은

$$7.909091-8.00000\pm 2.624\sqrt{\frac{0.359039^2}{10}+\frac{0.154919^2}{10}}$$, (−0.42, 0.238)이다.

9. 이를 위해서는 두 평균 간의 차이에 대한 검정이 필요하다. 데이터가 페어링되지 않았다.
μ_1은 일반 연료를 사용하는 자동차의 인구 평균 연간 비용을 나타내고 μ_2는 프리미엄 연료를 사용하는 자동차의 인구 평균 연간 비용을 나타낸다. 그런 다음 적절한 귀무가설 및 대립가설은 H_0: $\mu_X-\mu_Y\ge 0$, H_1: $\mu_X-\mu_Y<0$이다. 검정통계량은 두 그룹 간의 표본평균 비용 간의 차이이다. z 분포표는 P값을 찾는 데 사용된다.

10. $\overline{X}=1.5$, $s_X=0.25$, $n_X=7$, $\overline{Y}=1.0$, $s_Y=0.15$, $n_Y=5$이고,

$$\nu=\frac{\left[\dfrac{0.25^2}{7}+\dfrac{1.15^2}{5}\right]^2}{\dfrac{(0.25^2/7)^2}{7-1}+\dfrac{(1.15^2/5)^2}{5-1}}=9$$ (가장 가까운 정수로 내림한다.), $t_{9,0.005}=3.250$이다.

신뢰구간은

$$1.5-1.0\pm 2.624\sqrt{\frac{0.25^2}{7}+\frac{1.15^2}{5}}$$, (−0.42, 0.238)이다.

11. 차이는 −7, −21, 4, −16, 2, −9, −20, −13이므로 $\overline{D}=-10$, $s_D=9.3809$, $n=8$, 자유도는 $8-1=7$ H_0: $\mu_D=0$, H_1: $\mu_D\ne 0$이다.
$t=(-10-0)/(9.3808\sqrt{8})=-3.015$이다.
대립가설은 $\mu_D\ne\Delta$ 형식이므로 P값은 $t=3.015$의 오른쪽과 $t=-3.015$의 왼쪽 영역의 합이다.
t 분포표에서 $0.01<P<0.02$이고, 컴퓨터 패키지는 $P=0.0195$이다. 평균 부식량은 두 제형별로 다르다는 결론을 내릴 수 있다.

12. (a) μ_A을 연료 A에 대한 평균 추력/무게 비율로 하고 μ_B을 연료 B에 대한 평균 추력/중량 비율이라고 하자. 귀무 및 대립가설은 H_0: $\mu_A-\mu_B\le 0$, H_1: $\mu_A-\mu_B>0$이다.
(b) $\overline{X}=54.919$, $s_X=2.5522$, $n_X=16$, $\overline{Y}=53.019$, $s_Y=2.7294$, $n_Y=16$이고,

$$\nu=\frac{\left[\dfrac{2.5522^2}{16}+\dfrac{2.7294^2}{16}\right]^2}{\dfrac{(2.5522^2/11)^2}{16-1}+\dfrac{(2.7294^2/16)^2}{6-1}}=29$$ (가장 가까운 정수로 내림한다.)이다.

$t_{29}=(54.919-53.019-0)/\sqrt{2.5522^2/16+2.7294^2}=2.0339$이므로
귀무가설과 대립가설은 H_0: $\mu_A-\mu_B\le 0$, H_1: $\mu_A-\mu_B>0$이다.
대립가설은 $\mu_A-\mu_B>\Delta$ 형식이므로 P값은 $t=2.0339$의 오른쪽 영역이다.
t 분포표에서 $0.025<P<0.05$이고, 컴퓨터 패키지는 $P=0.0256$이다. 평균 추력/중량비는 연료 B보다 연료 A에 대해 더 크다는 결론을 내릴 수 있다.

8장

8.1 연습문제

1. (a) $\overline{x} = 65.0$, $\overline{y} = 29.05$, $\sum_{i=1}^{n}(x_i - \overline{x})^2 = 6032.0$, $\sum_{i=1}^{n}(y_i - \overline{y})^2 = 835.42$, $\sum_{i=1}^{n}(x_i - \overline{x})(y_i - \overline{y}) = 1988.4$, $n = 12$

$$\widehat{\beta}_1 = \frac{\sum_{i=1}^{n}(x_i - \overline{x})(y_i - \overline{y})}{\sum_{i=1}^{n}(x_i - \overline{x})^2} = 0.329642,\ \widehat{\beta}_0 = \overline{y} - \widehat{\beta}_1\overline{x} = 7.623276$$

(b) $$r^2 = \frac{[\sum_{i=1}^{n}(x_i - \overline{x})(y_i - \overline{y})]^2}{\sum_{i=1}^{n}(x_i - \overline{x})^2 \sum_{i=1}^{n}(y_i - \overline{y})^2} = 0.784587,\ s^2 = \frac{(1 - r^2)\sum_{i=1}^{n}(y_i - \overline{y})^2}{n - 2} = 17.996003$$

(c) $$s = \sqrt{17.996003} = 4.242170,\ s_{\widehat{\beta}_0} = s\sqrt{\frac{1}{n} + \frac{\overline{x}^2}{\sum_{i=1}^{n}(x_i - \overline{x})^2}} = 3.755613,\ s_{\widehat{\beta}_1} = \frac{s}{\sqrt{\sum_{i=1}^{n}(x_i - \overline{x})^2}} = 0.0546207$$

자유도는 $n - 2 = 10$. $t_{10,0.025} = 2.228$이다.

따라서 β_0에 대한 95% 신뢰구간은 $7.623276 \pm 2.228(3.755613)$ 또는 $(-0.744,\ 15.991)$이다.

β_1에 대한 95% 신뢰구간은 $0.329642 \pm 2.228(0.0546207)$ 또는 $(0.208,\ 0.451)$이다.

(d) $\widehat{\beta}_1 = 0.329642$, $s_{\widehat{\beta}_1} = 0.0546207$, $n = 12$. 자유도는 $12 - 2 = 10$이다.

귀무 및 대립가설은 $H_0: \beta_1 \geq 0.5$, $H_1: \beta_1 < 0.5$이다.

$t = (0.329642 - 0.5)/0.0546207 = -3.119$이다.

대립가설은 $\beta_1 < b$ 형식이므로 P값은 $t = -3.119$의 왼쪽 영역이다.

t 분포표에서 $0.005 < P < 0.01$이고, 컴퓨터 패키지는 $P = 0.00545$이다. 따라서 주장이 거짓이라고 결론을 내릴 수 있다.

(e) $x = 40$, $\hat{y} = 7.623276 + 0.329642(40) = 20.808952$

$$s_{\hat{y}} = \sqrt{\frac{1}{n} + \frac{(x - \overline{x})^2}{\sum_{i=1}^{n}(x_i - \overline{x})^2}} = 1.834204$$ 자유도는 10이므로 $t_{10,0.025} = 2.228$이다.

따라서 평균 반응에 대한 95% 신뢰구간은 $20.808952 \pm 2.228(1.834204)$ 또는 $(16.722,\ 24.896)$이다.

(f) $x = 40$, $\hat{y} = 7.623276 + 0.329642(40) = 20.808952$

$$s_{\hat{y}} = \sqrt{1 + \frac{1}{n} + \frac{(x - \overline{x})^2}{\sum_{i=1}^{n}(x_i - \overline{x})^2}} = 4.621721$$ 자유도는 10이므로 $t_{10,0.025} = 2.228$이다.

따라서 95% 예측구간은 $20.808952 \pm 2.228(4.621721)$ 또는 $(10.512,\ 31.106)$이다.

2. (a) 기울기는 -0.7524이다. 절편은 88.761이다.

(b) 그렇다. 기울기의 P값은 ≈ 0이므로 오존 수준은 습도와 관련이 있다.

(c) $88.761 - 0.7524(50) = 51.141$ ppb

(d) $\widehat{\beta}_1 < 0$, $r < 0$이므로 $r = -\sqrt{r^2} = \sqrt{0.220} = -0.469$이다.

(e) $n = 120$으로 크기 때문에 z 분포표를 사용하여 신뢰구간을 구한다.

$z_{0.05} = 1.645$이므로 90% 신뢰구간은 $43.62 \pm 1.645(1.20)$ 또는 $(41.65,\ 45.59)$이다.

(f) 이니다. 예측값의 합리적인 범위는 95% 예측구간 (20.86, 66.37)으로 제공된다.

3. (a) $\overline{x} = 20.888889$, $\overline{y} = 62.888889$, $\sum_{i=1}^{n}(x_i - \overline{x})^2 = 1036.888889$, $\sum_{i=1}^{n}(y_i - \overline{y})^2 = 524.888889$,

$\sum_{i=1}^{n}(x_i - \overline{x})(y_i - \overline{y}) = -515.111111$, $n = 9$

$$\widehat{\beta}_1 = \frac{\sum_{i=1}^{n}(x_i - \overline{x})(y_i - \overline{y})}{\sum_{i=1}^{n}(x_i - \overline{x})^2} = -0.496785,\ \widehat{\beta}_0 = \overline{y} - \widehat{\beta}_1\overline{x} = 73.266181$$

최소제곱직선은 $y = 73.266181 - 0.496785x$이다.

(b) $r^2 = \dfrac{[\sum_{i=1}^n (x_i-\overline{x})(y_i-\overline{y})]^2}{\sum_{i=1}^n (x_i-\overline{x})^2 \sum_{i=1}^n (y_i-\overline{y})^2} = 0.487531,\quad s = \sqrt{\dfrac{(1-r^2)\sum_{i=1}^n (y_i-\overline{y})^2}{n-2}} = 6.198955,$

$s_{\widehat{\beta}_0} = s\sqrt{\dfrac{1}{n} + \dfrac{\overline{x}^2}{\sum_{i=1}^n (x_i-\overline{x})^2}} = 4.521130,\quad s_{\widehat{\beta}_1} = \dfrac{s}{\sqrt{\sum_{i=1}^n (x_i-\overline{x})^2}} = 0.192510$

자유도는 $9-7=7$, $t_{7,0.025}=2.365$이다.

따라서 β_0의 95% 신뢰구간은 $73.266181 \pm 2.365(4.521130)$ 또는 (62.57, 83.96)이고, β_1의 95% 신뢰구간은 $-0.496785 \pm 2.365(0.192510)$ 또는 $(-0.952, -0.0415)$이다.

(c) $\widehat{y} = 60.846550,\ s_{\text{pred}} = s\sqrt{1 + \dfrac{1}{n} + \dfrac{(x-\overline{x})^2}{\sum_{i=1}^n (x_i-\overline{x})^2}} = 6.582026$

$t_{7,0.025}=2.365$. A 95% 예측구간은 $60.846550 \pm 2.365(6.582026)$ 또는 (45.28, 76.41)이다.

(d) 예측의 표준오차는 $s_{\text{pred}} = s\sqrt{1 + \dfrac{1}{n} + \dfrac{(x-\overline{x})^2}{\sum_{i=1}^n (x_i-\overline{x})^2}}$이다.

x에 대해 두 개의 값이 주어지면 x에서 더 먼 값이 s_{pred} 값이 더 커지므로 예측간격이 더 넓어진다. $x=20.888889$이므로 $x=30$에 대한 예측간격은 $x=15$에 대한 예측간격보다 넓다.

4. (a) $\overline{x} = 21.5075\quad \overline{y} = 4.48,\ \sum_{i=1}^n (x_i-\overline{x})^2 = 1072.52775,\ \sum_{i=1}^n (y_i-\overline{y})^2 = 112.624,\ \sum_{i=1}^n (x_i-\overline{x})(y_i-\overline{y}) = 239.656,\quad n=40$

$\widehat{\beta}_1 = \dfrac{\sum_{i=1}^n (x_i-\overline{x})(y_i-\overline{y})}{\sum_{i=1}^n (x_i-\overline{x})^2} = 0.223450,\ \widehat{\beta}_0 = \overline{y} - \widehat{\beta}_1\overline{x} = -0.325844$

따라서 최소제곱직선은 $y=-0.325844+0.22345x$이다.

(b) $r^2 = \dfrac{[\sum_{i=1}^n (x_i-\overline{x})(y_i-\overline{y})]^2}{\sum_{i=1}^n (x_i-\overline{x})^2 \sum_{i=1}^n (y_i-\overline{y})^2} = 0.475485,\quad s = \sqrt{\dfrac{(1-r^2)\sum_{i=1}^n (y_i-\overline{y})^2}{n-2}} = 1.246816,$

$s_{\widehat{\beta}_0} = s\sqrt{\dfrac{1}{n} + \dfrac{\overline{x}^2}{\sum_{i=1}^n (x_i-\overline{x})^2}} = 0.842217,\quad s_{\widehat{\beta}_1} = \dfrac{s}{\sqrt{\sum_{i=1}^n (x_i-\overline{x})^2}} = 0.0380713$

자유도는 $40-2=38$, $t_{38,0.025}=2.024$이다.

따라서 β_0의 95% 신뢰구간은 $-0.325844 \pm 2.024(0.842217)$ 또는 $(-2.031, 1.379)$이고, β_1의 95% 신뢰구간은 $0.223450 \pm 2.024(0.0380713)$ 또는 (0.146, 0.301)이다.

(c) $\widehat{\beta}_0 + \widehat{\beta}_1(20) = -0.325844 + 0.223450(20) = 4.143150$

(d) $\widehat{y} = 4.14350,\ s_{\widehat{y}} = s\sqrt{\dfrac{1}{n} + \dfrac{(x-\overline{x})^2}{\sum_{i=1}^n (x_i-\overline{x})^2}} = 0.205323$

$t_{38,0.025} \approx 2.024$. A의 95% 신뢰구간은 $4.14350 \pm 2.024(0.205323)$, (3.727, 4.559)이다.

(e) $\widehat{y} = 4.14350,\ s_{\text{pred}} = s\sqrt{1 + \dfrac{1}{n} + \dfrac{(x-\overline{x})^2}{\sum_{i=1}^n (x_i-\overline{x})^2}} = 1.263609$

$t_{38,0.025} \approx 2.024$. A의 95% 예측구간은 $4.14350 \pm 2.024(1.263609)$, (1.585, 6.701)이다.

5. 신뢰구간의 너비는 $s_{\widehat{y}} = s\sqrt{\dfrac{1}{n} + \dfrac{(x-\overline{x})^2}{\sum_{i=1}^n (x_i-\overline{x})^2}}$에 비례한다.

s, n, x, $\sum_{i=1}^n (x_i-\overline{x})^2$는 각 신뢰구간에 대해 동일하므로 신뢰구간의 너비 차이 $x-\overline{x}$의 증가 함수이다. $\overline{x}=21.7548$. 값 20은 x에 가장 가깝고 값 15는 x에서 가장 먼 값이다. 따라서 20의 신뢰구간이 가장 짧고 15의 신뢰구간이 가장 길다.

6. (a) $t = 1.71348/6.69327 = 0.256$

(b) $n=25$이므로 자유도는 $n-2=23$이다. P값은 양측검정에 대한 것이므로 $t=0.256$의 오른쪽과 $t=-0.256$의 왼쪽 영역의 합과 같다. 따라서 $P=0.40+0.40=0.80$이다.

(c) $s_{\widehat{\beta}_1}$은 방정식 $3.768 = 4.27473/s_{\widehat{\beta}_1}$을 만족하므로 $s_{\widehat{\beta}_1} = 1.13448$이다.

(d) $n=25$이므로 자유도는 $n-2=23$이다. P값은 양측검정에 대한 것이므로 $t=3.768$의 오른쪽과 $t=-3.768$의 왼쪽 영역의 합과 같다. 따라서 $P=0.0005+0.0005=0.001$이다.

7. (a) $\overline{x} = 1.48$, $\overline{y} = 1.466$, $\sum_{i=1}^{n}(x_i - \overline{x})^2 = 0.628$, $\sum_{i=1}^{n}(y_i - \overline{y})^2 = 0.65612$, $\sum_{i=1}^{n}(x_i - \overline{x})(y_i - \overline{y}) = 0.6386$, $n = 5$

$$\widehat{\beta}_1 = \frac{\sum_{i=1}^{n}(x_i - \overline{x})(y_i - \overline{y})}{\sum_{i=1}^{n}(x_i - \overline{x})^2} = 1.016879, \quad \widehat{\beta}_0 = \overline{y} - \widehat{\beta}_1\overline{x} = -0.038981$$

(b) 0

(c) 몰 흡수 계수 M

(d) $$r^2 = \frac{[\sum_{i=1}^{n}(x_i - \overline{x})(y_i - \overline{y})]^2}{\sum_{i=1}^{n}(x_i - \overline{x})^2 \sum_{i=1}^{n}(y_i - \overline{y})^2} = 0.989726, \quad s = \sqrt{\frac{(1 - r^2)\sum_{i=1}^{n}(y_i - \overline{y})^2}{n - 2}} = 0.0474028,$$

$$s_{\widehat{\beta}_0} = s\sqrt{\frac{1}{n} + \frac{\overline{x}^2}{\sum_{i=1}^{n}(x_i - \overline{x})^2}} = 0.0910319$$

귀무 및 대립가설은 $H_0 : \beta_0 = 0$, $H_1 : \beta_0 \neq 0$이다. 자유도는 $n - 2 = 3$. $t = (-0.038981 - 0)/0.0910319 = -0.428$이다. 대립가설은 $\beta_0 \neq b$ 형식이므로 P값은 $t = 0.428$의 오른쪽과 $t = -0.428$의 왼쪽 영역의 합과 같다.

t 분포표에서 $0.50 < P < 0.80$이고, 컴퓨터 패키지는 $P = 0.698$이다. 따라서 데이터는 Beer−Lambert 법칙과 일치한다.

8. (a) $\hat{y} = 106.11 + 0.1119(4000) = 553.71$

(b) $\hat{y} = 106.11 + 0.1119(500) = 162.06$

(c) 작다. 500에 가까운 x값의 경우 최소제곱추정치의 위보다 아래에 더 많은 점이 있다.

(d) 산포도의 오른쪽에 왼쪽보다 더 많은 양의 수직 분포가 있다.

9. $r = -0.509$, $n = 23$, $U = r\sqrt{n-2}/\sqrt{1-r^2} = -2.7098$

H_0에서 U는 자유도가 $23 - 2 = 21$인 Student's t 분포를 가진다.

대립가설이 $H_1 : \rho \neq 0$이므로 P값은 $t = 2.7098$의 오른쪽과 $t = -2.7098$의 왼쪽 영역의 합과 같다.

t 표에서 $0.01 < P < 0.02$이고, 컴퓨터 패키지는 $P = 0.0131$이다. 따라서 $\rho \neq 0$이라는 결론을 내린다.

8.2 연습문제

1. (a) $\ln y = -0.4442 + 0.79833 \ln x$

(b) $\hat{y} = e^{\ln \hat{y}} = e^{-0.4442+0.79833(\ln 2500)} = 330.95$

(c) $\hat{y} = e^{\ln \hat{y}} = e^{-0.4442+0.79833(\ln 1600)} = 231.76$

(d) $\ln y$에 대한 95% 예측구간은 (3.9738, 6.9176)이다.

따라서 y의 95% 예측구간은 $(e^{3.9738}, e^{6.9176})$ 또는 (53.19, 1009.89)이다.

2. (a) $y = 1.0014 - 0.015071t$

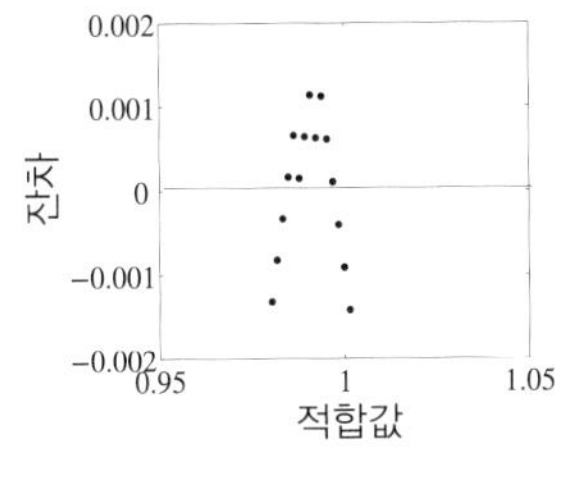

(b) $\ln y = 0.0014576 - 0.015221t$

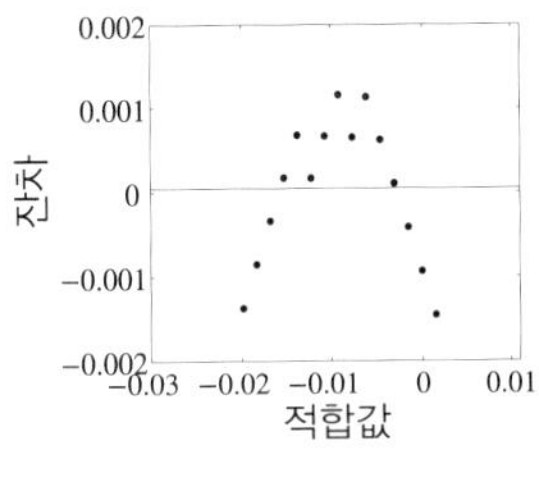

(c) $y = 0.99922 - 0.012385t^{1.5}$

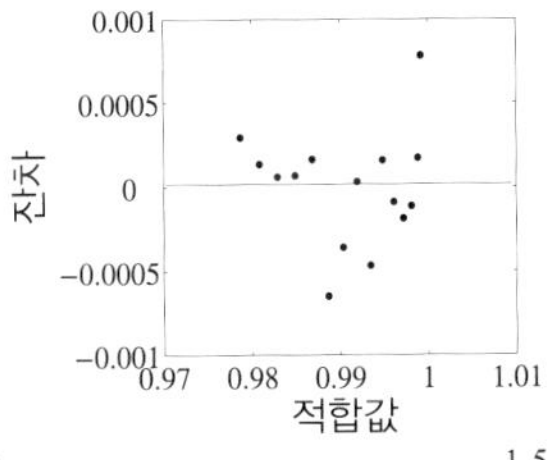

(d) $y = 0.99922 - 0.012385t^{1.5}$가 가장 적합하다. 잔차도는 최소 패턴을 보여준다.

(e) $y = 0.99922 - 0.012385(0.75^{1.5}) = 0.991$

3. (a) $y = 20.162 + 1.269x$

(b)

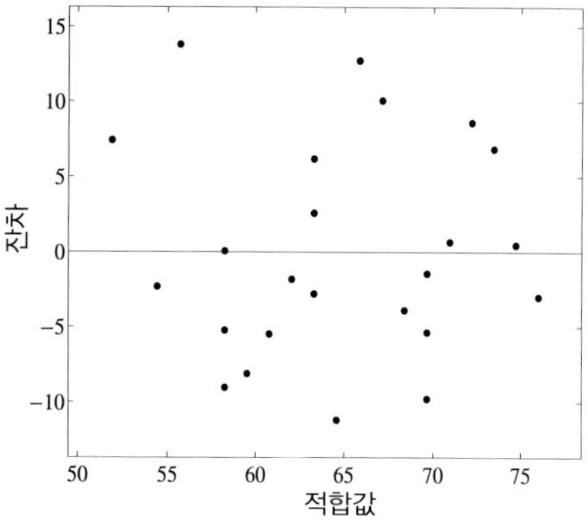

잔차도에는 명백한 패턴은 보이지 않지만 선형모형은 괜찮아 보인다.

(c)

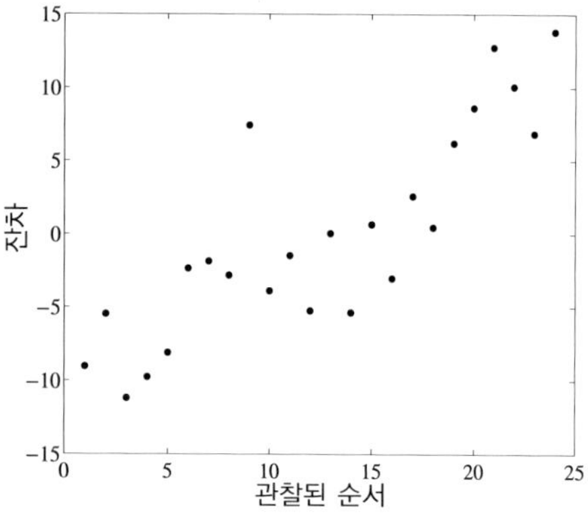

잔차는 시간이 지남에 따라 증가한다. 선형모형은 적합하지 않다. 시간 또는 시간과 관련된 기타 변수가 모형에 포함되어야 한다.

4. 방정식은 양변에 로그를 취하면 선형이 된다. $\ln W = \beta_0 + \beta_1 \ln L$, 여기서 $\beta_0 = \ln a$ 및 $\beta_1 = b$이다.

5. (a) 물리적 법칙이다.

(b) 다시 실험하는 것이 좋다. 실험 결과가 물리적 법칙을 위반하면 실험에 문제가 있는 것이므로 변수를 변환하여 수정할 수 없다.

8.3 연습문제

1. (a) 예상 강도는 $26.641 + 3.3201(8.2) - 0.4249(10) = 49.62$ kg/mm^{2}이다.

(b) $3.3201(10) = 33.201$ kg/mm^2

(c) $0.4249(5) = 2.1245$ kg/mm^2

2. 선형 모형이 합리적이다. 산점도에 뚜렷한 패턴이 보이지 않는다.

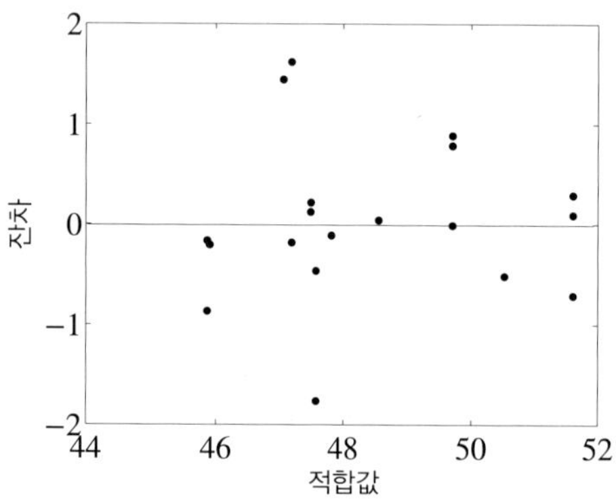

3. (a) $\hat{y} = 56.145 - 9.046(3) - 33.421(1.5) + 0.243(20) - 0.5963(3)(1.5) - 0.0394(3)(20) + 0.6022(1.5)(20) + 0.6901(3^2)$
$+ 11.7244(1.5^2) - 0.0097(20^2) = 25.465$

(b) 아니다. 예측된 변화는 상호작용 항으로 인해 다른 독립변수의 값에 따라 달라진다.

(c) $R^2 = \text{SSR}/\text{SST} = (\text{SST} - \text{SSE})/\text{SST} = (6777.5 - 209.55)/6777.5 = 0.9691$

(d) 회귀의 경우 자유도는 9이고 오차의 경우 $27-9-1=17$이다.

$F_{9,17}=\dfrac{SSR/9}{SSE/17}=\dfrac{(SST-SSE)/9}{SSE/17}=59.204$이므로

F 분포표에서 $P<0.001$이고, 컴퓨터 패키지는 $P=4.6\times10^{-11}$이다. 따라서 귀무가설은 기각될 수 있다.

4. (a) $\hat{y}=-0.21947+0.779(2.113)-0.10827(0)+1.3536(1.4)-0.0013431(730)=2.3411$

(b) $1.3536(0.05)=0.06768$

(c) 잘못되지 않았다. 이론적으로 상수는 다른 변수의 값이 모두 0인 개인에 대한 FEV_1을 추정한다. 이러한 값은 데이터 범위 밖에 있기 때문에(예:높이가 0인 사람은 없다)상수는 실제 사람에 대한 현실적인 값을 나타낼 필요가 없다.

5. (a) $\hat{y}=-1.7914+0.00026626(1500)+9.8184(1.04)-0.29982(17.5)=3.572$

(b) $9.8184(0.01)=0.098184$

(c) 잘못되지 않았다. 상수는 다른 변수의 값이 모두 0인 펄프의 pH를 추정한다. 이러한 값은 데이터 범위를 벗어나므로(예: 펄프의 밀도가 0임) 상수는 실제 펄프에 대한 참값을 나타낼 필요가 없다.

(d) 신뢰구간은 (3.4207, 4.0496)이다.

(e) 예측구간은 (2.2333, 3.9416)이다.

(f) 펄프 B이다. 예측된 pH의 표준편차가 펄프A(0.1351 대 0.2510)보다 작다.

6. (a) $t=-0.58762/0.2873=-2.05$

(b) $s_{\hat{\beta}_1}$은 방정식 $4.30=1.5102/s_{\hat{\beta}_1}$을 만족하므로 $s_{\hat{\beta}_1}=0.3512$이다.

(c) $\hat{\beta}_2$는 방정식 $-0.62=\hat{\beta}_2/0.3944$를 만족하므로 $\hat{\beta}_2=-0.2445$이다.

(d) $t=1.8233/0.3867=4.72$

(e) $MSR=41.76/3=13.92$

(f) $F=MSR/MSE=13.92/0.76=18.316$

(g) $SSE=46.30-41.76=4.54$

(h) $3+6=9$

7. (a) $\hat{y}=267.53-1.5926(30)-1.3897(35)-1.0934(30)-0.002658(30)(30)=135.92$°F

(b) 아니다. 아세트산 농도의 변화로 인한 예상 인화점의 변화는 두 변수 간의 상호작용으로 인해 뷰티르산 농도에 따라 달라진다.

(c) 그렇다. 예상 인화점은 $-1.3897(10)=-13.897$°F 만큼 변경된다.

8. (a) 잔차는 각 i에 대한 $e_i=y_i-\hat{y}_i$ 값으로 다음 표에 나와 있다.

x	y	$\hat{y}$	$e=y-\hat{y}$
150	10.4	10.17143	0.22857
175	12.4	12.97429	−0.57429
200	14.9	14.54858	0.35142
225	15	14.89429	0.10571
250	13.9	14.01143	−0.11144
275	11.9	11.90001	−0.00001

(b) $SSE=\sum_{i=1}^{6}e_i^2=0.52914$, $SST=\sum_{i=1}^{n}(y_i-\bar{y})^2=16.70833$

(c) $s^2=SSE/(n-3)=0.17638$

(d) $R^2=1-SSE/SST=0.96833$

(e) $F=\dfrac{SSR/2}{SSE/3}=\dfrac{(SST-SSE)/2}{SSE/3}=45.864$. 자유도는 2, 3이다.

(f) 기각될수 있다. F 분포표에서 $0.001<P<0.01$이고, 컴퓨터 패키지는 $P=0.0056$이다. $P\le0.05$이므로 귀무가설 $H==0$은 5% 수준에서 기각될 수 있다.

9. (a) $\hat{y}=1.18957+0.17326(0.5)+0.17918(5.7)+0.17591(3.0)-0.18393(4.1)=2.0711$

(b) 0.17918

(c) PP는 P값이 작고 CP의 P값이 상당히 크기 때문에 더 유용하다.

(d) PP의 계수가 음수이기 때문에 GDP의 백분율 변화는 스웨덴에서 더 클 것으로 예상된다.

10. (a) $y = -0.012167 + 0.043258t + 2.9205t^2$

	계수	표준오차	t 통계량	P값
Y-절편	−0.012167	0.01034	−1.1766	0.278
	0.043258	0.043186	1.0017	0.350
	2.9205	0.038261	76.33	0.000

(b) $\hat{\beta}_2 = 2.9205$, $s_{\hat{\beta}_2} = 0.038261$, 자유도는 n−3 = 7이다.
$t_{7,0.025} = 2.365$. A의 95% 수준하에서 신뢰구간은 $2.9250 \pm 2.365(0.038261)$, (2.830, 3.011)이다.

(c) $a = 2\beta_2$이므로 a에 대한 95% 신뢰구간에 대한 신뢰한계는 β_2에 대한 신뢰한계의 두 배이다. 따라서 a에 대한 95% 신뢰구간은 (5.660, 6.022)이다.

(d) $\hat{\beta}_0$: $t_7 = -1.1766$, $P = 0.278$, $\hat{\beta}_1$: $t_7 = 1.0017$, $P = 0.350$, $\hat{\beta}_2$: $t_7 = 76.33$, $P = 0.000$

(e) 아니다. P값 0.278은 $\beta_0 = 0$이라는 귀무가설을 기각할 만큼 작지 않다.

(f) 아니다. P값 0.350은 $\beta_1 = 0$이라는 귀무가설을 기각할 만큼 작지 않다.

8.4 연습문제

1. (a) 거짓이다. 일반적으로 거의 똑같이 좋은 몇 가지 모형이 있다.

(b) 참이다.

(c) 거짓이다. 모형 선택 방법은 데이터에 잘 맞는 모형을 제안할 수 있다.

(d) 참이다.

2. ④ 탄소와 실리콘은 모두 P값이 크므로 적합에 크게 기여하지 않을 수 있다.

3. R^2값이 가장 높은 4 변수 모형은 R^2값이 가장 높은 3 변수 모형보다 R^2가 낮다. 이는 불가능하다.

4. (a) $\text{SSE}_{\text{full}} = 7.7302$, $\text{SSE}_{\text{reduced}} = 7.7716$, $n = 165$, $p = 7$, $k = 4$

$$F = \frac{(\text{SSE}_{\text{reduced}} - \text{SSE}_{\text{full}})/(p-k)}{\text{SSE}_{\text{full}}/(n-p-1)} = 0.2803$$

(b) 분자는 3 자유도, 분모는 157 자유도이다.

(c) $P > 0.10$(컴퓨터 패키지는 $P = 0.840$)이다. 축소된 모형은 그럴듯하다.

(d) 올바르지 않다. 개별 변수가 강하게 관련되어 있지 않더라도 변수 그룹이 독립 변수와 상당히 강하게 관련되어 있을 수 있다.

(e) 실수가 없었다. y이 종속 변수인 경우 총 제곱합은 $\sum(y_i - \bar{y})^2$이다. 이 수량은 독립 변수를 포함한다.

5. (a)

	계수	표준오차	t 통계량	P값
Y-절편	25.613	10.424	2.4572	0.044
x_1	0.18387	0.12353	1.4885	0.180
x_2	−0.015878	0.0040542	−3.9164	0.006

(b)

	계수	표준오차	t 통계량	P값
Y-절편	14.444	16.754	0.86215	0.414
x_1	0.17334	0.20637	0.83993	0.425

(c)

	계수	표준오차	t 통계량	P값
Y-절편	40.370	3.4545	11.686	0.000
x_2	−0.015747	0.0043503	−3.6197	0.007

(d) x_2를 유일한 독립변수로 포함하는 모형이 가장 좋다. x_1의 계수가 0과 다르다는 증거는 없다.

6. $y = \beta_0 + \beta_1 x_2 + \varepsilon$ 모형이 좋다. 이를 확인하는 한 가지 방법은 모형의 적합도를 전체 2차 모형과 비교하는 것이다.
전체 모형에 대한 ANOVA 테이블은 다음과 같다.

	자유도	제곱합	제곱 평균	F 비	유의한 F
회귀	5	4.1007	0.82013	1.881	0.193
잔차	9	3.9241	0.43601		
계	14	8.0248			

모형 $y = \beta_0+\beta_1 x_2+\varepsilon$의 ANOVA 테이블은 다음과 같다.

	자유도	제곱합	제곱 평균	F 비	유의한 F
회귀	1	2.7636	2.7636	6.8285	0.021
잔차	13	5.2612	0.40471		
계	14	8.0248			

이 두 테이블에서 축소된 모형의 타당성을 테스트하기 위한 F 통계량은 $\dfrac{(5.2612-3.9241)/(5-1)}{3.9241/9}=0.7667$이다.
귀무가설 분포는 $F_{4,9}$이므로 $P>0.10$(컴퓨터 패키지는 $P=0.573$)이다.
큰 P값은 축소된 모형이 그럴듯함을 나타낸다.

8장 보충연습문제

1. (a) $\overline{x} = 92.0,\ \ \overline{y} = 0.907407,\ \ \sum_{i=1}^n (x_i-\overline{x})^2 = 514.0,\ \ \sum_{i=1}^n (y_i-\overline{y})^2 = 4.738519,\ \ \sum_{i=1}^n (x_i-\overline{x})(y_i-\overline{y}) = 20.1,\ \ n=27$

$$\hat{\beta}_1 = \frac{\sum_{i=1}^n (x_i-\overline{x})(y_i-\overline{y})}{\sum_{i=1}^n (x_i-\overline{x})^2} = 0.0391051,\ \ \hat{\beta}_0 = \overline{y}-\hat{\beta}_1\overline{x} = -2.690258,\ \ y = -2.690258 + 0.0391051x$$

(b) $$r^2 = \frac{[\sum_{i=1}^n (x_i-\overline{x})(y_i-\overline{y})]^2}{\sum_{i=1}^n (x_i-\overline{x})^2 \sum_{i=1}^n (y_i-\overline{y})^2} = 0.165877,\ \ s = \sqrt{\frac{(1-r^2)\sum_{i=1}^n (y_i-\overline{y})^2}{n-2}} = 0.397618$$

$$\hat{\beta}_0 = -2.690258,\ \ s_{\hat{\beta}_0} = s\sqrt{\frac{1}{n}+\frac{\overline{x}^2}{\sum_{i=1}^n (x_i-\overline{x})^2}} = 1.615327,$$

$$\hat{\beta}_1 = 0.0391051,\ \ s_{\hat{\beta}_1} = \frac{s}{\sqrt{\sum_{i=1}^n (x_i-\overline{x})^2}} = 0.0175382$$

자유도는 $27-2=25$. $t_{25,0.025}=2.060$이다.
따라서 β_0에 대한 95% 신뢰구간은 $-2.690258 \pm 2.060(1.615327)$ 또는 $(-6.0171,\ 0.6366)$이다.
β_1에 대한 95% 신뢰구간은 $0.0391051 \pm 2.060\ (0.0175382)$ 또는 $(0.00298,\ 0.0752)$이다.

(c) $x = 93,\ \ \hat{y} = \hat{\beta}_0 + \hat{\beta}_1(93) = 0.94651$

(d) (c)에 따라 $s_{\hat{y}} = s\sqrt{\dfrac{1}{n}+\dfrac{(x-\overline{x})^2}{\sum_{i=1}^n (x_i-\overline{x})^2}} = 0.078506$이다.

자유도는 $27-2=25$. $t_{25,0.025}=2.060$이다.
따라서 β_0에 대한 95% 신뢰구간은 $-2.690258 \pm 2.060(1.615327)$ 또는 $(-6.0171,\ 0.6366)$이다.
β_1에 대한 95% 신뢰구간은 $0.94651 \pm 2.060\ (0.078506)$ 또는 $(0.785,\ 1.108)$이다.

(e) (c)에 따라 $s_{\text{pred}} = s\sqrt{1+\dfrac{1}{n}+\dfrac{(x-\overline{x})^2}{\sum_{i=1}^n (x_i-\overline{x})^2}} = 0.405294$이다.

자유도는 $27-2=25$. $t_{25,0.025}=2.060$이다.
따라서 95%의 예측구간은 0.946512.060(0.405294) 또는 (0.112, 1.781)이다.

2. (a) $\ln y = \beta_0 + \beta_1 \ln x$, 여기서 $\beta_0 = \ln k,\ \ \beta_1 = r$이다.

(b) $u_i = \ln x_i$, $\nu_i = \ln y_i$라고 하면,

$\overline{u} = 1.755803,\ \overline{v} = -0.563989,\ \sum_{i=1}^n (u_i-\overline{u})^2 = 0.376685,\ \sum_{i=1}^n (v_i-\overline{v})^2 = 0.160487,\ \sum_{i=1}^n (u_i-\overline{u})(v_i-\overline{v}) = 0.244969,\ \ n=5$

$$\hat{\beta}_1 = \frac{\sum_{i=1}^n (u_i-\overline{u})(v_i-\overline{v})}{\sum_{i=1}^n (u_i-\overline{u})^2} = 0.650328,\ \ \hat{\beta}_0 = \overline{v}-\hat{\beta}_1\overline{u} = -1.705838$$

최소제곱직선은 $\ln y = -1.705838 + 0.650328 \ln x$이다.

따라서 $\hat{r} = 0.650328$, $\hat{k} = e^{-1.705838} = 0.18162$이다.

(c) 귀무가설과 대립가설은 $H_0 : r = 0.5$, $H_1 : r \neq 0.5$이다.

$$\hat{r} = 0.650328,\ s = 0.0198005,\ s_{\hat{r}} = \frac{s}{\sqrt{\sum_{i=1}^{n}(u_i - \overline{u})^2}} = 0.0322616$$

자유도는 $5-2=3$. $t = (0.650328-0.5)/0.0322616 = 4.660$이다.

대립가설은 $r \neq r_0$ 형식이므로 P값은 $t = 4.660$의 오른쪽과 $t = -4.660$의 왼쪽 영역의 합과 같다.

t 분포표에서 $0.01 < P < 0.02$이고, 컴퓨터 패키지는 $P = 0.019$이다. 따라서 $r \neq 0.5$라는 결론을 내릴 수 있다.

3. (a)

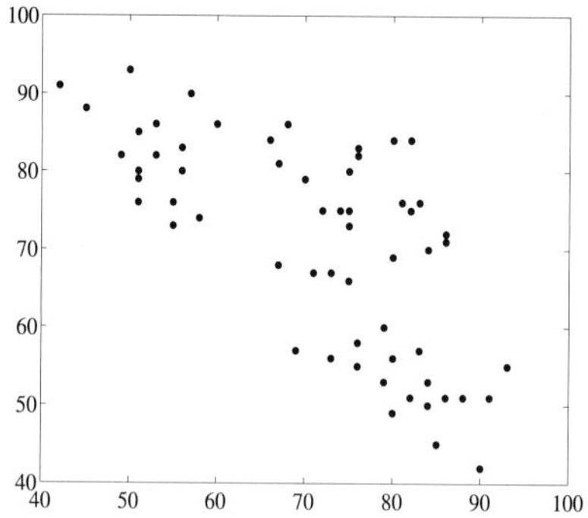

(b) $\overline{x} = 71.101695$, $\overline{y} = 70.711864$, $\sum_{i=1}^{n}(x_i - \overline{x})^2 = 10505.389831$, $\sum_{i=1}^{n}(y_i - \overline{y})^2 = 10616.101695$,

$\sum_{i=1}^{n}(x_i - \overline{x})(y_i - \overline{y}) = -7308.271186$, $n = 59$

$$\hat{\beta}_1 = \frac{\sum_{i=1}^{n}(x_i - \overline{x})(y_i - \overline{y})}{\sum_{i=1}^{n}(x_i - \overline{x})^2} = -0.695669,\ \hat{\beta}_0 = \overline{y} - \hat{\beta}_1\overline{x} = 120.175090,$$

$$T_{i+1} = 120.175090 - 0.695669T_i$$

(c) $$r^2 = \frac{[\sum_{i=1}^{n}(x_i - \overline{x})(y_i - \overline{y})]^2}{\sum_{i=1}^{n}(x_i - \overline{x})^2 \sum_{i=1}^{n}(y_i - \overline{y})^2} = 0.478908,\ s = \sqrt{\frac{(1-r^2)\sum_{i=1}^{n}(y_i - \overline{y})^2}{n-2}} = 9.851499,$$

$$s_{\hat{\beta}_1} = \frac{s}{\sqrt{\sum_{i=1}^{n}(x_i - \overline{x})^2}} = 0.096116$$

자유도는 $n-2=57$, $t_{57,0.025} \approx 2.002$이다.

따라서 β_1에 대한 95% 신뢰구간은 $-0.695669 \pm 2.002(0.096116)$ 또는 $(-0.888, -0.503)$이다.

(d) $\hat{y} = 120.175090 - 0.695669(70) = 71.4783$분

(e) $$\hat{y} = 71.4783,\ s_{\hat{y}} = s\sqrt{\frac{1}{n} + \frac{(x - \overline{x})^2}{\sum_{i=1}^{n}(x_i - \overline{x})^2}} = 1.286920$$

자유도는 $59-2=57$, $t_{57,0.01} \approx 2.394$이다.

(f) $$\hat{y} = 71.4783,\ s_{\text{pred}} = s\sqrt{1 + \frac{1}{n} + \frac{(x - \overline{x})^2}{\sum_{i=1}^{n}(x_i - \overline{x})^2}} = 9.935200$$

따라서 98% 신뢰구간은 $71.4783 \pm 2.394(1.286920)$ 또는 $(68.40, 74.56)$이다.

4. (a) $\overline{x} = 50$, $\overline{y} = 47.909091$, $\sum_{i=1}^{n}(x_i - \overline{x})^2 = 11000$, $\sum_{i=1}^{n}(y_i - \overline{y})^2 = 9768.909091$,

$\sum_{i=1}^{n}(x_i - \overline{x})(y_i - \overline{y}) = 10360$, $n = 11$

$$\hat{\beta}_1 = \frac{\sum_{i=1}^{n}(x_i - \overline{x})(y_i - \overline{y})}{\sum_{i=1}^{n}(x_i - \overline{x})^2} = 0.941818,\ \hat{\beta}_0 = \overline{y} - \hat{\beta}_1\overline{x} = 0.818182$$

(b) $r^2 = \dfrac{[\sum_{i=1}^{n}(x_i - \overline{x})(y_i - \overline{y})]^2}{\sum_{i=1}^{n}(x_i - \overline{x})^2 \sum_{i=1}^{n}(y_i - \overline{y})^2} = 0.998805,\ \ s = \sqrt{\dfrac{(1-r^2)\sum_{i=1}^{n}(y_i - \overline{y})^2}{n-2}} = 1.138846$

$\widehat{\beta}_0 = 0.818182,\ \ s_{\widehat{\beta}_0} = s\sqrt{\dfrac{1}{n} + \dfrac{\overline{x}^2}{\sum_{i=1}^{n}(x_i - \overline{x})^2}} = 0.642396$

귀무가설과 대립가설은 $H_0 : \beta_0 = 0,\ H_1 : \beta_0 \neq 0$이다.

자유도는 $11-2=9$, $t = (0.818182 - 0)/0.642396 = 1.274$이다.

대립가설은 $\beta_0 \neq b$ 형식이므로 P값은 $t = 1.274$의 오른쪽과 $t = -1.274$의 왼쪽 영역의 합과 같다.

t 분포표에서 $0.20 < P < 0.50$. 컴퓨터 패키지는 $P = 0.235$이다. 따라서 $\beta_0 = 0$일 가능성이 있다.

(c) 귀무가설과 대립가설은 $H_0 : \beta_1 = 1,\ H_1 : \beta_1 \neq 1$이다.

$\widehat{\beta}_1 = 0.941818,\ \ s_{\widehat{\beta}_1} = \dfrac{s}{\sqrt{\sum_{i=1}^{n}(x_i - \overline{x})^2}} = 0.010858$

자유도는 $11-2=9$, $t = (0.941818 - 1)/0.010858 = -5.358$이다.

대립가설은 $\beta_1 \neq b$ 형식이므로 P값은 $t = 5.358$의 오른쪽과 $t = -5.358$의 왼쪽 영역의 합과 같다.

t 분포표에서 $P < 0.001$이고, 컴퓨터 패키지는 $P = 0.00046$이다. $\beta_1 \neq 1$이라는 결론을 내릴 수 있다.

(d) 충분한 근거를 제공한다. $\beta_1 \neq 1$이라는 결론을 내릴 수 있으므로 기계가 교정을 벗어났다는 결론을 내릴 수 있다. 두 개의 계수를 검정하였으므로 일부는 Bonferroni 교정을 적용하고 β_1에 대한 P값에 2배를 취할 수 있다. $\beta_1 \neq 1$이라는 증거는 여전히 결정적이다.

(e) $x = 20,\ \ \widehat{y} = \widehat{\beta}_0 + \widehat{\beta}_1(20) = 19.65455,\ \ s_{\widehat{y}} = s\sqrt{\dfrac{1}{n} + \dfrac{(x - \overline{x})^2}{\sum_{i=1}^{n}(x_i - \overline{x})^2}} = 0.47331$

자유도는 9이다. $t_{9,.025} = 2.262$이므로

평균반응에 대한 95% 신뢰구간은 $19.65455 \pm 2.262(0.47331)$ 또는 $(18.58,\ 20.73)$이다.

(f) $x = 80,\ \ \widehat{y} = \widehat{\beta}_0 + \widehat{\beta}_1(80) = 76.163636,\ \ s_{\widehat{y}} = s\sqrt{\dfrac{1}{n} + \dfrac{(x - \overline{x})^2}{\sum_{i=1}^{n}(x_i - \overline{x})^2}} = 0.47331$

자유도는 9이다. $t_{9,.025} = 2.262$이므로

평균반응에 대한 95% 신뢰구간은 $76.163636 \pm 2.262\ (0.47331)$ 또는 $(75.09,\ 77.23)$이다.

(g) 아니다. 참값이 20인 경우 부분 (e)의 결과는 측정된 값의 평균에 대한 95% 신뢰구간이 (18.58, 20.73)임을 나타낸다. 따라서 평균 측정값이 20이되어 기계가 교정 상태에 있는 것이 타당하다.

5. (a) $f = 1/2$이면 $1/f = 2$. 추정값 $\widehat{t} = 145.736 - 0.05180(2) = 145.63$

(b) 상관계수를 구할수 있다. $r = \sqrt{R\text{-}Sq} = -0.988$, 최소제곱직선의 기울기가 음수이므로 r는 음수이다.

(c) $f = 1$이면 $1/f = 1$. 추정치 $= 145.736 - 0.05180(1) = 145.68$

6. (a) $\widehat{y} = 46.802 - 130.11(0.15) - 807.10(0.01) + 3580.5(0.15)(0.01) = 24.6\%$

(b) $130.11(0.05) - 3580.5(0.006)(0.05) = 5.43\%$

(c) 아니다. 우리는 상호작용항 때문에 산소 함량을 알아야 한다.

7. (a) $\widehat{\beta}_0$는 $0.59 = \widehat{\beta}_0/0.3501$, $\widehat{\beta}_0 = 0.207$이다.

(b) $s_{\widehat{\beta}_1}$는 $2.31 - 1.8515/s_{\widehat{\beta}_1}$, $s_{\widehat{\beta}_1} = 0.8015$이다.

(c) $t = 2.7241/0.7124 = 3.82$

(d) $s = \sqrt{\text{MSE}} = \sqrt{1.44} = 1.200$

(e) 모형에는 2개의 독립 변수가 있으므로 회귀에 대한 자유도가 2개 있다.

(f) $\text{SSR} = \text{SST} - \text{SSE} = 104.09 - 17.28 = 86.81$

(g) $\text{MSR} = 86.81/2 = 43.405$

(h) $F = \text{MSR}/\text{MSE} = 43.405/1.44 = 30.14$

(i) $2 + 12 = 14$

8. (a)

	계수	표준오차	t 통계량	P값
Y-절편	10.84	0.2749	39.434	0.000
속도	−0.073851	0.023379	−3.1589	0.004
정지	−0.12743	0.013934	−9.1456	0.000
속도1	0.0011098	0.00048887	2.2702	0.032
정지2	0.0016736	0.00024304	6.8861	0.000
속도*정지	−0.00024272	0.00027719	−0.87563	0.390

$S = 0.33205$, $R^2 = 92.2\%$, 수정된 $R^2 = 90.6\%$

	자유도	제곱합	제곱 평균	F 비	유의한 F
회귀	5	31.304	6.2608	56.783	0.000
잔차	24	2.6462	0.11026		
계	29	33.95			

(b)

	계수	표준오차	t 통계량	P값
Y-절편	10.967	0.23213	47.246	0.000
속도	−0.079919	0.022223	−3.5961	0.001
정지	−0.13253	0.01260	−10.518	0.000
속도1	0.0011098	0.00048658	2.2809	0.031
정지2	0.0016736	0.0002419	6.9185	0.000

$S = 0.33050$, $R^2 = 92.0\%$, 수정된 $R^2 = 90.7\%$

	자유도	제곱합	제곱 평균	F 비	유의한 F
회귀	4	31.22	7.8049	71.454	0.000
잔차	25	2.7307	0.10923		
계	29	33.95			

이 모형을 (a)의 모형과 비교하면,

$$F_{1,24} = \frac{(2.7307 - 2.6462)(5-4)}{2.6462/24} = 0.77,\ P > 0.10(\text{컴퓨터 패키지에서는 } P > 0.390)\text{이다.}$$

(c)

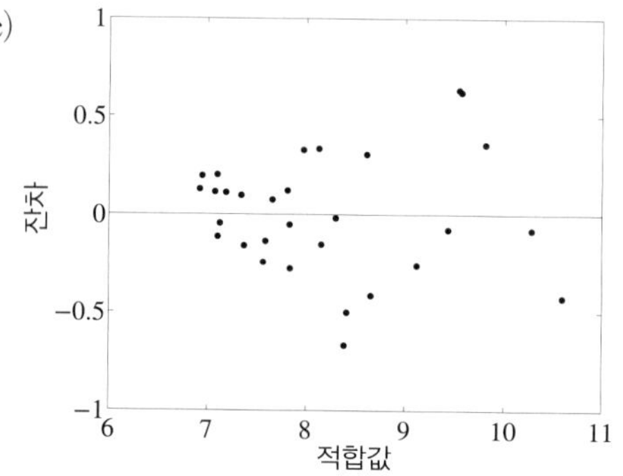

이분산성에 대한 몇 가지 증거가 있지만 더 많은 자료 없이는 확신하기 어렵다.

(d)

	계수	표준오차	t 통계량	P값
Y-절편	9.9601	0.21842	45.601	0.000
정지	−0.13253	0.020545	−6.4507	0.000
정지2	0.0016736	0.00039442	4.2431	0.000

$S = 0.53888$, $R^2 = 76.9\%$, 수정된 $R^2 = 95.2\%$

	자유도	제곱합	제곱 평균	F 비	유의한 F
회귀	2	26.11	13.055	44.957	0.000
잔차	27	7.8405	0.29039		
계	29	33.95			

이 모형을 (a)의 모형과 비교하면,

$F_{3,24} = \dfrac{(7.8405 - 2.6462)(5-2)}{2.6462/24} = 15.70$, $P > 0.001$이고, 컴퓨터 패키지에서는 $P = 7.3 \times 10^{-6}$이다.

(e)

Vars	R-Sq	R-Sq(adj)	C-p	S	속도	지체	(속도)^2	(지체)^2	속도*지체
1	61.5	60.1	92.5	0.68318		X			
1	60.0	58.6	97.0	0.69600					X
2	76.9	75.2	47.1	0.53888		X		X	
2	74.9	73.0	53.3	0.56198	X	X			
3	90.3	89.2	7.9	0.35621	X	X		X	
3	87.8	86.4	15.5	0.39903		X		X	X
4	92.0	90.7	4.8	0.33050	X	X	X	X	
4	90.5	89.0	9.2	0.35858	X	X		X	X
5	92.2	90.6	6.0	0.33205	X	X	X	X	X

(f) 종속 변수인 Speed, Pause, Speed^2 및 Pause^{2}를 포함하는 모형은 C_p의 가장 낮은 값과 조정된 R^2의 가장 큰 값을 모두 가진다.

9. (a)

선형모형	계수	표준오차	t 통계량	P값
Y-절편	40.751	5.4533	7.4728	0.000
인장강도	0.54013	0.61141	0.88341	0.389

$S = 12.308$, $R^2 = 4.2\%$, 수정된 $R^2 = -1.2\%$

	자유도	제곱합	제곱 평균	F 비	유의한 F
회귀	1	118.21	118.21	0.78041	0.38866
잔차	18	2726.5	151.47		
계	19	2844.8			

2차 모형	계수	표준오차	t 통계량	P값
Y-절편	12.683	3.9388	3.2199	0.005
인장강도	10.067	1.1028	9.1287	0.000
인장강도2	−0.56928	0.063974		0.000

$S = 5.3242$, $R^2 = 83.1\%$, 수정된 $R^2 = 81.1\%$

	자유도	제곱합	제곱 평균	F 비	유의한 F
회귀	2	2362.9	118.4	41.678	0.000
잔차	17	481.90	28.347		
계	19	2844.8			

3차 모형	계수	표준오차	t 통계량	P값
Y-절편	27.937	2.9175	9.5755	0.000
인장강도	0.48749	1.453	0.3355	0.742
인장강도2	0.85104	0.20165	4.2204	0.001
인장강도3	−0.057254	0.0080239	−7.1354	0.000

$S = 2.6836$, $R^2 = 95.9\%$, 수정된 $R^2 = 95.2\%$

	자유도	제곱합	제곱 평균	F 비	유의한 F
회귀	3	2729.5	909.84	126.34	0.000
잔차	16	115.23	7.2018		
계	19	2844.8			

4차 모형	계수	표준오차	t 통계량	P값
Y-절편	30.368	4.6469	6.5351	0.000
인장강도	−1.7962	3.6697	−0.48946	0.632
인장강도2	1.4211	0.8632	1.6463	0.120
인장강도3	−0.10878	0.076229	−1.4271	0.174
인장강도4	0.0015256	0.0022438	0.67989	0.507

$S = 2.7299$, $R^2 = 96.1\%$, 수정된 $R^2 = 95.0\%$

	자유도	제곱합	제곱 평균	F 비	유의한 F
회귀	4	27.33	683.24	91.683	0.000
잔차	15	111.78	7.4522		
계	19	2844.8			

1, 2, 3, 4도 모형에 대한 SSE 값과 해당 자유도는 다음과 같다.

Linear	18	2726.55
Quadratic	17	481.90
Cubic	16	115.23
Quartic	15	111.78

2차 대 선형을 비교하면,

$$F_{1,17} = \frac{(2726.55 - 481.90)/(18 - 17)}{481.90/17} = 79.185,\ P \approx 0,\ \text{컴퓨터 패키지는 } P = 8.3 \times 10^{-6}\text{이다.}$$

3차와 2차 비교하면,

$$F_{1,16} = \frac{(481.90 - 115.23)/(17 - 16)}{115.23/16} = 50.913,\ P \approx 0,\ \text{컴퓨터 패키지는 } P = 2.4 \times 10^{-6}\text{이다.}$$

4차와 3차를 비교하면,

$$F_{1,15} = \frac{(115.23 - 111.78)/(16 - 15)}{111.78/15} = 0.463,\ P \approx 0,\ \text{컴퓨터 패키지는 } P = 0.507\text{이다.}$$

(b) 3차 모형은 $y = 27.937 + 0.48749x + 0.85104x^2 - 0.057254x^3$이다.
추정치 y은 $dy/dx = 0$일 때 최대화된다. $dy/dx = 0.48749 + 1.70208x - 0.171762x^2$이므로 $x = 10.188$이다.

10. (a)

4차 모형	계수	표준오차	t 통계량	P값
Y-절편	−0.093765	0.092621	−1.0123	0.335
x_1	0.63318	2.2088	0.28666	0.780
x_2	2.5095	0.30151	8.3233	0.000
x_1^2	5.318	8.2231	0.64672	0.532
x_2^2	−0.3214	0.17396	−1.8475	0.094
x_1x_2	0.15209	1.5778	0.09639	0.925

	자유도	제곱합	제곱 평균	F 비	유의한 F
회귀	5	20.349	4.0698	894.19	0.000
잔차	10	0.045513	0.0045513		
계	15	20.394			

(b) x_1, x_2, x_2^2 변수를 포함하는 모형이 좋다.

4차 모형	계수	표준오차	t 통계량	P값
Y-절편	−0.088618	0.068181	−1.2997	0.218
x_1	2.1282	0.30057	7.0805	0.000
x_2	2.4079	0.13985	17.218	0.000
x_2^2	−0.27994	0.059211	−4.7279	0.000

	자유도	제곱합	제곱 평균	F 비	유의한 F
회귀	3	20.346	6.782	1683.9	0.000
잔차	12	0.048329	0.0040275		
계	15	20.394			

이 모형을 전체 2차 모형과 비교하기 위한 F 통계는 다음과 같다.

$$F_{2,10} = \frac{(0.048329 - 0.045513)/(12 - 10)}{0.045513/10} = 0.309,\ P > 0.10$$

따라서 전체 2차 모형에서 x_1^2 및 x_1x_2를 삭제하는 것이 합리적이다. 나머지 계수는 모두 0과 크게 다르므로 모형을 더 줄이는 것은 합리적이지 않다.

(c) 가장 잘 조정된 R^2(0.99716)가 있는 모형에는 변수 x_2, x_1^2, x_2^2가 포함된다.

```
Response is y

                                          x x x
                                          1 2 1
                   Mallows            x x ^ ^ x
Vars  R-Sq  R-Sq(adj)   C-p        S  1 2 2 2 2
   1  98.4       98.2   61.6  0.15470   X
   1  91.8       91.2  354.1  0.34497       X
   2  99.3       99.2   20.4  0.10316 X X
   2  99.2       99.1   25.7  0.11182   X X
   3  99.8       99.7    2.2 0.062169   X X X
   3  99.8       99.7    2.6 0.063462 X X   X
   4  99.8       99.7    4.0 0.064354 X X X X
   4  99.8       99.7    4.1 0.064588   X X X X
   5  99.8       99.7    6.0 0.067463 X X X X X
```

이 모형은 Mallows의 (2.2) 값이 가장 작은 모형이기도 하다. x_1^2이 포함되어 있지만 x_1이 포함되어 있지 않기 때문에 이것은 최고의 모형이 아니다.

(b)에 대한 답변에서 제안된 x_1, x_2, x_2^2를 포함하는 모형이 더 좋다.

(b)의 모형에 대한 조정된 R^2는 0.99704이며, 조정된 R^2값이 가장 큰 모형의 조정된 R^2와 무시할 정도로 다르다.

11. (a)

선형모형	계수	표준오차	t 통계량	P값
Y-절편	1.1623	0.17042	6.8201	0.006
t	0.059718	0.0088901	6.7174	0.007
t^2	−0.00027482	0.000069662	−3.9450	0.029

(b) x를 반응 속도가 0.05가 되는 시간이라고 하자. 그러면 0.059718 − 2 (0.00027482) x = 0.05이므로 x = 17.68분이다.

(c) $\hat{\beta}_1 = 0.059718$, $s_{\hat{\beta}_1} = 0.0088901$

6개의 관측치와 2개의 종속 변수가 있으므로 오류에 대한 자유도는 $6 - 2 - 1 = 3$이다.

$t_{3,0.025} = 3.182$, 95% 신뢰구간은 $0.059718 \pm 3.182(0.0088901)$ 또는 (0.0314, 0.0880)이다.

(d) 반응 속도는 $\beta_2 < 0$이면 시간이 지남에 따라 감소한다. 따라서 $H_0 : \beta_2 \geq 0$ 대 $H_1 : \beta_2 < 0$을 검정한다.

출력에서 $H_0 : \beta_2 = 0$, $H_1 : \beta_2 \neq 0$에 대한 검정통계량은 $t = -3.945$이다. 출력은 $P = 0.029$를 제공하지만 양측검정의 값이다.

단측검정의 경우 $P = 0.029/2 = 0.0145$이다. 따라서 반응 속도는 시간이 지남에 따라 감소한다는 결론을 내리는 것이 합리적이다.

12. (a) 독립변수 x_1, x_2, x_3, x_6, x_7, x_8, x_9, x_{11}, x_{13}, x_{14}, x_{16}, x_{18}, x_{19}, x_{20}, x_{21}, x_{22}, x_{23}, $R = 0.98446$로 조정, 적합 모형은 다음과 같다.

$$y = -1569.8 - 24.909x_1 + 196.95x_2 + 8.8669x_3 - 2.2359x_6 - 0.077581x_7 + 0.057329x_8 - 1.3057x_9 - 12.227x_{11} + 44.143x_{13} + 4.1883x_{14} + 0.97071x_{16} + 74.775x_{18} + 21.656x_{19} - 18.253x_{20} + 82.591x_{21} - 37.553x_{22} + 329.8x_{23}$$

(b) 독립변수 x_1, x_2, x_5, x_8, x_{10}, x_{11}, x_{14}, x_{21}을 포함하는 8-변수 모형의 Mallows의 C_p은 1.7이다. 적합 모형은 다음과 같다.

$$y = -665.98 - 24.782x_1 + 76.499x_2 + 121.96x_5 + 0.024247x_8 + 20.4x_{10} - 7.1313x_{11} + 2.4466x_{14} + 47.85x_{21}$$

(c) 후진소거법 및 전진선택법 모두에 0.15 값을 사용하면 단계적 회귀에서 선택한 방정식은

$y = -927.72 + 142.40x_5 + 0.081701x_7 + 21.698x_{10} + 0.41270x_{16} + 45.672x_{21}$이다.

(d) 아래의 13-변수 모형은 R^2를 0.95402로 조정했다. (조정된 R^2이 조금 낮은 두 개의 12-변수 모형도 있다.)

$$z = 8663.2 - 313.31x_3 - 14.46x_6 + 0.358x_7 - 0.078746x_8 + 13.998x_9 + 230.24x_{10} - 188.16x_{13} + 5.4133x_{14} + 1928.2x_{15} - 8.2533x_{16} + 294.94x_{19} + 129.79x_{22} - 3020.7x_{23}$$

(e) 2-변수 모형 $z = -1660.9 + 0.67152x_7 + 134.28x_{10}$은 Mallows의 C_p가 -4.0과 같다.

(f) 후진소거법 및 전진선택법 모두에 대해 0.15 값을 사용하면 단계적 회귀에서 선택한 방정식은 $z = -1660.9 + 0.67152x_7 + 134.28x_{10}$이다.

(g) 아래의 17-변수 모형은 R^2를 0.97783으로 조정하였다.

$$w = 700.56 - 21.701x_2 - 20.000x_3 + 21.813x_4 + 62.599x_5 + 0.016156x_7 - 0.012689x_8 + 1.1315x_9 + 15.245x_{10} + 1.1103x_{11} - 20.523x_{13} - 90.189x_{15} - 0.77442x_{16} + 7.5559x_{19} + 5.9163x_{20} - 7.5497x_{21} + 12.994x_{22} - 271.32x_{23}$$

(h) 아래의 13-변수 모형은 Mallows의 C_p이 8.0이다.

$$w = 567.06 - 23.582x_2 - 16.766x_3 + 90.482x_5 + 0.0082274x_7 - 0.011004x_8 + 0.89554x_9 + 12.131x_{10} - 11.984x_{13} - 0.67302x_{16} + 11.097x_{19} + 4.6448x_{20} + 11.108x_{22} - 217.82x_{23}$$

(i) 후진소거법 및 전진선택법 모두에 0.15 값을 사용하면 단계적 회귀에서 선택한 방정식은 $w = 130.92 - 28.085x_2 + 113.49x_5 + 0.16802x_9 - 0.20216x_{16} + 11.417x_{19} + 12.068x_{21} - 78.371x_{23}$이다.

9장

9.1 연습문제

1. (a)

	자유도	제곱합	제곱 평균	F 비	유의한 F
회귀	3	202.44	67.481	59.731	0.000
잔차	16	18.76	1.1297		
계	19	220.52			

(b) 변한다. $F_{3,16} = 59.731$, $P < 0.001$ $(P \approx 0)$

2. (a)

	자유도	제곱합	제곱 평균	F 비	유의한 F
회귀	4	19.009	4.7522	2.3604	0.117
잔차	11	22.149	2.0133		
계	15	41.155			

(b) 영향이 없다. $F_{4,11} = 2.3604$, $P > 0.10$ $(P = 0.117)$

3. (a)

	자유도	제곱합	제곱 평균	F 비	유의한 F
회귀	5	3.8081	0.76161	7.9115	0.000
잔차	73	7.0274	0.096266		
계	78	10.835			

(b) 차이가 있다. $F_{5,73} = 7.9115$, $P < 0.01$ $(P = 5.35 \times 10^{-6})$

4. (a)

	자유도	제곱합	제곱 평균	F 비	유의한 F
회귀	3	0.19218	0.064062	1.8795	0.142
잔차	62	2.1133	0.034085		
계	65	2.3055			

(b) 차이가 없다. $F_{3,62} = 1.8795$, $P > 0.10$ $(P = 0.142)$

5. (a)

	자유도	제곱합	제곱 평균	F 비	유의한 F
회귀	2	481.45	240.73	8.7186	0.001
잔차	25	690.26	27.611		
계	27	1171.7			

(b) 차이가 있다. $F_{2,25} = 8.7186$, $0.001 < P < 0.01$ $(P = 0.001)$

6. (a)

	자유도	제곱합	제곱 평균	F 비	유의한 F
회귀	3	58.650	19.550	8.4914	0.001
잔차	16	36.837	2.3023		
계	19	95.487			

(b) 결론 지을 수 있다. $F_{3,16} = 8.4914$, $0.001 < P < 0.001$ $(P = 0.0013)$

7. (a)

	자유도	제곱합	제곱 평균	F 비	유의한 F
회귀	4	56862	1715.5	7.8825	0.000
잔차	30	6529.1	217.64		
계	34	13391			

(b) 결론 지을 수 있다. $F_{4,30} = 7.8825$, $P \approx 0$ $(P = 0.00018171)$

8. (a)

	자유도	제곱합	제곱 평균	F 비	유의한 F
회귀	2	2.1615	1.0808	5.6099	0.0104
잔차	23	4.4309	0.19265		
계	25	6.5924			

(b) 결론 지을 수 있다. $F_{2,23} = 5.6099$, $0.01 < P < 0.05\,(P = 0.0104)$

9.2 연습문제

1. (a) 결론 지을 수 있다.

(b) $q_{6,6,0.05}$. MSE의 값은 0.00508이다. 따라서 5% 임계값은 $5.63\sqrt{0.00508/2} = 0.284$이다. 0.284 이상 차이가 나는 쌍은 다르다는 결론을 내릴 수 있다. 다음 쌍은 기준을 충족한다. A와 B, A와 C, A와 D, A와 E, B와 C, B와 D, B와 E, B와 F, D와 F.

2. 5% 수준에서 유의한 차이는 다음과 같다. 평균 1은 평균 3 및 5와 다르다. 평균 2는 평균 3 및 5와 다르다. 평균 4는 평균 5와 다르다.

$q_{6,60,.05}\sqrt{(MSE/2)(1/J_i + 1/J_j)}$

	1	2	3	4	5	6
1	–	0.37260	0.36536	0.37260	0.35348	0.35348
2	0.37260	–	0.36536	0.37260	0.35348	0.35348
3	0.36536	0.36536	–	0.36536	0.34584	0.34584
4	0.37260	0.37260	0.36536	–	0.35348	0.35348
5	0.35348	0.35348	0.34584	0.35348	–	0.33326
6	0.35348	0.35348	0.34584	0.35348	0.33326	–

$|\overline{X}_{i.} - \overline{X}_{j.}|$

	1	2	3	4	5	6
1	0	0.0075	0.49904	0.15083	0.5475	0.35283
2	0.0075	0	0.49154	0.14333	0.54	0.34533
3	0.49904	0.49154	0	0.34821	0.048462	0.14621
4	0.15083	0.14333	0.34821	0	0.39667	0.202
5	0.5475	0.54	0.048462	0.39667	0	0.19467
6	0.35283	0.34533	0.14621	0.202	0.19467	0

3. 표본평균은 $\overline{X}_1 = 1.998$, $\overline{X}_2 = 3.0000$, $\overline{X}_3 = 5.300$이다. 표본크기는 $J_1 = 5$, $J_2 = J_3 = 3$. Student's화 범위의 상위 5%는 $q_{3,8,0.05} = 4.04$. $|\overline{X}_1 - \overline{X}_2|$에 대한 5% 임계값 및 $|\overline{X}_1 - \overline{X}_3|$ $4.04\sqrt{(1.3718/2)(1/5 + 1/3)} = 2.44$이고 $|\overline{X}_2 - \overline{X}_3|$에 대한 5% 임계값이다. $4.04\sqrt{(1.3718/2)(1/3 + 1/3)} = 2.73$이다. 따라서 1과 3이 5% 수준에서 다르다는 것을 의미한다.

4. (a) $\overline{X} = 88.04$, $I = 4$, $J = 5$, $\text{MSTr} = \sum_{i=1}^{I} J(\overline{X}_{i.} - \overline{X}_{..})^2/(I-1) = 19.554$

$F = \text{MSTr}/\text{MSE} = 19.554/3.85 = 5.05$, 자유도는 3과 16, $0.01 < P < 0.05$, $(P = 0.012)$이다. 차이가 없다는 귀무가설은 5% 수준에서 기각된다.

(b) $q_{4,16,0.05} = 4.05$이다. 따라서 평균이 4.05 이상 $4.05\sqrt{3.85/5} = 3.55$인 촉매는 매우 다르다. 5% 수준에서, 촉매 1과 촉매 2는 촉매 4와 매우 다르다.

5. F의 값은 $F = \text{MSTr}/\text{MSE} = 19.554/\text{MSE}$. $F_{3,16}$ 분포의 상위 5%는 3.24이다.

따라서 F검정은 $19.554/\text{MSE} \geq 3.24$ 또는 동등하게 $\text{MSE} \leq 6.035$인 경우 5% 수준에서 기각된다.

표본평균 간의 가장 큰 차이는 $89.88 - 85.79 = 4.09$이다. Student's화 범위 분포의 상위 5% 포인트는 $q_{4,16,0.05} = 4.05$이다.

따라서 Tukey-Kramer 검정은 유의미한 차이를 찾지 못한다. $4.09 < 4.05\sqrt{\text{MSE}/5}$인 경우 5% 수준에서 또는 $\text{MSE} > 5.099$인 경우 동등하게 찾을수 없다.

F 검정은 모든 평균이 같다는 귀무가설을 기각하지만 Tukey-Kramer 검정은 $5.099 < \text{MSE} < 6.035$를 충족하는 MSE 값에 대해 5% 수준에서 다른 평균 쌍을 구하지 않는다.

9.3 연습문제

1. I을 오일 유형의 레벨 수로, J을 피스톤 링 유형의 레벨 수로, K를 복제 수라고 하자. 그렇다면 $I = 4$, $J = 3$, $K = 3$이다.

(a) $I - 1 = 3$, (b) $J - 1 = 2$, (c) $(I - 1)(J - 1) = 6$, (d) $IJ(K - 1)$

(e)

	자유도	제곱합	제곱 평균	F 비	유의한 F
오일	3	1.0926	0.36420	5.1314	0.007
피스톤링	2	0.9340	0.46700	6.5798	0.005
상호작용	6	0.2485	0.041417	0.58354	0.740
오차	24	1.7034	0.070975		
계	35	3.9785			

(f) 가법모형은 타당하다. $F_{6,24} = 0.58354$, $P > 0.10$ $(P = 0.740)$

(g) 아니다. 오일 유형의 주효과 중 일부는 0이 아니다. $F_{3,24} = 5.1314$, $0.001 < P < 0.01$ $(P = 0.007)$

(h) 아니다. 피스톤링 유형의 주효과 중 일부는 0이 아니다. $F_{2,24} = 6.5798$, $0.001 < P < 0.01$ $(P = 0.005)$

2. (a)

	자유도	제곱합	제곱 평균	F 비	유의한 F
금형 온도	4	69738	17434.5	6.7724	0.000
합금	2	8958	4479.0	1.7399	0.187
상호작용	8	7275	909.38	0.35325	0.939
오차	45	115845	2574.3		
계	59	201816			

(b) 충족되었다. $F_{8,45} = 0.35325$, $P > 0.10$ $(P = 0.939)$

(c) 아니다. 금형 온도의 주효과 중 일부는 0이 아니다. $F_{4,45} = 6.7724$, $P < 0.001$ $(P \approx 0)$

(d) 합금의 주효과는 0이다. $F_{3,45} = 1.7399$, $P > 0.10$ $(P = 0.187)$

3. (a)

	자유도	제곱합	제곱 평균	F 비	유의한 F
용액	1	1993.9	1993.9	5.1983	0.034
온도	1	78.634	78.634	0.20500	0.656
상호작용	1	5.9960	5.9960	0.015632	0.902
오차	20	7671.4	383.57		
계	23	9750.0			

(b) 가법모형은 타당하다. $F_{1,20} = 0.015632$, $P > 0.10$ $(P = 0.902)$

(c) 설명될 수 있다. 추가 모형이 그럴듯하기 때문이다. Na_2HPO_4와 NaCl 사이의 평균 항복응력은 서로 다르다. $F_{1,20} = 5.1983$, $0.01 < P < 0.05$ $(P = 0.034)$

(d) 온도가 항복응력에 영향을 준다는 증거는 없다. $F_{1,20} = 0.20500$, $P > 0.10$ $(P = 0.656)$

4. (a)

	자유도	제곱합	제곱 평균	F 비	유의한 F
접착제	1	17.014	17.014	6.7219	0.024
접착압력	2	35.663	17.832	7.045	0.009
상호작용	2	39.674	19.837	7.8374	0.007
오차	12	30.373	2.5311		
계	17	122.73			

(b) 가법모형은 타당하지 않다. $F_{2,12} = 7.8374$, $0.001 < P < 0.01$ $(P = 0.007)$

(c) 아니다. 추가 모형이 타당하지 않기 때문이다.

(d) 아니다. 추가 모형이 타당하지 않기 때문이다.

5. (a)

	자유도	제곱합	제곱 평균	F 비	유의한 F
테이퍼	1	0.059052	0.059052	23.630	0.000
목길이	2	0.028408	0.014204	5.6840	0.010
상호작용	2	0.0090089	0.0045444	1.8185	0.184
오차	24	0.059976	0.002499		
계	29	0.15652			

(b) 가법모형은 타당하다. 상호작용은 그럴듯하게 0과 같을 수 있다. 검정통계량은 1.8185이고, 귀무분포는 $F_{2,24}$ $P > 0.10$ ($P = 0.184$)이다.

(c) 그렇다. 추가 모형이 그럴듯하기 때문이다. 평균 마찰 계수는 CPTi-ZrO_2와 TiAlloy-ZrO_2 간에 다르다. $F_{1,24} = 23.630$, $P < 0.001$

6. (a)

	자유도	제곱합	제곱 평균	F 비	유의한 F
초기농도	2	0.37936	0.18968	3.8736	0.040
전달비율	2	7.34	3.67	74.949	0.000
상호작용	4	3.4447	0.86118	17.587	0.000
오차	18	0.8814	0.048967		
계	26	12.045			

(b) 가법모형은 타당하지 않다. 검정통계량의 값은 17.587이고 귀무분포는 $F_{4,18}$ 및 $P \approx 0$이다.

(c)

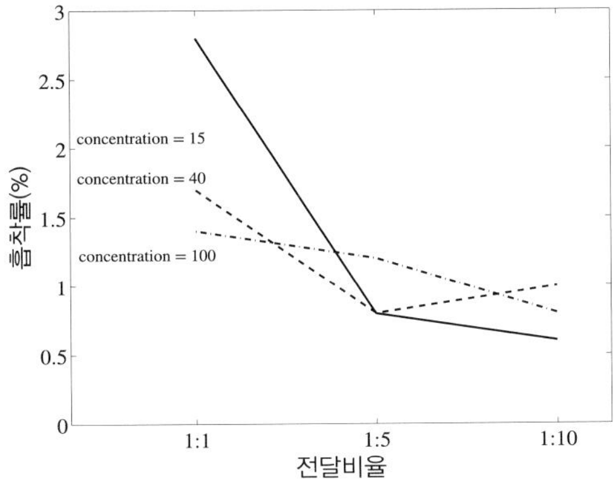

선분의 기울기가 서로 매우 다르기 때문에 상호작용의 수준이 높다.

7. (a)

	자유도	제곱 합	제곱 평균	F 비	유의한 F
웨이퍼	2	114661.4	57330.7	11340.1	0.000
측정자	2	136.78	68.389	13.53	0.002
상호작용	4	6.5556	1.6389	0.32	0.855
오차	9	45.500	5.0556		
계	17	114850.3			

(b) 측정자 간에 차이가 있다. $F_{2,9} = 13.53$, $0.01 < P < 0.001$ ($P = 0.002$)

8. (a)

	자유도	제곱 합	제곱 평균	F 비	유의한 F
PVAL	2	125.41	62.704	8.2424	0.003
DCM	2	1647.9	823.94	108.31	0.000
상호작용	4	159.96	39.990	5.2567	0.006
오차	18	136.94	7.6075		
계	26	2070.2			

(b) 상호작용항이 0($F_{4,18} = 5.2567$, $P = 0.006$)이 아니므로 주효과를 해석할 수 없다. 따라서 우리는 세포 평균을 계산해야 한다. DCM 수준이 50 ml이면 다른 수준보다 더 큰 캡슐화 효율을 생성한다. DCM = 50이면 PVAL 농도는 많은 영향을 미치지 않는다. DCM = 50의 경우 캡슐화 효율은 가장 낮은 PVAL 농도에서 최대화되지만 DCM = 30의 경우 가장 높은 PVAL 농도에서 최대화된다. 이는 상호작용의 증거이다.

9.4 연습문제

1. (a) NaOH 농도는 블록인자이고 나이는 처리인자이다.

(b)

	자유도	제곱합	제곱 평균	F 비	유의한 F
처리	3	386.33	128.78	211.14	0.000
블록	4	13.953	3.4882	5.7192	0.008
오차	12	7.3190	0.6099		
계	19	407.60			

(c) 예. $F_{3,12} = 211.14$, $P \approx 0$ ($P = 1.202 \times 10^{-10}$)

2. (a)

	자유도	제곱합	제곱 평균	F 비	유의한 F
조명	3	9943	3314.33	3.3329	0.036
블록	2	11432	5716.00	5.7481	0.009
상호작용	6	6135	1022.50	1.0282	0.431
오차	24	23866	994.417		
계	35	51376			

(b) 예. 상호작용에 대한 P 값이 크다. (0.431)

(c) 예. 조명의 P 값은 작다. (0.036)

3. (a)

	자유도	제곱합	제곱 평균	F 비	유의한 F
종자	9	339032	37670	2.5677	0.018
블락	5	1860838	372168	25.367	0.000
오차	45	660198	14671		
계	59	2860069			

(b) 예. $F_{9,45} = 2.5677$, $P = 0.018$

4. (a) 각 유형의 모터 하나를 매일 검정해야 한다. 주어진 날짜에 모터를 검정하는 순서는 무작위로 선택해야 한다. 이는 날이 블록이 되는 확률블록설계이다. 확률화는 블록 내에서만 발생하기 때문에 완전히 확률화 된 설계는 아니다.

(b) $$\frac{\sum_{i=1}^{5}(\overline{X}_{i.} - \overline{X}_{..})^2}{\sum_{j=1}^{4}\sum_{i=1}^{5}(X_{ij} - \overline{X}_{i.} - \overline{X}_{.j} - \overline{X}_{..})^2/12}$$

9.5 연습문제

1.

	A	B	C	D
1	−	−	−	−
ad	+	−	−	+
bd	−	+	−	+
ab	+	+	−	−
cd	−	−	+	+
ac	+	−	+	−
bc	−	+	+	−
$abcd$	+	+	+	+

모든 짝은 {A, BCD}, {B, ACD}, {C, ABD}, {D, ABC}, {AB, CD}, {AD, BC}이다.

2. (a)

	효과	자유도	제곱합	제곱 평균	F 비	유의한 F
A	6.75	1	182.25	182.25	11.9508	0.009
B	9.50	1	361.00	361.00	23.6721	0.001
C	1.00	1	4.00	4.00	0.2623	0.622
AB	2.50	1	25.00	25.00	1.6393	0.236
AC	0.50	1	1.00	1.00	0.0656	0.804
BC	0.75	1	2.25	25.25	0.1475	0.711
ABC	−2.75	1	30.25	30.25	1.9836	0.197
오차		8	122.00	15.25		
계		15	727.75			

(b) 요인 A와 B (온도 및 농도)는 수율에 영향을 미치는 것 같다. pH가 효과가 있다는 증거는 없다. 중요한 상호작용은 없다. P값은 모두 0.19보다 크다.

(c) 온도의 영향은 양수이고 통계적으로 유의하기 때문에 온도가 높을 때 평균 수율이 더 높다는 결론을 내릴 수 있다.

3. (a)

	효과		효과
A	3.3750	AB	−2.8750
B	23.625	AC	−1.3750
C	1.1250	BC	−1.6250
		ABC	1.8750

(b) 계산할 수 없다. 설계가 복제되지 않았으므로 오차제곱합이 없다.

(c) 없다. 요인 *B*의 주효과만큼 큰 상호작용항은 없다.

(d) 가법모형이 유지되는 것으로 알려진 경우 ANOVA 표는 *B*의 주효과가 아니라 *A* 및 *C*의 주효과가 0과 같을 수 있음을 보여준다.

4. (a)

효과		효과	
A	−119.25	AB	101.75
B	259.25	AC	−6.25
C	−82.75	BC	−52.75
		ABC	−2.25

(b) 계산 할 수 없다. 설계가 복제되지 않았으므로 오차제곱합이 없다.

(c) AB 상호작용은 더 큰 효과 중 하나이다.

(d) 주장은 유효하지 않다. AB 상호작용이 크기 때문이다.

5. (a)

효과		효과		효과	
A	1.2	AC	2.9	ABC	−0.8
B	3.25	AD	−1.2	ABD	−1.9
C	−16.05	BC	1.05	ACD	−0.15
D	−2.55	BD	−1.45	BCD	0.8
AB	2	CD	−1.6	ABCD	0.65

(b) *C*은 유일하게 눈에 띄는 효과이다.

6. (a)

	효과	자유도	제곱합	제곱 평균	F 비	유의한 F
A	14.245	1	811.68	811.68	691.2	0.000
B	8.0275	1	257.76	257.76	219.5	0.000
C	−6.385	1	163.07	163.07	138.87	0.000
AB	−1.68	1	11.29	11.29	9.6139	0.015
AC	−1.1175	1	4.9952	4.9952	4.2538	0.073
BC	−0.535	1	1.1449	1.1449	0.97496	0.352
ABC	−1.2175	1	5.9292	5.9292	5.0492	0.055
오차		8	9.3944	1.1743		
계		15	1265.3			

(b) *AB* 상호작용과 마찬가지로 모든 주효과가 중요하다. *BC* 상호작용만 합리적으로 큰 *P*값을 가진다. 세 가지 요소가 모두 중요한 것으로 보이며 상호작용이 있는 것 같다.

7. (2) *A*의 주효과와 *BCDE* 상호작용의 합이다.

9장 보충연습문제

1.

	자유도	제곱합	제곱 평균	F 비	유의한 F
석고	3	0.013092	0.0043639	0.28916	0.832
오차	8	0.12073	0.015092		
계	11	0.13383			

통계량은 $F_{3,8} = 0.28916$; $P > 0.10$($P = 0.832$)이다.
따라서 추가된 석고의 양에 따라 pH가 다르다는 증거는 없다.

2.

	자유도	제곱합	제곱 평균	F 비	유의한 F
날짜	2	1.0908	0.54538	22.35	0.000
오차	36	0.87846	0.024402		
계	38	1.9692			

평균당 함량이 3일 동안 다르다는 결론을 내릴 수 있다.(= 22.35, $P \approx 0$)

3. (a) 아니다. 그룹 간에 분산이 일정하지 않다. 특히 그룹 1에는 특이값이 존재한다.
(b) 아니다. (a)와 같은 이유이다.
(c)

	자유도	제곱합	제곱 평균	F 비	유의한 F
그룹	4	5.2029	1.3007	8.9126	0.000
오차	35	5.1080	0.14594		
계	39	10.311			

4. 추천하지 않는다. 엔지니어는 상호작용을 보지 않고 주효과를 해석하려고 한다. 상호작용에 대한 작은 P값은 이를 고려해야 한다는 것을 보여준다. 셀 의미를 살펴보면 디자인 2를 사용하면 저렴한 재료가 더 비싼 재료만큼 성능을 발휘한다는 것을 보여준다. 따라서 가장 좋은 권장 사항은 더 저렴한 재료로 디자인 2를 사용하는 것이다.

5. (a)

	자유도	제곱합	제곱 평균	F 비	유의한 F
기지국	3	13495	4498.3	7.5307	0.000
장비	2	90990	45495	76.164	0.000
상호작용	6	12050	2008.3	3.3622	0.003
오차	708	422912	597.33		
계	719	539447			

(b) 아니다. 행효과와 열효과 간에 상호작용이 있기 때문에 적절하지 않다. ($F_{6,708} = 3.3622$, $P = 0.003$)

6. (a)

	자유도	제곱합	제곱 평균	F 비	유의한 F
배수로 종류	4	1011.7	252.93	8.7139	0.001
오차	15	435.39	29.026		
계	19	1447.1			

달라진다. $F_{4,15} = 8.7139$, $P = 0.001$

(b) $q_{5,20,0.05} = 4.23$, MSE $= 29.026$, $J = 4$. 따라서 5% 임계값은 $4.23\sqrt{29.026/4} = 11.39$이다. 5개 배수로 종류에 대한 표본평균은 $\overline{X}_1 = 44.000$, $\overline{X}_2 = 44.100$, $\overline{X}_3 = 30.900$, $\overline{X}_4 = 28.575$, $\overline{X}_5 = 44.425$이다. 따라서 배수로 3과 4가 배수로 1, 2, 5와 다르다는 결론을 내릴 수 있다.

7.

	자유도	제곱합	제곱 평균	F 비	유의한 F
날짜	2	1.0908	0.54538	22.35	0.000
오차	36	0.87846	0.024402		
계	38	1.9692			

	자유도	제곱 합	제곱 평균	F 비	유의한 F
우물의 종류	4	5.7523	1.4381	1.5974	0.175
오차	289	260.18	0.90028		
계	293	265.93			

평균 농도가 다르다는 결론을 내릴 수 없다. $F_{4,289} = 1.5974, P > 0.10$ ($P = 0.175$)

8. (a)

효과		효과		효과	
A	3.9875	AC	0.0125	ABC	−0.2375
B	2.0375	AD	−0.9375	ABD	0.5125
C	1.7125	BC	0.7125	ACD	0.4875
D	3.7125	BD	−0.0875	BCD	−0.3125
AB	−0.1125	CD	0.6375	ABCD	−0.7125

(b) 주효과는 상호작용보다 눈에 띄게 크고 A 및 D의 주효과는 B 및 C의 주효과보다 훨씬 크다.

(c)

	효과	자유도	제곱합	제곱 평균	F 비	유의한 F
A	3.9875	1	63.601	63.601	68.415	0.000
B	2.0375	1	16.606	16.606	17.863	0.008
C	1.7125	1	11.731	11.731	12.619	0.016
D	3.7125	1	55.131	55.131	59.304	0.001
AB	−0.1125	1	0.050625	0.050625	0.054457	0.825
AC	0.0125	1	0.000625	0.000625	0.00067231	0.980
AD	−0.9375	1	3.5156	3.5156	3.7818	0.109
BC	0.7125	1	2.0306	2.0306	2.1843	0.199
BD	−0.0875	1	0.0030625	0.0030625	0.032943	0.863
CD	0.6375	1	1.6256	1.6256	1.7487	0.243
상호작용		5	4.4681	4.4681		
계		15	158.97			

각 요인 A, B, C, D의 결과에 영향을 미친다는 결론을 내릴 수 있다.

(d)

	효과	자유도	제곱합	제곱 평균	F 비	유의한 F
A	3.9875	1	63.601	63.601	68.415	0.000
B	2.0375	1	16.606	16.606	17.863	0.008
C	1.7125	1	11.731	11.731	12.619	0.016
D	3.7125	1	55.131	55.131	59.304	0.001
AB	-0.1125	1	0.050625	0.050625	0.054457	0.825
AC	0.0125	1	0.000625	0.000625	0.00067231	0.980
AD	-0.9375	1	3.5156	3.5156	3.7818	0.109
BC	0.7125	1	2.0306	2.0306	2.1843	0.199
BD	-0.0875	1	0.0030625	0.0030625	0.032943	0.863
CD	0.6375	1	1.6256	1.6256	1.7487	0.243
ABC	-0.2375	1	0.22563	0.22563	0.21695	0.666
ABD	0.5125	1	1.0506	1.0506	1.0102	0.372
ACD	0.4875	1	0.95063	0.95063	0.91406	0.393
BCD	-0.3125	1	0.39062	0.39062	0.3756	0.573
ABCD	-0.7125	1	2.0306	2.0306	1.9525	0.235

(e) 예. 3차 이상의 상호작용에 대한 P값 중 어느 요인도 작지 않다.

(f) 각 요인 A, B, C, D의 결과에 영향을 미친다는 결론을 내릴 수 있다.

9. (a)

	자유도	제곱합	제곱 평균	F 비	유의한 F
H_2SO_4	2	457.65	228.83	8.8447	0.008
$CaCl_2$	2	38783	19391	749.53	0.000
상호작용	4	279.78	69.946	2.7036	0.099
오차	9	232.85	25.872		
계	17	39753			

(b) 상호작용에 대한 P값은 0.099이다. 추가 보형을 배세할 수 없다.

(c) 예. $F_{2,9} = 8.8447$, $0.001 < P < 0.01$ ($P = 0.008$)

(d) 예. $F_{2,9} = 749.53$, $P \approx 0.000$

10장

10.1 연습문제

1. (a) 빈도변수, (b) 연속변수, (c) 이진변수, (d) 연속변수

2. (a) 정상상태이다, (b) 공정능력이 있다

3. (a) 거짓이다. 특정 공정이 통계학적 정상상태에 있다는 것은 단지 특별한 원인이 작용하지 않는다는 것을 의미한다. 공정이 잘못 조정되거나 공통원인에 의한 변동이 커서 결과물의 대부분이 규격에 맞지 않을 수 있다.

(b) 거짓이다. 특정 공정이 이상상태라는 것은 어떠한 특별한 원인이 작용하고 있다는 것을 의미한다. 대부분의 생산량이 사양을 충족하는 것은 가능하다.

(c) 참이다.

(d) 참이다.

10.2 연습문제

1. (a) 표본크기는 $n = 4$이다. R 관리도에 대한 관리상한과 관리하한은 각각 $D_3\overline{R}$, $D_4\overline{R}$이다. 표 A.8에 따라 $D_3 = 0$이고, $D_4 = 2.282$이다. $\overline{R} = 143.7/30 = 4.79$이므로 LCL $= 0$이고, UCL $= 10.931$이다.

(b) 표본크기는 $n = 4$이다. S 관리도에 대한 관리상한과 관리하한은 각각 $B_3\bar{s}$, $B_4\bar{s}$이다. 표 A.8에 따라 $B_3 = 0$이고, $B_4 = 2.266$이다. $\bar{s} = 62.5/30 = 2.08333$이므로 LCL $= 0$이고, UCL $= 4.721$이다.

(c) $\overline{X}$ 관리도에 대한 관리상한과 관리하한은 $\overline{\overline{X}} \pm A_2\overline{R}$이다. 표 A.8에 따라 $A_2 = 0.729$이다. $\overline{R} = 143.7/30 = 4.79$이고, $\overline{\overline{X}} = 712.5/30 = 23.75$이므로 LCL $= 20.258$이고, UCL $= 27.242$이다.

(d) $\overline{X}$ 관리도에 대한 관리상한과 관리하한은 $\overline{\overline{X}} \pm A_3\bar{s}$이다. 표 A.8에 따라 $A_3 = 1.628$이다. $\bar{s} = 62.5/30 = 2.08333$이고, $\overline{\overline{X}} = 712.5/30 = 23.75$이므로 LCL $= 20.358$이고, UCL $= 27.142$이다.

2. (a) 표본크기는 $n = 5$이다. R 관리도에 대한 관리상한과 관리하한은 각각 $D_3\overline{R}$, $D_4\overline{R}$이다. 표 A.8에 따라 $D_3 = 0$이고, $D_4 = 2.114$이다. $\overline{R} = 0.1395$이므로 LCL $= 0$이고, UCL $= 0.2949$이다. 따라서 정상상태이다.

(b) $\overline{X}$ 관리도에 대한 관리상한과 관리하한은 $\overline{\overline{X}} \pm A_2\overline{R}$이다. 표 A.8에 따라 $A_2 = 0.577$이다. $\overline{R} = 0.1395$이고, $\overline{X} = 2.505$이므로 LCL $= 2.4245$이고, UCL $= 2.5855$이다. 따라서 표본 8에서 공정이 처음으로 이상상태가 되었다.

(c) 1σ 관리한계는 $\overline{\overline{X}} - A_2\overline{R}/3 = 2.478$, $\overline{\overline{X}} + A_2\overline{R}/3 = 2.5318$이고, 2σ 관리한계는 $\overline{\overline{X}} - 2A_2\overline{R}/3 = 2.4513$, $\overline{\overline{X}} + 2A_2\overline{R}/3 = 2.5587$이다. 따라서 공정은 표본 7에서 처음으로 이상상태가 되었고, 마지막 표본 3개 중 2개는 2σ 관리하한 아래에 있다.

3. (a) $\mu = 14$이고, $\sigma_{\overline{X}} = 3/\sqrt{5} = 1.341641$이므로 $\overline{X}$는 정규분포를 따른다.
3σ 관리한계는 $12 \pm 3(1.341641)$ 또는 7.97508, 16.02492이다.
3σ 관리한계를 벗어나는 점이 나올 확률은 $p = P(\overline{X} < 7.97508) + P(\overline{X} > 16.02492)$이다.
7.97508에 대한 z점수는 $(7.97508 - 14)/1.341641 = -4.49$이다. 16.02492에 대한 z점수는 $(16.02492 - 14)/1.34164 = 1.51$이다.
3σ 관리한계를 벗어나는 점이 나올 확률은 $z = -4.49$의 왼쪽 면적과 $z = 1.51$의 오른쪽 면적의 합이다.
따라서 $p = 0.0000 + 0.0655 = 0.0655$이고, ARL은 $1/p = 1/0.0655 = 15.27$이다.

(b) m을 구하는 값이라 하면, $m > 12$이다.
3σ 관리한계를 벗어나는 점이 나올 확률은 $p = P(\overline{X} < 7.97508) + P(\overline{X} > 16.02492)$이다.
ARL $= 4$이므로 $p = 1/4$이다. $m > 12$이므로 $P(\overline{X} > 16.02492) > P(\overline{X} < 7.97508)$이다.
$P(\overline{X} > 16.02492) = 1/4$이 되도록 m을 구하여 $P(\overline{X} < 7.97508) \approx 0$을 확인한다.
16.02492에 대한 z점수는 $(16.02492 - m)/1.341641$이다. 오른쪽 면적이 0.25인 z점수는 $z = 0.67$이다.
따라서 $0.67 = (16.02492 - m)/1.341641$이므로 $m = 15.126$이다.
이제 $P(\overline{X} < 7.97508) \approx 0$을 확인한다.
7.97508에 대한 z점수는 $(7.97508 - 15.126)/1.341641) = -5.33$이므로 $P(\overline{X} < 7.97508) \approx 0$이다.
따라서 $m = 15.126$이다.

(c) $\sigma_{\overline{X}}$을 구하는 값이라 하자.
3σ 관리한계를 벗어나는 점이 나올 확률은 $p = P(\overline{X} < 12 - 3\sigma_{\overline{X}}) + P(\overline{X} > 12 + 3\sigma_{\overline{X}})$이다.
ARL $= 4$이므로 $p = 1/4$이다. 공정평균이 14이므로 $p = P(\overline{X} > 12 + 3\sigma_{\overline{X}}) > P(\overline{X} < 12 - 3\sigma_{\overline{X}})$이다.
$P(\overline{X} > 12 + 3\sigma_{\overline{X}}) = 1/4$이 되도록 σ을 구하여 $P(\overline{X} < 12 - 3\sigma_{\overline{X}}) \approx 0$을 확인한다.
$12 + 3\sigma_{\overline{X}}$에 대한 z점수는 $(12 + 3\sigma_{\overline{X}} - 14)/\sigma_{\overline{X}}$이다. 오른쪽 면적이 0.25인 z점수는 $z = 0.67$이다.
따라서 $0.67 = (12 + 3\sigma_{\overline{X}} - 14)/\sigma_{\overline{X}}$이므로 $\sigma_{\overline{X}} = 0.8584$이다.
이제 $P(\overline{X} < 12 - 3\sigma_{\overline{X}}) \approx 0$을 확인한다.
$12 - 3\sigma_{\overline{X}} = 9.425$이고, 9.425에 대한 z점수는 $(9.425 - 14)/0.8574 = -5.33$이므로 $P(\overline{X} < 12 - 3\sigma_{\overline{X}}) \approx 0$이다.
따라서 $\sigma_{\overline{X}} = 0.8584$이고, $n = 5$, $\sigma_{\overline{X}} = \sigma/\sqrt{5}$이다. $\sigma = 1.92$이다.

(d) n을 구하는 표본의 크기라고 하면, $\sigma_{\overline{X}} = 3/\sqrt{n}$ 이다. (c)에 따라 $\sigma_{\overline{X}} = 0.8584$이므로 $3/\sqrt{n} = 0.8584$이다. $n = 12.214$이다. 이 값에 올림을 취하면 표본의 크기 n은 13이 된다.

4. 지정된 표본에 대해 오경보가 발생할 확률은 0.0027이고, 오경보가 발생하지 않을 확률은 0.9973이다.

(a) 50개의 표본에서 오경보가 발생하지 않을 확률은 $0.9973^{50} = 0.874$이다. 따라서 50개의 표본에서 오경보가 발생할 확률은 $1 - 0.0874 = 0.126$이다.

(b) 50개의 표본에서 오경보가 발생하지 않을 확률은 $0.9973^{100} = 0.763$이다. 따라서 50개의 표본에서 오경보가 발생할 확률은 $1 - 0.763 = 0.237$이다.

(c) 50개의 표본에서 오경보가 발생하지 않을 확률은 $0.9973^{200} = 0.582$이다. 따라서 50개의 표본에서 오경보가 발생할 확률은 $1 - 0.582 = 0.418$이다.

(d) n을 구하는 값이라 하면, $0.9973^n = 0.5$이다. 따라서 $n \ln 0.9973 = \ln 0.5$이고, $n = 256.37 \approx 257$이다.

5. (a) 표본크기는 $n = 8$이다. R 관리도에 대한 관리상한과 관리하한은 각각 $D_3\overline{R}$, $D_4\overline{R}$이다. 표 A.8에 따라 $D_3 = 0.136$이고, $D_4 = 1.864$이다. $\overline{R} = 0.2628$이므로 LCL $= 0.0357$이고, UCL $= 0.489$이다. 따라서 정상상태이다.

(b) $\overline{X}$ 관리도에 대한 관리상한과 관리하한은 $\overline{\overline{X}} \pm A_2\overline{R}$이다. 표 A.8에 따라 $A_2 = 0.373$이다. $\overline{R} = 0.2628$이고, $\overline{\overline{X}} = 9.9892$이므로 LCL $= 9.891$이고, UCL $= 10.087$이다. 따라서 표본 3에서 공정이 처음으로 이상상태가 되었다.

(c) 1σ 관리한계는 $\overline{\overline{X}} - A_2\overline{R}/3 = 9.9565$, $\overline{\overline{X}} + A_2\overline{R}/3 = 10.0219$이고, 2σ 관리한계는 $\overline{\overline{X}} - 2A_2\overline{R}/3 = 9.9239$, $\overline{\overline{X}} + 2A_2\overline{R}/3 = 10.0545$이다. 따라서 공정은 표본 3에서 처음으로 이상상태가 되었고, 하나의 표본이 3σ 관리상한 위에 있다.

6. (a) 표본크기는 $n = 5$이다. R 관리도에 대한 관리상한과 관리하한은 각각 $D_3\overline{R}$, $D_4\overline{R}$이다. 표 A.8에 따라 $D_3 = 0$이고, $D_4 = 2.114$이다. $\overline{R} = 1.14$이므로 LCL $= 0$이고, UCL $= 2.410$이다. 따라서 정상상태이다.

(b) $\overline{X}$ 관리도에 대한 관리상한과 관리하한은 $\overline{\overline{X}} \pm A_2\overline{R}$이다. 표 A.8에 따라 $A_2 = 0.577$이다. $\overline{R} = 1.14$이고, $\overline{\overline{X}} = 9.81$이므로 LCL $= 9.152$이고, UCL $= 10.468$이다. 따라서 정상상태이다.

(c) 1σ 관리한계는 $\overline{\overline{X}} - A_2\overline{R}/3 = 9.9591$, $\overline{\overline{X}} + A_2\overline{R}/3 = 10.029$이고, 2σ 관리한계는 $\overline{\overline{X}} - 2A_2\overline{R}/3 = 9.371$, $\overline{\overline{X}} + 2A_2\overline{R}/3 = 10.249$이다. 따라서 공정은 표본 9에서 처음으로 이상상태가 되었고, 마지막 표본 3개 중 2개는 2σ 관리하한 아래에 있다.

7. (a) 표본크기는 $n = 4$이다. R 관리도에 대한 관리상한과 관리하한은 각각 $D_3\overline{R}$, $D_4\overline{R}$이다. 표 A.8에 따라 $D_3 = 0$이고, $D_4 = 2.282$이다. $\overline{R} = 6.97$이므로 LCL $= 0$이고, UCL $= 15.906$이다. 따라서 표본 8에서 공정이 처음으로 이상상태가 되었다. 이 표본을 제거하면 $\overline{\overline{X}} = 150.166$, $\overline{R} = 6.538$이다. 새로운 R 관리도의 관리한계는 0, 14.920이며, 정상상태이다.

(b) $\overline{X}$ 관리도에 대한 관리상한과 관리하한은 $\overline{\overline{X}} \pm A_2\overline{R}$이다. 표 A.8에 따라 $A_2 = 0.729$이다. $\overline{R} = 6.538$이고, $\overline{\overline{X}} = 150.166$이므로 LCL $= 145.400$이고, UCL $= 154.932$이다. 따라서 정상상태이다.

(c) 1σ 관리한계는 $\overline{\overline{X}} - A_2\overline{R}/3 = 148.577$, $\overline{\overline{X}} + A_2\overline{R}/3 = 151.755$이고, 2σ 관리한계는 $\overline{\overline{X}} - 2A_2\overline{R}/3 = 146.989$, $\overline{\overline{X}} + 2A_2\overline{R}/3 = 153.343$이다. 따라서 정상상태이다(표본 8이 제거되었음을 상기하라).

10.3 연습문제

1. 표본의 크기는 $n = 300$이고, $\overline{p} = 1.42/40 = 0.0355$이다.
중심선은 $\overline{p} = 0.0355$이다.
LCL $= \overline{p} - 3\sqrt{\overline{p}(1 - \overline{p})/300} = 0.00345$이고, UCL $= \overline{p} + 3\sqrt{\overline{p}(1 - \overline{p})/300} = 0.06755$이다.

2. 그렇다. 관리한계선을 구하는 데 필요한 정보는 $\overline{p}$와 표본크기 n뿐이다. 이 경우 $n = 200$이고, $\overline{p} = (748/40)/200 = 0.0935$이다.
관리한계는 $\overline{p} \pm 3\sqrt{\overline{p}(1 - \overline{p})/n}$이므로 LCL $= 0.00317$이고, UCL $= 0.1553$이다.

3. ④ 표본의 크기는 매 표본의 결함품 수가 10개 이상이 되도록 충분히 커야 한다.

4. $\overline{c} = 876/70 = 12.51$이다. 중심선은 $\overline{c} = 12.51$이고, LCL $= \overline{c} - 3\sqrt{\overline{c}} = 1.90$, UCL $= \overline{c} + 3\sqrt{\overline{c}} = 23.13$이다. 공정은 정상상태이다.

10.4 연습문제

1. (a) 표본을 삭제할 필요가 없다.

(b) $\sigma_{\overline{X}}$의 추정치는 $A_2\overline{R}/3$입니다. 표본크기는 $n = 5$이다.
$\overline{R} = 0.1395$. 표에서 $A_2 = 0.577$이다.
따라서 $\sigma_{\overline{X}} = (0.577)(0.1395)/3 = 0.0268$이다.

(c)

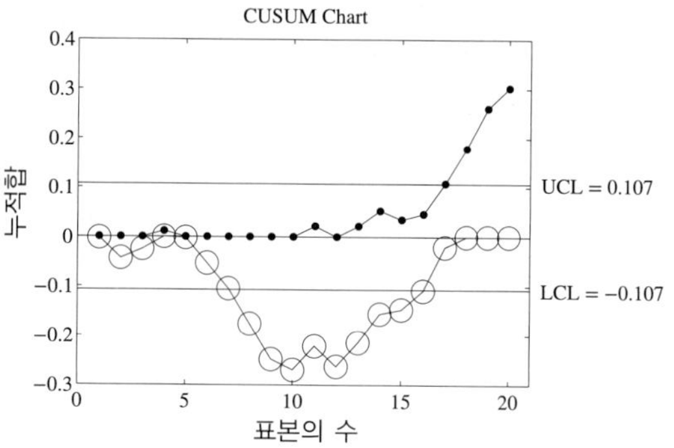

(d) 표본 8에서 공정이 이상상태이다.

(e) Western Electric 규칙은 표본 7에서 공정이 통제 불능임을 나타낸다.

2. (a) 샘플을 삭제할 필요가 없다.

(b) $\sigma_{\overline{X}}$의 추정치는 $A_2\overline{R}/3$. 표본크기는 $n = 5$이다.
$\overline{R} = 1.14$. 표에서 $A_2 = 0.577$이다.
따라서 $\sigma_{\overline{X}} = (0.577)\ (1.14)/3 = 0.219$이다.

(c)

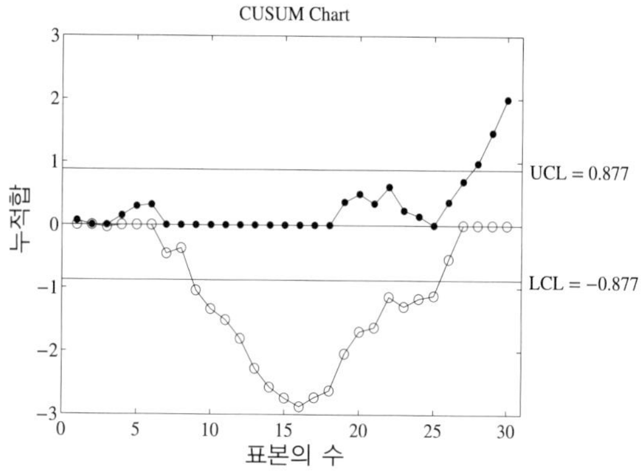

(d) 표본 9에서 공정이 이상공정이다.

(e) Western Electric 규칙은 표본 9에서 공정이 이상공정임을 나타낸다.

3. (a)

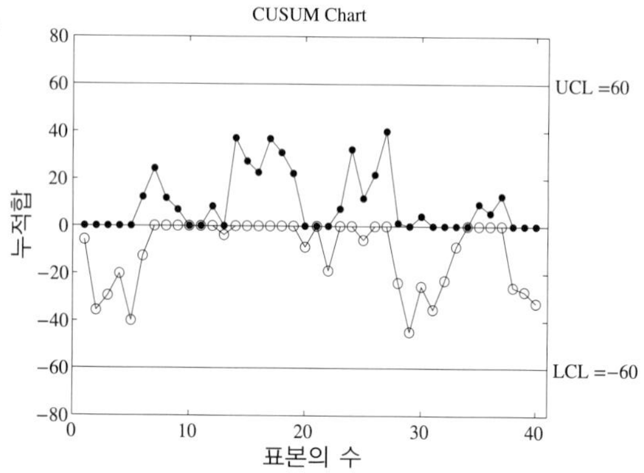

(b) 공정이 정상상태이다.

10.5 연습문제

1. (a) $\hat{\mu} = \overline{\overline{X}} = 0.248$, $\bar{s} = 0.002$, $LSL = 0.246$, $USL = 0.254$. 표본크기는 $n = 6$이다.
$\hat{\sigma} = \bar{s}/c_4$. 관리도 표에서 $c_4 = 0.9515$이다. 그러므로 $\hat{\sigma} = 0.002102$이다. $\hat{\mu}$은 USL보다 LSL에 더 가깝기 때문에 $C_{pk} = (\hat{\mu} - LSL)/(3\hat{\sigma}) = 0.3172$이다.

(b) 아니다. $C_{pk} < 1$이므로 공정 능력이 허용되지 않는다.

2. (a) $\hat{\mu} = \overline{\overline{X}} = 15.52$, $\overline{R} = 0.05$, $LSL = 15.40$, $USL = 15.60$. 표본크기는 $n = 8$이다.
$\hat{\sigma} = \overline{R}/d_2$. 관리도 표에서 $d_2 = 2.847$이다. 따라서 $\hat{\sigma} = 0.017562$이다. $\hat{\mu}$은 LSL보다 USL에 더 가깝기 때문에 $C_{pk} = (USL - \hat{\mu})/(3\hat{\sigma}) = 1.5184$이다.

(b) 맞다. $C_{pk} > 1$이므로 공정 능력이 허용된다.

3. (a) μ을 공정평균에 대한 최적의 설정으로 둔다.
$C_p = (USL - \mu)/(3\sigma) = (\mu - LSL)/(3L)(3L)SL - \mu L - \mu L - \mu)$이므로
LSL 및 USL를 구하면 $LSL = \mu - 3.6\sigma$ 및 $USL = \mu + 3.6\sigma$이다.

(b) 규격상한 및 하한에 대한 z점수는 $z = \pm 3.60$이다.
따라서 정규곡선을 사용하여 부적합 단위의 비율은 $z = 3.60$의 오른쪽과 $z = -3.60$의 왼쪽에 있는 정규 곡선 아래 영역의 합과 같다. 비율은 $0.0002 + 0.0002 = 0.0004$이다.

(c) 가능성이 있다. 정규근사는 정확하지 않을 수 있다.

10장 보충연습문제

1. 표본크기는 $n = 300$. $\overline{p} = 5.83/100 = 0.0583$이다. 중심선은 $\overline{p} = 0.0583$이다. LCL은 $\overline{p} - 3\sqrt{\overline{p}(1-\overline{p})/300} = 0.0177$이고, UCL은 $\overline{p} + 3\sqrt{\overline{p}(1-\overline{p})/300} = 0.0989$이다.

2. (a) 표본크기는 $n = 3$. R 관리도의 상한과 하한은 각각 $D_3\overline{R}$ 및 $D_4\overline{R}$이다. 관리도 표에서 $D_3 = 0$ 및 $D_4 = 2.575$이다. $\overline{R} = 0.110$. 따라서 LCL = 0 및 UCL = 0.283. 분산이 통제된다.

(b) $\overline{X}$ 관리도의 상한과 하한은 각각 $\overline{\overline{X}} - A_2\overline{R}$ 및 $\overline{\overline{X}} + A_2\overline{R}$이다. 관리도 표에서 $A_2 = 1.023$. $\overline{R} = 0.110$ 및 $\overline{\overline{X}} = 5.095$이다. 따라서 LCL = 4.982 및 UCL = 5.208. 이 공정은 표본 3에서 이상상태이다.

(c) 1σ 한계는 각각 $\overline{\overline{X}} - A_2\overline{R}/3 = 5.057$ 및 $\overline{\overline{X}} + A_2\overline{R}/3 = 5.133$이고, 2σ 제한은 각각 $\overline{\overline{X}} - 2A_2\overline{R}/3 = 5.020$ 및 $\overline{\overline{X}} + 2A_2\overline{R}/3 = 5.170$이다. 공정이 표본 3에서 처음으로 관리를 벗어 났으며 표본평균이 관리상한 3σ보다 높다.

3. (a) 표본을 삭제할 필요가 없다.

(b) $\sigma_{\overline{X}}$의 추정치는 $A_2\overline{R}/3$이다. 표본크기는 $n = 3$이다. $\overline{R} = 0.110$. 관리도 표에서 $A_2 = 1.023$이다. 따라서 $\sigma_{\overline{X}} = (1.023)(0.110)/3 = 0.0375$이다.

(c)

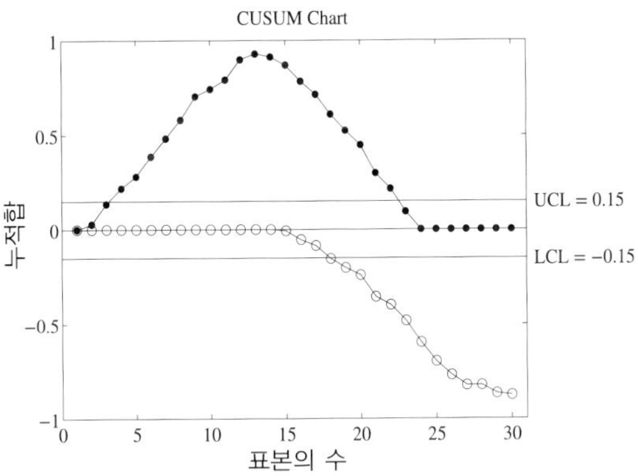

(d) 표본 4에서 공정이 이상상태이다.

(e) Western Electric 규칙은 표본 3에서 공정이 이상상태임을 나타낸다. CUSUM 관리도는 먼저 표본 4에서 이상상태를 나타낸다.

4. (a) 표본크기는 $n = 300$이다. 지난 20일 동안의 평균 불량 수는 12.0이다. 따라서 $\overline{p} = 12.0/300 = 0.04$이므로 관리한계는 $\overline{p} \pm 3\sqrt{\overline{p}(1-\overline{p})/n}$이다. 따라서 LCL = 0.00606 및 UCL = 0.0739이다.

(b) 표본 7. 불량 칩의 비율은 $1/300 = 0.0033$이며, 이는 관리하한보다 작다.

(c) 아니다. 특수한 원인은 공정을 개선할수 있는 기회이다. 따라서 제거하기보다는 보존해야 한다.

부록 B

참고문헌

Agresti, A. (2013). *An Introduction to Categorical Data Analysis*, 3rd ed. JohnWiley & Sons, New York. An authoritative and comprehensive treatment of the subject, suitable for a broad audience.

Belsey, D., Kuh, E., and Welsch, R. (2004). *Regression Diagnostics: Identifying Influential Data and Sources of Collinearity*. JohnWiley & Sons, New York. A presentation of methods for evaluating the reliability of regression estimates.

Bevington, P., and Robinson, D. (2003). *Data Reduction and Error Analysis for the Physical Sciences*, 3rd ed. McGraw-Hill, Boston. An introduction to data analysis, with emphasis on propagation of error and calculation.

Bickel, P., and Doksum, K. (2015). *Mathematical Statistics: Basic Ideas and Selected Topics*, Vol. I, 2nd ed. CRC Press, Boca Raton, FL. A thorough treatment of the mathematical principles of statistics, at a fairly advanced level.

Box, G., and Draper, N. (1987). *Empirical Model-Building and Response Surfaces*. John Wiley & Sons, New York. An excellent practical introduction to the fitting of curves and higher-order surfaces to data.

Box, G., Hunter, W., and Hunter, J. (2005). *Statistics for Experimenters*, 2nd ed. John Wiley & Sons, New York. A very intuitive and practical introduction to the basic principles of data analysis and experimental design.

Brockwell, R., and Davis, R. (2016). *Introduction to Time Series and Forecasting*, 3rd ed. Springer-Verlag, New York. An excellent introductory text at the undergraduate level, more rigorous than Chatfield (2003).

Casella, G., and Berger, R. (2002). *Statistical Inference*, 2nd ed. Duxbury, Pacific Grove, CA. A fairly rigorous development of the theory of statistics.

Chatfield, C. (1983). *Statistics for Technology*, 3rd ed., revised. Chapman and Hall/CRC, Boca Raton, FL. A clear and concise introduction to basic principles of statistics, oriented toward engineers and scientists.

Chatfield, C. (2003). *An Analysis of Time Series: An Introduction*, 6th ed. CRC Press, Boca Raton, FL.An intuitive presentation, at a somewhat less advanced level than Brockwell and Davis (2002).

Cochran, W. (1977). *Sampling Techniques*, 3rd ed. John Wiley & Sons, New York. A comprehensive account of sampling theory.

Cook, D., andWeisberg, S. (1994). *Applied Regression Including Computing and Graphics*. John Wiley & Sons, New York. A presentation of graphical methods for analyzing data with linear models, with an emphasis on graphical methods.

DeGroot, M., and Schervish, M. (2012). *Probability and Statistics*, 4th ed. Addison-Wesley, Reading, MA. A very readable introduction at a somewhat higher mathematical level than this book.

Draper, N., and Smith, H. (1998). *Applied Regression Analysis*, 3rd ed. John Wiley & Sons, New York. An extensive and authoritative treatment of linear regression.

Efron, B., and Tibshirani, R. (1994). *An Introduction to the Bootstrap*. Chapman and Hall, New York. A clear and comprehensive introduction to bootstrap methods.

Freedman, D., Pisani, R., and Purves, R. (2007). *Statistics*, 4th ed. Norton, New York. An excellent intuitive introduction to the fundamental principles of statistics.

Hocking, R. (2014). *Methods and Applications of Linear Models: Regression and the Analysis of Variance*, 3rd ed. John Wiley & Sons, New York. A thorough treatment of the theory and applications of regression and analysis of variance.

James, G., Witten, D., Hastie, T., and Tibshirani, R. (2013). *An Introduction to Statistical Learning. Springer*, New York. A practical introduction to some modern methods of statistical learning.

Kenett, R., and Zacks, S. (2014). *Modern Industrial Statistics with Applications to R, MINITAB, and JMP*. Brooks/Cole, Pacific Grove, CA. An up-to-date treatment of the subject with emphasis on industrial engineering.

Larsen, R., and Marx, M. (2012). *An Introduction to Mathematical Statistics and Its Applications*, 5th ed. Prentice-Hall, Upper Saddle River, NJ. An introduction to statistics at a higher mathematical level than that of this book. Contains many good examples.

Lee, P. (2013). *Bayesian Statistics: An Introduction*, 4th ed. Hodder Arnold, London. A clear and basic introduction to statistical methods that are based on the subjective view of probability.

Lehmann, E., and D'Abrera, H. (2006). *Nonparametrics: Statistical Methods Based on Ranks*, 2nd ed. Springer, New York. Thorough presentation of basic distribution-free methods.

Miller, A. (2002). *Subset Selection in Regression*, 2nd ed. Chapman and Hall, London. A strong and concise treatment of the basic principles of model selection. Navidi-38615 book August 9, 2019 20:35 554 APPENDIX B Bibliography

Miller, R. (1997). *Beyond ANOVA: The Basics of Applied Statistics*. Chapman and Hall/CRC, Boca Raton, FL. A very practical and intuitive treatment of methods useful in analyzing real data, when standard assumptions may not be satisfied.

Montgomery, D. (2013a). *Design and Analysis of Experiments*, 8th ed. John Wiley & Sons, New York. A thorough exposition of the methods of factorial experiments, focusing on engineering applications.

Montgomery, D. (2013b). *Introduction to Statistical Quality Control*, 7th ed. JohnWiley & Sons, New York. A comprehensive and readable introduction to the subject.

Mood, A., Graybill, F., and Boes, D. (1974). *Introduction to the Theory of Statistics*, 3rd ed. McGraw-Hill, Boston. A classic introduction to mathematical statistics and an excellent reference.

Mosteller, F., and Tukey, J. (1977). *Data Analysis and Regression*. Addison-Wesley, Reading, MA. An intuitive and philosophical presentation of some very practical ideas.

Rice, J. (2006). *Mathematical Statistics and Data Analysis*, 3rd ed. Wadsworth, Belmont, CA. A good blend of theory and practice, at a somewhat higher level than this book.

Ross, S. (2013). A *First Course in Probability*, 9th ed. Prentice-Hall,Upper Saddle River, NJ. A mathematically sophisticated introduction to probability.

Ross, S. (2014). *Introduction to Probability and Statistics for Engineers and Scientists*, 5th ed. Harcourt/Academic Press, San Diego. An introduction at a somewhat higher mathematical level than this book.

Salsburg, D. (2001). *The Lady Tasting Tea*. W. H. Freeman and Company, New York. An insightful discussion of the influence of statistics on 20th-century science, with many fascinating anecdotes about famous statisticians.

Tanur, J., Pieters, R., and Mosteller, F. (eds.) (1989). *Statistics: A Guide to the Unknown*, 3rd ed. Wadsworth/Brooks-Cole, Pacific Grove, CA. A collection of case studies illustrating a variety of statistical applications.

Taylor, J. (1997). *An Introduction to Error Analysis*, 2nd ed. University Science Books, Sausalito, CA. A thorough treatment of propagation of error, along with a selection of other topics in data analysis.

Tufte, E. (2001). *The Visual Display of Quantitative Information*, 2nd ed. Graphics Press, Cheshire, CT. A clear and compelling demonstration of the principles of effective statistical graphics, containing numerous examples.

Tukey, J. (1977). *Exploratory Data Analysis*. Addison-Wesley, Reading, MA. A wealth of techniques for summarizing and describing data.

Wackerly, D., Mendenhall, W., and Scheaffer, R. (2008). *Mathematical Statistics with Applications*, 8th ed. Duxbury, Pacific Grove, CA. An introduction to statistics at a somewhat higher mathematical level than this book.

Weisberg, S. (2013). *Applied Linear Regression*, 4th ed. JohnWiley & Sons, New York. A concise introduction to the application of linear regression models, including diagnostics, model building, and interpretation of output.

찾아보기

ㅈ

ㅊ

역자 소개

김성준 조선대학교 산업공학과 교수
김은정 부산대학교 재료공학부 교수
김형수 인하대학교 사회인프라공학과 교수
박재우 한양대학교 건설환경공학과 교수
이기하 경북대학교 건설방재공학부 교수

감수

이승수 강원대학교 경제 · 정보통계학부 교수

이공계를 위한
확률 및 통계 -제2판-

|저 자 William Navidi
|역 자 김성준 · 김은정 · 김형수 · 박재우 · 이기하
|감 수 이승수
|발 행 인 김지영
|발 행 처 자유아카데미
|주 소 경기도 파주시 회동길 37-42
파주출판도시
|전 화 031-955-1321
|팩 스 031-955-1322
|전자우편 main@freeaca.com(대표)
editor@freeaca.com(편집)
crm@freeaca.com(영업)
|홈페이지 www.freeaca.com
|등 록 제406-2003-017호, 1980. 7. 12
|제2판1쇄 2021년 2월 25일 발행
|정 가 35,000원

역자와의
협의하에
인지생략

Printed in Korea
ISBN 979-11-5808-294-9 93310